中国水论坛 No.9

# 水与区域可持续发展

丁永建　韩添丁　夏军　主编

中国水利水电出版社
www.waterpub.com.cn

## 内 容 提 要

本书为第九届中国水论坛论文集，全书共分10个部分，即冰冻圈对水、生态及可持续发展影响、城市化过程中的水问题、干旱区内陆河流域水与生态、气候变化与区域水循环、区域生态水文过程的人文因素、水文信息学、水与农业、水与灾害、水资源转换与地下水资源可持续利用、同位素水文学。全书汇集99篇论文，百余位水资源等领域专家就“水与区域可持续发展”进行了探讨和成果展示，为中国水问题的解决提供了一些方法、思路和措施，以期为经济、社会、环境科学发展过程中的水支撑研究提供科学依据和智力支持，具有一定的学术价值。

本书适合区域气候变化、水资源与环境、水文过程与技术、农业与生态及城市规划等方面的专家、学者以及相关高等院校、科研工程人员参考。

**图书在版编目（CIP）数据**

水与区域可持续发展 / 丁永建，韩添丁，夏军主编
. -- 北京 : 中国水利水电出版社，2012.7
（中国水论坛 ; 9）
ISBN 978-7-5084-9960-4

Ⅰ. ①水… Ⅱ. ①丁… ②韩… ③夏… Ⅲ. ①区域－水资源－可持续性发展－中国－文集 Ⅳ. ①TV213-53

中国版本图书馆CIP数据核字(2012)第155410号

| | |
|---|---|
| 书　　名 | 中国水论坛 No.9<br>**水与区域可持续发展** |
| 作　　者 | 丁永建 韩添丁 夏军 主编 |
| 出版发行 | 中国水利水电出版社<br>（北京市海淀区玉渊潭南路1号D座 100038）<br>网址：www.waterpub.com.cn<br>E-mail：sales@waterpub.com.cn<br>电话：(010) 68367658（发行部） |
| 经　　售 | 北京科水图书销售中心（零售）<br>电话：(010) 88383994、63202643、68545874<br>全国各地新华书店和相关出版物销售网点 |
| 排　　版 | 中国水利水电出版社微机排版中心 |
| 印　　刷 | 北京瑞斯通印务发展有限公司 |
| 规　　格 | 184mm×260mm 16开本 37.5印张 1269千字 |
| 版　　次 | 2012年7月第1版 2012年7月第1次印刷 |
| 印　　数 | 001—800册 |
| 定　　价 | **120.00**元 |

# 第九届中国水论坛论文集

## 《水与区域可持续发展》

## 第九届中国水论坛及本书的出版得到了以下项目的资助：

中国科学院知识创新工程重要方向项目群："地表过程集成系统研究"
（编号：KZC X2—YW—Q10）

中国科学院"百人计划"项目："典型流域冰冻圈水文过程模拟及水资源变化预测"

全球变化研究国家重大科学研究计划项目："北半球冰冻圈变化及其对气候环境的影响与适应对策"
（编号：2010CB951404）

国家自然科学基金课题
（编号：41030527）

科技部基础性工作专项："中国冰川资源及其变化调查"
（编号：2006FY110200）

科技部国际合作项目："阿克苏河流域冰川变化对水资源及灾害的影响研究"
（编号：2008DFA20400）

水利部公益性行业科研专项项目
（编号：200701046）

# 前　言

为了研讨和解决中国面临的严峻水问题，“中国水论坛”（原称“中国水问题论坛”）最早于2003年由武汉大学、中国科学院地理科学与资源研究所等单位发起，以后由中国自然资源学会水资源专业委员会等单位主办。在国内众多专家、领导的支持和努力下，中国水论坛已成功举办了8届，分别由武汉大学、中国科学院地理科学与资源研究所、西安理工大学、郑州大学、河海大学、四川大学、中国科学院地理科学与资源研究所、黑龙江大学承办。自第四届起，中国水论坛形成了统一的会标、会旗和办会模式，形成了独特的会议、研讨风格，在中国水问题研讨方面影响力越来越大，同时也成为了我国具有标志意义的水利盛会之一。

中国水论坛始终秉承科学至上、服务社会的理念，致力于为中国水问题研究提供分析思路、解决措施及实践成果，致力于将新理论、新方法、新技术融合应用于水科学研究，致力于优秀中青年学者的展示和培养，切实地为促进人水和谐、推动水利事业发展提供了高效交流平台及强大的智力支撑。

第九届“中国水论坛”于2011年8月2～3日在兰州召开。本届水论坛由中国科学院寒区旱区环境与工程研究所、兰州大学和中国科学院新疆生态与地理研究所共同承办，有来自23个省、自治区、直辖市及特区的100多所高校、科研机构及相关企事业单位的300多名代表参加。此外，还有来自联合国教科文组织、英国曼彻斯特大学、挪威奥斯陆大学等数位国际知名学者参加了本届论坛。

在众多专家、学者的大力支持下，第九届中国水论坛论文集编委会共收到参会论文和摘要约200篇，经过审查，本文集共选录了其中的99篇学术论文，根据论文涉及内容划分为10个部分：①冰冻圈对水、生态及可持续发展影响；②城市化过程中的水问题；③干旱区内陆河流域水与生态；④气候变化与区域水循环；⑤区域生态水文过程的人文因素；⑥水文信息学；⑦水与农业；⑧水与灾害；⑨水资源转换与地下水资源可持续利用；⑩同位素水文学。

本论文集的编辑审校工作得到了中国科学院寒区旱区环境与工程研究所、中国自然资源学会水资源专业委员会、兰州大学、中国科学院地理科学与资源研究所、河海大学、郑州大学等单位多位专家的帮助和指导。中国水利水电出版社的宋晓编辑、刘向杰编辑为本论文集的出版付出了辛勤的编排校订劳动，在此一并致谢。

由于编者水平有限，编辑时间有限，论文难免存在不妥甚至是错误之处，诚请广大专家读者不吝赐教。

**编者**

2012 年 5 月

# 目　录

## 区域生态水文过程的人文因素



## 水 文 信 息 学

## 水与农业



## 水与灾害



## 水资源转换与地下水资源可持续利用

## 同位素水文学

水与区域可持续发展

# 冰冻圈对水、生态及可持续发展影响

# 高寒荒漠带小流域水文过程初步分析

韩春坛[1,2] 陈仁升[1,2]

（1. 中国科学院寒区旱区环境与工程研究所黑河上游生态—水文试验研究站 兰州 730000；
2. 中国科学院内陆河流域生态水文重点实验室 兰州 730000）

**摘 要** 在我国寒区，高寒荒漠带分布广泛。高寒荒漠带是山区流域降水的高值区，蒸发能力弱，植被稀疏，土壤多为碎屑岩类，地形陡峭，产流系数高，应是我国内陆河山区和我国多数大江、大河源头的主产流区之一。本文通过在高寒荒漠带试验点和小流域布设水文循环观测试验，来探讨高寒荒漠带水热传输和水文循环过程机理。

试验点观测结果表明：①观测期（2009.6.7～2009.9.30）的降雨量为541.4mm；蒸发皿的蒸发量为256.9mm，蒸渗仪的蒸散发量为122.8mm，土壤平均蒸散发量为1.1mm/d；②高寒荒漠带凝结水量根据观测也比较丰富，凝结水虽然不直接参与山区水文循环的产汇流过程，但它消耗了能量，抵消了一部分太阳辐射，间接地参与了产汇流过程。

小流域观测结果表明：①高寒荒漠带小流域在观测期（2009.6.7～2009.9.30）的总流量为51553$m^3$，平均径流深为461.2mm。根据降水梯度获取的流域平均降水量为639.1mm，径流系数为0.72；②根据水量平衡关系，计算得到观测期小流域有177.9mm的水量供地表蒸散发、稀疏植被生长和小流域内部的动态储水和变化；③初步分析，在整个黑河干流山区流域（莺落峡），占流域22.2%的高寒荒漠带产流贡献值约为流域径流量的65%左右（按山区多年平均年径流量15.8×$10^8m^3$计）。

**关键词** 高寒荒漠带；水文循环；观测试验；蒸散发；凝结水；径流系数

## 1 前言

高寒荒漠带在高海拔山区面积分布广阔，在青藏高原和天山地区的面积比率约为20%～30%[1]。高寒荒漠带是山区流域降水的高值区，由于地表植被盖度极低，蒸散发微弱，土壤多为碎屑岩类，坡度陡峭，下渗能力强，产流迅速，应是内陆河山区流域的主产流区和我国多数大江、大河源头的主产流区之一。高寒荒漠带的水文循环过程在山区水循环中占有十分重要的地位，但由于其高寒环境限制，相关研究较少且十分零散[2-4]。目前专门针对该区的水文循环过程的研究基本是空白。

高寒荒漠带的径流形成受制于高山带的水热条件，水量条件决定于裸露山坡降水量和产流量的大小，而热量条件决定于冰川、积雪和冻土的消融[5]。随着海拔的升高，产流期愈短，而水文过程停止活动的时间愈长[6]。而专门针对高寒荒漠带这一特殊下垫面特征的水量平衡和水文循环过程的研究很少见诸报端。

## 2 高寒荒漠带水文过程观测试验

### 2.1 研究区概况

试验区位于中国科学院寒区旱区环境与工程研究所黑河上游生态—水文试验研究站葫芦沟试验小流域内。葫芦沟小流域属黑河干流右岸一级支流，地处99°50′～99°54′E，38°12′～38°17′N。流域面积23.1$km^2$，海拔2960～4800m，海拔跨度1840m，垂直景观梯度分异明显。

流域下垫面由高山草原、高山草甸、沼泽化草甸、河谷灌丛、青海云杉林、祁连圆柏、山坡灌丛、高山垫状植被、高山寒漠、季节性冻土、多年冻土、季节性积雪和冰川等组成，寒区下垫面类型齐全。河谷灌木主要分布在低山区的河道两侧，为多年生长的次生灌木；高寒草原主要分布在浅山带，植被覆盖度在90%以上。典型的高寒草甸群落类型有黑花苔草（*Carex melantha*）沼泽化草甸、鬼见愁锦鸡儿（*Caragana jubata*）灌丛草甸和线叶嵩草（*Kobresia capillifolia*）草甸。

土壤类型主要有山地栗钙土、高山草甸土、高山寒冻土和高山寒漠土等。该区高寒荒漠带主要分布在海拔3700m以上。在黑河流域具有较好的代表性，并具有多条适合各种寒区水文过程研究的小流域，交通、生活方便，系一个理想的寒区水文过程研究流域（图1）。

### 2.2 高寒荒漠带土壤植被调查

葫芦沟流域高寒荒漠带西支流域分布在山坡灌丛带以上，下限海拔为3700m左右，东支流域分布在沼

图 1　葫芦沟流域景观图

泽化草甸带之上，海拔下限为 3800m 左右。地表植被稀少，土壤类型为高山寒冻土和高山寒漠土，且常有砾幕覆盖。地表常见有流石坡和多年冻土标志的冻胀石环。

在流域东支高寒荒漠带试验点开挖土壤剖面，发现土壤粒径差异较大，其中：上部表层 0～60cm，大颗粒石块较多，松散堆积物（5～10cm）。中部 60～80cm 为糜棱层，颜色为黄棕色。80～120cm 为粗砂类，细颗粒相对较多。120～130cm 为另一糜棱层，颜色为棕色。130～160cm 为粗砂类，细颗粒相对较多。

在葫芦沟东、西支沟的高寒荒漠带做植被种类调查。调查发现，葫芦沟流域高寒荒漠带植被在阳坡分布较多，有小块连片垫状植被分布区，在这些区域，一般地表比较湿润；而阴坡主要分布斑点状地衣或苔藓，地表土壤基质较少，地面基本没有水分。总体而言，葫芦沟流域高寒荒漠带植被稀疏，植被类型除岩块表面着生的冷生壳状地衣外，高等植物主要有狼毒、稀疏菊科植物和耐寒、耐旱（生理干旱）的短命宿根多年生垫状植物，如苔藓状蚤缀（*Arenaria musciformis*）、甘肃蚤缀（*A. kansuensis*）、垫状繁缕（*Stellaria decumbens*）、雪山点地梅（*Androsace septentrionalis*）、高山点地梅（*A. mariae*），水母雪莲花（*Saussurea medusa*），短穗兔儿草（*Lagotis brachystachs*）、糖芥绢毛菊（*Soroseris okeriana*）、莎草（*Cyperus s.*）、红景天（*Rhodiola rosea*）、风毛菊（*Saussurea japoinca*）等。沿海拔梯度采取植被样本（图 2），用取样纸及样带密封装好，并拍照记录取样点土壤及水分情况。

图 2　葫芦沟高寒荒漠带植被样本调查

### 2.3　试验布设

在葫芦沟西支流域选择高山寒漠下限海拔较低的一个小流域观测水文要素，该小流域面积为 111.782$km^2$，海拔 3611～4280m，平均坡度为 50.6°，坡向为 324°（阴坡）。在流域出口选择坡度稍缓的流石坡布设高山寒漠的降水、蒸发、下渗、凝结观测试验，分别布设了$\Phi$—20型雨量筒、蒸发皿观测每日降雨量和蒸发量，利用六套桶式蒸渗仪（Lysimeter）研究黑河山区高山寒漠表层土壤的蒸散发，桶式蒸渗仪内径20.5cm，外径为21.5cm，内筒底下有均匀小孔可以为降水的下渗通道，外筒底部有收集下渗水量的小器皿。深度为20cm、30cm、35cm（对应A、B、C三组）不同，分两组装不同的岩屑及土样，每组再做粗细可以对比观测（1号为细颗粒，2号为粗颗粒）。在流域出口布设水文断面，长约2m，宽约0.4m，旁边架设有HoBo自计水位计（Onset Computer Corporation公司生产），用铁丝固定在石壁上，每15min记录一个试验断面处水压数据（图3）。然后用浮标法早晚观测小流域断面处的流速、断面宽度、水位深度和流量变化情况，并做记录。拟利用实测流量数据校正HoBo水位数据，得到流量水位关系。

图3 水文观测试验

根据前人研究成果，凝结水观测主要利用底部连通或不连通的微渗计进行观测，但由于高寒荒漠颗粒较粗，我们的凝结水观测试验选用白底面长方形托盘（32.2cm×41.7cm）观测。T1为盛有粗颗粒的石块和碎屑岩，T2为空，对比观测。观测时段为2009年6月20日～2009年8月4日。利用沈阳龙腾ES30K—12型号电子天平称重托盘早晚的重量变化（电子天平最大量程为30kg，最小感量为0.2g）。

## 3 试验结果初步分析

### 3.1 降水

在高寒荒漠带试验点（海拔3719m的高寒荒漠带流石滩）观测总降雨量为541.4mm，而大本营海拔2980m的气象观测场同期观测得到的降雨量为356.7mm；同期海拔4160m试验点的降水量为709.1mm。利用大本营气象站、高寒荒漠带试验点和海拔4160的试验点同期降水量数据进行降水的空间差值，通过反距离加权插值得到小流域的面降水量为639.1mm。面降水量和各个月份降水量分布情况如图4所示。

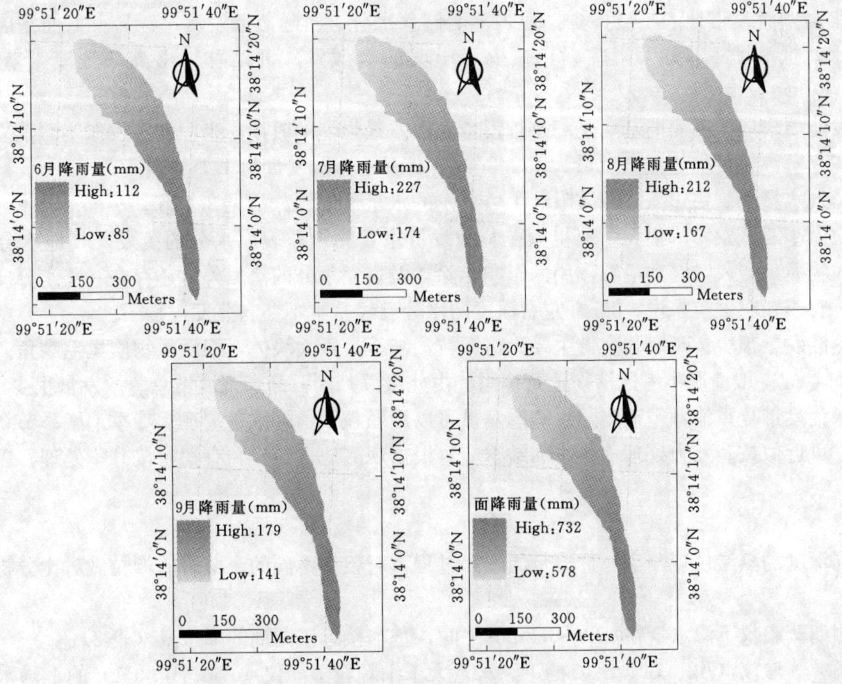


图4 高寒荒漠带小流域面降雨量空间分布特征

### 3.2　蒸散发

对蒸发的研究一直是寒区水文学的薄弱环节。对于高寒荒漠带蒸散发观测和研究结果极少，张寅生[7]在乌鲁木齐河源冰碛物表面日均实测蒸发量仅为 0.05mm。以往的研究表明：高寒山区的蒸发量较中低山区的蒸发量小，这主要是因为高山区的气候复杂多变，天空经常被云雾遮挡，水汽和近地面凝结对太阳辐射的减弱和消耗。

根据在高寒荒漠带试验点观测的结果显示：观测期蒸发皿的蒸发量为 256.9mm（图 5）。计算三组蒸渗仪的平均蒸散发量为 122.8mm，试验点观测期日平均蒸散发量为 1.1mm/d。其中细颗粒的蒸渗仪（A1、B1、C1）蒸散发量比粗颗粒蒸渗仪（A2、B2、C2）的蒸发量大，不同深度（20cm、30cm、35cm）相同颗粒的蒸渗仪的蒸散发量差别不大（表 1）。

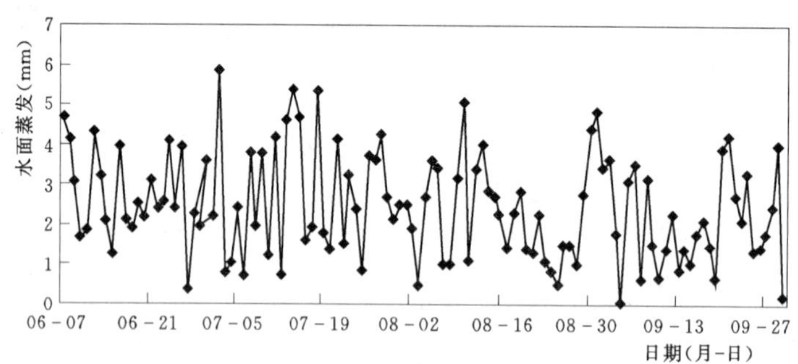


图 5　器测蒸发皿每日水面蒸发变化图

**表 1**　　**不同深度和颗粒蒸渗仪蒸散发总量**

| 蒸渗仪编号 | A1 | A2 | B1 | B2 | C1 | C2 |
|---|---|---|---|---|---|---|
| 土壤总蒸散发量（mm） | 166.7 | 89.1 | 140.1 | 91.3 | 157.2 | 92.3 |

**注**　A、B、C 三组分别对应深度为 20cm、30cm、35cm 的蒸渗仪，1 号为粗颗粒，2 号为细颗粒。

通过水面蒸发试验和蒸渗仪蒸散发试验对比发现高寒荒漠带水面蒸发明显大于蒸渗仪蒸散发总量，这一方面是因为高寒荒漠带地表植被稀少，地表不能储存水分，实际蒸散发量小；另一方面是因为早晚地表有微量凝结水，抵消了一部分太阳辐射，减少了土壤的蒸散发。可以总结出高寒荒漠带蒸散发的如下规律。

（1）蒸发能力较弱。观测期基本是高寒荒漠带蒸散发最强烈的时期，半阳坡蒸发皿实测蒸发力也仅仅为 256.9mm，三组蒸渗仪的平均蒸散发量为 122.8mm，日平均蒸散发量为 1.1mm/d。

（2）可蒸发水量少。快速入渗性质限制了可蒸发的水量，下渗分析见 3.3 节。

（3）颗粒大小对蒸发影响很大。较粗颗粒蒸散发量主要为颗粒表面水分的蒸发，其他水分基本都入渗了。较细颗粒物质，受入渗慢和毛细作用的影响，除颗粒表面水分的蒸发外，还存在一些水分向上运动参与蒸发的过程；对于较粗颗粒来说，30cm 左右深度的水分已经基本不参与蒸发过程了。

（4）总蒸散发量很少。高寒荒漠带主要为粗颗粒，甚至是巨大块体，细颗粒物质凤毛麟角。植被盖度一般为 1%～2%，故一般情况不考虑植物蒸腾作用。由此可以判断，高寒荒漠带总蒸散发量很少。

（5）高寒荒漠带夏季消融季节实际总蒸散发量可以用颗粒截留降水量表征。春季消融季节初始，水分供应相对充足，可近似按蒸发力处理；冬季冻结季节，根据观测地点各异，有积雪按升华处理，无积雪按 0 近似处理。

### 3.3　下渗

通过不同深度的蒸渗仪观测高寒荒漠带的下渗过程，对粗细不同的土壤岩屑颗粒做对比分析。观测结果显示：

（1）观测期蒸渗仪下渗水量在 423～533mm 之间，基本接近于同期的降水量（表 2）。

（2）粗颗粒蒸渗仪（A2、B2、C2）的下渗水量大于细颗粒蒸渗仪（A1、B1、C1）的下渗水量；不同深度蒸渗仪在观测期下渗总水量基本接近，相差不大。

**表 2　　不同深度和颗粒蒸渗仪下渗总水量**

| 蒸渗仪编号 | A1 | A2 | B1 | B2 | C1 | C2 |
|---|---|---|---|---|---|---|
| 下渗总水量（mm） | 423.0 | 530.1 | 465.2 | 528.8 | 441.9 | 532.9 |

(3) 单就一次降雨过程来说，雨强小时，细颗粒蒸渗仪下渗水量小于粗颗粒；当雨强较大时，粗细颗粒的蒸渗仪下渗水量也基本接近。粗颗粒蒸渗仪下渗水量与降水量相关性优于细颗粒蒸渗仪。不同深度和颗粒的蒸渗仪下渗水量相关关系可以达到 0.87～0.93（图 6）。

(4) 高寒荒漠带的下渗过程迅速，下渗能力远大于降雨强度，降雨基本不能形成单点产流。

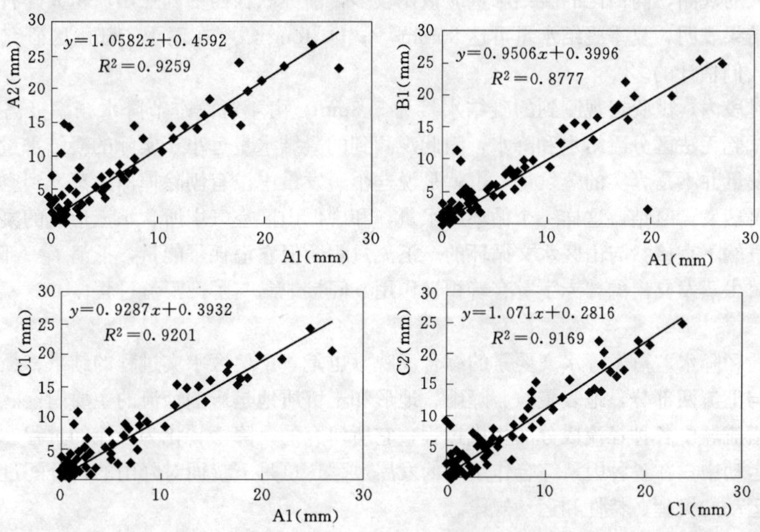


图 6　不同深度和颗粒蒸渗仪下渗水量相关图

### 3.4　凝结

凝结水作为内陆地区水文循环中重要的一个环节，对弥补蒸发损耗、减少蒸发支出的“赤字”有着积极作用，这也使土壤层水分不会无限减少，土壤层湿度可以在一定时间内，在一定深度中基本保持稳定。凝结水的形成可以减少土壤水分蒸发损耗，而土壤水和浅层地下水又处于一个相互转化的有机系统中，因此，在一定程度上，凝结水的存在对减少地下水的损耗是有意义的。然而，即便如此对凝结水的研究在过去很长一段时间内都没有得到足够的重视，以致我国寒旱区凝结水理论和研究方法至今仍然很不成熟。

雾是山区凝结水形成的主要来源之一，气象研究通常监测的是雾对视野的障碍，而非降水形式。从水文学观点上看，在高寒荒漠带经常有雾出现，其原因是位于山体表面上云的平流运动，在这些地区如果只单独考虑降水，就会严重低估此流域内的进水量[8]。研究表明，雾是高山区的水源之一[9]和湿沉降通道[10,11]。美国学者 Esmaiel Malek 等人在美国内华达州和犹他州两地的实验研究也表明，凝结水对研究地点的年际水量平衡是有贡献的，分别为 14mm/a 和 29mm/a[12]。

研究表明，当近地表温度达到或低于露点温度是凝结水发生的必要条件[13]。凝结水的水汽来源有两个方面：一是来源于空气中的水汽，包括近地表空气中的水汽、植物蒸腾和呼吸作用散逸的水汽、地面蒸发的水汽；二是来源是地表以下某一深度以上的土壤孔隙中的水汽[14]。凝结水的形成需要一个相对环境较冷的表面，而不一定有 100%的湿度，而高寒荒漠带在高海拔山区，昼夜温差大，空气湿度高，所以相对有利于凝结水的形成和积聚。换言之，只要空气不是绝对干燥，空气中的水汽与相对低温介质发生热交换的时候就有可能产生凝结水。基于这一点，在高寒荒漠带，由于高山区碎屑岩类热容较低的缘故，当阳光减弱或者天黑以后，高寒荒漠带的地表温度就会快速下降，而空气温度的下降相比较会慢得多。当含有水汽的空气在高寒荒漠带经过时会与地表碎屑岩发生热交换，空气因为热量损失而降温，当温度低到空气中的水汽过饱和时便析出部分水分而形成凝结水。由此可见，就是在高寒荒漠带，凝结水也具有大量存在的可能。

在观测时段内，由于受夜间降水和监测条件所限，仅观测到高寒荒漠带试验点的有限的凝结水量（表

3）。结果如下：

**表 3　　凝结水试验观测结果整理数据表**

| 日期（月-日） | 06－29 | 07－01 | 07－03 | 07－04 | 07－05 | 07－09 | 07－23 | 07－25 | 08－04 | 小计 |
|---|---|---|---|---|---|---|---|---|---|---|
| 时间（时：分） | 6：12 | 7：30 | 6：10 | 7：15 | 6：38 | 6：10 | 6：00 | 6：02 | 6：02 | |
| 凝结水量 $T1$（mm） | 0.58 | 0.61 | 0.49 | 1.42 | 0.48 | 0.15 | 0.50 | 0.63 | 0.43 | 5.29 |
| 凝结水量 $T2$（mm） | 0.58 | 0.61 | 0.55 | 1.43 | 0.45 | 0.17 | 0.50 | 0.64 | 0.41 | 5.34 |

（1）根据前人的观测，高山区的凝结水量应该比较多，前苏联在西伯利亚山坡粗大碎石堆积区（类似高寒荒漠带）观测结果表明，夏季凝结水量可达 80mm[15]；De Jong C[16] 在瑞士东部山区研究结果表明，本区的凝结水量也较人们估计的多。

（2）在观测时段内，试验点观测到的凝结水量为 5.3mm。由于观测季节降水频率极高，几乎每天都有降水，设计观测试验无法区分凝结水和降水，因此观测到的凝结水量远小于实际的凝结水量。

（3）山区蒸发量并不是真实的蒸发量，也就是说这个蒸发量中没有刨除掉白天蒸发到空气中夜间又凝结回地面，第二天再蒸发再凝结，这样一个循环的水量，和中低山区空气中所含水汽形成的凝结水。

（4）凝结水虽然不直接参与山区水文循环的产汇流过程，但它消耗了能量，抵消了一部分太阳辐射，对弥补蒸发损耗，减少蒸发支出的“赤字”有着积极作用，间接地参与了产汇流过程。

### 3.5　径流

径流是一个地区降水、蒸发等水文要素的综合反映，也是一个地区水文过程的结果。径流过程的研究主要包括流域产流与汇流两部分，地表覆被、降雨、地形和土壤质地是影响径流的主要因素。

流域产流是指流域中各种径流成分的生成过程，它所研究的是降雨转化为径流的过程。产流实质上是水分在下垫面垂向运动中，在各种因素综合作用下的发展过程，也是下垫面对降雨的再分配过程，主要取决于非饱和带地下水运动的机理、特性和运动规律。

黑河源区地下水类型有基岩裂隙水、碎屑岩类裂隙孔隙水和松散岩类孔隙水。有研究表明：基岩裂隙水主要分布于 3800m 以下的中高山区；基岩冻结层上裂隙潜水分布在 3800m 以上的高山区[17]，而这正是高寒荒漠带的主要分布区。

**表 4　　若干高寒山区裸露山坡的产流系数**

| 地区 | 天山高山森林带上限 | 天山森林带 | 极地乌拉尔 | 中亚高山区 | 高加索南北坡 | 乌鲁木齐河源 | 祁连山冰沟流域 |
|---|---|---|---|---|---|---|---|
| 产流系数 $\alpha$ | 0.87～0.91 | 0.61～0.64 | 0.94 | 0.60～0.80 | 0.75～0.97 | 0.70 | 0.79 |

根据以往的研究：在高寒荒漠带区域，因海拔高，气温低，蒸发量小以及多年冻土层地下冰的影响，产流系数一般比草甸带和森林灌木带大。前人研究结果显示，天山乌鲁木齐河源空冰斗的产流系数为 0.75，祁连山中段冰沟裸露山坡的产流系数为 0.79，与前苏联中亚地区裸露山坡产流系数很相近（表 4）[18]。

利用试验点的降雨量和试验点小流域日平均流量建立关系（图 7）。可以看出，小流域日平均流量基本能够反映出每次降水过程，高寒荒漠带小流域的产流过程迅速。这主要是因为试验小流域坡度较大，地表植被稀疏，土壤基质松散，有利于降水的下渗和产流。由于寒漠带是降雨分布的高值区，所以对径流贡献值较大。而地表土质（高山寒漠土）和破碎的岩石有利于降雨和冰雪融水的下渗，所以高寒荒漠带对地下径流的贡献也较大。因此在由低温引起的寒区流域下垫面物理性质的种种变化中，高寒荒漠带对径流的影响最为明显，也最为重要。

根据实测的流量数据和观测时刻的 HOBO 水位建立水位流量关系（图 8）。

利用各个时刻 HOBO 水位计算得到该时刻的断面流量，最后求得在半阴坡高寒荒漠带小流域观测总流量为 51553$m^3$，小流域面积为 111782$m^2$，得到观测期小流域的径流深为 461.2mm。前文中给出了观测期小流域面降水量为 639.1mm。据此计算得到观测期高寒荒漠带小流域的产流系数为 0.72。

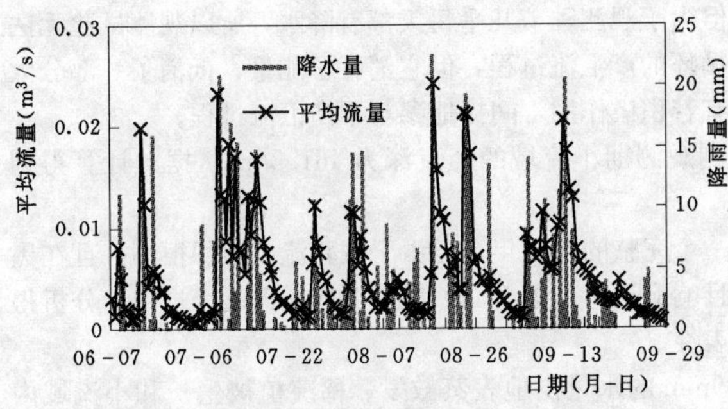


图 7 降雨量和平均流量关系图

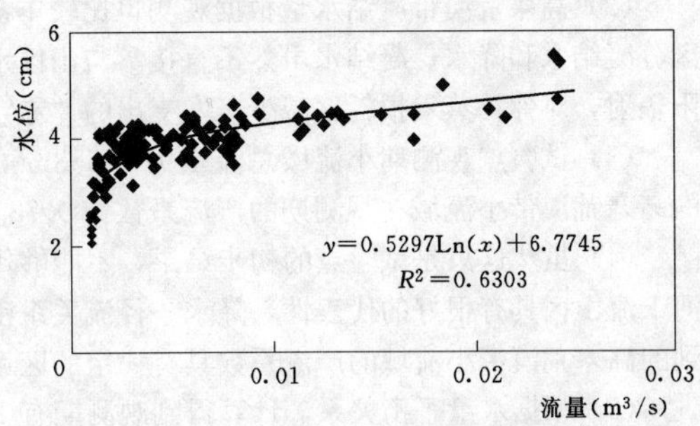


图 8 实测水位流量关系图

高寒荒漠带的水文循环过程主要由降雨径流过程、融雪径流过程、土壤蒸发过程、寒漠冻融过程和水岩相互作用过程共同构成。其内部水文循环机理复杂，相关研究很少。为了验证该区是山区河流的主产流区，下面以非冻结期的观测数据简单说明该区的水量平衡特征。

小流域高寒荒漠带的水量输入项主要有大气降水、近地面凝结水和冰雪融水；输出项为土壤和植被蒸散发、地表产流和地下径流。水量平衡法是寒区水文学研究的基本方法。由于观测小流域试验期没有积雪，简化高寒荒漠带水量平衡可用下式表示：

$$E=P-R\pm\Delta W \tag{1}$$

式中：$E$ 为高寒荒漠带的蒸散发量，mm；$P$ 为高寒荒漠带的降水量，mm；$R$ 为高寒荒漠带的径流深，mm；$\Delta W$ 为高寒荒漠带储水量的变化量，mm。

高寒荒漠带水量平衡图如图 9 所示。

观测期小流域的径流深为 461.2mm，计算面降水量为 639.1mm，小流域观测期储水量的变化为 $\Delta W=P-R-E$。因此，根据水量平衡关系，观测期有 177.9mm 的水量供地表蒸散发、稀疏植被生长和小流域内部的动态储水和变化。此结果与杨针娘在祁连山冰沟流域和乌鲁木齐河源空冰斗流域得到的结果相符[19,20]。

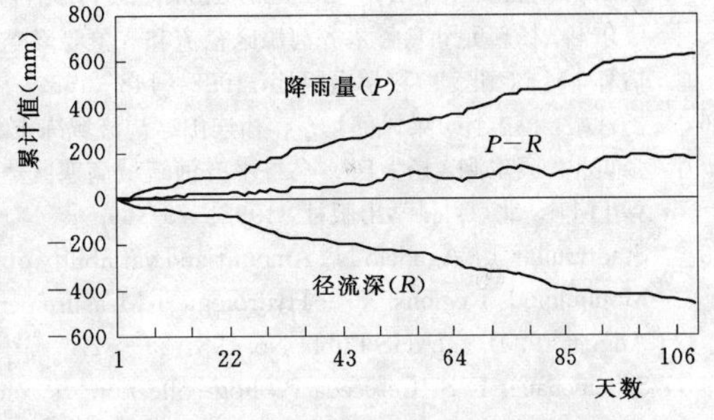


图 9 高寒荒漠带水量平衡图

试验选取的高寒荒漠带小流域在黑河山区所占比率较大，但由于最高海拔仅为 4280m，还不能很好地代表整个黑河山区流域高寒荒漠带的总体状况，而更高海拔地区的降水量应该更多，坡度更陡，径流系数可能会更大。以现有小流域年径流深 461.2mm 代表寒漠带的平均值粗略推断，在整个黑河干流山区流域（莺落峡），占流域 22.2%的寒漠带产流量，约占流域径流量的 65%左右（按山区多年平均年径流量 $15.8\times10^8m^3$ 计）。这个结果和王宁练等人[21]通过同位素示踪得到在海拔 3600m 以上的高山冰雪冻土带的产流量占出山径流量的 80.2%具有一定的可比性。当然，这个结果仅仅是粗略结果，还需要进一步观测和研究。

另外在高寒荒漠带海拔范围内，还存在许多小型冰川[22]，其融水径流贡献比率也较大。因此，可以推断，在黑河山区流域，占流域 70%以上的高山草甸、草原区，对流域的产流量贡献较小，其生态功能大于水文功能[23]。

## 4 高寒荒漠带小流域水文循环初步结论

通过小流域高寒荒漠带 2009 年 6 月 7 日～2009 年 9 月 30 日的水文循环要素观测试验，得到以下几点结论。

（1）试验点的降雨量为 541.4mm；蒸发皿的蒸发量为 256.9mm，蒸渗仪的平均蒸散发量为 122.8mm。该试验点的平均蒸散发量为 1.1mm/d。

（2）高寒荒漠带凝结水量根据观测也比较丰富，但由于观测季节几乎每天都有降水，所以观测试验无法区分凝结水和降水。凝结水虽然不直接参与山区水文循环的产汇流过程，但它消耗了能量，抵消了一部分太阳辐射，对弥补蒸发损耗，减少蒸发支出的“赤字”有着积极作用，间接地参与了产汇流过程。

（3）试验点观测期小流域总流量为 51553$m^3$，得到观测期小流域的径流深为 461.2mm，据此计算得到的高寒荒漠带小流域在观测期的产流系数为 0.72。

（4）虽然这只是试验点的初步结果，不能够代表一个完整的水文年，但由于试验流域面积很小，且在黑河干流山区具有很好的代表性，降水—径流关系密切且响应迅速，下垫面蒸散发微弱，因此经过初步分析得到的高寒荒漠带小流域的产流系数具有一定的区域代表性。

（5）根据水量平衡关系，计算得到观测期有 177.9mm 的水量供地表蒸散发、稀疏植被生长和小流域内部的动态储水和变化。

（6）在整个黑河干流山区流域（莺落峡），占流域 22.2%的高寒荒漠带产流贡献值约为流域径流量的 65%左右（按山区多年平均径流量 15.8×$10^8 m^3$ 计）。这个结果和王宁练等人（2009）通过同位素示踪得到在海拔 3600m 以上的高山冰雪冻土带的产流量占出山径流量的 80.2%具有一定的可比性。

## 参 考 文 献

[1] 陈仁升，韩春坛．高山寒漠带水文、生态和气候意义及其研究进展［J］．地球科学进展，2010，25（3）：255－263.

[2] Kuhle M. The Cold Deserts of High Asia (Tibet and Contiguous Mountains) [J]. GeoJournal, 1990, 20 (3): 319－323.

[3] Nash L L, Gleick P H. The sensitivity of streamflow in Colorado Basin to climatic changes [J]. Journal of Hydrology, 1991, 125: 221－241.

[4] Barry R G. Past and potential future changes in mountain environments//Beniston M, ed. Mountain Environments in Changing Climate [M]. London: Routledge, 1994: 55－79.

[5] 康尔泗，杨新元．乌鲁木齐河源区径流和气象要素变化关系及其模拟计算//施雅风．乌鲁木齐河山区水资源形成和估算［M］．北京：科学出版社，1992：148－165.

[6] 杨针娘，杨志怀，梁凤仙，等．祁连山冰沟流域冻土水文过程［J］．冰川冻土，1993，15（2）：235－241.

[7] 张寅生，康尔泗，杨大庆．乌鲁木齐河流域高寒区蒸发量观测试验研究//施雅风．乌鲁木齐河山区水资源形成和估算［M］．北京：科学出版社，1992：79－89.

[8] Stadtmuller T, Agudelo N. Amount and variability of cloud moisture input in a tropical cloud forest [J]. Hydrology in Mountainous Regions. I － Hydrological Measurements; the Water Cycle (Proceedings of two Lausanne Symposia, August 1990). IAHS Publ. No. 193: 25－32.

[9] Schemenauer R S, Cereceda P. Fog collection's role in water planning for developing countries [A]. Natural Resources Forum, 1994, 18 (2): 91－100.

[10] Schemenauer R S, Cereceda P. Fog water collection in arid coastal locations [J]. Ambio, 1991, 20 (7): 303－308.

[11] Vong R J, Sigmon J T, Mueller S F. Cloud water deposition to Appalachian forests [J]. Environmental Science and Technology, 1991, 25: 1014－1021.

[12] Esmaiel M, Greg M C, Bradley G. Dew contribution to the annual water balances in semi—arid desert valleys [J]. Journal of Arid Environments, 1999, 42: 71－80.

[13] Agam N, Berliner, P R. Dew formation and water vapor adsorption in semi—environments—A review [J]. Journal of Arid Environments, 2006, 65: 572－590.

[14] 郭占荣，韩双平．西北干旱区凝结水试验研究［J］．水科学进展，2002，13（5）：623－628.

[15] 苏联科学院西伯利亚分院冻土研究所．普通冻土学［M］．郭东信，刘铁良，张维信，等，译．北京：科学出版社，1988.

[16] De Jong C. The contribution of condensation to the water cycle under high—mountain conditions [J]. Hydrological processes, 2005, 19 (12): 2419－2435.

[17] 聂振龙，陈宗宇，申建梅．应用环境同位素方法研究黑河源区水文循环特征［J］．地理与地理信息科学，2005，21（1）：104－108.

[18] 杨针娘，刘新仁，曾群柱，等．中国寒区水文［M］．北京：科学出版社，2000.

[19] Yang Zhenniang, Yang Zhihuai, Wang Qiang. Characteristics of hydrological processes in a small high mountain basin [A]. In: International Association of Hydrological Sciences Publication, 1991, 205: 229－236.

[20] 杨针娘，胡鸣高，刘新仁，等．高山冻土区水量平衡及地表径流特征［J］．中国科学D辑，1996，26（6）：567－573.

[21] 王宁练，张世彪，贺建桥．祁连山中段黑河上游山区地表径流水资源主要形成区域的同位素示踪研究［J］．科学通报，2009，54（15）：2148－2152.

[22] 阳勇，陈仁升，吉喜斌．近几十年来黑河野牛沟流域的冰川变化［J］．冰川冻土，2007，29（1）：100－106.

[23] 陈仁升，康尔泗，吉喜斌，等．黑河源区高山草甸的冻土及水文过程初步研究［J］．冰川冻土，2007，29（3）：387－396.

# 青海寒区潜热蒸发对土壤表层含水量的作用*

吴晓玲[1,2]　向小华[1,2]　王船海[1,2]

（1. 河海大学水文水资源学院　南京　210098；
2. 河海大学水文水资源与水利工程科学国家重点实验室　南京　210098）

**摘　要**　为实现寒区融雪冻土的耦合产流研究，两者的衔接机制十分关键。文中尝试用潜热将积雪融化与土壤表层含水量两者相衔接，分为三种应用案例：在有积雪且雪内有水分情况下考虑蒸发；在仅有积雪情况下考虑升华；在无积雪的情况下，折算为表层土壤含水量的亏缺值。文中结合黄河源区河南站为例，针对2005～2006年的融雪及土壤分层含水量实测资料进行研究，发现应用本文方法，可以较好地模拟表层土壤含水量的变化过程，表明该方法对于研究积雪冻土的季节性融化具有一定的实用意义。

**关键词**　三江源；潜热；土壤含水量

## 1　研究背景

目前国内外普遍流行的融雪模型大致分为两类：基于能量平衡和基于气温指标，前者主要从热力学角度定量分析融雪，后者主要以度日因子法[1]建立气温与融雪的线性关系。基于热力学角度的能量平衡方法[2]中涉及太阳长波、短波净辐射，潜热，感热，融雪期降水热，地表热通量等，一般利用潜热计算融雪当量及积雪内含水量时所采用的假设为：当雪内有液态水存在，则仅发生蒸发；若无液态水存在时，仅发生升华作用，计算结果显示为雪水当量的变化[3]。对于地表无积雪情况下，为体现潜热对冻土系统中的水量变化情况，文中以此为出发点考察潜热对地表含水量的副作用，及其与降水、融水一起作为上边界输入，影响土水系统的各层含水量的变化情况。

## 2　模型介绍

能量平衡方程贯穿于雪盖的整个积雪、蒸散发、融化以及重冻结等变化过程。根据能量守恒原理，在有限时间内积雪表层与大气的热量交换过程可以表示为：

$$Q_{net}=(Q_R+Q_P+Q_h-Q_{le}+Q_g)\Delta t \tag{1}$$

式中　$Q_{net}$ 为模拟时段内的总能量输入，J；$Q_R$ 为净辐射通量，J/s；$Q_P$ 为融雪期降水所带来的热通量，J/s；$Q_h$ 为感热通量，J/s；$Q_{le}$ 为潜热通量，J/s；$Q_g$ 为地热通量，J/s；$\Delta t$ 为计算时间步长，s。

结合水量平衡原理，将时段内积雪层输入的总能量一部分考虑用于雪层内的内能改变，另外一部分用于雪层的融化和冻结。其中水量平衡中，即考虑降水、蒸发或升华以及融水或冻结。对于蒸发和升华量的计算：

$$\begin{cases} E=\dfrac{Q_{le}}{\rho_w\lambda_v} & W_{liq}>0 \\ S=\dfrac{Q_{le}}{\rho_w\lambda_s} & W_{liq}=0 \end{cases} \tag{2}$$

式中：$Q_{le}$ 为时段内的潜热量，$kJ/m^2$；$\lambda_v$ 为汽化热，2501kJ/kg；$\lambda_s$ 为升华热，2835kJ/kg；$\lambda_f$ 为融化热，334kJ/kg；$E$ 为蒸发量，m；$S$ 为升华量，m；$\rho_w$ 为水的密度，$kg/m^3$。

在融雪计算过程中，对于雪层中有液态水情况，则潜热体现在蒸发上；若无液态水存在时，潜热则体现

---

* 基金项目：国家自然科学基金青年项目（51009045）；“973”项目“国家尺度生态系统服务功能变化及综合评估”（2009CB421105）；国家自然科学基金重点项目（40930635）；国家自然科学基金面上项目（51079038）；中央高校基本科研业务费专项资金（2009B06614、2010B00414）以及公益性项目（20090513－8）等。

第一作者简介：吴晓玲（1981—　），女，黑龙江牡丹江人，讲师，主要从事寒区水文活动研究。E－mail：freebird7237@163.com

在升华上，影响雪水当量。而对于无积雪情况下，文中将潜热折算得到的蒸发量作为土壤表层含水量的负输入因子，与降水、融水等作为上边界输入条件，影响季节活动层内的土壤含水量变化。

$$\theta_0^k = k(P^k + W_{out}^k - E_{le}^k) + b \tag{3}$$

式中：$\theta_0^k$ 为 $k$ 时刻顶层土壤未冻水含量，%；$P^k$ 为 $k$ 时刻降水，m；$W_{out}^k$ 为 $k$ 时刻融水产流入渗量，m；$E_{le}^k$ 为 $k$ 时刻由潜热引起的蒸发量，m，$E=\dfrac{Q_{le}}{\rho_w \lambda_v}$；$k$、$b$ 为影响参数。

采用此类形式作为上边界条件，计算冻土含水量，实现融雪与冻土的耦合作用。

## 3 实例验证

将本文方式应用于黄河源区的河南站，河南县多年平均年降水量 517.2mm。降水量季节分布不均，降水主要集中在 6～9 月，约占全年降雨量的 86%～90%，并有着夜雨多、日数多、强度小的特征。结合该站 2005～2006 年的水文气象资料，建立基于本文方法的融雪冻土的耦合模型中，关于地表土壤水含量反应对感热通量引起的蒸发作用。

由式（3）得到的 2005 年、2006 年河南站由潜热得到的地表蒸发量如图 1 所示。通过对表层土壤的水量平衡作用，表层 10cm 的土壤体积含水量的年内变化过程如图 2 所示。

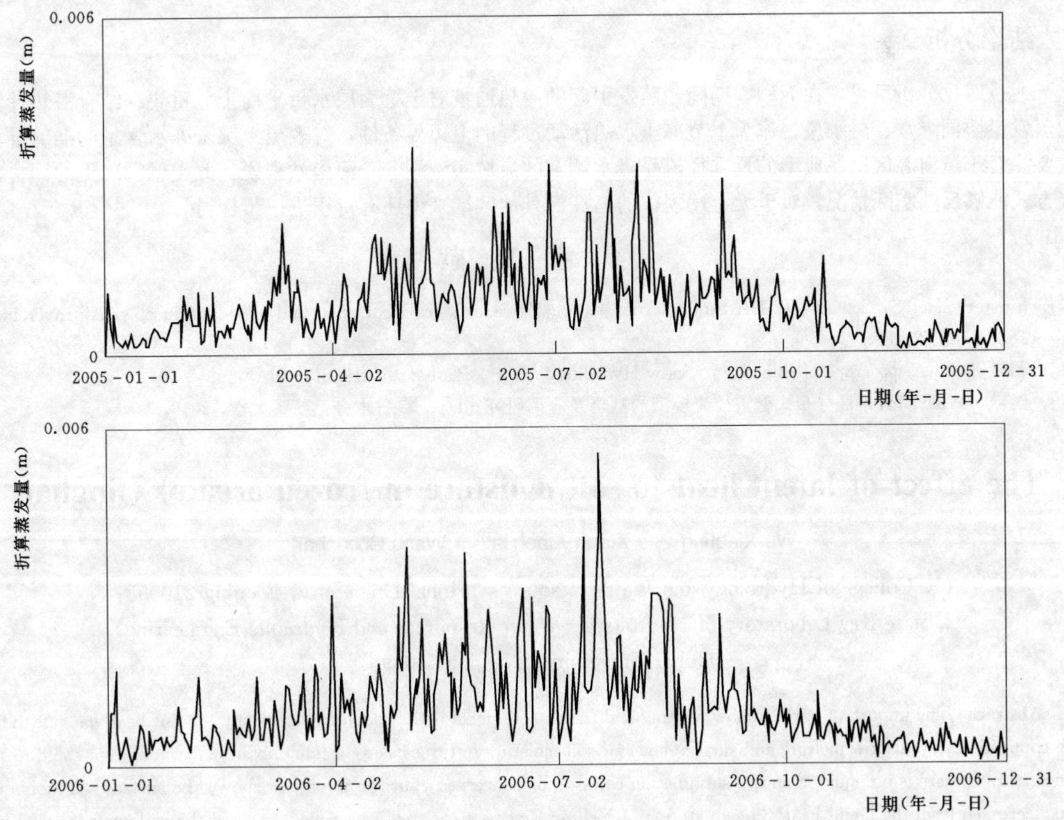


图 1　2005～2006 年地表蒸发折算量

由图 2 可见，2005 年表层土壤含水量在 4～8 月期间计算的土壤含水量与实测过程吻合的较好；而 2006 年在 7 月之前土壤含水量计算值与实测过程吻合较好，但后段时间由于降雨急剧增加，使得计算过程呈现向上发展趋势。可见该方法针对年内降雨变化幅度不大的情境下，对土壤表层含水量的模拟较为准确，对于降水充沛的时段，模拟过程对降水的敏感性过强，导致计算过程趋势与实测过程吻合程度不好。

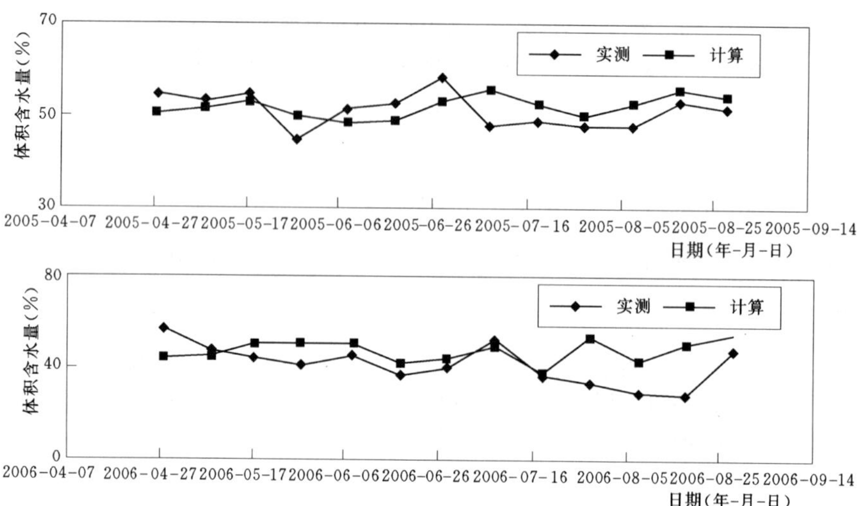


图 2　土壤表层含水量对比

## 4　结论分析

通过对比分析可见，在无积雪期间，蒸发引起的潜热通量对土壤表层水量平衡十分重要。结合潜热计算的蒸发量协同降水、融水量，作为季节冻土水热活动过程的上边界条件，对表层土壤未冻水含量的准确推算重要。对于黄河源区这一典型的夏季径流受降水调节的流域实测站——河南站来说，此类融雪冻土的耦合衔接方式能够反映实际情况，对于无上述规律的三江源其他区域来说还有待于进一步探讨。

## 参 考 文 献

[1]　Finsterwalder S, Schunk H. Der Suldenferner [J]. Zeitschrift des Deutschen und Oesterreichischen Alpenvereins, 1887, 18: 72-89.

[2]　The U. S. Army crops of Engineers. Snow Hydrology [M]. Plate 8-1, 1956.

[3]　秦艳. WRF与干旱区分布式融雪径流模型的耦合及应用研究 [D]. 乌鲁木齐：新疆大学，2010.

# The effect of latent heat to soil moisture in frozen area of Qinghai

Wu Xiaoling[1,2]　Xiang Xiaohua[1,2]　Wang Chuanhai[1,2]

(1. College of Hydrology and Water Resources, Hohai University, Nanjing 210098;
2. State Key Laboratory of Hydrology—Water Resources and Hydraulic Engineering,
Hohai University, Nanjing 210098)

**Abstract**　The important part of snow melting and frozen soil model is the coupled mechanism. Latent heat was put to be the connection of the snow melting and surface layer of soil moisture in three cases: if liquid in snow, evaporation could to be concerned, if there is no liquid in snow, sublimation could to be concerned, but for no packed snow, the surface soil moisture was decreased from the latent heat. Henan station of Yellow River source area was picked up, and the soil surface moisture observed information from 2005 to 2006 were analyzed using this model. From the analyzing, the model is calibrated and verified against observed value, which indicate that the new model can be reflected the transfer of soil moisture in this permafrost regions and provide a support to develop the season melting of snow and frozen soil.

**Key words**　three river sources; latent heat; soil moisture

# 气候变化对祁连山冻土区干旱—半干旱高寒草地的影响*

周兆叶　宜树华　叶柏生　任世龙　许　民

（中国科学院寒区旱区环境与工程研究所冰冻圈科学国家重点实验室　兰州　730000）

**摘　要**　全球变暖对多年冻土最直接的影响就是地温升高和活动层厚度增大，导致表层土壤含水量减少，从而对多年冻土区植被产生影响。本文选取祁连山西段的干旱—半干旱区的疏勒河上游地区，分析不同冻土类型区高寒草地 *NDVI* 分布特征及变化趋势，建立不同冻土类型区归一化植被指数（*NDVI*）和地表温度（*LST*）的关系以探究限制植被生长的因素（热量或水分）。研究结果表明，①从极稳定型到季节性冻土区，*NDVI* 呈倒 U 形分布特征。②1995 年以来，极稳定型、稳定型冻土区 NDVI 略有增加；亚稳定型、过渡型冻土区 *NDVI* 呈增加趋势，植被覆盖状况发生好转；不稳定型、季节性冻土区 *NDVI* 呈减少趋势。③从极稳定型到季节性冻土区，植被生长的限制因素从热量过渡到水分。

**关键词**　冻土退化；高寒草地；*NDVI*－*LST*；制约因素

## 1　引言

多年冻土上部由于冰的存在而形成隔水层，可以阻止近地表水向下渗透[1]，使地表土壤保持湿润，这有助于冻土区植物的生长从而阻止寒区沙漠化发展。由于气温和地表温度的升高，进入多年冻土层的热量增加，导致活动层厚度增大。活动层增厚将导致表层土壤含水量的减少，从而对多年冻土区土壤和植被产生影响[2]。

我国环境与灾害监测预报小卫星 A 星（HJ－1A）自 2008 年 9 月发射以来，可提供时间分辨率为 2d、空间分辨率为 30m 的数据，可代替云量大，影像质量不好的 Landsat TM/ETM 数据计算 *NDVI*。Carlson[3] 用 AVHRR 数据的地表温度（*LST*）和归一化植被指数（*NDVI*）之间的关系式研究地表土壤水分。Karnieli 等[4]的研究结果表明当热量是植被生长的限制因素时，*NDVI*－*LST* 负相关，当水分是制约植被生长的因素时，*NDVI*－*LST* 正相关。

疏勒河上游流域位于祁连山区西段，为祁连山多年冻土最为发育的地区之一[5]。该区降水量少、地表干燥，植被整体发育较差，代表了一类干旱气候条件下的多年冻土分布特征。本文通过分析流域内 1995 年、2002 年、2010 年不同冻土类型区 *NDVI*，并建立 *NDVI*－*LST* 关系式，分析影响植被生长的制约因素。

## 2　研究区概况

疏勒河流域位于青藏高原东北缘的祁连山西段（图 1），为我国河西 3 大内陆河流域之一[6]，发源于青海省境内祁连山西段的疏勒南山和托勒南山之间，其上游区域（96.6°～99.0°E，38.2°～40.0°N）为疏勒河出山口以上的区域，区域面积 1.1 万 $km^2$，海拔介于 2078～5763m，河谷地区地形平缓，高山地区地形陡峭。研究区位于大陆性干旱荒漠气候区，气候干冷、多风[6,7]。距疏勒河流域上游最近的气象站——托勒气象站（98.42°E，38.82°N）的多年观测资料，该站点多年平均气温－2.7℃、年均降水量 349.2mm。

---

* 基金项目：国家重点基础研究发展计划（973 计划）项目（2007CB411502）；中国科学院“百人计划”项目（2010）资助。

第一作者简介：周兆叶（1983—　），女，甘肃靖远人，2009 年毕业于兰州大学，现为中国科学院寒区旱区环境与工程研究所在读博士研究生，主要从事寒区陆面生态遥感。E-mail：zhou_zy2010@163.com

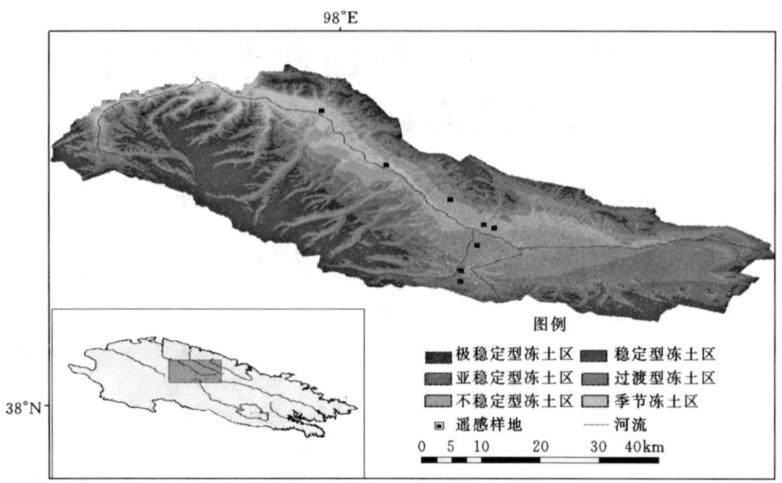


图1　研究区位置示意图

## 3　研究方法

### 3.1　数据准备

本文用到的数据主要有年均地温、MOD13A2（1000m 分辨率的 16 日合成 NDVI），MOD11A2（1000m 分辨率的 8 日合成 LST）、Landsat TM、HJ－1A。

#### 3.1.1　年均地温数据

年均地温数据（*MAGT*）[6] 主要用以按照青藏高原多年冻土分带方案[8] 进行冻土类型的划分，划分标准为：极稳定型（$MAGT<-5℃$）、稳定型（$-5℃<MAGT<-3℃$）、亚稳定型（$-3℃<MAGT<-1.5℃$）、过渡型（$-1.5℃<MAGT<-0.5℃$）、不稳定型（$-0.5℃<MAGT<0.5℃$）、季节冻土（$MAGT<0.5℃$）。

#### 3.1.2　MOD11A2、MOD13A2 数据

下载 2001～2010 年 4～10 月 MOD13A2 数据，计算 NDVI 十年平均值，7 月下旬至 8 月上旬为该流域植被生长最佳季节，因此选择 7 月 20 日～8 月 4 日的 MOD11A2、MOD13A2 数据。MOD11A2 有白天（day）、夜晚（night）两种数据，在本研究中选择白天的 MOD11A2 数据与 MOD13A2 建立 *NDVI－LST* 的关系式来分析影响植被生长的因素。

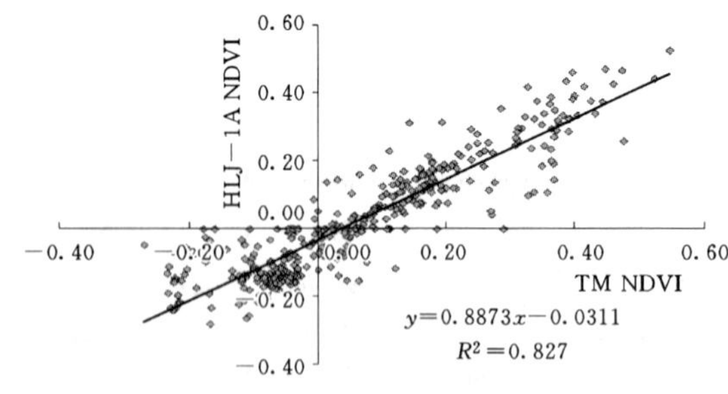


图 2　TM 与 HJ－1A 数据 *NDVI* 对比

#### 3.1.3　Landsat TM、HJ－1A 数据

HJ－1A 数据是我国 2008 年 9 月发射的环境与灾害监测预报小卫星 A 星上的数据，该数据时间分辨率为 2d、空间分辨率为 30m，波段范围与 Landsat TM 的前四个波段相同，选取相近时段的 TM 和 HJ－1A 数据，计算 *NDVI*，在像元尺度上对两种数据进行一致性检验。结果表明，从像元尺度来看，两种数据集的 *NDVI* 数据之间有很好的线性关系（$y=0.8873x-0.0311$，$R^2=0.827$，$n=364$）（图 2），并通过 0.001 的置信度检验。

所以，当研究时段的 Landsat TM 影像云量大、数据质量不好时，可用其代替之。选择 1995 年 8 月 9 日、2002 年 8 月 1 日 Landsat TM 数据和 2010 年 7 月 27 日 HJ－1A 数据计算 *NDVI*。

### 3.2　*NDVI－LST* 关系式的建立

用最大值合成法对 2001～2010 年 7 月 20 日～8 月 4 日 MOD13A2（8 日合成 NDVI）的 20 景影像进行合成，使其与 MOD11A2（16 日合成 LST）时间一致。*NDVI－LST* 正相关时，热量是限制植被生长的条件；*NDVI－LST* 负相关时，水分是制约植被生长的条件[4]。通过研究 *NDVI－LST* 正负相关性来分析不

同冻土类型区影响植被生长的因素。

## 4 结果分析

### 4.1 1995～2010 年 NDVI 分布特征及变化

研究区 1995 年、2002 年、2010 年不同冻土类型区 *NDVI* 分析结果如图 3，由于气候干旱，研究区植被覆盖状况较差，均值仅为 0.23 左右，亚稳定型、过渡型冻土区 *NDVI* 最大，也仅为 0.2～0.25，极稳定型冻土区 *NDVI* 仅有 0.05 左右。1995～2010 年，亚稳定型、过渡型冻土区 NDVI 呈增加趋势；极稳定型、稳定型、冻土区 NDVI 略有增加；不稳定型、季节性冻土区 NDVI 呈减少趋势。

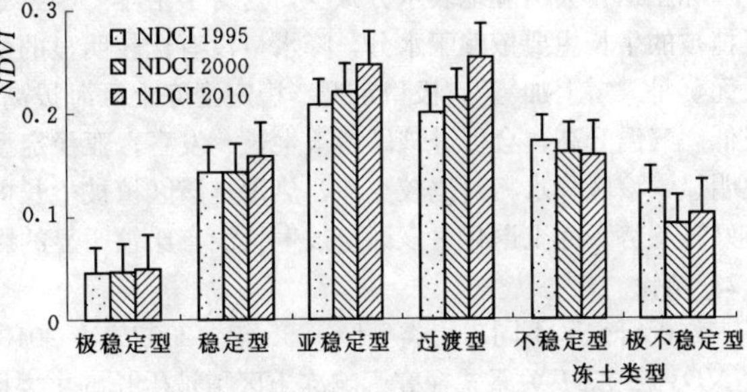


图 3 1995 年、2002 年、2010 年不同冻土类型区 *NDVI*

不同冻土区的高程，不同高程带的降水、气温决定了 *NDVI* 的分布特征。从季节性冻土区到极稳定型冻土区，高程从 2000m 过渡到 5700m。距研究区最近的托勒气象站的观测资料表明，1980 年以来，年均降水没有明显变化，但气温表现出明显的上升趋势，由此引起的区域蒸发量也呈现上升趋势，植被生长所需要的水分受到胁迫，从而限制了植被的生长发育，使得低山区 *NDVI* 呈减少趋势。而在海拔较高的山区，*NDVI* 与降水的相关性较弱且不显著，但气温与 *NDVI* 具有显著的正相关性[9]。因此，中高山区 *NDVI* 的变化主要受气温的影响，气温的升高有利于植被生长，从而导致 *NDVI* 呈增加趋势。

### 4.2 *NDVI*－*LST* 相关性分析结果

*NDVI*－*LST* 的正负相关性可以体现影响植被生长的主要因素（热量、水分）[4]。对 10 年平均 *NDVI*、*LST* 进行相关性分析（图 4），极稳定型、稳定型冻土区 *NDVI*－*LST* 正相关，热量是限制该区植被生长的主要因素，海拔越高，植被对热量的需求越强；亚稳定型、过渡型冻土区 *NDVI*－*LST* 略呈正相关，相关性不是很显著，说明热量、水分在该区达到较好的组合，气温升高有利于该区植被的生长；不稳定型、季节性冻土区 *NDVI*－*LST* 负相关，水分是制约该区植被、发育的主要因素，季节性冻土区植被对水分的需求更强。

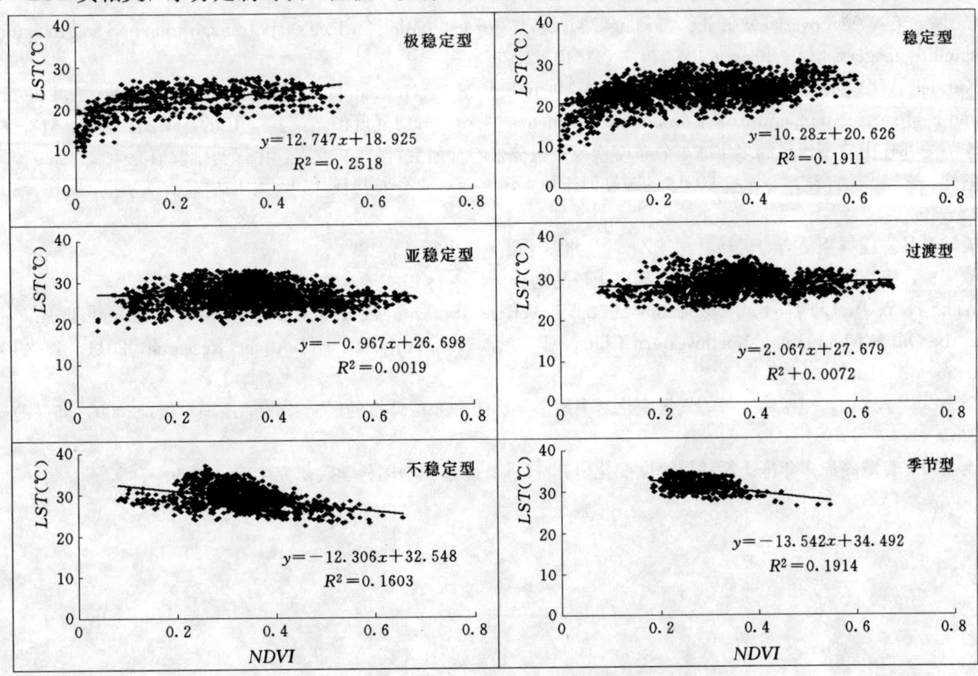


图 4 不同冻土类型区 *LST* 和 *NDVI* 相关性

# 5 讨论及结论

## 5.1 讨论

祁连山冻土区是青藏高原冻土活动层厚度最大的地区之一，20 世纪 70 年代至 2000 年冻土下界从 3420m 上升到 3500m[10]，祁连观测站 1961～1998 年观测资料表明，最大季节冻结深度呈减薄趋势，减少幅度大于 20cm[11]。祁连山区冻土退化，这已是不争的事实。

冻土退化会引起地表水分减少，这对于干旱一半干旱地区的植被生长至关重要。不稳定型、季节性冻土区植被的生长主要依赖于水分，降水量没有比较明显的变化，但是增温趋势明显，冻土退化对该区植被的生长无疑是“雪上加霜”；极稳定型、稳定型冻土区海拔高、温度低，基本不适于植被的生长，植被覆盖度也极低。气温升高，会促进该区植被生长、发育；亚稳定型、过渡型冻土区，*NDVI*－*LST* 正、负相关性不是很明显，该区降水相对比较充沛，热量是该区植被生长的主要因素，随着气温的升高，近 15 年来该区植被有好转趋势，冻土退化对该区植被生长没有比较明显的影响。

## 5.2 结论

分析研究区不同冻土类型区 1995 年、2002 年、2010 年三个时期植被生长状况最佳季节的 *NDVI*，并建立 *NDVI*－*LST* 关系式探究影响冻土区植被生长的主要因素。本文得出以下主要结论：

（1）从极稳定型到季节性冻土区，研究区植被分布呈倒 U 形，植被覆盖状况较差，亚稳定型、过渡型冻土区植被覆盖状况最好，但 *NDVI* 均值也仅为 0.22。

（2）1995～2010 年，极稳定型、亚稳定型冻土区植被覆盖状况略有好转；亚稳定型、过渡型冻土区 *NDVI* 呈较明显增大趋势；不稳定型、季节性冻土区植被状况变差，*NDVI* 值呈减小趋势。

（3）从极稳定型过渡到季节性冻土区，*NDVI*－*LST* 由正相关过渡到负相关，即限制植被生长的因素从热量过渡到水分。

## 参 考 文 献

[1] Kane D L, Hinzman L D, Zarling J P. Thermal response of the active layer to climatic warming in permafrost environment [J]. Cold Regions Science and Technology, 1991, 19: 111-122.

[2] 赵林，程国栋，李述训，等．青藏高原五道梁附近多年冻土活动层冻结和融化过程［J］．科学通报，2000，45（23）：2181-2186.

[3] Carlson T N. An overview of the “Triangle Method” for estimating surface evapotranspiration and soil moisture from satellite imagery [J]. Sensor, 2007, 7: 1612-1629.

[4] Karnieli A, Agam N, Pinker R T, Anderson M, Imhoff M L, Gutman G G, Panov N and Goldberg A. Use of NDVI and land surface temperature for drought assessment: Merits and Limitations [J]. Climate, 2010, 23: 618-633.

[5] 李静．祁连山典型流域的多年冻土分布模型与地温分带特征研究［D］．北京：中国科学院研究生院，2009.

[6] 盛煜，李静，吴吉春，等．基于GIS的疏勒河流域上游多年冻土分布特征［J］．中国矿业大学学报，2010，39（1）：32-39.

[7] 天峻县县志编纂委员会．天峻县志［Z］．兰州：甘肃文化出版社，1995.

[8] 程国栋，王绍令．试论中国高海拔多年冻土带的划分［J］．冰川冻土，1982，4（2）：1-16.

[9] Wang J, Ye B, Liu J, et al. Variations of NDVI over elevation zones during the past two decades and climatic controls in the Qilian Mountains, Northwestern China [J]. Arctic, Antarctic and Alpine Research, 2011, 43 (1): 127-136.

[10] 金会军，李述训，王绍令，等．气候变化对中国多年冻土和寒区环境的影响［J］．地理学报，2000，55（2）：161-173.

[11] 庞强强．青藏高原多年冻土活动层厚度变化研究［D］．北京：中国科学院研究生院，2009.

# Impact of climate change on alpine grassland of permafrost zone in a semi—arid basin of the Qilian Mountain

Zhou Zhaoye Yi Shuhua Ye Baisheng Ren Shilong Xu Ming

(State Key Laboratory of cryospheric sciences, CAREERI, CAS, Lanzhou 730000)

**Abstract** The most direct impact of global warming on permafrost is ground temperature rising and active layer thickening, which will reduce moisture content of surface soil, and then, influence vegetation of permafrost zone. In this study, we studied *NDVI* distribution and change of the alpine grassland and built relationships between *NDVI* and land surface temperature (*LST*) to infer the limiting condition (water and energy) of vegetation growth on the source region of Shule river basin, a semi—arid zone, which locates in the western of Qilian Mountain. Result shows, firstly, distribution of *NDVI* is in the shape of reversed U from extreme stable permafrost zone to seasonal frost zone. Second, since the 1995 year, *NDVI* has increased slightly in extreme stable and stable permafrost zone and more significantly in sub-stable and transition permafrost zone, however, it has decreased in unstable permafrost zone and seasonal frost zone. Moreover, limiting factor of vegetation growth was transitioned from energy in extreme stable permafrost zone to water in seasonal frost zone.

**Key words** Permafrost Degradation; Alpine Grassland; *NDVI*—*LST*; Limiting Factor

# 城市化过程中的水问题

# 干旱半干旱区雨水资源利用——以白银市为例

陈彩虹[1]　王廷丽[1]　吴锦奎[2]

（1. 甘肃省白银市白银区水务局　甘肃白银　730900；

2. 中国科学院寒区旱区环境与工程研究所生态水文与流域科学重点实验室　兰州　730000）

**摘　要**　雨水利用是缺水山区解决人畜用水困难、进行农作物补充灌溉、促进农业生产稳产、丰产的有效措施，也可为农业结构调整和生态环境建设创造有利条件。白银市地处干旱和半干旱区，水资源严重缺乏，区域内70%的耕地面积属旱作农业，干旱缺水已成为影响该区工农业生产和生态环境改善的首要制约因子。雨水利用改善了区域基本生存问题和生产条件，打破了自然降水在时空上对农业生产的制约，为旱作新技术的改进和创新发展提供新的希望，促进了水土保持和生态环境建设。但传统的雨水利用技术很难从根本上改变旱地农业的低生产力和落后状况，基础研究的薄弱和有限的资金投入限制了雨水利用技术的发展和推广。白银市的雨水利用应在不同区域、同一区域不同农田制定不同的开发目标和技术配置；雨水利用中农业资源开发和生态环境保护并重，走可持续发展的适度开发道路；加强基础科研和技术推广，强化技术服务和已有工程的管理，更好、更有效地利用雨水资源。

**关键词**　雨水利用；干旱区；旱作农业；生态环境；白银市

水资源紧缺已是一个全球性的问题，我国北方地区特别是西北地区水资源问题更为突出[1]。19世纪以来，伴随着近现代技术的兴起，地下水开采和大型水利工程技术日益精湛，为经济发展提供了稳定的、充足的水源，效益显著。但随着人口激增、经济迅速发展对水资源提出越来越高的要求，世界各地先后出现地下水枯竭、地面塌陷以及大型水利工程引发的环境生态问题[2]。在我国西北地区，由于水资源的时空分布极其不平衡，特别是水资源利用效率低，地表水和地下水的浪费和不合理开发利用使得流域上下游用水矛盾尖锐、水体污染加重，造成一些地区出现水源枯竭、土壤沙化、植被退化、土壤盐渍化等诸多生态环境问题[3]，使得本已十分脆弱的生态环境更趋恶化，直接影响到区域社会经济的可持续发展。

水资源危机的不断加剧、地下水开采和大型水利工程等工程措施带来的负面效应引起了相关学者的反思[4]，实践的需要迫使人们开始探索其他种类的获取水源的有效途径，雨水的更好利用是其中的一种。雨水利用是采用人工措施直接对天然降水进行收集、储存并加以利用的方式[5]。雨水利用是缺水山区解决人畜用水困难、进行农作物补充灌溉、促进农业生产稳产、丰产的有效措施，也为农业结构调整和生态环境建设创造了有利条件[6]。雨水利用是一项古老技术，但限于过去的经济和技术条件，传统雨水利用收集雨水的效率很低。从20世纪70年代开始，德国、日本等国开始注意到雨水的可资源化，雨水利用的研究才正式开始[7]。20世纪80年代以来，中国在西北黄土高原丘陵沟壑区、华北半干旱山区、西南季节性缺水山区、川陕干旱丘陵山区以及沿海及海岛淡水缺乏区开展了雨水集蓄利用，取得了显著的经济效益、社会效益和环境效益。据统计，从20世纪80年代后期到21世纪早期，全国已建成水窖、水池、小塘坝等小微型工程1200万处，可集蓄雨水$160\times10^8\,m^3$，初步解决$3600\times10^4$人的饮用水问题，为近$267\times10^4\,hm^2$旱作农田提供了补充灌溉水源，使近$3000\times10^4$人开始摆脱干旱缺水的束缚和困扰[8]。甘肃省从1988开始的“雨水集蓄利用试验研究与示范”到2002年完成的“九五”国家重大科技产业工程项目“天然降水高效富集利用技术集成与创新研究”，在解决干旱半干旱地区农村饮水、发展旱作农业方面取得了突破性进展[9]。

白银市地处干旱和半干旱区，水资源严重缺乏，区域内70%的耕地面积属旱作农业，作物水分供需严重错位，部分地区没有可靠的生活饮用水供给，区域生态环境脆弱。干旱缺水已成为影响该区工农业生产和生态环境改善的首要制约因子。雨水利用研究将不仅促进区域内水资源的合理高效利用，还将进一步促进区域生态环境建设。

第一作者简介：陈彩虹（1968—　），女，甘肃会宁人，高级工程师，现主要从事水资源和水土保持工作。

## 1 区域概况

白银市地处黄河中上游流域的甘肃省中部干旱地区，103°3′～105°34′E 和 35°33′～37°38′N 之间，总面积 2.11×$10^4$ $km^2$。总人口 173.44 万人，其中农业人口占 79%。地理上位于腾格里沙漠边缘和祁连山余脉向黄土高原的过渡地带，海拔 1270～3300m，大部分地方为 1400～2000m。

白银市气候在中国气候区划上为中温带半干旱区向干旱区的过渡地带。市内南北气候变化差异大：年平均气温 5～10℃，大部分地区 7～9℃，大体分布呈北高南低。受特殊地形条件的影响，与北半球同纬度地区相比，降水明显偏少，干旱发生频率高。研究区年降水量 150（景泰）～400 mm（会宁），60 %～90 %集中于 6～9 月；按照年降水小于 250mm 为干旱区，250～450mm 为半干旱区的标准划分，则区域内景泰县、白银区、靖远县和平川区为干旱区，会宁县为半干旱区。市辖三县两区 70%以上的耕地属雨养农业，干旱常常造成粮食减产甚至绝收，是区域农业生产的主要气象灾害[10]。年蒸发量由 3038.5 mm（景泰）递减到 1736.4 mm（会宁）。华家岭至会宁县城间干燥度在 1.0～1.5 之间，属半干旱区。靖远县城向北至白银、景泰间，干燥度由 2.0 逐渐增大为 4.0，属干旱区。全市年日照时数 2500～2700h，自东南向西北增多，比甘肃省内河东各地偏多，而比河西地区略偏少。同时，白银境内近 50 年来气候变化较为剧烈，并且存在较为显著的地域分布上的差异性[11]、降水等的变化给雨养农业和生态环境带来了严重影响。

近 30 年来，由于干旱、盐渍化等自然因子作用及人类活动如垦荒、过牧、樵采等影响，天然草地植被发生了一系列的退化[12]，区域生态环境退化严重[13]。

## 2 白银市雨水利用条件分析

### 2.1 水资源贫乏使得雨水利用势在必行

在我国，人均水资源量的统计是人均占有地表水和地下水的资源量。据白银市水资源部门的统计，全市可开发利用的地表水资源为 11.51×$10^8$ $m^3$（包括国家分配给白银市的黄河取水量 10.788×$10^8$ $m^3$ 和流经会宁、靖远的祖历河流量 0.722 ×$10^8$ $m^3$），可利用地下水资源为 1.0×$10^8$ $m^3$，人均水资源量 605$m^3$，约是甘肃省人均水资源量的 1/2，全国人均水资源量的 1/4。干旱山区由于远离河流，地表水、地下水贫乏，人均水资源量更低。黄河流经白银市 258km，占流经甘肃段的 52%，为白银农业发展提供了得天独厚的条件。新中国成立以后，陆续建成了景电、靖会、兴电等 15 处大中型电力提灌工程。2005 年农业灌溉用水 8.02×$10^8$ $m^3$，有效灌溉面积 8.67×$10^4$ $hm^2$。占总耕地 30%的灌溉面积，承担了全市 80%的农业产出。近年来，随着黄河上游工、农业生产的发展以及大量的工业废水、生活污水在没有得到有效处理的情况下直接排入黄河，加之黄河上游地区水土流失严重，农田灌溉水回排现象也非常普遍，使得黄河白银段水质受到严重影响[14]。

由于水利工程的发展受许多条件的制约，雨水利用和旱地农业是白银市水资源利用的发展方向。白银市现有耕地 29.8×$10^4$ $hm^2$，其中旱地 21. 02×$10^4$ $hm^2$，占耕地面积的 71%，旱作农业区人口 57. 8×$10^4$ 人，占全市农村人口 136. 26×$10^4$ 人的 42. 4%。干旱山区地表水和地下水资源的贫乏，农村经济条件差，生态脆弱，区域内人畜存在不同程度的饮水困难，没有可靠的生活饮用水供给，卫生条件得不到保障，至今仍有 10%的农村人口没有解决温饱，水资源的贫乏已经成为影响当地人民正常生活、制约当地经济发展的最大不利因素。由于白银市旱作农业区主要处于山地、丘陵、戈壁地带，自然条件差，加之人口密度小、居住分散，不适合修建骨干水利工程。白银市土地面积 2.11×$10^4$ $km^2$，其中干旱地区 1.47 ×$10^4$ $km^2$，占总面积的 69.5%，除去水面、城镇用地、园地、农民宅基地、耕地等，在干旱地区具有集流条件的土地 94.7×$10^4$ $hm^2$，占干旱地区土地面积的 64.6%。全市多年平均年降水量为 274 mm，相当于全国平均年降水量的 31%，但由于地域广阔，降水总量十分可观，达到 57.85×$10^8$ $m^3$，干旱地区占 40.3×$10^8$ $m^3$，可利用 28.21×$10^8$ $m^3$，开发潜力很大[15]。因此，开发雨水资源，实现雨水富集，进行雨水资源再分配，以期发挥更大的效益，是白银市水资源利用的发展方向。

### 2.2 生产条件差

全市干旱地区主要集中在国扶贫困县的会宁县、靖远县、景泰县和平川区。气候干旱、土壤贫瘠、地表植被差是这一地区的主要特点。

全市多年平均年降水量为 274mm，6～9 月的降水占全年降水总量的 70% 左右。降水量年际变率大，平均相对变率20%，平水年与特殊干旱年的降水相差40%[10]。年内各季降水差异较大，3～5月降水量较少，此时正值春小麦等夏粮作物播种、出苗、拔节期，因无雨或少雨，形成春末夏初的“卡脖子”旱，这是影响夏粮作物产量不高，甚至无法下种的一个重要原因。6～9月降水量渐增且集中，利于秋季作物生长和雨水收集。自1956年有气象记录以来，全市平均气温上升了1.2℃，降水量从20世纪50年代的250～450mm减少至现在的150～350mm，减少幅度达100mm左右。特别是1995年、1997年、2000年、2005年的连续干旱给农业生产和生态环境带来民严重影响。旱灾造成农作物严重减产绝收、人畜饮水发生严重困难。因此，实现雨水的调配使用，解决降雨与作物需水供需错位的矛盾，对实现备水而耕、保苗增产是十分必要的。

白银市降水少，加之植被稀疏，黄土的保水性差，水土流失严重。据统计，全市水土流失面积达到20196.8$km^2$，占总土地面积的96%，年流失土壤6 112×$10^4$t，干旱山区约占80%左右。多年平均侵蚀模数5300t/($km^2$·a)，10%～15%的降水以径流形式携带大量地表肥土流入黄河，使祖厉河成为黄河流域含沙量最高的一级支流。农村经济发展的落后和生存需要，当地群众普遍沿用广种薄收的传统耕作方式，陡坡开荒，盲目扩大种植面积，水土流失、土地沙漠化现象日趋严重，生态环境恶化，导致恶性循环。因此，通过实施集雨工程，充分提高降水利用率，进行就地拦蓄，减少径流损失和土壤流失，是旱作农业可持续发展的自身需要。

## 3 白银市雨水利用现状

### 3.1 雨水利用进展

#### 3.1.1 基本生存问题和生产条件的改善是雨水利用的最大成就

1994年以来，白银市在雨水利用技术推广行动中，先后实施了“121”雨水集流工程、大地之爱——母亲水窖工程、万眼爱心水窖工程。从1998年开始，在5个县（区）全面实施集雨节灌工程。截至2010年底，全市用于雨水集蓄利用的总投资达到1.48亿元，共建成集雨水窖（池、塘）46.27万眼（处）蓄水能力1156.8×$10^4$$m^3$。

集雨水窖（池、塘）中用于农村饮水的水窖30.31万眼，蓄水能力757.8×$10^4$$m^3$，解决了121.2×$10^4$人的饮水困难。从“121”工程到目前人饮解困工程的实施期间先后发生了1997年、1999年、2000年、2001年和2005年5次特大干旱和2003年10月以来的局地特大干旱，群众饮水没有发生大的问题，异地运水、送水救灾的现象基本消失。基本生存用水问题的解决为区域发展提供了最根本的条件。

集雨水窖（池、塘）中用于灌溉的水窖15.96×$10^4$眼，蓄水能力399.0×$10^4$$m^3$，发展农田补灌面积近2.22×$10^4$$hm^2$。雨水利用促进了结构调整和高效农业的发展。甘肃省集雨节灌工程的兴建不仅实现了多项农业现代技术组装配套对水的要求，提高了农作物产量，而且使种植结构的调整发生了比较大的变化。当地农业种植结构从传统单一的粮食种植向粮、经、果、菜、花等综合发展。农村产业结构从单一的种植业向农、林、牧、副全面发展。实施集雨节灌工程大大提高了农作物的产量。据实测，集雨节灌地膜小麦比普通旱地小麦平均每公顷增产1500kg以上，地膜玉米每公顷增产225kg以上，果园增产约40%。同时通过调整种植结构，发展高效农业，增加了农民收入。

#### 3.1.2 雨水利用打破了自然降水在时空上对农业生产的制约

旱作农业技术的目标始终是通过各种途径，最大限度地摆脱自然降水少、年际变异大、季节分布不均对农业生产的危害。首先把年度的有限降水加以充分利用，其途径主要有两条：一是通过降水的蓄集技术，把无效降水变为有效降水，改变季节分配不均的现状，如把占全年60%～70%的秋季降水蓄积起来，供严重干旱的春季使用，并减少降水的径流和渗漏损失及无效蒸发。在田头路边修一些水窖（池），沟道、低洼地修塘坝、涝池（类似水保工程中的淤地坝，但淤地坝的主要作用是淤泥，而蓄雨设施的作用主要是用水）拦蓄降雨集中时期多余的雨水径流，到作物需水关键期进行补充灌溉，解决作物在旱季的缺水问题；二是通过生物技术改良及种植制度的改变，使农作物的需水与自然降水能尽可能地吻合，把生物生长发育所需的光、温、水等环境因子要求与当地的气候条件协调起来，使自然降水得到高效利用。其次，通过灌溉技术的改进和栽培管理措施的提高，充分提高水资源利用效率，实施高水平的节水灌溉工程及技术体系，在有限灌溉水源的条件下，通过节水限量补灌技术，进而实现在总用水量不变的前提下，扩大灌溉面积和提高产量的目的。

雨水集蓄利用技术的诞生和发展，从时间和空间上改变了雨水的分布，把有限水资源最大限度地集蓄利用，实现了天然降雨的资源化，为干旱山区发展农业生产找到了一条出路。白银市大规模的开展雨水工程建设，开辟了干旱山区抓水抗旱、扶贫致富的新途径，形成了以引黄提灌工程为主，井灌工程为辅，集雨工程为补充的水利建设新格局。

#### 3.1.3 主动开发利用雨水资源的旱作新技术的改进和创新为发展旱地农业提供新的希望

能否最大限度地摆脱自然降水对农业生产的制约，主动抵御干旱灾害，是旱作农业技术进步最明显的标志。白银市经过长期积累改进和现代新技术的开发运用，目前已有部分旱作技术呈现出显著的效益和广阔的发展前景。比较典型的如径流蓄积利用技术、有限水源的补充灌溉及节水高产技术、全膜双垄沟播技术、新型抗旱生长调节剂的使用等。

由于径流集蓄利用的技术水平提高，包括在集水工程系统的设计优化、集水材料选择、节水灌溉节水体系（提灌、滴灌、渗灌、喷灌等）的逐步完善、对农作物生长发育规律及其需水供水规律的了解等，使人们对雨水蓄集利用技术的巨大潜在效果和前景有了更深刻的认识。如1996年被列为集雨节灌高效农业试验示范点的白银市会宁县新庄乡杜岘村罗马社采用薄壳水窖拦蓄庭院径流。1998年底全社户均建成6眼水窖，其中1眼用于庭院经济，2眼用于人畜饮水，3眼用于大田作物补灌。3年试验期间，累积集蓄雨水2.3×$10^4$m$^3$，种植的地膜玉米增产率达到了40%以上，全社粮食总产由试点前的10.5×$10^4$kg增加到了试点后的24×$10^4$kg，发展大家畜65头，猪存栏65头，羊存栏100只，林果园3.9hm$^2$[15]。

#### 3.1.4 雨水利用促进了水土保持和生态环境建设

雨水利用促进了生态环境工程建设。白银市通过修筑梯田、鱼鳞坑、水平阶等水土保持工程措施和松耕、等高耕作等水土保持农业措施，就地拦蓄雨水径流入渗，提高了作物产量和林木成活，拦截分散了地表径流从而减轻了对土壤的冲刷侵蚀，水土保持作用十分明显。白银市水窖工程不仅为农业发展提供了水源，而且成为小流域综合治理和退耕还林（草）的水源工程。通过退耕还林试点，提出“适地适树，树跟水走”，在降水量400mm以下地区，要求退耕还林必须配套集雨水窖或者其他小型水利工程，以确保种草种树成活率。雨水利用工程具有集水、储水、节水灌溉等功能。以小流域为单元，进行梯田、道路、退耕还林（草）、集流场、水窖等综合治理，可有效解决作物、林木在旱季因缺水而枯死减产的问题，同时防止了暴雨径流对坡面、路面、沟头的侵蚀，改善当地生态环境。近年来，白银市先后实施了靖远县城南沟、景泰县秀水沟、会宁县石沟3条重点示范小流域治理及景泰县寿鹿山生态修复项目，综合治理面积435km$^2$；国家水土保持重点建设工程会宁县祖河项目，相继下达中央投资830万元，完成综合治理面积45.9km$^2$；白银城郊生态建设累计绿化造林约2700hm$^2$，造林成活率达90%以上，使城区周边水土流失初步得到遏制，对改善区域气候和生态环境起到了积极作用。

### 3.2 雨水利用中存在的问题

#### 3.2.1 传统的雨水利用技术很难从根本上改变旱地农业的低生产力和落后状况

在传统农业的技术体系中，旱作农业技术主要是通过土壤耕作、作物轮作与农田培肥等，实现对农田水分的高效利用。不可否认，传统旱作技术在促进精耕细作和提高农作物生产力上有其独特的作用效果，许多技术在今天仍然是旱地农业稳产高产的主要措施。但从本质上看，传统的理论和技术还是属于一种适应性的技术，局限在农田范围的人工调控，难以在大的方面克服降水少、作物生长受制的状况，所以也就不可能使旱作农业有更大的飞跃。这是因为旱区农业发展受到制约的关键是水资源的缺乏，其降水量少，年际间变异大，季节分配不均匀，仅仅从农田的角度来进行技术调控，其作用和效果相当有限。通过耕、耙、耱、压等土壤耕作措施，对农田的水、肥、气、热等土壤肥力因素进行协调，可以在一定程度上促进作物的生长发育，达到稳产高产或通过作物轮作，合理安排茬口，调节各季作物间在水分、养分上的需求差异，实现互补。但是由于旱区频繁的春旱、伏旱等自然灾害，许多旱区的旱作农业还是逃脱不了遇旱年保苗难、减产、毁种、甚至颗粒无收等厄运，从根本上仍然受制于“天时”的左右，不能保证持续的稳产与高产和雨水资源的高效利用。

#### 3.2.2 基础研究的薄弱和有限的资金投入限制了雨水利用技术的发展和推广

当前雨水利用的科研资金主要由国家投入、科研院所和高校以申报课题的形式进行开发研究，作为市场主体的企业在科研环节涉足很少，致使研发动力不足。如雨水收集系统的优化方案设计，不同容积、不同材质集雨储蓄系统的优化方案设计及不同地区雨水高效利用技术模式选择等应用研究不足；有限供水条件下，不同作物的最佳灌水时间、水量、灌水方法等方面的研究很少；经济、高效、小型灌水机具的研制等一直未得到根本性解决；节水设备、新技术研发和消化吸收力量不足；蓄积雨水经济有效的水质处理措施和设备研究开展缓慢。

对于一些已经开发出来的科技含量高的现有技术成果，如高性能防渗蓄水技术、节水灌溉技术以及有限灌溉、化学制剂节水、抗旱品种选用等农艺节水技术，其高效的性能虽已逐渐为人们所认识和采用，但由于投资大、设备结构复杂、操作不便、推广渠道不畅通等原因，推广应用受到很大限制，许多先进技术还处于试验推广阶段。

## 4 雨水利用的对策与建议

### 4.1 雨水利用在不同区域制定开发目标和技术配置上应区别对待

由于在长期发展过程中地理环境及社会经济的差异，在不同类型旱区存在着明显的技术经济梯度。白银市南部降水条件相对较好，生产水平较高，技术水平和经济水平也相应较高，开发的潜力较大。北部地区由于气候、土壤条件差，农业技术和经济落后，开发的难度大，增产的潜力和效益也低。在农业技术的配置上，需要优先考虑在条件较好的地区，通过加强品种、施肥、栽培管理措施及新技术的运用等，实现高产高效；而条件较差的地区不能期望过高，需要重点解决生态治理和温饱问题，逐步提高农作技术水平。

白银市北部大部分地方年降水量小于300mm，气候干旱，根本不适宜旱作农业。因此，在无灌溉条件的地方应植树造林。景泰老虎山区、靖远哈思山区、平川屈吴山区及其他二阴山区是宜林地区，应发展林业。市南部年降水变率大，属典型气候型农业区，农业基础脆弱，农业生产不稳定。一方面要推广旱作农业技术；另一方面将坡度大于25°、海拔1800m以上或易风蚀的山梁、山坡等不适宜种植的耕地要大力种草种树，退耕还林，扩大经济林、草业（如紫花苜蓿、沙棘等），既改善生态环境又增加农业收入。

### 4.2 雨水利用在同一区域开发对策和技术配置也应有区别

由于地力基础条件及农田水分供应状况的差异，同一区域不同类型的农田技术改进潜力和投入效益差别很大，其生产水平和增产潜力相差明显。在条件较好的农田上，提高农作技术的更新改进和增加投入，其生产力明显提高产投效益也非常显著；而在条件较差的农田，实现上述目的的难度很大，诸多不利的因素制约了先进技术的运用。据调查结果，会宁县一般坡梁地的作物单产是平地的65%～70%，是二阴地（沟、洼、滩地）的40%～50%，是水浇地的15%～20%。所以，对不同类型的农田应该有不同的开发对策和技术配置，能够利用雨水灌溉的水浇地是旱区的精华，要大力引进高产的品种和栽培管理新技术，高投入高产出高效益，最大限度地开发其高产的潜力；条件相对较好的旱地，应采用先进的旱作农业技术，使其稳产高产，作为基本农田加大力量进行建设；而条件较差的旱坡地，应有计划地进行粮草轮作或部分退耕还草还牧。

### 4.3 雨水利用应配合开发技术的配置分阶段、分层次进行

旱农地区长期以来的粗放经营，土壤性状差，肥力水平低。由于旱区较差的生态环境，其资源投入的效益和技术投入的效果往往也是低的，从农田养分和水分的转化利用效率的宏观分析可明显看出。白银市旱农地区N素养分的产投效率为46.5%，其总投N水平只有全国平均的1/3～1/2，化肥N投入不足全国平均的1/5。旱农地区平均的农田水分利用效率为5.25～5.95kg/(mm·hm$^2$)，为理论值的43%～45%。由此看出，尽管旱区农业生产有较大的潜力，但限于经济和技术等多方面的制约，其开发必须坚持分阶段、分层次的原则，需要根据各类型旱区的自然资源、社会经济和技术条件，选择适宜的开发目标和开发速度，使不同类型、不同条件的地区能够选择相应的技术，保证资源投入的报酬率和技术运用的效果较好。

### 4.4 雨水利用中农业资源开发和生态环境保护并重，走可持续发展的适度开发道路

从历史上看，由于人口快速增长的生存需要，进行大规模的过度垦殖，对旱农地区自然资源进行掠夺性的粗放经营，造成土壤退化、资源环境破坏严重，白银市生态环境的恶化已说明了这点。因此，在雨水利用开发中，如何解决提高生产力与资源环境保护的矛盾是旱区进一步开发所面临的重大难题，也是能否实现区域可持续发展的关键所在。

可持续的适度开发策略，就是要综合考虑旱区人口增长及其生存需要，资源环境的合理利用与保护，通过选择适当的技术，实现农牧业、农村经济持续稳步发展，使生态—经济—技术协调和统一。一方面要立足区域的基础和条件，在雨水利用中挖掘增产潜力和促进经济发展，制定不同经济技术水平下及不同发展阶段的确实可行的开发目标，以满足区域人口对食物及经济发展的基本需求。通过提高或引进先进的高产高效农业生产技术，有重点地在基础较好地区和农田进行开发；另一方面从可持续发展的角度，加强对农业资源和

生态环境的治理和保护工作，对一些环境资源状况恶劣、生产条件差的地区和农田进行重点保护性开发，选择和应用对生态治理效益显著的农业技术，使区域脆弱的生态状况能得到控制和逐步改善。

**4.5　加强基础科研和技术推广，强化技术服务和已有工程的管理**

雨水利用涉及农业、林业、气象、水文、机械制造等许多专业，应根据实地情况，加强基础科研；同时，对好的技术进行消化吸收和推广。雨水集蓄利用工作涉及千家万户，当地群众文化素质相对较低，在短期让群众完全掌握雨水集蓄利用的技术不太现实。因此，面对大规模雨水集蓄利用的发展，强化技术服务和监督至关重要。强化技术服务体系关键是要普及雨水集蓄利用的知识，培训从事雨水集蓄利用规划设计、施工和管理的技术人员。在技术服务体系建设中，市、县、乡、村各有侧重。

雨水集蓄利用工程能不能发挥作用，关键在管理。要把能蓄上水作为雨水集蓄利用的管理中心，除农户自管外，村里在雨季进行检查督促，尽量争取能蓄上水、多蓄水。为便于管理，在工程建设时应考虑采用新材料、新工艺以为管理创造条件。有关部门要尽早研究制定简便、科学、实用的雨水集蓄利用工程管理模式，在试点和技术管理基础上推广应用。

## 参　考　文　献


[1] 高前兆，杜虎林．西北干旱区水资源及其持续开发利用 [M]．北京：气象出版社，1996.

[2] Olli Varis，Pertti Vakkilainen. China's 8 challenges to water resources management in the first quarter of the 21st Century [J]．Geomorphology，2001 (41)：93-104.

[3] 冯起，曲耀光，程国栋．西北干旱地区水资源现状、问题及对策 [J]．地球科学进展，1997，12 (1)：66-73.

[4] 贾登勋．关于雨水集蓄利用基本问题的阐释 [J]．兰州大学学报（社会科学版)，2007，35 (1)：7-12.

[5] 姜文来，唐曲，雷波，等．水资源管理学导论 [M]．北京：化学工业出版社，2005.

[6] 中华人民共和国水利部．雨水集蓄利用工程技术规范 (GB/T 50596—2010) [S]．北京：中国计划出版社，2010.

[7] 郭天翔．雨水利用技术研究 [J]．水资源研究，2009，30 (1)：20-22.

[8] 朱强，李元红．论雨水集蓄利用的理论和实用意义 [J]．水利学报，2004 (3)：60-64.

[9] 李效栋．雨水利用技术实验研究与示范推广 [J]．中国水利，2004 (17)：24-25.

[10] 陈少勇，李逢春，曹治国，等．白银市干旱气候特征 [J]．干旱地区农业研究，2002，20 (4)：93-97.

[11] 景怀玺，李富洲，白虎志．白银市近48年地表干湿状况及变干趋势 [J]．干旱气象，2006，24 (3)：52-56.

[12] 张国利，滕秀丽．白银地区天然草地组成及其退化特征的调查分析 [J]．草业科学，2005，22 (6)：16-19.

[13] 陈彩虹，吴锦奎．黄土高原矿业城区生态环境的退化及修复 [J]．水土保持研究，2007，14 (2)：139-132.

[14] 南忠仁，杨苏才，徐文青，等．黄河白银段水污染成因分析及防治对策 [J]．水土保持研究，2006，13 (6)：123-125.

[15] 魏以昕．白银市旱作农业雨水利用问题的讨论 [J]．节水灌溉，2006 (6)：63-64.

# 重庆市农村集中式饮用水源地安全评价

侯　新[1,2]　龙训建[1,3]

（1. 重庆水利电力职业技术学院　重庆　402160；2. 重庆市水资源管理协会　重庆　401147；
3. 四川大学水电学院　成都　610065）

**摘　要**　饮水安全是关系到国计民生的重大问题。本文根据重庆市供水规模500人以上农村集中式饮用水水源地现状调查结果，采用农村饮用水安全评价指标体系对33个行政区（县）进行评价。结果表明：重庆市500人以上农村集中式饮用水水源地仅6个区（县）的水质与水量安全状况综合等级为高，比例为18.2%；全市500人以上农村集中式饮用水水源地水质不合格影响人口为295.87万人；水量不合格影响人口为234.56万人；通过对风险应急能力等级（高、中、低三级）分级，全市500人以上农村集中式饮用水水源地供水人口分别为142.50万人、233.95万人和323.27万人，占农村总人口的比例为6.10%、10.00%和13.82%。

**关键词**　农村集中式水源地；现状；评价；指标体系

## 1　引言

水资源是人类生存和发展的基础资源[1]。其中能满足人体正常生理需求的饮水、炊事、洗浴等日常生活需要的用水为饮用水，其安全性主要表现为水质满足人体健康要求[2]，而饮用水的安全性直接受到水源地水资源状况的影响。我国是一个人口大国，农村人口占全国总人口的57.01%，在城乡一体化统筹发展进程中，保护饮用水水源地水资源安全是促进社会经济发展、提高人口素质、稳定社会秩序的基本条件，已受到党中央、国务院的高度重视和社会各界的广泛关注[3-5]。

长期以来，由于农村集中式饮用水水源地具有管辖行政级别较低，无流域综合管理权、规模相对较小，对外界影响敏感、水源地分散、易于受到污染等特点，造成水环境保护不够重视，污染防治能力滞后，环境管理能力和应急相应能力低下，饮用水安全隐患日益突出[6]。为了建立和完善重庆市统筹城乡水资源保护体系，水利部于2009年提出贯彻落实国务院关于推进重庆市统筹城乡改革和发展的若干意见工作方案，明确提出了解决饮水安全问题，保障城乡供水水源安全。

如何合理利用水源地现有资源，使其发挥最大的经济、生态、社会效益，形成良性的生态保护环境，是目前水源地保护面临的巨大任务。重庆市作为我国四大直辖市之一以及长江三峡工程回水影响区，如何解决与人民群众生命利益息息相关的饮用水水源地安全问题，为人民群众和社会经济提供安全、方便的水源，是保障人民群众的生存权、发展权，进而全面建设小康社会的具体行动，是实现区域经济社会可持续发展和构建和谐社会的基础。因此，本文从区域实际情况出发，通过对区域内500人以上规模的农村集中式饮用水水源地安全性评价，为重庆市开展科学合理的饮用水源保护、保障饮用水源的水质安全提供理论依据。

## 2　农村饮用水安全评价指标体系

### 2.1　农村饮用水安全评价指标体系建立的总体思路

重庆市500人以上农村集中式饮用水水源地主要有水库、河道和地下水三大类型。不同类型水源地的现状与周围环境、人类生产生活等密切相关。根据朱党生等人提出的构成饮用水的基本条件：能够满足饮用水的水源地必须在水量、水质上达到一定要求，并且能够承受一定的风险，与水源地相关的外部环境因素可通过水质相关指标反映，因此，可从水质、水量和应急能力等方面对饮用水安全状况进行综合评价[2,7,8]。结合2008年以来重庆市水利局开展的一系列农村饮用水水源地保护工作，利用层次分析法（AHP），筛选出能够反映农村现有集中式饮用水水源水质、水量及应急能力的具体指标，构建水源地安全评价指标体系，以

第一作者简介：侯新（1971—　），男，重庆人，副教授，主要从事水文水资源规划研究。E-mail：cqslhouxin@163.com

评价重庆市农村饮用水水源地安全。

### 2.2　安全评价指标体系的建立

#### 2.2.1　指标体系

从层次分析法的基本原则出发，将农村饮用水水源地安全评价指标体系分为三个层次：目标层、准则层以及指标层。目标层主要通过准则层及指标层的分析，确定农村饮用水水源地的安全状况；准则层主要反映水源地的水质、水量及应急风险能力对农村饮用水水源地的要求；指标层则具体反映农村饮用水水源地在水质、水量及风险应急能力方面的具体指标。

#### 2.2.2　筛选因子

农村饮用水水源地的安全性主要受到自然因素与经济因素的共同影响，为确定出三方面因素的相关影响因子，采用专家判断法对水源地的若干影响因素进行判断和选择，水质、水量、风险应急能力三方面因子根据数据掌握情况和前人研究，采用筛选方法如下[2,5]。

1. 水质

饮用水水质依据《地表水环境质量标准》(GB 3838—2002)、《地下水质量标准》(GB/T 14848—93) 和《生活饮用水卫生标准》(GB 5749—2006)，主要从富营养化及污染两方面进行衡量，即水源地的综合评价指数采用文献［2］的评价方法进行计算，计算公式为：

$$WQI = \frac{1}{n}\sum_{i=1}^{n}\left[\left(\frac{C_i - C_{iok}}{C_{iok+1} - C_{iok}}\right) + I_{iok}\right] \quad (i = 1,2,\cdots,n) \tag{1}$$

式中：$C_i$ 为评价项目 $i$ 的实测浓度；$C_{iok}$ 为评价项目 $i$ 的 $k$ 级标准浓度；$C_{iok+1}$ 为评价项目 $i$ 的 $k+1$ 级标准浓度；$I_{iok}$ 为评价项目 $i$ 的 $k$ 级标准指数值；$n$ 为评价指标数。

以公式 (1) 计算的综合评价指数结果来评价水质安全状况。相应于我国饮用水水质五级标准，将评价指数对应划分为五级指数，分别对应于水质的五个等级，即一级水质对应于 1 级水质评价指数，二级水质对应于 2 级水质评价指数。

2. 水量

水量状况包括水源地工程供水能力、枯水年来水量保证率以及地下水开采率三项指标。对其进行评价主要是考察水源地水量状况和供给能力是否满足设计供水要求。将其评价标准分为 5 级，级别越低，水量状况越好，具体指标结果见表 1。

表 1　　水量安全评价指标

| 评价目标 | 评价指标 | 评价标准 | | | | |
|---|---|---|---|---|---|---|
| | | 1 级 | 2 级 | 3 级 | 4 级 | 5 级 |
| 水量安全状况 | 工程供水能力 (%) | ≥95 | ≥90 | ≥80 | ≥70 | <70 |
| | 枯水年水量保证率 (%) | ≥97 | ≥95 | ≥90 | ≥85 | <85 |
| | 地下水开采情况 (%) | <85 | ≤100 | ≤115 | ≤130 | >130 |

3. 风险应急能力

风险应急能力包括水源地规模大小、与污染源的距离、开发利用强度、土地利用状况等因素。根据以上因素，采用专家判断法将风险应急能力划分为高、中、低三个等级。

#### 2.2.3　评价指标体系

各指标对农村饮用水水源地安全影响力大小采用特尔菲法确定。综合各评价指标评价等级，最终采用三级权重值进行农村饮用水水源地安全评价。指标权重等级越低表明水源地该项指标的安全性越高，权重值级别越高则安全性越低，评价指标体系及其权重结果见表 2。

#### 2.2.4　总体评价

采用前述各单项指标的计算方法，对各饮用水源地水质、水量及风险进行评价，求出各单项指标的实际得分，并以行政单位为对象进行农村水源地安全评价结果划分。最终各行政区县农村饮用水水源地安全状况等级按照各因子影响人口占该区县农村总人口比例进行确定，其总体评价等级及标准见表 3。

表2 农村集中式饮用水水源地安全评价指标体系

| 目标层 | 准则层 | 指标层 | | | |
|---|---|---|---|---|---|
| | | 指标 | 指标评价等级 | | |
| 500人以上农村集中式饮用水水源地安全状况 | 水质安全状况 | 一般污染情况 | 差<br>(0.05) | 尚可<br>(0.05～0.5) | 较好<br>(0.5) |
| | | 非一般污染情况 | | | |
| | | 营养化情况 | | | |
| | 水量安全状况 | 工程供水能力 | 差<br>(0.05) | 尚可<br>(0.05～0.5) | 高<br>(0.5) |
| | | 枯水年来水变化情况 | | | |
| | | 地下水超采情况 | | | |
| | 风险应急能力 | 水源地风险 | 差<br>(0.1) | 尚可<br>(0.1～0.6) | 较好<br>(0.6) |
| | | 应急能力 | | | |

表3 农村水源地安全总体评价等级及标准

| 目标 | 评价内容 | 评价等级 | | |
|---|---|---|---|---|
| | | 低 | 中 | 高 |
| 500人以上农村集中式饮用水水源地安全状况 | 水质、水量安全综合评价 | 水质不合格影响人口比例不小于25%，水质、水量不合格影响总人口（不包括重复量）不小于35% | 水质不合格影响人口比例5%～25%，水质、水量不合格影响总人口（不包括重复量）10%～35% | 水质不合格影响人口比例不大于25%，水质、水量不合格影响总人口（不包括重复量）不大于10% |
| | 水源地风险综合评价 | 高风险等级的水源地供水人口比例不大于25% | 高风险等级的水源地供水人口比例25%～50% | 高风险等级的水源地供水人口比例不小于50% |

# 3 实例应用

## 3.1 重庆市农村水源地概况

重庆直辖市位于中国内陆西南部、长江上游，四川盆地东部边缘，地跨东经105°11′～110°11′、北纬28°10′～32°13′之间的青藏高原与长江中下游平原的过渡地带。地界东临湖北省、湖南省，南接贵州省，西靠四川省，北连陕西省。辖区东西长470km，南北宽450km，辖区总面积8.24万$km^2$。重庆市辖40个区县，其中33个区县涉及500人以上规模的农村集中式饮用水水源地。

根据重庆市2010年进行的农村集中式饮用水水源地水资源保护规划和调查情况，采用2008年重庆市33个区县500人以上农村集中式饮用水水源地调查结果，结合前述方法进行农村集中式饮用水水源地评价。涉及33个区县的农村人口为2339.56万人，500人以上农村集中式饮用水水源地2929处，供水总人口约699.72万人，其中，水库961处、河道969处、地下水999处。相应供水人口分别为294万人、251.55万人、154.17万人。按照水源类型分类的农村水源地类型及供水人口分布图如图1所示。

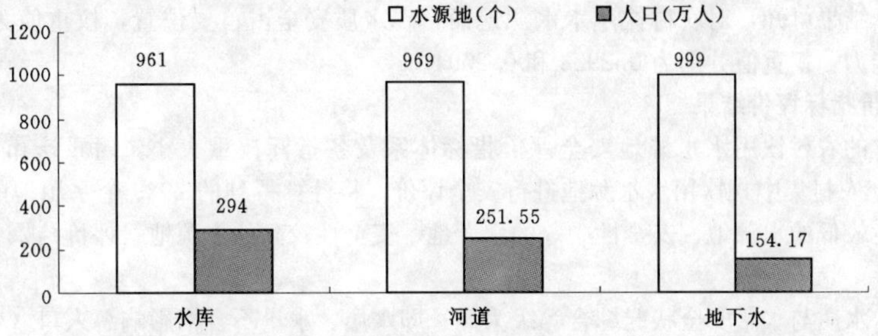


图1 500人以上农村集中式水源地类型及供水人口分布图

### 3.2　影响农村水源地安全的主要因素调查

自2008年以来，重庆市合理确定了农村集中式饮用水水源地安全建设方案，制定饮用水水源地保护和管理对策及措施，统筹协调生活、生产和生态用水直接的关系，为农村集中式饮用水水源地建设、保护和管理提供依据，保障饮水安全。在对重庆市供水规模500人以上的集中式农村饮用水水源地调查中，根据26项生活饮用水水质要求、水量保证状况、风险应急能力三大方面的要求进行水源地安全状况进行调查，主要包括以下几方面。

#### 3.2.1　饮用水水质超标

由于部分湖库型水源地同时兼有养殖、灌溉等对多项用途，大量供水工程水质净化设施缺乏，经调查统计，对供水规模在500人以上的集中式农村饮用水水源地水质造成影响的各类因素中，氮磷等富营养物质超标、细菌指标超标和点源污染三项为主要影响因素；其中又以氮磷等富营养物质超标导致水质类别超过Ⅲ类为主，其次是细菌指标超标和受到点源污染。

#### 3.2.2　区域地形地势限制

重庆市年均降水量较为丰沛，但时间分配不均匀，易出现各种程度的旱灾，季节性缺水严重。区域内地形地势以山区、丘陵为主，地势高低悬殊、人口分布相对分散又为供水工程的建设带来一定困难。因此，供水规模500人以上农村集中式饮用水水源地存在用水保证率低、用水方便程度不达标的问题。

#### 3.2.3　风险应急能力滞后

长期以来，重庆市供水规模500人以上农村集中式饮用水水源地的保护、水质监测方面的相关设施设备比较缺乏，专用人才紧缺。对于地理位置偏远、分布零星的农村饮用水水源地，其技术力量较为薄弱，安全应急工作亟待提高。2008年以来，重庆市从多种途径争取资金加大对供水规模500人以上农村集中式饮用水水源地的各项投入，加强风险应急能力建设并取得一定成果。

### 3.3　水源地安全评价结果

#### 3.3.1　评价指标权重

采用前述方法对农村饮用水水源地安全评价指标体系各指标进行权重计算，结果见表4。

**表4　农村饮用水水源地安全评价指标体系各指标权重值**

| 目标层 | 准则层 | | 指标层 | |
|---|---|---|---|---|
| | 指标 | 权重 | 指标 | 权重 |
| 500人以上农村集中式饮用水水源地安全状况 | 水质安全状况 | 0.4983 | 一般污染情况 | 0.1991 |
| | | | 非一般污染情况 | 0.1249 |
| | | | 营养化情况 | 0.1743 |
| | 水量安全状况 | 0.2923 | 工程供水能力 | 0.1645 |
| | | | 枯水年来水变化情况 | 0.0845 |
| | | | 地下水超采情况 | 0.0434 |
| | 风险应急能力 | 0.2094 | 水源地风险 | 0.1049 |
| | | | 应急能力 | 0.1045 |

由表4的计算结果可知，对农村饮用水水源地而言，水质安全占首要位置，权重值为0.4983；其次为水量和风险应急能力，权重值分别为0.2923和0.2094。

#### 3.3.2　水源地评价指标评价结果

根据前面建立的农村饮用水水源地安全评价指标体系及各指标权重大小，对重庆市33个行政区县的2929处500人以上农村集中式饮用水水源地进行安全评价。将计算得到的2929个水源地的综合得分划分为三种类型：安全性较低的水源地、安全性中等的水源地、安全性较高的水源地；评价结果各等级分布情况见表5。

由表5可知，水质与水量安全状况综合等级为高，即水质、水量不合格影响总人口（不包括重复量）不大于10%的行政区县数量为6个，占评价行政区县的18.18%；水质与水量安全状况综合等级为中，即水质、水量不合格影响总人口（不包括重复量）10%～35%的行政区县数量为14个，占评价行政区县的42.42%；水质与水量安全状况综合等级为低，即水质、水量不合格影响总人口（不包括重复量）不小于35%的行政区县数量为13个，占评价行政区县的39.39%。

表5 饮用水源地评价结果

| 评价指标 \ 行政区县 | 低 | 中 | 高 |
|---|---|---|---|
| 水质、水量安全综合评价 | 涪陵区、长寿区、永川区、南川区、潼南县、铜梁县、梁平县、城口县、垫江县、忠县、奉节县、秀山县、酉阳县 | 北碚区、渝北区、万盛区、江津区、綦江县、荣昌县、璧山县、丰都县、开县、云阳县、巫山县、黔江区、武隆县、彭水县 | 巴南区、合川区、大足县、万州区、巫溪县、石柱县 |
| 水源地风险综合评价 | 渝北区、巴南区、合川区、大足县、万州区、云阳县、巫山县、巫溪县、石柱县 | 北碚区、涪陵区、长寿区、永川区、南川区、綦江县、潼南县、铜梁县、荣昌县、梁平县、城口县、丰都县、垫江县、忠县、开县、奉节县、黔江区、武隆县、秀山县、酉阳县 | 万盛区、璧山县、彭水县 |

### 3.3.3 农村饮用水源地安全总体评价

以行政单位为单元，综合考虑水源地水质和水量情况，对水源地安全状况进行水质、水量综合评价，总体结果为：各农村水源地水质、水量综合影响的不合格人口为382.96万人（不包括重复人口），占农村总人口的16.37%，其中，水质影响不合格人口为295.87万人，水量不合格人口为234.56万人。根据层次分析法模型评价结果和重庆市33个行政区县的500人以上农村集中式水源地现状安全情况对比，模型总体上能够较好的反映出各行政区县面临的水源地安全状况。

对水源地风险评价结果表明，风险等级为高的水源地供水人口为142.50万人，风险等级为中的水源地供水人口为233.95万人，风险等级为低的水源地供水人口为323.27万人。水源地风险等级为高的水源地主要分布在沿江下游地区和以水库水源地为主的区域，其中水库水源地主要是由于养殖业的不合理布局、污染物直接排放和事故风险对农村集中式饮用水水源地构成严重威胁；随着养殖业的转型和农村污染源治理工作的开展，水库水源地的风险应急能力将会逐渐得到提高。

## 4 结论及建议

本文在重庆市供水规模500人以上农村集中式饮用水水源地的调查基础上，对农村集中式饮用水水源地水质、水量、风险应急能力进行了评价，评价结果显示：

（1）水质、水量不合格影响总人口（不包括重复量）不大于10%的行政区县数量为6个；水质、水量不合格影响总人口（不包括重复量）10%～35%的行政区县数量为14个；水质、水量不合格影响总人口（不包括重复量）不小于35%的行政区县数量为13个。

（2）水质影响不合格人口为295.87万人，占农村总人口的12.65%；水量不合格人口为234.56万人，占农村总人口的10.03%。

（3）风险应急能力等级为高的500人以上农村集中式饮用水水源地供水人口为142.50万人，占农村总人口的6.10%，风险应急能力等级为低的500人以上农村集中式饮用水水源地供水人口为323.27万人，占农村总人口的13.82%。

重庆市供水规模500人以上农村集中式饮用水水源地水质主要受氮磷等富营养物质、细菌指标超标影响，因此，水源地需采取全面的保护和综合治理措施，如建设隔离防护工程、对入河库排污口与保护区内的点源、面源污染进行综合治理等，改善水源地安全面临的严峻形势，提高水资源安全质量。

## 参 考 文 献

[1] 徐恒力. 水资源开发与保护 [M]. 北京：地质出版社，2001：8.
[2] 朱党生，张建永，程红光，等. 城市饮用水水源地安全评价（Ⅰ）：评价指标和方法 [J]. 水利学报，2010 (41)：778-785.

[3] 郭梅，周丽旋. 乡镇集中式饮用水水源地环境安全分析及保障对策 [J]. 水资源保护，2010 (26)，4：76-79.
[4] 杨爱玲，朱颜明. 城市地表饮用水水源保护研究进展 [J]. 地理科学，2000，20 (2)：72-77.
[5] 王少明，于雅萍，马龙. 海河流域典型水源地供水水质现状及保护 [J]. 中国农村水利水电，2010，0 (12)：83-85.
[6] 卑志钢，胡铁松，刘镜婧，等. 农村区域水环境污染模式及控制对策研究 [J]. 中国农村水利水电，2009，0 (12)：15-18.
[7] 朱红云，杨桂山，董雅文. 江苏长江干流饮用水源地生态安全评价与保护研究 [J]. 资源科学，2004，26 (6)：90-96.
[8] 张晓岚，刘昌明，高媛媛，等. 水资源安全若干问题研究 [J]. 中国农村水利水电，2011，0 (1)：9-13.

# Evaluation of Rural Centralized Drinking Water Resource Status in Chongqing

Hou Xin[1,2]　Long Xunjian[1,3]

(1. Chongqing Water Resources and Electric Engineering College, Chongqing 402160; 2. Chongqing Water Resources Association, Chongqing 401147; 3. College of Water Resource and Hydropower Institute, Sichuan University, Chengdu 610065)

**Abstract** Drinking water safey is all important to the national economy and the people's livelihood. Based on the investigation of status of rural drinking water resources that the scale of water supply is above 500 people in Chongqing city, the assessment was carried out on the chosen 33 targets. It shows that only 6 study gegions of water quality and quantity grades reach to the best grade and the ratio is just 18.2%. In all of the study drinking water resources, about 2.9587 million people are effected by unsafety water quality and 2.3456 million people are effected by unsafety water quatity. Estimating of risk and emergency capability indicates that the population of three grade from high to low are 1.425million, 2.3395 million and 3.2327millon, respectively. Their ratio to total rural population is 6.10%, 10.00% and 13.82%, separately.

**Key words** rural drinking water resources; status; evaluation; index system

# N 市农村饮用水水质安全评价*

赵显波[1,2]　郎景波[1]　王宏伟[1]

（1. 黑龙江省水利科学研究院水资源水环境研究所　哈尔滨　150080；
2. 大连理工大学水环境研究所　辽宁大连　116024）

**摘　要**　为发现并解决 N 市部分地区农村饮用水水源水质的问题，开展 N 市农村饮用水水质安全评价研究。结果是感官指标的色度、浑浊度、异臭和异味、肉眼可见物分别超过生活饮用水卫生标准的水质常规限值比例为 22%、59%、6%和 16%；微生物指标的大肠杆菌、总菌落数和耐热大肠杆菌含量分别超出标准的比例为 19%、12%和 4%；化学指标 pH 值、铁、锰含量超标的占 18%、56%、49%；毒理学指标氟化物含量超标的占 7%，砷含量严重超标的约占 53%。农村饮用水水质不安全内因是由于地质构造与水文地质条件所致，外因是直接供水。建议增加农村饮用水水处理设施、消毒设施和水质检测设备，保证农村饮用水真正安全。

**关键词**　饮用水；农村；水质；指标

在“十一五”期间，国家和地方投入大量资金努力解决农村饮用水安全问题[1]，以黑龙江省 N 市为研究对象，应用黑龙江省卫生厅疾病预防与控制中心提供的 2009 年对 N 市农村饮用水水源井水质的监测资料[2]，对农村饮用水井水源水质进行分析，为发现并解决 N 市部分地区农村饮用水水质的问题，开展 N 市农村饮用水水质安全评价研究。

## 1　研究区概况

N 市地处黑龙江省东北部，N 市辖 64 个乡镇 756 个村屯，全市农业人口 112 万人，占该市人口数的 64.7%。N 市地处大兴安岭东部，小兴安岭北部，地貌总体为中、低山丘陵类型，地下水为山丘区基岩裂隙水，其地下水化学特征为山丘区基岩裂隙水铁、锰含量偏高，局部地区的地下水铁、锰、氟含量偏高。

## 2　农村饮用水水质安全评价概述

### 2.1　饮用水水质安全评价标准

饮用水水质评价标准选择的主要原则是保证人体健康和维护水生系统不受破坏的安全原则。水质评价的主要依据是相关的法规和标准。采用地表水为生活饮用水水源时，首先应满足《地表水环境质量标准》（GB 3838—2002）[3]高于Ⅲ类标准的要求，然后符合《生活饮用水卫生标准》（GB 5749—2006）[4]要求。采用地下水为生活饮用水水源时，若符合《地下水质量标准》（GB/T 14848—93）[5] Ⅰ类、Ⅱ类、Ⅲ类的要求，可直接供给饮用水，Ⅳ类标准的，需给水前处理符合标准后供水。

生活饮用水水质应符合下列基本要求[4]：①生活饮用水中不得含有病原微生物；②生活饮用水中化学物质不得危害人体健康；③生活饮用水中放射性物质不得危害人体健康；④生活饮用水的感官性状良好；⑤生活饮用水应经消毒处理，保证用户饮用安全；⑥生活饮用水水质应符合水质常规指标限值卫生要求，集中式供水出厂水中消毒剂限值、出厂水和管网末梢水中消毒剂余量均应符合饮用水中消毒剂常规指标及要求；⑦农村小型集中式供水和分散式供水的水质因条件限制，部分指标可低于水质常规指标及限值；⑧当发生影响水质的突发性公共事件时，经市级以上人民政府批准，感官性状和一般化学指标可适当放宽。农村小型集中式供水是指日供水在 1000m³ 以下（或供水人口在 1 万人以下）的农村集中式供水。分散式供水是指用户直接从水源取水，未经任何设施或仅有简易设施的供水方式。

---

* 基金项目：黑龙江省科技攻关重点项目（GB07C20203）。

第一作者简介：赵显波（1980—　），女，黑龙江省巴彦县人，工程师，博士研究生，从事以水文水资源为基础的水环境方面研究，目前是冻融侵蚀导致非点源污染方向的研究。E-mail：xianbozhao2004@126.com、xianbo_zhao@mail.dlut.edu.cn

### 2.2　饮用水水质安全评价原则

农村饮用水水质评价[6]是农村地区供水规划的基础，有其独特的重要性。影响农村饮用水水质的因素既有物质的（如地质条件、环境污染），也有非物质的（如标准、法规等）。

从饮用水水质安全的角度，采用单项水质指标评价法，只要有一项水质指标不合格就以该饮用水水源不安全计，饮用水水质评价的指标选择《生活饮用水卫生标准》（GB 5749—2006）中常规监测的部分水质指标，以标准中限值为评价饮用水水质安全的标准。农村饮用水供水水质指标不小于农村小型集中式供水水质限值为饮用水水质不安全，以该项水质指标严重超标计，该饮用水水源以不安全计；农村饮用水供水水质指标小于农村小型集中式供水限值且大于水质常规指标限值的属水质不安全，以该项水质指标超标计；农村饮用水供水水质指标小于水质常规指标限值的属水质安全，以该项水质指标合格计。

## 3　N市农村饮用水水质评价

N市的农村饮用水水源监测的为深水井和江河水，供水方式为完全处理或未处理，消毒方式为不消毒，对各项饮用水源水的水质参数进行分析，本文以2009年对饮用水水源井水质监测资料为水质评价对象，分感官指标、化学指标、毒理学指标和微生物指标对N市农村饮用水水源水质评价。

### 3.1　感官指标

（1）色度在0.25～100铂钴色度单位，其中色度严重超标大于15铂钴色度单位的占22%，色度符合生活饮用水卫生标准的水质常规限值的为78%，具体如图1所示。

（2）浑浊度在0.25～80NTU（散射浊度单位），其中浑浊度严重超标不小于水源与净水技术条件限制值为3 NTU的占25%，浑浊度超标为1～3NTU为34%，浑浊度符合生活饮用水卫生标准的水质常规限值1NTU的占41%，具体如图2所示。

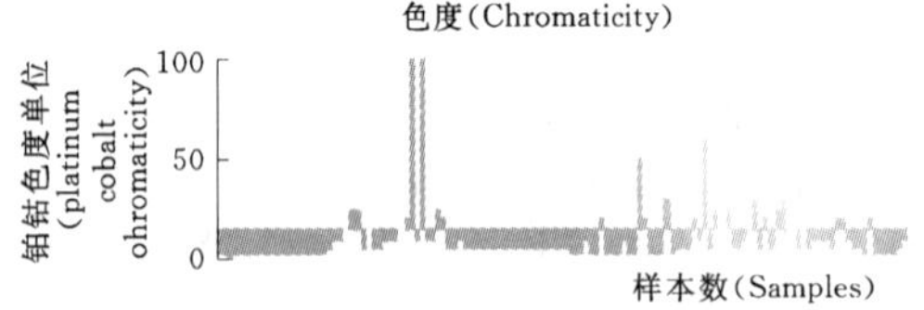


图1　N市农村饮用水水质色度现状评价
（以色度的水质常规限值15铂钴色度为分界轴）

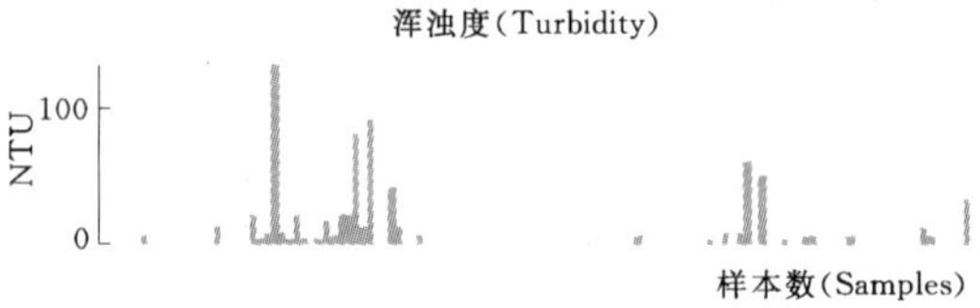

浑浊度(Turbidity)
NTU
100
0
样本数(Samples)

图2　N市农村饮用水水质浑浊度现状评价
（以浑浊度的水质常规限值1NTU为分界轴）

（3）臭和味，N市的农村饮用水中有异臭和异味的占6%，臭和味合格的占94%。

（4）肉眼可见物，N市的农村饮用水中有肉眼可见物的占16%，肉眼可见物合格的为84%。

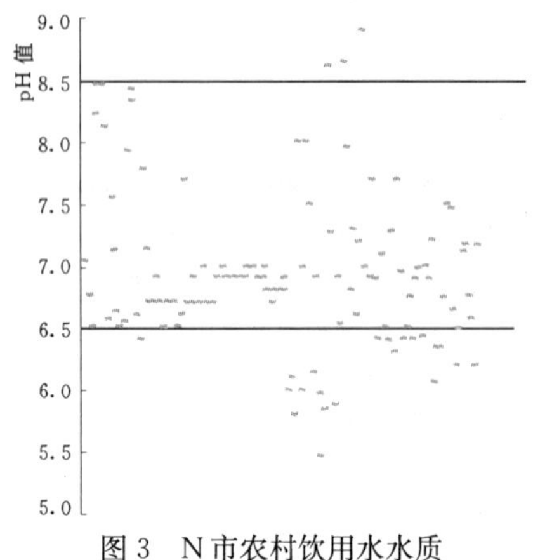


图3　N市农村饮用水水质pH值现状评价

### 3.2　化学指标

（1）pH值5.48～8.9之间，生活饮用水卫生标准的水质常规限值为不小于6.5且不大于8.5。其中pH值大于8.5的占2%，pH值小于6.5的占16%，pH值合格的占82%，具体如图3所示。

（2）硬度2～399mg/L，其中硬度严重超标大于450mg/L的没有，硬度在100～450mg/L之间占60%，硬度特别适合饮用的占40%。

（3）Fe离子整体在0.004～8.2mg/L，其中铁离子含量严重超标（大于0.5mg/L）的占46%，Fe含量超标（0.3～0.5mg/L）的占10%，饮用水中铁离子含量符合饮用水标准的占44%，具体如图4所示，铁离子最大超标16倍多。

（4）锰（Mn）含量在0.001～2.49mg/L，锰离子含量严重超标（0.3mg/L）的占25%，锰离子含量超标在（0.1～0.3mg/L）的占24%，饮用水中锰离子含量符合饮用水最低标准的占51%，具体如图5所示，锰离子最大超标8倍多。

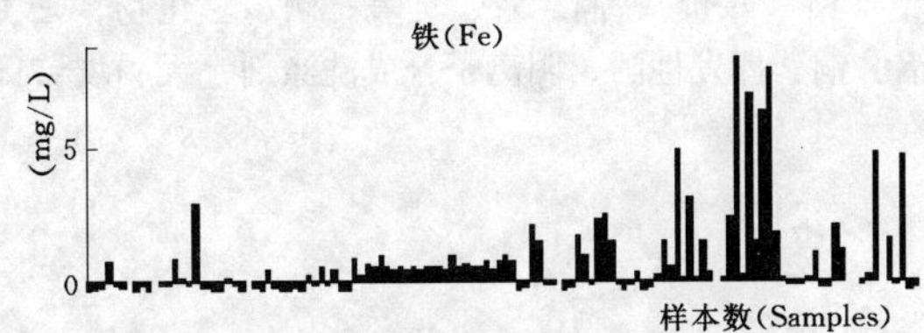


图4 N市农村饮用水水质铁现状评价
（以铁的水质常规限值0.3mg/L为分界轴）

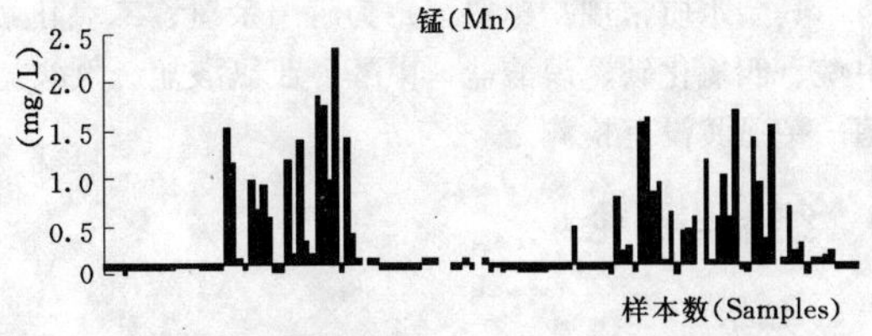

图5 N市农村饮用水水质锰现状评价
（以锰的水质常规限值0.1mg/L为分界轴）

（5）硫酸盐含量在0.14～214mg/L，硫酸盐含量全部符合小于250 mg/L饮用水最低标准。

（6）氯化物含量在0.2～111mg/L，氯化物含量均符合小于250 mg/L的饮用水最低标准。

### 3.3 毒理学指标

（1）砷含量在0.001～0.01mg/L，砷严重超标不小于0.05 mg/L的没有，砷超标不小于0.01mg/L、不大于0.05mg/L的占53%，砷含量符合饮用水标准小于0.01mg/L的占47%，具体如图6所示。

（2）氟化物含量在0.00379～2.8mg/L，饮用水中氟化物含量不小于水源与净水技术条件限制值1.2 mg/L的占6%，不小于饮用水卫生标准的水质常规限值1mg/L而小于1.2 mg/L占1%，符合标准的占93%，具体如图7所示。

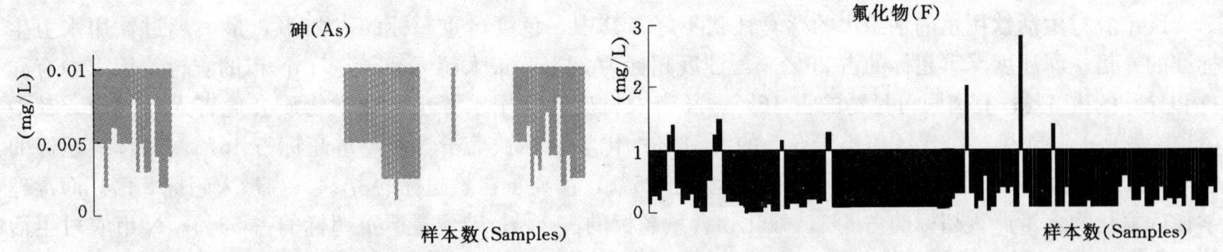


图6 N市农村饮用水水质砷现状评价
（以砷的水质常规限值0.01mg/L为分界轴）

图7 N市农村饮用水水质氟化物现状评价
（以氟化物的水质常规限值1mg/L为分界轴）

（3）硝酸盐含量在0.011～50mg/L，硝酸盐含量大于20 mg/L标准值的占4%，硝酸盐含量合格的占96%。

### 3.4 微生物指标

（1）大肠杆菌含量在0～350CFU/mL，严重超出生活饮用水卫生标准不得检出的占19%，符合生活饮用水卫生标准的占81%，具体如图8所示。

（2）总菌落数含量在0～350CFU/mL，严重超出生活饮用水卫生标准的农村小型集中式供水和分散式供水水质限值500 CFU/mL的没有，超出生活饮用水卫生标准的水质常规限值100CFU/mL的占12%，总菌落数合格的占88%，具体如图9所示。

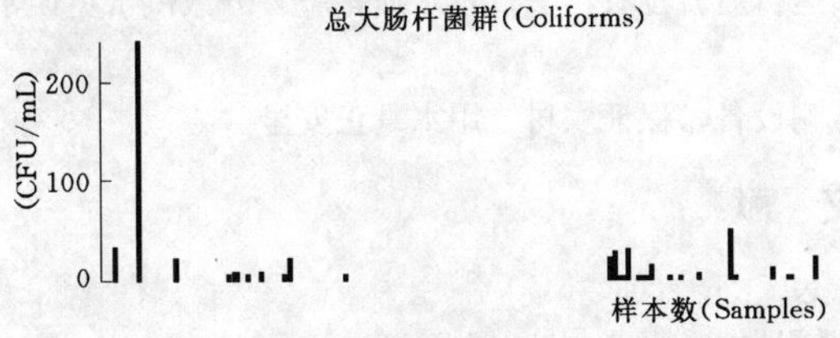


图8 N市农村饮用水水质总大肠杆菌现状评价
（以总大肠杆菌的水质常规限值0 CFU/mL为分界轴）

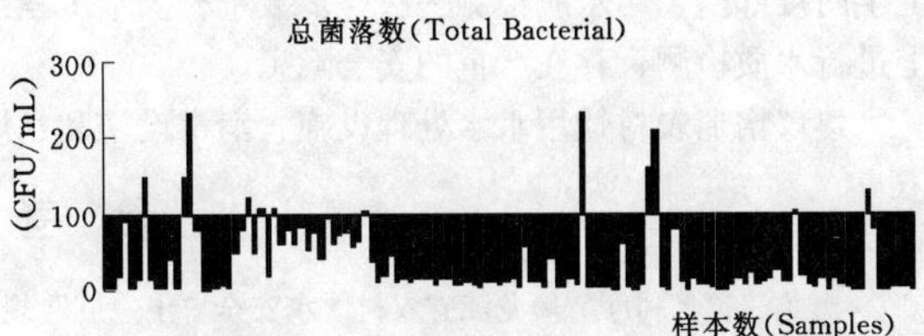


图9 N市农村饮用水水质菌落总数现状评价
（以菌落总数的水质常规限值100 CFU/mL为分界轴）

（3）耐热大肠杆菌含量在0～350 CFU/mL，严重超出生活饮用水卫生标准不得检出的占4%，符合生活饮用水卫生标准的占96%。

其余水质常规指标氯消毒为游离余氯、二氧化氯、铅、铬（六价）、镉、汞、臭氧、硒、氢化物、三氯甲烷、四氯化碳、溴酸盐、甲醛、亚氯酸盐、氯酸盐、铝、铜、挥发性酚、阴离子合成洗涤剂、大肠埃希氏菌、一氯胺没有检测。

# 4　结果与讨论

## 4.1　结果

对N市农村饮用水的水源水水质监测的结果（见图10）显示：

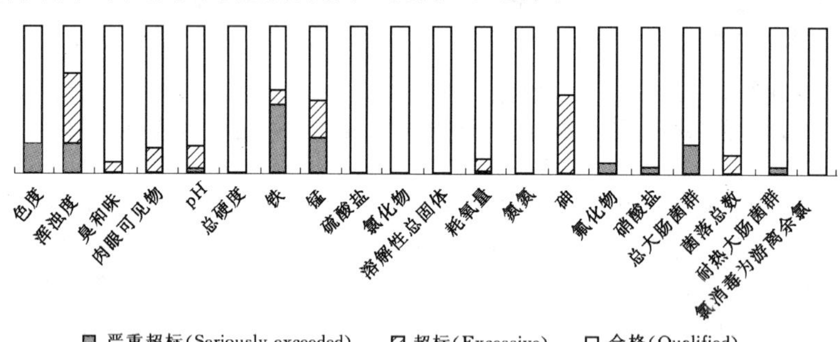


图10　N市农村饮用水水质评价结果

N市农村生活饮用水的水源水的感官性状不好，其中，色度严重超标的占22%，最大超过饮用水卫生标准的6倍；浑浊度严重超标的占25%，浑浊度超标为34%，最大超标26倍多；N市的农村饮用水中有异臭和异味的占6%；有肉眼可见物的占16%。N市农村生活饮用水源水中化学物质会危害人体健康，其中pH值大于8.5的占2%，pH值小于6.5的占16%；化学指标铁离子含量严重超标占46%，铁含量超标的占10%，铁最大超标16倍；锰含量严重超标的占25%，锰离子含量超标的占24%，最大超标8倍。而毒理学指标氟化物含量严重超标的占6%，氟化物含量超标的占1%；砷含量严重超标的占53%。N市农村生活饮用水源水中部分含有病原微生物，其中，大肠杆菌超出标准不得检出的比例19%；总菌落数超标的占12%；耐热大肠杆菌含量严重超出生活饮用水卫生标准不得检出的占4%。

N市农村饮用水源水水质评价结果是感官指标的色度、浑浊度超标严重，化学指标的pH值、铁、锰超标严重，毒理学指标的砷、氟超标严重，微生物指标有大肠杆菌、总菌落数和耐热大肠杆菌超标，农村饮用水源水水质整体偏于不安全。

## 4.2　讨论

N市农村饮用水水源水质不安全的内在原因是地质构造与水文地质条件所致，而绝大部分地区直接供水是农村饮用水水质不安全的外在原因。N市农村直接供水源水，沉淀过滤设施少，铁锰超标的地区除铁、锰设施少，没有消毒设备，部分源水水质不符合饮用水卫生标准，而应用混凝、沉淀、过滤的方法是集中式给水处理去除悬浮物和胶体的必要的工艺流程。

目前，黑龙江省乡镇水厂和村屯水厂检验设备和技术极度缺乏，极少进行日常化验，个别水厂每年由县卫生防疫部门，对水质检测一次，多数单村供水工程投入运行后就没有再进行过水质化验，分散供水更谈不上进行水质检测，存在严重的安全隐患。

建议增加农村饮用水水处理设施、消毒设施和水质检测设备，保证农村饮用水真正安全。

# 参 考 文 献

[1]　黑龙江省水利厅．黑龙江省农村饮水安全“十一五”规划报告［R］，2006.

[2]　黑龙江省卫生厅．黑龙江省2009年度农村饮水安全工程水质卫生监测报告［R］，2010.

[3]　GB 3838—2002　地表水环境质量标准［S］．北京：中国计划出版社，2002.

[4]　GB 5749—2006　生活饮用水卫生标准［S］．北京：中国计划出版社，2006.

[5]　GB/T 14848—93　地下水质量标准［S］．北京：中国计划出版社，1993.

[6]　赵显波，郎景波，李美娟．双鸭山市农村饮用水水质安全评价［J］．南水北调与水利科技，2011（6）．

# Rural Drinking Water Safety Evaluation in N of China

Zhao Xianbo[1,2] Lang Jingbo[1] Wang Hongwei[1]

(1. Institute of Water Resource and Environment, Heilongjiang Provincial Hydraulic Research Institute, Harbin 150080;
2. Institute of Water Environment, Dalian University of Technology, Dalian Liaoning 116024)

**Abstract** Althouth many new wells use the rural drinking water since China start the rural drinking water safety project, it has many limitations and problems. The purpose of this paper is to explain the well for rural person in N City in Heilongjiang Province of China drinking water whether or not meet for rural drinking water quality standard and, in particular, what it relates to the water quality index. The result reveal that water quality index include turbidity, coliforms, total bacterial, PH, errum (Fe) and manganese (Mn) exceeded the drinking water quality healthy standard GB 5749—2006 normal regulations limit value percentage is 59%, 19%, 12%, 18%, 56% and 49%of samples; respectively, toxicology such as fluoride (F) were found in 7% above the provisional guideline value, and arsenic (As) were found in 53% above . As no clear relationship was found, we conclude water quality unsafe because of geological structure and hydrogeological conditions and direct drinking deep well water. Suggestions to increase the rural drinking water treatment facilities, disinfection facilities and water quality inspection equipment, make sure the rural drinking water safety and healthy.

**Key words** drinking water; rural; water quality; quality index

# 跨部门水权转换的理论阐释及其政策含义*

马晓强　康佳楠

（西北大学经济管理学院　西安　710069）

**摘　要**　由于不同部门使用水资源的预期收益不同，水资源配置在不同产业部门的机会成本不同，从而催生了水资源产权的跨部门间转换。本文以宁夏农业与工业部门之间的水权转换为例，探讨这种转换的内在机理和政策含义，以及由此而来的政策设计及其运行。

**关键词**　初始水权；水权交易；部门间水权转换

以宁夏为代表的工农业部门间水权转换其根本原因在于水权预期收益在部门间的差异。进一步讲是水资源利用预期价值的部门间差异导致了水资源使用量权在不同产业部门之间流转交易的冲动。这一点决定了部门间水权转换可望更为根本地解决节水激励问题的制度路径。但问题是要实现节水必然需要投入，单纯农业自身积累和增强用水户节水意识无法达到这一目的，将可能变为现实的途径就是建立水资源产权转换市场。通过部门间水权转换来启动市场引擎，发挥市场在水资源产权配置中的作用。那么该市场的内在机理，实践中的进展与评价，如何推动该构架的搭成和运行便是本文分析的重点。

## 1　水资源在部门的间预期收益、机会成本与水权转换

目前我国部门间水权转换主要是指那些无法获得已有水资源配授额度的部门或者项目，主要是工业部门和工业项目，通过渠道衬砌等节水工程措施获得流域内农业部门节约而来的新增水权，在维持水权初始配置格局下的水资源使用量权的有偿转换，这种水权转换还可称为行业间水权转换，该类市场形成的基本背景是用水结构倚重农业。

黄河水利委员会（以下简称黄委）从2003年开始探索利用市场手段优化配置黄河水资源，提出了“农转工”的水权有偿转换模式，即在无剩余水量指标的省（自治区），由工业项目业主单位投资建设引黄灌区节水改造工程，提高水资源利用率，优化用水结构，把农业灌溉节约下来的水量指标用于满足工业项目新增用水需求，大幅提升水资源对区域经济发展的支持度。从理论上来看，之所以会产生这种不同产业部门之间水权流转，根本原因在于水资源在不同产业部门存在不同预期收益。以宁夏为例，其用水量占到95%左右的农业部门提供了不到36%的GDP，工业和第三产业用水虽只占到5%，却提供了60%以上的GDP，如此悬殊的水资源利用效益如果在计划经济体制下还可以留存的话，那么在市场经济条件下则完全有悖于资源配置的基本规律，该地区开发与发展将由此受到较大制约。再加上水资源不像粮食等农副产品可以作为商品在更广泛的空间上配置，水资源流转与交易受流域因素制约，除了为数很少的大规模跨流域调水之外，主要是流域内的配置优化。更重要的是随着区域资源开发，尤其是矿产资源开发的提速，区域经济加快发展的强大驱动催生了流域内水资源在不同部门之间的转换。

发生在农业与工业之间水权转换在本质上是利益相关主体在多重约束条件下必然选择的产物，这些约束条件除了自然因素层面上地表径流变化之外，主要有水权分配格局的维持现状原则，其复杂性在于一方面农业在我国国民经济体系中的基础地位，农村的发展和繁荣对于我国社会经济发展有战略意义；另一方面工业项目的发展具有刚性，宁夏属于经济欠发达地区，区域经济发展的强烈冲动和区域统筹协调发展的客观要求都推动着对水资源需求的持续高涨；最后水资源配置现状改变具有异乎寻常的难度，也就是维持现有水资源

---

* 基金项目：国家社会科学基金重大招标项目“西部地区形成城乡经济社会一体化新格局的战略研究”（08￥ZD027）的子课题；教育部人文社会科学研究一般项目“农户间水权交易第三方效应的评价与治理：以张掖为例”（09XJC790013）；陕西省重点学科·人口资源环境经济学资助项目。

第一作者简介：马晓强（1972—　），男，西北大学经济管理学院副教授，经济学博士、硕士生导师。研究方向为城市化与区域发展。

分配格局是上述地区发展社会经济的基本前提。进一步具体而言，水权制度变迁与创新所处的特定约束条件是，其一，供给不稳，时有减少；其二，来自工业等非农产业的新增需求持续放大，宁夏内蒙古地区水资源供需矛盾急剧尖锐；其三，现状用水中，工农业用水结构不合理，“宁夏把工业新增用水的希望放在农业节水上。这个地区农业用水占总用水量的95%以上，工业用水仅占3%，低于全国平均水平的20%，用水结构失衡”；❶ 其四，农业灌溉浪费严重，加剧了水资源短缺的矛盾。与此同时，区域产业结构升级换代，资源开发的驱动有力，耗水型工业项目，资源转换和深度开发项目增多，非农产业的需水要求日趋高涨。

在本文看来，正是由于水资源的预期收益、水资源的机会成本、水权初始配置的三维因子互动关系决定了水资源产权部门间转换，这既是其逻辑依据，也是在实践中构建水资源产权部门间转换必须考虑的三重要素。

首先，预期收益是水权转换后可以预见和测算的仅限于直接的经济效益和社会效益，潜在水权的直接经济效益在于促进工业项目产值实现和利润形成，直接社会效益在于工业项目的税收效益。并且，这种预期效益越大，水权转换的动力就越大。根据宁夏水利厅水政水资源处测算，目前宁夏引黄灌区农业灌溉用水效益每方不到1元，而用于工业则可达57.9元。[1]单方水在工农之间效益接近1∶57.9。目前宁夏正在试点的工农业水权转换项目，在既有条件下（仅按5000万$m^3$的转换水量计算）将新增经济效益30亿元；到2010年水权转换目标全部实现，产生的经济效益将超过180亿元，比宁夏2006年工业增加值的一半还多。[2]预期收益构成了水权在部门间转换的根本原因。

其次，水资源机会成本，由于传统的农业灌溉方式导致漫灌、泥沙渠导致径流水下渗过多，造成水资源利用效率较低，采用这种灌溉方式的机会成本就是在水资源供给总量保持不变时，流域其他需水产业项目失去了发展机会。过多下渗水资源就失去了以工业项目投入要素的角色与功能去分享工业项目利润的机会，这种机会大小的程度可以通过预期收益、投入产出比来加以衡量。水资源在这些产业的需求弹性越低以及这些产业的经济产出越高，水资源配置于农业灌溉，下渗和流失的机会就越高。根据经验，预期收益越大，机会成本越高，转换的动机就越明显。因此，目前的部门间水权转换在很大程度上是将这种机会成本外化，这种高机会成本也促使水资源产权的有偿流转。

第三，水权初始配置给定了水权市场功能发挥的样式和程度，水权初始配置的维持现状特性，框定了水权市场配置水资源的领域，于是水权转换试点应运而生。在很大程度上可以认为，正是由于初始水权的配置决定着部门间水权转换的深度与范围。如果初始水权配置是开放式、民主型、动态化的，那么这种部门间水权配置的效能发挥就可能会更加充分。

市场平台为水资源跨部门流转提供了大的基础性制度框架。在计划经济体制下，由于预期收益导向型的资源配置冲动得不到有效激励，缺失对资源利用的机会成本的考量，部门间水资源流转，尤其是对水资源产权的有偿流转几乎不可能。市场经济体制的建立使市场作为资源配置手段起了基础性作用，从而使水资源循其预期收益而在部门之间、地区之间有偿流转成为可能。从一般意义而言，市场是随着商品交换的出现而产生和发展起来的，并对经济发展和社会进步发挥着不可或缺的重要作用。依据我们的研究，我国水权市场的架构可概括为两级三类水权市场。也就是一级水权市场、二级水权市场，二级水权市场又进一步包含地区间水权交易市场、部门间水权转换市场和农户水权交易市场。级是纵向概念，类是横向并行概念，两横三纵搭建中国水权交易市场的立体架构。❷

据笔者调查，部门间水权转换具有如下特征。

（1）以具体项目为载体与依托，从而有很强的时效性、具体性和务实性。

---

❶ 尤其是2003年4月至7月上旬，黄河流域春夏大旱、来水锐减，黄河干流可分配水量只有64.48亿$m^3$。其中，宁夏分配水量16.1亿$m^3$，比同期多年平均减少30.2%。旱情减少了水资源的有效供给，经济快速发展增加了对水资源的有效需求，实施区域经济发展战略形成了对水资源承载能力的巨大压力。

❷ 中国水权市场从纵向来看，可以分为两级水权市场，一级是初始水权配置市场，其最重要的主体就是政府，核心是初始水权配置市场；二级是水权交易与转换使用市场，其重要主体依次部门、企业甚至用水农户和政府。是初级阶段的交易标的以水资源使用量权为主。二级水权市场一个最为显著的特点是交易、效益和效率。二级水权市场同时存在三类水权市场：地区间水权交易市场、部门间水权转换市场和农户间水权交易市场。两级水权市场分别遵循着不同的价值标准和运行规则。参见韩锦绵，马晓强《共生与过渡：中国水权市场两级三类构架》，《中国人口资源与环境》2008年第5期。

（2）运作管理项目化，从运行方式上具有更高效率，效益成本核算更为详细、准确，相关利益主体部门间水权转换市场的生命线是水资源利用预期收益的部门差距，也是探讨部门间水权转换市场的逻辑起点。

（3）部门间水权转换市场受工业技术进步的影响较为明显，当技术进步大幅降低工业项目对水资源的依赖时，或者大幅度提高水资源使用效率或者替代资源，该市场就可能萎缩，直到退出历史舞台。

（4）在操作层次上，部门间水权转换呈现一定特殊性，这种水权转换在水量分配方案确定上通常需要获得流域管理机构审核与批复。部门间水权转换市场的优点是在现有水资源初始分配权框架下，工业投入资金支持农业节水设施改造，农业节约的用水支持工业项目运行和发挥效益。市场的主推力量来自企业，尤其是来自工业企业的具体项目的盈利驱动。因此，该市场的核算科学程度要远远高于地区间的水权交易市场。

（5）离不开各级政府的积极支持，不仅包括投入资金，政府以此作为引导鼓励部门间水权转换，更在于出台有关支持政策和实施意见与办法。宁夏的水权转换就采取政府、企业分别投入1/3和2/3的资金，对灌区节水配套设施进行改造。[3]

## 2 宁夏水权转换案例分析

长期以来，“千里黄河富宁夏”主要是指宁夏饱受黄河滋润，灌溉农业非常发达。问题的另一面却是农业用水比重过高，效率过低。据宁夏回族自治区目前农业用水占总用水量比例高达95%左右，并且农业灌溉过程中浪费严重，有一半多的水在输水途中被浪费，[4]非常重要的原因就是泥沙质渠系下渗太多，灌区水利设施薄弱，用水效率较低，引黄灌区各级渠道衬砌率为4.5%～20%，建筑物有不同程度的损坏，渠系有效利用系数约0.46，灌溉水利用系数为0.38，离全国平均水平差距较大，灌区有较大的节水潜力。[5]宁夏引黄灌区和内蒙古黄河南岸灌区亩均毛用水量高达1000多$m^3$，是全国平均水平的2.4倍。[6]

宁夏可使用水量是立足于“八七”方案，❶ 目前全区整体引黄用水是不突破40亿$m^3$的指标，黄河来水量近几年也偏枯，宁夏引黄用水下降到36亿$m^3$。宁夏总灌溉面积大约700万亩❷，包括了扬水灌溉，宁夏人均一亩水浇地，这种情况在北方地区实属少见。能源建设、城市发展主要集中在北部和中部地区5个市，人口总数占了全区的1/3。南部山区有8个国家级贫困县，中部干旱带和南部山区通过扬水灌溉有所发展，先后建了同心扬水、固海扬水、红寺堡扬水、盐环定扬水等，灌溉面积总共有100多万亩，解决中部干旱带贫困问题。目前银川市的城市发展，包括饮水，主要依靠贺兰山西麓地下水资源，石嘴山和吴忠市也主要利用地下水，宁东基地的发展基本上靠黄河，太阳山工业区的一部分用水也要靠黄河。

宁夏重化工业发展势头强劲，对水资源需求空前高涨。资源富集区实现快速发展的最直接最有效的途径就是开发、加工和转化资源。宁夏沿黄地带最主要的资源就是煤炭，❸ 其煤炭储量位居全国第六位，而宁东地区探明储量又占全区的88%。这种资源禀赋决定了宁夏只能以煤化工、煤转电为主能源重化工业为首选，而能源重化工耗水大，如煤发电、搞煤化工，冷却用水多。水是能源开发的血液，受国家初始水权配置格局的限制，开发能源水是困扰宁夏区域经济发展的重要瓶颈。新世纪初，宁夏决定建设宁东能源化工基地，大部分工业项目又是高耗能工业，带动全区经济社会跨越式发展。现阶段宁夏工业用水主要是用地下水和地表水，已有规划表明，宁东、太阳山，包括石嘴山工业园区，用水量可能比现在要翻两番。宁东供水一期是1.5亿$m^3$，到2010年要达到3.3亿$m^3$，它就要翻一番。按照区域经济发展战略和生产力布局，宁夏沿黄地区规划建设工业基地，规划至2020年新建7座大型火电厂，新增总装机容量1500万kW。又根据宁夏编制的青铜峡灌区和卫宁灌区节水改造规划，到2010年，通过以工程节水措施为主的多种手段，可节约农业耗水量7亿$m^3$。初步预测拿出2亿$m^3$水用于开展水权转换，就可以保证2010年前

❶ “八七”分水这次会议在河北涿州召开，当时黄河分水规模是560亿$m^3$，河道冲沙水210亿$m^3$，分给宁夏的引水量是70亿$m^3$，大引大排后，回归水30亿$m^3$，耗水量40亿$m^3$。

❷ 宁夏统计灌溉面积550万亩，实际灌溉面积660万亩，加上近几年扩耕，总灌溉面积约为700万亩。来自宁夏调研访谈纪要之四参天水利资源工程研考会《工作通报》No.2007－5。

❸ 能源项目大部分都是高耗水的项目，如采用湿冷方式冷却的火电厂，一台30万kW机组每年需水约450万$m^3$。宁东能源重化工基地规划至2010年需增工业用水1.9亿$m^3$，其中电厂新增用水0.9亿$m^3$。

的工业发展用水。[7]

### 2.1 宁东供水工程项目

距银川不远的宁东能源化工基地,❶ 通过供水工程实现由农业用水到工业用水的转换，为基地可持续发展提供保障。宁东基地供水工程包括水源工程和净配水工程两部分，工程总投资 8.7 亿元，设计年供水量 15970 万 $m^3$，供水流量 2.8$m^3$/s。其中：工业供水 13570 万 $m^3$，生态供水 2400 万 $m^3$。水源工程总投资 5.5 亿元。水源工程已完工，水库蓄水 1500 余万 $m^3$；净配水工程 10 万 $m^3$ 原水直供项目，也于 2005 年 10 月正式供水，主要向甲醇生产厂和电厂供水，现在日供水量基本上是 5 万～6 万 $m^3$，累计供水已达 200 余万 $m^3$；净配水工程 30 万 $m^3$ 净水项目今年 8 月建成投运。宁东基地各用水户要申请用水指标，并签订水权转换协议，从国家分配给宁夏的黄河总用水量指标中，有偿获得工业用水，转让费再用于农业节水。❷

### 2.2 宁夏灵武电厂项目等

根据水权转换协议，灵武电厂投资 4000 万元用于宁夏引黄灌区唐徕渠改造，在有效降低农业灌溉过程中的水资源浪费后，企业每年可获得 1440 万 $m^3$ 的用水指标。2005 年底，灵武火电厂水权转换项目竣工，火电厂共向唐徕渠灌域节水改造工程投资 2900 多万元,❸ 年可节水 2000 万 $m^3$，唐徕渠灌域每年给电厂转让 1400 万 $m^3$ 水指标。[8]大坝电厂三期扩建工程、宁东马莲台电厂和灵武电厂 3 个水权转换试点项目，总投资 1.5 亿元。截至 2008 年 4 月，这 3 个项目共到位资金 7240 万元，完成干渠砌护 20.57km，支斗渠砌护 155.84km，新建、翻建、改造渠系建筑物 1485 座，建成井渠结合项目区 2200 亩。作为回报，这 3 个企业每年可转换总水量 5390 万 $m^3$。水权转换节水工程保证了宁东马莲台电厂、灵州电厂、25 万 t 甲醇等自治区重点项目的生产用水。

流域主管部门与地方政府出台相关配套政策有效推动了部门间水权转换。宁夏在进行水权转换工作中实行总量控制，定额管理。先后颁布了《宁夏黄河水权转换实施意见》、《宁夏黄河水权转换实施细则》、《宁夏黄河水权转换资金使用管理办法》等制度，制定了《工业用水定额》和《城市生活用水定额》等行业用水标准。在初始水权分配到地级市的基础上，进一步明晰到市（县）。黄委在宁夏开展了水权转换试点工作，相继颁布了《黄河水权转换管理实施办法》和《黄河水权转换节水工程核验办法》，初步建立了具有黄河特色的水权转换制度。

纵观宁夏水权转换案例，水权转换尽管尚处于试点和实施初期，但从理论和实践上均具有较为充分的必要性，并且已经给实施给各方均带来了诸多益处，实现了多赢。在支持地方经济发展方面，在不增加黄河取水总量的前提下，为拟建项目提供了生产用水，突破了企业发展的资源约束，推动了区域经济快速发展；在节水工程方面，通过灌区节水工程，还拓展了水利工程融资渠道，有效筹集了投入资金，工程质量状况有较为明显改善；在农民利益方面，保护了农民的合法用水权益，输水损失减少了，水费支出下降了，增加了农民的经济收入；在水资源利用方面，效率和效益得到显著提高，实现了水资源的优化配置，对于构建节水型、节约型社会提供了重要根基；在协调工农业关系方面，保证了转换的 1.3 亿 $m^3$ 的水用在工业上，宁夏可直接增收的财政收入预计达到 10 亿～20 亿元，既实现了水资源的优化配置，提高了水的利用效率，同时又在支撑工业经济高速运行的情况下探索了实现工业反哺农业、促进工农业协调发展的有效模式，促进了区域社会经济的全面发展。

## 3 构建部门间水权转换市场的对策思路

基于上文分析，部门间水权转换有其理论和现实上的必然要求，为加快建立和完善部门间水权转换市场

---

❶ 该工程主要包括两级泵站、22.2km 管道、2.2km 隧洞和 1 座调蓄水库，其中水源工程一级泵站位于银川黄河大桥下游约 1000m 处的黄河右岸，二级泵站设在距一级泵站 5.7km 处的红山石。

❷ 在项目实施运行方面，2003 年底成立的宁夏宁东水务有限责任公司，负责宁东能源化工基地供排水及污水处理等工程的投资、建设、经营和管理。"建管合一"的模式打破了过去传统农业水利工程完全由政府投资建设的方式，减轻了地方财政负担，也为工程建设创造了良好的社会效益。

❸ 唐徕渠是有 1000 多年历史的农业灌溉渠，也是宁夏最重要的一条水渠，全长 300 多 km，沿南北走向几乎贯穿整个宁夏，覆盖农田面积超过 120 万亩，约占宁夏农田面积 1/5。唐徕渠年久失修，送水效率极为低下，历史上曾低到 20%，经过近年来的修整，目前也仅有 38%。

特提出以下5条对策思路。

### 3.1 明确部门间水权转换市场的法律地位和积极作用

水权交易市场需要取得和其他要素市场相同的法律地位，也就需要做出法律确认，明确水权交易的合法性和正当性。虽然看似平淡无奇，但却决定了一系列规则、条例的法律基础。国际水权交易活跃的国家与地区这个问题早已经解决。所以，《中华人民共和国水法》需要修改，加快出台水权交易的专门法，从而给部门间水权转换市场提供法律保障。

### 3.2 理顺部门间水权转换过程中相关者的利益关系

部门间水权转换过程中相关者的利益关系亟待理顺。工业投资项目的利益保障，农业部门的利益主张，以及生态效益的关注，都需要得到统筹体现。这些因子中，工业投资项目具有企业收益的明确性和时效性，而农业部门具有特定的垄断性，生态效应具有一定时滞，所以根本问题就是三种利益关系主张的位序排布、三种利益关系的和谐处理。这就要求各方利益主张渠道要畅通，尤其体现在价格构成和价格标准确定上要做到三方利益的和谐。

### 3.3 完善水权转换的技术措施

完善水权交易的技术措施重点是信息技术平台的搭建，渠系衬砌和测水技术的创新，提高衬砌率，创新测水技术，为水权交易提供更加精确的技术支撑，保护交易各方切身利益。被投资方在解决渠系渗漏、输水蒸发问题的同时，加快对分渠、支渠与斗渠的节水改造，这是当务之急；技术措施的另外方面就是可控性水利工程。由于水资源的流动性决定了对水权交易的动态监测和衡量，这是水权交易市场不同于其他要素市场的主要特征，因此也就决定了水权交易市场对技术设备和技术措施更为强调。以黄河为例，其干流已建、在建大中型水电站12座，这些干流调蓄工程为优化配置黄河水资源，将充分发挥径流调节作用，同时也为黄河水权交易提供了重要的物质技术载体，很好地支撑黄河水权交易市场的建立与运行。❶

### 3.4 水权定价是构建水权转换市场的重要环节

现行水权价格排除了生态的经济补偿，渠系设施的更新改造和运行维护费以及现在作为主要内容的工程建设投入。当前水资源费、水资源的机会成本都未纳入该水权价格。因此，目前三类水权市场的水权交易价格实际上是一种狭义的不完全的水权价格，未能完全反映水资源的价值。因此，建立具有可操作性的水权转换的价格形成机制，科学确定水权交易与转换价格是构建三类水权市场的关键所在。❷

### 3.5 充分评估和治理部门间水权转换的环境效应

渠系衬砌等节水措施的采取所可能引发存在问题就是水位上升问题，也就是说渠系衬砌后，下渗减少，长期会不会导致渠道两岸土壤质变、植被破坏等生态问题，这都需要加以严格的科学论证，如果确有必要可在水权转换过程中寻求一些解决方法，比如每方水可以收取一定金额的生态补偿费用于生态修复、政府给予特定形式的补贴等。

## 参 考 文 献

[1] 姜雪城．黄河富宁夏．今日谱新曲．新华网，2006-06-12.

[2] 姜雪城．黄河富宁夏 今日谱新曲．新华网，2006-06-12.

[3] 白燕．水权转换解决宁夏用水难题［N］．宁夏日报，2004-5-28.

[4] 肖敏，等．聚焦西北水权转让——西北省区破解水荒难题．新华网，2004-11-16.

[5] 钱正英．西北地区水资源配置生态环境建设和可持续发展战略研究［M］．北京：科学出版社，2004：107-120.

[6] 肖敏，等．聚焦西北水权转让——西北省区破解水荒难题．新华网，2004-11-16.

[7] 肖敏，等．聚焦西北水权转让——西北省区破解水荒难题．新华网，2004-11-16.

[8] 段树军，何玲．宁夏：建设节水型社会 化解用水“瓶颈”［N］．中国经济时报，2007-01-18.

---

❶ 如合肥从大别山购买水，订购总量是9000万$m^3$，但由于买的水要经过124.5km的路程，一路损耗后到董铺水库只有6000万$m^3$左右了。

❷ 传统意义上水价中忽略了水权价格，我们针对已有水权转换定价模型缺陷，构建了跨部门水权交易定价模型：$P_{wpr}=f(A, r)$ 其中，$A=\alpha E+\beta T+\lambda Ce$；$P_{wpr}$为水权转换价格；$E$为水权转换工程投入分摊；$T$为水权转换期限；$Ce$为水权转换环境补偿。笔者另有文章专门论述，此处不再赘述。

# Theoretical Analysis and Policy Connotations for Transaction of Water Property Rights between Agricultural and Industrial

Ma Xiaoqiang Kang Jianan

(School of economics and management of North West University, Xi′an 710069)

**Abstract** The variable anticipated revenue and opportunity cost of water resource from the different industrial agencies are the fundamental reason of the transaction of water property rights between agricultural and industrial. The transaction of water property rights between agricultural and industrial in Ningxia Area has been taken as an example, and the internal mechanism and policy connotations has been argued.

**Key words** original water property rights; the transaction of water property rights; the transaction of water property rights between industrial agencies

# 中原经济区水资源承载力计算及配置方案优选*

陶　洁　左其亭

（郑州大学水科学研究中心　郑州　450001）

**摘　要**　中原经济区面临严重的水问题。紧扣水资源承载力概念，以经济社会—水资源—生态环境的复合互动约束为基础，构建了水资源承载力的计算及评价模型，以2008年为现状水平年，2020年、2030年为规划水平年，计算了中原经济区60个计算单元的水资源承载力，评价了其承载程度。并设置8种提高水资源承载力的配置方案，优选出能满足未来社会经济规模的最佳配置方案。最后提出提高水资源承载力的工程与非工程保障措施。

**关键词**　中原经济区；水资源；承载力；计算模型；配置方案

## 1　引言

中原经济区日益严峻且高度综合的水问题，提出了水资源承载力研究的现实必要性和迫切性。水资源承载力研究是开展区域水资源保护规划工作和实现人水和谐发展的基础。国际上该方面研究大多将纳入可持续发展理论中，如日本学者提出污染排放总量控制问题[1]。国内该研究起步较晚，最早是1985年中科院关于新疆水资源承载力方面的研究。此后我国学者从概念、理论、量化方法等开展积极研究。如许有鹏[2]、阮本青等[3]、汪恕诚[4]、王浩等[5]、左其亭等[6]、陈守煜等[7]。

但目前水资源承载力概念内涵没有形成统一认识，计算模型分割了资源、经济社会、环境间的相互作用，忽视了其内在动态特性。本文在介绍水资源承载力概念及构建基于“经济社会—水资源—生态环境”动态计算模型的基础上，开展了中原经济区水资源承载力的研究，并优选了水资源配置方案。为进一步明确中原经济区水资源与生态环境对经济社会发展的承载力阈值，提供科学合理的经济社会结构调整方案，中原经济区国土综合利用、水资源保护治理提供技术支撑。

## 2　水资源承载力概念及计算模型

### 2.1　水资源承载力概念

施雅风、许有鹏、阮本清、夏军、左其亭等先后提出水资源承载力较有代表性的概念。本文综合分析水资源承载力内涵，将其定义为：在满足一定的环境保护准则和标准下，在一定的经济、技术水平下，在保证一定的社会福利水平要求下，利用当地（和调入）的水资源和其他资源与环境条件，维系良好生态环境状况所能够支撑的最大经济社会规模。

### 2.2　水资源承载力计算模型

水资源承载力计算模型包括目标函数和约束条件两部分[8]。

（1）目标函数：“最大的经济社会规模”。考虑到表征经济社会规模的指标较多，而人口在经济社会系统内部与其他指标存在一定的相互制约关系，这里用“人口数”来表示目标函数，即 $Z=\mathrm{Max}(P)$。

（2）约束条件。

1）“经济社会—水资源—生态环境”复合系统互动关系约束：包括经济社会系统模型、水资源转化关系模型和生态环境模拟模型。3个模型通过系统内部变量间的传递关系耦合构成复合系统互动关系约束。

其中，经济社会系统模型包括发展规模预测、用水量和污染物排放计算。通过增长指数法预测出经济社会发展指标，运用定额法确定单元用水量，用水量乘上耗水率得到单元耗水量，由污染物排污系数和入河系

* 基金项目：国家“973”项目（2010CB951004）；国家自然科学基金项目（51079132）；教育部社科研究基金规划基金项目（10YJAZH027）；高等学校博士学科点专项科研基金资助课题（20094101110002）。

第一作者简介：陶洁（1986—　），女，江苏盐城人，硕士研究生，水文学及水资源专业。E-mail：tao19861984@163.com

数，分别计算出污染物排放量和入河量。由于生态环境系统较复杂，而水环境状况能很好地反映生态环境状况，所以本文用水环境系统代替生态环境系统。水资源转化关系式和水环境系统模拟式分别如下：

$$P_i+Q_{调i}+Q_{入i}=E_i+\sum E_{I_i}+\sum E_{A_i}+\sum E_{CL_i}+\sum E_{UL_i}+\Delta V_{地下水i}+\Delta V_{地表水i}+Q_{出i} \quad (1)$$

$$\Delta C_iV_i=(1-\beta_i)(Q_{入i}C_{入i}+W_{点i}+W_{面i})-[(\Delta V_{地表水i}+Q_{出i})C_{出i}+\sum Q_{用i}C_{入i}] \quad (2)$$

以上式中：$P_i$ 为降水量；$Q_{调i}$、$Q_{入i}$、$Q_{出i}$为外调水量、入流量、出流量；$E_i$ 为总蒸发量；$E_{I_i}$、$E_{A_i}$、$E_{CL_i}$、$E_{UL_i}$为工业、农业、城镇生活和农村生活耗水量；$\Delta V_{地下水i}$、$\Delta V_{地表水i}$为地下水、地表水蓄水量变化量；$V_i$ 为平均蓄水量；$C_{入i}$、$C_{出i}$为污染物入流、出流浓度；$\Delta C_i$ 为浓度变化值，本文以年为步长，故认为 $\Delta C_i=0$；$W_{点i}$、$W_{面i}$为点源、面源污染物入河量；$\sum Q_{用i}$为总用水量；$\beta_i$ 为污染物综合消减率。

2）水量约束：计算时段内单元内水资源可供水量要大于单元用水量。

3）水环境约束：计算单元点源污染物入河量要小于该单元水功能区的纳污能力，水体水质浓度要小于水体所在水功能区的水质控制目标。

4）经济社会发展约束：为适应经济社会发展，不同水平年还要给定经济社会发展状况的下限值，包括人均GDP约束、人均粮食占有量约束。

5）非负约束。

### 2.3 模型求解及承载程度评价

对于复杂的非线性优化模型，本文采用“数值迭代法”，求解近似最优解。将各水平年实际值或预测值与计算值相比，得到“水资源承载程度指标 $I$”，根据 $I$ 值的分布区间，进行承载程度分级，见表1。

表1 承载程度指标 $I$ 分级

| $I$ 值区间 | $I\leqslant 0.6$ | $0.6<I\leqslant 1$ | $1<I\leqslant 1.5$ | $1.5<I\leqslant 2$ | $I>2$ |
|---|---|---|---|---|---|
| 承载程度分级 | 完全承载 | 可承载 | 轻度超载 | 中度超载 | 重度超载 |

## 3 中原经济区概况及水资源现状

### 3.1 中原经济区概况

中原经济区地跨河南及周边数省，是承东启西、联南通北，推动东中西部协调发展的桥梁。建设中原经济区是加快中原崛起、河南振兴的载体和平台。2011年中央《全国主体功能区规划》和“十二五”规划纲要草案更是将其纳入国家层面。以河南省为主体开展中原经济区水资源承载力研究具有十分重要的意义。

中原经济区（以河南省为主体）西高东低，属于暖温带和北亚热带过渡地区，是全国重要的粮食产地。降水量由北向南约600～1200mm，地跨海河、黄河、淮河、长江四大流域，河流众多。近些年来经济社会发展迅速，据《河南统计年鉴》，2008年全区省辖市建成区面积已达1427km$^2$，总人口9927.38$\times10^4$人，其中城镇人口占37.11%。GDP达18482$\times10^8$元，粮食产量达5674.22$\times10^7$kg，实际灌溉面积为4227.1$\times10^3$hm$^2$。

### 3.2 水资源现状分析

中原经济区经济社会快速增长的同时，水问题日益复杂，已影响区域可持续发展。根据《河南省水资源调查评价》报告，中原经济区多年平均地表水资源量、地下水资源量分别为303.99$\times10^8$m$^3$、196.00$\times10^8$m$^3$/a，多年平均水资源总量为404.86$\times10^8$m$^3$，人均水资源占有量为406.5 m$^3$/人，属资源型短缺地区。

2008年中原经济区全区降水量738.1mm，地表水资源量259.056$\times10^8$m$^3$，地下水资源量188.274$\times10^8$m$^3$，水资源总量为371.253$\times10^8$m$^3$。废污水排放量45.857$\times10^8$m$^3$。其中工业（含建筑业）废水34.125$\times10^8$m$^3$，占74.4%；城市综合生活污水11.732$\times10^8$m$^3$，占25.6%。遭受严重污染，水质劣于Ⅴ类，失去供水功能的河长2482km，占总控制河长的52.9%。2008年区域总供水量为227.53$\times10^8$m$^3$，地表、地下和其他水源供水量分别为88.75$\times10^8$m$^3$、138.38$\times10^8$m$^3$、0.43$\times10^8$m$^3$。总用水量227.53$\times10^8$m$^3$，生活、生产、生态用水量分别为28.74$\times10^8$m$^3$、194.17$\times10^8$m$^3$、4.62$\times10^8$m$^3$。2008年全区水资源开发利用率为63.15%，开发利用程度已超过了世界公认的极限值（40%）。总体缺水率为零，但是由于时空分布不均，导致缺水现象仍很严重。

## 4　中原经济区水资源承载力计算

### 4.1　计算条件

本文研究现状水平年为2008年，规划水平年为2020年、2030年，计算区域为中原经济区划分的60个计算单元。计算条件有：①水文条件：现状水平年采用2008年实际来水条件，规划水平年采用50%频率水文条件，并考虑到规划水平年南水北调等各种规划新建工程；②经济社会和水环境条件：现状水平年采用2008年实际统计资料，规划水平年采用预测的经济社会指标、排污和水环境治理结果。

### 4.2　研究路线

（1）按照中原经济区水资源三级分区套地级行政区的原则，将全区划分为60个计算单元，根据水系关系及工程情况，建立能描述各单元之间的水量或污染物输送关系的网络图（图1）。又针对中原经济区发展规划和总体布局，对各市的城区和新区进行定位和细分，以满足需水预测和水资源配置的需要。

（2）研究国内外用水标准现状，制定2020年、2030年中原经济区各种用水标准，进行供需水预测。

（3）建立区域“经济社会—水资源—生态环境”复合系统互动关系模型，构建水资源承载力计算模型。

（5）求解模型，对结果进行承载程度分级。

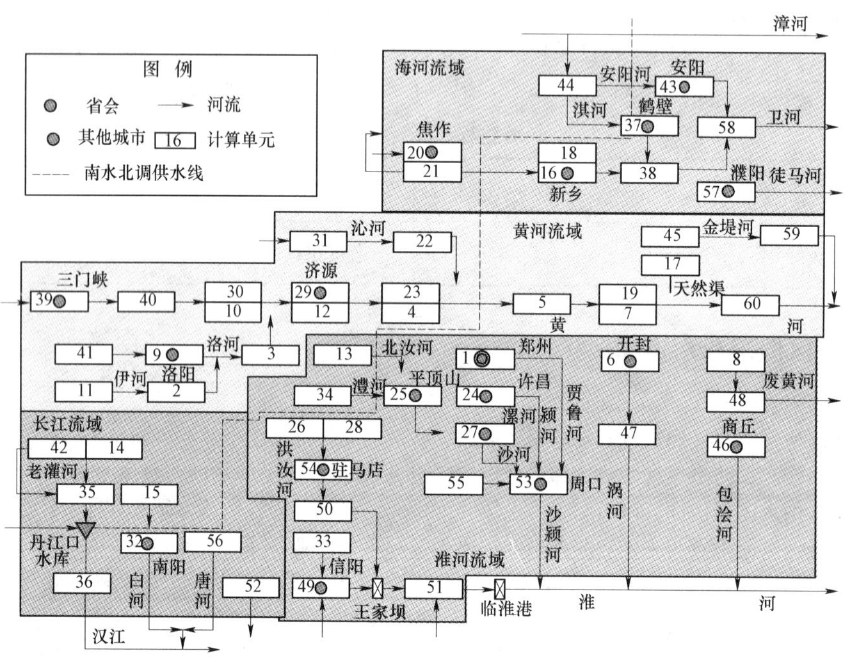


图1　中原经济区单元网络图

## 5　计算结果及分析

### 5.1　中原经济区水资源承载力计算结果

以现状水平年和规划水平年的来水和经济社会情况，应用水资源承载力计算模型，结果见表2。

**表2　　中原经济区水资源承载力计算结果**

| 年份 | 承载程度指标 $I$ | 城镇人口（$\times10^4$人） | 农村人口（$\times10^4$人） | GDP（$\times10^8$元） | 工业增加值（$\times10^8$元） | 第一产业增加值（$\times10^8$元） | 农田灌溉面积（$\times10^3hm^2$） | 林果灌溉面积（$\times10^3hm^2$） | 粮食产量（$\times10^7kg$） |
|---|---|---|---|---|---|---|---|---|---|
| 2008 | 1.21 | 2852.4 | 5337.1 | 13755.6 | 6852.8 | 2212.3 | 3363.5 | 29.3 | 4736.6 |
| 2020 | 1.26 | 3969.1 | 4204.3 | 27424.5 | 12864.4 | 3675.6 | 3579.6 | 61.9 | 7567.4 |
| 2030 | 1.28 | 4905.2 | 3710.9 | 42915.5 | 18403.8 | 5302 | 3872.3 | 96.7 | 11009.7 |

### 5.2 现状水平年承载结果分析

可见，2008 年中原经济区整体属于“轻度超载”（表 2、图 2），可承载人口为 8189.5×10$^4$ 人，是现状人口的 82.5%；可承载的 GDP 为 13755.6×10$^8$ 元，是现状 GDP 的 74.4%。共有 15 个地级市超载：“重度超载”2 个（焦作、安阳）；“中度超载”7 个（郑州、开封、许昌、漯河、鹤壁、周口和濮阳）；“轻度超载”6 个（洛阳、新乡、平顶山、济源、三门峡和商丘）。

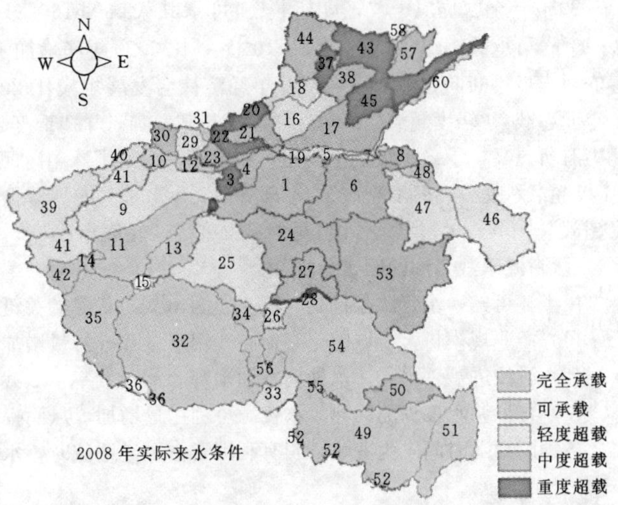


图 2　中原经济区现状年各单元承载程度结果图

全区 60 个计算单元中有 41 个超载：“重度超载”9 个，“中度超载”15 个，“轻度超载”17 个。可见，中原经济区当年的经济社会规模超出了其自身水资源承载力。承载程度较好的单元主要分布于区域南部和西部，这些单元位于河流源头，过境水量大，或单元内人口规模较小，以农业为主，如单元 5（郑州）黄河过境水量较大，且以农业为主，故承载级别较高，为“完全承载”；单元 34（南阳）处于河流源头，且以农业为主，所以承载等级较高，为“可承载”；单元 51（信阳）位于淮河干流，水量充沛、水质良好，故承载等级较高，为“完全承载”。而承载程度较差的单元主要分布于区域中部、北部及东部，这些单元中由于本地水资源可利用量有限，或生产力水平较高，人口规模较大，导致超载问题较严重，如单元 1（郑州）、单元 6（开封）、单元 9（洛阳）；或由于产业结构问题，导致排污量较大，超载问题严重，如单元 2（郑州）以重工业产业为主，单元 19（新乡）集中了新乡市大部分新型工业产业。

### 5.3 规划水平年承载结果分析

如表 2 和图 3 所示，2020 年全区属于“轻度超载”。可承载人口 8173.4×10$^4$，比 2008 年实际来水条件降低约 16×10$^4$，降低比例是 0.2%。可承载 GDP 为 27424.5×10$^8$ 元，比 2008 年净增加 13668.9×10$^8$ 元，增加比例为 99.4%。可见，2020 年经济社会飞速发展，导致水资源供应紧张，但由于 2008 年属于偏枯年，水量小于 50%来水量，故 2020 年可承载人口只是略有下降。水资源条件很大程度上影响水资源承载力状况。全区有 33 个单元超载：“轻度超载”13 个、“中度超载”11 个、“重度超载”9 个。就各计算单元来看，2020 年承载程度等级发生变化的有 31 个单元，其中 20 个单元承载能力提高，如单元 1（郑州）、单元 7（开封）、单元 10（洛阳）；11 个单元承载能力降低，如单元 8（开封）、单元 21（焦作）、单元 26（平顶山）。

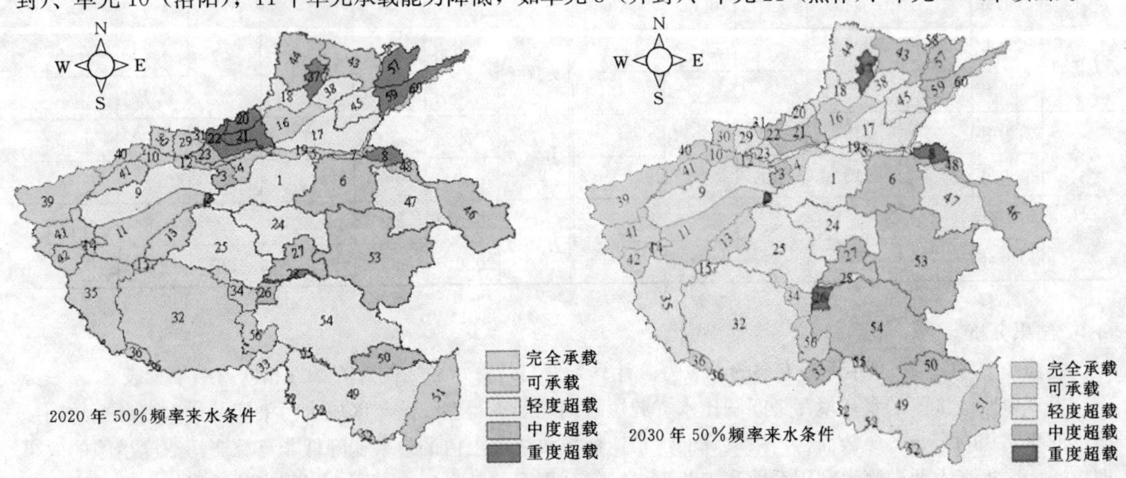


图 3　中原经济区规划年各单元承载程度结果图

2030 年全区仍属于“轻度超载”。可承载人口 $8616\times10^4$，比 2020 年净增加 $443\times10^4$，增加比例是 5.42%；可承载 GDP 为 $42915.5\times10^8$ 元，比 2020 年净增加 $15491.0\times10^8$ 元，增加比例是 56.5%。可见随着农村人口不断向城市转移，2030 年经济社会发展规模比 2020 年有所增加，但增加幅度变缓。全区有 40 个单元超载：“轻度超载” 22 个、“中度超载” 14 个，“重度超载” 4 个。与 2020 年相比，大部分单元承载能力有所提高，承载等级发生变化，如单元 10（洛阳）由“可承载”变成“完全承载”；单元 1（郑州）由“中度超载”变成“轻度超载”。小部分单元承载能力有所降低，如单元 8（开封）由“中度超载”变成“重度超载”；单元 49（信阳）由“可承载”变成“轻度超载”。

### 5.4 水资源承载力制约因素分析

由上述可知，水资源条件是影响水资源承载力状况的关键因素之一。此外，其他制约因素归纳如下：

（1）产业规模扩大、城镇化率提高，用水量和排污量增加，导致承载力降低。

（2）科技进步，提高污水处理率和水资源利用效率，承载力提高。

（3）各种调水工程的构建，水资源可利用量增加，从而提高承载力。

各种因素随时间发生变化，当有利因素占主导地位时，水资源承载力就提高；反之降低。

## 6 配置方案

### 6.1 方案设计

据承载力计算结果，从水环境治理和水资源利用角度调整水资源承载力计算参数，设置若干水资源配置方案，见表 3。其中方案 1、方案 2 及方案 5 方案从点源、面源污染治理角度，考虑了水环境治理对承载力的影响；方案 3、方案 4 及方案 6 方案从污水回用和节约用水角度，考虑了水资源高效利用对承载力的影响；方案 7 则考虑了两者共同作用带来的影响；方案 8 为推荐方案。表中空白部分表示取预测水平下相应年份的值。

**表 3　配置方案设计**

| 方案 | | 达标排放浓度(mg/L) | 非点源产污浓度(mg/L) | 污水回用率(%) | 灌溉水利用系数 | 工业用水重复利用率(%) |
|---|---|---|---|---|---|---|
| 2008 年实际情况 | | 100 | 21 | 0.8 | 0.52 | 62 |
| 预测发展水平 | 2020 年 | 100 | 21 | 8.2 | 0.55 | 68 |
| | 2030 年 | 100 | 21 | 8.7 | 0.60 | 74 |
| 方案 1 | 2020 年 | 70 | | | | |
| | 2030 年 | 50 | | | | |
| 方案 2 | 2020 年 | | 18 | | | |
| | 2030 年 | | 15 | | | |
| 方案 3 | 2020 年 | | | 23 | | |
| | 2030 年 | | | 35 | | |
| 方案 4 | 2020 年 | | | | 0.72 | 90 |
| | 2030 年 | | | | 0.77 | 100 |
| 方案 5 | 2020 年 | 70 | 18 | | | |
| | 2030 年 | 50 | 15 | | | |
| 方案 6 | 2020 年 | | | 23 | 0.72 | 90 |
| | 2030 年 | | | 35 | 0.77 | 100 |
| 方案 7 | 2020 年 | 70 | 18 | 23 | 0.72 | 90 |
| | 2030 年 | 50 | 15 | 35 | 0.77 | 100 |
| 方案 8 | 2020 年 | 68 | 20 | 22 | 0.64 | 70 |
| | 2030 年 | 62 | 18 | 30 | 0.72 | 78 |

### 6.2 结果分析

计算 2020 年、2030 年下各方案的承载力。计算条件与计算承载力的计算条件相同。结果见表 4。

发现中原经济区的水环境污染问题比水资源短缺问题严重得多，这与区域水污染问题比水资源短缺问题严重的事实相吻合。各参数而言，采取降低污水达标排放浓度限值的效果比降低非点源产污浓度措施的效果理想，采取提高农业灌溉水利用系数和工业用水重复利用率的效果比提高污水回用率的效果好。且采取水环境治理措施与水资源高效利用措施组合的方式，比采用单一措施的效果好得多。

表 4 各方案承载力计算结果

| 方案 | 2020 年 | | | 2030 年 | | |
|---|---|---|---|---|---|---|
| | 可承载人口（$\times 10^4$ 人） | 可承载 GDP（$\times 10^8$ 元） | 超载单元个数（个） | 可承载人口（$\times 10^4$ 人） | 可承载 GDP（$\times 10^8$ 元） | 超载单元个数（个） |
| 方案 1 | 8927.4 | 29422.5 | 30 | 10027.5 | 48263.9 | 31 |
| 方案 2 | 8262 | 27619.4 | 33 | 8782.9 | 43466.1 | 35 |
| 方案 3 | 8389.2 | 28267.8 | 35 | 8802.4 | 44202.9 | 39 |
| 方案 4 | 9029.9 | 30131.0 | 35 | 9367.3 | 46344.2 | 38 |
| 方案 5 | 9011.8 | 29585.3 | 30 | 10201.7 | 48787.1 | 31 |
| 方案 6 | 9013.1 | 30599.7 | 34 | 9414.6 | 47149.9 | 37 |
| 方案 7 | 10735.7 | 35869.89 | 26 | 12503.5 | 61531.1 | 20 |
| 方案 8 | 9852.7 | 32585.93 | 29 | 11046.7 | 54424.48 | 26 |

进一步将各方案承载结果与规划水平年预测的社会经济规模（2020 年总人口 10272.4×$10^4$ 人，GDP 为 33260.1×$10^8$ 元；2030 年总人口 11024.1×$10^4$ 人，GDP 为 52453.3×$10^8$ 元）进行比较。发现到 2030 年方案 1～6 仍不能满足社会发展需求，而方案 7 已远大于预测值，成本太高。方案 8 则为优选方案。但从超载单元来看，由于各单元水资源条件和经济社会发展速度等存在空间差异性，方案 8 仍有部分单元超载。在方案 8 的基础上进一步微调各单元计算参数，发现所有计算单元至 2030 年均能满足单元社会经济发展需求。

## 7 提高水资源承载力的对策措施

（1）工程措施。充分发挥现有工程效益，规划新的水资源开发利用与保护工程，包括各类水利、技术、保护、新水源等工程，从而制定出合理的水资源开发利用模式、步骤、规模，研究出相配套的管理运营机制，有效提高水资源承载力。相应的水利工程如南水北调供水工程、小浪底引水工程、“引黄入新”提灌工程、河口村水库、东漳水源地等。相应的技术工程如修建节水灌溉工程、工业节水技术改造工程、供水管网改造工程等。相应的保护工程如入河排污口搬迁整治、河道疏浚清污治理、城市饮用水水源地保护、科研及管理体系建设等工程。新水源工程如再生水、矿井水、雨水集蓄等利用工程。

（2）非工程措施。在体制、产业结构、政府、农民等角度提出一套非工程保障措施，它将与工程措施作为统一的实施整体，实现区域水资源可持续利用，提高水资源承载能力。具体可从水资源保护体系、水资源开发利用管理体系、节水型产业建设体系、经济调控体系及公众参与体系等方面展开。

## 8 结论

（1）2008 年约有 2/3 的单元超载，主要分布在中部、北部和东部。若按当前趋势发展，规划水平年仍有超半数的计算单元超载。而制约水资源承载力的因素包括水资源条件、经济社会发展规模及结构、科学技术等，其中水资源条件起主导作用。

（2）中原经济区水污染问题严重，水环境治理措施与水资源高效利用措施组合的方式比任何单一方式对于提高水资源承载力的效果要好。在最佳配置方案 8 的基础上进一步微调各超载单元的计算参数，可使得所有单元均满足其经济社会发展需求。

（3）从工程措施和非工程措施方面提出中原经济区水资源供给保障体系，建议进一步做好污染源治理工作，提出合适的地区发展模式，实现水资源与经济社会和谐发展。

## 参 考 文 献

[1] Harris Jonathan M, et al. Carrying capacity in Agriculture: Globe and regional issue [J]. Ecological Economics, 1999, 129 (3): 443-461.

[2] 许有鹏. 干旱区水资源承载能力综合评价研究——以新疆和田河流域为例 [J]. 自然资源学报, 1993, 8 (3): 229-

237.
[3] 阮本青，沈晋．区域水资源适度承载能力计算模型研究 [J]．土壤侵蚀与水土保持学报，1998，4 (3)：57-61.
[4] 汪恕诚．水环境承载能力分析与调控 [J]．中国水利，2001 (11)：9-12.
[5] 王浩，秦大庸，王建华，等．西北内陆干旱区水资源承载能力研究 [J]．自然资源学报，2004，19 (2)：151-159.
[6] 左其亭，马军霞，高传昌．城市水环境承载能力研究 [J]．水科学进展，2005，16 (1)：103-108.
[7] 陈守煜，胡吉敏．可变模糊评价法及在水资源承载能力评价中的应用 [J]．水利学报，2006，37 (3)：264-277.
[8] 左其亭．城市水资源承载能力——理论·方法·应用 [M]．北京：化学工业出版社，2005.

# Calculation and Allocation Scheme Selection of Water Resources Carrying Capacity in Central Plains Economic Zone

Tao Jie　Zuo Qiting

(Center for Water Science Research, Zhengzhou University, Zhengzhou　450001)

**Abstract**　Central Plains Economic Zone is facing serious water problems. Sticking closely to the concept of water resources carrying capacity, the calculation and assessment model is constructed which is based on composite interactive constraint of economic society, water resources and ecological environment. The text calculates the carrying capacity of 60 units in Central Henan Urban Agglomeration in 2008、2020 and 2030, and evaluates carrying level of 60 units. And set up eight allocation schemes which aim to improve the bearing capacity of water resources. At last, engineering and non-engineering measures are contructed to improve the carrying capacity.

**Key words**　Central Plains Economic Zone; water resource; carrying capacity; calculation model; allocation scheme

# 低平原城市街道暴雨积水成因分析及减灾对策

张志悦

（河北省沧州水文水资源勘测局　河北沧州　061000）

**摘　要**　城市雨天积水是一种常见的城市灾害，因其发生的频次趋高和至灾趋重已成为城市防洪减灾及建设管理中急需解决的问题。通过对沧州城区排水能力和近几年强降雨后的积水情况分析，认为水文气象因素、排水设施建设不合理、地势低洼、部门之间协调不足是造成是城区暴雨积水的主要原因，并针对沧州的实际情况提出了可能的工程和非工程减灾措施，以期改善沧州城区暴雨积水状况，并供类似地区城区防洪减灾参考。

**关键词**　内涝积水；排水管网；减灾；沧州

近年，我国城市街道的暴雨洪水或严重积水事件频繁发生，且有日益增多的趋势，造成的灾害影响甚是惊人，如2004年7月中旬，北京、上海、广州三个特大型城市相继发生严重的城区暴雨积水；2007年中旬，济南市城区发生严重暴雨洪水，仅2小时的特大暴雨，就造成20余人死亡和巨大经济损失。城区积水是城市防汛中经常出现的问题，强降雨引起的城区积水，往往有一定历时，对城区交通和居民出行、工作及生活带来较大影响，是城市防汛面临的一个现实而亟待解决的问题。

## 1　沧州市城区积水概况

沧州地处河北平原东南部，濒临渤海，地势低平。纵贯市区的南运河将市区排水分为运东、运西二部分，市区内地势由南运河河堤向东西两侧逐渐降低。

沧州市区多年平均年降水量571.1mm，其中汛期6～9月降水量约占年降水量的80%，每年汛期遇强降雨市区积水严重甚至造成一定灾害。2003年10月10～12日，受台风影响，市区降水量达136mm，市区所有道路几乎全部产生积水，部分道路交通中断，个别道路低洼段积水深度超过1m，如解放路清真寺段最大积水1.1m。维康路积水深度达1.3m，民族路两侧平房室内积水深0.5m，床铺、家具、家用电器等被淹，部分街道积水时间达3天以上，居民经济损失严重[1]。又如2008年7月5日暴雨，市区降水量79.8mm，期间6日8～10时，2个小时降水量达56.4mm，造成市区大范围积水，其中黄河路立交桥积水深达2m，维明路市医院、解放路清真寺等路段积水60cm，降雨停止后部分路段积水时间长达7个小时，且新华西路中豪家具城门市、民族路两侧居民室内进水，并造成一定损失。

## 2　排水现状和排水能力

沧州市城区排水设施基础薄弱，城市防洪排水设施建设经历了城市形成初期的失调和无序、污水任意排放，到全面科学规划，协调发展。随着经济的快速发展和城市化进程的加快，排水设施的建设逐步完善，市区排水能力不断提高。20世纪80年代初期沧州市区的排水系统，全部是雨污合流制，分7个排水区域，每个区域有的靠泵站强排，有的靠明渠自流[2]。排水系统经过20余年不断建设，目前，市区已建成各种排水管道44条，排水管网长度达244km。沧州市区的排水以南运河为界分为运东和运西两个排水区域，排水方式老城区仍为雨污合流制，并在排水管网改造时，逐步实施雨污分流，新城区为雨污分流。排水去向为小流津渠、沧浪渠和南运河3条河道，其中向南运河排放的主要是运河两岸的汛期路面积水。

南运河以东区域。工业、生活污水和雨水，分别沿沧浪渠北支、沧浪渠中支、沧浪渠南支和王西鲁排干4条渠道排泄，最后汇入沧浪渠。为尽快排泄雨水和污水，在沧浪渠北支、中支、南支分别建有津德路泵站、鞠官屯泵站和小代庄泵站（东泵站），3个泵站共装有潜水排污泵13台，外排水能力为17.3m$^3$/s。运河

---

作者简介：张志悦（1964—　），男，河北沧州人，高级工程师，主要从事城市水文工作。E-mail：czzhangzhiyue@126.com

以东向南运河排泄雨水，主要通过水月寺、南湖 2 个泵站，2 个泵站共装有潜水排污泵 4 台，排泄雨水能力 $4m^3/s$。运东排水管网相互串通，日常只有鞠官屯泵站运行，向运东污水处理厂提供污水，经处理达标后，实现水资源的第二次利用。遇大雨或暴雨市区积水严重时，各泵站机泵全部开启，向市外排泄雨水和污水，向南运河排泄雨水，以缩短市区积水时间。因此，暴雨期间市区运东区外排水能力可达 $21.4m^3/s$。

南运河以西区域。工业、生活污水和雨水，主要沿一排干、二排干、三排干和光荣路排水渠、代家园排水渠 5 条沟渠排泄，最后汇入小流津干渠，并在光荣路排水渠和代家园排水渠建有外排水泵站。2 泵站共装有 8 台潜水排污泵，总排水能力 $5.44m^3/s$。南运河以西区域向南运河排放雨水是通过育红路泵站和公园泵站，2 个泵站共装有潜水排污泵 4 台，排水能力为 $2.94m^3/s$。日常运西各泵站只有代家园和光荣路泵站运行，遇有大雨或暴雨积水严重时，开启育红路泵站和公园泵站机泵向南运河排放路面积水。因此，暴雨期间市区运西总排水能力可达 $8.38m^3/s$。

综上，整个沧州市区仅排水泵站向市区外排水能力达 $29.8m^3/s$。

## 3　积水成因分析

相对传统的农田排水而言，城市排水系统要求高，管网规划、建设和运行管理要求更高。一般情况下，引起城市积水主要是在强降雨条件下，地面径流通过管网来不及排出所致，而其积水甚至成灾原因，是多因素的综合作用。由近几年城市水文实践分析，造成沧州城区积水主要有以下几方面原因。

### 3.1　水文气象因素

城市特征之一是具有高密度钢筋混凝土的建筑群体，是人类高密度居住生活区。城市形成的“热岛效应”，使夏季大气对流活动在城区附近得以加强，大大增加了局部暴雨发生的几率。这主要是由于：①“城市热岛”效应使市区及其下风方向的对流强度加大；②城市地面粗糙度较大，所产生的阻滞作用使降水系统移速减缓，雨时增长；③城市空气污染严重，凝结核丰富，易促使水汽凝结成云致雨，于是常产生市区降水比郊区偏多的现象。目前沧州城市“热岛效应”虽不明显，但是随着城市化进程的加快，这一效应会越来越显著。从发生时间看，暴雨造成的市区积水多发生在汛期的 7 月、8 月。在降雨强度上，沧州市区 1h 超过 30mm 或 2h 超过 50mm，就会对市区造成较大影响，甚至因积水成灾。如 2008 年 7 月 6 日 8～10 时，2h 降水量 56.4mm，致使市区大范围积水。

除了气象上的城市“热岛效应”之外，城市水文因素更为重要。城市大规模建设和快速扩展，使得不透水面积成比例增长，显著改变了城区原有的下垫面条件，使得可通过土壤调蓄的部分水量直接变成了径流，至城区暴雨径流系数大增。据相关分析，目前沧州市城区暴雨径流系数已高达 0.75 左右。在城市化进程中，城区内坑塘、洼淀、沟渠大量填埋，取而代之的是鳞次栉比的高楼大厦，河渠水系遭到破坏，降低了对城区暴雨洪水的滞蓄和宣泄能力，增大了城市排水系统的压力，增大了城区内涝的可能性。如市区水月寺大街，该处原有相当规模的洼淀，水月寺大街及周边区域的雨水主要由该洼淀调节、滞蓄，而 20 世纪 80 年代中期被填平，并盖起了一栋栋楼房，形成了今天该区域每逢大到暴雨必定积水的现状。

### 3.2　排水设施建设不合理 标准偏低

一是老城区排水管网不配套、排水标准偏低。老城区排水管网建于 20 世纪 70 年代前后，排水方式均为雨污合流，设计是以排放生活污水为主。随着城市化进程的加快，不透水面积成倍增加，原有管道排水能力明显不足，近些年虽然对老城区排水管道进行了局部改造，但对整个老城区排水管网系统的排水能力提升并不大。同时受城市热岛效应影响，短历时强降雨频率和强度有不断增加的趋势，过去设计用的数值偏小，不足以解决短历时强降雨的排水问题。在重点区域，排水标准明显偏低，如市区文明路市医院段、维康路等，排水管网为不但雨污合流，且管道直径仅为 800mm。

二是局部区域排水管网高低不分。市区内地势低洼区域，在城市建设过程中，其排水管网与周边“高地”管网相连，高水下压，大大超出洼地管网排水标准，往往引起洼地积水。市区南运河两侧均存在这种情况，积水较严重的水月寺路段，该区域排水管网与地势比之高出 1m 有余的华信小区、华北商厦一线的排水管网相连；解放路清真北大寺区域排水管网与比之高出近 1m 的南北大街的排水管网串通，这种管网布局高低不分的连通方式，致使地势低洼区域小到中雨时排水尚可，遇有大到暴雨，造成严重积水在所难免，这是目前城区积水最重要的原因之一。

三是管网无序接入，降低排水标准。某一区域按照一定排水标准建设管网，区域周边城市化后，后续管网接入已铺就的干管，干管管径没有扩大，实际降低了整个区域的排水标准。新建地域及城郊结合部大面积积水主要是这种因素作用的结果。如运西排水区域，由于御河西路建设将三排干截断，原三排干上游区域署西街一带的排水管网改道并入光荣路管网，增加了其他管网的排水压力，降低整个区域的排水标准，也是目前光荣路、御河路积水的主要原因。

### 3.3 地势低洼，自然排水不畅

沧州市水资源短缺，为解决水资源不足问题，20 世纪 70 年代以来大量开采深层地下水。由于长期超采，形成了以市区为中心的深层地下水降落漏斗，造成了地面沉降、河道行洪能力降低等不良后果。到 2003 年市区沉降中心累计沉降量达 2236mm，地面沉降量大于 2000mm 的范围已经覆盖了整个沧州市区。从地形上看，沧州市区形成了形同“锅底”的地势，使河流的坡降减缓甚至形成倒坡，增加了排水难度，延缓了市区雨期排水时间，加剧了市区积水严重程度。地面下的排水管网，在地面下沉的同时，管道高程也发生相应变化，改变了原来的管道设计坡度，甚至使局部区域排水管道形成倒坡，降低了排水管网设计标准，是市区宜形成积水的原因之一，也是市区内排水管网年年改造，成效不大的主要原因。

### 3.4 市内、市外防汛排水系统衔接不畅，部门之间协调不足

目前市区内的排水系统和市区外河道防汛分属两个部门，市内排水由城市管理局负责，市区外的河道防汛管理则有水利部门负责，两部门之间缺乏足够地协调，影响城区排水能力的充分发挥，致使暴雨期间市区排水不畅。如运西代家园泵站下游的代家园排水渠，市区外村民挤占渠道、私筑拦水坝阻水现象较为普遍，原 10 余米宽的排水渠道，现在仅有 3～4m 宽，大大降低了渠道的泄水能力，即使遇有强降雨市内积水严重，该泵站排水也不能满负荷运转，否则渠道两岸雨水、污水四溢。类似情况的还有光荣路泵站下游的明水渠、运东的王希鲁干渠等。王希鲁干渠下游的小园排干，在小园村附近建有节制闸，汛期常因闸门开启高度不够或闸门关闭，至王希鲁排干汇水区域排水不畅引起积水。

## 4 治理及减灾对策

内涝积水是城市的自然灾害之一，灾害损失的严重程度与城市的发展同步增长，与当地经济规模成正比。因此，城市积水治理及减灾对策应遵循以防为主，防、抗、救相结合、城市减灾与城市建设相结合、工程措施与非工程措施相结合、长远规划与应急治理相结合的原则。实行统筹规划，因地制宜，分步实施，综合治理，才能减少或消除城区积水。结合沧州市的实际情况，从减灾策略方面建议如下：

### 4.1 增强城区防洪抗涝的减灾意识

提起“防洪抗涝”人们多以为是农田和江河湖泊的事情，对城区“内涝”考虑的较少，其实不然，由于城市人口密度大，经济实体大量聚集，一旦发生极端天气，造成的损失更大。这就要求人们对此要有充分的认识，要求各级政府和有关部门必须加强对城区防汛减灾工作的领导，要充分利用宣传媒体和其他形式活动广泛开展全民减灾教育，形成一个全社会抓减灾的舆论环境，要求市民自觉遵守城市建设和环境保护的有关法规，积极主动参与减灾工作[3]。

### 4.2 建立有效的防汛排水体系

有效的排水体系是城市赖以生存和发展的基础设施之一，是促进经济发展保障社会平安的一个前提。

#### 4.2.1 疏浚下游排水渠道提高渠道的排水能力

保障接纳城区雨水的排水干渠的畅通无阻是宣泄城区雨水的外部条件。为此，城市管理局和下游郊、县水利部门加强沟通协调，清除拦水坝，并对渠道进行改造、加宽，提高干渠的设计标准，确保排水泵站的满负荷运行和自排干渠的畅通宣泄雨水。

#### 4.2.2 要因地制宜，分类治理积水

在做好城市防洪及排水规划的同时，对现有管网布局及走向认真调查，进行分类治理。对干道及支干道道路积水问题主要改造管道提高排水能力，或者将排水区域重新分割，增强原有管网的排水能力。对区域洼地积水问题，最有效的方法是高、低分开，实行高水高排，低水低排。建议：①疏通三排干恢复其排水区域，并在三排干上建设排水泵站，大雨或暴雨时实行强排；②水月寺低洼区域排水，则实行高、低水分开的方式，将华北商厦及其以南区域的排水改道向南进入南湖，水月寺单独排泄雨水，可有效解决该区域积水问题。

**4.2.3　加大资金投入，提高市内排水设施标准**

沧州市基础设施底子较薄，在城市设施建设上又存在“地面发展快，地下欠账多”的情况，尤其在老城区排水管网改造上投入力度明显不足。老城区管网管径细、淤塞、老化破损严重，是目前城区积水的主要原因之一，由于资金短缺，一些预建和改建项目不能及时实施，只能修修补补，治标不治本。

随着城市快速发展，城区下垫面条件发生了明显变化，从城市水文角度，应及时进行排水设计的计算复核，统一暴雨计算及设计标准，保证排水设施能满足城区变化后的排水需要。考虑极端气候变化目前处于增强阶段的因素，在暴雨强度公式计算中，要用近年的暴雨资料复核，并考虑参数略微放大，适当留有余地。

**4.2.4　要强化管理，提高排水应急反应速度**

城市排水管网调蓄雨水的空间不大，要消除积水，更需要提高应急反应速度。天气预报有大到暴雨时，及时与环保局沟通，提前开启鞠官屯、津德路、小代庄（东泵站）泵站的机泵，释放管道中的污水，将排水管道的污水降至最低，以迎接暴雨的来临（因环境保护的需要，运东几个排污泵站，没有环保局同意，不能擅自向市郊排放污水）。其次应加强管网的日常和应急管理，定期疏通管网，尽量减少淤积，发生强降雨时，排水管理部门要及时加大清掏收水口的力度，确保收水口畅通。

**4.2.5　保护城市生态，增加绿化空间**

在城市建设中，尽可能注意人与自然的和谐，注意生态保护。绿地既能有效调节径流量又能减少雨水初期污染，坑塘对地面径流起到滞蓄调节作用。因此，在老城区改造和新区建设中，减少城区不透水面积，并尽量减少城区坑塘的填囤。从而减少城区雨涝的可能性。

**4.3　加大雨水资源利用的力度**

沧州市一方面资源性缺水，实行跨流域长距离调水，一方面暴雨往往造成内涝灾害，雨水资源又白白排泄掉。因此，雨水资源利用是变害为利，既可实现节约保护水资源又可实现减轻城区排水系统压力，减轻内涝灾害和改善生态环境等。目前，国内外许多城市已开展雨水资源利用，沧州市仅在局部进行尝试性工作，力度明显不够。相关部门应加大支持力度和资金投入，并制定相应政策，保护、鼓励、支持企事业单位在新建、改建和扩建工程以及居民住宅小区，积极开展雨水资源利用。

**4.4　加强城市防汛减灾基础工作的研究**

沧州市同全国许多城市一样，所面临水文问题十分严重，特别是水环境污染和防洪排涝能力过低，严重威胁着城市的发展及城市居民的生活和安全。城市水文作为城市防汛减灾的基础工作，过去由于观测资料不足，未能及时开展城市水文的研究，致使一些问题积聚成堆。现在，必须引起足够重视，加强城市防汛减灾的基础工作研究，加强城市水文监测工作，针对城市的具体情况开展有关的分析研究，加强城区暴雨积水预警预报建设和应用，提高预测减灾水平。为城市的规划设计、控制管理和健康发展提供可靠的资料，做到更好地为城市建设服务。

## 参　考　文　献

[1]　王秀稔，王辉．沧州市旧城区排水管道改造简介［J］．河北市政，2004，1：35－36.

[2]　王秀稔．对城市规划建设的思考［J］．河北市政，2001，3：42－44.

[3]　方龙龙，俞连根，吴林祖，等．杭州城市暴雨积水成因与减灾对策［J］．科技通报，1997，13（3）：137－142.

# 城市化地区洪涝灾害发生的原因分析及对策研究*

刘建芬[1] 王慧敏[1] 张行南[2]

(1. 河海大学水文水资源与水利工程科学国家重点实验室 南京 210098；
2. 河海大学水资源高效利用与工程安全国家工程研究中心 南京 210098)

**摘 要** 在我国，随着城市化前进的步伐，城市越来越大，越来越多，这给防洪带来了更大的挑战。很多城市出现了多雨期的“逢雨必涝”现象，在分析背后原因的基础上，笔者提出采取工程措施和非工程措施相结合的防洪减灾对策，工程措施方面主要包括提高防洪堤的防洪标准、加强城市的排水管网建设、提高城市广场和绿地的占地面积、铺设楼顶蓄水池和地下蓄水池，非工程措施方面重点应放在做好城市的防洪规划、加强工程项目的防洪评价，进行洪涝灾害风险分析和洪灾风险区划，加强洪水预报预警工作，普及城市居民的防灾意识。

**关键词** 洪涝灾害；城市化；洪灾风险

中国正处于快速城市化的进程中，就目前的现状来说，城市化发展是不可避免的，而且是大势所趋。在城市化发展的进程中，不但改变了洪涝灾害发生的致灾因子和下垫面条件，而且由于人口和财富的聚集，也使城市这个承灾体的易损性增大了，城市在洪涝灾害面前变得更加脆弱。在这样的条件下，必须加强城市化地区的防洪评价，通过工程措施提高城市的防洪标准，同时，通过非工程措施，加强对城市化地区的洪灾风险分析，确定洪灾风险区，建立适合于城市化地区的洪灾风险管理模式，制定合理的防洪减灾对策。

## 1 城市化地区洪涝灾害多发区域的特点

### 1.1 城市化对洪涝灾害风险的影响

城市化对洪涝灾害风险的影响主要表现在三个方面。

(1) 对洪涝灾害孕灾环境的改变，主要表现在下垫面条件的改变，城市化的主要特点之一是硬化地面，也就是不透水面积的增加，下垫面条件的改变直接改变了降雨径流关系，减少了渗入地下的水量，增加了地面径流，引起城市地区河流水位上涨。其次，城市排水系统使城市雨洪径流经硬化地面直接流入河床而排出城市地区，缩短了地面径流汇水时间，导致河道径流滞后时间缩短。另外，城市化发展的进程中，对河道裁弯取直，对河床以混凝土衬砌，改变了河道的天然形态，降低了河道的糙率系数，加快了降雨径流在城市河网水系间的汇流，易造成城市河网水位的暴涨[1]。在城市建设中，迫于人口的压力及经济发展的需要，通过挤占河道获取更多的土地，降低了河网水系的密度，从而提高了城市遭受洪涝灾害的风险。

(2) 对洪涝灾害风险致灾因子的改变，主要表现在对夏季降雨的改变，城市化城市热岛效应、城市阻碍效应和凝结核效应改变了城市上空的天气，使得城市上空的降雨明显高于郊区[2,3]，尤其是夏天的雷暴雨增多，而造成洪涝灾害的降雨一般都是在夏天的雨季，雷暴雨增加，自然就使得洪涝灾害风险增加了。

(3) 城市化实现了人口、财富向城市的转移，转移的结果就是人口和财富的大量聚集，一旦发生洪涝灾害，就会造成巨大损失。城市这个承灾体发展得越来越大，而它在洪涝灾害风险面前却变得越来越脆弱。尤其是长江流域雨量丰沛，上下游同时降雨时，城区内的积水排不出去，城外河道内的洪水还有可能倒灌进城，“内忧外患”，使得处于流域内洪涝灾害高风险区的城市必然要面临高风险。

### 1.2 城市化地区洪涝灾害多发区域的特点及原因分析

据对近些年城市积水的调查和分析，城市化地区洪涝灾害多发区域主要集中在低洼地区，表现在立交桥

---

* 基金项目：国家自然科学基金重点项目（41030636）；水利部公益性行业科研专项经费资助项目（200801027）。

第一作者简介：刘建芬（1972— ），山东潍坊人，博士，讲师，主要研究方向为水文水资源、遥感与GIS在洪灾风险中的应用。E-mail：ljfloow@163. com

下大量积水、地铁口雨水倒灌、地下商场和地下停车场雨水倒灌、沿街商铺进水、低洼地区居民小区楼房进水、道路的低洼区段积水、工厂和企业进水等。

造成这类地区积水的主要原因有以下几方面。

(1) 城市化过程中河道填埋造成天然河网的消失，而地下排水管网又没有跟进，所以造成了居民小区楼房进水、沿街商铺进水。

(2) 工程项目设计阶段没有做好区域洪水影响评价，如立交桥下的大量积水，是由于周围的雨水汇集到该区域造成的，此类区域是防洪的重点区域，应提高该区域的排水能力，应为城市排水标准的几倍。

(3) 地下建筑的出入口周围没做好防洪设计，此类区域在设计和施工中，应比周围区域高，雨水向周围低洼区域汇流，而不会越过出入口进入地下建筑内。

(4) 工厂和企业，特别是城市化进程中新建企业，不重视洪水影响评价，厂区进水、设备被淹。

1991 年，长江三角洲地区[4]正处于快速城市化的进程中，由于经济的快速发展和对防洪的忽视，1991 发生了严重洪涝灾害，造成重大损失，之后，高度重视城市防洪建设，提高了城市的防洪标准，现在抵御强降雨的能力较强。

## 2　城市化地区的防洪减灾对策

洪涝灾害主要是因为上游来水和（或）本地降雨无法及时排出造成的。要想减少洪涝灾害的发生必须从根本上解决洪水宣泄的问题，对于城市化地区，就是如何提高排水能力的问题。天然流域具有较强的调蓄洪水的能力，降雨落到地面上有一部分下渗到土壤中。而城市化地区的天然调蓄能力差，主要依靠合理地布置排水管网来实现排水，若短历时内的强降雨超过本地的排水能力，那么地势低洼区就会积水，发生道路淹没、房屋进水等现象，最终造成洪涝灾害。由于不透水表面的汇水能力强，大部分能够通过排水管网迅速地排入河网中，这就使得河道的洪峰出现时间提前，峰高量大，加大了下游的洪灾风险。

总之，城市化不但使得本地区面临的涝灾风险增大，也使得下游的洪灾风险加大。同时，由于城市聚集了大量的人口和财富，一旦发生洪涝灾害，就会造成大量的人员伤亡和巨大的经济损失。降低城市化地区面临的洪灾风险，需要采取工程措施和非工程措施相结合的防洪减灾对策，笔者认为可以采取以下几种对策。

### 2.1　工程措施

#### 2.1.1　加强防洪减灾工程措施，逐渐提高城市防洪标准

随着城市化进程的快速发展，城市越来越大，面临的洪灾风险也越来越大，如果防洪工程跟不上城市的发展，势必会使城市处于洪涝灾害的高风险中，造成灾害再来补救就为时晚矣。所以，根据与城市化发展相适应的城市防洪规划，加强防洪减灾工程的建设，提高城市防洪标准，是最重要的降低城市面临的洪涝灾害风险的工程措施。

洪涝灾害包括两部分，一部分是本地降雨形成的涝灾；另一部分是汇集到河流中却排不掉从而引起溃坝或倒灌进城形成的洪灾。

#### 2.1.2　加强排水管网建设，提高城市的排水能力

排水管网的建设是城市化发展的重要工程，纵然是有较高的城市防洪标准，有着高标准的防洪工程，但排水管网不配套，也一样会在排水能力不足的区域造成涝灾，淹没道路、房屋和基础设施。因此，加强排水管网建设，提高城市的排水能力，也是降低城市洪涝灾害风险的重要工程措施。

城市化地区的排水能力提高的重点区域应放在会经常发生积水的“重灾区”，按照城市排水标准的 3～5 倍来设计，通过提高这些区域的排水能力来避免积水，避免洪涝灾害的发生。

#### 2.1.3　提高城市广场和绿地的占地面积，在所有可能的地方铺设透水砖

降雨落在城市的不透水面上，不能下渗，只能汇流到排水管口处，通过排水管网排入河流中。短历时内的强暴雨如果超出排水管网的排水能力，就会形成积水。即便是能够及时排出，整个区域的降雨一起汇流到河流中，也会给河流的防洪带来压力，甚至会使下游地区面临高风险，发生洪灾。

因此，提高城市广场和绿地的占地面积，在所有可能的地方铺设透水砖，就可以让部分降雨下渗到土壤中，既减小了排水管网的排水压力，又可以降低河流的洪灾风险。

#### 2.1.4 适当修建地下蓄洪池和楼顶蓄水池

适当地修建一些地下蓄洪池和楼顶蓄水池，临时蓄滞一部分降雨，其作用类似于修建城市广场和绿地，为排水赢得一些时间，推迟洪峰的到来，错开洪峰，达到削减洪峰的目的。在建筑物密度大、无法开辟绿地的区域可以考虑在地下和楼顶修建蓄水池的措施。

另外，可以在整个排水管网中布设一定量的地下蓄洪池或地下水库来减缓下游河流的防洪压力。

### 2.2 非工程措施

#### 2.2.1 做好城市防洪规划和工程项目的洪水影响评价

城市化发展首要的问题就是做好城市防洪规划，在城市发展之前，先做好防洪减灾的准备才是关键。目前，很多城市的发展似乎脱离了这一点，事先不做好准备，不从全局出发，盲目地追求经济利益，发展步伐过快，洪涝灾害的高风险区——洪泛区、低洼区都开发起来。如果在开发前，做好防洪评价，采取合理的防洪排水措施，高风险区也一样可以避免洪涝灾害的发生。可是，不采取措施，即便是小水也可能造成大灾，后果不堪设想。

对城市工程项目，如城市高速路的出入口，地下商场的建设等都要进行洪水影响评价，既要评价项目本身的防洪情况，应采取哪些防洪措施，又要评价对区域防洪的影响，从全局来评价工程项目对整个区域防洪的影响，只有从系统工程的角度，做好整个城市的防洪规划和工程项目的洪水影响评价，才能够真正避免城市防洪标准以下洪涝灾害的发生，减小超标准洪水造成的人员伤亡和经济损失。

#### 2.2.2 城市发展重视洪灾风险分析，加强洪水预报及预警工作

通过加强城市化地区的洪灾风险分析和风险区划，对于高风险区采取不开发的措施，或者通过采取一些工程措施提高防洪标准，可以降低发生洪涝灾害的可能性，减少灾害损失。对于低风险区可以采取接受风险，由社会的不同角色来分担风险的管理方式。

加强洪水预报及预警工作，及时向公众发布暴雨天气预警，就可以在一定程度上避免发生灾害，造成损失，或者降低洪灾风险，减少损失。

#### 2.2.3 普及居民有关洪灾的防灾减灾知识，了解洪灾发生特点，提高居民的防灾意识

洪涝灾害风险可能会随着城市化程度的加深而增大，尤其是小流域内中小城市在建设的过程中，有可能会因为设计规划不到位，工程项目未进行防洪影响评价就进行施工的区域，面临的洪涝灾害风险可能会很大，因此，普及居民的防洪减灾知识，了解洪灾发生的特点，提高居民的防灾意识非常重要，尽量避免在强暴雨或雷暴雨天气出门，或者等暴雨结束几小时后再外出，就可以避免一些可以避免的伤亡和财产损失。

另外，需要向居民传递一种风险没有办法完全避免的认识，在洪涝灾害发生时，政府需要一方面积极采取救援措施，另一方面寻求群众的理解，能够在心理上接受并承担一部分洪灾风险和洪灾损失。同时，又应普及群众的洪涝灾害常识，稳定人心，有雨不一定就成灾，既让群众有防灾意识，又要避免因缺乏常识，而终日惶惶不安，处于过于紧张的心理状态。

## 3 结语

近几十年来，中国一直处于经济高度发展的阶段，与之相伴而行的是城市化的迅猛发展，城市化的发展使得城市这个承灾体的易损性和脆弱性增加了，从而使得发生洪涝灾害的风险增大了，积极研究防洪减灾对策，做好防洪预报预警是避免和降低洪灾损失的有效途径和必然选择。

## 参 考 文 献

[1] 陈云霞，许有鹏，付维军．浙东沿海城镇化对河网水系的影响［J］．水科学进展，2007，18（1）：68-73.

[2] 周建康，黄红虎，唐运忆，等．城市化对南京区域降水量变化的影响［J］．长江科学院院报，2003，20（4）：44-46.

[3] YU S Q. Interannual variation of annual precipitation and urban effect on precipitation in the Beijing region［J］. Progress in Natural Science，2007，17（9）：1042-1050.

[4] 董增川．对长江三角洲地区城市化进程水问题及对策思考［J］．中国水利，2004（10）：14-15.

# Flood Risk Increased during the Course of Quick Urbanization in Yangtze River Basin and its Mitigation Measures

Liu Jianfen[1] Wang Huimin[1] Zhang Xingnan[2]

(1. State Key Laboratory of Hydrology—Water Resources and Hydraulic Engineering, Hohai University, Nanjing 210098;
2. National Engineering Research Center of Water Resources Efficient Utilization and Engineering Safety, Hohai University, Nanjing 210098 )

**Abstract** In China, more challenges on flood prevention come with more new cities and urbanized regions. The phenomena of "Flooding, once raining" during the rainy season occurred at many cities, the reasons are analyzed and measures to decrease flood risk and mitigate damage are put forward, including mainly structural measures and nonstructural measures, the former comprising of improving flood control standards of urban levee and water drainage capability, increasing area of urban plaza and greenbelt, laying top floor cisterns and underground cisterns, the later comprising of perfecting flood control planning and strengthening flood control assessment, analyzing and zoning flood risk, strengthening flood prediction and warning, and evocating consciousness of urban residents on flood control.

**Key words** flood hazard; urbanization; flood Risk

# 闸坝调度对水质改善的可调性研究*

郑保强　窦　明　左其亭

（郑州大学水利与环境学院　郑州　450001）

**摘　要**　以沙颍河干流上的槐店闸为代表性闸坝，提出一套闸坝调度对河流水质改善的可调性评估技术方法。其内容包括：对闸坝调度改善水质状况的可调性的概念及其内涵进行了界定；为了定量评估闸坝可调性，进一步研制了闸坝调度影响模型（考虑闸坝影响的一维水动力模型和考虑底泥的一维水环境模型）和构建了闸坝可调性的评价指标和评价方法；将以上方法应用于槐店闸，对槐店闸改善河流水质的可调性进行了识别。

**关键词**　闸坝调度；数学模型；可调性

## 1　引言

闸坝调度包括防洪调度、供水调度、环境调度和生态调度 4 种。其中，环境调度又包括引水冲污调度和闸坝防污调度，是改善河道水体水质的工程措施。在国际上更多的是利用水库、水闸控制河道流量来确保河道的水质目标，通过闸坝调度使得水体流动起来，流水不腐，以提高水体自净能力，改善水质。如美国俄勒冈州的威拉米特河流治理就充分利用水库调度，改变下泄流量，改善了水质[1]。

“可调性”一词在很多学科都有应用，如暖通空调系统中管网阀门的可调性、柴油机的气门可调性等。在此基础上，本文对“可调性”的概念及内涵重新进行了界定，用来描述闸坝调度有效改善河流水质的可能性。由于摸清闸坝调度有效改善河流水质的可能性是开展闸坝群防污联合调度的基础，因此有必要开展闸坝调度对河流水质改善的可调性研究，其研究结果对进一步优化闸坝调度，改善水环境状况具有一定指导意义。

## 2　可调性量化技术研究

### 2.1　可调性的界定

本文中将闸坝对水质改善的可调性定义为：通过对闸坝等挡水建筑物的人工调蓄使得河流、湖泊等水体的水流情势和自净能力发生改变，进而有效改善水质状况的可能性。如果通过闸坝的调度可使河流水质得到明显的改善，就称闸坝“可调性较好”。而如果闸坝调度不能使河流水质有一定改善，则称闸坝“可调性差”。

可调性的内涵：①闸坝规模和调蓄能力不同，其可调性不同。闸坝越大，蓄水库容越大，闸坝对下游河段水流情况的总的控制作用越大，则闸坝调度对下游河段水质的改善作用可能就越大。②同一闸坝在不同时期、不同来水条件及不同污染负荷条件下对河流水质的改善状况也是不同的。如汛期闸坝可调蓄水量大，闸坝的调蓄作用对水质污染负荷的削减能力强，闸坝的可调性较好；闸坝来水水质较好时，闸坝可以通过控制下泄流量来改善河道水质，闸坝的可调性较好。

### 2.2　研究方法

目前，有关闸坝对河流水质的影响研究已经成为研究的重点。国际上在此方面的研究已经进入对闸坝影响进行全面而综合的跨学科思考的阶段；而国内在此方面的研究比国外要晚，可以分为两方面：一是对单闸坝的水质水量作用规律进行概化的研究与探讨；二是从河流或河网的角度对闸坝的水质水量调度能力或调度方法进行研究[2]。

从以上有关可调性的概念和内涵可以看出，识别闸坝是否具备通过调节作用来削减污染负荷改善河流水

* 基金项目：国家科技重大专项（2009ZX07210－006）；郑州市科技攻关计划项目（083SGYG26122－6、0910SGYS33389－2）。

第一作者简介：郑保强（1986—　），男，河南省武陟县人，主要从事水文与水资源领域研究。

质的可能性，可以为闸坝的合理调度提供依据。由此，闸坝可调性研究的总体思路为：首先，对闸坝等挡水建筑物的库容、过闸流量等基本特征进行调查分析，识别闸坝对水流的调蓄能力大小；其次，识别受闸坝调度影响的河段范围，并构建具有严格物理机制的闸坝调度影响模型；第三，设计闸坝在不同来水条件（丰、平、枯等不同保证率）、不同污染负荷条件下的调度方案和情景，并代入到模型中进行模拟计算，对比分析不同方案下的污染物浓度变化情况；第四，构建可调性评价指标和评价方法，定量评估闸坝调度对水质的改善程度；第五，识别在不同来水、来污条件下，闸坝对水质改善的最大削减能力，进而评判闸坝是否具备可调性。

## 2.3　闸坝调度影响模型的构建

为了有效反应闸坝调度对水质的影响和改善作用，首先构建具有严格物理机制的闸坝调度数学模型，该模型包括考虑闸坝作用的水动力学模型和考虑底泥作用的水环境模型。模型计算网格的划分如下：选择闸上浅孔闸入口为初始断面Ⅰ，闸上浅孔闸中间（距离入口大约 600m）为断面Ⅱ，闸上浅孔闸附近（大约闸前 50m 处）为Ⅲ，闸下三级消力坎末端为Ⅳ，下游距Ⅳ断面 500m 处为断面Ⅴ，闸下干流的水文站为断面Ⅵ。

1. 考虑闸坝作用的水动力模型的构建

在建立常规水动力学模型的基础上，考虑闸门开度、上游水位、下游水位与过流量之间的相互影响关系，将水闸作为模型的内边界条件，采取将闸门处流量计算公式与圣维南方程组一起离散然后耦合的办法，实现渠道水力响应过程的连续模拟。控制方程组如下：

连续方程：
$$\frac{\partial z}{\partial t}+\frac{1}{B}\frac{\partial Q}{\partial x}=0 \tag{1}$$

动量方程：
$$\frac{\partial Q}{\partial t}+u\frac{\partial Q}{\partial x}+gA\frac{\partial z}{\partial x}+gA\frac{n^2Q^2}{R^{\frac{4}{3}}}=0 \tag{2}$$

以上式中：$z$ 为水位，m；$B$ 为河宽，m；$Q$ 为流量，$m^3/s$；$u$ 为断面平均流速，m/s；$R$ 为水力学半径，m；$n$ 为糙率。

由于水闸的过流流量受到上下游水位的影响，闸门上下游的水流不满足圣维南方程组，因此根据具体水力特性将其作为内部边界条件进行特殊处理。对此可列出如下两个内边界条件[3]。

（1）流量连续性条件，即：

$$Q_i^{j+1}=Q_{i+1}^{j+1} \tag{3}$$

（2）闸上、下游水位关系条件，由自由出流或淹没出流公式确定，即：

$$Q_i^{j+1}=f(z_i^{j+1},z_{i+1}^{j+1}) \tag{4}$$

式中：$i$、$i+1$ 表示计算的第 $i$、$i+1$ 个断面；$j+1$ 表示计算的第 $j+1$ 个时刻（以下同）；$f$ 为自由出流或淹没出流时的过闸流量。

$f$ 的计算公式为：

$$Q=\sigma_s\mu be\sqrt{2gH_i} \tag{5}$$

式中：$\sigma_s$ 为淹没系数，它与上游水深、下游正常水深和闸门的开度有关；当 $\sigma_s=1$ 时为自由出流，当 $0<\sigma_s<1$ 时为淹没出流；$\mu$ 为流量系数，根据经验 $\mu=0.60-0.18e/H_i$；$e$ 为闸门开度，m；$b$ 为闸门宽度，m；$H_i$ 为上游水深，m；$g$ 为重力加速度，$m/s^2$。

2. 考虑底泥作用的水环境模型构建

以美国国家环境保护局提出的 WASP 模型为基础，对其改进形成水环境模型。模型中底泥作用通过底泥释放速率计算得出，由此可模拟污染物在沉积物—水界面交换通量随水动力条件的变化。模型的数学表达式如下：

$COD_{Mn}$ 方程：
$$\frac{\partial C}{\partial t}+u\frac{\partial C}{\partial x}=E\frac{\partial^2 C}{\partial x^2}-k_1C+k_4L \tag{6}$$

$NH_3-N$ 方程：
$$\frac{\partial N}{\partial t}+u\frac{\partial N}{\partial x}=E\frac{\partial^2 N}{\partial x^2}-k_3N+k_5L \tag{7}$$

以上式中：$C$ 为水体中 $COD_{Mn}$ 的浓度，mg/L；$N$ 为 $NH_3-N$ 的浓度，mg/l。

通过分析天然河道水流运动特性，以及水闸调度过程引起的水流条件变化趋势，结合文献［4］的研究成果，将 $COD_{Mn}$、$NH_3-N$ 的降解系数（用 $k$ 表示）表述为流速、水深的函数，即：

$$k_i^j = c + d\frac{u_i^j}{h_i^j} \tag{8}$$

式中：$k$ 为污染物降解系数；$u$ 为流速，m/s；$h$ 为水深，m；$c$、$d$ 为参数，由模型率定得到。

模型中关于底泥释放速率的计算公式[5]如下：

$$V = a e^{b\frac{u}{\alpha}} \tag{9}$$

式中：$a$、$b$ 为参数，其值见表 1；$u$ 为水体的流速，m/s；$\alpha$ 为流速修正系数，根据水质模型率定得到。

水质模型的初始条件取为：在起始时刻，即 $n=0$ 时，污染物浓度为已知，必须给出，本文中它等于河流的背景浓度值。

**表 1　参数 *a*、*b* 的取值范围[5]**

| 水质指标 | $a$ | $b$ |
|---|---|---|
| $COD_{Mn}$ | 0.2035～2.0394 | 0.0029～0.0127 |
| $NH_3$—N | 158.32～826.98 | 0.0052～0.012 |

**2.4　可调性评价**

评价指标应当具备易于理解、便于定性或定量描述、便于监测、便于作为管理目标和拟定相应对策等特点，对照这一要求，并参考《淮河流域闸坝对河流生态与环境影响评估研究报告》中关于河流水质评价指标的构建思路，进一步选取了相应的评价指标和评价方法，来定量描述闸坝调度对水质改善的可调性。

1. 评价指标的选取

评价目标是闸坝改善河流水质的可调性，在这一目标下，选择了 $COD_{Mn}$ 浓度削减率、$NH_3$—N 浓度削减率两个一级指标和闸坝上游来水 $COD_{Mn}$ 浓度、闸坝下游出流 $COD_{Mn}$ 浓度、闸坝上游来水 $NH_3$—N 浓度及闸坝下游出流 $NH_3$—N 浓度 4 个二级指标，见表 2。

**表 2　可调性评价指标**

| 评价目标 | 一级指标层 | 二级指标层 |
|---|---|---|
| 污染物综合削减率 | $COD_{Mn}$ 浓度削减率 | 闸坝上游来水 $COD_{Mn}$ 浓度 |
| | | 闸坝下游出流 $COD_{Mn}$ 浓度 |
| | $NH_3$—N 浓度削减率 | 闸坝上游来水 $NH_3$—N 浓度 |
| | | 闸坝下游出流 $NH_3$—N 浓度 |

2. 指标的计算

$COD_{Mn}$ 浓度削减率 $\lambda_1$、$NH_3-N$ 浓度削减率 $\lambda_2$ 的计算如下：

设 $C_{上}$、$C_{下}$ 分别为计算期上游来水、下游出流的 $COD_{Mn}$ 或 $NH_3-N$ 的浓度。则 $COD_{Mn}$ 或 $NH_3-N$ 浓度削减率可通过下式计算：

$$\lambda = (C_{上} - C_{下})/C_{上} \tag{9}$$

3. 可调性评价

在通过模拟计算得到具体的二级指标层中的指标数值后，通过式（4）计算来得到一级指标中的 $COD_{Mn}$ 浓度削减率 $\lambda_1$ 和 $NH_3-N$ 浓度削减率 $\lambda_2$，并采用层次分析法所用的两两比较的方法确定 2 个一级指标的权重 $a_1$ 和 $a_2$，则污染物综合削减率 $\lambda$ 为：

$$\lambda = \sum_{i=1}^{2} a_i \lambda_i \tag{10}$$

污染物综合削减率越大，则闸坝可调性越好。若 $0 \leqslant \lambda < 30\%$，闸坝可调性“差”；若 $30\% \leqslant \lambda < 60\%$，闸坝可调性“中”；若 $60\% \leqslant \lambda \leqslant 100\%$，闸坝可调性“好”。

# 3　实例应用

## 3.1　槐店闸概况

沙河槐店闸位于沈丘县槐店镇，上距周口 60km，下距豫皖边界 34km，控制流域面积 28150km$^2$。浅孔闸（18 孔，每孔 6m）在 1959 年兴建，深孔闸（5 孔，每孔 10m）在 1969 年兴建。深浅孔两闸设计防洪流量 20 年一遇（3200m$^3$/s），校核防洪流量 200 年一遇（3500m$^3$/s）。设计灌溉面积达 100 万亩，（沈丘 47 万亩，淮阳、项城 53 万亩）正常灌溉水位 38.50～39.50m，最高灌溉水位 40.00m，正常蓄水量为 3000 万～3700 万 m$^3$，最大蓄水量为 4500 万 m$^3$。槐店闸主要由浅孔闸、深孔闸、船闸三部分组成，浅孔闸长期保持小流量下泄，深孔闸只在洪水期供泄洪使用，船闸基本上不投入使用。闸前流速小，有利于污染物的沉降；闸后有消能、曝气工程，有利于污染物的混合与降解。槐店闸示意图如图 1 所示。

## 3.2　模型研制

按照以上模型构建原则，以槐店闸为例研制了闸坝调度影响模型。根据上游深孔闸与浅水闸交汇处断面（模型中第Ⅱ个断面）的水位监测值，下游水文站监测断面（模型中第Ⅵ个断面）流量和 $COD_{Mn}$、$NH_3$—N 浓度的监测值，对水动力学模型及水质模型进行了验证。其中，水位最大相对误差为 0.39%；流量最大相对误差为 12%，$COD_{Mn}$最大相对误差为 2.4%、$NH_3$—N 的最大相对误差为 14.9%。由此可见，模型模拟结果较理想。

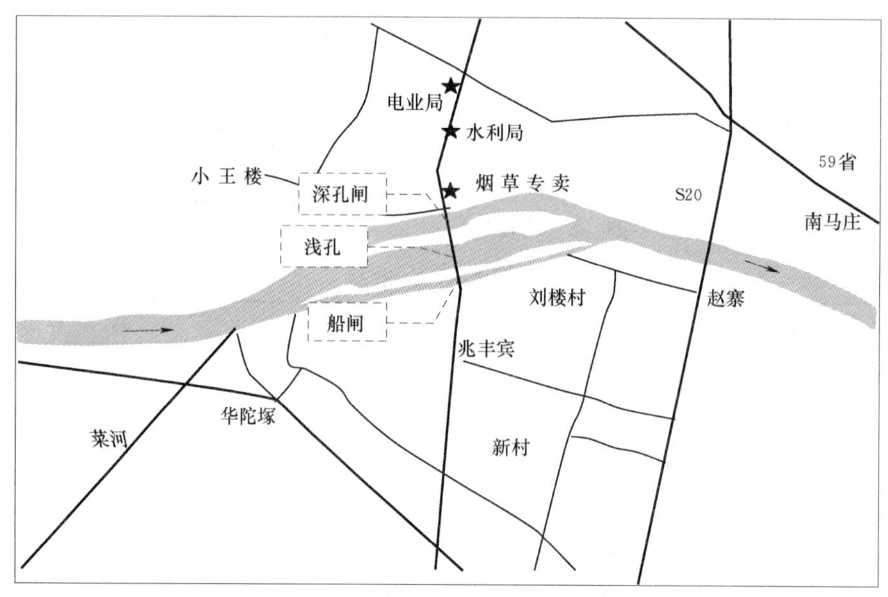


图 1　研究区域示意图

## 3.3　调控方案的设计

首先，设计不同来水条件（丰、平、枯等不同保证率）的样本集，如 25%频率、50%频率、75%频率、95%频率等。其次，来污条件不同，闸坝的可调性也不同，所以设计不同污染负荷条件样本集，如 10t、20t、30t、50t 等。最后，根据槐店闸开启方式和每个闸门的开启程度不同，可以生成多个调度方案。其中闸门开度可根据具体情况调节为不同开度，如 10cm、20cm、40cm、60cm、80cm 等；开启方式包括闸门全开式（18 孔）、单闸泄流式、单侧全开式、交互开启式、集中下泄式（开启中间 10 孔）、两侧分流式（两侧各开 4 孔）等方式。本次研究共设计了闸门全开、集中下泄两种闸坝开启方式，20cm、40cm、80cm 三种闸门开度。

## 3.4　模拟计算及可调性评价

在上面的影响因素的样本集中抽取不同的样本元素，生成大量闸坝调控情景，进而带入闸坝调控影响模型进行模拟计算。通过计算得到不同来水、来污条件下闸坝最佳运行方式时的污染物最大削减率 $\lambda$，进而根据闸坝可调性评价方法，识别槐店闸在不同来水、来污条件下，闸坝对水质改善的最大削减能力，进而评判槐店闸是否具备可调性，见表 3。

表3　槐店闸可调性识别

| 方案设计 | | | 最佳调度方式 | 浓度削减率（%） | 可调性等级 |
|---|---|---|---|---|---|
| 编号 | 来水条件 | 污染负荷条件 | | | |
| 1 | 20%频率 | 10 | 全开 20cm | 18.0 | 差 |
| 2 | | 20 | 全开 20cm | 13.7 | 差 |
| 3 | | 30 | 集中 20cm | 15.3 | 差 |
| 4 | 50%频率 | 10 | 全开 40cm | 30.9 | 中 |
| 5 | | 20 | 全开 40cm | 23.1 | 差 |
| 6 | | 30 | 集中 40cm | 19.5 | 差 |
| 7 | 75%频率 | 10 | 全开 40cm | 35.3 | 中 |
| 8 | | 20 | 集中 40cm | 32.4 | 中 |
| 9 | | 30 | 集中 20cm | 28.6 | 差 |
| 10 | 95%频率 | 10 | 全开 80cm | 43.3% | 中 |
| 11 | | 20 | 集中 80cm | 35.94% | 中 |
| 12 | | 30 | 集中 40cm | 31.5% | 中 |

## 4　结语

在天然河道中修建闸坝，必将改变河流原有的水文情势，并对其水质变化过程带来一定的影响和扰动。科学的闸坝调度可以削减河流水体的污染物浓度使河流水质得到改善，但是不同的闸坝及闸坝不同的调度方式对河流水质的改善作用不同。本文正是从如何识别闸坝是否可以通过合理的调度作用改善河流水质的问题出发，提出了一种闸坝调度对河流水质改善的可调性研究思路。该思路的特点是：对闸坝可调性的内涵进行了界定；构建具有严格物理机制的闸坝调度影响模型，模型充分考虑了闸门控制条件的加入以及闸坝调度过程中污染物的迁移转化过程；建立了闸坝改善河流水质可调性的评价指标及评价方法，来定量评估闸坝调度对水质改善的程度大小。然而本文只是一个研究思路的设计，下一步将开展更细致的工作，将其应用到实际中去。

## 参考文献

[1] 栗震宇．河网水量水质调度分析研究［D］．南京：南京水利水电科学研究院，2007.
[2] 左其亭，高洋洋，刘子辉．闸坝对重污染河流水质水量作用规律的分析与讨论［J］．资源科学，2010，32（2）：261-266.
[3] 张成，傅旭东，王光谦．复杂内边界长距离输水明渠的一维非恒定流数学模型［J］．南水北调与水利科技，2007，5（6）：16-19.
[4] 李锦秀，廖文根．水流条件巨大变化对有机污染物降解速率影响研究［J］．环境科学研究，2002，15（3）：45-48.
[5] 陈美丹．河网底泥释放规律及其与模型耦合应用研究［D］．南京：河海大学，2007.

# Research on adjustable examination of dam on water quality improvement

Zheng Baoqiang　Dou Ming　Zuo Qiting

(College of Water Conservancy and Environment，Zhengzhou University，Zhengzhou 450001)

**Abstract**　On the Huai River to Shayinghe store dam gate as representative，proposed a assessment techniques method of adjustable of dam scheduling on river water quality improvement. The contents include：first，defined the adjustable of dam scheduling on river water quality improvement; on this basis, develops numerial model about dam scheduling on water quality and quantity of regulation (considering a two-dimensional hydrodynamic model on dam scheduling and a two-dimensional water environment model of sediment); through multi-scenario design and simulation, analysises the temporal and spatial distribution of water concentration of different scenarios comparatively; then develops evaluation indicators and evaluation methods of adjustable of dam scheduling on river water quality improvement, evaluates the maximum degree of regulatory capacity and adjustable of dam scheduling on river water quality improvement .

**Key words** dam operation; numerial model; adjustable

# 比较几种地下水位空间插值方法在城市区域的应用*

潘　云[1,2,3]　贺　超[1,2,3]　朱　琳[1,2,3]　刘晓萌[1,2,3]

（1. 首都师范大学城市环境过程与数字模拟国家重点实验室培育基地　北京　100048；
2. 首都师范大学资源环境与地理信息系统北京市重点实验室　北京　100048；
3. 首都师范大学三维信息获取与应用教育部重点实验室　北京　100048）

**摘　要**　本文利用北京市城区的68眼潜水观测井，对泛克里金、普通克里金、反距离加权、样条函数和趋势面插值方法的应用效果进行了比较。为了更好地反映不同插值方法在采样点以外区域的应用效果，原始观测序列被随机分成了两部分，一部分作为采样样本（51眼），另一部分作为验证样本（17眼）。对采样样本和验证样本分别进行几种插值方法的比较。研究发现利用采样样本比验证样本更容易获得较好的验证结果，虽然泛克里金插值生成的地下水位栅格平滑性略差，但其对无观测点的位置的水位估算效果较好（$R^2=0.88$，$RMSE=2.98$m）。

**关键词**　地下水位；空间插值；采样样本；验证样本；北京市城区

## 1　引言

初始地下水流场是地下水数值模拟的重要输入数据，但通过钻孔观测获得的地下水位数据都是离散的、数量有限的。为此，一般通过空间插值方法生成分布的、空间连续的地下水位。目前常用的地下水位空间插值方法主要有反距离加权法、趋势面法、克里金法等。国内外学者对这几种方法的插值效果进行了比较分析[1-3]，一般认为克里金法插值效果更好。但是，现有研究对城市区域的地下水位插值关注较少，且往往采用交叉验证的方法对插值效果进行评价，缺乏对采样点以外区域的验证。

本文以北京市城区为研究区，在GIS环境下把观测井分为采样样本和验证样本，利用验证样本对插值效果进行评价。

## 2　数据与方法

### 2.1　研究区介绍

北京市是一个以地下水为主要供水水源的特大型都市，目前城市用水的2/3来自地下。地下水对于北京市水资源安全保障意义重大。地下本文选择北京市城区为研究区，属于永定河地下水系统，地下水类型主要是第四系松散孔隙水。该区域在1970年以前地下水水位保持相对稳定状态，1970年以后由于永定河断流及连续降水偏枯年份，地下水补给量减少，到20世纪80年代中期地下水位达到最低点[4]。

### 2.2　数据收集

本文使用的水位观测数据来自《北京市中心区地下水年鉴（1976～1978年）》。选择了1978年1月的月平均潜水水位进行插值，共有观测井68眼。利用ArcGIS的Geostatistical Analyst工具把该观测集随机分为采样样本（51眼）和验证样本（17眼），如图1所示。采样样本的观测值呈正态分布如图2所示。

### 2.3　插值方法比较

本文选择了泛克里金（UK）、普通克里金（OK）、反距离加权法（IDW）、样条函数（SPL）、趋势面（TRD）法进行比较。关于三种插值方法的详细描述可以参考其他研究[1,5]，本文不再详述。一般地下水位插值方法比较研究中常采用交叉验证的方法，通过当前样本插值结果与观测值来评价插值效果。这种方法的

* 基金项目：国际科技合作项目（2010DFA92400）；北京市自然科学基金项目（8082010，8101002）；水利部公益性行业科研专项（200901091）联合资助。

第一作者简介：潘云（1980—　），男，江苏溧阳人，讲师、博士，主要从事遥感、GIS在水文地质中的应用基础研究。E-mail：panyun86@hotmail.com

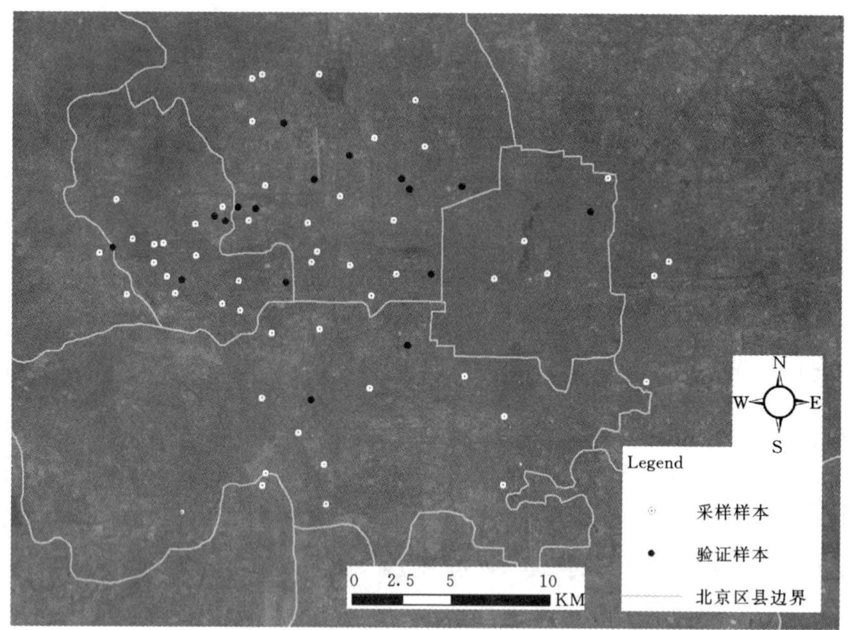


图 1 研究区位置图（背景为 2005 年 6 月 23 日 Landsat TM 假彩色合成图像）

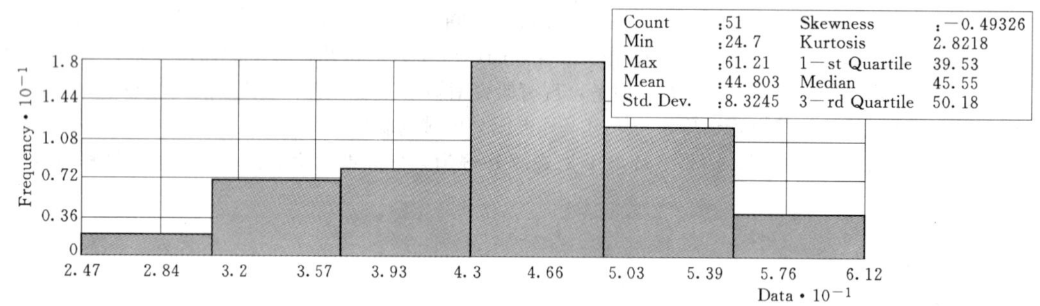


图 2 采样样本观测值分布及统计

拓展性较差，难以对缺乏采样数据的位置进行较好的评价。

在对原始观测井进行分类的基础上，本文利用采样样本进行空间插值，生成地下水位栅格，然后利用验证样本获取栅格上的插值水位并与观测值进行比较。通过上述方法对三种插值的相关系数（$R^2$）、均方根误差（*RMSE*）进行比较。

## 3 结果与讨论

### 3.1 采样样本与插值结果对比分析

从插值生成的地下水位栅格来看（图 3），普通克里金和样条函数生成的曲面较为接近，泛克里金插值结果平滑性较差，趋势面方法结果呈明显的条带状。反距离加权法受样本点观测值影响较大，在部分观测值较大的点容易形成局部高知区，与秦俊桃等人在西北内陆干旱区的研究结果相似[2]。但各种方法在空间格局上类似，都反映了北京市城区地下水位西北高、东南低的情况。

从采样样本的插值效果统计来看，即比较采样样本点的观测水位与插值水位，几种空间插值方法都具有很高的相关系数（图 4）。趋势面插值的相关系数最小，为 0.92，*RMSE* 较大，为 2.27m。普通克里金、反距离加权和样条函数不但相关系数达到了 1.00，均方根误差也非常小，达到了厘米级。

由此可见，虽然不同插值方法生成的地下水位等值线分布差异较大，即插值面的视觉特征差异明显，但是基于采样样本的插值检验效果却都较好。因此，为了进一步分析插值方法在无采样点位置的应用效果，本文在上述插值栅格的基础上利用验证样本进行检验。

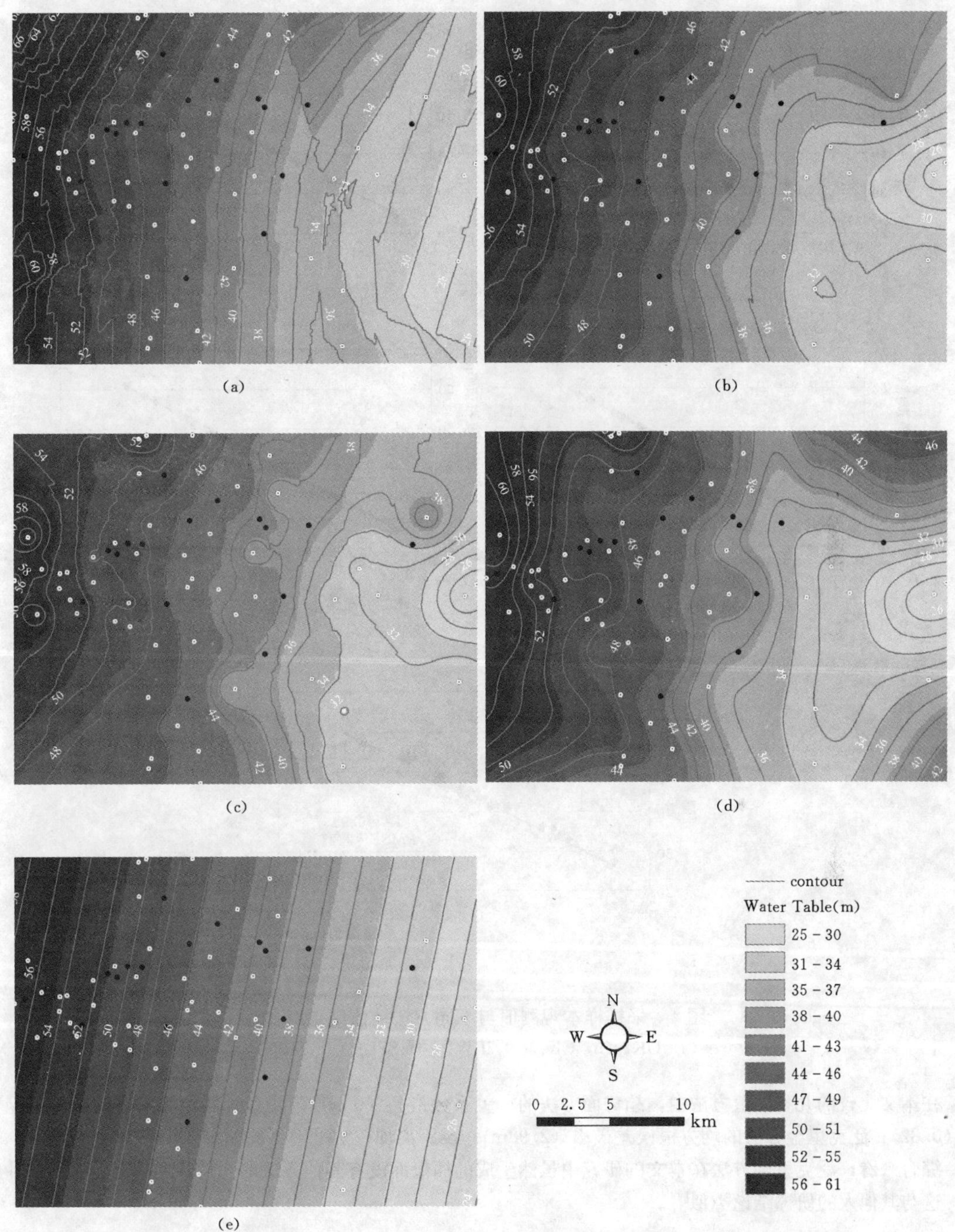


图 3　不同方法的空间插值结果图

(a) UK；(b) OK；(c) IDW；(d) SPL；(e) TRD

### 3.2　验证样本与插值结果对比分析

从验证样本观测值与不同方法的插值结果对比来看，无论是相关系数还是均方根误差都明显地比采样样本检验的时候要差（图 5）。这一结果进一步说明有必要以独立的样本对插值效果进行检验。

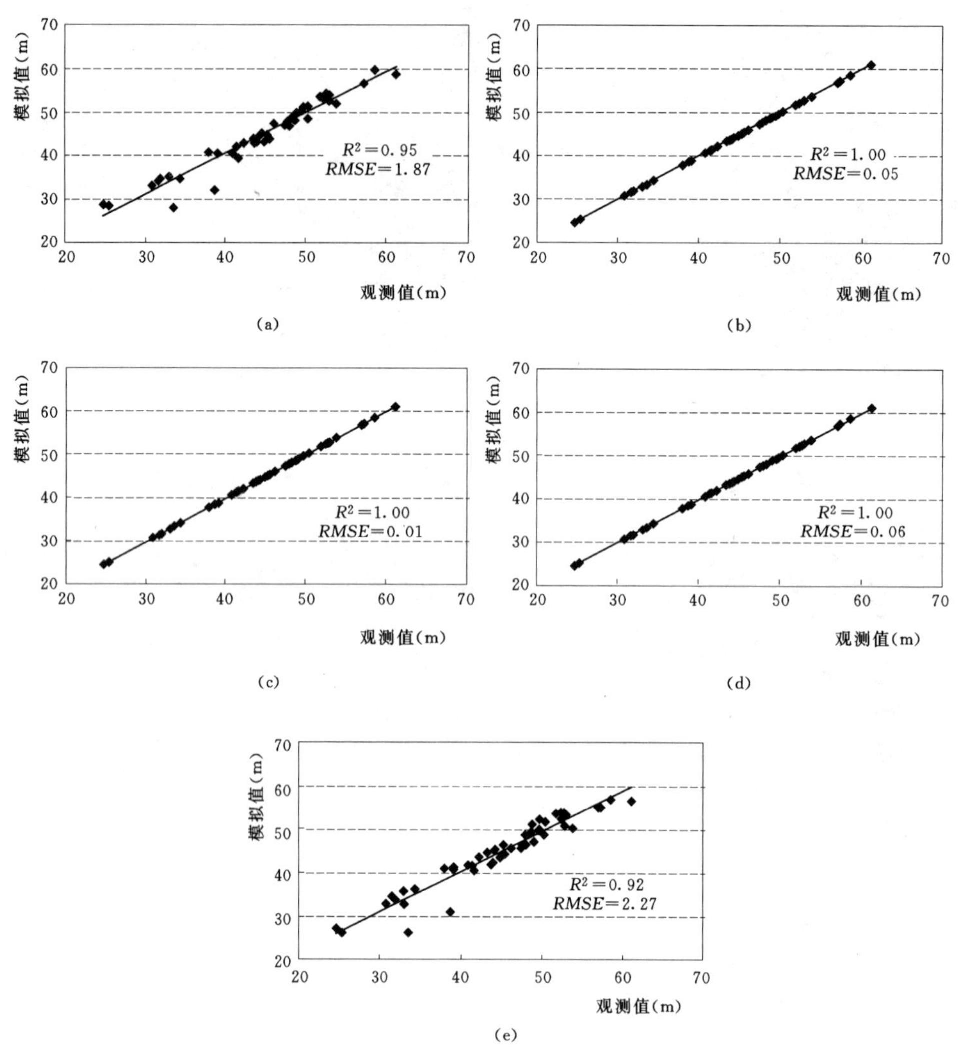


图 4　采样样本观测值与不同方法插值结果对比

(a) UK；(b) OK；(c) IDW；(d) SPL；(e) TRD

在本文比较的几种插值方法中，趋势面方法的相关系数最高（0.90），具有最低相关系数的是样条函数法（0.82）；泛克里金方法的均方根误差最小（2.98m），反距离加权法最大（3.58m）。

综合来看，泛克里金方法在本文的研究中虽然生成的插值面没有其他方法的光滑，但具有较好的统计精度。这与其他人的研究结论类似[6]。

## 4　结论

(1) 泛克里金、普通克里金、反距离加权、样条函数和趋势面方法都可以较好地反映城市地下水位空间分布格局，但泛克里金容易出现锯齿状不平滑现象，趋势面难以反映多个方向的水位变化。

(2) 进行地下水位空间插值方法检验时，利用采样样本容易获得比验证样本更好的检验效果。

(3) 基于验证样本的检验表明，综合来看，泛克里金具有更好的插值效果，趋势面方法相关系数最高，反距离加权法均方根误差最大。

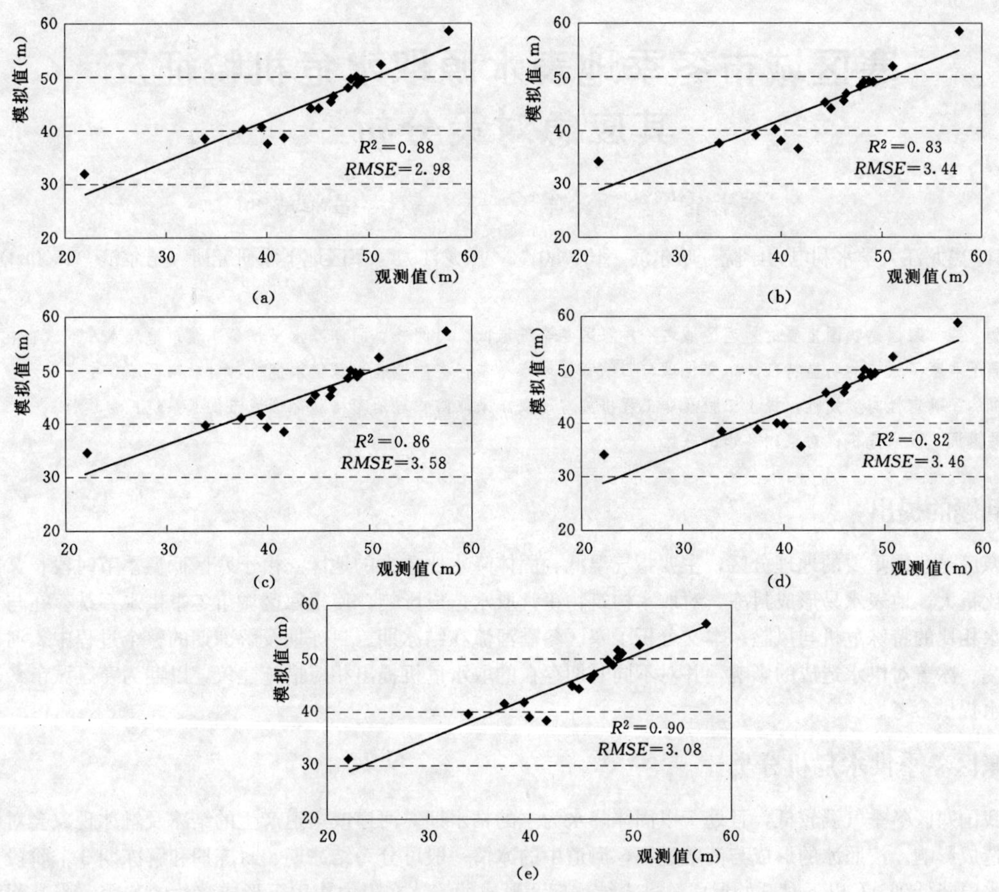


图5　验证样本观测值与不同方法插值结果对比

(a) UK；(b) OK；(c) IDW；(d) SPL；(e) TRD

# 参 考 文 献


[1] Sun Y, Kang S, Li F, Lu Z. Comparison of interpolation methods for depth to groundwater and its temporal and spatial variations in the Minqin oasis of northwest China [J]. Environmental Modelling & Software, 2009, 24: 1163-1170.

[2] 秦俊桃，冯绍元，霍再林，等．几种地下水位空间插值方法在干旱内陆区的应用比较 [J]．中国农业大学学报，2010，15 (5)：124-129.

[3] Ahmadi S H, Sedghamiz A. Application and evaluation of kriging and cokriging methods on groundwater depth mapping [J]. Environmental Monitoring and Assessment, 2008, 138: 357-368.

[4] 张安京，叶超，李宇，等．北京地下水 [M]．北京：中国大地出版社，2008：47-72.

[5] Pan Y, Duan F, Zhu L. Extraction of land subsidence information from digital water table model [J]. IEEE International Proceedings of Geoscience and Remote Sensing Symposium, 2005, 7: 5219-5222.

[6] 李金荣，杨振放，李云峰，等．两种方法在地下水位估值中的应用 [J]．水文地质工程地质，2003 (3)：42-46.

# 寒区城市冬季地表水源取水危机特征及其应急对策分析*

戴长雷[1,2] 李治军[1,2] 吴 敏[1] 吕雅洁[1,2]

（1. 黑龙江大学水利电力学院 哈尔滨 150080；2. 黑龙江大学寒区地下水研究所 哈尔滨 150080）

**摘 要** 寒区是我国重要的地理区域之一，寒区冬季气温低、时间长、固体降水多，冬季城市地表水源取水存在异于非寒区城市的明显特征。本文梳理与归纳寒区城市冬季存在的地表水源供水危机，针对寒区城市冬季取水危机的不确定性与突发性，提出工程及非工程措施与建议，采取防护与治理措施保证城市供水系统正常运行。

**关键词** 取水危机；对策；冬季；寒区

## 1 问题的提出

寒区是我国重要的地理分区，主要指气温低、固体降水比重大的地区。由于寒区低温季节时段长，固体降水比重大，地表水易形成封冻，对取水构筑物正常取水造成影响，使得寒区城市冬季供水系统存在与非寒区供水相比的特殊危机与风险。本文分析了寒区冬季河流在结冰期、封冻期及解冻期的整个过程中，河段内的冰凌、冰盖对供水造成的影响，并对不同时期存在的取水危机提出相应措施建议，以期为寒区城市冬季安全供水提供参考。

## 2 寒区冬季供水危机分类

我国寒区冬季气温较低，且处于以固体降水为主的枯水期，河道或渠道产生的结冰及融冰现象会对供水系统造成影响。按照冰的形成与消融过程，河道中的冰情一般可分为结冰期、封冻期和解冻期 3 个阶段。河冰在水温降低到 0℃以下时开始形成，进入结冰期。形成的流冰在阻力作用下形成整片的冰盖，当其面积占到观测河段总面积的 80%以上时，河流进入封冻期。当气温回升达到 0℃以上时冰面开始融化，河流进入解冻期。地表水源受气温影响显著，在结冰、封冻和解冻过程中，河道内形成的冰塞、冰坝，以及在河冰形成和消融时产生的膨胀作用，都会对取水设施造成危害[1]。按照冬季河道内冰情变化，从结冰期、封冻期和解冻期 3 个阶段分类分析寒区冬季取水危机。

### 2.1 结冰期取水危机

河冰在水流动过程中形成，水流失热几乎存在于整个水体，结冰期河流会在水面、岸边、河底及整个水内都形成冰体。在阻力作用下碎冰顺水流动，河段出现流冰花。冰花团在拦污栅的集结，不仅会对拦污栅的日常清洁带来困难，而且会造成拦污栅过水能力降低，不能正常发挥作用。随着河冰量的增加，大量的冰凌在取水建筑物附近形成，产生的冰压力对取水建筑物造成冰压力破坏[2]。

### 2.2 封冻期取水危机

随着河道产冰量的增加，冰花、冰块流动受阻时，后续的流冰平铺上溯形成封冻冰盖，平封和立封是两种封冻形态。水流平缓的河段，形成表面较平整的冰盖即为平封。流速较大的河段，冰块或碎冰与已形成的冰盖相互插挤冻结在一起，形成表面起伏不平的冰盖即为立封。因受地形、气候、水流等不同条件影响，河流封冻的河段及形式具有不确定性。结冰期若在取水口附近产生主流方向改变，过水能力减少，水流不畅的情况，对正常取水会造成较大影响，导致取水能力大幅度降低。而枯水期冰盖的形成，更加降低了取水口的河流水位，冰体堵塞取水口首部，导致寒区冬季取水能力下降[2,3]。

* 基金项目：黑龙江省水利厅指导性科技项目（HSKY2011－02）、（HSKY2011－03）。

第一作者简介：戴长雷（1978— ）男，山东郓城人，副教授，硕士生导师，主要从事寒区地下水及国际河流方向的教学与科研工作。E－mail：daichanglei@126.com

### 2.3 解冻期取水危机

气温升至0℃以上后，河流冰盖开始融化，随着水温的回升，冰层逐渐解体。开河期流量变化不大，热力作用使冰盖融化，持续时间较长，形成冰坝危害较小，称为文开河。开河期流量增加很大，冰盖未融化前受到水流作用破裂，造成冰坝危害的称为武开河。武开河水流中冰盖尚未充分解体，冰质坚硬，冰体的撞击力，对取水建筑物造成破坏。解冻期冰体受到外界条件影响产生解冻过程，膨胀作用产生的冰压力对水工建筑物造成破坏[3]。开河期河流受到冰体堆积阻塞水位壅高，取水口附近水位过高时造成溢漫，对取水构筑物造成威胁。

## 3 寒区冬季供水危机特征

我国寒区城市地表水源的取水建筑物，正常取水过程不仅受到河床冲刷、变异及泥沙淤积的影响，冬季还需考虑到河冰对取水构筑物的影响[4]。结冰期、封冻期和解冻期城市供水系统取水危机主要体现在三方面：①封冻期或解冻期，河流碎冰对建筑物的静压力破坏及撞击破坏；②河道结冰或冰体堆积造成取水构筑物的过水能力减小，影响正常取水工作；③水位壅高造成水位过高满溢，对建筑物造成破坏。寒区冬季供水危机与非寒区的主要区别体现在河流结冰形成冰凌、冰盖所造成的影响。因冰凌、冰盖的产生受到诸多因素的影响，因此寒区城市冬季地表水源供水危机也存在不确定性、突发性的特征。

### 3.1 不确定性

河流封冻的形式主要受到河道特征（地理位置、河流走向、边界条件等）、动力因素（封江水位、冰量、冬春季降水量等）、热力因素（气温等）影响。对于某一河段来说，封冻位置具有不确定性，河道封冻时间逐年变化，河冰量及冰盖程度不可准确预知。结冰期内随着河冰量增加对建筑物造成的冰压力大小变化，封冻期取水口附近冰盖厚度、位置不同，对取水口附近水流向造成不同影响，取水能力影响幅度无法准确测算与预报。解冻期冰融化产生的冰压力与冰凌形式数量等密切相关，当冰量达到一定程度时，在水流较急的河段易造成武开河，壅高后水位是否影响取水构筑物正常工作也需具体监测得出[6]。

### 3.2 突发性

河流结冰由于受紊动的混合作用，河冰形成于整个水体，由于水流条件、河道特征的差异，冰体结构也存在差异。封冻期河流形成平封时，封冻前一般先产生冰桥、漂流的冰花或冰块，在气温骤降时，会在已有冰桥的基础上迅速封冻，形成封冻河段。封冻期和解冻期冰封河段，河道流量的剧烈增加，会引起冰盖破碎形成冰塞、冰坝。冰盖或冰坝的迅速形成，使河道中的水力现象发生骤变，引起流动阻力增加从而导致河道过流能力下降[7]。

## 4 寒区冬季供水危机对策分析

针对结冰期在取水口拦污栅处产生的冰体集结，影响取水口过水能力的问题，以及冰凌在取水建筑物附近堆积产生冰压力的问题，可采取以下防治措施。

（1）利用电、蒸汽或热水加热格栅，使格栅表面温度相对较高，以防冰冻[8]。一旦格栅堵塞，用高压水去冲洗，也可达到防冰目的。

（2）一般可利用格网、格栅并配以高压水反冲浮冰，避免碎冰对建筑物造成压力或撞击破坏。

河流封冻期取水口附近因冰盖作用，主流流态改变，影响取水口工作的情况，以及冬季枯水期水位较低，加之冰盖的形成而造成取水水位过低的情况，可采取以下措施及时防治。

（1）河流产生冰盖影响主流的情况，多发生在激流河段河道较窄处，选定取水口位置时，应详细查勘尽量避免在这样的河段修建取水建筑物。取水口附近发生冰封情况时可采取临时采用拦冰栅等措施整治局部的冰情问题。

（2）水位较低情况下，在进水孔上游要及时采取疏导措施，或采用渠道引水，使水内冰在渠道内上浮，并通过排水渠带走，减缓取水水位的降低对取水造成的危机。

在解冻期冰体膨胀易产生冰压力，对取水构筑物造成破坏。此外，因河冰堆积可能造成水位壅高对取水构筑物造成威胁。可采取以下防治措施。

（1）通过对河道冰体的模拟，选取适宜的压力防护措施对取水构筑物加以保护，是避免解冻期冰体膨胀压力最直接、最有效的方式。

（2）解冻期大量冰块在河道束窄处、浅滩、急湾等特定河段堆积，造成水位壅高。因此应通过实地调查判定发生冰坝的可能性，并避免在这样的河段修建取水建筑物。一旦封冻期冰盖在取水口附近产生，应利用滞冰建筑物保持冰盖平稳，使水流在冰盖下实现水安全运行，避免冰塞发生造成水位壅高[9]。

寒区城市冬季地表取水危机问题突出，各相关管理单位加强对河道和取水建筑物的冰情监测，发现情况及时上报，并采取应急方案[3]。

## 5 结论

我国寒区城市在冬季因地表水体结冰、封冻、消融对城市供水系统的取水设施造成一定的影响。如降低取水口及相关设施的过水能力，结冰与消融产生不可精准计算的冰压力会对取水构筑物造成威胁，取水口附近过厚的冰盖改变河道主流方向影响正常取水，冬季枯水期低水位情况下产生的冰盖进一步降低取水水位，解冻期发生的冰凌或冰塞造成河段水位壅高威胁取水构筑物。

因寒区冬季供水危机具有不确定性和突发性，使得有效防治和及时处理方案对保障冬季城市供水系统正常运行显得尤为重要。通过设备加热、设置阻冰措施、合理查勘设计、浮冰疏导、设备加固、设置滞冰建筑物等方式有效防治、缓解寒区城市冬季面临的供水危机。采取有效防护与治理措施对保证寒区城市冬季供水系统正常运行是必不可少的。

## 参 考 文 献

[1] 张成，王开．冰期输水研究进展［J］．南水北调与水利科技，2006，4（6）：59-63.

[2] 李素菊．河流结冰对电厂取水的影响［J］．电力勘测设计，2003，10（3）：40-42.

[3] 杨淑慧，王理许，张春义，等．北京市内调水工程冬季输水冰情问题研究［J］．北京水务，2010，36（1）：17-19.

[4] 贺益英．寒区工业取水口防冰工程新方法的研究［J］．水利学报，2003，34（1）：7-11.

[5] 戴长雷，于成刚，廖厚初，等．寒区水科学及国际河流研究系列丛书3——冰情监测与预报［M］．北京：中国水利水电出版社，2010.

[6] Martin Pusch，Andras Hoffmann. Conservation concept for a river ecosystem impacted by flow abstraction in a large post mining area［J］. Landscape and Planning，2000，51（2）：165-176.

[7] 茅泽育，马吉明，佘云童，等．封冻河道的阻力研究［J］．水利学报，2002，33（5）：59-64.

[8] 吕岩林，冯令艳．浅谈取水构筑物的冬季防冰措施［J］．黑龙江水利科技，2002，39（3）：147.

[9] 张娜，霍丙臣，王剑楠．冰情危害及冬季明渠安全输水探讨［J］．河南水利与南水北调，2010，（11）：77-78.

# 哈尔滨市供水水源污染灾害风险及其应急对策分析*

吕雅洁[1,2] 戴长雷[1,2] 张一丁[1]

(1. 黑龙江大学水利电力学院 哈尔滨 150080；2. 黑龙江大学寒区地下水研究所 哈尔滨 150080)

**摘 要** 城市供水系统安全运行是哈尔滨市社会经济发展的保障，水源污染是供水系统潜在风险之一。本文通过对哈尔滨市3个主要供水水源磨盘山水库、松花江水源、地下水水源进行特征分析，识别各供水水源存在的人为投毒污染、泄漏或翻车等事故污染、卫生事故污染三方面的突发水源污染风险。针对可能发生的10种水源污染风险提出应急对策，保障紧急情况下的城市用水。为保证水源地安全，有效避免大范围水源污染危机提供参考。

**关键词** 供水系统；水源污染；灾害风险；应急对策；哈尔滨

## 1 引言

供水系统安全运行是哈尔滨市正常生活、生产的重要保障。水源污染是影响供水安全的主要风险之一，近年来突发污染事件总体呈数量增多、危害增大的趋势。针对水源污染事故发生的特点，在事故发生前建立完善的应急体系，是十分必要的。本文以哈尔滨市为例，以市区现状供水系统为研究对象，针对以地表水源为主的哈尔滨市各供水水源，识别哈尔滨市潜在的水源污染风险。针对可能发生的突发性水源污染事件，提出相应对策建议，以期达到减小事故损失的目的，及时满足突发情况下的城市用水。

## 2 哈尔滨市城市供水水源特征分析

哈尔滨市区生活供水主要依靠磨盘山水库、松花江水源和地下水水源供给。

磨盘山水库位于黑龙江省五常市境内，水来自拉林河的源头，源头的森林和湿地是黑龙江省木材主产地之一，总库容4.4亿$m^3$，距哈尔滨市区176km。供水工程总规模$90\times10^4m^3/d$，输水管线长176km，采取双管输水方式。在哈尔滨市区配套建设磨盘山净水厂，主要供给江南城区生活用水，最高可供水量为$89.87\times10^4m^3/d$[1]。

磨盘山水库建设前哈尔滨市区地下水大量开采，已形成漏斗区。磨盘山水库向哈尔滨市供水后，市政地下水井已逐渐封存。目前，哈尔滨市松北区主要依靠地下水源供水，其中市政地下水供水量为$7.5\times10^4m^3/d$。由于市区大量排放污水，有害成分渗入地下，市区部分地下水受到污染，局部地区污染较重[2]。

松花江水源一水厂、二水厂现已作为应急供水厂以热备用状态留用。松花江水源七水厂是工业用水水厂，净水设施与水源合建于一个厂区，位于城区中下游。目前供水能力为$7.0\times10^4m^3/d$，实际送水量为$4.0\times10^4m^3/d$左右，为工业生产供水。松花江在全国七大污染水系中污染程度位居第五，哈尔滨段水体污染主要来自上游和哈尔滨市区。

哈尔滨市供水水源包括区外水库供水、区域河流供水、地下水供水等类型，以地表水供水为主。地表水源直接受外界影响，水量和水质更易受到影响。2005年11月松花江水污染事件，严重影响全市400万人口的正常生活，说明哈尔滨市松花江水源存在较高污染风险。现磨盘山水库作为哈尔滨市主要供水水源，除存在上游突发污染的风险外，长达176km的输水管线也存在风险[3,4]。

* 基金项目：2011～2012年度第九届黑龙江大学学生学术科技创新项目：哈尔滨市冬季供水水源安全分析(20100343)。

第一作者简介：吕雅洁（1986— ），女，河北唐山人，硕士研究生，研究方向为城市供水安全与寒区水工灾害。E-mail：yajie _ water@126.com

## 3 哈尔滨市水源污染灾害风险分析

### 3.1 哈尔滨市水源污染分类分析

哈尔滨市水源类型多，以地表水供水为主的供水系统，可能引起的危害性较大的突发污染事件主要有人为投毒污染、泄漏或翻车等事故污染、卫生事故污染三类[3]。

#### 3.1.1 人为投毒污染

各类原因引起的人为投毒污染，因隐蔽性强、影响范围大必须引起关注。保证饮用水从水源地到水厂，最后经过输水管网到达各用户的全流程安全。磨盘山水库因水量相对固定，对毒物稀释作用有限，投毒危害性严重。输水管线长，途中人为破坏不易管理，存在人为投毒风险。磨盘山水库供给江南城区大部分用水，配水管线复杂，二次供水的投毒，危害严重。

#### 3.1.2 泄漏或翻车等事故污染

当前，各种化学原料已成为日益普遍的生产原料，几乎所有的工业都涉及到化学品。化学品的运输日益频繁，由于其腐蚀性强，危害大，运输风险隐患很大，各种翻车（船）事故频繁发生。松花江是哈尔滨市区内主要河流，道路翻车发生化学品倾覆、水路倾覆事故，对松花江水源污染危害严重。特别是松花江上游城市，存在严重化学污染风险。

#### 3.1.3 卫生事故风险

影响城市供水安全的卫生事故主要是水传播疾病。重大的传染病疫情、群体不明原因疾病、重大食物中毒三方面公共卫生事件发生时，不论是对地下水源还是地表水源，水传播疾病的出现，对城市供水安全具有较大的威胁[6]。

针对哈尔滨市供水现状及已有研究成果，哈尔滨市可能造成水源污染灾害的原因主要有以下 10 种[7,8]，见表 1。

**表 1　　哈尔滨市潜在水源污染灾害**

| 序号 | 人 为 投 毒 | 事 故 风 险 | 卫生事故风险 |
|---|---|---|---|
| 1 | 人为磨盘山水库投毒 | 拉林河上游出现化学品翻车倾覆事故 | 生活污水进入拉林河上游造成致病性细菌污染 |
| 2 | 人为松北区集中地下水源投毒 | 松花江上游城市化工厂泄漏 | 医院污水进入松花江造成致病性细菌、微生物污染 |
| 3 | 人为磨盘山水库输水干管投毒 | 松花江出现化学品翻车倾覆事故 | 工业污水进入松花江造成致病性细菌、微生物污染 |
| 4 | 人为二次供水水池投毒 | | |

### 3.2 哈尔滨市水源污染分级

哈尔滨市日需水量为 115.47×$10^4$m$^3$/d，其中江南城区 107.97×$10^4$m$^3$/d，依靠磨盘山水库水源供水 89.87×$10^4$m$^3$/d，松花江七水厂供水 4×$10^4$m$^3$/d，中水回用 5×$10^4$m$^3$/d，市政地下水供给 9.1×$10^4$m$^3$/d；松北区 7.5×$10^4$m$^3$/d，主要依靠地下水源供给。

水源污染风险发生后，造成磨盘山水库完全不能正常供给哈尔滨市用水的情况主要有 4 种风险情况：①人为磨盘山水库投毒；②拉林河上游出现化学品翻车倾覆事故；③生活污水进入拉林河上游造成致病性细菌污染；④人为磨盘山水库双输水干管投毒。四类风险情况发生时，哈尔滨市供水影响范围为 77.8%，根据《城市供水应急预案编制导则》(SL 459—2009)[5]，属于Ⅰ级（特别严重）供水突发事件。造成松花江水源完全不能正常供给哈尔滨市用水情况主要有：①松花江上游城市化工厂泄漏；②松花江出现化学品翻车倾覆事故；③医院污水进入松花江造成致病性细菌、微生物污染；④工业污水进入松花江造成致病性细菌、微生物污染。四类风险情况发生时，哈尔滨市供水影响范围为 3.5%，人为松北区集中地下水源投毒，影响供水范围为 6.5%，根据上述导则，均属于轻影响可控供水突发事件。

## 4 哈尔滨市水源污染应急对策分析

### 4.1 水源污染应急突发事件对策分析

针对哈尔滨市存在的供水风险，加强对城市供水风险及应急供水预案研究，建立应急供水保障体系，是提升城市供水安全的有效途径。

磨盘山水库水源污染，造成哈尔滨市 77.8%供水受到影响。主要从抢修供水设施和设备、增加水源、优化供水次序三方面实施应急供水预案。抢修供水设备方面，磨盘山水库供水管线人为破坏投毒风险发生后，应及时抢修破坏的输水管线。水库污染情况发生后，及时启用临时净水设备，加强水源净化。增加水源方面，各类风险造成磨盘山水库水源无法正常供水时，应及时开启松花江水源一水厂（供水能力 $10\times10^4m^3/d$)、二水厂（供水能力 $65\times10^4m^3/d$)、西泉眼水库（供水能力 $32\times10^4m^3/d$）等应急水源的部分设备向城市供水。优化供水次序方面，紧急供水情况下，先保证满足生活基本用水，适当压缩第三产业用水[5,8-10]。

松花江水源污染，主要影响哈尔滨市工业用水。风险发生时，增加紧急净化设备，加强水源净化。启用应急地下水井，保证基本生活、生产用水。在紧急供水情况下，保证基本生产、重点产业生产，适当压缩用水。

松北地下水源地受到人为投毒污染，造成松北区无法正常供给用水时，应紧急启用临时净水设备，并加强净水厂净水强度。同时在江南城区紧急调配桶装水、矿泉水和纯净水，及时发放给居民饮用。

二次供水设施的污染风险发生后，抢修供水设施，加强净水。对供水区域采取区外调运水的方式，缓解生活用水紧张。

### 4.2 哈尔滨市应急水源地建设分析

根据已有研究成果，依照城市应急后备水源地的选取原则，哈尔滨市后备水源选定为部分松花江水源、西泉眼水库、部分地下水水源。松花江地表水水源包括一水源（四方台）、二水源（朱顺屯），曾是哈尔滨市主要供水水源，一水源供水能力为 $10\times10^4m^3/d$，二水源供水能力为 $65\times10^4m^3/d$。西泉眼水库位于哈尔滨市东南部阿什河中上游，在保证现有农田面积灌溉用水的前提下，可向哈尔滨市供水 $32\times10^4m^3/d$，水质良好。哈尔滨市区地下水供水水源地可分成两部分，分别为供水能力为 $40\times10^4m^3/d$ 的哈尔滨市中心区地下水水源地和供水能力为 $1\times10^4m^3/d$ 的松北区地下水水源地。

加强城市供水风险与应急供水预案分析及相应实施策略，在一定程度上减小了突发水源污染对社会和经济带来的损失。但为了从根本提高城市饮水安全、经济安全，维护社会稳定等方面的安全保障能力，还要从治本角度长期有效地控制与保护已有水源以及开发后备应急水源地，对哈尔滨市整体在水量、水质上都有保障。

## 5 结论

哈尔滨市江南城区现主要由磨盘山水库地表水源和松花江地表水源供给生活和生产用水，地表水源受外界影响较大。磨盘山水库以及松花江干流都存在上游生活和生产的常规水污染、泄漏或翻车等事故污染、突发卫生事故污染风险。松北区主要采用地下水源供水，也存在人为集中地下水源地投毒、化学品倾覆事故等污染风险。此外，过长的输配水管线及复杂的二次供水设施，也存在较高污染风险。

水源污染会造成不同范围的供水影响，基于《城市供水应急预案编制导则》(SL 459—2009）对哈尔滨市水源污染风险进行分级分析，并针对识别出的 10 种污染风险，从抢修设备设施、增加水源、压缩用水等方面进行应急对策分析，采取行之有效的措施减少社会损失。为了从根本上提高哈尔滨市供水安全，确定了三类水源作为后备应急水源地，分别为松花江地表水源、西泉眼水库地表水源以及地下水水源。

目前，我国突发水源污染事故频发，对其重视与投入力度逐年加大，针对城市供水特点，建立供水体系的应急预案措施，保证水源地的供水安全，是有效减轻水污染风险损失的途径。

## 参 考 文 献

[1] 翟平阳．重视哈尔滨市磨盘山饮用水源地水质保护［J］．决策咨询通讯，2007，17（5）：53-55.
[2] 吕雅洁，林义华．哈尔滨市供水系统及水源工程风险分析［J］．黑龙江水专学报，2010，37（3）：121-124.

[3] 施春红，胡波．城市供水安全综合评价探讨 [J]．资源科学，2007，29 (3)：80-85.
[4] 李黛青．汕头市水污染原因和污染控制 [J]．汕头科技，2002，16 (3)：10-12.
[5] 城市供水应急预案编制导则 SL 459—2009 [S]．北京：中国水利水电出版社，2010.
[6] 刘东华，刘茂．突发水污染事故风险分析与应急管理研究进展 [J]．中国公共安全学术版，2009，5 (1)：167-170.
[7] 付慧，高书伟，吴新广．哈尔滨城市供水应急预案初探 [J]．水利科技与经济，2007，13 (7)：477-478.
[8] 吴庆贵，张珂妍．哈尔滨市城市供水风险研究 [J]．黑龙江水专学报，2009，36 (3)：57-60.
[9] Orit Wilehfort，Jay R Lund. Shorting Management Modeling for Urban Water Supply Systems [J]. Journal of Water Resource Planning and Management，1999，123 (4)：250-258.
[10] 吕雅洁，李治军，刘春河．哈尔滨市输配水系统风险分析 [A]．第八届中国水论坛论文集——农业、生态水安全及寒区水科学 [C]．北京：中国水利水电出版社，2010：521-524.

# 干旱区内陆河流域水与生态

# 基于定位观测的巴丹吉林沙漠湖泊水循环初步研究*

王乃昂　董春雨　宁　凯　陈红宝　马　宁

（兰州大学资源环境学院，干旱区水循环与水资源研究中心　兰州　730000）

**摘　要**　通过在巴丹吉林沙漠腹地为期一年的定位观测，得到了研究区 2010 年 4 月至 2011 年 3 月的降水量、湖泊和地下水水位、水温的变化特征。观测结果显示沙漠腹地的湖泊，具有一定的近源补给特点，亦即大气降水可以有效补给湖泊和浅层地下水。沙漠东南缘的淡水湖泊，还受附近外围山区输送的地下水补给。上述定位观测资料，对巴丹吉林沙漠湖泊群和地下水水循环机理研究，提供了新的分析依据。

**关键词**　巴丹吉林沙漠；湖泊；地下水；定位观测；水循环

## 1　引言

巴丹吉林沙漠（99°23′～104°34′E，39°04′～42°12′N，880～1400m）地处中亚干旱区，是我国第二大沙漠[1-3]。气候异常干燥，周边年降水量约 80mm[4]，年蒸发量高达 2000mm，但其腹地却分布大量湖泊，地下水资源丰富。巴丹吉林沙漠腹地湖泊群成因和地下水来源，近年来成为了国内外学者竞相研究的一项热点。根据以往研究结果，对巴丹吉林沙漠地下水来源主要有以下几种观点：大气降水和凝结水说[5-11]、地下水深部循环说[12-18]、古湖泊萎缩残留说[19-25]和南部山区泉水说[26-33]。上述研究对巴丹吉林沙漠降水一地下水一湖泊的循环规律、交换过程、周边地区地下水的补给关系及水质演变过程等重大科学问题，尚未取得统一的认识，方法的正确性、结果的多解性和结论的适用性均有待新的研究给予证实或证否。我们认为，开展湖泊群水循环多尺度综合观测与研究是当务之急。

## 2　资料和方法

2010 年 4 月 13 日～2011 年 3 月 10 日，利用在巴丹吉林沙漠腹地苏木・巴润吉林、巴丹湖等地布设的 5 支 Solinst 3001 型自记式水位计，对研究区 1 处湖泊和 3 处湖泊附近的浅层（1～2m）地下水位和水温进行了为期一年的监测，获取了巴丹吉林沙漠腹地典型湖泊和地下水的水位、水温时空变化数据。该种型号水位计采用压阻传感器通过监测水下压力变化对水位进行实时测量，考虑到大气压强变化会影响到水位观测，运用布设于空气中的专用 Solinst 3001 型 Barologger 气压计进行大气压力补偿校正，消除了气压变化引起的观测误差，水位观测精度可以达到 0.1cm。

为了便于将不同水位观测点的数据进行对比，分析其变化趋势异同，对所有水位数据各自进行了减去平均值的处理，即相当于对各水位过程曲线进行了 $y$ 坐标轴平移，使其平均值归零。利用在苏木吉林附近建成的 2 台自动气象观测站，获取了巴丹吉林沙漠腹地为期 1 年的温、压、湿、风、降水等常规气候要素数据。同时，结合 2010 年 4 月 13 日～12 月 31 日沙漠南缘阿拉善右旗和东南缘雅布赖国家气象站的日降水量资料，进行数据比对。自动气象站和水位计观测地点如图 1 所示。

## 3　结果分析与讨论

### 3.1　水位变化

从图 2 可以看出，各水位观测点湖泊水位和浅层地下水位均存在较大幅度的年内季节变化。其中，春季 3～5 月湖泊和地下水位达到最高，自 6 月开始快速下降，9 月前后水位跌至最低。亦即冬、春季水位相对较

* 基金项目：国家基础科学人才培养基金项目（J1030519）和高等学校博士学科点专项科研基金项目（20090211110025）资助。

第一作者简介：王乃昂（1962—　），男，主要从事气候变化与水循环、沙漠与沙漠化研究。E-mail：wangna@lzu.edu.cn

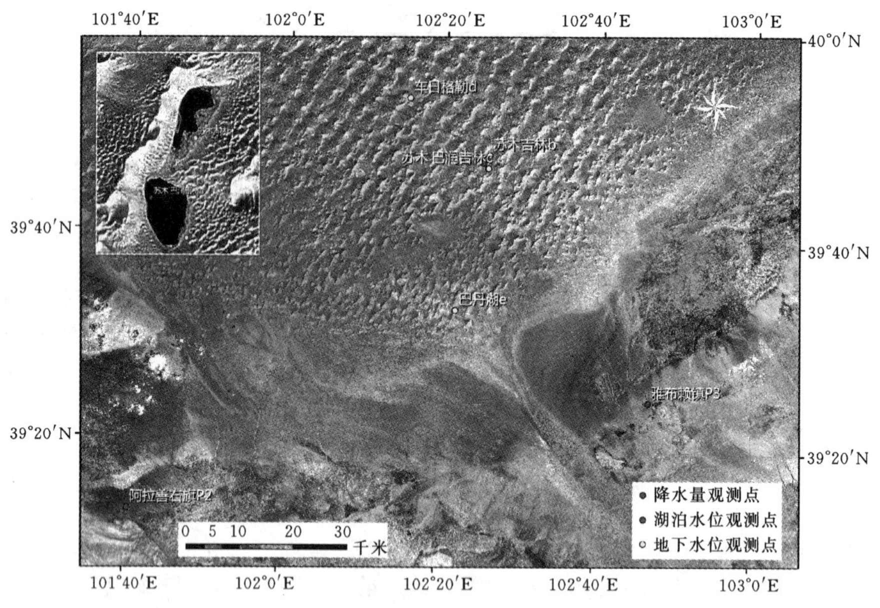


图1　降水量和水位观测点示意图

高，夏、秋季水位相对较低。该结果可能指示巴丹吉林沙漠腹地湖泊和地下水位全年变化过程主要受控于蒸发量的变化，冬季蒸发量小，水位维持在高值，夏季蒸发量大，水位随之下降。

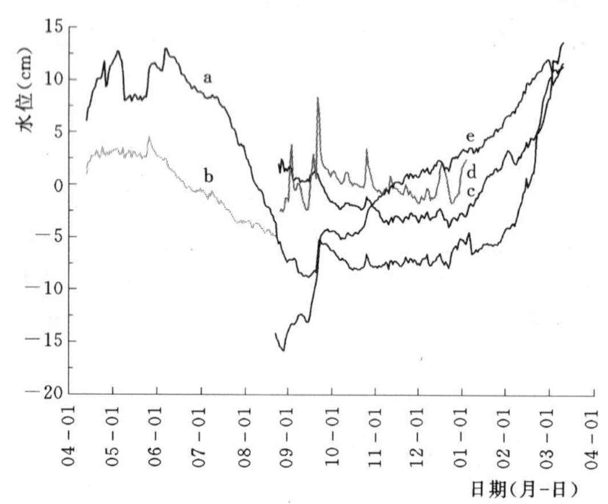


图2　2010年4月～2011年3月观测点水位变化曲线

a—苏木·巴润吉林湖水位；b—苏木吉林井水位；c—苏木·巴润吉林井水位；d—车日格勒井水位；e—巴丹湖井水位

巴丹湖附近地下水位（e）自9月开始基本呈持续上升状态，苏木·巴润吉林湖水位、苏木·巴润吉林井水位和车日格勒井水位在9月至次年1月间水位均相对稳定，之后3处水位才均开始快速上升。从水位变化幅度来看，2010年4月13日至2011年3月10日，苏木·巴润吉林最高湖水位与最低湖水位的差值为21.77cm，苏木·巴润吉林（2010年4月13日～8月22日）、苏木吉林（2010年8月24日～2011年3月10日）、车日格勒（2010年8月25日～2011年1月2日）、巴丹湖（2010年8月22日～2011年3月10日）4处浅层地下水位变化幅度分别为9.45cm、17.65cm、11.00cm、27.84cm。其中，巴丹湖附近浅层地下水位年内变化幅度远大于其余3处。这些差异可能指示巴丹吉林沙漠东南缘淡水湖区与腹地咸水湖区地下水补给来源并不完全一致，东南缘湖泊可能受到沙漠南部和东南部山区降水的地下输送补给。

进一步比较湖泊水位（a）和浅层地下水位（b、c、d、e），可以发现两者无论在全年变化趋势还是短时间的月际波动均非常一致。由此表明，巴丹吉林沙漠湖泊的水循环过程，主要受到其周围近地表的浅层地下水影响。而深部断裂带输送而来的远源水或气候湿润期封存的古水，其影响量级，并不占主要地位。此外，通过我们多次野外考察和水化学分析，发现即使湖泊矿化度很高（如大于100g/L），离湖岸几米以外的浅层地下水均为小于1g/L的淡水，从而排除了湖泊补给周围地下水的可能。

### 3.2　水温变化

从图3可以看出，苏木·巴润吉林湖水温（a）于7月中旬达到最高，2月初最低，最高值和最低值分别为29.0℃和－4.4℃（因该湖矿化度较高，故其水温可以达到零下而不结冰），且湖水温全年和短期变化趋势均与附近气温（*T*）保持一致。浅层地下水温（b、c、d、e）则于8月中旬达到最高，3月初为最低，比湖泊水温（a）和气温（*T*）变化滞后约1个月。该现象是因为地下水与大气之间，由起到隔热作用的地表沙层隔开，地下水温变化相对于气温变化有一定的相位延迟，且不如暴露于空气中的湖泊敏感。地下水水温相对于湖泊水温较小的年内变化幅度（图3），即是明证。

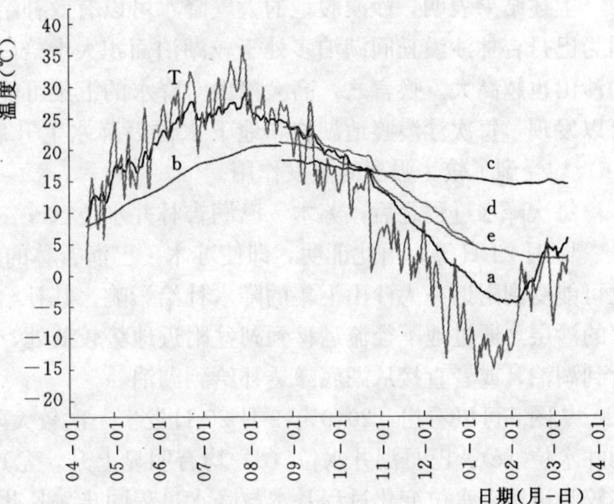


图3　2010年4月～2011年3月观测点水温变化曲线

a—苏木·巴润吉林湖水温；b—苏木吉林井水温；c—苏木·巴润吉林井水温；d—车日格勒井水温；e—巴丹湖井水温；T—苏木吉林气温

需要指出，苏木·巴润吉林井水温度（c）变化趋势与其余三处浅层地下水温度变化显著不同。2010年8月～2011年3月间，苏木·巴润吉林井水温度变化于14.3～18.3℃之间；而同一时段巴丹湖井水温度变幅达18.6℃，2010年8月～2011年1月车日格勒井水温度变幅为18.9℃，2010年4月～2010年8月苏木吉林井水温度变幅为12.8℃。此处需要说明的是，苏木·巴润吉林附近布设的地下水水位观测点（深1～2m）位于该湖东南侧一处上升泉附近，其余三处地下水位观测点均不存在此种情况。该结果指示了苏木·巴润吉林附近的上升泉可能并非来源于近地表的潜水层，而可能来自下部的承压水层。

### 3.3　水位与降水量对比

从图4可以看出，苏木·巴润吉林湖泊水位（a）和4处浅层地下水位（b、c、d、e）除了表现出冬春高、夏秋低的全年变化趋势外，每次沙漠腹地发生较大降水过程之后，均有明显的短暂上升，之后则迅速回落。通过在苏木吉林丘间地和沙山顶的两台自动气象站为期一年的观测，显示巴丹吉林沙漠东南部2010年全年降水量为104.8mm，同期沙漠外围附近的阿拉善右旗和雅布赖气象站降水量分别为121.6mm和39.6mm。可见巴丹吉林沙漠腹地并没有因为下垫面性质的改变而导致较低的降水量，其与周边地区降水量差别不大。

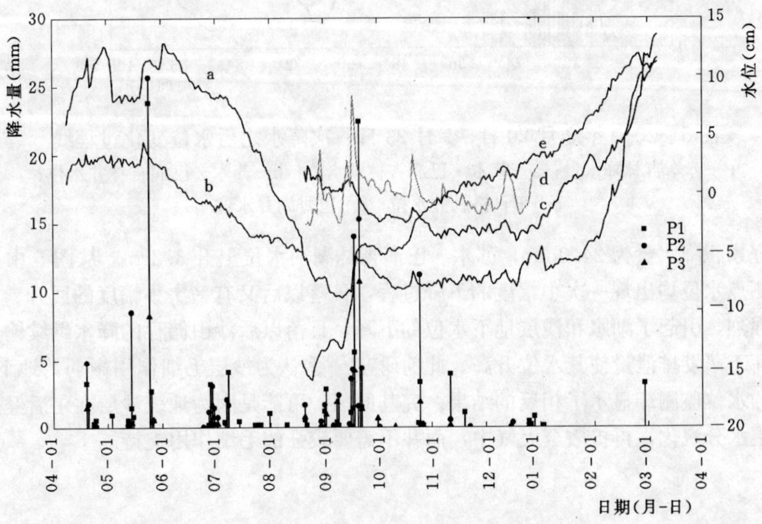


图4　2010年4月～2011年3月沙漠腹地和周边降水与水位变化过程线

P1—苏木吉林降水量；P2—阿拉善右旗降水量；P3—雅布赖镇降水量；a— 苏木·巴润吉林湖泊水位；b—苏木吉林井水位；c—苏木·巴润吉林井水位；d—车日格勒井水位；e—巴丹湖井水位

上述结果表明，沙漠腹地的大气降水可以有效补给到浅层地下水，进而通过地下径流补给到丘间湖泊。因为巴丹吉林沙漠丘间湖泊多处于较湖泊面积大十倍以上的汇水盆地当中，且水域面积越大的湖泊，其伴随的沙山也越高大。换言之，高大沙山对降水的汇集可能在湖泊水循环中起到了一定的作用。此外，从图 4 中可以发现，每次沙漠腹地湖泊和地下水位因降水上升后会迅速回落，可能指示湖泊和浅层地下水（深 1～2m）均受到了较为强烈的蒸发作用。

每次降水过程之后，苏木·巴润吉林井水位（c；靠近上升泉）也均有明显上升，如 9 月 1 日、9 月 17 日、10 月 24 日等。由此证明，即使苏木·巴润吉林的上升泉主要接受较深的承压水层补给，但该承压水层也可能受到附近高大沙山汇集的降水补给影响。其补给过程的可能途径之一，或许是降水后水分快速渗入较深的沙层，通过地下径流运移到湖盆附近地势较低处，在压力作用下于地层破碎带涌出形成上升泉，进而补给到湖泊，或者直接从湖底渗透补给到湖泊。

从图 5 可以看出，2010 年 9 月 20 日发生一次较大降水（P）之后，苏木·巴润吉林湖水位（a）、车日格勒井水位（c）、巴丹湖井水位（d）均有明显上升，尤其车日格勒井水位（c）上升最为显著，但其水位下降亦较为迅速，水位变化过程基本与降水过程同步。凡此现象，不仅清晰地指示了沙漠腹地大气降水可以直接补给到浅层地下水和湖泊群，而且有可能是重要的补给来源之一。虽然苏木·巴润吉林井水位（b；靠近上升泉）在此次降水过程中上升不明显，似可说明沙漠腹地上升泉水的补给方式与表层潜水可能不一致。但图 4 中显示多次沙漠内部降水均使苏木·巴润吉林井水位产生明显的上升，又似乎表明这些上升泉也直接受沙漠腹地大气降水影响，但具体补给机制尚需进一步研究证实。

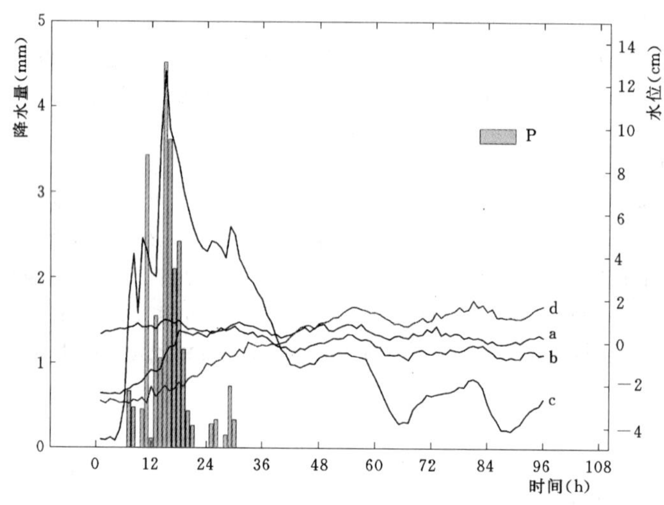


图 5　2010 年 9 月 20 日～9 月 23 日一次降水之后水位变化过程线

P—苏木吉林降水量；a—苏木·巴润吉林湖水位；b—苏木·巴润吉林井水位；c—车日格勒井水位；d—巴丹湖井水位

此次降水过程累积降水量为 24.0mm，苏木·巴润吉林湖泊水位上升 3.2cm。从图 5 中还可以发现，每日中午过后各观测点水位均出现一次小幅度的下降过程，日落以后又有一次小幅度的回升。可能是因为午后至日落以前蒸发强烈，引起了湖水和浅层地下水位的下降，日落以后沙山储存的降水继续输送到湖泊和地下潜水层，补给量高于蒸发排泄量使其水位升高。此前研究[11]多认为沙层毛细作用微弱，地下水蒸发不明显，但巴丹吉林沙漠的水位监测却显示了相反的结果。究其原因，可能是因为地表沙层在午后经过强烈的辐射增温后，加速了土壤水分汽化，再扩散至大气中，而并不需要较强的毛细作用支持。

## 4　初步结论

（1）巴丹吉林沙漠湖泊和浅层地下水位存在一致的季节变化趋势，即冬春高、夏秋低，蒸发作用是其主要控制因素之一。

（2）巴丹吉林沙漠腹地的大气降水可以有效补给丘间湖泊群和浅层地下水，并可能是重要的补给来源之一，且高大沙山对大气降水的汇集可能在湖泊补给中起到了目前尚不甚清晰的作用。

(3) 沙漠东南边缘巴丹湖一带与腹地湖泊的地下水补给来源可能不完全一致，除了受到大气降水补给以外，前者还受到沙漠外围地区的地下水输送补给。

(4) 沙漠腹地湖泊周围的上升泉与浅层地下水补给机制存在一定差异，泉水是否源于当地大气降水形成的承压水，需要进一步研究给予证实或证否。

## 参 考 文 献


[1] 董光荣，高全洲，邹学勇，等．晚更新世以来巴丹吉林沙漠南缘气候变化．科学通报，1995，40 (13)：1214-1218.

[2] 王涛．巴丹吉林沙漠形成演变的若干问题．中国沙漠，1990，10 (1)：29-40.

[3] 朱金峰，王乃昂，陈红宝，等．基于遥感的巴丹吉林沙漠范围与面积分析．地理科学进展，2010，29 (9)：1087-1094.

[4] 马宁，王乃昂，李卓仑，等．1960—2009 年巴丹吉林沙漠南北缘气候变化分析．干旱区研究，2011，28 (2)：247-254.

[5] 于守忠，李博，蔡蔚祺，等．内蒙古西部戈壁及巴丹吉林沙漠考察．治沙研究（第三号）．北京：科学出版社，1962：96-108.

[6] Hofmann J. The lakes in the SE part of Badain Jaran desert，their limnology and geochemistry. Geow issenschaften，1996，7 (08)：275-278.

[7] Hofmann J. Geoökologische Untersuchungen der Gewässer im Südosten der Badain Jaran Wüste. Berliner Geographische Abhandlungen，1999：64，247.

[8] Jakel D. The Badain Jaran Desert：its origin and development. Geowissenschaften，1996，14 (7-8)：272-274.

[9] Jakel D. The importance of dunes for groundwater recharge and storage in China. Zeitschrift Fur Geomorphologie Supplementband，2002：126，131-146.

[10] 陆莹，王乃昂，李贵鹏，等．巴丹吉林沙漠湖泊水化学空间分布特征．湖泊科学，2010，22 (5)：774-782.

[11] 赵景波，邵天杰，侯雨乐，等．巴丹吉林沙漠高大沙山区沙层含水量与水分来源探讨．自然资源学报，2010，DOI：CNKI：11—1912/N_20101021.1003.000.

[12] 陈建生，凡哲超，汪集旸，等．巴丹吉林沙漠湖泊及其下游地下水同位素分析．地球学报，2003，24 (6)：497-504.

[13] Chen J S，Li L，Wang J Y，et al. Groundwater maintains dune landscape：A remote water source helps giant sand dunes to stand their ground in a windy desert. Nature，2004，432：459-460.

[14] 陈建生，汪集旸，赵霞，等．用同位素方法研究额济纳盆地承压含水层地下水的补给．地质评论，2004，50 (6)：649-657.

[15] 陈建生，赵霞，盛雪芬，等．巴丹吉林沙漠湖泊群与沙山形成机理研究．科学通报，2006，51 (23)：2789-2796.

[16] 顾慰祖，陈建生，汪集，等．巴丹吉林高大沙山表层孔隙水现象的疑义．水科学进展，2004，15 (6)：695-698.

[17] 赵霞，陈建生．相似优先比法研究巴丹吉林沙漠及周边地区地下水补给．湖泊科学，2006，18 (4)：407-413.

[18] 丁宏伟，王贵玲．巴丹吉林沙漠湖泊形成的机理分析．干旱区研究，2009，24 (1)：1-7.

[19] 阎满存，王光谦，李保生，等．巴丹吉林沙漠高大沙山的形成发育研究．地理学报，2001，56 (1)：83-91

[20] 杨小平．近 3 万年巴丹吉林沙漠的景观发育与雨量变化．科学通报，2000，45 (4)：428-434.

[21] 杨小平．巴丹吉林沙漠腹地湖泊的水化学特征及其全新世以来的演变．第四纪研究，2002，22 (2)：97-104.

[22] Yang X P，Williams M A J. The ion chemistry of lakes and Late Holocene desiccation in the Badain Jaran Desert，Inner Mongolia，China. Catena，2003，51 (1)：45-60.

[23] Yang X P. Chemistry and Late Quaternary evolution of ground and surface waters in the area of Yabulai Mountains，Western Inner Mongolia，China. Catena，2006，66 (1：2)：135-144.

[24] 马妮娜，杨小平．巴丹吉林沙漠及其东南边缘地区水化学和环境同位素特征及其水文学意义．第四纪研究，2008，28 (4)：702-711.

[25] Yang X P，Ma N N，Dong J F，et al. Recharge to the inter—dune lakes and Holocene climatic changes in the Badain Jaran Desert，Western China. Quaternary Research，2010，73：10-19.

[26] Dong Z B，Wang T，Wang X. Geomorphology of the megadunes in the Badain Jaran Desert. Geomorphology 2004，60：191-203.

[27] 马金珠，陈发虎，赵华．1000 年以来巴丹吉林沙漠地下水补给与气候变化的包气带地球化学记录．科学通报，2004，49 (1)：22-26.

[28] 马金珠，黄天明，丁贞玉，等．同位素指示的巴丹吉林沙漠南缘地下水补给来源．地球科学进展，2007，22 (9)：

922－930.

[29] Ma J Z, Edmunds W M. Groundwater and lake evolution in the Badain Jaran desert ecosystem, Inner Mongolia. Hydrogeology Journal, 2006, 14 (07): 1231－1243.

[30] Gates J B, Edmunds W M, Darling W G, et al. Conceptual model of recharge to southeastern Badain Jaran Desert groundwater and lakes from environmental tracers. Applied Geochemistry, 2008, 23: 3519－3534.

[31] Gates J B, Edmunds W M, Ma J, et al. Estimating groundwater recharge in a cold desert environment in Northern China using chloride. Hydrogeology Journal, 2008, 16: 893 - 910.

[32] 黄天明，庞忠和．应用环境示踪剂探讨巴丹吉林沙漠及古日乃绿洲地下水补给．现代地质，2007，21 (4)：624-631.

[33] 张虎才，明庆忠．中国西北极端干旱区水文与湖泊演化及其巴丹吉林沙漠大型沙丘的形成．地球科学进展，2006，21 (5)：532－538.

# Preliminary Study of the Lake Water Cycle in Badain Jaran Desert Based on Location Observation , NW China

Wang Nai′ang　Dong Chunyu　Ning Kai　Chen Hongbao　Ma Ning

(College of Earth and Environmental Science, Center for Hydrologic Cycle and Water Resources in Arid Region, Lanzhou University, Lanzhou 730000)

**Abstract** The variation characteristics of the precipitation, water level and temperature of the lakes and groundwater during April, 2010 to March, 2011 in Badain Jaran Desert were obtained through one year field observation. The results showed that the lakes and shallow groundwater in the interior of this desert could be recharged by the atmospheric precipitation effectively. Besides, the precipitate water which can be gathered by the megadunes should be one major source of those inter-dune lakes. And a few fresh water lakes distributed in the southeast of the desert may be recharged partly by the subsurface runoff from the adjacent mountains. This observation provided new basis for the study of the water sources and cyclic mechanism of the lake groups and groundwater in Badain Jaran Desert.

**Key words** Badain Jaran Desert; lake; groundwater; location observation; water cycle

# 缺资料山区流域径流过程模拟研究*

王　鹏　姜卉芳　穆振侠

（新疆农业大学水利与土木工程学院　乌鲁木齐　830052）

**摘　要**　资料缺乏地区水文过程的分析是水利工程设计及水资源管理中迫切需要解决的问题。在资料缺乏的山区，本文选择阿克苏一级支流——库玛力克河为研究区，利用已有的山区研究经验，根据山区流域出山口水文站的实测资料及水文要素随高程变化的规律来推算无资料地区的水文要素，模拟山区径流过程，模拟结果基本能反映缺资料山区流域的径流过程，可为资料缺乏的高寒山区河流径流过程进一步研究提供参考。

**关键词**　缺资料山区；新安江模型；库玛力克河流域

## 1　引言

新疆较大河流均发源于冰川地带，流域内高差在3000～6000m，气候条件差异较大，但各地水文站点稀少，且主要分布在出山口高程在2000m以下的位置，山区降水较大时，气温较低，降水多以雪的形式出现暂时堆积在流域上，并在风的作用下发生再分布，待气温回升消融参与径流形成过程。

目前，对新疆河流径流过程的研究主要集中在新疆北部山区（以下简称北疆），且取得了一些经验[1-4]。而对新疆南部（以下简称南疆）山区河流的径流过程研究较少。南疆地区区河流的发源区和产流区位置相对更高些，水文站点稀少更为稀少。上万平方千米的流域常常只在出山口断面有水文气象观测。近年来，已有学者对无资料或资料缺乏山区的研究已做过了研究，2006年，柴晓玲等利用IHACRES模型在无资料地区进行了径流模拟的研究，模拟的结果较好[5]。2010年，在实测资料缺乏的条件下，景少波等借助临近研究区气象站探空气温，对叶尔羌河流域进行了日径流过程模拟，取得较好的结果[6]。

随着国家对西部支持力度加大，规划中的山区控制性工程实施进程加快，研究山区径流过程对于水文设计与工程管理具有重要的现实意义。

## 2　流域概况和资料来源

### 2.1　流域概况

库玛力克河发源于海拔7453m的天山最高峰的冰川作用区，流经我国新疆温宿县境内，至出山口协和拉水文站流域全长约203km，该流域面积为13113.8km²，高程在1388～7400m之间。流域上游是世界上有名的山地冰川集中的地区，河流主要以融雪融冰补给为主，其60%的水量来自冰川融雪，年降雨量很小，温差变化大，四季分明，根据协和拉水文站点1975～1983年气象资料统计多年平均降水量约131.7mm，多年平均蒸发量为多年平均气温为9.8℃，最高月平均气温为23.3℃（7月），最低月平均气温为－7.8℃（1月）。该研究区的位置及流域水系图见图1。

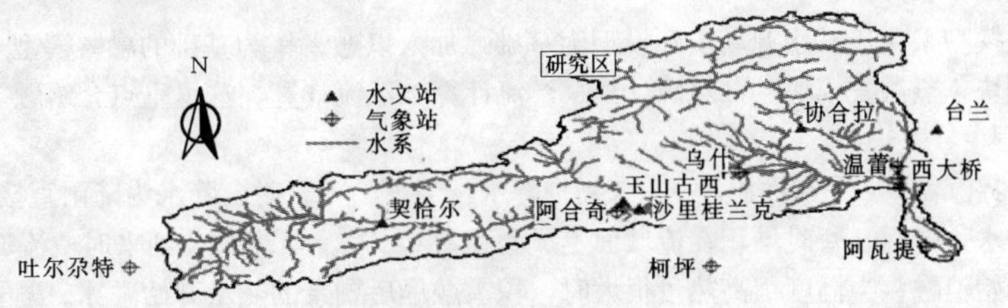


图1　流域水系图

* 基金项目：气候变化下塔河典型源流径流预测研究项目（201001065）；新疆水文学及水资源重点学科基金资助（xjsxszydxk20101202）；新疆农业大学校前期课题资助（XJAU201005）。

第一作者简介：王鹏（1985—　），男，湖北天门市人，硕士研究生，主要从事水文水资源研究。E-mail：xjauwang-peng@163.com

### 2.2　资料来源

利用协和拉水文站1975～1979年的逐日降水、流量、气温，蒸发器观测资料建立模型。为了描述山区降水、气温、积雪等空间分布关系，将全流域按高程分为7带，各分带流域面积及平均高程及见表1。

表1　　各分带流域面积及平均高程

| 分带 | 高程范围（m） | 平均高程（m） | 面积（$km^2$） | 各分带占流域面积比例（%） |
|---|---|---|---|---|
| 1 | 1388～2000 | 1694 | 196.707 | 1.5 |
| 2 | 2000～2500 | 2250 | 406.528 | 3.1 |
| 3 | 2500～3000 | 2750 | 3698.092 | 28.2 |
| 4 | 3000～3500 | 3250 | 4209.530 | 32.1 |
| 5 | 3500～4000 | 3750 | 3199.767 | 24.4 |
| 6 | 4000～4500 | 4250 | 996.648 | 7.6 |
| 7 | 4500～7400 | 5951 | 406.528 | 3.1 |

### 2.3　径流与气象要素的关系分析

为分析气象要素对径流的影响，根据库玛力克河协和拉水文站的（1975～1979年）实测资料，分别建立库玛力克河协和拉站实测月径流与气温、降水的相关图，如图2、图3。

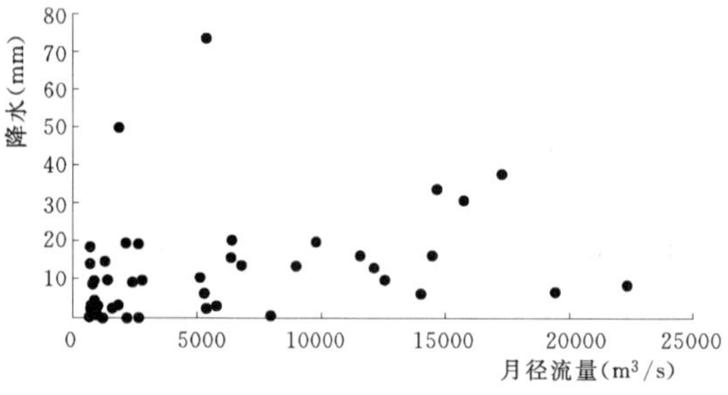


图2　降水—月径流相关图

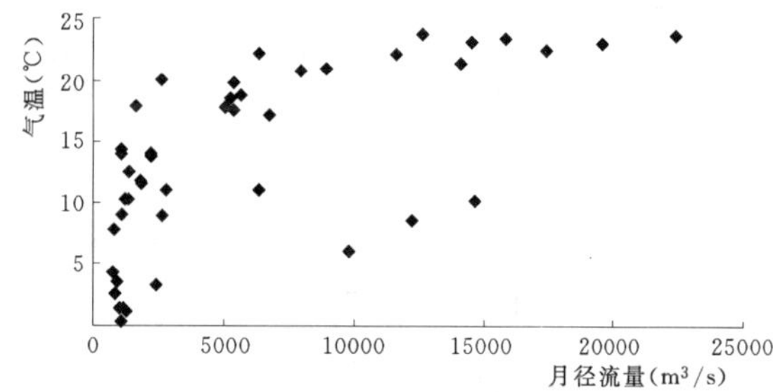


图3　气温—月径流相关图

根据图2、图3可以看出，月降水与月径流量有关系，但是不密切；而月平均气温与月径流量的相关关系比较明显。这说明降水是山区径流量形成的基础，气温则是径流过程的主要控制因素。这就增加了高寒山区尤其是无资料地区融雪径流模拟的困难，制约了预报精度，同时也促使我们尝试采用不同的方法并结合相应的技术手段进行无资料地区融雪径流模拟。

## 3　含融雪结构的新安江模型

融雪型新安江模型采用以三水源新安江模型为基础，加入以融雪率为基础的融雪模型[7]。模型由五部分组成：融雪积雪模块、蒸散发模块、分水源计算、产流计算、汇流计算，这里重点介绍融雪积雪模块。

### 3.1　积雪融雪过程

一般是根据临界气温 $T_K$ 和雪面温度 $T_B$ 来判别降水，当 $T_B>T_K$ 时，降水为降雨直接参加产汇流过程，当 $T_B<T_K$ 时，降水为降雪，暂时堆积在流域面上成为积雪（SC）。当暖季节到来时，流域面上积雪获得足够的热能从积雪开始消融；当温度很高热量很大时，积雪融尽后剩余的热量开始融冰。融雪径流并非和融雪同步，由于积雪中的水尚未饱和，融雪水先积累在积雪中，当液态水量超过积雪的持水量时多余的液态水就从积雪层流出进入产流过程[8]。

### 3.2　融雪计算

假定风速均匀，日融雪量计算公式为

$$M_E=R_A(T_P-T_B) \tag{1}$$

式中：$M_E$ 为融雪当量，mm；$R_A$ 为融雪因子，mm/(℃·d)；$T_P$ 为气温，℃；$T_B$ 为雪面温度，℃。

若有降水也会引起融雪，假设雨滴的温度与气温的温度相等，则降雨引起的融雪水当量计算公式如下：

$$M_P=\frac{(T_P-T_B)\times P}{80} \tag{2}$$

式（1）与式（2）之和为 $M=M_E+M_P$，这是在积雪面积上发生的，将其应用在流域时，应扣除无积雪覆盖的部分流域，考虑到积雪分布的不均匀性，引入积雪分布曲线的概念，其可用下面函数形式表示：

$$K_v=(SC/CM)^n \tag{3}$$

式中：$K_v$ 为流域积雪覆盖率，其值小于等于 1；$SC$ 为流域积雪水当量，mm；$CM$ 为全流域被雪时积雪水当量，mm；$n$ 为指数，根据地形起伏状况而定，取 1.0～1.5。

于是，每日流域有效融雪量可由下式求得

$$MT=K_v\times M \tag{4}$$

### 3.3 气象要素分布

为了考虑流域降水量和气温沿高程变化的影响，模型将流域按高程分为七带，由于各高程带上没有雨量站和气象站，只能借鉴于流域出山口处的协和拉水文站测得的蒸发、降水、气温数据来推求，估算的公式如下：

$$P_P=[1+HI_i(J)]\times P \tag{5}$$

$$T_P=T-TI\times(H_i-H_0) \tag{6}$$

$$E_P=K\times E\times[1-EI(P)] \tag{7}$$

以上式中：$P_P$、$T_P$、$E_P$ 分别为第 $P$ 分带上的降水、气温、蒸发；$HI_i$（$J$）为第 $i$ 分带 $J$ 月的降水改正系数；$T$ 为基本测站日平均气温；$TI$ 为当地气温直减率；$H_i$ 为第 $i$ 分带的平均高程；$H_0$ 为基本站的高程；$K$ 为蒸散发能力折算系数；$E$ 为蒸发皿实测值；$EI$（$P$）为第 $P$ 分带蒸散发能力折减系数。

## 4 模型应用

本研究选用了协和拉水文站 5 年的历史资料，用其中前 3 年（1975～1977 年）的资料来进行参数率定，其余 2 年（1978～1979 年）的资料对模型的结果进行检验。

### 4.1 模型参数的确定

在模型中各高程带的同一参数均有不同的初始值，该模型的参数是借鉴前人在新疆其他河流（乌鲁木齐河、哈什河、开都河、玛纳斯河）的径流模拟[9]中给定的相关参数来初定参数的范围，采用传统的人工调试方法，以出口模拟流量过程与实测流量过程的拟合情况，并根据流量过程的目标函数来筛选参数，最终确定的模型参数值见表 2。

表 2 协和拉水文站融雪模型的新安江模型参数

| 参数名称 | 意义 | 采用值 | 参数名称 | 意义 | 采用值 |
|---|---|---|---|---|---|
| $K$ | 蒸散发能力折算系数 | 0.3 | $CS$ | 地表水消退系数 | 0.65 |
| $C$ | 深层蒸发系数 | 0.09 | $KI$ | 自由水对壤中流的出流数 | 0.15 |
| $IM$ | 直接产流面积比例 | 0.03 | $KG$ | 自由水对地下水的出流系数 | 0.32 |
| $WM$ | 流域平均蓄水容量（mm） | 200 | $EX$ | 自由水蓄水容量曲线的方次 | 1.5 |
| $UM$ | 上层蓄水容量（mm） | 10 | $SM$ | 自由水蓄水最大值（mm） | 35 |
| $LM$ | 下层蓄水容量（mm） | 80 | $SN$ | 融雪改正系数 | 1.6 |
| $B$ | 蓄水容量曲线方次 | 0.45 | $RA$ | 融雪率［mm/(℃·d)］ | 3.8 |
| $CG$ | 地下水消退系数 | 0.9999 | $T_B$ | 基础温度（℃） | 2 |
| $CI$ | 壤中流消退系数 | 0.95 | $T_K$ | 临界温度（℃） | 4 |

### 4.2 模型精度检验指标

用径流过程平均误差 $ABS$ 反映过程拟合程度。

$$ABS=\frac{1}{n}\sum_{i=1}^{n}\frac{|Q_{模}(i)-Q_{测}(i)|}{Q_{测}(i)} \tag{8}$$

用 $\Delta W$ 反映模拟时段内模拟水量与实测水量的水量差。

$$\Delta W=\frac{\sum_{i=1}^{n}[Q_{模}(i)-Q_{测}(i)]}{\sum_{i=1}^{n}Q_{测}(i)} \tag{9}$$

式中：$n$ 为模拟的时段数；$Q_{模}(i)$、$Q_{测}(i)$ 分别为第 $i$ 时段的模拟流量为实测流量。

### 4.3 结果分析

#### 4.3.1 模拟精度及误差原因分析

率定期（1975～1977 年）和检验期（1978～1979 年）的模拟结果汇总于表 3，本研究列出了 5 年（1975～1979 年）的实测流量过程与模拟流量过程的对照图，见图 4～图 8。

**表 3　河流径流模拟结果统计**

| 项目 | 年份 | 夏季平均气温（℃） | 降雨量（mm） | 径流量相对误差（%） | 径流过程平均误差（%） |
|---|---|---|---|---|---|
| 率定期 | 1975 | 23.7 | 61.6 | 13.7 | 27.6 |
| | 1976 | 21.6 | 208.9 | 10.6 | 23.5 |
| | 1977 | 22.2 | 127.5 | −3.4 | 24.2 |
| | 平均 | 22.5 | 132.7 | 6.69 | 25.1 |
| 检验期 | 1978 | 22.5 | 70.3 | −20.6 | 22.2 |
| | 1979 | 21.8 | 101.3 | −11.7 | 26.1 |
| | 平均 | 22.2 | 85.8 | −16.15 | 24.1 |

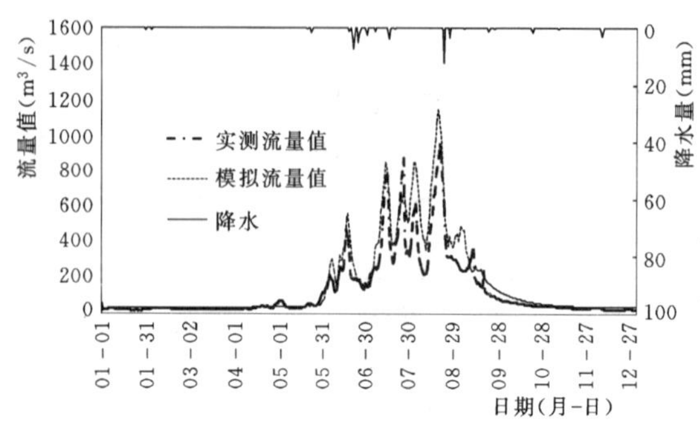


图 4　率定期 1975 年模拟流量过程与实测流量过程

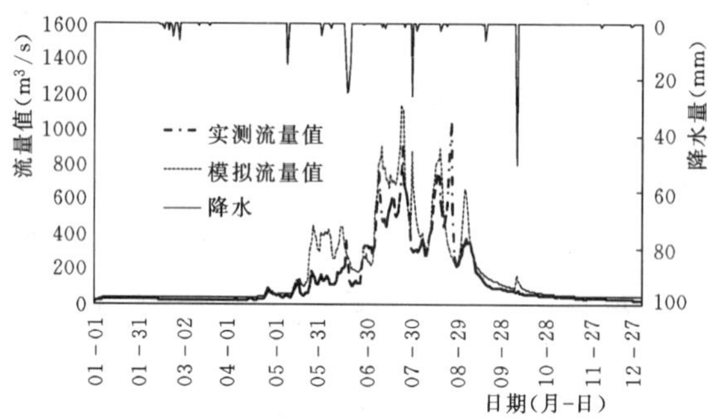


图 5　率定期 1976 年模拟流量过程与实测流量过程

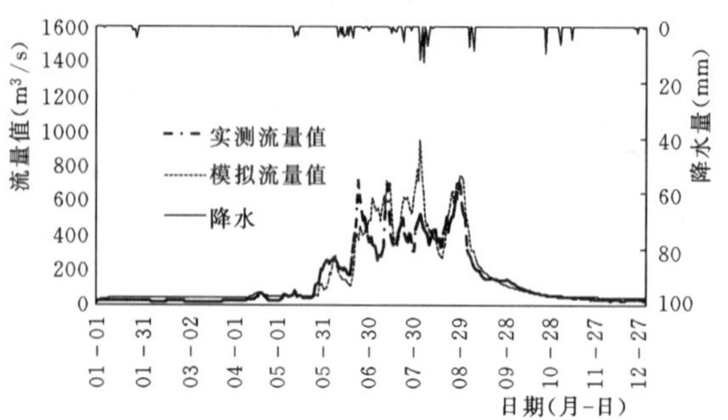


图 6　率定期 1977 年模拟流量过程与实测流量过程

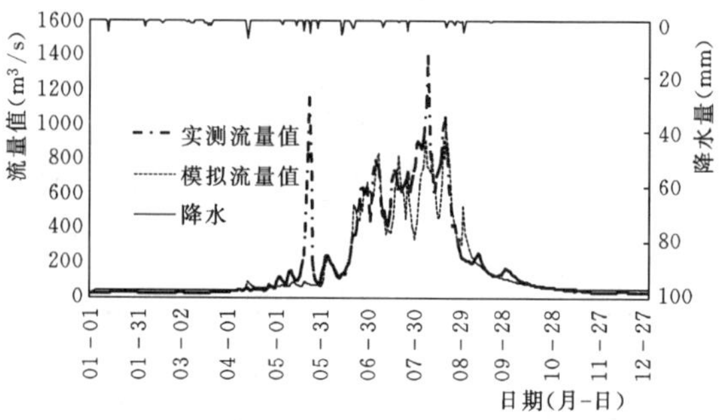


图 7　检验期 1978 年模拟流量过程与实测流量过程

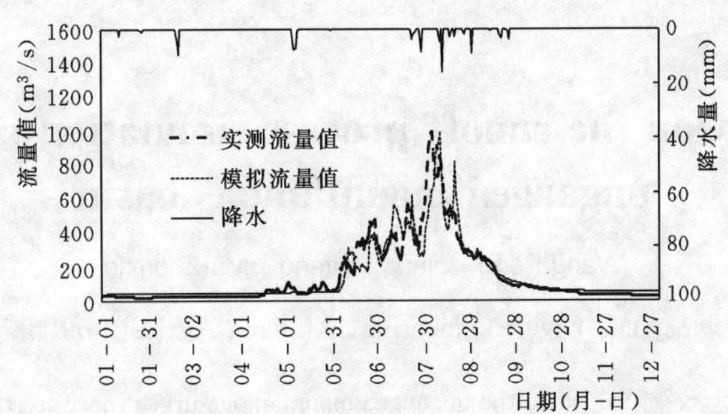


图8 检验期1979年模拟流量过程与实测流量过程

由表3、图4～图8可以得到，模拟计算的年径流流量与协和拉站实测流量基本持平，率定期（1975～1977年）的平均误差是6.69%，检验期（1977～1979年）平均误差是－16.15%；模拟计算的年径流过程线与实测的年径流过程线基本吻合，能反映实际的径流过程趋势，无论是春汛期的融雪峰还是夏汛期暴雨型洪水的洪峰形状多数能对应，率定期（1975～1977年）的径流过程平均误差为25.1%，率定期（1975～1977年）的径流过程平均误差为24.1%，率定期和检验期的平均误差都较大。径流过程误差的主要出现在暴雨造峰未能完全表现（1977年7月），暴雨造峰表现突出（1975年8月，1976年8月，1977年8月），融雪造峰未能充分表现（1978年8月），融雪造峰表现过大（1975年9月，1976年6月）。其中在1978年5月、8月发生的溃坝洪水，模拟的结果未能反映其洪峰流量。

#### 4.3.2 研究方法评估

该流域模拟的年径流量相对误差在15%以内，虽然模拟误差较大但模拟径流过程与实际的径流过程具有较好的同步性，大部分峰谷吻合较好，结果说明研究方法是可行的。

采用水文模型的方法模拟山区径流过程，误差的主要原因来自，对降水形式的判断不够准确（将降雪判断成降雨或者将将雨判断成降雪）、气温分布估算不够准确、降水分布不够准确等等，在下一步的研究中，可以通过采用遥感信息、探空资料、经验分布等方法加以改善。

## 5 小结

采用融雪型新安江模型研究南疆资料缺乏地区的径流过程是可行的，为了减少人为主观的因素的影响，我们应充分挖掘可利用的信息，借助地理信息系统和遥感资料以及一些高山区近期补充水文气象要素的观测，分析流域下垫面变化情况对产汇流及融雪的影响。使这种方法得到进展与完善，为新疆水资源管理与水利工程设计提供技术手段。

## 参考文献


[1] 姜卉芳．融雪径流模拟及其在切德克流域的应用［J］．新疆农业大学学报，1987，10（1）：67-75.

[2] 李慧，雷晓云，包安明．基于SWAT模型的山区日径流模拟在玛纳斯河流域的应用［J］．干旱区研究，2010，27（5）：686-690.

[3] 蓝永超，钟英君，吴素芬．天山南、北坡河流出山径流对气候变化的敏感性分析——以开都河与乌鲁木齐河出山径流为例［J］．山地学报，2009，27（6）：712-718.

[4] 李晓，李致家，董佳瑞．SWAT模型在伊河上游径流模拟中的应用［J］．河海大学学报，2009，37（1）：23-26.

[5] 柴晓玲，郭生练，彭定志．IHACRES模型在无资料地区径流模拟中的应用研究［J］．水文，2006，26（2）：31-34.

[6] 景少波，姜卉芳，穆振侠．含融雪结构的新安江模型在叶尔羌河流域的应用［J］．新疆农业大学学报，2010，33（3）：250-254.

[7] 杨秀松，姜卉芳．融雪型新安江模型在开都河流域的应用于研究［J］．新疆农业大学学报，1987，34（4）：82-90.

[8] 穆振侠．天山西部山区分布式水文模型的研究［D］．乌鲁木齐：新疆农业大学，2007：1-217.

[9] 姜卉芳．新疆重点河流日流量预报模型研究报告［R］，1992，2：1-118.

# Study on the runoff process simulation in the ungauged mountainous basin

Wang Peng Jiang Huifang Mu Zhenxia

(College of Water Conservancy and Civil Engineering, Xinjiang Agricultural University, Urumqi 830052)

**Abstract** The hydrology process analysis in the ungauged mountainous urgent need to solve in the field of the hydraulic engineering design and the water resources management. In the ungauged mountainous, with Kumalike river in the Aksu as the research area, utilizing related achievements in the high alpine areas, according to the hydrometric station measurement data in the mountain pass, hydrologic data of none-data regions can be obtained applied of the characteristics of hydrographic features with elevation changes, and simulating process of the runoff. The simulated results show that the model can reveal the runoff process simulation in the high alpine areas. It will provide a reference for data scarcity research in the high cold alpine areas in the future.

**Key words** ungauged mountainous; Xin'anjiang model; Kumalike River Valley

# 甘肃省的基本水情与节水型社会战略抉择*

李锋瑞　刘七军

（中国科学院寒区旱区环境与工程研究所生态与农业研究室，临泽内陆河流域研究站，
中科院内陆河流域生态水文重点实验室　兰州　730000）

**摘　要**　本文以地处内陆干旱区水资源严重短缺的甘肃省为例，重点解析了甘肃省的基本水情及其面临的水源地环境退化、水污染及水资源利用率低下等一系列突出的生态环境问题，提出建设节水型社会是甘肃从根本上应对水危机、实现水资源社会化高效管理和经济社会可持续发展目标的战略抉择，同时还就如何推进节水型社会建设提出了具体的实施思路和建议。

**关键词**　水资源短缺；水危机；基本水情；节水型社会；战略抉择；甘肃省

甘肃省地处我国西北内陆干旱区，降水稀少，人均水资源量仅为全国平均水平的1/2，是水资源严重短缺的省份之一。同时，甘肃还面临水源地环境退化、水污染及水资源利用效率低下等一系列生态环境问题，这些问题严重制约着甘肃经济社会发展、生态环境建设和城乡人民生活质量的改善。特别是在全球气候变化对水资源的形成和管理的影响越来越大的情况下[1,2]，如何立足甘肃水情，准确认识甘肃水资源发展的基本态势和存在的问题，对未来甘肃水资源可持续利用的发展方略做出正确抉择，这是一个需要进行认真思考和系统研究解决的重大问题。

## 1　节水型社会建设的理论与实践发展沿革

关于建设节水型社会的理论阐述，最早是由中国工程院院士李佩成教授在1982年提出的[3]。他认为，所谓“节水型社会”就是社会成员深刻认识到水的重要性和珍贵性，并在使用水资源过程中努力提高水的利用效率和效益，改变不珍惜水的传统观念，改变浪费水、污染水的不良做法和习惯；将节水意识和节水道德传教于后世，逐步将目前的水资源粗放利用的低效型社会改造成为水资源高效利用的节水型社会。这一概念提出后，引起了国内学者对节水型社会建设问题的广泛关注。近20年来，特别是近10年来，许多学者，如王浩等（2002）、谢继忠等（2004）、钱正英（2005）、张爱胜等（2005）、汪恕诚（2006）、褚俊英等（2007）、周京成（2007）、刘和平（2008）、李贵宝和叶伊兵（2008）、刘七军和李锋瑞（2010）等[4-13]，围绕节水型社会建设的基础理论及其实施途径和方法等问题开展了广泛的探讨和研究，进一步丰富和发展了节水型社会建设的理论体系。

目前，关于节水型社会建设的理论研究已取得的重要成果主要体现在两个方面。在理论方面，一致认为：建设节水型社会不只是在现有的社会管理体系中加入节水的内容，而是水资源开发利用和管理方式的全面大变革，其实质在于构建一种与传统社会完全不同的新型的社会经济组织体系，这一体系有利于真正实现对水资源利用的经济高效性、环境可持续性和社会公平性，有利于为社会、经济和环境的协调发展提供长期可靠的水资源保障。在实践方面，节水型社会强调，建设节水型社会要以科学发展观和系统科学理论为指导，应从制度安排、管理模式、经济增长方式、社会生活方式和文化等诸方面着手，创建一种与自然水资源系统相适应、能够充分体现生态文明进步、反映现代水资源管理理念、低碳经济理念和循环经济理念的新的社会组织形态[13]。

在节水型社会建设理论研究成果的推动下，我国节水型社会建设的实践工作取得了长足发展。一个重要标志是，在21世纪初，国家水利部就开展了节水型社会建设的试点工作，并确定甘肃省的张掖市、四川省的绵阳市、辽宁省的大连市及陕西省的西安市作为我国首批节水型社会建设的试点城市。试点工作已在某些

* 基金项目：中荷科技战略联盟项目（二期）（2008DFA90630）和国家社科青年项目“干旱绿洲区农业土地利用变化对水资源利用农民收入的影响”（10CJY047 ）资助。

第一作者简介：李锋瑞（1957—　），男，陕西佳县人，博士，研究员，主要从事干旱区水资源管理研究。E－mail：lifengrui@lzb. ac. cn

方面取得了显著的成效和值得借鉴的经验。近年来，各省区相继开展了省级节水型社会建设的试点工作，截至目前，全国已有省级节水型社会建设试点近百个[14]。

目前，甘肃省已拥有国家级节水型社会建设试点城市 4 个（分别为张掖市、敦煌市、武威市和庆阳市），省级节水型社会建设试点 43 个，在节水型社会建设试点工作上大胆探索，勇于实践，走在全国前列。

## 2 甘肃省建设节水型社会的现实与战略意义

甘肃省的基本水情主要体现在以下几个方面：

一是水资源总量短缺、供需矛盾突出。甘肃省多年平均自产水资源总量约 289 亿 $m^3$，其中地表水 282 亿 $m^3$，地下水 7 亿 $m^3$，居全国第 29 位。人均水资源占有量 1100 $m^3$，约为全国人均的 1/2，为世界人均水平的 1/8。目前，全省各类工程总供水量为 122 亿 $m^3$，与各部门的需水相比，缺水 14 亿 $m^3$，缺水程度达 11%。从城市缺水情况看，全省 86 个县（市、区）中，大部分程度不同存在缺水问题，特别是许多城市的后备水资源严重不足。例如，兰州市、天水市、定西市、平凉市、庆阳市、金昌市及嘉峪关市的缺水率分别为 12%、9%、22%、14%、16%、12%和 11%。从农业缺水情况看，以甘肃省河西走廊灌溉农业地区为例，河西走廊内陆河流域水资源总量为 61.3 亿 $m^3$，而该地区的农业需水量在 70 亿 $m^3$ 左右。从全省来看，在正常降雨年份，约有 9 万 $hm^2$ 农田得不到保灌，而在干旱缺水年份，情况更为严重。

二是水资源时空分布不均衡。甘肃省多年平均年降水量 277mm，其中河西走廊内陆河流域多年平均年降水量为 130mm。全省 80%以上的面积属于干旱和半干旱区，降水稀少，降水主要集中在 7～9 三个月，且多为暴雨洪水，难以有效利用。从水资源的空间分布特征看，地域间的差异十分明显。例如，河西走廊内陆河流域的土地面积约占全省的 59%，而水资源量仅占全省的 21%；黄河流域的人口数量占全省的 70%以上，而自产水资源量（128 亿 $m^3$）仅为全省的 44%。

三是水资源利用效率和效益低下。从农业用水效率和效益看，甘肃省农田灌溉水平均利用率仅为 45%左右，低于全国 49%的平均水平，显著低于发达国家 70%～80%的水平。水分生产率只有 0.85kg/$m^3$，低于我国的平均水平（单方灌溉水粮食产量约 1kg），仅为以色列单方水粮食产量 2.5～3.0kg 的 28%～35%。从工业用水效率看，目前甘肃省万元工业增加值用水量约 98$m^3$，是发达国家的 4～6 倍。此外，甘肃工业水的重复利用率仅为 37%左右，低于全国 45%的水平，更低于发达国家 75%～85%的水平。

四是水资源的开发利用潜力有限。甘肃省现有水资源扣除生态需水及目前难以控制利用的洪水外，水资源的开发利用潜力已十分有限。近几十年来，为了满足日益增长的生产和生活用水需求，全省各地区都加大了对水资源（特别是地下水资源）的开发利用强度，已经导致水资源的过度开采利用。最新资料显示❶，甘肃河西走廊内陆河流域的地表水资源开发利用率已高达 95%以上，其中石羊河流域水资源的利用率为 172%，黑河流域和疏勒河流域水资源的利用率分别为 110%和 80%。由此可见，甘肃省内陆河流域水资源的开发利用率已远远超过国际公认的 40%的水资源利用率的警戒线[15]，可以说水资源进一步开发利用的潜力已近乎为零[16,17]。

五是水资源污染程度日趋加重。据甘肃省水环境检测中心对全省主要河流 44 个水质监测河段的水质监测报告显示，甘肃省近半数的河段水质低于Ⅴ类标准，已丧失饮用水功能。另外，对包括河西走廊在内的西北内陆河流域（包括石羊河流域、黑河流域、疏勒河流域和伊犁河流域）总长度为 3767km 河段的水质监测结果显示，所监测河段的水质普遍为Ⅴ类或劣Ⅴ类，其中水质低于国家生产和生活用水标准的Ⅳ和Ⅴ类河段长占监测总河段长的 15%，水质严重污染已超过国家《地表水水质标准》Ⅴ类以上的河段长占监测总河段长的 3%。对黄河流域总长为 3772km 河段的水质评价报告显示，水质严重污染超过Ⅴ类以上的河段长约占评价总河段长的 24%。据有关部门 2009 年对全省 176 个地下水水质监测点的水质普查结果表明，50%的监测点的水质等级为较差和极差，这些点主要分布在兰州、武威、酒泉和陇西等地。近 30 年来，由于农药、化肥的普遍使用致使农村生活饮用水质更差。全省农村给水中需要该水的人口近 360 万人，其中氟病区就有 210 万人。目前甘肃省的水污染正从城市向农村蔓延，从支流向干流延伸，从局部向流域发展，从地表向地下渗透，整体污染程度不断加重。

---

❶ 甘肃省政协“建设节水型社会”专题议政会会议材料，第 271～280 页，2011 年 6 月。

由此可见，甘肃省的基本水情及其发展态势，决定了甘肃必须走节水型社会建设的道路，这是甘肃从根本上应对水危机、实现经济社会和环境长期可持续发展的唯一选择。

## 3 建设节水型社会的基本思路

节水型社会建设涉及社会生活的各个方面，是一项十分复杂的系统工程，也是一项长期而艰巨的重大战略任务。要实现建设节水型社会的宏伟战略目标，关键在于以系统科学理论为指导，从制度安排、管理模式、经济发展方式、社会生活方式和文化适应等各个方面着手，动员全社会的力量和聪明才智，全方位推进以下几个方面的制度体系的创新发展[18]。

一是推进节水型社会制度体系的创新建设。节水型社会制度体系创新建设的关键在于，水资源社会化管理制度、水权制度、水价制度以及水污染防治机制的创新发展。具体而言，应重点促进以下三个方面的转变：①促进传统的以行政区域为单元、以政府为主导的水资源管理体制向以流域为单元、以市场为导向、政府宏观调控的流域水资源集成管理体制的转变；②促进传统的水污染末端治理模式向以源头控制与末端治理相结合的综合防污治理模式的转变；③促进由水资源无偿转让向水权补偿机制的转变。

二是推进节水型社会经济体系的创新建设。节水型社会经济体系创新建设的关键是，构建与水资源承载能力和水环境承载能力相适应的经济结构体系，具体包括四个方面的内容：①构建面向高效节水的现代农业产业和经济结构体系。②构建面向高效节水的工业产业和经济结构体系。③构建面向高效节水的国民经济核算体系。④构建节水型社会建设的多元化的资金投入和高效利用保障体系。

三是推进节水型社会文化体系的创新建设。节水型社会文化体系创新建设的目的是，从文化的视角探寻导致水危机形成的人文背景以及人文因素对水资源利用和管理的综合影响。节水型社会文化体系创新建设的核心内容包括：①构建能够反映现代生态水文明的核心价值体系，也就是水文化精神；②构建将水视为生命体、尊重水的健康生存权利、自觉维护水生态系统服务功能的新型水伦理观；③充分发挥文化的教育功能效应，培育社会公民的节水理念，营造一种人水和谐的社会大环境，为节水型社会的健康发展提供文化保障机制[19]。

四是推进节水型社会法律和政策保障体系的创新建设。创建节水型社会法律和政策保障体系应该重点做好以下几方面的工作：①从甘肃的实际出发，研究制定一部专门的地方节水法规；②研究制定一部专门的流域水资源管理法规，不断完善流域水资源的综合管理体制，使流域的水资源得到有效利用，确保流域水资源的整体生态服务功能及流域经济效益和社会效益的成分发挥；③研究制定水资源的生态补偿机制运行的法律与政策保障体系；④建立健全各项节水政策协调机制。

五是推进节水型社会科技支撑体系的创新建设。科技进步是建设节水型社会的重要基础和驱动力。节水型社会科技支撑体系的创新建设应重点关注以下内容：①农业综合节水技术体系及关键技术的创新发展和突破，为构建高效节水的现代农业产业和经济结构体系提供强有力的支撑；②工业综合节水技术体系及关键技术的创新发展和突破，为构建高效节水的工业产业和经济结构体系提供强有力的支撑；③城镇和农村生活用水综合节水技术体系及关键技术的创新发展和突破；④城镇生活污水和工业废水的洁净化处理和循环利用关键技术的创新发展和突破。

六是大力推进农田水利基础设施的创新建设。甘肃是我国电力提灌工程发展起步较早的省份之一。由于许多提灌水利工程始建于20世纪六七十年代，大部分水利设施老化失修、渠系破损严重，造成灌溉用水的严重浪费。因此，应以2011年中央关于水利改革发展的“一号文件”为契机，积极争取中央的财力支持，大力发展惠民水利，重点搞好大中型农田水利工程系统（包括灌区渠系、田间工程配套等）的扩改造工程建设，建立比较完善的农田水利基础设施和管理体系，大幅度提高农田灌溉水的利用率，为甘肃省农业可持续和稳定发展提供强大的技术支撑。

## 参考文献

[1] 夏军，Thomas Tanner，任国玉，等．气候变化对中国水资源影响的适应性评估与管理框架［J］．气候变化研究进展，2008，4（4）：215－219.

[2] Veraartab J A, van Ierlandbc E C, Wernersa S E, Verhagenbd A, de Groote R S, Kuikmanbf P J, Kabatab P. Climate change impacts on water management and adaptation strategies in the Netherlands: stakeholder and scientific expert

judgements [J]. Journal of Environmental Policy & Planning, 12 ( 2): 179 - 200.
[3] 李佩成. 认识规律、科学治水 [J]. 山东水利科技, 1982, (1): 18 - 21.
[4] 王浩, 王建华, 陈明. 我国北方干旱地区节水型社会建设的实践探索——张掖市首个试点城市的经验 [J]. 中国水利, 2002 (10): 140 - 144.
[5] 谢继忠, 安业儒, 杨晓军. 河西地区建立"节水型社会"的对策研究 [J]. 甘肃社会科学, 2004 (5): 195 - 197.
[6] 钱正英. 建设节水型社会是水利工作的一场生命 [J]. 中国水利, 2005 (13): 9 - 9.
[7] 张爱胜, 李锋瑞, 康玲芬. 节水型社会: 理论及其在西北地区的时间与对策 [J]. 中国软科学, 2005 (5): 26 - 32.
[8] 汪恕诚. 建设节水型社会, 保障经济社会可持续发展 [N]. 人民日报, 2006 - 05 - 30 (8).
[9] 褚俊英, 王浩, 秦大勇, 等. 我国节水型社会建设的主要经验、问题与发展方向 [J]. 中国农村水利水电, 2007 (1): 11 - 16.
[10] 周京成. 建设节水型社会, 中国的必然选择 [J]. 科学新闻, 2007 (17): 30 - 31.
[11] 刘和平. 建设节水型社会的思考 [J]. 科技管理研究, 2008 (10): 20 - 21.
[12] 李贵宝, 叶伊兵. 节水与节水型社会建设的法规与政策 [J]. 中国标准化, 2008 (4): 60 - 62.
[13] 刘七军, 李锋瑞. 对我国节水型社会建设的系统思考. 冰川冻土, 2010, 32 (6): 52 - 58.
[14] 水利部水资源司水利部发展研究中心. 全国节水型社会建设试点进展情况调研报告 [J]. 水利发展研究, 2006, 6 (1): 27 - 30.
[15] 王西琴, 张远. 中国七大河流水资源开发利用率阈值 [J]. 自然资源学报, 2008, 23 (3): 500 - 506.
[16] 程国栋, 肖洪良, 徐中民, 等. 中国西北内陆河水问题及其应对策略——以黑河流域为例 [J]. 冰川冻土, 2006, 28 (3): 406 - 413.
[17] 李锋瑞. 西北干旱区流域水资源管理研究 [J]. 冰川冻土, 2008, 30 (1): 12 - 18.
[18] 靖娟, 秦大庸, 张占庞. 节水型社会建设的全方位支撑体系研究 [J]. 人民黄河, 2007, 29 (1): 45 - 52.
[19] 李锋瑞, 刘七军, 李光棣. 干旱区流域水资源集成管理的基础理论与创新思路 [J]. 冰川冻土, 2009, 31 (2): 318 - 327.

# Basic water condition and strategic choice of water - saving society in Gausu province

Li Fengrui Liu Qijun

(Linze Inland River Basin Research Station, Ecological and Agricultural Research Department of the Cold and Arid Regions Environmental and Engineering Research Institute, Chinese Academy of Sciences, Lanzhou 73000)

**Abstract** This paper makes Gansu province as a study case to analyse its basic condition of water resources and to address major issues such as water environmental degradation, water pollutions and inefficiency of water use facing this province. Based on these analyses, the authors suggest that one of the strategic choices to deal with these issues is to develop a new water - saving society that differ completely from the current operating traditional society. Furthermore, the authors also provide some insights into the way how develop the water - saving society in the context of China's actual conditions.

**Key words** water resources shortage; water crisis; basic water condition; water-saving society; strategic choices; Gansu Province

# 生态环境用水：从自然科学走向政策与法律

## ——澳大利亚的经验*

胡德胜

（西安交通大学法学院　西安　710049）

**摘　要**　一定最低数量和适当质量的水对于任何健康、稳定的生态系统都不可或缺。澳大利亚在涉水政策与法律中明确承认生态环境的用水权利，赋予生态环境用水供应以非常优先的地位，通过具有可操作性的措施来确保生态环境用水供应，从而相当圆满地完成了将自然科学成果转化为政策与法律内容的任务。对于我国完善生态环境用水方面的科学立法，澳大利亚的经验颇具借鉴价值。

**关键词**　生态环境用水；自然科学；科学立法；澳大利亚

所有生物都离不开水，任何健康、稳定的生态系统都需要一定最低数量和适当质量的水。通过保障生态环境❶用水供应来满足生态环境用水需求既是自然规律的客观要求，也是逻辑科学的必然结果，具有合理而充足的哲学基础。从历史和比较的角度来看，有关确定水体最低水量、水位或者水质的研究和实践，在时间的发展过程及地区间存在一定的差异性。早期学界相关水研究主要是为了确保航运或者垂钓娱乐需要而研究最低流量或者水位；其后注意考虑河流污染问题；后来则由于科学特别是环境科学和生态科学的发展，可持续发展理念和原则的形成和提出，特别注重研究生态环境用水的需求和供应，涉及到水量、水位或者水质等多个方面，并在国际和国内政策与法律文件中得到了一定程度的体现。

澳大利亚是世界上有人居住的最为干燥的大陆。整体而言，澳大利亚降水量低、蒸发量大，地表水和地下水的补给率较低，水资源总量不足且时空分布不均。在联邦体制下，6个州和2个地区的政府负有对包括水资源在内的自然资源进行管理的主要职责，联邦政府的管辖权则非常小。为了全国比较一致地解决水资源相关问题，澳大利亚联邦同各州（地区）之间通过协商，先后制定了前后衔接的《1994年水事改革框架》和2004年《国家水资源行动计划》这两项全国性水事政策，并由各州（地区）在各自境内制定具体的法律或者政策予以实施。本文基于澳大利亚全国性政策，选择水资源较为丰富的塔斯马尼亚州和十分短缺的南澳大利亚州，研究澳大利亚如何将有关生态环境用水的自然科学研究成果转化为政策与法律的内容，探讨其经验或者教训对我国的借鉴价值。

## 1　澳大利亚全国性政策关于生态环境用水的规定

在《1994年水事改革框架》的7项主要改革内容中，有3项直接涉及到生态环境用水。其中第二项“实施综合性的水资源配置或者水权制度”要求各州正式确定水资源配置和水权，包括满足作为合法用水户的生态环境的水资源配置，并赋予其以优先地位。第三项“水资源配置或者水权的交易方面”要求各州（地区）根据流域的社会、自然和生态条件，制定水资源配置或者水权的交易制度安排。第五项“环境方面”要求各州（地区）考虑通过其他程序或者机构，制定环境保护政策，确保生态环境用水供应。

1996年7月，澳大利亚和新西兰农业与资源管理理事会、澳大利亚和新西兰环境与保育理事会两个部长理事会通过了《关于生态系统用水供应的国家原则》。原则在于提供这样一种全国性的政策指南，即在水资源总体配置决策的层面上，如何处理好生态环境用水问题。它确定了12项原则，要求审视已有的水资源

* 基金项目：教育部人文社会科学研究规划基金项目“基于水资源可再生能力的我国生态系统保护机制研究”(10YJAZH027)；中央高校基本科研业务费专项资金资助。

作者简介：胡德胜（1965—　），男，河南卫辉人，西安交通大学法学院教授、博士生导师。通信地址：710049 陕西省西安市咸宁西路28号西安交通大学法学院。联系电话：15829712151。办公电话/传真：029－82668142。E－mail：deshenghu@126.com

❶ “生态环境”是国人创造的一个中文术语；在地道英语中，它并没有相应的术语。本文在下列意义上使用它，即生态系统、生态学上的环境或者生态系统意义上的环境。

配置程序，确保配置充足的水来满足生态环境的需求。文件使用了“依水生态系统”（water-depended ecosystem）这样一个新术语。依水生态系统是指“其物种组成和自然生态过程是由流水或者静水的长期或者暂时存在而决定的这样一部分环境。河流水域、沿岸植物、泉水、湿地、泛水区都属于依水生态系统”。关于环境用水需求的概念，文件将之定义为“对水环境生态机理所需要的维持水生生态系统的生态价值处于较低风险水平的描述。这些描述要么通过应用科学方法和技艺而提出，要么通过应用基于多年观察而形成的地方性知识而提出”。

该文件宣布了12项原则，每项原则都与生态环境用水直接相关，涉及生态环境用水的不同方面。这12项原则是：

原则1　应当承认河流管理和/或消耗性用水对生态价值具有潜在影响。

原则2　生态用水的供应应当以维护依水生态系统生态价值所必要水结构的现有最优科学信息为基础。

原则3　应当在法律上承认环境用水。

原则4　既有用水户存在的制度中，在承认其他用水户既有权利的同时，生态供水应当尽可能最大地满足维护水生系统生态价值所必要的水结构的需要。

原则5　在因既有用水户而导致环境用水需求不能得到满足的情况下，应当采取行动（包括重新配置）以满足环境的用水需求。

原则6　未来任何用水配置应当仅以自然生态过程和生物多样性得到维护（即生态价值得到维护）为基础。

原则7　环境用水供应管理所有方面的责任应当公开和明确。

原则8　环境供水应当及时反映环境用水需求理解过程中的检测体系及其改进。

原则9　对所有用水户的管理应当以承认生态价值的方法进行。

原则10　应当运用适当的需求管理和水价战略以帮助维护水资源的生态价值。

原则11　增进对环境用水需求理解的战略和应用研究是不可或缺的。

原则12　所有相关的环境、社会和经济利益各方应当参与环境用水供应的水资源配置规划和决策。

2003年8月29日，澳大利亚政府间理事会同意修订《1994年水事改革框架》。次年6月25日，在堪培拉召开的澳大利亚政府间理事会会议上，澳大利亚联邦与新南威尔士、维多利亚、昆士兰、南澳大利亚、澳大利亚首都地区和北部地区政府之间签订了《关于国家水资源行动计划的政府间协议》。协议的目标是，在澳大利亚形成一个以全国统一、市场、监管和规划为基础的城乡水资源利用的地表和地下水资源管理制度，使经济、社会和环境效益最优化。其中，不仅环境用水综合管理同其他事项（取水权和规划框架，水市场和水交易，最佳水价和制度安排，水资源核算，城镇水事改革，社区伙伴关系和调整，知识和能力建设）成为协议的8项实质性关键方面，而且生态环境用水构成其他实质性方面不可或缺的内容。例如，在水资源核算方面，各方同意制定关于环境用水核算的原则和具体制度。

考察澳大利亚全国性水事政策自1992年以来的发展历史，不难发现，关于生态环境用水的自然科学成果，即，生态环境是天然的用水户在政策上得到了承认。

## 2　塔斯马尼亚州政策与法律对生态环境用水自然科学成果的采纳与落实

### 2.1　总则性规定

第一，历经多次修改的塔斯马尼亚州《1999年水管理法》明确承认生态环境享有用水权。这是对自然科学关于生态环境需要使用水的这一科学研究成果的采纳和在法律上的确认。例如，关于立法目的，该法第6条第1款规定，在该淡水资源的管理和利用方面，应当特别考虑的事项之一是“维护水生生态系统和河岸生态系统的生态过程和基因多样性”，从而承认依水生态系统享有合法用水权。

第二，关于生态环境用水在水资源配置（权利）制度结构中的优先顺序地位，从《1999年水管理法》的规定上看，在原则上，生态环境用水享有第一或者第二位的优先地位。例如，在关于主管部长是否授予某人以许可豁免的事宜上，该法规定对于“豁免的效果将会，或者可能会导致重大的环境损害或者严重的环境损害的”情形，主管部长可以不授予豁免（第13条），而且“对于任何不得导致重大的环境损害或者严重的环境损害的条件和规定，部长不得根据本法豁免任何人”（第11条）。它还规定，在从某一水道、湖泊或者井中取水可能导致直接或者间接的重大环境损害或者严重环境损害的情形下，该法的任何规定，都不赋予任何人这样一种取水权利（第 51 条）。但是，在取水限制的某些情形下，该法第 94 条赋予生态环境用水以第二优先的地位，该条第 2 款规定："除非相应的水管理规划另有规定，部长在减少或者限制取水时，必须对依赖于水资源的生态系统的需求，给予第二优先地位"。

第三，塔斯马尼亚州《2001 年生态环境用水政策》基于自然科学关于生态环境用水的研究成果，将"环境用水需求"界定为："对于支撑水生生态系统生态价值并使其处于一种低风险水平所需要的水文机制的一种描述；这种描述通过科学方法和技术的运用而确定，或者通过基于多年观察而获得的当地知识的运用而确定"。并结合社会的现实情况，将"环境供水"界定为："能够得到满足的那部分环境用水需求；也就是说，通过协议或者协商来为环境保育水文机制"。

**2.2 措施性和保障性规定**

第一，基于对环境用水需求和环境供水两个概念的界定，尊重自然科学关于确定生态环境用水的研究成果，《2001 年生态环境用水政策》规定根据不同情形，可以采取平均流量方法、平均水位方法、河道内流量增加方法、产卵流量方法、冲刷流量方法、维持渠道流量方法或者同时运用两个或者两个以上的全面系统方法，来确定环境用水需求和环境供水。具体而言，它作出了如下具体而具有可操作性的规定。

（1）以最长一个月的时间段为基本时间单位，来确定环境供水和环境用水需求的平均流量或者平均水位。

（2）对于用水不紧张的生态系统，"应当将环境供水设定为等于环境用水需求，而且必须包括在下列情形下，启动更详细的调查：①水量配置达到这样一种状况，在该水体中，将只有环境供水；②提出了重要的流量或者水位监管建议的"。

（3）对于用水紧张的生态系统，规定了两类选择：①在可能的情形下，枯水期的环境用水需求应当运用河道内流量增加方法予以确定；在河道内流量增加方法不能运用的情形下，应当采用适当的替代性科学方法。②在枯水期以外期间，应当运用全面系统的方法，确定环境用水需求，而且应当至少包括对产卵流量、冲刷流量、维持渠道流量的评价。

第二，在风险评估方法的运用方面，《2001 年生态环境用水政策》要求：①根据风险预防原则，只要有可能，就应当将环境用水需求确定为环境供水。②只有在下列情形下，才能确定中度风险的环境供水：一是现行的非临时水量配置超量，不能将环境用水需求确定为环境供水；二是根据部长经全面考虑环境、社会和经济事宜之后作出的指示。③除非部长经过对环境、社会和经济事宜的全面审查并以书面形式批准，不得确定高度风险的环境供水。原则上，这种决定应该作为水管理规划协商的一部分。

第三，在水管理规划制度方面，如果涉及不同水资源之间的联系，《1999 年水管理法》第 17 条第 1 款规定，在从某一水资源的取水或者取水或用水，对或者可能对另外一水资源的可供用水的水量和水质产生不利影响的情况下，关于该某一水资源的水管理规划在考虑使用该某一水资源的人和生态系统的需求的同时，必须考虑使用该另外水资源的人和生态系统的需求。为了保证不同流域或者集水区域水管理规划的一致性，第一产业、水事和环境部于 2007 年 2 月制定了《水管理规划一般原则》（2005 年），提出了水管理规划应当遵循的 18 项原则，其中，原则 4 和原则 13 要求平衡考虑所有用水户和环境（特别是包括生态系统、生态过程）的用水需求。

第四，在供水不足或者用水过度的情形下，塔斯马尼亚州注重确保生态环境用水。例如，《1999 年水管理法》第 88 条和第 89 条规定，主管部长可以基于赋予一项水资源管理规划以效力的必要性，减少一项许可证的水量配置；而且，减少是为了确保实现最能够实现该法环境目标的水文机制所必要，则无需赔偿。再如，第 91 条规定，"如果从某一水源的取水率或者取水方式，正在导致或者有可能导致对依赖于该水源的生态系统的损害"的情形下，主管部长"在决定对可供用水的需求时，必须考虑依赖于该水源的那部分生态系统对水的需求"。

第五，在授予特别许可证的条件方面，《1999 年水管理法》要求，"为了满足依赖于任何一处相关水源的生态系统的水需求，特别考虑所需要的水量以及这些生态系统需要这些水的时间或者期间"，咨询委员会必须决定设定的相应条件（第 115 条）。

第六，在公众权利和义务方面，《1999 年水管理法》第 282 条第 2 款规定，在取水过程中，对于水道或者湖泊未予其上的土地或者邻接水道或者湖泊的土地，其所有人或者占有人，以及任何被许可在该土地上或者从该土地上取水的任何其他人，都有义务采取合理措施，预防对该水道河床和河岸，或者对该湖泊湖底、湖岸或者湖滨，以及对依赖于该河道或者湖泊的生态系统的损害。

第七，在水交易的限制条件方面，塔斯马尼亚州政府对交易的限制主要同确保生态系统的可持续性以及对其他人财产权的保护相关。在关于对水转让或者转移设定条件的原则中，《塔斯马尼亚水交易指导原则》(2003 年）规定，设定的条件应当限于管理：①环境影响（包括对依水生态系统的影响)；②水文的、水质的、水文地质的以及地貌的影响；③输送限制；④对其他用水户的影响。根据《1999 年水管理法》第 101 条的规定，主管部长在批准转让或者转移时，可以基于确保生态环境用水的目的或者需要，设定有关条件。

## 3　南澳大利亚州政策与法律对生态环境用水自然科学成果的采纳与落实

### 3.1　总则性规定

第一，南澳大利亚州《2004 年自然资源管理法》不仅规定用水是依水生态系统所享有的一种合法的水权，而且规定生态环境用水是水资源管理的重要组成部分（第 7 条)。换言之，南澳大利亚州在法律上承认生态环境用水权，依水生态系统在一定意义上讲是水资源权利的主体，生态环境用水权是一种法定权利。

第二，关于生态环境用水在水资源配置（权利）制度结构中的优先顺序，南澳大利亚州《州自然资源管理规划（2006 年)》区分不同情况，作出了如下规定：①通过水资源配置规划从法律上规定和保护环境用水供应。通常情况下，环境用水供应将通过水资源配置规则中所规定的实施或取水方面的限制条件来界定，而且对许可及许可证设置条件产生效力。对于某些水资源（例如墨累河）来说，可以将生态用水供应确定为水资源配置。②水资源配置和管理决策必须通过首先确保环境利益预期成果得到维持的方式，采取一种风险预防的思路。这就意味着，为了新的消耗性利用而安排的水资源配置，以及任何其他新的水资源开发利用，都必须确保生态价值得到保护。③如果已经存在消耗性利用的用水户，环境用水供应必须尽可能地接近于环境用水需求。④在环境用水供应不能满足环境用水需求的地方，应当建立能够使环境用水需求在可行的最短时间内得到满足的安排措施。在对水资源配置或者管理安排措施进行改变的时候，这些安排措施必须考虑社会需求和经济需求。综合分析上述规定，完全可以认为，在南澳大利亚州，生态环境用水在水资源配置（权利）制度结构中总体上处于第一优先顺序地位。

### 3.2　措施性和保障性规定

第一，关于生态环境用水的确定，南澳大利亚州主要是通过《州自然资源管理规划（2006 年)》作出了明确的、具有可操作性的规定。

(1) 地表水方面，区分两种情形：①在规划的管理区域以外，除非另有其他信息，应当以中等年度调整过的集水区域总水量的 25%作为该集水区域地表水和水道水利用的一种可持续性限制指标。❶也就是说，剩余的 75%是用于生态环境用水供应的。②从某一水道中的取水或者引水不得导致最低流量的水低于危机生态水平；在没有其他信息的情况下，这一危机生态水平应当是断流水平。换言之，必须确保水道不断流。

(2) 地下水方面，南澳大利亚州实施不超过可持续性产水量的取水机制，以确定地下水的生态环境用水供应。根据规定，在计算可持续性产水量的时候，必须采取风险预防的思路。在科学知识有限、既有用水量大以及补水可靠性差的情形下，应当将可持续性产水量确定得低一些。

第二，南澳大利亚州《2004 年自然资源管理法》规定，地方自然资源管理理事会制定的水资源配置方案必须包括对依水生态系统所需用水的数量和质量方面的评价，以及对依水生态系统需水的时间点或者时间段进行评价，并且确保实现环境、社会和经济各方面用水需求的合理平衡（第 76 条)。

第三，南澳大利亚州注重权利和义务的一致性。《2004 年自然资源管理法》规定，负责实施该法的个人或者机构、或者社会公众，享有权利并负有义务来保障生态环境用水。

(1) 当某处的水资源，无论其是否属于规划区，如果供应不足或者过分使用时，部长根据正当程序可以禁止或者限制取水，或者要求改造水工程以保证水体的流动；在这种情形下，他必须考虑与该处水资源相关的依水生态系统的用水需求（第 132 条)。

(2) 为了预防对某一依水生态系统的损害和/或者进一步损害，部长可以削减已经许可的配置水量（第 156 条)。

---

❶ “调整过的”这一术语是指不考虑水坝储水量影响的年度集水区域的排水量。

(3) 当根据该法第七章“管理和保护水资源”的规定作出决定时，决策者（包括部长或者其他个人、机构在内）必须考虑依赖于相关水源的生态系统的用水需求（第170条）。

第四，在取水权转让方面，法律要求必须考虑对生态环境用水的影响。南澳大利亚州《州自然资源管理规划（2006年）规定：

(1) 在墨累河流域以外的任何集水区域内，取水权可以向下游转让，但是不得向上游转让。

(2) 由于跨集水区域的取水权转让具有潜在的消极的社会和环境影响，因此不予支持。

(3) 区域自然资源管理规划应当包括必要的控制措施，确保在输入和输出区域环境所允许的限度之内利用引入的水，从而实现同输出和输入两个地点都具有联系的自然资源的可持续性利用和管理。

(4) 由于不同地下水盆地之间的取水权转让具有潜在的消极的社会和环境影响，因此不予支持；例外是，如果不同地下水盆地之间的调水处于输入和输出区域环境所允许的生态限度之内，则予以支持。

## 4 澳大利亚将生态环境用水的自然科学成果转化为政策与法律的经验

适应科学技术不断而迅猛发展的形势，考虑由之而产生的对人类社会伦理和经济发展的影响，我国“十一五”规划提出要“推进科学立法”、“完善可持续发展法律法规”，特别是“生态环境”一词出现达14次之多。“十二五”规划要求“加大生态保护和建设力度，从源头上扭转生态环境恶化趋势”。在生态环境用水领域，澳大利亚有关生态环境用水的全国性政策，以及塔斯马尼亚州和南澳大利亚州政策与法律对生态环境用水自然科学成果的采纳与落实，在下列五个方面的做法对我国具有极大的借鉴意义。

第一，首先在政策上明确承认生态环境用水，进而通过立法确立生态环境用水权。这是政策与法律对生态环境需要获得用水的这一自然科学成果的直接采纳与落实。

第二，在法律上确定生态环境用水在水资源权利配置中具有非常优先的地位。在塔斯马尼亚州，区分情况分为第一或者第二优先地位，而在南澳大利亚州则为不分情况都确定为第一优先地位。如果政策与法律不赋予生态环境用水在水资源权利配置中以非常优先的地位，生态环境用水供应将无法得到保证，所谓承认生态环境用水也就成为空谈，只不过是政策或者法律上的作秀。

第三，法律直接将自然科学研究成果中有关确定生态环境用水的方法，例如，不断流标准、河道内流量增加方法、全面系统方法、产卵流量方法、冲刷流量方法、维持渠道流量方法、可持续性产水量方法，区别情况，单独地或者结合地转化为政策与法律规定的内容。

第四，在水资源配置方案制定、取水权授予以及取水权转让程序中，要求必须考虑生态环境用水需求和生态环境用水供应以及对生态环境的影响，这体现了对水文循环规律和生态系统演变规律的尊重。

第五，在法律权利和义务方面，规定了个人或者机构、或者社会公众享有权利并负有义务，将保障生态环境用水确定为一项每个人的事业。这一做法对于促进、鼓励、推动和保障生态环境用水领域内的公众参与，具有积极的作用。

## 参考文献

[1] Intergovernmental Agreement on a National Water Initiative 2004.

[2] Department of Primary Industries, Water and Environment, Generic Principles for Water Management Planning 2005.

[3] Natural Resources Management Act 2004.

[4] Department of Primary Industries, Water and Environment, Guiding Principles for Water Trading in Tasmania, 2003.

[5] Department of Primary Industries, Water and Environment, Water Management Policy (2001/1): Water for Ecosystems.

[6] Department of Primary Industries, Water and Environment, Water Allocation Guidelines 2004.

[7] Water Management Act 1999.

[8] ARMCANZ and ANZECC, National Principles for the Provision of Water for Ecosystems, 1996.

[9] Government of South Australia, State Natural Resources Management Plan 2006.

[10] Desheng Hu, Water Rights: An International and Comparative Study, IWA Publishing, 2006.

[11] 胡德胜，等．澳大利亚水资源法律与政策［M］．郑州：郑州大学出版社，2008.

[12] 胡德胜．23法域生态环境用水法律与政策选译［M］．郑州：郑州大学出版社，2010.

# The Eco-environmental Water: from Natural Science to Policy and Law

## —The Experience from Australia

Hu Desheng

(School of Law, Xi′an Jiaotong University, Xi′an 710049)

**Abstract** For any healthy and stable ecosystem, the certain minimum quantity of water with proper quality is essential. In Australian policy and law concerning water, the right of the eco-environment for water requirement is recognized explicitly, eco-environmental water provision is entitled with a very high priority in water allocation system, practical measures are adopted to ensure eco-environmental water provision, and, therefore, the achievements of natural science in the field of eco-environmental water requirement and provision are quite successfully transformed into the content of policy and law. The Australian experience is of great reference value for China to improve her law concerning eco-environmental water in a scientific way.

**Key words** eco-environmental water; natural sciences; scientific legislation; Australia

# 塔里木河流域枯水径流演变特征、成因与影响研究*

孙 鹏[1,2] 张 强[1,2]

(1. 中山大学水资源与环境系 广州 510275;
2. 中山大学华南地区水循环与水安全广东省普通高校重点实验室 广州 510275)

**摘 要** 枯水流量的变化特征对于水资源合理配置以及生态环境维持所需流量具有重要意义，本文运用 Mann—Kendall（简称 M—K）趋势检验及 Sen′s 斜率计算等方法，深入探讨了塔河流域枯水流量变化特征，并对可能原因做了深入探讨，研究结果表明：①塔河流域河源径流量主要集中在 6～8 月，2000 年以来的径流量是各年代的最大值；塔河干流径流量变化大于源流，流量主要集中在 7～9 月，在 20 世纪 80 年代达到最大；②卡群枯水流量在 1999 年前呈增加趋势，2000 年以后呈减小趋势，枯水流量在 1971 年发生变异；其余各站枯水流量从 1962 年到 20 世纪 70 年代中期或 80 年代呈减小趋势，以后转为增加趋势，四站的枯水变异点出现在 1987 年以后。变异后的枯水流量明显大于变异前的，黄水沟变异钱枯水减少是气温增加引起的；③枯水出现的时间与干旱发生的年份较吻合，能很好反映流域的干旱情况。虽然枯水流量从 20 世纪 80 年代开始呈增加的趋势，但是各水文站点的最小枯水流量出现的时间却在逐渐趋向于 3～6 月，特别是阿拉尔站、卡群站集中度更高。灌区的扩大、水库以及引水拦河枢纽的建设是造成枯水流量推迟的原因之一，而人口的增加和耕地面积的扩大将进一步加剧 3～6 月水资源的供需矛盾。

**关键词** 枯水流量；趋势分析；塔里木河流域

## 1 引言

塔里木河流域（以下简称塔河）地处欧亚大陆腹地，远离水汽源地，加之高山阻挡，降水非常稀少，是典型的干旱半干旱地区，流域内农业是典型的灌溉农业区，农业的生产主要依靠引水灌溉，不依靠降雨。因此，“荒漠绿洲、灌溉农业”是该区域的显著特点[1]。永久而严酷的干旱环境始终是塔河流域农业生存发展的一个长期而又最基本的制约因素，干旱是塔河农业最普遍、最主要的一种自然灾害。据统计 1978～2007 年新疆旱灾平均受灾面积和旱灾平均成灾面积是 416.4 万亩和 199.2 万亩，而 2000～2007 年的旱灾平均受灾面积和旱灾平均成灾面积是 540.9 万亩和 399.0 万亩，旱灾发生的范围和成灾面积呈逐年增加的趋势[2,3]。

新疆是我国长绒棉的唯一产区，是我国最大的植棉基地和北方最大的甜菜基地，是我国具有强烈地域特色的重要特种果品的生产基地[4]，也是国家重要的能源基地。2000 年新疆有效灌溉面积占耕地面积的比重占到 69.7%，是我国灌溉面积比重最大省份。新疆万亩以上的灌区面积 503.8 万 $hm^2$，居全国第一，远大于排名第二的山东省灌区面积 326.1 万 $hm^2$[5]。新疆灌溉农业最大限度的利用河川径流和地下淡水资源，枯水流量的变化直接影响新疆农业的发展和塔河干流为一个重要的研究课题。

国内外很多的学者从气候变化和人类活动等方下游生态环境保护，因此探讨塔河流域的枯水流量的变化成面探讨了对塔河流域水资源的时空分布、趋势变化的影响[6-9]。张强等从降雨和气温角度研究气候变化对塔河流域径流趋势变化[10,11]；陈亚宁等分析了塔河流域水文水资源构成，变化特点，探讨了流域内的生态水文问题[12]。这些成果对于塔河流域的水资源管理以及生态保护提供一定的科学依据，但是通过阅读和分析大量的文献，发现前人的工作主要分析塔河干支流的径流量的趋势变化或者径流变化对气候变化和人类活动的响应，而对于枯水流量的研究并不多，更没有具体、全面、系统的研究塔河流域枯水流量的演变特征、成因。而枯水径流的研究对于理解流域水资源配置、合理安排区域农业生产等具有重要意义。基于此，本文

* 基金项目：国家自然科学基金项目（项目号：41071020；50839005）；广东省科技厅对外合作项目（项目号：2010B050800001）；塔河流域干旱灾害成因及风险评估研究（项目号：2011－37000－7300444）共同资助成果。

第一作者简介：孙鹏（1986— ），男，山东青岛人，硕士生，现从事旱涝灾害机理以及水文气象学的研究。E-mail：sun68peng@163.com

通过对该区域长序列枯水流量数据，在系统搜集水库资料和灌区等数据的基础上，揭示流域气候变化和人类活动对枯水流量的影响机制，并分析枯水流量对流域的社会经济的影响。该项研究对于科学理解在当前气候变化与人类活动双重影响下，塔河流域的抗旱、水资源规划和生态环境演变有重要科学与现实意义。

## 2 数据

本文所分析数据为塔里木河流域的主要5个水文站（表1）的1962～2008年得最小连续7日平均流量，枯水流量计算中国际上广泛应用的枯水流量指标是最小连续7日平均流量[13,14]。数据均来自塔河流域管理局，部分缺失数据通过与相邻水文站水文序列建立回归关系进行插补（$R^2>0.8$）。图1中标注的大中型水库和灌区的位置等资料来源于《新疆通志——水利志》。

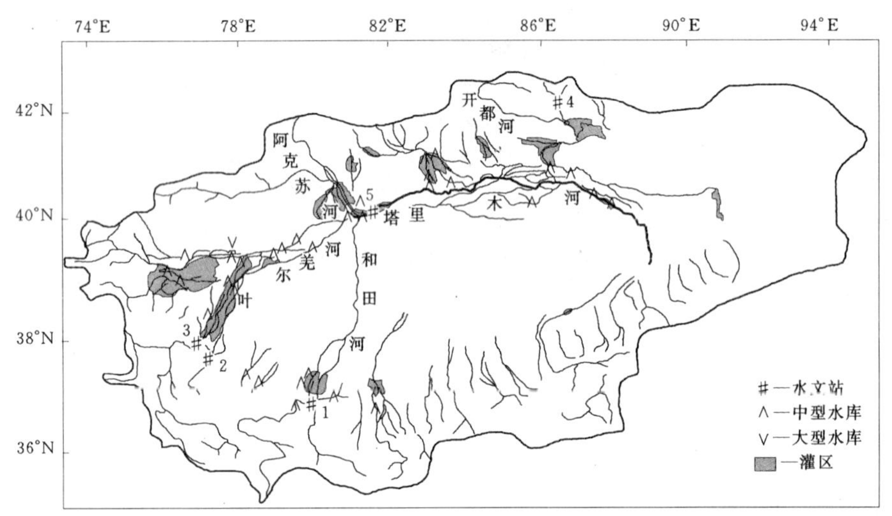


图1 塔里木河流域水文站点、主要水库以及灌区地理位置示意图

1—同古孜洛克；2—玉孜门勤克；3—卡群；4—黄水沟；5—阿拉尔

## 3 研究方法

### 3.1 M－K趋势检验

本文主要采用非参数Mann－Kendall（以下简称M－K法）趋势突变检验法、线性趋势以及双累积曲线等分析方法。M－K法是用来评估水文气候要素时间序列趋势的检验方法，以适用范围广、人为性少、定量化程度高而著称，其检验统计量公式是[15-17]：

$$S=\sum_{i=2}^{n}\sum_{j=1}^{i-1}\operatorname{sign}(X_i-X_j) \tag{1}$$

式中：sign（）为符号函数，当$X_i-X_j$小于、等于或者大于零时，$\operatorname{sign}(X_i-X_j)$分别为－1、0和1。M－K统计量公式$S$大于、等于、小于零时分别：

$$Z=\begin{cases}(S-1)/\sqrt{n(n-1)(2n+5)/18} & S>0\\ 0 & S=0\\ (S+1)/\sqrt{n(n-1)(2n+5)/18} & S<0\end{cases} \tag{2}$$

$Z$为正值表示增加趋势，负值表示减少趋势。Z的绝对值在大于等于1.28、1.96、2.32时分别通过了信度90%、95%、99%显著检验。

当用M－K法来检测径流的变化时，其统计量为：设有一时间序列如下：$x_1$，$x_2$，$x_3$，…，$x_n$，构造一秩序列$m_i$，$m_i$表示$x_i>x_j$（$1\leqslant j\leqslant i$）的样本累积数。定义$d_k$：

$$d_k=\sum_{i}^{k}m_i \quad (2\leqslant k\leqslant N) \tag{3}$$

$d_k$均值以及方差定义如下：

$$E[d_k]=\frac{k(k-1)}{4} \tag{4}$$

$$\mathrm{Var}[d_k]=\frac{k(k-1)(2k+5)}{72} \quad (2\leqslant k\leqslant N) \tag{5}$$

在时间序列随机独立假定下，定义统计量：

$$UF_k=\frac{d_k-E[d_k]}{\sqrt{var[d_k]}} \quad (k=1,2,3,\cdots,n) \tag{6}$$

这里$UF_k$为标准正态分布，给定显著性水平$a_0$，查正态分布表得到临界值$t_0$，当$UF_k>t_0$，表明序列存在一个显著的增长或减少趋势，所有$UF_k$将组成一条曲线$C_1$，通过信度检验可知其是否具有趋势。将时间序列 x 按逆序排列，把此方法引用到逆序排列中，再重复上述的计算过程，并使计算值乘以$-1$，得出$UB_K$，$UB_K$在图中表示$C_2$，当曲线$C_1$超过信度线，即表示存在明显的变化趋势，若$C_1$和$C_2$的交点位于置信度线之间，则此点可能是突变点的开始。

国内外许多文献研究了时间序列的自相关性对 M−K 检验结果的影响[18,19]。Storch and Navarra[20] 建议在进行 M−K 检验之前对时间序列进行“预白化”（prewhiten）处理。“预白化”方法如下：设有时间序列：$y_1$，$y_2$，…，$y_n$，$n$为样本量，首先计算滞后 1 的序列自相关系数$c$，如果：①$c<0.1$，此时间序列可以直接应用于 M−K 分析；②$c>0.1$，则序列须经“预白化”处理得到新的时间序列，即：$y_2-cy_1$，$y_3-cy_2$，…，$y_n-cy_{n-1}$，然后将 M−K 用于处理以后的时间序列趋势分析。对 5 个水文站的枯水流量序列进行自相关检验，结果发现所有站点的自相关性都超过显著性检验，因此序列在进行 M−K 分析之前均需要预白化处理。

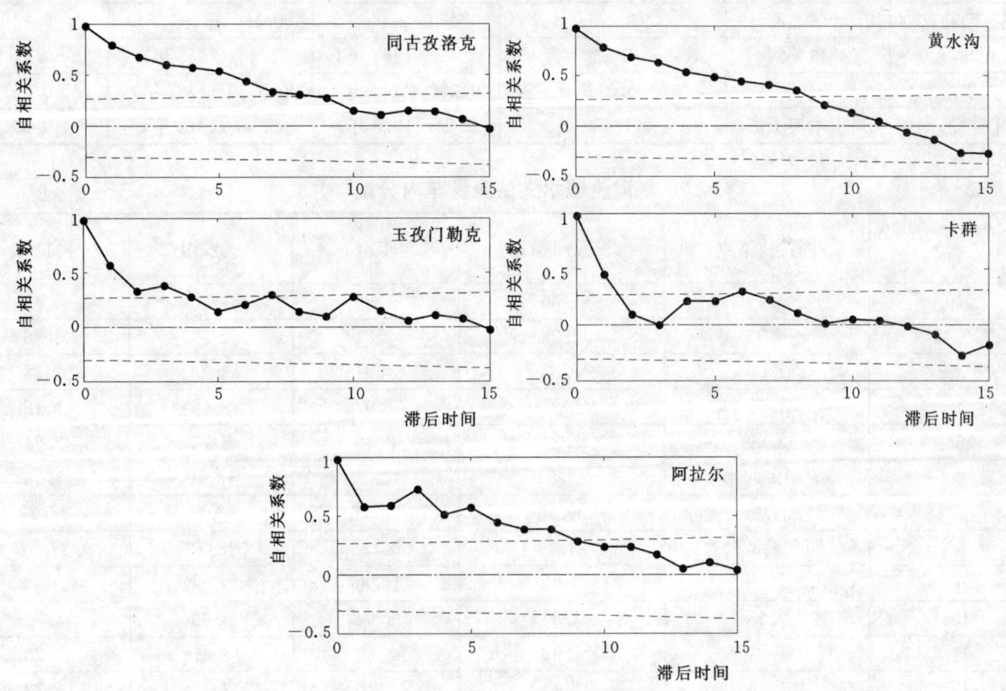


图 2　水文站最小连续 7 日平均流量自相关分析结果

### 3.2　Sen′s 斜率

Sen′s 斜率能确定序列趋势变化的程度，Sen′s 斜率是一种非参数的计算趋势斜率方法，该方法计算出的线性趋势的斜率不受序列奇异值的影响，能很好的反应序列的变化程度。Sen′s 斜率$K$的计算方法如下：

$$K=\mathrm{median}(Q_i) \tag{7}$$

$$Q_i=\frac{x_j-x_k}{j-k}(i=1,\cdots,N) \tag{8}$$

式中：$N$为序列的长度；$x_j$和$x_k$为分别是时间$j$和$k$时间对应的序列的值，其中$j>k$。

# 4 结果分析

## 4.1 流量基本统计特性

由表1知阿拉尔站的径流量年最大值出现在20世纪70年代，而其余四站点的径流量年最大值均出现在90年代以后；相反的枯水流量年最小值出现在90年代以前。变差系数能很好的反应河流的多年变化，卡群站多年流量变化最小，塔河干流多年流量变化最大。这主要是因为和田河、叶尔羌河、开孔河发源于冰山融水，水来源比较稳定。而塔河干流是不产流的，主要靠四条支流的补给，因此多年流量变化很大。表2中各站流量的年内分布，塔河流域支流的径流量主要集中在6～8月，三个月的径流量占到全年径流总量的70%左右，塔河干流滞后一个月，径流量主要集中在7～9月；相对其他站点，黄水沟站在9月至次年5月所占的比重低于其他区域，这主要是黄水沟水文站上游是山区，人类活动的影响较小，途径地区水量消耗小。而作为春播最为关键的4～5月径流仅占不到10%左右，其中阿拉尔流量只占到3.22%，严重制约当地农业生产。表3中可以看出各年代的径流量变化不大，塔河源流在21世纪以来的径流量是各年代的最大值，塔河干流在20世纪80年代达到最大，然后逐渐减小。

表1 水文站径流量基本水文统计特征

| 站名 | 河流 | 多年平均年径流量（亿 $m^3$） | 年最大径流量（亿 $m^3$） | 年最小径流量（亿 $m^3$） | 变差系数 |
|---|---|---|---|---|---|
| 同古孜洛克 | 和田河 | 0.71 | 1.02（1994年） | 0.395（1965年） | 0.28 |
| 玉孜门勒克 | 叶尔羌河 | 0.275 | 0.439（2005年） | 0.189（1965年） | 0.34 |
| 卡群 | 叶尔羌河 | 2.13 | 3.08（1994年） | 1.44（1965年） | 0.11 |
| 黄水沟 | 开孔河 | 0.092 | 0.206（2000年） | 0.0539（1985年） | 0.25 |
| 阿拉尔 | 塔里木河干流 | 1.43 | 2.24（1978年） | 0.28（1972年） | 0.69 |

表2 塔河流域水文站流量年内分配 %

| 月份 \ 站名 | 同古孜洛克 | 玉孜门勒克 | 卡群 | 黄水沟 | 阿拉尔 |
|---|---|---|---|---|---|
| 1 | 1.02 | 1.36 | 1.98 | 3.30 | 3.40 |
| 2 | 0.93 | 1.28 | 1.81 | 2.93 | 2.86 |
| 3 | 1.06 | 1.33 | 1.91 | 3.23 | 2.38 |
| 4 | 1.51 | 1.97 | 1.97 | 3.36 | 1.18 |
| 5 | 3.69 | 6.24 | 3.30 | 6.72 | 2.04 |
| 6 | 12.44 | 18.93 | 10.36 | 15.10 | 5.18 |
| 7 | 33.96 | 29.55 | 27.75 | 23.45 | 23.73 |
| 8 | 32.82 | 24.77 | 30.89 | 18.78 | 37.02 |
| 9 | 7.98 | 8.90 | 10.86 | 9.29 | 11.08 |
| 10 | 2.16 | 2.62 | 3.94 | 5.69 | 4.72 |
| 11 | 1.29 | 1.62 | 2.82 | 4.41 | 2.20 |
| 12 | 1.14 | 1.44 | 2.40 | 3.72 | 4.22 |

表3 塔河流域水文站的径流量年代统计量 单位：亿 $m^3$

| 年份 \ 站名 | 同古孜洛克 | 玉孜门勒克 | 卡群 | 黄水沟 | 阿拉尔 |
|---|---|---|---|---|---|
| 1962～1969 | 0.664 | 0.246 | 2.041 | 0.0821 | 1.624 |
| 1970～1979 | 0.749 | 0.249 | 2.141 | 0.0794 | 1.281 |
| 1980～1989 | 0.663 | 0.285 | 2.077 | 0.0771 | 1.444 |
| 1990～1999 | 0.687 | 0.266 | 2.219 | 0.112 | 1.373 |
| 2000～2008 | 0.769 | 0.333 | 2.229 | 0.121 | 1.381 |

### 4.2 枯水流量的趋势变化

#### 4.2.1 同古孜洛克

图3中可知五个站点的枯水的自相关系数超过置信度检验，自相关性显著。因此在进行M−K分析之前须进行预白化处理。图3（a）在1965～1975年枯水流量呈下降趋势，Sen's斜率是−14721.6m$^3$/a，说明枯水流量年均减少14721.6m$^3$；1976～2008年枯水流量呈增加趋势，枯水的增加和减小均为超过95%置信度检验，增加和减小不显著。年均增加枯水流量11393.0m$^3$，枯水流量在1996发生变异。从图3（b）中可以到变异后的枯水流量增加大于变异前。从年枯水流量出现时间可以看到，枯水流量出现时间主要集中在1～88天和327～365天，即12月至次年的3月，主要是因为气温低，冰川积雪不能融化，主要靠冰川积雪融水补给的塔河流域来水达到最低。图3（b）中看出枯水流量呈增加趋势，但是枯水最低值出现的时间也在推后，特别是2000年以来枯水最低值出现的时间在80天左右浮动。

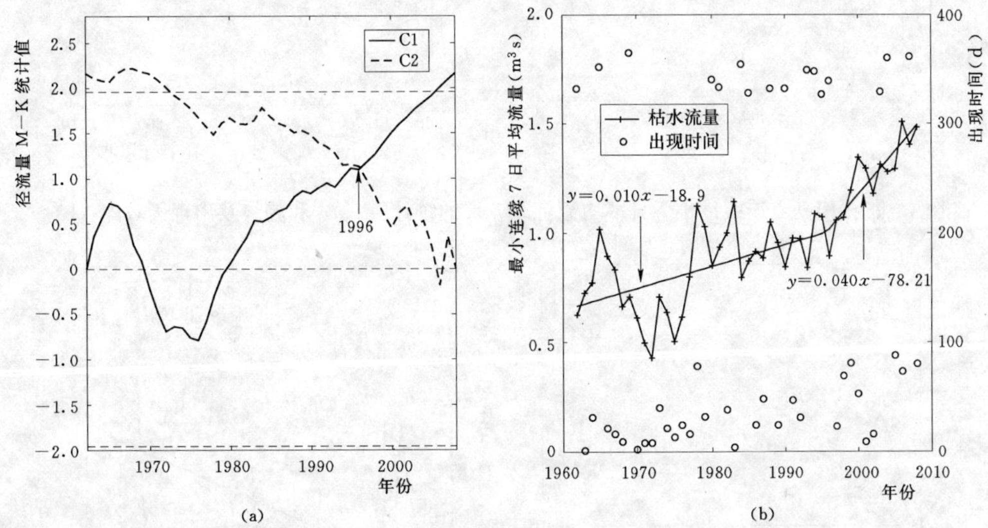


图3 同古孜洛克连续最小7日平均流量M−K的统计值（a）和趋势及出现天数图（b）

#### 4.2.2 玉孜门勒克

枯水流量在1962～1980年呈下降趋势（下降趋势不显著），年均减小枯水流量达到1135.5m$^3$；枯水流量在1981～2008年呈增加趋势（2005年以后超过95%的置信度检验，增加显著），年均增加枯水流量达5019.2m$^3$，枯水流量在1995年发生变异［图4（a）］。从图4（b）中知：变异后的枯水流量增加的趋势明显的大于变异后的，枯水流量出现时间主要分布在1～112天、325～364天，即12月至次年的5月的中旬，即12月至次年的4月的中下旬。特别是20世纪90年代以来，枯水流量出现的时间逐渐集中到100天左右，这说明枯水流量最小值分布在3～4月的年份比重增大。

#### 4.2.3 卡群站

卡群站的枯水流量变化比较复杂，也与前三站的变化相异。图5（a）知：1962～1999年径流量呈增加趋势，其中1991～1999径流增加显著（超过95%的置信度检验）。该时段年均增加流量是25426.3m$^3$；2000～2008年枯水流量呈减小趋势，枯水年均减少103063m$^3$，枯水流量在1971年发生突变。与变异前相比，变异后的枯水流量增加更明显，枯水流量出现天数的变化与前三站不同，绝大部分年份最低枯水流量出现时间分布在1～128天，特别是从20世纪80年代中期以后，枯水发生时间有滞后的趋势［图5（b）］。

#### 4.2.4 黄水沟

图6（a）知：黄水沟在1966～1988年枯水流量呈减小趋势，年均减少枯水流量达2581.3m$^3$；1962～1966、1988～2008年呈增加趋势，其中1988～2008年枯水流量年均增加5019.2 m$^3$，枯水流量在1995年左右发生变异。从图6（b）中可以看到枯水趋势变化在20世纪90年代增加明显，枯水流量出现时间主要分布在1～144天、331～365天，即12月至次年的5月的中旬，图中可以看到枯水出现时间主要在100天左右

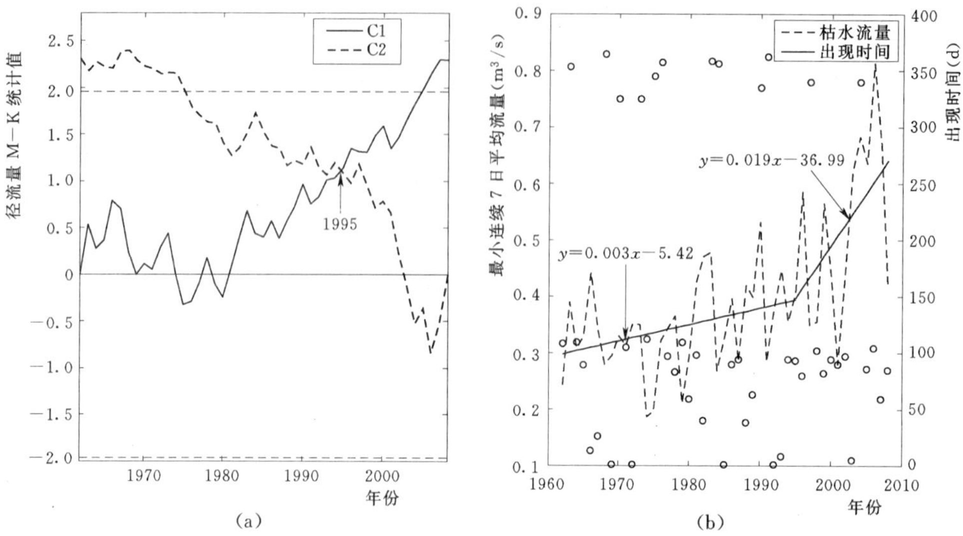


图 4　玉孜门勒克连续最小 7 日平均流量 M－K 的统计值（a）和趋势及出现天数图（b）

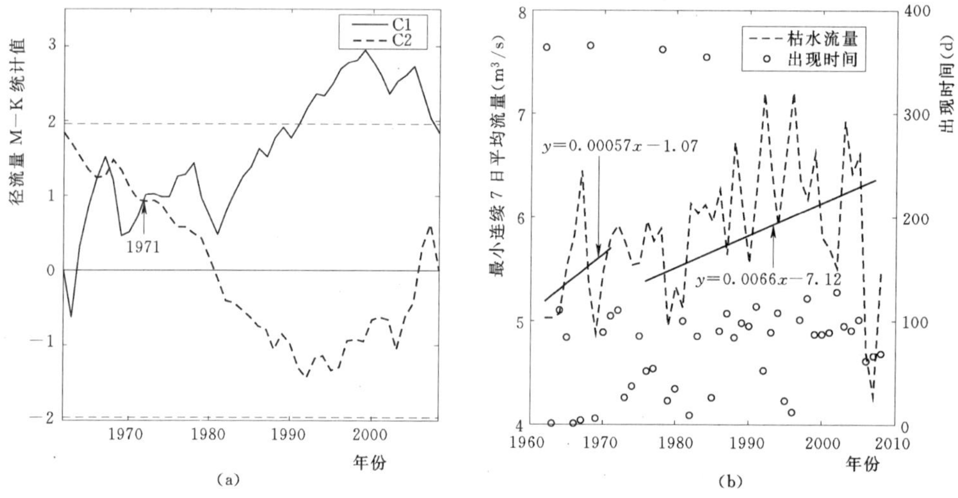


图 5　卡群连续最小 7 日平均流量 M－K 的统计值（a）和趋势及出现天数图（b）

浮动，大于同古孜洛克的 80 天左右，根据统计资料分析，开孔河流域的旱灾发生的年份最大，而且从 1979～1987 年都有干旱发生[2,3]，与图 6（b）的枯水流量出现时间吻合。

#### 4.2.5　阿拉尔

阿拉尔站在 1962～1976 年枯水流量呈减小趋势，年均减小量达 40378.8$m^3$；1976～2008 年枯水流量呈增加趋势，其中 1997～2008 年增加显著（超过 95% 的置信度检验），1976～2008 年枯水年均增加 29190.9$m^3$，阿拉尔的枯水流量在 1988 年发生变异［图 7（a）］。由图 7（b）可知：变异后的枯水流量明显大于变异前的，阿拉尔的最小枯水流量出现时间主要分布在 105～177 天、331～365 天是五站中最大的变化最大的，20 世纪 80 年代初至 90 年的最小枯水流量出现时间在 150 天左右浮动（即 5 月底），该季节正是农作生长的关键时期，其对于农业生产的影响是显著的。据统计，该时期南疆的塔河流域发生干旱的次数明显高于其他时期，例如，1983 年、1989 年、1991 年等干旱年份[3]。

## 5　讨论和结论

新疆塔河流域的气候有转向暖湿的强劲信号[23]，塔河流域气温在 1987 年跳跃性的增长，温度增加趋势

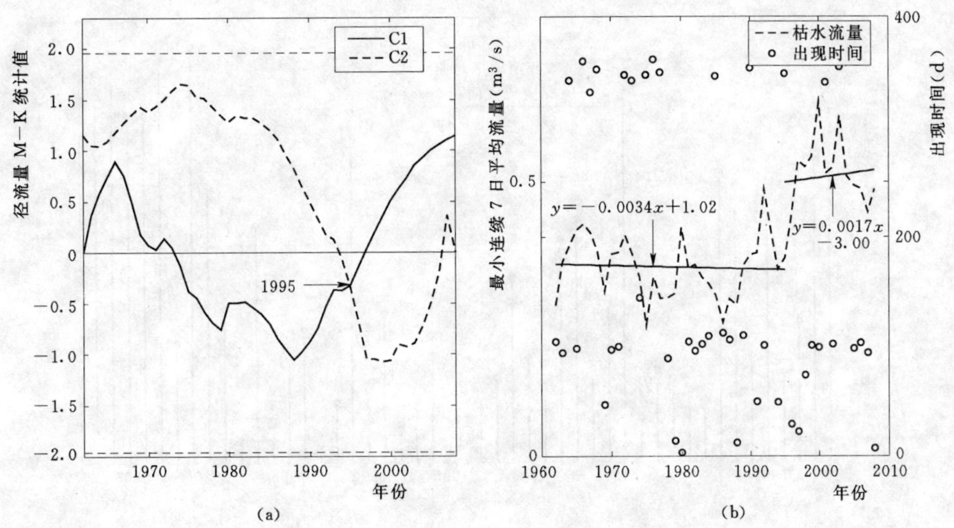


图 6 黄水沟连续最小 7 日平均流量 M－K 的统计值（a）和趋势及出现天数图（b）

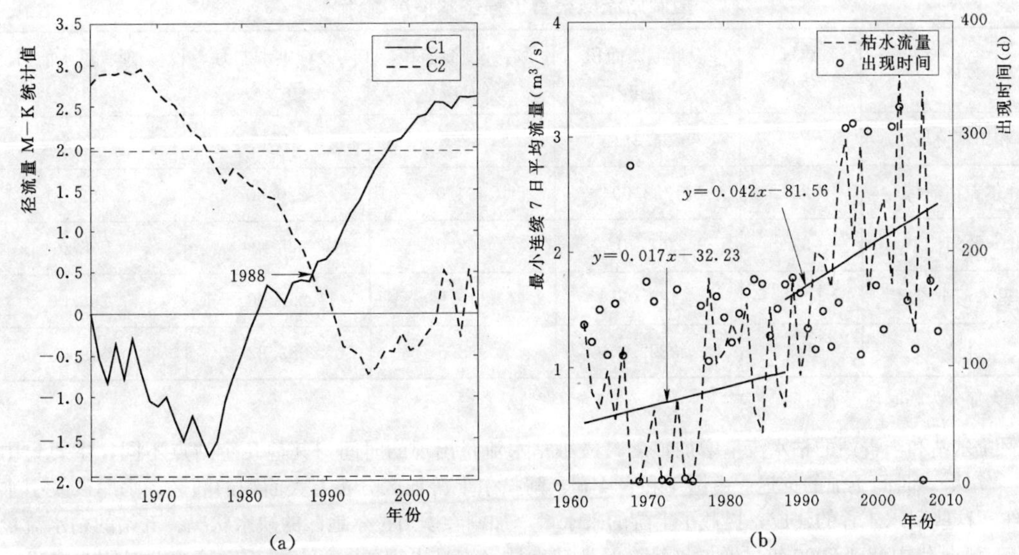


图 7 阿拉尔连续最小 7 日平均流量 M－K 的统计值（a）和趋势及出现天数图（b）

显著，加速了山区冰雪资源的消融，加大了冰雪融水对径流量的补给[9,24,25]。枯水流量的趋势变化主要受气候因素的影响，气候变化引起了各站的枯水流量在 20 世纪 70 年代中期到 2000 年呈增加趋势，卡群站的 1991～2000 和阿拉尔站 1997～2008 年的枯水流量增加非常显著。与此同时，气候的变化引起各站枯水流量在 1987 年以后发生变异（卡群站除外），变异后的枯水流量增加趋势明显大于变异前，这也与新疆在 1987 左右由暖干向暖湿转型的趋势相吻合[21]。黄水沟站在变异前得枯水流量呈减小趋势，这主要是因为该区域降雨量没有变化，但是最高气温呈增加趋势[10,11]，气温的增加造成蒸发增强，造成径流量的减少。虽然枯水流量呈增加趋势，但是和田河、叶尔羌河以及开都河的最小枯水流量发生的时间从 20 世纪 80 年代以后开始趋向 3～6 月，而塔河流域地区 3～6 月是最缺水的时期，也是农作物生长需水量最大的时期。据调查统计，塔河流域主要以春旱为主，春灌用水量占到整个作物灌溉用水量的 40％[26]，而且 3～6 月是水资源年内所占比例很低，水资源供需矛盾严重，枯水流量时间的推迟会造成干旱的发生，本文特别关注在春季枯水出现时间。从图 7 中可以看到，20 世纪 80 年代以来，特别是 2000 以后的旱灾成灾面积都远远的大于前期，年均增加 0.23 万 $hm^2/a$。

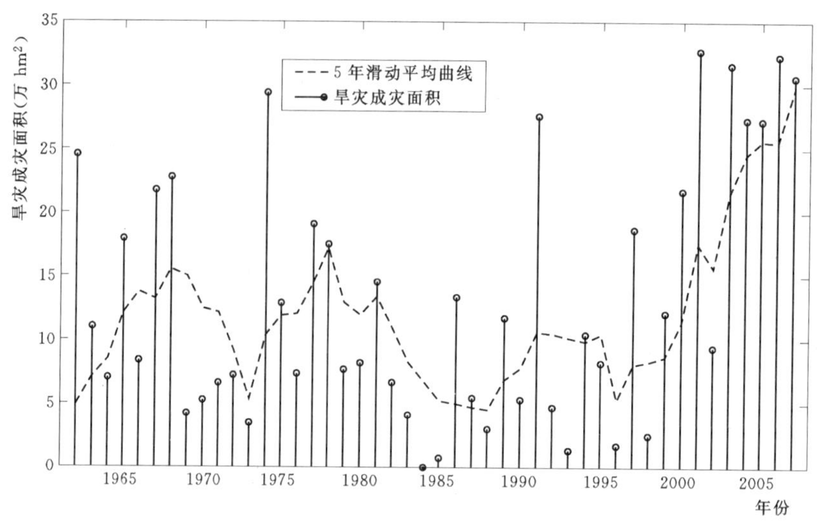


图 8 1950～2007 年新疆旱灾成灾面积示意图[21,22]

**表 4 控制站流域渠首工程基本情况统计**

| 分区 | 数量(座) | 设计灌溉面积(万亩) | 有效灌溉面积(万亩) | 设计供水能力($m^3/s$) | 现状供水能力($m^3/s$) |
|---|---|---|---|---|---|
| 和田河流域 | 27 | 94.35 | 72.6 | 81.40 | 62.60 |
| 叶尔羌河流域 | 26 | 1733.00 | 494.0 | 220.30 | 169.50 |
| 开一孔河流域 | 32 | 367.40 | 302.0 | 89.12 | 74.26 |
| 塔里木河干流区 | 138① | 128.05 | 119.9 | 293.00 | 293.00 |
| 合计 | 223 | 2322.8 | 988.5 | 683.82 | 599.36 |

① 大部分为临时性引水口。

阿拉尔站和卡群站的枯水流量增加显著，最小枯水流量出现的时间与其他几个站点不同，主要集中在 105～177 天，时间更加的推迟。由图 1 和表 4 知：阿拉尔上游地区分布着大面积的灌区、水库以及引水拦河枢纽，这些引水工程的建成，拦截了上游的来水量，加剧春季阿拉尔地区的缺水状况。五站的枯水流量在 20 世纪 70 年代中期到 2000 年呈增加趋势，但是最小枯水流量出现的时间却推迟，这主要是因为塔里木河上游地区的灌溉面积和人口由 1950 年的 34.8 万 $hm^2$ 和 156 万人增加到 2000 年的 125.7 万 $hm^2$ 和 395 万人。在以水资源开发利用为核心的人类社会生产活动影响下，用水量翻了一番[5,20]。卡群站上游地区建有叶尔羌河排水枢纽，枯水季节拦截河流用以灌溉。现状供水能力达不到设计供水能力也在一定程度上造成干旱的发生。总之，今后塔河流域日益增加的人类社会、生产活动将加剧春季水资源供需矛盾。

通过对塔河流域的五个控制的枯水流量的趋势以及最小枯水流量出现时间的分析，得到以下有意义的结论：

(1) 塔河流域支流的径流量主要集中在 6～8 月，三个月的径流量占到全年径流总量的 70%左右，2000～2008 年径流量是各年代的最大值；塔河干流径流量变化大于源流，径流量主要集中在 7～9 月，在 20 世纪 80 年代达到最大。

(2) 卡群站枯水流量在 1999 年前呈增加趋势，2000 年开始呈减小趋势，并在 1971 年发生变异；其余各站枯水流量从 1962 年到 20 世纪 70 年代中期或八十年代呈减小趋势，以后转为增加趋势，四站的枯水变异点出现在 1987 年以后。变异后对应的枯水流量均大于变异前，其中黄水沟变异前枯水流量的减少主要是气候变化引起的。

(3) 枯水出现的时间与干旱发生的年份较吻合，能很好反映流域的干旱情况。虽然枯水流量从 20 世纪 80 年代开始呈增加的趋势，但是各水文站点的最小枯水流量出现的时间却在逐渐趋向于 3～6 月，特别是阿拉尔站、卡群站集中度更高。灌区的扩大、水库以及引水拦河枢纽的建设是造成枯水流量推迟的原因之一，而人口的增加和耕地面积的扩大将进一步加剧春季水资源的供需矛盾。

## 参 考 文 献


[1] 白玉玺，徐德源，新疆维吾尔自治区地方志编纂委员会．新疆通志．第十卷：气象志［M］．乌鲁木齐：新疆人民出版社，1995.

[2] 温克刚，史玉光．中国气象灾害大典——新疆卷［M］．北京：气象出版社，2006.

[3] 新疆维吾尔自治区地方志编纂委员会．新疆年鉴［M］．乌鲁木齐：新疆人民出版社，2002，2003.

[4] 姚宇飞，木巴拉克，周国良．浅论新疆干旱农业区的特点［J］．新疆农业科学，2001，38 (2)：102 - 103.

[5] 梁书升，沈镇昭，中国农业年鉴编辑．中国农业年鉴．北京：中国农业出版社，2000.

[6] Shi Yongliang，Wang Rusong，Fan Lingyun，Li Jingshen，et al. Analysis on land－use change and its demographic factors in the original－stream watershed of Tarim River Based on GIS and statistic. Procedia Environmental Sciences，2010，2：175 - 184.

[7] Chen Yaning，Li Weihong，Xu Changchun，Hao Xinming. Effects of climate change on water resources in Tarim River Basin，Northwest China. Journal of Environmental Sciences，2007，19：488 - 493.

[8] 徐海量，叶茂，宋郁东，等．塔里木河流域水资源变化的特点与趋势［J］．地理学报，2005，60 (3)：487 - 494.

[9] 陈忠升，陈亚宁，李卫红，等．塔里木河干流径流损耗及其人类活动影响强度变化［J］．地理学报，2011，66 (1)：89 - 98.

[10] Zhang Qiang，Xu Chong－Yu，Tao Hui，Jiang Tao，Yongqin David Chen. Climate changes and their impacts on water resources in the arid regions：a case study of the Tarim River basin，China. Stoch Environ Res Risk Assess，2010，24：349 - 358.

[11] Zhang Qiang，Xu Chong－Yu，Zhang Zengxin，Yongqin David Chen. Changes of temperature extremes for 1960～2004 in Far－West China. Stoch Environ Res Risk Assess，2009，23：721 - 735.

[12] 陈亚宁，等．新疆塔里木河流域生态水文问题研究［M］．北京：科学出版社，2010.

[13] Svensson C，Kundzewicz Z W，Maurer T. Trend detection in river flow series：2. Flood and low－flow index series [J] Hydrological Sciences－Journal，2005，50 (5)：811 - 824.

[14] David R M，et a1. 水文学手册［M］．张建云，李纪生，等译．北京：科学出版社，2002. 835.

[15] Mann HB. Nonparametric tests against trend. Econometrica. 1945，13：245 - 259.

[16] Kendall MG. Rank correlation methods. 1975，Griffin，London.

[17] Yue S，Pilon P. A comparison of the power of the t test，Mann－Kendall and bootstrap for trend detection. Hydrological Sciences Journal. 2004，49 (1)：21 - 37.

[18] Von Storch，V H. Misuses of statistical analysis in climate research. In：Storch，H. V.，Navarra，A. (Eds.)．Analysis of Climate Variability：Application of Statistical Techniques. Berlin：Springer－Verlag，1995. 11 - 26.

[19] Sanjiv Kumar，Venkatesh Merwade. Streamflow trends in Indiana：Effects of long term persistence，precipitation and subsurface drains. Journal of Hydrology，374：171 - 183.

[20] Kulkarni A，H von Stroch. Monte Carlo experiments on the effect of serial correlation on the Mann－Kendall test of trend. Meteorologische Zeitschrift，1995，4 (2)：82 - 85.

[21] 西北内陆河区水旱灾害编委会．西北内陆河区水旱灾害［M］．郑州：黄河水利出版社，1999.

[22] 国家统计局农村社会经济调查司编．改革开放三十年农业统计资料汇编［M］．北京：中国统计出版社，2009.

[23] 施雅风，沈永平，李栋梁，等．中国西北气候由暖干向暖湿转型的特征和趋势探讨［J］．第四纪研究，23 (2)：152 - 163.

[24] 陈亚宁，徐宗学．全球气候变化对新疆塔里木河流域水资源的可能性影响［J］．中国科学 (D)，2004，34 (11)：1047 - 1053.

[25] 韩萍，薛燕，苏宏超．新疆降水在气候转型中的信号反应［J］．冰川冻土，2005，25 (2)：179 - 182.

[26] 吴素芬，韩萍，李燕，等．塔里木河源流水资源变化趋势预测［J］．冰川冻土，2003，25 (6)：708 - 711.

# Study on the characteristics of low streamflow: possible causes and implications in Tarim River Basin

Sun Peng[1,2] Zhang Qiang[1,2]

(1. Department of Water Resources and Environment, Sun Yat—sen University, Guangzhou 510275;
2. Guangdong University Key Laboratory of Water Cycle and Security in South China,
Sun Yat—sen University, Guangzhou 510275)

**Abstract** Low flow characteristics are important for making decisions about water uses and for maintaining environmental flow requirements. We systematic analyzes the trend of minimum average flow for 7 days (called low streamflow) and time of low streamflow from 5 gauging stations distributed over Tarim river basins. The trends of low flows were investigated using non-parametric Mann—Kendall test. The strengths of trends (rates of changes) were determined by calculating Sen's slope, The results indicate that ① Runoff mainly concentrated in June - August the headwaters of the Tarim basin, 21 century's runoff is the maximum from 1962 to 2008; Runoff mainly concentrated in July - September in the main Tarim basin, 1980's runoff is the maximum from 1962 to 2008. ②The low runoff is increasing before 1999 in Kaqun station (the increasing trend is significant at >95% confidence level after from 1991 to 1999), but is turn to be decrease after 1999; All the rest of stations low flow show decrease from 1962 to middle 1970s or early 1980s, other time low streamflow is in increase tendency. ③The time of drought streamflow is consistent with the drought year. Although the low streamflow can be found after the 1980s, the time of minimum low streamflow distribution from May to June. Which is caused by the irrigation area increased and build reservoir. The increase of population and cultivated land area will intensify the expansion of the contradiction between supply and demand of water resources.

**Key words** the annual mean minimum 7—day streamflow; trend analysis; the Tarim River Basin

# 《敦煌水资源合理利用与生态保护规划》若干问题的探讨

王忠静　黄鹏飞

（清华大学水沙科学与水利水电工程国家重点实验室　北京　100084）

**摘　要**　《敦煌水资源合理利用与生态保护综合规划》是我国河西走廊最西端疏勒河流域的治理规划，是继黑河、塔河、石羊河之后的有一个干旱区流域治理规划。本文介绍了规划中所涉及了几个关键科学技术问题，包括月牙泉水循环及其保护、天然绿洲保护水循环及补水计算、天然绿洲稳定度、全流域地表水循环重建意义及高原跨水系调水论证等。

**关键词**　敦煌；水资源；生态保护；规划

## 1　引言

由国家发改委和水利部共同上报的《敦煌水资源合理利用与生态保护综合规划》（以下简称《规划》），于2011年6月获国务院批准。《规划》通过全面节水，建设节水型社会，提高水资源的利用效率、效益和承载能力，降低农业用水比重，提高灌溉水利用系数达到国内先进水平，降低工业综合用水定额达到国内平均水平，为敦煌经济社会可持续发展提供水资源支撑和保障；通过结构调整，发展优质高效型农业和节水环保型工业，优化产业布局、经济结构和种植结构，控制灌溉用水，实现种植结构由低效向高效调整，由高耗水向低耗水调整，保证农民既节水又增收；通过综合治理，严格控制地下水开采，合理配置地表水，改善生态、保护绿洲、拯救湿地，逐步恢复敦煌地区地下水位，使月牙泉水位、面积有所恢复，满足自然生态景观的要求，敦煌西湖国家级自然保护区生态基本维持稳定，不再恶化。规划总投资约48亿元，实施期2011～2020。

《规划》是以敦煌为核心、疏勒河流域背景的流域治理规划。至此，河西走廊三条内陆河流域在进入21世纪以来，均开展和开始了以生态保护与可持续发展为中心的治理。《规划》编制过程中，面对规划区域基础资料薄弱、科学研究不足等困难，针对规划中涉及的关键问题，组织了14家科研设计单位和大专院校，设立了5个专题研究和4个专项规划开展研究，取得了较好的进展。

## 2　规划中若干关键问题及其探讨

### 2.1　月牙泉的水循环系统及其保护方法

月牙泉作为敦煌重要的自然景观，素有“沙漠第一泉”之称，被称为“沙漠之中的海眼”、“沙海之中的一弯明月”。20世纪60年代至70年代初，月牙泉水域面积保持在22亩，平均水深8m左右。1975年党河水库建成后，下游河床处于长期断流状态，月牙泉上游地下水补给大大减少。同时，随着人口增加和种植面积扩大，敦煌境内的需水量增加，地下水开采量不断增加。由于地下水总补给量的减少、开采量增加，月牙泉下游的地下水位也逐年下降。现状月牙泉水域面积仅存8亩，水深为0.5～1.0m，1999年曾经一度露出了湖底，沙漠第一泉面临生存危机。月牙泉作为敦煌的标志之一和敦煌绿洲生态的重要指针，必须保护。

月牙泉位于敦煌城南5km处，其自然环境处于西、南、北三面被鸣沙山环绕，东面为冲洪积、冲湖积洼地，被挟持于鸣沙山与冲洪积扇之间。月牙泉附近有两条地表水系，一条为西部的党河，一条为东部的西水沟（图1）。据沙枣园站（党河水库）1955～2007年多年水文观测资料，党河多年平均径流量为3.02亿$m^3$；西水沟估算年径流量约111.385万$m^3$。关于月牙泉的成因，历来有多种说法，“上升泉”、“断层泉”、“风成湖”、“古河道残留湖”等，但这些说法与月牙泉周围的实际地质、水文地质条件不符。月牙泉的成因实为其所处的地质结构，低洼的地形条件（如图2），区域地下水位较高三方面的因素[2]。

月牙泉是地下水的天然露头，月牙泉域地下水运动方向与北部平原区一致，由西向东径流，属于统一地下水流系统（图3）。月牙泉湖水位持续下降的主要原因是区域地下水位下降，是人类活动干扰的结果，即党河上游水利工程对地表水的拦蓄和过量开采地下水。从20世纪70年代开始，由于党河水库的修建，河道

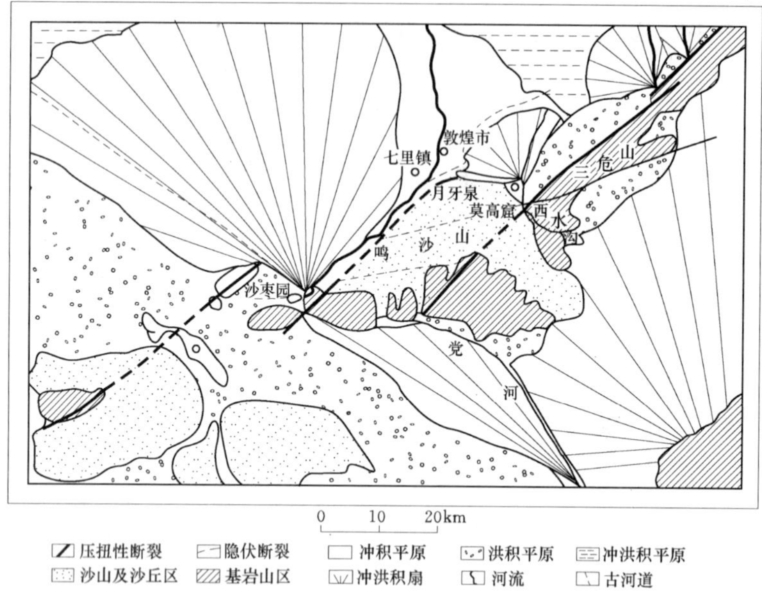


图 1　月牙泉所处的地形地貌与地质构造条件示意图

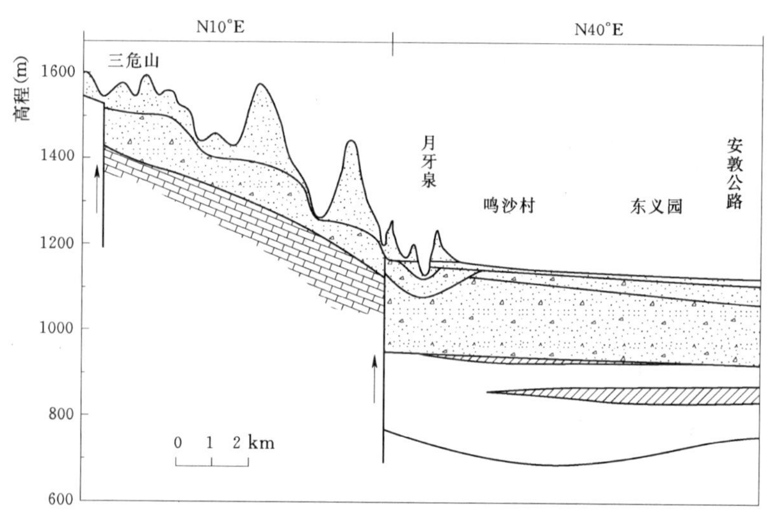


图 2　三危山—月牙泉水文地质剖面图

渗漏量的减少，地下水开采量的增加，导致地下水补排失衡；引起党河灌区以及上游地区区域性地下水位大幅度下降，造成月牙泉湖水位的也持续下降。

月牙泉的保护就是要恢复当地的地下水系统，保持地下水的稳定。恢复措施是在月牙泉以上的党河天然河道中修建 4～6 座回灌底坝，利用汛期弃水和河道调水，回灌党河冲积扇，抬高地下水，不仅直接保护月牙泉，也可以保持党河冲积扇地下水位的整体稳定，间接保护西湖自然保护区。

### 2.2　西湖湿地水循环系统及其补水量计算

敦煌西湖国家级自然保护区在规划区最西端，紧邻库姆塔格沙漠。它既是规划区敦煌盆地的最低点，河流的尾闾，生态环境的典型代表，也是阻止库姆塔格沙漠东进侵入敦煌的最前沿和唯一有效屏障。其地理位置及水系概化图见图 4。通过调查，自双塔水库和党河水库建成以来，就很少有地表水流进入西湖，由此推断维持其生态的水量主要来自地下水的入流。

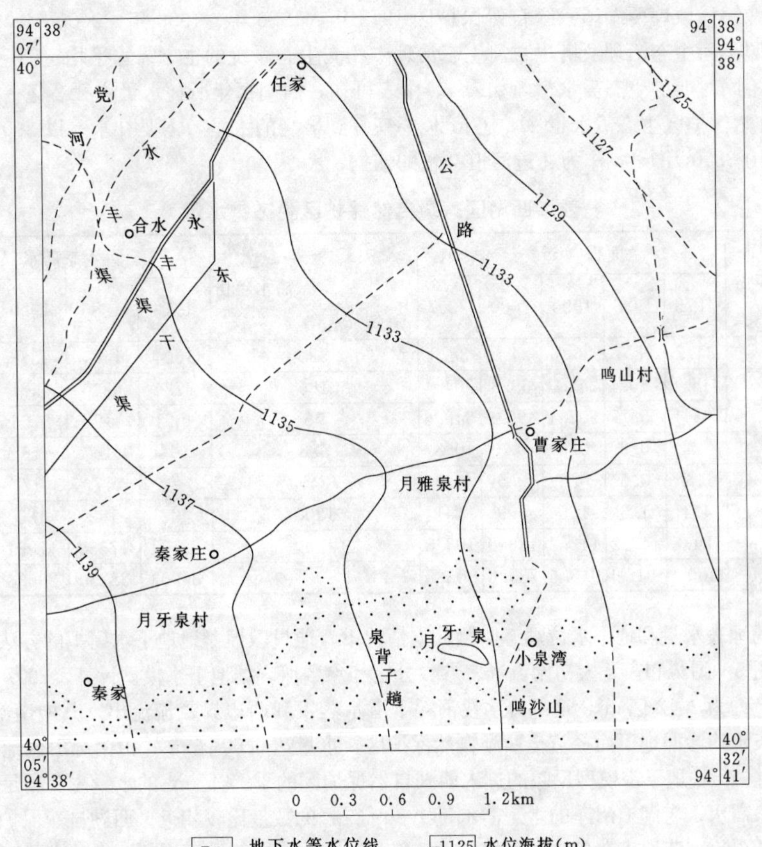


图 3 1998 年月牙泉附近地下水流场图

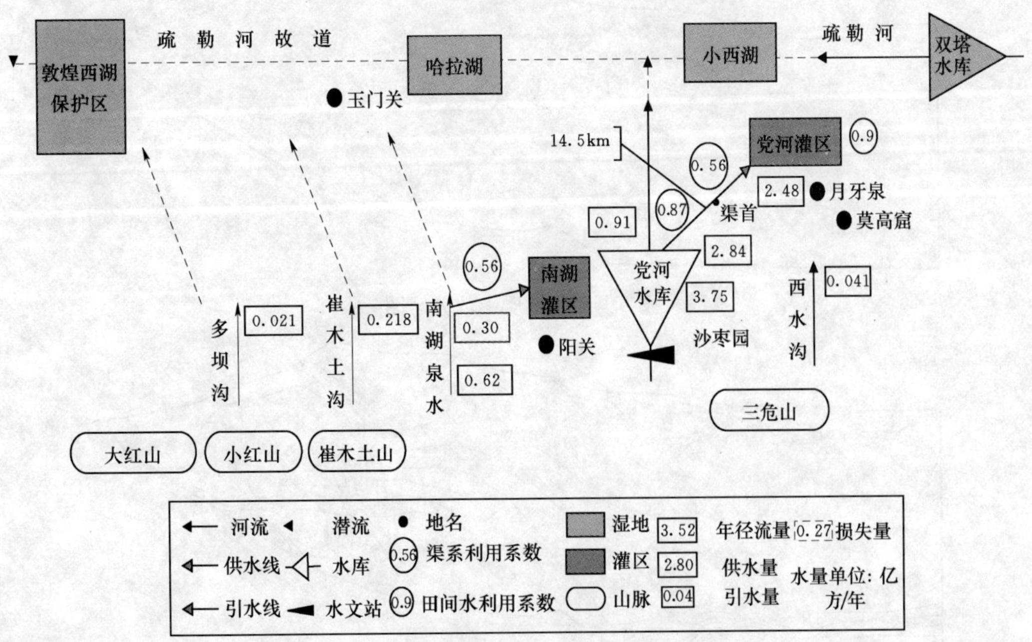


图 4 敦煌盆地地表水系概化图

通过遥感影像解译敦煌西湖国家级自然保护区 1973 年、1986 年、1990 年、2000 年、2007 年的各种生态植被面积，参照黑河生态治理及塔里木河生态治理中相同生态系统的生态需水平均定额，计算得到西湖国家级自然保护区不同时期的生态需水量，如表 1。由表可知，西湖每年所耗水量在 2.3 亿～3.6 亿 $m^3$，现状年 2007 年西湖自然保护区生态需水量 2.3 亿 $m^3$。要恢复到恰当的水平，需要补水。以 2007 年和 1990 年的生态耗水量之差约 3800 万 $m^3$，作为通过河道补水的依据。

**表 1　　敦煌西湖国家级自然保护区生态需水量**

| 生态类型 \ 面积 \ 需水年份 | 面积（$km^2$） | | | | | 需水 \ 需水年份 | 生态需水（万 $m^3$） | | | | |
|---|---|---|---|---|---|---|---|---|---|---|---|
| | 1973 | 1986 | 1990 | 2000 | 2007 | 定额（mm） | 1973 | 1986 | 1990 | 2000 | 2007 |
| 高覆盖度草地 | 34.7 | 28.1 | 26.7 | 34.9 | 38.4 | 520 | 1804 | 1461 | 1388 | 1815 | 1997 |
| 中覆盖度草地 | 415.8 | 280.1 | 242.3 | 69.8 | 204.4 | 186 | 7734 | 5210 | 4507 | 1298 | 3802 |
| 低覆盖度草地 | 541.5 | 558.7 | 502.1 | 492.9 | 549.6 | 75 | 4061 | 4190 | 3766 | 3697 | 4122 |
| 有林地 | | 0.3 | 0.3 | 0.3 | 0.3 | 528 | 0 | 16 | 16 | 16 | 16 |
| 灌木林 | 0.2 | 0.5 | 0.5 | 0.5 | 0.9 | 340 | 7 | 17 | 17 | 17 | 31 |
| 湖泊 | 4.1 | 1.6 | 1.5 | 0.9 | 1.1 | 1200 | 492 | 192 | 180 | 108 | 132 |
| 沼泽 | 184.2 | 147.2 | 142.2 | 136.0 | 108.8 | 1200 | 22104 | 17664 | 17064 | 16320 | 13056 |
| 合计 | 1180.5 | 1016.5 | 915.6 | 735.3 | 903.5 | | 36202 | 28750 | 26938 | 23271 | 23155 |

在缺乏实际的地表水量和地下水位动态监测数据情况下，通过敦煌盆地地下水模拟的方法，估算地下水对西湖的补给量。图 5～图 7 和表 2 为初始流场、参数分区和参数值。据地下水模型计算，2007 年进入西湖保护区的地下水径流量约为 1.12 亿 $m^3$，这部分水量消耗于潜水蒸发和西边界径流流出，其中南部山区的多坝沟、崔木土沟和南湖泉水均渗漏地下而径流至西湖自然保护区，水量达 0.60 亿 $m^3$；由南部山区地下含水层侧向径流的水量约 0.40 亿 $m^3$。地下水模型反映的进入西湖自然保护区的 1.12 亿 $m^3$ 的水量主要满足湖泊沼泽和部分高覆盖度草地生态需水，与湖泊沼泽的生态需水量 1.30 亿 $m^3$ 的数量比较相近。西湖自然保护区的部分高覆盖度、中覆盖度和低覆盖度草地生态需水由天然的大气降雨、丰水年古疏勒河道的河水的水量满足。

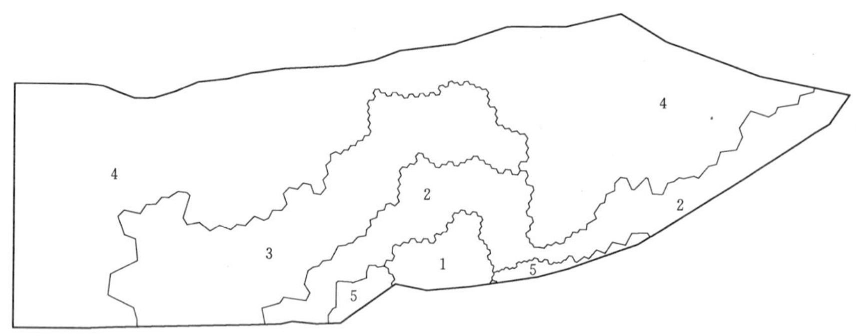


图 5　水文地质参数分区图

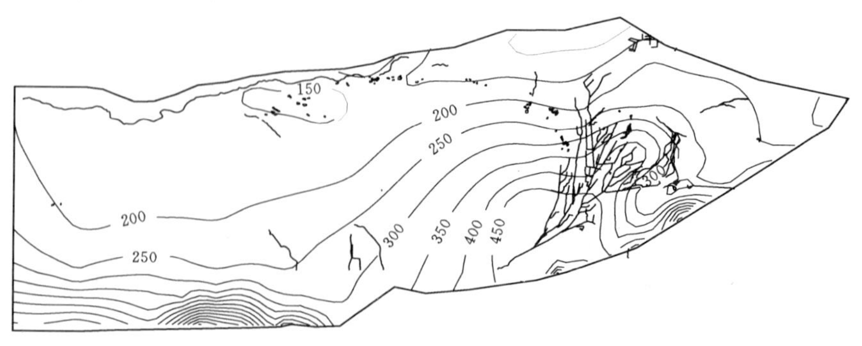


图 6　模拟层厚度等值线图

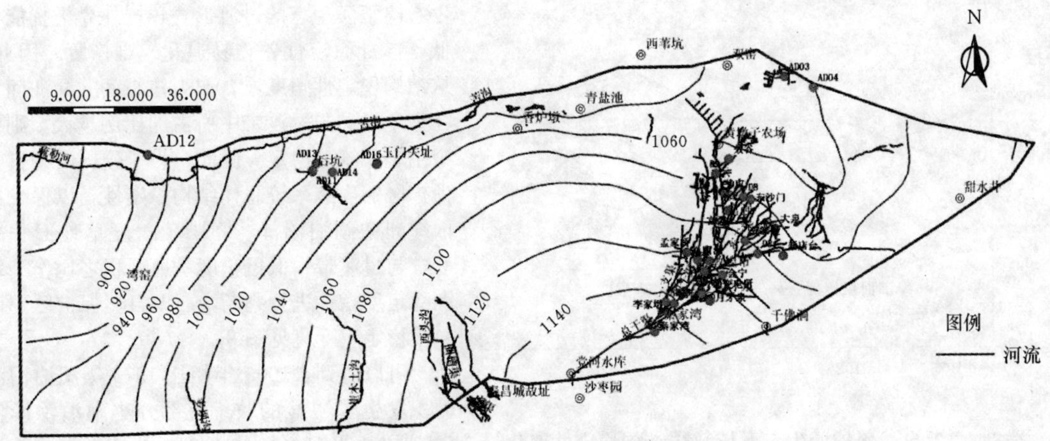


图 7 地下水模型的初始流场

**表 2** 水文地质参数取值估计值

| 分区号 | 渗透系数 $K$（m/d） | 重力给水度 $S_y$ | 分区号 | 渗透系数 $K$（m/d） | 重力给水度 $S_y$ |
|---|---|---|---|---|---|
| 1 | 60 | 0.25 | 4 | 6 | 0.09 |
| 2 | 30 | 0.20 | 5 | 2 | 0.05 |
| 3 | 16 | 0.15 | | | |

## 2.3 干旱区天然绿洲稳定性指标

为什么要以 1990 年为参照状态，这是计算西湖自然保护区生态需水时的最关切的问题。表 3 中还隐含着干旱区绿洲与过渡带生态演变特征。西湖生态自 1973 年起，由于地表径流补给锐减和地下水位下降，其生态开始逐年萎缩，典型生态植被总面积总体呈下降趋势。虽然 2007 年有所回升，但代表湿地典型的湖泊沼泽面积一直呈下降趋势，前期下降快、后期下降慢。2007 年的典型生态植被总面积较 2000 年有很大程度的恢复，而且接近 1990 年水平，是否可以因此而断定 2007 年西湖生态状况已经接近 1990 年。为此，需要对判断干旱区绿洲稳定性的指标进行研究。

**表 3** 苏干湖盆地调出水前后主要生态面积及其生景变化表

| 生态区 | 地下水埋深（m） | 0～1 | 1～3 | 3～5 | 合计 |
|---|---|---|---|---|---|
| 当中泉 | 现状面积（$km^2$） | 70.29 | 76.54 | 180.41 | 327.24 |
| | 调水后面积（$km^2$） | 48.09 | 31 | 82.2 | 161.29 |
| | 变化幅度（%） | 31.58 | 59.5 | 54.44 | 50.71 |
| | 主要景观 | 高密度草甸 | 零星草丛、裸地 | 裸地 | |
| 苏干湖生态保护区 | 现状面积（$km^2$） | 438.07 | 270.5 | 216.82 | 925.39 |
| | 调水后面积（$km^2$） | 283.57 | 219 | 270.21 | 772.78 |
| | 变化幅度（%） | 35.27 | 19.04 | −24.62 | 16.49 |
| | 主要景观 | 高密度草甸 | 低密度草甸 | 盐生草甸 | |

干旱区绿洲及过渡带的退化演变特征为水生植物群落→沼泽植物群落→盐化草甸植物群落（高、中盖度）→盐生植被（中、低盖度）→荒漠植被（低盖度）→裸地或沙化的过程。由于生态系统的这一演变特征，典型生态植被总面积不能作为生态系统稳定性的判别标准，需分析其具体结构特征。一般而言，干旱区的植被生态系统只是在沿河岸的水资源条件极好的狭小空间内，形成以林地、高盖度草、湿地为主的绿洲生态系统，而在绿洲和荒漠之间则形成相对绿洲要宽阔得多的过渡带，其植被以中、低覆盖度草为主，是绿洲

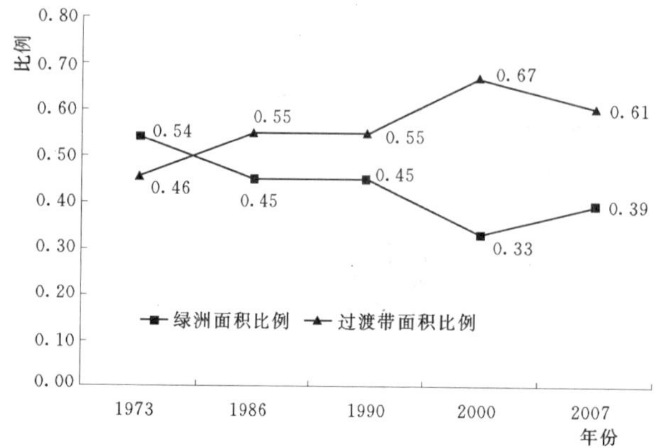


图 8　西湖自然保护区生态系统总体结构稳定性变化

生态向荒漠生态的过渡形式，抗外界干扰能力低，自身稳定性差，易退化、难恢复。因此，从结构稳定性角度看，作为核心区的绿洲面积在整个绿洲与过渡带中所占的比例越大，则整个生态系统越稳定。因此，为了分析西湖自然保护区的生态系统总体结构稳定性，以保护区内绿洲中湖泊沼泽、高中覆盖度草地面积之和，与过渡带中低覆盖度草地面积之比作为绿洲稳定度指标进行判断，西湖自然保护区不同年代稳定度变化见图 8。

可以看到：1986 年相比 1973 年湖泊沼泽面积发生了明显的收缩，部分小湖泊沼泽消失，同时破碎现象比较明显，生态功能显著下降，稳定度下降；1990 年与 1986 年相比，西湖绿洲面积虽然不同，但稳定度一致，没有明显的变化；2000 年与 1990 年相比，湖泊沼泽面积缩小，外围的湖泊沼泽消失，大片中覆盖度草地退化成低覆盖度草地，生态脆弱性显著增加，生态稳定度急剧降低；2007 年与 2000 年相比，沼泽面积减少 28km$^2$，中覆盖度草地面积增加 134km$^2$，低覆盖度草地面积显著增加 48km$^2$，绿洲稳定度略有恢复；2007 年相比与 1990，除了核心区域湖泊沼泽面积缩减外，湖泊沼泽的破碎程度也大大增加。另外，中覆盖度草地的破碎程度也明显要高于 1990 年。结合总体结构稳定性分析与干旱区生态系统演变特征，相比于 1990 年，2007 年保护区生态环境仍然处于恶化状态。故选用 1990 年作为西湖生态恢复补水的参照年代。

可见，用湖泊沼泽、高中覆盖度草地面积与低覆盖度草地面积的比例作为绿洲稳定性的判断标准，可以更真实的反映绿洲稳定度，可以作为其生态功能强弱的指标。

**2.4　恢复疏勒河自然连通的生态意义**

西湖国家级自然保护区的范围很广（如图 9），西接库姆塔格沙漠，南邻阿克塞县大小红山，北以新疆维吾尔自治区为界，东与崔木土沟、南湖下游为界。西湖的核心区位于保护区西北角的疏勒河尾闾，主要分布该区域的湖泊沼泽、中高覆盖度草地等稳定性较高的绿洲区生态景观，其实验区和缓冲区则主要分布低覆盖度草等稳定性较差的缓冲区生态景观，其存在意义对于维持区域生态稳定同样具有重要意义。

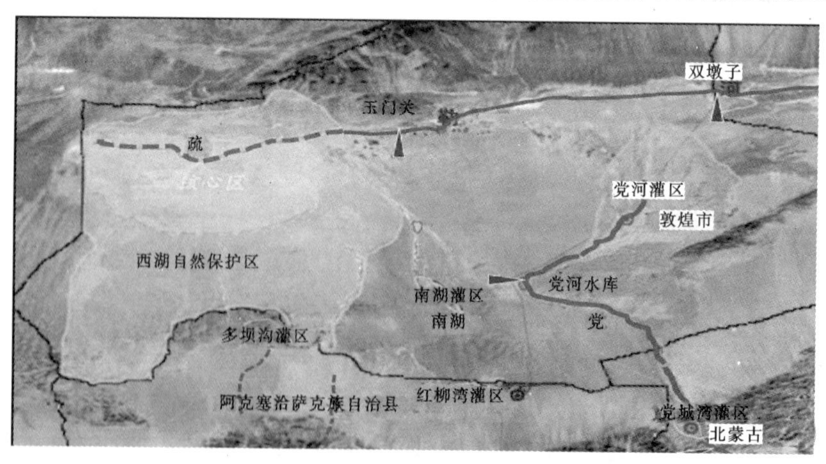


图 9　西湖国家级自然保护区及周边地形图

西湖是疏勒河和党河的尾闾，也是疏勒河流域的最低端。从河西走廊的流域治理规划来看，黑河要求具备条件时实现全流域通水，石羊河要求在尾闾恢复一定规模埋深小于 3m 的区域以形成旱区湿地。在黑河的治理中已经做到了尾闾东居延海的通水，而石羊河尾闾青土湖的地下水位也在持续恢复中，2010 年甚至有水流注入。目前《敦煌水资源合理利用与生态保护规划》中也要求做到疏勒河河道全线通水，尾闾敦煌西湖有一定地表水量进入，其意义不言自明。

规划中明确指出，无论疏勒河干流双塔水库生态泄水，还是其原支流党河从党河水库泄水，地表水必须从其天然河道进入尾闾，从而恢复疏勒河自然连通的状态。采取自然的河道对西湖保护区进行补水，不仅可以对核心区的稳定生态进行补给，同时在河道沿途的渗漏蒸发，也为缓冲区的生态提供水源，并能够对沿途地下水提供补给。地下水处于一种动态平衡状态，在新水源补给后，地下水在系统流场作用下缓慢运移，在地形和水文地质条件的共同控制下，最终将达到自然平衡。历史时期形成的当地的生态格局主要是由地下水的分布控制的，因此采取天然的输水线路和输水方式，有利于恢复当地天然稳定的生态格局。

**2.5 大小苏干湖的水源来源及调水影响**

规划中站投资一半的过程为引哈济党调水工程。它是在党河南山—阿尔金山南侧、柴达木盆地北缘的苏干湖盆地大哈尔腾河上游修建引水工程，将大哈尔腾河的部分地表水量调至党河流域，以缓解党河流域的水资源短缺局面。调水区苏干湖盆地，涉及甘肃、青海两省，大部分面积分布在甘肃省，盆地内部海拔在2800～3200m，属高海拔严寒地区。苏干湖盆地为封闭的内陆盆地，包括大、小哈尔腾河以及其他季节性河流和大、小苏干湖，因大、小苏干湖而得名。

大、小哈尔腾河发源于党河南山与土尔根达坂山，是以冰川和积雪融水为主要补给来源的常年性河流，河流流程短，出山口即渗入山前洪积扇，成为地下径流，最后以泉群方式出露汇入大苏干湖。大哈尔腾河径流量2.98亿$m^3$，小哈尔腾河径流量0.66亿$m^3$，阿尔金山南麓冲沟总径流量0.53亿$m^3$，土尔根达坂山北麓冲沟总径流量0.09亿$m^3$，地表水资源量总计4.26亿$m^3$，不重复地下水资源为苏干湖盆地0.54亿$m^3$，总水资源量4.80亿$m^3$。盆地平原区内部降水量稀少，对水资源补给有限；水面蒸发和潜水蒸发为盆地水资源唯一的排泄途径。

苏干湖盆地因高寒地广、环境恶劣、交通不便而人烟稀少且几无定居，水资源均尚未开发利用。自20世纪70年代起，随着敦煌经济社会发展和生态环境的不断演化，提出了引哈济党工程设想，拟从大哈尔腾河调水至党河水系。有关方面组织进行了长时间的前期研究，对工程可行性进行了分析论证。规划中通过党河流域地表水地下水耦合模型，综合考虑水资源配置和地下水系统的演变，模拟分析了调入6000万～16000万$m^3$不同方案下，党河流域的水资源供需平衡和生态恢复情况，结果表明，调入水量对改善党河水系经济社会及生态环境缺水有积极意义，对减少敦煌盆地地下水负均衡贡献显著。可见，对调入区调水越多越好。因此，对于引哈济党的论证，其核心问题之一是调水对苏干湖盆地的生态影响是否可以接受。

为研究盆地内水分的运动规律，除了结合区内地形地貌、水文地质条件和地表水流向之外，甘肃地质环境院采用稳定同位素方法识别不同水体的补给来源和相互关系[1]。在盆地中共取9组$^2H$、$^{18}O$稳定同位素，1、2取自小苏干湖，3、4取自团结乡、花海庄地下水，8、6分别为大、小哈尔腾河地表水，其余为泉水。取样位置如图10，稳定同位素检测结果如图11。

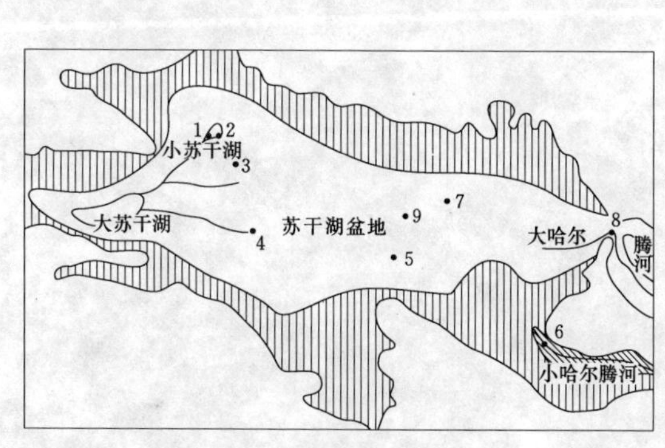


图10 取样点位置图

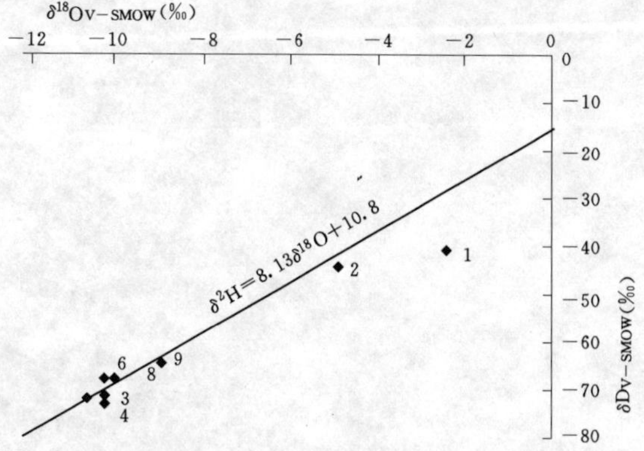


图11 苏干湖水系各种水源$^2H$、$^{18}O$同位素组成

结果表明，3～9号点位于全球大气降水线上，1、2点位于降水线的下方。1、2点与3～9点的同位素组成有较大差异，即表明小苏干湖的水源与其他位置的水源不同。结合采样点周围的地形条件可以推断，小苏干湖的水源主要来自北部党金山海拔较低位置（3000～3200m）的冰雪融水或者形成于山坡的降雨，而

大、小哈尔腾河水源则形成于盆地上游及周围高海拔地区（4200～5200m）的冰雪融水，而且盆地中下游的泉水和地下水主要来自河水的入渗补给。因此，从大哈尔腾河上游调水将对盆地中的地下水补给量、中下游泉水出流量以及盆地尾闾草地和大苏干湖水源产生影响，而对小苏干湖则不会产生直接影响。

大、小哈尔腾河是苏干湖盆地的主要水源，初拟引哈济党调水规模 1.0 亿 $m^3$，占苏干湖水系总水资源量的 20.8%，占大、小哈尔腾河径流量的 27.5%，对盆地地下水系统将产生一定的影响。表现为盆地地下水位下降、泉域面积缩小、泉集河流量衰减及大苏干湖面积缩小，与此相关的生态植被也随之变化，变化量和幅度见表 3。可见，实施引哈济党工程，当中泉一带地下水埋深小于 5m 的面积将由现状的 327$km^2$ 减小至 161$km^2$，其中主要减少的是水位埋深 3m 左右和大于 3m 区。由于现状地下水位埋深大于 3m 的区域基本上是裸地，地下水位变化对生态植被影响较小。工程实施后，该区三个泉水溢出位置不会消失，但泉水溢出量由现状 3.05 亿 $m^3$ 减少至 1.92 亿 $m^3$，主要为当中泉南、北泉集河水量。苏干湖保护区湿地面积将由现状 925 $km^2$ 减小至 773 $km^2$，相应的冰草、芨芨草等为主的草甸将退化为以鸡爪芦苇为主的盐生草甸；由于泉水溢出量即入湖流量的减小，大苏干湖水域面积将会由目前的 101.57$km^2$ 缩小到 93.07$km^2$，其面积缩小约 8.21$km^2$，较大苏干湖现状减小约 8.08%，较大、小苏干湖水体面积减小 7.23%。小苏干湖湖面面积不会因调水而发生变化。

根据甘肃地质环境监测院《苏干湖水系地下水循环与水量平衡调查》专题研究成果以及兰州大学《引哈济党工程调水区生物多样性调查及评估》成果，当调出水量不超过苏干湖水资源总量的 30%，调水总量不超过 1.2 亿 $m^3$ 时，其生态影响从生物群落的总量和物种多样性的减少量方面，均符合环评大纲规定的判定标准。在充分吸纳各方专家意见基础上，为减少工程对调出区的影响，本次规划采用 1.0 亿 $m^3$ 调水规模。

## 3 结论与讨论

《敦煌水资源合理利用与生态保护综合规划》是我国继黑河治理、塔里木和治理和石羊河治理后的又一项干旱区流域治理规划，其既包含着敦煌世界名城，也包含着已经存在的包括西湖在内的若干个国家级自然保护区，也有跨水系高原调水工程。是在前黑河、塔河、和石羊河规划的经验教训基础上制定的。上规划实施的成功与否，对我国干旱内陆河区实施全面的生态安全战略和区域可持续发展战略有重要的意义，对于不同保护区的生态比较、高原调水及其生态响应等，都是极其难得的原型试验场，应深入研究、周密计划、妥善实施。

## 参 考 文 献

[1] 侯燕军，王建红，朱经亮．应用氢、氧同位素研究苏干湖盆地大、小苏干湖湖水补给来源［J］．甘肃地质，2010，19（3）：66-69.

[2] 尹念文，魏玉涛．月牙泉的成因分析［J］．地下水，2010，32（2）：20-22.

# 基于遥感的黑河下游生态需水量估算*

贾艳红[1] 赵传燕[2] 南忠仁[3]

(1. 淮海工学院测绘工程学院 江苏连云港 222005；
2. 兰州大学干旱与草地农业生态教育部重点实验室 兰州 730000；
3. 兰州大学西部环境教育部重点实验室 兰州 730000)

**摘 要** 水是干旱生态系统最关键的生境要素。在水资源总量日益减少情况下，区域生态需水量的科学核算和准确量化已成为干旱区生态恢复工作的重要前提。植被作为黑河下游生态系统的重要支柱，其生态需水量的确定就成为该区植被重建及生态恢复的重要参考。本文在遥感技术支持下，结合蒸散发法对研究区地表蒸散发量及区域(植被)生态需水量进行了估算，估算结果为1.506亿$m^3$。通过验证可认为本文的计算结果可信，计算方法合理。区域生态需水量估算具有很强的时间性、空间性和目标性。不同时间、区域，不同生态恢复目标下区域生态需水量估算结果会有差异。

**关键词** 生态需水量；黑河下游；遥感；估算

## 1 引言

水是人类生存和社会发展不可或缺的基础性资源。水资源不足将引发野生动植物生境和旅游娱乐价值等资源的丧失，并使整个生态环境恶化。这在干旱区表现得尤为突出。对水资源可持续利用的愿望极大地推动了人们对水资源转换机制和合理使用途径的探索，生态需水研究迅速成为水科学领域研究的热点[1]。作为一个完整的生态系统，水资源短缺引发的黑河下游生态环境问题已直接影响到中游绿洲农业生态系统的稳定与发展，并增加了上游生态系统水源涵养的压力，也威胁到我国西北，乃至华北的生态安全。因此，黑河下游的生态恢复问题已成为一个关乎整个流域发展乃至全国生态安全及国防安全等诸多问题的跨区域环境问题。为解决该问题，我国于2000年7月实施了黑河下游应急生态输水工程。该工程的实施已使黑河下游环境得到明显改善。在流域水资源总量有限情况下，生态输水只能在最大限度保证中游绿洲生产、生活用水的同时，首先满足下游生态系统的用水需求。因此，生态需水量的估算就成为该区平衡人类需水量与生态环境需水量的基础和确定流域生态保护目标、措施与方案的科学支撑。

随着黑河流域生态恢复工作的展开，流域生态系统需水量研究变得更加迫切。程国栋院士曾指出，利用遥感和GIS等技术，结合生态需水的机理研究，确定合理的生态需水量对区域生态经济发展具有重要的理论意义和现实意义[2]。因此，很多学者都对黑河流域生态需水量研究方法及理论进行了探讨[3-11]。但这些研究绝大部分是在“点”或局地的尺度上进行的。根据“点”尺度实验观测数据利用“面积定额法”或“植株定额法”对黑河流域或部分区域生态需水量进行估算的方法忽略了生态系统的空间异质性。如何将“点”尺度生态需水量研究成果扩展到整个区域的问题还没有得到很好的解决。针对该问题，本文通过遥感和GIS技术对区域生态需水量决定因子——蒸散发相关参数进行反演，模拟出“面”尺度的区域蒸散发状况；再结合研究区植被分布情况对蒸散发“面”上数据进行修正，获得生态需水量估算的子“面”域；然后根据子“面”域的总蒸散发量推求研究区生态需水量。该方法以期从根本上避免“点”尺度研究结果向“面”尺度转换的难题，同时为像黑河下游这类缺乏实验数据且长期定位实验困难的区域开展生态需水量研究提供新思路。同时也为黑河下游植被重建和生态恢复工作提供参考依据。

* 基金项目：国家自然科学基金资助项目(NSFC NO. 30770387)和江苏省海洋经济研究中心2010年开放基金项目(HK201013)共同资助。

第一作者简介：贾艳红(1977— )，女，甘肃人，淮海工学院副教授，博士，主要从事环境遥感与GIS应用方面的教学和科研工作。E-mail：j—913@163.com

## 2 材料与方法

### 2.1 研究区域

黑河流域从南部祁连山发源地到北部荒漠地带的消散区，形成了一个由山地、绿洲、荒漠组成的完整的复合生态系统。为遏止区域生态系统恶化，保证下游生态系统的正常生态功能，我国于 2000 年 7 月实施了黑河下游应急生态输水工程。2002 年 7 月 17 日，水流才流进黑河尾闾湖——东居延海，并使沿途总长约 1105km 的荒漠河道得到浸润，约 200km² 的胡杨、柽柳得到抢救性保护。东居延海也从一个寸草不生的盐碱地逐渐恢复成一个以柽柳、芦苇及白天鹅、野鸭等多种动植物物种为主的新湿地生态系统[12]。生态输水工程实施后所影响到的黑河下游区域的生态环境已得到明显改善。因此，本研究经过对黑河下游 1990 年与 2006 年地下水位空间分布及其变化的分析，结合 2006 年 7 月地下水位野外调查资料，提取出狼心山以下黑河干流（东河和西河）河道两侧 20km 范围作为研究区（图 1），整个研究区面积约 1.15454 万 km²。

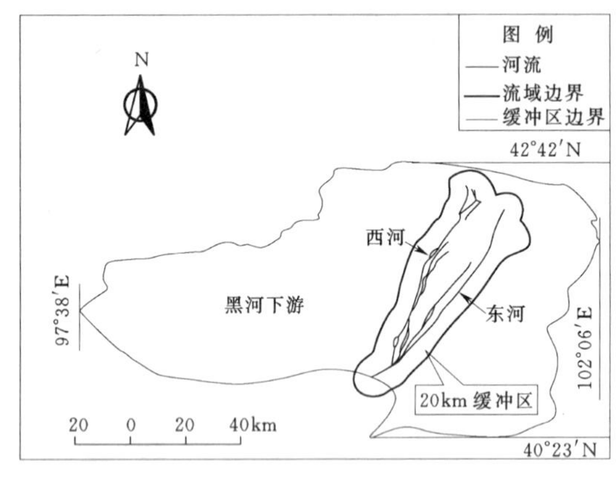


图 1 研究区域相对位置示意图

### 2.2 数据收集

首先，遥感数据的获取是直接从中国遥感卫星地面站购买的 2003 年 9 月 12 日的 Landsat5 TM 影像，行列号分别为 133/31 和 134/31。其次，气象数据是从中国气象科学数据共享服务网下载的研究区内 5 个气象站（额济纳旗、拐子湖、鼎新、金塔、阿右旗）2003 年 9 月 12 日的气象观测日值数据，包括气温、气压、相对湿度、降水量、风速、日照时数等。为进行遥感影像几何精纠正还收集了研究区 1∶5 万地形图数据。研究区 2003 年土地利用数据来源于国家自然科学基金委员会“中国西部环境与生态科学数据中心”，用来辅助植被分类及分类结果精度验证。为在大气纠正时输入每个像元的海拔高度值特从 CGIAR－CSI SRTM 90m DEM 数据库中收集了研究区 90m 分辨率数字高程模型数据。黑河流域 1∶1 万河流数据来自于国家自然科学基金委员会“中国西部环境与生态科学数据中心”，用来生成黑河下游河流缓冲区及研究区域边界。

### 2.3 研究方法

现有的生态需水量估算方法包括面积定额法（蒸散发法）、水量平衡法、地下水动量变幅法、彭曼公式法等。研究表明，在植被生态需水量中，蒸散发量占据了其中的 99%，因而可利用区域地表蒸散发量计算结果来估算区域植被生态需水量。因此本文采用蒸散发法进行区域生态需水量估算。由于研究区下垫面状况存在明显的空间变异性，不能将“点”尺度的生态需水通过简单线性外延或叠加来实现区域尺度生态需水量的估算。因此，本文首先对研究区各主要植被类型（胡杨、柽柳、草地）进行划分，并确定其空间分布范围；然后利用区域蒸散发量遥感估算（具体估算流程如图 2 所示，由于篇幅所限，详细估算过程参见文献[1]）结果提取各类植被蒸散发量空间分布；最后结合蒸散发量及其面积数据来估算某类植被的生态需水量，估算流程如图 3 示。

其中，各类植被日蒸散发量总和是在 IDL 编程技术支持下，利用公式（1）对像元尺度上各类植被分布范围内的地表日蒸散发量进行汇总求和得到。

$$r = \sum_{i=1}^{n} r_i \tag{1}$$

式中：$r$ 为各类植被分布范围内总的地表日蒸散发量；$r_i$ 为每个像元的地表日蒸散发量；$i$ 为研究区各类植被分布范围内的总像元个数。

根据区域各类植被的日蒸散发量总和及蒸散发量估算时所采用的遥感影像的像元面积利用公式（2）即可得到各类植被在区域尺度上的总生态需水量。

$$W_d = rA \tag{2}$$

式中：$W_d$ 为某类植被在区域尺度上的日总生态需水量；$r$ 为区域尺度各类植被分布范围内总的地表日蒸散

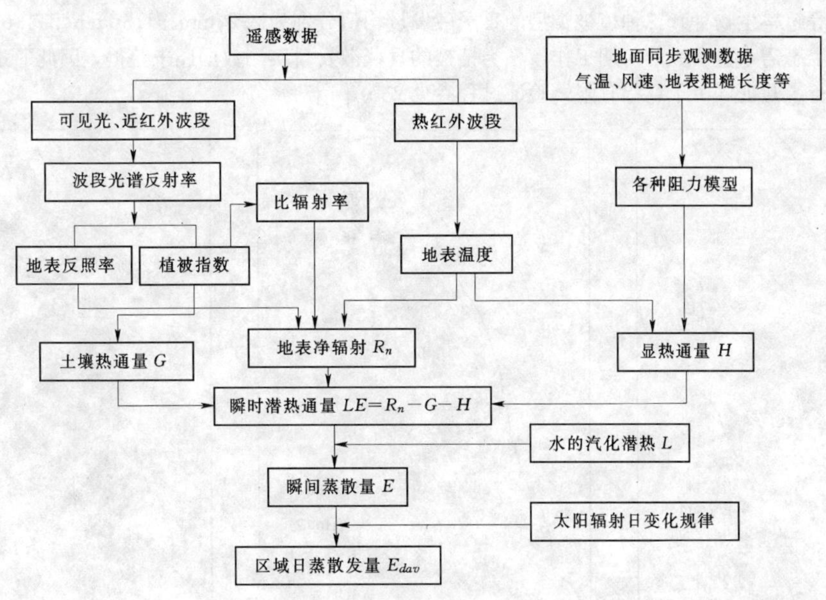


图 2　地表蒸散发遥感估算流程图

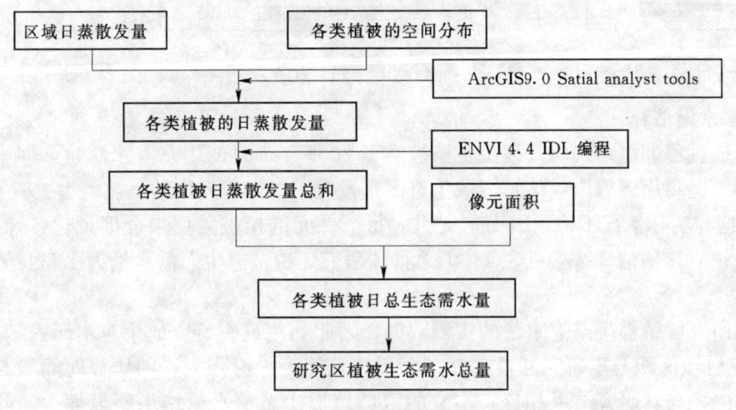


图 3　研究区生态需水量估算流程图

发量；$A$ 为蒸散发量估算时所采用的遥感影像的像元面积。

对区域尺度各类植被总生态需水量的计算结果进行汇总求和得到整个研究区植被日生态需水总量，利用公式（3）即可对其时间尺度进行扩展得到所要估算的研究区生态需水总额。

$$W_m = W_d \cdot 30 \tag{3}$$

式中：$W_d$ 为区域尺度上某类植被的日总生态需水量；$W_m$ 为该类植被月总生态需水量；30 为天数。

## 3　结果与讨论

### 3.1　区域各主要植被类型生态需水量估算及其验证

根据图 2 流程估算出的研究区各主要植被类型日蒸散发量空间分布如图 4～图 6 所示。图 4 显示了整个区域胡杨日蒸散发量分布在 0.12～5.41mm，水分条件是限制胡杨日蒸散发量的主要因素。图 5 体现出在绿洲内部及河岸附近少部分区域柽柳日蒸散发量在 2～4.67mm，其他区域日蒸散发量基本在 1～2mm，这与柽柳对水分条件的要求不高有关。图 6 表明整个研究区草地日蒸散发量空间分布差异显著。在河道附近及绿洲内分布的中旱生草地类型，如甘草、苦豆子、芦苇等的日蒸散发量最大，基本在 2～4.86mm；日蒸散发量在 1～2mm 的区域最多，主要是泡泡刺、黑果枸杞、霸王等旱生草地区；日蒸散发量在 0.0376～1mm 的区域主要为红砂等超旱生物种。三种植被类型的日蒸散发量均值分别为 2.27mm、1.38mm 和 1.6mm。由于本研究是研究区生态需水量研究的前期工作，各类植被的日蒸散发量实测数据还未获得，因此通过文献调查法对研究结果进行了验证（由于篇幅有限，验证过程参见文献 [1]）。

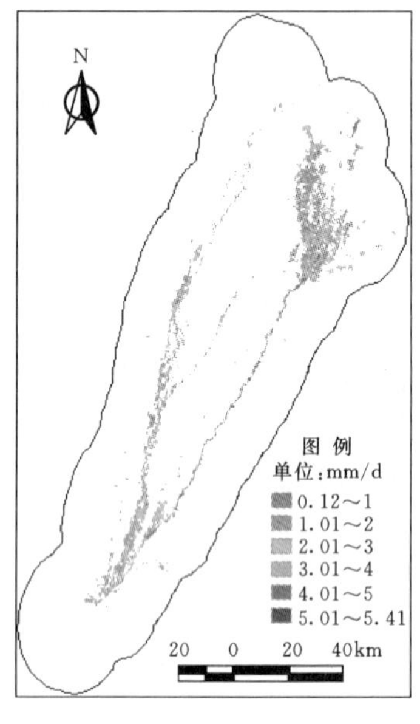

图 4　研究区胡杨日蒸散发量

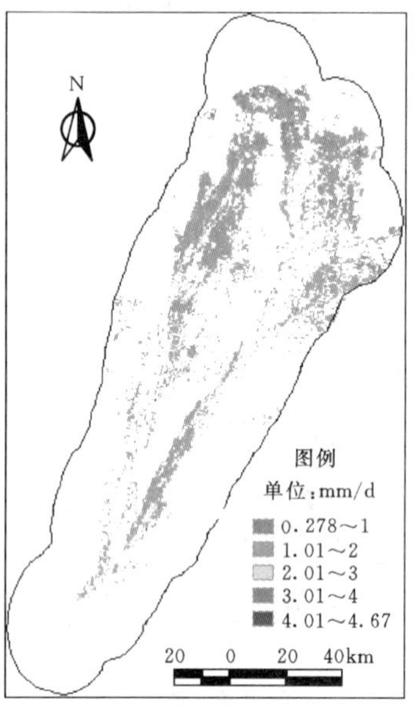

图 5　研究区柽柳日蒸散发量

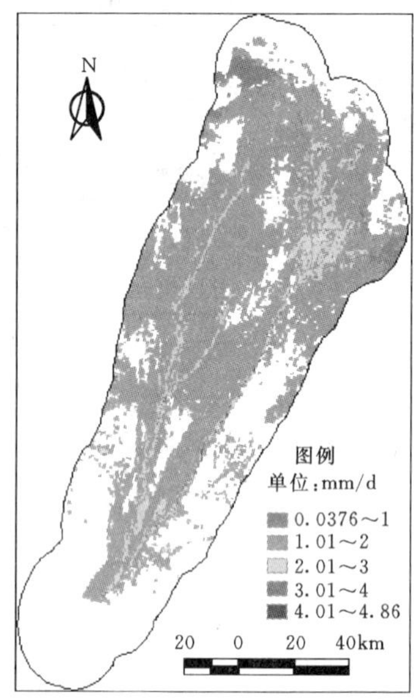

图 6　研究区草地日蒸散发量

### 3.2　研究区生态需水量估算

根据 2.3 节所述流程即可得到研究区主要植被类型 2003 年 9 月的生态需水总量，即本研究所估算的研究区生态需水总额。但利用遥感影像估算区域生态需水量时，每个像元内的植被类型被假定为是单一的且植被盖度为 100%，这与实际情况不符，因而本文引入每个像元的植被盖度来合理量化各像元内的植被面积，对估算结果进行修正。具体估算结果见表 1，汇总得到研究区植被总生态需水量为 1.506 亿 $m^3$。

### 3.3　结果验证

由于目前暂无研究区植被生态需水量的实测数据，因此利用现有研究成果对本研究结果进行对比验证。李强坤等[13]的研究区域面积与本研究区植被分布面积比较接近，而张丽[8]的研究时间段与本研究相似，同为 9 月，但年份不同。与其研究结果相比，本文的区域植被生态需水量结果略显偏大。原因分析如下：首先，从研究方法上分析，他们都采用潜水蒸发法，利用"点"上的地下水埋深数据通过蒸发蒸腾模型计算出不同地下水位埋深的潜水蒸发量，再用某一地下水位埋深下的植被面积与该地下水位埋深的潜水蒸发量的乘积得到区域植被生态需水量。该方法虽然具有科学的理论基础，但以有限的地下水位观测"点"的潜水蒸发量代表区域"面"尺度的潜水蒸发量必然会影响计算结果的精度，而本研究直接将"面"尺度的植被蒸散发量与植被面积的乘积作为区域植被生态需水量，免去了计算结果尺度转换时可能产生的误差。其次，本文的植被面积比李强坤的研究区面积大 356.31$km^2$，几乎相当于张丽研究区的 2 倍，因此本文计算出的区域植被生态需水量也必然大于二者的研究结果。与张丽的研究结果相比，本文的计算结果比其 2 倍还多 0.366 亿 $m^3$，这可用二者时间尺度的差别来解释，这也是本文计算结果偏大原因中最重要的一点。从研究时间看，张丽的研究时间为 2000 年 9 月，而黑河下游应急生态输水工程是在 2000 年 7 月才正式启动，因而其研究时段区域植被状况及地下水埋深等条件与本研究所选择的 2003 年相比都有明显差异。据司建华等对黑河下游生态输水后植被变化情况的研究[14]，截至 2003 年生态输水已使黑河下游天然植被得到明显恢复。胡杨在河道拐弯处、输水河道两侧老胡杨林下都出现了根生苗，而且长势普遍较好；而柽柳等灌丛的盖度也普遍增加，且枯死的枝条上又萌发出了新的枝条和叶片；苦豆子、骆驼刺、苏枸杞、芦苇、芨芨草、骆驼蓬、胖姑娘等草本植物也出现了局部的片状分布。因此可推断 2003 年额济纳绿洲内的植被条件及土壤水分状况都明显好于 2000 年，且在绿洲外围整个输水河段周围的植被条件及土壤水分状况也得到明显恢复，因而研究区内地表蒸散发量也将明显增大，由此估算出的研究区植被生态需水量也必然增大。同时，2003 年黑河下游生态输水力度又明显增大，累计调水达86天，正义峡断面下泄水量也达到11.61亿$m^3$。因而在本研究时段内研究区地表水量必然明显大于2000年9月，受其补给影响区域地下水位也会普遍抬升，地下水位的上升必将增加区域潜水的蒸发能力。根据张丽等的研究[15]，认为黑河下游潜水蒸发可占据区域总生态需水量的近一半，因而区域潜水蒸发能力的增强对研究区天然植被生态需水量的影响作用也不容忽视。在此条件下估算出的区域植被生态需水量值也将明显大于张丽计算的2000年的区域生态需水量。因此，可认为本研究的计算结果可信，计算方法合理。另外，验证发现所指定的研究区范围和研究方法有很大差别，因而估算出的区域生态需水量差别也较大。

**表1　研究区各主要植被类型生态需水量估算结果**

| 项　　目 | 胡杨 | 柽柳 | 草地 |
|---|---|---|---|
| 日蒸散发量均值（mm） | 2.27 | 1.38 | 1.60 |
| 各类植被日蒸散发总量（m） | 263.13 | 10.69 | 74.81 |
| 像元面积（$m^2$） | 14400 | 14400 | 14400 |
| 日生态需水量（亿$m^3$） | 0.0379 | 0.0015 | 0.0108 |
| 月生态需水量（亿$m^3$） | 1.137 | 0.045 | 0.324 |
| 植被总生态需水量（亿$m^3$） | 1.506 | | |

## 4　结论

水是干旱生态系统最关键的生境要素。在水资源总量日益减少情况下，区域生态需水量的科学核算和准确量化已成为干旱区生态恢复工作的重要前提。植被作为黑河下游生态系统的重要支柱，其生态需水量的确定就成为该区植被重建及生态恢复的重要参考。因此，本文在遥感及GIS技术支持下，利用蒸散发法，通过对区域蒸散发相关参数的遥感反演直接从"面"尺度对区域生态需水量进行了估算。研究结果表明：

（1）研究区主要植被类型（胡杨、柽柳、草地）的日蒸散发量估算结果如下：胡杨日蒸散发量在0.12～5.41mm，水分条件是限制胡杨日蒸散发量的主要因素；柽柳日蒸散发量在绿洲内部及河岸附近少部分区域为2～4.67mm，比其他区域的1～2mm明显偏高；草地日蒸散发量空间分布差异最显著，河道附近及绿洲内的中旱生草地类型日蒸散发量最大（2～4.86mm）；研究区广泛分布的旱生草地类型的日蒸散发量在1～2mm；红砂等超旱生物种的日蒸散发量仅为0.0376～1mm。三种植被类型的日蒸散发量均值分别为2.27mm、1.38mm和1.6mm。

（2）利用本文所提出的区域生态需水量估算方法计算出的研究区植被总生态需水量为1.506亿$m^3$。

（3）通过与黑河下游现有生态需水研究成果的比较，可认为本文的计算结果可信，计算方法合理。利用高分辨率遥感影像来提高区域植被分布面积的估算精度并对草地日蒸散发量估算结果进行实地验证是提高区域生态需水量估算精度的有效途径。

## 参 考 文 献


[1] 贾艳红．黑河下游地下水波动带生态需水量空间分布研究［D］．兰州：兰州大学．2008.

[2] 程国栋，康尔泗，等．西北干旱区内陆河水资源形成与变化的基础研究［R］．国家自然科学基金重点项目研究报告（49731030），2002.

[3] 李强坤，黄福贵，罗玉丽，等．额济纳地区绿洲恢复生态需水量研究［J］．水资源与水工程学报，2006，17（2）：9-13.

[4] 王根绪，张钰，刘桂民，等．干旱内陆流域河道外生态需水量评价——以黑河流域为例［J］．生态学报，2005，25（10）：2467-2476.

[5] 何志斌，赵文智，方静．黑河中游地区植被生态需水量估算［J］．生态学报，2005，25（4）：705-710.

[6] 李云玲．基于水资源合理配置的黑河下游生态恢复研究［D］．南京：河海大学，2005.

[7] 赵传燕．黑河流域生态需水量机理及时空分布研究［D］．中国科学院寒区旱区环境与工程研究所博士后科研报告，2005.

[8] 张丽．黑河流域下游生态需水理论与方法研究［D］．北京：北京林业大学，2004.

[9] 司建华，龚家栋，张勃．干旱地区生态需水量的初步计算［J］．干旱区资源与环境，2004，18（1）：49－53.
[10] 赵文智．黑河流域生态需水和生态地下水位研究［D］．北京：中国科学院研究生院，2002.
[11] 王根绪，程国栋．干旱内陆流域生态需水量及其估算——以黑河流域为例［J］．中国沙漠，2002，22（2）：129－134.
[12] 张天昌．黑河水量调度与下游生态恢复初步评价［J］．甘肃水利水电技术，2007，42（1）：11－13.
[13] 李强坤，胡亚伟，丁宪宝，等．西北干旱地区绿洲生态需水及其量化方法研究［J］．资源环境与工程，2007，26（5）：558－561.
[14] 司建华，冯起，张小由，等．黑河下游分水后的植被变化初步研究［J］．西北植物学报，2005，25（4）：631－640.
[15] 张丽，董增川，徐建新．黑河流域下游天然植被生态及需水研究［J］．灌溉排水，2002，21（4）：16－20.

# 莺落峡站年径流预报的加权秩次集对分析模型

张玉杰　王建群

(河海大学水文水资源学院　南京　210098)

**摘　要**　在年径流秩次集对分析预报模型的基础上提出了年径流预报的加权秩次集对分析预报模型，给出了模型在年径流预测应用中的基本思想和步骤。利用黑河干流上莺落峡站1945～2009年共65年的径流资料对加权秩次集对预测模型的预测效果进行了验证，并与秩次集对预测模型的预测结果进行了对比。结果表明：加权秩次集对预测模型的预测结果合格率为100%，秩次集对预测模型的合格率为80%，加权之后平均误差也由原来的16%下降到了9.33%。

**关键词**　集对分析；年径流；预报

## 1　引言

黑河是我国西北地区第二大内陆河。长期以来，水资源短缺一直是黑河流域社会经济发展的限制因子，社会、经济以及生态用水之间矛盾突出。如何合理分配与调度有限的水资源已成为黑河流域的热点论题。莺落峡水文站是黑河干流的出山口控制站，莺落峡站径流预报模型研究对黑河流域水资源优化配置有重要的理论意义和应用价值。

目前，国内外年径流预报模型众多，可以分为多因素综合预报和单因素预报两大类。多因素预报即从探索预报对象的外界影响因素着手，分析预报对象与前期多因子之间的统计相关关系，然后用数理统计法加以综合，进行预报，主要方法有逐步回归、聚类分析等[1,2]。单因素预报即分析要素本身时序变化规律，利用其历史演变规律来预报该要素未来可能出现的数值，常用的有历史演变法、周期叠加法、时间序列法趋势分析及随机函数的典型分解等[3]。文献［4，5］提出的年径流集对分析预报模型具有直观简单的优点，为年径流预报开辟了一条新的途径。本文将对年径流集对分析预报方法进行进一步研究，提出年径流预报的加权秩次集对分析预报模型。

## 2　秩次集对分析预报模型

### 2.1　集对分析

集对分析是我国学者赵克勤先生于1989年在内蒙古包头市召开的全国系统理论与区域规划会议上最先提出的，它突出的优势就是能从整体和局部上分析研究对象间内在的“关系”[5]，为处理和应用水文水资源各种不确定关系提供了具有广泛启发意义的新思路[6]。

所谓集对分析，即是对不确定系统的两个有关联的集合构建集对，再对集对特性做同一性、差异性、对立性分析，然后建立集对的同、异、反联系度[5]。由此可见，在集对分析中集对是基础，联系度是核心内容。联系度的表达式用以下式表示：

$$\mu_{A\sim B}=\frac{S}{n}+\frac{F}{n}I+\frac{P}{n}J \tag{1}$$

式中：$S$为同一性的个数；$F$为差异性的个数；$P$为对立性的个数；$S+F+P=n$；$I$为差异不确定系数，在(－1，1)区间视不同情况取值，有时仅起差异标记作用。$J$为对立系数，且$J\equiv-1$，有时起对立标记作用。

记$a=S/n$，$b=F/n$，$c=P/n$为联系度分量分别称之为同一度、差异度和对立度，且满足$a+b+c=1$。所以，式(1)可写成：

$$\mu_{A\sim B}=a+bI+cJ \tag{2}$$

---

第一作者简介：张玉杰（1986—　），女，河南开封人，河海大学硕士研究生，主要研究方向为水资源规划管理。E-mail：yujie_zhang2009@126.com

式（2）里 $a$ 、$b$ 、$c$，分别表征集合 $X$ 和 $Y$ 所呈现出的相同、相异、相反的关系。因此，$a$ 、$b$ 、$c$ 集中体现了 $A$ 和 $B$ 的关系结构，表示了不确定关系。

**2.2　秩次集对分析预报模型**

秩次集对预测模型是运用相似性原理为目标集合寻找一个或多个相似集合，相似集合的后续值的加权平均值即为目标集合的后续值也即为预测值。已知年径流序列 $X=\{x_i\}$，$0\leqslant i\leqslant n$，$x_i$ 依赖于前 $T$ 个相邻历史值 $x_{i-1}$，$x_{i-2}$，…，$x_{i-T}$[6]，它们与 $x_i$ 存在一种相依性。将时间序列滑动生成容量为 $T$ 的集合[5]，构成历史集合，分别记为 $A_1$，$A_2$，…，$A_{n-T}$，每个 $A_i$ 对应一个后续值 $x_i(i=T+1,\ T+2,\ \cdots,\ n)$。为了预测后续值 $x_{n+1}$，构造目标集合 $B=(x_{n-T+1},\ x_{n-T+2},\ \cdots,\ x_{n-1},\ x_n)$。年径流时间序列构成的集合见表 1。

**表 1　　年径流时间序列构成的历史集合 $A_i$ 与目标集合 $B$**

| 历史集合 | 集合元素 | | | | | 后续值 |
|---|---|---|---|---|---|---|
| $A_1$ | $x_1$ | $x_2$ | $x_3$ | … | $x_T$ | $x_{T+1}$ |
| $A_2$ | $x_2$ | $x_3$ | $x_4$ | … | $x_{T+1}$ | $x_{T+2}$ |
| … | … | … | … | … | … | … |
| $A_i$ | $x_i$ | $x_{i+1}$ | $x_{i+2}$ | … | $x_{i+T-1}$ | $x_{T+i}$ |
| … | … | … | … | … | … | … |
| $A_{n-T}$ | $x_{n-T}$ | $x_{n-T+1}$ | $x_{n-T+2}$ | … | $x_{n-1}$ | $x_n$ |
| $B$ | $x_{n-T+1}$ | $x_{n-T+2}$ | $x_{n-T+3}$ | … | $x_n$ | $x_{n+1}$ |

秩次是元素在集合中相对的大小位次[6]，一个时间序列的秩次反映其变化过程，所以可以用秩次作为时间序列的特性来做相似性比较。首先对集合 $A_1$，$A_2$，…，$A_{n-T+1}$，$A_{n-T}$，$B$ 做秩变换，得秩次集合 $A'_1$，$A'_2$，…，$A'_{n-T}$，$B'$，$B'$集合分别与 $n-T$ 个集合 $A'_i$ 构成秩次集对（$B'$，$A'_i$）（$i=1,\ 2,\ \cdots,\ n-T$）。分别对秩次集对统计其同一性、差异性、对立性，然后按式（1）或式（2）确定联系度。最后通过联系度最大原则确定出目标集合 $B'$的相似集合 $A'_i$，也即是 $B$ 的相似集合 $A_i$。其对应的后续值 $x_i$ 即为所求，如若 $i$ 不唯一，假设有 $k$ 个，则按下式进行计算：

$$\tilde{x}_{n+1}=\frac{1}{k}\sum_{j=1}^{k}\omega_i x_{i+T} \tag{3}$$

式中：$\omega_i$ 为 $B$ 集合的平均值与 $A_i$ 集合平均值的比值；$x_{i+T}$ 为 $A_i$ 的后续值；$\tilde{x}_{n+1}$ 为计算 $x_{n+1}$ 的预测值。

式（3）表明是对各个相似集合取等权重加权平均求预测值 $\tilde{x}_{n+1}$。

这种利用秩次集合相似性原理进行预测的模型即是秩次集对预测模型。

## 3　模型的改进及求解步骤

**3.1　模型的改进**

由上述可知秩次集对预测模型在确定联系度时是默认历史集合中的各元素对后续值的影响是同等的，而从物理成因上讲，水文序列中某一时刻的预测值与其前 $T$ 个历史值的相依性是依次减弱的，即历史集合中的各元素所在列与后续值的相对位置越远其对后续值的影响越弱，本文提出为每一列元素的影响度赋予权重。由于历史集合都为容量为 $T$ 的集合，所以对每个后续值 $x_i$，其对应的历史集合中各元素所在列赋予的权重为 $\alpha_1$，$\alpha_2$，…，$\alpha_{T-1}$，$\alpha_T$，其中 $\alpha_1\leqslant\alpha_2\leqslant\cdots\leqslant\alpha_{T-1}\leqslant\alpha_T$，如表 2 所示。为每一列标上序号 1，2，3，4，…，$T$，且令

$$\alpha_i=\frac{i}{m},i=1,2,3,\cdots,T \tag{4}$$

式中：$m=1+2+3+4+\cdots+T$。

在确定联系度时，同一度 $a$ 为相同性质的历史集合元素对应权重之和，差异度 $b$ 为不相同也不相反的历史集合元素对应权重之和，对立度 $c$ 为相反性质的历史集合元素对应权重之和，然后代入式（2）来直接计算联系度 $\mu_i$，最后通过联系度最大原则确定出目标集合 $B$ 的相似集合 $A_i$，$A_i$ 对应的后续值 $x_i$ 可能为 $B$ 的预测值。如若 $i$ 不唯一，也假设有 $k$ 个，本文提出则按下式进行计算预测值 $\tilde{x}_{n+1}$：

$$\widetilde{x}_{n+1}=\sum_{i=1}^{k}\frac{\mu_i}{U}\omega_i x_{i+T} \tag{5}$$

式中，$\omega_i$ 同式（3）；$\mu_1$，$\mu_2$，…，$\mu_k$ 为各个相似集合对应的联系数；$U=\mu_1+\mu_2+\cdots+\mu_k$。

联系数 $\mu_i$ 越大表明两个集合的相似性越强，其集合对应的后续值 $x_i$ 成为预测值的可能性越大，在对预测值进行加权计算时其所占比重理应越大，由此可见，式（5）相对式（3）更具有客观性和合理性。

本文提出的这种为联系度与预测值计算时赋予权重，并利用秩次集合相似性原理进行预测的模型即为加权秩次集对预测模型。

### 3.2 求解步骤

(1) 利用年径流资料，运用上述方法构造集合、集对，如表2所示。考虑到年径流序列的相依性较弱，$T$ 取值时不宜过大但也不宜过小，一般取4～6。

**表2　年径流时间序列构成的历史集合 $A_i$，目标集合 $B$ 及权重**

| 历史集合 | 集合元素 | | | | | 后续值 |
|---|---|---|---|---|---|---|
| | $\alpha_1$ | $\alpha_2$ | $\alpha_3$ | … | $\alpha_T$ | |
| $A_1$ | $x_1$ | $x_2$ | $x_3$ | … | $x_T$ | $x_{T+1}$ |
| $A_2$ | $x_2$ | $x_3$ | $x_4$ | … | $x_{T+1}$ | $x_{T+2}$ |
| … | … | … | … | … | … | … |
| $A_i$ | $x_i$ | $x_{i+1}$ | $x_{i+2}$ | … | $x_{i+T-1}$ | $x_{T+i}$ |
| … | … | … | … | … | … | … |
| $A_{n-T}$ | $x_{n-T}$ | $x_{n-T+1}$ | $x_{n-T+2}$ | … | $x_{n-1}$ | $x_n$ |
| $B$ | $x_{n-T+1}$ | $x_{n-T+2}$ | $x_{n-T+3}$ | … | $x_n$ | $x_{n+1}$ |

(2) 对集合 $A_1$，$A_2$，…，$A_{n-T+1}$，$A_{n-T}$，$B$ 做秩变换，将集合中的元素从小到大排序，并编上秩次1，2，3，…，$T-1$，$T$，若有相同的，则编以平均秩次并四舍五入。编秩后得秩次集合 $A'_1$，$A'_2$，…，$A'_{n-T}$，$B'$。

(3) $B'$ 集合分别与 $n-T$ 个集合 $A'_i$ 构成秩次集对（$B'$，$A'_i$）（$i=1$，2，…，$n-T$），将集合 $A'_i$ 中的元素逐一与目标集合 $B'$ 的对应元素做差，其差值记为 $d$。若 $d=0$ 时记为“同”；$d>T-2$ 时记为“反”，$0\leqslant d\leqslant T-2$ 时记为“异”。统计为“同”的元素项对应权重之和为同一度，统计为“异”的元素项对应权重之和为差异度，统计为“异”的元素项对应权重之和为差异度，代入（2）式计算各集对的联系度。给 $I$，$J$ 取合理值即得联系数。

(4) 根据联系数最大原则选择 $B'$ 的相似集合 $A'_i$，设 $B'$ 的相似集合有 $k$ 个，则按照式（5）计算预测值 $\widetilde{x}_{n+1}$。

## 4 莺落峡站的年径流预报

本文运用黑河干流莺落峡站1945～2009年共65年径流资料验证加权秩次集对预测模型。据该站年径流量资料，认为预测值依赖于前5个相邻历史值。以预测2009年为例来进行说明。由于 $T=5$，1945～2008年共64年径流资料按表2构成历史集合 $A_1$，$A_2$，…，$A_{58}$，$A_{59}$ 和一个目标集合 $B$，并根据式（4）计算各列权重分别为 $\alpha_1=0.1$，$\alpha_2=0.1$，$\alpha_3=0.2$，$\alpha_4=0.3$，$\alpha_5=0.3$。

分别对集合 $A_1$，$A_2$，…，$A_{58}$，$A_{59}$，$B$ 做秩变换得秩次集合 $A'_1$，$A'_2$，…，$A'_{59}$，$B'$，进而将 $B'$ 与 $A'_1$，$A'_2$，…，$A'_{59}$ 构成59个秩次集对，再分别计算联系数。以 $B$ 与集合 $A_{11}$ 为例给予进一步说明。$B=$（14.77，18.32，17.93，20.76，19.01），$A_{11}=$（16.44，14.68，15.45，19.69，16.72），做秩变换得秩次集合 $B'=$（1，3，2，5，4），$A'_{11}=$（3，1，2，5，4），将 $B'$ 的元素依次与 $A'_{11}$ 元素做差，可组成集合 $A''_{11}=$（2，2，0，0，0），差值 $d>T-2=3$ 为“反”，$0<d\leqslant 3$ 时为“异”，$d=0$ 时记为“同”。由 $A''_{11}$ 中的元素可以看出有3项为0，同一度为相同性质的历史集合元素对应权重之和，所以同一度 $a=0.8$，同理 $b=0.2$，$c=0$，则集对（$B'$，$A'_{11}$），也即是集对（$B$，$A_{11}$）的联系度为 $\mu_{B\sim A_{11}}=0.8+0.2I+0J$，认为“同”的情况时两集合相

似，“异”的情况无法确定两集合是否相似，“反”的情况使两集合不相似，故取 $I=0$，$J=-1$，得联系数 $\mu_{B\sim A_{11}}=0.8$。假定当联系数 $\mu_{B\sim A_i}\geqslant 0.5$ 时认为集合 $B$ 与 $A_i$ 相似。则计算出 $A_1$，$A_2$，…，$A_{59}$ 与 $B$ 的联系数就可以确定相似集合了，确定的相似集合见表 3。

**表 3　　目标集合 *B* 的相似集合**

| 集合 | 集合元素（亿 m³） | | | | | 集合均值（亿 m³） | 后续值（亿 m³） |
|---|---|---|---|---|---|---|---|
| $A_5$ | 15.48 | 11.83 | 14.61 | 21.82 | 15.42 | 15.83 | 17.10 |
| $A_{11}$ | 16.44 | 14.68 | 15.45 | 19.69 | 16.72 | 16.60 | 14.24 |
| $A_{17}$ | 13.98 | 11.75 | 14.25 | 17.8 | 14.84 | 14.52 | 16.25 |
| $A_{28}$ | 16.45 | 11.04 | 13.83 | 16.52 | 16.37 | 14.84 | 15.67 |
| $A_{46}$ | 15.84 | 12.86 | 13.18 | 18.04 | 14.05 | 14.80 | 14.80 |
| $A_{57}$ | 13.02 | 16.17 | 19.24 | 14.77 | 18.32 | 16.30 | 17.93 |
| $B$ | 14.77 | 18.32 | 17.93 | 20.76 | 19.01 | 18.16 | 21.07 |

| 秩次集合 | 秩次 | | | | | $A''_i(d)$ | | | | | 联系数 |
|---|---|---|---|---|---|---|---|---|---|---|---|
| $A'_5$ | 4 | 1 | 2 | 5 | 3 | 3 | 2 | 0 | 0 | 1 | 0.5 |
| $A'_{11}$ | 3 | 1 | 2 | 5 | 4 | 2 | 2 | 0 | 0 | 0 | 0.8 |
| $A'_{17}$ | 2 | 1 | 3 | 5 | 4 | 1 | 2 | 1 | 0 | 0 | 0.6 |
| $A'_{28}$ | 4 | 1 | 2 | 5 | 3 | 3 | 2 | 0 | 0 | 1 | 0.5 |
| $A'_{46}$ | 4 | 1 | 2 | 5 | 3 | 3 | 2 | 0 | 0 | 1 | 0.5 |
| $A'_{57}$ | 1 | 3 | 5 | 2 | 4 | 0 | 0 | 3 | 3 | 0 | 0.5 |
| $B'$ | 1 | 3 | 2 | 5 | 4 | — | | | | | |

由表 3 可知，目标集合 $B$ 有 6 个相似集合，并可求出 $\omega_1=1.1469$，$\omega_2=1.0941$，$\omega_3=1.2502$，$\omega_4=1.2234$，$\omega_5=1.2274$，$\omega_6=1.1137$，$U=3.3$，代入式（5），计算出预测值 $x_{2009}=18.56$，相对误差 $e=-11.90\%$。

同理，用加权秩次集对预测模型对 2005～2008 年径流量进行了预测，结果见表 4。

**表 4　　加权秩次集对预测模型和秩次集对预测模型预测结果比较**

| 年份 | 实测值（亿 m³） | 加权秩次集对预测模型 | | 秩次集对预测模型 | |
|---|---|---|---|---|---|
| | | Q（亿 m³） | e（%） | Q（亿 m³） | e（%） |
| 2005 | 18.32 | 16.00 | −12.68 | 15.66 | −14.53 |
| 2006 | 17.93 | 19.20 | 7.08 | 19.74 | 10.07 |
| 2007 | 20.76 | 19.83 | −4.48 | 16.46 | −20.72 |
| 2008 | 19.01 | 21.00 | 10.48 | 22.25 | 17.04 |
| 2009 | 21.07 | 18.56 | −11.90 | 17.36 | −17.63 |

为了验证加权秩次集对预测模型的预测效果以及对秩次集对预测模型的改进之处，这里也建立了秩次集对预测模型对 2005～2009 年径流量进行预测检验，检验成果见表 4。

以相对误差 $|e|\leqslant 20\%$ 为合格标准，加权秩次集对预测模型的合格率为 100%，而秩次集对预测模型的合格率为 80%，并且平均误差从原来的 16.00%下降到了 9.33%。可见，加权秩次集对预测模型对秩次集对预测模型的改进是正确的、合理的、有效可行的。从应用角度上看，加权秩次集对预测模型是一种原理清晰，简单实用的年径流预测方法。

## 5 结语

本文是在秩次集对预测模型的基础上进行改进从而提出的加权秩次集对预测模型，并用其对莺落峡站的年径流进行预测研究。此方法继承了原方法计算简单，不需要对数据进行预处理的长处，又在计算联系数与预测值时合理的赋予权重，使结果更客观、合理，取得了较好的预测效果。但是加权秩次集对预测模型在联系数计算时的权重赋予带有主观性，这点今后还需要进行进一步探讨。

## 参 考 文 献


[1] 杨旭，奕继红，冯国章．中长期水文预报研究评述与展望［J］．西北农业大学学报，2000，28 (6)：203-207.

[2] 王文，马骏．若干水文预报方法综述［J］．水利水电科技进展，2005，25 (1)：56-60.

[3] 王本德．水文中长期预报模糊数学方法［M］．大连：大连理工大学出版社，1993：1-51.

[4] 王红芳，黄伟军，王文圣，等．集对分析法在长江寸滩站年径流预测中的应用［J］．黑龙江水专学报，2006，33 (4)：1-5.

[5] 欧源，张琼，等．基于秩次集对分析的年径流预测模型［J］．人民长江，2009，40 (3)．63-65.

[6] 赵克勤．集对分析及其初步应用［M］．杭州：浙江科学技术出版社，2000. 1-5.

[7] 王文圣，李跃清，金菊良，等．水文水资源集对分析［M］．北京：科学出版社，2010：1-18.


# The Weighted Rank Set Pair Analysis Model about Annual Runoff Forecasting of YING LUO - XIA Hydrologic Station


Zhang Yujie Yang Jianqun

(College of Hydrology and Water Resources，Hohai University，Nanjing 210098)



**Abstract** In this paper，based on the method of rank set pair analysis，the annul runoff forecast model of the weighted rank set pair analysis is proposed. The idea and procedure of this model is presented. and tests its prediction using Ying Luo-xia station's 1945～2009 annual runoff data of Ying Luo-xia station are used for Verification model，it is also compared with the rank set pair analysis forecast model. The results show that，while the pass rate of the annul runoff forecast for the non - weighted model is 80%，the pass rate for the weighted rank set pair analysis forecasting model is 100% and the average error reduces from 16% to 9. 33% after weighting.



**Key words** set pair analysis；annual runoff；forecast

水与区域可持续发展

# 气候变化与区域水循环

# 淮河流域气候变化与淮河干流径流量变化特征研究*

高 超[1,2]

（1. 安徽师范大学国土资源与旅游学院 安徽芜湖 241000；
2. 中国科学院南京地理与湖泊研究所湖泊与环境国家重点实验室 南京 210008）

**摘 要** 根据淮河流域 1958～2007 年观测气温、降水量、径流量资料和 NCAR－CCM3、CSIRO _ MK3 和 ECHAM5/MPI－OM3 个气候模式数据对该流域气候变化和淮河干流径流量进行分析研究。结果表明：①淮河流域平均气温，在 20 世纪 90 年代以前以降温为主，90 年代中后期增温显著；季节上，春秋两季气温呈现波动增加趋势，冬季增暖速率较高，夏季则呈下降趋势；年降水量 1958～2007 年无突变性的增加或减少趋势，季节变化上，流域夏季降水量变幅较大。②预估表明，淮河流域未来气温增幅明显，2011～2060 年间三模式平均增温相对 1961～1990 年距平达 2.61℃，降水相对 1961～1990 年距平变幅达－84.6 至 168.0mm 之间波动，相对 1958～2007 年观测期淮河径流量没有明显变化，2011～2060 年淮河径流量可能存在上升趋势。

**关键词** 气候变化；预估变化趋势；淮河流域；径流量

## 1 引言

当前，气候变化及其对人类环境的影响已成为全球科学界日益重视的重大科学问题。科学研究以及政府间气候变化专门委员会（IPCC）第四次评估报告表明：气候系统变暖的客观事实不容置疑[1]。我国的气候变化国家评估报告亦指出：中国近 100 年来年平均地表气温也已明显上升，升高幅度在 0.5～0.8℃，增温速率比同期全球平均略强；近 100 年来的年降水量没有出现明显的趋势性变化。引发学者对于气候变化及其未来趋势预估的热点关注，已有不少学者对国内各大流域开展这方面的研究[2-4]。

淮河是我国一条重要的自然地理界线，淮河流域介于长江和黄河两大流域之间，对于该流域气候变化方面的研究，多以整个江淮地区或者对淮河流域单个气象现象（如梅雨）等的研究为主[5]，或研究淮河流域气候变化对水资源等的影响[6]，而对淮河流域过去气候变化事实和未来情景以及径流量变化特征研究不多[7]。

在中国乃至全球气候变化的背景下，淮河流域气候是否有相应的变化，变化规律如何、未来趋势如何？这些问题尚未得到系统的研究。本文对淮河流域 1958～2007 年的观测气温和降水量进行分析，识别该流域气温和降水量的变化事实，同时借助 ECHAM5/ MPI－OM 模式、NCAR－CCM3 模式和 CSIRO－MK3 等全球海－气耦合模式分析淮河流域未来气候变化特征并输入到 SWIM 水文模型预估淮河干流径流量变化趋势。

## 2 研究区概况

淮河以北属暖温带，以南属北亚热带，为重要的自然地理界线。淮河流域总面积约 27 万 $km^2$，以废黄河为界分为淮河和沂沭泗河两大水系，淮河流域年均气温在 11～16℃之间，最高月均气温 25℃左右，出现在 7 月；极端最高气温可达 40℃以上。最低月均气温在 0℃左右，出现在 1 月，极端最低气温可达－20℃左右。流域多年平均年降水量 883mm，年降水量的地区变幅为 600～1400mm，降雨主要是受夏季风影响，多集中在汛期的 5～8 月（淮河上游和淮南）或者 6～9 月（其他地区）。淮河流域多年平均径流深约为 231mm，其中淮河水系为 238mm，沂沭泗河水系为 215mm。

---

* 基金项目：国家重点基础研究发展计划（973）“气候变化对我国东部季风区陆地水循环与水资源安全影响及适应对策”（2010CB428400）；湖泊与环境国家重点实验室开放课题（2010SKL015）；安徽省教育厅自然科学重点项目（KJ2010A154）；安徽师范大学自然地理重点学科建设扶持基金，安徽师范大学博士启动基金共同资助。

作者简介：高超（1978— ），男，安徽省全椒人，博士，副教授，主要从事流域气候变化和水文响应研究。E-mail：gaoqinchao1@163.com

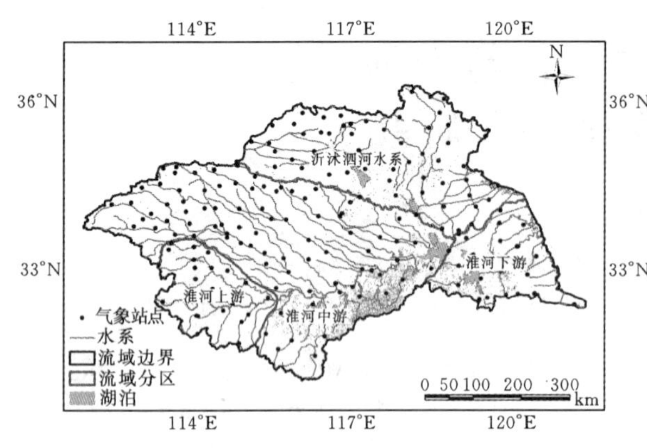


图 1　淮河流域水系及气象站位置

## 3　数据和研究方法

### 3.1　数据

研究数据包括实测和预估两部分。实测数据来源于中国气象局国家气象信息中心提供的1958～2007年流域内176个加密气象站点的逐日气温和降水量数据（图1），径流量数据来自国家水文年鉴；预估数据为德国马普气象研究所的海气耦合模式ECHAM5/ MPI－OM（Roeckner et al.，2003）、美国大气研究中心（NationalCenterforAtmosphericResearch，NCAR）的气候模式（community climate model）第3版CCM，澳大利亚CSIRO _ MK3全球海－气耦合模式，采取双线性内插方法降尺度处理（Hanssen，et al.，2005；Fowler，et al.，2007），插值至淮河流域176个加密站点，获取加密站点的3个模式数据的各3个情景数据（SRES－A2，SRES－A1B和SRES－B1），即获得9套淮河流域未来情景数据，用于分析淮河流域未来气候变化特征以及输入率定好的水文模型，预估未来情景下淮河径流量变化情况等研究[6]。

### 3.2　研究方法

淮河流域气候变化事实和趋势的分析主要采取Mann－Kendall法，其是一种非参数统计检验方法，也称无分布检验，优点是不遵从一定的分布，也不受少数异常值的干扰，更适合于类型变量和顺序变量，计算也比较简便[8]。

水文模型选择德国波茨坦气候影响研究所的SWIM模型，以淮河流域蚌埠水文站为代表水文站，选取1964～1975年降水、温度数据作为率定期数据，2000～2007年降水、温度数据作为验证期数据率定SWIM水文模型。

## 4　1958～2007年气候变化

### 4.1　气温

淮河流域对温室气体增加导致的全球变暖有着自身独特的区域响应。中国范围在整体升温趋势中有若干降温区域，淮河流域即在其中。从图2可知，自1963～1993年31年间流域气温距平值（相对于1961～1990年多年平均值，下同）除1965等13年份外均为负值，气温在此时段呈下降趋势。从Mann－Kendall曲线可以看出，气温在1972年、1974年和1985年MK统计值分别达到－2.13、－2.06和－1.97，大于95%置信度的阀值±1.96，表明流域内在20世纪70～80年代降温趋势明显，在1997年后MK统计值转为正，流域出现增温趋势，而在UF和UB的交点2001年发生突变，呈现持续增温趋势。

1958～2007年，淮河流域4个季节平均温度距平差异明显。在春秋两季流域内气温呈现波动增加趋势，夏季流域气温变化波动较小其中在20世纪70～80年代以下降为主，而冬季的变化幅度强烈，尤其是1987年之后距平值全为正，多数年份增加值大于1℃，其中在1999年距平增温2.75℃，为四季增温之最。

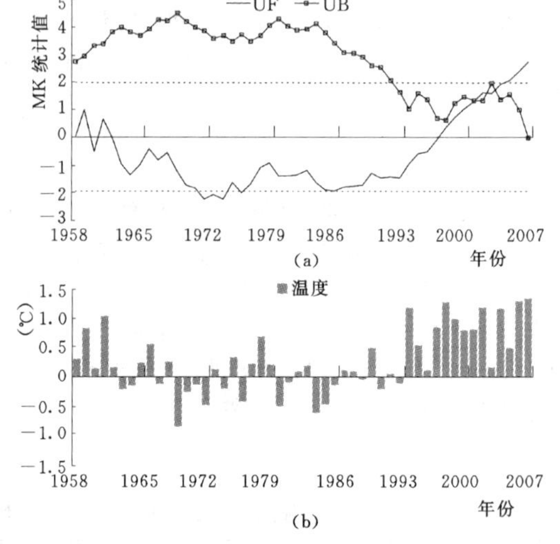


图 2　淮河流域1958～2007年平均温度距平值及MK曲线
（虚线代表$\alpha$=0.05显著性水平临界值）

### 4.2　降水

年降水量的距平值及MK统计值见图3。淮河流域年降水量对全球变暖的响应与温度的响应并不一样，其MK统计值最大为1964年的1.95，尚达不到95%置信度的1.96，因而1958～2007年无突变性的增加或减少趋势，但是从1977～2006年以来，其MK统计值除1991年外均为负值，反映降水有不显著的减少趋势，这与文献[7]的研究一致。从图3(b)距平值可知，降水变幅多数100～200mm之间，但是2003年淮河流域受西北太平洋副热带高压异常偏强，加之西南暖湿气流强盛、导致冷暖空气在淮河流域交汇，降水量异常偏多，超过多年均值约400mm，造成流域性大洪水。降水量季节变化：淮河流域夏季降水量变幅较大，尤其是1997年之后，变幅在200mm左右，而2003年夏季增幅更是达302mm，为四季中增幅最大，2003年全流域性洪水与之关系密切。在1998年的春季，降水距平增幅达到181.3mm，反映出淮河流域降水季节差异性较大；而秋季降水距平变率不大，多数在±100mm以内振荡；冬季降水量变化趋势不明显，仅1989年、1990年和2001年增幅达约60mm。

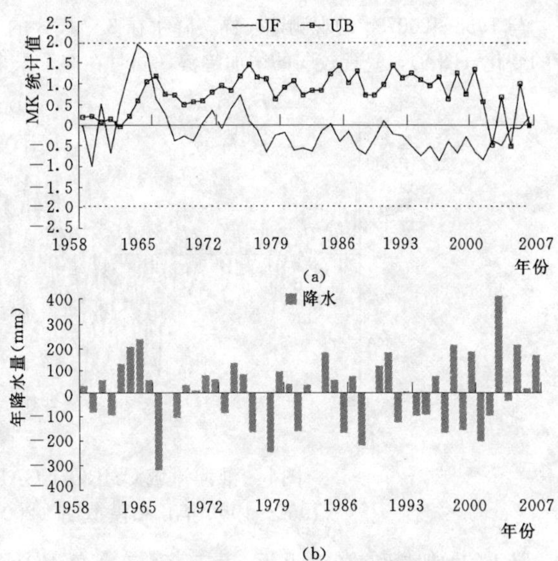


图3 淮河流域1958～2007年年降水量距平值及MK曲线

[图(a)虚线代表$\alpha=0.05$显著性水平临界值]

## 5 2011～2060年气温和降水变化预估

图4为3个模式在淮河流域2001～2100年相对于各自1961～1990年平均温度的距平值，由图可知，未来情景下，淮河流域温度呈现上升趋势较为明显，三模式的9个未来气候变化情景下，到2100年流域相对于试验期1961～1990年最大增温达6.28℃，9个未来情景的平均值增温也达到4.26℃；在重点关注的2011～2060年(表1)时段淮河流域三模式最高增温达4.20℃，平均增温2.61℃。因而淮河流域的增温趋势显著，将可能给流域水循环等带来较大影响。而降温主要发生在21世纪的前半叶，且发生次数较少，进入21世纪40年代之后3个模式的9个情景均呈现不同程度的升温趋势。

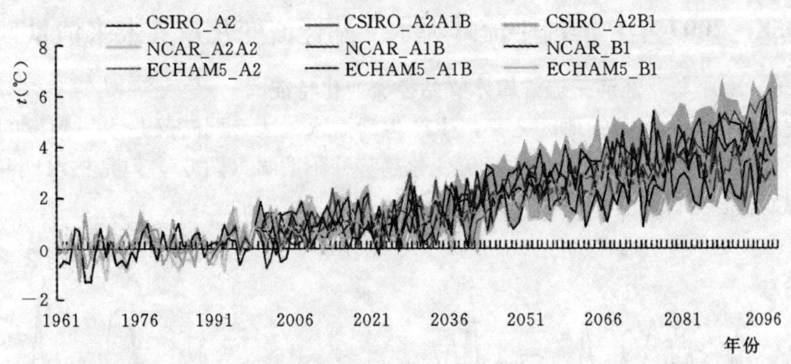


图4 淮河流域CSIRO/NCAR/ECHAM5模式试验期(1961～1990年)和模拟期(2001～2100年)温度距平值

**表1 淮河流域CSIRO/NCAR/ECHAM5模式2011～2060年温度距平值最大值和最小值**

| 项目 | CSIRO | | | NCAR | | | ECHAM5 | | | 三模式 | 平均 |
|---|---|---|---|---|---|---|---|---|---|---|---|
| | A2 | A1B | B1 | A2 | A1B | B1 | A2 | A1B | B1 | | |
| 最小值 | -1.21 | -1.21 | -1.21 | -1.31 | -1.31 | -1.31 | -1.32 | -1.32 | -1.32 | -1.32 | -0.46 |
| 最大值 | 3.56 | 3.26 | 2.88 | 4.20 | 3.37 | 3.06 | 3.44 | 4.09 | 2.55 | 4.20 | 2.61 |

与1958～2007年的观测期一样，降水在3个模式的9个未来气候变化情景中2001～2100年间亦没有显著的变化（图5），呈现较弱的增加趋势，同时在9个未来气候变化情景中，

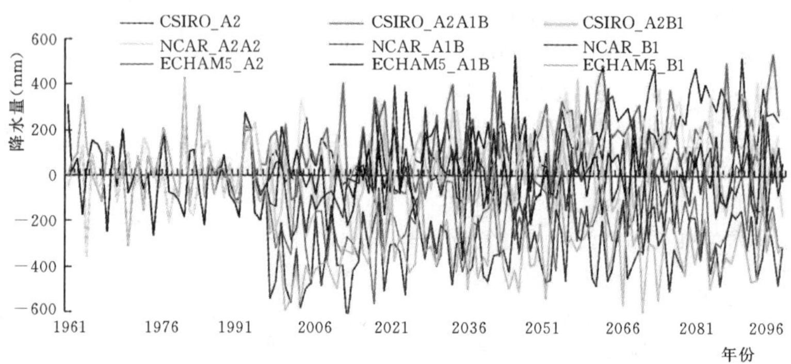


图5　淮河流域CSIRO/NCAR/ECHAM5模式试验期（1961～1990年）和模拟期（2001～2100年）降水量距平值

降水的增加量和减少量几近一致，多数在正负400mm左右。2001～2100年间3个模式的9个未来气候变化情景中，最大的降水增加量为538.5mm，3个模式的平均情况是，降水最大值为204.1mm，而降水下降的极端最小值较大，三模式的极值为−651mm，平均状态为−224.5mm，在重点关注的2011～2060年间淮河流域最大降水增加量达534.1mm，平均增加168.0mm，降水下降趋势要显著低于2001～2100年时段，下降极值和平均值仅−373.0mm和−84.6mm反映出淮河流域未来极端降水的变化较大，但是在2060年之后变化尤其强烈，且可能低降水量的情况要更加严重。

**表2　淮河流域CSIRO/NCAR/ECHAM5模式2011～2060年降水量距平值最大值和最小值**

| 项目 | CSIRO | | | NCAR | | | ECHAM5 | | | 三模式 | 平均 |
|---|---|---|---|---|---|---|---|---|---|---|---|
| | A2 | A1B | B1 | A2 | A1B | B1 | A2 | A1B | B1 | | |
| 最小值 | −115.8 | −100.6 | −255.8 | −342.3 | −236.9 | −373.0 | −255.8 | −342.3 | −236.9 | −373.0 | −84.6 |
| 最大值 | 368.3 | 460.6 | 361.8 | 425.7 | 395.2 | 534.1 | 361.8 | 425.7 | 395.2 | 534.1 | 168.0 |

## 6　观测期（1958～2007年）淮河干流蚌埠水文站径流变化及其未来情景预估

### 6.1　观测期（1958～2007年）淮河干流蚌埠水文站径流变化特征

淮河流域是我国人口最为稠密的地区之一，生产生活需水量大，同时又是水旱频发的地区，自1958～2007年以来，蚌埠水文站径流趋势分析表明径流变化趋势并不明显（图6），但是枯水期和丰水期的洪峰流量的变化趋势呈现显著态势。

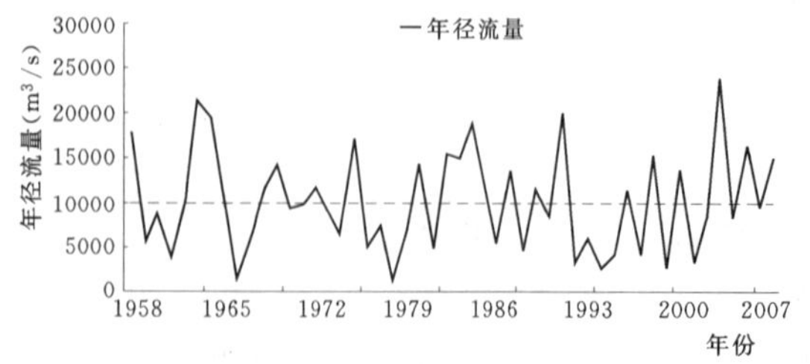


图6　蚌埠站1958～2007年径流量

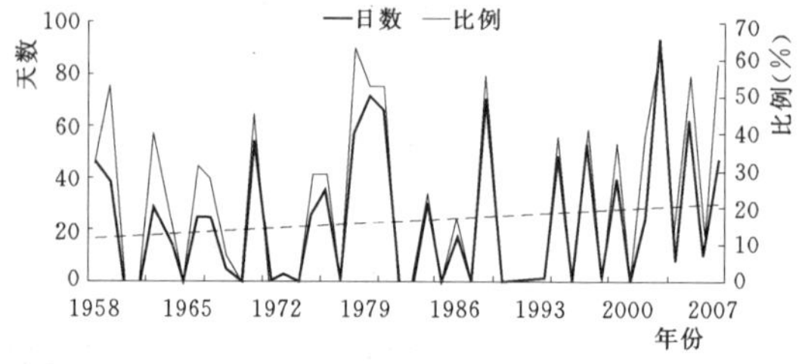


图7　蚌埠站超越流量95%百分位数的天数及其比例

选择淮河干流重要控制站蚌埠水文站1958～2007年日径流资料，逐年提取95%百分位数的径流量，取1961～1990年上述径流量平均值作为极端洪水阈值，获得逐年超越其阈值的天数及其占全年径流量比例形成连个序列，分析蚌埠水文站极端洪水特征等。由图7可知，蚌埠水文站极端洪水在1958～2007年间总体

没有明显变化趋势，但是从 1992 年开始其发生日数及其占全年径流量比例有所增加，且占全年径流量比例增加更快，反映，极端洪水发生的流量增加迅速。

**6.2　情景期（2011～2060 年）淮河干流蚌埠水文站径流变化预估**

将经过降尺度处理后的三模式下的 9 个气候变化情景的降水、温度数据输入 SWIM 模型，获得淮河径流量在 2011～2060 年的变化情况，由图 8 知，径流量的预估数据是存在一个较为宽泛的幅度范围内变动，但 9 个气候变化情景的均值曲线为图 8 中的红色粗线条，反映出淮河流域未来径流量存在一个微弱增加的趋势，这个 1958～2007 年淮河径流量未有明显变化的趋势有一定差距（图 6），1958～2007 年观测期淮河径流量没有明显变化，但是未来 2011～2060 年淮河流域径流量可能存在一个上升趋势，淮河流域水资源紧张的情况可能有所缓解。同时南水北调的东线工程等经过淮河下游，径流量一定程度的增加，可能减轻南水北调东线工程对淮河流域的影响。

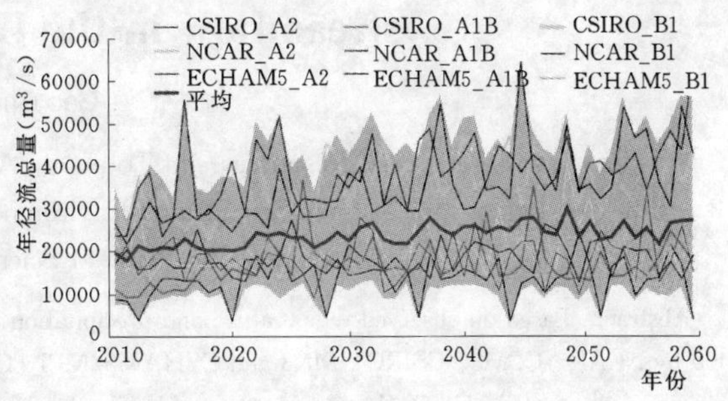


图 8　蚌埠站 2010～2060 年 CSIRO/NCAR/ECHAM5 模式 SWIM 径流模拟值

# 7　讨论和结论

本文采用观测气温、降水量资料以及预估气温和降水量数据，分析了淮河流域 1958～2007 年气温和降水量变化，并根据预估数据评估淮河流域 2011～2060 年气温和降水量变化趋势，得到如下结论：

(1) 淮河流域平均气温，在 20 世纪 90 年代以前以降温为主，90 年代中后期增温显著；季节上，春秋两季呈现波动增加趋势，冬季增暖速率相当高，夏季则呈下降趋势；呈现上述特征可能与西风带环流和副热带高压等环流系统、人类排放引起的大气中温室气体浓度增加等有关。

(2) 年降水量 1958～2007 年无突变性的增加或减少趋势，季节变化上，流域夏季降水量变幅较大，降水变化可能与北太平洋涛动（NPO）和 ENSO（El Niño 和 LaNia）事件等有密切关系，冬季 NPO 与次年夏季我国淮河流域降水异常呈明显的负相关：强（弱）涛动年，次年夏季淮河流域降水偏少（多）；El Niño 年份的春季和冬季降水明显增多，而在 LaNina 年份降水普遍减少。

(3) 以 NCAR－CCM3、CSIRO _ MK3 和 ECHAM5/MPI－OM3 个气候模式数据分析未来 2011～2060 年气温、降水和径流变化幅度及趋势得出：淮河流域未来气温增幅明显，2011～2060 年间三模式平均增温相对 1961～1990 年距平达 2.61℃，降水相对 1961～1990 年距平变幅达－84.6～168.0mm 之间波动，相对于 1958～2007 年观测期淮河径流量没有明显变化，未来 2011～2060 年淮河流域径流量可能存在上升趋势，淮河流域水资源紧张的情况可能有所缓解。

## 参 考 文 献

[1]　IPCC, Climate Change 2007：Synthesis Report [R]. http：//www.ipcc.ch/.

[2]　姜彤，苏布达，王艳君，等．四十年来长江流域气温、降水与径流变化趋势 [J]．气候变化研究进展，2005，1 (2)：65－68.

[3]　刘绿柳，姜彤，原峰．珠江流域 1961～2007 年气候变化及 2011～2060 年预估分析 [J]．气候变化研究进展，2009，5 (4)：209－214.

[4]　任国玉，郭军，徐铭志．近 50 年中国地面气温变化基本特征 [J]．气象学报，2005，63 (6)：942－956.

[5]　田红，许吟隆，林而达．温室效应引起的江淮流域气候变化预估 [J]．气候变化进展，2008，4 (6)：357－362.

[6]　Gao C, Gemmer M, Zeng XF, et al. Projected streamflow in the Huaihe River Basin (2010～2100) using artificial neural network [J]. Stoch Environ Res Risk Assess, 2009, DOI 10.1007/s00477－009－0355－6.

[7]　高歌，陈德亮，徐影．未来气候变化对淮河流域径流的可能影响 [J]．应用气象学报，2008，19 (6)：741－748.

[8]　Su BD, Jiang T. Recent trends in temperature and precipitation extremes in the Yangtze River basin, China [J]. Theoretical and Applied Climatology, 2006, 83, (1－4), 139－151.

# Observed and projected trends of climate change and streamflow in the Huaihe River basin

Gao Chao[1,2]

(1. College of Territorial Resources and Tourism, Anhui Normal University, Wuhu Anhui, 241000;
2. State Key Laboratory of Lake Science and Environment, Nanjing Institute of Geography and Limnology, Chinese Academy of Sciences, Nanjing 210008)

**Abstract** Based on observed temperature and precipitation data from 1958 to 2000 and climate projection from 2011 to 2060 by NCAR—CCM3、CSIRO _ MK3 and ECHAM5/MPI—OM, changing tendencies of annual temperature, annual precipitation and runoff in Huaihe basin were analyzed. The results showed that ① annual temperature displayed a relatively significant decreasing trend before 1990s and then, increasing. Seasonal temperature would rise most significantly in winter and most decreasing in summer; Annual precipitation show no significant change trend from 1958 to 2007 and had a relatively significant change in summer. ②Comparing with climate from 1961 to 1990, temperature would increased to 2. 61℃ at 2060s and precipitation would change between —84. 6mm and 168. 0mm during 2011 - 2060 under the three models. Comparing with no tread in 1958 - 2007, the interannual fluctuations cover an increasing streamflow trend under the three models in 2011 - 2060.

**Key words** climate change; projection of future climate; Huaihe basin; streamflow

# 桃汛期影响潼关高程升降的相关因素分析

林秀芝　荆新爱　田　勇　王　平

（黄河水利科学研究院，水利部黄河泥沙重点实验室　郑州　450003）

**摘　要**　文章从水沙和边界条件两个方面，逐项分析了桃汛期洪峰、沙量、水沙搭配以及桃汛期三门峡水库起调水位、前期潼关高程、河床泥沙颗粒组成、纵比降等方面对潼关高程升降产生的影响。综合分析认为：在目前边界条件下，要降低潼关高程，三门峡水库桃汛期起调水位控制在313m以下，桃汛洪峰流量在不超过小北干流平滩流量的情况下越大越好，沙量越小越有利于潼关高程的冲刷下降，含沙量不能太大且要与洪峰对应，在出库含沙量不能与洪峰同步的情况下，要控制万家寨水库落水期排沙。

**关键词**　桃汛洪水；潼关高程；相关因素；黄河

## 1　概述

为了降低潼关高程［潼关（六）断面1000m$^3$/s流量对应水位］减轻渭河下游防洪压力，黄委会组织国内有关专家开展了大量的研究工作，同时采取了多种综合治理措施。由于近年来黄河汛期洪水大幅度减少，而宁蒙河段开河形成的桃汛洪水洪峰流量多数年份都超过汛期洪峰流量（头道拐站）。因此，为了冲刷降低潼关高程，利用桃汛洪水冲刷降低潼关高程是多种治理措施中的一种，为了能使有限的桃汛洪水达到最大的冲刷效果，有必要对桃汛洪水期间影响潼关高程升降的敏感因素进行分析，以便通过适当调节万家寨水库运用方式，使桃汛洪水过程满足潼关高程冲刷降低的要求。

## 2　影响潼关高程升降的敏感性因子分析

潼关断面位于渭河入黄处，下距三门峡大坝113.5km。影响潼关高程升降的因素非常复杂，大致可以分为两类：一类是水沙条件；另一类是河道边界条件。其中水沙条件又包括黄河水沙条件和渭河水沙条件。而黄河水沙条件又分为汛期水沙条件和非汛期水沙条件的影响。本文重点分析黄河非汛期中桃汛期洪水水沙条件对潼关高程升降的影响，包括洪峰、沙峰、洪量、沙量、水沙搭配等。边界条件主要包括三门峡水库运用水位、前期潼关高程、河床组成、纵比降、河势等。

### 2.1　三门峡水库运用水位和洪峰流量影响

根据历史时期桃汛期潼关高程的变化与洪峰流量和三门峡水库起调水位进行相关性分析[1]，相关关系见图1。以三门峡水库起调水位为参数，点绘了潼关高程变化与洪峰流量的关系图，并形成一组曲线，即不同起调水位下潼关高程与洪峰流量的关系。由图可以看出，当起调水位在322m左右时，即使洪峰流量在3000m$^3$/s以上，潼关高程也难以冲刷下降；当起调水位在320m左右时，洪峰流量大于2000m$^3$/s潼关高程才会发生冲刷调整；当起调水位在318m左右时，洪峰流量约达到1800m$^3$/s潼关高程开始发生冲刷下降，随着流量增大下降值也明显增大；当起调水位在316m左右时，洪峰流量大于1500m$^3$/s潼关高程就会发生冲刷下降，而且，洪峰流量越大潼关高程下降值越大。在同一洪峰流量下，起调水位高对潼关高程冲刷十分不利，起调水位高到一定值还会加速潼关高程抬升，起调水位较低时潼关高程下降值较大；在同一起调水位下，洪峰流量大时潼关高程冲刷下降值大，当洪峰流量小到一定值时，即使起调水位很低，潼关高程也难以发生冲刷下降。

图1还表明，起调水位在316～312.5m之间，除个别年份外点子较密集，基本在同一关系带上，也就是说，对于桃汛期潼关高程的变化来说，在现状三门峡水库运用方式下，水位从316m继续降低到312m，能够增加潼关高程冲刷的作用不明显。

---

第一作者简介：林秀芝（1966—　），女，河南虞城人，黄河水利科学研究院，教授级高级工程师，主要从事河流泥沙及河床演变方面的研究工作。E-mail：lxzyrcc@163.com；lin_xiuzhi@yahoo.com.cn

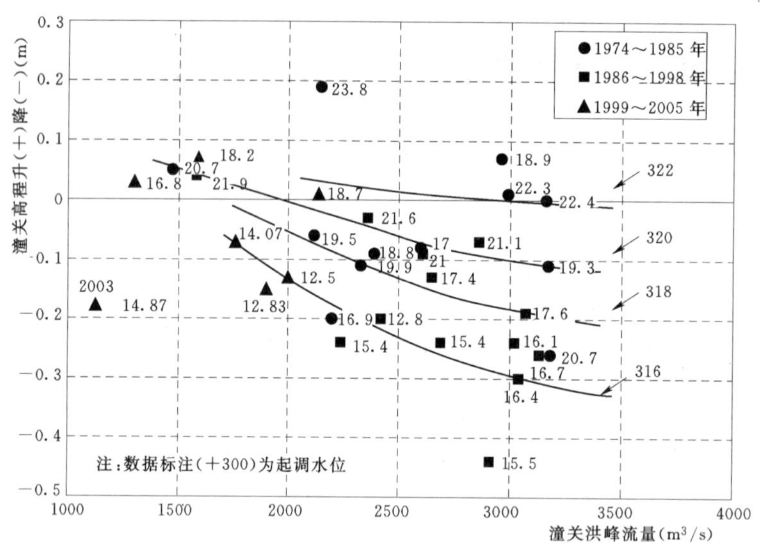


图 1　潼关高程变化与洪峰流量和起调水位的关系

## 2.2　桃汛洪水不同流量级对应沙量影响分析

历史时期由于桃汛期洪水含沙量相对较低，且沙峰多与洪峰同步，因此桃汛期沙量的多少对潼关高程的影响不敏感。而自 2006 年开展桃汛试验以来，5 年试验期间由于人工塑造的桃汛洪水洪峰和洪量相近，且三门峡水库桃汛期起调水位均按 313m 控制，因此 5 年试验期间桃汛洪峰流量和三门峡水库起调水位不再是这几年影响潼关高程的变化的敏感性因子。分别点绘了近期桃汛洪水期日均流量连续大于 1500m$^3$/s 和大于 2000m$^3$/s 对应沙量与潼关高程变化值的关系见图 2。由图可以看出，除 2006 年受前期两股河河床条件影响点子偏离点群较远外，其他年份的点群相关性较好，表明桃汛洪水期沙量越大潼关高程下降值越低，说明沙量是近期影响潼关高程下降敏感性因子之一。

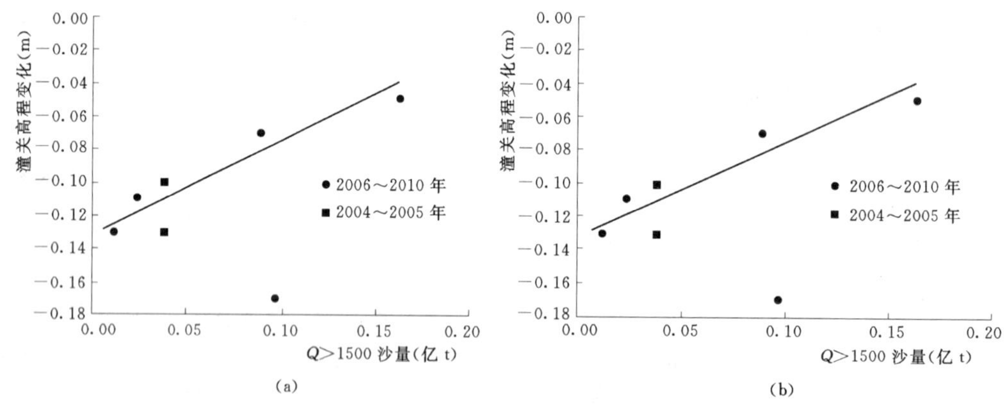


图 2　潼关高程变化与不同流量所对应沙量关系图

(a) 潼关高程变化与流量连续大于 1500m$^3$/s 对应沙量关系图；

(b) 潼关高程变化与流量连续大于 2000m$^3$/s 对应沙量关系图

## 2.3　含沙量大小及其与洪峰对应关系影响

为了优化桃汛洪水水沙过程，利用三门峡库区一维泥沙水动力学模型进行方案计算，以实测资料分析提出的潼关站洪峰流量在 2500m$^3$/s 以上、10 日洪量 13.0 亿 m$^3$ 为基本条件，分析含沙量大小以及沙峰与洪峰的对应情况对桃汛期潼关高程变化的影响[1]，以方案 3 的流量过程为基础，含沙量以实测日均最大含沙量 39kg/m$^3$（1997 年桃汛期）为沙峰值，控制来沙总量相同，并考虑最大含沙量超前洪峰、与洪峰同步以及滞后于洪峰的三种组合形成对比方案。不同含沙量对比过程见图 3。

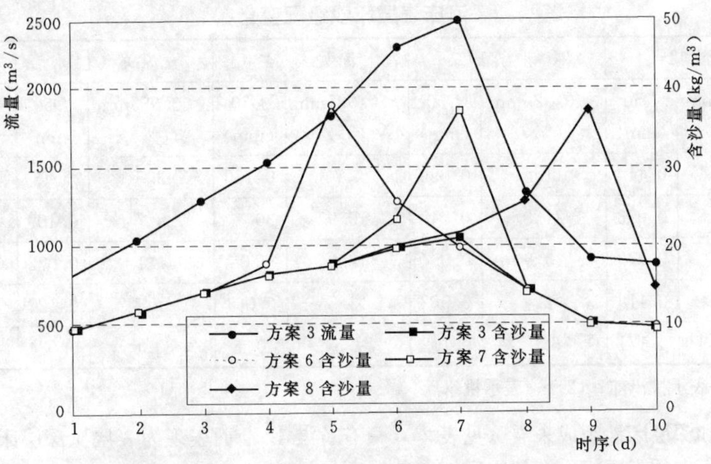


图3　不同含沙量方案桃汛期日均流量、含沙量过程

对不同含沙量、不同沙峰与洪峰对应关系的方案计算表明[1]，对于同样的洪水流量过程，方案7和方案3洪峰与沙峰对应，但方案7含沙量大，潼关高程下降幅度较小；方案6和方案8含沙量与方案7相同，方案8沙峰滞后潼关高程下降幅度最小，方案6次之。可见，桃汛期含沙量低时潼关高程下降值大，洪峰与沙峰对应更有利于潼关高程的冲刷降低，沙峰滞后最不利于潼关高程冲刷下降。

为了分析沙峰滞后对潼关高程下降值影响，利用实测资料点绘桃汛期潼关高程下降值与落水期来沙系数关系，见图4。由图可以看出，随着落水期来沙系数的增大潼关高程下降值有减小的趋势，说明沙峰滞后对潼关高程冲刷下降产生不利影响。

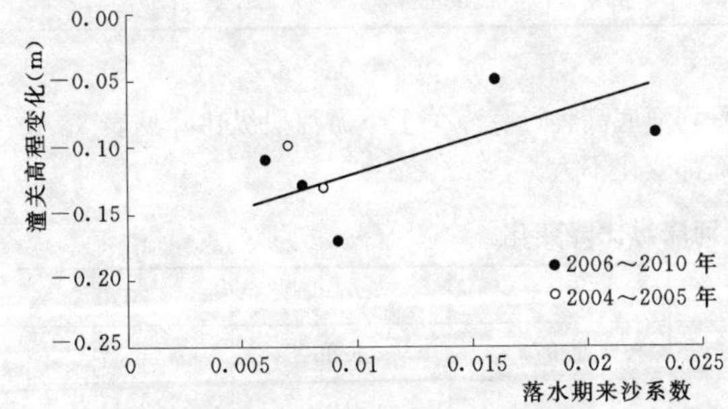


图4　桃汛期潼关高程下降值与落水期来沙系数关系图

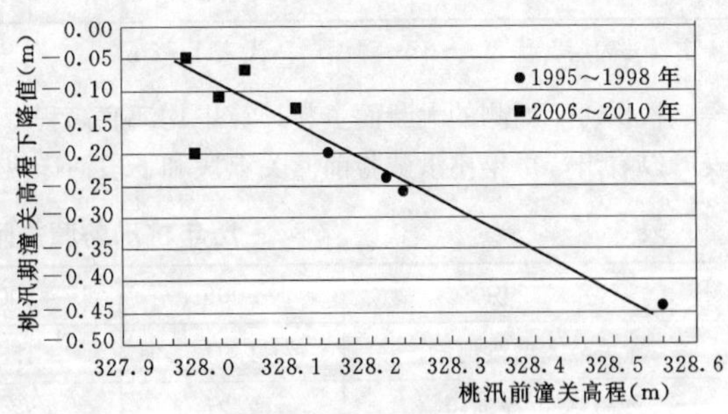


图5　桃汛期潼关高程下降值与桃汛期前潼关高程相关关系

## 2.4　边界条件影响

边界条件包括三门峡水库运用水位、前期潼关高程、河床组成、纵比降、河势等。由于自2006年开展桃汛试验以来，三门峡水库桃汛期起调运用水位均按不超过313m控制，所以试验以来三门峡水库运用水位不在是影响潼关高程升降的敏感性因素。首先对前期潼关高程绝对值对桃汛期潼关高程下降值进行分析。选择桃汛期洪峰流量相近，约2500～3000m³/s，最大10日洪量相近，约12.3亿～14.4亿m³，三门峡水库起调水位相近，均小于316.8m的年份，点绘桃汛洪水前后潼关高程下降值与桃汛前潼关高程的关系（见图5），可以看出，这些年份桃汛期潼关高程下降值与桃汛前潼关高程具有较好的线性关系。也就是说在水沙条件和三门峡水库起调水位相近的情况下，前期潼关高程越高，桃汛期潼关高程下降值一般越大，反之就越小。

另外，根据潼关上下游断面床沙取样资料分析（见表1），各断面表层床沙组成历年桃汛后总体上变化不大，或者说没有明显的变化规律。

表 1 河床表层床沙级配变化

| 年份 | 黄淤 42 | | 汇淤 1 | | 潼关（六） | | 潼关（七） | | 黄淤 40 | |
|---|---|---|---|---|---|---|---|---|---|---|
| | <0.025mm（%） | D50（mm） | <0.025mm（%） | D50（mm） | <0.025mm（%） | D50（mm） | <0.025mm（%） | D50（mm） | <0.025mm（%） | D50（mm） |
| 2006（2） | 7.8 | 0.114 | 11.5 | 0.059 | 4.9 | 0.136 | 3.5 | 0.15 | 6.6 | 0.094 |
| 2007（2） | 7.9 | 0.093 | 21.9 | 0.048 | 10.9 | 0.1 | 6.7 | 0.109 | 10.3 | 0.094 |
| 2008（1） | 9.6 | 0.079 | 13.9 | 0.054 | 12.9 | 0.08 | 7.1 | 0.072 | 13.6 | 0.057 |
| 2008（2） | 8.4 | 0.113 | 11 | 0.062 | 13.5 | 0.061 | 12.1 | 0.127 | 13.8 | 0.085 |
| 2010（2） | 2.3 | 0.171 | 6.9 | 0.102 | 7.5 | 0.1 | 11.6 | 0.084 | 7.2 | 0.103 |

注 年份后（1）—表示桃汛前；（2）—表示桃汛后。

从各断面表层和深层床沙组成来看（见表 2），只有黄淤 42 断面表现为表层比深层床沙组成粗，其他断面各年表现不一样，有的表层粗，有的表层细，变化没有定律。

表 2 河床表层和深层床沙级配小于 0.025mm 沙重之百分数变化

| 年份 | 黄淤 42 | | 汇淤 1 | | 潼关（六） | | 潼关（七） | | 黄淤 40 | |
|---|---|---|---|---|---|---|---|---|---|---|
| | 表层 | 深层 | 表层 | 深层 | 表层 | 深层 | 表层 | 深层 | 表层 | 深层 |
| 2006（2） | 7.8 | 8.7 | 11.5 | 11.3 | 4.9 | 8 | 3.5 | 4.7 | 6.6 | 9.3 |
| 2007（2） | 7.9 | 15.6 | 21.9 | 26.4 | 10.9 | 13 | 6.7 | 12.8 | 10.3 | 12.1 |
| 2008（1） | 9.6 | 16.1 | 13.9 | 11.8 | 12.9 | 12.8 | 7.1 | 7.4 | 13.6 | 12.2 |
| 2008（2） | 8.4 | 13.4 | 11 | 14.5 | 13.5 | 11.4 | 12.1 | 12 | 13.8 | 8.7 |
| 2010（2） | 2.3 | 4.3 | 6.9 | 7.7 | 7.5 | 9.2 | 11.6 | 13.2 | 7.2 | 11.2 |

注 "表层"代表 0～1m；"深层"代表 1～2m。

根据历年加测的大断面资料计算平均河底高程，由平均河底高程计算潼关上下游河段纵比降见表 3。由表可以看出，每年桃汛试验前潼关上段和下段河床纵比降都变化不大。

表 3 历年桃汛前潼关附近河床纵比降变化

| 年 份 | 2006 | 2007 | 2008 | 2009 | 2010 |
|---|---|---|---|---|---|
| 潼关至大禹渡河段 | 1.91 | 1.86 | 1.97 | 1.88 | 1.87 |
| 潼关至古夺河段 | 2.21 | 2.02 | 2.28 | 2.33 | 2.14 |
| 上源头至潼关河段 | 3.21 | 3.72 | 3.38 | 3.36 | 3.55 |

通过以上分析初步认为桃汛期影响潼关高程变化的敏感因子且能够控制的因素主要包括以下几个方面：三门峡水库运用水位、桃汛洪峰、沙量、含沙量大小及其与洪峰的对应关系。另外，还有一些不可控制的因素，如桃汛前潼关高程、河床组成、纵比降、河势等。因此，根据以上分析认为：在目前边界条件下，为了冲刷降低潼关高程，三门峡水库运用水位要控制在 313m 以下，桃汛洪峰流量在不超过小北干流平滩流量的情况情况下越大越好，沙量越小越有利于潼关高程的冲刷下降，含沙量不能太大且要与洪峰对应，在出库含沙量不能与洪峰同步的情况下，要控制落水期排沙。

## 3 结语

由于影响潼关高程升降的因素非常复杂，各种因素相互影响相互制约，而潼关高程的升降一般是多种因子综合作用的结果，因此，本文对桃汛期各种单因素对潼关高程影响的分析仅仅是初步的，下一步应深入分析多因子组合对其影响，为桃汛试验进一步优化桃汛洪水过程，冲刷降低潼关高程提供技术支撑。

## 参 考 文 献

[1] 侯素珍，林秀芝，田勇，等．桃汛洪水冲刷降低潼关高程关键技术研究．郑州：黄河水利出版社，2010.

# Correlative factors affecting on changes in Tongguan elevation during ice - flood season

Lin Xuzhi　Jing Xin'ai　Tian Yong　Wang Ping

(Yellow River Institute of Hydraulic Research, Key Laboratory of Yellow river sediment of Ministry of Water Resources, Zhengzhou 450003)

**Abstract** Effects of flow dynamic conditions including flood peak, sediment flow, and proportion between flow and sediment during ice - flood season, and boundary conditions including dispatch level of Sanmenxia reservoir in ice - flood period, antecedent elevation at Tongguan station, sediment particle size composition, as well as longitudinal river slope, on changes in elevation at Tongguan station were individually analyzed. Results indicated that dispatch level of Sanmenxia reservoir should be controlled below 313m for the purpose of lowing Tongguan elevation under the current boundary condition. Moreover, larger peak flood discharge not exceeding bankfull discharge of Xiaobeiganliu stream with low sediment concentration will be helpful for river bed erosion at Tongguan station. The best situation for lowing Tongguan elevation is higher peak flood discharge occurring with sediment peak discharge simultaneously. And the situation could be reached through regulating sediment discharge in flow recession phase with Wanjiazai Reservior.

**Key words** ice flood; Tongguan elevation; correlative factors; Yellow River

# 淮河水系生态流量计算方法分析*

梁士奎[1,2]

（1. 郑州大学水科学研究中心　郑州　450001；2. 华北水利水电学院　郑州　450011）

**摘　要**　保障合理的生态流量是维护河流健康、实现人水和谐的基础。以淮河水系为研究区域，分析了流域生态系统存在的问题，探讨了常用的几类生态流量计算方法，总结了淮河流域及典型断面的生态流量计算的计算方法和成果。针对淮河流域水资源短缺和生态恶化的状况，结合淮河流域的水资源开发利用和管理需求，提出了淮河流域生态需水的保障措施。

**关键词**　淮河；人水和谐；水资源管理；生态流量

## 1　引言

以水资源短缺与生态恶化为主要特征的我国水问题，使得水资源管理工作面临着重大的挑战。我国的水资源管理先后经历了水资源评价、四水转化、考虑宏观经济的水资源优化配置、考虑生态与经济结合的水资源合理配置几个重要阶段[1]，在开发和保护并重的新的水资源管理模式下，生态需水研究已成为合理配置水资源、实现水资源可持续利用的基础。鉴于我国大部分河流系统生态退化的重要原因是流量大幅减小乃至断流，很有必要对其生态需水量进行分析。河流生态流量是指为保证河流生态服务功能，用以维持或恢复河流生态系统基本结构与功能所需的流量[2]。研究和确定河流生态流量，遏止由河道断流和流量减少造成的生态环境恶化，对于实现流域生态系统的可持续发展具有重要意义。

淮河流域是我国洪灾频繁、水资源短缺和水污染严重并存的地区，生态问题更是对流域的经济社会发展产生了严重影响。在淮河流域水资源的规划与管理中，如何能按照“三条红线”的要求[3]，基于有限的水资源总量，实现流域水资源的合理优化配置，维持合理的生态基流，将人类活动影响控制在河流生态环境和资源允许范围内，以满足水资源和国民经济健康可持续发展，是淮河流域水资源保护管理和规划部门当前亟待解决的关键问题。在淮河水系深入开展生态水量研究，并在淮河水资源开发利用和调度中充分考虑生态需水要求，对实现淮河水资源的科学管理和合理配置、缓解严重的生态问题、营造人与自然和谐相处的局面具有重要的意义。

## 2　淮河流域生态环境状况及存在问题

### 2.1　流域生态环境状况

淮河流域片由淮河流域和山东半岛组成。淮河发源于河南省桐柏山，东流经豫、皖、苏三省，在三江营入长江，全长1000km，总落差200m，淮河水系集水面积约为19万$km^2$，约占流域总面积的70%。上中游支流众多，流域内湖泊、洼地和湿地众多。目前淮河流域有大中型水库5700多座和水闸5000多座，成为我国水利设施密度最大的流域之一。众多的闸坝工程在流域防洪抗旱、农业灌溉和供水等方面发挥了巨大效益，但是，闸坝的联合调度问题、经济发展过程中排污控制问题与水环境修复、保护之间的协调与矛盾问题十分突出。

淮河流域多年平均天然地表水资源量621亿$m^3$，浅层地下水资源量353亿$m^3$，水资源总量835亿$m^3$。流域内人均水资源数量少、分布不均匀，水土分布不协调，水资源年内年际变化大。作为重要的社会经济区域，流域水资源开发利用率较高，地表水在50%、5%和95%保证率的利用率分别为49.6%、70.7%和90%以上，高于全国平均20～30个百分点[4]。

从1989年淮河发生第一次重大污染事故以来，淮河污染防治问题一直受到政府的高度重视。经过“九五”、“十五”、“十一五”等多年的整治，淮河水质有所好转，根据淮河流域149个国家级水质站监测数据分

* 基金项目：国家科技重大专项（2009ZX07210－006）。

作者简介：梁士奎（1980—　），男，河南南阳人，博士研究生，讲师，从事水文学及水资源专业工作。E－mail：lsk8313@163.com

析，2003～2008 年流域水质总体呈现好转趋势[5]。2008 年Ⅴ类和劣Ⅴ类水断面比例为 46.4%，比 2003 年下降了 7.1 个百分点，达到Ⅲ类水断面的比例为 37.6%，比 2003 年上升了 2.7 个百分点。

河流生态与环境现状是生态需水研究的基础，可以通过系统内生物的生存状况来分析生态环境的水平。根据淮河流域生态状况调查资料，水生态系统主要生物包括底栖动物、浮游植物、浮游动物、大型水生植物和鱼类等。流域内河道中底栖动物的数量和优势种群与水质优劣有关，调查到各类水域的浮游植物有 128 属（种），浮游动物有 240 个属（种）左右，浮游植物和动物的数量同样跟水量的丰、枯有关，组成则跟各个河段的水质状况有很大关系。河道中的高等水生植物较少，仅有 11 种。淮河水系鱼类主要有青、草、鲢、鲤、鲫、银鱼、鲶鱼、虾等[6]。

### 2.2 存在的主要问题

高密度的闸坝工程影响着水系的生态环境。淮河流域数量众多的闸坝设施，引起天然径流过程大幅度改变，进而对水域生态环境产生较大影响。淮河河道的水文特点使得其对水污染物的稀释自净极为不利，污染物排放总量远远超过了水环境容量，河流生态与环境恶化的风险居高不下。针对淮河流域的闸、坝等水利设施对水生态环境的影响，采用多种生物指数法，对淮河流域 22 个典型闸坝断面的生态系统现状进行综合评价，结果显示 64%的所调查评价的河流处在不健康或亚健康状态[7]。

过度的水资源开发制约着水系的生态状况。淮河流域片降雨和下垫面基本特征，形成了淮河流域片河道径流年内分配不均、地区分布不均、年际变化大的总体特征。为了经济社会用水需求，众多水库、水闸等河道水利工程对径流实行高度调节控制，形成大多数支流雨季行洪，旱季则水流很小，或者有水无流或者河干。目前，淮河水系水资源供需矛盾日益加剧，水资源过度利用，超出了其合理承载能力，影响和制约着流域的水环境状况。

严峻的水污染形势威胁着水系的生态安全。随着流域污染负荷控制、闸坝工程调度、水资源开发利用与保护之间矛盾日益突出，以及突发性水污染事件频繁发生，淮河流域水污染已使许多河流、湖库水源地降低或丧失了使用价值，并影响到水域及周边水生态系统正常生态服务功能的发挥。从而使得河道中水生生物数量和种类锐减，进而导致淮河水生态系统失衡，生态功能下降，生物多样性遭受破坏，危及水生态安全和河流健康生命。

## 3 生态流量计算方法[6-8]

从 20 世纪 40 年代开始，美国、欧洲、澳大利亚等国开展了许多关于鱼类生长繁殖、产量与河流流量关系的研究，并逐步深入到生态需水量研究的各个方面，提出了许多计算和评价方法。目前全球范围内生态需水的计算方法有 200 多种，大致可分为六大类：水文学法、水力学法、生境模拟法、综合法、水文一生物分析法及其他方法。其中，水文学法和栖息地法应用最广泛，其次是水文一生物分析法和水力学法，综合法和其他方法用得最少。常用的河道生态流量计算方法及其相应的优缺点如表 1。

表 1 常用河道生态流量计算方法比较

| 方法类别 | 典型方法 | 数据类型 | 评价方式 | 方法描述 | 适用条件 | 优缺点 |
|---|---|---|---|---|---|---|
| 水文学法 | Tennant 法<br>7Q10 法 | 水文 | 水文指标 | 根据简单的水文指标对河流流量进行设定的一种方法 | 任何河道 | 快速，数据易满足，不需现场测量；标准需验证，未能考虑高流量及水质等因素 |
| 水力学法 | 湿周法<br>R2CROSS 法 | 水力 | 河流水力参数 | 根据实测或曼宁公式计算获得的河道水力参数确定所需流量 | 稳定性河道 | 只需简单现场测量；体现不出季节性，忽视了流速变化，未能考虑具体物种或阶段需求 |
| 栖息地法 | IFIM 法 | 水力、生物 | 流量与生物种群关系 | 根据河道内指示物种所需的水力条件确定河流流量 | 河道内生物种群尺度研究 | 适于“比较权衡”；数据要求高、操作复杂，不适用于河岸带，生物数据缺乏会影响结果 |
| 整体分析法 | BBM 法 | 水文、生物 | 河流生态系统整体性要求 | 强调河流是综合生态系统，从生态系统整体出发，综合确定河道流量 | 流域尺度研究 | 生态整体性与流域管理规划相结合；实施时间长、资源消耗大，需要跨学科专家组、现场调查、公众参与等 |

鉴于各种方法的局限性，国内外在进行生态需水量的计算研究中，往往结合实际情况，进行方法的改进。在国内，近年来一些学者提出了各自的计算方法，例如，采用人为干扰小的天然河流最小月平均实测径流量的多年平均值，作为河流的基本生态环境需水量；满足河流纳污功能的环境功能设定法；基于不同保证率下，以天然年径流量百分比作为河道生态环境需水量等级的方法；从河流形态入手，提出基于河道形态的河道最小生态流量计算方法等。

## 4 淮河水系生态流量计算方法分析[9-11]

由于淮河生态系统自身的复杂性，河道生态系统各部分的功能与生态系统的整体功能并不相同。由于地域特点的差异，天然河流本身的差异较大，加之污染和筑坝改变河流水环境和水文规律，使得河流发生本质性改变。从 20 世纪 80 年代，多个部门和研究人员针对淮河流域的不同区域，进行了河流生态系统结构和生态水文规律的研究，部分研究成果见表 2。

**表 2　淮河流域河道生态流量方面的研究成果**

| 研究时间 | 研究者 | 研究区域 | 计算方法 | 计　算　结　果 |
|---|---|---|---|---|
| 20 世纪 80 年代 | 淮河水利委员会 | 淮河流域 | 估算法 | 淮河河道生态需水量约 30 亿～40 亿 $m^3$ |
| 2002 年 | 王西琴等 | 淮河流域 | 保证率法 | 河道最小生态需水量在 25.7 亿～30.9 亿 $m^3$ |
| 2003 年 | 淮委水保局 | 淮河干流 | 河床形态分析、估算法 | 最小生态流量百分率范围为 5.3%～9.3%，平均 6.9%；最小生态流量水面宽率的范围为 56%～79%，平均 68% |
| 2005 年 | 徐志侠等 | 颍河周口水文断面 | 生物空间最小需求法 | 研究断面的最小生态流量为 7 $m^3/s$，占多年平均天然流量的 51.6% |
| 2006 年 | 淮委水保局 | 淮河流域 | Tennant 法 | 参照法国《乡村法》最小生态流量取为 5%～10% |
| 2008 年 | 梁友 | 淮河水系 | 综合方法 | 淮河水系最小生态需水量为 19.61 亿 $m^3$，适宜生态需水量为 73.40 亿 $m^3$ |
| 2008 年 | 赵长森等 | 四个典型断面 | 改进的生态水力半径法 | 将鱼类作为生态保护目标，不同时期不同断面的生态流量需求不同，需通过闸坝调度来保证 |
| 2009 年 | 蔡涛等 | 淮河上游 | 保证率法 | 丰水期（4～9 月）约 50%以上年份月均流量小于适宜生态径流量；丰水期河流适宜生态需水量得不到满足的年份较多 |

从淮河流域及典型区域的生态流量研究成果来看，不同的生态目标，其计算得到的结果差异较大。由于流域各种条件的不断变化，使得生态需水量的计算无法形成相对确定的方法。需要结合流域自身特点，考虑不同阶段、不同的生态需求，不断进行计算方法的改进。

## 5 生态需水保障措施

保障合理的生态流量是维护河流流健康的基础，是有序、可持续利用流域水资源的前提。河流生态系统涉及到水文情势、河流地貌、流态和水质[12]。生态需水具有时时间性、空间性、阈值性和水质水量统一性。为保证生态用水的实施，应该全面研究生态用水决策的各个层次，从多个方面系统考虑，保障河流的生态需水。首先，应加强流域综合管理，实施最严格的水资源管理制度。建立水功能区限制纳污制度，确立水功能区限制纳污红线，协调上下游生态环境需水量的关系，在不同时间尺度和空间尺度上满足河流基本生态环境流量的要求。建立生态可持续的调度方式，运用科学的调度技术和手段，以维护河流健康、促进人水和谐；同时，加大污染防治力度，确保河道内保持有河流的生态流量。从保护生态环境、维护水域生态平衡的角度出发，加大污染防治力度，控制进入水体的点源和面源污染物数量，保障流域水功能区水体质量，以满足河流基本生态环境流量的要求；另外，根据流域治理开发出现的新情况、新变化和新要求，需要在规划建设及管理过程中，始终注重生态需水研究，制定更加科学的生态环境用水量标准，加强生态治理和保护。

## 6 结束语

强调水资源、生态系统和人类社会的相互协调，重视生态环境与水资源的内在关系，已成为现代水资源管理的主要特征。流域管理必须重视水资源的合理开发和保护，充分考虑到生态环境用水和水资源的永续利用，实现生态系统的良性循环。

## 参 考 文 献

[1] 王浩．我国水资源合理配置的现状和未来［J］．水利水电技术，2006，37（2）：7-14.
[2] 刘静玲，杨志峰，等．河流生态基流量整合计算模型［J］．环境科学学报，2005，25（4）：436-441.
[3] 中共中央、国务院．关于加快水利改革发展的决定［Z］，2010.
[4] 胡瑞，左其亭．淮河流域水资源现状分析及承载能力研究意义［J］．水资源与水工程学报，2008，19（5）：65-68.
[5] 郁丹英，贾利．2003～2008 年淮河流域省界水质变化趋势分析［J］．治淮，2009，12：7.
[6] 梁友．淮河水系河湖生态需水量研究［D］．北京：清华大学，2008.
[7] 刘玉年，夏军，等．淮河流域典型闸坝断面的生态综合评价［J］．解放军理工大学学报（自然科学版），2008，9（6）：693-697.
[8] 徐志侠，陈敏建，等．河流生态需水计算方法评述［J］．河海大学学报（自然科学版），2004，32（1）：5-9.
[9] 徐志侠．河道与湖泊生态需水研究［D］．南京：河海大学，2005.
[10] 赵长森，刘昌明，等．闸坝河流河道内生态需水研究——以淮河为例［J］．自然资源学报，2008，23（3）：400-411.
[11] 蔡涛，李琼芳，等．淮河上游生态需水量计算分析［J］．河海大学学报（自然科学版），2009，37（6）：635-639.
[12] 董哲仁．河流生态系统研究的理论框架［J］．水利学报，2009，40（2）：129-137.

# Comments on Calculation Methods for Ecological Water Demand of Huaihe River

Liang Shikui[1,2]

（1. Center for Water Science Research，Zhengzhou University，Zhengzhou 450001；
2. North China University of Water Resources and Electric power，Zhenzhou 450011）

**Abstract** River health and harmony between human-water can be achieved by reasonable flow. This paper take the HuaiHe baisn as a research object，the problems existing in the system of the basin ecology is analysed，the commonly used methods to calculation the ecological flow are discussed，typical calculation methods used for ecological flow in HuaiHe River and the results aresummarized. Based on the situation of water shortages and ecological deteriorating，combined with the huaihe river basin water resources development and management requirements，some security measures are introduced to guarantee the ecological water requirement of the huaihe river basin.

**Key words** Huaihe river；human-water harmony；water resources management；ecological flow

# 基于气候变化背景下水面蒸发量变化趋势及影响因素分析

张彦增[1]　乔光建[2]

（1. 河北省衡水水文水资源勘测局　河北衡水　053000；
2. 河北省邢台水文水资源勘测局　河北邢台　054000）

**摘　要**　蒸发是水循环中受下垫面状况和气候变化影响最为直接的气候因子，同时也是地面热量平衡和水分平衡的重要组成部分。本文在分析衡水实验站 20m² 蒸发场蒸发量变化趋势的基础上，进一步对影响蒸发的气温、风速、日照时数、相对湿度的变化趋势及其与蒸发量的关系进行了分析。从年尺度分析结果看，风速和日照时数对于蒸发皿蒸发量的影响是导致蒸发皿蒸发量减少的主要原因。分析水面蒸发量变化趋势，对研究其他气象因子对环境及生物的影响有重要意义。

**关键词**　气候变化；蒸发量减小；影响因素；风速；相对湿度；日照时数；衡水实验站

## 1　水面蒸发量变化趋势分析

水面蒸发是液态或固态物质转变为汽态的过程[1]。蒸发和凝结过程共同构成地球和大气系统水分循环的重要环节。当空气中水汽压小于平衡水汽压（相对湿度小于 100%）时，液态水就会蒸发，气象学上主要指液态水转变成为水汽。

### 1.1　水面蒸发量观测

河北省衡水实验站于 1983 年建站，观测项目包括土壤、蒸发、气温、温度、湿度、风速、日照、太阳总辐射、降水、地温等 10 类 50 多观测项目。

蒸发观测场为 20m² 蒸发池，水面蒸发采用器测法，每日 8 时、20 时观测两次。在封冻期间，将观测时间改为 14 时。在初冰期和解冻期，池面冰盖很薄，中午近池壁的部分融化，冰体呈自由漂浮的大圆片，可正常观测逐日蒸发量[2]。在封冻期，冰盖加厚对冰下水挤压，为防止池壁变形或开裂，用连通管排水的原理来减压。池面形成坚实的冰盖，必须沿蒸发池壁用电钻打孔，使冰盖脱离池壁而浮起，再用测针观测连通管内的水位。1985 年以后具有详细的观测记录。

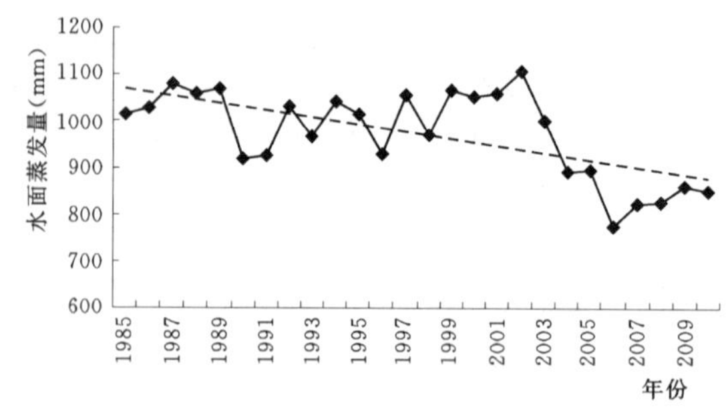


图 1　衡水实验站水面蒸发量变化过程线

### 1.2　蒸发量年际变化趋势分析

采用河北省衡水水文实验站水面蒸发场资料进行分析。利用实验站 1985～2010 年水面蒸发观测记录[3]，分别计算出年蒸发量，绘制年蒸发量变化趋势图，见图 1。通过变化趋势图可以看出，水面蒸发量的年际变化较大，变化幅度达 317.8mm，但总体呈递减趋势。

根据 1985～2000 年资料分析，水面蒸发量成递减趋势，平均每年减小 7.6mm。以 2003 年为转折点，2003 年出现突变点，以后明显下降。

## 2　水面蒸发量减少影响因素分析

通过对各个气象因子分析，引起蒸发皿蒸发量变化的主要因子为辐射，气温日较差，风速，相对湿度等因子[4]。通过对彭曼公式中能量平衡项和空气动力项进行分析后认为，蒸发量的下降主要原因是提供蒸发的能量显著减少和供蒸发的动力下降所致。

---

第一作者简介：张彦增（1958—　），男，河北衡水人，教授级高级工程师，从事水文资源方面的研究工作。

### 2.1 风速对蒸发量影响分析

风速，简言之即风的速度。单位时间内风移动的距离。风速是风力等级划分的依据。平均风速是指空间某一点，在给定的时段内各次观测的风速之和除以观测次数。在气象科学技术中，除约定者外，一般所说的风速，意味着是平均风速，如地面观测中的正点风速，实际上是正点前10分钟的平均风速。

风就是水平运动的空气，空气产生运动，主要是由于地球上各纬度所接受的太阳辐射强度不同而形成的。在赤道和低纬度地区，太阳高度角大，日照时间长，太阳辐射强度强，地面和大气接受的热量多、温度较高；在高纬度地区太阳高度角小，日照时间短，地面和大气接受的热量小，温度低。这种高纬度与低纬度之间的温度差异，形成了南北之间的气压梯度，使空气作水平运动，风应沿水平气压梯度方向吹，即垂直与等压线从高压向低压吹[5]。

地球上任何地方都在吸收太阳的热量，但是由于地面每个部位受热的不均匀性，空气的冷暖程度就不一样，于是，暖空气膨胀变轻后上升；冷空气冷却变重后下降，这样冷暖空气便产生流动，形成了风[6]。

水面上有风存在时，在距离液面较近的位置上局部的空气相对湿度已经下降到整个空气的相对空气湿度了，也就是相对湿度梯度增大了，空气输运水汽分子的能力相应升高，于是水蒸发速度加快。风速增大时蒸发量也增大。

就全球而言，由于温室效应的作用，使高纬度与低纬度地区的温差减小，从而导致形成风的原动力减小，在某种程度上会影响风的形成和风的强度。虽然这种影响微不足道，但从长远发展趋势分析，风速减小对许多水文要素将产生影响。如风速减小影响大气环流强度进而影响降水；风速减小对蒸发量也有影响。如图2为衡水实验站1985～2000年10m高度和1.5m高度风速变化趋势。

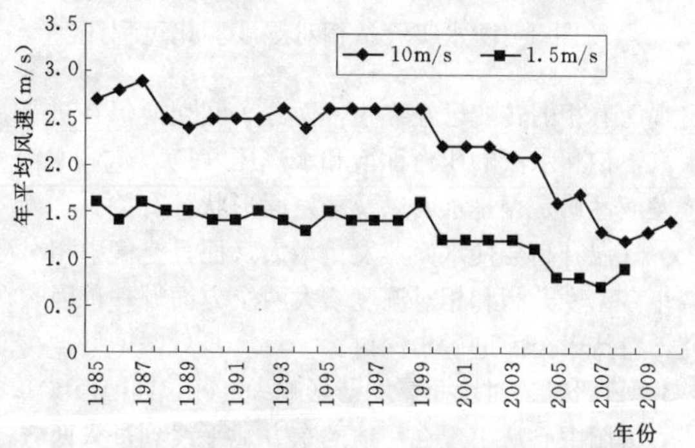


图2 衡水实验站年平均风速变化趋势图

道尔顿线性公式是我国各地应用最为广泛的水面蒸发量计算模型[7]，表达式为

$$E=\Delta e(A+BW) \tag{1}$$

式中：$E$为时段水面蒸发量，mm/$\Delta t$；$\Delta e$为自然水体表面水温对应的饱和水汽压$e_0$与水面以上空气水汽压（绝对湿度）$e_z$的差值（$e_0-e_z$），即指时段平均值，hPa；$W$为水面的平均风速，m/s；$A$、$B$为经验系数，由水面蒸发实验资料确定。

由道尔顿线性公式可知，风速与水面蒸发量成正比。根据衡水实验站1985～2010年风速资料分析，在10m高度，风速平均每年减少0.057m/s；在1.5m高度，风速平均每年减少0.031m/s。通过资料分析可知，风速减少是导致水面蒸发量减小的主要因子之一。

### 2.2 相对湿度对水面蒸发量影响分析

湿度，表示大气干燥程度的物理量。在一定的温度下，一定体积的空气里含有的水汽越少，则空气越干燥；水汽越多，则空气越潮湿。空气的干湿程度叫做“湿度”。在此意义下，常用绝对湿度、相对湿度、比较湿度、混合比、饱和差以及露点等物理量来表示。

相对湿度定义：在同一温度下实际水汽压与饱和水汽压的比值[8]，以百分数表示：

$$RH=\frac{e_a}{e_0(T)}\times 100 \tag{2}$$

式中：$e_a$为实际水汽压；$e_0(T)$为饱和水汽压。

相对湿度的大小能直接表示空气距离饱和的相对程度。空气完全干燥时，相对湿度为零。相对湿度越小，表示当时空气越干燥。当相对湿度接近于100%时，表示空气很潮湿，越接近于饱和。

饱和水汽压：空气中的水汽压不能无限制地增加，在一定的温度下，如果水汽压增大到某一个极限值，空气中水汽就达到饱和，如果超过这个极限值，将会有一部分水汽凝结成液体水，这一极限值称为该温度下的饱和水汽压。饱和水汽压是温度的函数，随温度升高而增大。在同一温度下，纯冰面上的饱和水汽压要小于纯水面上的饱和水汽压。根据理论计算和实验证明，饱和水汽压与温度有关，随温度的升高而迅速增大[9]。

利用1985～2010年衡水实验站资料，对该区相对湿度进行分析，该区相对湿度年际变化呈增加趋势，但不增加不显著，平均每年增加0.12%。衡水实验站相对湿度变化过程见图3。

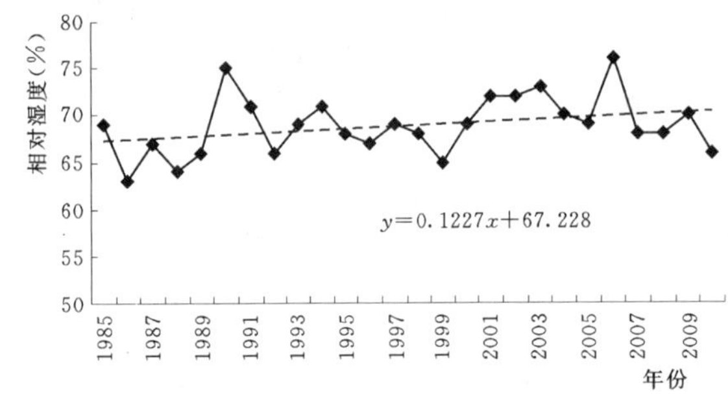


图3　衡水实验站相对湿度变化过程线

相变中水分子的运动速度与温度有密切关系。当液态水温度高时，水分子平均动能增大，单位时间内跑出水面的水分子增多，并多于同时进入水面的汽态水分子，这就意味蒸发过程加快。当液态水温度低时，蒸发过程减慢。如果在汽态水和液态水共存的系统中，没有热量加人或放出，气压条件也没有改变，系统中汽态水分子和液态水分子之间的交换会一直进行下去。有可能在同一时间内跑出水面的水分子与落回水中的水汽分子恰好相等，系统内的液态水量和汽态水量都不改变，即液态水和汽态水之间达到两相平衡，从宏观上看相的转变已经终止，而分子间交换仍在进行，这种状态称动态平衡[10]。动态平衡时的水汽称饱和水汽，饱和水汽的压力称饱和水汽压（$E$）。饱和水汽压不仅随温度的升降，按指数规律增大或减小，还同蒸发面性质是否是水面以及蒸发面形状等有关。

气温升高会使水面蒸发量增大，而且空气中相对湿度也会增加。而相对湿度增加的结果导致水面蒸发量减小。温度升高和相对湿度增大两个方面哪一种因素在水面蒸发中作用更大些，目前还没有这方面的实验研究，有待于今后进一步探讨。

**2.3　日照时数对水面蒸发量影响**

太阳中心从出现在一地的东方地平线到进入西方地平线，其直射光线在无地物、云、雾等任何遮蔽的条件下，照射到地面所经历的时间，称为“可照时数”。日照时数是指太阳每天在垂直于其光线的平面上的辐射强度超过或等于120W/m$^2$的时间长度，称为“日照时数”。日照时数以小时为单位，可用日照计测定。日照时数与可照时数之比为日照百分率，它可以衡量一个地区的光照条件[11]。

世界各地存在气候的差异，不同的气候，一年中天气的阴晴状况不同，年日照时数也就不同。就某一地区来说，多年内比较稳定，但也存在着年际的变化，年日照时数也有着变化。总之，大气状况对年日照时数的影响既是有规律的，又是多变的。

光波在大气中传播时，因受到气溶胶和气体分子的散射和吸收而削弱，从而导致大气能见度的下降。大气的消光系数是气溶胶消光系数和气体分子消光系数之和，在底层大气中气溶胶消光系数远远大于气体的消光系数。由于经济规模的迅速扩大和城市化进程的加快，大气气溶胶污染日趋严重，由气溶胶造成的能见度恶化现象越来越多[12]。

太阳直接辐射经过大气层时，因大气气溶胶对太阳直射产生吸收和散射作用，使大气的透射率减小，削弱了到达地面的太阳直接辐射，地面能见度也明显减小，说明大气气溶胶颗粒浓度增加了，所以，地面能见度的变化主要受对流层大气气溶胶状况的影响。

大气能见度与粒子的散射、吸收能力和气体分子的散射、吸收能力有关，但主要与大气粒子的散射能力关系最密切，能见度的变化主要与细粒子关系比较大，尤其是出现较重气溶胶污染导致低能见度事件出现时，细粒子的贡献比重会更大。

利用1985～2010年的日照资料，分析了衡水实验站日照时数变化特征。结果表明：随着城市化的发展，该区年日照时数是趋于减少，平均每年减少19.9小时。日照时数减少与降水量天数和低云层有关，这些因素在一定的历时时期是稳定的。日照时数减少的主要原因是人类排放气溶胶的增加导致云层的增加。衡水实验站日照时数变化趋势见图4。

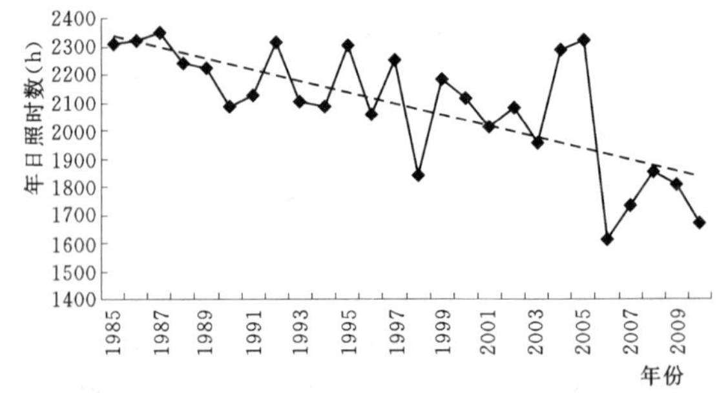


图4　衡水实验站日照时数变化过程线

日照时数的变化与多种因素有关，云量是决定日照时数变化的最重要因子之一。大气、透明度对日照时数也有很大影响。大气透明度是表征大气对太阳辐射透明度的一个参数，它受大气水汽含量以及大气气溶胶含量等因素影响。

通过对彭曼公式中能量平衡项和空气动力项及各气象因子的趋势分析，日照时数减小导致太阳辐射量减小。日照减少，蒸发面接受的能量少，水分子能量减弱，水汽散发缓慢，水面蒸发量就减小。

## 3 结论

由于温室效应的作用，全球气温普遍升高。通常认为气温升高，水体蒸发量也会增加。但通过各地对近年来水面蒸发量的观测资料分析，大部分地区水面蒸发量出现明显的下降趋势。通过对衡水实验站1985～2000年观测资料，分别对风速、相对湿度和日照时数三个气象因子进行分析。尽管近年该流域气温不断升高，但日照时数和风速的显著下降，抵偿了气温升高所带来的蒸发的增量，反而使蒸发量减少，这可能是导致蒸发量持续降低的主要原因。

由于受气候变化因素的影响，日照时数和风速均呈下降趋势，相对湿度呈上升趋势，但不显著。空气湿度、风速和日照时数三个因子的变化结果都使水面蒸发量减小。根据衡水实验站1985～2010年资料分析，水面蒸发量平均每年下降7.6mm。由于气候各因子发生变化，导致水面蒸发量的减少，势必对各因子影响的其他领域（包括农业、植物等）产生影响，将使今后研究的新课题。

## 参 考 文 献


［1］ 朱文彬，谈为雄．大规模地面水－地下水系统递阶模型与优化算法综述［J］．水利水电科技进展，1994，14（1）：42-49.

［2］ 河北省水利厅．河北省衡水实验站观测项目任务书［R］，1983.

［3］ 河北省水利厅．河北省衡水实验站实验资料［R］，1985～2000.

［4］ 谢平，陈晓宏，王兆礼，等．东江流域蒸发皿蒸发量及其影响因子的变化特征分析［J］．热带地理，2008，28（4）：306-310.

［5］ 包云轩．气象学［M］．北京：中国农业出版社，2009.

［6］ 朱炳海，王鹏飞，束家鑫．气象学词典［M］．上海：上海辞书出版社，1984.

［7］ 闵骞．道尔顿公式的应用研究［J］．水利水电科技进展，2005，25（1）：17-20.

［8］ 王士杰．关于相对湿度定义的探讨［J］．计量学报，1984（4）.

［9］ 陈钦弟．饱和水汽压经验公式修正、导出与应用［J］．气象水文海洋仪器，1997（4）.

［10］ 黄圣言，黄良平．局限空间中水的相变与动态学研究［R］．上海：中国科学院上海冶金研究所，2000.

［11］ 中国气象局．地面气象观测规范［S］．北京：气象出版社，2003.

［12］ 银燕，崔振雷，张华，等．2006年中国地区大气气溶胶浓度分布特征的模拟研究［J］．大气科学学报，2009，32（5）.


# The context of climate change on water evaporation trends and influencing factors


Zhang Yanzeng[1] Qiao Guangjian[2]

(1. Hengshui Hydrology and Water Resources Survey of Bureau, Hengshui Hebei 053000;
2. Xingtaii Hydrology and Water Resources Survey of Bureau, Xingtai Hebei 054000)



**Abstract** Evaporation is the water cycle in the underlying surface conditions and climate change by the most direct impact of climatic factors, but also the surface heat balance and water balance of the important part. Based on the analysis Hengshui Experiment Station 20m$^2$ evaporation field evaporation trends, based on the further impact of evaporation temperature, wind speed, sunshine hours, relative humidity and evaporation trends and their relationship analyzed. Looking at the results from the analysis in scale, wind speed and sunshine hours for the impact of pan evaporation pan evaporation is reduced leading to the main reason. Analysis of surface evaporation trends, the study of other meteorological factors impact on the environment and biological significance.



**Key words** climate change; evaporation decreases; factors; wind speed; relative humidity; sunshine; Hengshui Experiment Station

# 气候变化对东江流域径流量的影响*

林凯荣[1,2] 何艳虎[1,2] 陈晓宏[1,2]

(1. 中山大学水资源与环境研究中心 广州 510275;
2. 华南地区水循环与水安全广东省普通高校重点实验室 广州 510275)

**摘 要** 依据东江流域21个气象站1959～2008年逐年平均降雨、蒸发、日照、湿度及气温等气象要素序列,选择常用的线性倾向估计及非参数M-K等趋势分析方法,分析了东江流域近50年来气温、降水、蒸发、日照及湿度等气象要素的变化趋势。选择降雨和蒸发两个气候要素两两组合,构成未来气候变动的36种假想情景,运用改进的SCS月模型,模拟计算了顺天流域1980～2000年径流量的变化幅度。结果表明:在过去的50年间,流域降雨量呈不显著增长,而气温则为显著上升,其他气候要素如蒸发、日照及湿度等均呈不同程度减少趋势;相关分析与关联度分析表明降雨在所有气象要素中与径流的相关系数及关联度均为最大,说明了在东江流域降雨是径流量变化的主要驱动因子;未来流域降雨增加,蒸发减少的气候情景模式下,径流量会有所增加,反之亦然;由降雨变化引起的流域月径流量的增幅较由蒸发变化引起的相应流量的增幅变化大。

**关键词** 气候变化;径流;SCS;东江流域

## 1 引言

气候变化作为全球环境变化主要驱动因子,其带来的水文响应至今仍成为全球研究的热点和前沿问题[1],以全球变暖为主要特征的气候变化正在改变着区域水循环的现状,引起水资源在时空上的重新分布。因此,合理地分析气候变化对区域水资源的影响显得尤为重要。东江作为珠江流域重要组成支流,是河源、惠州、东莞以及深圳和广州东部地区的主要供水水源,承担着向香港供水的重要任务。近年来,东江流域随气候变化呈现出气温上升,降水变率加大,频频出现非涝即旱、旱涝交替的特征[2]。2002～2005年,东江流域出现4年连续严重干旱,2007年则出现罕见的秋冬连旱,2009年东江流域各大水库全面接近死库容、各主要分水控制断面达不到最小控制流量要求。随着气候的进一步变暖以及用水需求的增加,东江流域水资源系统有可能变得更加脆弱和不稳定。所以,以东江为例,研究气候变化对东江流域径流量的影响,对于流域制定减缓气候变化影响的区域对策具有重要意义。

## 2 流域概况

东江流域位于珠江三角洲的东北端,南临南海并毗邻香港,西南部紧靠华南最大的经济中心广州市,西北部和粤北山区韶关和清远两市相接,东部与粤西梅汕地区为邻,北部与赣南地区的安远市相接,地区范围在北纬22°38′～25°14′,东经113°52′～115°52′。流域南北距离为274.3km,东西距离为203.83km。

东江干流全长562km,流域总面积35340km²。流域内多年平均年雨量为1500～2400mm之间,1956～2000年多年平均值为1795mm,变差系数0.22左右,降雨的面上分布一般是中下游比上游多,西南多,东北少,由南向北递减。流域多年平均气温为20～22℃,年气温变化不大;无霜期长,南北部分别达到350天和275天;多年平均年日照时间在1680～1950h之间;多年平均水面年蒸发量在1000～1400mm之间,1956～2000多年平均为1100mm,区域分布西南多,东北少。

## 3 数据资料和研究方法

### 3.1 数据资料

广东省气象局提供的东江流域21个气象站1958～2008年逐年平均降雨、蒸发、及气温等气象要素序

* 基金项目:广东省自然科学基金项目;国家自然科学基金项目(50809078);国家自然科学基金项目重点项目(50839005)和中央高校基本科研业务费专项资金资助项目(3161395)资助。

第一作者简介:林凯荣(1980— ),男,福建龙海人,博士,副教授,主要从事水文资源方面的研究工作。E-mail:linkr@mail.sysu.edu.cn

列；广东省水文局提供的 1970～2006 年枫树坝、顺天、蓝塘、九州及岳城等水文站历年逐月径流序列；1980 年和 2000 年两期 1∶1000000 土地利用/植被覆盖和 1∶4000000 土壤类型等资料。

### 3.2 改进的 SCS 月模型

SCS 模型是美国农业部水土保持局（Soil Conservation Service）提出的[3]。在美国及其他一些国家得到较为广泛的应用。SCS 模型的产流计算公式如下所示：

$$R=\frac{(P-I_a)^2}{P+S-I_a},\ P\geqslant I_a$$
$$R=0,\ P<I_a \tag{1}$$

为计算简便，引入一个经验关系：

$$I_a=\alpha S \tag{2}$$

式中：$R$ 为径流量，mm；$S$ 为流域当时可能最大滞留量，mm，是后损的上限；$I_a$ 为初损；$\alpha$ 为初损系数，因流域实际情况而异。

$S$ 值的变化幅度较大，从实用出发，引入一个无因次参数 $CN$ 与 $S$ 建立经验关系，即

$$S=\frac{25400}{CN}-254 \tag{3}$$

式中：$CN$ 为反映降雨前流域特征的一个综合参数，它与流域前期湿润度（$AMC$）、坡度、植被、土壤类型和土地利用状况有关，$CN$ 值的变化在 0～100 之间，$CN$ 值的查算见相关文献［3］。

依据水量平衡原理，建立 SCS 的月水量平衡模型。模型的输入主要为逐月实测降雨值及蒸发皿观测值，输出为月径流量。月实际蒸发量可由蒸发皿观测值如公式（4）计算可得[4]

$$E(t)=C\times EP(t)\times\tanh[P(t)/EP(t)] \tag{4}$$

式中：$E(t)$ 为月实际蒸发值；$EP(t)$ 为蒸发皿观测值；$P(t)$ 为月降水量；$C$ 为模型参数（无量纲）。

将式（1）算得结果作为时段地表径流 $RS(t)$，土壤含水量用 $W(t)$ 表示，壤中流 $RI(t)$ 的计算用 $W(t)$ 乘以一个壤中流系数 $a$，即

$$RI(t)=a\times W(t) \tag{5}$$

### 3.3 Mann－Kendall 趋势检验法

Mann－Kendall 趋势检验法是一种非参数统计检验法[5,6]。非参数检验方法亦称无分布检验，其优点是不需要样本不需要一定的分布，也不受少数异常值的干扰，更适用于类型变量和顺序变量，计算也比较简单。

对序列 $x_1$，$x_2$，…，$x_n$，先确定所有对偶值（$x_i$，$x_j$，$j>i$）中的 $x_i<x_j$ 的出现个数（设为 $P$）。检验是否存在趋势的统计量为：

$$U=\frac{\tau}{[\mathrm{Var}(\tau)]^{1/2}} \tag{6}$$

其中

$$\tau=\frac{4P}{n(n-1)}-1 \tag{7}$$

$$\mathrm{Var}(\tau)=\frac{2(2n+5)}{9n(n-1)} \tag{8}$$

当原假设为该序列无趋势时，一般采用双侧检验，在给定信度水平 $\alpha$ 下，若 $|U|>U_{\alpha/2}$，则拒绝原假设，即认为趋势是存在的，否则接受原假设，认为趋势不显著。

当 Mann－Kendall 检验进一步用于检验序列突变时，检验统计量同上又有所不同。该法以时间序列平稳为前提，并且序列是随机独立的，其概率分布形式等同。在原假设 $H_0$：时间序列没有变化的情况下，该时间序列为 $x_1$，$x_2$，…，$x_n$，$m_i$ 表示第 $i$ 个样本 $x_i$ 大于 $x_j$ 的累计个数。

定义一统计量：

$$d_k=\sum_{i=1}^{k}m_i,\ 2\leqslant k\leqslant n \tag{9}$$

在原序列随机独立的假定下，$d_k$ 的均值和方差分别为

$$\begin{cases}E[d_k]=\dfrac{k(k+1)}{4}\\ \mathrm{Var}[d_k]=\dfrac{k(k-1)(2k+5)}{72}\end{cases} \tag{10}$$

将 $d_k$ 标准化：

$$UF_k=\frac{d_k-E[d_k]}{\sqrt{\mathrm{Var}(d_k)}} \tag{11}$$

$UF_k$ 为标准正态分布，它是按时间序列 $x$ 的顺序 $x_1$，$x_2$，…，$x_n$ 计算出的统计量序列，给定显著性水平 $\alpha$，查正态分布表，若 $|UF_k|>U_\alpha$，则表明时间序列存在明显的趋势变化。按时间序列 $x$ 逆序 $x_n$，$x_{n-1}$，…，$x_1$，再重复上述过程，同时使 $UB_k=-UF_{k'}$，$k=n$，$n-1$，…，1，$k'=n-k+1$，$UB_1=0$。

分析绘出 $UF_k$ 和 $UB_k$ 曲线图。若 $UF_k$ 或 $UB_k$ 的值大于 0，则表明序列呈上升趋势，小于 0 则表明呈下降趋势；当它们超过临界直线时，表明上升或下降趋势显著，超过临界线的范围确定为出现突变的时间区域。如果 $UF_k$ 和 $UB_k$ 两条曲线出现交点，且交点在临界线之间，那么交点对应的时刻便是突变开始的时间。

## 4 气象要素变化趋势分析

依据东江流域 21 个气象站 1959～2008 年逐年平均降雨、蒸发、日照、湿度及气温等气象要素序列，进行空间插值[7]，得到流域相应气候要素序列。选择常用的线性倾向估计及非参数 M－K 等趋势分析方法，分析东江流域近 50 年来气温、降水、蒸发、日照及湿度等气象要素的变化趋势，M－K 趋势分析具体结果如表 1 所示；M－K 突变分析及线性倾向估计结果分别如图 1 所示。

**表 1 东江流域 1959～2008 年各气象要素特征统计及 M－K 趋势分析结果**

| 气象要素 | 降雨（mm） | 气温（℃） | 蒸发（mm） | 湿度（g/m$^3$） | 日照（h） |
|---|---|---|---|---|---|
| $\overline{C}$ | 1852.92 | 21.30 | 1572.43 | 78.05 | 1813.02 |
| $C_v$ | 0.16 | 0.02 | 0.05 | 0.03 | 0.09 |
| $C_s$ | 0.13 | 0.56 | 0.50 | −0.94 | 0.45 |
| M－K 检验值 | 0.22 | 3.34 | −2.94 | −2.97 | −4.18 |

由表 1 可知：从各气象要素 M－K 检验值看，东江流域在过去的 50 年间（1959～2008），各气象要素均呈现出不同程度的变化。降雨在 1959～2008 年间呈不显著增加趋势（$M=0.22$，信度水平＜99％），这是局部大气环流、流域地形要素等综合作用的结果；同一时期气温呈显著增加趋势（$M=3.34$，信度水平＞99％），此为流域对全球气候变暖的局部响应；日照呈显著减少趋势（$M=-2.94$，信度水平＞99％）；湿度显著减少趋势（$M=-4.18$，信度水平＞99％）；蒸发呈显著减少趋势（$M=-2.94$，信度水平＞99％），这是由于虽然影响影响蒸发的气温因素有所加强，但湿度及日照因素都有不同程度的减弱，同时近 50 年间，流域的土地覆盖也发生了一定变化，这都使得影响流域蒸发的因素有所减弱，进而使得蒸发呈减少趋势。

从各气象要素变差系数值看，气温年际变化最小，湿度次之，而降雨最大，这反映了东江流域降雨类型及其大气环流的特性。东江流域位于我国东部湿润地区，该地区受季风环流影响，降雨以锋面雨和对流雨为主，降雨量年际变化较大。

由图 1 知，东江流域各气象要素在 1959～2008 年间：

（1）总体上看，流域降雨随时间的增加呈上升趋势；降水演变趋势不存在突变现象，这与有关东江流域降水变化的研究结果基本一致[8]。

（2）总体上看，流域气温随时间的增加呈上升趋势；气温演变趋势于 1997 年前后发生了明显的变暖突变，20 世纪 90 年代中期以前，流域平均气温始终在较小的范围内上下波动，以后气温就一直呈明显的上升趋势。因此，近 50 年来流域近地面平均气温的增暖主要是发生在最近的 13 余年内。从偏暖年份看，20 世纪 80 年代中期以后的数量也明显增多。

（3）总体上看，流域日照随时间的增加呈下降趋势；日照演变趋势于 1982 年前后发生了明显的下降突变，1982 年以前，流域平均日照始终在较小的范围内上下波动，以后日照就一直呈明显的下降趋势。因此，近 50 年来流域平均日照的下降主要是发生在最近的 28 年内。

（4）总体上看，流域湿度随时间的增加呈下降趋势；湿度演变趋势于 2000 年前后发生了明显的下降突变，2000 年以前，流域平均湿度始终在较小的范围内上下波动，以后湿度就一直呈明显的下降趋势。因此，近 50 年来流域平均湿度的下降主要是发生在最近的 10 余年内。

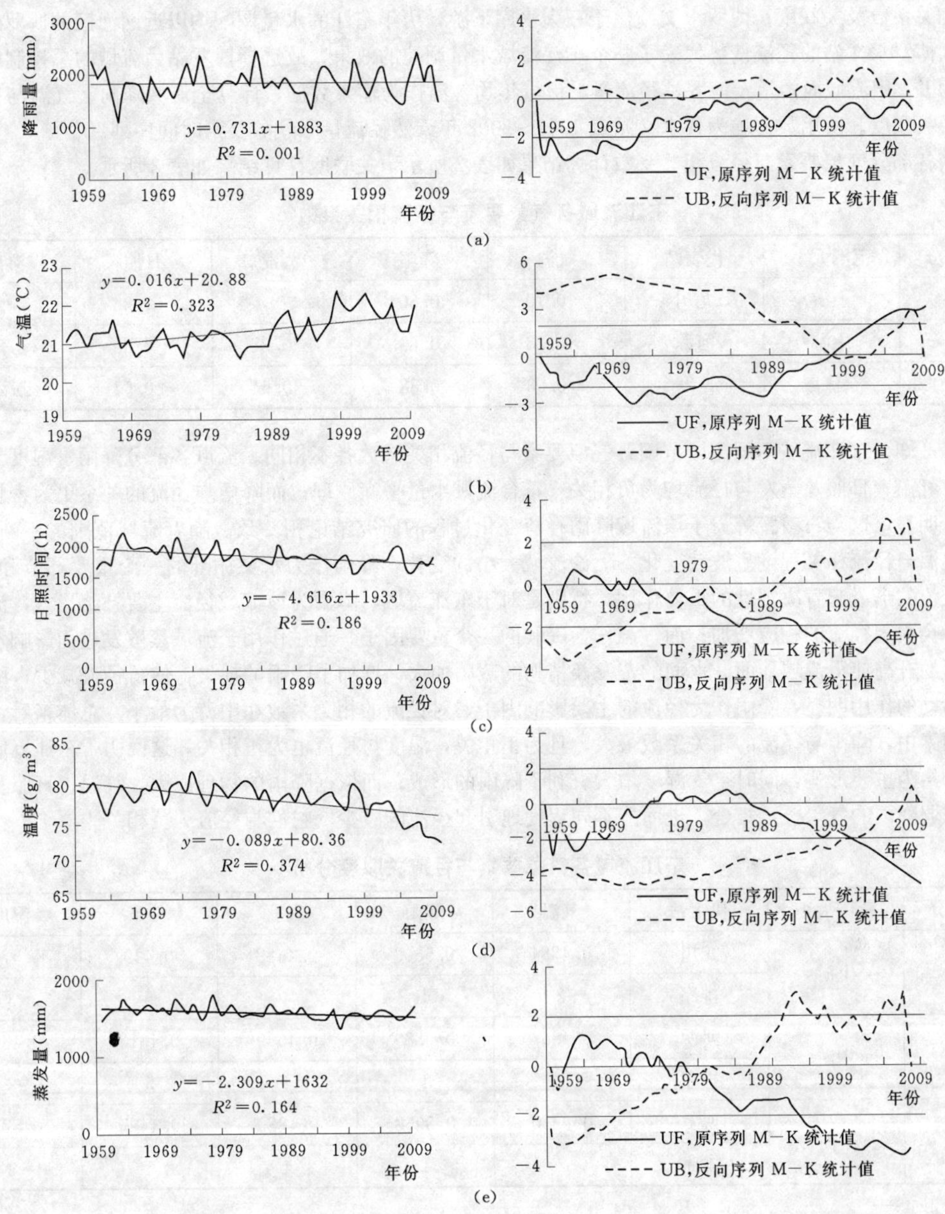

图 1 流域主要气象要素 1959～2008 年线性倾向估计及 M－K 突变分析
(a) 降雨；(b) 气温；(c) 日照；(d) 湿度；(e) 蒸发

(5) 总体上看，流域蒸发随时间的增加呈下降趋势，这与谢平[9]等对东江流域实际蒸发量与蒸发皿蒸发量的变化趋势研究结论相一致；蒸发演变趋势于 1982 年前后发生了明显的下降突变，1982 年以前，流域平均蒸发始终在较小的范围内上下波动，以后蒸发就一直呈明显的下降趋势。因此，近 50 年来流域平均蒸发的下降主要是发生在最近的 28 年内。

## 5 气象要素与径流相关性及关联性分析

依东江流域概况，可将流域水文站的设置和流域水系的分布划分为三个层次：以龙川为中心的流域上游部分，记为 D1，用该站气象要素值和径流量作为输入数据，计算上游降雨、气温与径流相关系数及关联度；以河源为中心的流域中游部分，记为 D2，用该站气象要素值和径流量作为输入数据，计算中游降雨、气温与径流相关系数及关联度；博罗水文站位于三大水库下游，历年东江的水量调配均以近网河区的博罗站作为控制站。博罗水文站的径流情势代表了整个东江流域水量调控的效果，故选择博罗站为流域的总控制站，全流域记为D，用流域面雨量及博罗站径流量、流域年均气温作为输入数据，计算全流域降雨、气温与径流相关系数及关联度。所用数据均为各水文站点1959～2008年天然径流量和气象要素时间序列。

流域各部分气象要素与径流相关系数计算结果如表2所示，关联度计算结果如表3所示。

**表2　　东江流域各气象要素与径流相关系数**

| 流域划分 | 范围大小 | 代表站 | 气温 | 降雨 | 蒸发 | 日照 | 湿度 |
|---|---|---|---|---|---|---|---|
| D1 | 上游 | 龙川 | −0.10 | 0.80 | −0.4 | −0.35 | 0.27 |
| D2 | 中游 | 河源 | −0.23 | 0.69 | −0.28 | −0.39 | 0.35 |
| D | 全流域 | 博罗 | −0.08 | 0.88 | −0.54 | −0.57 | 0.26 |

由表2知，东江流域不同流域范围各气象要素与径流相关系数各不相同。流域各部分降雨、湿度与径流正相关，气温、日照及蒸发与径流均为负相关，符合流域水量平衡原理；而降雨与径流的关系更为密切，蒸发也比较明显，这与石教智等[8]于该流域降雨径流变化过程的研究结论相一致。随着流域范围的不断扩大，降雨、气温与径流相关程度呈波动变化。无论流域大小的变化，降雨作为水文循环的一个重要环节和因素，始终对径流的形成起着决定性的重要作用，特别是对于东江流域，降雨为该流域径流主要补给形式，流域降雨的增加会引起径流的相应增加；而气温作为气候的一个重要因子，通过作用于流域蒸散发进而影响水文循环，气温的升高使得流域陆面、水面的蒸发及植物的蒸腾加大，增加了降雨的损失，使得径流减少；中游受到人类活动的作用明显，降雨作为径流的主要影响因子，对径流的相关系数在中游为最小。总体来看，流域各气象因素中，降雨与径流的相关系数最大，且为正相关，湿度与径流也为正相关，这说明了东江流域径流以降雨补给为主要形式，同时空气湿度增大有利于降雨的形成；而依据降雨的物理成因，气温、日照及蒸发组成了减弱降雨的气象要素集合，进而能不同程度地引起径流的减少，它们与径流为负相关。

**表3　　东江流域各气象要素与径流关联度分析**

| 流域划分 | 范围大小 | 代表站 | 气温 | 降雨 | 蒸发 | 日照 | 湿度 |
|---|---|---|---|---|---|---|---|
| D1 | 上游 | 龙川 | 0.4884 | 0.5503 | 0.4688 | 0.449 | 0.4702 |
| | | 排序 | 2 | 1 | 4 | 5 | 3 |
| D2 | 中游 | 河源 | 0.4857 | 0.5389 | 0.4659 | 0.4313 | 0.4861 |
| | | 排序 | 3 | 1 | 4 | 5 | 2 |
| D | 下游 | 博罗 | 0.5250 | 0.5968 | 0.4883 | 0.4495 | 0.5239 |
| | | 排序 | 2 | 1 | 4 | 5 | 3 |

由表3可以看出，东江流域各气象要素中，降雨对径流的关联度最大，表明降雨为该流域径流变化的主要驱动因子；其次为气温和湿度，而蒸发与日照则分列第四、五位，这与上述相关分析结果基本一致，但更为具体地揭示了它们与径流关系的密切程度。

## 6　不同设计气候情景下流域径流量的模拟

上述关于流域气象要素变化趋势分析表明，近50年来，总体上，流域气温呈显著增加趋势，降雨呈不明显增加趋势，而蒸发则呈显著的下降趋势；各气象要素中，降雨与气温与径流关联度最大，其次为蒸发。据此，考虑到模型中两个主要输入变量：降雨量和蒸发量，假设未来流域降雨量变化分别为−5%，−1%，+1%，+5%，+10%，+20%六种情况，蒸发变化为+5%，+1%，−1%，−5%，−15%，−20%六种情况。以上两气候要素两两组合，构成未来气候变动的36种假想情景，运用改进的SCS月模型，同样选择该模型模拟效果较好的顺天流域，模拟计算其在有显著人类活动时期（1980～2000年）水文要素的变化率和径流量的变化幅度。水文要素依旧选择月径流量、汛期径流、枯水径流和最大径流。不同气候波动时顺天子流域径流量变化幅度如表4示，降雨增加1%，蒸发变化为上述6种情况时，顺天子流域水文要素变化变化幅度如表5示。

**表4　不同气候情景下顺天子流域月径流量变化幅度**

| 降雨＼蒸发 | +5% | +1% | −1% | −5% | −15% | −20% |
|---|---|---|---|---|---|---|
| −5% | 0.31 | 0.34 | 0.35 | 0.38 | 0.46 | 0.50 |
| −1% | 0.39 | 0.42 | 0.44 | 0.47 | 0.55 | 0.59 |
| +1% | 0.44 | 0.47 | 0.48 | 0.51 | 0.59 | 0.64 |
| +5% | 0.52 | 0.55 | 0.57 | 0.60 | 0.69 | 0.73 |
| +10% | 0.63 | 0.67 | 0.68 | 0.71 | 0.80 | 0.85 |
| +20% | 0.86 | 0.89 | 0.91 | 0.95 | 1.04 | 1.10 |

**表5　降雨增加1%时顺天子流域各水文要素变化幅度**

| 蒸发波动＼水文要素 | 月径流量 | 枯水径流 | 汛期径流 | 最大径流 |
|---|---|---|---|---|
| +5% | 0.44 | 0.45 | 0.42 | −0.22 |
| +1% | 0.47 | 0.48 | 0.45 | −2.17 |
| −1% | 0.48 | 0.50 | 0.46 | −2.14 |
| −5% | 0.51 | 0.53 | 0.49 | −2.08 |
| −15% | 0.59 | 0.62 | 0.57 | −0.19 |
| −20% | 0.64 | 0.67 | 0.61 | −0.18 |

由表4可知，若保持降雨波动幅度不变，而使蒸发减少幅度逐渐加大时，流域月径流量增幅逐渐加大；同理，保持蒸发波动幅度不变，而使降雨增加幅度逐渐加大时，流域月径流量增幅也是逐渐加大，这符合流域水量平衡原理，即相对闭合的流域内，随着降雨的不断增加，蒸发的减少，径流量会有所增加；不难发现，由降雨变化引起的流域月径流量的增幅较由蒸发变化引起的相应流量的增幅变化大，二者相对变化率分别为20.37%和7.52%，说明了径流对降雨的敏感性远大于对蒸发的敏感性，降雨是决定流域径流量大小的最主要因子，这与上文关于流域各气象要素对径流相关系数和关联度大小的研究相一致。

表5反映了降水增加1%时流域各水文要素的变化情况。随着蒸发的不断减少，各水文要素表现为不断增加，且增幅不断加大；枯水径流的增幅最大，范围在0.4～0.7之间，对气候波动最为敏感，月径流量次之，汛期径流量于三者之中最小，最大径流量则起伏较大。这在一定程度上反映了中国南方湿润地区气候变化下流域水文要素的变化特征。

## 7　结论

（1）在过去的50年间，流域平均降雨量呈不显著增长，而气温则为显著上升，其他气候要素如蒸发、日照及湿度等均呈不同程度减少趋势。

（2）相关分析与关联度分析表明，降雨、湿度等与径流为正相关，且降雨在所有气象要素中与径流的相关系数及关联度均为最大，说明了在东江流域，降雨是径流量变化的主要驱动因子，而气温与径流则为负相关，且与径流关联度仅次于降雨，是径流量减少的重要因素，同时其他气候要素也对径流的变化不同程度地起着作用。

（3）未来流域降雨增加，蒸发减少的气候情景模式下，径流量会有所增加，反之亦然；由降雨变化引起的流域月径流量的增幅较由蒸发变化引起的相应流量的增幅变化大。

## 参 考 文 献


[1] 张建云，王国庆，等．国内外关于气候变化对水的影响研究进展［J］．人民长江，2009，40（8）：39－41.
[2] 彭涛，陈晓宏，刘霞，等．珠江三角洲洪水孕灾环境变化及其洪水响应［J］，水文，2008（5）：57－60.
[3] 叶守泽，詹道江．工程水文学［M］．北京：中国水利水电出版社，2007.
[4] 熊立华，郭生练．分布式流域水文模型［M］．北京：中国水利水电出版社，2004.
[5] Kendall MG. Rank Correlation Methods［M］．London，UK，1975.
[6] Mann HB. Nonparametric tests against trend［J］．Econometrica，1945，13：245－259.
[7] 何艳虎，林凯荣．降雨空间插值方法在东江流域的比较运用［J］．水力发电，2010，36（10）：57－59.
[8] 石教智，陈晓宏，吴甜，等．东江流域降雨径流变化趋势及其原因分析［J］．水电能源科学，2005，23（5）：8－11.
[9] 谢平，陈晓宏，等．东江流域实际蒸发量与蒸发皿蒸发量的对比分析［J］．地理学报，2009，64（3）：270－277.


# The Impact of Climate Change on Runoff in Dongjiang Basin


Lin Kairong[1,2]　He Yanhu[1,2]　Chen Xiaohong[1,2]

（1. Center of Water Resource and Environment Research，Sun Yat-Sen University，Guangzhou 510275；
2. Key Laboratory of Water Cycle and Water Security in Southern China of Guangdong Higher Education Institutes，Guangzhou 510275）



**Abstract**　The change trends of the climate elements including rainfall，evaporation，sunshine，humidity and temperature，etc.，were analyzed with the Mann－Kendall trend analysis statistic method and input of the Meteorological data about 50 years（1959～2008）. Shuntian sub-basin is selected as case study，the runoff variation of which area is calculated by using the modified SCS monthly model under the 36 kinds of future climate change scenarios，which are combined by two meteorological elements，rainfall and evaporation. The results showed that in the past 50 years，compared to the significant increase in temperature，the precipitation in basin has a insignificant increase，while Evaporation、sunshine and moisture expose a reduce tendency in a different extent，and Relevant and relevancy analysis indicate that Precipitation whose correlation coefficient is biggest than that of all the other climate elements is turned out to be the major driver of the change of runoff. And the runoff will increase if the precipitation increase and Evaporation decrease in the future and the consequence will be opposite when the conversions happen. The growth of the runoff due to rainfall increase is bigger than that of growth due to evaporation decrease.



**Key words**　climate change；runoff；SCS；Dongjiang basin

# 新疆地区最大连续降水事件时空概率特征研究*

李剑锋[1,2]　张　强[1,2]　陈晓宏[1,2]

（1. 中山大学水资源与环境系　广州　510275；

2. 华南地区水循环与水安全广东省普通高校重点实验室，中山大学　广州　510275）

**摘　要**　基于新疆51个站点1960～2005年的日降水资料，以年、夏、冬为研究时期，定义最大连续降水事件的历时、降水量、贡献率和降水强度等15个极端降水指标，研究最大连续降水事件的时空概率特征。本文应用改进的Mann－Kendall法对各指标变化趋势进行检验，采用基于F检验的线形分析计算其变化率。研究结果表明：①新疆湿润化趋势明显，南疆夏季湿润趋势比北疆明显，北疆在冬季湿润趋势则比南疆显著；②新疆降水有极端化趋势。极端长历时降水将持续更久，降水强度更强，总降水量更多，这可能更容易引发洪涝灾害；③夏季南疆降水的极端化趋势比北疆更具备显著性，冬季北疆极端化更显著，同时北疆在夏季洪涝灾害增加的风险也不容忽视。该研究对于新疆地区区域水资源管理与旱涝检测与预测具有一定理论与现实意义。

**关键词**　最大连续降水；极端降水；Mann－Kendall检验；气候变化；新疆

## 1　引言

气候变化导致水文循环加剧，导致一系列气象水文过程，如降水、蒸发、地表径流、地下径流等过程的时空分布变异[1-4]。近年来，洪水、干旱、台风等极端水文气象事件频现，损失不断增加，使极端水文气象事件及其影响引起人们普遍关注[5]。以往的工作已对区域乃至全球极端降水过程进行了大量研究。Zhai等[6]对中国1951～1995年极端降水进行分析，认为中国降水天数显著减少，而降水强度有显著增加趋势。Kunkel等[7]得出美国极端降水有上升趋势。澳大利亚西部观测到极端降水有减少趋势[8]。另外还有其他许多有意义的工作，由于篇幅所限，在此不一一详述。新疆位于亚欧大陆中部，地形复杂，为干旱半干旱气候。对于新疆的降水情况已有一些研究，薛燕[9]对新疆70多个站点的降水资料进行研究，认为近50年来新疆年降水量总体上升，南疆年降水增幅强弱一致性好，北疆差。张强等[10]基于Copula对新疆极端降水概率时空分布特征进行分析，探讨了强弱降水事件的概率时空分布规律。李剑锋等[11]对新疆极端降水概率分布特征的时空演变进行分析，认为新疆有湿润化趋势，北疆湿润化趋势比南疆显著，1980年后新疆发生涝的概率增大，发生旱的概率减少。

先前的研究主要利用降水百分率来定义极端降水事件[12]。最近，Zolina等[13]应用连续湿润天数的历时及其降水强度来研究欧洲极端降水，得出连续湿润天数有变长的趋势，其对应的降水强度增加。这一研究结果发表后，立即引起普遍关注。水循环变异的一个重要表现就是降水过程发生变化，特别是连续降水事件的特征变化，如连续降水历时、强度、降水总量等，对降水过程的研究可以更科学地理解降水变化与旱涝灾害事件的联系及进行气候变化对人类社会影响，但类似研究在新疆地区降水研究中较少。基于此项研究的重要意义，同时考虑到新疆地区水资源短缺状况及该区极易受洪旱灾害的影响，本文从最大连续降水要素概率特征的角度，从年、夏、冬三个时间尺度来研究最大连续降水事件的历时、降水量、对相应时期总降水量的贡献率及降水强度的时空变化特征。该项研究对于新疆地区水资源管理及洪旱灾害风险评估具有重要理论与现实意义。

## 2　数据

本文所分析数据为新疆51个站点1960～2005年逐日降水资料（图1），该数据由国家气象局气候信息中

＊　基金项目：新疆科技攻关项目（201001066，20093115）；教育部“新世纪优秀人才支持计划”与国家自然科学基金项目（41071020；50839005）共同资助成果。

第一作者简介：李剑锋（1987—　），男，广州人，硕士研究生，主要从事生态水文研究、极端降水及旱涝灾害研究。E-mail：jianfengli.sysu@gmail.com

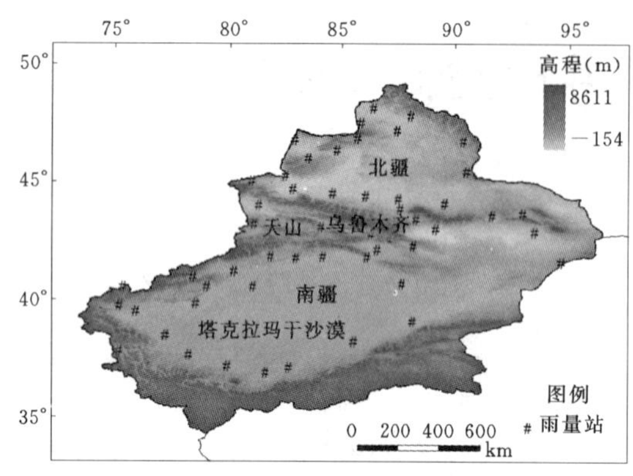


图 1　新疆气象站点分布图

心提供。数据中有 12 个站点存在缺测数据，其中 2 个站点缺测率大约 1%，其余站点均小于 1%。本文采用以下方法对缺测数据进行插值[14]：对于 1～2 天缺测数据，采用领近天数的平均降水量进行插值；对连续缺测天数较长的情况，采用其他年份同样时期的平均降水量进行插值。

研究中定义 15 个降水指标，即①年、夏、冬季总降水量，分别用 ATP、STP 和 WTP 表示，有降水天数是指日降水量 $P\geqslant 1$mm 的天数；②年、夏、冬季中最大连续降水天数（AD，SD，WD），也就是有降水天数持续时间最长的天数。在某一时期中，可能出现几次具有最大连续降水天数的降水事件，研究中只考虑降水量最大的那次降水事件。③年、夏、冬季中最大连续降水事件的总降水量（AP，SP，WP）；④年、夏、冬季中最大连续降水事件降水量占对应时期有降水天数的总降水量的百分率（AF，SF，WF）；⑤年、夏、冬季中最大连续降水事件的平均雨强（AI，SI，WI）。

## 3　方法

本文采用改进 Mann－Kendall 检验[15-17]（下面简称 MMK）进行趋势分析。未改进的 MK 检验是在全球范围内得到广泛应用的非参数检验方法[18]，考虑到水文气象序列中往往存在显著自相关性，而这种自相关性对 MK 检验结果会造成影响。为解决这个问题，Hamed 和 Rao[17]考虑序列中不同延时的自相关性并提出 MMK 检验。目前 MMK 方法已经在水文气象分析中得到广泛应用，其结果具有较好稳健性[19]。同时，本文采用线形分析计算各降水指标的变化率，并用 $F$ 检验评价其显著性。MMK 检验和 $F$ 检验均在 5%置信水平下进行趋势的显著性检验。同时，为检验某一区域变量变化趋势的区域显著性，该文用 Monte Carlo 统计模拟方法分析了变化趋势的区域显著性检验[20-22]，模拟次数为 1000 次。

## 4　结果

### 4.1　有降水天数总降水量的时空变化特征

图 2（a）是 ATP 的 MMK 检验结果。新疆大部分区域具有上升趋势。除了新疆西南部站点是不显著上升外，其他区域均具有明显的显著上升趋势特征。大部分站点 ATP 变化率是每 10 年 0～10mm；新疆西部的上升率比中东部大，某些站点达到每 10 年 20～30mm；最大增加率出现在天上东部，达到 30～40mm 每 10 年［图 2（d)］。可见，从年角度来看，新疆大部分地区具有湿润的趋势，西部变化幅度比中东部大。同样，大部分 STP 具有上升趋势［图 2（b)］。显著上升趋势主要分布在南疆西部以及天山东部。STP 变化率如图 2（e）所示，大部分地区的变化率在每 10 年 0～5mm；南疆西部、天山东西地区变化率较大，部分达到每 10 年 10～15mm；最大变化率出现在天上东部，每 10 年 15～20mm；小部分地区的 STP 有所减少，变化率在每 10 年－5～0mm。夏季降水量增加，南疆西部、天山东部增加较多。北疆及天山地区 WTP 显著上升；南疆北部有上升趋势，但不显著，其南部则是不显著的下降趋势［图 2（c)］。北疆 WTP 增加率相对较大，部分站点达到每 10 年 4～8mm，大部分站点每 10 年 0～2mm；南疆北部地区 WTP 仍然有一定的增加，都是每 10 年 0～2mm，而南部则出现下降，变化率处于每 10 年－2～0mm［图 2（f)］。计算结果表明，冬季北疆以及天山降水有显著增加的趋势；南疆趋势不显著，但其北部有湿润趋势，南部有降水减少趋势。

### 4.2　最大连续降水天数时空变化

图 3（a）是 AD 的 MMK 趋势分析结果，在北疆北部、天山东部以及南疆西部有显著上升的站点，而全疆没有显著下降站点；另外还有更多站点没有显著趋势，其中大部分是不显著上升。北疆北部、天上东部以及南疆西部 AD 增长率相对较大［图 3（d)］，达到每 10 年 0.2～0.4 d，而大部分地区增长率是每 10 年 0～0.2d，部分地区 AD 有所下降，下降幅度为每 10 年－0.2～0d。SD 在变化趋势不十分明显，只有 3 个站点具有显著上升趋势，分别在天山东部以及南疆南部，而不显著站点分布没有明显的区域特征［图 3（b)］。

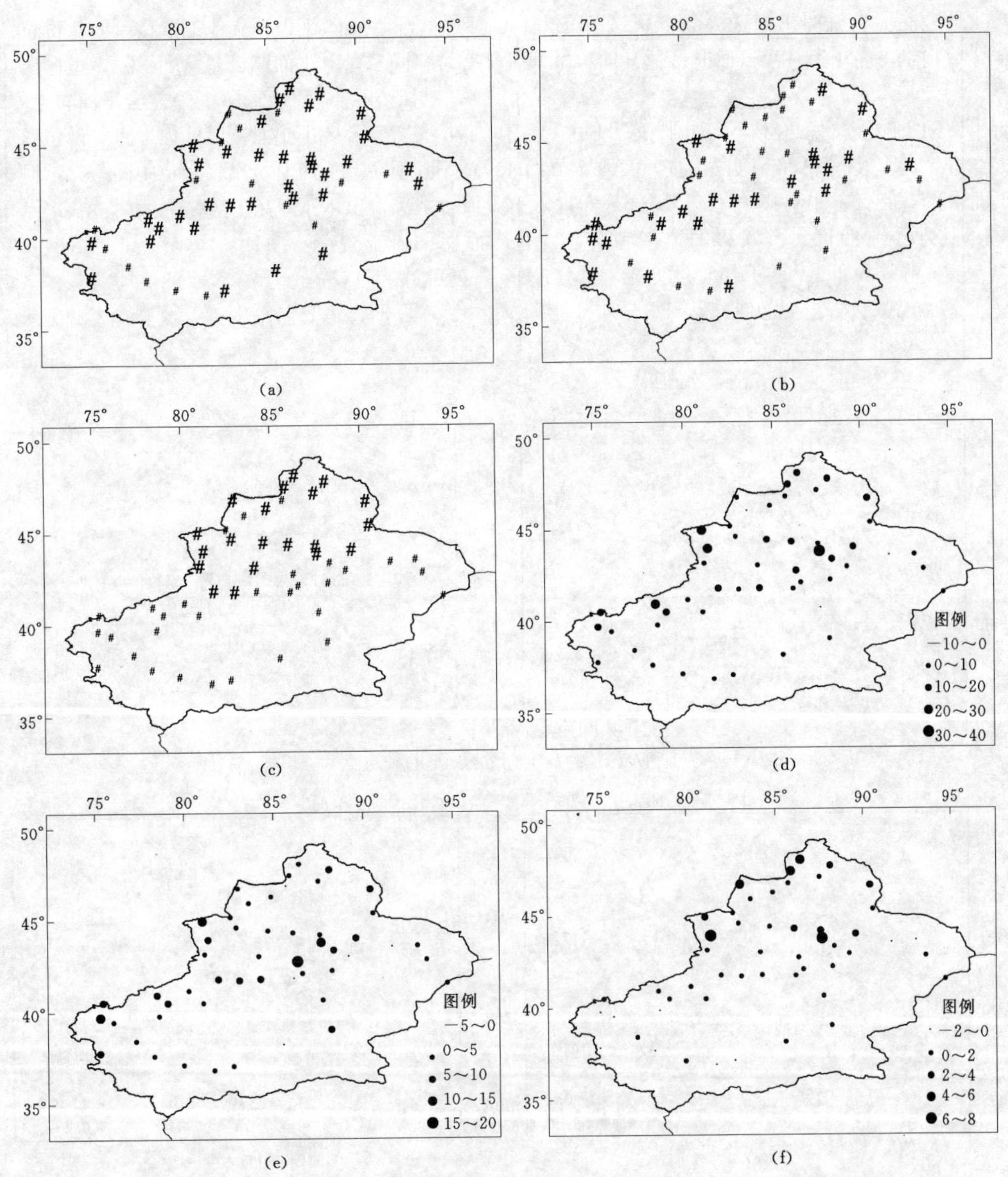


图2 ATP、STP、WTP的MMK趋势结果及变化率

(a) ATP的MMK趋势结果；(b) STP的MMK趋势结果；(c) WTP的MMK趋势结果；(d) ATP变化率；(e) STP变化率；(f) WTP变化率

图3（e）是SD的变化率，天山部分地区以及南疆西南部增长率较大，每10年0.2～0.4d；其他站点是每10年0～0.2d，部分站点SD有所下降，每10年−0.2～0d。

北疆以及天山南部站点WD有显著上升趋势，全疆没有显著下降的趋势；北疆以及天山的部分站点有不显著增加趋势，而不显著下降趋势集中在新疆东部以及南部［图3（c）］。北疆和天山南部WD增加率较大，每10年0.2～0.4d；其他大部分地区的增长率是每10年0～0.2d；新疆东部以及南部部分站点WD下降每10年−0.2～0d［图3（f）］。

### 4.3 最大连续降水天数降水量的时空变化特征

最大连续降水天数发生时空变化，其降水特征也有可能发生变化。为此，本节讨论最大连续降水天数降

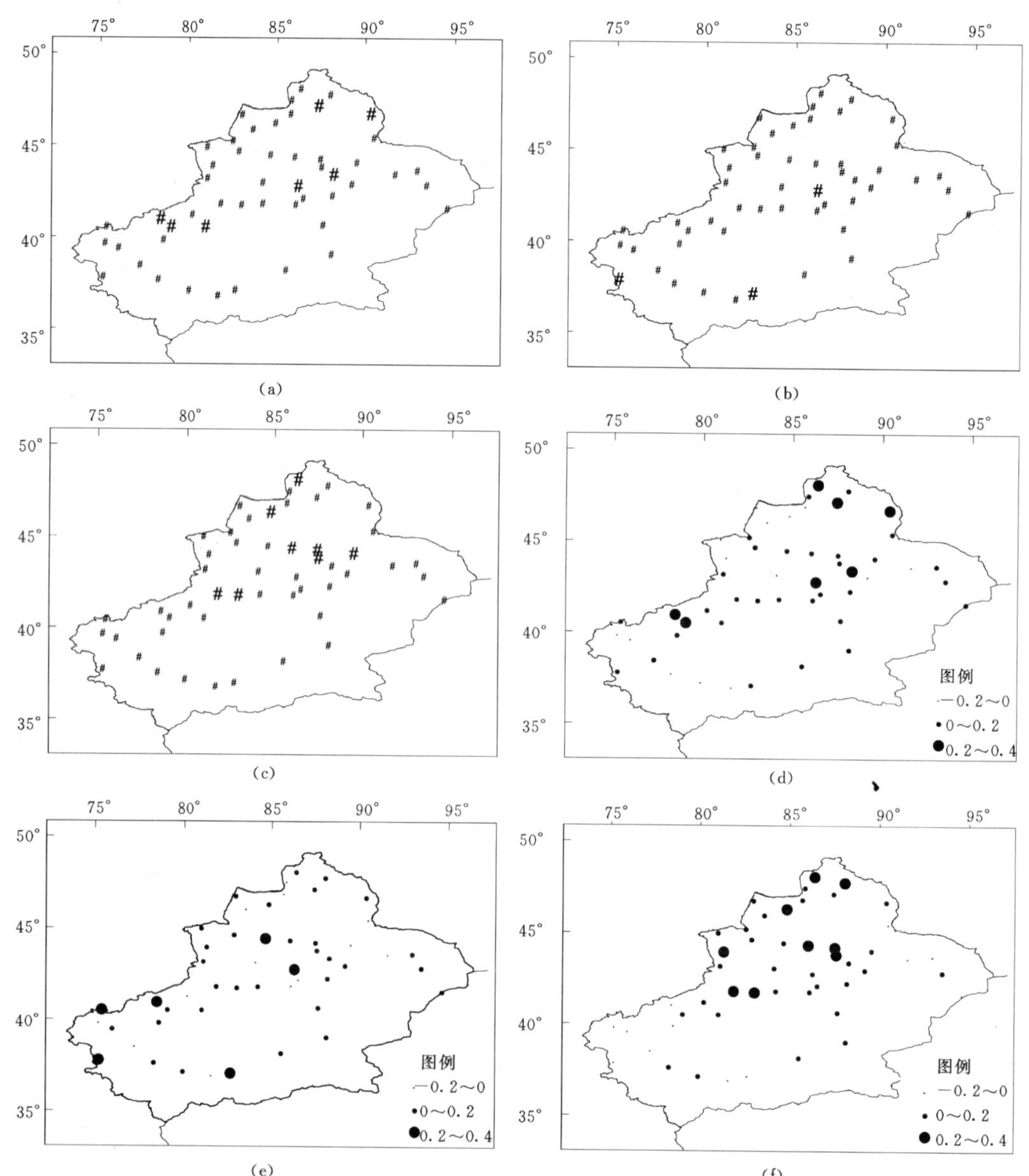


图 3　AD、SD、WD 的 MMK 趋势结果及变化率

(a) AD 的 MMK 趋势结果；(b) SD 的 MMK 趋势结果；(c) WD 的 MMK 趋势结果；(d) AD 变化率；(e) SD 变化率；(f) WD 变化率

水量的时空变化特征。

新疆年最大连续降水天数产生的降水量总体来说是上升趋势［图 4 (a)］，北疆、天山南部、新疆东部、南疆西南部都有降水量显著增加趋势，而天山东南方有两个站点呈现显著减少趋势；没有显著趋势的站点也以上升居多。图 4 (d) 是 AP 变化率，北疆、天山以及新疆东部变化幅度较大，部分达到 2～3mm；天山东部以及南疆南部 AP 有下降，大部分的下降率是−1～0mm，部分站点下降率达到每 10 年−2～−1mm。

对于 SP，全疆大部分地区有上升趋势，其中有显著增加趋势的站点主要集中在南疆，天山东部也有部分站点有显著上升趋势，全疆只有 2 个站点有显著下降趋势［图 4 (b)］。图 4 (e) 是 SP 的变化率，大部分 SP 都是上升，这与 MMK 结果一致。尽管有显著上升趋势的站点大部分集中在南疆，其增加率相对北疆较少。北疆个别站点增长率达到每 10 年 4～6mm。在天山周边某些站点 SP 下降，下降率主要在每 10

年－2～0mm。

图4（c）是WP的变化趋势，同样，全疆WP总体增加，但显著增加的站点主要分布于北疆和天山。南疆大部分站点没有显著趋势，其北部是不显著上升区域，而南部开始出现不显著下降趋势。WP线性变化率与MMK趋势分析结果一致，全疆WP增加，其中北疆增加率最大，部分站点达到每10年1～3mm（图4f）。大部分地区增加率为每10年0～1mm，新疆南部WP下降率为每10年－1～0mm。

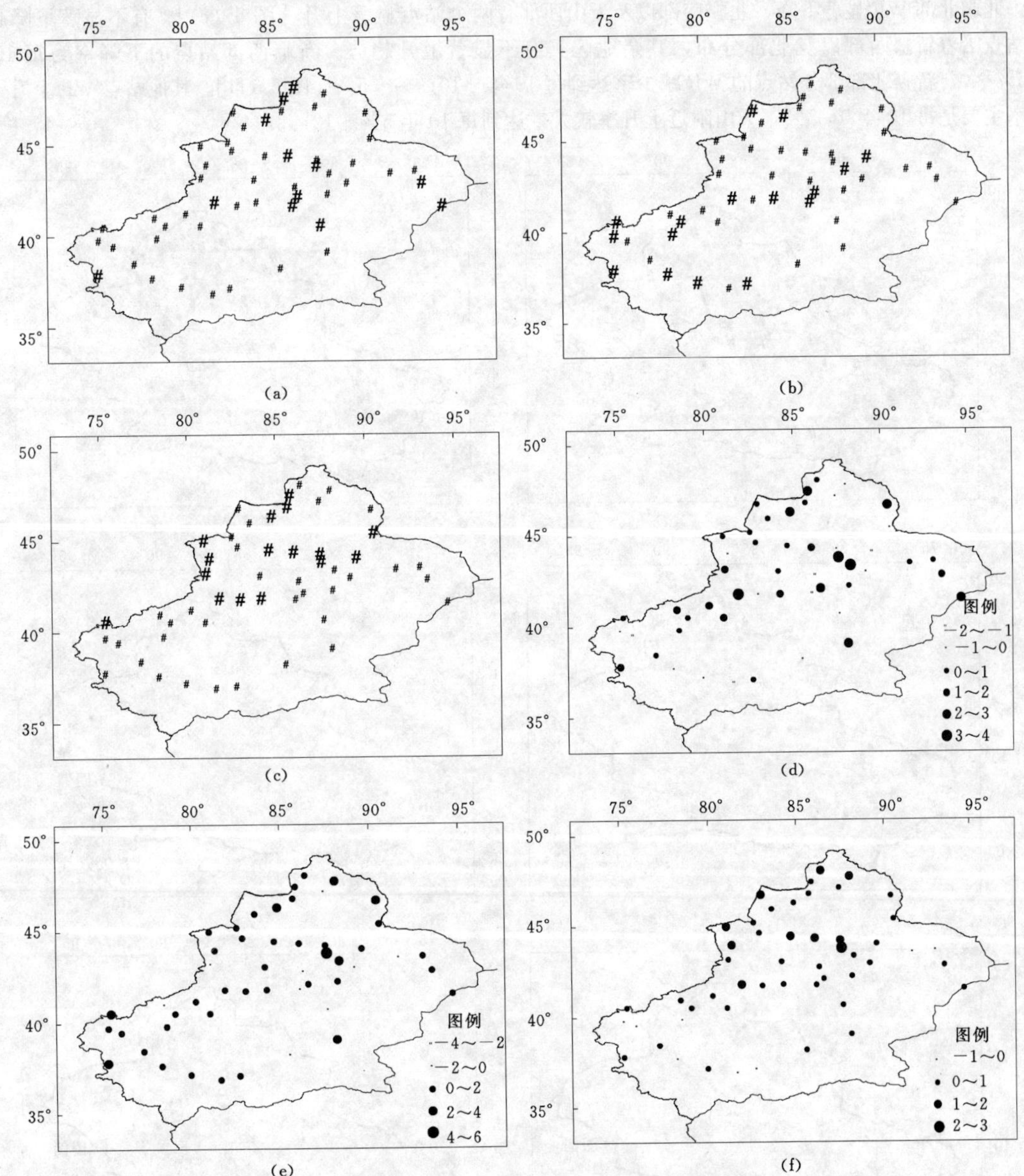


图4　AP、SP、WP的MMK趋势结果及变化率

(a) AP的MMK趋势结果；(b) SP的MMK趋势结果；(c) WP的MMK趋势结果；
(d) AP变化率；(e) SP变化率；(f) WP变化率

### 4.4　最大连续降水天数贡献率的时空变化

图5（a）是AF的MMK趋势检验结果，全疆大部分站点呈下降趋势，显著下降站点主要分布在北疆、天山周边以及南疆西南部，北疆中部和新疆东部有3个站点具有显著上升趋势，不显著上升趋势集中在北疆西部。南疆以及天山东部的下降率比北疆要大，大部分站点下降率是每10年－4%～－2%，个别站点达到

每 10 年−6%～−4% [图 5 (d)]。

全疆 SF 总体下降，显著下降地区主要集中在南疆以及天山北部，南疆其他站点都是不显著下降，而北疆大部分站点是不显著上升趋势 [图 5 (b)]。从图 5 (e) 看出，南疆 SF 下降率一般在每 10 年−6%～−3%，南疆北部一个站点达到最大值，达到每 10 年−9%～−6%。北疆部分站点 SF 上升每 10 年 0～3%。

北疆北部 WF 显著下降，北疆南部以及天山西部有两个站点显著上升 [图 5 (c)]。有不显著下降趋势的站点沿着新疆西部以及北部分布，其余地区具有不显著上升趋势。新疆西部站点的下降率为每 10 年−5%～0，新疆北部部分站点的 WF 减少率达到每 10 年−10%～−5% [图 5 (f)]。其他站点 WF 上升，上升率主要是每 10 年 0～5%，天山附近上升率较大，达到每 10 年 5%～10%。

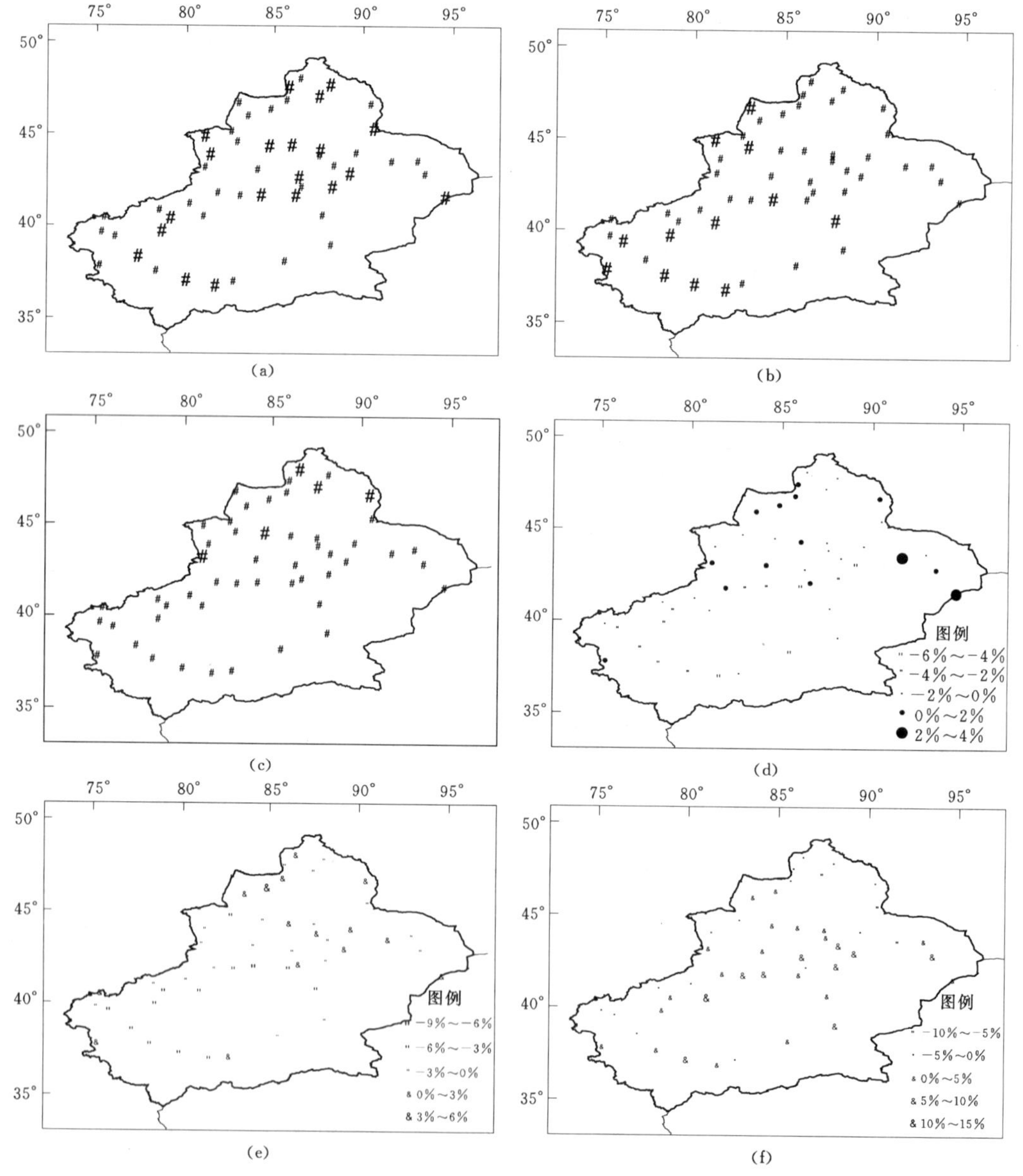


图 5　AF、SF、WF 的 MMK 趋势结果及变化率

(a) AF 的 MMK 趋势结果；(b) SF 的 MMK 趋势结果；(c) WF 的 MMK 趋势结果；
(d) AF 变化率；(e) SF 变化率；(f) WF 变化率

## 4.5 最大连续降水天数降水强度的时空变化

北疆西部 AI 上升，其中两个站点有显著上升趋势，北疆中东部 AI 普遍下降，但大部分没有显著趋势［图 6（a)］。天山附近趋势比较复杂，东部部分站点显著下降，也有部分站点有显著上升趋势。图 6（d）是 AI 每 10 年的变化率，北疆中部下降率一般是每 10 年－1～0mm/d，西部及东部增加率是每 10 年 0～1mm/d。天山及南疆都是上升和下降各半，其中天山东部下降率最大，达到每 10 年－3～－2mm/d。

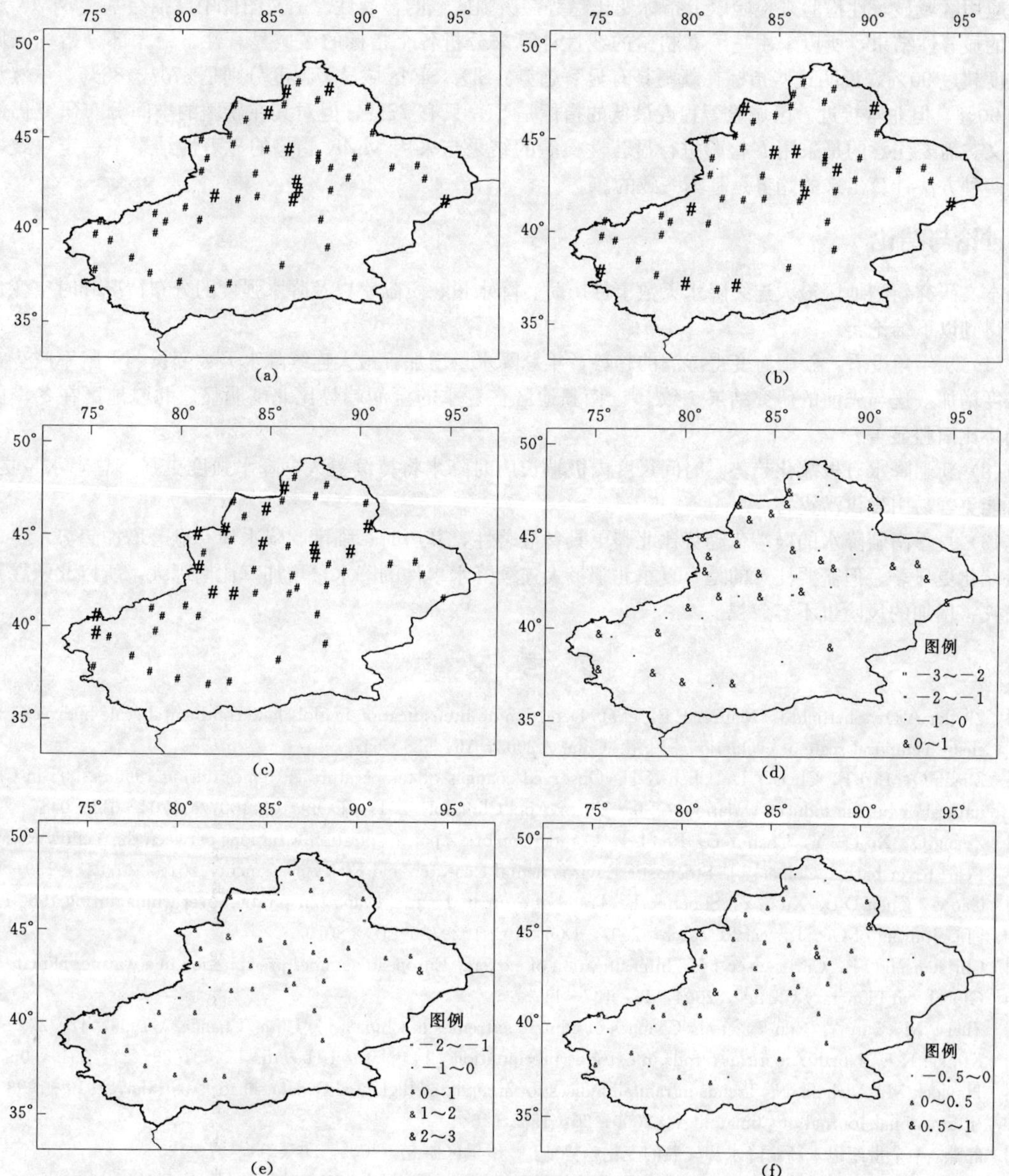


图 6　AI、SI、WI 的 MMK 趋势结果及变化率

(a) AI 的 MMK 趋势结果；(b) SI 的 MMK 趋势结果；(c) WI 的 MMK 趋势结果；
(d) AI 变化率；(e) SI 变化率；(f) WI 变化率

北疆大部分地区 SI 具有上升趋势，中东部站点显著上升，西部有显著下降趋势的站点［图 6（b)］。天山及南疆地区 SI 均是上升趋势，其中显著上升站点集中分布在天山及南疆南部。全疆大部分地区的上升率都是每 10 年 0～1mm/d，东部上升率最大，每 10 年 2～3mm/d；有少部分站点的下降率是每 10 年－2～

－1mm/d [图 6 (e)]。

WI 变化趋势有较为明显的区域特征，北疆、天山和南疆北部有显著的上升趋势，南疆南部呈下降趋势[图 6 (c)]。大部分地区变化率是每 10 年 0～0.5mm/d，天山周边部分地区上升率较高，是每 10 年 0.5～1mm/d [图 6 (f)]。下降趋势的站点的下降率都是每 10 年－0.5～0mm/d。

### 4.6 区域显著性检验

应用区域显著性检验来检验以上指标变化趋势在新疆区域的显著性。上文图件中已描绘基于 MMK 趋势检验的显著性结果，所以采用基于 $F$ 检验的线性计算来分析各个指标的区域显著性。绝大部分指标区域显著程度超过 90%，说明这些指标在新疆具有显著趋势。SD、SF 区域显著程度分别是 87%、88%，虽然没有达到 90%，但非常接近。区域显著程度最低的指标是 SI，只有 77%，但对其在新疆的空间分布研究仍然具有意义。需要注意的是采用 $F$ 检验进行显著性检验的结果与采用 MMK 趋势的显著性结果不一定一致，但是这两种方法计算出来的趋势是基本一致的。

## 5 讨论与结论

本文研究新疆地区最大连续降水天数事件历时、降水量、贡献率以及降水强度的分布情况和时空变化特征，得到以下结论：

(1) 从年角度看，新疆有变得湿润的趋势，年总降水量增加，最大连续降水天数变长，贡献率减少，降水强度增加。这与先前的研究结果一致[11]。南疆地区在夏季的湿润趋势比北疆明显。北疆地区在冬季的湿润趋势比南疆显著。

(2) 新疆降水有极端化趋势。时间尺度内极端长历时降水将持续更久，降水强度更强，总降水量更多，这可能更容易引发洪涝灾害。

(3) 夏季南疆降水的极端化趋势比北疆更具备显著性，其历时、强度、降水量有显著增加趋势。冬季北疆极端化更显著。但需要注意的是，夏季北疆最大连续降水事件的降水量增加率比南疆大，所以北疆在夏季洪涝灾害增加的风险也不容忽视。

## 参 考 文 献

[1] Ziegler A D, Sheffield J, Maurer E P, et al. Detection of intensification in globaland continental-scale hydrological cycles: Temporal scale of evaluation [J]. J. Clim., 2003, 16: 535-547.

[2] Zhang Q, Li J F, Chen Y D, Chen X H. Observed changes of temperature extremes during 1960～2005 in China: natural or human-induced variations? [J]. Theor Appl Climatol, 2011, DOI: 10. 1007/s00704-011-0447-3.

[3] Zhang Q, Xu C—Y, Chen Y D, Ren L L. Comparison of evapotranspiration variations between the Yellow River and Pearl River basin, China [J]. Stochastic Environmental Research and Risk Assessment, 2011, 25 (2): 139-150.

[4] Gao G, Chen D L, Xu C Y, Simelton E. Trend of estimated actual evapotranspiration over China during 1960-2002 [J]. Journal of Geophysical Research, 2007, DOI: 10. 1029/2006JD008010.

[5] Christensen O B, Christensen J H. Intensification of extreme European summer precipitation in a warmer climate [J]. Global and Planetary Change, 2004, 44: 107-117.

[6] Zhai P M, Sun A, Ren F, et al. Changes of climate extremes in China [J]. Clim. Change., 1999, 42: 203-218.

[7] Kunkel K E. North American trends in extreme precipitation [J]. Natural Hazards, 2003, 29 (2): 291-305.

[8] Haylock M, Nicholls N. Trends in rainfall indices for an updated high quality data set for Australia, 1910-1998 [J]. International Journal of Climatology, 2000, 20: 1533-1541.

[9] 薛燕. 半个世纪以来新疆降水和气温的变化趋势 [J]. 干旱区研究, 2003, 20 (2): 127-130.

[10] 张强, 李剑锋, 陈晓宏, 等. 基于 Copula 函数的新疆极端降水概率时空变化特征 [J]. 地理学报, 2011, 66 (1): 3-12.

[11] 李剑锋, 张强, 陈晓宏, 等. 新疆极端降水概率分布特征的时空演变规律 [J]. 灾害学, 2011, 26 (2): 11-17.

[12] Fatichi S, Caporali E. A comprehensive analysis of changes in precipitation regime in Tuscany [J]. International Journal of Climatology, 2009, DOI: 10. 1002/joc. 1921.

[13] Zolina O, Simmer C, Gulev S K, Kollet K. Changing structure of European precipitation: Longer wet periods leading to more abundant rainfalls [J]. Geophys. Res. Lett., 2010, DOI: 10. 1029/2010GL042468.

[14] Zhang Q, Xu C—Y, Chen X H, Zhang Z X. Statistical behaviors of precipitation regimes in China and their links with atmospheric circulation 1960-2005 [J]. International Journal of Climatology, 2011, DOI: 10. 1002/joc. 2193.

[15] Mann H B. Nonparametric tests against trend [J]. Econometrica，1945，13 (3)：245 - 259.

[16] Kendall M G. Rank Correlation Methods [Z]. London.

[17] Hamed K H，Rao A R. A modified Mann— Knedall trend test for autocorrelated data [J]. Journal of Hydrology，1998，204：182 - 196.

[18] Mitchell J M，Dzerdzeevskii B，Flohn H. Climate Change [Z]. WHO Technical Note 79，World Meteorological Organization：Geneva，1966.

[19] Daufresne M，Lengfellner K，Sommer U. Global warming benefits the small in aquatic ecosystems [J]. Proc. Natl. Acad. Sci. U. S. A.，2009，106 (31)：12788 - 12793.

[20] Chu P S，Wang J B. Recent climate change in the tropical western Pacific and Indian Ocean regions as detected by outgoing longwave radiation records [J]. Journal of Climate，1997，10：636 - 646.

[21] Livesey R E，Chen W Y. Statistical field significance and its determination by Monte—Carlo techniques [J]. Mon. Wea. Rev.，1983，111：46 - 59.

[22] Zolina O，Simmer C，Kapala A，Bachner S，Gulev S K，Maechel H. Seasonally dependent changes of precipitation extremes over Germany since 1950 from a very dense observational network [J]. J. Geophys. Res.，2008，DOI：10.1029/2007JD008393.

# Spatio - temporal probability behaviors of the maximum consecutive wet days in the Xinjiang，China

Li Jianfeng[1,2] Zhang Qiang[1,2] Chen Xiaohong[1,2]

(1. Department of Water Resources and Environment，Sun Yat—sen University，Guangzhou 510275；
2. Key Laboratory of Water Cycle and Water Security in Southern China of Guangdong High Education Institute，Sun Yat—sen University，Guangzhou 510275)

**Abstract** Based on the daily precipitation data at 51 rain stations from the Xinjiang province during the period of 1960～2005，the spatio - temporal probability behaviors of the maximum consecutive wet days in annual，summer and winter are studied. Fifteen extreme precipitation indices are defined and the trends of these precipitation indices are analyzed using the modified Mann—Kendall test method. Besides，the changing rates of the precipitation indices are evaluated through the linear regression with F test. Results show that：①wet tendency is identified in the Xinjiang with more significant wet tendency in the Southern Xinjiang in summer，while more evident wet tendency in the Northern Xinjiang in winter. ②Xinjiang precipitation is turning toward extreme side. The longest precipitation events are becoming longer，with stronger intensities and more total precipitation volume，which may lead to more flood disasters. ③Southern Xinjiang has a more evident tendency toward extreme condition in summer，while Northern Xinjiang is more remarkable in winter. In the meantime，the increasing possibility of flood disasters in Northern Xinjiang in summer shouldn't be ignored. This study could be of considerable scientific and practical merits in water resources management and in enhancement of human mitigation to negative effects of flood and drought hazards.

**Key words** maximum consecutive wet days；extreme precipitation episodes；Mann—Kendall test；climate change；Xinjiang

# 涪江流域径流变化趋势及其对气候变化的响应*

王国庆[1,2] 李 迷[3] 金君良[1,2] 刘翠善[1,2] 刘艳丽[1,2]

(1. 南京水利科学研究院 南京 210029；2. 水利部应对气候变化研究中心 南京 210029；
3. 河海大学 南京 210029)

**摘 要** 采用Mann—Kendall非参数检验方法分析了涪江流域实测径流量的变化趋势，根据假定的气候变化情景和HADCM3预估的气候情景，利用水量平衡模型分析了径流对气候变化的响应。结果表明：涪江流域径流量总体呈现递减趋势，但非汛期的个别月份有增加趋势，实测年径流变化主要是由于气候要素变化引起的，流域内的水电开发对径流量的季节分配存在有一定的影响。水量平衡模型对涪江流域月流量过程具有较好的模拟效果，实测与模拟径流量总体较为吻合，只有个别年份峰值模拟误差相对较大。气温变化固定的情况下，降水变化与径流变化之间的关系接近线性；在降水变化相同的情况下，单位气温变幅引起的径流量变化幅度也基本相当。尽管不同排放情景下涪江流域径流量的变化有一定差异，但总体来看，未来水资源以偏少为主，特别是2030年以后，多年平均偏少量超过5%。

**关键词** 径流；气候变化；涪江流域，水文响应

## 1 前言

全球正经历着以温度显著上升为特征的气候变化[1]，在全球气候变暖背景下，近100年来，中国平均气温升高0.5～0.8℃[2]。气温升高将加速水循环，使降水强度、频次及空间分布格局发生变化，进而对区域水资源产生显著的影响[3]。T. G. Huntington通过分析美国和英国38个典型流域的气温、降水、蒸发与径流的关系，认为未来全球变暖将可能显著减少河川径流[4]。Roger N. Jones利用不同水文模型分析了澳大利亚22个流域径流对气候变化的敏感性，并初步评估了模型差异对分析结果的影响[5]。王国庆等利用一个简单水量平衡模型分析辽河流域径流变化归因，指出气候变化对径流的影响具有增加趋势[6]。目前，关于气候变化对水资源影响的大量研究主要采用两种途径：一是根据全球气候模型输出结果耦合水文模型，评估未来区域水资源情势，二是将假定的气候情景输入水文模型，评估河川径流对不同气候变化的敏感性。合适的水文模型已成为评估气候变化最常用的工具之一[7-9]。长江是中国最大的河流，水资源的丰枯变化直接关系到中国水资源开发利用、水电能源开发规划以及南水北调工程建设等方面。以长江流域的典型支流涪江为研究对象，初步分析径流变化趋势及其对气候变化的响应。

## 2 资料与方法

### 2.1 涪江流域概况

涪江是嘉陵江右岸最大的一级支流，发源于四川省松潘县黄龙乡岷山雪宝顶，介于东经103.73°～106.27°、北纬29.3°～33.05°之间，从西北向东南由川西北高山区进入盆地丘陵区，流经平武、江油、绵阳、三台、射洪、遂宁、潼南至重庆市合川县钓鱼城下汇入嘉陵江，全长670km，集水面积约36400km²。涪江流域形状狭长，域内水系发育，支流呈树枝状分布。流域面积大于100km²的支流共有91条，其中，大于500km²的支流有22条，1000km²以上的支流有9条。江油武都镇以上为涪江上游，穿行于岷山、摩天岭、龙门山的崇山峻岭之中；武都镇至遂宁为中游，遂宁至合川为下游，中下游蜿蜒流经盆地腹部的丘陵区（图1）。涪江流域地跨川西高原气候区和亚热带湿润季风气候区，气温南高北低，多年平均年降水量在800～1400mm，以位于龙门山西南段东南麓的安县、北川县及干流平武县、江油市一带为多雨区。流域出口控

* 基金项目：水利部公益性行业专项“长江流域水资源演变规律及变化趋势分析”（编号：201101003）；中英瑞气候变化适应项目“气候变化对中国范围水资源的影响与适应策略”（编号：ACCC201002）。

第一作者简介：王国庆（1971— ），男，山东省成武县人，南京水利科学研究院，教授级高级工程师，主要从事气候变化与水文水资源方向的研究。E-mail：gqwang@nhri.cn

制站为小河坝水文站（东经 106.05°、北纬 30.1°），小河坝以上集水面积为 29420km$^2$。

综合考虑测站布设年份及地理位置，在涪江流域内选取 24 个站雨量站，图 1 给出了涪江流域水系状况和雨量站及小河坝水文站的地理位置。收集了 24 个雨量站 1955～2000 年的气象资料和小河坝水文站的流量资料。

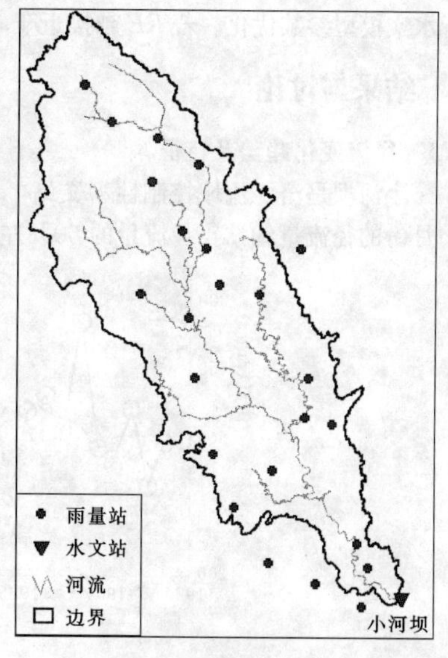

图 1 涪江流域水系及水文、气象站地理位置分布

### 2.2 Mann－Kendall 非参数检验方法

采用 Mann－Kendall 非参数检验方法分析径流变化趋势及其显著性。对于水文序列 $x_i$，先确定所有对偶值（$x_i$，$x_j$；$j>i$，$i=1$，2，…，$n-1$；$j=i+1$，$i+2$，…，$n$）中的 $x_i<x_j$ 的出现个数 $p$，对于无趋势的序列，$p$ 的数学期望值为

$$E(p)=n(n-1)/4 \tag{1}$$

构建 Mann－Kendall 秩次相关检验的统计量：

$$U=\frac{\tau}{[V_{ar}(\tau)]^{\frac{1}{2}}} \tag{2}$$

其中

$$\tau=\frac{4p}{n(n-1)}-1$$

$$V_{ar}(\tau)=\frac{2(2n+5)}{9n(n-1)}$$

式中：$n$ 为序列样本数。

当 $n$ 增加时，$U$ 很快收敛于标准化正态分布。假定序列无变化趋势，当给定显著水平 $\alpha$ 后，可在正态分布表中查得临界值 $U_{\frac{\alpha}{2}}$，当 $|U|>U_{\frac{\alpha}{2}}$ 时，拒绝假设，即序列的趋势性显著。

### 2.3 考虑融雪的水量平衡模型

考虑融雪的水量平衡模型（SWBM 模型）是根据物质守恒原理，综合考虑超渗与蓄满产流的特点以及融雪产流的特征，建立并逐步完善的一个大尺度水文模型[9-11]。通过与其他模型的应用对比，该模型具有与其他复杂模型相当的模拟精度[12]，因此，本研究中选用该模型分析流域水文对气候变化的响应，图 2 给出了该模型的结构框图。SWBM 模型要求输入逐月面平均降水量、气温和实测蒸发能力资料。

该模型以水量平衡原理为基础，将河川径流划分为地面径流、地下径流和融雪径流三种水源。根据气温变化，对降水进行了雨、雪划分，降雨形成地面径流，降雪首先累积，然后融化形成融雪径流。部分降雨和融雪补充地下蓄水量。地下蓄水量一方面形成地下径流出流，同时以蒸散发的形式损失。假定地面径流是土壤含水量与时段降水量的线性函数，地下径流按地下蓄水量线性水库出流理论计算，融雪径流量是气温的指数函数，同时正比于流域内的积雪量。该模型的突出优点是结构简单，参数较少，只有 4 个参数需要率定，分别为：土壤蓄水容量 $S_{max}$，该参数与土壤类型和土壤层厚度有关，表征了土壤层的最大蓄水能力，其取值范围一般介于 100～500mm 之间；地面径流系数 $K_s$，是一个无量纲参数，参数取值范围介于 0～1 之间，取值大小与下垫面状况和植被覆盖度有关，植被较好的地区，取值相对较小；地下径流系数 $K_g$，是一个无量纲参数，取值一般介于 0～1 之间，取值大小与土壤类型和植被覆盖度有关，沙质土壤和植被覆盖度较好地区，该参数取值较大；雪径流系数 $K_{sn}$ 该参数反映了产流的地区特性，取值范围介于 0～1 之间，一般高纬度地区和寒冷地区的取值较大，对于南方湿润地区，该参数可以取为 0。

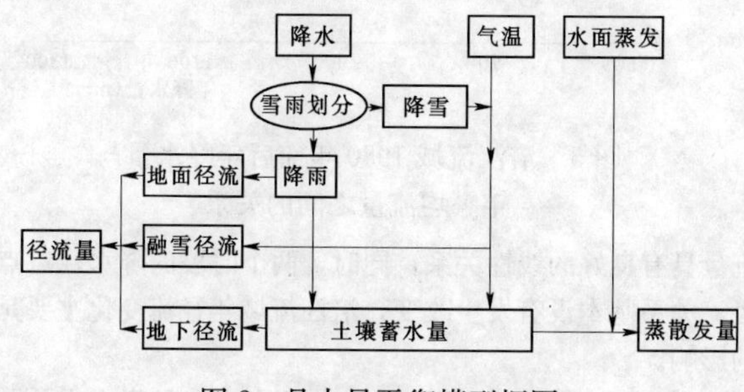

图 2 月水量平衡模型框图

选用 Nash－Sutcliffe 模型效率系数 $NSE$ 和模拟总量相对误差 $RE$ 为目标函数进行参数率定。采用人工交互对话或 Rosenbrock 等优化方法，进

行水文模型参数优化。若 *RE* 越接近于 0，同时 *NSE* 越接近于 1，说明模拟效果越好。

# 3　结果与讨论

## 3.1　径流变化趋势及特征

小河坝是涪江流域控制性水文站，多年平均流量 461m³/s，主汛期 7～9 月平均流量为 1083m³/s，这三个月份的径流量约站年径流量的 60%左右。图 3 给出了该站实测年平均流量及其 5 年滑动平均过程。

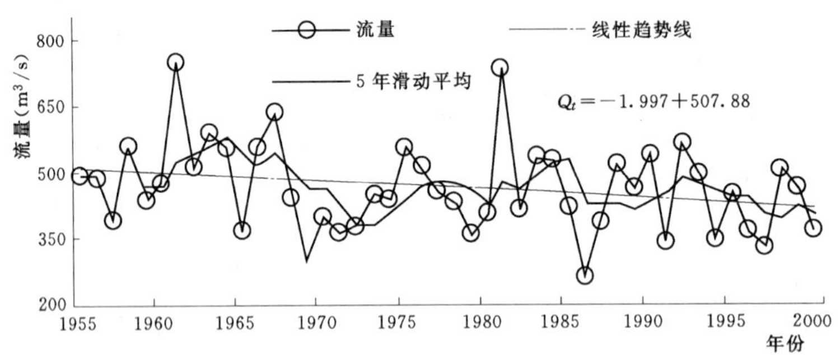


图 3　涪江小河坝站实测年平均流量及其 5 年滑动平均过程

由图 3 可以看出，①年平均流量约在 250～750m³/s 之间变动，最大年均流量 748m³/s 出现在 1961 年，最小年均流量出现在 1986 年，为 260.3m³/s。②20 世纪 50～60 年代流量总体偏大，1955～1969 年的平均流量为 502m³/s，较多年平均值偏高约 8.7%；90 年代流量相对偏低，平均流量为 420m³/s，较多年均值偏低约 8.9%。③流量过程总体呈现递减趋势，多年平均线性年递减率约为 2m³/s。

利用 Mann—Kendall 非参数检验法诊断了 1955～2000 年小河坝站实测年均流量和各月流量变化趋势的显著性（图 4）。年均流量的 Mann—Kendall 统计值为−1.67，低于置信水平为 0.05 的临界值，说明实测年均流量尽管具有减少趋势，但这种趋势并不显著。由图 4 可以看出，5 月和 7～11 月的径流量均呈现非显著性减少趋势，12 月至次年 4 月和 6 月流量呈现增加趋势，其中，1～3 月流量增加显著。

径流源于降水，径流变化不仅受气候要素（如气温、降水等）变化的影响显著，而且也受土地利用、下垫面变化等人类活动的影响，人类活动对流域水文的影响主要体现在降水径流关系的变化，图 5 点绘了涪江流域 1955～1979 年和 1980～2000 年两个时段的年降水量与年平均流量之间的关系。

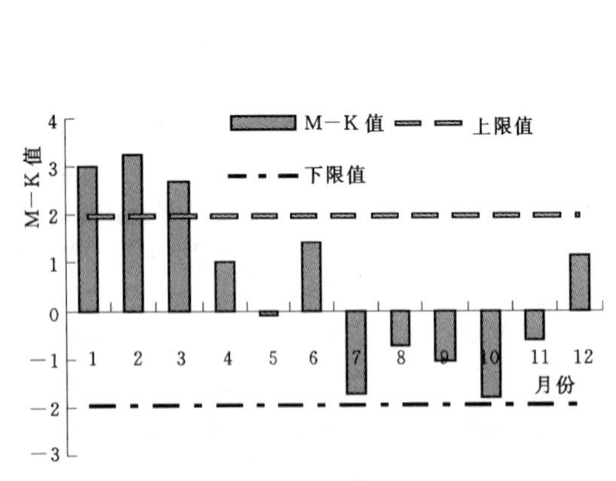


图 4　1955～2000 年小河坝站各月实测流量变化趋势显著性诊断

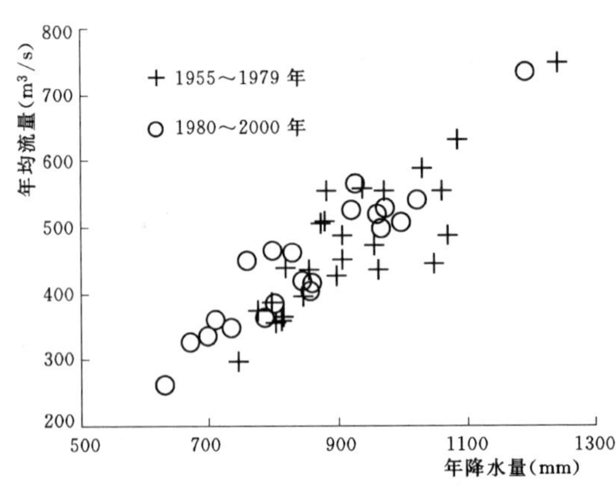


图 5　涪江流域 1980 年前后年降水量与年平均流量之间的关系

由图 5 可以看出，两个时段年降水量与年平均流量具有良好的线性关系，同时，两个时段的降水径流点群集中分布在相同的区域，说明这两个时段年降水径流关系基本没有发生改变，涪江流域年径流变化主要是由于气候要素变化引起的，基本没有受到人类活动的影响。

图 6 给出了涪江流域 1980 年前后降水、流量变化的年内分配，由图可以看出：①有 4 个月降水变化与

径流变化趋势，其中，5月降水较前期增多2.5%，但流量减少了越9%；3月、4月和12月，降水量分别较前期减少了1.4%、12.9%和2.6%，但流量分别增多了18.9%、4.8%和3.6%。②其他8个月份降水与流量变化趋势尽管一致，但幅度有所差异，9～11月降水变率大于流量变率，特别是11月，降水减少了22.4%，流量只减少了8.2%。1～2月降水变化幅度小于流量变幅。③尽管由前述分析可知，流域内的年径流量基本没有受到人类活动的影响，就季节分配而言，人类活动在某些月份还是有一定的影响。涪江流域水资源丰富，水电开发是流域内重要的人类活动，水电工程重要的作用不是改变年径流量，二是改变径流的季节分配。降水、径流季节变化趋势的差异正是这类人类活动与气候要素变化的综合体现。

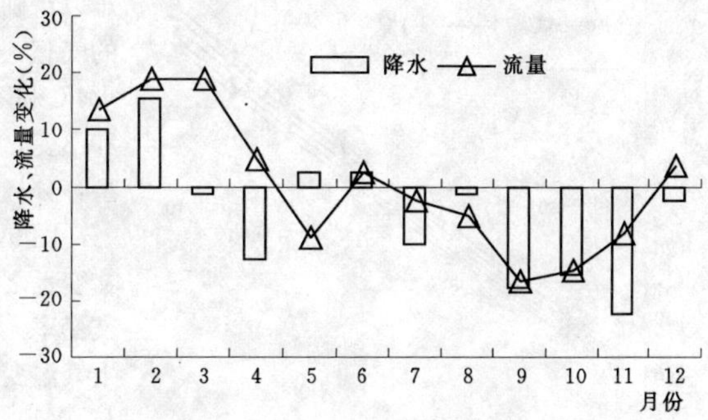


图6 涪江流域1980年前后降水、流量变化的年内分配

## 3.2 径流过程模拟

根据流域内24个气象站的实测资料计算流域面平均气候要素序列，利用1955～2000年的气候要素资料驱动考虑融雪的水量平衡模型估算流域的流量过程。由于模型土壤含水量等中间状态变量的初始值是人为确定的，为消除这种人为因素的影响，以1955年作为模型预热期，利用1956～1985年的资料来率定模型参数，为检验模型的稳定性，将1986～2000年作为验证期检验模型的模拟效果。由于涪江流域气温较高，降水多以降雨形式出现，很少出现降雪，因此，融雪径流系数直接确定为0，即认为该流域不存在融雪径流，只率定模型中的其他三个参数。图7给出了小河坝站1955～2000年实测与模拟的月流量过程，图8绘出了实测与模拟径流的多年平均的年内分配过程。

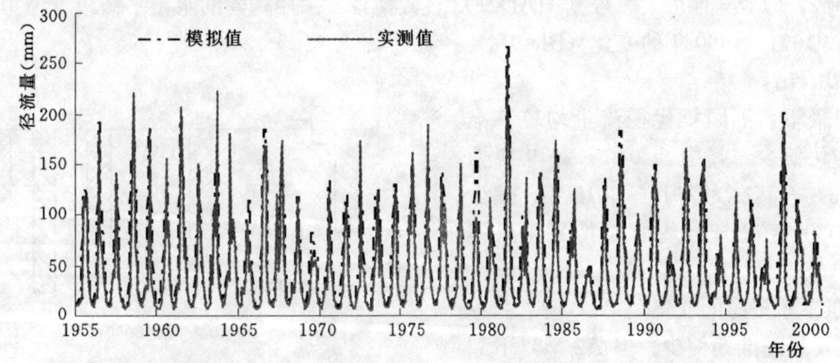


图7 小河坝站1955～2000年实测与模拟的逐月流量过程

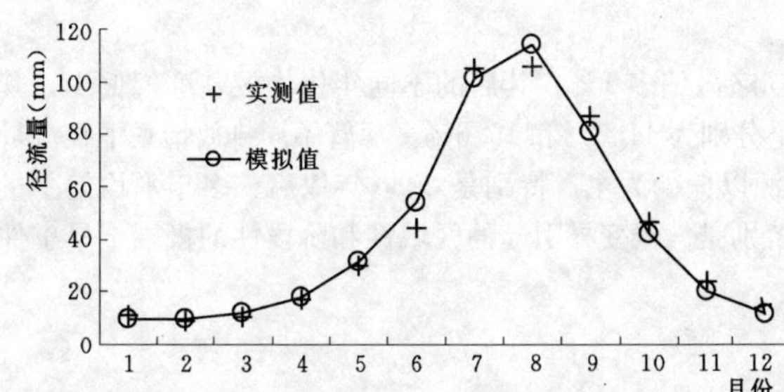


图8 小河坝站1955～2000年实测与模拟流量的年内分配过程

由图7看出，实测与模拟径流量总体较为吻合，只有个别年份峰值模拟误差相对较大。统计结果表明，率定期和检验期模拟整体误差 *RE* 分布为1.3%和−3.2%，Nash−Sutcliffe模型效率系数 *NSE* 均在85%以上，分别为86.0%和94.0%。就多年平均的年内分配过程来看，多数月份都吻合的非常好，只有6月和8月模拟值稍微偏高约5mm和8mm左右。说明模型对涪江流域具有良好的月径流模拟效果。

## 3.3 气候变化对径流量的影响

采用假定气候变化情景分析径流对气候变化的敏感性是气候变化影响评价的重要内容之一。全球气候变暖已是不争的事实，但降水变化的趋势性目前还

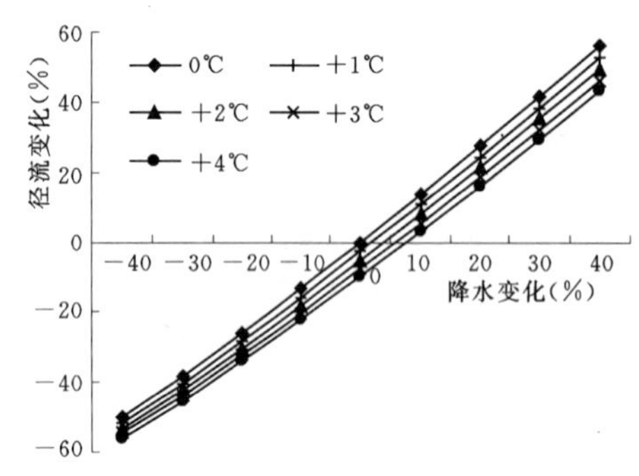


图 9 涪江流域降水、气温与径流量之间的变化关系

难以精确预估。综合考虑中国未来气候变化可能趋势，假定的气候变化方案包括：气温变化+1℃、+2℃、+3℃、+4℃和不变；降水变化±10%、±20%、±30%、±40%和不变，共有45种气候情景组合。利用建立的水量平衡模型，分析涪江流域径流对不同气候变化的响应（图9）。

图9中任何一条曲线代表气温变化固定情况下降水与水文变量之间变化关系，曲线斜率表示单位降水变化引起的水文变率大小；不同曲线间的纵向间距表示降水变化固定情况下气温变化引起水文变化程度。由图9可以看出：

(1) 随降水增加，径流量增大；随气温升高，径流量减少。如在气温不变的情况下，降水增加10%，河川径流量增加13.6%；在降水不变的情况下，气温升高1℃，河川径流量约减少2.7%。

(2) 气温变化固定的情况下，降水变化与径流变化之间的关系接近线性。如气温不变，降水增减10%引起的径流量变化率分别为13.6%和13.3%，降水增加引起的径流量变化率略微偏大。

(3) 在降水变化相同的情况下，单位气温变幅引起的径流量变化幅度也基本相当。如降水不变的情况下，气温升高1℃和2℃引起的径流量减少量分别为2.7%和5.2%。

(4) 在降水增加的情况下，气温对径流量的影响有增大的趋势。如在降水不变和降水增加40%的情况下，气温升高1℃引起的径流量变化分别为−2.7%和−3.6%。

依据全球气候模式输出结果评估未来水资源情势是目前最为常用的方法，基于HADCM3模式输出结构，许吟隆等通过PRECIS区域动力降尺度模式评估了未来中国区域的气候变化情势，对涪江流域的评估结果表明，年均气温呈现明显的升高趋势，不同排放情景下的气温升率为0.325～0.399℃/10a，年降水量呈现微弱的减少趋势，但变异性增大。根据HADCM3气候情景，采用构建的水量平衡模型模拟了涪江流域未来50年水资源较1961～1990年的变化（图10）。

由图10可以看出：

(1) A1B情景下，不同年代径流量均较基准期（1961～1990）偏少，其中，2040～2049年偏少较多，为17.3%，其次为2010～2019年，偏少11%，2020～2029年基本与基准年持平，只偏少0.3%。

(2) A2情景下水资源的变化和A1B情景基本类似，所有年代均较基准期偏少。但A2情景下载2030～2039年偏少最多，达到11.7%，其后的两个年代偏少相近，分别为6%和7%。2010～2019年和2020～2029年较基准期分别偏少1.5%和2.6%。

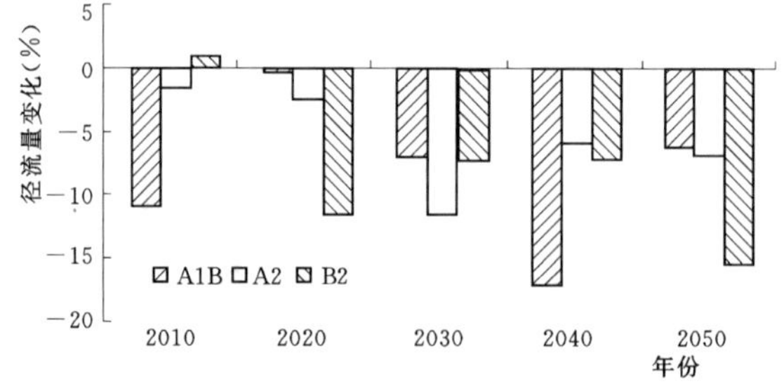


图 10 涪江流域未来径流量较1961～1990年的变化

(3) 在B2情景下，2010～2019年径流量较基准期略微偏多1%，其后的不同年代均较基准期偏少，其中，2020～2029年和2050～2059年偏少较多，偏少量分别为11.7%和15.6%。尽管不同排放情景下径流量的变化由一定差异，但总体来看，涪江流域未来水资源以偏少为主，特别是2030年以后，多年平均偏少量超过5%。尽管涪江流域水量充沛，但由于气候变化特别是气候变异引起的区域性和阶段性的极端干旱事件需引起足够的重视。

## 4 结论

(1) 涪江流域径流量年际变异较大，最大年径流量约为最小年径流量的3倍，年均流量过程总体呈现递减趋势，多年平均线性年递减率约为$2m^3/s$，但这种减少趋势并不显著。5月和7～11月的径流量均呈现非显著性减少趋势，12月至次年4月和6月流量呈现增加趋势，其中，1～3月流量增加显著。

(2) 1980年前后两个时段的年降水量与年平均流量具有良好的线性关系，两个时段的降水径流点群集中分布在相同的区域。涪江流域年径流变化主要是由于气候要素变化引起的，基本没有受到人类活动的影响，但流域内的水电开发对径流量的季节分配存在有一定的影响。

(3) 水量平衡模型对涪江流域月流量过程具有较好的模拟效果，实测与模拟径流量总体较为吻合，只有个别年份峰值模拟误差相对较大。率定期和检验期模拟整体误差 *RE* 分布为 1.3%和−3.2%，Nash−Sutcliffe 模型效率系数 *NSE* 均在 85%以上，分别为 86.0%和 94.0%。

(3) 气温变化固定的情况下，降水变化与径流变化之间的关系接近线性；在降水变化相同的情况下，单位气温变幅引起的径流量变化幅度也基本相当。在降水增加的情况下，气温对径流量的影响有增大的趋势。

(4) 尽管不同排放情景下涪江流域径流量的变化由一定差异，但总体来看，未来水资源以偏少为主，特别是 2030 年以后，多年平均偏少量超过 5%。气候变化特别是气候变异引起的区域性和阶段性的极端干旱事件需引起足够的重视。

## 参 考 文 献


[1] IPCC. Climate Change 2007：The Physical Science Basis. Cambridge，UK：Cambridge University Press，2007.

[2] 《气候变化国家评估报告》编写委员会．气候变化国家评估报告．北京：科学出版社，2007.

[3] 张建云，王国庆．气候变化对水文水资源影响研究．北京：科学出版社，2004.

[4] Roger N，Francis H S，Walter C，et al. Estimating the sensitivity of mean annual runoff to climate change using selected hydrological models. Advances in Water Resources，2005，29. 1419 - 1429.

[5] Huntington. T G. Climate warming could reduce runoff significantly in New England，USA. Agricultural and Forest Meteorology，2003，117：193 - 201.

[6] 王国庆，金君良，王金星，等．辽河流域径流对气候变化的响应特征研究．地球科学进展 2011，26（4）：433 - 440.

[7] Benedikt N，Lindsay M，Daniel，V Rolf W，Hans P L. “Impacts of environmental change on water resources in the Mt. Kenya region.” J. Hydrol.，2007. 343，266 - 278.

[8] Guoqing Wang，Jianyun Zhang，et al. Runoff reduction due to environmental change in Sanchuanhe River basin. International Journal of sediment research，2008，23（2）：174 - 180.

[9] Zhang J Y，Wang G Q，He R M，Liu C S. “Variation trends of runoffs in the Middle Yellow River basin and its response to climate change.” Adv. Water Sci.，2009，20（2），153 - 158.

[10] 郭生练，王国庆．半干旱地区水量平衡模型．人民黄河，1994（12）：13 - 15.

[11] 王国庆，李健．气候异常对黄河中游水资源影响评价网格化水文模型及其应用．水科学进展，2000，11（6）：387 - 391.

[12] Guoqing WANG，Jianyun ZHANG，Ruimin HE. Comparison of hydrological models in the middle reach of the Yellow River，IAHS Publ. 311，2007：158 - 163.

[13] Nash J E，Sutcliffe J. River flow forecasting through conceptual models：Part 1—A discussion of principles. Journal of Hydrology，1970，10：282 - 290.


# Variation of runoff in Fujiang River catchment and its responses to climate change


Wang Guoqing[1,2] Li Mi[3] Jin Junliang[1,2] Liu Cuishan[1,2] Liu Yanli[1,2]

（1. Nanjing Hydraulic Research Institute，Nanjing 210029；
2. Research Center for Climate Change，Nanjing 210029；
3. Hohai University，Nanjing 210029）



**Abstract** variation of runoff in Fujiang River catchment was analyzed with Mann−Kendall method. Based on hypothetical scenarios and projections of HADCM3，responses of runoff to climate change were simulated using a simple water balance model. Results indicated that recorded runoff in the Fujiang River catchment presented decreasing trend during 1955 - 2000，which mainly resulted from climate change. Although human activities across the catchment did put much effect on annual runoff amount，it altered seasonal distribution of runoff to some extent. the adopted monthly water balance model performed well for discharge simulation. Recorded and simulated discharges match well in general, except a little bit underestimation for some peak discharges. Relationship between changes in precipitation and changes in runoff under the fixed temperature change is a linear approaching. Under the same changes in precipitation, a unite change in temperature will result in an approximate change in runoff. Although projected runoffs under the different emission scenarios are different, water resources in the Fujiang River catchment will likely undergo decreasing trend, especially during the period after 2030, the decreasing range could beyond 5% as comparing to baseline in 1961 - 1990.

**Key words** runoff; climate change; Fujian River catchment, hydrological responses

# 山西省近46年降水时空分布及分析*

崔　蕾　郝振纯　王加虎　朱　乾

（河海大学水文水资源与水利工程科学国家重点实验室　南京　210098）

**摘　要**　本文依据山西省107个气象站1960～2005年的实测降水数据，进行多年降水空间和时间、雨季和四季变化以及频率和趋势等分析，运用P－Ⅲ型曲线确定降水量丰枯值和全省降水的$C_v$、$C_s$值，并经过Mann－Kendan检验对全省降水进行了空间的趋势分析。得出：全省年降水变化主要由雨季降水量变化决定；全省多年平均年降水量的$C_v$值为0.2，倍比系数$C_s/C_v=2.1$；降水量季节分布不均，各季节丰枯及趋势也不相同；除冬季外，全年降水均为减少；且全省大部分地区多年平均年降水量呈减少趋势。

**关键词**　雨季降水；时空变化；Mann－Kendan检验；Z值

降水量对于半干旱地区水资源的补给和更新起着十分重要的作用[1]，因此对降水量的研究十分细致，引用方法也非常多[2,3]。本文就我国山西省为例来研究半干旱地区近46年来降水的时空分布及趋势特征，并得出相关结论。

## 1　资料

山西省位于东经110°14′～114°33′，北纬34°34′～40°43′之间，地处华北西部的黄土高原东翼，总体地势轮廓呈"两山夹一川"形势，东西两侧是山地和丘陵，中部自东北至西南走向为串珠式沉陷盆地和平原。境内气候差异很大，由北向南渐次过度为温带、暖温带和北亚热带。

全省共有109个气象站，建站时间不同，拥有实测资料时间序列长短不一。经资料可靠性、一致性分析，最终确定使用107个气象站1960～2005年逐日降水数据；经五台山站点的迁址考虑，舍去该站1998年后的降水资料，其余各年资料参与分析计算。

本文在全省107个站1960～2005年逐日降水量的数据基础上对年、季及各站点降水进行了时空分布及趋势分析。

## 2　山西省降水分析

### 2.1　多年平均降水

经计算，将107个站点1960～2005年多年平均年降水量用Surfer 8.0软件，将数据线性插值后经克里格网络化做出山西省多年平均年降水量等值线图（图1）。

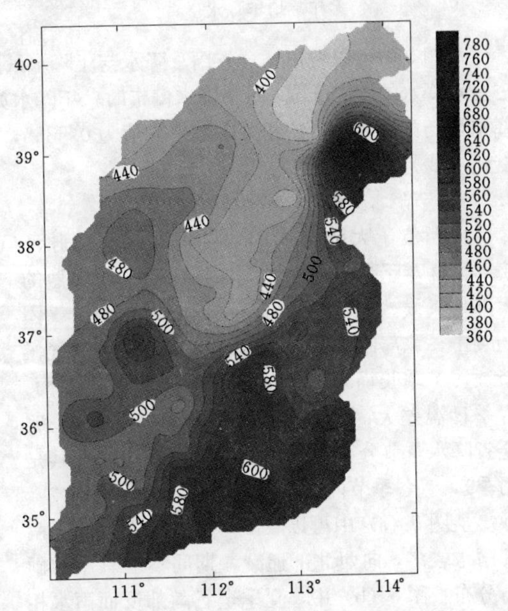


图1　山西省多年平均年降水量等值线图

可以看出，全省多年平均年降水量由西南向东北递减，东部降水普遍较西部多，其中五台山地区（山西东北部）多年平均年降水为全省最多，与地形（五台山海拔为全省最高：达3058m）和大陆性季风气候影响密切。山西有三个多雨区：一是晋东南太行山区和中条山区；

* 基金项目：国家重点基础研究发展计划（2010CB951101）；国家自然科学基金资助项目（40830639；50879016；40801012）；中央高校基本科研业务费专项资金（2010B00814、2010B00914）；水文水资源与水利工程科学国家重点实验室专项经费（1069－50985512）。

第一作者简介：崔蕾（1985—　），女，山西太原人，硕士研究生，主要从事水文水资源与气候变化影响研究。E－mail：c_u_i_l_e_i@126.com

二是五台山区；三是吕梁山区。全省多年平均年降水量为 486.1mm，年降水量分布从 340～800mm 不等，由北向南渐次过度为温带、暖温带和北亚热带，主要粮食作物有小麦、高粱、玉米、豆类和薯类，证明山西省地处半干旱区域[4]。

将历年降水量与多年均值及个年代均值进行比较后得出（图 2）：山西省在 20 世纪 80 年代之前，各年代平均降水量均在多年平均值之上，即 20 世纪 60～70 年代降水偏丰；到 80 年代，降水量基本与多年平均值持平；从 20 世纪 90 年代开始到本世纪初，虽降水稍有回升，但年代均值仍处于多年平均值之下，全省进入偏旱期；且年降水量随时间变化波动很大，最高值和最低值之间相差 400mm 左右，旱涝年明显。

华北地区年降水多集中在雨季，本文以 7 月、8 月降水之和作为山西省雨季降水，将其与年降水进行比较分析。

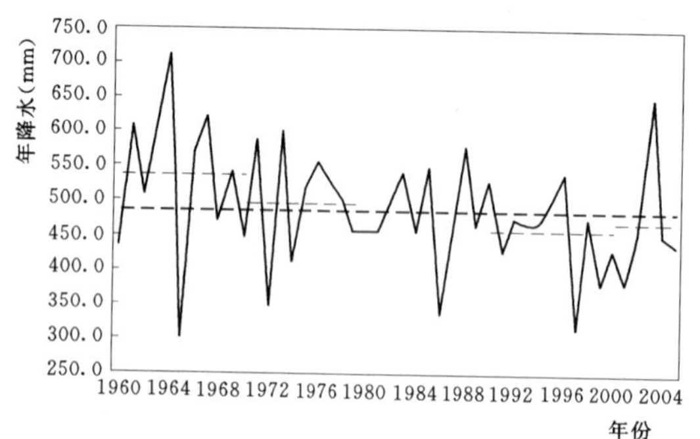


图 2　山西省历年降水分析

（图中“┈”短线为各年代降水量均值；中间“-”线为多年平均年降水量）

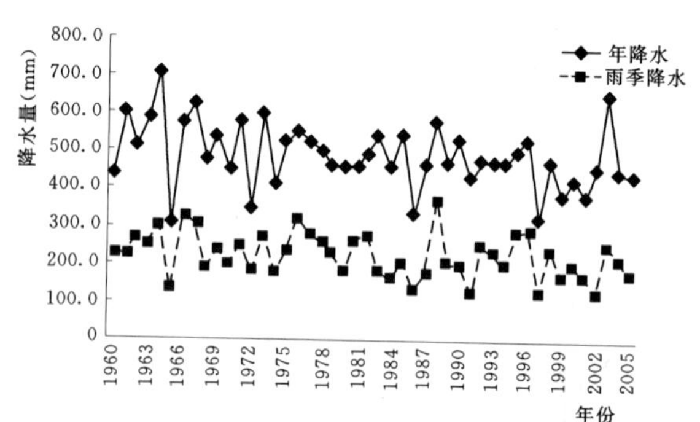


图 3　山西省年降水量和雨季降水量曲线

从图 3 中可以看出，全省雨季降水与年降水量曲线形状基本一致，且多年平均雨季降水量为 221.4mm，占全年降水的 45.55%。雨季降水偏丰时，年降水亦偏丰，反之雨季降水偏少是年降水亦偏少。经分析，年降水量与雨季降水量的相关系数平方值为 0.5365，即两者相关系数达 0.7 以上（图 4），可见山西省年降水变化主要是由雨季降水量变化决定的。

## 2.2　季节降水分析

山西位于大陆东岸的内陆，外缘有山脉环绕，因而难于受海风的影响，形成了比较强烈的大陆性气候。同时，又由于受内蒙古冬季冷气团的袭击，北部比较寒冷，由此形成了山西的气候特征：冬季长而寒冷干燥；夏季短而炎热多雨；春季日温差大，风沙多；秋季短暂，气候温和。全省降水季节分布不均，多集中在夏季（尤其是雨季），且各季节内空间降水分布也各不相同。

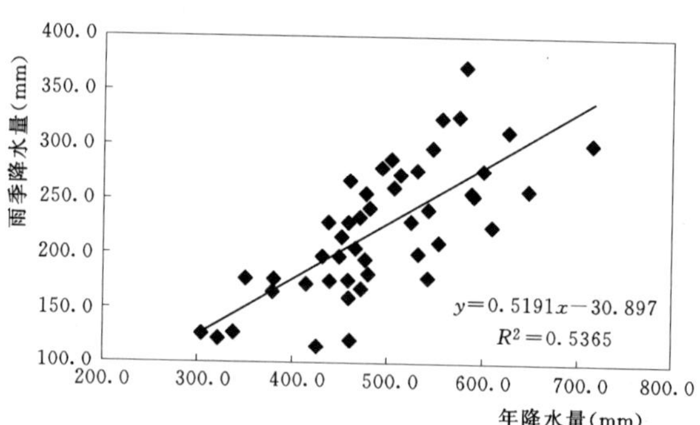


图 4　山西省年降水量和雨季降水量相关关系图

从图 5（a）中可以看出，春季全省整体东南部雨水较多，向西北部递减，期间不乏有小的雨岛分布；图 5（b）中，夏季全省南部反而雨水相对较少，形成从西南向东北递增的形势，其中雨岛十分突出[5]；图 5（c），秋季与夏季降水空间分布完全相反，东北部雨量最少，向西南部递增，并能看到较明显的雨岛分布；图 5（d），冬季降水量少而平均，整体上东南部相对较多，雨岛也不明显。同时从全省来看，五台山地区始终是降水最多的区域，说明地形降水十分显著[6]。

在时间序列上，各季节降水也显示出明显的不同。本文以王树谦编写的《水资源评价与管理》[7]中对降水量丰平枯的规范进行丰枯阈值划分。指出结合频率分析计算，将年降水量划分为 5 级：丰水年（$P<12.5\%$），偏丰水年（$P=12.5\%\sim<37.5\%$），平水年（$P=37.5\%\sim<62.5\%$），偏枯水年（$P=62.5\%\sim<87.5\%$），枯水年（$P>87.5\%$）。本文将各季节降水量做 $P-$Ⅲ行曲线频率分析后，定义丰水年阈值为 $P$

=12.5%所对应的降水量，枯水年阈值为$P$=87.5%所对应的降水量。并对原降水序列做线性趋势分析后，得出如图6所示各图。

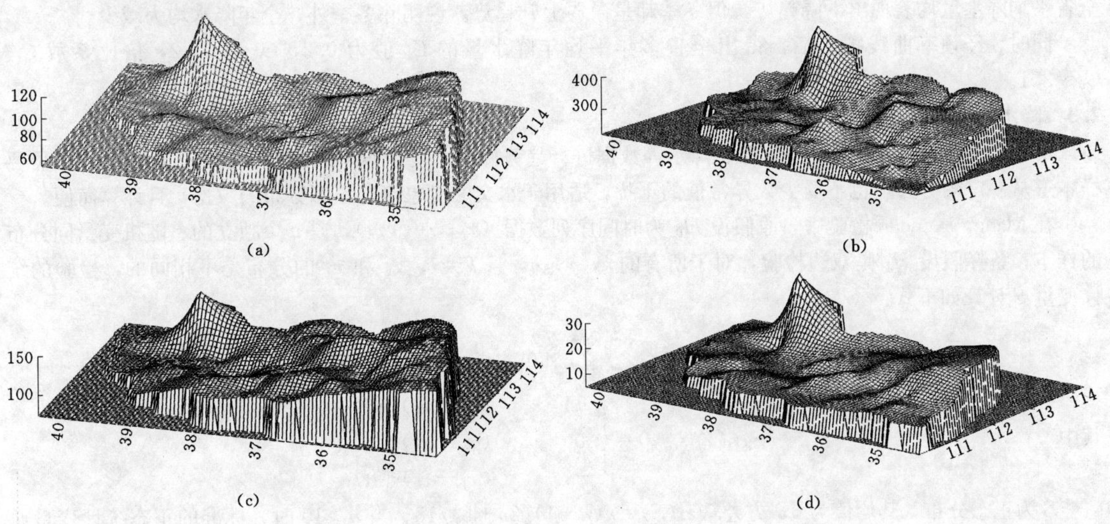


图5　山西省季节降水空间分布图

(a) 全省多年平均春季降水量空间分布图；(b) 全省多年平均夏季降水量空间分布图；
(c) 全省多年平均秋季降水量空间分布图；(d) 全省多年平均冬季降水量空间分布图

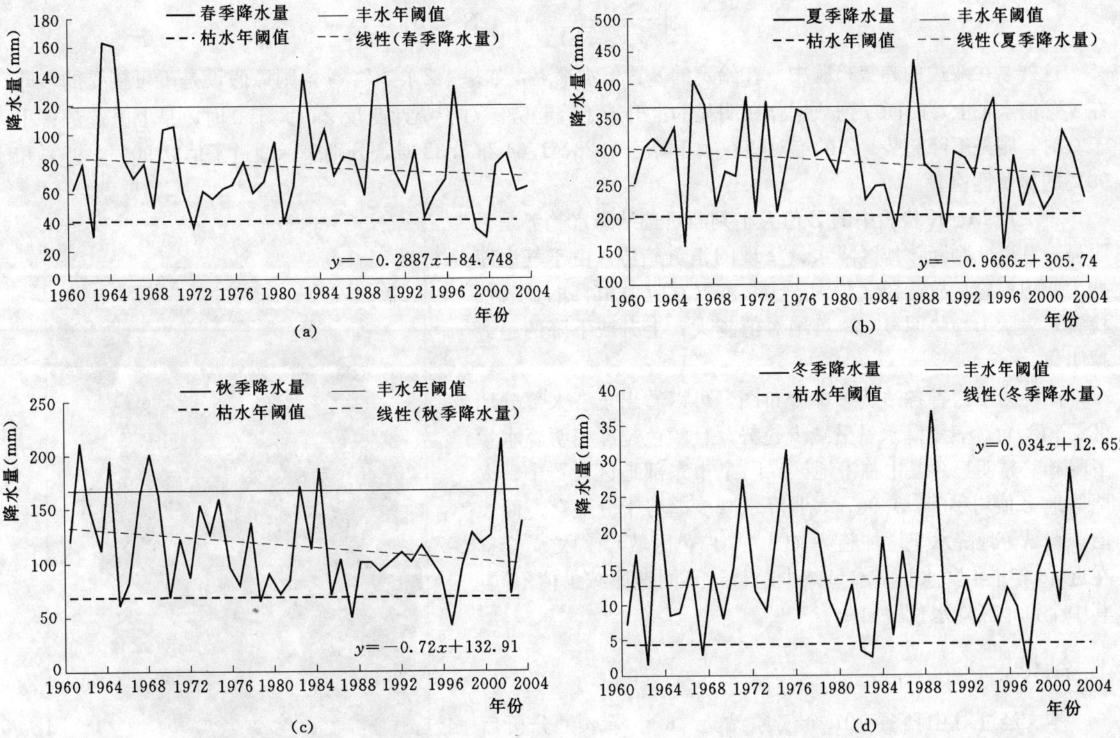

(a) 春季降水量　丰水年阈值　枯水年阈值　线性(春季降水量)　降水量(mm)　年份　$y=-0.2887x+84.748$

(b) 夏季降水量　丰水年阈值　枯水年阈值　线性(夏季降水量)　降水量(mm)　年份　$y=-0.9666x+305.74$

(c) 秋季降水量　丰水年阈值　枯水年阈值　线性(秋季降水量)　降水量(mm)　年份　$y=-0.72x+132.91$

(d) 冬季降水量　丰水年阈值　枯水年阈值　线性(冬季降水量)　降水量(mm)　年份　$y=0.034x+12.652$

图6　山西省季节降水量丰枯及趋势分析

(a) 全省春季平均降水量丰枯及趋势分析；(b) 全省夏季平均降水量丰枯及趋势分析；
(c) 全省秋季平均降水量丰枯及趋势分析；(d) 全省冬季平均降水量丰枯及趋势分析

从图 6 中可得出：①不同季节对应的丰枯年份不同，其中 20 世纪 80 年代之前春季丰水年较多，80 年代之后冬季的丰水年较多。②夏季枯水年多于其他三季，且从 20 世纪 80 年代起枯水年分增多。③春夏秋三季全省平均降水量均表现出下降趋势，但冬季却呈微弱上升趋势。说明除冬季外，全年降水均为减少。

同时，经频率曲线拟合后，得出全省多年平均年降水量的 $C_v$ 值为 0.2，$C_s$ 为 0.42，倍比系数 $C_s/C_v=2.1$。

**2.3　降水趋势分析**

Mann—Kendan 检验常用于气温、降水等数据进行趋势检验[8]，用 M—K 进行检验的优点是，它不需要样本遵从一定的分布，也不受少数异常值的干扰，适用于水文、气象等非正态分布的数据，且计算简便。

在 Mann—Kendan 检验中，原假设 $H_0$ 为时间序列数据（$x_l$，…，$x_n$），是 $n$ 个独立的、随机变量同分布的样本；备择假设 $H_1$ 是双边检验，对于所有的 $k$，$j\leqslant n$，且 $k\neq j$，$x_k$ 和 $x_j$ 的分布是不相同的，检验的统计变量 $S$ 计算如下式：

$$S=\sum_{k=1}^{n-1}\sum_{j=k+1}^{n}\mathrm{Sgn}(xj-xk)$$

其中

$$\mathrm{Sgn}(x_j-x_k)=\begin{cases}+1 & (x_j-x_k)>0\\ 0 & (x_j-x_k)=0\\ -1 & (x_j-x_k)<0\end{cases}$$

$S$ 为正态分布，其均值为 0，方差 $\mathrm{Var}(S)=n(n-1)(2n+5)/18$。当 $n>10$ 时，标准的正态统计变量通过下式计算：

$$Z=\left|\begin{array}{ll}\dfrac{S-1}{\sqrt{\mathrm{Var}(S)}} & S>0\\ 0 & S=0\\ \dfrac{S+1}{\sqrt{\mathrm{Var}(S)}} & S<0\end{array}\right|$$

这样，在双边的趋势检验中，在给定的 $\alpha$ 置信水平上，如果 $|Z|\geqslant Z_{1-\frac{\alpha}{2}}$，则原假设是不可接受的，即在 $\alpha$ 置信水平上，时间序列数据存在明显的上升或下降趋势。对于统计变量 $Z$，大于 0 时，是上升趋势；小于 0 时，则是下降趋势。$Z$ 的绝对值在大于等于 1.28、1.64 和 2.32 时，分别表示通过了信度 90%，95%和 99%的显著性检验。

本文用 M—K 检验中的 $Z$ 值大小判断所选站降水趋势是否明显，并以此判断该地区降水量呈现的正负趋势。由于气温序列为双边检验，故选择 $Z$ 值大于±1.96（对应为 95%的显著性检验）表示为趋势明显[9]，且绝对值越大，上升或下降的趋势越明显。

图 7 为山西省各站点 $Z$ 值分布图，可以看出全省大部分地区 $Z$ 值为负，表示降水量呈减少趋势，且颜色越深表明降水量下降趋势越明显。其中临汾地区、阳泉市东部地区、晋中、太原等地 $Z$ 值均小于−1.96，表明降水减少趋势十分显著。而长治、晋城等地降水呈增加趋势（图 7 中白色区域）。总之，全省在近 46 年里年降水量基本呈减少趋势，不同地区减少值不同，其中个别地区降水量增加。

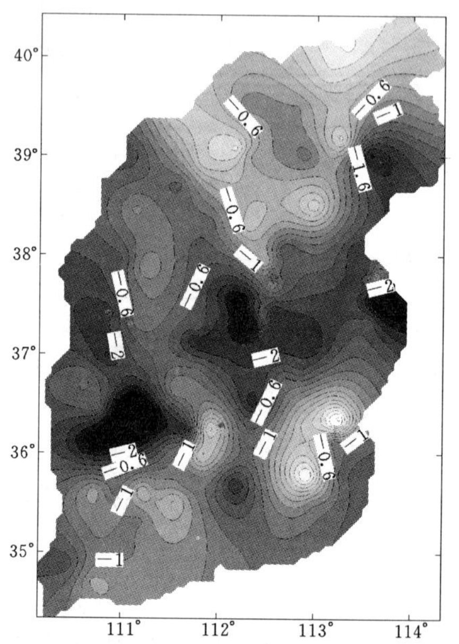


图 7　山西省各站多年平均 $Z$ 值等值线图

## 3　结论

本文经过对山西省 107 个气象站近 46 年降水量分析后得出：

（1）山西省地处半干旱区域，多年平均降水量为 486.1mm，降水空间分布从 340mm 至 800mm 不等。且多年平均雨季降水量为 221.4mm，占全年降水的 45.55%。全省年降水变化主要由雨季降水量变化决定。全省多年平均年降水量的 $C_v$ 值为0.2，倍比系数 $C_s/C_v=2.1$。

（2）山西省降水季节分布不均。春季全省整体东南部雨水较多，向西北部递减；夏季南部雨水较少，形成从西南向东北递增的形势；秋季东北部雨量最少，向西南部递增；冬季东南部降水相对较多。其中夏季雨岛空间分布最明显。各季节降水丰枯及趋势也各不相同，且除冬季外，全年降水均为减少。

（3）经M－K检验中Z值空间分布判断：山西省大部分地区多年平均年降水量呈减少趋势，不同地区减少值不同，只有个别地区降水量增加。

综上所述，山西省近46年中降水量基本呈减少趋势，进入了少雨期。

## 参 考 文 献


[1] 陈烈庭．华北各区夏季降水年际和年代际变化的地域性特征［J］．高原气象，1999，18（004）：477－485.

[2] 谢坤，任雪娟．华北夏季大气水汽输送特征及其与夏季旱涝的关系［J］．气象科学，2008，28（005）：508－514.

[3] 符娇兰，林祥，钱维宏．中国夏季分级雨日的时空特征［J］．热带气象学报，2008，24（4）．

[4] 张军涛，李哲．中国半湿润/半干旱类型及区域划分指标的研究［J］．地理科学进展，1999，18（3）：230－237.

[5] 俞烜，杨贵羽，周祖昊，等．天津夏季降水演变规律及其城市效应［J］．地理科学进展，2008，27（005）：43－48.

[6] 林之光．地形降水气候学［M］．北京：科学出版社．1995.

[7] 王树谦，陈南祥．水资源评价与管理［M］．北京：中国水利水电出版社．1996.

[8] 曹洁萍，迟道才，武立强，等．Mann－Kendall检验方法在降水趋势分析中的应用研究［J］．农业科技与装备，2008，（05）：35－37，40.

[9] 黄振平．水文统计学［M］．南京：河海大学出版社，2003.


# Temporal-spatial distribution and analysis of precipitaion in Shanxi Province in past 46 years


Cui Lei　Hao Zhenchun　Wang Jiahu　Zhu Qian

（State Key Laboratory of Hydrology－Water Resources and Hydraulic Engineering，HoHai University，Nanjing 210098）



**Abstract**　In this paper，which based on 107 stations in Shanxi Province 1960～2005 years of the precipitation data，conduct many years of precipitation in space and time，and rainy season and the four seasons change，and frequency and trends of the analysis. Using the P－III type in abundant precipitation curve to determine the $C_v$ value of precipitation，$C_s$ value. And using Mann－Kendan test for the precipitation of the trend analysis of the space. The precipitation in the major changes by the rainy season changes in rainfall is decided; The average rainfall for many years value is 0.2，and the times than coefficient is: $C_s/C_v=2.1$；Rainfall distribution is uneven，form each season to season，it is abundant and its trend is not the same; In addition to the annual precipitation，winter is reduced; And in most parts of the province，the average of many years rainfall is decreased.



**Key words**　rainy season precipitation; the changes of space and time; Mann－Kendan test; Z value

# 沁河张峰水库上游径流序列变化趋势分析*

董得福　黄领梅　沈　冰

（西安理工大学西北水资源与环境生态教育部重点实验室　西安　710048）

**摘　要**　根据沁河流域张峰水库上游飞岭和张峰2个水文站年径流监测数据，利用Kendall和Spearman检验法，对2个水文站径流时间序列变化趋势进行分析，在此基础上采用Mann－Kendall法和有序聚类法对其突变点进行检验，最后利用游程检验法分析径流序列跳跃成分的显著性。结果显示：①飞岭和张峰水文站径流时间序列均呈总体下降趋势，且趋势显著；②飞岭站径流序列在1980年产生突变，序列跳跃成分不显著；③张峰站径流序列在1978年产生突变，且序列具有跳跃成分。

**关键词**　沁河流域；径流量；变化趋势；突变点；跳跃成分

## 1　引言

天然状况下，径流演变规律主要受自然因素和下垫面的影响。随着人类改造自然能力的不断增强，人类活动对径流的影响愈加显著[1]。淡水资源短缺使得径流演变规律及成因研究越来越受到关注和重视。沁河流域在山西省境内水资源相对丰富，但因地形地质条件限制，水资源开发利用程度很低，早期修建的4座中型水库均位于支流获泽河和丹河上。2007年完工的张峰水库是黄河流域沁河干流第一座大型水利枢纽工程，建设任务以城市生活和工业供水、农村人畜饮水为主，兼顾防洪、发电等综合利用。张峰水库对沁河上游水资源开发利用、径流调蓄起着重要作用。此外，沁河流域是山西省重要能源和煤化工基地，也是该省降雨量最多的流域之一，暴雨频发，全流域大洪水时有发生，洪水所造成的损失非常严重。所以对流域上游径流序列进行分析研究有利于保证地区安全和经济发展。

## 2　研究区概况与研究方法

### 2.1　研究区概况

沁河流经晋、豫两省，是黄河三门峡至花园口区间较大的一级支流。位于东经111°55′～113°30′，北纬35°11′～37°08′，干流全长485km，山西省境内干流长363km；流域总面积13532km$^2$，其中山西境内12378km$^2$。沁河流域呈阔叶形，地形北高南低，北部沁源县高程在1100～2400m之间，南部山西省出境处高程不足300m。流域大部分为山区，地貌基本可分为石质山区、土石丘陵区和河谷平川区三种类型。沁河支流众多，山西省境内流域面积超过100km$^2$的支流有26条。流域水资源主要来自大气降水，多年平均降雨量611mm，多年平均径流量11.7亿m$^3$。山西省年均降雨量509mm，黄河流域年平均降雨量541mm。因此，沁河流域是山西省水资源相对丰富的地区。张峰水库控制流域面积4990km$^2$，库容3.94亿m$^3$，电站装机容量7560kW。工程建成后，年供水量2.07亿m$^3$，年发电量770万kW/h，下游河道的防洪标准将有5～10年一遇提高到20年一遇。

### 2.2　数据来源与研究方法

分析所用年径流量资料取自沁河流域张峰水库上游飞岭和张峰水文站实测资料，两站控制流域面积分别为2683km$^2$和4990km$^2$。飞岭站径流序列从1957～2008年共52年，张峰站径流序列从1956～1999年共44年。飞岭站是流域上游一个重要的控制站，张峰站则是张峰水库的专用水文站。

对径流时间序列的趋势检验本文采用非参数Kendall秩次相关检验法和Spearman秩次相关检验法来完成。Kendall法着重从定量的角度分析序列在某一时间段内的趋势特征，且能反映该序列是上升趋势还是下降趋势[2]；Spearman法主要是通过分析水文序列与时间序列的相关性而检验水文序列是否具有趋势性[3]。

---

* 基金项目：国家自然科学基金（No. 50939004）。

第一作者简介：董得福（1987—　），男，青海西宁人，在读硕士生，从事水文及水资源。E-mail：dongdefu-382@163.com

对径流时间序列的突变点 $\tau$ 分析采用有序聚类法和 Mann－Kendall 法。有序聚类法的实质是推求一个最优的分割点，使同类之间的离差平方和最小，而类与类之间的离差平方和最大[1]。Mann－Kendall 法是种非参数统计检验法，其优点是不需要样本遵从一定的分布，也不受少数异常值干扰，尤其适用于顺序变量[4]，是世界气象组织推荐使用的评估环境数据时间序列变化趋势的方法[5]。因此，该方法在国内外河川径流量变化趋势研究中得到广泛应用。

对径流时间序列的跳跃成分分析本文采用游程检验法，该方法的基本思想是：当时间序列的游程出现个数较期望的游程数为少时，就倾向与拒绝两个样本来自同一分布总体的假设，因为此时长的游程出现得较多，这就表明个别样本中的元素有较大的密集现象，因此认为这两个总体不服从同一分布[6]。

## 3 结果及分析

### 3.1 年径流量变化趋势分析

图 1 是张峰水库上游两个水文站的年径流变化序列，从中可以看出，飞岭站和张峰站的年径流量均表现出递减的趋势。两个水文站年径流序列的非参数 Kendall 法检验结果（表 1）显示：飞岭和张峰水文站的 $U<0$，说明沁河上游张峰水库控制流域的年径流量总体是减少的，两站的 $|U|>U_{\alpha/2}$（其中 $\alpha=0.05$，查表 $U_{\alpha/2}=1.96$），表明它们的年径流量递减趋势显著。Spearman 法检验年径流序列，在 $\alpha=0.05$ 时得到相同的结论（表 1），即递减趋势显著。

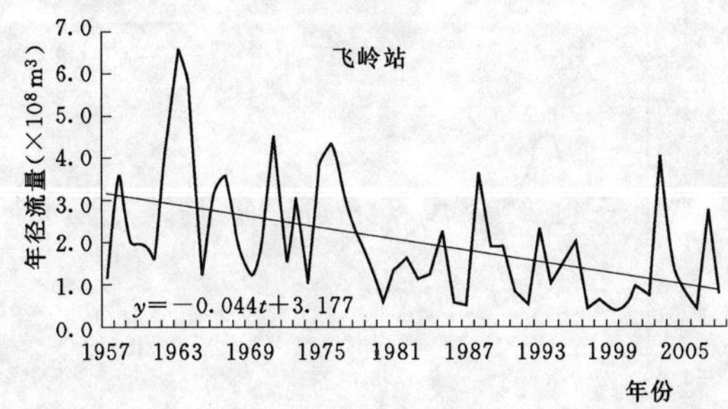


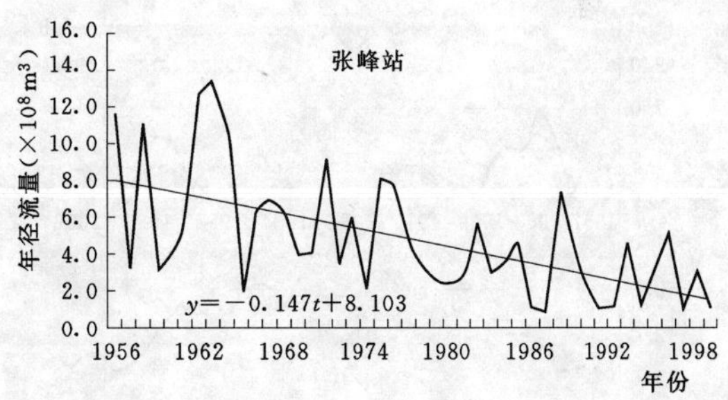


图 1　沁河上游各水文站年径流量变化趋势

**表 1　沁河上游年径流量变化趋势检验结果**

| 站名 | 趋势项 | Kendall 统计值 | | | Spearman 统计值 | | |
|---|---|---|---|---|---|---|---|
| | | $\|U\|$ | 临界值 | 显著性 | $\|T\|$ | 临界值 | 显著性 |
| 飞岭 | $-0.044t+3.177$ | 3.63 | 1.96 | 显著 | 3.89 | 2.00 | 显著 |
| 张峰 | $-0.147t+8.103$ | 3.76 | 1.96 | 显著 | 4.22 | 2.00 | 显著 |

图 2 为张峰水库控制流域内雨量站年降雨量序列，其中唐城和孔家坡在飞岭站上游，段峪和良马在飞岭站与张峰站之间。从图中可以看出，各站的年降雨量序列都有不同程度的递减趋势。降雨径流存在密切关系，所以降雨量的递减对径流的减少有一定影响。流域 20 世纪 50 年代末到 70 年代中期以拦蓄引水为目的兴建了一大批中小型水库及灌区，使得河道内的径流量不断减少。此外，城市发展和人口激增促使该地区对水资源的需求越来越大，表明人类活动对径流序列的递减也产生一定影响。

### 3.2 年径流量变化突变分析

径流突变是普遍存在的现象，是径流预测和模拟要考虑的重要因素。基本的突变有均值突变、方差突变、跷跷板突变和转折突变，实际的突变通常是这些突变的组合[2]。目前突变检验方法比较多，本文选用对径流突变检验比较客观和准确的有序聚类法和 Mann－Kendall 法，对沁河上游张峰水库控制流域的年径流序列的突变点 $\tau$ 进行分析。

图 3、图 4 显示了两种突变点检验方法对沁河上游张峰水库控制流域年径流序列的突变检验结果，其中 Mann－Kendall 法通过 $\alpha=0.05$ 显著性检验水平。结果表明：Mann－Kendall 法检验显示飞岭站径流序列突变发生在 1980 年，张峰站发生在 1978 年；有序聚类法检验显示飞岭站径流序列突变发生在 1978 年，张峰站发生

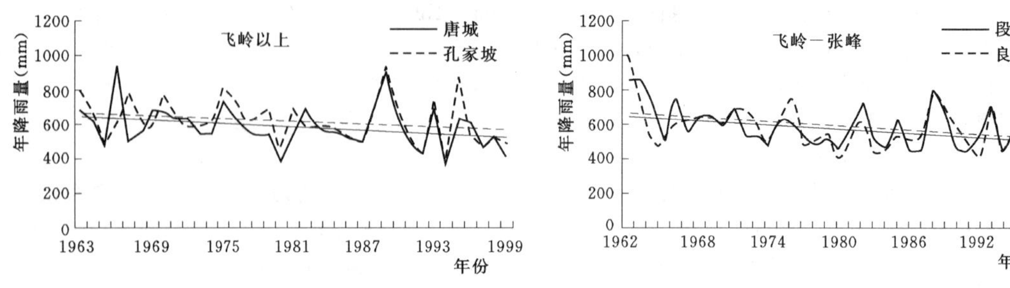


图 2　沁河上游各雨量站年降雨量变化趋势

在 1976 年。两种方法在年径流突变的检验中结果不尽一致，但是相差不大，且有序聚类法中 min{$S_n(\tau)$}两侧点的总离差平方和都与其接近。所以可以推断飞岭站的径流序列突变发生在 1980 年前后，张峰站发生在 1978 年前后。飞岭站上游唐城和孔家坡 2 雨量站 1980 年的年降雨量分别是 376.1mm 和 429.0mm，明显低于 2 站多年平均降雨量（唐城为 586.8mm，孔家坡为 625.2mm）。与此类似，飞岭站与张峰站之间的段峪和良马 2 雨量站 1978 年的年降水量分别为 468.5mm 和 508.4mm，也低于 2 站 578.5mm 和 576.5mm 的平均水平。结合图 2 可知，年降雨量的突然减少对径流序列的突变产生有一定影响。

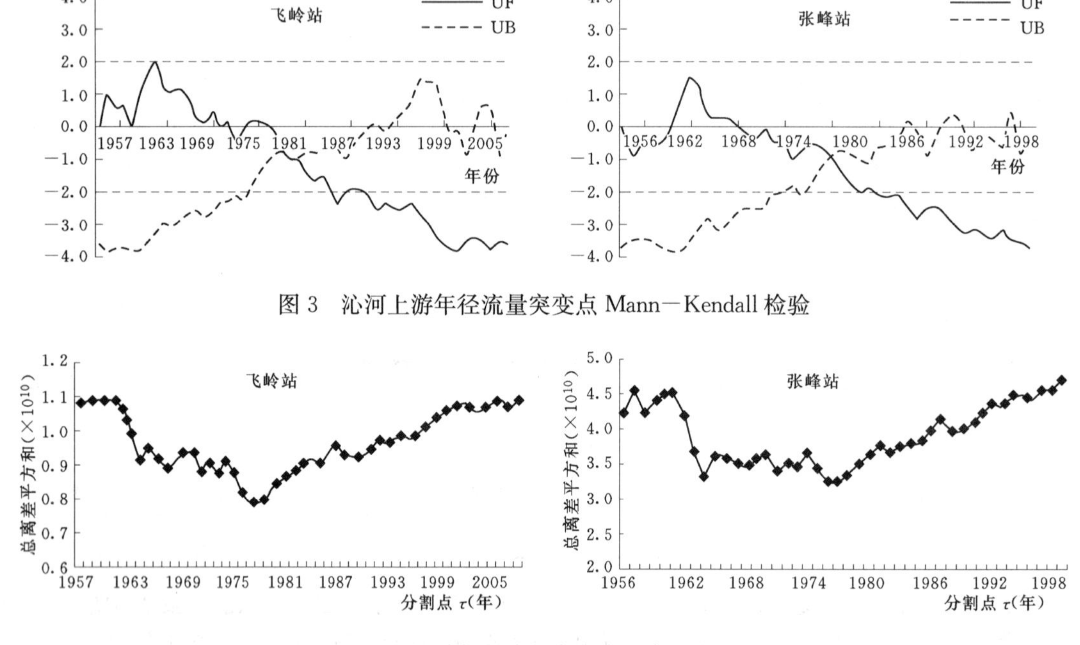


图 3　沁河上游年径流量突变点 Mann—Kendall 检验

图 4　沁河上游年径流量突变点有序聚类法检验

### 3.3　年径流量变化跳跃分析

张峰水库控制流域年径流序列的突变点推断后（飞岭站选择 1980 年，张峰站选择 1978 年），需继续检验前后两部分是否具有显著差异。如有，则具有跳跃成分，否则跳跃成分不显著，本文选择游程检验法来分析跳跃成分的显著性。设突变点 $\tau$ 前后两序列的分布函数分别为 $F_1(x)$和 $F_2(x)$，假设 $F_1(x)=F_2(x)$，即 $\tau$ 前后两个样本来自同一个总体。游程检验统计量 $U$，确定显著性水平 $\alpha=0.55$，查算 $U_{\alpha/2}=1.96$，当 $|U|<U_{\alpha/2}$时，接受原假设；反之，$F_1(x)$ 和 $F_2(x)$ 来自于两个不同的总体，具有跳跃成分。检验结果（表 2）显示：飞岭站径流序列跳跃成分不显著；张峰站径流序列 $\tau$ 前后两部分显著差异，具有跳跃成分。

飞岭站径流序列跳跃成分不显著，说明突变的产生主要是自然因素造成的，如年降雨量突然减少，人为因素所起的作用相对较弱。张峰站径流序列具有跳跃成分，表明除了自然因素外，人类活动对突变的产生也起到了重要作用，具体影响需要更深层次的讨论。

表 2 沁河上游年径流量变化跳跃成分检验结果

| 站名 | 游程总个数 $k$ | $\|U\|$ | 临界值 | 显著性 |
|---|---|---|---|---|
| 飞岭 | 22 | 1.32 | 1.96 | 不显著 |
| 张峰 | 14 | 2.74 | 1.96 | 显著 |

## 4 结论

张峰水库控制流域 2 个水文站径流时间序列均呈总体下降趋势，且趋势显著；飞岭站的径流序列在 1980 年产生突变，序列跳跃成分不显著；张峰站的径流序列在 1978 年产生突变，且序列具有跳跃成分。降雨量的变化对径流序列的递减和突变有一定影响，人类活动对径流的变化也起到一定作用，其影响方面和干扰程度有待于进一步分析探讨。

## 参 考 文 献

[1] 马跃先．淮河流域干江河年径流演变特征及动因分析 [J]. 水文，2008，28 (1)：77-79.
[2] 赵锐锋，陈亚宁，等．1957 年至 2005 年塔里木河干流径流变化趋势分析 [J]. 资源科学，2010，32 (6)：1196-1203.
[3] 韩慧毅，丛刚春．复州河流域径流趋势性变化 [J]. 水土保持应用技术，2011，1：4-6.
[4] 魏凤英．现代气候统计诊断与预测技术 [M]. 北京：气象出版社，1999.
[5] 黄俊雄，徐宗学．太湖流域 1954～2006 年气候变化及其演变趋势 [J]. 长江流域资源与环境，2009，18 (1)：33-40.
[6] 王文圣，丁晶，等．随机水文学 [M]. 北京：中国水利水电出版社，1997：37-38.

# Trends in Runoff Variations of the Upper Reaches of Zhangfeng Reservoir in Qin River

Dong Defu  Huang Lingmei  Shen Bing

(Key Lab of Northwest Water Resources and Environment Ecology, Xi′an University of Technology, Xi′an 710048)

**Abstract** According to the annual runoff monitor data of two hydrological stations of the upper reaches of Zhangfeng reservoir in Qin River, the trend of the runoff time series were analyzed using the nonparametric test and Spearman test, the discontinuity point of runoff were detected by Mann－Kendall test and the sequence cluster analysis based on stream flows observed at two hydrological stations, the jump component was tested by the runs test. Results suggested that the annual runoff showed a significantly decreasing trend at two hydrological stations; the discontinuity point of runoff were found to be in 1980 and 1978 in Feiling and Zhangfeng hydrological station; the jump component of runoff was prominent at Zhangfeng hydrological station and not prominent at Feiling hydrological station.

**Key words** Qin River basin; runoff; variation trend; discontinuity point; jump component

# 淮河流域降雨时空分布与河流防污的关系*

李 良 张 翔 宋 晨

（武汉大学水资源与水电工程科学国家重点实验室 武汉 430072）

**摘 要** 本文分析了淮河流域降雨的时空变化规律，以及暴雨时空特性与水污染事件的关系。通过对淮河—沙颍河流域41年的历史降雨资料分析，总结出该流域降雨空间位置与降雨量大小相互组合的30种典型雨情，分析得出了10种不利于防污调度情景；利用Hurst系数分析了暴雨的随机变化特性，研究表明淮河流域4～6月降雨具有较强的随机性，引发水污染事件的概率较大。典型污染事故的雨情分析表明，淮河流域历史上发生的多次重大污染事故均与降雨和汛期首场洪水有关，通过对不利雨情的分析，掌握降雨和洪水对淮河形成污染的影响规律，对合理制定淮河流域多闸坝防污调度方案，防止淮河发生突发性污染事故，具有重要的作用。

**关键词** 降雨；时空分布；Hurst系数；防污调度

## 1 引言

淮河流域闸坝众多，在防洪、供水和航运等方面具有重要的作用。但由于河流污染，特别是淮河支流沙颍河，闸前经常蓄积大量高浓度污水，洪水来临时污水大量集中下泄，导致淮河干流出现严重的水污染事故。1989年以来，淮河干流共发生6次较大污染，其中2次发生在春汛，4次发生在汛期首场洪水期间。6次污染事件均因为支流沙颍河集中下泄超过1亿 $m^3$ 高浓度污水引发，其中1989年2月、1994年7月与1995年7月3次水污染事件历时均超过10天，对沿线城镇供水、渔业生产造成重大影响，损失严重。为改善淮河水质，淮河水利委员会积极探索实行基于水量水质联合的流域防污调度，通过分析实时的雨水情和水质信息，科学制定多闸坝防污调度方案，对闸坝蓄积的大量高浓度污水进行汛前预泄，合理控制淮河干流水质，预防污染团下泄事件[1-3]。淮河流域多闸坝防污调度对改善水质，预防污染团下泄导致的水污染事故起到了重要的作用。

合理制定防污调度方案，需要分析流域的降雨水情信息，其中暴雨的时空分布和暴雨中心位置是合理确定防污调度范围和各相关闸坝的预泄流量的关键因素。本文采用历史降雨资料，重点分析淮河—沙颍河流域汛前4～6月的暴雨时空分布特征，并结合历史发生的污染团下泄导致的水污染事故，分析暴雨时空分布与防污的关系，为充分利用降雨信息，合理地制定防污调度预案提供科学依据。

## 2 研究区域概况

淮河流域地处中国东部，介于长江和黄河两流域之间，位于东经112～121℃，北纬31～36℃，流域面积27万 $km^2$，如图1所示。淮河流域多年平均降水量为875mm，其分布状况大致是由南向北递减，山区多于平原，沿海大于内陆。流域内有三个降水量高值区：一是伏牛山区，年平均降水量为1000mm以上；二是大别山区，超过1400mm；三是下游近海区，大于1000mm。流域北部降水量最少，低于700mm。降水量年际变化较大，最大年雨量为最小年雨量的3～4倍。降水量的年内分配也极不均匀，汛期（6～9月）降水量占年降水量的50%～80%[4]。

淮河流域共修建大中小型水库5674座，总库容272亿 $m^3$，其中大型水库36座，总库容189亿 $m^3$，其中兴利库容74亿 $m^3$，防洪库容55.6亿 $m^3$。流域内现有各类水闸5427座，其中大中型水闸600多座，主要作用是拦蓄河水，调节地面沟河径流和补充地下水，发展灌溉、供水和航运事业，汛期泄洪、排涝。

---

* 基本项目 高等学校博士学科点专项科研基金（20100141110003）和国家水体污染控制与治理科技重大专项（2009ZX07010－006）资助。

第一作者简介：李良（1987— ），男，湖南长沙人，硕士研究生，主要从事水量水质联合调度研究。E-mail：liliangwhu2010@sina.com

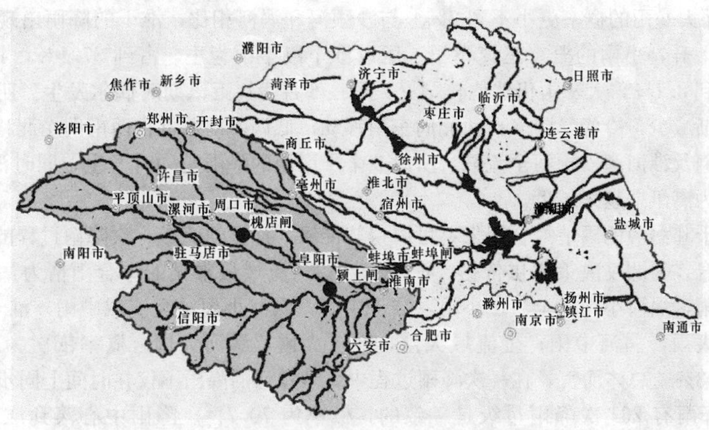


图1 淮河流域示意图

## 3 历史雨情分析

本文选取淮河流域173个雨量站，从1956年至1997年共计41年的日降雨资料（缺1975年）。根据降雨的分布和防污调度的需要，将研究区域划分为5个子区域，分别为：①沙颍河上游：周口闸以上流域，参与防污调度的闸坝有黄桥闸和周口闸；②沙颍河中游：周口以下至界首，参与调度的闸坝有郑埠口闸、槐店闸和界首闸；③沙颍河下游：界首以下至颍河与淮干的交汇处，参与调度的闸坝有李坟闸、阜阳闸和颍上闸；④淮河干流（以下简称淮干）：王家坝至蚌埠，参与调度的闸坝有蚌埠闸；⑤涡河，参与调度的闸坝有蒙城闸。

### 3.1 综合雨情分析

气象部门根据24小时内降雨量的大小，将降雨划分为6个等级（见表1）。将选取的173个雨量站划分到5个子区域中，沙颍河上游48个；沙颍河中游5个；沙颍河下游4个；淮干78个；涡河38个。多年治淮经验表明，对淮河—沙颍河流域防污难度最大是汛期第一场洪水，过去的发生的6次较大水污染事件中，有4次是因为第一次洪水诱发的。而汛前4～6月的降雨对于地面污染物汇入河道及污染团的形成起着决定性的作用。所以本文仅分析这三个月的降雨分布规律和时空变异性，总结出典型的综合雨情，运用数理统计的方法计算出它们发生的概率，通过计算得知各个区域降雨大小与概率见表2。

**表1** 降 雨 等 级 单位：mm

| 小雨 | 中雨 | 大雨 | 暴雨 | 大暴雨 | 特大暴雨 |
|---|---|---|---|---|---|
| ≤10 | 10～25 | 25～50 | 50～100 | 100～250 | >250 |

**表2** 淮河各区域不同降雨的发生概率 %

| 降雨大小 / 位置 | 小雨 | 中雨 | 大雨 | 暴雨 | 大暴雨 |
|---|---|---|---|---|---|
| 沙颍河上游 | 50.1 | 30.4 | 15.4 | 4.1 | 0 |
| 沙颍河中游 | 49.6 | 26.3 | 18.2 | 5.1 | 0.8 |
| 沙颍河下游 | 46.1 | 29.5 | 17.1 | 6.0 | 1.3 |
| 淮干 | 26.8 | 37.1 | 27.4 | 8.1 | 0.6 |
| 涡河 | 46.6 | 30.9 | 19.5 | 3.0 | 0 |

从表2可知，淮河—沙颍河流域5个子区域中，沙颍河上游、中游、下游和涡河从小雨到大暴雨发生概率依次减小，以小雨和中雨为主，小雨占到50%左右，中雨占到25%～30%。其次是大雨，暴雨发生的概

率较小不到7%，而大暴雨的概率更小不到2%。与沙颍河和涡河相比，淮干的降雨出现明显的差异，中雨和大雨的概率显著上升，小雨的概率迅速下滑。所以淮干以中雨为主，占到37.1%，其次是大雨和小雨，暴雨的概率也上升到8.1%，大暴雨仍然比较罕见，只在6月份接近汛期时偶尔发生。所以降雨在空间上的分布，从南到北逐渐减少，冷峰暴雨多自西北向东南移动，低涡暴雨通常自西南向东北移动。在时间上，通常一次降雨过程就遍及淮河—沙颍河全流域，所以5个子区域的降雨是同时发生，同时消失，从4月～6月降雨逐渐增多，因为离汛期越来越近。

将沙颍河、淮干和涡河的雨情综合起来，可以得知淮河—沙颍河流域一次降雨过程的综合雨情，全方位掌握流域的雨情信息，为调度决策提供依据。淮河—沙颍河流域最常见的综合雨情为：全流域（沙颍河流域）小雨，淮干小雨，涡河小雨；全流域小雨，淮干中雨，涡河小雨；全流域中雨，淮干中雨，涡河中雨；全流域中雨，淮干大雨，涡河中雨；全流域大雨，淮干大雨，涡河大雨。概率依次为：23.9%，13.0%，10.3%，7.8%，6.3%。总体而言，在一次降雨过程中，沙颍河的降雨不仅在时间上同步，在降雨量级上也趋于一致，369次降雨有261次降雨量级是一致的，概率为70.7%。降雨中心落到淮干的概率最大，为71.5%左右；降雨中心同时出现在淮干和沙颍河上游的概率为20.3%；降雨中心只出现在沙颍河上游共23次，概率为6.3%；降雨中心出现在沙颍河中下游的概率最小，共7次概率为1.9%。在同一次降雨中，降雨中心位于淮干，沙颍河从上游到下游降雨逐渐增大，淮干和沙颍河降雨量级一致时，淮干降雨比沙颍河降雨大2～10mm，淮干和沙颍河降雨量级不一致时，通常淮干降雨比沙颍河降雨大一个量级，如沙颍河为小雨，淮干为中雨，沙颍河为中雨，淮干为大雨；降雨中心位于沙颍河上游，沙颍河上下游降雨差异较小。

### 3.2 时间序列特性

淮河—沙颍河流域1956～1997年（1975年除外）共41年的降雨旬尺度与月尺度序列的平均Hurst系数如表3所示。

**表3　平均 Hurst 系数**

| 时间 | 4月 | 5月 | 6月 |
|---|---|---|---|
| 旬尺度 | 0.713 | 0.540 | 0.514 |
| 月尺度 | 0.766 | 0.565 | 0.520 |

从表3可以看出淮河—沙颍河4月份降雨时间序列的Hutst系数最大，旬尺度和月尺度分别为0.713和0.766，说明它是一个变化记忆性较强的随机序列。$H>0.5$表明降雨波动比较平缓，其变量之间不再独立，具有正相关性。即在某一时刻淮干降雨为大雨或暴雨，那么在该时刻之后淮干降雨也往往为大雨或暴雨。4月淮河—沙颍河流域降雨偏小，以小雨和中雨为主，大雨多发生在淮干概率为22%，所以4月的降雨情景大致对联合调度有利。因为沙颍河和涡河多以小雨和中雨为主，而淮干雨量稍微偏大，时有大雨发生。即沙颍河和涡河来水小，淮干来水大，但水量又不足以诱发洪水；而依据Hurst系数，降雨变化比较平缓，沙颍河和涡河降雨不会突然变大，淮干降雨也不会突然变小，因此诱发水污染事件的概率较小。5月和6月的Hurst系数显著下降，接近0.5。这表明进入5～6月淮河—沙颍河流域降雨出现明显的随机性，降雨在时间序列上的正相关性越来越差，记忆性越来越弱，降雨的不确定性成分越来越多。尤其6月Hurst系数仅为0.514，接近于布朗运动，随机性很强，对防污调度极为不利。因为6月淮河—沙颍河流域降雨偏大，沙颍河发生暴雨的概率上升至10.3%，淮干为14.6%，诱发洪水的概率增大；而降雨时间序列随机性很强，沙颍河或涡河由小雨或中雨突然变成大雨或暴雨，淮干由大雨突然变成中雨或小雨，容易造成沙颍河或涡河来水多，淮干来水少，触发水污染事件的概率相应增加。

## 4 典型年致污雨情分析

防污调度是一个多目标调度过程，既要保证防洪要求，也要考虑监测断面（蚌埠）水质达标。沙颍河和涡河的水质较差，大多为Ⅳ～Ⅴ类水，甚至是劣Ⅴ类水，而淮干的水质较好，为Ⅲ类水。防污调度的成功指标之一就是蚌埠站水质达到Ⅲ类水，所以要求淮河干流具有较大的来水量。因此，在综合雨情中有两大类雨情不利于联合调度，一类是沙颍河和涡河降雨比淮河干流大；另一类是沙颍河、淮河干流和涡河普降暴雨。前者淮河干流的雨量太小不足以稀释沙颍河和涡河的来水，后者因为淮河—沙颍河流域普降暴雨，河道来水大多，为保证防洪安全，各个闸坝需要开闸泄洪，蓄积在闸坝内的大量污水借助洪水的作用造成污染团大量集中下泄，致使污染范围扩大，严重影响到淮河干流水质。而对防污调度最不利的情景就是两类雨情的结合，即沙颍河上游或涡河降暴雨，淮河干流降小雨或中雨。如 1971 年 6 月下旬和 1994 年 6 月下旬就出现了此类雨情，而紧接着 1994 年 7 月淮河流域就爆发特大水污染事件，2 亿 $m^3$ 的污水团集中下泄，形成了 90km 长的污染带，沿岸一带居民无法正常用水，被迫停水 54 天。从上可知，此类雨情发生概率虽然很小，但是引发水污染事件将造成十分严重的后果。通过历史资料分析，沙颍河或涡河来水大，淮河干流来水小，共 37 次概率为 10.0%；淮河—沙颍河流域普降暴雨，共 14 次概率为 3.8%。下面以 1994 典型水污染事故为例，分析降雨空间分布与污染事故的关系。

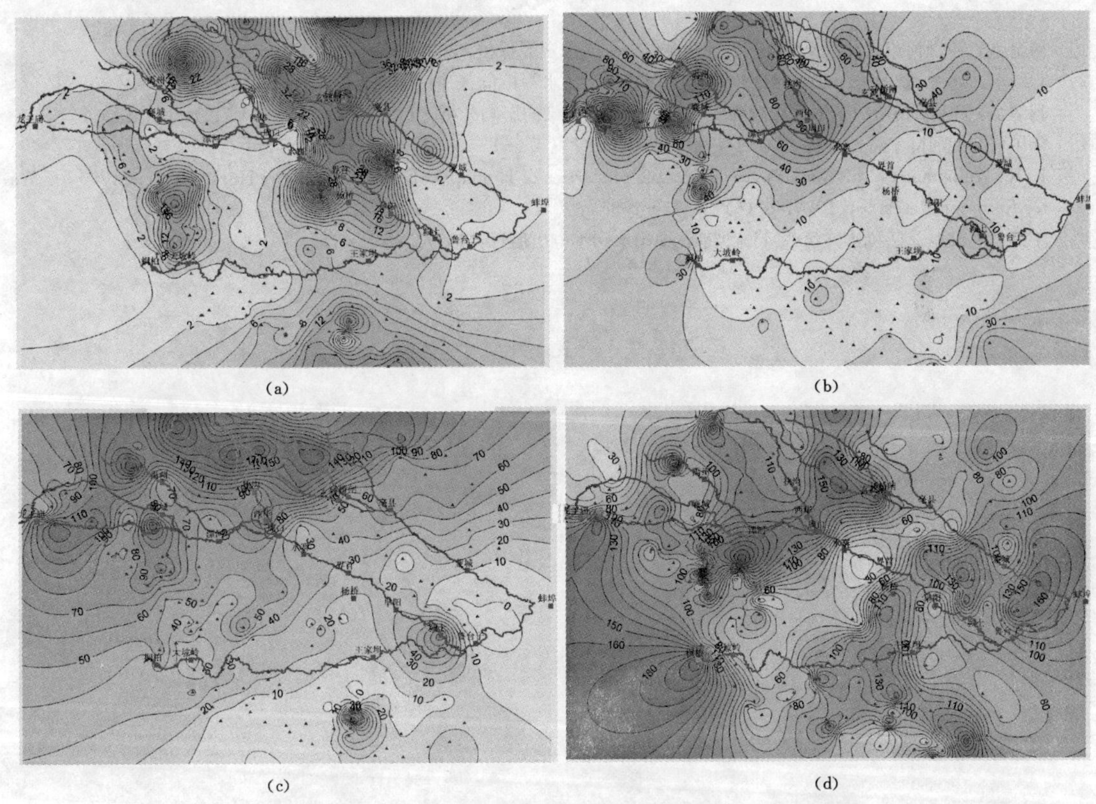

(a) (b) (c) (d)

图 2　1994 年 6 月初到 7 月上旬的 4 场雨的空间分布图

(a) 6 月第二场雨；(b) 6 月第三场雨；(c) 7 月第一场雨；(d) 7 月第二场雨

1994 年的水污染事故发生在 7 月 14 日至 9 月 19 日，历时达 68 天，上起淮河干流鲁台子下至淮南上，形成约 70km 长的污染团，污水一直向下游传播，污染河长达 350km，形成了严重的污染事故，总共直接经济损失约 2 亿元。图 2 给出了 1994 年 6 月初到 7 月上旬的 4 场降雨的空间分布，从图 2 中的（a）、（b）和（c）可知，6 月初到 7 月上旬的 3 场降雨主要分布在沙颍河和涡河流域，使得沙颍河和涡河的闸坝上游聚集了大量的污水；此时淮河干流的降雨较小，不利于沙颍河和涡河闸坝预泄污水。进入 7 月中旬，沙颍河、涡河和淮河干流均出现了大到暴雨［图 2（d）］，使得沙颍河和涡河的闸坝上游聚集的大量高浓度污水泄入淮河干流，导致了 1994 年的特大水污染事故。

## 5　结论

通过对淮河流域 173 个雨量站，1956～1997 年共计 41 年的日降雨资料（缺 1975 年）的分析，1956—1997 年淮河—沙颍河流域共出现过 30 种雨情，其中有 13 种雨情不利于联合调度，有引发水污染事件的危险。这 13 种不利调度的雨情可以分为两大类，一类是：沙颍河或涡河来水大，淮干来水小，共有 10 种雨情，在 369 次降雨过程中发生了 37 次，概率为 10.0%；另一类是：淮河—沙颍河流域普降暴雨，共有 3 种雨情，发生了14次，概率为3.8%。应用Hurst系数分析发现淮河—沙颍河流域Hurst系数均在0.5以上，表明研究区的降雨在时间上存在一定的记忆效应，但是从4～6月Hurst系数逐渐减小，记忆作用越来越弱，而随机性却越来越强。降雨随机性越大，对联合调度越不利，引发水污染事件的概率也越大，所以在汛前，6月的防污压力是最大。

典型污染事故的雨情分析表明，淮河流域历史上发生的多次重大污染事故均与降雨和汛期首场洪水有关，通过对不利雨情的分析，掌握降雨和洪水对淮河形成污染的影响规律，对合理制定淮河流域防污调度方案，防止淮河发生突发性污染事故，具有重要的作用。

## 参 考 文 献

[1] 褚金庭．沙颍河流量和水质对淮河污染的影响［J］. 水资源保护，2001（3）：4-8.
[2] 程绪水，贾利，沈哲松．做好水污染联防工作减轻淮河水污染危害［J］. 中国水利，2005（6）：21-24.
[3] 程绪水，贾利，杨迪虎．水闸防污调度对减轻淮河水污染的影响分析［J］. 中国水利，2005（16）：11-13.
[4] 朱国仁．淮河降水特性分析（I）［J］，水文，1998（1）：53-55.
[5] J. R. Wallis and N. C. Matalas. Small sample properties of H and K—Estimations of the Hurst coefficient h［J］. Water Resource Research，1970，6（6）：1583-1594.
[6] 丁晶，刘权授．随机水文学［M］. 北京：中国水利水电出版社，1997.

# 变化环境下三峡库区水循环要素演变规律研究*

丁相毅　周怀东　王宇晖　王雨春　雷晓辉

（中国水利水电科学研究院　北京　100038）

**摘　要**　本文基于实测气象资料，采用线性回归、滑动平均、Mann－Kendall 等多种方法相结合的途径对三峡库区降水量、温度、相对湿度和日照时数等水文气象要素在过去近 50 年间（1961～2009 年）的变化情况以及可能的突变时间进行了分析；基于多个全球气候模式的集合平均模拟结果和建立的三峡库区分布式水文模型，采用统计降尺度方法将全球气候模式和分布式水文模型耦合，对未来（2021～2050 年）气候变化条件下三峡库区降水、温度、蒸发和径流等水循环要素的演变趋势进行了预估。研究结果表明：①1961～2009 年间，三峡库区年降水量略呈减少趋势，可能的突变时间为 1973 年；年平均温度呈显著增加趋势，可能的突变时间为 1963 年；年平均相对湿度略呈减少趋势，没有检测到可能的突变时间；年日照时数呈显著减少趋势，可能的突变时间为 1967 年；②未来气候变化条件下，相对历史多年平均，三峡库区年平均温度将上升 1.3℃，年蒸发量将增加 2.8%，年降水量和年径流量将分别减少 0.8%和 8.2%，虽然降水量变化不大，但径流量的减少幅度要大于降水量的减少幅度，这给三峡库区未来变化环境下的水资源综合管理提出了更高的要求。

**关键词**　三峡库区；水循环要素；演变规律；分布式水文模型；气候变化

## 1　引言

近百年来，地球气候正经历一次以全球变暖为主要特征的显著变化，气候变化问题已成为各国政府和专家关心的全球性问题之一。气候变暖将对水循环的各个环节产生直接影响，驱动降水、蒸发、径流等水文要素的变化，增强水文极端事件发生的概率，导致水资源时空分布的重新分配。因此，评估气候变化对水资源和水环境的影响，对区域经济社会发展、水资源安全和生态环境保护都具有重要的意义。

三峡工程是举世闻名的特大型水利工程，具有防洪、发电、航运以及环保、养殖、供水等巨大的综合效益。三峡库区作为全国淡水资源的战略贮备基地，其水资源和水环境状况不仅关系到库区社会经济的可持续发展和人民身体健康，同时也将影响到整个长江中下游地区的经济发展和生态状况。三峡水库自 2003 年蓄水运行以来，区域地表水文情势发生了明显变化。随着经济社会的不断发展和全球气候的持续变暖，气候变化对水循环过程的影响也将日益加剧，未来气候变化条件下三峡库区水循环要素如何演变已成为公众普遍关心的问题。

气候变化对水资源影响的研究在 20 世纪 80 年代中期才引起国际水文界的重视，许多学者选用不同的气候模式和水文模型在不同的流域开展了相关研究[1-3]，主要研究方法是将全球气候模式（GCM）和水文模型松散耦合，以 GCM 的降水和温度输出作为水文模型的输入，通过水文模型模拟来评估气候变化的影响。国内自 20 世纪 80 年代起也迅速开展了气候变化对水文水资源影响的研究，在国家“七五”、“八五”和“九五”科技攻关计划中分别选择西北、华北、淮河流域和青藏高原作为研究区域设立了相关的研究课题。许多学者采用假定气候方案[4]和将 GCM 与水文模型松散耦合的方法开展了相关研究[5-7]。

近些年来，许多学者对三峡库区的气候变化进行了研究[8-11]，这些研究大多利用一些气象站点的数据进行对比分析，但一个或多个气象台站的数据并不能代表整个库区的气候特点，另外，有关气候变化对三峡水库水循环要素影响的定量研究尚不多见。本文拟在分析三峡库区过去近 50 年水文气象要素演变规律的基础上，通过采用统计降尺度方法将全球气候模式和分布式水文模型耦合，评估未来气候变化条件下三峡库区水循环要素的演变趋势，相关研究成果可为库区水资源综合管理和水环境保护等相关规划的制定提供决策

* 基金项目：国家水体污染控制与治理科技重大专项（2009ZX07104－001）；中国博士后科学基金项目（0135012011）；国家自然科学基金项目（50939006，51021006，50779074）。

第一作者简介：丁相毅（1984—　），男，河南郸城人，中国水利水电科学研究院博士后，主要研究方向为水文水资源。E-mail：dingxiangyi840318@163.com

支持。

## 2 研究方法和数据来源

本文采用线性回归、滑动平均、Mann－Kendall 等多种方法相结合的途径来分析三峡库区水文气象要素在过去近 50 年的演变规律。由于这些方法应用较普遍，限于篇幅，此处对这些方法的原理不再予以介绍，具体可以参考文献［12］。

本文采用全球气候模式和分布式水文模型耦合的途径来预估未来气候变化条件下三峡库区水循环要素的演变趋势。其中，全球气候模式预估采用多个气候模式的集合平均结果，并对其在三峡库区的模拟效果进行验证；基于实测数据和统计资料建立三峡水库分布式水文模型，利用流域内主要水文站点的实测日径流数据对模型进行校验，进而利用统计降尺度方法将气候模式与分布式水文模型耦合，评估未来气候变化条件下三峡库区水循环要素的演变趋势。上述模型方法和数据来源分别简介如下。

### 2.1 分布式水文模型

本文采用分布式水文模型 EasyDHM（easy distributed hydrological model）来对三峡库区的水循环过程进行分布式模拟。EasyDHM 是雷晓辉等人研发的、具有完全自主知识产权的分布式水文模型及其软件系统，包括水循环过程模拟核心模型、参数自动识别模型，以及相关的模型数据前处理、结果分析工具，具有功能完整、技术先进、操作简便、嵌入方便等特点，可以满足水资源评价、洪水预报、水资源调配和水环境管理等实际水管理业务的需要。目前该模型系统已在长江、黄河、海河、松辽、珠江以及西北诸河等流域进行了成功应用。

EasyDHM 水循环过程模拟核心模型采用模块化和组件式的开发思想，各个计算模块如产流、汇流、蒸发、地下水等均支持多种算法，如新安江模型、Hymod、Topmodel 等多种产流算法，以及扩散波、运动波、马斯京干法、变储量法等多种汇流算法，增强了水循环过程模拟的灵活性和扩展性，并可以支持多种空间结构（网格、等高带、子流域内计算单元）。EasyDHM 参数自动识别模型包括两个部分：基于 LH－OAT 算法的全局参数敏感性分析模块和基于 SCE－UA 算法的全局参数自动识别模块。同时，针对分布式水文模型在大流域应用时计算速度低、参数率定困难等问题，提出了“参数分区”的概念，即根据水文站对流域进行分块计算和模型率定，大大提高了模型参数识别的自动化程度，降低了模型参数识别的经验性，提高了模型的率定效率与建模效率。有关该模型的详细介绍及其应用请参考文献［13］。

### 2.2 未来气候条件

目前气候模式是进行气候变化预估的最主要工具。在气候变化研究中，各个模式对不同地区的模拟效果不尽相同。许多学者的研究证明，多个模式的平均效果优于单个模式的效果。本研究采用的全球气候模式数据来自于 PCMDI（Program for Climate Model Diagnosis and Intercomparison）公开发布的“WCRP（The World Climate Research Programme）的耦合模式比较计划一阶段 3 的多模式数据”（CMIP3），包括全球 20 多个模式组提供的全球气候模式模拟和预估结果。在此基础上，国家气候中心利用可靠性加权平均（Reliability Ensemble Averaging，REA）方法将这 20 多个不同分辨率的全球气候模式的模拟结果进行多模式集合，制作成一套未来三个排放情景（A1B，A2 和 B1）下 1901～2099 年的数据资料[14]。本研究中采用的数据系列为三峡库区 2021～2050 年的降水和温度系列。

### 2.3 统计降尺度模型

全球气候模式和分布式水文模型之间存在着空间尺度不匹配的问题，目前在气候变化的影响研究中解决这一问题的方法主要是降尺度。降尺度方法大致可分为动力降尺度法和统计降尺度法两类。多种动力和统计降尺度方法的比较表明：在某些季节和某些区域，动力和统计的具体方法各有优劣，基本都可以捕捉当前预报量的季节变化特征，总体效果差不多[15]。

由于统计降尺度方法简单灵活，计算快捷，比较适用于气候变化影响评估方面的工作，因此本研究选用统计降尺度方法作为全球气候模式和分布式水文模型的耦合途径，具体选用国际上应用较广泛的 statistical down－scaling model（SDSM）模型。SDSM 模型基于多元回归和随机天气发生器相耦合的原理，首先建立大尺度气候因子与局地变量之间的统计关系，之后模拟局地变化信息或获得未来气候变化情景。近年来，许多方法比较的文章都表明，SDSM 模型性能优越，使用简单，应用越来越广泛[16]。有关该模型的详细介绍请参考文献［17］。

### 2.4 数据来源

本研究中的DEM数据来自美国联邦地质调查局（USGS）的HYDRO1k。为使模拟河网与实测河网比较一致，首先根据实测河网对原始DEM进行修正，之后利用EasyDHM模型系统自带的水文分析模块对修正后的DEM数据进行填洼、生成流向、计算累积数及提取河道等一系列计算，得到模拟河网。

本研究中的土地利用源信息采用由中国科学院承担的《中国资源环境遥感宏观调查与动态研究》课题成果数据。首先把该土地利用数据转化为1km×1km栅格格式，进而将我国的土地利用分类转化为EasyDHM产流模型中所要求的相应的土地利用分类。

本研究中的土壤数据来自于中国科学院南京土壤研究所的土壤数据库。在土壤数据处理时首先通过加权平均法把5层土壤数据概化为任意层数土壤的粒径分布，然后根据美国USGS土壤三角计算每个栅格每层的土壤类型，最后即可根据EasyDHM产流模型中的土壤参数推求方法推求各项土壤物理、化学参数。

本研究中收集的三峡库区内的水文气象站点包括：13个水文（水位）报汛站、56个雨量报汛站和17个气象站。水文站点的实测径流数据的时间系列为2006年和2007年两年，气象站和雨量站的数据系列为1961～2009年。气象站提供温度、风速、相对湿度和日照时数等数据，雨量站提供降水数据。采用距离平方反比和泰森多边形法来完成气象、雨量站点长系列气象观测数据到水文模型计算单元的空间插值。

## 3 结果与分析

### 3.1 三峡库区分布式水文模型

#### 3.1.1 研究区域概况

三峡水库是我国特大型水库，工程坝址位于长江西陵峡中段、湖北省宜昌市三斗坪，地理位置为东经105°44″～111°39″，北纬28°32″～31°44″，库区幅员面积5.79万$km^2$，正常蓄水位175m，总库容393亿$m^3$，防洪库容221.5亿$m^3$，范围涉及宜昌市夷陵、秭归、兴山、巴东等4个县（区），重庆市巫山、巫溪、奉节、云阳、开县、万州、忠县、石柱、丰都、武隆、涪陵、长寿、渝北、巴南以及重庆市七个主城区、江津市等16个县（市、区）（图1）。

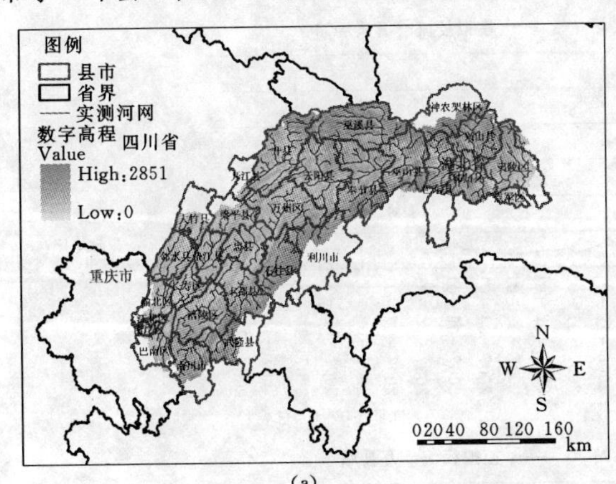

(a)

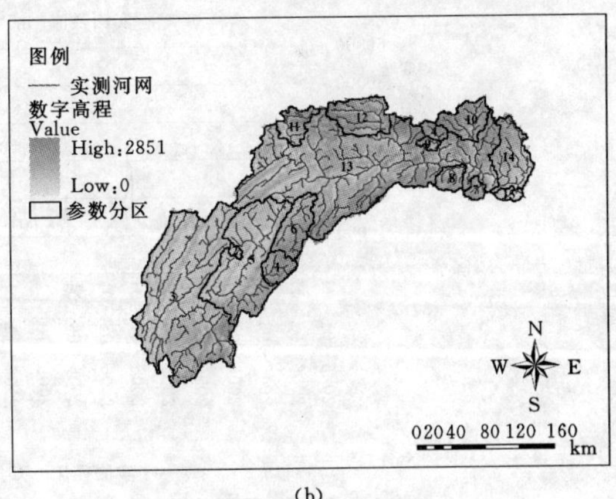

(b)

图1 三峡库区行政区划（a）和参数分区划分（b）

三峡库区属北温带和亚热带季风气候的过渡带，气候温和湿润，多年平均降水量1228.7mm，降雨量年内分配极不均匀，冬季偏少，夏季偏多，尤以7月为最多。多年平均气温17.3℃，多年平均相对湿度80%，多年平均水面蒸发量1705mm。该地区植被良好，表土疏松浅薄，渗透性强。岩石多为砂岩、灰岩和页岩，喀斯特发育程度一般。

#### 3.1.2 计算单元划分

在EasyDHM模型中，研究区域按水文站划分参数分区，各分区独立计算且采用一套独立的率定参数。通过EasyDHM模型的前处理系统划分出的三峡库区13个参数分区如图1所示。然后依据参数分区内的模拟河网划分子流域，各子流域内的栅格依据高程大小、汇流到子流域出口点的时间和水文响应条件进一步划分为等高带、等流时带和水文响应单元。由于三峡库区内高程跨度大，因此本研究中采用等高带作为基本计算单元，每个子流域按高程属性划分为 10 个等高带，每个等高带内采用同一组产汇流参数。

### 3.1.3 模型验证

基于库区范围内 9 个水文站点 2006 年和 2007 年实测的日径流数据，对建立的三峡水库分布式水文模型的模拟效果进行校验，校验准则为模拟期的月均径流量误差尽可能小、Nash－Sutcliffe 效率系数尽可能大、模拟流量与实测流量的相关系数尽可能大。

从模型模拟效果（表 1）来看，模拟期的月均径流量平均误差为 5.4%，各水文站月径流量的 Nash－Sutcliffe 效率系数平均值为 0.76，模拟月径流量与实测系列的相关系数平均值为 0.88。限于篇幅，图 2 仅以清溪场和万县站为例列出了模拟的日流量过程与实测的对比情况。

**表 1　三峡库区分布式水文模型模拟效果评价**

| 水文站名称 | 纬度（°N） | 经度（°E） | 模拟效果 | | |
|---|---|---|---|---|---|
| | | | 相对误差（%） | Nash－Sutcliffe 效率系数 | 相关系数 |
| 石柱 | 30.0 | 108.1 | －5.49 | 0.45 | 0.75 |
| 两河 | 30.2 | 107.8 | 15.44 | 0.72 | 0.85 |
| 清溪场（三） | 29.8 | 107.4 | 1.36 | 0.99 | 0.99 |
| 石板坪 | 31.3 | 110.3 | 8.78 | 0.45 | 0.68 |
| 万县 | 30.8 | 108.4 | 0.80 | 0.99 | 0.99 |
| 长滩 | 30.8 | 108.8 | 1.51 | 0.53 | 0.81 |
| 兴山 | 31.2 | 110.8 | －10.2 | 0.84 | 0.93 |
| 巫溪 | 31.4 | 109.6 | －4.25 | 0.87 | 0.95 |
| 葛洲坝 | 30.7 | 111.3 | 0.63 | 0.99 | 0.99 |

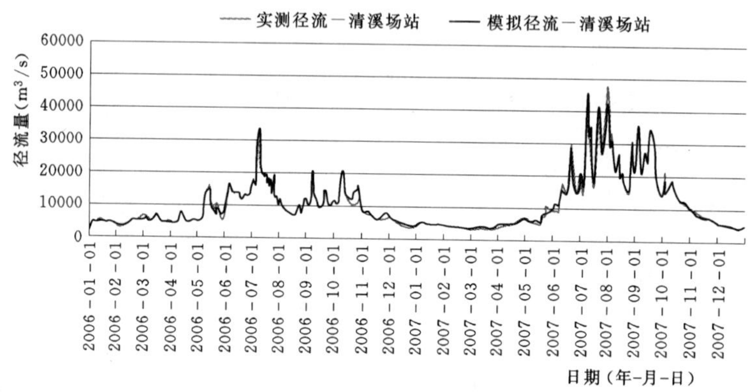


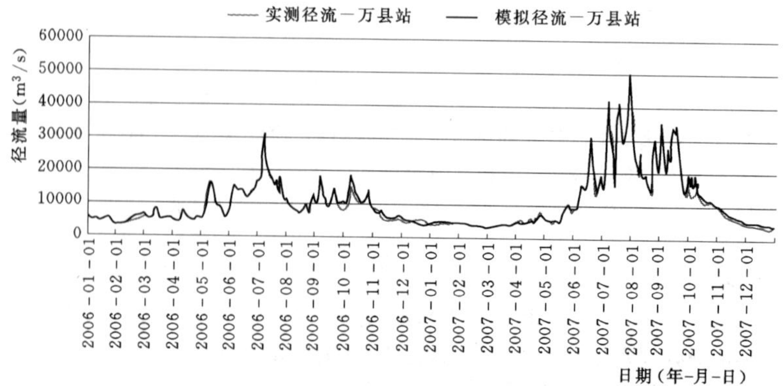


图 2　清溪场和万县 2 个水文站模拟的日流量过程与实测的对比情况

### 3.2 三峡库区水文气象要素历史演变规律

三峡库区年降水量、年平均温度、年平均相对湿度和年日照时数在1961～2009年间的变化情况以及用于突变检验的各要素变化的MK值如图3所示。

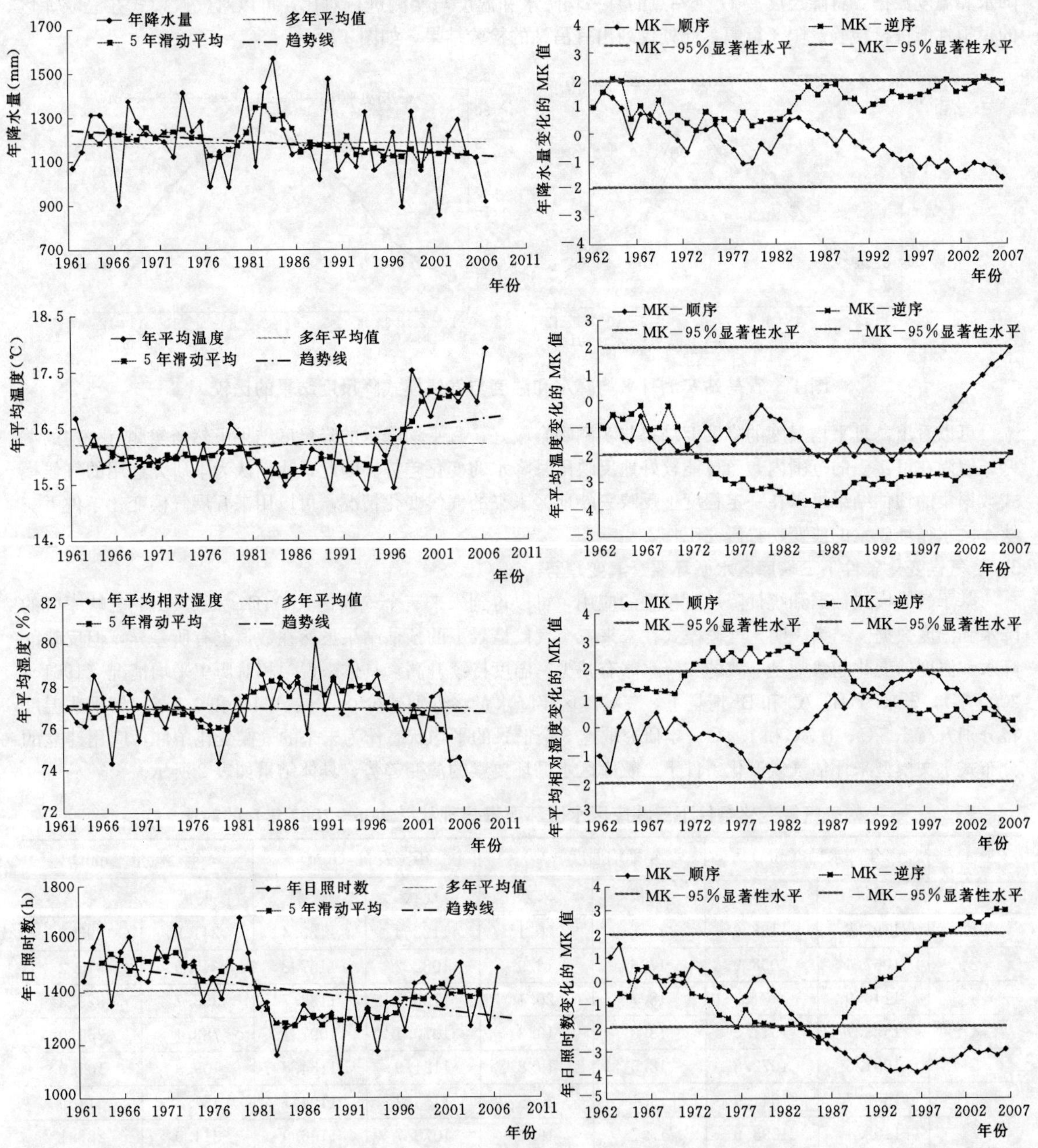


图3 三峡库区水文气象要素在1961～2009年间的变化情况

从图3可以看出，三峡库区在1961～2009年间，年降水量略呈减少趋势，但没有通过95%显著性水平检验，突变检验结果表明，年降水量可能的突变时间为1973年；年平均温度呈显著增加趋势，通过了95%显著性水平检验，突变检验结果表明，年平均温度可能的突变时间为1963年；年平均相对湿度呈减少趋势，但没有通过95%显著性水平检验，没有发现可能的突变时间；年日照时数呈显著减少趋势，通过了95%显著性水平检验，突变检验结果表明，年日照时数可能的突变时间为1967年。

### 3.3　统计降尺度模型的应用

应用统计降尺度模型 SDSM 对全球气候模式在三峡库区的模拟和预估结果进行降尺度，可以得到库区范围内 17 个站点历史情况（1961～2009 年）以及未来（2021～2050 年）三个气候情景 A1B、A2、B1 下的降水和温度数据。将降尺度后 17 个站点的月平均降水和温度与实测进行对比，可以对气候模式在三峡库区的模拟性能进行检验。限于篇幅，此处仅列出宜昌站的检验结果，如图 4 所示。

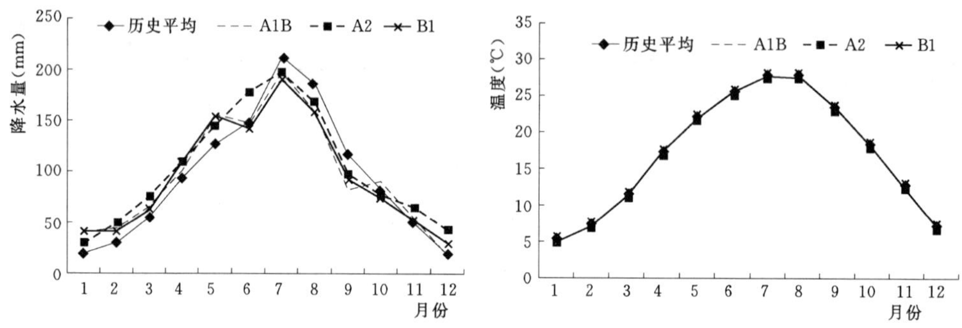


图 4　宜昌站实测月平均降水和温度与气候模式降尺度结果的比较

可以看出，月平均温度的降尺度结果与实测吻合较好，月平均降水的降尺度结果虽然与实测有一定的偏差，但尚在可接受的范围内，而且能较好地反映出月降水的变化趋势。因此，我们认为本研究选用的气候模式数据集的预估结果可以在一定程度上反映三峡地区未来的气候变化情况，可以用来开展气候变化条件下三峡库区水循环要素的演变趋势研究工作。

### 3.4　气候变化条件下三峡库区水循环要素演变趋势

基于气候模式数据和统计降尺度模型的应用，可以得到未来三个气候情景 A1B、A2、B1 下三峡库区的降水和温度数据。结果表明，气候模式在未来三个气候情景下的预估结果虽然在数值上有所差异，但反映的降水和温度的变化趋势则是一致的：降水略有减少，温度持续升高。具体来说，相对历史平均情况（1961～2009 年），未来 A1B、A2 和 B1 情景下，三峡库区年降水量将分别减少 0.4%、1.4%和 0.5%，年平均温度将分别升高 1.5℃、1.3℃和 1.2℃。本研究取这 3 个情景的平均状态作为未来的气候变化条件，应用建立的分布式水文模型来评估气候变化条件下三峡库区水循环要素的演变趋势，具体结果如表 2 所示。

**表 2　　未来气候变化条件下三峡库区水循环要素与现状（2006～2007 年）的对比**

| 参数分区 | 年降水量（mm） | | 年平均温度（℃） | | 年蒸发量（mm） | | 年径流量（mm） | |
|---|---|---|---|---|---|---|---|---|
| | 现状 | 未来 | 现状 | 未来 | 现状 | 未来 | 现状 | 未来 |
| 1 | 1197.6 | 1188.0 | 18.8 | 20.1 | 1122.4 | 1156.4 | 341.9 | 295.3 |
| 2 | 1067.4 | 1058.9 | 17.6 | 18.9 | 1082.2 | 1107.8 | 347.9 | 315.2 |
| 3 | 1140.9 | 1131.7 | 18.7 | 20.1 | 1106.1 | 1137.7 | 355.7 | 320.3 |
| 4 | 1523.7 | 1511.5 | 18.0 | 19.3 | 1070.1 | 1097.1 | 783.1 | 750.0 |
| 5 | 1081.5 | 1072.8 | 18.5 | 19.8 | 1121.9 | 1154.8 | 109.3 | 100.0 |
| 6 | 1352.7 | 1341.9 | 19.1 | 20.5 | 1153.2 | 1194.1 | 455.2 | 414.0 |
| 7 | 1102.4 | 1093.6 | 17.7 | 19.1 | 1070.7 | 1106.9 | 314.0 | 287.1 |
| 8 | 1162.6 | 1153.3 | 18.0 | 19.3 | 736.6 | 757.8 | 412.2 | 403.3 |
| 9 | 1346.7 | 1335.9 | 18.0 | 19.3 | 1379.3 | 1414.3 | 232.3 | 205.2 |
| 10 | 1342.6 | 1331.9 | 18.0 | 19.3 | 1151.4 | 1180.1 | 494.6 | 463.8 |
| 11 | 1213.7 | 1204.0 | 19.1 | 20.5 | 1028.5 | 1060.9 | 556.3 | 524.3 |
| 12 | 1175.0 | 1165.6 | 19.1 | 20.4 | 989.0 | 1018.6 | 655.2 | 626.6 |
| 13 | 1164.9 | 1155.5 | 18.7 | 20.0 | 1116.7 | 1145.3 | 415.2 | 381.2 |
| 库区 | 1165.1 | 1155.8 | 18.4 | 19.7 | 1104.1 | 1134.8 | 375.0 | 344.4 |

从表2可以看出，未来气候变化条件下，三峡库区年降水量将减少0.8%，年平均温度将升高1.3℃，而年平均蒸发量将增加2.8%，年平均径流量将减少8.2%。可见，未来气候变化条件下，虽然降水量变化不大，但径流量减少的幅度要大于降水量的减少幅度，这也给三峡库区的水资源综合管理提出了更高的要求。

## 4 结语

本文基于实测气象资料分析了三峡库区过去近50年降水、温度、相对湿度和日照时数等水文气象要素的演变规律，应用统计降尺度模型SDSM将全球气候模式和分布式水文模型耦合，对未来气候变化条件下三峡库区水循环要素的演变趋势进行了预估，取得了一些初步的研究成果。

然而，受数据资料和研究方法所限，本研究中仍存在一些不确定性和需要深入研究的问题，主要包括以下几个方面：

（1）建立的三峡水库分布式水文模型仅采用实测流量来率定，虽然率定结果是不错的，但只是采用了2年的实测数据，而且不能排除存在“异参同效”的问题，在接下来的工作中，除需要继续收集更长系列的实测流量资料来对模型进行充分验证外，还需要收集蒸发、地下水位等要素的实测数据以及遥感数据来对模型进行更加全面和科学的验证。

（2）全球气候模式对未来气候的预估存在着较大的不确定性，虽然利用SDSM模型对气候模式在三峡库区的模拟效果进行了检验，但由于气候模式本身和未来排放情景的不确定性，导致本研究的相关预测结果也存在着一定的不确定性。

（3）本文在变化环境下三峡库区水循环要素的演变趋势研究中没有考虑未来经济社会条件的变化，实际上，由于未来社会经济状况的不可预知性，导致本文得出的结果只能作为一种参考，在接下来的工作中，需要结合经济社会发展的相关规划资料来对未来三峡库区水循环要素的演变进行合理预测。

总之，随着全球气候的持续变暖，气候变化对水循环过程的影响也在不断加剧，对于三峡库区这一具有重要战略意义的区域来说，由于在分布式水文模型、气候变化预估、气候模式与水文模型的耦合、未来经济社会发展等方面存在的诸多技术难点和不确定性因素，合理预测未来变化环境下三峡库区水循环要素的演变趋势仍需付出更多的努力。

## 参考文献

[1] Arnell. Climate change and global water resources [J]. Global Environmental Change，1999 (9)：31-49.
[2] Mimikou M A，E Baltas，Varanou E，et al. Regional impacts of climate change on water resources quantity and quality indicators [J]. Journal of Hydrology，2000 (234)：95-109.
[3] Jonathan I Matondo，Graciana Peter，et al. Evaluation of the impact of climate change on hydrology and water resources in Swaziland：Part Ⅰ [J]. Physics and Chemistry of the Earth，2004 (29)：1181-1191.
[4] 王国庆，王云璋，尚长昆．气候变化对黄河水资源的影响 [J]．人民黄河，2000，22 (9)：40-41.
[5] 刘春蓁．气候变化对我国水文水资源的可能影响 [J]．水科学进展，1997，8 (3)：220-225.
[6] 曹丽菁，等．华北地区大气水分气候变化及其对水资源的影响．河海大学学报 [J]，2004，32 (5)：504-507.
[7] 袁飞，谢正辉，任立良，等．气候变化对海河流域水文特性的影响 [J]．水利学报，2005，36 (3)：274-278.
[8] 刘海隆．重庆三峡库区农业气候变化的研究 [J]．中国生态农业学报，2003，11 (4)：139-142.
[9] 王梅华，刘莉红，张强．三峡地区气候特征 [J]．气象，2005，31 (7)：68-72.
[10] 邹旭恺，张强，叶殿秀．长江三峡库区连阴雨的气候特征分析 [J]．灾害学，2005，20 (1)：84-89.
[11] 张强，万素琴，等．三峡库区复杂地形下的气温变化特征 [J]．气候变化研究进展，2005，1 (4)：164-167.
[12] 魏凤英．现代气候统计诊断与预测技术 [M]．北京：气象出版社，2007.
[13] 雷晓辉，等．分布式水文模型 Easy DHM [M]．北京：中国水利水电出版社，2010.
[14] 国家气候中心．中国地区气候变化预估数据集 Version 2.0 使用说明 [Z]，2009.
[15] 褚健婷．海河流域统计降尺度方法的理论及应用研究 [D]．北京：中国科学院研究生院，2009.
[16] Fowler H J，et al. Linking climate change modeling to impacts studies：recent advances in downscaling techniques for hydrological modeling [J]. International Journal of Climatology，2007 (27)：1547-1578.
[17] Wilby R L，Dawson C W，Barrow E M. SDSM — a decision support tool for the assessment of regional climate change impacts [J]. Environmental Modeling & Software，2002 (17)：147-159.

# Evolution of hydro-climatic elements in the Three Gorges Reservoir under changing environment

Ding Xiangyi Zhou Huaidong Wang Yuhui Wang Yuchun Lei Xiaohui

(China Institute of Water resources and Hydropower Research, Beijing 100038)

**Abstract** This study attempts to evaluate the variability of hydro-climatic elements including precipitation, temperature, relative humidity and sunshine hours during past 49 years (1961～2009) in the Three Gores Reservoir based on observed meteorological data combining moving-average and linear regression with Mann—Kendall method, and predict the evolution trends of precipitation, temperature, evapotranspiration and runoff in the future 30 years (2021～2050) under climate change through coupling a distributed hydrological model with an average dataset of 20 global climate model outputs using a statistical downscaling model. The results indicate that: ①during 1961～2009, the precipitation slightly decreased and the estimated sudden change time was 1973, the temperature significantly increased and the estimated sudden change time was 1963, the relative humidity decreased but there was no sudden change time estimated, the sunshine hours significantly decreased and the estimated sudden change time was 1967. ②in the future, comparing with the historical average, the temperature in the region will increase by 1.3℃ and the evapotranspiration will increase by 2.8%, while the precipitation and runoff will decrease by 0.8% and 8.2% respectively. Although the precipitation will not change greatly, the reduction extent of runoff is larger than that of precipitation, bringing forward higher requirements for integrated water resources management in the Three Gorges Reservoir.

**Key words** the Three Gorges Reservoir; hydro-climatic elements; evolution; distributed hydrological model; climate change

# 气候变化对三江源区径流减少的影响*

刘光生[1,2]　王根绪[1]

（1. 山地环境演变与调控重点实验室，中国科学院成都山地灾害与环境研究所　成都　610041；
2. 中国科学院研究生院　北京　100049）

**摘　要**　三江源区水资源随着气候变化呈现急剧减少的趋势，然而其原因在很大程度上还不清晰。因此本研究以1961～2007年三江源区的气象资料及水文资料为基础，分析气候和水文要素的变化趋势，及分析了气候变化引起的径流减少。研究结果表明，三江源区气温普遍显著升高，降水的增加并不显著，而年径流尤其是夏秋季节径流存在明显减小的趋势，且径流系数也持续降低。由气温影响的气温、地温及水面蒸发要素在三江源径流变化过程中起到主导作用。此外，随着气候变暖，三江源区高寒湿地生态系统呈现不断退化的趋势，导致高寒冻土区水文过程的改变，使流域径流系数不断减小，从而使径流量呈现减小的趋势。值得一提的是，随着气温升高，开始融化时间不断提前，并未使春季径流增加，反而使5月的径流呈现明显减少的趋势。本研究将为三江源区水资源开发利用及优化配置提供科学借鉴，同时为三江源区的生态建设和保护提供参考依据。

**关键词**　三江源区；气候变化；水文特征；主成分分析；驱动要素

## 1　引言

以全球变暖为突出标志的全球气候变化及其可能对生态系统及人类社会产生的影响，已经引起了各国科学家、政府与社会各界的极大关注，都力求从过去和现在的气候变化中展望未来的趋势[1,2]。位于青藏高原腹地的三江源区是世界上江河、冰川、雪山最集中的地区之一，是长江、黄河和澜沧江的发源地[3,4]。由于气候变化和人类活动的影响，三江源区已经出现了包括草地退化、湖泊湿地萎缩和水源涵养能力下降和土地沙漠化等生态环境问题，进而大大削弱源区的水源涵养能力，从而对三江流域社会经济造成长远影响[5~7]。因此研究三江源区气候变化对地表径流过程的影响，有助于认识高原水循环规律及其对气候变化的反馈，对于河源区的生态保护及流域水安全具有重要的科学意义。

诸多研究[8,9]表明三江源区降水和温度普遍升高，呈现暖湿化趋势，而径流却明显呈现减小的趋势。在阿拉斯加北部和加拿大的西北部[11,12]，流域内有大量冰川分布的径流呈现增加的趋势，而没有大型冰川的流域径流倾向降低的趋势。而西伯利亚的研究结果表明自20世纪40年代径流量呈现增加的趋势[13]，然而中国东北的河流径流呈现递减的趋势[14]。这些研究结果表明高海拔和纬度地区气候变化对径流影响的复杂性[15]。

因此，本文以三江源区为研究区域，开展如下研究，①基于M－K检验方法分析三江源区气候及水文要素变化趋势；②基于主成分分析方法分析三江源区年和不同季节径流过程主要影响因子；③冻融变化和植被退化对径流过程的影响。本研究将为三江源区水资源开发利用及优化配置提供科学借鉴，同时为三江源区的生态建设和保护提供参考依据。

## 2　数据和方法

### 2.1　研究区概况

三江源地区位于青藏高原腹地（图1），青海省南部，平均海拔4000多m，其中长江流域总水量的1.2%，黄河流域总水量的40%和澜沧江流域15%的水量来源于三江源区[15]。其中长江源直门达站以上面积13.78万$km^2$，黄河源吉迈站以上面积6.36万$km^2$，澜沧江源昌都站以上面积5.44万$km^2$。属于高原气候区域中的亚湿润区和干旱区（仅沱沱河流域），具有鲜明的高寒气候特征，具体表现为气温低，昼夜温差

*　基金项目：国家自然科学基金项目No. 40925002和40730634联合资助。

第一作者简介：刘光生（1985—　），男，福建宁德人，博士研究生，2009年于兰州大学获硕士学位，主要从事寒区水文过程的研究和学习。E-mail：liugsh_1985@yahoo.com.cn

大长江源区以连续多年冻土为主，而黄河和澜沧江源区以不连续多年冻土和季节冻土为主（表1）。

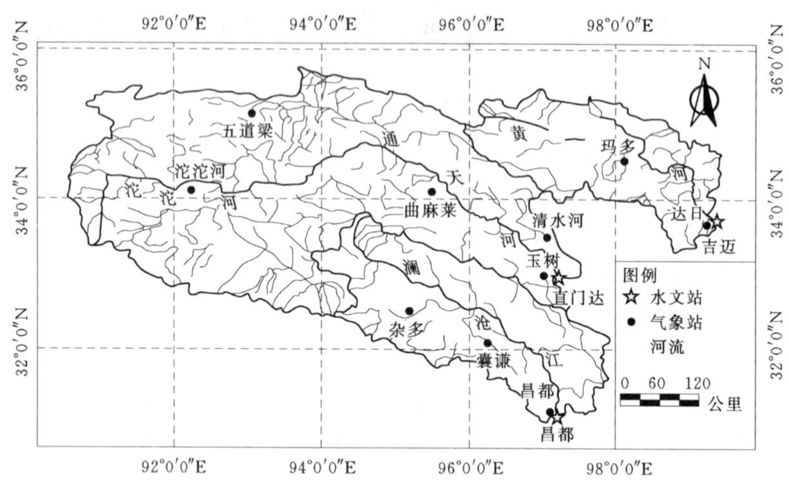


图1　三江源区站点分布

**表1　　气候因子及径流变化趋势及显著性水平**

| 因子 | 时期 | 年 | | 春季 | | 夏季 | | 秋季 | | 冬季 | |
|---|---|---|---|---|---|---|---|---|---|---|---|
| | 区域 | 变幅 | $p$ 值 | 变幅 | $p$ 值 | 变幅 | $p$ 值 | 变幅 | $p$ 值 | 变幅 | $p$ 值 |
| 气温（℃） | 澜沧江 | **0.028** | 0.00 | **0.018** | 0.03 | **0.020** | 0.00 | **0.030** | 0.00 | **0.041** | 0.00 |
| | 长江 | **0.033** | 0.00 | **0.023** | 0.01 | **0.029** | 0.00 | **0.037** | 0.00 | **0.039** | 0.00 |
| | 黄河 | **0.035** | 0.00 | **0.019** | 0.04 | **0.029** | 0.00 | **0.040** | 0.00 | **0.056** | 0.00 |
| 降水（mm） | 澜沧江 | 0.90 | 0.40 | **0.85** | 0.00 | 0.07 | 0.95 | **0.51** | 0.03 | **0.14** | 0.00 |
| | 长江 | 0.16 | 0.82 | 0.11 | 0.34 | 0.15 | 0.76 | 0.06 | 0.57 | **0.04** | 0.10 |
| | 黄河 | 0.32 | 0.68 | **0.32** | 0.05 | 0.10 | 0.86 | −0.02 | 0.95 | **0.12** | 0.01 |
| 水面蒸发（mm） | 澜沧江 | −1.96 | 0.09 | −0.12 | 0.85 | **−0.94** | 0.04 | 0.28 | 0.62 | 0.40 | 0.21 |
| | 长江 | 0.85 | 0.38 | 0.25 | 0.63 | **1.07** | 0.05 | 0.64 | 0.16 | −0.15 | 0.62 |
| | 黄河 | **3.03** | 0.04 | 0.59 | 0.31 | **1.36** | 0.02 | **0.93** | 0.04 | 0.14 | 0.54 |
| 径流（mm） | 澜沧江 | −0.76 | 0.20 | −0.02 | 0.73 | −0.46 | 0.27 | −0.30 | 0.28 | **−0.06** | 0.06 |
| | 长江 | −0.32 | 0.29 | −0.01 | 0.79 | −0.16 | 0.43 | −0.09 | 0.45 | −0.01 | 0.36 |
| | 黄河 | **−0.94** | 0.00 | −0.02 | 0.42 | **−0.21** | 0.06 | **−0.28** | 0.02 | −0.02 | 0.13 |
| 径流系数（$10^{-3}$） | 澜沧江 | **−2.76** | 0.00 | **−6.25** | 0.00 | −0.71 | 0.29 | **−4.47** | 0.10 | **−55.20** | 0.00 |
| | 长江 | −0.77 | 0.20 | −0.77 | 0.36 | −1.39 | 0.79 | **−2.40** | 0.09 | **−10.00** | 0.01 |
| | 黄河 | **−1.50** | 0.00 | **−0.97** | 0.03 | −0.61 | 0.14 | **−2.08** | 0.01 | **−5.26** | 0.00 |

**注**　表中黑体字表示变化趋势的置信度为90%。

## 2.2　数据处理

根据中国气象科学数据共享服务网（http：//cdc.cma.gov.cn/）提供的气象资料，长江源有五道梁、沱沱河、曲麻莱、玉树和清水河5个站点，黄河源有玛多、达日2个站点，澜沧江源包括杂多、囊谦和昌都3个站点（图1，表1）。水文站点的选择充分考虑观测时间较长、水文观测时间序列一致，且对于每个源区具有较好的代表性。因此，本研究采用澜沧江源的昌都站、长江源的直门达站和黄河源区吉迈站。根据多年气候因子及月平均径流量的年内分布特征，将3～5月划分为春季，6～8月划分为夏季，9～11月划分为秋季，12月与当年的1～2月划分为冬季。三江源区面降水量计算采用泰森多边形法，而长江、黄河和澜沧江源区气温、地温和水面蒸发采用算术平均值。

### 2.3 研究方法

采用Mann－Kendall非参数检验方法进行趋势分析，其优点是不遵从一定的分布，也不受少数异常值的干扰，更适合于类型变量和顺序变量，计算也比较简便，同时不需要事先假定数据的分布特征，因此Mann－Kendall法在趋势分析中得到了广泛的应用[4]。在国内外，已有很多学者专家应用主成分分析法来说明气候要素对径流过程的影响机理，并取得的良好的结果。因此本文采用该方法分析三江源区不同时期各个因子与径流的响应关系及其对径流的贡献率。本研究所有分析在SPSS 10.0和Excel 2003软件中进行。

## 3 气候要素和径流变化趋势分析

### 3.1 气温和地温

三江源区四季及年平均气温普遍升高，且显著性水平都高于95％（表1），其升幅冬秋两季要明显高于春夏季，说明年气温的升高主要是由于秋冬季气温的升高引起的，这与以往的许多研究结果类似[11,12]。三个源区地温均存在明显的增加趋势，澜沧江、长江和黄河源区的增幅分别为0.26℃/10a、0.05℃/10a和0.31℃/10a。由于长江源站点主要以连续多年冻土为主，导致其地温的变幅较小，即由于多年冻土的存在，将大大减缓活动层地温的变幅。

### 3.2 降水

三江源区年降水量基本上存在较弱增加的趋势（表1），夏秋两季降水量总体上变化较小，而冬春两季降水量基本上都在90％的显著性水平下明显增加。GCM模型模拟的气候变化表明，在全球气候变暖的影响下，降水将在高纬度高海拔地区增加，尤其在冬季，刚好与我们的研究结果相吻合[2]。

### 3.3 水面蒸发

三江源区水面蒸发变化特征不一致，长江和黄河源区存在增加的趋势，黄河源区增幅甚至达到3.03mm/a（$p<0.05$）。三江源区气温不断升高，一般认为气温升高将导致蒸发量增大，而澜沧江源水面蒸发恰好相反，却存在下降的趋势。中国年蒸发皿蒸发量在20世纪80～90年代较60～70年代下降了99.8mm左右，呈现明显的下降趋势，同时全球与中国蒸发皿蒸发量的下降具有普遍性的[8]。这些可能是由于气温升高引起的蒸发皿周边湿度的增加及温度的降低，观测的水面蒸发量减少其实预示着实际蒸发的增大。同时，三江源区水面蒸发与气温的确存在正相关关系（图2）。

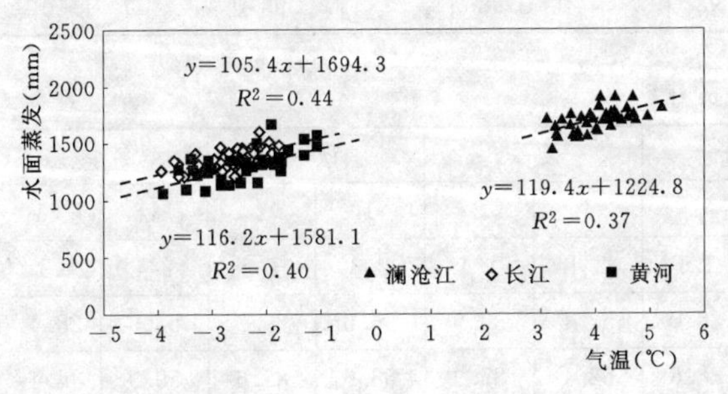


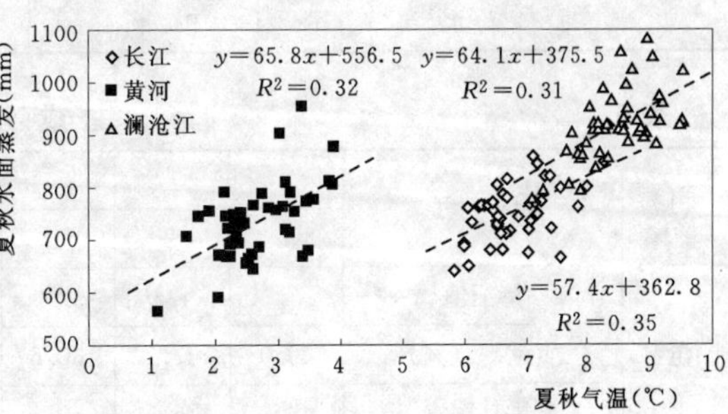


图2 水面蒸发与气温的关系

### 3.4 径流及径流系数

三江源的径流量均呈现减少的趋势，尤其是黄河源区径流量显著下降（$p<0.01$），澜沧江、长江和黄河源区每10年径流降幅分别达到2.78％、3.80％和12.62％。同时，三江源区不同季节径流也存在减少的趋势，以夏秋季节减幅最为明显，尤其是黄河源区夏秋季节径流在90％显著性水平下明显下降，且减幅分别达到0.21mm/a和0.28mm/a。而春季径流仅存在略微减少的趋势，减幅仅为0.02mm/a。

三江源区年径流系数均存在明显的减小趋势，其中黄河源和澜沧江源年径流系数均在95％显著性水平下明显下降，过去45年递减率分别达到0.07（$p<0.05$）和0.13（$p<0.05$），长江源年径流系数的减幅也达到了0.04（$p<0.20$）。除了夏季，三江源春秋冬三季的径流系数均存在明显的减小趋势（$p<0.1$），这是与气温升高导致的下垫面条件的转变有关。三江源区径流系数减小，反映了径流形成具有重要作用的高寒湿地

系统严重退化对流域了较大影响，同时说了湿地系统水文功能的明显退化[11]。

## 4　气候变化对水文过程的影响分析

### 4.1　基于主成分分析法的径流过程驱动因子分析

径流的驱动要素主要包括气候变化要素和人类活动要素，由于三江源区人口稀少，人类活动要素基本可以忽略。因此对三江源流域径流过程而言，其特征相当大程度上是由所处的气候条件决定的。气候因子对径流过程的影响是复杂的、多层次的，受到气温、降水、风速、地温和相对湿度等因子直接或间接地影响。因此根据已有的观测资料，这里选取气温、降水、10cm 地温和水面蒸发 4 个要素作为计算的变量，选取 1961～2007 年的资料序列进行旋转主成分分析（表 2、表 3）。

**表 2　　主成分旋转负荷矩阵**

| 区域 | 因　子 | 年 | | 春季 | | 夏季 | | 秋季 | | 冬季 | |
|---|---|---|---|---|---|---|---|---|---|---|---|
| | | 1 | 2 | 1 | 2 | 1 | 2 | 1 | 2 | 1 | 2 |
| 澜沧江 | 气温 | −0.96 | | −0.97 | | −0.98 | | −0.96 | | −0.96 | |
| | 地温 | −0.88 | | −0.91 | | −0.84 | | −0.88 | | −0.78 | |
| | 水面蒸发 | | | −0.81 | | | | −0.76 | | −0.93 | |
| | 降水 | | 0.93 | | 0.98 | | 0.97 | | 0.98 | | 0.97 |
| 长江 | 气温 | −0.85 | | −0.74 | | −0.95 | | −0.85 | | −0.94 | |
| | 地温 | −0.90 | | −0.92 | | −0.90 | | −0.89 | | | |
| | 水面蒸发 | −0.84 | | −0.74 | | −0.77 | | | | −0.88 | |
| | 降水 | | 0.94 | | 0.96 | | 0.96 | | 0.94 | | 0.94 |
| 黄河 | 气温 | −0.95 | | −0.94 | | −0.97 | | −0.90 | | −0.99 | |
| | 地温 | −0.94 | | −0.75 | | −0.85 | | −0.93 | | −0.93 | |
| | 水面蒸发 | | | −0.88 | | | | | | −0.91 | |
| | 降水 | | 0.94 | | 0.98 | | 0.98 | | 0.93 | | 1.00 |

**表 3　　主成分贡献率**

| 区域 | 因　子 | 年 | | 春季 | | 夏季 | | 秋季 | | 冬季 | |
|---|---|---|---|---|---|---|---|---|---|---|---|
| | | 1 | 2 | 1 | 2 | 1 | 2 | 1 | 2 | 1 | 2 |
| 澜沧江 | 特征值 | 2 | 1.1 | 2.4 | 1.1 | 2.1 | 1.4 | 2.3 | 1.2 | 2.4 | 1.1 |
| | 贡献率（%） | 49.0 | 27.7 | 60.6 | 28.0 | 52.1 | 33.9 | 56.6 | 29.0 | 59.9 | 28.4 |
| | 累计贡献率（%） | 49.0 | 76.7 | 60.6 | 88.6 | 52.1 | 85.9 | 56.6 | 85.6 | 59.9 | 88.4 |
| 长江 | 特征值 | 1.7 | 1.6 | 1.8 | 1.7 | 2.0 | 1.6 | 1.9 | 1.5 | 1.9 | 1.2 |
| | 贡献率（%） | 56.0 | 26.2 | 56.9 | 28.5 | 54.2 | 35.6 | 52.8 | 31.5 | 48.0 | 30.9 |
| | 累计贡献率（%） | 56.0 | 26.2 | 56.9 | 85.4 | 54.2 | 89.9 | 52.8 | 84.3 | 48.0 | 78.9 |
| 黄河 | 特征值 | 2.2 | 1.3 | 2.2 | 1.1 | 2.2 | 1.0 | 2.0 | 1.2 | 2.7 | 1.1 |
| | 贡献率（%） | 55.6 | 32.3 | 55.8 | 28.6 | 53.7 | 26.2 | 49.4 | 30.9 | 66.8 | 26.3 |
| | 累计贡献率（%） | 55.6 | 87.9 | 55.8 | 84.4 | 53.7 | 80.0 | 49.4 | 80.3 | 66.8 | 93.1 |

三江源区降水、气温、水面蒸发和地温 4 个要素提取的前 2 个主分的累积贡献率均达到 80%左右，表明这 2 个主分已经对 4 个要素进行充分的概括。第一主分主要是以气温、地温和水面蒸发为主，主要受到气温的影响，第二主分以降水为主。第一主分贡献率均达到 50%左右，远高于第二因子 30%左右的贡献率，

起到主导作用，表明澜沧江和黄河源区径流变化过程主要是以气温为主导的。同时发现，春季和冬季气温主导的第一主分贡献率最高，在澜沧江源区冬季贡献率甚至达到66.8%，说明气温对冬春季节径流过程起到的影响非常显著，起到决定性作用。夏季和秋季第一主分贡献率要小于冬春季，而以降水为主的第二主分贡献率要高于冬春季节，表明夏秋季虽然气温仍起到主导作用，但是降水对径流过程的影响也占到很大的比例。总体而言，三江源区径流过程是由气温起主导作用，径流对气温变化较降水变化更为敏感。

**4.2 冻融变化对春秋季径流过程的影响**

由于积雪融化和多年冻土活动层的冻融过程对三江源区径流过程显著影响，我们试图通过开始冻融时间分析冻融变化过程与春秋季节径流的关系。以日平均气温日平均气温开始持续小于（大于）0 ℃为开始冻结（融化）时间，其中开始融化时间也可以认定为融雪径流时间。随着气温的升高，三江源区开始融化时间不断提前，开始冻结时间不断推后，且变幅基本趋于一致（图3）。这将可能导致蒸散、入渗和产汇流等水循环过程的转变，从而影响径流过程的变化特征。

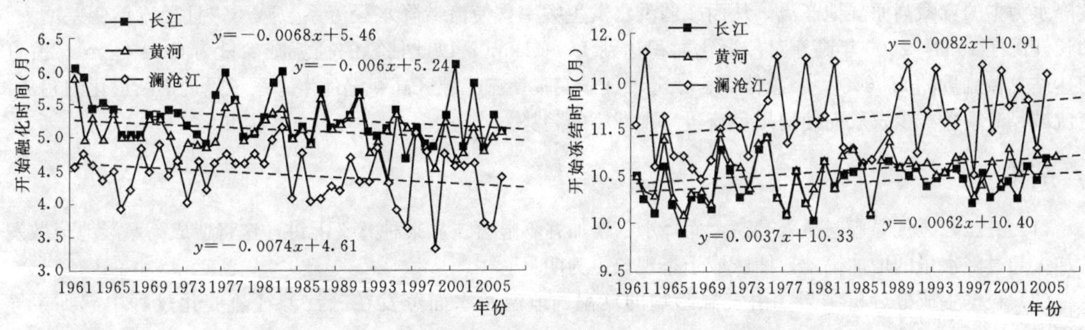


图3 三江源区开始冻结和融化时间变化趋势

诸多研究[2,7]表明气候变化引起的水循环变化将导致高纬度地区和融雪驱动的流域可能产生的强降水天数和洪水频率增加，较高的气温会加速春季融雪的速率，缩短降水季节的时间，导致更快、更早和更大的春季径流。然而我们却发现三江源区春季气温显著升高，而春季径流却呈现下降的趋势（表1）。此外，3～4月气温的显著升高并不能使3～4月径流显著增加，它们之间不存在明显的正相关关系，而5月径流量的明显减少（图4）。这可能由于随着气温的升高，增加了土壤的持续融化时间，降低了积雪的隔绝作用。由于冻土和积雪的存在，能有效得减少土壤的水分流失，减少蒸发损失量。秋季径流量随着开始冻结时间推迟而

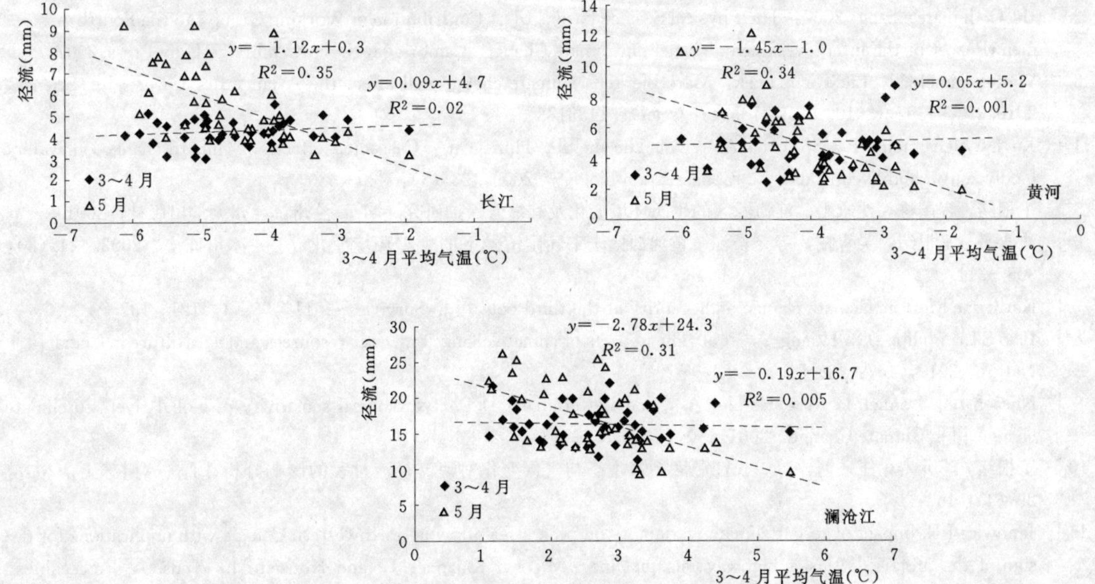


图4 三江源区3～4月平均气温与3～4月和5月径流的关系

持续增加，然而秋季径流量却呈现减少的趋势，表明秋季径流量的减少可能是由于秋季蒸散发的增大或者其他因素引起的。

### 4.3 植被退化对径流过程的影响

趋势分析结果表明三江源区径流系数呈现减小的趋势，说明了气候变暖导致下垫面条件的转变，即冻融循环和地表植被状况的变化，将导致冻土区水文循环过程的改变，从而导致产流量减少。三江源区河流水源形式主要以冰雪融水、冰川融水、沼泽与泉水（地下水）或者降水直接汇流等，大多数河流这几种形式并存，是混合型水源河流。与湿地有关的径流贡献率可达 64.2%，说明高寒草甸在源区河流形成中占据重要的地位[10]。自 1969 年以来至 2000 年的 31 年间，长江源区沼泽湿地减小了近 29%，黄河源区湿地面积萎缩了 13.55%，湿地系统水文功能存在明显退化的趋势。青藏高原已有的研究表明，高覆盖草地有利于弱降雨强度降水形成径流，低覆盖覆盖度对于较大降水事件的径流形成越有利[14]。根据青藏高原已有的观测数据表明，表明青藏高原降水主要以低强度降水为主，因此随着高寒湿地生态系统的不断退化，则不利于以低强度降水为主的青藏高原湿地产流，从而减弱洪水发生频率，使流域降水径流系数减小，且径流年变差增大。如长江源区 1969～2000 年高寒草甸退化面积达到 1569.1$km^2$，以此估算的径流减少量为 6.84 亿 $m^3$，占直门达站总径流量的 5.46%[17]。总体而言，随着气候变暖，三江源区高寒湿地生态系统呈现不断退化的趋势，使流域径流系数减少，从而使河川径流量呈现减小的趋势。

## 5 结论

（1）三江源区气温普遍显著升高，而降水的增加并不显著。从某种意义上讲，这将造成高寒湿地蒸散发的加大超过降水量的增加幅度，使区域干旱现象更为明显。

（2）根据主成分分析结果，由气温影响的气温、地温及水面蒸发在三江源径流变化过程中起到主导作用。

（3）随着气温升高，开始融化时间不断提前，融化期不断延长，并未使春季径流增加，反而使 5 月径流呈现明显减少的趋势。

（4）随着气候变暖，三江源区高寒湿地生态系统呈现不断退化的趋势，导致高寒冻土区水文过程的改变，使流域径流系数不断减小，从而使河川径流量呈现减小的趋势。

## 参 考 文 献

[1] 秦大河，丁一汇，苏纪兰，等．中国气候与环境演变［M］．北京：科学出版社，2005.372－373.

[2] IPCC. Climate Change 2007：The Physical Science Basis［M］．Contribution of Working Group I to the Fourth Assessment Report of the Intergovernmental Panel on Climate Change. Cambridge，UK：Cambridge Univ Press. 2007.

[3] Walter Immerzell，Ludovicus Beek，Marc Bierkens. Climate change will affect the Asian water tower［J］．Science，2010.328，1382（2010. DOI：10.1126/science.1183188）．

[4] Xu J C，Grumbine R，Shrestha A，et al. The melting Himalayas：Cascading effects of climate change on water，biodiversity，and livelihoods［J］．Conservation biology，2009，23（3）：520－530.

[5] 王根绪，程国栋，沈永平．江河源区的生态环境变化及其综合保护研究［M］．兰州：兰州大学出版社，2001.

[6] 沈永平，王根绪，吴青柏，等．长江—黄河源区未来气候情景下的生态环境变化［J］．冰川冻土，2002，24（3）：308－314.

[7] Katherine Morton. Climate change and security at the third pole［J］．Survival，2011，53：1，121－132.

[8] Piao S L，Philippe C，Huang Y，et al. The impacts of climate change on water resources and agriculture in China［J］．Nature，2010，467：43－51.

[9] Nijssen B.，Donnell G. M.，Hamlet A.，and Letternmaier D. P. Hydrological sensitivity of global rivers to climate change［J］．Climate Change，2001，50：143－175.

[10] 王根绪，李元寿，王一博，等．长江源区高寒生态与气候变化对河流径流过程的影响分析［J］．冰川冻土，2007，29（4）：162－168.

[11] Janowicz J R. Impact of recent climatic variability on peak streamflow in northwestern Canada with implications for design of the proposed Alaska highway gas pipeline［M］，in Kajander J，and Kuusisto E.（eds.），Proceedings，Northern Research Basins，13th International Symposium and Workshop. Finnish Environmental Institute. 19－24 August，2001.161－169.

[12] Hinzman L, Bettez N, Bolton W, et al. Evidence and implications of recent climate change in northern Alaska and other Arctic Region [J]. Climatic change, 2005, 72: 251-298.

[13] Peterson B J, Holmes R M, and McClelland J W, et al. Increasing river discharge to the Arctic Ocean [J]. Science, 2002, 298: 2171-2173.

[14] Tian F, Yang Y H, Han S M, et al. Determination of the period of major runoff decline and related driving factors in Ye River Basin, North China [J]. Journal of Water and Climate Change, 2010, 1 (2): 154-163.

[15] Barnett T P, Adam J C, Lettenmaier D P. Potential impacts of a warming climate on water availability in snow—dominated regions [J]. Nature, 2005, 438: 303-309.

# Insight into runoff decline due to climate change in China's Water Tower

Liu Guangsheng[1,2] Wang Genxu[1]

(1. Key Laboratory of Mountain Environment Evolvement and Regulation, Institute of Mountain Hazards and Environment, Chinese Academy of Sciences, Chengdu 610041;
2. Graduate School of the Chinese Academy of Sciences, Beijing 100049)

**Abstract** Water resources in the Three-Rivers Headwater Region (TRHR), "China's Water Tower," have declined sharply in recent years. In particular, the causes and magnitude of declining runoff in the region remain largely unclear. This study investigated the recent climatic and hydrological trends in the TRHR. We also analyzed the influence of climate change on runoff decline. Meteorological and runoff data on the TRHR since 1961 were used. The results showed that runoff was much more strongly related to temperature than precipitation changes. Moreover, the earlier thawing of snow and ice on frozen soil led to a significant decline in May runoff because of climate warming. Climate warming has also caused recent degradation in the alpine wetland ecosystem and considerable reduction in runoff coefficient, thereby inducing a decreasing trend in river runoff. A common understanding of runoff decline due to climate change, will be used in planning and management for the social, economic, and cultural systems in China and surrounding countries.

**Key words** Three-River Headwater Region; climate change; runoff decline; principal component analysis; driving factor

# 乌鲁木齐气温变化与极端事件特征分析*

张延伟[1,2]　魏文寿[1,3]　姜逢清[1]　刘明哲[1]

（1. 中国科学院新疆生态与地理研究所　乌鲁木齐　830011；2. 中国科学院研究生院　北京　100049；3. 沙漠研究所　乌鲁木齐　830011）

**摘　要**　本文利用乌鲁木齐市1951～2008年逐日气温时间序列资料，建立了高温和低温极端气候事件的阈值，检测了58年来乌鲁木齐市逐日气温的极端事件出现频率，并分析了极端事件的年变率，并统计了逐日平均气温的各级别出现频数。其次，采用线性倾向估计、M—K突变检验和小波分析等方法近58年来气温变化的主要特征进行了分析。结果表明，近58年来平均气温呈增加趋势，线性增量率为0.42℃/10a，其震荡周期为30～35年；季节气温变化最显著特点为春季、秋季和冬季增温显著，夏季增温幅度较小。据季节温度震荡主周期判断，未来短时间内（3～5年）各季节均主要处于偏暖期。但，极端高温事件却在不断下降，变化幅度小于极端低温事件。

**关键词**　线性倾向估计；小波分析；Mann—Kendall法；极端高温事件

## 1　引言

目前阶段，全球气候变暖已成为不争的事实。对于气候变化的研究也进一步证实了，全球气候的改变。A. Spence等人[1]研究表明突出地方性的极端天气气候事件的研究能更好的使人们了解气候的改变。乌鲁木齐地处我国西北边陲，中纬度欧亚腹地，属于干旱、半干旱气候[2]，降水稀少，水资源匮乏，生态环境较为脆弱。当前，特别是气温的变化对水资源形成和生态环境有着十分重要的作用和影响[3,4]。对于区域气温的研究，国内外已经有了很多成果。国内已经有很多学者对中国50a来的气温变化进行过研究，并且获得了很多有价值的成果。结论是近50年气温明显上升，全国平均气温变化速率为0.25℃/10a，平均上升约1.3℃。根据新疆77个有代表性的国家水文、气象站的数据，发现近几十年来新疆气温总体呈上升趋势，近50年来全疆气温平均增长率为0.27℃/10a，北疆地区0.36℃/10a，南疆地区为0.20℃/10a[5]。但关于乌鲁木齐研究较少，仅有少量的相关研究，例如，关于对乌鲁木齐河源最高和最低气温变化趋势分析[6]。目前，常用气候序列变化趋势分析的方法多以参数估计为主获取研究区域气温变化特性，如线性倾向估计、三次样条函数、多项式回归、灰色系统、小波分析、线性回归等方法[7~11]。

本文利用乌鲁木齐市1951～2008年逐日平均气温资料，采用适用于小波分析法、线性倾向估计、Mann—Kendall法等方法，探讨极端天气气候事件的发生规律，对乌鲁木齐年、季气温演变趋势及其内在规律进行分析。虽然，这只是对于西部地区小区域研究，但这些研究对于新疆区域城市气候变化的研究具有实际意义。

## 2　数据及方法介绍

本文选用数据来源于中国气象局及国家气候信息中心，采用乌鲁木齐单站点1951～2008年逐日气象数据。虽然，由于历史的原因气象站在不同时期发生了改变，但单站点研究必须有长期的数据支持，对于不准确的数据也做了相应的甄别。极值的选取方法[13]：选取乌鲁木齐市1951～2008年逐日平均气温。首先，对58年来的逐月及逐年日数据资料进行排序，年序列为58×365，月序列为58乘当月天数。以序列中从大到小排序的3%和97%概率的气温值，分别作为高温和低温的极端事件的阈值。小于3%阈值的气温为高温极端事件，大于97%阈值的气温为低温极端事件，统计历年和各月日平均气温极端事件出现的频率。

采用线性倾向估计法计算逐日温度距平以便对温度变化趋势进行定量分析，应用年及季节气温距平进行时间变化分析。从全年及各季节的角度，应用M—K检测法对气温进行时间序列突变检验，应用小波分析方法提取58年来年及各季节平均气温变化周期。四季的划分：春季（3～5月）、夏季（6～8月）、秋季（9

---

*　基金项目：国家自然科学基金——新疆天山北麓基于树木年轮气候重建的云杉种群生态研究（41071072）。

第一作者简介：张延伟（1984—　），男，山东枣庄人，在读博士，主要研究方向为气候变化。E-mail addresses：2008zywkk@sina.com

～11月）、冬季（12～2月）。运用气温变化与时间之间线性相关系数对气温线性趋势进行显著性检验。

## 3 讨论分析

### 3.1 温度距平变化趋势分析

利用1951～2008年乌鲁木齐市逐日气温资料，绘制平均气温距平图，并对年及各季平均气温求解一元回归方程得出线性趋势系数。1951～2008年乌鲁木齐的平均气温为6.90℃，平均气温波动范围为5.04～9.95℃。其中，最高温度出现在1973年8月为42.1℃，最低温度出现在1951年2月为－42.5℃。乌鲁木齐市四季分明，平均温变化呈现对称分布，夏季气温最高，平均气温为22.97℃，冬季温度最低，平均温度为－11.73℃。其中，春季、秋季则为冷暖过渡带，平均温度分别为8.59℃和7.44℃。图1（a）为1951～2008年平均气温距平分布图，反映了58年来季节变化与年际总体变化趋势。可以明显看出，年均气温呈现增加趋势为0.042℃/10a。其中，1951～1960年为明显的负距平，1961～1987年期间出现不断的波动，但到了1987年后期几乎全是正距平，说明1987年后乌鲁木齐市的升温幅度加快了。图1（b）为乌鲁木齐春季气温变化距平图，从1951～1960年的春季气温距平也全是负的，其中1961～1996年负距平也是占据了多数，说明这期间增温幅度较慢。但整个春季的增温幅度为0.039℃/10a。图1（c）为夏季的气温变化距平图，可以发现夏季的增温幅度是最小的为0.005℃/10a，也为城市夏季高温天数减少，做了一份证据。发现乌鲁木齐市的夏季距平变化，1951～1960年仍然为负距平，但是1961～1975年几乎全是正距平说明这段时期升温较快，但1975年以后的时期，夏季的增幅是很小的。图1（d）为秋季的气温距平变化图，发现增温幅度为0.040℃/10a，在这四季气温变化中处于第二位，说明乌鲁木齐市的秋季也是气温变化较大的时期。图1（e）为冬季的气温距平变化，这时期是气温上升最快的季节0.087℃/10a，这可能与乌鲁木齐冬季的使用煤炭较多有关系。很明显发现1980年以前负距平较多，说明升温较慢，但到了1980年以后正距平较多，说明1980年是升温幅度大小的分界线。这与施压风先生研究新疆20世纪80年代后从暖干向暖湿变化相符合。

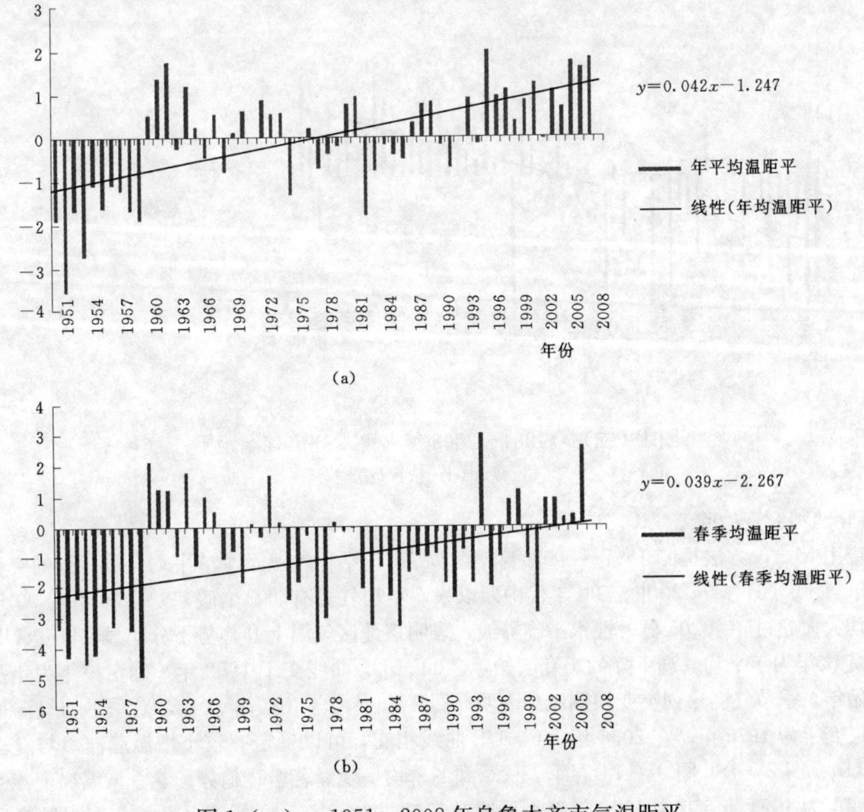


图1（一） 1951～2008年乌鲁木齐市气温距平

（a）全年；（b）春

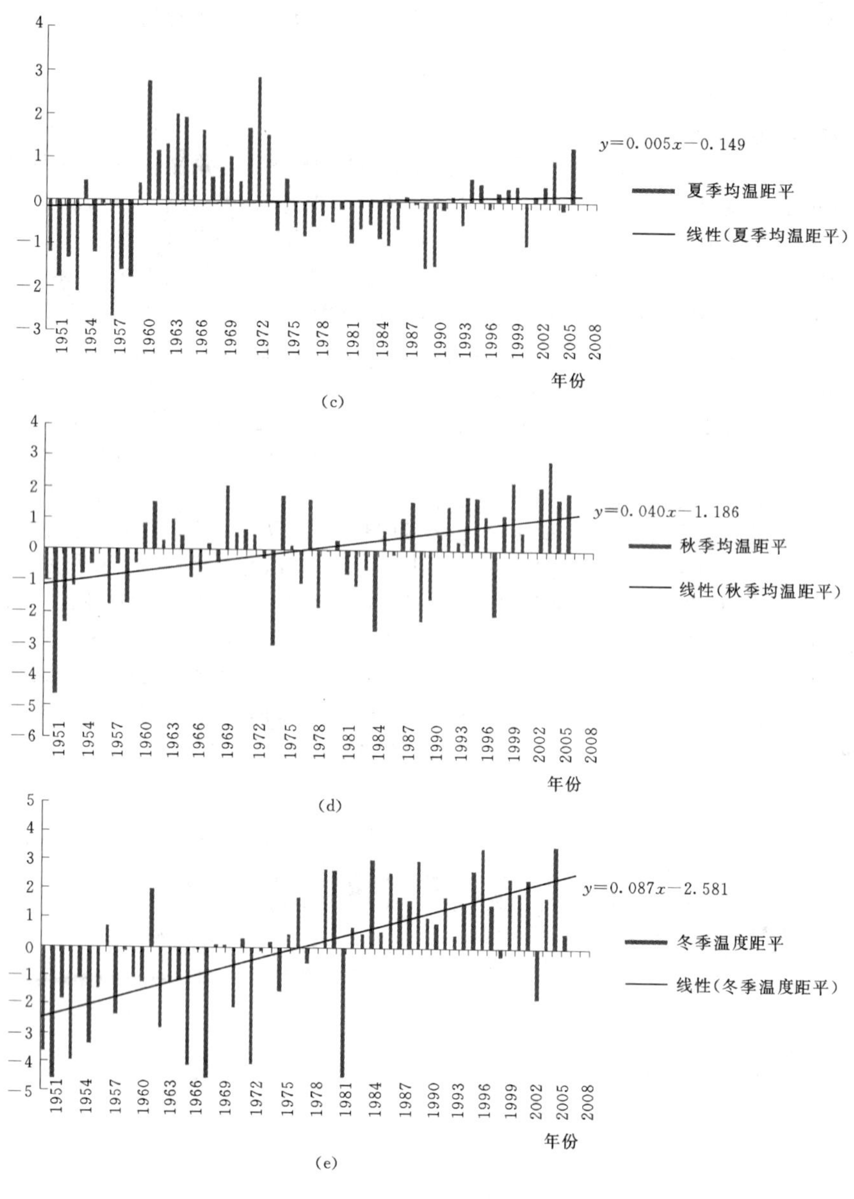


图 1（二）　1951～2008 年乌鲁木齐市气温距平

(c) 夏；(d) 秋；(e) 冬

### 3.2　温度变化趋势突变检验

图 2 为应用 M－K 方法检测 1951～2008 年乌鲁木齐市年平均气温及季节平均气温序列的突变状况。从 UF 曲线看出［图 2 (a)］：自 20 世纪 90 年代中期以来，年均气温有明显增暖趋势。20 世纪 90 年代至今这种增暖趋势均大大超过 $\alpha=0.05$ 显著性水平临界线，表明该地区气温上升趋势十分明显。UF－UB 曲线交于 1966 年，确定该年为年平均气温下降的突变起始年。UF－UB 曲线交于 1992 年，确定该年为年平均气温升高的突变起始年。季节气温序列突变检测结果表明［图 2 (c)］，自 1976 年以来，夏季平均气温呈现明显的降温趋势，突变年为 1976 年。在 2006 年 UF－UB 曲线相交，可以确定有较小增温趋向。与夏季变化趋势相反［图 2 (b)、图 2 (d)、图 2 (e)］春季、秋季和冬季均呈现显著增暖趋势。春季增温突变点为 1996 年。秋季增温突变点为 1994 年，其中 1998 年至今增暖趋势超过 $\alpha=0.05$ 显著性水平。冬季明显增温突变点为 1976 年，1979 年至今增暖趋势均大大超过 $\alpha=0.05$ 显著性水平。

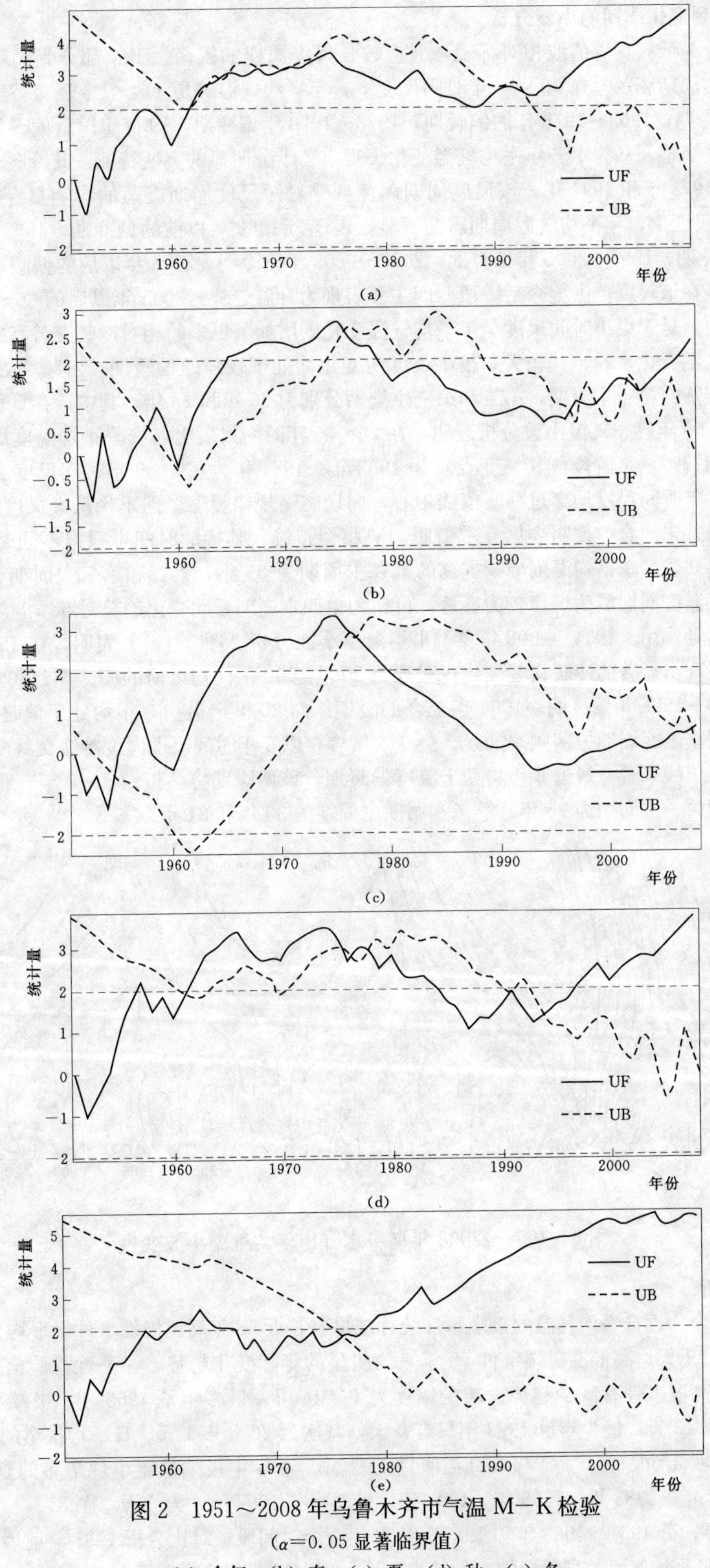


图 2　1951～2008 年乌鲁木齐市气温 M−K 检验

($\alpha$=0.05 显著临界值)

(a) 全年；(b) 春；(c) 夏；(d) 秋；(e) 冬

### 3.3　气温时间序列变化周期的小波分析

图 3 上半部分为低频，等值线相对稀疏，对应较长尺度周期的震荡。下半部分是高频，等值线相对密集，对应较短尺度周期震荡。在 30～35 年时间尺度上，年平均气温经历了 4 个冷暖交替震荡，它们分别是 1963 年以前的偏冷期；1963～1978 年的偏暖期；1978～1990 年偏冷期，1990 年以后偏暖期。对应于这种较大时间尺度的冷暖交替，乌鲁木齐年平均气温变化表现出了十分明显的突变特征，其冷暖交替的突变点分别发生在 1963 年、1978 年和 1994 年。该尺度周期震荡变化对短尺度周期震荡的影响贯穿于整个研究期内。在 10～15 年时间尺度上，年平均气温周期震荡明显，表现为 1962 年以前的偏冷期，1963～1975 年偏暖期，1975～1995 年偏冷期，1995～2000 年偏暖期，2000～2005 年偏冷期，2005 年以后的偏暖期。从近 3 年等值线变化情况来看，在该尺度范围上今后一段时间主要表现为升温趋势。2005 年以后的 30～35 年内均处于增温大周期范围之内。对于更小时间尺度，年平均气温变化则增加了更多的相对冷暖交替和突变点。从乌鲁木齐市最近几年的气温变化来看，其较大和较小尺度的变化均处于较强的偏暖期。由频率方差可知，35 年为年平均温度周期震荡的第一主周期，第二和第三主周期分别为 30 年和 25 年。其中，春夏秋冬气温小波分析图省略。1951～2008 年春季气温小波分析表明，在 25～35 年时间尺度上，春季平均温度周期震荡现为显著的偏暖到偏冷再到偏暖三个阶段，其突变点别为 1963 年、1984 年。在 5～9 年时间尺度上，温度暖交替频率加强，尤其是 5 年时间尺度均穿过冷暖值线中心，周期震荡规律显著。但不论从大尺度还是从小尺度看，近几年温度等值线并未闭合，说明今后春季偏暖趋势将会持续，其持续时间可根据不同时间尺度周期来确定。由频率方差可知，春季平均温度周期震荡的第一主周期为 35 年，第二和第三主周期分别为 30 年和 25 年，而 5 年小尺度温度周期震荡规律较为显著，可作为第四主周期，此变化趋势对春季温度的短时间变化将起到重要的预测指导作用。1951～2008 年夏季平均温度小波分析［图 3（c）］表明，在 25～35 年时间尺度上，夏季温度均呈现出显著的冷暖交替变化，表现为 20 世纪 50 年代初以前的偏冷期，50 年代初至 80 年代初的偏暖期，1980～1996 年偏冷期，1996 年至今偏暖期。而 20 世纪最初 8 年均处于偏暖周期内。在 5～9 年时间尺度上，夏季温度周期振荡频率加强，突变点增多，以 5 年时间尺度温度冷暖交替变化尤为显著。从小时间尺度小波等值线来看，最近 3 年均处于温度偏暖期，该偏暖期将会持续 3～5 年。频率方差表明，夏季温度周期震荡的第一主周期为 25 年，第二和第三主周期为 30 年和 21 年。

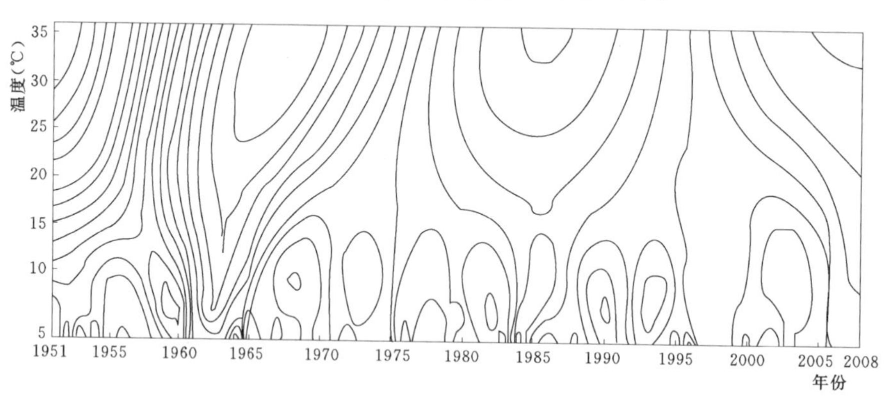


图 3　1951～2008 年乌鲁木齐市年均气温小波变换

### 3.4　极端事件分析

从乌鲁木齐市全年逐日平均气温的极端事件统计结果看，近 58 年高温极端事件年平均为 11 天，低温极端事件年平均也为 11 天。高低温极端事件 58 年来均明显的年际变化趋势，显著性检验信度达到 95%，但日平均气温的极端高温事件有减少趋势。减少幅度为 0.4d/10a，最多年是 1962 年，极端高温天数达到 46 天，其次是 1974 年 43 天；最少年份 1993 年只有 0 天，其次为 2003 年 1 天。日平均气温的极端低温事件呈减少趋势，减少幅度 3.6d/10a，高于极端高温事件的变幅。58 年中极端低温事件最多的是 1969 年，为 34 天；最少年是 1982 年，1983 年，1986 年，1992 年，1995 年，1997 年，为 0 天（图 3）。

以 1987 年为界，分 1951～1986 年和 1987～2008 年两个时间段，对比分析 1987 年前后极端事件的频率变化。结果显示：日平均气温的高温极端事件减少 2d/a；低温极端事件减少了 11d/a（后 20 年平均为 4 天），比常年减少了1倍。

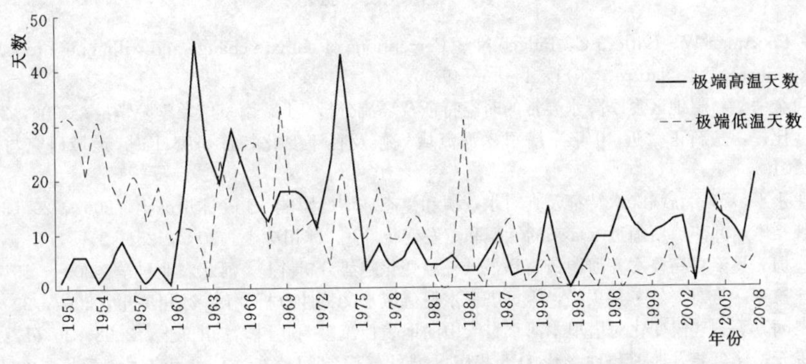


图4 极端气候事件变化

通过1951～2008年历年逐日平均气温的各级别（以1℃为单位）频数的统计，结果显示：乌鲁木齐站日平均气温出现范围在－35.3～33.9℃之间，各气温级别出现日数频数分布呈双峰型分布（图4）。出现日数最多的气温段是20～25℃，占总日数16%。大于20℃气温出现频数占总日数37%，平均每年出现136天。小于0℃日数占35%，平均每年出现128天。从日平均气温频率的分布曲线上看（图5）。1987年以后的20年与前38年比较，日平均气温升高1.1℃，气候的平均态发生明显的变化。表现为27.3℃以上的高温日数少许下降，低于－18.3℃的低温日数减少。气候变暖后曲线的峰值气温提高了2℃；27.3℃以上的气温日数减少7d/a，低于－18.3℃的气温日数减少25d/a。

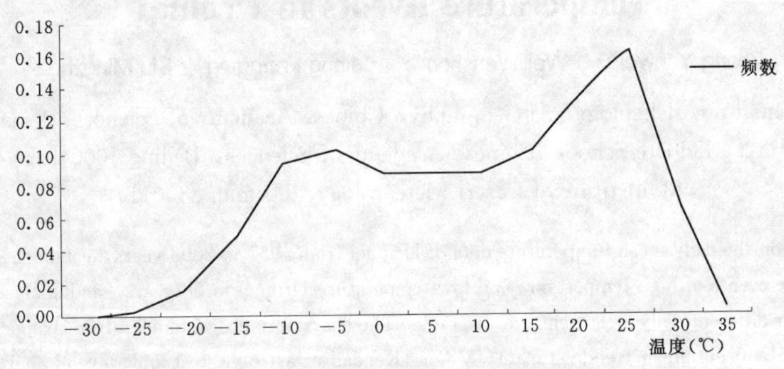


图5 1951～2008年逐日平均气温出现频数

## 4 结论

(1) 乌鲁木齐地区全年的温度呈现明显增加的趋势，冬季增加最为显著，这与全球变暖趋势相一致。根据新疆77个有代表性的国家水文、气象站的数据，发现近几十年来新疆气温总体呈上升趋势，近50年来全疆气温平均增长率为0.27℃/10a，北疆地区为0.36℃/10a，南疆地区为0.20℃/10a[4]。乌鲁木齐年平均温度线性增温率为0.42/10a，远大于新疆的平均增温率0.27℃/10a。由于乌鲁木齐地处干旱区，对于气温变化较为敏感，应加强该区域气候变化的研究。对于加强农业基础设施的建设，起到预警作用。

(2) 综上分析近58年来新疆乌鲁木齐市气候明显变暖，并且在1980年有一个明显的突变过程，气候的平均态向着暖的方向发展。该地对区域和全球气候变暖的响应是，日平均气温升高，高温极端事件普遍增多，低温极端事件普遍减少，且高温极端事件的增加速率比低温极端事件减少速率要快。气候变暖使得该地植物生长季节热量明显增加，对当地的农牧业生产更加有利。

(3) 对乌鲁木齐小区域的气候变化的研究具有很现实的意义。对于城市的发展及周边的农牧业的生产具有提前协调对气候变化的适应性，今后应多些对于小区域气候变化的研究工作。

## 参 考 文 献


[1] Spence A, Poortinga W, Butler3 C, Pidgeo N F. Perceptions of climate change and willingness to save energy related to flood experience [J]. Nature, 2011, 1: 46 - 49.

[2] 刘芸芸，何金海．新疆地区夏季降水异常的时空特征及环流分析［J]．南京气象学院学报，2006，29（1）：24－32．

[3] 满苏尔·沙比提，楚新正．近 40 年来塔里木河流域气候及径流变化特征研究［J]．地域研究与开发，2007，26（4）：97－101．

[4] 苏宏超，沈永平，等．新疆降水特征及其对水资源和生态环境的影响［J]．冰川冻土，2007，29（3）：343－350．

[5] 苏宏赵，魏文寿，韩萍．新疆近 50a 来的气温和蒸发变化［J]．冰川冻土，2003，25（2）：174－177．

[6] 成鹏，刘盛梅．关于对乌鲁木齐河源最高和最低气温变化趋势分析［J]．河北农业科学，2009，13（6）：79－81．

[7] 艾尔肯·吐拉克，艾斯卡尔·买买提，等．塔里木河流域水文特性分析［J]．冰川冻土，2007，29（4）：543－552．

[8] 高前兆，王润，等．气候变化对塔里木河来自天山的地表径流影响［J]．冰川冻土，2008，30（1）：1－11．

[9] 舒守娟，王元，储惠芸．地理和地形影响下我国区域的气温空间分布［J]．南京大学学报，2009，45（3）：334－342．

[10] 于梅，邢俊江，于洪敏．黑龙江省近 46 年的气温变化［J]．自然灾害学报，2009，18（3）：158－164．

[11] 陈志军，朱健，张晶．艾比湖流域气温变化特征分析［J]．沙漠与绿洲气象，2009，3（2）：38－41．

[12] Ye DZ, Jiang YD, Dong WJ. The Northward shift of climatic belts in China during the last 50 years and the corresponding seasonal responses [J]. Advances in Atmospheric Sciences, 2003, 20 (6): 959 - 967.

[13] 杨经培，古月，杨晓华．1951～2006 年包头气温极端事件变化分析［J]．内蒙古气象，2009，(2)：9－11．


# Characteristics of Temperature Change and Extreme Temperature Events in Urumqi


Zhang Yanwei[1,2]  Wei Wenshou[1,3*]  Jiang Fengqing[1]  Liu Mingzhe[1,2]

(1. Xinjiang Institute of Ecology and Geography, Chinese Academy of Sciences, Urumqi 830011;
2. Graduate School, Chinese Academy of Sciences, Beijing 100049;
3. Institute of Desert Meteorology, Urumqi 830011)



**Abstract** Based on the daily mean temperature data of Urumqi from 1951 to 2008 years, established the threshold value Of the extreme climate events of high temperature and low temperature Urumqi in 58 years, and analyzed the change rate of extreme events in year different daily mean temperature ranks. The characteristics of temperature change in Urumqi for recent 58 years were studied by using linear-trend estimate, Mann－Kendall catastrophe test and wavelet analysis and accumulative anomaly, the results indicated that the annual average temperature had an obviously increasing tendency during the post 58 years, and added 0.42℃ per 10 years, the main oscillatory period of the annual average temperature was 30～35years. The change features of seasonal temperature were most notable, warmer sharply in spring, autumn and winter, but it is small change in summer. According to the main period of seasonal temperature changes, it will be mainly in the warmer period of 3～5 years in the future.



**Key words** linear-trend estimate; wavelet analysis; Mann－Kendall catastrophe test; extreme climate event

# 近 50 年来黑河流域气候变化特征分析*

李占玲　苏学权

（中国地质大学水资源与环境学院　北京　100083）

**摘　要**　本文运用气候倾向率和小波分析法对黑河流域内及周边地区 10 个气象站 1960～2009 年的年平均气温、年降水量资料进行了趋势和周期特征方面的分析，并结合各站点地理位置对气候变化特征的区域差异性进行了探讨。结果表明，近 50 年来研究区域各站点气温呈显著上升趋势，整个研究区域平均气温倾向率为 0.372℃/10a；由上游至下游气温增幅有所增大。大部分站点的气温序列都存在 2～4 年和 6～8 年的中短周期，额济纳旗、鼎新、托勒、野牛沟站的气温还存在 10～12 年的长周期；上游站点气温序列的中长周期（6～8 年和 10～12 年）较为显著，中下游站点气温序列中短周期（6～8 年和 2～4 年）较为显著。不同站点的降水变化幅度差异较大，额济纳旗和拐子湖站近 50 年来降水量整体呈现减少趋势，而其余站点整体呈波动上升趋势，上升幅度最大的是野牛沟站；降水的增幅由上游到下游减少。多数站点的降水量序列在 10～12 年时间尺度上的周期最显著；上游站点降水量序列的中短周期显著，而中下游站点的降水量序列中长周期更为显著。

**关键词**　黑河；趋势；周期；小波分析

## 1　引言

20 世纪以来全球气候的变暖趋势已经被许多研究结果所证实[1,2]。随着全球平均温度的上升，全球气候系统表现出明显的变化，如冰川退缩，海平面升高、海水热容量增长，大气和海洋的环流发生变化，气候变率增大，极端天气事件增多等。在全球增温背景下，近百年来我国气候也在变暖[3-5]。近年来许多学者对我国气候变化进行了大量研究，研究的尺度涵盖了从全国、区域、流域、省份到个别市、县等多种空间尺度，取得了显著的研究成果[6-11]。研究表明，我国近百年气温呈上升趋势，但其变化幅度及位相并不完全与世界同步；气温平均上升了 0.4～0.5℃，略低于全球平均水平，变暖最明显的是在西北、华北、东北地区，其中西北变暖的强度高于全国平均值[12]。

黑河流域位于我国西北地区，生态环境非常脆弱。在我国以及全球气候变化的大背景下，黑河流域的气候也受到不同程度的影响。黑河流域气候变化的波动，在一定意义上可以反映出其对我国及全球气候变化的响应关系，同时也可以反映出中尺度区域生态环境对人类近年来开发强度增大的一种滞后响应。西北内陆河流域由于自身的生态脆弱性、封闭性，气候变化对区域生态环境的影响更为深刻和显著。因此全面认识黑河流域气候变化的特征，不仅可以清楚的认识西北干旱区内陆河流域气候变化的事实，为预测未来西北地区气候变化提供科学依据，而且对于揭示区域生态环境的演变及趋势也意义重大。

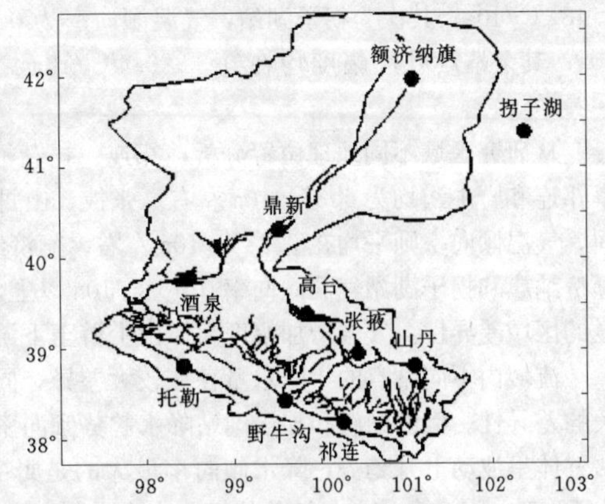


图 1　黑河流域及周边气象站点分布示意图

## 2　研究区概况及数据资料

黑河流域南以祁连山为界，北与蒙古人民共和国接壤，东、西分别与石羊河、疏勒河流域相邻，干流全长 821km，流域总面积 14.29 万 km²。黑河流域地处河西走廊中部，深居内陆，属大陆性气候干旱区。因整个流域地

* 基金项目：由中央高校基本科研业务费专项资金资助，项目编号 2010ZY13、2011YXL038。

第一作者简介：李占玲（1980—　），女，中国地质大学（北京）讲师、博士，主要从事水文学及水资源研究。E-mail：zhanling. li@cugb. edu. cn

形、地貌复杂，海拔高低相差悬殊，气候的地带性和区域性非常明显。出山口莺落峡以上为上游，多年平均气温不足 2℃，年降水量 350mm，是主要的产流区；莺落峡至正义峡为中游，年平均气温 6～8℃，年降水量 140mm；正义峡以下为下游，年平均气温 8～10℃，年降水量 47mm，春夏季常有沙尘暴天气[13]。

本文将对黑河流域内及周边 10 个气象站点 1960～2009 的气温和降水量资料的变化趋势和周期特征进行分析。各气象站地理位置及相关信息见图 1 和表 1。

**表 1　　研究区域各气象站点概况**

| 站点名称 | 纬度 | 经度 | 海拔（m） | 数据资料起止时间（年） |
|---|---|---|---|---|
| 额济纳旗 | 41°57′ | 101°04′ | 940.5 | 1960～2009 |
| 拐子湖 | 41°22′ | 102°22′ | 960.0 | 1960～2009 |
| 鼎新 | 40°18′ | 99°31′ | 1177.4 | 1960～2009 |
| 酒泉 | 39°46′ | 98°29′ | 1477.2 | 1960～2009 |
| 高台 | 39°22′ | 99°50′ | 1332.2 | 1960～2009 |
| 托勒 | 38°48′ | 98°25′ | 3367.0 | 1960～2009 |
| 野牛沟 | 38°25′ | 99°35′ | 8320.0 | 1960～2009 |
| 张掖 | 38°56′ | 100°26′ | 1482.7 | 1960～2009 |
| 祁连 | 38°11′ | 100°15′ | 2787.4 | 1960～2009 |
| 山丹 | 38°48′ | 101°05′ | 1764.6 | 1960～2009 |

## 3　气温和降水量序列的单调变化趋势分析

采用气候倾向率方法分析研究区域各气象站点气温和降水量序列的单调趋势变化，结果列于表 2。可以看出，研究区域 10 个站点的年平均气温虽存在明显差异，但变化趋势基本一致，均呈波动上升趋势。近 50 年来各站的气候倾向率在 0.27～0.48℃/10a，与全国西北地区的区域年平均气温增加幅度接近（0.33 ℃/10a）[14]，但要高于全国平均水平（0.22 ℃/10a）[2]。升温幅度最大的是额济纳旗站，气温倾向率为 0.484℃/10a；其次为拐子湖站，气温倾向率为 0.469℃/10a；升温幅度最小的是高台站，幅度为 0.270℃/10a；其余站点升温幅度均在 0.3～0.4℃/10a 之间。总体而言，研究区近 50 年来气温大体上升了 1.5～2.0℃。

从研究区域不同地理位置分析，祁连、托勒等上游地区的年平均气温普遍较低，均低于 1℃，气温倾向率祁连和野牛沟均为 0.3℃/10a 左右。张掖、山丹等中游地区年平均气温则相对偏高，大致在 6.5～7.5℃之间，气温倾向率则平均在 0.35℃/10a 左右。额济纳旗、拐子湖等下游地区年平均气温最高，达到 8℃以上，额济纳旗和拐子湖站气温倾向率 0.45℃/10a 以上，明显高出中上游地区。由此可见气温趋势变化存在较明显的区域差异性，气温增加幅度大体由上游至下游增大。

流域内不同站点的年降水量存在较大差异，同时，不同站点近 50 年来降水量序列的变化趋势也存在较大的差异性。额济纳旗和拐子湖站降水趋势倾向率均为负，说明近 50 年来降水整体呈减少趋势；其余 8 个站整体呈波动上升趋势，降水倾向率最大的是野牛沟站，达到 14.07mm/10a；其次为托勒站，降水倾向率为 12.7mm/10a，其余各站趋势倾向率多在 1～9mm/10a 间。

降水对气候变化的响应过程因地理位置的差异表现出更为显著的局地特征。上游地区多年平均降水量（数据为 1960～2009 年）最高，超过 370mm。中游相对居中，多年平均年降水量为 100mm 左右。下游最低，多年平均年降水量仅为 45mm。与气温变化不同，流域内降水变化的一致性较差，其中上游地区降水量上升最为显著，平均降水倾向率超过 10mm/10a；中游和下游北部地区也呈现出一定的上升趋势，上升幅度多在 2～4mm/10a 之间；下游南部荒漠地区则转为下降趋势，但下降幅度较小。降水趋势变化的增幅由上游到下游减少。

表2 1960～2009年研究区气温和降水量序列的气候倾向率

| 站点 | 多年平均气温（℃） | 气温倾向率（℃/10a） | 多年平均年降水量（mm） | 降水倾向率（mm/10a） |
|---|---|---|---|---|
| 额济纳旗 | 8.88 | 0.484 | 35.1 | －0.720 |
| 拐子湖 | 9.16 | 0.469 | 44.1 | －1.984 |
| 鼎新 | 8.40 | 0.330 | 54.7 | 0.880 |
| 酒泉 | 7.49 | 0.300 | 85.8 | 0.920 |
| 高台 | 7.80 | 0.273 | 108.2 | 3.562 |
| 托勒 | －2.61 | 0.386 | 293.5 | 12.738 |
| 野牛沟 | －2.94 | 0.304 | 413.1 | 14.065 |
| 张掖 | 7.41 | 0.368 | 129.3 | 3.603 |
| 祁连 | 1.06 | 0.300 | 406.3 | 9.052 |
| 山丹 | 6.53 | 0.464 | 199.6 | 5.843 |

## 4 气温和降水量序列的周期特征分析

采用小波分析方法探讨各气象站点气温和降水量序列的周期特征[15,16]。其中，选用常用的 Morlet 小波作为母小波。另外，本文除了对时间序列做小波变换外，还同时分析了不同时间序列的小波方差，以便更见有效的识别不同时间序列的主要周期。

由于篇幅有限，此处仅以上游野牛沟站为例进行详细说明。图2显示了近50年来野牛沟站气温和降水量在不同时间尺度上的周期震荡。图2中，信号的强弱通过小波系数的大小来表示，实线等值线为正表示气温升高或降水量增加；虚线为负表示气温降低或降水量减少。由图2（a）可知，野牛沟站气温序列存在2个非常明显的周期特征，分别是12年和6年。在12年左右的时间尺度上，周期振荡非常显著，年平均气温经历了低—高—低—高—低—高—低这样的循环交替，振荡中心分别位于20世纪70年代初、70年代末、80年代中期、90年代初期、2000年以及2006年左右；在6年左右的时间尺度上，有7个气温偏高期和8个偏低期的循环交替；另外，在2～4年的时间尺度上，也有一些局部的周期振荡特点。不同时间尺度所对应的气温结构有所不同，主要表现在小尺度的周期变化嵌套在较大尺度的周期结构中。由图3（a）可知，野牛沟站气温序列的小波方差存在2个峰值，分别对应着12年和6年的周期，其中以12年周期最为突出。

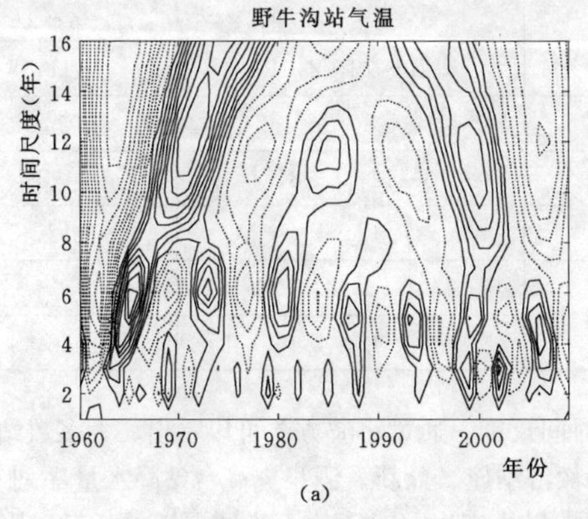

(a)

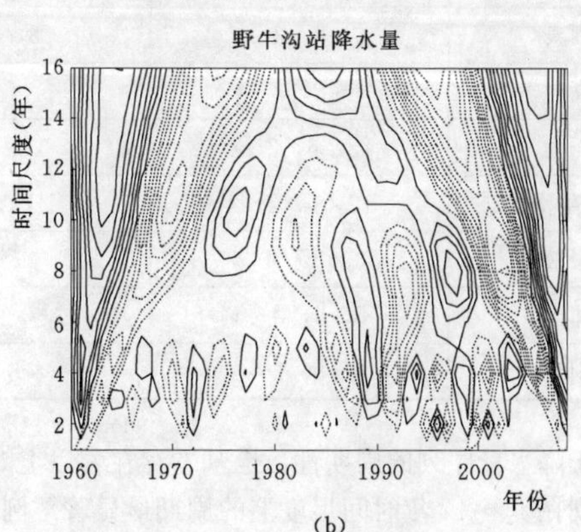

(b)

图2 1960～2009年野牛沟站气温（a）和降水量序列（b）的小波变换

根据图2（b）近50年来野牛沟站降水量序列的小波系数图，可以读出该站点存在10～12年、6～8年以及4年左右的周期特征。20世纪80年代中期以前，10～12年周期特征较显著；80年代以后，6～8年的周期较为显著；在10年时间尺度上，分别经历了5个多雨期和4个少雨期；根据此小波系数图推测，在10

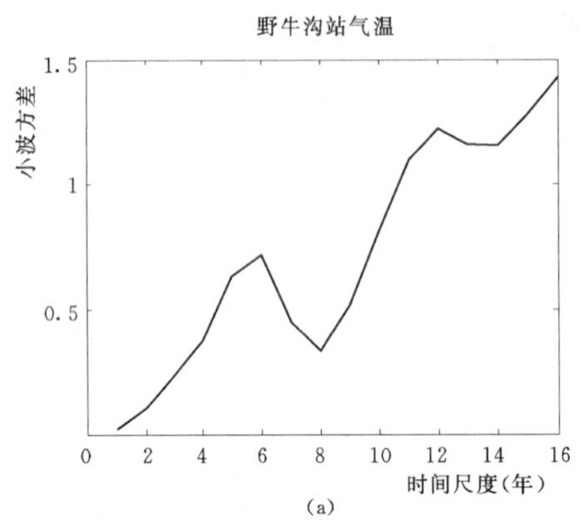


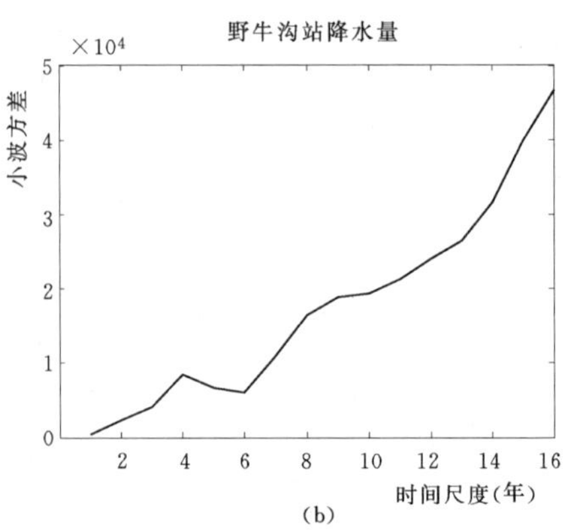


图 3 1960～2009 年野牛沟站气温（a）和降水量序列（b）的小波方差

年时间尺度上未来的几年里可能会进入相对少雨期；在 4 年时间尺度上，多雨期与少雨期的循环交替更为频繁。由图 3（b）可知，当时间尺度为 0～16 年时，野牛沟站降水序列的小波方差仅存在 1 个峰值，即 4 年的周期最为突出。

其余站点气温和降水量序列的周期分析结果列于表 3。可以看出，气温序列的周期主要分为 3 个尺度，即 2～4 年的短周期，6～8 年的中周期和 10～12 年的长周期。大部分站点的气温都存在 2～4 年和 6～8 年的中短周期，额济纳旗、鼎新、托勒、野牛沟站的气温还存在 10～12 年的长周期。通过小波方差分析，托勒站和野牛沟站气温序列 12 年的周期特征最为显著，拐子湖、酒泉、张掖、山丹站气温序列 8 年的周期特征最为显著，祁连站的气温序列 7 年周期最为显著。从空间上看，位于上游的托勒、野牛沟和祁连站气温序列的中长周期最为显著，位于中下游的其他站点的气温序列，中短周期更为显著。

**表 3 1960～2009 年研究区气温和降水量序列的周期变化（年）**

| 站点 | 气温 | | 降水量 | |
|---|---|---|---|---|
| | 小波变换 | 小波方差 | 小波变换 | 小波方差 |
| 额济纳旗 | 7，11，4 | 4 | 10～12，4 | 11，4 |
| 拐子湖 | 7，2～4 | 8，4 | 10～12，2～4 | 12，5 |
| 鼎新 | 10～12，7，2～4 | 4 | 10～12，6～8，2～4 | 11，3 |
| 酒泉 | 6～8，2～4 | 8，4 | 10～12，2～4 | 11，6，2 |
| 高台 | 6～8，2～4 | 4 | 10～12，2～4 | 11，5 |
| 托勒 | 12，6，2～4 | 12，6 | 6～8，2～4 | 7，4 |
| 野牛沟 | 12，6，2～4 | 12，6 | 10～12，6～8，4 | 4 |
| 张掖 | 7 | 8 | 12，4 | 12，5 |
| 祁连 | 6～8，2～4 | 7，3 | 6，4 | 4 |
| 山丹 | 6～8，2～4 | 8 | 12，4 | 12，4 |

对于降水量序列的周期性，也基本存在着以上 3 个时间尺度。通过小波方差可以看出，大多数站点的降水量序列在 10～12 年时间尺度上的周期最显著。例如，额济纳旗、鼎新、酒泉、高台站降水量序列 11 年周期最为突出，拐子湖、张掖和山丹站降水量序列 12 年周期最为突出；对于位于流域上游的托勒、野牛沟和祁连站，其降水量序列最显著的周期则分别为 7 年、4 年和 4 年。从地理位置分析，位于上游的托勒、野牛沟和祁连站降水量序列的中短周期显著，而位于中下游的其他站点的降水量序列则中长周期更为显著。

需要说明的是，气温序列和降水量序列的周期特征多受海一气相互作用和太阳黑子活动的影响[17]。有资料表明[18]，11 年的周期变化为太阳黑子周期，5～6 年为太阳双振动周期，它们都由太阳活动引起。太阳黑子活动和海—气相互作用的过程与气候要素变化及大范围旱涝变化有密切关系，西北地区气温和降水量序列的变化也不例外的受其影响[19]。因此，海—气相互作用和太阳活动等天体运动可能是影响本研究区各站年降水量和年平均气温的周期变化的原因之一。

## 5 结论

通过分析1960～2009年多个站点的气温和降水量序列的变化趋势，可以发现近50年来研究区域气温呈现显著的上升趋势，各站的气候倾向率在0.27～0.48℃/10a之间，升温幅度50年内达到1.5～2℃，高于全国平均水平。气温增加的幅度大体由上游至下游增大。近50年来不同站点降水序列的变化趋势存在较大差异。额济纳旗和拐子湖站近50年来降水整体呈现减少趋势，而其余8个站点整体呈波动上升趋势，上升幅度最大的是野牛沟站，其次为托勒站。降水趋势变化的增幅由上游到下游减少。

通过对气温及降水量序列的连续小波变换，得出黑河流域年平均气温和降水量变化包含了多个不同时间尺度的周期变化和演变特征。气温序列主要存在2～4年、6～8年和10～12年的周期成分。大部分站点的气温都存在2～4年和6～8年的中短周期，额济纳旗、鼎新、托勒、野牛沟站的气温还存在10～12年的长周期。位于上游的托勒、野牛沟和祁连站气温序列的中长周期（6～8年和10～12年）最为显著，位于中下游的其他站点的气温序列中短周期（6～8年和2～4年）更为显著。降水量序列也基本存在着以上三个时间尺度的周期。大多数站点的降水量序列在10～12年时间尺度上的周期最显著；位于流域上游的托勒、野牛沟和祁连站，其降水量序列最显著的周期则分别为7年、4年和4年。从地理位置上分析，上游站点降水量序列的中短周期显著，而中下游其他站点的降水量序列中长周期更为显著。

## 参 考 文 献


［1］ 张明庆，刘桂莲．我国近40年气温变化地域类型的研究［J］．气象，1998，25（4）：10-14.

［2］ IPCC. Summary for Policymakers of Climate Change 2007：The Physical Science Basis：Contribution of Working Group I to the Fourth Assessment Report of the Intergovernmental Panel on Climate Change［R］. Cambridge：Cambridge University Press，2007.

［3］ 秦大河，丁一汇，苏纪兰，等．中国气候与环境演变评估（Ⅰ）：中国气候与环境变化及为来的趋势［J］．气候变化研究进展，2005，1（1）：4-9.

［4］ 陈隆勋，朱文琴．中国近45年来气候变化的研究［J］．气象学报，1998，56（3）：257-271.

［5］ 屠其璞，邓自旺，周晓兰．中国近117年年平均气温变化的区域特征研究［J］．应用气象学报，1999，10（s1）：34-42.

［6］ 闫敏华，邓伟，陈洋勤．三江平原气候突变分析［J］．地理科学，2003，23（6）：661-667.

［7］ 张士锋，华东，孟秀敬，等．三江源气候变化及其对径流的驱动分析［J］．地理学报，2011，66（1）：13-24.

［8］ 贾文雄，何元庆，李宗省，等．近50年来河西走廊平原区气候变化的区域特征及突变分析［J］．地理科学，2008，28（4）：525-531.

［9］ 万红莲．全球气候变化下西安地区的响应［J］．干旱区资源与环境，2011，25（1）：102-106.

［10］ 周顺武，假拉，杜军．近42年西藏高原雅鲁藏布江中游夏季气候趋势和突变分析［J］．高原气象，2001，20（1）：71-75.

［11］ 傅丽昕，陈亚宁，李卫红，等．塔里木河源流区近50a径流量与气候变化关系研究［J］．中国沙漠，2010，30（1）：204-209.

［12］ 丁一汇．气候系统的演变及其预测［M］．北京：气象出版社，2003：32-35.

［13］ 王录仓，张晓玉．黑河流域近期气候变化对水资源的影响分析［J］．干旱区资源与环境，2010，24（4）：60-65.

［14］ 张强，张存杰，白虎志，等．西北地区气候变化新动态及对干旱环境的影响——总体暖干化，局部出现暖湿迹象［J］．干旱气象，2010，28（1）：1-7.

［15］ 李占玲，徐宗学，巩同梁．雅鲁藏布江流域径流特征变化分析［J］，地理研究，2008，27（2）：353-361.

［16］ Lafrenière M and Sharp M. Wavelet analysis of inter－annual variability in the runoff regimes of glacial and nival stream catchments，Bow Lake，Alberta［J］. Hydrological Processes，2003，17（6）：1093-1118.

［17］ 王绍武．长期天气过程的尺度、结构及其形成原因．中长期水文气象预报文集第二集［M］．北京：气象出版社，1981：5-11.

［18］ 贾玉芳，申洪源，丁召静．鄱阳湖流域降水变化及其与太阳黑子的关系［J］．热带地理，2011，31（2）：178-182.

［19］ 康兴成．祁连山历史时期气候变化探讨．中国科学院兰州冰川冻土研究所集刊第 7 号［M］．北京：科学出版社，1992：54-63.

# Characteristics of climate change for Heihe River basin over the past 50 years

Li Zhanling　Su Xuequan

（School of Water Resources and Environment，China University of Geosciences，Beijing 100083）

**Abstract** Trends and periodic characteristics for temperature and precipitation data at 10 stations in Heihe River basin were detected by using the trend slope and wavelet analysis methods. Regional differences in such features were further investigated in terms of the station locations. Results showed that，temperature at all stations present increasing trends from 1960 to 2009，and the trend slopes rose from the upper to the lower reaches of the basin. The average trend slope for the whole study area reached 0.372℃/10a. The temperature at the most of stations had a period of 2～4 years（called short period）and a period of 6～8 years（moderate period）. For Ejinaqi，Dingxin，Tuole and Yeniugou stations，it also had a period of 10～12 years（long period）. From the geographical position，the moderate and long periods of temperature were obvious for the upper reaches of the basin，while the moderate and short periods were obvious for the middle and lower reaches. For precipitation at each station，decreasing trends were detected at Ejinaqi and Guaizihu stations over the past 50 years，whereas increasing trends were found at the other eights stations. The trend slopes decreased from the upper to the lower reaches. The precipitation at the most of stations had a remarkable period of 10～12 years，and the moderate and short periods were obvious for the upper reaches，while the moderate and long periods were obvious for the middle and lower reaches.

**Key words** Heihe River；trend；period；wavelet analysis

# 气候变化下汉江设计暴雨的变化及空间分布规律研究*

徐 晓 张徐杰 许月萍 张庆庆 马 冲

(浙江大学水文与水资源工程研究所 杭州 310058)

**摘 要** 以汉江流域为研究对象，在A1B情景下，使用HadCM3气候模式，对未来汉江流域18个站点的日降雨量进行预测，并使用区域频率分析方法计算站点设计暴雨，分析未来设计暴雨的变化趋势及空间分布情况。结果表明，未来汉江流域的设计暴雨有增大趋势，而以下游尤为明显。气候变化对汉江流域的降雨存在不可忽略的影响，在制定防洪决策时应考虑到气候变化的影响。

**关键词** 气候变化；降尺度方法；区域频率分析；线性矩

IPCC第4次评估报告指出，近100年（1906～2005年）地球表面气温上升了0.74℃，持续现在的或更高的温室气体排放量，温度将进一步升高，并引起21世纪全球气候系统的诸多变化[1~4]。气候变化对全球范围内的气温降雨等气象要素均造成了一定的影响，从而影响河川径流变化，最终对人类的生产生活造成影响。分析气候变化影响下的降雨变化情况能够更好地了解河川径流量以及暴雨洪水的变化情况，从而能够积极采取措施以减少极端事件对人类生命财产造成的损失。

汉江是长江中游最大的支流，干流全长1577km，流域面积约15.9万$km^2$。流域内地貌复杂，山地面积占整个流域的一半以上，流域降水年际变化很大，上游地区由于多岩石河床，降水大多形成地面径流[5]。尤其是汉江下游，属于洪水多发地区，因此研究汉江流域的降雨现状以及气候变化影响下的降雨变化趋势有很大的现实意义。

## 1 研究方法及数据来源

### 1.1 统计降尺度方法

本文使用LARS-WG天气发生器进行统计降尺度的计算，LARS-WG天气发生器由英国洛桑实验室开发[6]，通过半经验分布模型模拟干湿序列、日降雨量、日辐射量、日最低温和日最高温[7]。LARS-WG要求输入的气象数据为基准期1961～1990年的逐日数据。在保持原有数据统计特征和干湿特征的基础上，结合未来的气候情景文件生成未来特定预测期的随机天气序列。

对每一个气象变量$v$，它的值$v_i$与发生的概率$p_i$的对应关系如下：

$$v_i=\min\{v:P(v_{obs}\leqslant v)\geqslant p_i\} \quad i=0,1,2,\cdots,n \tag{1}$$

式中：$P$表示基于实际观测数据$\{v_{obs}\}$的概率；$n$是分布间隔数。

对每一个气象变量，两个概率值是给定的，即$p_0=0$，$p_n=1$，而与之相对应的变量值分别是$v_0=\min\{v_{obs}\}$和$v_n=\max\{v_{obs}\}$。

### 1.2 区域频率分析方法

使用指标暴雨方法对汉江流域18个站点进行区域频率分析，首先把具有相似的地理特征和统计特性的站点归为同一分区，计算各分区的区域线性矩，判断分区的一致性，满足一致性的前提下可以对同一分区使用同样的分布曲线进行指标暴雨计算。

指标暴雨方法是一种常用的区域频率分析方法[8]。假设一个水文相似区有$N$个水文测站的降雨资料，第$i$个站点的降雨资料长度为$n_i$，观测的日最大降雨量系列为$Q_{ij}$，$j=1，2，\cdots，n_i$，$i=1，2，\cdots，N$。在水文相似区中，这些站点除了降水系数不同之外，降雨频率分布的线型和参数是完全一样的，指标暴雨法的

* 基金项目：科技部国际科技合作计划（2010DFA24320）；国家自然科学基金（50809058）；浙江省自然基金重点项目（Z5080048）。

第一作者简介：徐晓（1988— ），女，山东济宁人，硕士. 主要从事水文水资源方面的研究 . E-mail：xudada1988@163. com

基本表达式为

$$P_i(F)=\overline{P}_i q(F) \tag{2}$$

式中：$P_i(F)$ 为第 $i$ 个站点频率为 $F$ 的预测值；$\overline{P}_i$ 为第 $i$ 个站点的尺度量，是第 $i$ 个站点的指标暴雨，在数值上为各站点各年最大降雨量的线形平均值，在线性矩方法中也即为各站点的一阶线形矩 $l_1$。

### 1.3 数据来源

本文选择汉江流域的 18 个站点进行研究，选取基准期 1961～1990 年的日降雨数据作为数据来源，对此 30 年的实测降雨数据进行设计暴雨计算，而后使用 LARS - WG 天气发生器将 A1B（中排放情景，注重经济增长的全球共同发展的情景）排放情景下 HadCM3 气候模式结果降尺度到汉江流域 18 个站点，选择 21 世纪 50 年代（2046～2065 年）为预测期，各站点编号如表 1 所示。

**表 1 汉江流域站点编号**

| 站点 | 汉中 | 佛坪 | 石泉 | 安康 | 房县 | 郧县 | 西峡 | 黄家港 | 老河口 |
|---|---|---|---|---|---|---|---|---|---|
| 站点编号 | 1 | 2 | 3 | 4 | 5 | 6 | 7 | 8 | 9 |
| 站点 | 谷城 | 南阳 | 郭滩 | 新店铺 | 襄阳 | 枣阳 | 钟祥 | 天门 | 武汉 |
| 站点编号 | 10 | 11 | 12 | 13 | 14 | 15 | 16 | 17 | 18 |

## 2 结果分析

### 2.1 基准期设计暴雨计算

考虑到仅仅对单站进行频率分析时资料的局限性，为了更好地利用多站点的资料，对 18 个站点进行分组，分组依据是各个站点的线性矩统计参数。根据 1961～1990 年各站的实测日降雨资料，计算各站点的峰态系数和偏态系数，做出线性矩图，结果如图 1。

从图 1 可看出汉江流域的 18 个站点很难用同一种频率分布曲线来拟合，按照线性矩图中 18 个站点与各分布线型的拟合程度，把 18 个站点分为 3 组，每组取同一种分布线型。其中，安康、佛坪、石泉、汉中、新店铺、钟祥、南阳、老河口和郭滩 9 个站点符合同一种分布广义柏拉图（GPA）分布。西峡、枣阳、房县、襄阳、黄家港和谷城 6 个站点较符合同一分布，该分区的区域平均线性矩参数值较为接近广义罗切斯特（GLO）分布。郧县、武汉和天门 3 个站点符合同一分布，可作为同一分区进行设计暴雨计算，符合广义极值（GEV）分布。选择重现期为 5 年、10 年、20 年、50 年、100 年、200 年和 500 年进行计算。

对上述 3 个分区内的 18 个站点进行设计暴雨计算，使用考虑高程的协克里金方法将 100 年一遇的设计暴雨进行空间插值，插值结果见图 2。

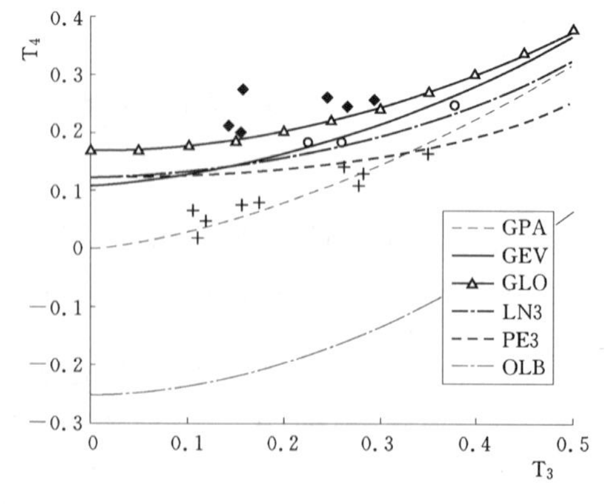


图 1 汉江流域站点线性矩图

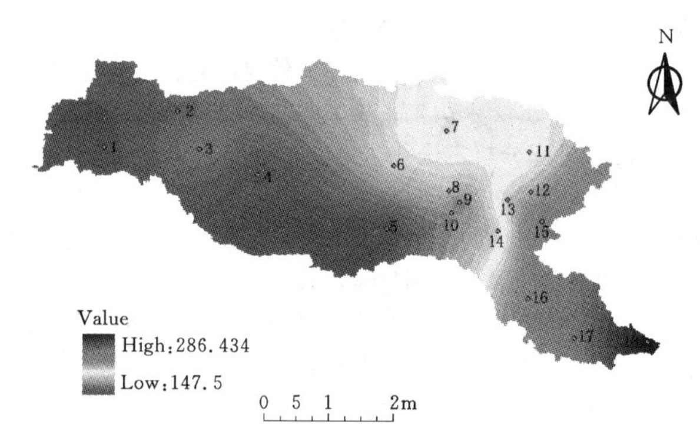


图 2 基准期内站点百年一遇设计暴雨插值图

### 2.2 预测期内设计暴雨计算

根据 HadCM3 模式在 A1B 情景下对汉江流域 18 个站点 2055s（2046～2065 年）日降雨的预测，结合 30 年实测降雨资料的站点分组结果，对三个分组分别进行 2055s 的设计暴雨计算，每个组采用的分布线型和参数估计方法与30年实测资料的分组所采用的相同，以汉江下游的控制站点武汉站作为分析对象，结果如图3所示。

根据图3的武汉站21世纪50年代预测期和基准期的比较结果，可以得出结论，预测期21世纪50年代的设计暴雨计算结果大于基准期计算结果，随着重现期的增大，两者的计算结果的绝对差别变化不大，重现期为500年一遇的设计暴雨两者的差别也仅为44mm。总体而言，与基准期相比，设计暴雨在21世纪50年代预测期内有增大趋势。

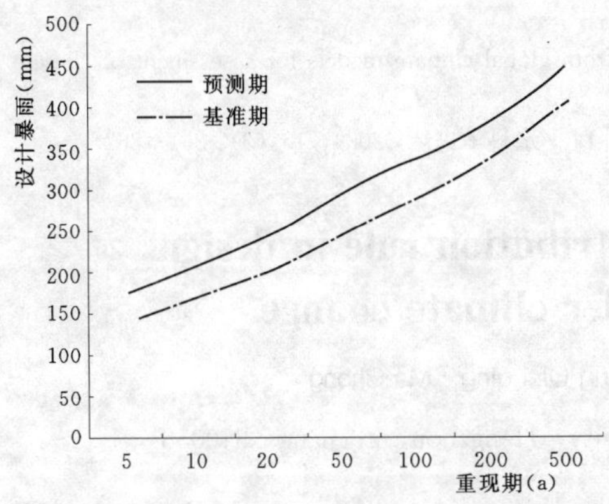


图3 武汉站预测期21世纪50年代与基准期的设计暴雨比较

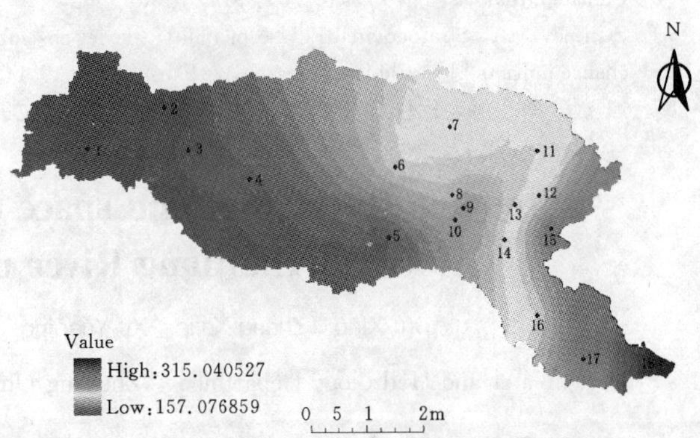


图4 汉江流域预测期21世纪50年代站点百年一遇设计暴雨插值图

### 2.3 汉江流域设计暴雨变化趋势

使用协克里金插值方法，对预测期21世纪50年代内18个站点的百年一遇设计暴雨进行空间插值，结果如图4所示：

综合基准期和21世纪50年代预测期的设计暴雨计算结果，汉江流域下游的设计暴雨是最大的，从下游到上游设计暴雨有递减趋势。

与基准期的设计暴雨空间分布相比，21世纪50年代预测期内下游长江入口处的设计暴雨有显著增大趋势，中游和上游地区存在微弱的增大趋势，下游的暴雨中心有向下游长江入口处推移的趋势，这对于下游的防洪存在不利影响。

## 3 结论

使用HadCM3气候模式，在A1B情景下使用降尺度方法对汉江流域18个站点的日降雨量进行预测，并使用区域频率分析方法计算基准期和21世纪50年代预测期的设计暴雨，分析其变化趋势，结果表明，汉江下游的设计暴雨存在明显的增大趋势，而汉江上游设计暴雨存在微弱的增大趋势。因此气候变化对汉江流域的频率分析是有影响的，在进行未来时期的降雨或者流量预测时应该考虑到气候变化的影响。

本文只是对汉江流域的18个站点进行了分析，由于站点资料的有限性以及各站点时间序列的不足，本身存在一定的不确定性，与气候模式预测降雨时本身的不确定性叠加在一起后，增加了最终结果的误差。应该考虑进一步丰富资料，改进方法来减少结果预测的不确定性。另外，有必要具体研究汉江流域的地理要素以及降雨机制，分析较适合于汉江流域的气候模式和排放情景，来对汉江流域进行降雨预测，从而减少不确定性。

## 参 考 文 献

[1] Qin D H, Solomon S. Summary for policymakers, climate change 2007, the physical science basis [M]. New York: cambridge University Press, 2007: 1-181.

[2] IPCC. Climate Change 2007: The Physical Science Basis. Contribution of Working Group I to the Fourth Assessment Report of the Intergovernmental Panel on Climate Change [M]. Cambridge, UK and New York, USA: Cambridge University Press, 2007.

[3] Liu X D, Chen B D. Climatic warming in the Tibetan Plateau during recent decades [J]. Intern J Climatology, 2000, 20: 1729-1742.

[4] 张建云，王国庆，贺瑞敏，等．黄河中游水文变化趋势及其对气候变化的响应 [J]．水科学进展，2009，20 (2)：153-158.

[5] 许月萍，徐晓，黄艳，等．汉江洪水频率计算不确定性分析 (I)：流量测量阶段的不确定性 [J]．应用基础与工程科学学报，2011，19 (supplement)：177-183.

[6] Robert A. Colman. Atmospheric radiative feedbacks associated with transient climate change and climate variability [J]. Climate Dynamics, 2010, 34 (7/8): 919-933.

[7] Semenov MA, Stratonovitch P. Use of multi-model ensembles from global climate models for assessment of climate change impacts [J]. Climate research, 2010, 40 (1): 1-14.

[8] 熊立华，郭生练，王才君．国外区域洪水频率分析方法研究进展 [J]．水科学进展，2004，15 (2)：261-267.


# Study on the change and space distribution rule in design storm of Hanjiang River under climate change


Xu Xiao　Zhang Xujie　Xu Yueping　Zhang Qingqing　Ma Chong

(Water and Hydrology Department, Zhejiang University, Hangzhou, Zhejiang　310058)



**Abstract**　The HadCM3 Model is used to project the daily precipitation of 18 stations in Hanjiang River Basin under A1B scenario. Regional frequency analysis method is used to analyze the change and spatial distribution of the design storms in future. The results show that in the whole area of Hanjiang Basin, there is an increasing trend, while in the downstream, the trend is very obvious. It can be concluded that future climate change has an un-negligible effect on precipitation in Hanjiang River Basin. Climate change should be taken into account in the process of making flood defense decision.



**Key word**　climate change; down-scaling method; regional frequency analysis; L-moment

# 区域生态水文过程的人文因素

# 白龙江流域泥沙含量和离子浓度变化特征研究*

李勋贵　王乃昂　陈　立　冯乐阳

（兰州大学资源环境学院，兰州大学干旱区水循环与水资源研究中心　兰州　730000）

**摘　要**　白龙江流域水质变化特征对区域水资源可持续开发利用和生态环境影响深远。为定量分析白龙江流域泥沙含量和离子浓度变化特征，2010年6月10～18日沿白龙江干流溯源而上，利用多参数测试仪、环境测试仪和手持GPS等仪器分别测定了138个河流水质断面以及相关环境要素和地理信息等数据，采用250mL聚乙烯瓶，在138个水样断面中收集河边水样83个，以进行室内的泥沙含量和离子浓度分析。结果表明：受自然地理条件和人类活动等多种因素的影响，白龙江径流泥沙含量自下游到上游呈现先增大后递减的趋势，河边水样的泥沙含量平均值较断面平均值偏小；白龙江流域河水阳离子以 $Ca^{2+}$、$Mg^{2+}$ 为主，阴离子以 $HCO_3^-$ 为主，水化学类型为 $HCO_3-Ca-Mg$ 型。

**关键词**　泥沙含量；离子浓度；变化特征；白龙江流域

## 1　前言

河流泥沙含量和离子浓度变化受到自然演变和人类活动等多种因素的影响，其变化特征对区域水资源的开发利用起到重要作用[1-3]。白龙江流域水能资源丰富，理论蕴藏量达432万kW，已成为甘肃省重要的水电基地，为区域社会经济发展做出了巨大贡献。但随着流域社会经济的发展和人口的增多，诸如水质污染、水土流失、水电开发造成的生态环境问题等日益突出[4]，已严重影响区域社会经济的可持续发展。目前国内已有学者对白龙江流域的地质灾害、地貌、植被、水电开发等进行了较多研究[5-9]，取得了一些研究成果，但仍未见有关白龙江流域水质变化特征的报道。白龙江流域泥沙含量和离子浓度变化规律如何，仍不清楚，这给区域水资源的可持续开发利用及其承载力分析造成了极大的不便。因此，开展白龙江流域泥沙含量和离子浓度变化特征研究，对分析区域生态环境问题和水资源可开发利用潜力意义重大。

## 2　研究区概况

白龙江为嘉陵江的最大支流，发源于甘肃省甘南藏族自治州碌曲县与四川省若尔盖县交界的郎木寺，流经甘肃甘南州和陇南市，在四川广元市境内汇入嘉陵江，全长576km，集水面积31808km²。

白龙江下游（昭化—碧口）河流以侵蚀堆积作用为主，河床有卵石河漫滩与心滩，河岸有断续延伸的阶地，凹岸侵蚀形成深槽，凸岸堆积形成边滩，以磨圆度较好的粗大砾石为主，分选较差，两岸的植被分布较好。中游（碧口—武都）属于中深切中高山地貌区，系南秦岭西延部分和岷山山系东部分相互交错地带，山势较高、沟壑纵横，高山河谷交错分布，大部分耕地为坡耕地，土层较薄，石块较多，保水、保肥能力差，水流湍急，河漫滩不明显，河漫滩相物质分选性良好，以细砂为主，胶结密实，两岸高山坡度较大，山坡植被覆盖率较低，基岩裸露，风化程度较大，倒石堆和滑坡广泛存在。阳坡、阴坡植被分布差异明显。上游（武都—郎木寺）地势西北高，东南低，谷地与南北两侧山地海拔相差悬殊。舟曲和迭部县境内的白龙江上游的高山峡谷地带，地形以山地为主，地表起伏变化很大，地势陡峻，河流以下切侵蚀为主，水流湍急，河谷狭窄，流水侵蚀地貌发育，呈现出山大沟深的自然景观。郎木寺乡境内的河源地区，地势平坦，地表呈现出波状起伏，相距较远的山地将高原分割为一个又一个相对独立又连续不间断的地理单元，形成一块块面积广大、开阔平坦的滩地。由于该段地势高，气候冷湿，地表积水，因此区内广泛分布着高原草甸土及高原沼泽土，有高原浅丘沼泽地貌发育，曲流发育也较好、存在牛轭湖。故而，白龙江流域具有比较明显的地带性

* 基金项目：高等学校博士学科点专项科研基金（20090211120021）；兰州大学中央高校基本科研业务费专项资金（lzujbky－2010－103），国家基础科学人才培养基金（J1030519）。

第一作者简介：李勋贵（1978—　），男，广西北流人，兰州大学资源环境学院教师，博士后，讲师，主要从事水文水资源、水资源系统工程和水资源可持续开发利用研究。E-mail：lixung@lzu.edu.cn

地貌变化特征[10]。

## 3 资料和方法

本研究的数据采集于 2010 年 6 月 10～18 日，采集路线从四川广元的昭化镇（白龙江河口）沿白龙江干流溯源而上，途经甘肃的武都、舟曲、迭部、郎木寺直至白龙江源头，行程约 700km。利用多参数测试仪、环境测试仪和手持 GPS 等仪器分别测定了 138 个水质断面以及相关环境要素和地理信息等数据，同时记录沿途植被、土地利用、村庄分布、河道挖沙淘沙、水电站运行和修建等信息。采用 250mL 聚乙烯瓶，在 138 个水质断面中收集水样 83 个（位置如图 1 所示），其中 79 个为白龙江干流样品，4 个为支流样品。室内分析样品数为 53 个（从 83 个水样中挑选），分析指标有泥沙含量和离子浓度等，泥沙含量采用传统的烘干法进行，离子浓度分析在兰州大学西部环境教育部重点实验室进行，仪器为美国戴安公司生产的 ICS－2500 型离子色谱仪。

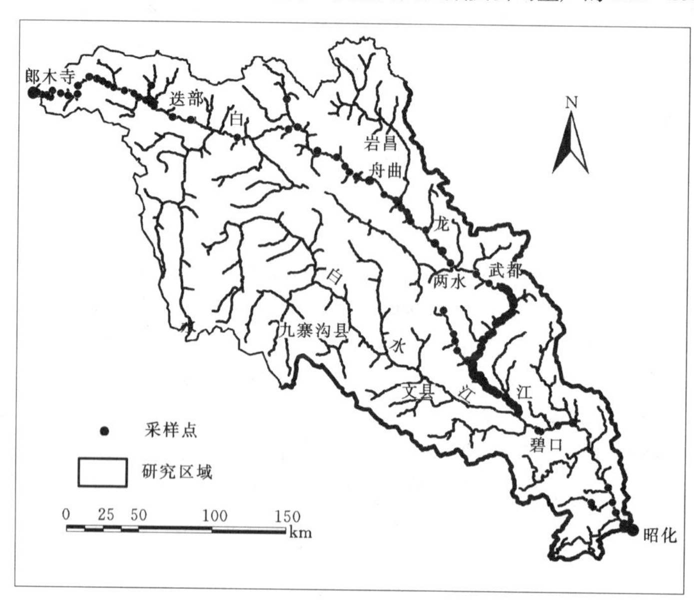


图 1　白龙江流域测样点分布图

## 4 结果与讨论

### 4.1 水样泥沙含量

水样泥沙含量结果如图 2 所示。图中序号为从下游到上游的顺序编号。

由图 2 中可以看出，白龙江径流泥沙含量自下游到上游呈现先增大后递减的趋势，这是自然地理条件和人为影响等多种因素共同作用的结果。白龙江上游（图中序号 30～53 区间）植被覆盖好，人类活动影响程度较少，水土流失不严重，径流泥沙含量较低。30～42 区间的河道偶有挖沙、修路等现象，径流泥沙含量有较大增大，但增加幅度不是很大。从碧口水库尾水区至武都这一中游区（图中序号 9～30），河道两旁山坡较陡，植被覆盖率低，水土保持工作较差，水土流失较上游严重。同时，存在河床挖沙普遍、水电站和公路、铁路施工较多等现象，致使径流泥沙含量增大，成为白龙江泥沙的主要来源区。下游（图中序号 1～9 区间）河口至碧口水库区间由于水库（碧口水库、宝珠寺水库、紫兰坝水库等）的作用，上游来沙在库区进行沉淀，从而该段径流的泥沙含量较低，河水较清，但支流汇入处径流泥沙含量仍较大。

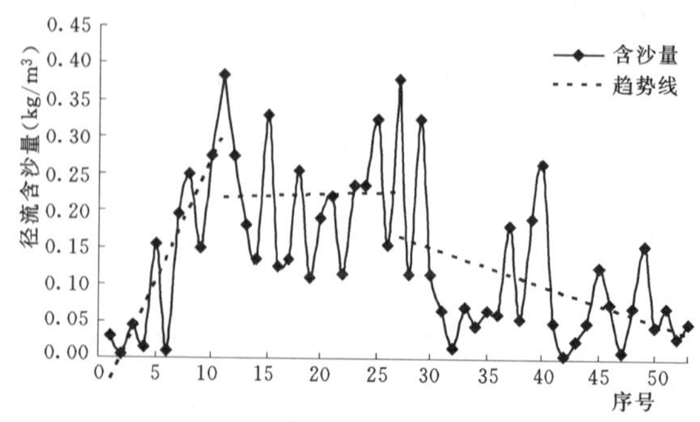


图 2　水样泥沙含量变化趋势图

分析发现，白龙江干流河边平均泥沙含量仅为 0.14kg/m³，大约仅为断面汛期径流泥沙含量的 5%～10%。河边水样泥沙含量与断面平均值之间应存在某种联系，但其关系如何，仍有待于进一步研究。

## 4.2 水样离子含量

经分析发现，白龙江水样中主要含 $Ca^{2+}$、$Mg^{2+}$ 阳离子和 $HCO_3^-$ 阴离子，这几种离子的空间变化趋势如图 3 所示。从图中可以看出，从白龙江上游到下游，$HCO_3^-$ 浓度和 $Ca^{2+}$ 浓度存在下降的趋势，$Mg^{2+}$ 浓度先升高后下降。白龙江上游多以地下水出露为主，而地下水富含 $HCO_3^-$，因 $HCO_3^-$ 出露后和空气中的 $H^+$ 发生中和作用生成 $CaCO_3$，因此，随着流程的增加，离上游较远的水体得不到大量的地下水补给，导致 $HCO_3^-$ 浓度降低，进而使 $Ca^{2+}$ 沉淀，$Ca^{2+}$ 浓度逐渐下降；$Mg^{2+}$ 浓度的变化可能与土壤成分和人类生活有密切关系。由于频繁的人类水事活动也会使 $Ca^{2+}$、$Mg^{2+}$ 浓度发生变化，其浓度的变化较为复杂。

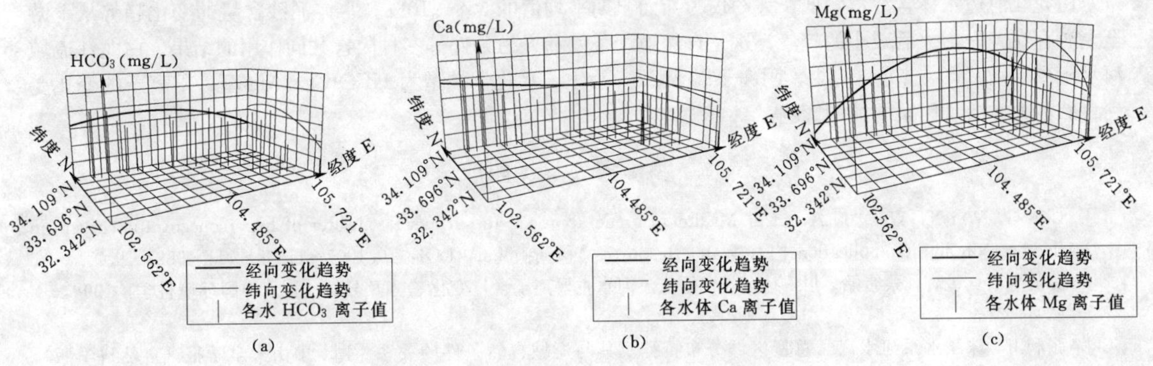


图 3 白龙江主要离子空间变化趋势图

(a) $HCO_3^{-1}$；(b) $Ca^{2+}$；(c) $Mg^{2+}$

图 4、图 5 分别为白龙江水样的离子 Gibbs 图和三角组成图。

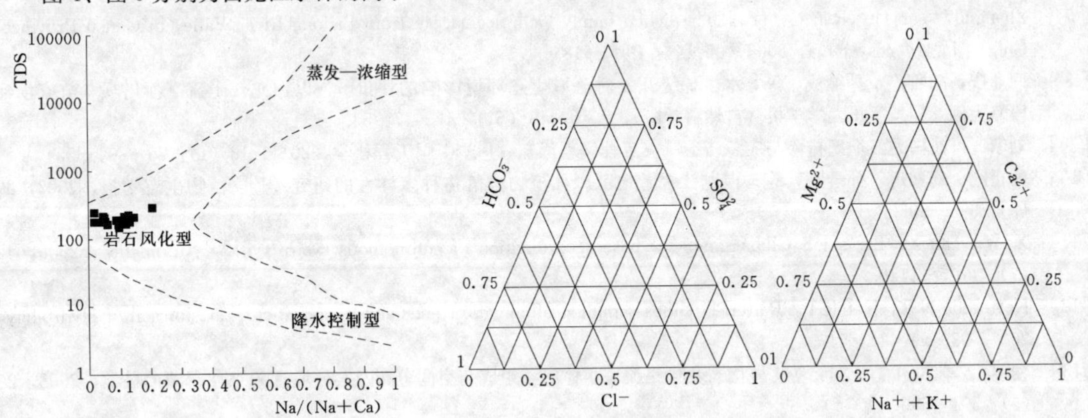


图 4 白龙江河水的 Gibbs 图　　图 5 白龙江河水阳离子、阴离子组成三角图

Gibbs 图可以较直观地反映出河水主要组分是否为“降水控制类型”、“岩石风化类型”或“蒸发－浓缩类型”，是定性地判断区域岩石、大气降水、蒸发－浓缩作用等对河流水化学影响的一种重要手段[11,12]。在 Gibbs 图中，一些低矿化度的河水具有较高的 $Na^+/(Na^+ + Ca^{2+})$ 或 $Cl^-/(Cl^- + HCO_3^-)$ 比值（接近于 1），代表此种河水的点分布在图的右下角，这类河流主要受到海洋起源的大气降水补给，其离子组成含量决定于大气中“纯水”对海洋气溶胶的稀释作用。溶解性物质含量中 $Na+/(Na^+ + Ca^{2+})$ 或 $Cl^-/(Cl^- + HCO_3^-)$ 比值在 0.5 左右或者小于 0.5 的，此种河水的点分布在图的中部左侧，其离子主要来源于岩石的风化释放。离子总量很高，$Na+/(Na^+ + Ca^{2+})$ 或 $Cl^-/(Cl^- + HCO_3^-)$ 比值也很高（接近于 1），此种河水的点分布在图的右上角，反映了该河流分布在蒸发作用很强的干旱区域[13]。从图 4 中可以看到，白龙江干流各采样点样品全部落于 $Na^+/(Na^+ + Ca^{2+})$ 比值小于 0.5 的范围内，说明在一定程度上其离子成分来源于岩石的风化过程。

阴阳离子的三角图可以查明不同岩石风化作用向河水供应离子的相对重要性[14]。在阳离子和阴离子的三角图中，纯碳酸盐岩的风化物质以 $HCO_3^-$ 为主，因此数据点均落在靠近 $HCO_3^-$ 峰值的一端；蒸发盐矿物的风化产物的数据点落在 $Cl^-$ 一端。通常，阳离子三角图中蒸发盐矿物风化产物的数据点落在（$Na^+$ +$K^+$）峰值一端，石灰岩风化产物的数据点应落在 $Mg^{2+}$ －$Ca^{2+}$ 线上，白云岩风化产物的数据点落在 $Mg^{2+}$ －$Ca^{2+}$ 线中间（Ca : Mg=1 : 1），硅酸盐矿物风化产物的数据点落在 $Mg^{2+}$ －$Ca^{2+}$线、向（$Na^+$ +$K^+$）的一端。故从图 5 可以看出，在白龙江流域内，河水离子的主要提供者一方面来自于碳酸盐岩的溶解，另一方面可能也与白龙江较大规模的水电站施工、修路等人类活动影响有关。

## 5 结论

白龙江河边水体含沙量较低，大约仅为断面汛期平均值的 5%～10%。水体泥沙含量的变化趋势从下游至上游存在着先增大后减小的趋势，这是自然地理条件和人为条件等多种因素共同作用的结果。白龙江流域河水阳离子以 $Ca^{2+}$ 、$Mg^{2+}$ 为主，阴离子以 $HCO_3^-$ 为主，水化学类型为 $HCO^3$ Ca－Mg 型，阳离子的变化受到自然和人类活动因素的共同影响。

## 参 考 文 献


[1] Li X G, Wei X, Wang N A, et al. Maximum grade approach to surplus floodwater of hyperconcentration rivers in flood season and its application [J]. Water Resources Management, DOI: 10.1007/s11269-011-9827-9.

[2] 陈静生，夏星辉，蔡绪贻．川贵地区长江干支流河水主要离子含量变化趋势及分析 [J]. 中国环境科学，1998，18 (2)：131-135.

[3] 张利田．珠江水系河水离子总量区域分布特征及其与流域自然条件的关系 [J]. 中山大学学报（自然科学版），1999，38 (5)：104-108.

[4] 宋宗水．白龙江流域水土流失原因及其前景 [J]. 林业经济问题，1998 (4)：30-32，64.

[5] 陈洪凯，李古均．白龙江流域的古喀斯特地貌及形成时代探讨 [J]. 科学通报，1992 (15)：1405-1407.

[6] 康永祥，陈亚萍，李景侠，等．白龙江流域木本植物区系特征 [J]. 西北植物学报，1999，19 (2)：337-343.

[7] Zhang Q, Yang F, Ren Q, et al. The lichen family Ochrolechiaceae from Bailong River Valley in Gansu Province, China [J]. Mycosystema, 2008, 27 (4): 614-618.

[8] 闫业庆，胡雅杰，孙继成，等．水电梯级开发对流域生态环境影响的评价——以白龙江干流（沙川坝—苗家坝河段）为例 [J]. 兰州大学学报（自然科学版），2010，46 (S1)：42-47，53.

[9] 刘宁．舟曲白龙江堰塞排险与应急疏通减灾工程管理认知 [J]. 中国工程科学，2011，13 (1)：25-30，55.

[10] 郭正刚，刘慧霞，孙学刚，等．白龙江上游地区森林植物群落物种多样性的研究 [J]. 植物生态学报，2003，27 (3)：388-395.

[11] Xi W, Tan X, Baras J S. Gibbs sampler－based coordination of autonomous swarms [J]. Automatica, 2006, 42 (7): 1107-1119.

[12] Kottegoda N T, Natale L, Raiteri E. Gibbs sampling of climatic trends and periodicities [J]. Journal of Hydrology, 2007, 339 (1-2): 54-64.

[13] 鞠建廷，朱立平，汪勇，等．藏南普莫雍错流域水体离子组成与空间分布及其环境意义 [J]．湖泊科学，2008，20 (5)：591-599.

[14] 王新平．乌江流域水化学特征、风化过程中 $CO_2$ 的消耗及水质变化趋势的初探 [D]. 北京：首都师范大学，2008.


# Changing characteristics of sediment and ions concentrations in Bailongjiang River Basin


Li Xungui  Wang Naiang  Chen Li  Feng Leyang

(College of Earth and Environmental Sciences, Center for Hydrologic Cycle and Water Resources in Arid Region, Lanzhou University, Lanzhou 730000)



**Abstract** The changing characteristic of water quality in Bailongjiang River Basin (BRB) has great impact on sustainable utilization of regional water resources and eco-environment. In order to analyze quantitatively the changing characteristics of sediment and ions concentrations in the BRB, a field investigation was carried out from the river mouth to the headstream during June 10～18, 2010. Some instruments such as the multi-parameter water quality tester, the environmental tester and the handheld GPS were employed to measure 138 water quality sections, environmental factors, and geographic information etc. Eighty-three water samples among 138 sections were collected with 250mL polyethylene bottles for further analysis on sediment and ions concentrations in lab. Results demonstrate that ①the sediment concentration increases firstly and then decreases from the lower to the upper reaches in the BRB, which is influenced by multifactor such as natural condition or human activity. The sediment concentration from riverside water sample is smaller than the average of the cross section; and ②the main positive ions of the BRB are $Ca^{2+}$ and $Mg^{2+}$, and the negative one is $HCO_3^-$. The water chemical type is $HCO_3^-$ Ca－Mg.

**Key words** sediment concentration; ion concentration; changing characteristic; Bailongjiang River Basin

# 泾河流域退耕还林生态水文响应研究*

彭 辉 贾仰文[1] 仇亚琴[1] 杨 丽[2]

（1. 中国水利水电科学研究院水资源研究所 北京 100038；
2. 北京市水利规划设计研究院 北京 100048）

**摘 要** 泾河流域是黄土高原是水土流失严重的地区之一，退耕还林等水土流失治理措施在这一区域广泛开展，本文利用陆地生态模型 BIOME-BGC 和分布式水文模型 WEP 构建泾河流域生态水文模型，经过模型率定和验证，利用设定的四个水土保持措施的植被类型变化情景分别进行生态水文响应分析，结果表明四个情景模拟的多年平均径流量都减少，多年平均 NPP 和碳储量都增加，其中荒草地种林情景下变化最显著。

**关键词** 水土保持；退耕还林；生态水文；泾河流域

## 1 研究背景

泾河流域位于黄土高原中部，106°20′～108°48′E，34°24′～37°48′N，流域面积 4.3 万 $km^2$。泾河流域包括宁夏、甘肃、陕西 3 省（自治区）的 7 市 31 个县，流域气候为典型的温带大陆性气候，流域黄土层深厚，土壤为典型的黄绵土和黑垆土，结构疏松，极易坍塌、流失。植被为温带森林草原过渡类型，退化草原地占流域面积的很大部分，是黄土高原水土流失严重的地区之一。退耕还林是指从保护和改善生态环境出发，将易水土流失的坡耕地和易沙化的耕地，有计划、分步骤的停止耕种，因地制宜的造林种草，恢复林草植被。了解退耕还林等水土流失治理措施对生态环境的影响，尤其是其生态水文响应，是进行政策决策和措施制定的重要依据，本文利用构建的生态水文模型，进行不同措施的情景模拟，分析了各措施的生态水文响应。

## 2 模型介绍

在综合考虑模型模拟原理、参数可获性、耦合可行性等因素，选取由美国 Montana 大学 NTSG（Numeric TerraDynamic Simulation Group）研究组编写的生物地球化学循环模型 BIOME-BGC[1] 与分布式水文模型 WEP-L[2] 生态水文模型进行耦合研究。

### 2.1 BIOME-BGC 模型介绍

BIOME - BGC 模型是一个模拟和计算陆地生态系统植被和土壤中的能量、水、碳、氮的流动和存储的生物地球化学循环模型。它以气候、土壤和植被类型作为输入变量，模拟生态系统光合作用、呼吸作用和土壤微生物分解过程，计算植物、土壤、大气之间碳和养分循环以及温室气体交换通量，主要用来模拟 3 个关键循环：碳、水和营养物质循环[3]。BIOME-BGC 包括两部分：每日子过程模块和每年子过程模块。模型共有 34 个生理学参数。模型将自然植被分为 6 种类型：常绿阔叶林、常绿针叶林、落叶阔叶林、灌木林、C3 草地和 C4 草地。每一种类型植被对应一个生理学文件。美国 Montana 大学 NTSG（Numerical Terradynamic Simulation Group）研究组提供了美国各类型植被生理学参数的平均值[1]。

### 2.2 分布式水文模型 WEP-L 介绍

WEP-L（Water and Energy transfer Processes in Large river basins）模型是具有物理机制的分布式水循环模拟。模型主要有以下几方面特点：①实现了水循环与能量交换过程的耦合模拟；②以“子流域内等高带”为计算单元，用“马赛克”法考虑计算单元内土地覆被的多样性；③采用“变时间步长”进行模拟计算；④做到了“地表水、地下水以及土壤水的联合动态计算”；⑤与集总式水资源调配模型进行交互反馈，实现天然主循环系统与人工侧支系统的紧密耦合；⑥模型计算速度快。为了考虑计算单元内土地利用的不均匀性，采用了“马赛克”法，即把计算单元内的土地归成若干类，分别计算各类土地类型的地表面水热通

* 基金项目：国家自然科学基金项目（50939006，51021006）。

第一作者介绍：彭辉（1984— ），女，山东泰安人，博士研究生，主要从事水循环模拟和生态水文相互作用研究。E-mail：penghui _ scu@163.com

量，再取其面积平均值作为计算单元的地表面水热通量。土地利用首先分为裸地－植被域、灌溉农田、非灌溉农田、水域和不透水域5个大类。裸地－植被域又分为裸地、草地和林地3个小类。

### 2.3 生态水文模型耦合实现

研究中重新改写了原BIOME－BGC模型的主程序，实现流域连续计算。生态模型流域计算单元的划分与分布式水文模型一致，为考虑计算单元内土地利用和植被类型的不均匀性，研究中采用了“马赛克”法即把计算单元内的土地归成数类，分别进行各类土地类型的植被模拟，取其面积平均值为计算单元的生产力和碳储量。土地利用首先分为裸地－植被域、灌溉农田、非灌溉农田、水域和不透水域5大类。裸地－植被域又分为裸地、草地和林地3类。其中裸地、水域、不透水域不进行生态模拟。生态水文模型耦合研究中，植被生长模型将为WEP－L模型提供不同时期及生长季节的叶面积指数等生态参数，而WEP－L模型将为植被生长模型提供温度、日照等条件。模拟以分布式水文模型WEP－L划分的子流域为计算单元，采用马赛克法在单元内根据土地利用信息分为林地、草地两种植被类型，土地利用信息中的农田使用草地植被参数。植被模型计算各单元内各类型植被的生长情况后，将植被信息输入分布式水文模型，充分反映植被变化情况对水循环过程的影响。模型流程图见图1。

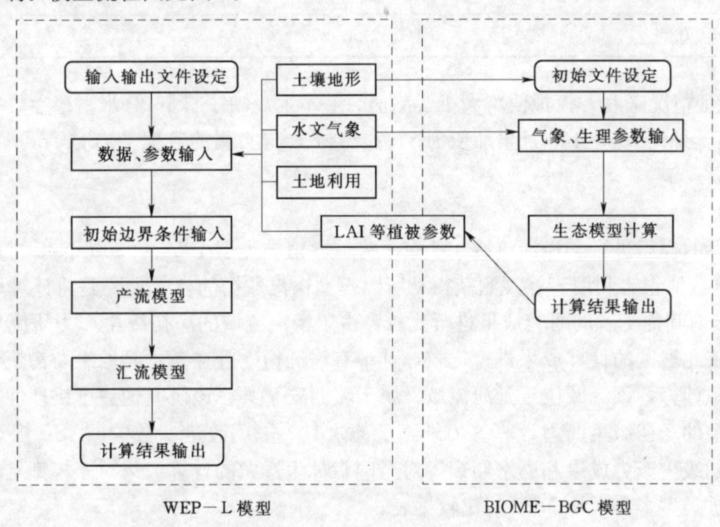


图1 模型流程图

## 3 模型应用

### 3.1 数据收集和参数准备

生态模型输入数据包括日气象数据（最高气温、最低气温、平均气温、降水量、水汽亏缺和短波辐射，水汽亏缺和短波辐射根据已有气象数据估算），研究地点信息（土壤、海拔、纬度）。水文模型的输入数据包括水文气象、地表高程信息、河网、土地利用/覆被、土壤信息、水文地质、水利水保工程、社会经济及供用水信息等，本次研究中的基础数据参考贾仰文[2]等在黄河流域分布式水文模拟中的使用的数据。为收集生态模型率定数据在泾河流域南小河沟流域进行了生态观测试验，进行了光合速率和叶面积指数测量。

### 3.2 生态模型参数率定

本次研究中使用的生理学参数是基于NTSG研究组推荐的各类植被的生理学参数[1]，再根据南小河沟流域观测试验获得数据进行率定。参数率定后林地叶面积指数模拟结果与实验数据对比如表1所示。

表1 叶面积指数对比结果

| 年　份 | 月 | 日 | LAI模拟值 | LAI实测 |
|---|---|---|---|---|
| 2009 | 7 | 5 | 2.161148 | 2.24 |
| 2009 | 7 | 11 | 2.216657 | 3.33 |
| 2009 | 7 | 23 | 2.325949 | 2.44 |

续表

| 年　份 | 月 | 日 | LAI 模拟值 | LAI 实测 |
|---|---|---|---|---|
| 2009 | 8 | 1 | 2.410664 | 2.085 |
| 2009 | 8 | 11 | 2.494719 | 2.2 |
| 2009 | 8 | 23 | 2.617896 | 2.23 |
| 2009 | 9 | 1 | 2.698832 | 1.96 |
| 2009 | 9 | 11 | 2.776599 | 1.695 |

参数率定后林地日 NPP 模拟结果与实验数据对比如表 2 所示。

**表 2　　日 *NPP* 对比结果**

| 日　期（年-月-日） | 日 *NPP* 模拟值（$gC/m^2/d$） | 日 *NPP* 实测值（$gC/m^2/d$） |
|---|---|---|
| 2009-06-30 | 3.79 | 2.85 |
| 2009-07-02 | 3.8 | 2.76 |

从日 NPP 的验证情况来看，模拟值略大于实测值，基本上反映了日 NPP 水平。参数率定后草地生产力模拟结果从 2009 年 1 月到 2009 年 8 月累加值为 87.2$gC/m^2$，与实测的数据 78.0$gC/m^2$，误差在 20%以内，结果可以接受。

### 3.3　生态模型校验

利用改进率定后的模型进行了泾河流域 493 个子流域各植被类型 1956～2000 年 45 年连续计算。由于大尺度区域内的 *NPP* 数值很难利用直接观测获得，所以模型输出数据的校验主要是将计算所得的各植被类型多年平均 *NPP* 与国内其他学者的研究成果进行比较，由于泾河流域的净初级生产力研究成果较少，所以研究中利用黄土高原陕北地区的计算成果进行比较，其中有许红梅[4]等在黄土高原纸坊沟流域进行净初级生产力的观测试验和模拟计算，该流域位于延河流域，属于陕西安塞县，该研究构建了机理性净初级生产力模型进行了多种植被类型的净初级生产力计算。另外，于德永[5]等采用改进参数的 CASA 模型计算的东亚地区的各植被类型的净初级生产力成果和冯宗炜[6]等对全国森林生产力的计算成果对于模型结果的验证也有一定的参考意义，各植被类型多年平均 NPP 的比较见表 3。

**表 3　　NPP 输出结果与其他研究成果对比**

| 植 被 类 型 | 多年平均 *NPP* 计算成果（$gC/m^2/a$） | | | |
|---|---|---|---|---|
| | 本研究 | 许红梅等 | 于德永等 | 冯宗炜等 |
| 林地 | 427.6 | 442.7 | 568.29 | 590.0 |
| 草地 | 114.1 | 127.7 | 206.3 | |

将研究中模型输出的结果与其他研究成果进行对比后，本研究计算所得的泾河流域林地净初级生产力多年平均值为 427.6$gC/m^2 \cdot a^{-1}$，草地为 114.1 $gC/m^2 \cdot a^{-1}$，可以看出，本研究与许红梅等在陕北地区的模拟计算结果相近，结果可以接受。与于德永和冯宗炜的研究成果比较数值偏小，但差距不大，考虑到二者的研究是整个东亚地区和中国的平均值，比黄土高原地区的 NPP 数值偏大，在合理范围内。

### 3.4　生态水文模拟结果校验

基于物理机制的分布式流域水文模型的优点之一是，其模型参数可根据介质类要素的物理性质推定。WEP-L 模型的大多数参数可不进行率定，本次研究中的大部分参数参考贾仰文[2]等在黄河流域分布式水文模拟中的使用的参数，对个别参数进行了率定。模型验证标准包括：①模拟期年均径流量误差尽可能小；②Nash-Sutcliffe 效率尽可能大。模型验证主要根据收集到的泾河流域张家山、泾川、杨家坪 3 个主要水文测站 45 年逐月天然（还原）径流系列，径流模拟结果相对偏差在 10%以内，Nash 效率系数在 0.6 左右。三个站点 45 年系列天然月平均流量校验情况见图 2。

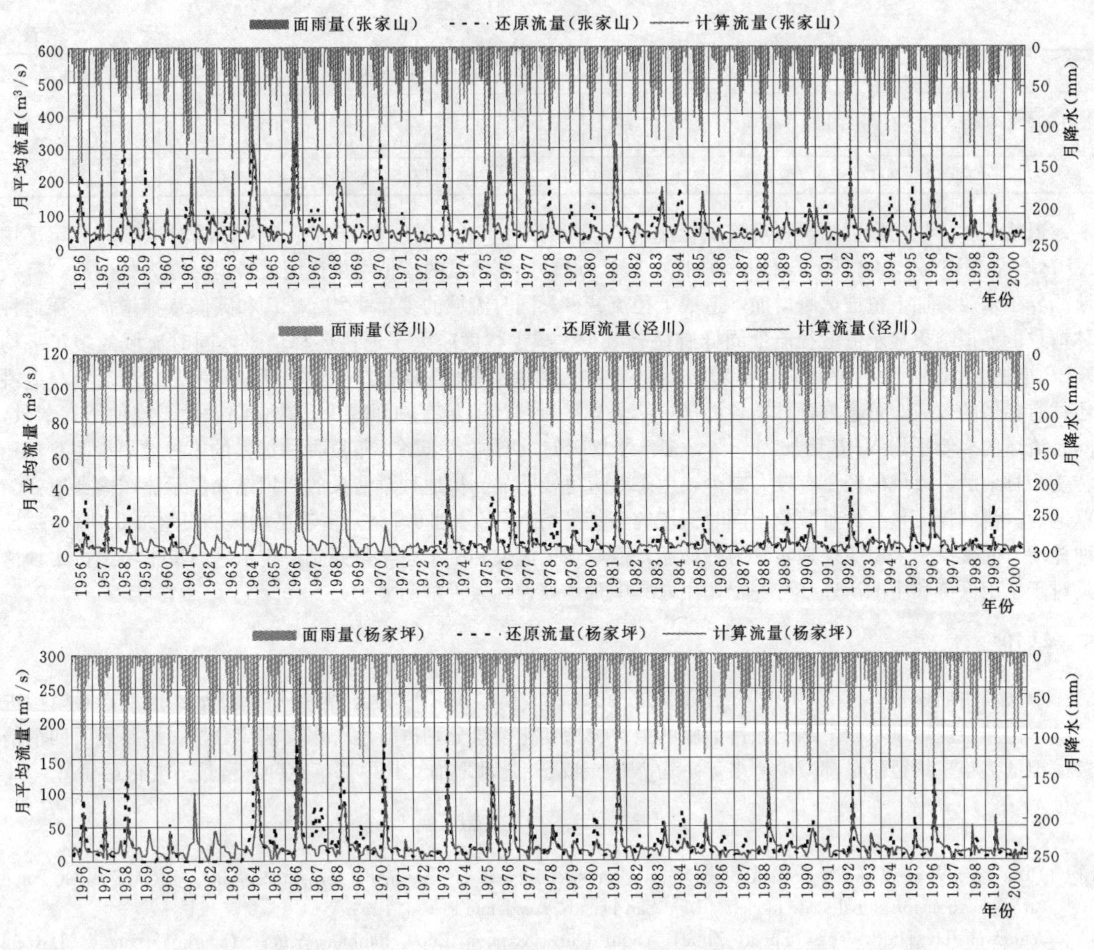


图 2　主要水文站径流过程验证

## 4　生态响应分析

研究对泾河流域针对水土流失治理措施，进行了四个植被类型变化的情景设定，利用生态水文模型探寻不同植被类型对于生态水文过程的定量作用，以评估其对流域水土流失和生态治理的作用。设定的情景包括以下四种：情景一是退耕还林情景，即流域内所有坡耕地转变为林地，坡耕地的比例是通过山区农田减去梯田和坝地计算得到；情景二是裸地种林情景，即流域内所有裸地转变为林地；情景三是荒草坡种林情景，即流域内的荒草地转变为林地，荒草地包括所有裸地和部分草地（比例假定为 20%）；情景四是裸地种草情景，即流域内所有裸地转变为草地，由于树木生长期较长，种林后的水土治理效应显现较慢，裸地种草是短时间较易实现的情景。四种情景模拟的径流变化结果和碳循环变化结果见表 4。

**表 4　情景模拟的径流变化结果和碳循环变化结果**

| 项　目 | 水文站 | 正常模拟 | 退耕还林 | 裸地种林 | 荒草坡种林 | 裸地种草 |
|---|---|---|---|---|---|---|
| 多年平均径流量（亿 $m^3$）/变化率 | 张家山 | 18.63 | 13.10/—29.6% | 12.47/—33.0% | 11.02/—40.7% | 15.89/—14.6% |
| | 泾川 | 2.04 | 1.56/—23.4% | 1.57/—23.0% | 1.45/—28.9% | 1.78/—12.7% |
| | 杨家坪 | 6.38 | 4.46/—30.1% | 4.22/—33.8% | 3.73/—41.5% | 5.32/—16.6% |

续表

| 项　　目 | 水文站 | 正常模拟 | 退耕还林 | 裸地种林 | 荒草坡种林 | 裸地种草 |
|---|---|---|---|---|---|---|
| 多年平均 NPP (gC/m²) /变化率 | | 270.5 | 313.1/15.6% | 314.4.5/16.1% | 328.5/21.3% | 297.1/9.7% |
| 多年平均碳储量 (gC/m²) /变化率 | | 37.8 | 43.3/14.3% | 43.5/14.9% | 45.7/20.6% | 41.2/8.8% |

退耕还林情景的模拟结果显示流域径流量有显著减少，减少幅度在 20%～30%，同时流域的多年平均 *NPP* 增加 15.6%，多年平均碳储量增加 14.3%。退耕还林情景的模拟结果说明坡耕地转变为林地后，有效地涵养了水源，加上植被蒸腾增加，造成了径流减少，同时流域的多年平均 *NPP* 和碳储量都增加。裸地种林情景的模拟结果显示流域径流量同样有显著减少，减少幅度略大于退耕还林情景，同时流域的多年平均 *NPP* 增加 16.1%，多年平均碳储量增加 14.9%。裸地种林情景的模拟结果说明裸地转变为林地后，与退耕还林有相似的效应。荒草坡种林情景的模拟结果显示流域径流量有剧烈减少，减少幅度大于其他所有情景，同时流域的多年平均 *NPP* 增加 21.3%，多年平均碳储量增加 20.6%，荒草种林情景的模拟结果说明荒草地转变为林地后，流域的径流有较大减少，生态效应也较明显。裸地种草情景的模拟结果显示流域内裸地变为草地后，流域径流量有少量减少，同时流域的多年平均 *NPP* 增加 9.7%，多年平均碳储量增加 8.8%。裸地种林情景的模拟结果说明裸地转变为林地后，流域水土流失和生态恶化都得到一定治理。综上所述，四种情景对于水土保持和生态治理都有一定作用，其中荒草坡种林效果最明显。

## 5 结论

本文利用陆地生态模型 BIOME－BGC 和分布式水文模型 WEP 构建泾河流域生态水文模型，对模型进行和率定和验证，设定四个水土保持措施的植被类型变化情景分别进行生态水文响应分析，结果表明四个情景模拟的多年平均径流量都减少，多年平均 *NPP* 和碳储量都增加。其中荒草地种林情景下变化最显著。

## 参 考 文 献

[1] Running S W and Hunt R E. Generalization of a forest ecosystem process model for other biomes, BIOME—BGC, and an application for global-scale models [M]. San Diego: Academic Press, 1993.

[2] Yangwen Jia, Hao Wang, Zuhao Zhou, Yaqin Qiu, Xiangyu Luo, Jianhua Wang, Denghua Yan & Dayong Qin. Development of the WEP－L distributed hydrological model and dynamic assessment of water resources in the Yellow River basin [J] . J. Hydrol. 2006, 331: 606－629.

[3] 董文娟，齐晔，李惠民，等．植被生产力的空间分布研究——以黄河小花间卢氏以上流域为例 [J]. 地理与地理信息科学，2005，21 (3)：105－108.

[4] 许红梅，贾海冲，等．黄土高原丘陵沟壑区小流域植被净第一性生产力模型 [J]. 生态学报，2005，25 (5)：1064－1074.

[5] 于德永，潘耀忠，等．东亚地区植被净第一性生产力对气候变化的时空响应 [J]. 北京林业大学学报，2005，27 (增刊 2)：96－101.

[6] 冯宗炜，王效科，等．中国森林生态系统的生物量和生产力 [M]. 北京：科学出版社，1999。229.

# Eco-hydrological Responses to Conversion of Cropland to Forest in the Jinghe River Basin

Peng Hui[1]　Jia Yangwen[1]　Qqiu Yaqin[1]　Yang Li[2]

(1. China Institute of Water Resources and Hydropower Research, Beijing 100038;
2. Beijing Institute of Water, Beijing 100048)

**Abstract**　The Jinghe River is one of the most serious soil erosion areas in the Loess Plateau. Eco-hydrological responses were analyzed by an eco-hydrological model and the scenarios of vegetation type change. Analysis results show that the vegetation type changes due to soil and water conservation measures have significant effects on runoff and the carbon cycle: the average annual runoff would decrease and the average annual NPP and carbon storage would increase.

**Key words**　water-soil conservation; conversion of cropland to forest; eco-hydrology; the Jinghe River Basin

# 基于三峡水库综合管理的库区生态安全创新研究

梁福庆

（国务院三峡办移民管理咨询中心　湖北宜昌　443003）

**摘　要**　在阐述基于三峡水库综合管理的库区生态安全成效的基础上，归纳了基于三峡水库综合管理的库区生态安全的做法及经验，进行了基于三峡水库综合管理的库区生态安全理论的思考，提出了基于三峡水库综合管理的库区生态安全创新对策：坚持“统一、协调、权威、渐进”的原则，不断完善管理体制；进一步完善法律法规体系，实现依法治库；创新发展理念，加快建设生态三峡；继续加强水库综合管理能力建设，提高监管水平；拓展和持续发展三峡工程巨大综合效益；进一步加强宣传教育，提升全社会生态文明意识。

**关键词**　三峡水库；生态安全；创新研究

## 1　引言

三峡工程是具有防洪、发电、航运、供水、环保等巨大综合效益的中国标志性工程，2003 年 6 月 135m 水位蓄水后，三峡水库初步成型运行并开始综合管理。三峡水库综合管理涉及水库运行调度和水资源、生态环境、消落区、库岸、移民搬迁安置与后期扶持、水运、旅游、水产、环境保护等诸多方面和移民、水利、电力、交通、环境保护、国土、旅游、农业、林业等诸多部门，需要采取经济的、行政的、法律的和科学的方法，统筹协调和规范不同地方和部门管理行为，协调不同行业管理目标，调整与控制对水库生态环境和运行安全的自然影响因素和人为影响因素，确保三峡工程顺利建设和运行安全，保证其充分发挥综合效益。[1]

党中央、国务院十分重视三峡水库管理工作，2004 年 4 月，国务院办公厅印发《关于加强三峡工程建设期三峡水库管理的通知》，明确了三峡工程建设期水库管理的体制和职责及分工任务，即“中央统一领导，国务院有关部门监督指导，湖北省、重庆市具体负责”的三峡水库管理体制。近 6 年来，国务院三峡办和国家有关部门、湖北省、重庆市及库区区（县）政府根据建设期三峡水库综合管理的特点和目标，紧紧抓住水库综合管理的主要矛盾和内容，不断探索和创新，综合运用各种管理方法与措施，层层落实责任，加强协调与监督，促进水库综合管理，取得了显著成效，为探索和建立三峡水库长期运行管理积累了经验。

## 2　基于三峡水库综合管理的库区生态环境保护成效

### 2.1　保障了三峡工程建设的顺利完成

（1）组织移民及时搬迁，开展各期蓄水位的库底清理工作，保证了三峡工程顺利建设及 135m、156m、175m 与试验性蓄水等各期蓄水位按时顺利蓄水。

（2）搞好水库安全运行，认真预防和处置各种应急事件，保证水库运行安全，确保三峡工程顺利建设和发挥综合效益。

（3）搞好水库运行调度，处理好防洪、下游航运和补水等问题，特别是在加强水库调度，解决下游航运和抗旱、有效缓解下游防洪压力等方面取得了显著成效。

### 2.2　推动了库区移民搬迁和经济社会发展

截至 2009 年底，三峡库区累计完成移民项目投资 529.01 亿元人民币，搬迁安置 129.64 万移民，复建各类房屋 5054.76 万 $m^2$，调整搬迁淹没工矿企业 1632 户。三峡移民搬迁安置任务全面完成，实现了“搬得出”的阶段性移民安置目标，并初步缓解了库区人多地少矛盾和工业污染，对三峡库区经济社会可持续发展产生了深远影响。

### 2.3　推进了三峡库区生态安全

三峡水库管理机构协调有关部门为库区生态安全做了大量的监督和管理工作，如加强水环境监测和水环

---

作者简介：梁福庆（1952—　），男，重庆渝中人，国务院三峡办移民管理咨询中心处长，三峡大学教授、硕士生导师，主要从事水库移民管理及区域经济发展研究。E-mail：liang _ fuqing@sina.com

境基础设施建设，推动防污减排和水污染防治项目的实施，组织开展饮用水源保护及次级河流污染治理，保证库区水环境安全；推进地质灾害的防治和监测，建立完善三峡库区地质灾害监测预警体系和防治工作运行机制，保证库区城集镇地质安全和移民群众生命财产安全；强化库区传染病疫情监测，保障库区公共卫生安全；保护岸线和航道安全，加强长江干支流漂浮物清理，保证库区航运安全；加强农村面源污染治理，启动农村移民生态家园富民工程建设，实施珍稀鱼类和经济鱼类的增殖放流，开展库周绿化带工程和示范区建设，积极开展生态环境建设与保护“7+1 试点示范”，推进了库区生态环境安全。据有关生态环境监测表明，近 6 年来三峡库区水质基本达标，没有出现生态灾害性事故。

### 2.4　促进了水库资源的合理利用

三峡水库管理机构认真落实科学发展观，坚持以人为本，坚持“生态环境保护优先，科学合理开发利用”的原则，充分发挥市场配置资源的基础性作用，制定三峡水库可持续综合利用规划，协调各级政府切实加强对三峡水库生态环境的保护，加强三峡水库消落区、岸线、水面及土地、渔业、旅游、饮用水等资源开发利用的监督管理，促进了水库资源的合理有序开发和利用。

### 2.5　深化了认识，积累了三峡水库长期运行管理的经验

在三峡水库管理实践中，三峡水库管理综合了传统水库管理的部门管理、属地管理两种类型并有所创新。国务院三峡办、国家有关管理部门，重庆市、湖北省及库区县（区）政府，在加强三峡水库管理体制机制建设、建立水库综合管理协调机制、制定水库资源综合规划，进行水库调度运行、生态环境建设与保护等方面不断探索，大胆创新，深化了综合管理三峡水库的认识，并为探索实施三峡水库长久运行管理积累了宝贵经验。

## 3　基于三峡水库综合管理的库区生态环境保护做法及经验

### 3.1　构建三峡水库综合管理体制和机制

（1）建立了水库管理机构。国务院三峡办设置了水库管理司，湖北省、重庆市及库区各区（县）相应成立了三峡水库管理机构，总体上实现了权威、协调和高效的水库综合管理。

（2）初步形成系列规章制度。国家、国家有关部门及湖北省、重庆市相继出台了一系列规章制度，实现了对三峡水库统一管理，统一规划，分工负责，综合协调，联合执法。

（3）国务院三峡办以及省（市）水库管理机构，协调建立了三峡水库管理联席会议制度，探索形成了水库管理的综合协调机制，加强了水库的统一管理和综合协调，初步形成了管理合力，提高了水库综合管理效率。

### 3.2　组织开展三峡水库各阶段蓄水前库底清理

（1）国务院三峡办组织国家有关部门制定出台了卫生清理、建（构）筑物清理、固体废物清理、林木清理等国标清库技术规范。

（2）湖北省、重庆市以及有关区（县）政府建立健全了库底清理的规章制度与组织机构，实行严格的清库目标责任制，并组织清库业务培训，优化清库方案，强化清库监督与验收制度，保障库底清理达到预期目标。

（3）创新库底清理工作机制，实行专业指导与群众参与相结合，明确清理责任制，同时强化技术指导与阶段工作检查，严把清理质量关，并严格清库档案资料的整理、收集和归档工作，高质量、高效率地完成了三峡水库一期至四期蓄水位的库底清理工作，保证了枢纽工程及水库安全运行。

（4）建立了三峡库区水域清漂长效管理机制，落实清漂责任制，筹措清漂经费，加强清漂的监督检查，推进了水库清漂工作制度化和规范化。

### 3.3　大力实施三峡水库生态环境建设与保护

（1）认真实施移民保护规划及计划，129.64 万城乡移民搬迁安置没有发生重大生态环境问题。

（2）认真贯彻“两个调整”政策，鼓励和组织 19.6 万农村移民迁出库区安置，减轻了库区的环境压力；加大工矿企业结构调整力度，破产关闭 1102 个工矿企业，减少了库区的污染源。

（3）努力落实“两个防治”政策，大力加强水污染防治工作，投入大量资金在库区建设污水处理厂 58 座、垃圾处理场 41 个，开展排污规范化整治，推动库区农业面源污染治理工作，严格控制畜禽规模养殖业污染，加强船舶污染的治理及监督检查；加快地质灾害防治工作，覆盖全库区的地灾监测预警体系初步建

成，国家投资120亿元治理库区崩滑体617处（近期治理197处），实施监测预警742处，并治理移民迁建区高切坡数百万$m^2$，大大减少了移民迁建次生灾害的发生。

（4）加强综合治理水土流失工作，累计重点治理水土流失2万$km^2$，其中造林90万$hm^2$，退耕还林、还草10多万$hm^2$，兴建基本农田18多万$hm^2$，营造经济果林20多万$hm^2$，推动库区森林覆盖率比三峡工程建设前提高了11.8%，水土流失面积减少了24%，进入库区泥沙减少了60%，初步遏制了生态环境恶化趋势。

（5）加强生物多样性保护。建立了12个陆上和水上的自然保护区，实施了荷叶铁线蕨、疏花水柏枝、中华鲟、胭脂鱼、长江珍稀特有鱼类等保护工作，使库区一大批珍稀植物、珍稀动物得到保存。

（6）实施了三峡工程生态环境建设与保护试点示范项目（即"7+1"项目），50多个"7+1"试点示范项目都做到了精心设计、精心施工，强化监督，工程质量良好。[2]

**3.4 加强水库资源合理利用的监督管理**

（1）加强库容管理。国务院三峡办及有关部门，重庆市、湖北省分别制定了库容保护政策和管理办法。水利部长江水利委员会水政监察总队对因库区建设导致侵占，阻塞河道等涉水违法项目进行了执法调查。

（2）强化三峡水库岸线管理。国家和地方政府通过制定与三峡水库岸线有关的管理办法，编制三峡水库岸线利用管理规划，加强崩滑体治理及库岸防护，有效地保护了三峡水库岸线安全。

（3）加强消落区管理。2007年国务院三峡办《关于进一步加强三峡工程初期蓄水期库区消落区管理的通知》下发后，为各地加强消落区管理工作起到十分重要的推动作用。

（4）加强饮用水源保护管理。重庆市实施了"饮用水源保护区污染综合整治"等一系列重大环保工程，确保了库区饮用水源水质质量。

（5）加大渔业资源管理。重庆市、湖北省分别出台渔业资源管理法规，编制了渔业资源保护规划，实行捕捞许可证发放制度，实施增殖放流，清理整顿网箱养鱼，有效地保护了三峡水库的渔业资源。

（6）注重三峡库区旅游资源保护与管理。国家印发了《长江三峡区域旅游发展规划纲要》，重庆市出台了《重庆长江三峡旅游总体规划》，湖北省组织编制了《鄂西生态文化旅游圈发展总体规划》。2009年5月，重庆市与湖北省签署了《关于进一步加强长江三峡区域旅游合作的协议》，推进了库区旅游合作。

**3.5 强化系统监测和科学研究，提升水库监管能力**

（1）创建和完善监测系统，提升三峡水库监管能力。国家组建了三峡工程生态与环境监测系统（包括水质、水文、泥沙、污染源、局地气候、农业生态、河口生态系统、土壤环境、陆生动植物、人群健康、鱼类与水生生物、山地灾害等10个子系统），并对三峡工程建设涉及的生态和环境问题进行全过程跟踪监测。

（2）开展水库管理科研，为水库管理提供了科学依据。国务院三峡办委托国务院发展研究中心进行三峡水库运行期管理体制问题研究，并摘要报送国务院有关领导。同时，国务院三峡办组织长江委完成了《三峡水库可持续综合利用规划研究报告》，为进一步搞好水库管理打下了扎实基础。

（3）强化科学研究，提高科技支撑力。国务院三峡办积极推动对水库蓄水后的水文水质、人群健康、地质灾害、生物多样性、水土流失状况、泥沙淤积、航道整治和下游清水冲刷等问题的科学研究；配合科技部做好"十一五"泥沙科技攻关项目和生态环境监测的科研项目申报；会同环保总局组织国家重大水环境专项科研中三峡水库水环境预警系统的科学研究。同时积极开展国际合作与交流，组织国际组织、政府机构代表等千余人次进行环境保护考察和学术交流，先后和世界银行及英国、日本、丹麦、德国、美国、加拿大、荷兰等合作开展环境科技项目研究和环保设施建设。

（4）库区研究和推广应用了"三峡库区城区近岸水域水环境容量及支流河口回水区富营养化潜势研究"、"三峡库区生态环境安全及生态经济系统重建关键技术研究与示范"、"三峡库区生态环境控制对策研究"等一批实用环保技术，为库区生态环境保护科技的持续发展奠定了基础。

**3.6 树立生态三峡理念，创新生态建设模式**

在国务院领导下，库区在百万移民安置过程中，牢固树立生态三峡的科学理念，认真贯彻落实"两个调整"、"两个防治"政策，正确处理好移民迁建与生态环境保护的关系，推动了三峡库区环境状况的改善。在水库管理中引入引进了发达国家先进的水资源和水污染管理理念与水库调度，如河流生态流量、水污染防治等先进理念与技术，并结合三峡水库实际，从以往单纯的水污染控制转变为全方位的水环境恢复，由单项技术研究转向综合治理策略研究。同时，创新三峡水库生态保护与建设模式，开展了"7+1"试点示范，有力地促进了三峡水库生态环境建设与保护。

### 3.7 强化和创新宣传教育，凝聚公众环保共识

（1）正确引导舆论，推动公众参与。国务院三峡办会同国务院新闻办组织了一系列的新闻发布、实地采访、撰写宣传材料等活动，大力宣传三峡工程建设成就，澄清社会上对三峡水库蓄水后对水质的担忧与误解，形成了社会各界关心三峡水库，积极为三峡水库管理出谋划策的良好局面。

（2）组织开展“美化新三峡，保护母亲河”活动，动员青少年为保护和改善三峡库区生态环境保护和改善做贡献。近几年来，开展各种形式的宣传教育活动6000余次，有1000余万青少年参加了各种形式活动，组织实施了“保护母亲河工程”重点项目18个，地方性自建项目43个，总投资2500余万元，造林总面积达6666多$hm^2$。

## 4 基于三峡水库综合管理的库区生态环境保护理论的思考

基于三峡水库综合管理的库区生态环境保护是复杂的系统管理，需要用人口、资源、环境经济学理论，水资源配置理论，流域综合管理理论，水环境管理理论等理论与方法来指导其管理工作，提高管理效益。

### 4.1 人口、资源、环境经济学理论的思考

目前，世界各国政府把解决人口、资源与环境问题看成是实现可持续发展战略的主要内容，运用经济学的基本理论和方法来揭示分析人口经济过程以及自然资源和环境的基本规律和辩证关系，评价和指导制订相关政策。三峡水库是一个由人口、资源、环境等多种要素组成的社会自然复杂系统。三峡水库管理部门应以人口、资源、环境经济学理论为指导，通过建立一系列规章制度，制定水库综合利用规划，进一步落实“两个调整”、“两个防治”政策，正确处理好移民迁建与生态环境保护的关系，规范水库资源开发利用，探索三峡工程生态环境建设与保护模式，从而正确处理人口、资源、环境之间的关系，促进水库资源可持续开发利用。

### 4.2 水资源配置理论的思考

水资源配置理论帮助解决如何实现水资源的生活和生态等基本需求的供需平衡，促进水资源的高效利用。三峡水库综合管理中十分重视水资源配置管理，开始引入水权交易思想，实行排污收费制度、取水收费制度等，促进了水资源的优化配置。尽管目前水资源配置理念在三峡水库综合管理还处于初期阶段，但从长远来看，三峡水库综合管理需要建立完善以水权交易制度为中心的水资源配置制度。

### 4.3 流域综合管理理论的思考

流域综合管理就是以流域为单元进行的综合管理，是以水为纽带对流域的人口、资源、环境和经济的综合协调。目前在国际上的流域水资源管理模式主要有三种类型：

（1）以美国的田纳西流域管理局为代表的高度集中的流域管理模式（流域管理局）。

（2）以菲律宾马里基纳河流域协调委员会、墨西哥河流域水文委员会为代表的水“议会”模式（流域协调委员会）。

（3）以英国泰晤士河水管局为代表的综合性流域机构。

在国内也涌现出了“松辽流域水资源管理模式”、“太湖流域水资源管理模式”、“清江流域水资源管理模式”等流域水资源综合管理模式。近年来，我国学者更提出了流域水资源综合集成管理模式。[3]三峡水库综合管理借鉴了流域综合管理的思想，三峡水库管理体制综合了部门管理和属地管理两种基本类型，从总体上看，该体制既能充分调动和发挥部门和地方的积极性，也能够较好地协调跨行业、跨部门和跨区域的利益关系，初步实现了权威、协调和高效的综合管理。

### 4.4 水环境管理理论的思考

水环境管理就是以满足可持续发展对水环境的需要为目的，通过行政、法律、经济、科技和教育等手段，对水环境进行各种管理的行为。水环境管理内容主要包括水环境规划、水环境监测、水环境模拟、水环境评价、污染源（点源、面源和线源等）治理、污染事故应急处理、水污染纠纷调解、水环境政策与法规的制定和实施、水环境科研等内容。三峡水库管理部门以水环境管理理论为指导，引进发达国家先进的水资源和水污染管理理念，建立了三峡水库水环境保护法规，制定了水环境保护规划，开展漂浮物清理、水污染防治、船舶流动污染源防治、农村面源污染防治等工作，对蓄水后水质进行了及时监测，有效地保护了三峡水库水环境的安全。

# 5 基于三峡水库综合管理的库区生态环境保护创新对策

## 5.1 坚持"统一、协调、权威、渐进"的原则，不断完善管理体制

(1) 要进一步完善三峡水库管理体制。按照建立"决策科学、分工合理、执行顺畅、运转高效、监督有力"的行政管理体制的基本要求，以建设安全、生态、和谐的三峡水库为目标，合理划分中央政府和地方政府、各相关部门的管理职责，真正构建起权威、协调、高效的三峡水库综合管理体制。

(2) 进一步健全水库管理机构，在机构设置、人员配备、设施建设、经费保障、管理职责等方面落实到位，以满足日益繁重的水库管理的需要。

(3) 建立和完善三峡水库综合执法机制，充分整合各种管理资源，与相关部委、地方政府及三峡集团公司形成信息资源共享、各司其职、密切配合、快速反应的管理联动机制。

## 5.2 进一步完善法律法规体系，实现依法治库

(1) 及时编制和出台《三峡水库管理条例》，促进三峡水库管理规范化、程序化、制度化。

(2) 进一步完善三峡水库管理规章制度，库区各地要根据《三峡水库管理条例》和当地实际，相应制定有关的管理政策和规章制度，提高水库管理工作的效率和效益。

(3) 尽快建立健全以生态保护为核心的三峡水库管理绩效考核机制，有效地促使各级政府转变发展观念，积极作为，提高环境保护与治理的综合能力。[4]

## 5.3 创新发展理念，加快建设生态三峡

(1) 及时编制和实施三峡工程生态环境建设与保护后续规划，加强库区生态环境建设与保护，妥善处理三峡工程长期运行产生的环境保护新情况、新问题，努力建设新型生态库区。

(2) 促进库区贯彻科学发展观，转变经济发展方式，调整产业结构，大力发展城乡循环经济，提高资源利用效率、降低消耗，减小单位 GDP 的环境影响，实现建设"两型"社会和人与自然和谐相处的目标。

(3) 适时建立流域生态补偿机制与政策。要按照流域水环境功能区划要求，建立流域环境协议，按照"谁受益、谁付费"的原则，明确流域生态补偿的思路，研究与制定流域生态补偿的政策和机制，按上游生态保护投入、发展机制损失和三峡水库水质情况来测算流域生态补偿标准，确定补偿和被补偿主体、补偿方案和补偿方式，推进流域生态补偿有序进行。

(4) 研究与制定政府补贴与市场化运作相结合的污水处理运行机制与政策，确保库区污水和垃圾处理项目长期正常运行，实现污水处理运行的良性循环。

(5) 适时进行生态移民。生态移民是加快建设库区流域综合治理、保证三峡水库水资源环境和人民异地扶贫的战略性措施。经有关专家初步估算，三峡库区生态移民搬迁安置人口约为 20 万人。应加强研究制定生态移民政策法规和管理办法等工作，推进生态移民工作顺利实施。[5]

## 5.4 继续加强水库综合管理能力建设，提高监管水平

(1) 进一步加强监测系统建设，完善监测体系，调整和完善监测内容，提高监测信息质量，以移民安稳致富、水文、水质、土壤环境、生物多样性、局地气候、人群健康、河口生态系统、库区地质灾害、库区社会经济变化监测等作为重点，进行全过程跟踪监测，为搞好运行期水库综合管理提供科学依据。

(2) 加强管理设施及信息化平台建设。要加强水文水质实时监测系统、卫星遥感系统、地质灾害监测及预警系统、生态动态评估系统建设，确保监测的及时性和准确性。同时围绕建立和谐库区的水库管理目标，加强应急指挥系统、信息交互系统、航运调度系统等信息化管理平台建设，构建起三峡水库管理的有力工具。

(3) 进一步建立健全库区地质灾害、航运事故、水体污染、公共卫生安全等突发事件预警和应急机制，强化处理突发事件能力，确保水库运行安全和库区公共安全。

(4) 进一步加强基础研究，提高科技支撑能力。当前，要围绕诸如水库生态调度、泥沙冲淤、提高航运能力、水环境保护与恢复关键技术、防污减排新技术、地质灾害防治、消落区治理、水土流失综合治理、生物多样性保护、生态供水、对长江中下游影响、拓展三峡工程综合效益等重大问题及新问题开展科学研究，提供科技支撑，提高水库综合管理效益。

## 5.5 拓展和持续发展三峡工程巨大综合效益

(1) 进一步优化水库调度，要在确保防洪安全的前提下，统筹兼顾好各方利益，确保三峡工程发挥最大

综合效益。同时依托三峡水库的调度运行，建立起统一的长江上游水库群调度体系，以最大限度地满足全流域防洪抗灾、生产生活供水、水力发电、通航运输、生态环境保护等各方面需求，取得全局性最大效益。

（2）拓展三峡工程的供水效益。三峡水库是国家战略性淡水资源库，实施调水是优化国家水资源配置的战略措施。在三峡工程后续工作中，要加强三峡水库对长江中下游枯水期补水调度方式研究，加大三峡水库向北方调水研究的力度，为全面提升三峡工程的供水效益提供科学支撑。

（3）积极研究三峡工程蓄水后对长江中下游河道、江湖关系、生态环境及航运等影响，并就较为急迫或已显现部分的问题提出处置对策。

**5.6 进一步加强宣传教育，提升全社会生态文明意识**

（1）进一步加强三峡工程生态环保宣传，营造全社会关心、支持、参与三峡水库生态环境保护，齐心协力建设生态三峡的浓厚氛围。

（2）加强三峡工程生态环保的教育培训，特别是要加强青少年环保教育，使库区广大干部群众形成正确的环保价值观和自觉行为。

（3）进一步推动公众参与，注意发挥环保非政府组织和环保志愿者的积极作用，引导和促进依法、理性、有序、健康地开展活动，参与和推动三峡水库生态环境保护与建设工作。

## 参 考 文 献

[1] 段跃芳．关于三峡水库管理创新的思考［J］．三峡论坛，2009（6）：32－34.
[2] 柳地．三峡水库管理及水库资源可持续利用规划研究［J］．重庆三峡学院学报，2007（1）：1－4.
[3] 李锋瑞、刘七军．我国流域水资源管理模式理论创新初探［J］．中国人口·资源与环境，2009（6）：55－59.
[4] 蒙昌洪．对三峡水库进行管理立法的必要性分析及其建议［J］．中国水利，2006（18）：25－26.
[5] 梁福庆．三峡工程库区生态移民研究［J］．中国科技论坛，2007（10）：30－33.

## Study on the Innovation of Ecological Security in Reservoir Area Based on the Integrated Management in Three Gorges Reservoir

Liang Fuqing

（Resettlement Management Consultation Center of State Council Three Gorges Project Construction Committee Executive Office，Yichang Hubei 443003）

**Abstract** On the basis of elaborating the effectiveness of ecological security in reservoir area based on the integrated management in Three Gorges Reservoir，this dissertation summarizes some practices and experiences of ecological security in reservoir area based on the integrated management in Three Gorges Reservoir，ponders the theory of ecological security in reservoir area based on the integrated management in Three Gorges Reservoir，and proposes some innovation measures of ecological security in reservoir area based on the integrated management in Three Gorges Reservoir：adhere to the principles of “unity，coordination，authority，and gradual progress”，and constantly improve the management system；further improve the laws and regulations system，and achieve to manage the reservoir in accordance with the law；innovate the ideas of development，and accelerate the construction of Three Gorges with ecology；continue to strengthen the capability building of integrated management in Three Gorges Reservoir，and improve the level of supervision；expand and continuously develop the great comprehensive benefits of Three Gorges Project；further strengthen propaganda and education，and promote the awareness of ecological civilization in the whole society.

**Key words** Three Gorges Reservoir；ecological environment protection；study on the innovation

# 藏东地区灌区建设对生态环境的影响及对策研究

肖弟康[1,2]

（1. 重庆水利电力职业技术学院　重庆　402160；2. 重庆大学土木工程学院　重庆　400045）

**摘　要**　藏东高原地区环境特殊，生态环境对外界干扰具有极强的敏感性，加之生态系统内部结构相对简单，自我调节和恢复能力弱，使该区的生态环境表现出极大的脆弱性，任何不合理的干扰行为，都会引起生态环境质量的负向演替。在灌区建设、营运过程中，要处理好这一问题，除了采用必要的措施管理、维护好现有的灌溉工程外，在新灌区的规划设计、施工等方面的工作思路上应有所突破。

**关键词**　灌溉工程；生态研究；高原；藏东地区

长期以来，为解决农牧灌溉的需要，藏东地区建设了很多灌溉工程，它们的建设对环境的影响既有有利的一面，也有不利的一面，笔者通过总结藏东昌都地区的灌溉工程在建设管理和运行过程中对生态环境不利影响方面的经验教训，提出了相应的保护措施，以期引起对此问题的重视。

## 1　藏东高原灌区建设对生态环境的影响

藏东地区地处青藏高原横断山脉腹心地区，平均海拔3500m以上，山势陡峭，沟谷纵横，水资源丰富，农牧业灌溉以引用地表水为主进行。藏东行政上以昌都地区为主，面积11.8万$km^2$，而人口只有60余万人，每平方千米不足6人。1950年以前，昌都地区的渠道规模很小，除群众自建的简易水渠外，当地政府投资修建的用于灌溉的渠道总长仅14.6km，灌溉面积仅1280亩[1]。新中国成立后，人民政府加大了水利建设资金的投入，截至2008年底，建成了重点灌溉工程芒康次贡拉、昌都县百格·野堆等共33个，灌溉水渠7518条，累计长20580km，灌溉面积达260280亩。但这些灌区的建设对生态环境存在一定的影响，表现如下。

### 1.1　对环境的有利影响

灌溉工程建设实施后，为提高当地群众的生活水平发挥了积极的作用。其主要表现：①由于灌溉条件改善，种植结构合理调整，牧区饲草料有效供给增加，人工草场和改良草场大面积开发和围封休牧，促进了生态环境好转。②灌区建成后，能促进农作物、牧草、新炭等植物的生长，很好地覆盖地面，减少了沙尘天气的发生，减少地面径流，防止水土流失。③随着农牧开发区项目的全面启动实施，区域内灌溉渠系配套完善，为种植业、牧业的开发提供了可靠的水源，绿色植物大量增加，大气中含氧量增加，区域小气候改善。④农牧开发区生态系统工程开发及灌区配套工程的完善后，随着水土资源较为充分的、合理的开发与利用，将建立起林、草保护下的综合农业发展格局，实现开发区生态系统的良性循环。

### 1.2　对环境的不利影响

灌溉工程建设对环境的影响既有有利的一面，也有不利的一面。其不利影响的主要表现：①灌排渠系的建设要破坏一定范围的植被和岩层，有可能造成局部水土流失、滑坡、泥石流的发展，目前，藏东昌都地区的灌区渠道沿线大量存在因施工引起表土垮塌，植被破坏而诱发地质灾害的现象，仅因此种原因需要进行生态环境恢复和地质灾害整治的保护性建设工程就有25项之多，预计投资高达2.56亿元。②是灌排渠系的建设必然要截断原有汇流途径，打乱原有排水体系，引发更为严重的新的水土流失。③项目实施后，由于灌区面积恢复，用水量、化肥、农药用量的调整和增加，对灌区生态和水质将产生一定影响。

## 2　对环境不利影响的原因分析

### 2.1　生态环境原本脆弱，水土流失严重，生态环境保护存在先天不足

生态环境非常脆弱。藏东地处三江弧形构造地带南段，属于典型的山高谷深且险峻的横断地形，河谷多

---

作者简介：肖弟康（1967—　），男，重庆援藏干部；重庆水利电力职业技术学院，副教授；重庆大学土木工程学院，在职研究生。E-mail：xiaodikang@163.com

呈深邃的V形峡谷之势；出露岩层主要以原岩风化壳、坡积残积堆积物为主，由于流水侵蚀和岩石物理风化作用之强烈，加之植被不甚发育，生态系统内部结构简单，自我调节和恢复能力弱，任何不合理的干扰行为，都会引起生态环境质量的负向演替。

水土流失严重。藏东地区气候干旱，全年降雨量不足200～300mm，但降雨集中（6～9月的降水量约占全年的70%～80%），降雨或融雪时，集流快，流速大，冲力强，易引发水土流失[2]。据统计，全地区现有138个乡（镇）、1319个村民委员会，4391个自然村，总人口为60余万人，人均占有草地10hm$^2$，占有耕地0.09hm$^2$。在全地区10.86万km$^2$土地中，牧草地占51.75%，林地占27.44%，裸岩石砺地占16.92%，水域占2.4%，耕地占0.67%，荒地及其他用地占0.82%。其中水土流失面积9.13万km$^2$，占总面积的84%，年平均输沙量3894万t，占全国水土流失总量的0.85%。金沙江（昌都境内）长509km，流域总面积2.34万km$^2$，其中水土流失面积1.96万km$^2$，占昌都地区总面积18.1%，年输沙量881万t；澜沧江（昌都境内）长509km，流域总面积2.83万km$^2$，其中水土流失面积2.38万km$^2$，占昌都地区总面积21.97%，年输沙量1085万t；怒江（昌都境内）长975km，流域总面积4.83万km$^2$，其中水土流失面积4.06万km$^2$，占昌都地区总面积37.35%，年输沙量1928万t[3]。

### 2.2 设计缺陷、环保措施不力使得生态保护存在后天不足

灌区渠道建设过程对生态环境产生不利影响。受投资条件所限，灌区规划设计几乎没有对所在流域实施环评，也没有进行必要的整体开发规划，渠道取水口缺乏相应的泄水建筑物和合理的水流调度方案，建设过程中更没有采取必要的环保措施，渠道沿线到处都有因施工引起表土垮塌而诱发的地质灾害[4]。同时，天然植被遭受破坏，渠道沿线灌木草原明显退化，灌丛愈来稀疏矮小，狼毒等毒草增加，优良牧草比重下降。地表失去植被保护后，随着水蚀、风蚀作用加剧，导致水土流失和风沙、干旱等灾害日益严重，沙地面积不断扩大，受干旱和冬季大风的影响，灌区区域沙丘、沙丘链、沙垄随处可见，山坡上流沙分布相对高达500m以上，规划区生态环境日益恶化，给农业生态环境带来了极为恶劣的影响。

渠道运行也对生态环境产生不利影响。渠道设计未考虑生态用水和下泄水量，运行期渠道取水口下游容易出现脱、减水河段，造成河槽裸露，河床干涸，引起河沿附近地表植被的破坏和侵蚀，常常引发更为严重的水土流失。例如，2006年8月建成的昌都县百格·野堆灌区在建设过程中，渠道取水口下游出现脱、减水河段，自然植被遭到破坏，水土流失严重，后通过人工植草固坡13340m$^2$等生态恢复工程处理措施，生态得以逐步恢复。

## 3 灌区建设对生态环境影响的减免措施

科学、合理的灌区开发有利于土地资源、水资源的合理利用，有利于人工生态环境条件下的粮食、饲草等生物产出量的大幅度增长，为经济社会持续发展提供支撑和保障，也有利于对生态环境保护与建设起到积极作用。

### 3.1 规划设计方面

一是国家应重视灌区建设的环保工作，保证灌区建设生态恢复资金足额到位。二是设计单位必须严格按国家相关建设标准设计，环保措施得力，避免“钓鱼工程”。三是灌区建设规划应与水土保持规划统一进行，坚持灌溉工程建设与水土保持工程建设同步进行的原则，对工程可能带来的水土流失采取相应工程及生物措施进行保护。四是加强建后环评工作的力度，工程验收时，业主单位必须出具《地质灾害危险性评估报告》及《环境影响评估报告》并采取相应措施后，方可予以验收。

### 3.2 水土保持防治措施

采取区域防治措施防止水土流失，灌区节水改造项目水土保持规划将实行山、水、田、林、路统一规划，综合治理，尽可能将水土流失降到最低程度，采用工程措施与林草措施、耕作措施相结合的方法进行治理。一是工程措施，即对重力侵蚀严重的水土流失区，因害设防以控制山洪、泥石流危害；二是林草措施，即种植水保林、经济林和薪炭林，提高植被覆盖率，必要时封禁治理；三是耕作措施，即因地制宜，坡地改梯田，配以排灌设施，不能改成梯田的，采取保土耕作。

### 3.3 施工期环保措施

灌区建设项目施工点多、面广、范围较大，分布零散，且施工周期较长，施工期间将产生一定的废渣、废水、噪声等环境问题，宜采取一定措施尽量减少其影响。

工程弃渣主要来源于工程中开挖的废土、石渣及局部建筑物的拆除的弃渣废料等，治理措施应采取充分利用与适量处理的原则，竣工后及时对施工临时占用场地和料场进行清理和土地平整，对较难利用的废渣应合理堆置，并及时进行覆土，恢复植被，尽量减少可能产生的水土流失；对水土流失源考虑采用工程措施与植物措施相结合的原则进行统一治理，增加植被覆盖，减少因工程建设而增加新的水土流失源。

在施工人员集中及废水日排放量较大的施工区域，设置集中降解池，使废水有足够的沉淀及降解周期，排放时水质达标后再进行排放，应特别注意位于蔬菜、果园区和水塘区域的施工点。

### 3.4 灌区农业生态保证措施

灌区项目实施后，根据土壤、水分、水质条件确定适当的基肥和追肥比例，严格按照配水计划，达到水肥耦合最佳状态，以利作物吸收。同时在农药使用上严格按照国家规定，杜绝禁用农药进入生产领域，大力推广高效、低毒、少残留农药，宣传、引导示范推广生物农药和植物性农药，尽可能减少残留物质进入灌区原有水域，以免造成对地下水水质的影响。

实施灌区节水改造是一项改善灌区自然环境和社会环境、建设高标准农田的基础性项目，对维护灌区生态平衡、实现灌区自然、经济和社会发展具有积极意义。同时，项目实施对水资源的合理开发利用，对灌区生态环境将起到间接的保护作用，工程的经济效益、社会效益和生态效益十分显著，工程产生的不利影响可通过管理环节的有效控制和分类保护措施予以减小或减免。

## 参 考 文 献

[1] 西藏昌都地区地方志编纂委员会．昌都地区志［M］．北京：方志出版社，2005.245-245.

[2] 昌都地区水利局．昌都地区水利发展“十一五”规划［Z］，2006.

[3] 林学锋，瞿雪波．藏东三江流域水土保持及生态建设的规划设想［J］．人民长江，2008（9）.

[4] 肖弟康，温汝俊，吕红．藏东地区引水渠道工程建设存在问题与对策研究［J］．节水灌溉，2008（4）.

# 基于模糊综合评价法的水利水电工程社会评价

张泽聪　韩会玲　陈　丽

（河北农业大学城乡建设学院　河北保定　071000）

**摘　要**　水利工程对社会影响的评价多数还停留在定性分析阶段，即使是综合评价，其权重及其评价矩阵的确定也是用专家打分法等主观方法得来，其主观随意性大。本文通过对模糊综合评价法的改进，提出区间函数与给评语集赋值相结合得到评价矩阵，用数学方法计算权重，并应用于岷江一级支流杂谷脑河的水电开发项目上，得到了比较客观、符合当地实际的评价结果。

**关键词**　水利水电工程；社会评价；模糊综合评价法

## 1　引言

水电一直被认为是绿色能源，经济效益非常可观，污染却相对较小，但是随着水电事业的迅猛发展，水电开发所带来的社会负面影响也是显而易见[1,2]。水利水电工程对社会环境的影响也是深远而且巨大的。过去的水利水电工程更侧重于满足人类对水的各种需求，而相对忽视了工程对社会环境的影响。因此，建立数学模型量化影响因素，分析变化趋势，具有重要的现实意义和工程实际意义。

## 2　模型建立

### 2.1　单因素权重值的推求

确定权重涉及行为科学，不同的人的观点不同，所给出的权重当然也不同。在目前的社会影响评价研究中，很多都是利用专家打分法[3]、德尔菲法、层次分析法[4]等主观方法确定权重，所得结果受专家经验、知识等影响较大，会产生一定的主观随意性。本文结合工程实际，根据越不利影响赋权越大的原则，采用客观方法，确定各因素权重。

设有 $m$ 个指标，$n$ 个测点，各评价指标 $x_1$、$x_2$，…，$x_m$，若属于越大越优型，所测得的水利水电工程建设后的数据相比建设前越大，则说明有利影响越强，反之，不利影响越强；若属于越小越优型，所测得的工程建设后数据相比建设前越小，则说明有利影响越强，反之，不利影响越强。

评价中越大越优型指标计算方法如下：

（1）计算工程建设前各指标所测数据的加和 $P_j$：

$$P_j = \sum_{j=1}^{n} m_j \tag{1}$$

（2）计算工程建设后各指标所测数据的加和 $Q_j$

$$Q_j = \sum_{j=1}^{n} n_j \tag{2}$$

（3）计算两个不同水平年同一指标的比值 $F_i$

$$F_i = P_j / Q_j \tag{3}$$

（4）计算量不同水平年同一指标的加和 $Z_i$

$$Z_i = \sum_{i=1}^{m} F_i \tag{4}$$

（5）进行归一化处理

$$w_i = F_i / Z_i \tag{5}$$

从而得到权重值矩阵 $W$。

第一作者简介：张泽聪（1987—　），男，河北省保定市人，河北农业大学城乡建设学院，硕士研究生，主要研究方向为水资源规划管理与水环境。E-mail：zhangzeong _ 2001@163.com

越小越优型指标则是利用建设后各指标数据与建设前指标数据的总和求比值（求 $F_i$ 的倒数），最后得到权重矩阵。

**2.2 建立单层次评价模型**

$$B=W\times R=(w_1,w_2,\cdots,w_n)\begin{bmatrix} r_{11} & \cdots & r_{1n} \\ \vdots & \ddots & \vdots \\ r_{m1} & \cdots & r_{mn} \end{bmatrix}^{\mathrm{T}}=(b_1,b_2,\cdots,b_n) \tag{6}$$

式中：$W$ 为权向量；$w_i$ 为第 $i$ 个评价指标在此层次中的权重值，$i=1$，2，…，$m$，$\sum_{i=1}^{m} w_i, w_i \geqslant 0$；$R$ 为 $n$ 个指标构成的评价矩阵，$R=(r_{ij})_{mn}$，$r_{ij}$ 为第 $j$ 个测点第 $i$ 个指标的相对影响程度；$B$ 为评价矩阵；$b_j$ 为第 $j$ 个测点的评价值。

将项目对社会的影响结果分为“非常不利影响”，“不利影响”，“无影响”，“有利影响”，“非常有利影响”，五个等级，并对五个等级一次赋值 0、0.2、0.5、0.8、1.0。

对于越大越优型指标中第 $i$ 个指标的第 $j$ 个测点求区间函数 $L_{ij}$

$$L_{ij}=n_{ij}/m_{ij} \tag{7}$$

若指标属于越小越优型，则区间函数为 $L_{ij}$ 的倒数。

规定 $L_{ij}$ 落在（0，0.5）区间内则为非常不利影响；落在（0.5，1）区间内则为不利影响；所得值为 1 则为无影响；落在（1，1.5）区间内为有利影响；落在（1.5，∞）区间内为非常有利影响。

最后得到评价矩阵 $R$。代入公式 $B=W\times R$，求得评价结果。

## 3 案例分析

运用以上方法对水利水电工程进行社会评价，本文中选取四川省岷江上游一级支流杂谷脑河上的水电开发项目对当地公共设施的影响进行分析验证，见表 1。

**表 1 公共设施的变化情况调查表[5]**

| 样点 | 卫生所 | | 小卖部 | | 学校 | 柏油路 |
|---|---|---|---|---|---|---|
| | 数量（个） | 距离（km） | 数量（个） | 距离（km） | 数量（个） | 距离（km） |
| | 2000～2005 年 | 2000～2005 年 | 2000～2005 年 | 2000～2005 年 | 2000～2005 年 | 2000～2005 年 |
| 点 1 | 1.05～1.00 | 0.86～1.10 | 3.80～4.25 | 117.90～106.20 | 1.00～1.00 | 988.00～916.50 |
| 点 2 | 0.65～0.75 | 4.71～3.94 | 2.35～3.00 | 208.90～134.30 | 1.00～0.00 | 186.00～111.60 |
| 点 3 | 1.10～1.10 | 1.08～1.20 | 2.65～3.85 | 276.25～328.75 | 1.00～0.80 | 1699.70～1728.00 |
| 点 4 | 0.93～0.31 | 2.28～3.22 | 2.50～4.38 | 358.75～149.69 | 0.67～0.20 | 1026.80～3868.00 |
| 点 5 | 0.88～0.88 | 1.05～3.38 | 3.38～3.50 | 66.71～66.71 | 0.88～0.63 | 76.25～175.00 |

根据表 1 中卫生所、小卖部、学校在 2000～2005 年数量的变化，得到权重分别为 0.3131、0.2122、0.4747。

将有关数据代入公式（7），并计算，确定判断矩阵得

$$\begin{pmatrix} 0.2 & 0.8 & 0.5 & 0 & 0.5 \\ 0.8 & 0.8 & 0.8 & 1 & 0.8 \\ 0.5 & 0.2 & 0.2 & 0 & 0.2 \end{pmatrix}$$

将以上结果代入公式（6），

$$B=W\times R=(0.3131 \quad 0.2122 \quad 0.4747)\begin{pmatrix} 0.2 & 0.8 & 0.5 & 0 & 0.5 \\ 0.8 & 0.8 & 0.8 & 1 & 0.8 \\ 0.5 & 0.2 & 0.2 & 0 & 0.2 \end{pmatrix}$$

$$=(0.64446\ 0.51518\ 0.42215\ 0.2122\ 0.42125)$$

根据表1中距离卫生所、小卖部、学校的路程长度和柏油路距离的变化，得到权重分别为0.2986、0.2166、0.4848

将有关数据代入公式（7），并计算，确定判断矩阵得

$$\begin{pmatrix} 0.2 & 0.8 & 0.2 & 0.2 & 0.5 \\ 0.8 & 1 & 0.2 & 1 & 0.5 \\ 0.8 & 1 & 0.2 & 0 & 0 \end{pmatrix}$$

将以上结果代入公式（6）

$$B=W\times R=(0.2986\quad 0.2166\quad 0.4848)\begin{pmatrix} 0.2 & 0.8 & 0.2 & 0.2 & 0.5 \\ 0.8 & 1 & 0.2 & 1 & 0.5 \\ 0.8 & 1 & 0.2 & 0 & 0 \end{pmatrix}$$

$$=(0.6208\quad 0.94028\quad 0.2\quad 0.27138\quad 0.2576)$$

求得公共设施变化的综合评价

$$(0.6327\quad 0.7277\quad 0.3111\quad 0.2418\quad 0.3394)$$

综上所述，点1点2为红叶电站二级电站厂址附近及坝址附近，由于红叶2级电站工程量较小，只涉及极少数影响施工的农户搬迁，由于水电站的施工建设所带来的经济、交通等方面的便利使这一地区农户得以享受，在评价结果中也有所体现；而点3点4是大面积移民区，所受到的不利影响则较强，这一评价结果与当地实际相符。

## 4　结论

本文通过研究水利水电工程对社会环境影响评价的现状，在前人研究的基础上进行改进，提出新的评价方法，得到以下成果：

（1）此方法避免了主观认为随意性，采用数学方法，更加客观合理。

（2）作者提出了区间函数并给评语集赋值，两者相结合得到评价矩阵，方法简单明了，并能得到合理结果。

（3）本文改进了原有评价中只有纵向比较（即所有测点就医、购物等）没有横向各因素综合考虑（每一测点从就医、购物等多方面）的缺点，得到了每一测点综合评价值。

（4）本论文中只选择了社会评价中的关于公共设施的变化情况的数据进行验证说明，在以后的研究中，通过调查问卷的方式采集项目建设前后的数据是比较简单可行的，可以解决社会评价中，多指标无法量化的问题，同时可以运用此模型进行社会评价。

（5）本论文中每个因素都涉及数量和距离两个变量，在最后的综合评价中，本文采用的算术平均的方法将两变量的评价结果进行综合，在以后的研究中，可以考虑对两变量进行加权，这样得到的结果会更加合理。

## 参 考 文 献

[1]　潘家铮．水利建设中的哲学思考［J］．中国水利水电科学研究院学报，2003（1）．

[2]　李彤，等．水利水电工程潜在安全隐患的探讨及防治措施［J］．科技创新导报，2010（6）．

[3]　关恒杰．水利建设项目社会评价方法研究［D］．南京：河海大学，2010．

[4]　许明丽，等．水库社会评价的模糊综合评价与层次分析法和德尔菲法耦合方法［J］．吉林农业大学学报，2007（2）．

[5]　王洪梅．水电开发对河流生态系统服务及人类福利综合影响评价——以四川省杂谷脑河水电开发为例［D］．北京：中国科学院，2007．

# The Hydraulic Engineering Social Assessment Based on Fuzzy Comprehensive Evaluation Method

Zhang Zecong Han Huiling Chen Li

(College of Urban and Rural Construction，Agricultural University of Hebei，Baoding Hebei 071000)

**Abstract** The hydraulic engineering social impact assessment stays in the stage of qualitative analysis. Even if the comprehensive evaluation method whose weight and evaluation matrix is obtained by the subjective method of expert's scoring method etc. , has great randomness. This article improved the fuzzy comprehensive evaluation method，proposed a method that combined the interval function and assign a value to the evaluation set，then obtained the appraisal matrix，then used the mathematical method to calculate the weight，The application of the model to hydropower development project on zagunao river，which is the first level branches of minjing river，obtained the objective，correspondence with the local actual conditions results. obtained the evaluation results of objectively and correspondence with the local actual conditions.

**Key words** water resources and hydropowerengineering；social assessment；fuzzy comprehensive evaluation

# 闸坝对河流水质水量影响的数值模拟研究*

李冬锋[1,2]　左其亭[1]　刘子辉[1]　李来山[1]

(1. 郑州大学水科学研究中心　郑州　450001；2. 华北水利水电学院　郑州　450011)

**摘　要**　本文以作者在淮河流域沙颍河槐店闸的实验工作为基础，借助SMS软件中的RAM2和RAM4模块，通过对沙颍河槐店闸上游的河道进行数值模拟，来研究闸坝对河流水质水量变化的影响。利用实验数据对模型进行率定和验证，证明了模型的有效性和实用性；然后使用模型设置不同的场景来分析闸坝对河流水量水质变化的影响。研究结果表明：闸坝降低了河道的自净能力，闸坝所拦蓄的水量将会极大增加河流发生突发性污染的概率。

**关键词**　闸坝调控；污染物迁移；数值模拟；水质水量

## 1　引言

随着社会的发展，人类通过修建闸坝来利用河流水资源的过程中，发现闸坝的存在对河流水环境系统具有一定的负面影响[1]。2004年10月国务院在蚌埠召开的淮河流域水污染防治现场会上，许多参加会议的专家学者认为淮河的闸坝过多是导致淮河水污染的主要原因之一。这种说法是否有一定的道理和科学依据？淮河支流众多的中小型闸坝对突发性水污染事件所起的作用到底有多大？这些问题亟待需要专家学者的解答。

近些年来，为了更好的治理淮河，改善淮河水质，许多专家学者开展了相关研究，如夏军等人建立淮河水文-水质-生态耦合模型，提出了一种水利闸坝工程对水生态影响的评价方法[2]；张永勇等在淮河流域污染最严重支流沙颍河，研究分析了沙颍河闸坝开启污染水体下泄对淮河干流下游水质的影响[3]；左其亭等通过实地考察和监测水质，分析和研究了闸坝对重污染河流水质水量作用规律[4]；阮燕云等在明渠水槽进行闸门调控实验，初步分析了闸门影响下污染物迁移转化分布规律[5]；2002年12月至2003年6月，淮河水利委员会在沙颍河开展水闸防污调度，在防止淮河干流水污染事故发生和减轻水污染危害方面取得积极成果[6]。总体来讲，这些研究缺乏针对某一代表性中小型闸坝进行较深入的实地研究，不能够清晰直观的反映单一闸坝对河流水质水量的影响，本文针对这一问题借助SMS软件建立二维水动力——污染物迁移模型来研究闸坝对河流的作用机理，帮助人们正确的认识闸坝对河道水质水量的影响。

## 2　研究区域概况

沙颍河是淮河第一大支流，同时也是污染十分严重的河流，历年来淮河的重大水污染事故都与沙颍河有关，因此本项研究以淮河流域沙颍河上的重要控制工程槐店闸为实例。研究区域包括闸上约4.3km河道。槐店闸位于沙颍河中游的河南省周口市沈丘县槐店镇，闸上流域面积28150km$^2$，正常蓄水量为3000～3700万m$^3$，最大蓄水量为4500万m$^3$。槐店闸由浅孔闸、深孔闸和船闸三部分组成。研究区域为闸上约4.3公里河道，共设置6个断面，断面Ⅰ至断面Ⅲ之间的河道为天然河道，断面Ⅲ至断面Ⅵ之间的河道为闸坝作用所影响的河道，如图1所示。

## 3　研究方法及模型的建立

### 3.1　研究方法概述

在天然河流中，河道中来水的流量和水质随着时间和空间不停的变化，因此单单依靠实验所取得数据不能准确、清晰的表达闸坝对河流水质变化的影响，因此需要借助模型来反映闸坝对河流水质变化的影响。本文以在2010年3月3～6日、10月7～11日的槐店闸大规模实地闸坝调控实验获取的数据为基础，基于

* 基金项目：高等学校博士学科点专项科研基金资助课题（20094101110002），国家科技重大专项（2009ZX07210－006），国家自然科学基金（51079132）。

第一作者简介：李冬锋（1976—　），男，河南三门峡人，博士生，讲师，水文学及水资源专业。Email：lidongfeng@ncwu.edu.cn

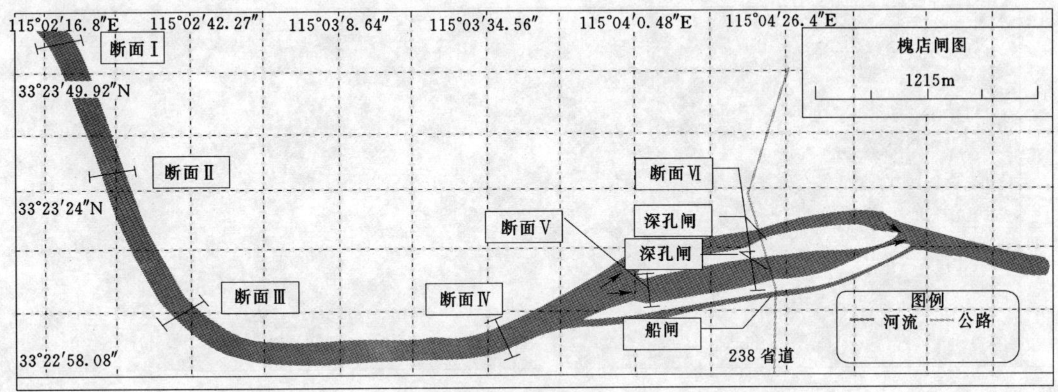


图1 研究区域地形图

SMS软件的RMA2和RMA4模块对研究区域的河道进行研究，率定和验证了模型，证明了模型的可靠性，然后通过场景模拟来研究闸坝对河流水质水量的影响。

### 3.2 SMS软件简介

地表水模拟系统SMS（surface water modeling system）是美国陆军工程兵水利工程实验室和扬·伯明翰大学等合作开发的软件，可用来模拟水体的流场和浓度场。它由FESWMS－2DH、RMA2、RMA4、SED2D等模块组成。本文以SMS软件中RMA2模块对所研究河道进行流场模拟，然后运用RMA4模块进行水质场模拟[7,8]。

#### 3.2.1 RMA2（二维有限元水动力数学模型）控制方程

$$\frac{\partial h}{\partial t}+h\left(\frac{\partial u}{\partial x}+\frac{\partial v}{\partial y}\right)+u\frac{\partial h}{\partial x}+v\frac{\partial h}{\partial y}=0 \tag{1}$$

$$h\frac{\partial u}{\partial t}+hu\frac{\partial u}{\partial x}+hv\frac{\partial u}{\partial y}-\frac{h}{\rho}\left(E_{xx}\frac{\partial^2 u}{\partial x^2}+E_{xy}\frac{\partial^2 u}{\partial y^2}\right)+gh\left(\frac{\partial a}{\partial x}+\frac{\partial h}{\partial x}\right)+\tau_x-S_x=0 \tag{2}$$

$$h\frac{\partial v}{\partial t}+hu\frac{\partial v}{\partial x}+hv\frac{\partial v}{\partial y}-\frac{h}{\rho}\left(E_{yx}\frac{\partial^2 v}{\partial x^2}+E_{yy}\frac{\partial^2 v}{\partial y^2}\right)+gh\left(\frac{\partial a}{\partial y}+\frac{\partial h}{\partial y}\right)+\tau_y-S_y=0 \tag{3}$$

以上式中：$h$为水深；$x$和$y$为水平方向笛卡尔坐标；$u$和$v$为水流的$x$和$y$分量；$t$为时间；$\rho$为水密度；$g$为重力加速度；$z$为河底高程；$E_{xx}$、$E_{yy}$、$E_{yy}$、$E_{yy}$为涡动黏滞度系数；$\tau_x$和$\tau_y$为河床剪切力。

#### 3.2.2 RMA4（二维有限元污染物迁移模型）控制方程

$$h\left(\frac{\partial c}{\partial t}+u\frac{\partial c}{\partial x}+v\frac{\partial c}{\partial y}-\frac{\partial}{\partial x}D_x\frac{\partial c}{\partial x}-\frac{\partial}{\partial y}D_y\frac{\partial c}{\partial y}-\sigma+kc+\frac{R(c)}{h}\right)=0 \tag{4}$$

式中：$h$为水深；$c$为某点（$x$，$y$）处河水的污染浓度；$t$为时间；$D_x$和$D_y$为污染物的扩散系数；$k$为污染物的降解系数；$\sigma$为源/汇项；$R(c)$为降雨/蒸发率。

在本文针对槐店闸调控的研究过程中，因为模拟的时间较短，气温低，故$R(c)$（降雨/蒸发率）的值可近似为0；实测河流的含沙量（约0.5kg/m$^3$）极低，且在闸坝前河道的底泥取样中，发现底泥的含量很小，因此在考虑底泥的沉淀和再悬浮对水体污染物浓度的影响过程中，把底泥的沉淀和再悬浮引起的污染物增减量并入$\sigma$（源/汇项）中。

### 3.3 模型的求解

方程用有限元的Galerkin加权余量法离散，用Newton-Raphson非线性迭代进行全隐式求解，求解中使用波前法求解技术。单元是2维的四边形或三角形单元，空间积分用高斯积分，时间导数用非线性有限差分近似代替。

### 3.4 模型的建立

#### 3.4.1 网格的生成和地形高程图的建立

断面Ⅰ至断面Ⅲ之间的河道（天然河道）为无结构八结点四边形网格，断面Ⅲ至断面Ⅵ之间的河道为无结构六结点三角形网格，研究区域共生成90个四边形网格和387个三角形网格，如图2所示。

根据实地测量的河道地形数据，构建了研究区域的河道地形高程图，如图3所示。

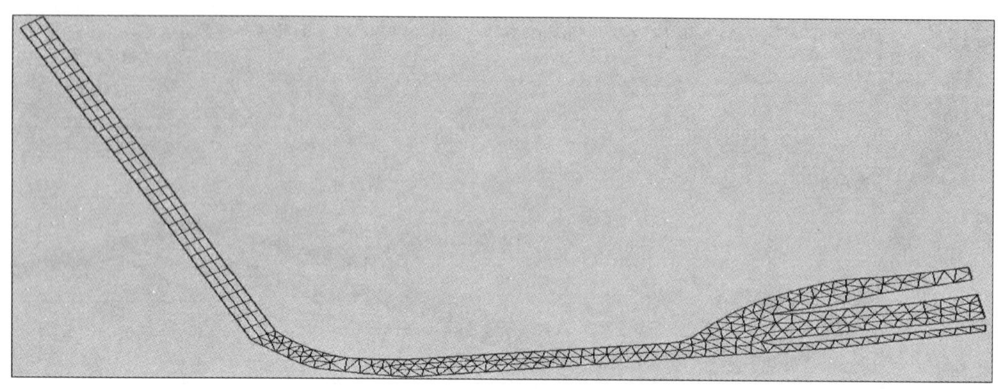

图 2　研究区域网格图

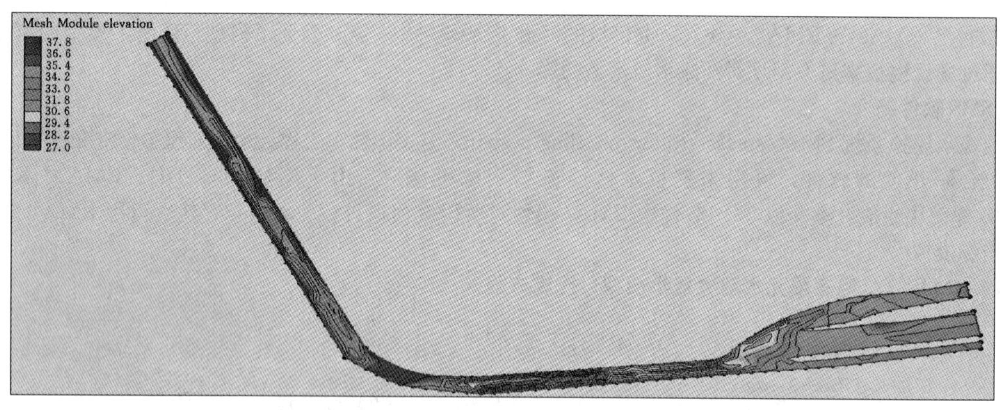


图 3　研究区域的地形高程图

### 3.4.2　模型边界条件及参数的率定

模型使用 2010 年 3 月 3～6 日在槐店闸所做的闸坝调控实验实测资料，闭边界采用自由滑移边界条件。以 2010 年 3 月 4 日为模拟时段，流量和水位作为上、下游的开边界条件，上游取流量过程线，下游取水位过程线，水质模拟上游边界取 $COD_{Cr}$浓度过程线。

借助两次实验的数据，对实测数据进行相关分析，将 $COD_{Cr}$降解系数表示为流速和水深的函数，得到研究区域的降解系数计算公式：

$$k_{cod}=0.021+0.54\frac{V}{H} \tag{5}$$

式中：$k_{cod}$ 为 $COD_{Cr}$的降解系数，$d^{-1}$；$V$ 为监测河段平均流速，m/s；$H$ 为监测河段的平均水深，m。

具体参数的率定值见表 1。

**表 1**　　**参 数 的 率 定 值**

| 糙　率 $n$ | | 涡黏系数 $E$ | 扩散系数 $D$ | 降解系数 $k$ | |
|---|---|---|---|---|---|
| 天然河道 | 闸坝作用的河道 | RMA2 默认值 | $0.3m^2/s$ | 天然河道 | 闸坝作用的河道 |
| 0.028 | 0.025 | | | $0.15d^{-1}$ | $k_{cod}=0.021+0.54\frac{v}{H}$ |

### 3.4.3　模型的验证

以 2010 年 3 月 6 日断面Ⅰ的实测资料为初始条件进行数值模拟，模拟结果与实验数据的对比见图 4。其中图 4（a）显示断面 $V$ 的流速的计算值和实测值对比，图 4 显示的是 3 月 4 日 13：00 各断面的流速和 $COD_{Cr}$浓度变化图。

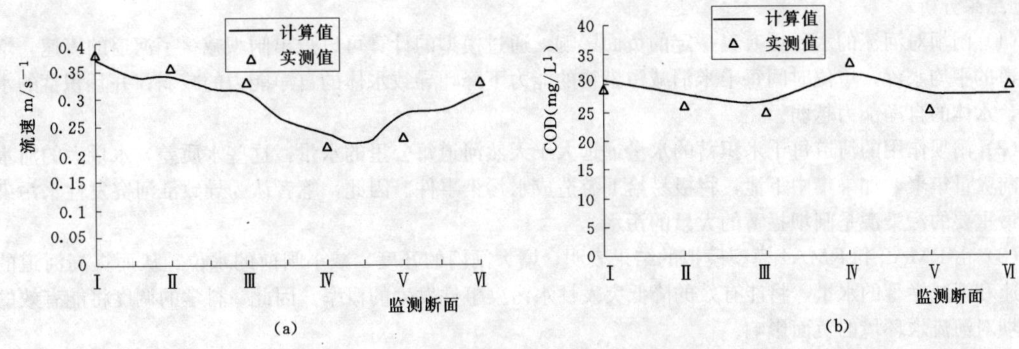


图 4 监测断面流速和 $COD_{Cr}$浓度变化图

(a) 监测断面流速变化图；(b) 监测断面流速变化图

由图 4 的计算结果和实测值的对比可以看出，计算值与实测值趋势一致，计算误差在合理的范围以内，说明模型能够较好的模拟研究区域河道污染物迁移变化的规律。

## 4 场景模拟和结果分析

### 4.1 场景模拟

为了更加清晰的了解闸坝对河道水质水量的影响，根据所建立的模型，设定断面Ⅰ的恒定流量为 60m³/s，$COD_{Cr}$浓度 34.2mg/L（实验平均值），闸坝保持现状调度方式（闸门开度 10cm），模拟时间 48 小时，闸前的水位分别为 37m、37.5m 和 38m。设置三种场景来计算闸坝在不同蓄水量的情况下闸坝作用河道和天然河道水量水质变化趋势。场景设置见表 2。

表 2 三种模拟场景

| 场景 | 模拟时间 (h) | 闸前水位 (m) | 上游来水水质水量 |
|---|---|---|---|
| 1 | 24 | 37 | $COD_{Cr}$浓度 34.2mg/L（实验平均值），上游来水量恒定为 60m³/s |
| 2 | 24 | 37.5 | |
| 3 | 24 | 38 | |

根据三种场景，使用模型分别计算天然河道和闸坝作用河道的水位、流速和 $COD_{Cr}$值的变化，从而计算出三种场景下天然河道和闸坝作用河道的水量对比图和消减 $COD_{Cr}$总量图，分别如图 5（a）、图 5（b）所示：

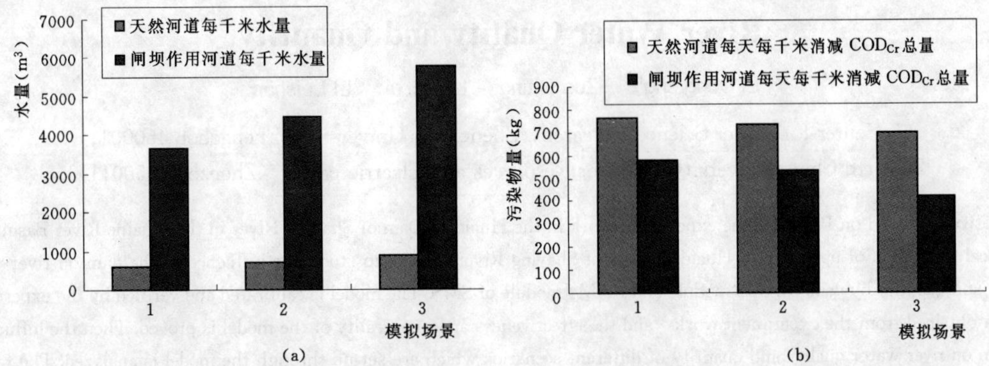


图 5 三种场景下河道蓄水量和 $COD_{Cr}$消减总量图

(a) 三种场景河道水量对比图；(b) 三种场景消减的 $COD_{Cr}$总量图

### 4.2 结果分析

（1）闸坝对河流的水环境有着一定的负面影响，通过模型的计算可以得出闸坝减缓了河道的流速，增大了河道的平均水深，单位时间每千米消减污染物的能力下降，导致水体的自净能力的减弱；并且积蓄的水量越大，水体的自净能力越弱。

（2）闸坝作用的河道每千米积蓄的水量远远大于天然河道每公里的水量，这些水质差，水量大的河水在闸坝前大量集聚，如果集中下泄，将极易给下游造成水污染事件。因此，笔者认为导致淮河突发性水污染事件的最重要的污染源是闸坝拦蓄的大量的污水。

（3）由 RMA2 和 RMA4 模型模拟的结果表明，增大闸门的开度，减小闸前的水位，从而提高河道的平均流速和消减拦蓄的水量，将能有效的降低突发性水污染事件发生的概率。因此，科学的调度将能有效的减轻闸坝对河流水环境的负面影响。

## 5 结束语

本文选择淮河支流沙颍河上的槐店闸作为研究对象，借助 SMS 软件的 RMA2 和 RMA4 模块对闸坝作用的河道和天然河道水体的水质水量变化规律进行研究。结果表明，闸坝使河道的纳污能力大幅下降，闸坝拦蓄的水量是造成水污染事件的重要污染源。

通过分析不同场景下的模型模拟结果可知，减少闸坝拦蓄的水量，增大河道的流速将能有效的增大河流的纳污能力，改善河流水质。本研究在实地实验的基础上，进一步揭示不同的闸坝对河流水质水量的影响作用，可为淮河闸坝群水质水量联合调度提供技术支持。

## 参 考 文 献

[1] 索丽生．闸坝与生态［J］. 中国水利，2005（16）：5-7.

[2] 夏军，赵长森，刘敏，等．淮河闸坝对河流生态影响评价研究——以蚌埠闸为例［J］. 自然科学学报，2008，23（1）：47-60.

[3] 张永勇，夏军，王纲胜，等．淮河流域闸坝联合调度对河流水质影响分析［J］. 武汉大学学报（工学版），2007，40（4）：31-35.

[4] 左其亭，高洋洋，刘子辉．闸坝对重污染河流水质水量作用规律的分析与讨论［J］. 资源科学，2010，32(2)：261-266.

[5] 阮燕云，张翔，夏军，等．闸门对河道污染物影响的模拟研究［J］. 武汉大学学报（工学版），2009，42（5）：673-676.

[6] 程绪水，沈哲松．沙颍河水利工程调度对改善淮河水质的影响分析［J］. 水资源保护，2004，20（4）：25-27.

[7] US Army. Users to Guide to RMA2 WES Version 4.5［K］. Engineer Research and Development Center Waterways Experiment Station Coastal and Hydraulics Laboratory.

[8] US Army. Users to Guide to RMA4 WES Version 4.5［K］. Engineer Research and Development Center Waterways Experiment Station Coastal and Hydraulics Laboratory.

# Numerical Simulation of the Influence of Dam on River Water Quality and Quantity

Li Dongfeng[1,2] Zuo Qiting[1] Liu Zihui[1] Li Laishan[1]

（1. Center for Water Science Research，Zhengzhou University，Zhengzhou 450001；
2. North China University of Water Resources and Electric power，Zhenzhou 450011）

**Abstract** Based on Based on the experiment work in the Huaidian Dam of Shaying River in the Huaihe River Basin，the numerical simulation of upstream in Huaidian Dam of Shaying River is done to study the influence of the dam on river water quality and quantity by using RAM2 module and RAM4 module of SMS. The model is calibrated and verified by the experimental data obtained from the experiment work，and the effectiveness and practicality of the model is proved. Then the influent of the dam on river water quality and quantity of different scenarios which are set up through the model is analyzed. The results show that dam can reduce self-purification capacity of the river，and the water retained by the dam will greatly increase the probability of abruptness accidents of river pollution.

**Key words** dam operation；contaminant transport；numerical simulation；water quality and quantity

水与区域可持续发展

# 水 文 信 息 学

# GAM 在水质预测中的应用*

张庆庆　许月萍　牛少凤　徐　晓　楼章华

（浙江大学建工学院水文与水资源工程研究所　杭州　310058）

**摘　要**　鉴于水环境的复杂性，为提高预测精度，将广义可加模型应用于水质预测，并以钱塘江支流东阳江许村至义东桥河段的水质预测为案例，首先确定反应变量的分布形式，建立既含参数项又含非参数项全模型；以全模型为初始模型进行逐步筛选，选出赤池信息准则值最小的模型；根据该模型的拟合残插图确定异常点，对剔除异常点后的数据重新拟合得到最优广义可加模型。最后，用最优广义可加模型预测 2007 年义东桥断面的水质，并将预测结果与广义线性模型进行比较。结果表明，广义可加模型比广义线性模型的拟合效果要好，更适用于水质预测。

**关键词**　广义可加模型；非参数回归；广义线性模型；水质预测

## 1　前言

回归分析是水环境系统分析、预测中一种较为常用的数理统计方法。然而，传统的参数化回归分析模型由于受到样本数据分布等前提条件的限制，适用性不够强，对水质的预测误差较大。而通常的非参数模型虽然在模型假定方面适应性很强，可比较灵活地探测数据间的复杂关系，但是当模型中解释变量数目较多时，模型的准确度会明显减低。1990 年 Hastie 和 Tibshirani 提出广义可加模型（generalized additive models，GAM)[1]，GAM 建立在非参数回归和平滑技术的基础上，由非参数加性项构成，每一个加性项使用单个光滑函数估计，可以解释反应变量如何随解释变量的变化而变化，而且克服了解释变量数目过多所造成的模型精度降低的问题，适用于处理反应变量和众多解释变量间过度复杂的非线性关系。本文将探索 GAM 在钱塘江支流东阳江许村至义东桥河段的水质预测的可行性，并与广义线性模型的预测结果进行对比分析。

## 2　方法介绍

### 2.1　GAM 的概念

假设 $Y$ 为反应变量，$X$ 为解释变量，经典的多变量线性回归模型的形式如下：

$$E(Y|X_1,X_2,\cdots,X_P)=\beta_0+\beta_1X_1+\beta_2X_2+\cdots+\beta_PX_P \tag{1}$$

式中：$E$ 为 $Y$ 的条件期望，$\beta_0$，$\beta_1$，$\beta_P$ 为系数通过最小二乘法获得。

如果 $Y$ 的条件期望与 $X$ 的关系是非线性的，需要改变两者间的函数形式建立模型来描述它们间的关系。一种是改变反应变量期望的函数形式，把它记为 $g(\mu)$，其中，$\mu=E(Y\mid X_1,X_2,\cdots,X_P)$。模型的形式为

$$g(\mu)=\beta_0+\beta_1X_1+\beta_2X_2+\cdots+\beta_PX_P \tag{2}$$

称之为广义线性模型（generalized linear models，GLM）。另一种是用非参数的形式 $S_i(\cdot)$ 来描述反应变量的条件期望与解释变量的对应关系，模型形式为

$$|E(Y|X_1,X_2,\cdots,X_P)=s_0+s_1(x_1)+s_2(x_2)+\cdots+s_p(x_p) \tag{3}$$

式中：$s_i(\cdot)$，$i=1,2,\cdots,p$ 为第 $i$ 个解释变量的非参数光滑函数。

称之为可加模型。

若将广义线性模型与可加模型结合起来，则得到广义可加模型：

$$\eta=g(\mu)=s_0+s_1(x_1)+s_2(x_2)+\cdots+s_p(x_p) \tag{4}$$

式中：$|\mu=E(Y\mid X_1,X_2,\cdots,X_P)$，$\eta$ 为线性预测值；$g(\cdot)$ 为连接函数；$s_i(\cdot)$，$i=1,2,\cdots,p$ 为第 $i$ 个解释变量的非参数光滑函数，它可以是光滑样条函数，核函数或者局部回归光滑函数[1]，它的非参数

* 基金项目：浙江省自然科学基金重点项目（Z5080048）；国家自然科学基金（50809058）。

第一作者简介：张庆庆（1984—　），女，山东临沂人，博士生，主要从事水资源与水环境研究．E－mail：zqq19840112@gmail. com

形式使得模型非常灵活，揭示出解释变量的非线性效应。

模型中不一定每一个项都是非参数形式的，也可以纳入参数项，因为有时反应变量与解释变量之间的关系简化成参数形式会更便于解释，其形式为

$$g(\mu)=s_0+X\beta+\sum s_i(x_i) \tag{5}$$

GAM 作为非参数模型，所需的假设要比参数模型弱得多，对反应变量的分布形式没有特殊要求，而且不需要事先进行线性假设。对预测变量的形式也没有要求，而是采用非参数的方法进行拟合，利用光滑样条灵活处理自变量与因变量之间的复杂关系，唯一的假设是各函数项是光滑的且是可加的。本文利用即含参数项又含非参数项的广义可加模型来对水质进行预测。

### 2.2 GAM 的估计

一般线性模型的估计就是借助最小二乘法。GAM 在要求满足最小二乘法的同时，还要兼顾光滑性[1]。模型的估计过程如下。

#### 2.2.1 模型的设定

对数据进行大致分析，确定连接函数以及模型的基本形式。利用 QQ 图来确定反应变量的分布族，进而确定连接函数。广义可加模型适用于很多分布类型的资料，所以对于不同类型的资料，连接函数 $g(\cdot)$ 的形式也不同。利用散点图来大致判断反应变量与解释变量之间的关系，初步确定解释变量的函数是参数形式还是非参数形式。对于同一组多变量数据资料，可行的模型往往不止一个。如何选择合适的评价指标，并结合实际情况，选出拟合效果最好的模型作为最终的模型是关键的问题。

#### 2.2.2 连接函数的估计

连接函数的非参数估计有多种方法，包括：①Gauss－Newton 算法，即广义的局部积分程序[2]；②平均导数估计技术[3]；③限制回归法[4,5]。

#### 2.2.3 单变量函数 $s_i(\cdot)$ 的估计

GAM 中 $s_i(\cdot)$ 的估计采用局部积分算法（local－scoring procedure）[1]。此算法是由迭代再加权最小二乘法（iteratively－reweighted least－squares，IRLS）与后退拟合（backfitting）过程合并而成。具体迭代过程如下：

（1）初始化：$s_i=g[E(y)]$，$s_1^0=s_2^0=\cdots=s_p^0=0$，$m=0$。

（2）迭代过程：$z_i$，$w_i$ 随广义可加模型中连接函数的不同而不同，$z_i$ 指校正的因变量，$w_i$ 指权重，

$$\eta_i^{m-1}=s_0-\sum_{j=1}^{p}s_j^{m-1}(x_{ij})$$

$$\mu_i^{m-1}=g^{-1}(\eta_i^{m-1})$$

$$w_i=(\partial\mu_i/\partial\eta_i)_{m-1}^2V_i^{-1}$$

$$z_i=\eta_i^{m-1}+(y_i-\mu_i^{m-1})(\partial\eta_i/\partial\mu_i)_{m-1}$$

对 $z$ 适用加权 backfitting 算法拟合加性模型可得到 $s_i^m(\cdot)$ 和新的权重，当满足收敛标准或离差不再减少时，Local－Scoring 算法停止。

#### 2.2.4 光滑参数的估计

光滑参数 $\lambda$ 表示偏差与方差的交换率，它决定了拟合曲线的光滑度。对于统计量均方误差

$$E\{\hat{s}_k(x_i)-s(x_i)\}^2=\text{var}\{\hat{s}_k(x_i)\}+[E\hat{s}_k(x_i)-s(x_i)]^2 \tag{6}$$

式中，第一项代表拟合函数的方差，第二项代表偏差，使它最小化的光滑参数就应该是最佳的光滑参数[1]。通常采用赤池信息准则（akaike information criterion，AIC）为标准通过最小化偏差来估计光滑参数。

## 3 实例分析

### 3.1 数据来源

图 1 为钱塘江支流东阳江许村断面和义东桥断面示意图，本文拟用许村断面监测数据对义东桥断面进行水质建模预测。由于 2002 年到 2003 年的资料缺乏 COD 与 TN 浓度监测值，本文选用 1995～2001 年和 2004～2007 年共 38 个监测样本作为基本资料进行建模。根据污染物在水中的物理生化反应，最终取许村断面高锰酸钾（$COD_{Mn}$）、氨氮（$NH_3-N$）、总氮（TN）、溶解氧（DO）、化学需氧量（COD）及月平均流量（Q）6 个变量作为义东桥断面氨氮（$NH_3-N^*$）影响因子建模预测。

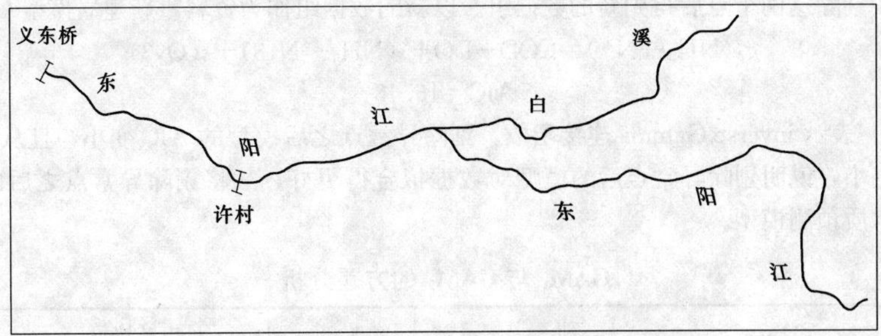


图1　许村至义东桥水质监测断面分布

### 3.2　模型拟合

对反应变量进行正态检验，结果不服从正态分布。通过散点图可以发现，解释变量的变化趋势形式未知，并且反应变量随解释变量的变化趋势非常不规则，故采用GAM来拟合。假定模型中的误差分布为正态分布，非参数项的拟合采用三次平滑样条函数。

#### 3.2.1　分布族的确定

对$NH_3$—N＊所有可能的分布做QQ图，并进行比较，最终认为Gamma分布的QQ图最为理想，故考虑用Gamma分布的广义可加模型来拟合数据。图2为$NH_3$—N＊监测数据Gamma分布的QQ图。

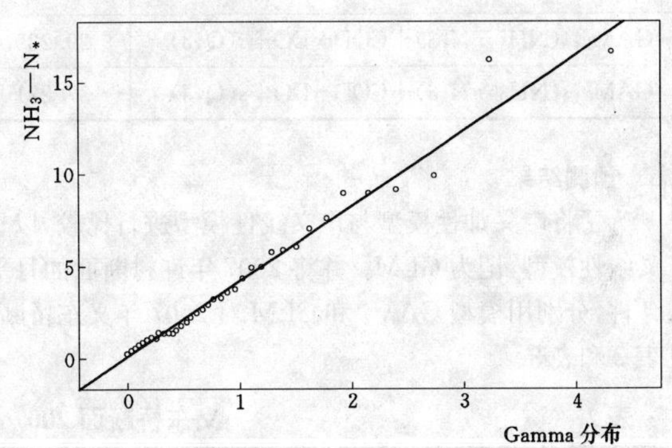


图2　$NH_3$—N＊的分布QQ图

#### 3.2.2　模型的筛选

以全模型为初始模型，进行“逐步筛选”，即从初始模型出发，通过逐次减少一个变量来搜索最优模型。全模型的形式为

$$g(NH_3—N^*) = \sum_{i=1}^{6} X_i \tag{7}$$

$$X_1 = 1 + COD_{Mn} + s(COD_{Mn},3) + s(COD_{Mn},4)s(COD_{Mn},5)$$
$$X_2 = 1 + NH_3—N + s(NH_3—N,3) + s(NH_3—N,4) + s(NH_3—N,5)$$
$$X_3 = 1 + COD + s(COD,3) + s(COD,4) + s(COD,5)$$
$$X_4 = 1 + TN + s(TN,3) + s(TN,4) + s(TN,5)$$
$$X_5 = 1 + DO + s(DO,3) + s(DO,4) + s(DO,5)$$
$$X_6 = 1 + Q + s(Q,3) + s(Q,4) + s(Q,5)$$

“逐步筛选”不仅考虑了解释变量的不同组合，还考虑到了非参数光滑函数的光滑程度以及模型的连接函数$g(\cdot)$的选择。由于反应变量服从Gamma分布，对应的连接函数可能有Gamma，log Gamma和inverse Gamma之间进行选择。筛选的指标选用赤池信息准则（akaike information criterion，AIC）[6]。经筛选，得到最优模型$GAM_1$：

$$g_1(NH_3—N^*) = COD + DO + s(NH_3—N,3) + s(Q,3)$$
$$AIC = 21.52 \tag{8}$$

式中：函数$g_1(\cdot)$表示inverse Gamma连接函数。

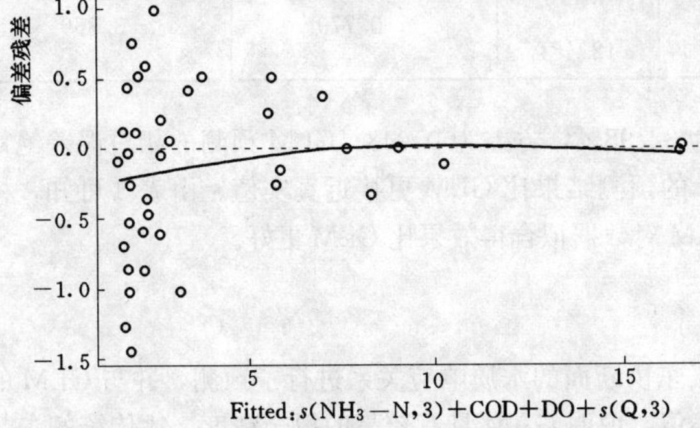


图3　$GAM_1$拟合的残差图

#### 3.2.3　剔除异常点

异常点常常被分析人员看作“坏值”。本研究采用一种最简单的做法，即剔除异常点，来减少异常值的影响[7]。从上述最优模型拟合的残差图（图3）中可以看出，第7和第8个点偏离整体较远，怀疑它们是异常点。

从数据资料中剔除这两个点后得到新的数据组。以新的数据组作为资料重新建立模型 $GAM_2$：

$$g_2(NH_3—N^*)=COD+DO+s(NH_3—N,3)+s(Q,3)$$

$$AIC=16.43 \tag{9}$$

同样，$g_2(\cdot)$ 表示 inverse Gamma 连接函数。剔除异常点之后模型的 AIC 变小，且从表 1 的方差分析可知，其偏差也更小，说明剔除异常点后的模型对数据拟合得更好，故将剔除异常点之后的模型 $GAM_2$ 作为义东桥断面的水质预测模型。

**表 1　$GAM_1$ 与 $GAM_2$ 的方差分析**

| 模　　型 | 残差自由度 | 残差的偏差 | 自由度比较 $Df(GAM_1)-Df(GAM_2)$ | 偏差比较 $Dev(GAM_1)-Dev(GAM_2)$ |
|---|---|---|---|---|
| $GAM_1$：$s(NH_3-N,3)+COD+DO+s(Q,3)$ | 29.239 | 12.702 | 2.019 | 3.587 |
| $GAM_2$：$s(NH_3-N,3)+COD+DO+s(Q,3)$ | 27.221 | 9.114 | | |

### 3.3　预测结果

为了将广义加性模型与广义线性模型进行比较，以剔除异常点后的新数据组为资料，通过逐步筛选，拟合广义线性模型，记为 GLM。并将 2007 年许村断面的月平均流量、氨氮浓度、总氮、溶解氧及化学需氧量作为输入条件，分别用模型 $GAM_2$ 和 GLM 对 2007 年义东桥断面的氨氮进行预测。预测结果以及两模型的方差分析见表 2 和表 3。

**表 2　义东桥断面 2007 年氨氮预测结果**

| 月　　份 | 实测值(mg/L) | $GAM_2$ | | GLM | |
|---|---|---|---|---|---|
| | | 预测值(mg/L) | 相对误差(%) | 预测值(mg/L) | 相对误差(%) |
| 1 | 8.22 | 8.26 | 0.49 | 3.49 | 57.54 |
| 3 | 5.62 | 3.56 | 36.65 | 2.50 | 55.52 |
| 5 | 1.56 | 2.34 | 50 | 2.77 | 77.56 |
| 7 | 3.31 | 3.87 | 16.92 | 3.34 | 0.91 |
| 9 | 2.06 | 2.86 | 38.83 | 1.15 | 44.17 |
| 11 | 2.2 | 3.41 | 55 | 3.52 | 60 |

**表 3　$GAM_2$ 与 GLM 方差分析表**

| 模　　型 | 残差自由度 | 残差的偏差 | 自由度比较 $Df(GAM_2)-Df(GLM)$ | 偏差比较 $Dev(GAM_2)-Dev(GLM)$ |
|---|---|---|---|---|
| $GAM_2$：$s(NH_3-N,3)+COD+DO+s(Q,3)$ | 27.221 | 9.116 | −0.779 | −3.369 |
| GLM：$COD_{Mn}+NH_3-N+COD+TN+DO+Q$ | 28 | 12.484 | | |

由表 3，$GAM_2$ 预测的相对误差绝对值的平均值为 32.98%，方差为 0.043；GLM 预测的相对误差绝对值的平均值为 49.28%，方差为 0.068。这说明 $GAM_2$ 的预测结果比 GLM 更接近真实值。由表 3 可知，模型 $GAM_2$ 的偏差比模型 GLM 的要小。综上分析，GAM 对数据拟合得效果比 GLM 更好。

## 4　结论

本文应用 GAM 对钱塘江支流东阳江许村断面至义东桥断面的水质响应关系进行了预测，并与 GLM 的预测结果进行了比较，且预测结果比 GLM 更接近真实值，说明 GAM 具有较高的拟合精度，比传统的参数和非参数回归更适用于复杂的水环境系统。这是由于 GAM 具有传统回归方法无法比拟的适应性和灵活性。

## 参 考 文 献

[1] Hastie T J，Tibshirani R J. Generalized additive models [M]. London：Chapman and Hall，1990：89 - 300.

[2] Hastie T J，Tibshirani R J. Generalized additive models [R]. Tech. Rep，Department. of Statistics，Stanford University，1984.

[3] Härdle W.，Stoker. T. M. Investigating smooth multiple regression by the method of average derivatives [J]. J. Amer. Statist. Assoc，1989，84：986 - 995.

[4] Naihua Duan，Ker-Chau Li. Slicing regression：a link-free regression method [J]. Ann. Statist.，1991，19 (2)：505 - 530.

[5] Ker-Chau Li，Naihua Duan . Regression analysis under link violation [J]. Ann. Statist.，1989，17 (3)：1009 - 1052.

[6] 王秀峰 . 系统建模与辨识 [M]. 北京：电子工业出版社，2004：1 - 105.

[7] 于振凡 . 数据的统计处理和解释 [M]. 北京：中国标准出版社，2006：10 - 89.

# 潼关站泥沙过程预报

韦　民　郭旭阳　王建群

（河海大学水文水资源学院　南京　210098）

**摘　要**　本文以潼关水文站为研究对象，分别采用人工神经网络法和系统响应法对潼关站洪水过程相应的含沙量过程进行了预报，并对两种方法进行了分析比较。计算结果表明系统响应法的结果优于人工神经网络法。

**关键词**　泥沙预报；人工神经网络；系统响应函数

## 1　引言

黄河的泥沙预报是一项难度很大、研究问题极为复杂的挑战性课题，又是治黄生产实践迫切需要解决的一项重大课题，目前国内外尚无可借鉴的成熟经验和方法。文献［1］应用投影寻踪回归技术，建立了流域年均含沙量的预测模型。文献［2］应用人工神经网络模型方法，建立了流域年均含沙量的预测模型。文献［3］将神经网络应用于河流水沙运动预报模型中，其将多种影响河流中沙量的水力因素作为模型输入，从而进行数据训练，得到确定河流的神经网络水沙演进预报模型，为河道水沙运动变化和是洪水预报提供了一条新的途径。文献［4］通过理论分析并结合三门峡水库的实际情况，建立了三门峡水库潼关以下库区泥沙冲淤变化和潼关断面水位变化的 BP 预测模型。文献［5］采用系统响应函数法建立了黄河下游夹河滩站含沙量过程预报模型。研究黄河潼关水文站泥沙过程预报问题对黄河中下游实时水沙调度具有重要的意义。本文将研究采用人工神经网络法和系统响应函数法建立潼关站泥沙过程预报模型，并对两种方法进行对比分析。

## 2　人工神经网络及其应用

### 2.1　基本原理

人工神经网络是对人脑若干基本特性通过数学方法进行的抽象和模拟，主要特征是自学习，通过对样本模式的学习模拟信息之间的内在机制。神经网络对河道洪水演进机制进行识别的实质，是通过选择适当的神经网络模型，逼近实际系统的动态过程。若以上游某断面的水文要素作为网络的输入，以下游某断面所形成的相应水文要素作为网络的输出，网络模型通过对历史水文资料的学习，就能对蕴含在该河段的水文规律进行映射。

设网络输入 $X=[X_1, X_2, \cdots, X_n]^T$ 表示上游断面的来流条件，输出 $Y=[Y_1, Y_2, \cdots, Y_n]^T$ 表示下游断面的出流条件，期望输出 $Y_d=[Y_{d1}, Y_{d2}, \cdots, Y_{dn}]^T$ 表示下游断面实测的水流情况，洪水演进机制可表示为从输入矢量 $X(t)\in R^n$ 到输出矢量 $Y(t)\in R^n$ 的非线性映射 $N_e$，即

$$N_e: X(t)\in R^n \rightarrow Y(t)\in R^n \tag{1}$$

误差指标为

$$E=\sum \| e \|^2 = \| Y_{dk}-Y_k \|^2 \quad (k=1,\cdots,n) \tag{2}$$

可以采用误差反传播的 BP 算法来修改网络权重，使网络误差降低到足够小，以达到所需要的映射精度。

### 2.2　模型概化及建立

在多泥沙河道洪水智能预报模型中，流量和含沙量相互联系，互相制约，所以将两个水文要素同时作为网络的输入和输出，即将上游流量和含沙量作为网络的输入，下游相应的流量和含沙量作为网络的输出，以历史洪水资料作为样本对网络进行训练，使网络识别出该河段的水沙演进规律，并将该规律贮存在网络权重中。如果已知河道上游的流量和含沙量，完成训练的网络就会预报出下游的流量和含沙量，洪水在河道中自

---

第一作者简介：韦民（1986—　），男，陕西延安人，河海大学硕士研究生，主要研究方向为水资源规划管理。E-mail：wm_600@163.com

上游至下游的传播时间即为网络的预见期。单一河道多泥沙洪水智预报模型的结构示意图如图 1 所示。

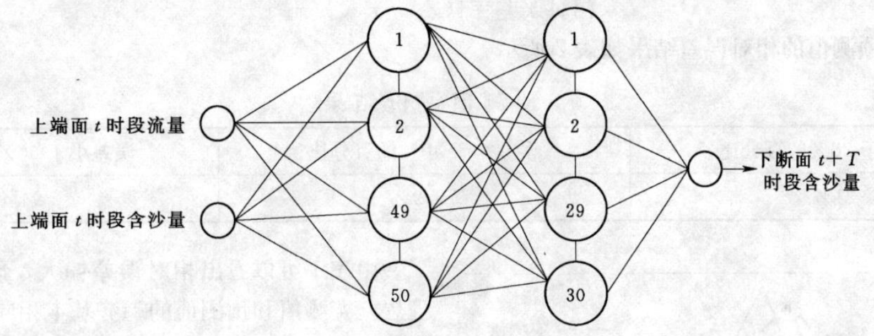


图 1　预报模型的结构示意图

图 1 中，$T$ 是网络的预见期，以每 6 小时为一个时段对于多泥沙河道水沙预报的建模思路是：构造神经网络模型，应用河道水沙资料进行模型训练，当训练精度达到要求时，神经网络模型就能在此精度下映射水沙演进机制。

由于龙门、华县、状头、河津距离潼关的远近不异，加之泥沙运动所受到诸多因素的干扰，各站沙峰传播到潼关的时间长短不等，所以本文就采用错时段求合成断面的含沙量。不考虑洪峰与沙峰传播时间的不一致，龙门沙峰传至此断面的平均 20 小时，华县为 15 小时，状头为 22 小时，河津为 18 小时。利用公式（3）可求得 $s_{上t}$。

$$S_{上t}=\frac{S_{LM}(t-20)Q_{LM}(t-20)+S_{HX}(t-15)Q_{HX}(t-15)+S_{ZT}(t-22)Q_{ZT}(t-22)+S_{HJ}(t-18)Q_{HJ}(t-18)}{Q_{LM}(t-20)+Q_{HX}(t-15)+Q_{ZT}(t-22)+Q_{HJ}(t-18)} \tag{3}$$

式中：$S_{LM}$、$Q_{LM}$ 为龙门的含沙量和流量；$S_{HX}$、$Q_{HX}$ 为华县的含沙量和流量；$S_{ZT}$、$Q_{ZT}$ 为状头的含沙量和流量；$S_{HJ}$、$Q_{HJ}$ 为河津的含沙量和流量。

就实质而言，人工神经网络模拟的是在一段相对稳定的时间内河道水沙的演进规律，虽然从算法角度讲，样本序列越多，对规律的识别越精确，但是由于各种复杂的因素使河道和来流条件发生变化，过长的样本序列会产生“以旧规律预报新现象”的弊端。所以，过长的样本序列反而会带来更大的预报误差，本文为了避免采用过长的样本序列而选取了发生时间间距比较近的四场洪水的水沙过程作为组织训练样本来预报，见表 1。

**表 1　　训练样本和测试样本资料统计表**

| | 沙峰出现时间（年-月-日 时：分） | $Q_{max}$（m³/s） | $Q_{min}$（m³/s） | $S_{max}$（kg/m³） | $S_{min}$（kg/m³） |
|---|---|---|---|---|---|
| 训练样本 | 1981-07-08 20：00 | 6430 | 1700 | 114 | 20.3 |
| | 1983-08-06 08：00 | 5190 | 2180 | 32.6 | 12.4 |
| | 1987-08-27 13：40 | 5450 | 1130 | 122 | 18.2 |
| | 1988-08-10 19：19 | 5360 | 1040 | 234 | 39.1 |
| 测试样本 | 1989-08-20 02：00 | 4900 | 2160 | 70.1 | 17.5 |

### 2.3　模型参数说明及结果分析

在网络的输入项中，流量和含沙量是不同的物理量，其数量级相差较大，为了保证各因素处于同等地位，输入项也像输出项一样进行数据归一化的预处理。遗传算法初始化网络权重以及 BP 算法主要参数的取值如下：

数据的预处理部分目标处理的最大值是 1.0，目标数据的最小值是 0.0；遗传算法部分种群规模为 200，变异概率是 0.05，选择概率是 0.05，进化代数是 100，交叉概率是 0.1，峰值放大系数是 10；BP 算法部分动量项系数是 0.9，学习率是 0.01，学习调整系数是 0.8，最大训练次数是 20000。

图 2 为含沙量的预报预测值和实测值的对比图，可看出基本上吻合。按照下式计算两者的相对误差：

$$相对误差=|(x_{原}-x_{预测})/x_{原}| \tag{4}$$

由此得到预测值的相对误差结果如表 2 所示。

**表 2　　　　预 测 值 评 价 结 果**

| 误差小于 20%的百分比 | 误差小于 40%的百分比 | 误差小于 60%的百分比 |
|---|---|---|
| 21% | 78.9% | 94% |

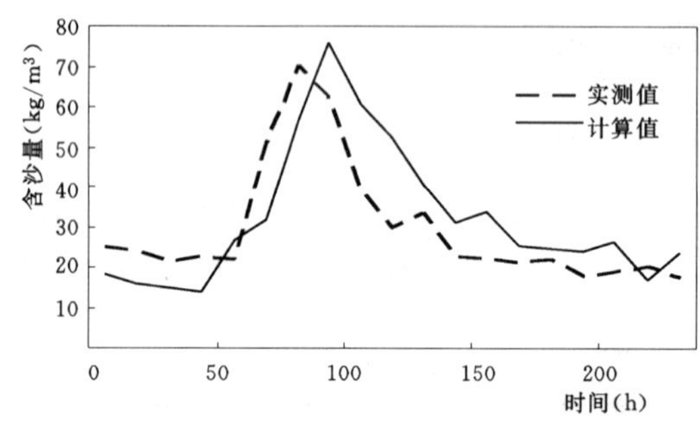

图 2　潼关站 19890820 含沙量过程预测结果对比图

由表 1 可以看出相对误差偏大，预测的效果不尽理想，实测值和预测值的趋势基本相同，但偏差较大。含沙量预测值的最小相对误差是 11.8%，平均相对误差是 33.1%，峰值相对误差是 19.2%，确定性系数为 0.55。误差较大的因素主要有：一是所选的资料是不是有代表性，如果资料的代表性不好，因其不能反应实际中的普遍情况而降低预报的效果：二是输入因子之间是否相互独立，如果输入因子之间不相互独立，网络通过对实测资料的学习，就会使输入要素的作用相互抵偿，影响到输入与输出之间的真实关系，降低了模型的预报效果；三是看输入因子与输出因子之间的确定性关系有多大，也就是输入与输出之间系统的稳定性，如果系统越稳定，其预报效果越好，反之越差。三是隐层神经元节点个数的选取，隐层神经元节点选的过多，网络的训练速度快，但网络并不稳定，隐层神经元节点选的过少，网络的训练速度慢。

## 3　系统响应函数法及其应用

### 3.1　方法机理简介

系统响应函数法是以系统的概念为基础的水文学方法，是基于统计规律表达的事物变化的综合结果，所以其预报效果的好坏直接与所求响应函数的资料有关，与模型结构对信息利用的能力有关。对于复杂的事物，水文学的处理方法一般都是寻求影响该事物的主要因素，回避过多的细节，从宏观的角度解决问题。系统响应函数法就是这样的一种方法。

### 3.2　模型建立

系统响应函数模型属于黑箱汇沙模型，它不考虑中间具体物理过程，只考虑影响输出的主要输入因素，其中输入对输出的作用，即响应函数由实际过程来确定。该方法中，输入因子合理与否将直接影响输出成果。

在天然河道中，由于水沙来源和泥沙输送距离不同，输送过程中的泥沙粒径是不断变化的，所以表现出不同的输沙能力。这一特征在黄河河道输沙方面表现出“多来多排”的特征。

$$S_{下}=KQ_{下}^{\alpha}\ S_{上}^{\beta} \tag{5}$$

式中：$S_{下}$为下端来水含沙量；$Q_{下}$为下断面流量；$S_{上}$为上端面来水含沙量；$k$，$\alpha$，$\beta$为经验参数。

考虑预报的需要，将公式（5）变成有明确时间意义的形式如下：

$$S_{下t}=kQ_{下t}^{\alpha}S_{上t-1}^{\beta} \tag{6}$$

由公式（3）可以求出 $S_{上t-1}$，再通过响应函数模型求出，即

$$\begin{bmatrix} Q_{2t} \\ Q_{2t+1} \\ Q_{2t+2} \\ \vdots \\ Q_{2t+n} \end{bmatrix} = \begin{Bmatrix} Q_{2t-1} & & & \\ Q_{2t} & Q_{1t} & & \\ Q_{2t+1} & Q_{1t+1} & \ddots & \\ \vdots & \vdots & \vdots & Q_{1t\_1} \\ \vdots & \vdots & \vdots & \vdots \\ Q_{2t+n} & Q_{1t+n} & Q_{1t+n\_1} & Q_{1t+n\_m} \end{Bmatrix} \begin{Bmatrix} b_{01} \\ b_{02} \\ b_1 \\ \vdots \\ b_m \end{Bmatrix}$$

其中响应函数（$b_{01}$，$b_{02}, b_1$，…，$b_2$）$^T$ 由最小二乘法根据表 1 中的率定期资料得出，式（6）中的参数同样可以由最小二乘法得出，m 由优化方法确定，具体做法见图 3。

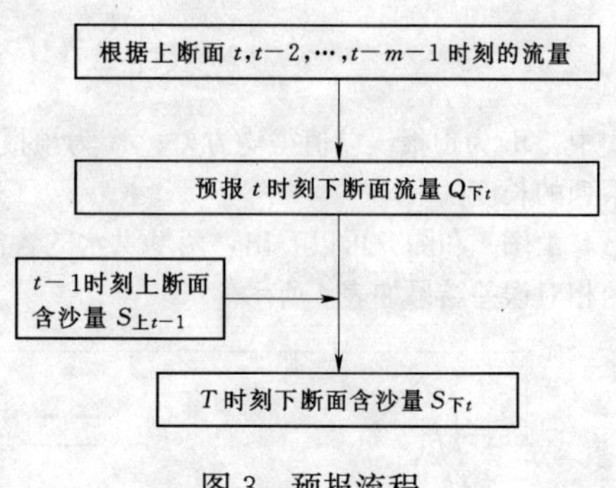


图 3 预报流程

潼关站的来水来沙龙门站占据很大的比例，所以选择以龙门站水沙来沙为主，利用公式（3）结合其他各站求上端面合成含沙量的情况来预报潼关站含沙量过程。为了使研究问题单一，本文的研究情形不考虑漫滩情况，本次研究采用潼关站洪峰流量在 4500m$^3$/s 以上的 10 场洪水，研究过程中，参数率定采用 8 场洪水，检验用 2 场洪水（主要以龙门来水为主）。由表 3 率定期的资料用最小二乘法获取参数，可得 $b$=[0.627，0.465，0.086，0.0394]，$k$=2.68，$\alpha$=−0.01，$\beta$=0.87，根据最优化方法确定 $m$=2。本次研究含沙量过程计算时段为 6 小时，以一个时段长为预见期。

**表 3 潼关站含沙量过程预报建模与检验资料统计**

| 分类 | 沙峰出现时间（年-月-日 时：分） | $Q_{max}$（m$^3$/s） | $Q_{min}$（m$^3$/s） | $S_{max}$（kg/m$^3$） | $S_{min}$（kg/m$^3$） |
|---|---|---|---|---|---|
| 率定期的 8 场洪水 | 1963-07-25 15：00 | 4970 | 1400 | 102 | 21.7 |
| | 1966-08-17 19：00 | 5600 | 2440 | 219 | 45.1 |
| | 1967-07-18 23：00 | 5860 | 2130 | 185 | 23.2 |
| | 1970-08-29 10：00 | 6680 | 1980 | 260 | 41 |
| | 1971-07-26 14：20 | 10200 | 450 | 633 | 20.3 |
| | 1974-08-01 12：36 | 7040 | 690 | 421 | 61.8 |
| | 1976-07-30 09：30 | 5000 | 1720 | 89.1 | 10.9 |
| | 1994-07-09 13：00 | 4890 | 861 | 425 | 9.18 |
| 检验期的 2 场洪水 | 1978-09-01 15：30 | 5210 | 1010 | 233 | 44.6 |
| | 1987-08-27 13：40 | 5450 | 1130 | 122 | 18.2 |

### 3.3 模型检验及分析

根据所率定的参数进行计算得到检验结果见图 4～图 5。本次研究借鉴洪水的评价指标，采用确定性系数、沙峰值相对误差对模型进行评价。

确定性系数的计算公式：

$$DC=1-\frac{S_c^2}{\sigma_y^2} \tag{7}$$

沙峰相对误差：

$$\sigma_{沙峰}=\frac{|\hat{y}-y|}{y}\times 100\% \tag{8}$$

其中

$$S_c=\sqrt{\frac{1}{n}\sum_1^n(\hat{y}-y)^2}$$

$$\sigma_y=\sqrt{\frac{1}{n}\sum_1^n(y-\overline{y})^2}$$

$$\hat{y}_{总}=\left[\sum_1^{n-1}(\hat{y}_j\times Q_j+\hat{y}_{j+1}\times Q_{j+1})\times 6\times 3600/10^8\right]$$

$$y_{总} = \left[ \sum_{1}^{n-1} (y_j \times Q_j + y_{j+1} \times Q_{j+1}) \times 6 \times 3600/10^8 \right]$$

式中：$S_c$ 为预报误差值得均方差；$\sigma_y$ 为预报要素的均方差；$y$，$\bar{y}$ 为实测值及其均值；$\hat{y}$ 为预报值；$n$ 为资料系列的长度。

由图 4 和图 5 可以看出，两场洪水的含沙量预报效果和实测值基本上吻合，根据公式（4）得到预测值的相对误差结果如表 4 所示。

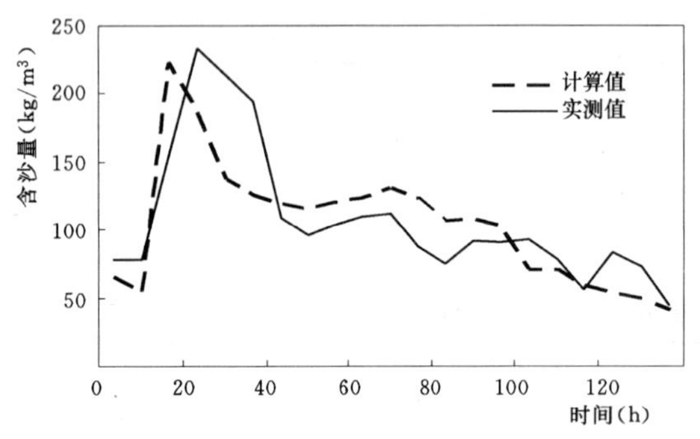


图 4　潼关站 19780901 含沙量过程预测结果对比图

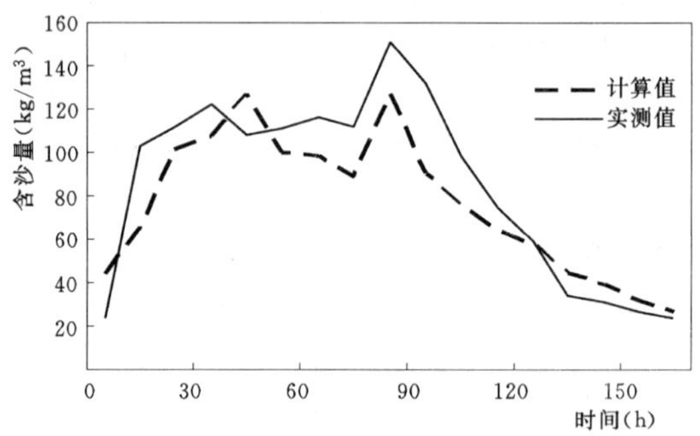


图 5　潼关站 19870827 含沙量过程预测结果对比图

**表 4**　　**含沙量过程预测结果评价**

| 洪　　水 | 误差小于 20%的百分比（%） | 误差小于 40%的百分比（%） | 误差小于 60%的百分比（%） | 确定性系数 |
|---|---|---|---|---|
| 19780901 | 47.6 | 80 | 100 | 0.84 |
| 19870827 | 58.8 | 88.2 | 94.1 | 0.77 |

从表 4 中可以看出相对误差相对较小，结果较为理想。洪号为 19780901 的洪水含沙量预报的相对误差的最小值是 5.5%，平均相对误差是 23.6%，沙峰相对误差为 19.6%，确定性系数为 0.84；洪号为 19870827 的洪水含沙量的最小相对误差是 3.4%，平均相对误差是 22.6%，沙峰相对误差是 16.2%，确定性系数为 0.77。由结果可以看出系统响应函数方法够较好的对含沙量过程进行模拟预报，预报结果与实测值基本相符，由于资料的有限性，导致预报精度有一定的偏差，但结果仍是可信的。

## 4　结语

对两种方法所得的计算结果可以看出，系统响应函数的预报效果比人工神经网络的结果要好一些。人工神经网络用于预报有其不可避免的缺陷，虽然人工神经网络具有较强的自适应性，但是对于泥沙运动变化的复杂性的特点来说，它由于没有物理基础也不能很好的反应复杂的水沙作用机制。系统响应函数的方法从宏观上把握了水沙机制的演变规律，只要输入的要素物理概念清楚，资料代表性好，就可以得到理想的结果。但由于水沙演进规律的复杂性以及条各种因素的影响，所得预报效果也存在合理的地方，很多理论方法需要在今后的大量实践中不断地完善和改进，最终得到理想的结果。

## 参 考 文 献

[1]　李祚泳，邓新民．流域年均含沙量 PP 回归预测［J］．泥沙研究，1999（01）：66－69.

[2]　曹叔尤，刘兴年，黄尔，等．流域年均含沙量 BP 模型问题分析［J］．泥沙研究，2000（04）：51－53.

[3]　李义天，李荣，黄伟．基于神经网络的水沙运动预报模型与回归模型比较及应用［J］．泥沙研究，2001（01）：30－37.

[4]　李明超，冯耀龙．基于 MATLAB 神经网络的三门峡水库泥沙冲淤变化预测分［J］．泥沙研究，2003（04）：57－60.

[5]　徐建华，金双彦，任铁军，等．黄河中下游干流主要水文站洪水最大含沙量预报方法研究［M］．郑州：黄河水利出版社，2009，128－147.

# The process of sediment forecasting for Tongguan station

Wei Min　Guo Xueyang　Wang Jianqun

(College of Hydrology and Water Resources, Hohai University, Nanjing 210098)

**Abstract** This paper takes Tongguan station as the research object, predicting the water and sediment process of Tongguan by using the methods of artificial neural networks and system response function . Through comparing the results of two methods, showing that the method of system response function is better than the artificial neural networks

**Key words** sediment forecast; artificial neural networks; system response function

# 基于 MCMC 的 P－Ⅲ型分布参数估计方法对比分析*

王红兰　宋松柏

（西北农林科技大学水利与建筑工程学院　陕西杨凌　712100）

**摘　要**　本文探讨了应用 MCMC 方法估计 P－Ⅲ型分布参数的问题。在贝叶斯理论的框架下，采用 MCMC 方法中自适应采样算法（AM）和延迟拒绝采样算法（DR）分别获得 P－Ⅲ型分布参数的后验分布的抽样，进而推求参数的估计值。实例表明，基于 AM 算法的马尔科夫链平稳较快，遍历性较强，且其离差平方和最小。

**关键词**　贝叶斯理论；MCMC 方法；AM 算法；DR 算法；参数估计

## 1　前言

P－Ⅲ型分布是我国水文频率计算的推荐线型，常用的参数估算主要有矩法、极大似然法、概率权重法、权函数法及适线法，其局限性为参数估计精度依赖于样本长度。贝叶斯方法把参数看成是具有某种先验分布的随机变量，结合样本数据后得到该参数的后验分布，然后根据参数的后验分布推断参数。Wood 等[1-2]应用贝叶斯理论分析了参数的不确定性，综合考虑了参数和线型的不确定性。Kuczera[3]基于贝叶斯理论研究了皮尔逊Ⅲ型（P－Ⅲ）和对数皮尔逊Ⅲ型（LP－Ⅲ）等线型下参数估计的不确定性问题，并采用“重要性抽样法（Importance Sampling）”获得参数后验分布的抽样，进而给出设计值估计的置信区间。陆乐等[4]采用贝叶斯理论和 MCMC（Markov Chain Monte Carlo）采样法，结合地下水数值模拟的 MODFLOW 软件，研究了水文地质参数识别的非线性优化问题。梁忠民等[5]采用贝叶斯方法，分别建立了考虑参数估计不确定性和线型不确定性的水文设计值推求方法，根据全概率公式，提出了同时考虑这两种不确定性影响的水文频率分析方法。

本文根据贝叶斯理论，通过先验分布和似然函数构造后验分布，采用新型自适应采样算法（adaptive metropolis，AM）和延迟拒绝采样算法（delayed rejection，DR）分别从参数的后验分布中进行抽样，进而估计参数 $\overline{x}$，$C_V$，$C_S$。采用陕西省西安站 77 年年降水资料，研究 AM 和 DR 的在 P－Ⅲ分布参数估计中的应用问题。

## 2　水文频率分布参数估算的贝叶斯方法

P－Ⅲ型分布的概率密度函数为

$$f(x)=\frac{\beta^{\alpha}}{\Gamma(\alpha)}(x-a_0)^{\alpha-1}\mathrm{e}^{-\beta(x-a_0)}\ (x>a_0,\alpha>0,\beta>0) \tag{1}$$

式中：$\alpha$，$\beta$，$a_0$ 分别为分布的形状、尺度和位置参数，它们与常用的三个总体统计参数有以下关系：

$$\alpha=\frac{4}{C_S^2},\ \beta=\frac{2}{\overline{x}C_VC_S},\ a_0=\overline{x}\left(1-\frac{2C_V}{C_S}\right) \tag{2}$$

这样只要根据样本估计出参数 $\overline{x}$，$C_V$，$C_S$，就可求出 $\alpha$，$\beta$，$a_0$。

参数的贝叶斯概率密度函数表达式为

$$\pi(\theta/x)=\frac{h(x,\theta)}{m(x)}=\frac{p(x/\theta)\pi(\theta)}{\int_{\theta}p(x/\theta)\pi(\theta)\mathrm{d}\theta} \tag{3}$$

式中：$m(x)=\int_{\theta}p(x/\theta)\pi(\theta)\mathrm{d}\theta$ 为边缘密度函数。$\theta=\{\overline{x},C_V,C_S\}$ 为参数，$x$ 为样本，$\pi(\theta)$ 为参数的先验分

* 基金项目：国家自然科学基金项目（50879070，50579065）；西北农林科技大学优秀博士论文基金（2005）。

第一作者简介：王红兰（1987—　），女，广西来宾人，硕士研究生，主要从事水文水资源的研究，西北农林科技大学水建学院。E-mail：honglanwang2010@126.com

布，$p(x/\theta)$ 为似然函数，$\pi(\theta/x)$ 为参数的后验概率密度函数。

先验信息来源于经验和历史资料。贝叶斯理论建议采用“同等无知”的原则适用区（0，1）上的均匀分布 $U(0,1)$ 作为参数 $x$ 的先验分布[6]。

## 3 MCMC 方法

MCMC 方法的基本思想是建立马尔可夫链对未知变量进行抽样模拟，当链达到稳态分布即得到所求的后验分布。不同的抽样方法形成不同的 MCMC 算法，如随机游走（RWM）算法[7,8]，Metropolis－Hastings（MH）算法[9-11]，自适应抽样（adaptive metropolis，AM）算法[12-14]，延迟拒绝（delayed rejection，DR）算法[15-17]等。本文采用 AM 算法和 DR 算法。

### 3.1 AM 算法

相比传统的 MCMC 算法，AM 不再需要事先确定参数的推荐分布，而是由后验参数的协方差矩阵来估算，后验参数的协方差矩阵在每一次迭代后自适应地调整。这样，第 $i$ 步参数的建议分布为均值 $\bar{x}$、协方差 $C_i$ 的多元正态分布。协方差计算公式如式（4），在初始 $i_0$ 次迭代中，协方差矩阵 $C_i$ 取固定值 $C_0$（根据先验知识来确定），之后自适应更新。

$$C_i=\begin{cases}C_0\\ S_d\mathrm{Cov}(X_0,\cdots,X_{i-1})+S_d\varepsilon I_d\end{cases} \tag{4}$$

式中：$\varepsilon$ 为一个较小的正数（在这里取 $\varepsilon=10^{-5}$），以确保 $C_i$ 不成为奇异矩阵；$S_d$ 为一个比例因子，依赖于参数的空间维度 $d$，以确保接受率在一个合适范围内（一般取 $S_d=2.4^2/d$）；$I_d$ 为 $d$ 维单位矩阵。

经验协方差矩阵的定义为

$$\mathrm{Cov}(X_0,\cdots,X_k)=\frac{1}{k}\Big(\sum_{i=0}^{k}X_iX_i^T-(k+1)\overline{X}_k\overline{X}_k^T\Big) \tag{5}$$

第 $i+1$ 次迭代由公式（6）计算：

$$C_{i+1}=\frac{i-1}{i}C_i+\frac{S_d}{i}[i\overline{X}_{i-1}\overline{X}_{i-1}^T-(i+1)\overline{X}_i\overline{X}_i^T+X_iX_i^T+\varepsilon I_d] \tag{6}$$

式中：$\overline{X}_{i-1}$ 和 $\overline{X}_i$ 为前 $i-1$ 和 $i$ 次迭代参数的均值。

AM 算法的抽样步骤为

（1）给定初始值 $x_0$，置 $i=0$。

（2）状态随机产生和接受。

（3）利用公式（4）计算 $C_i$。

（4）从多元正态分布中产生候选点。

（5）计算接受概率 $\alpha$。

$$\alpha(X_{i-1},Y)=\min\left\{1,\frac{\pi(Y)}{\pi(X_{i-1})}\right\} \tag{7}$$

（6）从均匀分布（0，1）中产生 $U$。

（7）若 $U\leqslant\alpha$，接受 $X_{i+1}=Y$；否则 $X_{i+1}=X_i$。

（8）置 $i=i+1$，重复步骤（3）～（7）直到产生足够的样本为止[18]。

### 3.2 DR 算法

假设马尔科夫链当前状态为 $X_n=x$，下一状态为 $Y_1$，来自建议分布 $q_1(x,\cdot)$ 的接受概率为

$$\alpha_1(x,y_1)=1\wedge\frac{\pi(y_1)q_1(y_1,x)}{\pi(x)q_1(x,y_1)}=1\wedge\frac{N_1}{D_1} \tag{8}$$

第二阶段的状态为 $Y_2$，其接受概率 $\alpha_2(x,y_1,y_2)$ 依赖于当前的马尔科夫链以及前一个状态 $Y_1$。

$$\alpha_2(x,y_1,y_2)=1\wedge\frac{\pi(y_2)q_1(y_2,y_1)q_2(y_2,y_1,x)[1-\alpha_1(y_2,y_1)]}{\pi(x)q_1(x,y_1)q_2(x,y_1,y_2)[1-\alpha_1(x,y_1)]}=1\wedge\frac{N_2}{D_2} \tag{9}$$

第 $i$ 阶段的建议分布为 $q_i(x,\cdot)$，则其接受概率为

$$\alpha_i(x,y_1,\cdots,y_i)=1\wedge\left\{\frac{\pi(y_i)q_1(y_i,y_{i-1})q_2(y_i,y_{i-1},y_{i-2})\cdots q_i(y_i,y_{i-1},\cdots,x)}{\pi(x)q_1(x,y_1)q_2(x,y_1,y_2)\cdots q_i(x,y_1,\cdots,y_i)}\right.$$

$$\left.\frac{[1-\alpha_1(y_i,y_{i-1})][1-\alpha_2(y_i,y_{i-1},y_{i-2})]\cdots[1-\alpha_{i-1}(y_i,\cdots,y_1)]}{[1-\alpha_1(x,y_1)][1-\alpha_2(x,y_1,y_2)]\cdots[1-\alpha_{i-1}(x,y_1,\cdots,y_{i-1})]}\right\}$$

$$=1\wedge\frac{N_i}{D_i} \tag{10}$$

到达 $i$ 状态时，若 $N_j<D_j(j=1,\cdots,i-1)$，则

$$\alpha_j(x,y_1,\cdots,y_j)=\frac{N_j}{D_j},j=1,\cdots,i-1$$

$$D_i=q_i(x,\cdots,y_i)(D_{i-1}-N_{i-1}) \tag{11}$$

因此，有

$$D_i=q_i(x,\cdots,y_i)\{q_{i-1}(x,\cdots,y_{i-1})\{q_{i-2}(x,\cdots,y_{i-2}),\cdots,\{q_2(x,y_1,y_2)[q_1(x,y_1)\pi(x)-N_1]-N_2\}-N_3\},\cdots,-N_{I-1}\} \tag{12}$$

由于 $\pi$ 的可逆性可以保留在每个单独阶段。因此，可以计算所有阶段的接受概率，进而调整每个阶段的抽样次数。

## 4 实例应用

以陕西省西安站 1977 年年降水资料为例，利用离差平方和最小准则[19]，分别采用 AM 算法和 DR 算法进行参数估计，对比分析两种方法的优劣性。

### 4.1 收敛性的判断

MCMC 方法研究的一个重要任务就是判断抽样序列是否收敛到后验分布。对于多个参数的 MCMC 样本序列，可以用整体均值 EM（ensemble mean）和整体分布 ES（ensemble spread）来评价其是否收敛到参数后验分布。EM 和 ES 的定义如下[4]：

$$EM=\frac{1}{n}\sum_{i=1}^{n_p}\text{Mean}_i \tag{13}$$

$$ES=\sqrt{\frac{1}{n}\sum_{i=1}^{n_p}\text{Var}_i} \tag{14}$$

式中：$n_p$ 为参数个数；$\text{Mean}_i$ 和 $\text{Var}_i$ 分别表示第 $i$ 个参数样本序列的均值和方差。

图 1 和图 2 分别为 AM 和 DR 算法参数后验分布的整体均值和整体分布的变化过程。对于 AM 算法，迭代初期，EM 和 ES 变化剧烈；当参数向量的样本数超过 7000 后，EM 趋于稳定，并接近于 190.75；ES 也基本稳定，接近于 0.89，因此可以认为该参数样本序列均能稳定收敛于参数的后验分布。而在 DR 算法中，参数样本量达到了 20000 后，EM 和 ES 值仍不能保持很好的稳定性，因此，可以初步判断，根据 DR 算法抽样得到的参数系列未能很好的收敛于参数的后验分布。

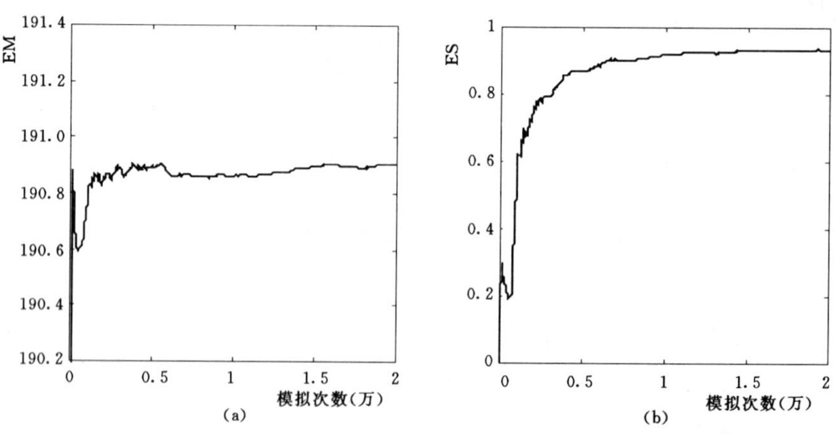


图 1 AM 算法参数后验分布的整体均值和整体分布变化过程

(a) EM；(b) ES

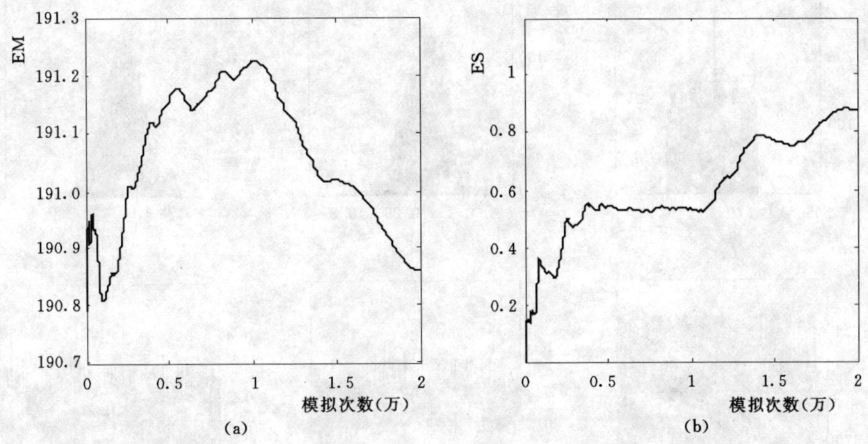


图2 DR算法参数后验分布的整体均值和整体分布变化过程

(a) EM；(b) ES

## 4.2 经验频率与理论频率拟合对比

图3和图4分别为AM算法和DR算法中经验频率与理论频率的拟合图。对比两图可知：在AM和DR算法中，频率$p\in[0, 0.22]\cup[0.85, 1]$，经验频率与理论频率拟合较好，基本分布于45°对角线上。此法也恰好解决了一般方法如目估适线法中极大频率和极小频率难以拟合的情况，即可较准确地确定不同稀遇频率时（如$p=1\%$，$p=99\%$等）降水量的设计值。

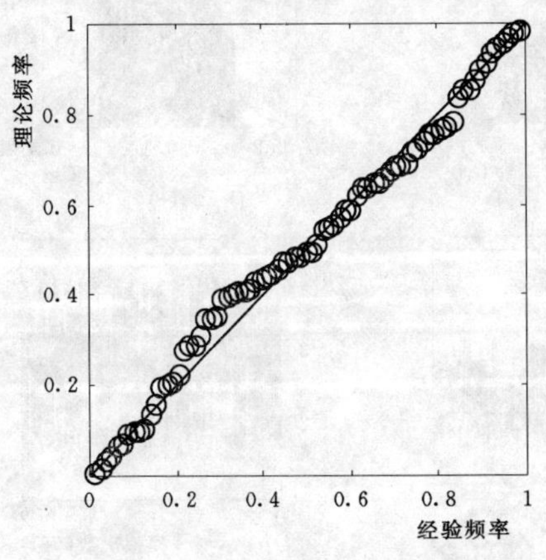


图3 AM算法EP—TP拟合图

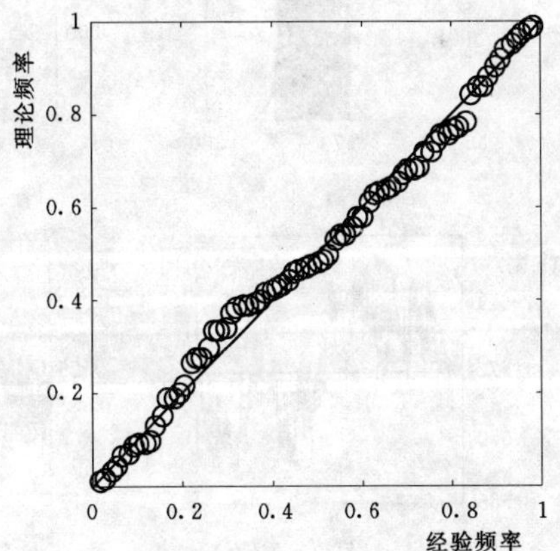


图4 DR算法EP—TP拟合图

## 4.3 结果分析

图5和图6分别是AM和DR算法中各统计参数的后验直方图以及其变化趋势拟合图。从图中可以看出，贝叶斯MCMC采样方法得到的参数后验分布反映出了参数在整个定义域上的出现次数和取值大小。对于AM算法，均值的取值范围为［569.2，574.8］，$C_V$的取值范围为［0.182，0.338］，$C_S$的取值范围为［0.342，0.563］，样本接受率为61.4%；DR算法中，均值的取值范围为［569.4，574.95］，$C_V$的取值范围为［0.185，0.276］，$C_S$的取值范围为［0.245，0.356］，样本接受率为85.5%。

表1为AM算法、DR算法、矩法得到的该站水文频率曲线的$\overline{x}$，$C_V$，$C_S$ 3个参数及离差平方和。由图5、图6及表1可知，无论从离差平方和还是抽样拟合效果看，AM算法均优于DR。

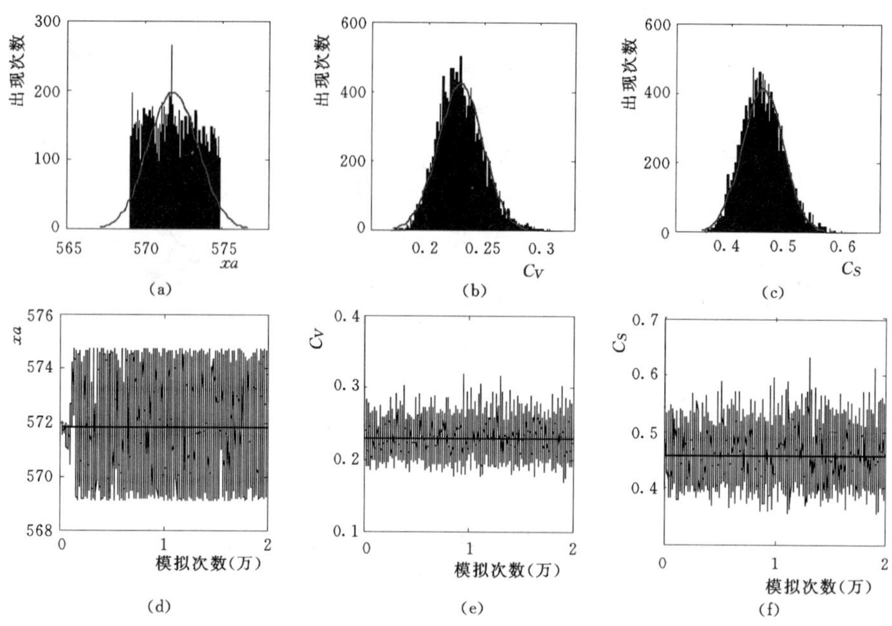


图5　AM算法各参数后验分布直方图

(a) 均值；(b) $C_V$；(c) $C_S$；(d) 均值；(e) $C_V$；(f) $C_S$

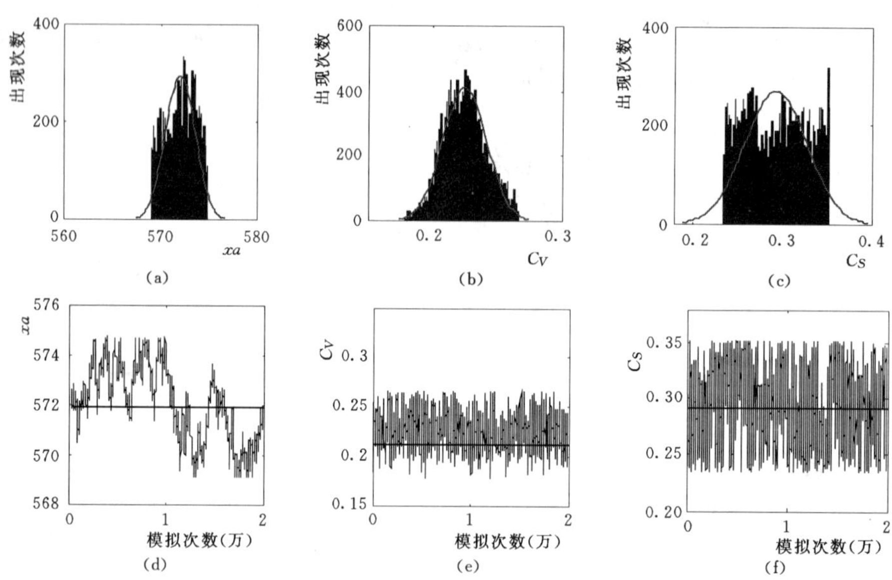


图6　DR算法各参数后验分布直方图

(a) 均值；(b) $C_V$；(c) $C_S$；(d) 均值；(e) $C_V$；(f) $C_S$

**表1　　AM算法、DR算法推求频率曲线参数值**

| 算　法 | 均　值 | $C_V$ | $C_S$ | 离差平方和 |
|---|---|---|---|---|
| AM | 571.6385 | 0.2287 | 0.4569 | 1.5403e+004 |
| DR | 572.0594 | 0.2246 | 0.2931 | 1.5588e+004 |
| 线性矩法 | 571.9286 | 0.2208 | 0.3096 | 1.2250e+006 |

## 5 结论

(1) 通过采用 MCMC 抽样技术进行参数估计，根据抽样样本可以直观地构建各参数的后验分布，进而可以估算出所需要的预报值或者设计值。

(2) AM 算法遍历性好，适应性强，能够很快地趋于平稳分布序列，进而取得各参数的后验分布均值；DR 算法中选取多元正态分布为建议分布，分阶段进行抽样，通过调整参数的变化值来确保样本的接受率。

(3) 文中 AM 算法中初始协方差，维度以及各参数的取值范围只是一个大范围的取值，具有一定的经验性和主观性，对此问题需进一步研究。

## 参 考 文 献


[1] Wood E F，Rodriguez－Iturbe I. Bayesian inference and decision making for extreme hydrologic events [J]. Water Resources Research，1975，11 (4)：533-542.

[2] Wood E F，Rodriguez－Iturbe I. A Bayesian approach to analyzing uncertainty among flood frequency models [J]. Water Resources Research，1975，11 (6)：839-843.

[3] Kuczera G. Comprehensive at－site flood frequency analysis using Monte Carlo Bayesian inference [J]. Water Resources Research，1999，35 (5)：1551-1557.

[4] 陆乐，吴吉春，陈景雅．基于贝叶斯方法的水文地质参数识别 [J]. 水文地质工程地质，2008，5：58-63.

[5] 梁忠民，李磊，王军，戴荣．考虑参数和线型不确定性的水文设计值估计的贝叶斯方法 [J]. 天津大学学报，2010，43 (5)：379-384.

[6] 茆诗松．贝叶斯理论 [M]. 北京：中国统计出版社，1999：6-8.

[7] Haario，H.，Saksman，E. and Tamminen. Adaptive proposal distribution for random walk Metropolis algorithm [J]. Comput Statist.，1999，14：375-395.

[8] Gelman A G Roberts G O and GilksW R. Efficient Metropolis jumping rules [J]. Oxford University Press，1996：599-608.

[9] Haario H，Saksman E and Tamminen J. Componentwise adaptation for high dimensional MCMC [J]. Computational Statistics，2005，20 (2)：265-274.

[10] Chib S and Greenberg E. Understanding the Metropolis-Hastings algorithm [J]. American Statistician，1995，90：1313-1321.

[11] Gilks W R，Roberts G O and Sahu S K. Adaptive Markov chain Monte Carlo [J]. Amer. Statist. Assoc，1998，93：1045-1054.

[12] Heikki Haario，Eero Saksman and Johanna Tamminen.. An adaptive Metropolis algorithm [J]. Bernoulli，2001，7 (2)：223-242.

[13] Gelfand A E and Sahu S K. On Markov chain Monte Carlo acceleration. [J]. Comput Statist.，1994，3：261-276.

[14] Heikki Haario，Marko Laine，Antonietta Mira，Eero Saksman. DRAM：Efficient adaptive MCMC [J]. Stat Comput，2006，16：339-354.

[15] Mira A. On Metropolis－Hastings algorithms with delayed rejection. Metron [J]. Italy，2001，3：231-241.

[16] AtchadeY F and Rosenthal J S. On adaptive Markov chain Monte carlo algorithms [J]. Bernoulli，2005，11 (5)：815-282.

[17] Green P J and Mira. Delayed rejection in reversible jump Metropolis－Hastings [J]. Biometrika，2001，88：1035-1053.

[18] 梁忠民，戴荣，雷杨，等．基于贝叶斯理论的水文频率分析方法研究 [J]. 水利发电学报，2009，28 (4)：23-26.

[19] 周爱霞，张行南．优化适线法在水文频率分析中的应用 [J]. 人民长江，2007，28 (6)：38-39.

# The comparative analysis of parameters estimation for P－Ⅲ distribution using Markov Chain Monte Carlo

Wang Honglan　Song Songbai

(Northwest A&F University, College of Water Resources and Architectural Engineering, Yangling Shanxi 712100)

**Abstract**　An application of Markov Chain Monte Carlo (MCMC) to estimate parameters of P－Ⅲ type distribution is presented. Based on the framework of the Bayesian theory, The authors use Adaptive Metropolis (AM) and Delayed Rejection ( DR) in MCMC method to sample from the posterior distribution respectively, and estimate the variation of parameters. Example shows that AM algorithm has a good stationary, ergodicity, and AM algorithm is better than the DR algorithm.

**Key words**　bayesian theory; MCMC method; AM algorithm; DR algorithm; parameters estimation

# 基于最大熵谱和相关系数的水文周期变异分级方法*

刘静君 谢 平 许 斌 刘 媛

（武汉大学水资源与水电工程科学国家重点实验室 武汉 430072）

**摘 要** 利用相关系数描述序列与周期分量的相关性大小以及表征序列周期变异程度的特性，本文提出了一种专门针对周期的变异分级方法。该方法首先利用最大熵谱法提取序列周期，再计算序列的相关系数，然后作假设检验：依据统计学原理和经验选用不同的阈值作为不同变异程度的划分依据，并将相关系数划分成5个区间，对应于趋势的无变异、弱变异、中变异、强变异和巨变异5个等级；根据相关系数的大小判断其落在哪个区间，即可确定序列是否发生周期变异及变异程度的大小。对4个实例序列45年资料的变异分析表明，上述结果与采用Hurst系数法所得整体变异分级结果是一致的。

**关键词** 最大熵谱；相关系数；周期变异；变异分级；水文序列

## 1 引言

在水文分析计算中，通常要求水文序列具有一致性，即产生水文序列值的气候、产汇流条件在调查观测期中应该基本一致[1]。由于受自然条件和人类活动的影响，水文情势在时间或空间上往往发生变异。例如，水文统计学意义上的序列统计特征值（均值，$C_v$，$C_s$）发生了明显变化，使得水文序列不满足“一致性”的要求[2]。这种非一致性被定义为水文变异[3]。水文序列一般由随机性成分、确定性成分组成，确定性成分又包含了周期、趋势、跳跃成分[4]。一般随机性成分的统计规律在一个较长的时期内是一致的，因而水文变异的具体形式一般是指周期变异、趋势变异和跳跃变异，本文仅限于周期变异的研究。

目前用于水文序列中的周期分析方法主要有五种，分别是：简单分波法、傅立叶分析法、功率谱分析法、最大熵谱分析法以及小波分析法[5]，但并未涉及到对序列周期变异程度的等级划分。谢平等（2009）基于Hurst系数提出了一种从整体上对水文序列变异进行识别检验的方法[6]，但也未涉及到对周期进行识别及其变异程度的划分。在周期变异分级上，相关系数的方法具有计算简单、对不同的分布形式具有普适性等特点[7]。但是在周期相关检验的研究中，大多数是根据一个阈值 $r_\alpha$（$\alpha=0.01$ 或 $0.05$）来检验序列的相关性，以此判断检测出来的序列周期是否显著，这仅仅是假设检验的“过”与“不过”的问题，而李小明对序列的趋势变化程度的划分过于粗略[8]，龙梅对阈值的选取带有较大的主观性[9]。在实际应用中常常需要知道序列是否存在周期及其变异程度，因此，本文将利用相关系数描述序列与周期分量的相关性大小以及表征序列周期变异程度的特性，结合最大熵谱分析法对水文时间序列进行周期检测，提出一种专门针对周期的变异分级方法。

## 2 水文序列周期变异分析原理与方法

水文序列周期变异是指随着时序的推移，序列近似地以波的形式发展，其统计规律不再具有一致性，而是时间 $t$ 的函数。如果这种周期存在的话，可以通过最大熵谱分析进行检测。

### 2.1 最大熵谱分析法及相关系数法

最大熵谱分析方法的熵谱估计式如式（1）所示：

$$I(f)=\frac{P(k_0)}{\left|1-\sum_{j=1}^{k_0}a(k_0,j)\mathrm{e}^{-ji2\pi f}\right|^2} \tag{1}$$

* 基金项目：国家自然科学基金项目（50979075；50839005；50579052）。

第一作者简介：刘静君（1987— ），女，湖北省孝感市人，武汉大学，硕士研究生，研究方向为水文水资源。E-mail：liujingjunfree@126.com.cn

式中：$f$ 为普通频率，$f=1/T$；$T$ 为周期长度；$i$ 为虚数；$a(k_0, j)$ 为 $k_0$ 阶 AR 模型系数，采用 Burg 递推公式确定；$P(k_0)$ 为对应于截止阶 $k_0$ 的残差方差；截止阶 $k_0$ 的选择对于谱估计的准确与否有很大的关系，$k_0$ 采用赤池（Akaike）导出的最终预报误差（$FPE$）准则确定，并结合试错法来作为 Burg 递推算法的定价准则。

最终预报误差（$FPE$）准则的计算公式为

$$FPE(k)=\frac{n+k+1}{n-k-1}P(k) \tag{2}$$

在分析计算时选择能够使 $FPE(k)$ 取最小的 $k$ 作为其最佳截止阶数 $k_0$。把算得的结果带入式（1）中，若只需确定整数周期，可给定 $T=1,2,\cdots$，计算出 $I(1)$，$I(2)$，…，作出谱图。谱的峰值点对应序列的周期。一般来说，峰区越强，周期越显著[10]。

针对提取出的周期采用曲线拟合的方法来确定周期分量，再计算周期分量与原始序列的相关系数，通过相关系数的大小，对其变异程度进行变异分级。

设水文时间序列 $\{x_t, t=1,2,\cdots,n\}$，采用正弦或余弦函数来描述其周期分量，表达为

$$y_t=A+B\sin\frac{2\pi}{T}(t-t_0) \tag{3}$$

式中：$y_t$ 为第 $t$ 年原序列 $x_t$ 的周期分量值；$T$ 为周期长度；$t$ 为时间；$A$、$B$ 为系数，用最小二乘法确定。$t_0$ 的作用相当于初位相，是一个待定参数。较精确地确定 $t_0$ 可采用数值解法。即对 $t_0$ 给不同的值，计算原序列 $x_t$ 与构造的正弦序列 $Z_t=\sin 2\pi(t-t_0)/T$ 的相关系数 $R$，使 $R$ 取得最大值的 $t_0$ 即为所要求的初位相。

$$R=\frac{\sum Z_t x_t-\frac{1}{n}\sum Z_t\sum x_t}{\sqrt{\left[Z_t^2-\frac{1}{n}(\sum Z_t)^2\right]\left[\sum x_t^2-\frac{1}{n}(\sum x_t)^2\right]}} \tag{4}$$

$t_0$ 确定后，用最小二乘法来确定 $A$、$B$，即

$$B=\frac{\sum Z_t x_t-\frac{1}{n}\sum Z_t\sum x_t}{\sum Z_t^2-\frac{1}{n}(\sum Z_t)^2};A=\frac{1}{n}\sum x_t-B\frac{1}{n}\sum Z_t \tag{5}$$

参数 $A$、$B$ 以及 $t_0$ 确定后，运用式（4）计算出时间序列 $x_t$ 与周期分量 $y_t$ 的相关系数 $r$。

$|r|$ 值越大，序列与周期分量 $y_t$ 的相关性越好，其波动特性越显著。当 $|r|=1$，表示序列 $x_t$ 与所拟合出来的周期分量 $y_t$ 严格服从线性关系，二者完全相关；当 $r$ 趋近于 0，$B$ 也趋近于 0，周期分量 $y_t$ 近似为直线，说明序列波动性不明显，为其他确定性分量或独立随机序列，故序列未发生周期变异；当 $0<|r|<1$ 时，且通过一定显著水平的假设检验，序列与周期分量 $y_t$ 具有相关性，呈现出于 $y_t$ 类似的波动特性，其序列统计规律不再一致，此时水文序列发生了周期变异。因此，可以根据相关系数 $r$ 的大小，来识别由最大熵谱法检验出的周期是否显著以及序列发生周期变异的程度。

## 2.2 周期变异分析方法

基于相关系数 $r$ 的值对水文序列进行假设检验，常用的显著水平 $\theta$ 有 0.01、0.02、0.05 以及 0.1。具体选择哪种显著性水平，目前学术界并无定论。本文采用两个显著水平 $\alpha$ 与 $\beta$（$\alpha>\beta$），划分出无变异与弱变异，参照唐亚松、谢平等（2009）基于相关系数的趋势变异分级方法[7]中提出的 0.6 以及 0.8 作为中变异和强变异以及强变异和巨变异的阈值。具体分级如表 1 所示。

**表 1　周期变异程度等级划分表**

| 相关系数 | 趋势变异程度 | 相关系数 | 趋势变异程度 |
|---|---|---|---|
| $0\leqslant\|r\|<r_\alpha$ | 无趋势变异 | $0.6\leqslant\|r\|<0.8$ | 趋势强变异 |
| $r_\alpha\leqslant\|r\|<r_\beta$ | 趋势弱变异 | $0.8\leqslant\|r\|\leqslant1.0$ | 趋势巨变异 |
| $r_\beta\leqslant\|r\|<0.6$ | 趋势中变异 | | |

注　$\alpha$、$\beta$ 为显著水平，且 $\alpha>\beta$。

## 3 实例分析

将上述基于相关系数的水文序列周期变异分析方法，应用到对第二松花江、瓯江温溪以下、松花江年降水量以及呼伦湖水系年径流量的变异分析中。四个序列的长度均为1956～2000年。其中，第二松花江、松花江以及呼伦湖水系均位于松花江一级区，瓯江温溪以下位于东南诸河一级区。运用最大熵谱分析方法提取4个序列的周期，选取最为显著的周期来构造周期分量，进而计算相关系数值，四个序列的显著周期分别为4年、12年、25年以及32年，对应的截止阶 $k_0$ 分别为2、6、6和15。

在显著水平 $\alpha=0.05$，$\beta=0.01$ 的条件下，利用计算的序列相关系数值，分析周期变异等级，如表2所示。其中，"[0.000，0.297)"表示无趋势变异序列的相关系数 $r$ 所在区间的上下限，其他以此类推。

**表2　水文序列周期变异分析结果**

| 序　列 | 相关系数 | 趋势变异程度 | 下—上限 | $A$ | $B$ | $t_0$ | Hurst 系数 |
|---|---|---|---|---|---|---|---|
| 第二松花江年降水序列 | 0.089 | 无周期变异 | [0.000，0.297) | 695.561 | 11.960 | 1958 | 0.679 |
| 瓯江温溪以下年降水序列 | 0.312 | 周期弱变异 | [0.297，0.384) | 1724.313 | 128.233 | 1994 | 0.726 |
| 松花江年降水序列 | 0.433 | 周期中变异 | [0.384，0.600) | 503.185 | 31.840 | 1980 | 0.771 |
| 呼伦湖水系年径流序列 | 0.617 | 周期强变异 | [0.600，1.000] | 13.709 | 5.003 | 1982 | 0.854 |

将各序列计算的相关系数值与Hurst系数法[6]相对比，从整体上（不考虑具体变异是趋势、跳跃等）对序列的变异程度进行划分：各序列的Hurst系数值如表3所示，所划分的4个等级的区间分别为[0，0.694)、[0.694，0.742)、[0.742，0.839)、[0.839，0.924)，分别对应于无、弱、中、强变异，可见4个序列的Hurst系数分别落在了无变异、弱变异、中变异和强变异对应的区间内。因而，依据相关系数对序列趋势变异的分级结果与依据Hurst系数的分级结果是一致的，其原始序列与周期分量的拟合如图1所示。

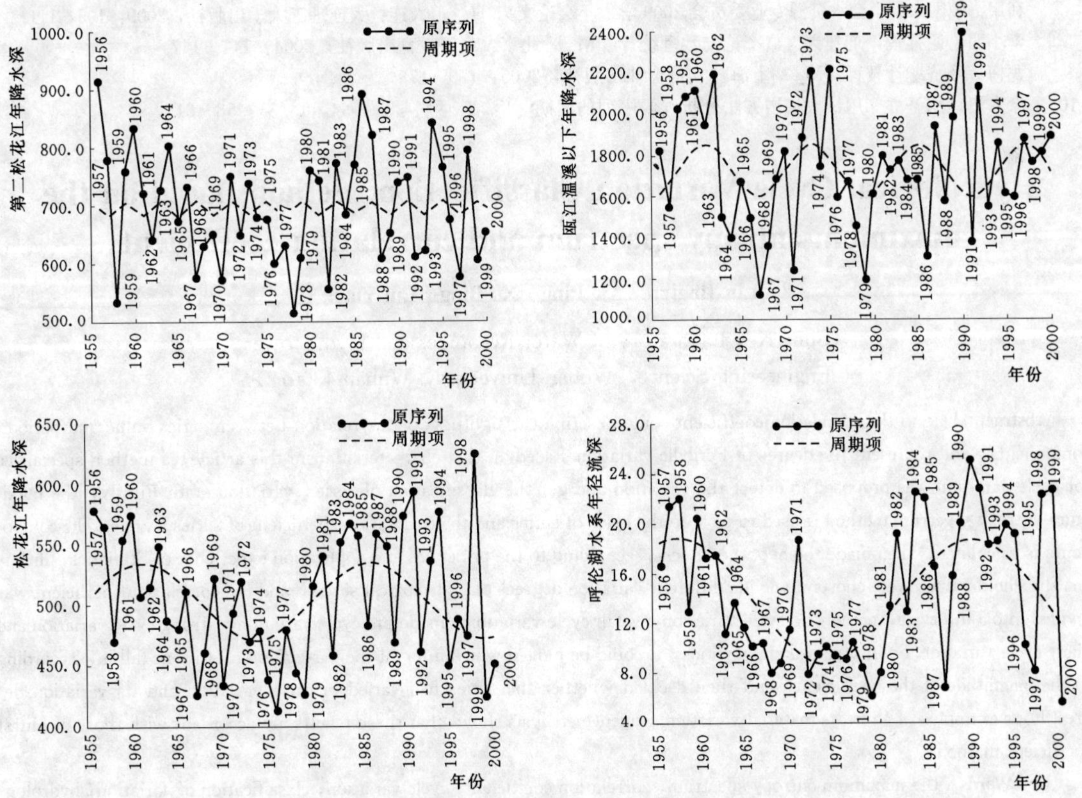


图1　水文时间序列与周期分量拟合图

## 4 结语

（1）本文提出了一种基于相关系数的周期变异识别与变异程度分级的方法。通过相关系数的假设检验，识别水文序列为显著周期变异或不显著周期变异，并进一步通过相关系数绝对值的大小，将序列的趋势变异程度划分为趋势无变异、弱变异、中变异和强变异 4 个等级，较准确地反映了序列的周期变异特性。

（2）实例应用表明，第二松花江年降水周期变异不显著（无变异），瓯江温溪以下年降水序列为周期弱变异；松花江年降水为周期中变异；呼伦湖水系年径流序列发生了周期强变异。该结果与利用 Hurst 系数划分的结果是一致的，但本法针对的是具体的周期变异形式。由于水文序列自身的特点，如年际间周期相对变化较小等，这里关于周期巨变异的例子还有待进一步的研究找寻。

（3）在物理成因方面，周期性成分主要是由地球绕太阳的公转以及地球自转的影响形成的，但是水文变量不仅受气候因素影响，同时也受到地质、地理以及人类活动的影响，因而水文变量的多年变化周期是十分复杂的，而各种周期方法在周期提取方面有着各自的优劣，因此在今后可以考虑将不同周期提取方法相结合来进一步完善这方面的研究。

## 参考文献

[1] 詹道江，叶守泽．工程水文学［M］．北京：中国水利水电出版社，2001.
[2] 陈广才，谢平．水文变异的滑动 F 识别与检验方法［J］．水文，2006，26（2）：57－60.
[3] 谢平，陈广才，雷红富，等．变化环境下地表水资源评价方法［M］．北京：科学出版社，2009.
[4] 丁晶，刘权授．随机水文学［M］．北京：中国水利水电出版社，1997. 17－18.
[5] 赵利红．水文时间序列周期分析方法的研究［D］．南京：河海大学，2007.
[6] 谢平，陈广才，雷红富．基于 Hurst 系数的水文变异分析方法［J］．应用基础与工程科学学报．2009，17（1）：32－39.
[7] 唐亚松，谢平，陈丽，等．基于相关系数的水文趋势变异分析方法及应用［A］．//变化环境下的水资源响应与可持续利用：中国水利学会水资源专业委员会 2009 学术年会论文集［C］．大连：大连理工大学出版社，2009：105－111.
[8] 李小明，谢祥俊，刘建兴．概率论与数理统计［M］．北京：高等教育出版社，2004：141－147.
[9] 龙梅．经济统计教程［M］．上海：立信会计出版社，2005：170－173.
[10] 涂方旭，胡圣立．用最大熵谱方法分析气候序列的周期［J］．广西科学，1994，1（3）：58－61.

# Hydrological Cycle Variation Classification Method Based on the maximum entropy spectrum and correlation coefficient

**Liu Jingjun Xie Ping Xu Bing Liu Yuan**

(State Key Laboratory of Water Resources and Hydropower Engineering Science, Wuhan University, Wuhan 430072)

**Abstract** Due to the correlation coefficient could describe the tightness of the relation between series value and periodic components, and represent the degree of Periodic variation. Based on that characteristic, in this article, a method specialized for cycle variation was proposed to detect the variation and get the classification of series' variation state. Firstly, the maximum entropy spectrum method is used to pick up the cycle of series and the correlation coefficient of series and periodic components is calculated, then made the hypotheses test, according to the principles and application experience of Statistics, different threshold values were chosen to divide different variation degrees of hydrological series, and the correlation coefficient was divided into 5 intervals, namely no cycle variation, weak cycle variation, moderate cycle variation, strong cycle variation and giant cycle variation. So in practical applications, it could be judged which interval the correlation coefficient fall in, according to the magnitude of the coefficient, and then decided whether the series had varied in cycle variation and its variation degree. Four examples of 45 years material variation sequence analysis shows that these results are accordant with those of Hurst coefficient method.

**Key Words** the maximum entropy spectrum; correlation coefficient; cycle variation; classification of variation; hydrological series

# 山西地区近55年参考作物蒸散量的变化特征及其主要影响因素分析

刘广东　刘海军　李　艳

(北京师范大学水科学研究院　北京　100875)

**摘　要**　本文利用1955～2009年山西地区5个站点逐日气象资料，采用FAO推荐的Penman－Monteith公式计算参考作物蒸散量（$ET_0$），分析了当地的气象要素和年$ET_0$随时间变化特征，并采用敏感性分析方法对影响$ET_0$变化的主要气候因子进行了探讨。研究结果表明：五站点的多年平均温度随时间变化趋势一致，温度最高的是临汾，最低的为大同。临汾站的平均相对湿度高于其他站，而平均日照时数显著低于其他各站。各年平均风速最高的为大同站。大同和阳泉的年$ET_0$高于其他站点，其他站差异不明显。四气象要素中对大同、太原和吕梁站影响最大的要素为平均相对湿度，日照时数对临汾站$ET_0$变化范围影响最大，平均温度对各站点$ET_0$变化作用最小。

**关键词**　山西；参考作物蒸散量；变化趋势；敏感性分析

## 1　引言

植被地段的蒸发和蒸腾统称为蒸散。参考作物蒸散量（reference crop evapotranspiration，$ET_0$）是指土壤水分充足、地面完全覆盖、生长正常、高矮整齐的开阔矮草地（草高约8～15cm）的蒸散量。$ET_0$是作物需水量预测中最为关键的参数，它仅仅受制于当地、当时的气候条件，反映了不同地区、不同时期大气蒸散能力对作物需水量的影响，与作物种类、土壤类型无关[1]。目前计算参考作物蒸散量的方法众多，常用的方法大致分为水面蒸发法、温度法、辐射法和综合法四类[2]。本文采用的Penman－Monteith公式以能量平衡方程和水汽扩散理论为基础，既考虑了作物的生理特征，又考虑了空气动力学参数的变化，具有较充分的理论依据。Penman－Montieth公式比较全面地考虑了影响蒸散的各种因素，并且在气候条件差异较大的地区应用中取得了较好的结果，因此，1998年联合国粮农组织（FAO）推荐将其作为计算参考作物蒸散量的唯一标准方法[3]。

近几十年来，在参考作物蒸散量方面，国内外已有大量的研究。封志明等主要以Penman－Montieth模型计算了甘肃地区参考作物蒸散量的时空变化[4]，Gundekar等对印度Maharashtra省的参考作物蒸散量进行了研究[5]，Steduto等人对意大利南部的参考作物蒸散量进行了定量分析[6]。顾世祥等[7]分析了西南纵向岭谷区年内和年际$ET_0$的变化趋势和特点，得出年内$ET_0$变化日最高温度是主导因素，年际变化主要受日照时数影响。佟玲等[8]分析了石羊河流域6个气象站点近50年$ET_0$的时空变化，结果表明$ET_0$总体呈逐年下降的趋势同时石羊河流域$ET_0$与平均相对湿度的相关性最好。陈沈斌等[9]利用Penman－Monteith公式分析了西藏地区作物潜在蒸散量，显示风速和相对湿度是影响$ET_0$的主要因素。刘晓英等[10]发现华北地区近50年主要作物需水量与风速、日照的下降趋势一致。梁丽乔等[11]利用Penman－Monteith公式分析了松嫩平原西部$ET_0$与气象因子的敏感系数及其时空变化特征。李春强等[12]对河北省35个气象站点35年$ET_0$的分析表明：春、夏、秋、冬四季和年的$ET_0$序列变化呈现下降趋势，风速和日照时数是影响$ET_0$变化的主要因子。王幼奇等[13]对黄土高原近50年$ET_0$的研究表明：$ET_0$季节变化明显，20世纪80年代后$ET_0$呈上升趋势，且温度、日照时数是影响$ET_0$日值和月均值的关键因子。

山西省地处华北西部的黄土高原东翼。南起北纬34°75′，北抵北纬40°43′，西自东经110°14′，东至东经114°33′。南北长约550km，东西宽约290km，全省总面积15.63万$km^2$，约占全国总面积的1.6%。山西地形较为复杂，境内有山地、丘陵、高原、盆地、台地等多种地貌类型。山丘、丘陵占总面积的2/3以上，大部分在海拔1000～2000m之间。山西省地处中纬度地区，属大陆性季风气候，主要特点是：冬季长而寒冷

第一作者简介：刘广东（1987—　），男，江苏连云港市人，在读硕士，主要从事水资源高效利用。E-mail：smhbb@tom.com

干燥，夏季短而炎热多雨；春季温差温差大，风沙多；秋季短暂，气候温和。全省年降水量在400～650mm，但降水季节分布不均，夏季6～8月降水高度集中且多为暴雨，降水量占全年的60%以上。全省降水受地形影响很大，山区较多，盆地较少。本文拟利用山西1955～2009年近55年来的日气象资料，分析山西地区$ET_0$变化趋势，利用敏感性分析找出影响$ET_0$变化的主要因子。为气候变化条件下进一步探讨农业生产作物需水变化及水资源的科学利用提供依据。

## 2 材料与方法

### 2.1 资料来源

本文根据山西地形特点选取大同、太原、吕梁、阳泉、临汾五个站点为研究对象，利用国家气象信息中心提供的5站点1955～2009年的逐日气象资料，对山西参考作物蒸散量变化特征进行分析。数据包括平均气压、日照时数、平均气温、最低气温、最高气温、平均相对湿度和平均风速等。五站点在山西的地形和基本气象资料见表1。

表1　山西省气象站基本资料

| 测站代码 | 测站名称 | 纬度（北纬） | 经度（东经） | 海拔（m） |
|---|---|---|---|---|
| 53487 | 大同 | 40°06′ | 113°20′ | 1066.7 |
| 53772 | 太原 | 37°47′ | 112°33′ | 778.3 |
| 53764 | 吕梁 | 37°30′ | 111°06′ | 950.8 |
| 53782 | 阳泉 | 37°51′ | 113°33′ | 741.9 |
| 53868 | 临汾 | 35°42′ | 111°43′ | 449.5 |

### 2.2 研究方法

参考作物蒸散量$ET_0$的计算采用FAO－56推荐的Penman－Monteith公式[8,9]，其形式如下：

$$ET_0=\frac{0.408\Delta(R_n-G)+\gamma\frac{900}{T+273}U_2(e_s-e_a)}{\Delta+\gamma(1+0.34U_2)}$$

式中：$ET_0$为潜在蒸散量，$mm/d^{-1}$；$R_n$为净辐射，$MJ/(m^{-2}\cdot d^{-1})$；$G$为土壤热通量，$MJ/(m^2\cdot d)$，如以天计算蒸散量，则可认为$G=0$[1]；$\gamma$为湿度计常数，kPa/℃；$U_2$为2m处的风速，m/s；$e_s$为计算温度时的饱和水汽压（kPa）；$e_a$为计算温度时的实际水汽压，kPa；$\Delta$为饱和水汽压温度曲线上的斜率，kPa/℃。

## 3 结果与分析

### 3.1 各站点气象数据变化

图1描述的是各站点平均温度、平均湿度、平均风速和平均日照时数随时间的变化过程。从图中可以看出各站点平均温度和平均风速差异较为明显，除临汾外其他站点平均日照时数差异不明显。

各站点的多年平均温度随时间变化趋势较为一致，1995年之前基本稳定，1995年升高较大之后趋于稳定。各站点每年平均温度差异较为明显，平均温度由高到低依次为临汾、阳泉、太原、吕梁、大同，这是由于各个站点的维度及海拔不同所致。

从图1中可以看出1965年之前，各站点之间的平均湿度差异并不明显，1965年之后差异增大，也即各站点平均湿度随时间变化趋势不一致。其中阳泉站随时间波动性最大，太原站随时间变化幅度最小。临汾站的年平均相对湿度最大，其次为太原和吕梁，阳泉和大同相对湿度最低。

除临汾外其他各站点平均风速随时间的变化趋势基本一致，平均风速出现两个高峰值（1975年、1995年）和一个低峰值（1985年）。临汾站的平均风速随时间呈下降趋势。大同站各年平均风速均显著高于其他各站点，其他四站点差异并不显著。

由图1还可以得出1965年之前各站点的平均日照时数差异较小，1965年之后差异增大。1993年之前各站点的平均日照时数呈下降趋势，除临汾站外其他站点1993年平均日照时数稍稍升高，之后趋于稳定。临汾站各年平均日照时数均显著低于其他各站点，大同站1993年之后显著高于其他各站。

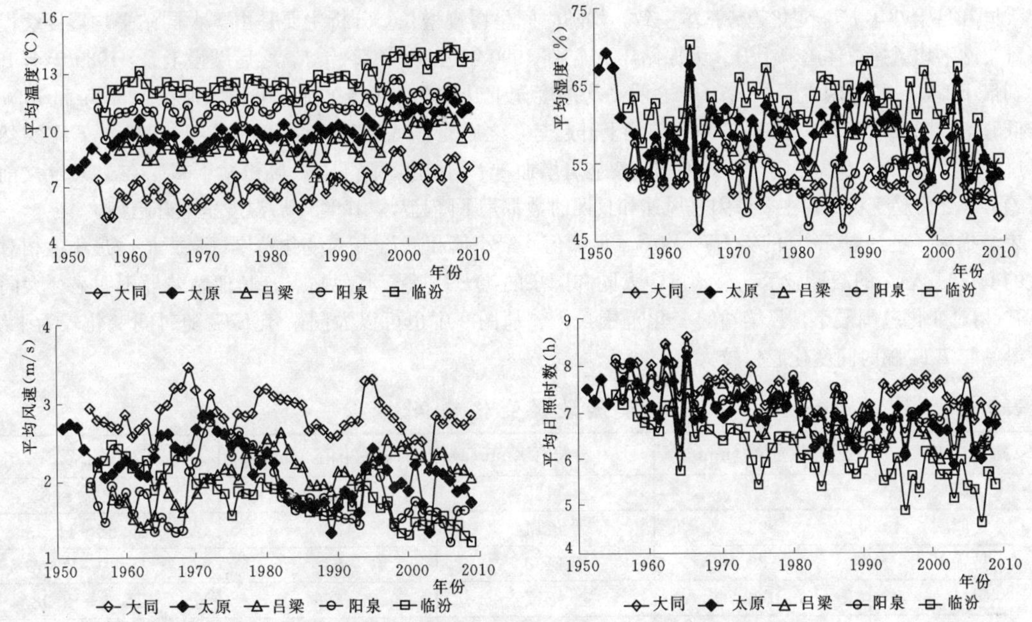


图1　五站点多年平均气象要素变化趋势

### 3.2　各站点蒸散量变化

图2描述了五个站点年 $ET_0$ 随时间的变化趋势。从图中可以看出各站点1964年 $ET_0$ 显著减小，此规律与张高斌对山西省万荣县得出的结论一致[14]。由PM公式计算过程可以发现 $ET_0$ 与平均相对湿度成反比，与平均风速成正比，1964年各站点平均湿度均较高，平均风速均较低（图1），导致了 $ET_0$ 下降显著。

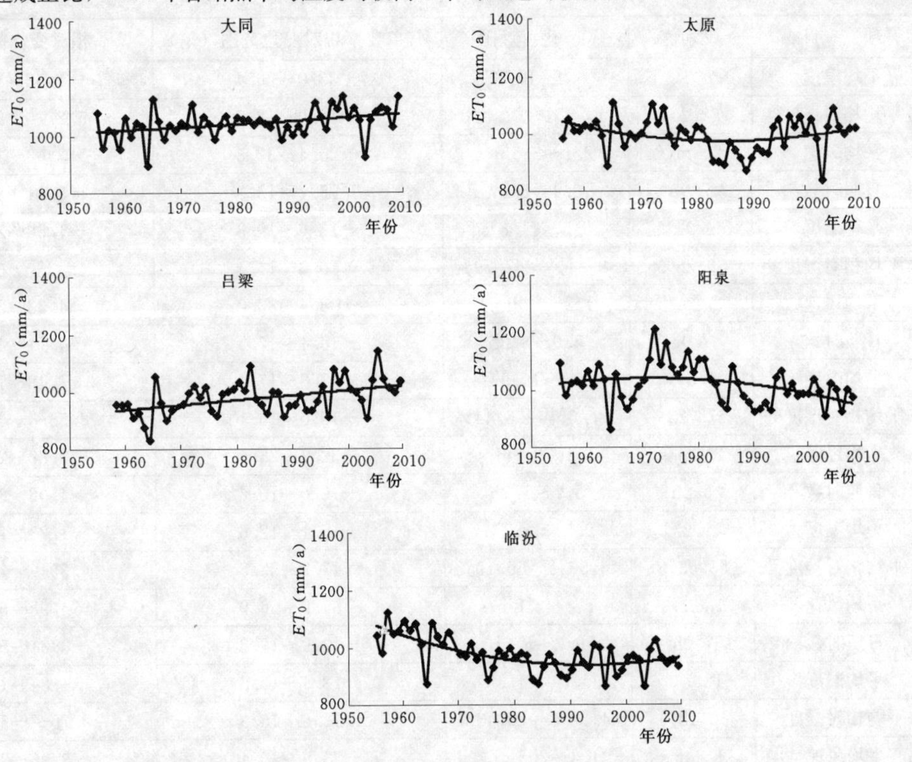


图2　五站点年 $ET_0$ 变化趋势

大同和吕梁站年 $ET_0$ 变化趋势基本一致，均随时间呈缓慢增长。分析主要是由于大同站平均湿度缓慢下降，吕梁站平均风速总体趋势上升。太原站年 $ET_0$ 在 1990 年之前呈下降趋势，之后缓慢上升，1980 年至 1990 年达到最小值，分析原因主要是 1990 年之前平均湿度先上升，之后缓慢下降，平均风速在 1980 年和 1990 年处于低峰值。阳泉站年 $ET_0$ 在 1975 年之前呈上升趋势，之后随时间逐年减小，1967 年至 1972 年 $ET_0$ 突然上升，这是因为 1967～1972 年阳泉站的平均风速显著增加，平均湿度下降明显。临汾站年 $ET_0$ 在 1990 年之前呈下降趋势，之后趋于稳定，主要原因是风速和日照时数都呈下降趋势，1990 年后温度呈上升趋势。

表 2 描述了各站点 55 年的年 $ET_0$ 均值、最大值、最小值和 $ET_0$ 相对变化范围（最大值、最小值相对于均值的变化）。表 2 的结果显示五个站点中大同和阳泉的年 $ET_0$ 高于其他站点，其他站差异不明显。大同站的 $ET_0$ 相对变化范围最小，吕梁站的变化范围最大，从图 2 中也可以大同站年 $ET_0$ 随时间变化较为平缓，而吕梁站年 $ET_0$ 随时间变化起伏较大。

**表 2　　年蒸散量变化趋势**

| 站　点 | $ET_0$ 平均值（mm/a） | $ET_0$ 最大值（mm/a） | $ET_0$ 最小值（mm/a） | $ET_0$ 相对变化范围（%） |
|---|---|---|---|---|
| 大同 | 1044 | 1138 | 895 | －14.28～9.03 |
| 太原 | 996 | 1114 | 837 | －15.88～11.93 |
| 吕梁 | 988 | 1190 | 835 | －15.49～20.46 |
| 阳泉 | 1022 | 1217 | 866 | －15.3～18.98 |
| 临汾 | 981 | 1129 | 871 | －11.2～15.13 |

按照敏感性分析方法，分析各气象要素对 $ET_0$ 的影响。计算 1955～2009 年的平均温度、平均相对湿度、平均风速和平均日照时数，选取研究期内 4 个要素的最大值和最小值作为该要素的变化范围，均值作为基准值，敏感性分析结果见表 3。

**表 3　　气象要素对年参考作物蒸散量敏感性分析**

| 站点 | 项　目 | 平均值 | 变 化 范 围 | 气象要素相对变化范围（%） | $ET_0$ 相对变化范围（%） |
|---|---|---|---|---|---|
| 大同 | 平均温度 | 7.0℃ | 5.4～8.8℃ | －23.0～26.4 | －1.58～1.86 |
| | 平均相对湿度 | 52.2% | 45.9%～61.9% | －12.0～18.5 | 5.27～－8.15 |
| | 平均风速 | 2.8m/s | 2.1～3.5m/s | －25.4～22.3 | －3.59～2.72 |
| | 日照时数 | 7.6h | 6.4～8.6h | －15.7～13.3 | －3.11～3.55 |
| 太原 | 平均温度 | 9.9℃ | 8.6～11.8℃ | －13.6～19.3 | －1.58～2.25 |
| | 平均相对湿度 | 59.26% | 52.84%～67.79% | －10.8～14.4 | 4.83～－6.47 |
| | 平均风速 | 2.1m/s | 1.3～2.8m/s | －38.4～33.0 | －4.53～3.27 |
| | 日照时数 | 7.0h | 5.9～8.2h | －16.1～17.5 | －4.11～4.44 |
| 吕梁 | 平均温度 | 9.3℃ | 8.0～10.9℃ | －13.8～17.1 | －1.48～1.95 |
| | 平均相对湿度 | 57.72% | 48.46%～66.44% | －16.0～15.1 | 6.55～－6.40 |
| | 平均风速 | 2.1m/s | 1.4～2.6m/s | －32.7～25.8 | －3.89～2.72 |
| | 日照时数 | 6.8h | 5.7～7.9h | －16.0～15.6 | －4.06～3.85 |
| 阳泉 | 平均温度 | 11.2℃ | 9.5～12.7℃ | －15.1～12.6 | －1.73～1.44 |
| | 平均相对湿度 | 53.63% | 46.56%～66.10% | －13.2～23.3 | 4.35～－7.80 |
| | 平均风速 | 1.8m/s | 1.2～2.8m/s | －34.9～50.9 | －4.98～6.12 |
| | 日照时数 | 7.1h | 6.2～8.5h | －12.9～19.8 | －3.31～5.08 |
| 临汾 | 平均温度 | 12.7℃ | 11.0～14.3℃ | －13.5～12.6 | －1.84～1.88 |
| | 平均相对湿度 | 62.18% | 54.32%～70.43% | －12.6～13.3 | 5.70～－5.75 |
| | 平均风速 | 1.8m/s | 1.2～2.5 m/s | －33.9～36.4 | －3.95～3.60 |
| | 日照时数 | 6.1h | 4.6～7.6h | －24.5～23.9 | －6.12～6.05 |

从表3可以看出各站点平均温度、平均风速、平均日照时数与$ET_0$正相关，平均相对湿度与$ET_0$负相关。平均温度变化范围最大的是大同站，最小的是临汾站。平均相对湿度和平均风速变化范围最大的是阳泉站，最小的分别是太原和大同站。日照时数变化范围最大的是临汾站，最小的是大同站。这些结果与图1的显示规律一致。

表3结果显示，对于大同站，4个气象要素中$ET_0$对平均相对湿度最为敏感，变化范围为13.42%，其次为日照时数（6.66%）和平均风速（6.31%），平均温度的影响最小，为3.44%。对太原站$ET_0$影响最大的气象要素是平均相对湿度（11.30%），日照时数、平均风速和平均温度的影响范围分别是8.55%，7.80%，3.83%。吕梁站$ET_0$最主要的敏感性气象要素是平均相对湿度（12.95%），其次是日照时数(7.91%)、平均风速（6.61%）和平均温度2.43%。平均相对湿度变化对阳泉站$ET_0$影响范围最大，为12.15%，其次为平均风速（11.10%），日照时数（8.39%），平均温度（3.17%）。而对临汾站影响最大的气象要素为日照时数，为12.17%，其次为平均相对湿度（11.45%），平均风速（7.55%）和平均温度(3.72%)。五站点对$ET_0$影响最小的气象要素均为平均温度。大同、太原和吕梁站最大的影响要素为平均相对湿度，其次为日照时数和平均风速。阳泉站最大的影响要素是平均相对湿度，其次为平均风速、日照时数和平均温度。日照时数对临汾站$ET_0$变化范围影响最大，其次为平均相对湿度、平均风速和平均温度。可以得出，山西地区影响$ET_0$的主要气象要素是平均相对湿度和平均日照时数，平均温度的作用最小。

## 4 结论

（1）五站点的多年平均温度随时间变化趋势一致，1995年之前基本稳定，1995年升高较大之后趋于稳定。1993年之前各站点的平均日照时数呈下降趋势，除临汾站外其他站点1993年平均日照时数稍稍升高，之后趋于稳定。其中温度最高的是临汾，最低的为大同。临汾站的平均相对湿度高于其他站，而平均日照时数显著低于其他各站。各年平均风速最高的为大同站。

（2）大同和阳泉的年$ET_0$高于其他站点，其他站差异不明显。大同和吕梁站年$ET_0$均随时间呈缓慢增长。太原站在1990年之前呈下降趋势，之后缓慢上升。阳泉站年$ET_0$1975年之前先呈上升趋势，后随时间逐年减小。临汾站年$ET_0$在1990年之前呈下降趋势，之后趋于稳定。

（3）五站点中平均温度变化范围最大的是大同站，平均相对湿度和平均风速变化范围最大的是阳泉站，日照时数变化范围最大的是临汾站。四气象要素中对各站点对$ET_0$影响最小的气象要素均为平均温度。大同、太原和吕梁站最大的影响要素为平均相对湿度，其次为日照时数和平均风速。阳泉站最大的影响要素是平均相对湿度，其次为平均风速、日照时数和平均温度。日照时数对临汾站$ET_0$变化范围影响最大，其次为平均相对湿度、平均风速和平均温度。可以得出，山西地区影响$ET_0$的主要气象要素是平均相对湿度和平均日照时数，平均温度的作用最小。

## 参考文献

[1] R G Allen，L S Perreira，D Raes，et al. Crop evapotranspiration：guidelines for computing crop water requirements [R]. Rome：FAO Irrigation and Drainage Paper 56，1998.

[2] 彭世彰，徐俊增．参考作物蒸发蒸腾量计算方法的应用比较 [J]. 灌溉排水学报，2004，23 (6)：5-9.

[3] FAO. Crop evapotransp iration guidelines for computing crop water requirements [M]. Rome：FAO Food and Agriculture Organization，1998.

[4] 封志明，杨艳昭，丁晓强，等．甘肃地区参考作物蒸散量时空变化研究 [J]. 农业工程学报，2004，20 (1)：99-103.

[5] H G Gundekar，U M Khodke，S Sarkar R K Rai. Evaluation of pan coefficient for reference crop evapotranspiration for semi－arid region [J]. Irrigation Science，2008，26 (2)：169-175.

[6] P Steduto，M Todorovic A Caliandro，et al. Daily reference evapotranspiration estimates by the Penman－Monteith equation in Southern Italy. Constant vs. variable canopy resistance [J]. Theoretic and Applied Climatology，2003 (74)：217-225.

[7] 顾世祥，何大明，李远华，等．纵向岭谷区参考作物腾发量变化的特点和趋势 [J]．农业工程学报，2007，23 (3)：24-29.

[8] 佟玲，康绍忠，粟晓玲．石羊河流域气候变化对参考作物蒸发蒸腾量影响的分析 [J]. 农业工程学报，2004，20 (2)：15-18.

[9] S B Chen, Y F Liu, T Axel. Clmiatic change on the Tibetan Plateau: potential evapotranspiration trends from 1961－2000 [J]. Clmiatic Change, 2006, 76: 291－319.

[10] 刘晓英，李玉中，郝卫平．华北主要作物需水量近 50 年变化趋势及原因 [J]．农业工程学报，2005，21（10）：155－159.

[11] 梁丽乔，李丽娟，张丽，等．松嫩平原西部生长季参考作物蒸散发的敏感性分析 [J]. 农业工程学报，2008，24（5）：1－5.

[12] 李春强，洪克勤，李保国．河北省近 35 年（1965～1999 年）参考作物蒸散量的时空变化 [J]. 中国农业气象，2008，29（4）：414－419.

[13] 王幼奇，樊军，邵明安．黄土高原地区近 50 年参考作物蒸散量变化特征 [J]. 农业工程学报，2008，24（9）：6－10.

[14] 张高斌，郭建茂，吴元之．山西万荣县近 52 年气候特征及其与参考作物蒸散量和土壤湿度的关系 [J]. 干旱气象，2011，29（1）：94－99.

# Changing trend of reference crop evapotranspiration and analysis of effects of dominated meteorological variables on reference crop evapotranspiration in Shanxi Province in recent 55 years

Liu Guangdong　Liu Haijun　Li Yan

(College of Water Sciences, Beijing Normal University, Beijing 100875)

**Abstract** Reference crop evapotranspiration ($ET_0$) in Shanxi Province from 1955～2009 was calculated with FAO Penman－Monteith equation (PM) to find the changing trends of meteorological variables and $ET_0$ and to find the dominated meteorological variables of $ET_0$ using a sensitivity analysis method. Results showed that changing trends of average air temperature of five meteorological stations were similar, the highest average air temperature appeared in Linfen, the lowest average air temperature appeared in Datong. The highest average relative humidity and the lowest average sunshine hours appeared in Linfen. the highest average wind speed was found in Datong. $ET_0$ of Datong and Yangquan were higher than the others, the difference of average wind speed of the other stations is not significant. Sensitivity analysis on annual $ET_0$ indicated that the relative humidity was the dominated meteorological elements to $ET_0$ in Datong, Taiyuan, Lvliang, Yangquan stations, sunshine hours is the dominating element to $ET_0$ in Linfen. The effect of average air temperature on $ET_0$ was not significant.

**Key Words** Shanxi; reference crop evapotranspiration; changing trend; sensitivity analysis

# 漳卫南运河流域水质评价和污染源识别及贡献率分析*

徐华山[1,2]　唐芳芳[1]　武　玮[1]　徐宗学[1]

（1. 北京师范大学水科学研究院水沙科学教育部重点实验室　北京　100875；
2. 河南理工大学资源环境学院　河南焦作　454003）

**摘　要**　流域水质时空演变特征分析和污染源识别对实施流域水资源保护和可持续利用具有重要意义。多元统计分析是定性识别污染源的一类有效方法。收集漳卫南运河流域2001～2009年19个监测站点的月水质监测数据，选取10个常用水质参数，参照GB 3838—2002标准，采用综合模糊评价法对流域水质进行评价。结果发现19个站点分为两类：5个站点水质符合国家标准，14个站点水质不符合国家水质标准。漳卫南运河流域水质空间上可以分为两大类：一类是位于流域西北部漳河中上游区域，该区域水质优良。第二类为卫河流域及漳卫南运河东部平原区，该区域水体污染严重，水质较差。采用因子分析/主成分分析法和多元回归分析法定性识别了流域水质污染的主要污染源并对其贡献率进行了计算。因子分析/主成分分析和多元线性回归分析结果表明，对漳河中上游区域水质造成影响的潜在污染源主要为3类：第一类为农业活动和造纸、炼钢、炼焦等工业废水排放。第二类为降雨引起的非点源污染。第三类是化工类工业源排放。卫河及流域干流卫运河和漳卫新河水体污染物主要有4个来源：第一类是采矿及畜禽养殖废水排放。第二类是市政污水、造纸废水、农业活动和重工业如炼钢、炼焦工业废水排放。第三类是化学工业废水排放。第四类是汛期暴雨事件引起的非点源污染。采用主成分多元线性回归方法评价了各种污染源的贡献率。结果可以为漳卫南运河流域水污染控制战略制定提供有益的参考。

**关键词**　漳卫南运河；水质；多元统计分析；时空变化；污染源识别

## 1　引言

河流水质是流域水环境管理决策部门关心的核心问题，河流水质受到多重因素、多层次原因的相互影响[1]，科学合理地评价河流水质时空演变规律显得尤为必要。目前流域水质空间变化研究的主流技术为多元统计分析方法[2]，它是研究流域水质时空变化和识别污染源的重要工具[3]。在国内陕西秦岭南坡的金水河[3,4]、三峡库区的香溪河[1]、汉江流域堵河[5]、汉江上游[6]、湘江[7]等流域、大辽河[8]等流域以及香港东部水域[9]地表水体污染源识别得到应用。这些应用为流域水质评价和污染源识别提供了一种重要的分析手段。

目前关于漳卫南运河流域的研究主要偏重于流域水资源管理[10,11]、水污染控制[12]、水生态恢复[13]、沉积物重金属污染及其生态风险评价[14]，针对流域尺度水体主要污染源定性识别显得尤为必要。本文采用多元统计分析方法，研究了漳卫南运河流域水质空间差异，采用因子分析/主成分分析法和多元线性回归对流域潜在污染源进行识别，并分析了其分摊率。有关结论可为流域水污染控制战略制定提供有益的参考。

## 2　材料和方法

### 2.1　研究区概况

漳卫南运河水系位于太岳山以东，滏阳河、子牙河以南，黄河、马颊河以北，流域范围为东经112°～118°，北纬35°～39°，由漳河、卫河、卫运河、漳卫新河和南运河组成，流经山西、河南、河北、山东四省经天津市入渤海，是海河流域五大水系之一。流域总面积37700km²，山区、丘陵区面积25466km²，占流域总面积的68%；平原面积12234km²，占流域总面积的32%。流域地处温带半干旱、半湿润季风气候区，多

* 基金项目：漳卫南运河管理局全球环境基金海河项目监测评价（ZWNOZJ017）；河南省高校矿山环境保护与生态修复省级重点实验室培育基地开放基金项目（KF2010－06）。

第一作者简介：徐华山（1977—　），男，博士研究生，讲师。E-mail：xuhuashan@mail.bnu.edu.cn

年平均气温在14℃左右。流域总的地势是西南高东北低，平均比降0.263%，大致分山地、平原两种地貌。西部为南—北和西南－东北走向的太行山山脉。流域径流主要产生于上游的两大支流漳河和卫河。多年平均降水量604mm，其中漳河流域584mm、卫河流域652mm、中下游地区567mm；年最大降雨量为997mm（1963年），年最小降雨量为339mm（1965年），年内降雨量主要集中在汛期（6～9月），汛期多年平均降雨量为448mm，占全年降雨量的约74%。

### 2.2 研究方法

#### 2.2.1 数据来源

漳卫南运河流域2001～2009年水质逐月监测数据由漳卫南运河管理局提供，共分刘家庄（漳河）、匡门口（漳河）、天桥断（漳河）、观台（漳河）、岳城水库（漳河）、淇门（卫河）、小河桥（卫河）、杨庄桥（卫河）、武陵（卫河）、龙王庙（卫河）、白庄桥（卫运河）、北馆陶（卫运河）、先锋桥（卫运河）、四女寺闸（卫运河）、第三店（南运河）、吴桥闸（岔河）、袁桥闸（减河）、王营盘（漳卫新河）、辛集闸（漳卫新河）19个断面。监测指标包括电导率（EC）、溶解氧（DO）、高锰酸盐指数（$COD_{Mn}$）、五日生化需氧量（$BOD_5$）、总硬度（TH）、悬浮固体（TSS）、氯离子（$Cl^-$）、硫酸根（$SO_4^{2-}$）、总氮（TN）、氨氮（$NH_4^+-N$）、硝氮（$NO_3^--N$）、总磷（TP）、氟离子（$F^-$）、挥发酚（V－ArOH）、氰化物（$T-CN^-$）、汞（THg）、砷（As）、六价铬（$Cr^{6+}$）18项指标。数据分汛期和非汛期分别处理。选取DO、$COD_{Mn}$、$BOD_5$、$NH_4^+-N$、$F^-$、V－ArOH、$T-CN^-$、THg、As、$Cr^{6+}$等10个水质指标进行水质模糊综合评价，评价等级根据地表水环境质量标准（GB 3838—2002）分为5级。数据在进行多元统计分析之前进行标准化转换，主成分分析前对数据进行*KMO*检验，看是否适合作主成分分析（要求*KMO*值>0.5（0<*KMO*<1），并且越接近1越好；显著性越接近0越好）。多元统计分析采用SPSS18.0软件包完成。

#### 2.2.2 模糊综合评价

模糊综合评价是以模糊数学为基础，应用模糊关系合成原理，将一些边界不清、不易定量的因素定量化，进行水质综合评价的一种方法[15]，详细的数学描述见文献Huang等[16]。

#### 2.2.3 主成分分析/因子分析

因子分析是一种数据简化技术，通过研究众多变量之间的内部依赖关系，探求观测数据之间的基本结构，并用少数几个独立的不可观测变量（因子）来表示其基本的数据结构，这几个假想变量（因子）能够反映原来众多变量的主要信息，原来的变量可以用这些提取出来的因子的线性组合表示[17,18]。水质评价中常用因子分析提取污染因子对污染源定性识别，也有研究者采用该方法评价河流监测网络监测站点布设的合理性[19]和水质监测指标重要性识别[20]。

## 3 结果与讨论

### 3.1 水质评价

综合模糊数学评价法对流域19个站点水质评价结果如表1所示。参照地表水环境质量标准（GB 3838—2002），漳卫南运河流域水质分为两种类型，达标地区（Ⅰ、Ⅱ、Ⅲ类水质）和超标地区（Ⅳ、Ⅴ类水质）。达标站点共5个，均分布在漳河流域，参加评价的5个站点非汛期水质都达到GB 3838—2002标准的Ⅰ类水质，汛期水质较非汛期稍差，出现Ⅱ类、Ⅲ类水质，观台站在2001年汛期还出现Ⅴ类水质。超标站点共14个，均分布在卫河流域及漳卫南运河流域的干流卫运河和漳卫新河上，这可能与污染物的累积效应有关。根据模糊数学法评价结果，漳卫南运河流域水质空间上可以分为两大类：一类是位于流域西北部漳河中上游区域，该区域水质优良；第二类为卫河流域及漳卫南运河东部平原区，该区域水体受污染严重，水质较差。

### 3.2 潜在污染源识别

达标区域提取公因子3个（特征值大于1），累计贡献率为96.786%（表2），能反映原始数据的基本信息。超标地区提取公因子4个，累计贡献率为89.478%（表2），也能反映原始数据的基本信息。认为当因子载荷值大于0.75，0.75～0.5和0.5～0.3时，分别代表强相关、中度相关和弱相关。

表 1 各监测断面模糊数学法水质评价结果

| 时期 | 年份 | 刘家庄 | 匡门口 | 天桥断 | 观台 | 岳城水库 | 淇门 | 小河桥 | 杨庄桥 | 武陵 | 龙王庙 | 北馆陶 | 先锋桥 | 白庄桥 | 四女寺闸 | 第三店 | 吴桥闸 | 袁桥闸 | 王营盘 | 辛集闸 |
|---|---|---|---|---|---|---|---|---|---|---|---|---|---|---|---|---|---|---|---|---|
| 汛期 | 2001 | Ⅰ | Ⅰ | Ⅰ | Ⅴ | Ⅰ | Ⅴ | Ⅴ | Ⅴ | Ⅴ | Ⅴ | Ⅴ | Ⅴ | Ⅴ | Ⅴ | Ⅴ | Ⅴ |  | Ⅴ |  |
|  | 2002 | Ⅰ | Ⅱ | Ⅲ | Ⅱ | Ⅰ | Ⅴ | Ⅴ | Ⅴ | Ⅴ | Ⅴ | Ⅴ | Ⅴ | Ⅴ | Ⅴ | Ⅴ | Ⅴ |  | Ⅴ |  |
|  | 2003 | Ⅰ | Ⅰ | Ⅰ | Ⅰ | Ⅰ | Ⅴ | Ⅴ | Ⅴ | Ⅴ | Ⅴ | Ⅴ | Ⅴ | Ⅴ | Ⅴ | Ⅴ | Ⅴ | Ⅴ | Ⅴ | Ⅴ |
|  | 2004 | Ⅰ | Ⅰ | Ⅰ | Ⅰ | Ⅰ | Ⅴ | Ⅴ | Ⅴ | Ⅴ | Ⅴ | Ⅴ | Ⅴ | Ⅴ | Ⅴ | Ⅴ | Ⅴ | Ⅴ | Ⅴ | Ⅴ |
|  | 2005 | Ⅰ | Ⅰ | Ⅱ | Ⅰ | Ⅰ | Ⅴ | Ⅴ | Ⅴ | Ⅴ | Ⅴ | Ⅴ | Ⅴ | Ⅴ | Ⅴ | Ⅴ | Ⅴ | Ⅴ | Ⅴ | Ⅴ |
|  | 2006 | Ⅰ | Ⅰ | Ⅰ | Ⅰ | Ⅰ | Ⅴ | Ⅴ | Ⅴ | Ⅴ | Ⅴ | Ⅴ | Ⅴ | Ⅴ | Ⅴ | Ⅴ | Ⅴ | Ⅴ | Ⅴ | Ⅴ |
|  | 2007 | Ⅰ | Ⅰ | Ⅱ | Ⅰ | Ⅰ | Ⅴ | Ⅴ | Ⅴ | Ⅴ | Ⅴ | Ⅴ | Ⅴ | Ⅴ | Ⅴ | Ⅴ | Ⅴ | Ⅴ | Ⅴ | Ⅴ |
|  | 2008 | Ⅰ | Ⅰ | Ⅱ | Ⅰ | Ⅰ | Ⅴ | Ⅴ | Ⅴ | Ⅴ | Ⅴ | Ⅴ | Ⅴ | Ⅴ | Ⅴ | Ⅴ | Ⅴ | Ⅴ | Ⅴ | Ⅴ |
|  | 2009 | Ⅰ | Ⅰ | Ⅰ | Ⅰ | Ⅱ | Ⅴ | Ⅴ | Ⅴ | Ⅴ | Ⅴ | Ⅴ | Ⅴ | Ⅴ | Ⅴ | Ⅴ | Ⅴ | Ⅴ | Ⅴ | Ⅴ |
| 非汛期 | 2001 | Ⅰ | Ⅰ | Ⅰ | Ⅰ | Ⅰ | Ⅴ | Ⅴ | Ⅴ | Ⅴ | Ⅴ | Ⅴ | Ⅴ | Ⅴ | Ⅴ | Ⅴ | Ⅴ |  | Ⅴ |  |
|  | 2002 | Ⅰ | Ⅰ | Ⅰ | Ⅰ | Ⅰ | Ⅴ | Ⅴ | Ⅴ | Ⅴ | Ⅴ | Ⅴ | Ⅴ | Ⅴ | Ⅴ | Ⅴ | Ⅴ |  | Ⅴ |  |
|  | 2003 | Ⅰ | Ⅰ | Ⅰ | Ⅰ | Ⅰ | Ⅴ | Ⅴ | Ⅴ | Ⅴ | Ⅴ | Ⅴ | Ⅴ | Ⅴ | Ⅴ | Ⅴ | Ⅴ | Ⅴ | Ⅴ | Ⅴ |
|  | 2004 | Ⅰ | Ⅰ | Ⅰ | Ⅰ | Ⅰ | Ⅴ | Ⅴ | Ⅴ | Ⅴ | Ⅴ | Ⅴ | Ⅴ | Ⅴ | Ⅴ | Ⅴ | Ⅴ | Ⅴ | Ⅴ | Ⅴ |
|  | 2005 | Ⅰ | Ⅰ | Ⅰ | Ⅰ | Ⅰ | Ⅴ | Ⅴ | Ⅴ | Ⅴ | Ⅴ | Ⅴ | Ⅴ | Ⅴ | Ⅴ | Ⅴ | Ⅴ | Ⅴ | Ⅴ | Ⅴ |
|  | 2006 | Ⅰ | Ⅰ | Ⅰ | Ⅰ | Ⅰ | Ⅴ | Ⅴ | Ⅴ | Ⅴ | Ⅴ | Ⅴ | Ⅴ | Ⅴ | Ⅴ | Ⅴ | Ⅴ | Ⅴ | Ⅴ | Ⅴ |
|  | 2007 | Ⅰ | Ⅰ | Ⅰ | Ⅰ | Ⅰ | Ⅴ | Ⅴ | Ⅴ | Ⅴ | Ⅴ | Ⅴ | Ⅴ | Ⅴ | Ⅴ | Ⅴ | Ⅴ | Ⅴ | Ⅴ | Ⅴ |
|  | 2008 | Ⅰ | Ⅰ | Ⅰ | Ⅰ | Ⅰ | Ⅴ | Ⅴ | Ⅴ | Ⅴ | Ⅴ | Ⅴ | Ⅴ | Ⅴ | Ⅴ | Ⅴ | Ⅴ | Ⅴ | Ⅴ | Ⅴ |
|  | 2009 | Ⅰ | Ⅰ | Ⅰ | Ⅰ | Ⅰ | Ⅴ | Ⅴ | Ⅴ | Ⅴ | Ⅴ | Ⅴ | Ⅴ | Ⅴ | Ⅴ | Ⅴ | Ⅴ | Ⅴ | Ⅴ | Ⅴ |

表 2 旋转因子载荷矩阵

| 指标 | 达标地区 | | | 超标地区 | | | |
|---|---|---|---|---|---|---|---|
| | $VF_1$ | $VF_2$ | $VF_3$ | $VF_1$ | $VF_2$ | $VF_3$ | $VF_4$ |
| EC | 0.013 | 0.988 | −0.036 | −0.133 | 0.250 | 0.951 | −0.075 |
| DO | −0.919 | 0.179 | 0.333 | −0.651 | −0.088 | −0.264 | −0.622 |
| $COD_{Mn}$ | 0.043 | −0.985 | −0.095 | 0.217 | 0.874 | −0.012 | 0.332 |
| $BOD_5$ | −0.488 | −0.790 | 0.369 | 0.209 | 0.939 | 0.058 | 0.197 |
| TH | 0.269 | 0.203 | 0.918 | 0.227 | −0.034 | 0.968 | 0.013 |
| SS | −0.118 | −0.892 | −0.427 | −0.046 | 0.103 | −0.215 | 0.916 |
| $Cl^-$ | 0.341 | 0.673 | 0.635 | −0.116 | 0.022 | 0.982 | −0.135 |
| $SO_4^{2-}$ | −0.536 | 0.778 | 0.319 | −0.668 | 0.224 | 0.690 | 0.028 |
| TN | 0.990 | 0.117 | 0.045 | 0.866 | 0.312 | −0.253 | 0.213 |
| $NH_4^+-N$ | 0.960 | 0.051 | 0.182 | 0.883 | 0.134 | −0.335 | 0.226 |
| $NO_3^--N$ | 0.976 | 0.148 | 0.019 | −0.172 | 0.796 | 0.093 | −0.073 |
| TP | −0.044 | −0.853 | −0.519 | 0.091 | 0.858 | 0.225 | −0.177 |
| $F^-$ | 0.519 | 0.510 | 0.552 | 0.099 | 0.932 | 0.033 | −0.108 |
| V-ArOH | 0.982 | 0.022 | 0.172 | 0.181 | 0.938 | 0.108 | 0.143 |
| $T-CN^-$ | 0.392 | 0.021 | −0.915 | 0.957 | 0.063 | 0.109 | 0.085 |
| THg | 0.151 | 0.269 | 0.864 | −0.289 | 0.541 | −0.132 | 0.168 |
| As | 0.087 | 0.201 | 0.961 | 0.914 | 0.113 | 0.164 | −0.171 |
| $Cr^{6+}$ | 0.567 | 0.100 | −0.817 | 0.960 | −0.136 | −0.066 | −0.134 |
| 特征值 | 6.172 | 5.649 | 5.600 | 5.411 | 5.338 | 3.710 | 1.647 |
| 贡献率（%） | 34.289 | 31.385 | 31.112 | 30.061 | 29.654 | 20.612 | 9.151 |
| 累积贡献率（%） | 34.289 | 65.674 | 96.786 | 30.061 | 59.715 | 80.327 | 89.478 |

达标区域提取的 3 个公因子中，$VF_1$ 的贡献率为 34.289%，其中 TN、$NH_4^+-N$、$NO_3^--N$ 和 V-ArOH 所占的因子载荷较大，与 $VF_1$ 呈强正相关关系，与 $F^-$ 和 $Cr^{6+}$ 呈中度正相关，与 DO 呈强负相关，与 $SO_4^{2-}$ 呈中度负相关。地表排水中高浓度的 $NO_3^--N$ 来源于地质沉积物、自然有机物质分解和肥料[21,22]。从 $NH_4^+-N$、TN 和 $NO_3^--N$ 三个水质指标的因子载荷上分析，$VF_1$ 可以部分识别为农业污染。$NH_4^+-N$、TN 和 $NO_3^--N$ 在大量使用化肥的农田径流中含量较高[21,23]。同时 $NH_4^+-N$ 在畜禽养殖废水中含量较高，汛期随地表径流进入河道，这也从一定程度上表征农村畜禽散养造成非点源污染，$NH_4^+-N$ 也代表着化工废水排放[21]。同样，$VF_1$ 与 DO 呈强负相关关系，与 V-ArOH 呈强正相关，与 $F^-$ 和 $Cr^{6+}$ 呈中度正相关。V-ArOH 主要来源于造纸、化学工业[16,21]、炼钢工业和炼焦工业[8]。$Cr^{6+}$ 常见于电镀废水和采矿活动废水排放[7]。基于以上分析，$VF_1$ 代表人类活动影响如农业活动、采矿活动和工业废水排放带来的污染。$VF_2$ 的贡献率为 31.385%，与 EC 和 $SO_4^{2-}$ 呈强正相关性，与 $Cl^-$ 和 $F^-$ 中度正相关，与 $COD_{Mn}$，$BOD_5$、SS、和 TP 呈强负相关。这主要代表盐分[23]，说明研究区内可能存在化学工业。$VF_3$ 的贡献率为 31.112%，与 TH、Cl、TP、$F^-$、$T-CN^-$、THg、As 和 $Cr^{6+}$ 呈强正相关性。监测数据显示，$Cr^{6+}$ 和 As 极少超过地表水国家三类标准［GB 3838—2002（0.05mg/L）］，可能来源于天然污染源，如岩石和土壤风化产生[16]，在雨季随径流进入地表水体；也可能来源与上游采矿活动的矿井排水[7]。所以，达标区域的漳河中上游区域存在 3 类污染源：第一类是人类活动影响的排放源，如农业活动、采矿活动和工业废水排放；第二类是化学工业废水；第三类是天然污染源和采矿活动引起的污染物排放。

在超标区域，DO、$SO_4^{2-}$、TN，$NH_4^+-N$、$TCN^-$、As 和 $Cr^{6+}$，占总贡献率的 30.061%，组成第一公

共因子，与 TN、$NH_4^+$ - N、$TCN^-$ 、As 和 $Cr^{6+}$ 呈强正相关，与 DO 和 $SO_4^{2-}$ 呈中度负相关。监测数据显示，$TCN^-$ 、As 和 $Cr^{6+}$ 超标较少，$VF_1$ 代表采矿活动和畜禽养殖废水的排放。$VF_2$ 的贡献率为 29.654%，与 $COD_{Mn}$、$BOD_5$、$NO_3^-$ - N、TP、$F^-$ 和 V - ArOH 呈强正相关，与 THg 呈中度正相关。说明流域水体受到快速城市化引起市政污水排放的强烈影响[9,21,23]，$VF_2$ 还代表农业活动和工业废水排放，如造纸工业、钢铁工业、炼焦工业。$VF_3$ 的贡献率为 20.612%，与 EC、TH 和 $Cl^-$ 呈强正相关，与 $SO_4^{2-}$ 呈中度正相关，代表化工废水排放。$VF_4$ 的贡献率为 9.151%，与 SS 呈强正相关，与 DO 呈中度负相关。SS 常由暴雨径流携带进入河流水体，该因子代表暴雨事件引起非点源污染。

所以，不达标地区的卫河及漳卫南运河流域干流卫运河、漳卫新河存在 4 类污染源：第一类是采矿活动及畜禽养殖引起的废水排放，第二类为市政污水和工业废水排放带来的污染，第三类为化学工业带来的污染，第四类为暴雨事件引起非点源污染。

### 3.3 基于 APCS－MLR 受体模型的源贡献率计算

识别污染源后，采用多元线性回归受体模型对不同水质指标的源贡献率进行计算（表 3）。达标地区大多数指标主要受人类活动如农业活动、采矿活动和工业废水排放的影响（70.8%的 DO，98.9%的 TN，88.6%的 $NH_4^+$ - N，96.6%的 $NO_3^-$ - N)，化学工业废水排放（78.1%的 EC，85.6%的 $COD_{Mn}$，81.6%的 TH，97.2%的 SS，71.2%的 Cl，93.1%的 TP，93.0%的 V - ArOH)，自然源和矿业活动（75.3%的 THg，和 92.0%的 As)。不达标地区采矿活动及畜禽养殖（87.1%的 TN，87.7%的 $NH_4^+$ - N，88.4%的 T - $CN^-$ ，74.5%的 As，82.2%的 $Cr^{6+}$），市政污水及工业废水排放（83.1% $COD_{Mn}$，94.6% $BOD_5$，53.7% $NO_3^-$ N，71.5% TP，82.4% $F^-$ 和 93.6%的 V - ArOH)，化学工业废水排放（98.2%的 EC，79.5%的 TH，96.9%的 $Cl^-$ 和 60.3%的 $SO_4^{2-}$ ），暴雨事件引起非点源污染（48.9%的 DO 和 69.7%SS)。

**表 3　公因子对各指标的贡献率**

| 指　标 | 达标地区（%） | | | 超标地区（%） | | | |
|---|---|---|---|---|---|---|---|
| | $Y_1$ | $Y_2$ | $Y_3$ | $Y_1$ | $Y_2$ | $Y_3$ | $Y_4$ |
| EC | — | 78.3 | — | — | 0.5 | 98.2 | — |
| DO | 70.8 | — | — | 15.8 | 7.4 | 14.7 | 48.9 |
| $COD_{Mn}$ | — | 85.6 | — | — | 83.1 | — | 7.2 |
| $BOD_5$ | — | — | — | — | 94.6 | — | — |
| TH | — | 81.6 | — | 10.8 | 7.0 | 79.5 | 1.3 |
| SS | — | 97.2 | — | 13.8 | — | — | 69.7 |
| $Cl^-$ | — | 71.2 | — | 0.2 | 2.5 | 96.9 | — |
| $SO_4^{2-}$ | — | — | — | 29.6 | — | 60.3 | 5.0 |
| TN | 98.9 | — | — | 87.1 | — | — | 3.3 |
| $NH_4^+$ - N | 88.6 | — | — | 87.7 | — | 5.9 | — |
| $NO_3^-$ - N | 96.6 | — | — | — | 53.7 | — | — |
| TP | — | 93.1 | 6.1 | — | 71.5 | — | 7.4 |
| $F^-$ | — | — | — | — | 82.4 | — | — |
| V - ArOH | — | 93.0 | — | — | 93.6 | — | — |
| T - $CN^-$ | — | — | — | 88.4 | — | 3.2 | — |
| THg | — | — | 75.3 | — | — | — | — |
| As | — | — | 92.0 | 74.5 | — | — | 8.8 |
| $Cr^{6+}$ | — | — | — | 82.2 | 3.1 | — | 9.8 |

## 4 结论

（1）漳卫南运河流域水质空间上可以分为两大类：一类是位于流域西北部漳河上游区域，该区域水质优良；另一类为卫河流域及东部平原区，水体污染较严重，水质较差。

（2）造成漳卫南运河流域水质污染的污染物主要来源于高强度的人类活动引起的重工业废水、市政污水、化学工业废水、采矿活动等点源排放，汛期上游农业生产引起的农业非点源污染排放以及暴雨径流引起的非点源污染物排放也占相当比例。

## 参考文献


[1] 叶麟，黎道丰，唐涛，等．香溪河水质空间分布特性研究．应用生态学报，2003，14（11）：1959－1962.

[2] 周丰，郭怀成，黄凯，等．基于多元统计方法的河流水质空间分析．水科学进展，2007，18（4）：544－551.

[3] 卜红梅，刘文治，张全发．多元统计方法在金水河水质时空变化分析中的应用．资源科学，2009，31（3）：429－434.

[4] Bu H M，Tan X，Li S Y，et al. Water quality assessment of the Jinshui River（China）using multivariate statistical techniques. Environmental Earth Sciences，2010，60（8）：1631－1639.

[5] 顾胜，李思悦，张全发．汉江堵河流域地表水质时空变化特征．长江流域资源与环境，2009，18（1）：41－46.

[6] Li S Y and Zhang Q F. Spatial characterization of dissolved trace elements and heavy metals in the upper Han River（China）using multivariate statistical techniques. Journal of Hazardous Materials，2010，176（1－3）：579－588.

[7] Zhang Q Li，Z W，Zeng G M，et al. Assessment of surface water quality using multivariate statistical techniques in red soil hilly region：a case study of Xiangjiang watershed，China. Environmental Monitoring and Assessment，2009，152（1－4）：123－131.

[8] Zhang Y，Guo F，Meng W，et al. Water quality assessment and source identification of Daliao river basin using multivariate statistical methods. Environmental Monitoring and Assessment，2009，152（1－4）：105－121.

[9] Zhou F，Huang G H，Guo H C，et al. Spatio－temporal patterns and source apportionment of coastal water pollution in eastern Hong Kong. Water Research，2007，41：3429－3439.

[10] 翟学军．节约保护水资源，促进漳卫南运河的可持续发展．海河水利，2009（2）：4－5.

[11] 王立卿，于伟东．漳卫南运河水资源和水环境问题与对策探讨．海河水利，2008（5）：6－8.

[12] 于伟东．漳卫南运河流域水污染趋势与控制．水资源保护，2008，24（4）：83－86.

[13] 于伟东．漳卫南运河水生态恢复面临的问题和对策．海河水利，2005（2）：21－23.

[14] 郝红，周怀东，王剑影，等．漳卫南运河沉积物重金属污染及其潜在生态风险评价．中国水利水电科学研究院学报，2005，3（2）：109－115.

[15] 王艳艳，张瑞斌，赵言文，等．模糊综合评价法在湖泊水体评价中的应用研究．江苏农业科学，2010（1）：326－328.

[16] Huang F，Wang X Q，Lou L P，et al. Spatial variation and source apportionment of water pollution in Qiantang River（China）using statistical techniques. Water Research，2009，44（5）：1562－1572.

[17] Shrestha S，Kazama F. Assessment of surface water quality using multivariate statistical techniques：A case study of the Fuji river basin，Japan. Environmental Modelling & Software，2007，22（4）：464－475.

[18] Singh K P，Malik A，Mohan D，et al. Multivariate statistical techniques for the evaluation of spatial and temporal variations in water quality of Gomti River（India）－a case study. Water Research，2004，38（18）：3980－3992.

[19] Kannel P R，Lee S，Kanel S R，et al. Chemometric application in classification and assessment of monitoring locations of an urban river system. Analytica Chimica Acta，2007，582（2）：390－399.

[20] Ouyang Y. Evaluation of river water quality monitoring stations by principal component analysis. Water Research，2005，39（12）：2621－2635.

[21] Su S Zhi J，Luo L，et al. Spatio-temporal patterns and source apportionment of pollution in Qiantang River（China）using neural-based modeling and multivariate statistical techniques. Physics and Chemistry of the Earth，2010.

[22] Boyacioglu H. Water pollution sources assessment by multivariate statistical methods in the Tahtali Basin，Turkey. Environmental Geology，2008，54（2）：275－282.

[23] Singh K P，Malik A，Sinha S. Water quality assessment and apportionment of pollution sources of Gomti river（India）using multivariate statistical techniques-a case study. Analytica Chimica Acta，2005，538（1－2）：355－374.

# Water quality evaluation and source identification and apportionment analysis of Zhangweinan River Basin

Xu Huashan[1,2] Tang Fangfang[1] Wu Wei[1] Xu Zongxue[1]

(1. Key laboratory of Water and Sediment Sciences, Ministry of Education;
College of Water Sciences, Beijing Normal University, Beijing 100875;
2. Institute of Resources and Environment, Henan Polytechnic University, Jiaozuo Henan 454003)

**Abstract** Identification of water pollution source in river basins is very important for water resources protection. Multivariate statistical analysis is an effective method to identify the water pollution source in river basins. In this study, 19 monitoring sites were selected in Zhangweinan River basin and 10 water quality parameters were determined monthly during the year 2001 to 2009. Water quality was assessed using fuzzy comprehensive analysis (FCA) according to National Surface Water Environmental Quality Standards of China. It was revealed that 5 sites were classified as "meeting standard regions" and 14 sites as "non-meeting standard regions". Results of fuzzy comprehensive analysis indicated that the Zhangweinan River basin can be classified into two regions. One is the Zhang River upstream located in the northwest of the Zhangweinan River basin where water quality is good. The other covers the Wei River and eastern plain of the Zhangweinan River basin, where water is seriously polluted. According to Principal Component Analysis (PCA), three potential pollution sources (agricultural activities and industrial wastewaters discharge, non-point source pollution from storm event, and chemical industries wastewater discharge) were identified which explained 96.786% of the total variance in "meeting standard regions", and four potential pollution sources (mining activities and livestock and poultry raising, domestic sewage, papermaking wastewater, agricultural activities, heavy industries wastewater discharge, chemical industries wastewater discharge, and non-point source pollution from storm event) that explained 89.478% of the total variance in "non-meeting standard regions". Additionally, receptor modeling through Multi-linear Regression of the Absolute Principal Component Scores (APCS-MLR) was used to estimate contributions from identified pollution sources to each water quality variable and each pollution level. These results provided useful information for better pollution control strategies in the Zhangweinan River basin.

**Key words** Zhangweinan River basin; water quality; source identification; apportionment; fuzzy comprehensive assessment; multivariate statistical techniques

# 地形对黑河流域降水影响的数值模拟*

徐娟娟[1,2] 王可丽[1] 江 灏[1] 孙 佳[1,2] 雒新萍[1,2] 朱庆亮[1,2]

(1. 中国科学院寒区旱区环境与工程研究所西部气候环境与灾害实验室 兰州 730000；
2. 中国科学院研究生院 北京 100049)

**摘 要** 利用新一代中尺度天气模式 WRFV2.2，通过敏感性试验讨论了黑河流域南部祁连山地形对黑河流域降水的影响。通过对地形去除前后近地面环流、水汽条件和垂直上升运动的对比分析，得出以下主要结论：黑河流域南部祁连山区的高大地形是影响黑河流域降水最主要的原因，若无祁连山区的地形作用，则黑河流域降水会基本消失；地形对黑河流域降水的影响方式为：西风带受祁连山地形阻挡而形成南北两支绕流，北支绕流于祁连山东侧边缘产生逆向东风，在地形与环流的共同作用下，99°E 以东祁连山区地势较低处逆向东风辐合，从而导致此处水汽大量汇聚辐合堆积，同时地形的阻挡激发出强烈的对流运动，强的水汽辐合和强烈的对流运动的共同作用导致了祁连山区强降水的发生。

**关键词** 黑河流域；降水；地形；数值模拟

## 1 引言

大气降水是内陆河流域地表和地下水资源最为重要的水分来源。黑河流域是我国西北地区较大的内陆河流域之一，流域内地势南高北低，西高东低，降水也呈现出与地形相一致的分布趋势，降水多集中于南部的祁连山区，并且随着地形的变化，由南向北逐渐减少[1]。

高大地形对降水的影响通常表现为两个方面，一方面地形的阻挡摩擦作用造成了局地暖湿气流的强迫抬升，从而在迎风面产生较强降水，即地形的动力作用；另一方面，由于地形对其上方空气的巨大加热作用，产生局地热力强迫环流，从而导致了降水的发生，即地形的热力作用[2]。目前国内外利用数值模式关于地形对降水影响做了大量研究[3-6]，表明在特殊地形的动力热力作用下，降水具有明显的沿地形分布趋势，降水强度明显增强，同时由于不同地形的海拔高度、走向和地理位置的不同，他们对降水系统的影响方式和影响强度也不尽相同。

对于黑河流域和祁连山区降水与地形的关系，曹玲和窦永祥[7]，张杰和李栋梁[8]，丁永健等[9]以及朱守森和王强[10]利用观测资料分析表明黑河流域和祁连山区降水随地形的空间分布特征与地理地形因子（经纬度、坡度、坡向等）有重要关系，但未对地形降水的产生机理作研究；李岩瑛[11]利用数值敏感性试验得出祁连山区东北部地形具有增强祁连山区西部降水以及减弱祁连山区东部降水的作用，但没有考虑到对黑河流域降水的影响。鉴于此，本文利用数值模式对黑河流域上游祁连山区地形对流域内降水的影响及其作用机理进行分析。

## 2 研究区概况

黑河流域是我国西北内陆地区重要的生态水文经济单元，对维持西北地区水循环和水平衡起着重要作用。它位于祁连山和河西走廊中段，东起山丹县境内的大黄山，与石羊河接壤；西部以嘉峪关境内的黑山为界，与疏勒河相邻；南起青海省祁连县境内的祁连山南北分水岭，北至中蒙边界。经纬度范围大致位于(37°45′N～42°40′N，96°42′E～102°04′E）之间。流域面积约 13 万 km$^2$，自上游至下游依次分布着高山冰雪带、森林草原带、平原绿洲带和戈壁荒漠带[1]，地势西高东低，南高北低，海拔高度在 1000～5000m 之间，其中流域南部的祁连山区与山前平原区海拔落差可达 3000m。黑河流域 80%的降水集中在 5～9 月，降水量由南向北减少，流域上游祁连山区年均降水量可达 400mm 以上，而下游戈壁荒漠带年均降水量不足

* 基金项目：国家自然科学基金项目（91025005；40771006）资助。

第一作者简介：徐娟娟（1984— ），女，陕西铜川人，研究生，主要从事数值模拟研究。E-mail：xujj175@yahoo.cn

50mm[12]，山区丰富的降水成为黑河流域最主要的水源地。

# 3 模式简介及模拟试验设计

## 3.1 模式简介[13,14]

WRF模式是由美国国家大气研究中心（NCAR）、美国国家大气海洋局（NOAA）、美国空气动力天气机构（AFWA）和俄克拉荷马大学等联合发展的新一代非静力平衡模式。模式水平网格采用Arakawa C格点，垂直方向采用地形跟随静力气压坐标，使用3阶kunge－Kutta分裂显式时间差分方案，模式的物理方案包括积云对流参数化方案、近地面层方案、边界层方案、微物理过程参数化方案、辐射参数化方案以及陆面过程参数化方案。它综合了其他多种模式参数化方案的优点，进一步提高了模式对各种天气过程的模拟能力。

## 3.2 试验方案设计

通过对黑河流域17个气象站2000～2008年逐日降水观测资料的分析（数据由中国西部环境与生态科学数据中心提供），选用2007年7月16日00时至21日00时作为模拟时段。选择原则为80%以上站点出现降水，并且祁连山区站点降水较大。控制试验（CTR）采用双重网格嵌套，网格中心点为（100°E，40°N），外层模拟范围为85°E～115°E，30°N～50°N，分辨率为15km，网格数为175×148；内层模拟范围为95°E～105°E，36°N～44°N，分辨率为5km，网格数为223×178；垂直方向27层。除积云参数化方案外，两层网格采用相同的初始场和参数化方案。驱动初始场为fnl的1°×1°再分析资料[15]，地表资料为USGS数据[16]，积分步长为60s，大尺度凝结方案选用WSM3方案，外层选用Betts－Miller－Janjic积云对流参数化方案，内层未采用积云参数化方案，陆面过程采用Noah方案，长波辐射选用RRTM方案，短波选用Dudhia（MM5）参数化方案，边界层选用MYJ方案。

敏感性试验（REM）中将97.5°E～101.5°E，38°N～39.5°N区域内祁连山区海拔高度统一降为1500m，与山前平原区相同，并在地形去除边缘设置过渡区，其余设置均与控制试验相同，以此考察祁连山区地形对黑河流域降水的影响。

# 4 结果分析

## 4.1 模式检验与试验结果

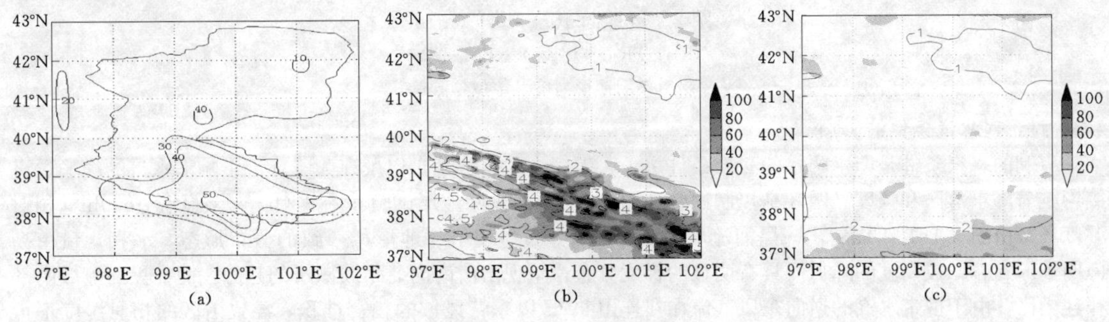


(a) (b) (c)

图1 5天累计降水量

(a) 观测值；(b) CTR试验；(c) REM试验

阴影表示降水量，单位：mm；黑色等值线为地形海拔高度，单位：km

试验中选用美国USGS全球30″高分辨率地形数据，该数据能够对黑河流域地形进行较为准确的描述[17]。利用观测降水等值线图检测降水落区的模拟效果，利用山区海拔1500m以上共七个气象台站（分别为门源、刚察、永昌、山丹、祁连、野牛沟和托勒）的平均降水量检测降水量值的模拟效果。对比观测降水［图1（a）］和控制试验模拟结果［图1（b）］可以看出，模拟降水的落区走向与观测降水相一致，都是沿祁连山呈西北－东南走向，由于祁连山西部海拔较高，在4500m以上，使得降水量总体上以99°E为分界线，东多西少[18]，同时可以看出，降水的高值中心都是位于海拔4000m左右地区，这与利用观测资料所得出的结论一致[17]。模式模拟出了100°E附近祁连山中部的降水高值中心，祁连山东部降水高值中心模拟偏南，山前平原区（40°N，100°E）处的高值中心未能模拟出来。模拟量值上，选取的七个台站平均降水量为36.3mm，模拟值为40.4mm。总体来说，WRF模式对本次降水的模拟达到了较好的模拟水平。

黑河流域上游祁连山区地形去除后［图1（c）］，在流域南部，沿祁连山分布的降水基本消失，降水量值极大减小，不足20mm；流域北部降水变化不大。以上结果说明祁连山区的高大地形作用是山区形成多降水的最主要原因，因此以下将从地形的动力效应来说明祁连山区是如何影响黑河流域降水的分布及强度的。

### 4.2 地形对气流的作用

地形对气流的阻挡作用取决于Froud数[19] $Fr=NH_m/U$，其中，$N$为Brunt－Vaisala频率，$H_m$为山高(m)，$U$为迎风向风速。当$Fr=NH_m/Ur\leqslant 1$时，气流能够越过山脉，在山的迎风坡形成强迫抬升气流，增强降水，当$Fr\geqslant 1$时，则气流无法越过高大地形，在山脉两侧形成绕流。

对于黑河流域南部祁连山地区，取$N=10^{-2}/s$，$H_m=2000m$，$U=10m/s$，得出$Fr=2$，西风带气流受祁连山高大地形阻挡而在其西侧分为南北两支气流向东而行［图2（a）］。北支气流由于地形的阻挡在越过山脉时形成反气旋性切变，同时由于祁连山东部背风坡海拔相对较低，于是沿祁连山东侧边界北支反气旋性气流向西逆向而行，与西风带气流在99°E附近相向而遇，两支气流在此处汇合。同时背风坡逆向东风由于受西风带与地形的阻挡，在祁连山东部逆风区形成一片风场的辐合区。黑河流域南部的祁连山地形去除后［图2（b）］，西风带南支绕流由于受祁连山脉西部的小范围高山地形的作用仍然存在，而北支绕流由于地形去除后对气流的扰动消失，使得黑河流域南部祁连山区的逆向东风消失，变为平直的西风气流。

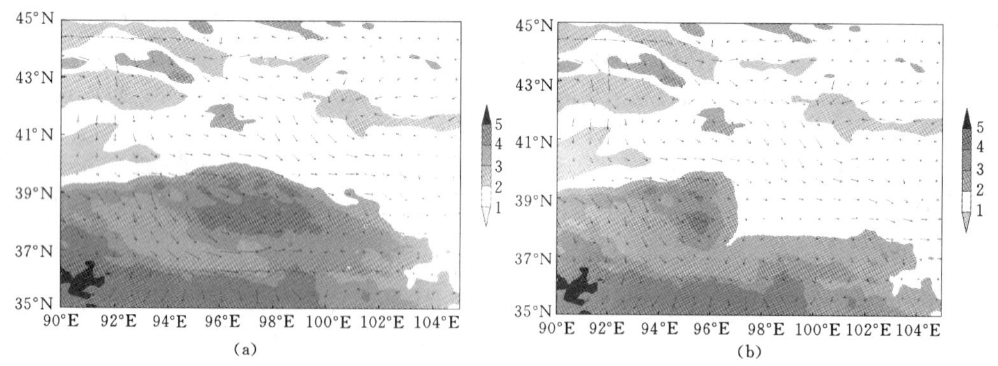


图2 近地面10m风场（m/s）

（a）CTR试验；（b）REM试验

阴影表示地形高度，单位：km

### 4.3 地形对水汽条件的影响

有利的水汽条件是产生降水的必要条件之一，大气中的水汽分布以及在大气环流影响下水汽的净输送直接影响着降水落区和强度。图3是控制试验［图3（a）］和去除地形试验［图3（b）］黑河流域600hPa相对湿度场。由图3（a）可以看出，黑河流域水汽的空间分布呈现出与地形相一致的分布形态，水汽含量由高山向平原随着海拔高度的降低而具有明显的梯度分布，呈现出由南向北不断减小的趋势。而在黑河流域南部祁连山区，由于携带水汽的逆向东风气流在祁连山99°E以东背风坡的辐合堆积，导致山区的相对湿度不再随着海拔高度的升高而增加，而是在99°E以东的海拔相对低值区（4000m以下）形成了水汽含量的高值区，最高可达7g/kg以上，在99°E以西的海拔相对高值区（4500m以上）形成了水汽含量的相对低值区，使得祁连山区的水汽含量呈现出由东向西随着海拔高度不断升高而不断减小的分布形态。

水汽输送至某地后必须有水汽在该地水平方向的辐合，才能上升凝结而形成降水。某一气压层水汽通量散度定义为

$$Q=\frac{1}{g}\nabla\cdot(qv)$$

式中：$g=9.8m/s^2$，为地球重力加速度；$q$为比湿，k/kg；$v$为水平风速矢量，m/s。

图4是控制试验和去除地形试验黑河流域600hPa水汽通量散度图。由图4（a）可以看出，黑河流域南部祁连山区为一片强的水汽辐合区，与降水高值区有很好的对应，例如100°E附近的降水中心位置水汽辐合也为一高值区。同时由于北支绕流在绕过山脉时产生反气旋性切变，从而导致在祁连山北侧沿山脉边界出现

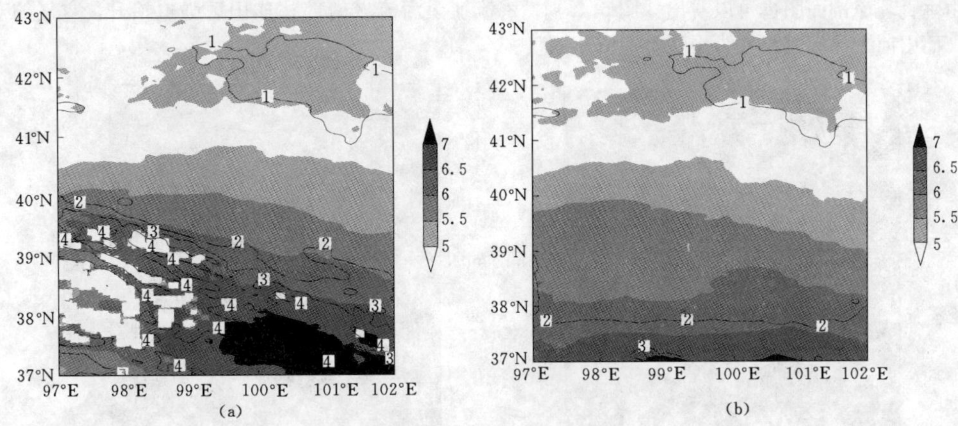


图 3 600hPa 相对湿度

(a) CTR 试验；(b) REM 试验

阴影表示相对湿度，单位：g/kg；黑色等值线为地形海拔高度，单位：km

水汽辐散带。在山前平原区，由于海拔较低，地势较为平坦，水汽出现辐散或辐合很弱。

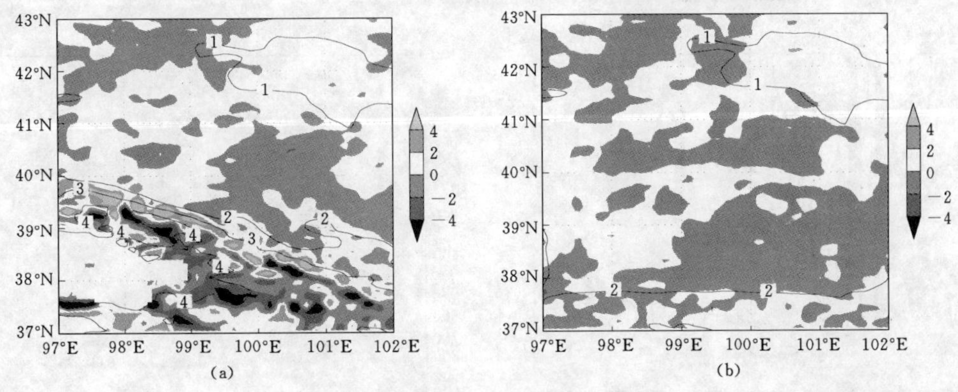


图 4 600hPa 水汽通量散度

(a) CTR 试验；(b) REM 试验

阴影为水汽通量散度，单位：g/(m² · s)；黑色等值线为地形海拔高度，单位：km

地形去除后，由于祁连山区背风坡逆向东风转为平直西风，使得水汽无法在 99°E 以东背风坡堆积，从而导致祁连山区水汽含量极大减少，相对湿度高值中心消失［图 3 (b)］，整个黑河流域水汽的空间分布呈现出由山区向平原区随着纬度的增高而线性减少的分布形态，平原区由于受祁连山区影响较小而水汽含量变化较小。同时由于地形去除后对水汽输送的扰动消失，位于山区的强水汽辐合区与山脉边界的强辐散带也都消失，整个黑河流域均为弱的水汽辐合或辐散。以上结果说明在与环流的共同作用下，祁连山区地形对黑河流域水汽的空间分布和辐合辐散都有重要影响，地形的存在使黑河流域南部形成了水汽含量高值中心和强的水汽辐合中心，为降水提供了必要条件。

**4.4 地形对气流的强迫抬升作**

大气中的水汽凝结和降水过程与气流的垂直上升运动密切相连，气流的垂直上升运动是成云致雨的关键因素。图 5 是黑河流域去除地形前后的垂直速度场。由垂直速度的空间分布［图 5 (a)］可以看出，垂直速度的空间分布呈现出明显的沿地形的分布特征，与降水的分布形态十分一致。由于祁连山地形对西风带的阻挡绕流作用，祁连山区背风坡的逆向东风在 99°E 以东的祁连山区强烈上升，垂直速度达到 8cm/s 以上，而 99°E 以西祁连山迎风坡气流由于无法越过山脉而出现弱对流或下沉，同时沿祁连山北侧边缘的辐散带为下沉运动，山前平原区由于地势平坦，气流扰动较小而导致对流活动较弱，垂直速度量值在－2cm/s 到 2cm/s

之间。由垂直环流剖面图也可以看出［图 6（a）］，气流在黑河流域南部祁连山区强迫抬升，空气的对流活动旺盛，而山前平原区气流较为平缓，对流不明显。

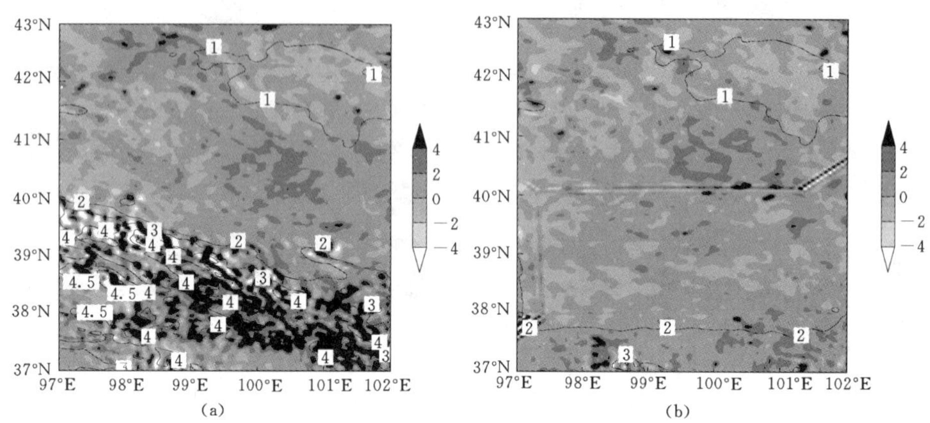


图 5　450hPa 垂直速度

（a）CTR 试验；（b）REM 试验

阴影为垂直速度，单位：cm/s；黑色等值线为地形高度，单位：km

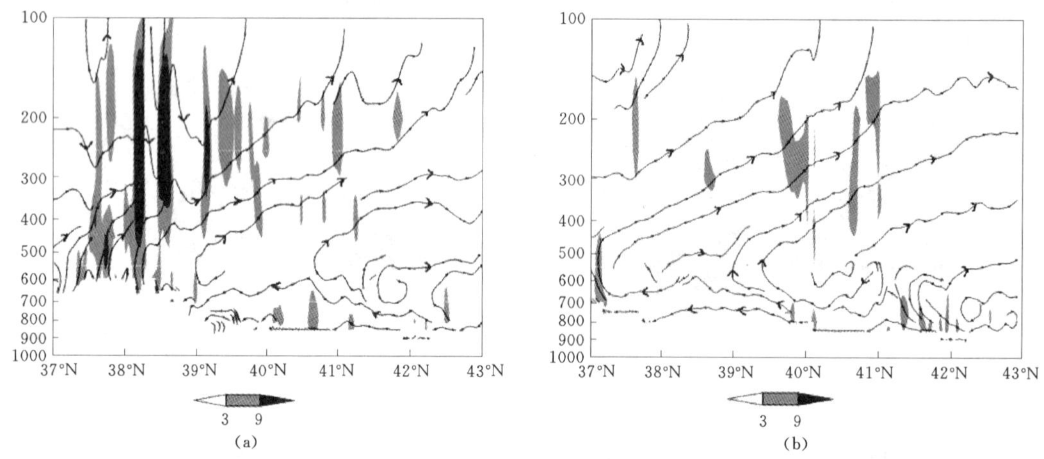


图 6　100°E 垂直流场剖面图

（a）CTR 试验；（b）REM 试验

黑色实线为剖面流场图；阴影区为垂直速度，单位 cm/s

去除祁连山地形后［图 5（b），图 6（b）］，由于地形对气流的扰动强迫消失，从而导致山区的强对流运动基本消失，气流变得平缓，整个黑河流域变为一片弱对流区。这也对应了去除地形后降水极大减少的特征。

## 5　结论与讨论

特殊的地形对降水有重要影响，通过以上讨论分析，关于黑河流域南部祁连山区对黑河流域降水的影响，我们得出以下结论：

（1）黑河流域南部祁连山区的高大地形是引起黑河流域降水最主要原因，若无祁连山区的地形作用，则黑河流域降水会基本消失。

（2）通过对去除地形前后近地面风场、水汽条件和垂直对流运动的分析得出地形对黑河流域降水的影响方式为：西风带受祁连山地形阻挡而形成南北两支绕流，北支绕流于祁连山东侧边缘产生逆向东风，在地形与环流的共同作用下，99°E以东祁连山区地势较低处逆向东风辐合，导致此处水汽大量汇聚辐合堆积，同时地形的阻挡激发出强烈的对流运动，强的水汽辐合和强烈的对流运动的共同作用导致了祁连山区强降水的发生。

## 参 考 文 献


[1] 程国栋．黑河流域水—生态—经济系统综合管理研究［M］．北京：科学出版社，2008.

[2] 廖菲，洪延超，郑国光．地形对降水的影响研究概述［J］．气象科技，2007，35（003）：309-316.

[3] 周天军，钱永甫．地形效应影响数值预报结果的试验研究［J］．大气科学，1996，20（004）：452-462.

[4] 冀春晓，薛根元，赵放，等．台风Rananim登陆期间地形对其降水和结构影响的数值模拟试验［J］．大气科学，2007，31（2）：233-244.

[5] Lin，C.，C. Chen. A study of orographic effects on mountain generated precipitation systems under weak synoptic forcing［J］．Meteorology and Atm-ospheric Physics，2002，81（1）：1-25.

[6] Barros A，D Lettenmaier. Dynamic modeling of orographically induced precipitation［J］．Revie-ws of geophysics，1994，32（3）：265-284.

[7] 黑河流域降水的时空特征及预报方法［J］．干旱气象，2007，23（2）：35-38.

[8] 张杰，李栋梁．祁连山及黑河流域降雨量的分布特征分析［J］．高原气象，2007，23（1）：81-88.

[9] 丁永建，叶佰生，周文娟．黑河流域过去40年来降水时空分布特征［J］．冰川冻土，1999，21（1）：42-48.

[10] 朱守森，王强．祁连山区北坡降水的时空分布及近期变化［J］．冰川冻土，1996，18（S1）：296-304.

[11] 李岩瑛．祁连山地区降水气候特征及其成因分析研究［D］．兰州：兰州大学，2008.

[12] 丁荣，王伏村，王静，等．近47年来黑河流域的降水时空特征分析及预报评估［J］．中国沙漠，2009，29（002）：335-341.

[13] Skamarock W，J Klemp，J Dudhia，et al. A description of the Advanced Research WRF Version 2［J］．NCAR technical note，2005，468：88.

[14] Michalakes J，J Dudhia，D Gill，et al. Design of a next-generation regional weather research and forecast model［J］．Towards Teracomputing，1998：117-124.

[15] http：//dss. ucar. edu/datasets/ds083. 2/.

[16] http：//www. mmm. ucar. edu/wrf/OnLineTutorial/Basics/GEOGRID/ter _ data. htm.

[17] 刘伟，高艳红，冉有华，等．不同分辨率地形数据对黑河流域模拟结果的对比分析［J］．高原气象，2007，26（3）：525-531.

[18] 常学向，王金叶．祁连山林区大气降水特征与森林对降水的截留作用［J］．高原气象，2002，21（3）：274-280.

[19] Pierrehumbert，R.，B. Wyman. Upstream effects of mesoscale mountains［J］．J. Atmos. Sci，1985，42（10）：977-1003.


# Numerical Study of the Topographic effect on the Precipitation of the Heihe Basin


Xu Juanjuan[1,2] Wang Keli[1] Jiang Hao[1] Sun Jia[1,2]
Luo Xinping Zhu Qingliang

（1. Laboratory for Climate Environment and Disasters of Western China，Cold and Arid Regions Environmental and Engineering Research Institute，Chinese Academy of Sciences，Lanzhou 730000；
2. Graduate University of Chinese Academy of Science，Bei jing 100049）



**Abstract** Sensitivity simulations for the effects of the Qilian Mountain topography on the precipitation of the Heihe basin were conducted by using the new generation mesoscale weather model WRF（Weather Research and Forecast model）version 2. 2. According to analysis the changes of near surface circulation，moisture condition and upward motion after flattening the Qilian Mountain，conclusions are shown：①The topographic influence of Qilian Mountain is the main reason for the precipitation over Heihe River basin：precipitation almost disappeared after flattening the Qilian Mountain topography；②The way that how the Qilian Mountain topography influence the precipitation over Heihe River basin was as follows：The eastward near surface flow was split into two braches by the Qilian Mountain blocking，and then a significant westward turning occurred at eastern edge of the Qilian Mountain when the north branch flow approached the north side of Qilian Mountain. The interaction between the flow and mountain topography made the deflecting westward flow converge at low terrain area of the east of 99°E of Qilian Mountain, which resulted in the greatly moisture converging here. At the same time, the topography blocking leads to strong upward motion at eastern Qilian Mountain. Great moisture convergence and strong upward motion caused the heavy rain occurring in the Qilian Mountain area.

**Key words** Heihe basin; precipitation; topography; numerical simulation

# 河流可视化模型研究与开发

张守平[1]　辛小康[2]

(1. 重庆水利电力职业技术学院　重庆　402160；2. 长江水资源保护科学研究所　武汉　430051)

**摘　要**　尝试应用 VB6.0 为集成平台，对河道水流一二维数学模型进行可视化开发，取得初步成功。通过对西江河网和长江河段的模拟实践，表明系统具有人机交互方便，集成度高，模拟精度较高的特点。

**关键词**　河流数值模拟；VB6.0 平台；可视化模型

河流数值模拟技术是一门综合模拟技术，准确运用数学模型对研究人员的编程技术要求较高。因为一般的数学模型都是基于 FORTRAN 语言平台进行开发的，用户必须阅读冗长的程序代码才能了解程序编制所依据的方法，然后才能给定合适的初边值条件。即便如此，得出的计算的结果都是以数字形式存在的，很难直观地将计算结果展现在人们的面前。而可视化变成技术，就是基于可视化开发平台来编制河流数学模型，并设置一些用户交互界面和图形处理技术，让用户不必理会计算程序是如何工作的，而只需要按照提示输入相关的计算参数，点击相关的命令菜单，就能使数学模型运用于工程实际，并将结果生动地展现在人们的面前。

国外已经开发出功能齐全、界面友好、稳定性高的河流数值模拟软件，如丹麦水力学研究所开发的 MIKE 软件，荷兰 DELFT3D 软件等。但这些软件售价昂贵，且大多不适合我国河流的水文、泥沙和水质情况。因此，开发适合我国河流情况的软件具有重要意义。国内这方面的研究还停留在模型可视化研究阶段，目前没有看到关于河流数值模型整体集成的报告，然而近几年，国内关于可视化数学模型的研究也取得了令人鼓舞的成果。茅丽华、严以新[1]以 Matlab 为平台，实现了二维潮流流速场的图形显示；曾谦、白玉川[2]等以 VC＋＋为平台，开发了平面二维水流场的动态显示系统。徐春林[3]以 VB 为平台，为二维水流泥沙数学模型计算结果建立了一个直观的显示平台。更有扬州大学的陈栋[4]和河海大学的王琦[5]分别开展了一维河网和二维水流可视化数值模拟系统的研究，初步实现了计算和后处理模块统一集成的愿景。本文以 VB6.0 为平台，开发了一套集一维水流数值模型、平面二维水流数值模型和智能模型于一体，既能方便地设置计算条件，也能方便地显示计算结果的可视化河流数值模拟系统。

## 1　系统开发的理论基础

一维非恒定水流数学模型的控制方程为圣维南方程组，其形式如式 (1) 所示。

$$\begin{cases} B\dfrac{\partial Z}{\partial t}+\dfrac{\partial Q}{\partial x}=0 \\ \dfrac{\partial Q}{\partial t}+\dfrac{\partial(\alpha uQ)}{\partial x}+gA(\dfrac{\partial Z}{\partial x}+\dfrac{u|Q|}{C^2AR})=0 \end{cases} \tag{1}$$

式中：$Q$ 为流量；$A$ 为过水断面面积；$x$ 为沿河长的方向；$t$ 为时间；$C$ 为谢才系数，$C=\frac{1}{n}R^{1/6}$，$n$ 为曼宁糙率系数；$R$ 为水力半径。

其离散方法多采用 Preissmman 四点偏心隐格式，具体离散过程参见参考文献 [6]。方程离散后，多采用追赶法进行求解，上游边界给定不同的边界条件，建立不同的追赶模式[7]。一维河网数学模型的控制方程仍然为式 (1)，但在解法上采用较为成熟的三级联解法，三级联解法的具体求解过程参考文献 [7]。

平面二维水流数学模型的控制方程为浅水方程组，其正交曲线坐标系下的形式如式 (2)～(4) 所示。

$$\frac{\partial h}{\partial t}+\frac{1}{C_\xi C\eta}\left[\frac{\partial(C_\eta Hu)}{\partial\xi}+\frac{\partial(C_\xi Hv)}{\partial\eta}\right]=0 \tag{2}$$

第一作者简介：张守平（1977—　），男，汉族，四川万源人，讲师，监理工程师，主要从事水利水电工程研究与教学。E-mail：493425096@qq.com

$$\frac{\partial(Hu)}{\partial t}+\frac{1}{C_{\xi}C_{\eta}}\left[\frac{\partial}{\partial\xi}(C_{\eta}Huu)+\frac{\partial}{\partial\eta}(C_{\xi}Huv)+Huv\frac{\partial C_{\xi}}{\partial\eta}-Hv^{2}\frac{\partial C_{\eta}}{\partial\xi}\right]$$

$$=-\frac{gu\sqrt{u^{2}+v^{2}}}{C^{2}}-\frac{gH}{C_{\xi}}\frac{\partial h}{\partial\xi}+\frac{1}{C_{\xi}C_{\eta}}\left[\frac{\partial}{\partial\xi}(C_{\eta}H\sigma_{\xi\eta})+\frac{\partial}{\partial\eta}(C_{\xi}H\sigma_{\eta\xi})+H\frac{\partial C_{\xi}}{\partial\eta}-H\sigma_{\eta\eta}\frac{\partial C_{\eta}}{\partial\xi}\right] \tag{3}$$

$$\frac{\partial(Hv)}{\partial t}+\frac{1}{C_{\xi}C_{\eta}}\left[\frac{\partial}{\partial\xi}(C_{\eta}Huv)+\frac{\partial}{\partial\eta}(C_{\xi}Hvv)+Huv\frac{\partial C_{\eta}}{\partial\eta}-Hu^{2}\frac{\partial C_{\xi}}{\partial\eta}\right]$$

$$=-\frac{gv\sqrt{u^{2}+v^{2}}}{C^{2}}-\frac{gH}{C_{\eta}}\frac{\partial h}{\partial\eta}$$

$$+\frac{1}{C_{\xi}C_{\eta}}\left[\frac{\partial}{\partial\xi}(C_{\eta}H\sigma_{\xi\eta})+\frac{\partial}{\partial\eta}(C_{\xi}H\sigma_{\eta\eta})+H\sigma_{\xi\eta}\frac{\partial C_{\eta}}{\partial\xi}-H\sigma_{\xi\xi}\frac{\partial C_{\xi}}{\partial\eta}\right] \tag{4}$$

式中：$u$、$v$ 为 $\xi$、$\eta$ 方向流速分量；$h$ 为水位；$H$ 为水深；$g$ 为重力加速度；$\sigma_{\xi\xi}$、$\sigma_{\eta\eta}$、$\sigma_{\xi\eta}$、$\sigma_{\eta\xi}$ 为应力项。

平面二维水流数学模型的离散方法多为交错网格下的有限体积法，其求解程式为著名的 SIMPLE 程式，具体过程参见文献［8］。

智能模型是建立在以遗传神经网络基础上的，借用神经网络的记忆联想能力对河道水力要素进行快速模拟，其计算模式参见看参考文献［9］。

## 2　系统集成的总体框架与关键技术

本文开发的可视化数学模型，在结构上将图形界面和计算模块分离开来，图形界面基于 Form 表单来展开，而计算模块用相应的 Module 来封装，利用模块级全局变量全工程内可见的特点，将数学模型计算参数变量，计算结果变量和常用过程、函数定义成模块级全局变量，就能实现图形窗口与数值计算模块之间的数据自如交换。本文开发的可视化数学模型系统框架图见图 1。

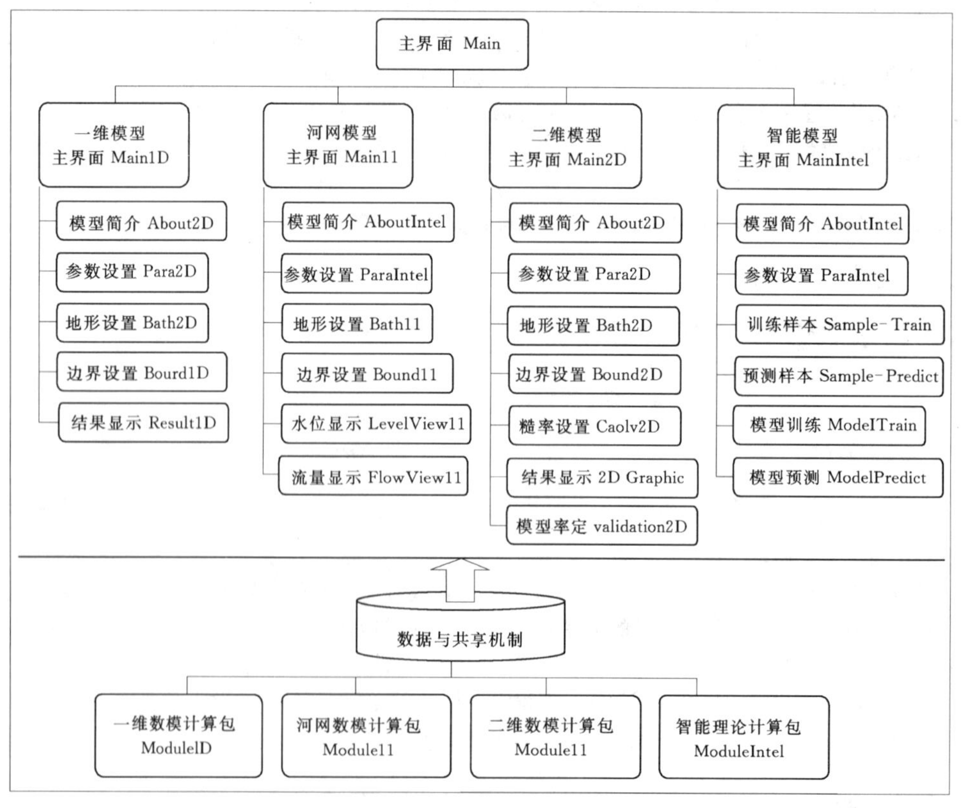


图 1　河流数值模拟系统软件的总体框架

在系统的开发过程中，主要的关键技术有河网断面图的显示，二维矢量场的显示，二维标量场的显示和流速、流向验证图的显示。

## 2.1 河网断面图的显示

河道断面的图形显示可以方便地将断面形状展示给用户，用户通过图形可以发现实测地形数据的错误点，并可以很容易地发现计算模块中断面要素子程序无法识别的折回点。所谓数据错误点，就是地形高程畸高畸低的点；所谓折回点，就是某一断面地形数据中，排在后面的数据对起点距小于排在前面的数据对的起点距，这在计算断面面积子程序中会报错而终止计算。在 VB6.0 中，对河网地形数据的管理可以采用树状图控件（tree view），其一级节点控制河道，二级节点控制河道断面，并将两级节点的序号和控制河道断面地形的数组下标联系起来，然后将地形数组的数据传输给图形控件（MSChart），这样就可以实现河道断面图的控制显示。

## 2.2 二维矢量场的显示

维矢量场的图形显示是将每个网格结点上的矢量大小和方向用箭头表现出来，箭头的方向为矢量方向，箭头的长短代表矢径的大小。VB 中没有提供相应的控件或者是封装好的类，只提供了一个基础控件——Picture 控件。因此如何根据 $X$ 和 $Y$ 方向的分量数据在 Picture 控件中显示矢量场，开发者必须用平面几何算法来实现。在网格结点上建立如图 2 所示的相对坐标系，箭头控制点的坐标经过如下推导得出

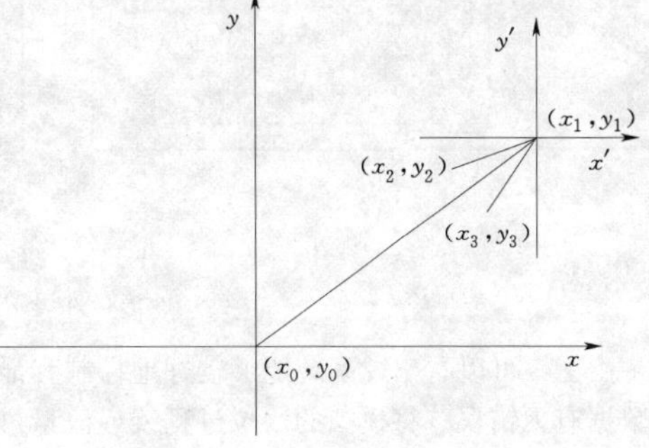

图 2 绘制矢量箭头的相对坐标系

设矢径绝对长度为 Arrowlength1，箭羽长 Arrowlength2，箭羽与矢径的夹角取为 π/12，那么，在 Picture 控件中，箭头的四个控制点的坐标利用如下换算得到

矢径相对长度 $Arrowlength0=Arrowlength1\times\sqrt{u_x^2+u_y^2}$

$$\sin\alpha=\frac{u_x}{\sqrt{u_x^2+u_y^2}},\cos\alpha=\frac{u_y}{\sqrt{u_x^2+u_y^2}}$$

$$x_0=X(i,j),y_0=Y(i,j)$$

$$x_1=x_0+Arrowlength0\times\cos\alpha,y_1=y_0+Arrowlength0\times\sin\alpha$$

$$x_2=x_1-Arrowlength2\times\cos(\alpha-\pi/12),y_2=y_1-Arrowlength2\times\sin(\alpha-\pi/12)$$

$$x_3=x_1-Arrowlength2\times\cos(\alpha+\pi/12),y_3=y_1-Arrowlength2\times\sin(\alpha+\pi/12)$$

## 2.3 二维标量场的显示

标量场的显示在平面二维水流数学模型的后处理中具有重要的意义，水位场的显示，河道地形高程的显示和流速大小的显示都属于标量场的显示范畴。目前使用较为广泛的后处理软件为 Tecplot 软件，它对标量场的显示采用云图的方式（等值线＋颜色填充）进行表示。一般而言，利用计算机语言绘制等值线和云图要经过数据网格化→等值点位置计算→等值点追踪→等值线绘制→等值线填充等过程。本文则采用网格加密法莱实现，具体做法就是将显示区域的网格加密，然后计算等值点在网格边上的位置，然后直接连接一个网格内的两个等值点，即为等值线。在云图显示上，让填充区域的值就等于顶点所对应的等值线值，然后将不同的等值线值映射到不同的颜色，填充后即为云图。该方法在等值线要求精度不高的情况下十分实用。

## 2.4 流速流向验证图的显示

在 2.1 中论及 VB 中绘制断面曲线图可以用其自带的控件 MSChart，可以通过控制控件接口数组的第一维度来绘制多条曲线，例如，一维河网水位计算值与实测值的对比图就为两条曲线，在 MSChart 控件里能够轻松实现。但是，它要求所有数据系列共用相同的横坐标，即都以第一个系列作为横坐标。这在二维水流流速验证时行不通，因为计算结果中断面流速点的起点距与网格的剖分有关，而实测资料中断面流速点的起点距为随机取值，并且计算断面流速点的数量与实测断面流速点的数量也不相同。

为了解决这一问题，本文研究了以 VB 中关于图形的更底层控件（Picture 控件）为基础，实现二维流速验证图的显示方法。由于 Picture 对象中的坐标系与一般坐标系的原点规定不同，它规定坐标原点在控件区域的左上角，因此在绘制图形的时候要注意转换。

## 3　系统在工程实际中的应用

应用该系统，模拟了西江河网各断面的水力要素（水位和流量）、长江昌门溪—大埠街河段的流场和水位场，在计算条件的输入，计算结果的显示都通过界面输入和菜单操作，实现了河流数值模拟的可视化。

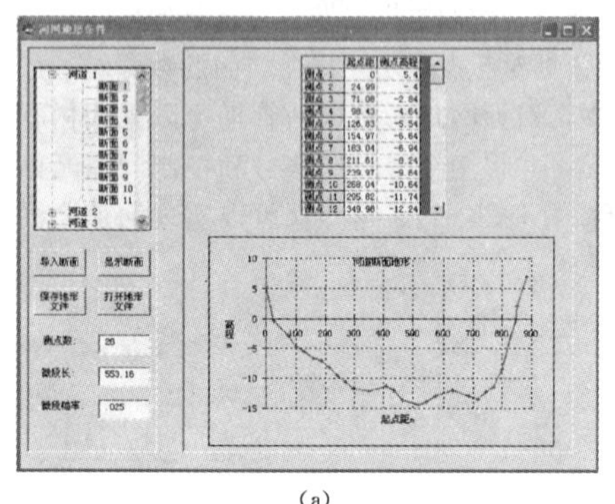

(a)

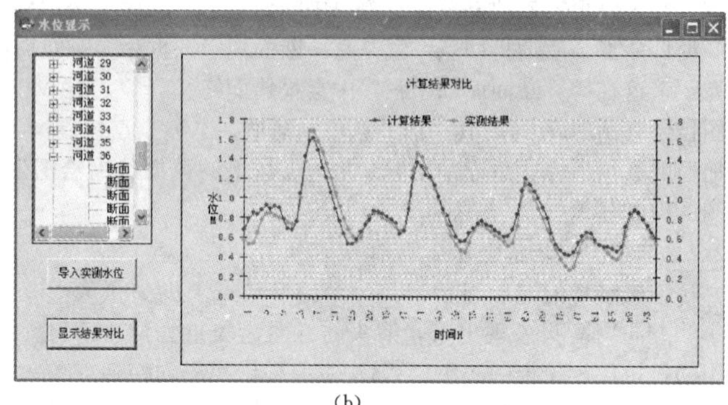


(b)

图 3　一维河网模块的相关操作界面

(a) 地形条件设置界面；(b) 计算结果后显示界面

由图 3 可以看出，系统能够较好地控制和显示河网断面的参数输入和图形显示，可以比较方便地检查地形数据有无错误。将模拟的水位过程线或流量过程线同实测资料共同显示在图形界面中，可以形象地显示模型的精度。

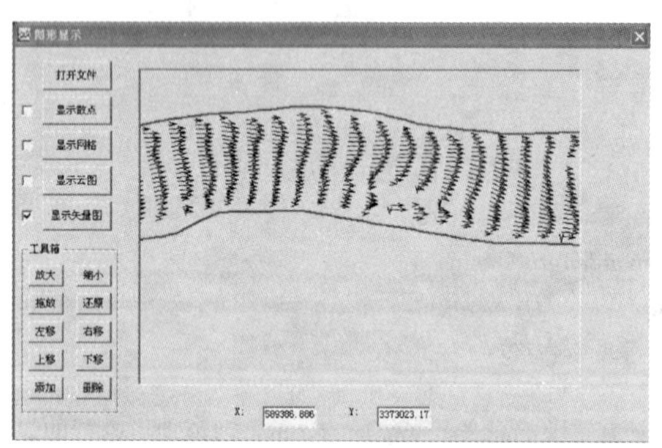


(a)

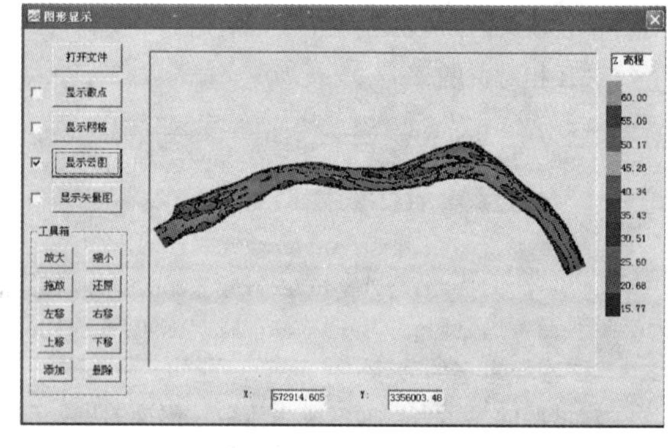


(b)

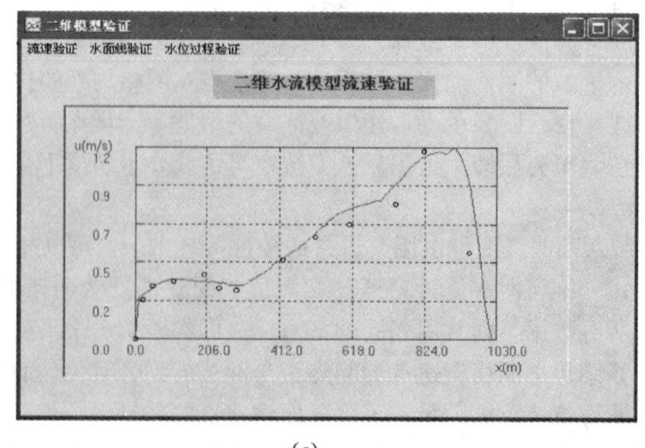


(c)

图 4　平面二维水流模块相关图形界面

(a) 流场显示界面；(b) 地形高程显示界面；(c) 流速验证界面

由图 4 可以看出，系统在进行二维模拟时能够使用户通过参数设置界面设定参数，单击模型运行菜单可以启动模型进行计算，并能够对计算结果中的地形高程、流场进行图形显示，并能够将流速和流向同实测结果进行对比分析。

## 4 结论

利用 VB6.0 平台卓越的可视化开发功能，利用其自带的相关控件和部件，将河流数值模拟的相关模块集成开发，初步实现了河流数值模拟软件的雏形。该系统具有界面简单明了，模块集成化程度高，模拟精度较高的特点。但是，目前系统仅仅集成了一维、二维水流模拟模块，而河流数值模型远不止这两类。就横向而言，有泥沙、水质模型，就纵向而言，有精度更高的数学模型。同时，由于 VB6.0 环境的限制，系统的界面不美观，相关的高级控件无法引进，如果要做系统的深度开发，还必须采用功能更为强大的集成平台。

## 参 考 文 献

[1] 茅丽华，严以新，宋志尧．潮流计算结果的可视化［J］．海洋工程，2000，18（4）：86-89.
[2] 曾谦，白玉川．多媒体动态演示开放式二维流场［J］．水利水运工程学报，2001（4）：63-66.
[3] 徐林春．平面二维水沙数值模拟及其动态显示技术研究［D］：武汉：武汉大学，2004.
[4] 陈栋．河网非恒定流数值模拟可视化研究［D］：扬州：扬州大学，2008.
[5] 王琦．河流水沙数值模拟可视化研究应用［D］：南京：河海大学，2007.
[6] 李光炽，王船海．大型河网水流模拟的矩阵标识法［J］．河海大学学报，1995，23（1）：36-43.
[7] 辛小康，张向东，肖洋．基于遗传优化的河网数学模型糙率参数反演［J］．水利水电科技进展，2009，29（6）：
[8] 金忠青，王玲玲．N－S 方程的数值解及紊流模型［M］．南京：河海大学出版社，2005.
[9] 辛小康，肖洋，朱晓丹，等．基于 DGA 的 BP 神经网络及其在一维河网模拟中的应用［J］．水利水电科技进展，2009，29（3）：9-13.

# Research and Development on River visualization models

Zhang Shouping[1] Xin Xiaokang[2]

(Chongqing Water Resources and Electric Engineering College，Chongqing 402160；Yangtze Institute of Water Resources Protection and Science Research，Wuhan 430051)

**Abstract** A study has been carried out to apply the Visual Basic 6.0 in the development of 1-dimensional and 2-dimensional models，and a initial success has been achieved. This system was used in Xijiang River network and Yangtze River，which indicated the system owned the attributes of human-computer interaction convenience，high-integration and high-accuracy.

**Key words** river numerical simulation；VB plattform visulization model

# 基于混合 pair-copulas 的三维干旱特性联合分布研究

曾　智　宋松柏

（西北农林科技大学水利与建筑工程学院　陕西杨凌　712100）

**摘　要**　应用四种阿基米德 copulas 构造混合 pair-copulas，研究三维干旱特性联合分布。以西安站降雨资料为例，选取 Frank-AMH-Frank，Clayton-AMH-Gumbel 和 Clayton-Frank-Clayton 构建混合 pair-copulas，进行比较分析。结果表明，混合 pair-copulas 拟合优度高，能较好地描述干旱联合分布特性。

**关键词**　干旱特性；联合概率分布；混合 pair-copulas

近 10 多年来，全球旱涝交替频繁发生，干旱的影响因素不断增加，给干旱特性的分析研究带来了新问题和新挑战，copulas 函数是目前干旱多变量特性分析的研究热点领域。Shiau[1] 根据标准降水指数定义干旱，用二维 Copula 拟合干旱历时和干旱程度的联合分布。Shiau 等[2] 运用 Copula 函数构造干旱特征变量的联合分布来评估黄河流域的水文干旱。闫宝伟等[3] 运用游程理论定义干旱，通过 Copula 函数构造干旱历时和干旱程度的联合分布来分析干旱的基本特征，并以汉江上游为例进行了应用研究。Dupuis[4] 讨论了水文相关变量的二维极值分布，探讨了 Copula 函数在水文应用中的注意事项，并用 Copula 方法研究了枯水事件的特征变量。pair-copula 分解构造多变量联合分布具有其他 copula 函数不具备的灵活特性，降低了多维分布构造的复杂程度。然而，pair-copulas 的应用领域并不广泛，应用案例较少，文献大多以理论介绍为主，例如 Kjersti Aas 和 Claudia Czado[5] 对多维密度函数的 pair-copula 分解构造进行了系统介绍，对 pair-copulas 的检验与模拟进行阐述。基于上述背景，本文以西安站降水资料为例，研究混合 pair-copulas 在三维干旱特性联合分布中的应用。

## 1　混合 pair-copulas

假定 $X=(X_1, \cdots, X_d)$ 为服从联合密度 $f(x_1, \cdots, x_d)$ 的 $d$ 维随机变量，边际分布为 $u_1=F_1(x_1), \cdots, u_d=F_d(x_d)$。则存在一个 $n$-Copula 函数 C，使得对任意 $x\in \boldsymbol{R}^n$ 有[6]

$$C(F_1(x_1),F_2(x_2),\cdots,F_d(x_d))=H(x_1,x_2,\cdots,x_d) \tag{1}$$

按照条件概率，$d$ 维变量的联合密度 $f(x_1, \cdots, x_d)$ 可表示为

$$f(x_1,\cdots,x_d)=f_d(x_d)f_d(x_{d-1}|x_d)f_d(x_{d-2}|x_{d-1},x_d)\cdots f_d(x_1|x_2,\cdots,x_d) \tag{2}$$

按照 Sklar 理论，copula 函数 $C[F_1(x_1),\cdots,F_d(x_d)]$ 和分布密度函数 $f(x_1, \cdots, x_d)$ 的关系可表示为

$$\begin{aligned} f(x_1,\cdots,x_d)&=\frac{\partial^d C[F_1(x_1),\cdots,F_d(x_d)]}{\partial F_1(x_1)\cdots\partial F_d(x_d)}\frac{\partial F_1(x_1)}{\partial x_1}\cdots\frac{\partial F_d(x_d)}{\partial x_d} \\ &=c_{1\cdots d}[F_1(x_1),\cdots,F_d(x_d)]f_1(x_1)\cdots f_d(x_d) \end{aligned} \tag{3}$$

Joe 1996 年给出了一个基于边际条件概率分布的 pair-copula 构造公式[7]，即

$$F(x|\boldsymbol{v})=\frac{\partial C_{xv_j|\boldsymbol{v}_{-j}}[F(x|\boldsymbol{v}_{-j}),F(v_j|\boldsymbol{v}_{-j})]}{\partial F(v_j|\boldsymbol{v}_{-j})} \tag{4}$$

式中：$\boldsymbol{v}$ 为 $m$ 维变量；$v_j$ 为 $\boldsymbol{v}$ 中的任意一个随机变量；$\boldsymbol{v}_{-j}$ 是 $\boldsymbol{v}$ 中除去变量 $v_j$ 以外的分量构成的多维变量。

按照藤结构，3 维变量的联合密度可以表示为

---

第一作者简介：曾智（1987—　），男，江西进贤人，硕士研究生，研究方向为水文学及水资源。E-mail：zztc2009@yahoo.cn

$$f(x_1,x_2,x_3)=f(x_1)f(x_2)f(x_3)c_{12}\{F_1(x_1),F_2(x_2)\}c_{23}\{F_2(x_2),F_3(x_3)\}c_{13|2}\{F(x_1|x_2),F(x_3|x_2)\} \tag{5}$$

若记 $x_1$、$x_2$ 和 $x_3$ 分别为 $s$、$t$ 和 $m$，边际分布分别为 $u$、$v$ 和 $w$，由上述条件概率与条件 copula 的关系，通过积分变换可得联合分布函数

$$\begin{aligned}F(x_1,x_2,x_3) &= \int_{-\infty}^{s}\int_{-\infty}^{t}\int_{-\infty}^{m} f(x_1,x_2,x_3)\mathrm{d}x_1\mathrm{d}x_2\mathrm{d}x_3 \\ &= \int_0^u\int_0^v\int_0^w \frac{\partial^2 C_{13|2}\left[\dfrac{\partial C_{12}[u_1,u_2]}{\partial u_2},\dfrac{\partial C_{23}[u_2,u_3]}{\partial u_2}\right]}{\partial u_1\partial u_3}\mathrm{d}u_1\mathrm{d}u_2\mathrm{d}u_3 \\ &= \int_0^v C_{13|2}\left[\frac{\partial C_{12}[u_1,u_2]}{\partial u_2},\frac{\partial C_{23}[u_2,u_3]}{\partial u_2}\right]\mathrm{d}u_2 \end{aligned} \tag{6}$$

在式（5）中，$c_{12}$，$c_{23}$，$c_{13|2}$若均为同一种 copula，则构成的 pair-copulas 为单一的 pair-copulas，依据三变量的不同排列可以有 12 种组合形式；若依据 copulas 二维联合概率分布拟合效果择优选取不同 copulas 混合构成 pair-copulas，根据不同的优选结果也有 12 种表达形式。因此，单一的 pair-copula 是混合 pair-copula 的特例，即二维联合概率分布拟合效果最优值均为一种 copula 函数。

## 2 案例分析

本文采用渭河流域西安站降水资料研究混合 pair-copulas 在三维干旱变量联合特性分析中的应用。以月平均降雨为截取水平，采用游程理论[8,9]选取干旱历时（$LS$）、干旱烈度（$LD$）、烈度峰值（$FZ$）为研究变量，Clayton、Frank、Gumbel 和 AMH copulas 函数构建二维干旱变量联合概率分布，各变量的边缘分布参照文献［10］给定的分布函数和参数。

### 2.1 二维概率分析

利用 MATLAB 计算 12 种不同组合情况下的二维联合分布，并估算参数（见表 1）。

**表 1　二维 copula 函数参数估计及拟合优度评价**

| 变量 | copulas | $\theta$ | $RMSE$ | $AIC$ | $BIC$ |
|---|---|---|---|---|---|
| $LS-LD$ | AMH | 0.7714 | 0.0518 | −1312.2 | −1308.8 |
| | Clayton | 0.6327 | 0.0516 | −1313.8 | −1310.4 |
| | Frank | 3.6766 | 0.0311 | −1539.4 | −1536.0 |
| | Gumbel | 1.5500 | 0.0333 | −1508.6 | −15052.2 |
| $LS-FZ$ | AMH | 0.5874 | 0.0294 | −1564.5 | −1561.1 |
| | Clayton | 0.3827 | 0.0362 | −1471.2 | −1467.8 |
| | Frank | 1.8105 | 0.0320 | −1526.3 | −1522.9 |
| | Gumbel | 1.1950 | 0.0371 | −1460.3 | −1456.9 |
| $LD-FZ$ | AMH | 0.9999 | 0.1087 | −983.2 | −979.8 |
| | Clayton | 6.6900 | 0.0274 | −1595.5 | −1592.1 |
| | Frank | 14.7256 | 0.0354 | −1481.9 | −1478.5 |
| | Gumbel | 3.1505 | 0.0489 | −1338.0 | −1334.6 |

由表 1 可以看出，历时与烈度采用 Frank，历时与峰值采用 AMH，烈度与峰值采用 Clayton，二维联合概率拟合度最好。因此，构造三维混合 pair-copula，有如下 3 种情况：

若历时作为三维联合 $C_{13|2}$中的条件变量，采用 Frank 和 AMH 构造式（6）中二维条件 copulas；若烈度作为条件变量，则采用 Frank 和 Clayton 构造条件 copulas；若峰值作为条件变量，则采用 Clayton 和 AMH

构造条件 copulas，再分别以四种 copulas 作为 $C_{13|2}$ 联合分布函数，形成 12 种混合 pair-copulas。

## 2.2 三维概率分析

Copulas 参数估计采用极大似然法，拟合度评价[11]采用 Root Mean Square Error（RMSE），Akaike Information Criterial（AIC）和 Bayesian Information Criterial（BIC），拟合度检验采用 A—D 检验[12-14]。

表 2 pair-copula 函数参数估计及评价

| 条件变量 | Copula 函数 | $\theta_{11}$ | $\theta_{12}$ | $\theta_{21}$ | RMSE (1.0e+003) | AIC (1.0e+003) | BIC (1.0e+003) | 编号 |
|---|---|---|---|---|---|---|---|---|
| LS | Frank | 3.6766 | 1.8105 | 16.4100 | 0.0000 | −1.4126 | −1.4024 | ① |
| | Clayton | 0.6327 | 0.3827 | 4.4571 | 0.0001 | −1.2439 | −1.2336 | |
| | Gumbel | 1.5500 | 1.1950 | 3.9921 | 0.0001 | −1.3221 | −1.3119 | |
| | AMH | 0.7714 | 0.5874 | 0.0071 | 0.1257 | −0.9147 | −0.9045 | |
| | Frank - AMH - Clayton | 3.6766 | 0.5874 | 5.8869 | 0.0000 | −1.3562 | −1.3460 | |
| | Frank - AMH - Frank | 3.6766 | 0.5874 | 18.0620 | 0.0000 | −1.3883 | −1.3781 | ② |
| | Frank - AMH - Gumbel | 3.6766 | 0.5874 | 3.9853 | 0.0000 | −1.3456 | −1.3354 | |
| | Frank - AMH - AMH | 3.6766 | 0.5874 | 0.5098 | 0.0001 | −1.0146 | −1.0044 | |
| FZ | Frank | 1.8105 | 14.7256 | 5.1669 | 0.0000 | −1.4080 | −1.3978 | ③ |
| | Clayton | 0.3827 | 6.6900 | 1.2188 | 0.0000 | −1.3371 | −1.3269 | |
| | Gumbel | 1.1950 | 3.1505 | 1.7674 | 0.0001 | −1.3009 | −1.2907 | |
| | AMH | 0.5874 | 0.9999 | 0.0069 | 0.1046 | −0.9962 | −0.9860 | |
| | Clayton - AMH - Clayton | 6.6900 | 0.5874 | 1.2401 | 0.0000 | −1.3410 | −1.3308 | |
| | Clayton - AMH - Frank | 6.6900 | 0.5874 | 4.2634 | 0.0000 | −1.3616 | −1.3514 | |
| | Clayton - AMH - Gumbel | 6.6900 | 0.5874 | 1.7332 | 0.0000 | −1.3686 | −1.3584 | ④ |
| | Clayton - AMH - AMH | 6.6900 | 0.5874 | 0.5279 | 0.0001 | −1.2931 | −1.2829 | |
| LD | Frank | 3.6766 | 14.7256 | −3.3020 | 0.0000 | −1.4446 | −1.4344 | ⑤ |
| | Clayton | 0.6327 | 6.6900 | 1.4509E−06 | 0.0000 | −1.3513 | −1.3411 | |
| | Gumbel | 1.5500 | 3.1505 | 1.0000 | 0.0001 | −1.3205 | −1.3103 | |
| | AMH | 0.7714 | 0.9999 | 0.0498 | 0.0001 | −1.0369 | −1.0267 | |
| | Clayton - Frank - Clayton | 6.6900 | 3.6766 | 1.4509E−06 | 0.0000 | −1.5645 | −1.5543 | ⑥ |
| | Clayton - Frank - Frank | 6.6900 | 3.6766 | −2.4758 | 0.0000 | −1.5303 | −1.5201 | |
| | Clayton - Frank - Gumbel | 6.6900 | 3.6766 | 1.0000 | 0.0000 | −1.5645 | −1.5543 | |
| | Clayton - Frank - AMH | 6.6900 | 3.6766 | −1.0000 | 0.0000 | −1.5356 | −1.5254 | |

注 编号的 pair-copula 在后续进行对比分析。

由表 2 可以得到以下 4 个结论：

（1）四种阿基米德 copulas 单一构建 pair-copula 的拟合优度评价最优值均出现在烈度为条件变量的情况（除 Gumbel 外），且 Frank 构建的 pair-copulas 拟合评价最优。

（2）12 种混合 pair-copulas，拟合优度最优的是 Clayton-Frank-Clayton 和 Clayton-Frank-Gumbel。

（3）混合 pair-copulas 比单一 copulas 构建的 pair-copulas 拟合优度要高（除 Frank 外）。

（4）AMH 对构建混合 pair-copulas 的影响较大，且不易得到最佳 pair-copulas。

本文对 Frank pair-copulas，以及 Frank-AMH-Frank，Clayton-AMH-Gumbel 和 Clayton-Frank-Clayton 混合 pair-copulas 进行拟合度检验，由表 3 所示知，在 $\alpha=0.01$，$N=5000$，均通过检验。

表 4 列出了 6 种 pair-copulas 三维联合概率与经验概率的残差平方和，其大小比较与表 2 中的拟合优度

评价结果一致，即最优为 Clayton-Frank-Clayton，其次是峰值为条件变量的 Frank pair-copulas 等。

**表 3　pair-copulas 的 A－D 检验结果（N＝5000）**

| 检验统计量 $A_n^2$ | α-分位数（临界检验值） | | | |
|---|---|---|---|---|
| | 0.15 | 0.10 | 0.05 | 0.01 |
| ① 1.8668 | 1.6613 | 1.9652 | 2.5326 | 3.8899 |
| ② 4.0111 | 3.3273 | 3.7377 | 4.3706 | 5.7478 |
| ③ 3.8409 | 1.5939 | 1.9019 | 2.4673 | 3.9355 |
| ④ 5.1394 | 3.8819 | 4.4361 | 5.4385 | 7.2319 |
| ⑤ 3.0792 | 1.6246 | 1.9150 | 2.4752 | 3.8869 |
| ⑥ 3.7624 | 1.5951 | 1.8863 | 2.4375 | 3.8746 |

**表 4　pair-copulas 理论频率与经验概率残差平方和**

| pair-copulas | ④ | ② | ⑥ | ① | ⑤ | ③ |
|---|---|---|---|---|---|---|
| 残差平方和 | 0.4541 | 0.4156 | 0.1880 | 0.3725 | 0.3225 | 0.3804 |

## 2.3　三维联合特性分析

多变量联合特性分析主要研究干旱特性联合（条件）概率，及相对应的联合（条件）重现期。以 $F(ls)$，$F(ld)$，$F(fz)$ 分别表示干旱历时（$LS$），干旱烈度（$LD$），干旱峰值（$FZ$）的边缘分布。

（1）$LS$，$LD$，$FZ$ 的联合概率分布：

$$H(ls,ld,fz)=C[F(ls),F(ld),F(fz)] \tag{7}$$

相应的联合重现期公式表达为

$$T=\frac{E(L)}{1-F(ls)-F(ld)-F(fz)+C[F(ls),F(ld)]+C[F(ls),F(fz)]+C[F(ld),F(fz)]-C[F(ls),F(ld),F(fz)]} \tag{8}$$

图 1 给出了干旱历时、干旱烈度和烈度峰值的联合超过概率（$P=0.2$）和联合重现期（$T=10$ 年）的等值面。可以看出不同 pair-copulas 构造的联合概率与重现期均出现一定程度的重叠，表明单一 pair-copulas 与混合 pair-copulas 描述三维联合特性无明显差异性。

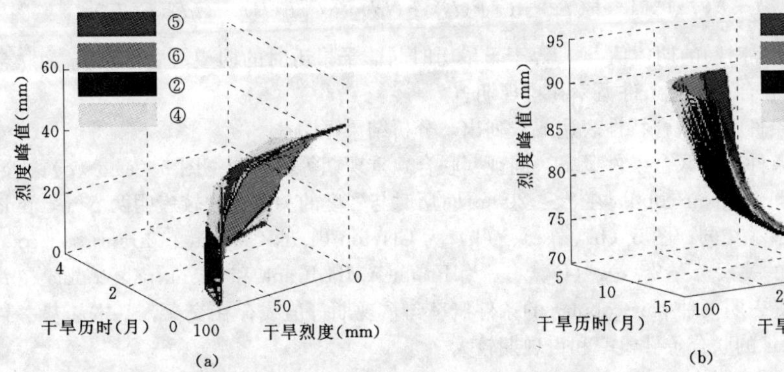


图 1　三变量联合超过概率与联合重现期
（$P=0.2$，$T=10$ 年）

（2）给定 $FZ\geqslant fz$，$LD\geqslant ld$，则 $LS$ 的条件概率与重现期的可表达为

$$P(LS\leqslant ls|FZ\geqslant fz,LD\geqslant ld)=\frac{F(ls)-F(ls,fz)-F(ls,ld)+F(ls,ld,fz)}{1-F(ld)-F(fz)+F(ld,fz)} \tag{9}$$

$$T_0=\frac{1}{1-F(ld)-F(fz)+F(ld,fz)}\times\frac{E(L)}{1-F(ls)-F(ld)-F(fz)+C[F(ls),F(ld)]+C[F(ls),F(fz)]+C[F(ld),F(fz)]-C[F(ls),F(ld),F(fz)]} \tag{10}$$

图 2 选取 Clayton-Frank-Clayton、Clayton-AMH-Gumbel 和两种 Frank pair-copulas 对比，表明在同等情况（$ld>40$mm，$fz>80$mm），Clayton-AMH-Gumbel 描述干旱历时条件概率与 Frank pair-copulas 基本一致，Clayton-Frank-Clayton 结果偏大；混合 pair-copulas 描述干旱历时条件重现期比 Frank pair-copulas 大两倍左右。

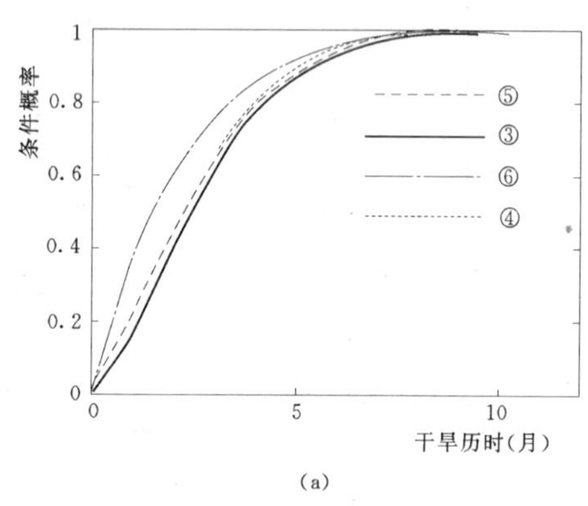

(a)

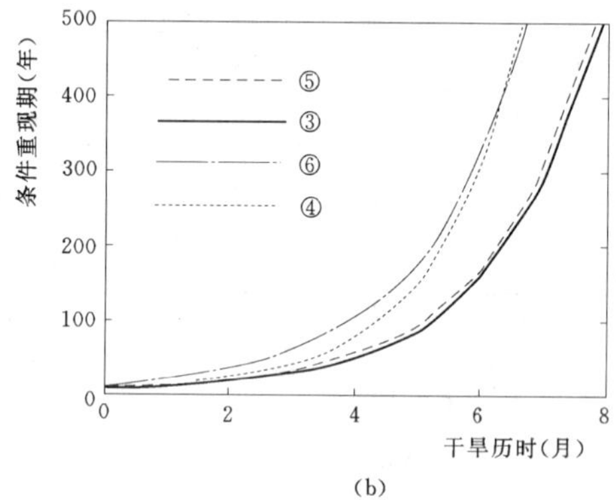

(b)

图 2　干旱历时条件概率与重现期

（3）给定 $FZ\geqslant fz$，则 $LS$，$LD$ 联合条件概率和重现期可表达为

$$P(LS\leqslant ls,LD\leqslant ld|FZ\geqslant fz)=\frac{C[F(ls),F(ld)]-C[F(ls),F(ld),F(fz)]}{1-F(fz)} \tag{11}$$

$$T_0=\frac{1}{1-F(fz)}\times\frac{E(L)}{1-F(ls)-F(ld)-F(fz)+C[F(ls),F(ld)]+C[F(ls),F(fz)]+C[F(ld),F(fz)]-C[F(ls),F(ld),F(fz)]} \tag{12}$$

$$T_1=\frac{1}{1-F(fz)}\times\frac{E(L)}{1-F(fz)-C[F(ls),F(ld)]+C[F(ls),F(ld),F(fz)]} \tag{13}$$

式中：$E(L)$ 为干旱间隔时间的期望值[15]，等于干旱历时与非干旱历时的期望值之和；$T_0$ 为联合超过条件概率和重现期；$T_1$ 为联合不超过条件概率和重现期。

历时与烈度给定条件下的联合特性表达式未列出，分析结果见图 3。

图 3 绘制了不同条件下的联合条件概率、同现（联合）重现期等值线图。图 3（a）、（d）、（g）为 Clayton-AMH-Gumbel 和 Frank pair-copula 在 $fz\geqslant 20$mm 时历时与烈度的关系，比较表明两 pair-copula 描述的三维联合概率与重现期基本相同；图 3（b）、（e）、（h）为 Clayton-Frank-Clayton 和 Frank pair-copula 在 $ld\geqslant 100$mm 时历时与峰值的关系，图 3（c）、（f）、（i）为 Frank-AMH-Frank 和 Frank pair-copula 在 $ls\geqslant 3$month 时烈度与峰值的关系，表明两种 pair-copulas 的条件概率与重现期等值线存在交叉，基本趋势一致，在相同情况下混合 pair-copulas 的联合条件概率和重现期较大。

## 3　结论

通过上述不同情况下 pair-copulas 的三维联合（条件）概率与重现期的比较表明：①混合 pair-copulas 的分类与计算更为复杂；②混合 pair-copulas 的拟合优度值偏高；③混合 pair-copulas 的三维联合特性分析结果与单一 pair-copulas 无显著差异；④混合 pair-copulas 的条件联合特性分析与单一 pair-copulas 的差异性较大。总体上看，二维 copulas 单一构成的 pair-copulas 的概率与重现期较小，在实际抗旱指导问题上采用单一

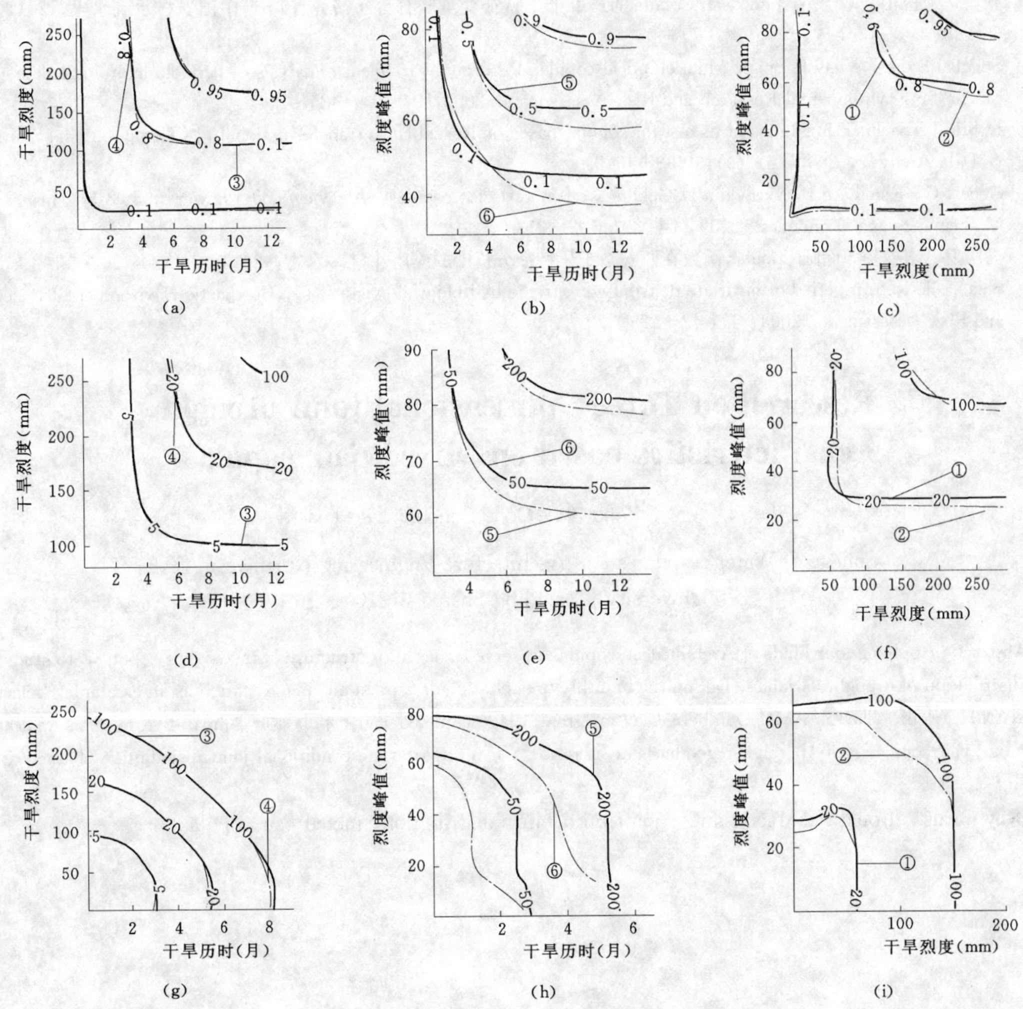


图 3 给定一变量条件下的联合概率和重现期

pair-copulas 进行干旱特性分析研究更方便计算。

## 参 考 文 献


[1] Shiau JT. Fitting Drought Duration and Severity with Two-Dimensional Copulas. Water Resources Management，2006，20 (5)：795-815.

[2] Shiau J T，Song F，Nadarajah S. Assessment of hydrological droughts for the Yellow River，China，using copulas. Hydrological Processes，2007，21：2157-2163.

[3] 闫宝伟，等．基于两变量联合分布的干旱特征分析．干旱区研究，2007，24 (4)：537-542.

[4] Dupuis D J. Using copulas in hydrology：benefits，cautions，and issues. Journal of Hydrologic Engineering，2007，12 (4)：381-393.

[5] Kjersti Aas etal. Pair-copula constructions of multiple dependence [J]. Insurance：Mathematics and Economics，2009，44：182-198.

[6] Nelson R B. An introduction to Copulas. Springer，1999. New York.

[7] Aas K，Czado C，Frigessi A，et al. Pair-copula conastructions of multiple dependence [J]. Insurance：Mathematics and Economics，2009，44 (2)：182-198.

[8] 陆桂华，等．基于 copula 函数的区域干旱分析方法 [J]．水科学进展，2010，21 (2)：188-193.

[9] 蔡明科，等．不同截取水平下咸阳市干旱特征 [J]．干旱区研究，2010，27 (6)：898-904.

[10] 张雨，宋松柏．基于 Archimedean Copula 的三维干旱特征变量联合分布研究 [J]．中国农村水利水电，2011，1：65－68.

[11] Songbai S ong，Vijay P. Singh. Meta-elliptical copulas for drought frequency analysis of periodic hydrologic data [J]. Stochastic Environmental Research and Risk Assessment，2009，24 (3)：425－444.

[12] Dobric J，Sachmid F. A good of fit test for copulas based on Rosenblatt's transformation [J]．Computational Statistics & Data Analysis，2007，51 (9)：4633－4642.

[13] Genest C，Remillard B，Beaudoin D. Goodness-of-fit tests for copulas：A review and a power study [J]．Insurance：Mathematics and Economics，2009，44 (2)：199－213.

[14] 马明卫，宋松柏．椭圆 Copulas 函数在西安站干旱特征分析中的应用 [J]．水文，2010，30 (4)：36－42.

[15] Shiau J T. Return period of bivariate distributed extreme hydrological events [J]．Stochastic Environmental Research and Risk Assessment，2003，17：42－57.

# Research on Three—dimensional joint drought characteristics based on Mixed pair-copulas

Zeng Zhi　Song Songbai

(College of Water resources and Architecture Engineering Northwest A&F University，Yangling Shanxi 712100)

**Abstract**　Applying four kinds of Archimedean copulas to serve as basis for structure of mixed pair-copulas，to study the joint distribution of drought variables. Taking the monthly precipitation data of Xi′an Gauge Station as an ex ample，selecting Frank-AMH-Frank，Clayton-AMH-Gumbel，Clayton-Frank-Clayton mixed pair-copula for comparative analysis. Indicating that mixed pair-copulas have the higher goodness-of-fit results，can describe the conditional joint distribution characteristics batter.

**Key words**　drought characteristics；joint probability distribution；mixed pair-copulas

# 基于降雨径流关系的水资源变异归因分析方法*

刘 媛 谢 平 许 斌 刘静君

（武汉大学水资源与水电工程科学国家重点实验室 武汉 430072）

**摘 要** 当前对影响流域水资源变异的归因分析，大多处于定性或者半定量的层面。随着水资源问题的日益突出，定量分析影响其变异因素已成为研究热点。本文依据径流形成原理，利用降雨径流关系，提出了基于降雨径流关系的水资源变异归因分析方法。在利用水文变异诊断系统识别基准期的基础上，利用该方法可以定量分解影响流域水资源量变异的各因素的贡献率。通过辽河流域乌力吉木仁河的实例研究得出：气候变化对乌力吉木仁河径流变化的贡献率为24%，而下垫面变化的贡献率为76%，说明下垫面的改变对该流域的径流变化远大于气候变化带来的影响。进一步通过物理成因分析，验证得出该方法对于类似于乌力吉木仁河只有降雨径流资料的地区具有较好的适用性。

**关键词** 水资源变异；水文变异诊断；降雨径流关系；归因分析

## 1 引言

近年来，气候变化和人类活动对水资源的影响越来越显著，部分流域的径流量甚至出现锐减现象。降雨、径流等水文要素序列因此失去了原有的一致性。而对非一致性水文序列仅作变异分析，已不能满足今后水资源规划、开发及利用的需求。因此，需要对水文序列进行变异检测的同时开展归因分析，以掌握影响水资源变异因素的贡献率大小，从而有针对性地开展更广泛的水资源规划、开发利用与管理等研究。目前关于水资源变异的归因分析，最常用的是利用水量平衡模型[1]的分析方法。一些水文气候学家采用陆地水文模型与气候模型耦合的方法[2]，对大尺度流域的流量变化影响因素加以分离；并用信号噪音比值[3]进行评价及预测。也有学者利用双累积曲线[4]、计算流域的降雨、径流及气温距平值[1]等方法，间接区分气候变化和人类活动的影响。上述关于气候变化和人类活动对水文水资源效应的研究，大多仍停留在定性或者半定量[1]分析的层面。随着气候变化和人类活动对流域水文水资源的影响越来越剧烈，非定量研究已经不能满足要求[5]，如何定量区分流域范围内气候变化和人类活动对流域水文循环和水资源形成过程的影响程度[6~9]，越来越成为学者们关注的焦点。

由于流域内的水文、土壤、植被等资料的不足，无法较好地满足气候水文模型的要求。而降雨和径流资料，既比较容易获得，也能直观反映水资源变化。因此，本文利用水文变异诊断系统[10]，在识别划分基准期的基础上，从表现水资源变化的径流量和反应气候变化的降雨量出发，提出基于降雨径流关系的水资源归因分析方法。以辽河流域的乌力吉木仁河为例，以具有一定物理成因的降雨－径流关系曲线为基础，对该流域的水资源变异进行归因分析，以验证该方法的有效性。

## 2 基于降雨径流关系的水资源归因分析方法

由径流形成原理可知，降雨与径流之间存在着一定的相关关系。气候变化和人类活动破坏了水文序列的一致性，反映在降雨径流关系图上则表现为变异前后降雨径流关系不再是相同的关系曲线。降雨径流关系曲线的这种差异，在一定程度上可反映出气候变化和人类活动对降雨径流关系的影响：相同降雨在变异前后降雨径流关系曲线上所对应的径流深差值就反映了人类活动对径流的影响；而变异前后的降雨在同一条降雨径流曲线上所对应的径流深差值则反映了气候条件变化对径流的影响。因此，可以根据降雨与径流序列的变异点将样本起讫时间划分为不同的阶段，并建立相应的降雨径流关系，通过比较不同气候和人为影响条件下降雨产生径流的差异，就可以定量区分气候变化和人类活动对径流变化的贡献率。

---

* 基金项目：国家自然科学基金项目（50979075；50839005；50579052）；水利部水利信息中心研究项目（2010－256）。

第一作者简介：刘媛（1989— ），女，硕士研究生。E-mail：306liuyuan@163.com

在人类活动的影响因素中，天然产水量中的引水量、耗水量、流域内各水库蓄水变量、水面蒸发的增耗量等所带来的直接影响，可以通过对实测资料的还原处理进行消除；但土地利用/覆被变化对水资源所造成的间接影响，往往难以定量观测。因此在作水资源变异归因分析时，利用年径流还原序列分析得到的变化贡献率，反映的是气候变化与下垫面条件改变对径流变化的间接影响；而通过比较还原序列与实测序列的差值大小，反映的是人类活动对径流变化的直接影响。本文将重点分析气候变化和下垫面改变对径流变化的间接影响。

### 2.1 基准期划分

对于水文序列的变异检测，通常从跳跃和趋势两方面分析。水文变异诊断系统是一个综合多种跳跃检测和趋势检测方法的综合诊断系统。由初步诊断、详细诊断和综合诊断三个部分组成。初步诊断引入 Hurst 系数对变异程度划分等级。详细诊断部分中，对于趋势变异，采用基于线性趋势相关系数的趋势变异分级法和检验法、斯波曼（Spearman）秩次相关检验法和坎德尔（Kendall）秩次相关检验法对其进行判断；对于跳跃变异，采用有序聚类法、Lee-Heghinan 法、秩和检验法、滑动 F 检验法、滑动 T 检验法、游程检验法、最优信息二分割模型、R/S 法、Brown-Forsythe、Mann-Kendall、Bayesian（贝叶斯）方法进行判断。最后，在综合诊断中使用拟合效率系数来确定最终的诊断结果。利用水文变异诊断系统对年降雨和年径流序列进行诊断，得到若干个变异点。由此划分确定的基准期，既避免了单一检测方法的不确定性，又比人为划分基准期的方法更加合理可靠。如诊断结果为趋势变异，则视变异程度，按不显著的跳跃点进行划分。

### 2.2 计算流程

假设年降雨序列未发生变异，年径流序列发生跳跃变异，且仅一个变异点。基于降雨径流关系的水资源归因分析方法如下：

设环境变化（气候变化和/或下垫面变化）前降雨径流之间的关系可以用函数 $R_1=f_1(P)$ 表示，环境变化后降雨径流之间的关系可以用函数 $R_2=f_2(P)$ 表示。假设变异前的降雨和径流为天然状况下未经任何干扰的情形，变异前实测降雨资料的均值为$\overline{P}_1$，变异后实测降雨资料的均值$\overline{P}_2$。依据环境变化前降雨径流关系函数 $R_1=f_1(P)$，由$\overline{P}_1$ 插值得到 $R_1$；依据环境变化后降雨径流关系函数 $R_2=f_2(P)$，由$\overline{P}_2$ 插值得到 $R_2$；其差值 $\Delta R=R_2-R_1$ 即环境变化前后造成的径流变异总量。由于环境变化为气候变化和下垫面变化综合作用的结果，因此，$\Delta R=\Delta R_q+\Delta R_d$，其中 $\Delta R_q$ 表示由于气候变化造成的径流变异量，$\Delta R_d$ 表示由于下垫面变化造成的径流变化量。

依据环境变化前降雨径流关系函数 $R_1=f_1(P)$，由$\overline{P}_2$ 插值得到 $R_2'$；依据环境变化后降雨径流关系函数 $R_2=f_2(P)$，由$\overline{P}_1$ 插值得到 $R_1'$。因此，$\Delta R_q=R_2'-R_1$（或 $\Delta R_q'=R_2-R_1'$）即表示由气候变化而造成的径流变化量，$\Delta R_d=R_2-R_2'$（或 $\Delta R_d'=R_1'-R_1$）即表示由下垫面变化而造成的径流变化量。

该方法中的各值均来自降雨径流关系曲线，而不是实测均值，由此得到的径流变化量在一定程度上减弱了曲线拟合带来的误差，可以间接提高归因分析的相对精度。于是，气候变化因素对变异前后径流变化的贡献率为 $(\Delta R_q+\Delta R_q')/2\Delta R$，下垫面变化因素对变异前后径流变化的贡献率为 $(\Delta R_d+\Delta R_d')/2\Delta R$。

对于其他变异形式（两个变异点或趋势变异），前期处理思路与方法相同，其归因分析方法原理同上，可参考计算。

## 3 应用实例

本文选择西辽河支流——乌力吉木仁河作为实例验证。乌力吉木仁河发源于赤峰市巴林左旗乌兰坝西侧山地，海拔 1400m，全长 498.5km。1986 年以前，该河为无尾河[11]。该流域受海洋气候影响较小，属温带大陆性季风气候区。流域北部位于大兴安岭余脉南麓，由于山地地形的影响，山区雨量多于平原区。与其他大部分流域不同的是，该流域的径流量近几年来出现增长的趋势。现除拥有其径流和降雨资料外，还掌握该流域的两个代表测站——梅林庙和鲁北站的年径流实测和还原资料。

### 3.1 基准期划分

从乌力吉木仁河流域代表测站的年径流实测序列与还原序列的对比中发现，各测站 1956～2000 年的实测与还原序列基本无差别。因此，可以近似认为人类活动对该区域的年径流实测值的直接影响不显著。利用水文变异诊断系统，在第一信度水平 $\alpha=0.05$，第二信度水平 $\beta=0.01$ 下，对乌力吉木仁河 1956～2000 年的年降雨序列和年径流序列进行变异诊断。诊断结果为：流域内的年降雨序列未发生显著变异，而年径流序列在 1984 年发生了跳跃上升变异。因此，选择 1956～1984 年为归因分析的基准期。

### 3.2 曲线拟合

根据乌力吉木仁河实测 1956～1984 年和 1985～2000 年的年降雨、年径流资料，采用对数曲线拟合这两个时段的降雨径流关系，拟合结果为：①1956～1984 年：$P=129.57+104.68\ln R$，在相对误差小于 20%为合格的前提下，数据的合格率达到了 82.76%，说明降雨径流关系拟合良好。②1985～2000 年：$P=61.67+104.68\ln R$，数据的合格率达到了 81.25%，说明降雨径流关系拟合良好。拟合的降雨径流关系曲线如图 1 所示。

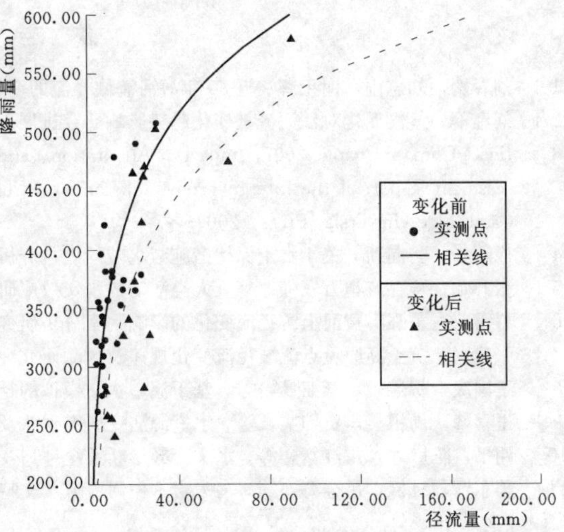


图 1 乌力吉木仁河年降雨径流关系曲线图

### 3.3 归因计算与结论分析

乌力吉木仁河流域 1984 年变异前后实测降雨的均值分别为：$P_1=358.68$mm，$P_2=379.28$mm。分别查其所在的降雨径流曲线得 $R_1=8.92$mm，$R_2=20.78$mm，据此可以得出由气候变化和下垫面变化共同作用所导致的径流总变化量为 $\Delta R=R_2-R_1=11.86$mm。$P_2$ 反应的是变异点 1984 年以后的气候条件，则由 $P_2$ 查变异前降雨径流关系曲线所得的 $R'_2=10.86$mm，为下垫面未改变和现状气候（变异点 1984 年以后的气候）条件下的径流均值；由 $P_1$ 查变异后降雨径流关系曲线所得的 $R'_1=17.07$mm，为下垫面改变后和过去气候（变异点 1984 年以前的气候）条件下的径流均值。同理，把 $R_1$ 看作下垫面未改变和过去气候（变异点 1984 年以前的气候）条件下的径流均值，把 $R_2$ 看作下垫面改变和现状气候（变异点 1984 年以后的气候）条件下的径流均值，则由气候变化所导致的径流变化量为 $\Delta R_1=R'_2-R_1=1.94$mm（或$\Delta R'_1=R_2-R'_1=3.71$mm），由下垫面变化所导致的径流变化量为 $\Delta R_2=R_2-R'_2=9.92$mm（或 $\Delta R'_2=R'_1-R_1=8.15$mm）。

由此，气候变化对乌力吉木仁河径流增加的贡献率为

$$(\Delta R_1+\Delta R'_1)/(2\Delta R)=(1.94+3.71)/(2\times 11.86)=23.84\%$$

下垫面变化对乌力吉木仁河径流增加的贡献率为

$$(\Delta R_2+\Delta R'_2)/(2\Delta R)=(9.92+8.15)/(2\times 11.86)=76.16\%$$

计算结果表明，乌力吉木仁河的径流变化，约 24%是由气候变化引起的；约 76%主要是由于人类活动造成的下垫面变化引起的。这说明人类活动引起的下垫面变化对径流的影响要远大于气候变化对径流的影响。

经查阅相关文献发现，20 世纪 80 年代中期以后，该流域上游山区森林植被遭到严重破坏。植被是影响流域调蓄机能的重要因素，植被量减少，流域调蓄能力降低，径流系数增大，从而使得同等降雨条件下的径流量增加[11]。以上事实与本文所选的基准期分割年份、气候变化与下垫面的影响贡献率的结果一致。

## 4 结语

（1）本文依据径流形成原理，利用降雨径流关系，提出了基于降雨径流关系的水资源变异归因分析方法，可以定量分解影响流域水资源量变异的各因素的贡献率。所需资料容易获得、操作方便，对于只有降雨径流资料的地区具有较好的适用性。

（2）将该方法在辽河流域的乌力吉木仁河进行应用，结果表明，气候变化对乌力吉木仁河径流变化的贡献率为 24%，而下垫面变化的贡献率为 76%，说明下垫面的改变对该流域的径流变化远大于气候变化带来的影响。通过物理成因分析，也验证了本文提出的方法具有良好的可行性和可操作性。

（3）基于降雨径流关系的水资源变异归因分析方法，仍有其不足之处。首先，选用不同的函数形式对降雨径流关系曲线进行拟合，其拟合误差对归因结果有一定的影响，今后可以考虑具有一定物理成因的水文模型来替代。另外，文中将气候变化和人类活动的直接影响和间接影响作为互不相干的因素考虑，未对其相互

作用进行分析。

## 参 考 文 献

[1] 刘春蓁，刘志雨，谢正辉．近50年海河流域径流的变化趋势研究［J］．应用气象学报，2004（4）：385－393.
[2] 刘春蓁．气候变化对江河流量变化趋势影响研究进展［J］．地球科学进展，2007（8）：777－783.
[3] IPCC. Climate Change 2007：Impacts，Adaptation，and Vulnerability. Contribution of Working Group Ⅱ to Forth Assessment Report of the Intergovernmental Panel on Climate Change［M］. Cambridge，UK and New York，USA：Cambridge University Press，2007.
[4] 徐新华，骆向新．关于水土保持措施减水减沙效益分析方法的探讨［J］．人民黄河，1995（11）．
[5] 张升堂，拜存有，万三强，等．人类活动的水文效应研究综述［J］．水土保持研究，2004，11（3）：317－319.
[6] 赵雪花，黄强．黄河上游径流变化的影响因素分析研究［J］．自然科学进展，2004（6）．
[7] 张建兴．黄土高原重点流域径流变化规律及预测研究［D］．杨凌：西北农林科技大学，2008.
[8] 王国庆，贺瑞敏，李亚曼，等．基于流域水文模拟的径流变化原因研究［J］．水电能源科学，2008（3）：11－13.
[9] 王喜峰，周祖昊，贾仰文，等．水资源演变研究现状及进展［J］．水电能源科学，2010，28（8）：20－23.
[10] 谢平，陈广才，雷红富，等．水文变异诊断系统［J］．水力发电学报，2010（1）：85－91.
[11] 姜东锴，林枫，吕金海，等．乌力吉木仁河流域水文特性变化简析［J］．内蒙古水利，2000（2）：32－33.

# The Attribution Analysis of Alteration of Water Resource by Rainfall-runoff Relation Curves

Liu Yuan　Xie Ping　Xu Bin　Liu Jingjun

(State Key Laboratory of Water Resources and Hydropower Engineering Science, Wuhan University, Wuhan 430072)

**Abstract** Currently, the attribution analysis of alteration of water resources is mostly at qualitative or half quantitative level. As the water problems have become increasingly prominent, quantitative analysis on the factors influence the variation has become a hotspot. Based on the principle of runoff forming, a method of attribution analysis of alteration of water resource by rain-runoff relation curves is set up. Detecting the basic hydrological series by Hydrological Alteration Diagnosis System (HADS), the influence factors of water resources in river basin quantity change can be disintegrated quantitatively. Taking this method on Wulijimuren River, it is concluded that in the factors that induced the hydrological alteration, underlying surface changes account for 76%, climate changes only account for 24%. It is showed that the former has greater impact on the runoff alteration. By the physical causes analysis at last, it is proved that the method can be applied to the river basin such as Wulijimuren River only with rainfall and runoff series better.

**Key words** water resources alteration; hydrological alteration diagnosis; rainfall-runoff relation curves; attribution analysis

# 不同分辨率 DEM 对 WEP－L 模型计算单元坡度的影响及其转换研究*

龚家国[1] 贾仰文[1] 周祖昊[1] 王 英[2] 彭 辉[1] 刘佳嘉[1]

（1. 中国水利水电科学研究院水资源研究所 北京 100038；
2. 北京师范大学地表过程与资源生态国家重点实验室 北京 100875）

**摘 要** 流域数字特征坡度是分布式水文模型的重要参数，随着DEM分辨率的降低对流域坡度信息的描绘能力迅速下降，使得目前的研究中存在着利用高分辨率 DEM 数据模型计算量剧增，而利用低分辨率 DEM 数据时计算单元坡度信息严重失真的问题。以 NASA 发布的 30m 分辨率 DEM 数据为基础，以不同尺度流域（南小河沟流域，36.8km²；泾河流域，4.5 万 km²）为研究对象，对不同分辨率 DEM 数据条件下 WEP－L 模型基本计算单元坡度变化进行分析，并给出了基于低分辨率 DEM 提取的流域基本计算单元坡度向“真实”地形坡度值转换的方法，为相关研究提供有益借鉴和参考。

**关键词** 坡度；DEM；等高带；WEP；WEP－L；南小河沟流域；泾河流域

## 1 前言

WEP－L 模型[1]是在 WEP 模型[2]的基础上，针对我国大（超大）流域水文模拟需求开发的分布式水沙耦合模型，它以“子流域内的等高带”为基本计算单元，既避免了“大流域粗网格”带来的水量平衡失真与汇流路径失真，又合理表述了水文变量空间变异特征。在黄河流域、海河流域、汉江流域、松辽流域等取得成功应用[1,3,4]。

DEM 是分布式水文模型重要的数据平台，提取的数字坡度信息是进行流域水沙过程模拟的基础。Zhou 和 Liu[5]研究认为高分辨率 DEM 准确计算出地形坡度等地形因子的前提是保证 DEM 数据的精度。邓仕虎等[6]研究认为随 DEM 采样间隔增大，坡度衰减（变缓）的速率加快。总之，随着 DEM 分辨率的降低，其对地形的描绘能力下降。

同时，随着 DEM 分辨率的提高，在流域水沙过程模拟过程中的计算量大大增加，严重降低了模型的运算效率。因此，就存在着利用低分辨率 DEM 数据时流域地形信息严重失真，而应用高分辨率 DEM 数据模型计算量增大效率低下的矛盾。本文在分析不同分辨率 DEM 对提取的 WEP－L 模型模拟流域数字坡度特征影响的基础上，利用分形结合半方差函数的方法提出了一种低分辨率 DEM 提取的计算单元坡度向高分辨率 DEM 提取的坡度信息转换方法的方法，为相关研究提供借鉴和参考。

## 2 数据与方法

本研究利用 NASA 发布的 30m 分辨率 DEM 为基础数据，通过 ArcGIS 重采样生成 90m，270m，500m，875m，1000m 等不同分辨率的 DEM 数据，分别对南小河沟流域和泾河流域按照 WEP－L 模型要求的“子流域等高带”结构提取研究流域计算单元的数字坡度信息，并在此基础上利用分形结合半方差函数的方法进行计算单元（等高带）坡度信息的转换研究。

其中南小河沟小流域地处甘肃省庆阳市西峰区境内，系泾河二级支流，位于东径 107°30′00″～107°37′00″，北纬 37°41′00″～35°44′00″之间，总面积 36.3km²。流域内主要地貌单元为塬、坡、沟：塬面地形平坦，坡度一般在 5°以下；梁峁坡为塬面与塬边之间连接的缓坡带，坡度一般在 10°～20°之间；梁峁坡以下为沟谷，其横断面形状呈 V 字形，两侧沟坡坡度一般在 25°以上，是典型的高塬沟壑区。其典型地貌构成

* 基金项目：国家自然科学基金项目（50939006，50779074，51021006，50709041）；中国水利水电科学研究院博士论文创新研究资助项目。

第一作者简介：龚家国（1977— ），男，湖北枣阳人，中国水利水电科学研究院，工程师，主要从事水文水资源，土壤侵蚀与水土保持等基础研究。E－mail：jiaguogong@163.com

见表 1。

表 1 南小河沟流域典型地貌类型

| 地 貌 类 型 | 坡度特征（°） | 面积比例（%） |
|---|---|---|
| 塬面 | <5 | 56.9 |
| 梁峁 | 10～20 | 15.7 |
| 沟谷 | >25 | 27.4 |

泾河流域位于黄土高原中部，处于六盘山和子午岭之间（106°20′～108°48′E，34°24′～37°20′N），总面积约 4.5 万 $km^2$，为渭河的一级支流，黄河的二级支流，是黄河的十大水系之一。流域地形西北高、东南低，总体地势是东北西三面向东南倾斜。流域内地貌主要有黄土丘陵沟壑区、黄土高塬沟壑区、土石山区、黄土丘陵林区和黄土阶地区等 5 个地貌类型区，其中黄土丘陵沟壑区、黄土高塬沟壑区是流域内两种主要的地貌类型。

## 3 结果与分析

### 3.1 不同分辨率 DEM 提取的不同尺度流域数字坡度特征比较

从表 2 可以看出，30m 分辨率 DEM 栅格数据及其提取的等高带数据对南小河沟地形坡度的描绘层次丰富，其地形坡度分布与表 1 南小河沟流域典型地貌类型的实际地貌特征符合的较好。说明 30m 分辨率的 DEM 数据提取的流域数字坡度特征与真实情况较为一致，能够真实反映南小河流域的地貌特征。随着分辨率的降低，两种流域数字坡度的构成均迅速向较小坡度坦化。说明随着 DEM 栅格尺寸的增大，其对地面微地貌的描绘能力迅速衰减。但子流域等高带结构对流域坡度特征表现层次更加丰富，且均有“锐化”作用。根据实际调查发现，南小河沟流域内存在大量 45°以上陡坡，说明相对于栅格结构，子流域套等高带的模型结构能够更加有效的表现南小河沟流域内地形坡度近似“等高分布”的特点。

表 2 南小河沟流域不同类型数字坡度面积比例 %

| 坡度（°） | 基 于 栅 格 | | | 基于等高带 | | |
|---|---|---|---|---|---|---|
| | 30mDEM | 90mDEM | 270mDEM | 30mDEM | 90mDEM | 270mDEM |
| 0～5 | 54.57 | 57.25 | 65.30 | 22.04 | 44.10 | 37.02 |
| 5～10 | 13.22 | 10.15 | 22.24 | 30.85 | 9.00 | 12.87 |
| 10～15 | 8.76 | 9.83 | 11.92 | 6.09 | 3.30 | 37.21 |
| 15～20 | 8.20 | 10.11 | 0.53 | 3.72 | 6.04 | 9.84 |
| 20～25 | 7.03 | 7.66 | | 4.59 | 10.44 | 3.06 |
| 25～30 | 4.66 | 4.12 | | 7.09 | 7.22 | |
| 30～35 | 2.69 | 0.78 | | 5.75 | 12.14 | |
| 35～40 | 0.86 | 0.10 | | 8.39 | 4.55 | |
| 40～45 | 0.13 | | | 4.64 | 3.22 | |
| >45 | 0.02 | | | 6.80 | | |

表 3 泾河流域不同坡度栅格面积比例 %

| 坡度（°） | 基 于 栅 格 | | | | | | 基于等高带 | | |
|---|---|---|---|---|---|---|---|---|---|
| | 30mDEM | 90mDEM | 270mDEM | 500mDEM | 875mDEM | 1000mDEM | 500mDEM | 875mDEM | 1000mDEM |
| 0～5 | 18.45 | 20.08 | 33.24 | 59.82 | 89.45 | 93.69 | 84.09 | 98.40 | 98.79 |
| 5～10 | 20.42 | 23.03 | 42.97 | 37.53 | 10.27 | 6.17 | 22.73 | 1.57 | 1.21 |
| 10～15 | 20.73 | 24.52 | 20.40 | 2.47 | 0.28 | 0.14 | 0.32 | 0.03 | |
| 15～20 | 16.92 | 18.43 | 3.06 | 0.16 | 0.00 | | | | |

续表

| 坡度（°） | 基于栅格 | | | | | | 基于等高带 | | |
|---|---|---|---|---|---|---|---|---|---|
| | 30mDEM | 90mDEM | 270mDEM | 500mDEM | 875mDEM | 1000mDEM | 500mDEM | 875mDEM | 1000mDEM |
| 20～25 | 11.52 | 9.68 | 0.27 | 0.01 | | | | | |
| 25～30 | 6.59 | 3.28 | 0.05 | | | | | | |
| 30～35 | 3.22 | 0.71 | 0.00 | | | | | | |
| 35～40 | 1.34 | 0.17 | 0.00 | | | | | | |
| 40～45 | 0.49 | 0.07 | | | | | | | |
| >45 | 0.31 | 0.03 | | | | | | | |

从表 3 可以看出泾河流域不同栅格分辨率 DEM 提取的流域坡度特征均随着 DEM 栅格的降低而向小坡度面积迅速坦化。与表 2 对比发现，相同 DEM 分辨率条件下，子流域套等高带模型结构对地表的“锐化”作用消失，子流域套等高带模型结构对子流域尺度上坡度近似“等高分布”的表现能力消失，与之相反的是加速坦化地表坡度信息。

**3.2　不同分辨率 DEM 提取的流域等高带坡度构成转化研究**

综上所述，栅格型与子流域套等高带型的模型结构均随着 DEM 分辨率的降低，对流域数字坡度的刻画越来越坦化。目前，在较大流域上的水文过程模拟由于计算能力的限制一般采用 1km 或更低的分辨率用于大流域水文过程模拟，因此必须解决大尺度流域低分辨率 DEM 提取的计算单元坡度信息被严重坦化，而高分辨率 DEM 模型的建立及运行过程效率低下的矛盾，需要实现基于低分辨率流域提取的基本计算单元坡度向“真实”地形坡度值的转换。

DEM 提取的计算单元坡度为平均坡度，忽略了其内部的栅格高程的统计分布规律。自分形理论诞生以来，许多研究发现自然界的地形符合不同分维度的分形规律：崔灵周等[7]研究发现黄土高原流域及各支流域的地貌形态在各自的无标度区间内均表现出较好的分形特征；Russ 等[8]发现采用分形理论结合半方差函数的方法可以显著提高基于低分辨率 DEM 描述地形坡度的能力，认为可以用标准差来反映这种一定区域内高程点的统计变异规律。Zhang 等[9]比较了 5 种用 DEM 数据估算区域和全球尺度地形坡度的方法，在不同尺度上讨论了分形维数的变化，并且借鉴 Russ 等的研究成果采用分型结合半方差函数的方法发展了一种利用低分辨率 DEM 数据估算高分辨率数据条件下地形坡度的模型：

$$S=\alpha d^{1-D} \tag{1}$$

式中：$S$ 为高分辨率 DEM 的区域平均坡度，(°)；$\alpha$ 为低分辨率 DEM 计算的系数；$d$ 为目标分辨率（高分辨率）DEM 栅格尺寸，m；$D$ 为区域栅格高程分维数，$D=a+b\ln\sigma$，$\sigma$ 为区域高程值的标准差，$\alpha=m\sigma^{\lambda}$，$a$，$b$，$m$ 为常数。

由于本研究中低分辨率条件下的区域坡度已知，因此可用公式直接计算计算 $\alpha$，即

$$\alpha=S_{low}/d_{low}^{1-D} \tag{2}$$

式中：$S_{low}$ 相同低分辨率 DEM 计算得到的区域平均坡度；$d_{low}$ 为低分辨率 DEM 栅格尺寸。

将式（2）变换为

$$S=S_{low}(d/d_{low})^{n-b\ln\sigma} \tag{3}$$

式中：$n$，$b$ 为常数。

利用 ArcGIS9.2 的统计分析功能可以计算得每个子流域栅格高程值的标准差 $\sigma$，根据式（3）即可以实现低分辨 DEM 区域坡度值向较高分辨率 DEM 区域坡度值的转换。

将各等高带面积按照计算后得到的坡度按 0°～5°，5°～10°，10°～15°，15°～20°，20°～25°，25°～30°，30°～35°，35°～40°，40°～45°及大于 45°重新分级，与对应的 30mDEM 栅格坡度面积进行比对（将 30m 分辨率 DEM 提取的栅格坡度面积组成作为转换目标），两者之间拟合最好的即得到需要的结果。

从图 1、图 2 可以看出，在不同尺度流域上对不同分辨率 DEM 数据提取的等高带坡度值，经过转换后

与 30mDEM 数据提取的栅格面积坡度构成符合较好，表明该方法有效实现了基于低分辨率 DEM 提取的等高带坡度构成向“真实”地形坡度构成的转换，有效提高低分辨率 DEM 平台进行子流域编码后描绘地形的能力，转换公式见表 4。

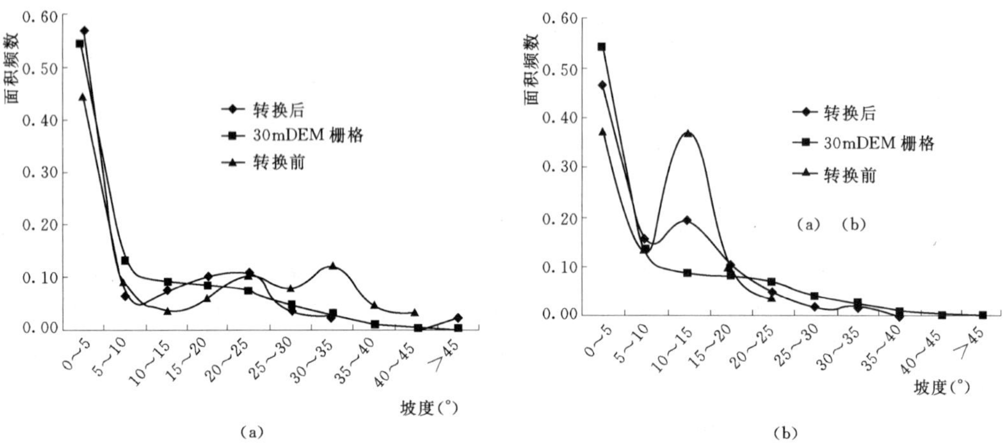


图 1　南小河沟不同分辨率 DEM 等高带坡度转换

(a) 90m 分辨率向 30m 分辨率转换；(b) 270m 分辨率向 30m 分辨率转换

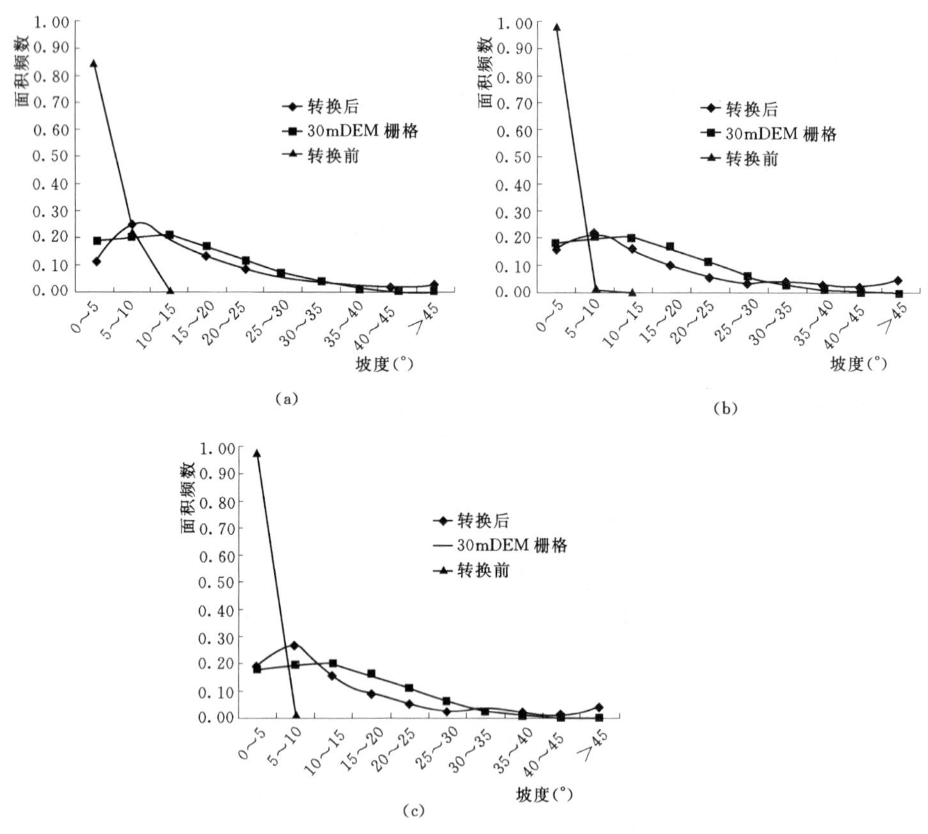


图 2　泾河流域不同分辨率 DEM 等高带坡度转换

(a) 500m 分辨率向 30m 分辨率转换；(b) 875m 分辨率向 30m 分辨率转换；

(c) 1000m 分辨率向 30m 分辨率转换

表 4 不同分辨率 DEM 平台等高带坡度转换拟合公式

| 流域名称 | DEM 分辨率（m） | 向 30m 分辨率 DEM 流域坡度构成转化公式 |
| --- | --- | --- |
| 南小河沟流域 | 90 | $S=S_{low}\left(\frac{30}{90}\right)^{4.1-0.98\ln\sigma}$； $R^2=0.970$ |
| | 270 | $S=S_{low}\left(\frac{30}{270}\right)^{4.63-1.187\ln\sigma}$； $R^2=0.936$ |
| 泾河流域 | 500 | $S=S_{low}\left(\frac{30}{500}\right)^{4.425-1.11\ln\sigma}$； $R^2=0.840$ |
| | 875 | $S=S_{low}\left(\frac{30}{875}\right)^{4.4895-1.11\ln\sigma}$； $R^2=0.815$ |
| | 1000 | $S=S_{low}\left(\frac{30}{1000}\right)^{4.073-0.999\ln\sigma}$； $R^2=0.774$ |

## 4 结论与展望

以 30m 分辨率 DEM 为基础，研究了不同分辨率条件下 WEP－L 模型的“子流域套等高带”结构对不同尺度流域数字特征的表现能力，并对不同分辨率 DEM 提取的流域坡度构成之间的转换进行了有益探索，主要结论如下：

（1）以 30mDEM 为基础提取的子流域套等高带结构能够很好地反映南小河沟流域地形“坡度等高分布”的特点，在较小尺度的流域上子流域套等高带结构能够更有效的表现研究流域信息，而在较大尺度流域上则反之。

（2）利用分形结合半方差函数的形式能够有效的实现基于低分辨率 DEM 提取的流域基本计算单元坡度向“真实”地形坡度值转换，为解决高分辨率 DEM 数据时 WEP－L 模型计算量剧增，而利用低分辨率 DEM 数据时计算单元（等高带）坡度信息严重失真的问题提供了有益的借鉴作用。

## 参 考 文 献


[1] Jia Y，Wang H，Zhou Z，et al. Development of the WEP-L distributed hydrological model and dynamic assessment of water resources in the Yellow River basin［J］. Journal of Hydrology，2006（331）：606－629.

[2] Jia Y，Ni G，Kawahara Y，et al. Development of WEP model and its application to an urban watershed［J］. hydrological processes，2001（15）：2175－2194.

[3] 贾仰文，王浩，周祖昊，等．海河流域二元水循环模型开发及其应用——Ⅰ．模型开发与验证［J］．水科学进展，2010，21（1）：1－8.

[4] 雷晓辉，田雨，贾仰文，等．WEP 模型全局参数敏感性分析及其在汉江上游流域的应用［J］．水文，2010，30（6）：14－18，41.

[5] Zhou Q，Liu X. Analysis of errors of derived slope and aspect related to DEM data properties［J］. Computers & Geosciences，2004（30）：369－378.

[6] 邓仕虎，杨勤科．DEM 采样间隔对地形描述精度的影响研究［J］．地理与地理信息科学，2010，26（3）：23－26.

[7] 崔灵周，朱永清，李占斌．基于分型理论和 GIS 的黄土高原流域地貌形态量化及应用研究［M］．郑州：黄河水利出版社，2006.

[8] Russ J C. Fractal Surfaces［M］. New York：Plenum Press，1994.

[9] Zhang X，Drake NA，Wainwright J，et al. Comparison of slope estimates from low resolution DEMs：Scaling issues and a fractal method for their solution［J］. Earth Surface Processes and Landforms，1999，24：763－779.

# Study on the transformation and effect of DEM in different resolutions to calculation unit slope of WEP-L model

Gong Jiaguo[1]　Jia Yangwen[1]　Zhou Zuhao[1]　Wang Ying[2]　Peng Hui[1]

(1. Department of Water Resources, China Institute of Water Resources and Hydropower Research, Beijing 100038; 2. State Key Laboratory of Earth Surface Processes and Resource Ecology, Beijing Normal University, Beijing 100875)

**Abstract**　Slope is an important characteristic for distributed hydrology model. Because the information of Watersheds slope decreased with DEM resolution reduction, model computational complexity explosion by high resolution DEM, and the information of calculation unit slope may suffer serious distortion by low resolution DEM in the current research. By Different scale watersheds (Nanxiaohegou watershed, 36.8km$^2$; Jinhe basin, 45000km$^2$) as the research object different resolutions, the transformation of basic calculation unit slope changing in WEP-L model with different resolution DEM was studied at the base of 30m resolution DEM published by NASA.. The slope information of basic calculation unit extracted by low resolution DEM was converted to true slope in this research, and which can offer related researchers helpful reference.

**Key words**　slope; DEM; contour zone; WEP; WEP-L; Nanxiaohegou watershed; Jinghe basin

# SCE－UA算法在月水量平衡模型参数优化中的应用*

轩 玮 李 翀 廖文根

（中国水利水电科学研究院 北京 100038）

**摘 要** 本文建立了呼伦湖水量平衡方程，其中采用月水量平衡模型对水文控制站以下的湖周区域的产流进行计算。在湖泊相关水文资料缺测的情况下，以基于遥感提取的湖泊水面面积数据，且通过水面面积－水位关系曲线折算的水位值作为率定数据，采用SCE－UA算法优化了月水量平衡模型中的参数。本文采用月水量平衡模型重建了呼伦湖水位序列，发现该序列具有一定的合理性，存在的不足是模型经SCE－UA算法优化后的模拟效率不理想，其中率定期的模拟效率为8%，校验期的效率为28.59%，原因可能在于气象、遥感等数据资料的质量以及模型本身的概化特性所致。

**关键词** SCE－UA算法；月水量平衡模型；呼伦湖

## 1 前言

参数率定是水文模型中一个重要的部分。但是很多概念性模型中的参数没有具体的物理性的概念，因此不可能直接测量，只能通过系统优化的方法来率定参数。率定参数可分为人工试错法和参数自动率定。人工试错法要求率定者有较丰富的经验，而且耗时颇多；参数自动率定又可分为传统优化方法和现代优化方法。传统优化方法主要有Newton法，共轭梯度法，单纯形法，变尺度算法等。但这些方法在优化过程中依赖于初始点的选取，因此可能会造成局部最优，进而使得优化结果不稳定。现代参数优化方法中，广泛使用的SCE－UA算法可以有效得解决非线性约束最优化的问题，并且具有很好的全局优化的能力。

SCE－UA算法是1992年Duan在求解概念性的降雨径流模型中参数优化问题时，针对问题的非线性、多极值、没有具体的函数表达式、区间型约束等特点提出的[1,2]。算法结合了单纯形法、随即搜索和遗传算法等方法的优点，能一致、快速、有效得搜索到全局最优解[1,2]。国内很多学者对SCE－UA做了很多的研究。宋星原等[3]应用SCE－UA、遗传算法和单纯形算法对新安江三水源模型进行参数自动优选，并讨论了三种算法的收敛速度、计算量和稳定性及有效性，得出SCE－UA效果最优的结论。林剑艺[4]等在应用支持向量机做中长期径流预报时，采SCE－UA算法识别支持向量机的参数，克服了参数选择的盲目性，快速准确得获得最优参数。闫岩等[5]讨论了SCE－UA全局优化算法在遥感信息与作物生长模型同化中的应用能力。

月水量平衡模型是一种以水量平衡原理为基础的概念性水文模型，它以月为计算时段，以月降水量，月蒸发量作为输入，月径流量作为输出。基于质量守恒的原理，结合土壤含水量，把各水文过程与变量之间的关系概化为经验函数来模拟月径流量[6]。模型结构简单，参数少，适合于无资料地区径流量的推求且模拟精度较高，宜于推广和应用。熊立华[7]在1996年提出的两参数水文模型，在东江、汉江和赣江流域都得以应用。王渺林[8]等比较了新安江月水量模型，比利时水量模型和两参数水量平衡模型在长江流域赣江和汉江的应用，表明两参数模型优于其他两个模型。乐通潮[9]在汉江流域应用两参数水量平衡模拟径流，并对参数$c$和$S_c$的敏感性进行了分析，结果表明：$c$对模型模拟效果的敏感性较强，而$S_c$不敏感。

呼伦湖是北方最大的高原湖泊，湖面面积最大达2300km²。它位于内蒙古自治区呼伦贝尔市，地处呼伦贝尔高原中部，属额尔古纳河水系，呼伦湖的补给除了大气降水和地下水补给以外，主要依靠发源于蒙古国的克鲁伦河和连结呼伦湖和贝尔湖的乌尔逊河。排水通道为新开河。该区域属于中温带半干旱大陆性季风气候，夏季温热，春季干旱多风[10]。呼伦湖地处边陲，人类活动干扰较少，相应水文监测资料也稀少。本文希望通过SCE－UA算法优化建立的呼伦湖水量平衡模型，以更准确的重建呼伦湖水位序列。

---

* 基金项目：科技基础性工作专项（2007FY210100），自然科学基金项目（编号：408650050）。

第一作者简介：轩玮（1988— ），女，山东聊城人，硕士研究生。E-mail：xuanwei88210@sina.com

## 2 数据与方法

### 2.1 数据及其来源

本文所采用的水文数据来自内蒙古气象局，主要包含水文站点（阿拉坦和坤都冷）的径流量资料，分别代表了入湖河流（乌尔逊河和克鲁伦河）的来流量。满洲里站气象站的 1999～2008 年的日观测数据，仅有降水量、平均温度、平均风速、相对湿度、日照时间，缺乏最高最低温度，因此采用了海拉尔气象站的数据进行折算，（从中国气象科学数据共享服务网查询得到，观测项目有降水量、平均温度、最高，最低温度、平均风速，日照时间，相对湿度等。）拟合折算系数为 0.934，相关性达 0.98。

此外，采用文献 [11] 利用 1975～1977 年、1987 年、1999～2009 年共 15 年的 Landsat MSS/TM/ETM 系列遥感影像数据，根据典型地物的光谱特征运用谱间分析法提取的呼伦湖的水面面积数据，再根据水面面积—水位关系曲线推求水位。

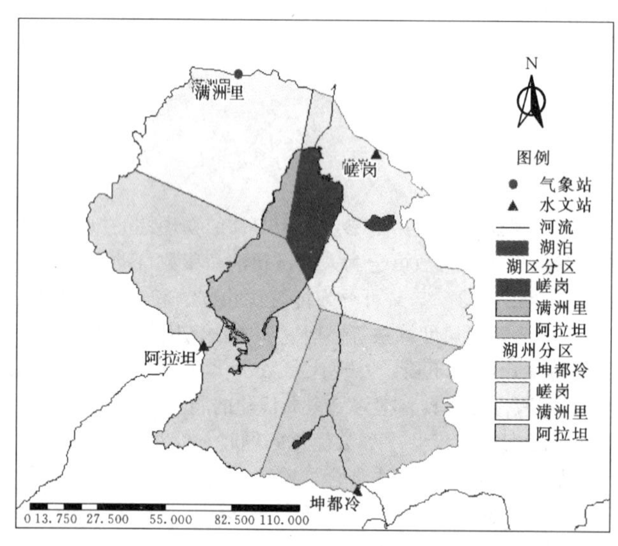


图 1 呼伦湖泰森多边形分区图

### 2.2 呼伦湖水量平衡方程

本文通过建立水量平衡方程式（1）来模拟呼伦湖的水位。

$$\Delta H = P_L + R_S + R_G - E_L - R_{out} \quad (1)$$

式中：$\Delta H$ 为湖水位升降幅度，mm；$P_L$ 为湖面降水量，mm；$R_G$ 为湖周入湖径流（地表、地下），mm；$R_S$ 为入湖河道径流，mm；$E_L$ 为湖面蒸发量，mm；$R_{out}$ 为出湖径流量。其中，湖面降水量计算采用阿拉坦、坤都冷、嵯岗和满洲里四个水文站逐月降水资料，通过泰森多边形划分子区域进行点雨量的加权，最后得到逐月湖面降水量，如图 1。湖周和湖面子区域面积权重系数如表 1。湖面逐月蒸发量采用满洲里气象站的数据，通过彭曼公式计算求得。入湖河道流量为阿拉坦和坤都冷站的径流量。当水位超过 544.8m 时，按照新开河闸门设计过流能力泄流[12]。

**表 1　　湖周和湖区泰森多边形面积权重值**

| 区　域 | 阿　拉　坦 | 坤　都　冷 | 嵯　　岗 | 满　洲　里 |
|---|---|---|---|---|
| 湖周 | 0.3426 | 0.2269 | 0.2428 | 0.1877 |
| 湖面 | 0.5671 | 0 | 0.3219 | 0.1110 |

此外，由于控制站以下的流域面积约为 19000km$^2$（包含呼伦湖面积）以及地下水补给资料的缺测，湖周区域的产流不能忽略。因此，采用泰森多边形划分各个水文气象站点的控制区域，每个控制区域作为一个子区域，通过月水量平衡模型计算每个子区域的产流，并通过 SCE－UA 算法对模型的参数进行率定。

### 2.3 呼伦湖月水量平衡模型

Schreiber 假设在长期的水量平衡中，实际的蒸散发量 $E_t$ 和蒸散发能力 $Ep_t$ 的比值是降雨量 $P_t$ 和蒸散发能力 $Ep_t$ 的比值的函数[6]。因此实际的月蒸散发量为

$$E_t = CEp_t \tanh\left(\frac{P_t}{Ep_t}\right) \quad (2)$$

式中：$E_t$ 为实际月蒸发量；$Ep_t$ 为作物参考蒸发量，可由彭曼公式计算；$P_t$ 为月降水量；$\tanh(x)$ 为双曲正切函数，反映了流域土壤较之空气对水文现象或过程更大的缓和调节能力[13]；$C$ 为模型参数。

月径流量和该月的土壤含水量有很大的关系，因此月径流量 $Q_t$ 可以简化为 $S_t$ 的线性或者非线性的函数，假设月径流为土壤含水量的双曲正切函数关系，即

$$Q_t = S_t \tanh(S_t / S_c)$$

式中：$Q_t$ 为月径流量；$S_t$ 为该月土壤水含量；$S_c$ 表征区域土壤含水状况，是模型参数。

最后根据水量平衡的原理得到土壤含水量时段变化方程：

$$S_t = S_{t-1} + P_t - E_t - Q_t \tag{3}$$

式中：$S_{t-1}$为上一时段的土壤含水量。

模型中的参数 $C$、$S_c$、$S_0$ 采用 SCE－UA 算法进行优化。

## 3 SCE－UA 算法及其优化

### 3.1 SCE－UA 算法

SCE－UA 的基本思路是把确定性的复合搜索技术和自然界中生物竞争进化原理相结合[1,2]。

在 SCE－UA 算法中，首先在参数的可行域内生成一些随机分布的点群，根据点群对应的函数值进行排序后，按照线性分布的规则将其划分成若干复合形（complex），每个复合形由 $m$ 个点组成，其中 $m=2n+1$，$n$ 为模型优化的参数个数。每个复合形都通过下降单纯形（downhill simplex）算法进行独立演化。再将所有复合形混合，每个复合形的点混合成新的点集。进化和混合不断重复进行直到满足设定的收敛准则为止。详细步骤可见文献［3］。

SCE－UA 算法通过各个复形独立演化再混合，混合后的点群再划分为若干复形，开始新的演化的方式保证了各个复形内的信息共享。这样有效得防止了优化过程陷入局部寻优，能到一致、快速、有效的寻找到全局最优值。

### 3.2 模型优化设置

#### 3.2.1 模型参数

呼伦湖月水量平衡模型参数包含 4 个子区域的月水量平衡模型参数 c _ alt，Sc _ alt，c _ kdl，Sc _ kdl，c _ cg，Sc _ cg，c _ mzl，Sc _ mzl 以及初始土壤含水量 S0 _ alt，S0 _ kdl，S0 _ cg，S0 _ mzl，共计 12 个。其中，c 上限为 1，下限为 0；Sc 上限为 1500，下限为 500；S0 上限为 1000，下限为 20。

SCE－UA 算法本身包含一些参数：待优化参数的个数 $n=13$，复合形的顶点数 $m$，$m=2n+1$，子复合形的顶点数 $q=n+1$，每个子复合型演化后产生的连续后代的个数 $y=1$；每个复合型的进化次数 $z=2n+1$，复合形的个数 $p$，取 2。

#### 3.2.2 目标函数

由于模型率定时采用的是通过遥感影像提取的水面面积转化而来的水位数据。因此在处理过程中，通过把月水量平衡模型计算的湖周径流量带入到水量平衡方程中，求得相应水位值，再对其进行率定。因此目标函数选取绝对方差，如下：

$$\min f = \frac{1}{n}\sum_{i=1}^{n}(H_i - H_{obsi})^2$$

式中：$H_{obsi}$ 为遥感监测的水面面积推算的水位数据，下文简称监测数据。

#### 3.2.3 终止设置

寻优的终止条件有两个：

（1）参数收敛：如果参数在 kstop（取 5）次数内没有明显改进（pcento＝0.01%），则终止循环；

（2）如果循环次数大于 50000，则停止迭代。

### 3.3 模型参数优化结果

模型参数的率定期选取 1999～2005 年，监测数据共 13 个；校验期为 2006～2008 年，监测数据共 3 个。采用 SCE－UA 算法搜寻使得目标函数值最小的 $c$ 和 $S_c$ 值最为模型最优参数，参数优化结果见表 2。

**表 2　参数优化结果**

| 区　域 | 阿拉坦 | 坤都冷 | 嵯　岗 | 满洲里 |
|---|---|---|---|---|
| $c$ | 0.9984 | 0.9748 | 0.1 | 0.9993 |
| $S_c$ | 1215 | 692 | 963.8 | 1391 |
| $S_0$ | 382.2 | 733.7 | 100 | 154.4 |

## 4　结果与讨论

采用优化了参数的呼伦湖月水量平衡模型，本文模拟了从1999～2008年共十年的呼伦湖月水位变化过程（图2）。模型模拟结果的趋势与遥感数据提取的湖水位变化相当一致，反映出湖水位日趋下降并恶化的状态，反映出呼伦湖月水量平衡模型可以较好的重建呼伦湖的月水位变化过程。但是，经SCE－UA算法优化后的模拟效率还不是很理想，从表3中可见，率定期效率的效率系数为8.00%，而校验期率定系数为28.59%。

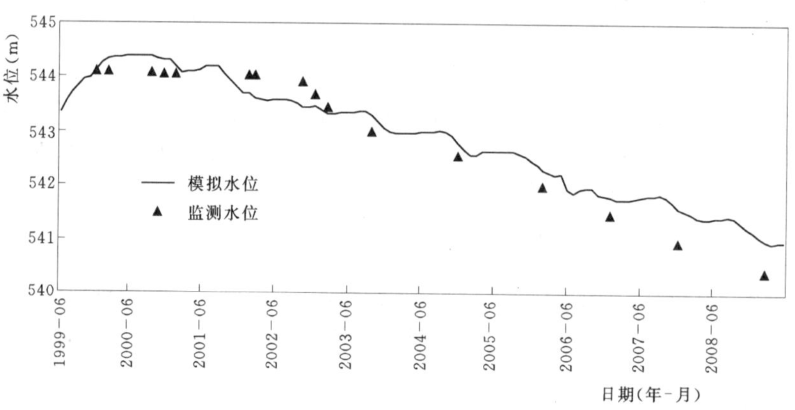


图2　模拟水位和监测水位值对比

**表3**　　率定期和检验期的模型效率

| | 年 | 月 | 模拟水位（m） | 监测水位（m） | 模拟效率（%） |
|---|---|---|---|---|---|
| 率定期 | 1999 | 8 | 544.138 | 544.104 | 0.01 |
| | 1999 | 10 | 544.335 | 544.106 | 0.41 |
| | 2000 | 5 | 544.378 | 544.081 | 1.09 |
| | 2000 | 7 | 544.326 | 544.063 | 1.62 |
| | 2000 | 9 | 544.201 | 544.052 | 1.80 |
| | 2001 | 9 | 543.695 | 544.033 | 2.67 |
| | 2001 | 10 | 543.616 | 544.031 | 4.00 |
| | 2002 | 6 | 543.449 | 543.918 | 5.69 |
| | 2002 | 8 | 543.458 | 543.671 | 6.04 |
| | 2002 | 10 | 543.334 | 543.436 | 6.12 |
| | 2003 | 5 | 543.291 | 542.987 | 6.83 |
| | 2004 | 7 | 542.784 | 542.551 | 7.25 |
| | 2005 | 9 | 542.289 | 541.977 | 8.00 |
| 校验期 | 2006 | 8 | 541.796 | 541.463 | 3.70 |
| | 2007 | 7 | 541.583 | 540.949 | 17.10 |
| | 2008 | 9 | 540.989 | 540.402 | 28.59 |

模拟效率不理想的可能原因在于：

（1）气象、遥感数据的质量及其代表性。本文的遥感数据主要为30m精度的TM数据，且由于云层等因素影响，湖面面积的提取存在一定的偏差。

气象数据由于湖滨没有设立气象监测站，采用湖周30～100km处的气象站数据进行空间差值。湖面降雨数据的代表性不够，蒸发量的数据仅选取了满洲里气象站的数据通过彭曼公式计算求得，存在一定偏差。

作为模型输入的气象数据，以及作为模拟参数优化率定的目标，均存在不确定性，对于模型的模拟结果就会带来偏差。

(2) 模型本身的概化特性。由于缺乏湖泊水位的监测数据，只能通过建立水量平衡模型方程来推求水位值。月水量平衡模型是一种以水量平衡原理为基础的概念性水文模型，两参数模型结构简单，参数少，适合于无资料地区径流量的推求。但是模型参数的空间概化，以及模型对降雨一产流过程的概化，削弱了模型参数的实际物理意义。尽管可以通过参数优化的方法来提高模型的模拟精度，但在模型输入数据质量不完善等情况下，数据的不确定性和误差均会转化为模型的误差，造成模型拟合效率的低下。

## 参 考 文 献

[1] Duan Q, Gupta V K, Sorooshian S. Shuffled complex evolution approach for effective and efficient global minimization [J]. Journal of Optimization Theory and Applications, 1993, 76 (3): 501-521.

[2] Duan Q, Sorooshian S, Gupya V K. Optimal use of the SCE—UA optimization method for calibrating watershed models [J]. Journal of Hydrology, 1994, 158: 265-284.

[3] 宋星原，舒全英，王海波，等.SCE－UA遗传算法和单纯形优化算法的应用.武汉大学学报，2009，42 (1): 6-10.

[4] 林剑艺，程春田，顾妍平，等.支持向量机在中长期径流预报中的应用.水利学报，2006，6：681-686.

[5] 闫岩，柳钦火，刘强，等.基于遥感数据与作物生长模型同化的冬小麦长势监测和估产究.遥感学报，2006，10：804-811.

[6] 王渺林，夏军.土地利用变化和气候波动对东江流域水循环的影响.人民长江，2004，2：4-6.

[7] 熊立华，郭生练，王渺林，等.两参数月水量平衡模型的研制和应用.水科学进展，1996，7 (增刊)：80-86.

[8] 王渺林，郭生练.月水量平衡模型比较分析及其应用.人民长江，2000，31 (6)：32-33.

[9] 乐通潮，张万昌.两参数月水量平衡模型在汉江流域上游的应用.资源科学，2004，26 (6)：97-103.

[10] 余晓，李翀，轩玮，等.呼伦湖水面面积提取.环境与水力学会议论文集，2010.

[11] 李翀，叶柏生，杨玉生，等.呼伦湖水位变动与20世纪初干涸缘由的探讨.水文，2007，27 (3)：43-45.

[12] 李翀，马巍，叶柏生，等.呼伦湖水面蒸发和水量平衡估计.水文，2006，26 (5)：41-44.

[13] 熊立华，郭生练.分布式流域水文模型.北京：中国水利水电出版社，2004.

# Application of SCE—UA algorithm to optimization of monthly water balance model parameters

Xuan wei Li chong Liao Wengen

(China institute of water resource and hydropower research, Beijing 100038)

**Abstract** A case study was performed for the Hulun lake area. Based on the monthly water balance model, the runoff of the lakeside downstream of the control station is simulated. In the absence of the lacking observation data about the lake hydrology, the data of lake area extracted through sensing picture replace as the calibration. The SCE—UA optimization algorithm is applied to select the favorite model parameters. Furthermore, the water balance equation is established to simulate the lake water level series. As the result shows, the simulated series is rationally but the simulated precision in the calibration years, 8%, is much better than the examination years, 28.95%. The possible reason that lead the poor precision may include: one, the data on meteorology or hydrology is not enough for representation; another, the uncertainty of model and the data error may be amplified to some extent during the coupling of the model and the equation.

**Key words** SCE—UA algorithm; the monthly water balance model; Hulun lake

# 水资源时间序列混沌预测模型研究*

黄显峰[1] 方国华[1] 邵东国[2]

(1. 河海大学水利水电学院 南京 210098；
2. 武汉大学水资源与水电工程科学国家重点实验室 武汉 430072)

**摘 要** 针对水资源要素的时间序列非线性预测难题，建立了基于相空间重构的时间序列混沌预测模型。通过将原始时间序列非线性映射到一个高维特征空间中进行相空间重构，获得预测模型所需要的输入向量和期望输出向量，选择统计学习理论中的SVM模型进行预测，经实证分析，本文模型比ANN模型和AR模型具有拟合效果好，预测精度高，泛化能力强等优点。

**关键词** 水资源；相空间重构；SVM模型；非线性预测

水资源非线性预测一直是水资源研究的热点之一。由于水资源系统的复杂性，各个要素间存在非线性相互作用关系，传统的时间序列预测方法，例如，AR、MA及ARMA等，属线性模型，其预测结果不可靠。20世纪80年代以来，人工神经网络（ANN）迅速方展，在水资源非线性预测中得到广泛应用[1]，但由于ANN结构复杂，参数较多，容易产生过拟合，使预测精度较低。以统计学习理论为基础的支持向量机（SVM）模型采用结构风险最小化原则，弥补了ANN的不足，受到人们重视[2]。但SVM模型的训练样本常常是给定的，针对时间序列非线性预测问题，如何合理构造训练样本尚待研究。本文针对水资源时间序列非线性预测中训练样本的构建及精度等难题，建立了基于相空间重的SVM预测模型，将原始时间序列数据映射到一个高维特征空间，通过相空间重构技术构造训练样本，采用SVM模型进行预测，为水资源非线性预测开辟了新的途径。

## 1 混沌相空间重构

### 1.1 相空间重构原理

水资源预测的传统方法一般是在一维空间中根据历史资料拟合一个预报模式，其函数和形式原则上是不变的，由于时间序列数据之间的非线性相互作用关系，一维空间无法反映高维空间中的奇怪吸引子，会丢失许多关于吸引子演化的重要信息，从而导致某方面预报不准确或不可预报。要对复杂水资源动力系统的未来演化行为作出准确预测，就必须了解系统的吸引子的拓扑结构或轨迹变化规律，而相空间正是刻画吸引子拓扑结构最理想、最直观的空间。为了构造水资源时间序列的动力预测模型，首先必须对水资源动力系统进行相空间重构。

Packard等（1980）[3]和Takens（1981）[4]分别提出的重建相空间理论，为水资源时间序列预测奠定了理论基础。相空间重构是为了在高维相空间中恢复吸引子。该吸引子作为复杂动力系统的特征之一，体现着水资源系统演化的规律性，意味着系统演化最终会落入某一特定的轨迹之中。设时间序列$\{x(t_i),i=1,2,\cdots,N\}$，重构$m$维相空间，得到一组相空间矢量为

$$X_i=\{x(t_i),x(t_i+\tau),\cdots,x[t_i+(m-1)\tau]\} \quad i=1,2,\cdots,M \tag{1}$$

式中：$X_i$为相空间中的第$i$个相点；$m$为嵌入维数；$\tau$为时间延迟；$M$为$m$维相空间中的相点数，$M=N-(m-1)\tau$。

### 1.2 时间延迟与嵌入维数的确定

系统相空间重构的技术关键在于嵌入维数$m$和时间延迟$\tau$的确定。饱和关联维数法（也称G－P算法）是较常用的确定嵌入维数的方法[5,6]。该方法是通过关联积分计算的，其定义为

* 基金项目：武汉大学水资源与水电工程科学国家重点实验室开放基金资助（2010B068）；中央高校基本科研业务费专项资金资助（2009B08414）；河海大学自然科学基金资助（2009422011）。

第一作者简介：黄显峰（1980— ），男，湖北黄冈市人，河海大学讲师，博士。从事水资源系统分析研究。E-mail：hxfhuang2005@163.com

$$C_m(r)=\frac{1}{N(N-1)}\sum_{i,j}H(r-\|X(t_i)-X(t_j)\|) \quad i\neq j \tag{2}$$

式中：$N$ 为总相点数；$r$ 为给定的正小数，称为临界距离；$H(\cdot)$ 称为 Heaviside 函数，$C_m(r)$ 与 $r$ 在一定区段内有：$C_m(r)\propto r^D$，称为标度关系，指数 $D$ 即为关联维数：

$$D=\lim_{r\to 0}\frac{\ln C_m(r)}{\ln r} \tag{3}$$

当 $m$ 足够大时，$D$ 不随 $m$ 发生变化，$D$ 即为饱和关联维数，此时 $D$ 对应的 $m$ 为最小嵌入维数。通常让 $m$ 从小增大，使得 $D$ 不变，即双对数关系 $\ln C_m(r)-\ln r$ 中的直线段。

时间延迟 $\tau$ 的确定常用自相关函数法[7]，表达式为

$$C(\tau)=\frac{1}{n-\tau}\frac{\sum_{i=1}^{n-\tau}(x_i-\mu)(x_{i+\tau}-\mu)}{\sigma^2(x)} \tag{4}$$

式中：$\tau$ 为时间的移动值；$\mu$，$\sigma$ 分别为时间序列的均值和标准差。

一般情况下，可取自相关函数第一次过零点或初始值的 $1-1/e$ 对应的 $\tau$ 值作为相空间的时间延迟[8]。嵌入维数的计算方法还有伪邻点法、预测误差最小法、关联积分法等，时间延迟的计算方法还有互信息量法、平均位移法。除此，H. S. Kim（1999）[9]等人提出 C－C 法，该法应用关联积分能够同时估计出时间延迟 $\tau$ 和时间窗口 $\tau_w$，并通过 $\tau_w=(m-1)\tau$ 求出 $m$。

## 2 统计学习理论与 SVM 原理

### 2.1 统计学习理论

统计学习理论（statistical learning theory，SLT）是一种专门研究小样本情况下机器学习规律的理论。V. Vapnik 等人从 20 世纪 60 年代开始致力于此方面研究，到 90 代中期，随着其理论的不断发展和成熟，也由于神经网络等学习方法在理论上缺乏实质性进展，统计学习理论受到越来越广泛的重视[10]。给定决策函数集：

$$\{f_w(x):w\in\Lambda\},f_w(x):R^n\to\{-1,1\} \tag{5}$$

这里 $\Lambda$ 为参数集。已知来自于一未知分布的 $P(x,\ y)$，有如下样本：

$$\{(x_1,y_1),(x_2,y_2),\cdots,(x_n,y_n)\},\ x_i\in R^n,\ y_i\in\{-1,1\} \tag{6}$$

模式识别的目的是在决策函数集中寻求函数 $f_w$，使实际风险（期望风险）$R(w)$ 最小。

$$R(w)=\int|f_w(x)-y|P(x,y)\mathrm{d}x\mathrm{d}y \tag{7}$$

这里 $f_w$：$R^n\to\{-1,\ 1\}$ 称为假设函数，集合 $H=\{f_w(x):\ w\in\Lambda\}$ 成为假设空间。传统的统计学习方法是使经验风险最小化（empirical risk minimization，EMP)，即

$$R_{emp}(w)=\frac{1}{n}\sum_{i=1}^{n}[f_w(x_i)-y_i]^2 \tag{8}$$

由于分布 $P(x,\ y)$ 未知，实际上 $R(w)$ 无法计算，因而也就无法最小化实际风险。但由于已知 $P(x,\ y)$ 的一些样本点，且当样本点的个数 $n$ 趋于无穷大时，经验风险趋于实际风险。

统计学习理论提出了一种新的策略，即把函数集构造为一个函数子集序列，使各个子集按照 VC 维的大小排列；在每个子集中寻找最小经验风险，同时在子集间折中考虑经验风险和置信范围，取得实际风险的最小[11]，这种思想称作结构风险最小化原则（structural risk minimization，SRM）。实现 SRM 原则可以有两种思路，一是在每个子集中求最小经验风险，然后选择使最小经验风险和置信范围之和最小的子集。这种方法比较费时，当子集数目很大甚至无穷时不可行。一是设计函数集的某种结构使每个子集中都能取得最小的经验风险（如使训练误差为 0），然后只需选择适当的子集使置信范围最小，则这个子集中使经验风险最小的函数就是最优函数。支持向量机（SVM）实际上就是这种思想的具体体现。

### 2.2 SVM 原理

对于训练样本集 $\{(x_i,\ y_i)\}_{i=1}^{n}$，$x_i\in R^n$ 为输入变量的值，$y_i\in R$ 为相应的输出值，$n$ 为训练样本个数，函数回归问题就是寻找一个从输入空间到输出空间的映射 $f$：$R^n\to R$，使得 $f(x)\approx y$。SVM 算法就是先用一个非线性映射 $\varphi$：$R^n\to R^m(m\geqslant n)$，将输入空间映射到高维的特征空间，再在特征空间中用下述线性函数来

拟合数据：

$$y=f(x)=\langle W,\varphi(x)\rangle+b \tag{9}$$

式中：$W$、$\varphi(x)$ 为 $m$ 维向量；$\langle \cdot,\cdot \rangle$表示特征空间中的点积；$b$ 为阈值。

SVM 回归方法通过极小化目标函数来确定系数 $W$，$b$，即确定回归函数式（10）。

$$\min W,b:\frac{1}{2}\|W\|^2+C\sum_{i=1}^{n}|y_i-\langle W,\varphi(x_i)\rangle-b|_\varepsilon \tag{10}$$

引入松弛变量 $\xi_i$ 和$\xi_i^*$，式（10）变为

$$\frac{1}{2}\|W\|^2+C\sum_{i=1}^{n}(\xi_i+\xi_i^*) \tag{11}$$

其约束条件为

$$\begin{cases}W\varphi(x_i)+b_i-y_i\leqslant\varepsilon+\xi_i^*,\xi_i^*\geqslant 0\\ y_i-W\varphi(x_i)-b_i\leqslant\varepsilon+\xi_i,\xi_i\geqslant 0\end{cases} \tag{12}$$

使式（11）最小，便能获得最佳回归函数。其中 $C$ 是一个事先确定的正常数，$\xi_i$ 和 $\xi_i^*$ 是表征系统输出上下限的松弛变量。SVM 通过引入点积核函数 $k(x_i, x_j)$ 和拉格朗日乘子 $\alpha_i$ 和 $\alpha_i^*$，对任意 $i=1, 2, \cdots, n$，都有 $\alpha_i\alpha_i^*=0$，$\alpha_i\geqslant 0$，$\alpha_i^*\geqslant 0$ 成立。这样就把它简化为对一个二次优化寻找向量 $W$ 的问题。通过求解二次优化问题，可以得到 SVM 回归函数

$$f(x)=\sum_{i=1}^{n}(\alpha_i-\alpha_i^*)k(x_i,x)+b \tag{13}$$

式（13）即为 SVM 回归模型，其中只有少数 $\alpha_i$，$\alpha_i^*$ 不为 0，这些 $\alpha_i$，$\alpha_i^*$ 所对应的点就称为支持向量（这些点落在 $\varepsilon$ 的边界上或边界外），回归函数就由支持向量完全表征。常用的核函数有线性核函数、多项式核函数和高斯径向基核函数，分别见式（14）、式（15）和式（16）。

$$k(x,y)=x\cdot y \tag{14}$$

$$k(x,y)=[(x\cdot y)+1]^d \tag{15}$$

$$k(x,y)=\mathrm{e}^{-\|x-y\|^2/2\sigma^2} \tag{16}$$

## 3 时间序列 SVM 预测模型

时间序列的 SVM 预测是将原始时间序列数据进行相空间重构到一个高维的特征空间，获得预测模型所需要的输入向量和输出向量，作为测试样本，代入 SVM 模型进行模型参数率定，再用得到的模型进行预测。设观测到的时间序列为$\{x(t_i),i=1,2,\cdots,N\}$，分别计算嵌入维数 $m$ 和时间延迟 $\tau$，对该时间序列进行相空间重构，根据 Takens 定理，重构相空间在嵌入空间中的“轨线”在微分同胚意义下与原系统是动力学等价的，因此有

$$X_{i+T}=f(X_i)\quad i=1,2,\cdots,M \tag{17}$$

式中：$X_i$ 为相空间中第 $i$ 个的相点；$T$ 为前向预测步长；$M$ 为 $m$ 维相空间中的相点数。

一般情况下，我们取 $T=1$，即前向预测一步。则输入向量 $X$ 和输出向量 $Y$ 分别为

$$X=\begin{bmatrix}x(t_1),x(t_1+\tau),\cdots,x(t_1+(m-1)\tau)\\ x(t_2),x(t_2+\tau),\cdots,x(t_2+(m-1)\tau)\\ \vdots \quad\quad \vdots \quad \vdots \quad\quad \vdots\\ x(t_{M'}),x(t_{M'}+\tau),\cdots,x(t_{M'}+(m-1)\tau)\end{bmatrix},\ Y=\begin{bmatrix}x(t_1+m\tau)\\ x(t_2+m\tau)\\ \vdots\\ x(t_{M'}+m\tau)\end{bmatrix} \tag{18}$$

式中：$M'$是满足 $t_{M'}+mt=t_N$ 的整数，显然 $M'<M$。

在重构相空间后，就可以对 SVM 进行训练，得到 $t$ 时刻 SVM 的一步预测模型：

$$\hat{x}_{t+1}=\sum_{i=1}^{M'}(\alpha_i-\alpha_i^*)k(x_i,x_{i_t})+b \tag{19}$$

为表述方便，令 $x_{t_i}=x(t_i)$，而对于相空间的第 $t+1$ 点，有

$$x_{i_{t+1}}=\{\hat{x}_{t+1},\cdots,x[t-(m-2)\tau]\} \tag{20}$$

再由式（13）可得到对第 $t+2$ 点预测为

$$\hat{x}_{t+2} = \sum_{i=1}^{M'}(\alpha_i - \alpha_i^*)k(x_i, x_{i_{t+1}}) + b \tag{21}$$

依此类推，第 $p$ 步的 SVM 预测模型为

$$\hat{x}_{t+p} = \sum_{i=1}^{M'}(\alpha_i - \alpha_i^*)k(x_i, x_{i_{t+p-1}}) + b \tag{22}$$

## 4 实例研究

以某水文站 1956～2000 年的平均年径流量资料为例，数据见表 1。

表 1 某水文站平均年径流量

| 年份 | 平均径流量 ($m^3/s$) | 年份 | 平均径流量 ($m^3/s$) | 年份 | 平均径流量 ($m^3/s$) | 年份 | 平均径流量 ($m^3/s$) | 年份 | 平均径流量 ($m^3/s$) |
|---|---|---|---|---|---|---|---|---|---|
| 1956 | 75.69 | 1965 | 13.92 | 1974 | 40.57 | 1983 | 100.12 | 1992 | 21.48 |
| 1957 | 42.54 | 1966 | 14.89 | 1975 | 43.71 | 1984 | 27.43 | 1993 | 63.96 |
| 1958 | 54.55 | 1967 | 15.39 | 1976 | 24.88 | 1985 | 46.71 | 1994 | 31.60 |
| 1959 | 37.38 | 1968 | 26.68 | 1977 | 57.71 | 1986 | 68.07 | 1995 | 43.96 |
| 1960 | 30.68 | 1969 | 92.35 | 1978 | 12.41 | 1987 | 85.22 | 1996 | 75.92 |
| 1961 | 21.18 | 1970 | 51.58 | 1979 | 22.13 | 1988 | 33.17 | 1997 | 40.13 |
| 1962 | 35.45 | 1971 | 34.62 | 1980 | 78.59 | 1989 | 56.00 | 1998 | 42.55 |
| 1963 | 47.88 | 1972 | 43.91 | 1981 | 23.05 | 1990 | 43.94 | 1999 | 40.38 |
| 1964 | 49.89 | 1973 | 48.07 | 1982 | 47.84 | 1991 | 110.86 | 2000 | 21.82 |

对原始时间序列数据进行相空间重构，用 G－P 算法求嵌入维数，双对数关系 $\ln C_m(r) - \ln r$ 如图 1 所示，再根据 $D-m$ 关系图，可知，$m=6$ 为最佳嵌入维数。

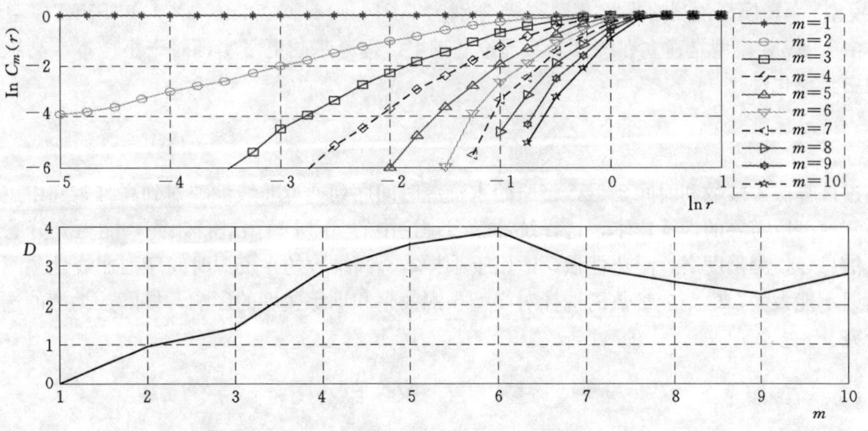


图 1 $\ln C_m(r) - \ln r$ 及 $D-m$ 关系图

通过自相关函数法计算得到时间延迟，$C(\tau)-\tau$ 关系如图 2 所示，知 $\tau=2$。

在计算得到 $m$ 和 $\tau$ 后，对原始时间序列数据进行相空间重构，并构造学习样本。选取高斯径向基核函数，采用 MATLAB7.1 开发的 SVM 工具箱进行预测，该工具箱有 gam 和 sig2 两个参数，其中 gam 是惩罚参数，控制模型复杂度和函数逼近的折中，反映了模型训练拟合和预测精度的折中，sig2 是径向基核函数参数。通过反复试算，取 gam＝20 和 sig2＝5。采用 ANN 模型和自回归（AR）模型作对比分析，在 ANN 中，训练样本与 SVM 模型相同，输入层、隐含层和输出层的节点数分别为 6、18、1，误差取 $\varepsilon=10^{-4}$。在 AR 模型中，通过 AIC 判定模型的阶数，得阶数 $P=1$，即采用 AR(1) 模型。由于嵌入维数为 6，时间延迟为 2，

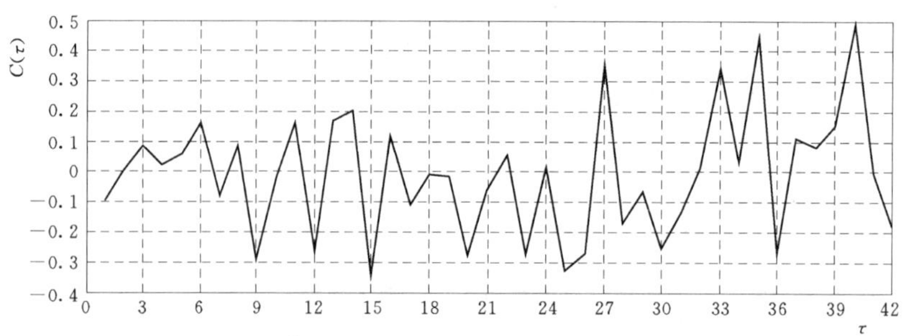


图 2　C (τ)—τ 关系图

因此必须从第 13 个数据开始作预测，即从 1968 年开始作预测。预测结果如图 3 所示。

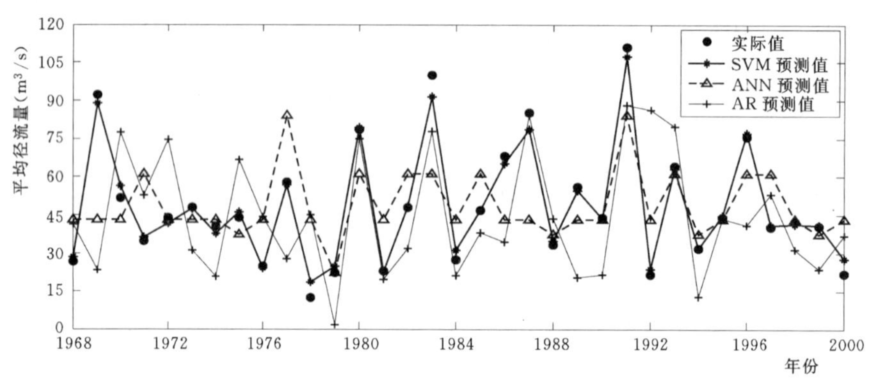


图 3　SVM 模型与 ANN 模型、AR 模型预测结果比较图

可以看出，SVM 模型预测预测拟合效果最好，其次是 ANN 模型，AR 模型最差。经过计算，SVM 模型与 ANN 模型、AR 模型预测的平均相对误差分别为 6.2%，18.0%和 46.4%，知 SVM 模型预测精度最高。同时，由于 SVM 模型是建立在统计学习理论基础上，理论基础更坚实，对于小样本、高维数的水资源非线性预测更具泛化性。

## 5　结论

本文通过计算嵌入维数和时间延迟，将原始水资源时间序列通过非线性映射到高维空间中进行相空间重构，建立预测模型所需要的训练样本，选择统计学习理论中的 SVM 模型进行预测，能更充分的从原始时间序列中获取信息，预测精度高，泛化性强，适用于小样本、高维数的水资源时间序列非线性预测。但该模型要求时间延迟不能太大，模型中参数的选择对模型预测效果和训练速度的影响，核函数类型的选取等问题仍待进一步研究。

## 参 考 文 献

[1]　胡铁松，丁晶．人工神经网络预测在水文水资源中的应用 [J]．水科学进展，1995，6 (1)：76-82.

[2]　林剑艺，程春田．支持向量机在中长期径流预报中的应用 [J]．水利学报，2006，37 (6)：681-686.

[3]　Packard N H，Crutchfield J P F，Farmer J D and Shaw R S. Geometry from a time series [J]．Phys Rev Lett，1980，45：712-716.

[4]　Takens F. Detecting strange attractors in turbulence [J]．Lect Notes in Math.，1981，898：366-381.

[5]　Grassberger P，Pocaccia I. Measuring the strangeness of strange attractors [J]．Physica D，1983，9：189-208.

[6]　赵永龙，丁晶，邓育仁．混沌分析在水文预测中的应用和展望 [J]．水科学进展，1998，9 (2)：181-186.

[7]　吕金虎，陆君安，陈士华．混沌时间序列分析及其应用 [M]．武汉：武汉大学出版社，2002.

[8]　代涛，邵东国，黄显峰．基于混沌理论的水资源时空变异性 [J]．武汉大学学报（工学版），2007，40 (5)：15-19.

[9] H S Kim, R Eykholt, J D Salas. Nonlinear dynamics, delay times, and embedding windows [J]. Phys. D., 1999, 127: 48-60.
[10] 张学工. 关于统计学习理论与支持向量机 [J]. 自动化学报, 2000, 26 (1): 32-42.
[11] Vapnik V. The Nature of Statistical Learning Theory [M]. New York: Springer-Verlag, 1995.

# Chaotic time series forecasting model for water resources

Huang Xianfeng[1]　Fang Guohua[1]　Shao Dongguo[2]

(1. College of Water Conservancy and Hydropower Engineering, Hohai University, Nanjing 210098; 2. State Key Laboratory of Water Resources & Hydropower Engineering Science, Wuhan University, Wuhan 430072)

**Abstract** Aim at the nonlinear forecasting of water resources time series, a forecasting model based on state space reconstruction is established. The original time series is reconstructed to a high characteristic dimension space through nonlinear mapping so as to gain the input vector and anticipant output vector. The SVM model based on statistical learning theory is chosen for the prediction. By example study, the SVM model has such advantages as better curve fitting, higher forecasting precision and stronger generalization.

**Key words** water resources; state space reconstruction; SVM model; nonlinear forecasting

# BCSD 降尺度方法在分析黄河源区未来气候变化中的应用

段小兰[1,2]　苏凤阁[1]　郝振纯[2]　张磊磊[1,2]　童　凯[1,2]

（1. 中国科学院青藏高原研究所　北京　100085；
2. 河海大学水文水资源与水利工程学科国家重点实验室　南京　210098）

**摘　要**　本研究采用 BCSD（bias corrected and spatially and temporally downscaled）降尺度方法，应用黄河源区 16 个气象站基准期（1961～1990 年）的逐日降水、气温、最高气温和最低气温资料，对 IPCCAR4 中的 20 个 GCMs 模式在 A1B 情景下的气象资料进行降尺度研究，并简单论证了 BCSD 的降尺度效果以及 BCSD 结果的可信性。基于降尺度结果，本研究预测在 A1B 情景下，黄河源区温度普遍升高，增幅约为 3.2℃/100a，降水呈现波动状微弱上升趋势，增幅约为 50mm/100a，同时从流域空间分布上看，东南部的降水和气温的增加效果是最显著的，一定程度上可认为，黄河源区东南部有暖湿化的演变趋势。

**关键词**　GCM；降尺度；黄河源区

## 1　引言

在全球变暖的大背景下，气候变化对水文水资源的影响研究已成为众多研究的焦点，有研究表明自 19 世纪以来全球平均地表温度升高了 0.3～0.6℃[1]，然而气候变化存在区域差异性，不同的区域气候变化导致的水文响应必将不同。区域气候信息是研究气候变化对区域水文过程影响的必要条件，因此如何获得区域尺度上的未来气候变化信息成为研究预测区域未来水资源状况的核心问题。

随着计算机水平的提高和人类对自然现象物理机制的进一步认识，气候模式（GCM）得到了很大的发展，成为长时间尺度预测气候变化的有力工具。因此以 GCMs 输出资料作为未来气候条件耦合水文模型来研究未来水文水资源已逐步发展为研究水文对气候变化响应的一种重要方式。然而 GCMs 在空间和时间上的粗分辨率很难直接与细分辨率的水文模式相连接，因此如何弥补两者分辨率上的差异是一个急需解决的问题。对 GCMs 进行降尺度是弥补这一差异的有效方法。

降尺度研究已有几十年的历史，可分为动力降尺度方法、统计将尺度方法和动力－统计相结合方法[2]，每种方法都存在自身的优势和劣势，不同的降尺度方法得到的结论也可能不同甚至相反。本研究采用另外一种降尺度方法 BCSD（Bias Corrected and Spatially and temporally Downscaled）进行研究。BCSD 最早是由 Wood 等人提出的[3,4]，近年来其他学者也广泛采用了这种方法[5-8]。

## 2　研究区域概括与降尺度方法

### 2.1　研究区域与数据

黄河源区位于青藏高原东北部（图略），是黄河的发源地，也是整个黄河流域的“水塔”，对整个黄河流域的水资源发挥着举足轻重的作用。本研究的黄河源区指唐乃亥水文站以上的控制区域，流域面积为 12.2 万 $km^2$，也是对气候变化较为敏感的高旱地区。

本研究采用了 IPCC AR4 的 20 个模式（模式详细信息略）的 20C3M 和 A1B 情景下的气象资料和黄河源区内部和周边 16 个气象站 1961～1999 年实测数据（从中国气象科学数据共享服务网上获得），包括降水、气温、日最高气温和日最低气温，首先将 GCM 和实测资料统一插值到 2°×2°的网格上，最终降尺度结果的空间分辨率是 1/12°×1/12°，且只对各个模式的 A1B 情景进行降尺度。

### 2.2　降尺度方法介绍

BCSD 是一种基于统计关系的降尺度方式，主要包括两个过程：GCMs 校正和时空上的解集。

---

第一作者简介：段小兰（1986—　），女，湖南茶陵人，硕士研究生，气候变化对水文水资源的影响研究。

#### 2.2.1 GCMs校正

各个GCM模式都存在一定的系统误差，在做进一步分析之前，对GCM预测的结果进行校正是很有必要的。校正基于以下假设：

(1) GCM能很好地再现月平均温度和月降水序列的概率分布，记作 $F_g(x)$。

(2) 若观测序列在基准期的概率分布记作 $F_o(x)$，假设 $F_g(x)=F_o(x)$。

(3) $F_g(x)=F_o(x)$ 这种函数关系在未来也保持不变。

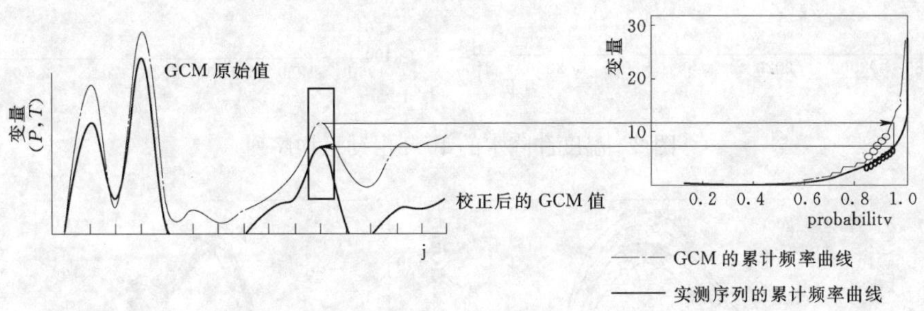


图1 GCM校正过程示意图

校正过程如图1所示，是逐个网格逐月进行。图1中左边是未来时期所有年 $j$ 月份的变量 ($P$，$T$) 的过程线，相应的图1右边是基准期实测资料和各个GCM模式在20C3M情景下变量在 $j$ 月份的累积频率曲线。在校正GCM在各个情景下的变量值，假设基准期变量的概率分布在未来情景下同样适应。因此，如图中箭头所指，给定某年 $j$ 月份的GCM原始值，可以相应的在20C3M的频率曲线中查到相应经验频率，记为 $p_g$，基于假设 $p_o=p_g$，从实测概率分布中由 $p_o$ 可查得相应的变量值，这就是校正后的GCM值。

同时累计频率曲线组成如下：

$$T\_cdf\begin{cases}Normal, T_{\min}>T_g\\ empirical, T_{\min}\leqslant T_g\leqslant T_{\max}\\ Normal, T_{\max}<T_g\end{cases}, P\_cdf\begin{cases}Weibul, P_{\min}>P_g\\ empirical, P_{\min}\leqslant P_g\leqslant P_{\max}\\ GEVI, P_{\max}<P_g\end{cases}$$

#### 2.2.2 时空上的解集

通过概率分布对GCM值进行校正之后，对历史观测序列随机抽样的方式进行时空上的降尺度，主要思想类似与Delta方法。空间上，粗分辨率下的扰动因子采用SYMAP (synographic mapping system)[9] 插值方法细化到细分辨率下，时间上，从月到日序列由随机抽样实现。

## 3 降尺度结果分析

对20个GCM2初始值做简单算术平均，记做集合模式 raw _ mean _ gcm，对20个GCM的降尺度结果做算术平均，记作集合模式 mean _ gcm，从对比两个模式集合和实测序列（图2）中，可明显看到降尺度的必要性和BCSD的降尺度效果。气温在基准期（1961～1990年）内，实测值较为 raw _ mean _ gcm 接近，但从1990年后，GCM与实测气温发生很大的偏差，通过校正和降尺度后，A1B情景下温度年序列都能与实测序列衔接上，并且延续了历史气温变化的趋势，可认为降尺度结果是具有一定可信度得，因此可预测在未来时期内，黄河源区增温趋势很明显，增温幅度达到3.2℃/100a；基准期内，降水的 raw _ mean _ gcm 总体比实测偏大2倍左右，通过BCSD方法，未来情景下 mean _ gcm 的降水与实测降水在量值上相当，在未来时段内呈现波动状的微弱上升趋势，预测增加幅度约为50mm/100a。

对未来90年（2011～2100年）划分三个子时段，分别为2011～2040年、2041～2070年和2071～2100年，比较各个不同时段（包括2011～2100年整个时段）内变量的年内分配过程。从图3可以看到，对于温度，随着时间的推移，温度的增加幅度越大，而降水的年内分配出现了降水峰值提前的情况，并且随时间推移，提前情况越明显。

从温度的空间分布上看（图4），实测序列的温度呈现由东南向西北减少的趋势，区域最低多年平均年温度出现在中部地区，全流域的温度范围集中在－6～6℃。未来时期内，温度的空间分布能比较好地与实测

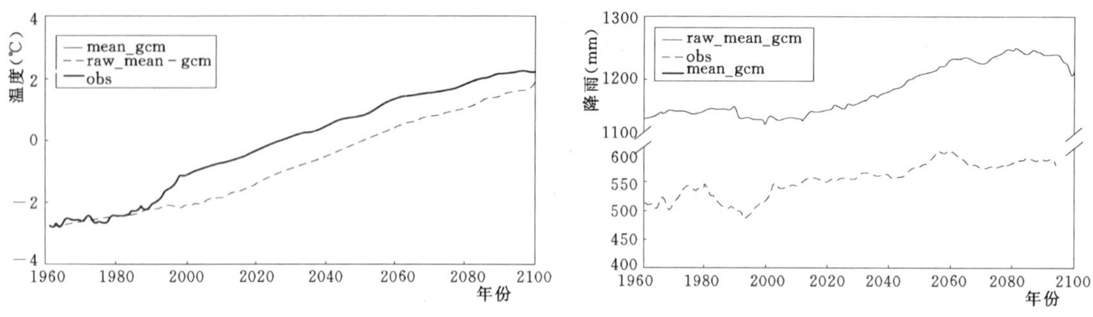


图 2 温度和降水的 10 年滑动平均序列

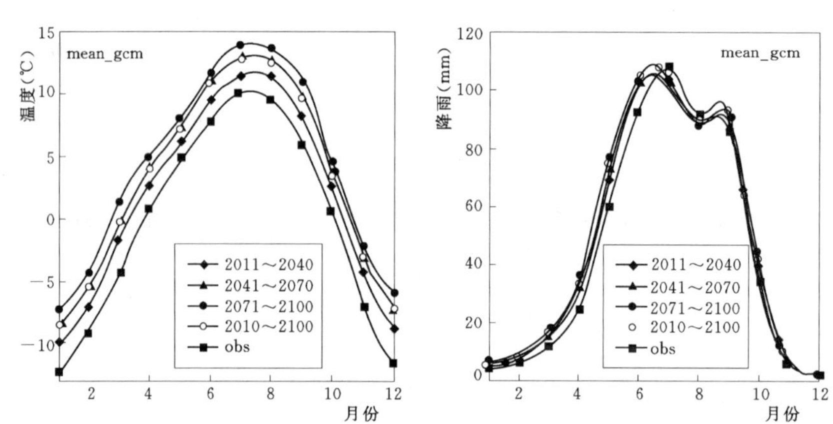


图 3 集合模式 mean _ gcm 在未来不同时段的气温和降水年内分配过程

温度空间分布相匹配，呈现东南到西北的递减趋势，同时全流域范围的温度相对于实测温度明显升高，且出现了几个高温点。

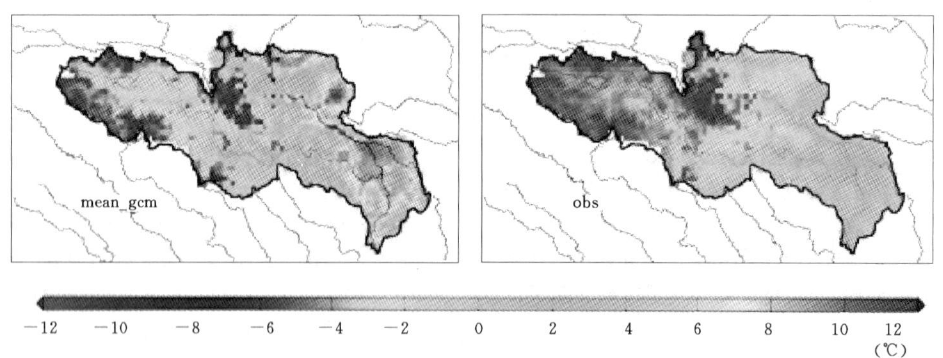


图 4 未来多年平均温度与实测多年平均温度的空间情况分布对比

从降水的空间分布（图 5）上分析，mean _ gcm 预测的未来将水空间分布与历史基准期的降水空间分布相似，但在流域东南部降水明显增加，结合温度的变化情况，可认为 A1B 情景下，黄河源区东南部有暖湿化的演变趋势。

## 4 结论与讨论

根据黄河源区内及周边 16 个气象站点的基准期 30 年资料，通过 BCSD 降尺度方法，对 IPCC AR4 中 20 个模式在 A1B 情景下的未来气象资料在黄河源区进行降尺度分析，并对源区未来气候变化情况进行预测，得出结论是：

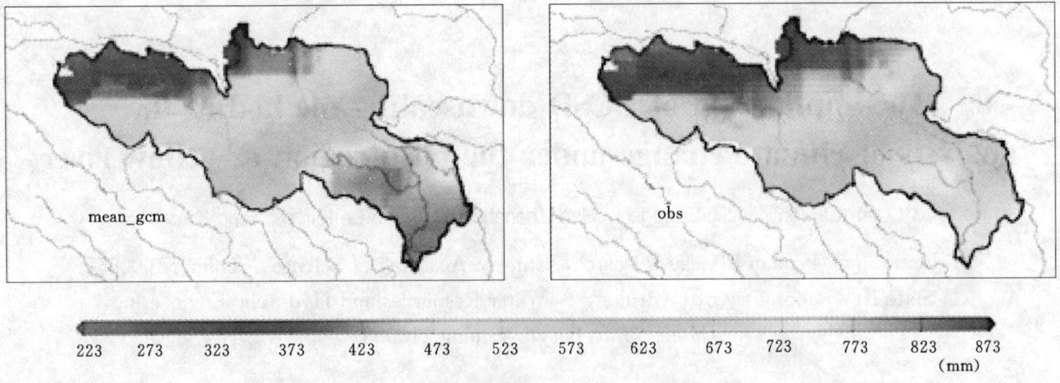


图 5　未来多年平均年降水与实测多年平均年降水的空间情况分布对比

(1) 相对于其他统计降尺度方法，BCSD 方法涉及到的变量较少，简单易行，同时它考虑了 GCM 模式的系统误差和区域本身的地形差异，是一种实用的降尺度方法，通过分析，BCSD 降尺度方法在黄河源区的效果是较好的，具有一定可信性。

(2) 降尺度结果的分析表明，黄河源区在 A1B 情景下，流域温度普遍升高，年平均温度增幅达 3.2℃/100a，降水呈现波动状微弱上升趋势，增幅为 50mm/100a，且东南部的温度和降水增加最为显著，在未来气候条件下，黄河源区东南部有暖湿化的演变趋势。

BCSD 是一种基于统计关系的降尺度方法，对实测资料的依赖性较高，所以如何获得较为真实的实测资料对最终降尺度结果的影响很大。本研究中，对于温度考虑了高程的影响，而降水是一个很复杂的因子，其影响因素也涉及到地形、大气环流等，目前还没有对降水进行有效的修正，这将是我们进一步研究的重点。

## 参 考 文 献

[1] Nicholls N, Gruza GV, Jouzel J, et al. Observed climate variability and change [J]. Cambridge University Press, New York, NY (USA), 1996: 133-192.

[2] 范丽军，符淙斌，陈德亮．统计降尺度法对未来区域气候变化情景预估的研究进展 [J]．地球科学进展，2005，20 (3)：320-329.

[3] Wood A W, Maurer E P, Kumar A, et al. Long-range experimental hydrologic forecasting for the eastern United States [J]. J Geophys Res, 2002, 107 (D20): 4429.

[4] Wood A W, Leung L R, Sridhar V, et al. Hydrologic implications of dynamical and statistical approaches to downscaling climate model outputs [J]. Climatic change, 2004, 62 (1): 189-216.

[5] Christensen NS, Lettenmaier DP. A multimodel ensemble approach to assessment of climate change impacts on the hydrology and water resources of the Colorado River Basin [J]. Hydrology and Earth System Sciences, 2007, 11 (4): 1417-1434.

[6] Hayhoe K, Wake C P, Huntington T G, et al. Past and future changes in climate and hydrological indicators in the US Northeast [J]. Climate Dynamics, 2007, 28 (4): 381-407.

[7] Maurer E P. Uncertainty in hydrologic impacts of climate change in the Sierra Nevada, California, under two emissions scenarios [J]. Climatic change, 2007, 82 (3): 309-325.

[8] Cuo L, Beyene T K, Voisin N, et al. Effects of mid-twenty-first century climate and land cover change on the hydrology of the Puget Sound basin, Washington [J]. Hydrological Processes, 2010.

[9] Shepard D. S. Computer mapping: The SYMAP interpolation algorithm [J]. Spatial Statistics and Models, 1984: 133-145.

# The application of BCSD downscaling method in the analysis of climate change under the head region of yellow river

Duan Xiaolan[1,2] Su Fengge[1] Hao Zhenchun[2] Zhang Leilei[1,2] Tong Kai[1,2]

(1. Institute of Tibetan Plateau Research, Chinese Academy of Sciences, Beijing 100085;
2. State Key Laboratory of Hydrology & Water Resources and Hydraulic Engineering,
Hohai University, Nanjing 210098)

**Abstract** The BSCD downscaling method developed by wood was adopted to downscale 20 GCMs used in IPCC AR4 under A1B scenario in the head region of yellow river based on the datum of 16 meteorological stations during 1961～1990. The function and the confidence of BCSD were demonstrated simply. The downscaling result shows that in the future 90 years (2011～2100) temperature will increase by 3. 2℃/100a and 50mm/100a for precipitation. Meanwhile, the increasing of temperature and precipitation is more significant in the southeastern, it means that the climate in the southeastern will developing to more wetter and warmer.

**Key words** GCM; downscaling; head region of yellow river

# 河道水流模拟的有限体积法*

向小华[1,2] 吴晓玲[1,2] 王船海[1,2]

（1. 河海大学水文水资源学院 南京 210098；
2. 河海大学水文水资源与水利工程科学国家重点实验室 南京 210098）

**摘 要** 基于现代流体力学的有限体积高精度模拟方法，提出了一维河道水流模拟的高精度离散方法，针对有限体积法边界处理问题，提出了一种能保持全局守恒且具有较强物理意义的处理模式，提高了模拟方法的稳定性和精度。通过几个流体力学经典算例验证，表明本文提出的方法具有较好的效果。

**关键词** 有限体积法；河道水流模拟；通量差分裂；守恒边界条件

河道水流模型的发展已经有较长的时间，目前已经形成了以 Preissmann 格式作为离散方法的流域河道水流模拟标准方法。自 20 世纪 70 年代起，计算气动力学对间断的模拟取得了突破性进展。20 世纪 80 年代开始，学者们试图将气体力学中成熟的格式移植到水流计算中[1-3]，也取得了一些进展，但这些数值方法大多着重于理论研究，所研究的河道大都相当简化，所论述的方法不能直接应用于实际河道的计算。直到近年来才有一些将现代的高精度方法应用于实际河道一维模拟的文献［4，5］。现代计算气动力学方法的理论基础是有限体积法，其中边界条件处理大多采用经验方法[6]，全局的水量平衡和稳定性难以得到满足。本文提出一维实际河道的高精度离散方法，并对边界条件处理提出了一种有效的方法，使得现代气体力学中的方法可以应用于实际水流模拟中。

## 1 方程形式

一维河道水流方程常规形式为

$$\begin{cases}\dfrac{\partial Z}{\partial t}+\dfrac{1}{b}\dfrac{\partial Q}{\partial x}=0\\[2ex]\dfrac{\partial Q}{\partial t}+\dfrac{\partial (Q^2/A)}{\partial x}+gA\dfrac{\partial Z}{\partial x}+gAS_f=0\end{cases}\tag{1}$$

式中：$Z$ 为河道断面水位，m；$Q$ 为河道断面流量，$m^3/s$；$A$ 为河道断面面积，$m^2$；$S_f$ 为摩阻比降。为了满足高精度方法的方程形式，将上式变换为如下形式：

$$\frac{\partial}{\partial t}\begin{pmatrix}Z\\Q\end{pmatrix}+\begin{bmatrix}0 & \dfrac{1}{b}\\ gA-bu^2 & 2u\end{bmatrix}\frac{\partial}{\partial x}\begin{pmatrix}Z\\Q\end{pmatrix}=\begin{bmatrix}0\\ u^2\dfrac{\partial A}{\partial x}-bu^2\dfrac{\partial Z}{\partial x}-gAS_f\end{bmatrix}\tag{2}$$

设

$$\boldsymbol{U}=\begin{pmatrix}Z\\Q\end{pmatrix}\quad \boldsymbol{A}=\begin{bmatrix}0 & \dfrac{1}{b}\\ gA-bu^2 & 2u\end{bmatrix}\quad \boldsymbol{S}=\begin{bmatrix}0\\ u^2\dfrac{\partial A}{\partial x}-bu^2\dfrac{\partial Z}{\partial x}-gAS_f\end{bmatrix}$$

$$\Delta\boldsymbol{U}_i=\boldsymbol{U}_i^{n+1}-\boldsymbol{U}_i^n\qquad \delta\boldsymbol{U}_i=\boldsymbol{U}_{i+1/2}-\boldsymbol{U}_{i-1/2}$$

方程（2）的形式数学上为双曲型偏微分方程组，其特征矩阵 **A** 具有两个相异的特征根。

## 2 数值离散

采用以有限体积法为基础的通量差分裂方法[7]离散上式有

---

* 基金项目：国家自然科学基金青年项目（51009045）；“973”项目“国家尺度生态系统服务功能变化及综合评估”（2009CB421105）；国家自然科学基金重点项目（40930635）；国家自然科学基金面上项目（51079038）；中央高校基本科研业务费专项资金（2009B06614，2010B00414）以及公益性项目（20090513－8）等。

第一作者简介：向小华（1981— ），男（汉族），湖北松滋人，河海大学，讲师，主要从事计算水力学研究。E-mail：xxh _ xiang@sina. com

$$\frac{\Delta \boldsymbol{U}_i}{\Delta t}=\left(\boldsymbol{S}_{i-1/2}^{+}-\boldsymbol{A}_{i-1/2}^{+}\frac{\delta \boldsymbol{U}_{i-1/2}}{\delta x_i}\right)+\left(\boldsymbol{S}_{i+1/2}^{-}-\boldsymbol{A}_{i+1/2}^{-}\frac{\delta \boldsymbol{U}_{i+1/2}}{\delta x_i}\right) \tag{3}$$

设矩阵 $\boldsymbol{A}$ 的特征值分别为 $\lambda_1$，$\lambda_2$，则其右特征向量组成的矩阵为 $\boldsymbol{R}=\begin{pmatrix}1 & 1\\ b\lambda_1 & b\lambda_2\end{pmatrix}$，定义以下符号：

$$\begin{aligned}\boldsymbol{P}^{-}&=\boldsymbol{R}\begin{pmatrix}1 & 0\\ 0 & 0\end{pmatrix}\boldsymbol{R}^{-1}\\ \boldsymbol{P}^{+}&=\boldsymbol{R}\begin{pmatrix}0 & 0\\ 0 & 1\end{pmatrix}\boldsymbol{R}^{-1}\end{aligned} \tag{4}$$

由此得出式（3）中的各符号计算可以如下：

$$\begin{aligned}\boldsymbol{S}^{+}&=\boldsymbol{P}^{+}\boldsymbol{S} \qquad \boldsymbol{S}^{-}=\boldsymbol{P}^{-}\boldsymbol{S}\\ \boldsymbol{A}^{+}&=\boldsymbol{P}^{+}\boldsymbol{A} \qquad \boldsymbol{A}^{-}=\boldsymbol{P}^{-}\boldsymbol{A}\end{aligned} \tag{5}$$

## 3　边界离散

在控制体积法离散模型中，内部节点可以按照式（3）的离散模型，而边界节点一般只有半控制体，式（3）不再适用，对其做如下处理：

$$(\boldsymbol{P}^{+}+\boldsymbol{P}^{-})\frac{\Delta \boldsymbol{U}_i}{\Delta \mathrm{t}}=\left(\boldsymbol{S}_{i-1/2}^{+}-\boldsymbol{A}_{i-1/2}^{+}\frac{\delta \boldsymbol{U}_{i-1/2}}{\delta x_i}\right)+\left(\boldsymbol{S}_{i+1/2}^{-}-\boldsymbol{A}_{i+1/2}^{-}\frac{\delta \boldsymbol{U}_{i+1/2}}{\delta x_i}\right) \tag{6}$$

根据边界处的特征线原理，在上边界可以采用负特征线连接边界节点与内部节点。故在河道首断面处，半控制体的离散方程为

$$\boldsymbol{P}^{-}\frac{\Delta \boldsymbol{U}_i}{\Delta t}=\left(\boldsymbol{S}_{i+1/2}^{-}-\boldsymbol{A}_{i+1/2}^{-}\frac{\delta \boldsymbol{U}_{i+1/2}}{\delta x_i}\right) \tag{7}$$

从式（4）的定义可以得出式（7）只有一个有效方程，再结合一个实际给定的物理边界即可构成完整的离散形式。本文提出的离散方法为显式离散方法，计算的时间步长受 CFL 条件限制。

## 4　算例

### 4.1　非棱柱型河道潮波模拟

文献［8］设计了一种非棱柱型的理想河道，用来考察水流在变断面和底坡的河道上的运动规律，该算例在特定的条件下具有理论解，能够保持水位不变而流速具有较大变化的流动状态，通常用来考察数值方法处理地形源项和通量平衡性的能力。河道底部高程变化和俯视河宽变化见图 1。

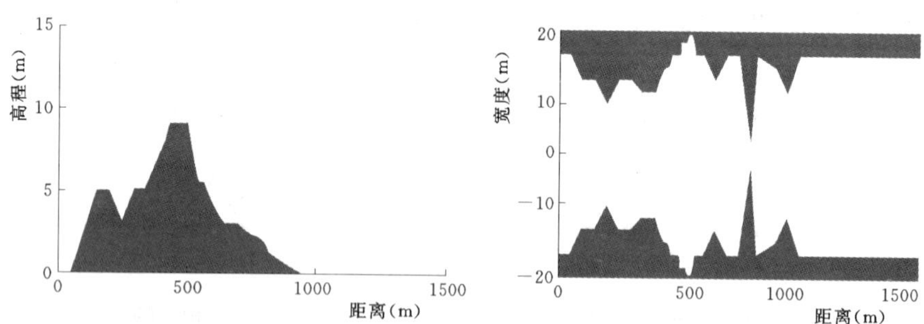


图 1　河底高程变化与河宽变化

采用本文论述的方法模拟以上算例，由图 2 中的单宽流量图可以看出本文所述的方法在本算例中对于极值的模拟尚有欠缺，其他地方模拟的结果较好。

### 4.2　地形不规则水槽试验

Ming-Hseng Tseng[9] 提出了一种地形非常不规则的水槽试验算例，算例所用水槽长 1600m，断面为矩形，宽 1m，槽底地形非常不规则且水槽坡度较大，类似于实际河道的底部地形。本算例设计的计算条件包含跨临界流，传统的 Preissmann 格式难以处理这种情况，采用本文提出的方法模拟的对比图见图 3，模拟值与实测值吻合较好，表明本文提出的离散方法在处理跨临界流时也能有较好的表现。

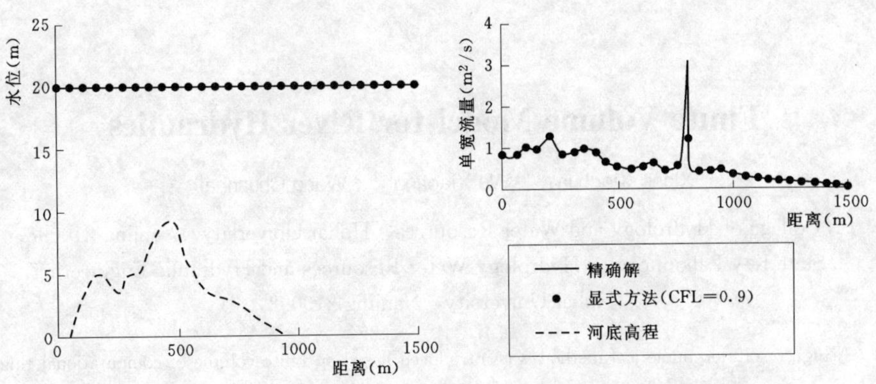


图 2 理论与计算水位、单宽流量对比图（$t$=10800s）

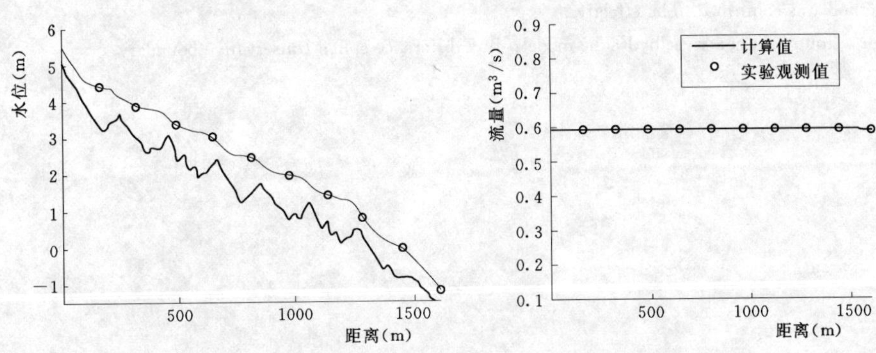


图 3 不规则地形水槽恒定流模拟

## 5 结论

高精度的有限体积法是现代气动力学提出的新方法，本文尝试将该方法应用于实际的河道水流模拟中，并针对其边界处理的难题提出了一种新的处理方法，理论算例表明方法具有较好的精度。该方法在实际流域河网水流模型中的应用还有待进一步检验。

## 参考文献


[1] Glaister P. Approximate Riemann Solutions of the Shallow Water Equations [J]. Journal of Hydraulic Research，1988，26 (3)：293-306.

[2] Tomas Chacon Rebollo，Antonio Dominguez Delgado，Enrique D Fernandez Nieto. A family of stable numerical solvers for the shallow water equations with source terms [J]. Comput. Methods Appl. Mech. Engrg，2003，192：203-225.

[3] 王志力，耿艳芬，金生．带源项浅水方程的通量平衡离散 [J]，2005，16 (3)：373-379.

[4] A I DELIS，C P SKEELS. TVD Schemes for Open Channel Flow [J]，Int. J. Numer. Meth. Fluids，1998：26：791-809.

[5] SENKA VUKOVIC，LUKA SOPTA. Upwind Schemes With Exact Conservation Property for One-dimensional Open Channel Flow Equations [J]. Society for Industrial and Applied Mathematics，2003，24 (5)：1630-1649.

[6] 谭维炎．计算浅水动力学——有限体积法的应用 [M]. 北京：清华大学出版社，1998.

[7] 向小华．基于隐式 TVD 格式的一、二维耦合流域河网模型研究 [D]．南京：河海大学，2009.

[8] A Bermudez，M E Vazquez. Upwind methods for hyperbolic conservation laws with source terms [J]．Comput. & Fluids，1994，23：955-970.

[9] Ming-Hseng Tseng. Improved treatment of source terms in TVD scheme for shallow water equations [J]. Advances in Water Resources，2004，27：617-629.

# Finite Volume Model for River Hydraulics

Xiang Xiaohua[1,2] Wu Xiaoling[1,2] Wang Chuanhai[1,2]

(1. College of Hydrology and Water Resources, Hohai University, Nanjing 210098;
2. State Key Laboratory of Hydrology-Water Resources and Hydraulic Engineering, Hohai University, Nanjing 210098)

**Abstract** A high resolution numerical method was introduced based on finite volume of computational fluid. In order to deal with the boundary, a new method was recommended, which can keep global discharge conservative, improve the stability and the accuracy. The present numerical method was applied to two different benchmark problems, both reflected that the introduced method was confirmed to be effective.

**Key words** finite volume; river hydraulic model; flux difference split; conservative boundary

# 基于 Noah LSM 的气候变化对径流影响评价模型基本框架*

袁 飞[1,2] 赵晶晶[1] 尹智力[1]

(1. 河海大学水文水资源及水利工程科学国家重点实验室 南京 210098；
2. 中国科学院大气物理研究所 LASG 北京 100029)

**摘 要** 本研究采用陆面水文模式 Noah LSM (Noah land surface model)，构建气候变化对径流影响评价模型的基本框架。该模型基于全国 50km×50km 网格系统，结合遥感反演的下垫面植被覆盖数据以及全球土壤质地数据，确定覆盖全国范围 50km×50km 网格的植被参数和土壤参数；基于全国 735 个气象站点包含自建站至 2006 年日气象资料在全国 50km×50km 网格上进行插值。为验证该模式在我国不同气候区的适用性，本研究选取西辽河上游老哈河流域、珠江支流北江流域以及淮河流域上游区域作为典型流域，进行月流量过程数值模拟。结果表明月流量过程模拟精度较高，Noah LSM 模拟的月流量过程与实测月流量过程基本吻合。本研究初步表明所建大尺度气候变化对径流影响评价模型是合理和可行的。

**关键词** Noah LSM；气候变化；径流；大尺度水文模型

## 1 引言

气候系统内部的任何变化都将在水文循环中的关键要素得到反映。气温升高时，蒸发加剧，土壤水分及下渗强度都将受到影响；降水时空分布及强度发生变化时，径流量、洪水和干旱等极端水文事件的频率和强度也将随之改变。反之，水文要素的变化同样对气候系统直接或间接地产生影响，陆面土壤湿度、反照率及植被的变化反过来将影响土壤蒸发、植被蒸腾、云的形成、陆面净辐射及降水等[1]。我国人口众多、气候条件差、生态环境脆弱，是洪涝与干旱灾害频发的国家。全球变暖将加速大气环流和水循环过程，使水资源量的时空分布发生明显变化，导致水资源短缺问题更加突出，引起大范围洪旱灾害发生频率和强度进一步增加，直接威胁我国的水安全[2]。因此，研究未来气候变化对我国典型流域径流的可能影响很有必要，可为区域水资源可持续发展、开发利用和合理规划以及水安全的保障提供科学依据。

目前众多学者研制了许多水文模型，用于研究未来气候变化对水文水资源的影响，如概念性模型：SLURP 模型、HBV 模型、Macro－PDM 模型等，基于物理机制的水文模型：VIC 模型[3-6]、考虑植被作用的新安江模型[7]。在国内针对不同的流域，如黄河中下游[8]、海河流域[5,6]、长江中下游[7,9]及淮河流域[10]等，也建立了一系列评估模型。基于概念性水文模型所构建的评估模型有以下不足[3]：①大多数参数与下垫面特性无明确关系，需进行参数率定；②未直接考虑植被的作用；③未考虑能量平衡，缺乏与气候模型的耦合能力。Noah LSM (Noah Land Surface Model) 是由美国国家大气研究中心 NCAR (National Center for Atmospheric Research) 研究应用实验室 RAL (Research Application Laboratory) 研制的一维陆面模式[11]。该模式可同时进行陆一气间能量平衡和水量平衡的模拟，弥补了传统水文模型对热量过程描述的不足。该模型已作为大尺度水文模型在长江水系赤水河流域得到成功应用[12]。本研究以陆面水文模式 Noah LSM 为基础，建立基于 Noah LSM 气候变化对径流影响评价模型，并在典型流域上进行月径流过程模拟。

## 2 Noah LSM 简介

Noah LSM 的前身是 20 世纪 80 年代中期发展的陆面模式 OSULSM (Oregen State University Land Sur-

* 基金项目：国家自然科学基金青年基金项目（50909033）；国家自然科学基金国际（地区）合作与交流项目（40911130507）；高等学校博士学科点专项科研基金新教师基金课题（20090094120010）；水利部公益性行业科研专项基金资助项目（200901027、200801001）；水文水资源与水利工程科学国家重点实验室基本科研业务费自主研究项目（2011585412）；河海大学中央高校基本科研业务费专项资金项目（B1020069）。

第一作者简介：袁飞（1979— ），男，江苏南京人，河海大学副教授，主要从事水文学及水资源方面的研究。E-mail：fyuan@hhu. edu. cn

face Model），之后该模式被纳入陆面过程参数化方案比较计划 PILPS（Project for Intercomparison of Land Surface Parameterization）、全球土壤湿度计划（Global Soil Wetness Project）和分布式模型比较计划（Distributed Model Intercomparison Project）。Noah LSM 不仅以单点模式被广泛应用[13−15]，而且已与 MM5、ETA、WRF 等中尺度大气模式耦合，作为这些模式的陆面过程模块。Noah LSM 将非饱和带土壤划分为 4 层，表层至底层的土壤厚度分别为 0.1m、0.3m、0.6m 和 1.0m。总土深为 2m，其中植物根系区位于底层土壤以上的区域，植物根系深度可根据植被类型确定，底层土壤（1m）是重力排水区。各土壤层间的水流运动、热传导过程以及产流过程均在 Noah LSM 中描述。Noah LSM 基于能量平衡和空气动力学的方法模拟裸土蒸发、植物散发、开敞水体蒸发、植被冠层截留降水的蒸发。此外 Noah LSM 还包含积融雪过程参数化方案，模拟积雪的产生、融雪、积雪升华等物理过程。

## 3 气候变化对径流影响评价模型基本结构

为探讨未来气候变化对流域水文循环的可能影响，需根据研究区域现有的水文气象资料建立气候变化对径流影响的评价模型。该模型应具有与气候模型耦合联结的接口，便于水文模型与气候模式预测的气候情景连接运行。如图 1 所示，基于 Noah LSM 的气候变化对径流影响评价模型主要包括 Noah LSM 陆面水文模型核心、全国区域或典型流域网格系统、大气强迫资料网格数据、模型参数（包括水文参数、植被参数和土壤参数）等部分。该评价模型以常规气象资料或气候模式的计算结果为输入，能够输出全国区域和典型流域各水文要素的时空分布。针对典型流域的水文过程模拟和预测，该评价模型还包括简化的坡地汇流和河道汇流模块，能够计算出典型流域特定站点的径流过程。

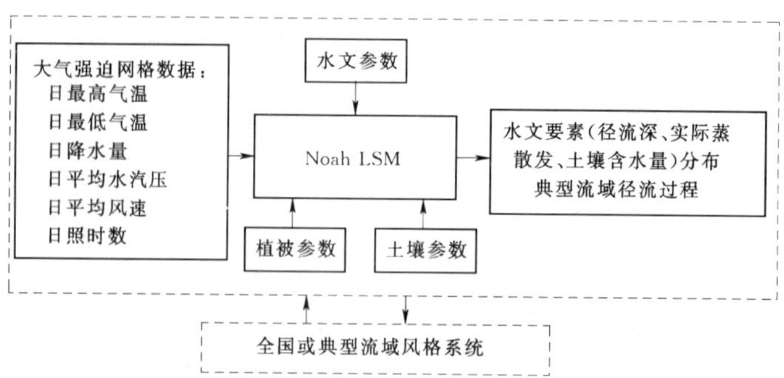


图 1 基于 Noah LSM 的气候变化对径流影响评价模型结构图

基于全国区域的网格系统是基于 Noah LSM 的气候变化对径流影响评价模型的建模基础。本研究利用地理信息系统软件 ArcGIS 生成全国 50km×50km 的网格四角坐标，并绘制全国 50km×50km 网格分布图（图 1），共计 4355 个网格。

### 3.1 汇流计算

由于 Noah LSM 为单点模式，仅计算每个栅格的地表径流深和地下径流深，针对典型流域的降雨一径流模拟和预测，需构建汇流模型，即将覆盖流域各栅格单元上的地表径流和地下径流汇流演算至流域出口断面处，从而获得流域出口处的流量过程。基于 Noah LSM 的气候变化对径流影响评价模型采用了简化的汇流模型。该汇流模型采用地表径流线性蓄水库和地下径流线性蓄水库在各网格内分别对产生的地表径流 *RS* 和地下径流 *RG* 进行坡地汇流和网格内河道汇流演算。经过地表径流蓄水库调蓄的地表径流 *TRS* 和经地下水蓄水库调蓄的地下径流 *TRG*，成为各网格的河网总入流 *TR*。其计算公式为

$$TRS(t)=RS(t-1)\times CS+RS(t)\times(1-CI)\times U \tag{1}$$

$$TRG(t)=TRG(t-1)\times CG+RG(t)\times(1-CG)\times U \tag{2}$$

$$TR(t)=TRS(t)+TRG(t) \tag{3}$$

式中：*CI* 和 *CG* 分别为地表径流和地下径流的消退系数；*U* 为单位转换系数，可将径流深转化成流量。

网格单元以下为河道汇流，采用马斯京根分段连续演算法，将栅格单元的河网总入流演算至流域出口断面处，然后线性叠加成为流域出口断面处的流量过程：

$$O(t+1)=C_1I(t)+C_2O(t)+C_3I(t+1) \tag{4}$$

$$C_1=\frac{X_m K_m+0.5\Delta t}{(1-X_m)K_m+0.5\Delta t} \tag{5}$$

$$C_2=\frac{0.5\Delta t-X_m K_m}{(1-X_m)K_m+0.5\Delta t} \tag{6}$$

$$C_3=\frac{(1-X_m)K_m-0.5\Delta t}{(1-X_m)K_m+0.5\Delta t} \tag{7}$$

式中：$I$ 为河段入流量；$O$ 为河段出流量；$C_1$、$C_2$ 和 $C_3$ 均为演算系数，其中 $K_m=\Delta l/C$ 为洪水波在河段长为 $\Delta l$ 中的传播时间；$X_m$ 为马斯京根法的权重系数。

### 3.2 模型参数

Noah LSM 的参数主要包括三类：①与植被有关的参数；②与土壤质地有关的参数；③通用全局参数。以下简要介绍 Noah LSM 的三类模型参数。

#### 3.2.1 植被参数

植被分类采用美国地调局 USGS（U. S. Geological Survey）发展的全球 1km 土地覆被数据。该数据采用简单生物模型 SiB 的植被分类方法，将全球植被划分为 16 种植被类型（表 1）。针对 50km×50km 网格内植被类型的确定，首先统计 50km×50km 网格内各种植被所占的比例，然后选取分布比例最大的植被类型代表整个网格的植被类型。每种植被类型需要确定的植被参数有：地表反照率 $\alpha$、地表粗糙高度 $Z_0$、最小气孔阻抗 $R_{c\min}$、可见光辐射参数 $R_{gl}$、水汽压差参数 $h_s$。这些参数的确定主要根据 Dorman 和 Sellers[16]、Dickinson 等[17]以及 Mahfouf 等[18]的研究结果（表 1）。此外，绿色植被覆盖率 $\sigma_f$、叶面积指数 $LAI$ 与植物生长的物候紧密联系，这些参数随时间变化。本研究采用陆面数据同化系统 LDAS（land data assimilation system）的研究成果表示各种植被类型的绿色植被覆盖率 $\sigma_f$、叶面积指数 $LAI$ 在一年 12 个月的变化情况。

**表 1　Noah LSM 所采用的植被参数**

| 序号 | 植被类型 | $A$ | $Z_0$(m) | $R_{c\min}$(s/m) | $R_{gl}$ | $h_s$ |
|---|---|---|---|---|---|---|
| 1 | 常绿阔叶林 | 0.11 | 2.653 | 150 | 30 | 41.69 |
| 2 | 落叶阔叶林 | 0.12 | 0.826 | 100 | 30 | 54.53 |
| 3 | 混交林 | 0.12 | 0.8 | 125 | 30 | 51.93 |
| 4 | 常绿针叶林 | 0.1 | 1.089 | 150 | 30 | 47.35 |
| 5 | 落叶针叶林 | 0.11 | 0.854 | 100 | 30 | 47.3 |
| 6 | 具有地被植物的阔叶林地 | 0.19 | 0.856 | 70 | 65 | 54.53 |
| 7 | 地背植物 | 0.19 | 0.075 | 40 | 100 | 36.35 |
| 8 | 具有地被植物的阔叶灌木丛 | 0.25 | 0.238 | 300 | 100 | 42.0 |
| 9 | 具有裸土的阔叶灌木丛 | 0.25 | 0.065 | 400 | 100 | 42.0 |
| 10 | 苔原 | 0.16 | 0.05 | 150 | 100 | 42.0 |
| 11 | 裸土 | 0.12 | 0.011 | | | |
| 12 | 农作物 | 0.19 | 0.075 | 40.0 | 100 | 36.35 |
| 13 | 湿地 | 0.12 | 0.04 | 150 | 100 | 60 |
| 14 | 干燥海滨地形 | 0.19 | 0.075 | 400 | 100 | 200 |
| 15 | 水体 | 0.19 | 0.01 | | | |
| 16 | 冰川 | 0.80 | 0.011 | 999 | 999 | 999 |

**注**　$Z_0$ 为地表粗糙高度；$R_{c\min}$为最小气孔阻抗；$R_{gl}$为可见光辐射参数；$h_s$ 为水汽压差参数。

#### 3.2.2 土壤参数

土壤质地分类采用世界粮农组织 FAO 发展的全球土壤资料（FAO Soil Map of the World），该资料空间分辨率为 5min，采用美国农业部的土壤质地分类标准。各土壤质地类型需确定如下参数：土壤饱和体积含水量（孔隙度）$\Theta_s$(m$^3$/m$^3$)、饱和土壤吸力 $\Psi_s$(m)、土壤饱和水力传导度 $K_s$(m/s)、田间持水量 $\Theta_{ref}$(m$^3$/m$^3$)、凋萎含水量 $\Theta_w$(m$^3$/m$^3$) 以及用于描述土水势与土壤含水率关系的指数 $b$。这些参数的确定参考了 Cosby 等[19]的工作。表 2 给出了土壤分类以及相应的土壤参数。

表 2　　Noah LSM 所采用的土壤参数

| 序号 | 土壤类型 | $\Theta_s$(m³/m³) | $\Psi_s$(m) | $K_s$(m/s¹) | b | $\Theta_{ref}$(m³/m³) | $\Theta_w$(m³/m³) |
|---|---|---|---|---|---|---|---|
| 1 | 壤质砂土 | 0.421 | 0.036 | 1.41E−5 | 4.26 | 0.283 | 0.028 |
| 2 | 砂质壤土 | 0.434 | 0.141 | 5.23E−5 | 4.74 | 0.312 | 0.047 |
| 3 | 砂质黏壤土 | 0.404 | 0.135 | 4.45E−6 | 6.66 | 0.314 | 0.067 |
| 4 | 粉质黏壤土 | 0.464 | 0.617 | 2.04E−6 | 8.72 | 0.387 | 0.12 |
| 5 | 黏质壤土 | 0.465 | 0.263 | 2.45E−6 | 8.17 | 0.382 | 0.103 |
| 6 | 粉质黏土 | 0.468 | 0.324 | 1.34E−6 | 10.39 | 0.404 | 0.126 |
| 7 | 轻质黏土 | 0.468 | 0.468 | 9.74E−7 | 11.55 | 0.412 | 0.138 |
| 7 | 有机质 | 0.439 | 0.355 | 3.38E−6 | 5.25 | 0.329 | 0.06 |
| 8 | 冰川 | 0.421 | 0.036 | 1.34E−6 | 11.55 | 0.283 | 0.028 |

注　$\Theta_s$ 为土壤饱和体积含水量（孔隙度）；$\Psi_s$(m)为饱和土壤吸力；$K_s$ 为土壤饱和水力传导度；$\Theta_{ref}$ 为田间持水量；$\Theta_w$ 为凋萎含水量；b 为用于描述土水势与土壤含水率关系的指数。

### 3.2.3　通用全局参数

通用全局参数是描述陆面水文过程的一类重要参数，其取值在各网格上均一致，其中一些参数为经验参数，根据相关文献直接设定数值，某些参数较为敏感，需进行参数率定。表 3 为 Noah LSM 所采用的主要通用全局参数及其取值和参数特性。

表 3　　Noah LSM 所采用的通用全局参数

| 序号 | 参数名称 | 取值范围 | 参 数 特 性 |
|---|---|---|---|
| 1 | CZIL | 0.0～1.0 | Zilintikevich 系数，该参数较为敏感，控制热通量粗糙高度与动量粗糙高度的比值，影响陆表大气的空气动力学阻抗；增大 CZIL 的数值会引起空气动力学阻抗增加 |
| 2 | REFKDT | 0～5.0 | 地表径流参数，该参数很敏感，控制地表下渗量，影响总径流的划分；增大 REFKDT 的数值会减少地表径流量 |
| 3 | REFDK | 2.0E−6 | 地表径流参数，与参数 REFKDT 一起用于计算地表径流参数 KDT |
| 4 | ZBOT | −3.0～−20m | 土壤温度的下边界条件 |
| 5 | FXEXP | 2.0 | 裸土蒸发指数 |
| 6 | SBETA | −2.0 | 表征植被冠层对地表热通量影响的参数 |
| 7 | CSOIL | 1.26E+6 J $m^{-3}$ $K^{-1}$ | 土壤比热容 |
| 8 | SALP | 2.6 | 由积雪深推求积雪面积比率的函数中的形状参数 |
| 9 | CFACTOR | 0.5 | 推求冠层截留蒸发的指数 |
| 10 | CMCMAX | 0.0005m | 最大冠层截留能力 |
| 11 | FRZK | 0.15 | 冻土融化因子，若冻土中冰含水量高于该参数值，则该冻土不透水 |
| 12 | RSMAX | 5000s/m | 最大气孔阻抗 |
| 13 | TOPT | 298K | 植物散发的最优气温 |
| 14 | CS | 0～1.0 | 地表径流蓄水库消退系数，该参数很敏感，增大 CS 的值，地表径流的消退变慢 |
| 15 | CG | 0～1.0 | 地下径流蓄水库消退系数，该参数很敏感，增大 CG 的值，地下径流的消退变慢 |
| 16 | KM | >0 | 马斯京根法参数，表示洪水波在河段长为 Δl 中的传播时间；该参数很敏感，减小 KM 的值，洪峰尖瘦，峰现时间提前 |
| 17 | XM | 0～0.5 | 马斯京根法流量比重因子 |

### 3.3 大气强迫资料

基于 Noah LSM 的气候变化对径流影响评价模型的大气强迫资料采用全国 735 个气象站点自建站年份至 2006 年的日常规气象资料，包括日最高/最低气温、降水量、水汽压、风速、气压和日照时数等资料。这些数据需插值到全国各 50km×50km 网格上。插值方法有：①若网格内分布气象站，则按距离最小原则，直接使用附近气象站的观测值作为网格内的平均值；②以距离为权重的三点插值法，即首先选取距网格中心最近的三个站点，然后以距离为权重进行内插。以上插值方法尚未考虑地形对降水、水汽压、风速和日照时数的影响，但考虑了高程对气温的影响，依据高程每增加 100m 气温约下降 0.65℃的关系，先将气象站点处的气温各自垂直演算到与计算网格同高程处的气温，再将同一高度场上的气温进行插值计算。

## 4 典型流域应用

为探讨该模式在我国不同气候区的适用性，本研究选取北方干旱半干旱区西辽河水系老哈河兴隆坡水文站以上集水区域（18599km$^2$，多年平均年降水量 450mm）、南方湿润区珠江水系连江高道水文站以上集水区域（14407km$^2$，多年平均年降水量 1550mm）以及南北气候过渡区淮河流域上游王家坝水文站以上集水区域（30126km$^2$，多年平均年降水量 938mm）作为典型流域，开展月流量过程模拟，并对模拟结果进行误差分析。

表 4 列出了典型流域月流量过程模拟误差统计。Noah LSM 模拟率定期西辽河兴隆坡站、淮河王家坝站以及珠江北道站月径流过程的确定性系数分别为 0.620、0.792 和 0.890，验证期确定性系数分别为 0.844、0.762 和 0.550。各站模拟的率定期和验证期径流深相对误差均在±20%以内。总体上 Noah LSM 能够较为合理地模拟典型流域的月流量过程（图 2）。但是各流域某些年份的月径流过程模拟精度较低。经分析，除了模型的结构误差问题和模型参数确定存在很大的不确定性会引起径流模拟的偏差，大气强迫资料的误差是造成径流模拟精度较低的主要原因。西辽河兴隆坡站、淮河王家坝站以及珠江高道站以上集水区域内仅分别存在 1 个、2 个和 1 个常规气象站。以 1～2 个气象站的气象要素来表征全集水区域的气象特征，很可能引起径流模拟的很大偏差。尤其降水量的误差对径流模拟影响最为明显。降水是降雨一径流模拟最为重要的输入。本研究选取的典型区域均为山区性流域，地形较为复杂，降水的空间分布十分不均，而采用数目较少的气象站降水数据来代表全流域的面雨量势必会给径流模拟带来一定的误差。此外，研究区域均属于我国重要的农业区，强烈的人类活动不断改变天然径流过程。本研究所采用的实测流量资料尚未做修正还原，存在一定偏差。实测流量资料的误差也会引起径流过程模拟的偏差。总体上基于 Noah LSM 的气候变化对径流影响评价模型能够基本再现典型流域的月径流过程。

**表 4　　典型流域月流量过程模拟误差统计**

| 站点 | 年份 | 多年平均降水量（mm） | 实测多年平均径流深（mm） | 计算多年平均径流深（mm） | 确定性系数 | 径流深相对误差（%） |
|---|---|---|---|---|---|---|
| 西辽河兴隆坡 | 率定期（1964～1989） | 395.7 | 29.6 | 24.7 | 0.620 | −16.7 |
| | 验证期（1990～2001） | 433.8 | 38.6 | 32.3 | 0.844 | −16.2 |
| 淮河王家坝 | 率定期（1962～1989） | 1016.2 | 278.8 | 270.6 | 0.792 | −2.7 |
| | 验证期（1990～1998） | 958.4 | 266.2 | 233.0 | 0.762 | −12.4 |
| 珠江北道 | 率定期（1964～1979） | 1564.2 | 725.5 | 737.2 | 0.890 | 1.6 |
| | 验证期（1980～1987） | 1649.2 | 738.1 | 764.8 | 0.550 | 3.5 |

## 5 结论与展望

本研究采用陆面水文模式 Noah LSM，构建了气候变化对径流影响评价模型的基本框架。该模型基于全国 50km×50km 网格系统，结合遥感反演的下垫面植被覆盖数据以及全球土壤质地数据，确定覆盖全国范围 50km×50km 网格的植被参数和土壤参数；基于全国 735 个气象站点包含自建站至 2006 年日气象资料在全国 50km×50km 网格上进行插值。为验证该模式在我国不同气候区的适应性，本研究选取西辽河上游老哈河

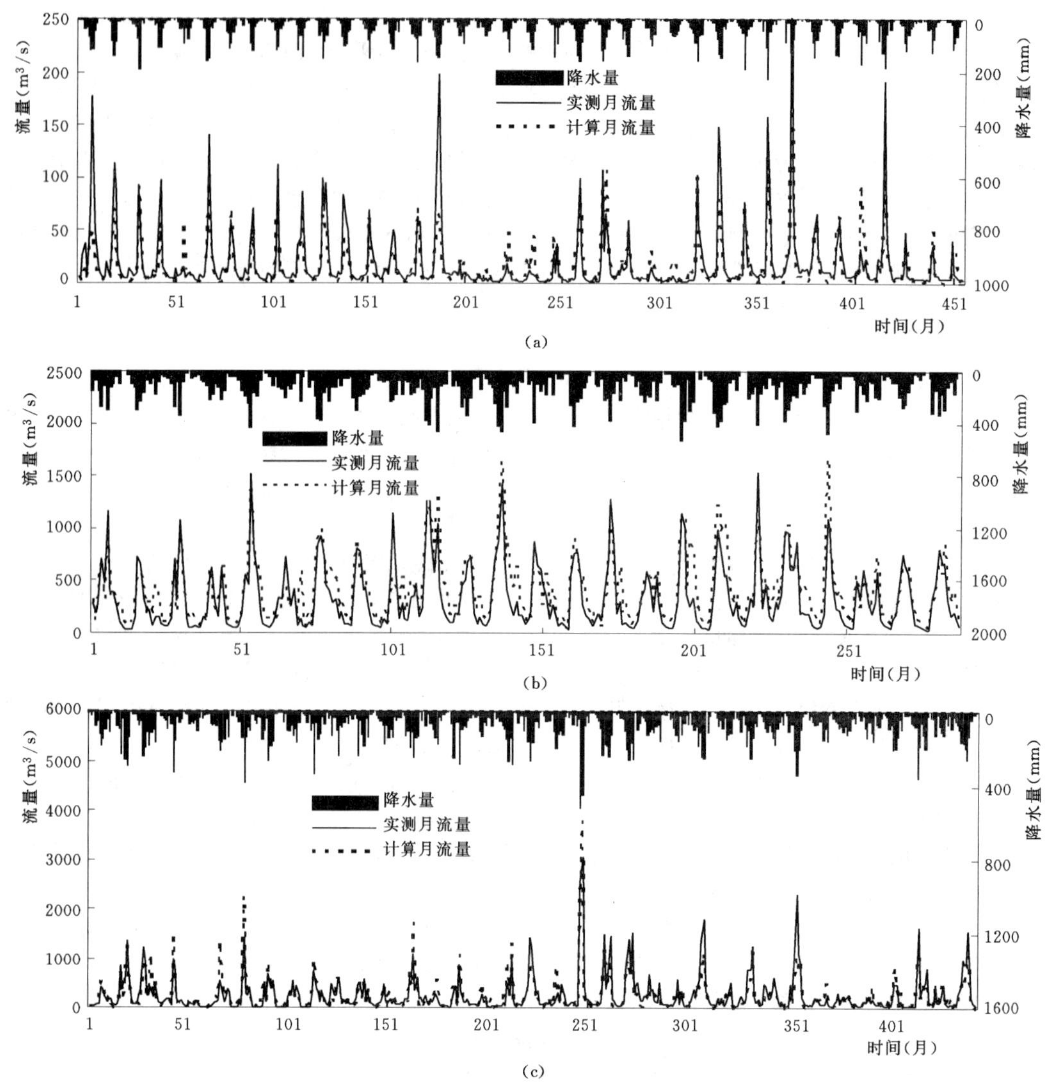


图 2 典型区域月径流过程模拟

(a) 西辽河兴隆坡站（1964～2001 年）；(b) 珠江支流连江高道站（1964～1987 年）；(c) 淮河王家坝站（1962～1998 年）

流域、珠江支流北江流域以及淮河流域上游区域作为典型流域，开展月流量过程模拟。结果表明月流量过程模拟精度较高，Noah LSM 模拟的月流量过程与实测月流量过程基本吻合。本研究初步表明所建大尺度的气候变化对径流影响评价模型是合理和可行的。今后我们将采用区域气候模式模拟的未来气候变化情景下的大气强迫数据驱动径流评价模型，从而进行未来气候变化对径流影响评估。

Noah LSM 中大多数参数如地表反照率、地表粗糙高度、最小气孔阻抗、土壤孔隙度、饱和土壤吸力、土壤饱和水力传导度等，可以根据研究区域的植被覆盖类型或土壤质地类型，结合国内外相关实验结果直接确定。这些参数值通常是在实验室内或小尺度范围内获取，用于较大尺度的网格，很可能会对陆面水文过程的模拟产生很多不确定性。对这些物理参数进行合理有效的尺度转换是我们今后需着重研究的方向。此外，地表反照率、叶面积指数等物理参数是随时间变化的变量，今后可以考虑通过反演 MODIS、AVHRR 等遥感图像，确定这些物理参数的时空分布。

尽管 Noah LSM 是基于物理机制的陆面水文模式，但是由于它对某些物理过程进行概化，Noah LSM 仍然具有一些需要率定的经验或半经验参数。结合气候特征、流域下垫面特征，对这些参数进行区域化，是进行大尺度陆面水文过程模拟亟待解决的问题。下一步，我们将在全国各大流域率定这些经验或半经验参数，找寻这些参数与气候条件、土壤质地、植被特性的定量关系，为无资料或缺资料区域的水文预测提供可供参考的参数估计值。

## 参考文献


[1] 左其亭，王中根．现代水文学［M］．郑州：黄河水利出版社，2002.

[2] 张建云，王国庆，杨扬，等．气候变化对中国水安全的影响研究［J］．气候变化研究进展，2008，4（5）：290-295.

[3] Su F，Xie Z. A model for assessing effects of climate change on runoff of China［J］. Progress in Natural Sciences，2003，13：701-707.

[4] 谢正辉，刘谦，袁飞，等．基于全国 50km×50km 网格的大尺度陆面水文模型框架［J］．水利学报，2004，35（5）：76-82.

[5] Yuan F，Xie Z，Liu Q，Xia J. Simulating hydrologic changes with climate change scenarios in the Haihe River basin［J］. Pedosphere，2005，15（5）：595-600.

[6] 袁飞，谢正辉，任立良，等．气候变化对海河流域水文特性的影响［J］．水利学报，2005，36（3）：274-289.

[7] Yuan F，Ren L. Application of the Xinanjiang vegetation-hydrology model to streamflow simulation over the Hanjiang River basin，In：Hydrology in Mountain Regions：Observations，Processes and Dynamics（Proceedings of Symposium HS1003 at IUGG2007，Perugia，July 2007）［C］，IAHS Publ. No. 326，IAHS Press，2009. 63-69.

[8] 王国庆，王云璋．尚长昆气候变化对黄河水资源的影响［J］．人民黄河，2000，22（9）：40-45.

[9] 熊立华，郭生练，付小平，等．两参数月水量平衡模型的研制及其应用［J］．水科学进展，1996，7：80-86.

[10] 郝振纯，等．分布式月水文模型研究及其在淮河流域的应用［J］．水科学进展，2001，11（增刊）．

[11] Chen F，Dudhia J. Coupling an advanced land surface-hydrology model with the Penn State-NCAR MM5 Modeling System. Part 1：Model implementation and sensitivity［J］. Monthly Weather Review，2001，129：569-585.

[12] Yuan F，Kunstmann H，Yang C，Yu Z，Ren L，Fersch B，Xie Z. Development of a coupled land-surface and hydrology model system for mesoscale hydrometeorological simulations，In：New Approaches to Hydrological Prediction in Data Sparse Regions（Proceedings of Symposium HS. 2 at the Joint IAHS & IAH Convention，Hyderabad，India，September 2009）［C］，IAHS Publ. No. 333，IAHS Press，2009. 195-202.

[13] Chen F，Mitchell K E. Using the GEWEX/ISLSCP forcing data to simulate global soil moisture fields and hydrological cycle for 1987-1988［J］. Journal of Meteorological Society of Japan，1999，77：167-182.

[14] Wood E F，et al. The project for Intercomparison of Land-Surface Parameterization Schemes（PILPS）. Phase 2：Red-Arkansas River Basin experiment：1. Experiment description and summary intercomparison［J］. Global and Planet Change，1998，19：115-136.

[15] Bowling L C，Lettenmaier D P，Nijssen B，et al. Simulation of high latitude hydrological processes in the Tome-kalix basin：PILPS Phase 2（e）1：Experiment description and summary intercomparison［J］. Global and Planet Change，2003，38：1-30.

[16] Dorman J L，Sellers P J. A global climatology of albedo，roughness length and stomatal resistence for atmospheric general circulation models as represented by the Simple Biosphere Model（SiB）［J］. J. Appl. Meteor.，1989，28：833-855.

[17] Dickinson R E，Sellers A H，Kennedy P J. Biosphere-Atmosphere Transfer Scheme（BATS）Version 1e as coupled to the NCAR Community Climate Model［R］. NCAR Tech. Note NCAR/TN－387 ＋ STR，1993. 72.

[18] Mahfouf J E，Manzi A O，Giordani H，Deque M. The land surface scheme ISBA within the Meteo-France climate model ARPEGE. Part I：Implementation and preliminary results［J］. J. Climate，1995，8：2039-2057.

[19] Cosby B J，Hornberger G M，Clapp R B，Ginn T R. A statistical exploration of the relationships of soil moisture characteristics to the physical properties of soils［J］. Water Resour. Res.，1984，83：1889-1903.

# A model for assessing climate change effects on runoff based on Noah land surface model

Yuan Fei[1,2]　Zhao Jingjing[1]　Yin Zhili[1]

(1. State Key Laboratory of Hydrology, Water Resources and Hydraulic Engineering, Hohai University, Nanjing 210098;
2. Institute of Atmospheric physics, Chinese Academy of Sciences, Beijing 100029)

**Abstract** In this study, a modeling system for assessing climate change effects on runoff was established using Noah land surface model (Noah LSM). This modeling system has a 50 km×50 km gridding system for entire China. All the vegetation and soil parameters on 50 km×50 km resolution were derived from remotely-sensed land-cover data and global soil texture data set. In terms of the atmospheric forcing data, meteorological data at 735 routine meteorological stations in China were spatially-interpolated to 50 km×50 km grid cells in China. To evaluate the feasibility of this modeling system in various climate zone, monthly streamflow simulations were performed in the Laohahe watershed within the West Liaohe River basin, the North River basin within the Pearl River basin and the upstream Huaihe River basin. Results indicate that Noah-LSM modeling system could reproduce accurate monthly streamflow processes in the study areas. It also shows that this large-scale modeling system is rational for assessing climate change effects on runoff in China.

**Key words** Noah land surface model; climate change; runoff; large-scale hydrologic model

# 高约束性条件下的大型供水泵站前池导流措施的流场模拟*

王磊磊[1,2] 王如华[1] 王国华[1] 顾玉亮[3] 周 琪[2]

（1. 上海市政工程设计研究总院（集团）有限公司 上海 200092；
2. 同济大学环境科学与工程学院 上海 200092；
3. 上海青草沙投资建设发展有限公司 上海 201206）

**摘 要** 针对高约束性条件下的大型泵站前池流态，通过建立紊流不可压缩流体的速度场模型及多方案的水力模型，运用有限体积法计算并分析了增设导流锥、导流墩对前池及吸水池流场的改善情况。数值模拟的计算结果表明，增加导流锥后，喇叭口下方水泵进水偏流角一般均小于4°，对改善进泵偏流效果显著；事故工况时，单侧吸水池的水泵平均流量偏差比由26.89%降低至13.26%，吸水管附近水流比较平顺、均匀。水力模型试验表明，泵站前池的八字形导流墩方案可有效消除存在的大范围回流区和斜向流，并通过调整配水孔口的分流比加强导流作用；导流墩整流方案配水渠至前池末端最大水位落差为0.020m，满足设计方所提出的水力设计要求。

**关键词** 导流；流态；泵站；水力模型；流体力学

某大型供水泵站具有长距离隧道进水，泵站流量大、扬程高，供水方向多，机组台数多，运行时间长等特点。泵站受地形条件、场地面积等限制，总体布置较为局促，约束性条件较多。泵站进水管管径为5.5m，输水规模为708万$m^3/d$，水经过泵增压后沿着三个不同方向供水。泵站采用90°侧向进水方式，两侧对称布置，单侧前池3座，单座前池水设吸水池4格，每格设泵1台，共设有24台水泵，采用进水管—过渡段—配水渠—前池—进水池—泵的布置方式。

吸水池的流态直接决定了泵站供水的安全和稳定[1]，而影响吸水池的流态主要因素有吸水条件、主要设计尺寸[2]（包括池长、池宽、后壁距、淹没水深、悬空高度等）和型式，吸水池流态的恶化主要是由于进水偏流以及矩形吸水池无法抑制偏流所导致[3]。本文在泵站整体配水研究的基础上[4]，针对前池的导流方案进行数值模拟及水力模型的试验研究，改善吸水池的水力性能，为大型泵站的优化设计提供理论支撑。

## 1 计算及试验条件

### 1.1 计算模型的建立

在设计工况分别对进水池中水泵喇叭口下方是否加导流锥进行数模计算。如图1为喇叭口下方无导流锥和加导流锥的网格图。由于喇叭口下方加了导流锥，需要对网格部分加密，网格总数会增加许多。本文对设计工况下的一、四前池后面的进水池内喇叭口下方加导流锥进行数值模拟，无导流锥网格总数为252.2万，部分加导流锥后网格数为271.4万。

FLUENT 6.3中提供了多种湍流模型，其中realizable $\kappa$-$\varepsilon$模型是在$\kappa$-$\varepsilon$标准模型的基础上增加了湍流黏性公式和耗散率输运方程，因此在流动分离和二次流方面有很好的表现。本文选择realizable $\kappa$-$\varepsilon$模型进行计算，其紊流动能$\kappa$和紊流动能耗散率$\varepsilon$的运输方程分别为

$$\frac{\partial k}{\partial t}+U_i\frac{\partial k}{\partial x_i}=\frac{\partial}{\partial x_i}\left(\frac{\nu_t}{\sigma_k}\frac{\partial k}{\partial x_i}\right)+\nu_t\left(\frac{\partial U_i}{\partial x_j}+\frac{\partial U_j}{\partial x_i}\right)\frac{\partial U_i}{\partial x_j}+\beta g_i\frac{\nu_t}{\sigma_t}\frac{\partial \Phi}{\partial x_i}-\varepsilon \quad (1)$$

* 基金项目：上海博士后基金（11R1421100）。

第一作者简介：王磊磊（1981— ），男，江苏徐州人，博士，工程师，主要研究方向：水处理技术与理论。E-mail：wang_ll.yf@smedi.com

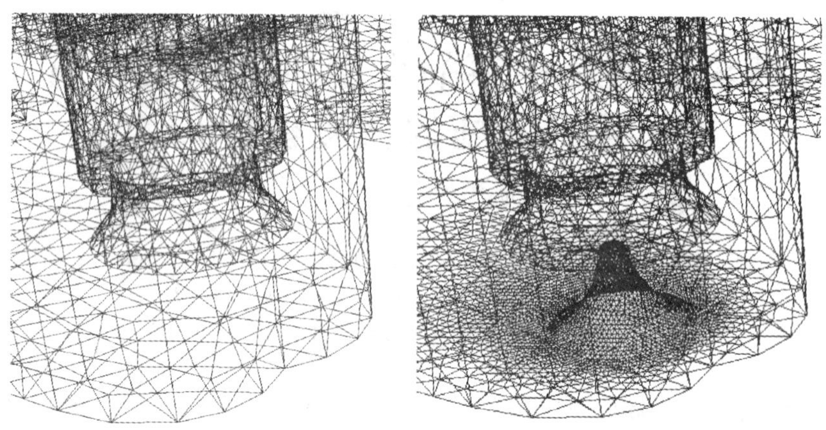

图1　喇叭口下方增设导流锥前后的计算网格模型

$$\frac{\partial \varepsilon}{\partial t}+U_i\frac{\partial \varepsilon}{\partial x_i}=\frac{\partial}{\partial x_i}\left(\frac{\nu_t}{\sigma_\varepsilon}\frac{\partial \varepsilon}{\partial x_i}\right)+\rho C_2\frac{\varepsilon^2}{k+\sqrt{\upsilon\varepsilon}}+C_{1\varepsilon}\frac{\varepsilon}{k}G-C_{2\varepsilon}\frac{\varepsilon^2}{k} \tag{2}$$

其中，$C_\mu=\dfrac{1}{A_0+A_S\dfrac{KU^*}{\varepsilon}}$，$U^*=\sqrt{S_{ij}S_{ij}+\tilde{\Omega}_{ij}\tilde{\Omega}_{ij}}$，$\tilde{\Omega}_{ij}=\Omega_{ij}-2\varepsilon_{ijk}\bar{\omega}_k$，$\Omega_{ij}=\bar{\Omega}_{ij}-\varepsilon_{ijk}\bar{\omega}_k$，$A_S=\sqrt{6}\cos\phi$，

$\phi=\dfrac{1}{3}\cos^{-1}(\sqrt{6}W)$，$W=\dfrac{S_{ij}S_{jk}S_{ki}}{S}$，$\tilde{S}=\sqrt{S_{ij}S_{ij}}$，$S_{ij}=\dfrac{1}{2}\left(\dfrac{\partial u_j}{\partial x_i}+\dfrac{\partial u_i}{\partial x_j}\right)$

式中：$V_t$ 为紊动黏性系数，$V_t=C_\mu\kappa^2/\varepsilon$；$G$ 为浮力产生的湍流动能；$\bar{\Omega}_{ij}$ 为柱坐标下的带有角速度的层流旋度；$A_0$ 为模型常量，计算中取 4.04；$\sigma_\kappa$，$\sigma_e$ 为黏性常数，计算中常采用 1.0 和 1.3；$C_{1\varepsilon}$，$C_{2\varepsilon}$ 为模型常量，分别取值 1.44、1.92。

计算时假定清水进水的密度为 1000.35kg/m$^3$，动力黏度为 1.005e$^{-3}$Pa · s。

### 1.2　边界条件

边界条件为：进口为速度边界条件，出口压力为敞开大气压，水面为自由界面，无剪切和滑移速度，池底和边壁为固体壁面，壁面上流速为零，使用标准壁面函数[5]。使用交错网格有限体积法（CVM）求解微分方程，压力与速度耦合方程使用 SIMPLEC 方法进行求解，湍动能、湍流耗散、动能均采用 QUICK 离散格式。

### 1.3　水力模型的设计

结合模型用泵的选择要求及模型水流在阻力平方区要求，选取模型线性比尺 $\lambda_L=8$。根据试验要求，采用外形几何相似，流量适应模拟要求，可作调节的水泵作为试验用泵；试验中，通过安装于水泵出水管上的调节阀门调节水泵流量以满足试验对流量的要求。原型进、配水建筑物为钢筋混凝土制作，若施工质量良好，其糙率为 0.013～0.014，模型进、配水建筑物过流面采用纯水泥抹面，其糙率可达 0.010～0.011，基本可满足糙率相似的要求；为便于观测水泵进水喇叭口附近的水流流态，进水池后壁及侧壁局部采用透明材料制作[6]。

## 2　数值模拟结果

利用所建立的泵站数值模型及水力模型，重点模拟计算泵站的吸水池部分部分和水泵喇叭口区域的流场特征，并进行试验观察和流速测定，改善泵站的配水均匀性，为优化设计提供理论依据。

### 2.1　设计工况计算

之前的数模型计算表明前池一、四后面的进水池水泵喇叭口下偏流比较严重，因此重点研究设计工况下的一、四前池后面的进水池的流场特征，并对水泵喇叭口下方加导流锥进行计算对比。模拟结果见表1。

**表 1　　喇叭口下方水泵进水偏流情况**

| 导流方案 | 喇叭口流线 | 偏流角度(°) | 喇叭口流线 | 偏流角度(°) | 喇叭口流线 | 偏流角度(°) |
|---|---|---|---|---|---|---|
| 喇叭口下方无导流锥 | 1-2 | 10 | 1-3 | 14 | 1-4 | 10 |
| | 4-2 | 8 | 4-3 | 8 | 4-4 | 8 |
| 喇叭口下增设导流锥 | 1-2 | 3 | 1-3 | 1 | 1-4 | 3 |
| | 4-2 | 7 | 4-3 | 3 | 4-4 | 1 |

如表 1 所示，增加了导流锥后的喇叭口下方水泵进水偏流明显减弱，除了 4－2 喇叭口下的偏流为 7°外，偏流角一般均小于 4°，可见在喇叭口下方加了导流锥对改善进泵偏流效果显著。同时计算结果表明，水平和垂直方向的流态分布变化不大。

## 2.2　事故工况计算

事故工况时，左侧单管进流比右侧单管进流的偏流情况更严重，这已由前述研究说明。为了改善事故工况时的偏流情况，优化泵站吸水池部分的设计方案，本节对泵站左侧单管进流喇叭口下方增加导流锥进行模拟。锥形导流体由于类似于水泵喇叭口的结构特征，可以起到限制水流环绕水泵旋转的作用，旋涡和环流都不易发生，具有良好的水力条件，可获得满意的进水流态。喇叭口加导流锥三维网格见图 1。泵站进水底平面流速分布及流线见图 2。表 2 为泵站配水渠 6 座前池进口流量的统计情况及偏差比较。

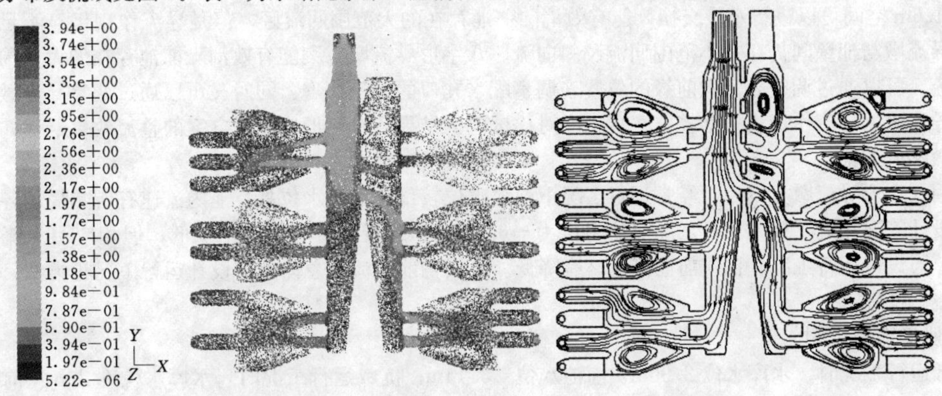


图 2　泵站进水底平面流速分布及流线（$h$=2.75m 断面）

表 2 泵站配水渠前池进口流量统计

| 吸水池编号 | 各前池进口流量 ($m^3/s$) | 两进口流量差 ($m^3/s$) | 两进口流量和 ($m^3/s$) | 流量偏差比（设导流锥） | 流量偏差比（无导流锥） |
|---|---|---|---|---|---|
| 1—1 | —6102.39 | 4144.29 | 16349.06 | 25.35 | 23.46 |
| 1—2 | —10246.67 | | | | |
| 2—1 | —4759.02 | 1379.68 | 10897.72 | 12.66 | 17.05 |
| 2—2 | —6138.70 | | | | |
| 3—1 | —5014.27 | 869.45 | 10898.00 | 7.98 | 14.46 |
| 3—2 | —5883.72 | | | | |
| 4—1 | —990.58 | 1919.54 | 3900.70 | 49.21 | 79.34 |
| 4—2 | —2910.12 | | | | |
| 5—1 | —3536.34 | —1265.35 | 5807.34 | —21.79 | 17.25 |
| 5—2 | —2271.00 | | | | |
| 6—1 | —6345.94 | 832.69 | 13524.57 | 6.16 | 9.77 |
| 6—2 | —7178.63 | | | | |

由图 2 及表 2 可以看出，增设导流锥后，单侧水泵的吸水池流态得到了大大改善，最外侧吸水池吸水口平均偏流角为 6°，平均流量偏差比由 26.89%降低至 13.26%，吸水管附近水流比较平顺、均匀、对称。

## 3 水力模型的验证试验

### 3.1 导流墩整流方案

试验对三种形式的导流墩布置方案进行了比选试验，各方案导流墩均布置在前池扩散段。

(1) 垂直导流墩：导流墩平行布置，走向与配水孔口垂直，墩长均为 8.8m，墩厚均为 0.80m，顶高—3.00m，导流墩前缘为半圆弧并紧贴配水孔孔口，导流墩进一步将配水孔由 2 列 2 行分割成 4 列 2 行的 8 孔配水孔。

(2) 分离导流墩：导流墩平行布置，走向与配水孔口垂直，墩长均为 6.8m，墩厚均为 0.80m，顶高—3.00m，导流墩前端与配水孔口间有 1.6m 的距离。

(3) 八字形导流墩：导流墩呈八字形布置，墩长均为 8.8m，墩厚均为 0.80m，顶高—3.00m，导流墩前缘为半圆弧并紧贴配水孔孔口，导流墩走向分别位于导流墩前缘顶点与两边机组隔墩顶点的连线上。

### 3.2 方案比选

试验表明，各导流墩方案均能一定程度上改善前池不良流态，但是效果不一。垂直导流墩方案能有效消除前池存在的大范围回流区，但是导流作用不足，对前池存在的斜向流不能有效消除，前池局部区域仍存在小范围回流及斜向流，分离导流墩方案一定程度上优化了垂直导流墩方案的不足，水流在配水孔口和导流墩之间有 1.6m 空间可以进行水量交换，能有效消除前池存在的大范围回流区，但是导流作用仍显不足，主要表现在导流墩与池壁间仍存在小范围回流及斜向流。八字形导流墩方案能有效消除前池存在的大范围回流区和斜向流，可以通过调整导流墩前缘的位置来调整配水孔口的分流比[7]，同时又可以通过调整导流墩的走向来加强导流墩的导流作用，根据多方案多工况对比试验的结果，八字形导流墩方案的整流效果最优，选定其为导流墩整流方案。

采用八字形导流墩方案后，经常运行工况下前池水位较设计运行水位高，池内流速有所减缓，各池总体流态与设计工况相近。抗咸运行工况前池水位为—6.420m，运行水位较设计工况低，但相应引水流量亦有所减少，与设计运行工况相比，前池流速略有降低。泵站各前池流态总体上与设计运行工况相类似，进水池进口处流态良好。

### 3.3 喇叭口流态观测

经常运行工况时，水库水位 2.00m，前池水位—3.14m；抗咸运行工况时，水库水位 6.20m，前池水位 1.28m。抗咸运行工况水泵喇叭口进水流态见图 3。从泵站整体模型水泵喇叭口流态观测角度，说明泵站进

图3 抗咸运行工况水泵喇叭口进水流态

水池设计参数以及水泵进水流道导流设施合理。

通过试验现场观测和拍照、录像资料对比分析，未发现水泵喇叭口附近有旋涡、偏流、回流等不良流态，未见喇叭口单向进水现象，水流从喇叭口四周环向进水，进水较均匀、平顺，水泵吸水条件良好。在流态观测的同时，对增设导流墩后配水渠末端至前池末端的水位落差进行了量测。配水渠至前池末端的水位落差虽有所增加，但仍满足设计方所提出的水力设计要求。导流墩整流方案配水渠至前池末端最大水位落差为0.020m。

## 4 结论

针对高约束性条件下的大型泵站前池流态，通过建立紊流不可压缩流体的速度场模型及多方案的水力模型，计算并分析了增设导流锥、导流墩对前池及吸水池流场的影响，为优化设计提供了依据。主要结论包括：

（1）计算结果表明，增加导流锥后的喇叭口下方水泵进水偏流明显减弱，偏流角一般均小于4°，水平和垂直方向的流态分布变化不大，对改善进泵偏流效果显著；

（2）事故工况时，单侧水泵的吸水池流态得到了大大改善，平均流量偏差比由26.89%降低至13.26%，吸水管附近水流比较平顺、均匀；

（3）前池的八字形导流墩方案可有效消除存在的大范围回流区和斜向流，并通过调整配水孔口的分流比加强导流作用，因此整流效果较优；

（4）导流墩整流方案配水渠至前池末端最大水位落差为0.020m，满足设计方所提出的水力设计要求。

## 参 考 文 献

[1] Matahel Ansar，Tatsuaki Nakato. Ansar. Experimental study of 3D Pump-Intake Flows with and without Cross Flow [J]. Joumal of Hydraulie Engineering，2001，127（10）：825-834.

[2] 成立，刘超，周济人，等．泵站前池底坝整流数值模拟研究［J］．河海大学学报，2001，29（3）：31-35.

[3] Li S，Lai Y，Weber L，et al. Validation of a 3D numerical model for water pump-intakes［J］. J. Hydr. Research，2004，42（2）：282-292.

[4] 刘文明，金仲康，郑源，等．大型供水泵站数值模拟及水力优化［J］．给水排水，2009，35（6）：54-57.

[5] Rajendran V P，Patel V C. Measurement of vortices in model pump-intake bay by PIV［J］. Journal of Hydraulic Engineering，ASCE，2000，126（5）：322-334.

[6] 冯建刚，李杰．大型城市水源泵站前池流态及改善措施试验［J］．水利水电科技进展，2010，30（2）：70-74.

[7] 周龙才，刘士和，丘传忻．泵站正向进水前池流态的数值模拟［J］．排灌机械，2004，22（1）：23-27.

# Flow Field Simulation on Deflector Program at Fore-bay of Super Pumping Station with High-Restriction

Wang Leilei[1,2] Wang Ruhua[1] Wang Guohua[1] Gu Yuliang[3] Zhou Qi[2]

（1. Shanghai Municipal Engineering Design General Institute（Group）Co.，Ltd.，Shanghai 200092；
2. College of Environmental Science and Engineering，Tongji University，Shanghai 200092；
3. Shanghai Qing Cao Sha Raw Water Engineering Co.，Ltd.，Shanghai 201206）

**Abstract** To study the flow field of fore-bay deflector program in super pumping station with high-restriction，an incompressible turbulent fluid velocity field model and multi-hydraulic model was established. Then flow field of former and pier pool with additional diversion cone and diversion pool was calculated and analyzed using control volume method. Numerical simulation results showed that by setting diversion cone，the inlet drift angle below the pump was generally less than 4，which was useful to improve the flow effect. In accident conditions, the average unilateral deviation of suction pool reduced to 26.89% from 13.26%, and flow field near the suction pipe was smooth and uniform. Hydraulic model tests showed that the eight-shaped diversion program could effectively eliminate a wide range of existing and oblique flow recirculation zone, and strengthen the role of diversion by adjusting flow ratio of water distribution holes. The maximum water level drop between rectifier drains and the end of pier pond was to 0.020m, which meet the design requirements of the hydraulic design.

**Key words**　deflector; flow field; pumping station; hydraulic model; hydrodynamics

# 基于SWAT模型的潮河流域径流模拟

唐芳芳[1]　徐宗学[1]　徐华山[1,2]　武　玮[1]

（1. 北京师范大学水科学研究院水沙科学教育部重点实验室　北京　100875；
2. 河南理工大学资源环境学院　河南焦作　454003）

**摘　要**　潮河流域是北京市地表水资源供给的重要水源地之一。近年来，受人类活动和气候变化的影响，潮河流域水资源短缺问题日益严重。因此，加强流域水资源管理尤为重要。流域分布式水文模型是流域水资源管理的有力工具。研究选择 SWAT 模型对潮河流域 1995～2002 年水文过程进行模拟，并采用 SUFI-2(Sequential Uncertainty Fitting Algorithm) 算法对径流进行率定和不确定性分析，其中 1995～1999 年为率定期，2000～2002 年为验证期。目前，SWAT-CUP 将 SUFI-2 算法与 SWAT 模型耦合。SUFI-2 算法中有两个指标用于评价率定和不确定分析结果：①*p-factor*，指实测值落在 95PPU 置信区间内的百分比；②*r-factor*，指 95PPU 置信区间的平均厚度与实测数据标准偏差的比值。理论上说，*p-factor* 越接近于 1 而 *r-factor* 越接近于 0，率定和不确定性分析结果越好。结果表明，在率定期，*p-factor* 为 0.85，*r-factor* 为 1.12；在验证期，*p-factor* 为 0.83，*r-factor* 为 2.15。确定性系数（$R^2$）和纳西效率系数（*NS*）用于进一步评价实测值与最佳模拟值的拟合度，率定期月径流模拟值与实测值的 $R^2$ 为 0.90，*NS* 为 0.88；验证期月径流模拟值与实测值 $R^2$ 为 0.77，*NS* 为 0.74。结果表明，模型径流的率定和不确定性分析结果较好。

**关键词**　SWAT；SWAT-CUP；潮河；径流；SUFI-2；*p-factor*；*r-factor*

## 1　引言

潮河是海河水系的重要支流，也是北京市地表水资源供给的重要水源地之一，密云水库的集水区。近年来，受人类活动和气候变化的影响，潮河流域水资源短缺问题日益严重。因此，加强流域水资源管理尤为重要。流域分布式水文模型是流域水资源管理的有力工具。近 30 年来，越来越多的流域水文模型被开发出来，例如，AGNPS(agricultural non-Point source model)[1]、SWAT(soil and water assessment tool)[2] 和 HSPF (hydrologic simulation program-fortran)[3]。这些模型可以对水文循环、泥沙流失、土地利用变化对水量水质的影响、气候变化响应、农业管理措施的效果等进行模拟和预测。由于 SWAT 模型获取方便，界面友好，在世界上很多国家和地区得到了广泛应用[4]。因此本研究选择 SWAT 模型对潮河流域 1995～2002 年间径流进行模拟。

随着分布式水文模型越来越多地应用于水文过程的模拟，模型参数率定及不确定性分析变得越来越重要。然而，由于输入数据、模型结构、参数以及输出结果的不确定性，模型率定是一项异常复杂且耗时的工作。目前，用于流域水文模型不确定性分析的方法有很多，如 MCMC(markov chain monte carlo)[5-7]、GLUE(generalized likelihood uncertainty estimation)[8]、ParaSol(parameter solution)[9]、SUFI-2(sequential uncertainty fitting)[10]。SWAT-CUP(calibration and uncertainty programs) 软件由瑞士联邦水科学技术研究所、Neprash 公司以及美国德克萨斯州农工大学等单位合作开发，它将 SUFI-2、GLUE、ParaSol 和 MCMC 这四个算法与 SWAT 耦合，用于对 SWAT 模型进行参数敏感性分析、率定、验证以及不确定性分析。SUFI-2 是目前较为常用且用于率定和不确定性分析结果较好的算法[7,10-12]。

本文在潮河流域构建 SWAT 水文模型，以 1995～1999 年为率定期，2000～2002 年为验证期，对潮河流域水文过程进行模拟；选择 SUFI-2 算法对径流进行率定和不确定性分析。

## 2　材料与方法

### 2.1　研究区概况

潮河流域位于中国华北地区，流域北接内蒙古高原，南邻华北平原，介于东经 116°10′～117°34′，北纬

第一作者简介：唐芳芳（1984—　），女，北京人，北京师范大学水科学研究院，研究方向为水文水资源。E-mail：fangfangt@mail.bnu.edu.cn

40°20′～41°40′之间，流域面积为 6277.5km²（图 1）。潮河水系的主干潮河发源于河北省承德市丰宁县，流经丰宁、滦平，在北京古北口入密云县，汇入密云水库。潮河的主要支流有安达木河和小汤河。另外还有两条属于潮河水系的支流，其中一条是直接流入密云水库的牤牛河，另一条是流经兴隆县和密云县并直接流入密云水库的清水河。

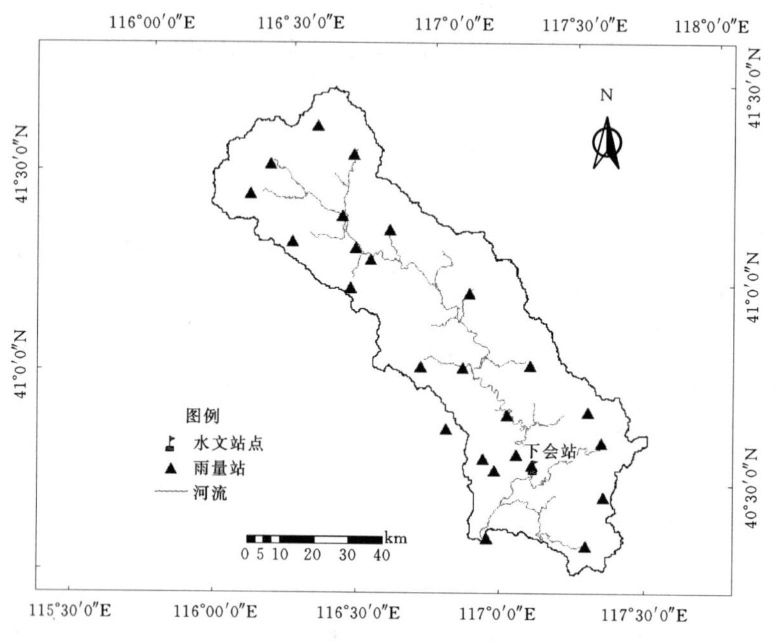


图 1 潮河流域雨量站、水文站分布图

由于地壳运动和长期风雨的侵蚀等外力作用，使流域地表形成了山峦起伏、岭谷相间的地貌景观，山地面积占总面积的 80%，山体主要由花岗岩、片麻岩、砂砾岩和石灰岩组成，岩体风化较为严重，表层土壤瘠薄。潮河上游有较厚的黄土覆盖，沟壑发育，水土流失严重潮河流域属暖温带季风型大陆性半湿润半干旱气候，四季分明，冷暖变化明显。冬季寒冷干燥，春季干旱多风，夏季受东南季风影响，湿热多雨，秋季次之。流域多年平均气温 7.3～10.3℃。潮河流域多年平均降水量约 470～731mm，其分布特点是西北部偏少，平均为 415mm，东南部偏多，平均为 797.1mm。降水主要集中在汛期 6～9 月，占全年降水总量的 64%～89%。

### 2.2 数据来源

SWAT 模型所需的输入数据包括空间数据和属性数据。空间数据主要包括数字高程模型（DEM）、土地利用图和土壤类型图；属性数据主要包括气象数据、水文数据、点源、非点源数据和农业管理措施等数据。为了构建潮河流域 SWAT 分布式水文模型，与本研究相关的空间数据和属性数据见表 1 所示。

**表 1** **模型主要输入数据**

| 数据类型 | 数 据 描 述 | 来 源 |
|---|---|---|
| DEM | 1∶25 万，格式为 ESRIgrid | 中国科学院资源环境科学数据中心 |
| 土地利用图 | 1∶10 万，格式为 Arc/Info coverage | 中国科学院资源环境科学数据中心 |
| 土壤类型图 | 1∶100 万，格式为 Arc/Info coverage | 中国科学院资源环境科学数据中心 |
| 水系图 | 1∶25 万，格式为 Arc/Info coverage | 中国科学院资源环境科学数据中心 |
| 气象数据 | 降水、气温等 | 国家气象局气象中心 1995～2004 |
| 流量数据 | 1995～2002 年月平均流量 | 水文统计年鉴 |

### 2.3 SWAT 模型简介

SWAT 模型（soil and water assessment tool）是由 Arnold 等人于 20 世纪 90 年代早期为美国农业部开发的面向大中流域、长时间尺度、基于过程的分布式水文模型。模型自开发以来已在世界上很多国家有所应用，尤其是在美国、加拿大、欧洲、亚洲，具有很好的适用性[13]。其应用主要集中在流域水文循环的模拟预测、气候变化的水文响应、污染物流失、模型不确定性分析、与其他模型的耦合等方面[4]。

SWAT 模型根据河网将研究区划分为若干个子流域，然后再根据不同土地利用、土壤类型和坡度等进一步划分为若干个水文响应单元（HRUs)。SWAT 模型提供了两种计算地表径流的方法，SCS 曲线数法（curve number，CN）和 Green&Ampt 方法；模型中关于下渗的部分，采用土壤蓄水演算技术（storage routing technology）来计算植物根部带每层土壤之间水的流动[14]。蒸腾蒸发分为水面蒸发、裸地蒸发和植被蒸发，潜在蒸发量计算方法有 Hargreaves[15]、Priestley-Taylor[16]、Penman-Monteith[17,18] 三种计算方法，SWAT 模型也可以读入用户采用其他方法计算的潜在蒸散发量。

更多的关于 SWAT 的信息，请参考 Soil and Water Assessment Tool Theoretical Documentation Version 2000[19] 或 http：//swatmodel. tamu. edu/swat/。

### 2.4 SUFI-2 算法

水文模型的不确定性来源于很多方面，例如驱动因子（降水）的不确定性、模型参数的不确定性以及实测数据的不确定性[20,21]。在 SUFI-2 算法中，参数的不确定性采用参数超立方体内多变量的均匀分布来描述。输出结果的不确定性用 95%预测不确定性条带 95PPU（the 95% prediction uncertainty band）来定量描述。95PPU 通过输出变量在 2.5%和 97.5%间的累积分布来计算。SUFI-2 算法包含了不确定性的所有来源。

SUFI-2 算法的过程如下：

（1）定义目标函数。不同的目标函数可能会产生不同的模拟结果，最终的参数范围也跟所选择的目标函数有关。

（2）确定需要优化参数的绝对最大、最小值范围。假定每个参数都分布在设定的该参数的最大、最小值范围内。由于参数范围对模拟结果有重要影响，参数范围越大越好，但同时也要考虑参数的物理意义。

（3）对参数进行敏感性分析。

（4）最初的参数范围分配给拉丁超立方取样的第一次循环。一般来说，以上参数范围要比参数绝对范围小，且与模型使用者的经验有关。上一步的敏感性分析可以为参数范围的选取提供参考依据。

（5）运行拉丁超立方取样得到 $n$ 组参数组合，$n$ 值为期望的模拟次数。

（6）评价模拟效果，计算目标函数值。

（7）进行一系列模拟计算以评价每一次取样结果，计算相应的目标函数值。根据下面公式计算敏感性矩阵 $J$ 和参数协方差矩阵 $C$：

$$J_{ij}=\frac{\Delta g_i}{\Delta b_j} i=1,\cdots,C_2^n,j=1,\cdots,m \tag{1}$$

式中：$b_j$ 为第 $j$ 个参数；$C_2^n$ 为敏感性矩阵的行数；$j$ 为敏感性矩阵的列数（与参数个数相同）。

$$C=s_g^2(\mathrm{J^T J})^{-1} \tag{2}$$

式中：$s_g^2$ 为模拟 $n$ 次得到的目标函数值的方差。

（8）参数 $b_j$ 的 95%预测区间，按如下式计算：

$$b_{j,lower}=b_j^*-t_{v,0.025}s_j \tag{3}$$

$$b_{j,upper}=b_j^*+t_{v,0.025}s_j \tag{4}$$

式中：$b_j^*$ 为最佳解所对应的参数 $b$；$v$ 是自由度（$n-m$）。

（9）计算 95%预测不确定性条带。主要计算两个评价指标，一个是 $p-factor$，是指实测值落在 95PPU 置信区间内的百分比；另一个是 $r-factor$，计算方法如下：

$$r-factor=\frac{\overline{d_X}}{\sigma_X} \tag{5}$$

式中：$\sigma_X$ 为实测变量 $X$ 的标准差。

$$\overline{d_X}=\frac{1}{k}\sum_{l=1}^{k}(X_U-X_L) \tag{6}$$

式中：$X_L$ 和 $X_U$ 为每次模拟值累积分布的 2.5%和 97.5%所对应的值。

理论上说，$p-factor$ 介于 0 和 1 之间，而 $r-factor$ 最小值为 0，最大值可以无限大。

(10) 由于参数的不确定性在开始时非常大，$\overline{d}$ 在第一次取样的时候也很大。因此，需要进一步取样以校正参数范围，参数范围计算如下：

$$b'_{j,min}=b_{j,lower}-\max\left[\frac{(b_{j,lower}-b_{j,\min})}{2},\frac{(b_{j,\max}-b_{j,upper})}{2}\right] \tag{7}$$

$$b'_{j,max}=b_{j,upper}-\max\left[\frac{(b_{j,lower}-b_{j,\min})}{2},\frac{(b_{j,\max}-b_{j,upper})}{2}\right] \tag{8}$$

式中：$b'$为模型校正值。

最佳模拟结果的参数用来计算 $b_{j,lower}$ 和 $b_{j,upper}$。以上标准确保校正的参数范围总是对应最佳模拟结果。

目前，由瑞士联邦水科学技术研究所、Neprash 公司以及美国德克萨斯州农工大学等单位合作开发的 SWAT-CUP 软件已将 SUFI－2 算法与 SWAT 模型耦合，这为 SWAT 模型参数的率定与不确定性分析提供了简便又省时的方法。

## 3 结果分析与讨论

本研究中，根据流域 DEM 和水系河网图将流域划分为 38 个子流域，然后根据土地利用图和土壤类型图和坡度将潮河流域划分为 228 个水文响应单元。输入降水、气温、辐射、相对湿度等属性数据后，运行模型。然后用 SUFI－2 对径流结果进行敏感性分析、率定、验证和不确定性分析。

### 3.1 敏感性分析

在径流模拟中，影响 SWAT 模型产、汇流过程的参数较多。研究一开始选取了 20 个影响径流过程的参数进行敏感性分析，第一次循环后，发现有 12 个参数对径流过程影响较大，如径流曲线数（CN2）、土壤有效含水量（SOL _ AWC）、土壤蒸发补偿系数（ESCO）、地下水蒸发系数（GW _ REVAP）、基流 α 因子（ALPHA _ BF）等。

研究在下会站对 SWAT 模型径流过程中最为敏感的 12 个参数进行敏感性分析，其结果见表 2。由表 2 可知，潮河流域影响径流的最敏感的参数为 CN2、ALPHA _ BF、ESCO、SOL _ AWC、SOL _ K、CANMX、EPCO 等。

表 2　　径流参数敏感性分析结果

| 序号 | 参数名称 | 参数含义 | t-Stat | P-Value |
|---|---|---|---|---|
| 1 | CN2. mgt | 径流曲线数 | −13.48 | 0.00 |
| 2 | ALPHA _ BF. gw | 基流 ALPHA 系数 | −27.68 | 0.00 |
| 3 | ESCO. hru | 土壤蒸发补偿因子 | −9.54 | 0.00 |
| 4 | SOL _ AWC. sol | 土壤层可利用有效水 | 2.89 | 0.00 |
| 5 | SOL _ Z. sol | 土壤层深度 | 2.50 | 0.01 |
| 6 | SOL _ K. sol | 土壤层饱和水力传导度 | −19.86 | 0.00 |
| 7 | CANMX. hru | 最大叶面积指数 | 5.25 | 0.00 |
| 8 | EPCO. hru | 植物吸收补偿因子 | 5.67 | 0.00 |
| 9 | GW _ DELAY. gw | 地下水延迟系数 | 0.60 | 0.55 |
| 10 | GW _ REVAP. gw | 浅层地下水再蒸发系数 | −0.21 | 0.83 |
| 11 | CH _ N2. rte | 主河道曼宁系数 | −1.40 | 0.16 |
| 12 | CH _ K2. rte | 主河道河床有效水力传导度 | 2.75 | 0.01 |

注　SUFI－2 提供了两个指标来确定参数敏感性，t-stat 和 P-value。t-stat 绝对值越大，参数越敏感；P-value 越接近于 0，参数越敏感。

### 3.2 率定和不确定性分析结果

在 ArcGis9.3 平台上，在研究时段内运行 SWAT2009 进行模拟计算，然后采用 SUFI－2 算法基于以上

12 个敏感性参数对下会水文站的实测月径流过程进行率定和不确定性分析。率定期和验证期分别采用 1995～1999 年和 2000～2002 年。

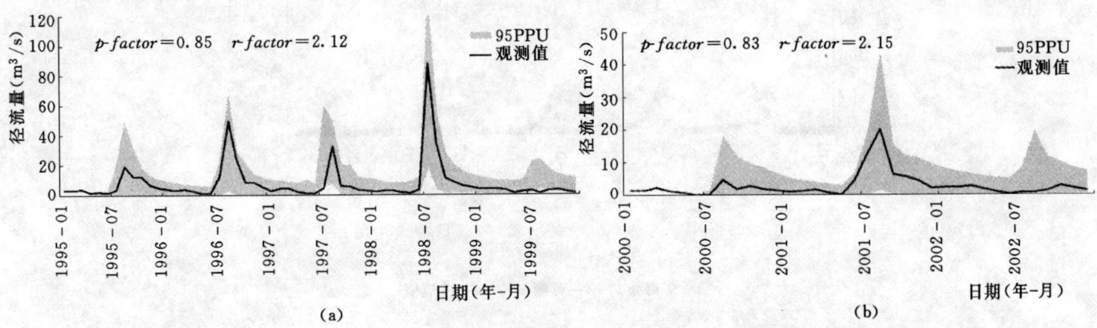


图 2 下会站月径流率定结果

(a) 率定期；(b) 验证期

SUFI-2 算法中，*p-factor* 越接近于 1，*r-factor* 越接近于 0，率定效果越好。图 3 显示了 SUFI-2 率定和不确定性分析结果。由图 2 可知，在率定期，*p-factor*=0.85，*r-factor*=1.12；在验证期，*p-factor*=0.83，*r-factor*=2.15。率定期和验证期内，实测数据落在 95PPU 置信区间内的百分比都较高，分别为 0.85 和 0.83。另外，也有部分实测数据未落入 95PPU 置信区间，而且均出现在率定和验证的开始阶段，这可能与模型未进行预热有关。模型预热可以确定接近实际情况的前期土壤含水量。如果对 SWAT 模型进行预热，不确定分析结果会更好。由图 2 知，未落入 95PPU 置信区间内的实测数据大部分出现在基流部分。这可能是由于 SWAT 模型不能严格对地下径流进行模拟[22]。而地下径流对于流域水文循环是很重要的。如果基流量可以很好的模拟，就可以得到较大的 *p-factor* 和较小的 *r-factor*，率定与不确定性分析结果也就更好。因此，影响地下水的补给过程和地下水-河流的交换过程的参数对于流域水文循环过程非常重要。

率定期 *r-factor*=1.12，验证期 *r-factor*=2.15。下会站月径流量率定期模拟结果很好，由于验证期属于偏干旱年份，模型模拟显示出较大的不确定性，这可能是由于 SWAT 模型对于极端事件的模拟效果不好造成的[22]。

当 *p-factor* 和 *r-factor* 都可接受时，进一步评价实测值与最佳模拟值拟合度则可以采用确定性系数 ($R^2$) 和纳西效率系数 (*NS*)[23]。对于 $R^2$ 来说，$R^2$ 越接近 1，模拟效果越好。对 *NS* 来说，当 $NS \geqslant 0.75$ 时，模型模拟效果好；$0.36 \leqslant NS \leqslant 0.75$ 时，模拟效果令人满意；$NS \leqslant 0.36$ 时，模拟效果不好；若 *NS* 为负值，则意味着不如以实测流量均值代替所模拟的流量[24]。结果表明，率定期月径流模拟值与实测值的确定性系数为 0.90，纳西系数为 0.88；验证期月径流模拟值与实测值确定性系数为 0.77，纳西系数为 0.74 (图 2)。从模拟结果看，流域径流的模拟结果基本满足精度要求，模拟结果可靠。需要注意的是，SUFI-2 并不寻找最佳的模拟结果，因为在随机过程中，最佳解实际上就是最终的参数取值所拟合的结果。

## 4 结论

本文选择分布式水文模型 SWAT 对潮河流域水文过程进行模拟，以 1995～1999 年为率定期，以 2000～2002 年为验证期；选择 SUFI-2 算法对影响流域径流的参数进行敏感性分析、率定、验证和不确定性分析。可以得到以下几点结论：

(1) 敏感性分析结果表明，影响流域径流的最敏感参数依次为 CN2、ALPHA_BF、ESCO、SOL_AWC、SOL_K、CANMX、EPCO 等。

(2) 不确定性分析结果表明，下会站月径流量率定期模拟结果很好，但对于验证期来说，则显示出较大的不确定性。

(3) 在率定期确定性系数为 0.90，纳西效率系数为 0.88；在验证期，确定性系数为 0.77，纳西效率系数为 0.74。

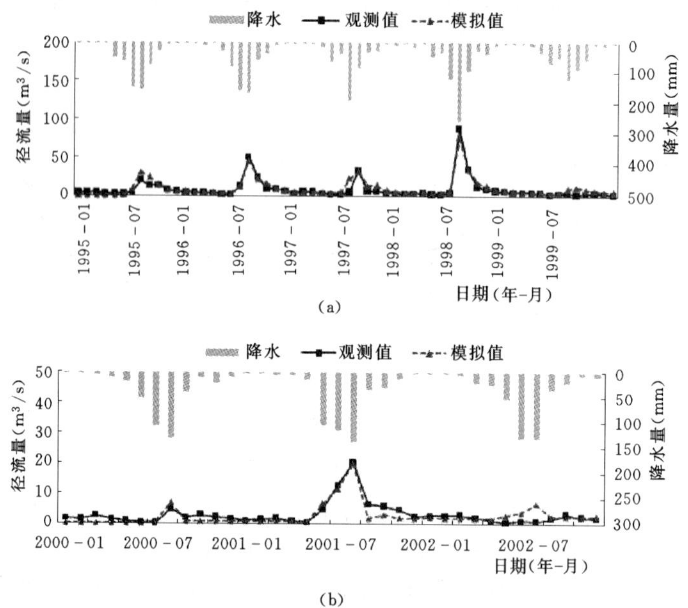


图 3 潮河下会站月径流实测值与模拟值拟合曲线

(a) 率定期; (b) 验证期

## 参 考 文 献


[1] Young RA, Onstad CA, Bosch DD, Anderson WP. AGNPS-A nonpoint-source pollution model for evaluating agricultural watersheds [J]. Journal of Soil and Water Conservation, 1989, 44 (2): 168 - 173.

[2] Arnold JG, Srinivasan R, Muttiah RS, Williams JR. Large area hydrologic modeling and assessment-Part 1: Modeldevelopment [J]. Journal of the American Water Resources Association, 1998, 34 (1): 73 - 89.

[3] Bicknell BR, ImhoffJ, Kittle J, Jobes T, Donigian AS. Hydrological Simulation Program-Fortran User's Manual US EPA. 2000.

[4] Gassman P W, Reyes M R, et al, The Soil and Water Assessment Tool: Historical Development, Applications, and Future Research Directions [J]. American Society of Agriculture and Biology Engineers, 2007, 50 (4): 1211 - 1250.

[5] Kuczera G and Parent E. Monte Carlo assessment of parameter uncertainty in conceptual catchment models: the Metropolis algorithm [J]. J. Hydrol, 1998, 211 (1 - 4): 69 - 85.

[6] Vrugt JA, Gupta HV, Bouten W, Sorooshian S. A Shuffled Complex Evolution Metropolis algorithm for optimization and uncertainty assessment of hydrologic model parameters [J]. Water Resources Research, 2003, 39 (8): 1201.

[7] YangJ, ReicherP, Karim C A et al. Comparing uncertainty analysis techniques for a SWAT application to the Chao he Basin in China [J]. Journal of Hydrology, 2008, 358: 1 - 23.

[8] Beven K, Binley A. The future of distributed models-model calibration and uncertainty prediction [J]] . Hydrological Processes, 1992, 6 (3): 279 - 298.

[9] vanGriensven A, Meixner T. Methods to quantify and identify the sources of uncertainty for river basin water quality models [J]. Water Science and Technology, 2006, 53: 51 - 59.

[10] Karim C A, YangJ, Ivan M, et al. Modelling hydrology and water quality in the pre-alpine/alpine Thur watershed using SWAT [J]] . Journal of Hydrology, 2007, 333: 413 - 430.

[11] FaramarziM, Karim C A, SchulinR, et al, . Modelling blue and green water resources availability in Iran [J] . Hydrol. Process, 2009, 23: 486 - 501.

[12] SchuolaJ, Karim C A, Srinivasan R. et al. Estimation of freshwater availability in the WestAfrican sub-continent using the SWAT hydrologic model [J]. Journal of Hydrology, 2008, 352: 30 - 49.

[13] 张银辉. SWAT 模型及其应用研究进展 [J]. 地理科学进展, 2005, 24 (5): 122 - 130.

[14] 徐宗学，等．水文模型［M］．北京：科学出版社，2009.

[15] Hargreaves G H，Samni Z A. Reference crop evapotranspiration from temperature［J］. Applied Engineering in Agriculture，1985，1（2）：96－99.

[16] Priestley C H B，Tylor R J. On the assessment of surface heat flux and evaporation using large-scale parameters［J］. Monthly Weather Review，1972（100）：81－92.

[17] Monteith J L. Evaporation and environment，the state and movement of water in living organisms［M］. New York，1964，In：19th symp Soc Excp Biol.，Academic press.

[18] Allen R G. A Penman for all seasons［J］. Journal of Irrigation and Drainage Engineering，ASCE，1986，112（4）：348－368.

[19] Neitsch S L，ArnoldJ G，Kiniry J R，et al. Soil and Water Assessment Tool Theoretical Documentation Version 2000. Texas. Texas Water Resources Institute，College Station. 2002.

[20] 宋星原，叶守泽．现代水文科学不确定性研究及进展［M］．成都：成都科技大学出版社，1994.

[21] Kuczera C，Parent E. Monte-Carlo assessment of parameter uncertainty in conceptual catchment models：the Metropolis algorithm［J］. Journal of hydrology，1998，211（2）：69－85.

[22] Rostamian R，Jaleh A，Afyuni M，et al. Application of a SWAT model for estimating runoff and sediment in two mountainous basins in central Iran［J］. Hydrological Sciences Journal，2008，53（5）：977－988.

[23] Nash J E，Sutcliffe J V. River flow forecasting through conceptual models，Part 1-a discussion of principles［J］. Journal ofHydrology，1970，10（3）：282－290.

[24] 罗睿，徐宗学，程磊．SWAT模型在三川河流域的应用［J］．水资源与水工程学报，2008，19（5）：28－33.


# Application of a SWAT model for estimating runoff in Chao river basin


Tang Fangfang[1]　Xu Zongxue[1]　Xu Huashan[1,2]　Wu Wei[1]

（1. Key laboratory of Water and Sediment Sciences，Ministry of Education；College of Water Sciences，Beijing Normal University，Beijing 100875；2. Institute of Resources and Environment，Henan Polytechnic University，Jiaozuo Henan 454003）



**Abstract** Chao river basin is one of the surface water sources for drinking water in Beijing. Due to the impact of human activities and climate change，Chao river basin is facing water scarcity. Therefore，it is very important to effectively manage water resources，while distributed watershed model is the useful and effective tool to manage water resources. Soil and Water Assessment Tool（SWAT）was selected to set up hydrological model in Chao river basin. Model calibration and uncertainty analysis were performed with sequential uncertainty fitting（SUFI－2），which is one of the programs interfaced with SWAT，in the package SWAT-CUP（SWAT Calibration and Uncertainty Programs）. Two measures were used to assess the goodness of calibration and uncertainty analysis：① *p－factor*，the percentage of data bracketed by the 95％ prediction uncertainty（95PPU）and ②*r－factor*，the ratio of average thickness of the 95PPU band to the standard deviation of the corresponding measured variable. Ideally，the *p－factor* should tend towards 1 with a *r－factor* factor close to zero. The results showed that*p－factor*was0.85 and *r－factor*was 1.12 in calibration period（1995～1999）while *p－factor*was 0.83，*r－factor*was 2.15 in validation period（2000～2002）. When accepted values of *p－factor* and *r－factor*are reached，further goodness of fit can be quantified by the coefficient of determination（$R^2$）and Nash-Sutcliffe coefficient（*NS*）between the observations and the final best simulation. The results indicated that $R^2$ was 0.90 and *NS* wad 0.88 in calibration period and $R^2$was 0.77and *NS* was 0.74 in validation period. The results of calibration and uncertainty analysis are satisfied.



**Key words** SWAT；SWAT－CUP；Chao River；Runoff；SUFI－2；*p－factor*；*r－factor*

# CRAE 模型在陕西关中地区的应用*

梅　星　沈　冰　莫淑红

（西安理工大学西北水资源与环境生态教育部重点实验室　西安　710048）

**摘　要**　本文研究了区域蒸散发量互补相关模型（CRAE 模型）的物理机理，并以陕西关中地区为研究区域验证了 CRAE 模型在该地区的适用性。研究表明：CRAE 模型具有坚实的物理基础，用气候资料推求参数，而不需要专门的区域性参数，具有广泛的适用性；计算成果合理、精度较高。

**关键词**　蒸散发量；CRAE 模型；关中地区

## 1　引言

区域蒸散发量的研究多年来一直是国内外气象、生物、地理等科学界关心的热点问题之一。对于非均匀下垫面，传统的气象学方法和气候学方法都很难用于计算大面积蒸散发量。水文学方法（水量平衡法）虽能计算大面积区域蒸散发量，但由于其都是以年为周期的时间尺度较长，因此也很难满足计算要求。近 20 年来发展起来的数值模拟方法能够模拟土壤－植被－大气连续体中的水分的连续变化过程，这对了解区域蒸散发的生物机理及物理意义都十分重大，但由于该类方法需要大量的土壤、气象参数和区域植被，因此也很难在实际中应用。20 世纪 70 年代以来发展起来的遥感模型，由于存在遥感反演的地表温度物理实质与精度、平流对模型的影响、非遥感参数的空间扩张、遥感信息的瞬时性等问题[1]，其精度尚达不到实际应用的要求。目前，区域蒸散发的估算和检验方法主要为图 1。

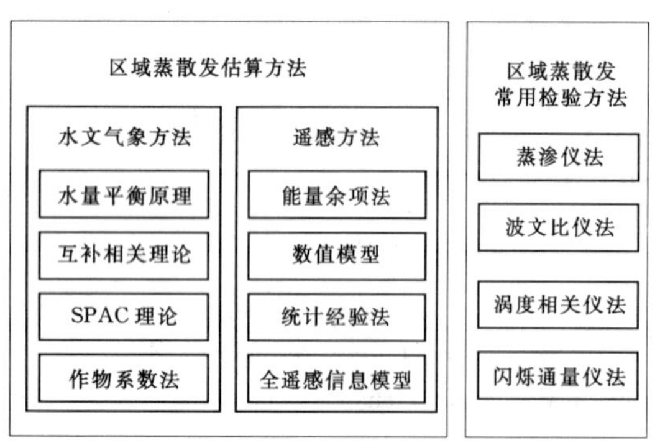


图 1　区域蒸散发量估算和检验方法

## 2　互补相关模型

流域上“三水”（大气水、地表水、地下水）交换频繁，人类活动对径流的影响日趋严重，目前如果要布设较稠密的水文站网、积累实测资料并对各地蒸散发量进行估算，不但难度高、投资大，而且近期也不易解决。陆面蒸散发量的估算在水循环、流域水资源规划以及区域水量平衡当中都十分重要。加拿大的 Morton 提出的互补相关法（complementary relationship areal evapotranspiration，CRAE）成功地避开了复杂的“土壤－植被”系统，仅输入常规的气象资料，即气温、日照、湿度，就可以估算出不同时段的陆面蒸散发量[2]。

区域蒸散发互补关系是 Bouchet 提出的一种假说，该假说认为，在恒定的能量供给条件下，区域性陆面蒸散发与其蒸散发能力即潜在蒸散发之间存在一种互补关系，即陆面蒸散发量的增加或减小的速率与相应的蒸散发能力减小或增加的速率相等[3]。这种关系可以表示为

$$dET_a + dET_p = 0 \quad (1)$$

式中：$ET_a$ 为区域实际蒸散发量或陆面实际蒸散发量；$ET_p$ 为区域蒸散发能力。
对式（1）积分有

* 基金项目：国家自然科学基金（50939004）。

第一作者简介：梅星（1986—　），女，四川省眉山市人，水文学及水资源专业硕士研究生，从事水文水资源研究。E-mail：meixing2009@163.com

$$dET_a + dET_p = C \tag{2}$$

式中：$C$为积分常数，由其边界条件确定。

蒸散发能力是指在一定的下垫面条件及一定的气候条件下一个假想的完全湿润的“饱和点”的蒸散发量，通常是以某一尺寸蒸发皿的水面蒸发量表示。如北美各国多以美国 A 级蒸发皿的水面蒸发作为蒸发能力的代表值，我国目前则多以 E601 蒸发皿的水面蒸发量为其代表值；“饱和点”的蒸散发量与其周围环境的实际蒸散发量之间存在差异，这种差异随周围环境趋向湿润而逐渐减小，而且是以“饱和点”蒸散发能力的减小和周围环境的实际蒸散发量的增加而逐渐缩小差距的。当周围环境达到与“饱和点”完全相同的湿润环境时，蒸散发能力与实际蒸散发量相等，将它们相等时的蒸散发量定义为“湿润环境区域陆面蒸散发量”，则可得式（2），式（2）中的积分常数为 2 倍的“湿润环境”区域陆面蒸散发量，即

$$ET_a + ET_p = 2ET_w \tag{3}$$

式中：$ET_w$ 为“湿润环境”区域陆面蒸散发量。

这种关系可以用图 2 表示。

物理意义为：如果陆面土壤－植物表面都处于饱和状态，供水充分，此时的蒸散发量即为 $ET_w$ 如果地表非常干燥，根本没有陆面蒸散发可利用的水量，此时空气干热，$ET_a=0$，$ET_p=2ET_w$；随着对陆面土壤－植物表面水分供给的增加，造成 $ET_a$ 增加，使得近地层空气温度下降，湿度增加，而这又会引起 $ET_p$ 的相应减少，最后随着地表供水能力的充分加大，$ET_a$ 与 $ET_p$ 的值收敛于 $ET_w$ 值。

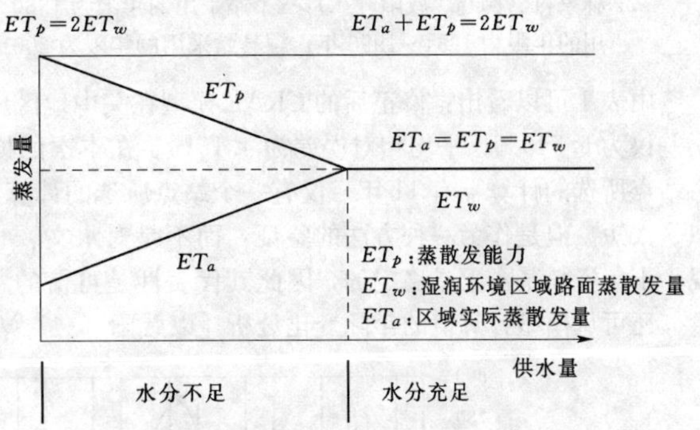


图 2　区域蒸散发互补关系示意图

## 3　研究区域

陕西关中地区位于陕西中部，也叫关中地区、关中平原，南依秦岭，北靠北山，西起宝鸡峡，东迄潼关港口，东西长约 360km，南北宽约 30～80km，总面积 5.55 万 $hm^2$，占陕西面积的 9.3%。界于北纬 33°30′～35°30′，东经 105°29′～110°45′之间。区内地势较平坦，素称“八百里秦川”。海拔一般为 325～900m。关中地区包括西安、宝鸡、咸阳、渭南、铜川 5 个行政市区 43 个县（市、区），除凤县、太白两县基本属于长江流域外，其余均属黄河流域。其北部为陕北黄土高原，向南则是陕南山地、秦巴山脉。该地区是陕西省政治经济文化的中心，在地理位置上具有中纬度偏低的内陆特点[4-7]。

本文采取的计算模型的基本资料包括陕西省关中地区 7 个气象站（宝鸡、铜川、西安、耀县、武功、长武、凤翔）1960～2010 年的逐月时间尺度下的月平均本站气压、月平均气温、月平均相对湿度、月平均日照百分率、月降水量等气象资料及经度、纬度、海拔高度等基本地理位置资料。用 CRAE 模型计算逐月实际蒸散发量，再统计得到季值、年值。

## 4　模型的验证

为反映 CRAE 模型在关中地区的适用性，以水量平衡法计算得到的部分站点的实际蒸散发量与模型计算结果进行对比。根据多年平均情况下闭合流域水量平衡方程：

$$\overline{P} = \overline{E} + \overline{R} \tag{4}$$

式中：$\overline{P}$为流域多年平均年降水量；$\overline{E}$为流域多年平均年蒸散发量；$\overline{R}$为流域多年平均年径流量。

根据式（4）可以计算出流域多年平均年蒸散发量。

本文选用泾河水系的张河水文站，渭河水系的林家村水文站、咸阳（二）水文站、柳林水文站和耀县水文站的水文资料。选用了长武、武功、宝鸡、西安、铜川和耀县六个县、市的同步气象资料。用各气象站的有关气象资料计算出陆面蒸散发量，并以水量平衡法计算的多年平均年蒸散发量作为实测值来检验互补相关模型的计算精度。校正后的模型部分站点计算结果与水量平衡法计算结果对比如表 1 所示。

**表 1　　模型计算与水量平衡法计算的流域蒸散发量成果比较**

| 站名 | 海拔（m） | 多年平均年降水量（mm） | 多年平均年径流深（mm） | 水量平衡蒸散发量（mm） | 模型计算蒸散发量（mm） | 绝对误差（mm） | 相对误差（%） |
|---|---|---|---|---|---|---|---|
| 林家村 | 612.4 | 657 | 74.58 | 582.42 | 554.52 | 27.9 | 4.79 |
| 张河 | 1206.5 | 557.94 | 54.57 | 503.37 | 515.23 | 11.83 | 2.355 |
| 柳林 | 978.9 | 632.93 | 105.02 | 527.91 | 562.46 | 34.55 | 6.545 |
| 咸阳（二） | 397.5 | 587.01 | 97.5 | 489.51 | 491.87 | 2.36 | 0.482 |
| 耀县（二） | 710.0 | 528.12 | 32.48 | 495.64 | 522.61 | 26.97 | 5.421 |

**注**　1. 绝对误差＝水量平衡蒸散发量－模型计算蒸散发量。

2. 相对误差＝绝对误差/水量平衡蒸散发量×100%。

3. 林家村、柳林、咸阳（二）三个站采用的年限为1980～1990年；张河站采用的年限为1976～1990年；罗川站采用的年限为1984～1990年；耀县站采用的年限为2001～2006年。

由表1可以看出：修正后的CRAE模型在关中地区应用得相当的好，相对误差均小于10%，最大相对误差仅为6.545%，平均相对误差为4.15%。在本次的模型验证中有两个站点所选计算期小于10年，有3个站点所选的计算器有11年，仅有一个站点所选的计算期为15年。这从水文、气象现象的循环周期来讲，似乎太短。但是作为一种方法的验证，而不是对水文、气象规律本身的探索，而且经同长系列资料比较发现，十年资料基本上是稳定的，因此其代表性是可信的。所建立的模型是否可用于计算较短时间的蒸散发量，还可从模型计算值的年际变化分析［以咸阳（二）站为例］。

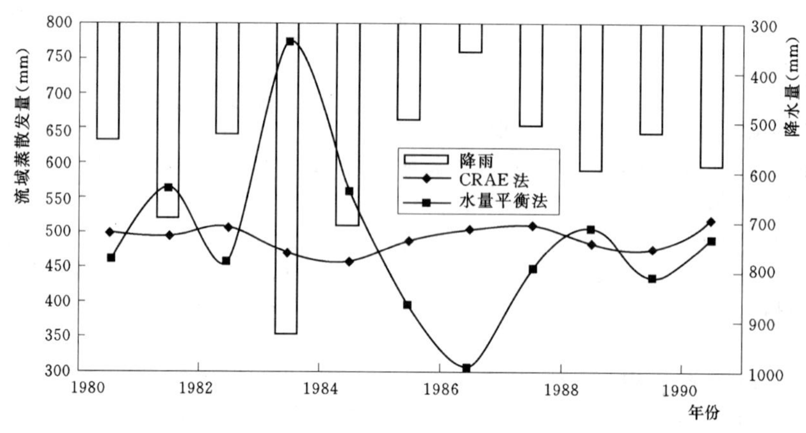


图3　咸阳（二）站CRAE模型与水量平衡法计算的流域蒸散发量图

图3为咸阳（二）站控制的流域面积上CRAE模型与水量平衡法计算的逐年流域蒸散发量及储水量年际变化图。从图可以看出，模型计算值与水量平衡计算值在有些年份差别较大。其原因并不是因为模型计算值偏离实际情况，而是由于水量平衡计算值简单的概化为降水量与径流量之差，没有考虑流域储水量的年际变化。对于多年平均情况，可以将其近似看作零，但是对于年际变化，由于各年降水量多少不一，蒸散发能力有强有弱，流域下垫面干湿不等，致使有些年份流域储水量多，而有些年份则将储水量耗于蒸散发。这就反映了简单的水量平衡计算法的不足之处。

从图3中还可以看出，用未考虑流域储水量变化的水量平衡法估算的流域蒸散发量是与降水量密切相关的，降水量大，蒸散发量就大，反之也成立。但是从CRAE模型计算值来看，流域蒸散发量的年际变化不仅与当年的降水量有关，而且还与前一年甚至前两年乃至前数年的降水量有关，即与流域前期储水量有关。对于图3，1983年降水量较多，但是蒸散发量并不是降水量与径流量之差，而是在扣除流域储蓄的部分水量后的值。1986年属于干旱年，降水量较少，但是这种年份日照强烈，除当年的降水量大部分耗于蒸散发外，还有部分流域储水量也耗于蒸散发，实际蒸散发量远远大于水量平衡值，且大于当年的降水量。若遇连年丰水，则可能出现日照不足，致使实际蒸散发量不可能随降水直线上升，甚至会出现下降现象（如图 3 中的 1983～1984 年）。总之，我们认为 CRAE 模型计算值能够较好地反映流域降水量对蒸散发量的影响，计算成果比简单的水量平衡估值更接近实际。

## 5 结论

本文通过介绍 CRAE 互补相关模型的物理意义与对模型验证，主要得到以下结论：

(1) 区域蒸散发互补关系模型（CRAE）具有坚实的物理基础。它将蒸散发能力、“湿润环境”区域蒸散发量和陆面实际蒸散发量三者联系起来，充分的反映了区域蒸散发的客观规律。

(2) 区域蒸散发互补关系模型（CRAE）仅用常规的地面气象观测资料（湿度、日照和气温）作为计算依据，资料很容易获得，同时还避开了复杂的“土壤—植物”系统，用气候资料推求参数，而不需要专门的区域性参数，具有广泛的适用性。

(3) 区域蒸散发互补关系模型（CRAE）计算成果合理、精度较高，同时反映了流域储水量的影响，用其计算短历时的蒸散发量可以避开用水量平衡法估算流域蒸散发量时推求流域储水量的困难。

## 参考文献

[1] 马耀明．非均匀陆面上区域蒸（散）发研究概况．高原气象，1997，16（4）：446-452.

[2] Morton F I. Operational Estimates of Areal evapotranspiration and their Significance to the Science and Practice of Hydrology. J Hydro，1983. 66：1-76.

[3] Bouchet R J. Evapotranspiration reeled et potentially，signification climate. Public，General Assembly Berkeley，Int. Ass. Sci. Hydrology，Gentbrugge，Belgium，1963，62：134-142.

[4] 聂树人．陕西自然地理．西安：陕西人民出版社，1981.

[5] 苏生瑞，彭建兵．渭河盆地活动断裂与地质灾害．西安：西北大学出版社，1992.

[6] 佘汉章，陕西水文．西安：陕西科学技术出版社，1987.

[7] 陕西省建设厅．陕西省城镇体系规划（2000～2020 年），2001.

# 基于 GIS 的岔巴沟流域降水空间插值方法比较*

胡忠玲　沈　冰

（西安理工大学西北水资源与环境生态教育部重点实验室　西安　710048）

**摘　要**　本研究采用反距离加权法（IDW）、样条函数法（Spline）、普通克里金（Kriging）插值方法对岔巴沟流域 13 个观测站点 1959～1989 年年降水量进行空间插值分析，得出 3 种插值方法均能反映出岔巴沟流域多年降水空间分布格局（降雨量从西南到东北减少），进一步用交叉验证法得出 3 种插值方法的精度较接近，精度高低顺序为：Spline>Kriging>IDW。

**关键词**　降水；空间插值；岔巴沟流域

降水作为影响地球上生物生存发展十分重要的气象要素，其空间化信息对于区域水文、水资源分析以及区域水资源管理、旱涝灾害管理、生态环境治理都具有重要意义[1]。

从观测站得到的是空间上的离散降水数据，而降水在空间上是连续的自然现象，只有对区域内的降水数据进行空间插值，才能准确反映区域尺度的降水特征。所谓空间插值是基于空间相关性的基础上进行的，常用于将离散点的测量数据转换为连续的数据曲面，以便与其他空间现象的分布模式进行比较，它包括了空间内插和外推两种算法。降水空间插值采用空间内插算法，即通过已知点的数据推求同一区域未知点数据。目前用于空间内插的方法很多，不同的插值结果差别也较大，如何根据数据与区域特征选择最优的内插方法一直是地学研究的一个热点[2]。

本研究以岔巴沟流域 13 个观测站点 1959～1989 年间年降水量观测数据为基础，结合 GIS 技术，选反距离加权法（IDW）、样条函数法（Spline）、普通克里金（Kriging）插值方法，通过经过交叉验证法试图选择出最适合岔巴沟流域的降水数据空间插值方法。

## 1　研究区域概况及数据

### 1.1　流域概况

岔巴沟流域是大理河的子流域，位于陕北子洲县境内，自然地理区划属于黄土丘陵沟壑区，流域面积为 205km，沟道长 24.5km，流域形状基本对称，干沟与支沟相汇夹角约为 60°。

### 1.2　降水量资料

收集整理岔巴沟流域 13 个观测站（图 1）31 年（1959～1989 年）降水量资料及降水量观测站的经纬度，计算各站点 31 年平均降水量，并对其准确性进行验证。

## 2　研究方法

### 2.1　插值方法

#### 2.1.1　反距离加权法（IDW）

IDW 是基于“地理第一定律”所指出空间上分布的事物是相互联系的，但距离近的事物之间的相似性大于距离较远的事物之间的相似性[3]。计算公式为

$$Z=\frac{\sum_{i=1}^{n}\frac{1}{(D_i)^p}Z_i}{\sum_{i=1}^{1}\frac{1}{(D_i)^p}} \tag{1}$$

式中：$Z$ 为估计值；$Z_i$ 为第 $i$（$i=1，2，\cdots，n$）个样本；$D_i$ 为距离，$p$ 为距离的幂，它显著影响内插结果。

* 基金项目：国家自然科学基金（No. 50939004）。

第一作者简介：胡忠玲（1988—　），女，陕西榆林人，在读硕士生，从事水文及水资源。E-mail：lingzi902@126.com

图1 岔巴沟流域降水观测站分布图

Husar 等[4]的研究结果表明，幂越高，内插结果越具有平滑的效果。

**2.1.2 样条函数法（Spline）**

样条函数是使用函数逼近曲面的一种方法。它内插的实质是利用数学方法产生一组已知采样点的平滑曲线，并依据这条曲线来估计每个定点的属性数值，在计算过程中采用最小曲率的概念来进行[5]。

样条函数法计算量不大，由于是分段函数，每次只用少量数据点，故插值速度快。样条函数法的缺点是难以对误差进行估计，采样点稀疏时插值效果较差。

**2.1.3 普通克里金法（Kriging）**

克里金内插法（Kriging）是最常用的空间内插方法之一。Matheron 给出了克里金法的一般公式：

$$Z = \sum_{i=1}^{n} \lambda_i Z(x_i) \tag{2}$$

式中：$Z$ 为估算点的气象值；$\lambda_i$ 为参与插值的站点对估算点气象要素的权重；$x_i$ 为气象站点的位置。

克里金法的优点是以空间统计学作为其坚实的理论基础，物理含义明确；不但能估计测定参数的空间变异分布，而且还可以估算估计参数的方差分布。克里金法的缺点是计算步骤较烦琐，计算量大，且变异函数有时需要根据人为经验选定[6]。

**2.2 检验方法**

采用交叉验证法（cross－validation）来验证插值的效果，主要国内外许多学者都曾用该方法检验气象要素空间插值效果．即首先假定每一站点的气象数据未知，都用周围站点的值来估算，然后计算所有站点实际观测值与估算值的误差，以此来评判估值方法的优劣[7]。本研究采用均方根误差（*RMSE*）和相关系数（*R*）作为评估几种插值方法的插值效果的标准。RMSE 的表达式为

$$RMSE = \sqrt{\frac{\sum_{i=1}^{n}(Z_{a_i} - Z_{e_i})}{n}} \tag{3}$$

式中：$n$ 为检验站点数目；$Z_{a_i}$ 为第 $i$ 个站点的实际观测值；$Z_{e_i}$ 为第 $i$ 个站点的插值估计值。

## 3 成果与分析

采用上述 3 种常见的空间内插方法对 13 个降水量观测站点 31 年（1959～1989 年）的年平均降水量进行插值，结果见图 2。

由 3 种方法插值后得到的降水空间分布图均反映出岔巴沟流域 31 年降水空间分布特征，即呈现出西南

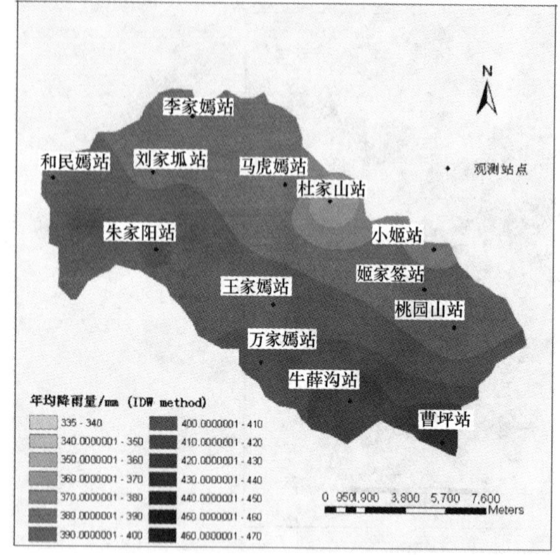


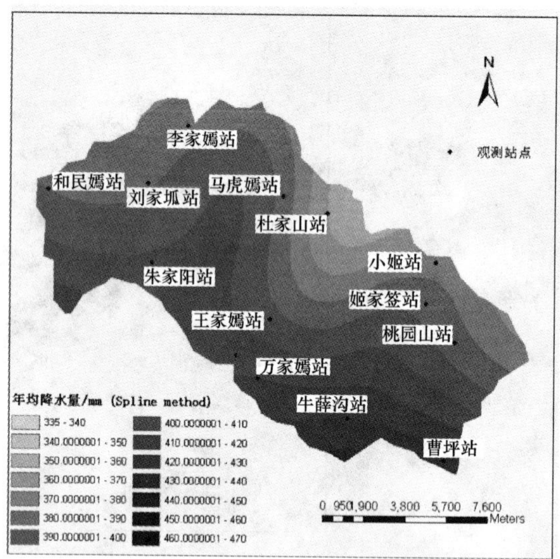


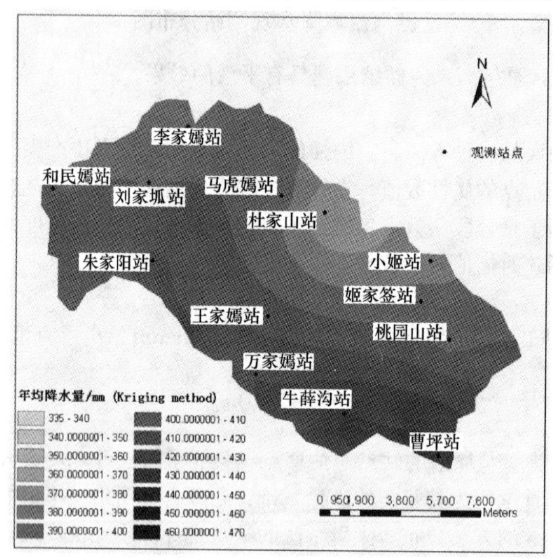


图 2　三种方法插值降水空间分布

到东北递减的趋势。在图 2IDW 法降水空间插值图中，杜家山和朱家阳湾等站出现了“牛眼”现象，这与汤国安[8]等提出 IDW 插值法易受极值的影响，往往产生明显“牛眼”现象的结论相符合。

对比可知，3 种方法得出的结果有所差异，用交叉验证法进一步分析插值效果。

**表 1　　13 个站点不同插值方法计算值和实测值的对比**　　单位：mm

| 测站 | 实测值 | 计算值 | | |
|---|---|---|---|---|
| | | IDW 插值法 | Spline 插值法 | Kriging 插值法 |
| 刘家坬 | 389.25 | 391.21 | 395.29 | 393.05 |
| 李家焉 | 386.46 | 389.23 | 385.11 | 392.98 |
| 马虎焉 | 386.11 | 375.99 | 365.12 | 370.84 |
| 杜家山 | 359.87 | 388.89 | 382.09 | 385.51 |
| 朱家阳湾 | 401.54 | 390.10 | 398.23 | 393.50 |

续表

| 测站 | 实测值 | 计算值 | | |
|---|---|---|---|---|
| | | IDW 插值法 | Spline 插值法 | Kriging 插值法 |
| 王家焉 | 394.52 | 397.61 | 392.88 | 399.59 |
| 万家焉 | 409.82 | 395.91 | 409.87 | 401.76 |
| 朱薛沟 | 420.06 | 397.80 | 415.10 | 409.45 |
| 桃园山 | 385.18 | 389.37 | 401.00 | 397.53 |
| 姬家岑 | 385.95 | 383.16 | 377.89 | 379.11 |
| 曹坪 | 425.24 | 396.18 | 405.98 | 396.93 |
| 和民焉 | 390.39 | 391.91 | 371.83 | 393.00 |
| 小姬 | 374.76 | 387.14 | 366.73 | 379.64 |

分析表1可得出总体而言，3种插值方法的计算值均较接近于实测值，但是在马虎焉、杜家山、曹坪站预测值与实测值相差较大，从岔巴沟流域站点观测站分布图上可看出这三个观测站离周围站较远，空间相关性较弱所致。这说明计算精度与观测站点的密度有关。

表2　不同插值方法插值效果的比较

| 插值方法 | *RMSE* | *R* | 插值方法 | *RMSE* | *R* |
|---|---|---|---|---|---|
| IDW | 12.727 | 0.721 | Kriging | 14.705 | 0.580 |
| Spline | 13.106 | 0.643 | | | |

从表2可得，在现有的资料和研究方法的基础上，岔巴沟流域年降水3种插值方法插值精度悬殊不大，精度高低顺序为：Spline>Kriging>IDW。

## 4　结论与讨论

本研究基于岔巴沟流域13个观测站的位置和31年年降水量的资料，选用GIS中反距离加权法（IDW）、样条函数法（Spline）、普通克里金法（Kriging）进行空间插值，用交叉验证法得出岔巴沟流域年降水插值精度：Spline最高，Kriging次之，IDW较差。

经分析，在以后的研究中岔巴沟流域降水空间插值的精度可以通过以下两个途径提高。首先，因为本文在插值过程中，3种方法中的参数均采用Arcgis软件默认值，故可通过调试参数提高精度。其次，由于资料有限，本文在插值过程中只考虑了观测站点位置和降水信息，故可考虑加入和降水空间分布有关的高程等影响因子，使插值结果更能真实地反应降水空间分布信息。

## 参考文献

[1] 朱会义，贾绍凤．降水信息空间插值的不确定性分析［J］．地理科学进展，2004，23（2）：34-41.

[2] 高国栋，陆渝蓉．气候学［M］．北京：气象出版社，1998：105-109.

[3] Tobler W A. A computer movie simulationg urban growth in the Detroit region［J］. Economic Geography，1970，46（2）：234-240.

[4] HusarR B，Falke SR. Uncertainty in the spatial interpolationofPM10monitoring data in Southern California〔EB/OL〕. http：//capita. wust. ledu/CAPITA/Capita Reports/Ca Interp/Ca INTERP. HTML，1997-03-03 /1999-10-25.

[5] 储少林，周兆叶，等．降水空间插值方法应用研究——以甘肃省为例［J］．草业科学，2008：19-23.

[6] 蔡福，于贵瑞，祝青林，等．气象要素空间化方法精度的比较研究［J］．资源科学，2005，27（5）：173-179.

[7] 陈晶晶，胡蓓蓓，等．天津降水数据的空间插值分析［J］．安徽师范大学学报，2010，33：382-387.

[8] 汤国安，杨昕．ArcGIS地理信息系统空间分析实验教程［M］．北京：科学出版社，2007.

# Comparison of Spatial Interpolation Methods to Precipitation in Chabagou Basin Based on GIS

Hu Zhongling Shen Bing

(Key Lab of Northwest Water Resources and Environment Ecology, Xi'an University of Technology, Xi'an 710048)

**Abstract** In this study, average annual precipitation data of the last 31 years from 1959 to 1989 at 13 observation stations in Chabagou basin was analyzed with the methods of Inverse distance weight tension, Spline, Ordinary Kriging. The results indicate that all the three interpolators can generally reflect the spatial distribution of precipitation of Chabagou basin (rainfall decrease from southwest to northeast). Futher conclusion obtained by cross—validation is that the accuracy of interpolation methods is close and in the order of: Spline>Kriging>IDW.

**Key Words** precipitation; spatial interpolation; Chabagou basin

# 水与农业

# 冬小麦冠层温度的差异性及影响因素分析*

孙宏勇　张喜英　陈素英　张小雨　邵立威　王艳哲

（中国科学院遗传与发育生物学研究所农业资源研究中心　石家庄　050021）

**摘　要**　用冠层温度指示作物缺水的情况已经得到广泛的应用。但作物的冠层温度受到多种因素的影响。本文以华北平原冬小麦为研究对象，对不同灌溉制度下，不同肥料供应情况和不同冬小麦品种的冠层温度进行了研究。研究结果表明：不同灌溉对冬小麦的冠层温度影响最大，而不同肥料种类和冬小麦品种间的作物冠层温度的差异性较小。在不同的供水状况下，不同处理之间的冠气温差在不同时期均有明显的差异，而从日尺度来看，从10：30～16：00的冠气温差可以反应作物的供水状况。

**关键词**　冠层温度；冬小麦；影响因素

近些年来，随着近红外和其他遥感近红外传感器的快速发展，其为监测作物冠层温度为确定作物水分胁迫提供了便利条件[1]。基于冠层温度定量评价作物水分胁迫指数（CWSI）已经得到了快速的发展。许多研究评价了不同作物在不同灌溉制度下的CWSI的应用[2,3]。但是利用冠层温度确定华北地区冬小麦在不同灌溉制度下、不同品种、不同肥料供应情况下等方面的综合研究仍然比较少。基于这种情况，本文利用在2010～2011年对不同灌溉制度、不同品种和不同肥料供应下的冬小麦冠层温度差异及相应的影响因素进行了研究。

## 1　材料与方法

### 1.1　实验地概况

实验于2003～2007年在中国科学院栾城农业生态试验站进行。该站位于北纬37°50′，东经114°40′，海拔50.1m，隶属于河北省栾城县。研究区域为太行山山前平原的农业高产区，农业生产以冬小麦＋夏玉米一年两熟制为主。光热资源丰富，多年平均降水量480.7mm，冬小麦生长季平均降水量为110mm左右，冬小麦的生产主要依赖灌溉来进行。2010～2011年冬小麦季的降水量为54.8mm。

### 1.2　试验设计

#### 1.2.1　灌溉试验

6个不同灌溉制度试验，包括灌溉0水、1水、2水、3水、4水和5水共6个处理，每个处理4次重复，灌溉时间和灌溉量等如表1所示。小区面积为20m²。为防止水分的侧渗影响，每个处理之间有2m的保护行。冬小麦品种为科农9204，2010年10月9日播种，6月15日收获。

表1　冬小麦不同灌溉制度的灌溉时间及水量

| 处　理 | 灌水次数 | 灌　水　时　期 | 灌溉水量 |
|---|---|---|---|
| A | 0 | | 0 |
| B | 1 | 拔节 | 75 |
| C | 2 | 拔节、抽穗－开花 | 150 |
| D | 3 | 拔节初、孕穗－抽穗、杨花－灌浆 | 210 |
| E | 4 | 越冬、拔节、抽穗、灌浆 | 280 |
| F | 5 | 越冬、拔节、孕穗、抽穗开花、灌浆 | 350 |

* 基金项目：国家重点基础研究发展计划（973计划）项目（2009CB118604）和国家科技支撑项目（2008BAD95B12）资助。

第一作者简介：孙宏勇（1974—　），男，河北冀州人，中国科学院遗传与发育生物学研究所农业资源研究中心，副研究员，主要从事农田节水理论与技术。E-mall：hysun@sjziam.ac.cn

#### 1.2.2 品种试验

品种试验主要为8个当地主栽冬小麦品种，包括：石麦15（1）、石麦18（2）、石新828（3）、石新811（4）、济麦22（5）、良星66（6）、科农199（7）和石优17（8）。这些品种的株高差别不大。每个处理4次重复，小区面积为30m$^2$。品种进行人工等行播种，播种时间为2010年10月9日，收获时间为2011年6月15日。

#### 1.2.3 肥料试验

肥料试验分为4个处理，处理1（T1）为秸秆还田和施有机肥（鸡粪）；处理2（T2）为没有秸秆还田＋有机肥；处理3（T3）为无秸秆还田＋化肥；处理4（T4）为秸秆还田＋化肥。上述处理的氮肥施用量一致，大约为200kg N/hm$^2$。每个处理4次重复，小区面积为30m$^2$（5m×6m）。冬小麦播种为机械播种，管理方式与附近农田的一致。

### 1.3 观测项目

冠层温度的观测，利用THERMO SHOT F30（日本生产）仪器分别在4月28日、4月30日、5月11日、5月17日和5月25日对不同灌溉制度下的冬小麦进行了观测，观测时间均为上午11：00左右，由于拍摄照片需要的时间较短，6个处理在5～10min之内就能完成，所以认为其时间基本一致。为保证测定时的误差，观测角度为45°，距离冠层高度为80cm左右。品种的观测在5月17日进行，肥料试验在5月17日进行。

图像收集后，用InfReC Analyzer NS9500 Lite进行分析，相对应可见光照片，提取近红外图片中图像的冠层温度信息。放射率设为0.96，环境温度设为25℃。

## 2 结果与分析

### 2.1 不同灌溉制度对冠层温度的影响

不同时期的冬小麦冠气温差具有相似的变化趋势（图1）。干旱处理的冬小麦冠气温差最大，随着灌溉次数的增加，灌水多的处理的冠气温差越来越小，灌溉3水、4水和5水的处理的冠气温差最后相差不大。在不同时期的差异是由于灌溉时间的不同引起的。

冠气温差有明显的日变化规律，日出之后，由于作物的蒸腾速率增加，冠层温度的变化比较快，相比之下，空气温度的变化比较慢。在这个时段内，冠层温度均大于空气温度，冠气温差为正值，特别干旱的处理的冠气温差大于灌溉水分较多的处理。随着蒸腾强度的不断增加，叶片由于失水作用温度的增幅变缓，冠气温差逐渐出现负值。当随着辐射的减少，蒸腾强度逐渐降低，冠气温差的差异逐渐变小。因此，从10：30～16：00之间时段的冠气温差反应作物的供水状况具有代表性（图2）。

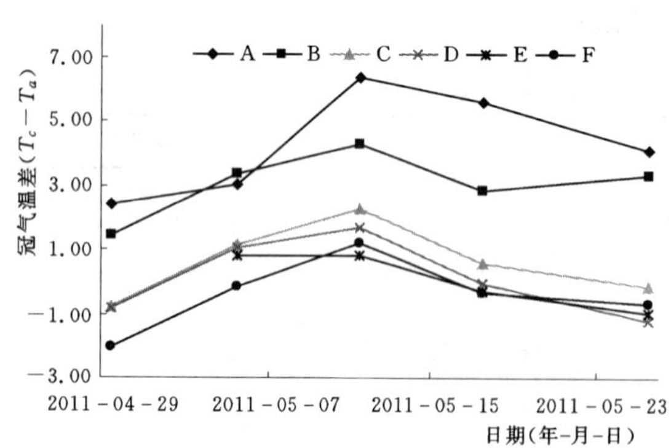


图1 不同灌水处理的冬小麦冠气温差在不同时期变化

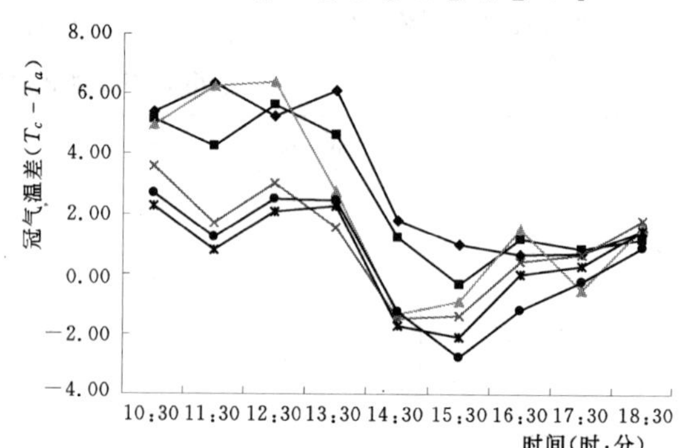


图2 不同灌水处理的冬小麦冠气温差的日变化过程（2011—05—11）

### 2.2 不同肥料供应对冠层温度的影响

肥料的施用对作物吸收利用水分有着非常重要的作用，一些研究指出，肥料能够提高作物的水分利用。秸秆覆盖也是一种具有明显保墒作用的节水方式，并已经得到大面积的应用，因此研究不同秸秆和肥料特别是有机肥对作物吸收利用水分非常必要。图 3 可以看出，秸秆还田对作物的冠层温度影响较小，有秸秆还田的处理 T1 和 T4 和无秸秆还田的处理 T2 和 T3 的冠层温度没有明显的差异。同时，有机肥的处理（T1 和 T2）与施化肥的处理（T3 和 T4）相比，其冠层温度也没有明显的差异。这说明无论是秸秆覆盖还是有机肥的施用虽然有明显的保墒增产作用，但对作物的蒸腾影响较小，进而对冠层温度的影响较小。

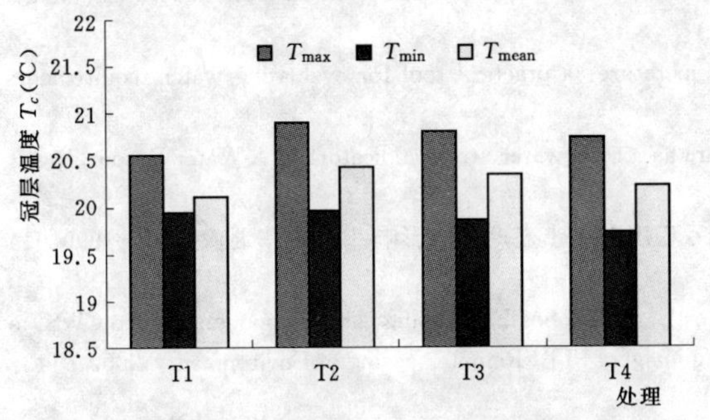


图 3　不同肥料供应下冬小麦冠层温度的变化

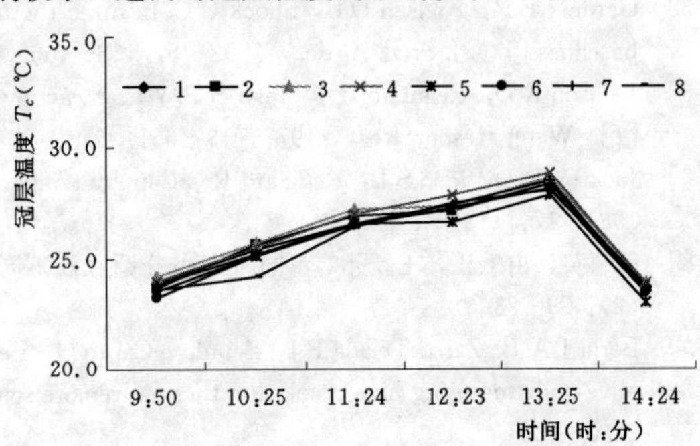


图 4　不同冬小麦品种的冠层温度变化

**2.3　不同冬小麦品种对冠层温度的影响**

从图 4 可以看出，不同冬小麦品种的冠层温度在一天中的变化趋势是一致的，在不同时间段的差异性较大，但 8 个冬小麦品种之间在相同时段内的冠层温度没有明显的差异。这可能与这 8 个冬小麦品种均是当地主栽的品种，品种之间的遗传背景比较接近有关系，比如植株的高度相差不大，叶片类型相似，生育期比较接近等因素。这说明气象因素是决定冬小麦蒸腾速率变化的主要因素，品种之间虽然有些差异，但是在相同水分供应下对水分的利用没有明显的变化。

## 3　主要结论

通过不同的试验对影响冬小麦冠层温度变化的影响因素进行了分析。不同的灌水处理是对冬小麦冠层温度及冠气温差影响最大的因素，而具有相似遗传背景的不同冬小麦品种的冠层温度没有显著性差异。有机肥和化肥以及秸秆覆盖虽然对作物对水分的利用可以起到一定的调节作用，但是从冠层温度角度分析，这些因素对其没有显著的影响。不同灌水处理的冬小麦冠层温度在不同时期呈现比较一致的变化规律，即灌水少的具有较高的冠层温度，灌水多的处理具有较低的冠层温度，从日变化规律来看，冠气温差差异最大时出现在 10：30～16：00 之间。因此，这段时间的冬小麦冠气温差可以用来指示冬小麦的供水状况。

## 4　讨论

冠气温差能够被用来检测作物的供水情况在国内外已经进行了多年的研究[4-7]，但是对于不同的作物来说，冠气温差的数值变化范围是不同的，需要根据作物种类的不同，明确量化冠气温差与土壤根层含水量或作物水势之间的关系，为精准灌溉提供可靠地理论依据。

由于作物一生中从苗期到成熟的生长变化，其覆盖度是不同的，裸露土壤的多少对冠层温度的准确测定有一定的影响，即作物冠层结构的变化会对冠层温度有一定的影响。同时，由于作物在不同生育期对水分的敏感性不同[8]，所以应综合考虑，根据作物情况确定不同的冠气温差指示的作物缺水情况。

随着科技水平的进步，冠层温度的测定已经越来越准确，由点到面的冠层温度可以给区域的作物水分状况提供帮助[9]。但是，目前的研究主要是针对点的冠层温度进行分析，如何能够利用先进的遥感技术实现尺度转换问题，进而应用到实际生产中也是迄待解决的问题之一。

## 参 考 文 献


[1] Yuan G F, Luo Y, Sun X M, Tang D Y. Evaluation of a crop water stress index for detecting water stress in winter wheat in the North China Plain [J]. Agricultural water management, 2004, 64: 29-40.

[2] Idso S B. Non-water-stressed baseline: a key to measuring and interpreting plant water stress [J]. Agric. Meteorol, 1982, 27: 59-70.

[3] Idso S B，Jackson R D，Pinter Jr，P J，Reginato R J. Hatfield J L. Normalizing the stress degree day for environmental variability [J] . Agric. Meteorol，1981，24：45 - 55.

[4] 张喜英，裴冬，陈素英 . 用冠气温差指导冬小麦灌溉的指标研究 [J] . 中国生态农业学报，2002，10 (2)：102 - 105.

[5] Gardner B R，Nielsen D C，Shock C C. Infrared thermometry and the crop water stress index. I. History，theory，and baselines [J] . J. Prod. Agric.，1992，5：462 - 466.

[6] Jackson R D，Reginato R J，Idso S B. Wheat canopy temperature：a practical tool for evaluating water requirements [J]. Water Resour. Res.，1977，13：651 - 656.

[7] Jackson R D，Idso S B，Reginato R J. Canopy temperature as a crop water stress indicator [J] . Water Resour. Res.，1981，17：1133 - 1138.

[8] 张喜英，由懋正，王新元 . 不同时期水分调亏及不同调亏程度对冬小麦产量的影响 [J] . 华北农学报，1999，14 (2)：79 - 83.

[9] Berni J A J，Zarco-Tejada P J，Sepulcre-Cantó G，Fereres E，Villalobos F. Mapping canopy conductance and CWSI in olive orchards using high resolution thermal remote sensing imagery [J] . Remote sensing of Environment，2009，113：2380 - 2388.

# 基于水一生态一经济协调发展的河西内陆河流域现代节水农业发展思考

马忠明[1,2] 吕晓东[1,2]

(1. 甘肃省农业科学院 兰州 730070;

2. 农业部张掖绿洲灌区农业生态环境重点野外科学观测试验站 甘肃张掖 735100)

**摘 要** 创新流域现代节水农业的发展思路,确定其合理的发展方向和模式是缓解流域水资源危机,保证农业可持续发展的一项重要战略任务,这对保障区域水安全、生态安全与粮食安全,以及促进我国节水农业的发展均具有十分重要的意义。本文根据笔者多年在河西绿洲灌区节水农业的实践与研究基础上,总结了目前河西内陆河流域水资源利用和节水农业的发展特点,结合当前国内外现代节水农业的发展重点和趋势,提出了一个基于水一生态一经济协调发展的河西内陆河流域现代节水农业研究思路,并介绍了研究思路提出的背景与目的、目标及主要研究内容,以期为干旱灌区发展现代节水农业提供参考。

**关键词** 水一生态一经济;节水农业;研究框架;河西内陆河流域

## 1 引言

国际节水农业在经历了灌溉农业和传统节水农业发展之后,已经进入现代节水农业发展阶段,其特征不仅强调生物、信息和新材料技术在节水中的应用,更注重高产、优质、高效、环境安全、生态健康和可持续的综合协调发展。当前,我国现代节水农业发展正处在一个传统技术升级与高技术发展相互交织的关键时期,确定其合理的发展方向和模式对保障区域水安全、生态安全与粮食安全,以及促进我国节水农业的发展均具有十分重要的意义[1]。

河西内陆河流域是甘肃省重要的商品粮基地,以占全省水资源量的19%,提供了全省70%以上的商品粮。随着种植结构和产业结构的调整,河西走廊已成为全国玉米杂交种制种基地、优质啤酒大麦生产基地、花卉制种基地和六大西菜东调基地之一,制种业、啤酒大麦和蔬菜已成为该区农业增效和农民增收的重要特色产业。但河西灌区水资源总量不足,结构性缺水严重,加上国家对内蒙古生态用水的调剂,河西灌区水资源不足的矛盾更加凸现,并引起很多生态问题,已对河西灌区特色产业的快速发展产生了很大的压力,对河西灌区商品粮生产基地的优势和确保全省粮食安全提出了新的挑战。如何在加快特色产业发展的同时确保全省的粮食安全是河西灌区农业发展中面临的新问题。因此,发展现代节水农业和实现水资源的可持续利用已成为河西缓解水资源危机的重要战略抉择。本文在分析河西走廊水资源现状、供需平衡、农业用水结构变化及节水农业技术发展现状的基础上,结合区域自然、农业生产及社会经济状况,基于水一生态一经济协调发展理论对河西内陆河流域发展现代节水农业进行了一些思考,以期为干旱灌区发展现代节水农业提供参考。

## 2 节水农业的发展现状与存在问题

### 2.1 水资源总量不足,利用率不高,结构比例严重失调是河西发展现代节水农业的基础背景

河西内陆河流域多年平均年降雨352.147亿$m^3$,通过水循环更新的地表水和地下水多年平均水资源总量61.291亿$m^3$,人均水资源量约1400$m^3$,低于国际公认的1700$m^3$的警戒线,也低于全国人均2135$m^3$的水平。在河西走廊三大流域中,石羊河流域人均水资源和耕地亩均水资源,仅为全国平均水平的1/3和1/9,黑河流域为3/4和1/3。但黑河流域和石羊河流域水资源开发利用全面超载,超过100%,远高于40%左右的国际警戒线,发展模式与资源禀赋严重失衡[2]。受全球气候变化影响,近500年来,祁连山区气温升高约1~1.2℃,冰川面积减少33%~46%,冰川储量减少31%~51%,年降水量减少50~80mm,冰川融水减少35%~46%,陆面蒸发约增加7%,雪线由3800m上升至现在的3950m以上,源头冰川消融速度加快,

第一作者简介:马忠明(1963— ),男,甘肃民勤人,甘肃省农业科学院,研究员,主要从事保护性耕作和节水农业的研究。E-mail:mazhming@sohu.com

冰川面积仅存 2911km$^2$，冰雪水资源持续减少[3]。因此，缓解河西水资源危机成为当务之急，而现代节水农业作为解决这个矛盾的有效途径之一，必须作为一项艰巨而长期的战略任务来常抓不懈。

灌溉水利用率低，单方水产出效益不高是河西节水农业发展中面临的一个突出问题。与世界发达国家节水农业相比，世界发达国家灌溉水利用率是 70%～80%，以色列达到 90%，而河西地区灌溉水利用率为 35%左右。世界发达国家水分生产效率 2.0kg/m$^3$，以色列为 2.32kg/m$^3$，而河西地区水分生产效率仅为 0.8kg/m$^3$[4]。从现代节水农业的发展来看，提高作物水分利用率与利用效率是其主要目标，而这也正是河西现代节水发展的突破口和主要研究方向。

伴随着近几十年来，河西绿洲人口迅速增长，平均人口密度近 200 人/km$^2$，工业、生活用水不断增加，结构性缺水已成为制约河西走廊社会经济发展的主要因素。河西走廊社会用水和耗水结构组成中农业均是大户，占到 90%以上，而其他行业只占 10%左右[5]。据白立勇预测[6]，到 2015 年河西经济和社会各部门总需水量 73.19 亿 m$^3$。其中农业灌溉需水 63.43 亿 m$^3$，占总需水量的 86.7%；工业需水 4.49 亿 m$^3$，占 61%；生活用水 3.26 亿 m$^3$，占 45%；生态需水 2.01 亿 m$^3$，占 2.7%。可供水量 72.33 亿 m$^3$，缺水 0.86 亿 m$^3$，缺水程度为 1.18%。目前水资源供需仍缺水 5.9 亿 m$^3$，缺水程度为 7.2%。可见若要解决经济发展与水资源短缺之间的矛盾，那就必须要调整产业结构，把农业用水和其他行业用水维持在一个合理的比例范围之内，而在当前农业用水仍然占据用水主导地位的情况下，节水的最大潜力应在农业上。

### 2.2 工程节水与农艺节水技术并重进入快速发展阶段，而管理节水和生物节水技术相对落后

经过长期努力，河西灌区节水农业取得了长足进展。从 20 世纪六七十年代就开始了以平田整地和渠道衬砌为主的农田水利基本建设。80 年代，节水工程正式纳入甘肃省水利建设计划，在河西开展了百万亩常规节水增产技术的试验与示范，在推行渠道防渗衬砌、完善田间配套的基础上，实行小畦灌溉。进入 90 年代，由过去单一的渠道衬砌发展到采用低压管道输水灌溉，喷灌、滴灌等先进高效节水技术。截至 2007 年底，河西节水灌溉面积累计达到 42.2 万 hm$^2$，占有效灌溉面积的 58%。其中：常规节水占 47%，喷滴灌占 2%，微灌 1%，低压管灌 8%。自 2010 年开始未来 3 年内，在灌溉农业区，正规划组织实施“千万亩十亿方节水工程”，以膜下滴灌、垄膜沟灌和垄作沟灌三大主体技术为核心，逐年扩大农田节水技术的示范推广面积和范围，达到“累计示范推广农田节水技术 67 万 hm$^2$、节水 10 亿 m$^3$、增收 8 亿元”的目标。

管理节水和生物节水技术相对落后具体表现在：现代灌溉信息技术在灌溉管理环节上应用不足；流域水资源合理配置与灌溉系统优化调度研究亟待加强；作物抗旱种质资源发掘与培育抗旱节水新品种不够；作物抗旱节水相关性状的基因定位、分子标记、基因克隆和转基因研究尚待深入。

### 2.3 流域水转化与农业水资源持续高效利用研究得到广泛重视，宏观生态经济水资源系统过程研究尚需加强

目前已取得的研究成果表明[7,8]，在流域水资源演化的二元动态模式，农业水资源系统承载力模型、分布式灌区水转化模型、农业与生态用水的科学配置及节水高效和对环境友好的农业用水模式以及干旱区水循环、水资源利用和生态环境研究相互联系方面的理论研究与应用研究整体上了一个新的台阶，这为干旱区水循环研究、水资源合理配置及生态环境建设提供了重要参考。但水资源是内陆河流域生态经济系统演化发展最主要的限制因子，是联系生态问题和经济问题的桥梁和纽带，三者之间相互制约、相互影响，共同组成复合的宏观生态经济水资源系统，系统中有很多关键模型过程关系复杂，仍需要不断深入研究。

### 2.4 节水基础理论、新技术和新产品研究不断深入，但节水农业前沿理论与关键技术研究仍然薄弱

河西内陆河流域节水农业大致可分为三个层次：①单项节水技术层面。不同研究部门开展了大量单项节水技术的理论及技术应用模式的研究。节水灌溉理论由传统“丰水高产型灌溉”转向“节水优产型”的非充分灌溉试验研究。②综合集成节水模式层面。从技术应用角度，把大量“单项节水技术”，结合各种节水新技术、新产品转向集成化、模式化的综合应用技术体系。节水基础理论由作物需水、耗水及灌溉制度的研究扩展到以作物根信号理论为主的生理调控研究。③现代流域水一生态一经济耦合层面。从单一点的节水管理转向以流域为主的水资源管理新理论；由微观的农田区域水循环与水平衡转向流域尺度的水平衡与水资源可持续利用的理论。与国外以色列、美国、日本、澳大利亚等为代表的发达国家相比，在节水前沿理论和关键技术方面，例如，高新技术、新材料和新设备与传统节水技术的结合，应用先进的灌水技术，以及研究重点从输水过程节水和田间灌水过程节水到生物节水、植物精量控制用水以及节水系统的科学管理转换等方面均存在差距，而这些正是我们所缺乏的。

### 2.5 综合节水技术体系与应用模式初见雏形，但仍缺乏适合地区情况的节水技术体系

进入20世纪90年代，各种单项节水技术相互结合，综合节水技术体系与应用模式得到了研究和发展，例如膜下滴灌节水综合技术、垄作沟灌综合节水技术、垄膜沟灌综合节水技术、地膜覆盖综合节水技术、保护性耕作综合节水技术和水肥一体化综合节水技术等，在各地区得到推广与应用。但从总的情况来看，河西农业用水仍采用地面灌溉为主，广大农民采用的生产技术手段还相对落后，粮食主产区的种植结构比较单一，仍然缺乏适宜于不同地域水土条件的综合节水技术体系与应用模式。

### 2.6 节水效果初见成效，但节水基础设备、研究力量、政策、资金和技术仍需不断投入，全社会节水意识仍需进一步提高

河西节水农业近几十年的发展在提高水利用效率和节水增产方面起到一定作用，但地区间社会各部门的协同配合、政府资金的长效投入、科研力量的分配、农村社会经济发展水平及社会各阶层的节水意识等等方面的差异也导致了各地区节水农业的发展参差不齐。从当前农业节水发展的实际情况看，许多节水技术措施在投入产出方面的表现都不太好，这样就很难调动最终用水者采用这些节水技术措施的积极性。因此，今后节水基础设备、研究力量、政策、资金和技术仍需不断投入，全社会节水意识仍需进一步提高。

### 2.7 以水权制度为核心的流域水资源管理制度基本建立，但理论与实践运用仍存在深层次问题

为了进一步遏制黑河和石羊河流域水资源和生态危机进一步加剧，国家分别于2001年和2007年启动实施了黑河和石羊河流域近期治理规划。通过坚持实施“国家统一分配水量、水量断面控制、省（自治区）负责用水配水”，探索和实践了内陆河流域管理的新模式，初步理顺了流域水权秩序，化解和减少了水事纠纷，全流域生活、生产和生态用水得到了较为合理的配置。通过水量统一调度，配合“总量控制、定额管理、以水定地、配水到户、公众参与、水票运转、城乡一体”运行机制的建立，促进了流域节水型社会建设。但是，现行水权制度和流域管理制度也存在缺陷，主要表现在水资源初始分配权界定不明，可交易水权机制不畅、缺乏激励机制和约束机制、水价体系不完善和水资源管理过分依赖于行政手段等方面。

## 3 基于水—生态—经济协调发展的节水农业研究背景与目标

### 3.1 背景与目的

现代节水农业已明显区别于传统节水农业，不再单纯的以“水量”来论节水，从“以供定需”或“以需定供”向经济分析或市场调节的“供需动态平衡”方向转变。流域水资源管理是对流域水资源供给与需求关系的协调过程，是以追求可利用水资源的最大效益，实现流域人水和谐、经济系统和生态环境系统和谐发展为最终目标的水资源统一调控和协调管理。程国栋院士[9,10]在黑河流域生态水文经济研究中提出以水资源可持续利用研究为纽带的黑河流域生态经济综合研究框架，并指出从水—生态—经济综合集成的角度研究黑河流域的诸多生态经济问题具有很强的现实和理论意义。肖洪浪等[11]在“黑河流域水—生态—经济管理试验示范”的研究中认为通过流域集成管理推广节水农业技术和模式，提高流域水效益是农村经济发展和农民脱贫致富的根本出路。因此，发展以流域水管理为核心的现代节水农业技术体系，无论从节水的宏观还是微观方面，把现代节水农业的理论创新和技术扩展均建立在基于水—生态—经济协调发展的基础之上，这样才能满足现代节水农业理论的研究需求和河西内陆河绿洲农业可持续发展的要求，实现水的高效利用和水资源安全可持续，而这也正是此研究建立的背景和目的（图1）。

### 3.2 总体思路与目标

本研究总体思路是综合考虑生态水文经济和现代节水农业学科发展导向，以河西内陆河流域水—生态—经济耦合系统研究为基础，拟建立以“节水理论—节水评价—节水模式”研究为主线的内陆河流域现代节水农业理论与模式体系，其核心是在有限的水资源条件下，通过采用先进的节灌技术、适宜的农业技术和用水管理等综合措施，充分提高农业水资源利用率和水的生产效率及效益。总体目标为通过将传统节水基础理论扩展到现代节水农业研究领域，创新传统节水概念上的理论和技术，同时结合绿洲承载、水权制度和政策调控分析，探讨水资源在生态、经济系统间和水资源在经济系统内部的合理配置问题，并提供一套节水综合模式的节水综合评价体系，为流域节水农业理论和模式创新提供科学的决策依据，同时也能辅助决策者开展重大问题的评估与决策。

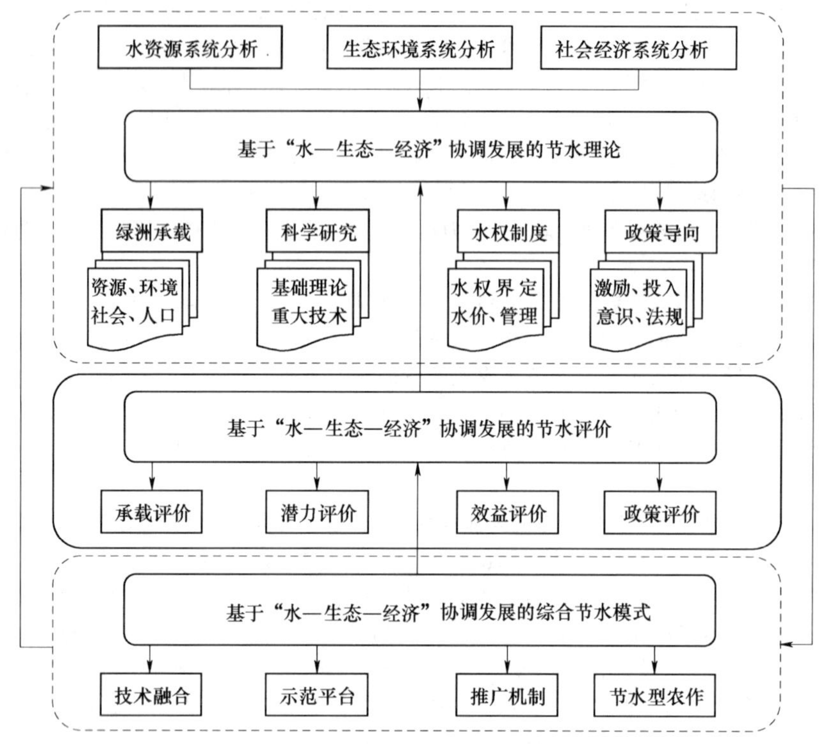


图1　基于水—生态—经济协调发展的河西内陆河流域节水农业研究思路

## 4　对基于水—生态—经济协调发展的节水农业研究的思考

### 4.1　流域水—生态—经济耦合——面向一个过程

根据流域水、生态、经济、环境协调发展的需要，完善流域生态—水文监测网络与流域信息系统，研究基于水—生态—经济耦合过程的水资源合理配置理论和方法，区域气候模型、流域水文模型、生态系统模型和经济系统模型的综合集成，探讨未来水资源变化的农业适应对策，发展流域水资源综合管理模型和决策支持系统等等方面均是流域水—生态—经济耦合过程中未来仍需加强的重要内容。

### 4.2　现代流域管理领域——创新三大制度

#### 4.2.1　管理制度创新

在现行流域管理运行机制下，按照流域管理与区域管理相结合的原则，改革流域管理机构，清晰流域管理机构规划、管制和监督等职能，实现流域机构内部政、事、企分离，以“一龙管水、多龙治水”的模式，创新水资源管理体制，切实建立跨部门、跨地区的水资源统一协调、高效管理体制和机制。同时，建立多样的、现代化的信息沟通渠道，制定流域数据共享政策，扫除存在于水资源研究机构与水行政管理机构的数据共享障碍，促进流域水资源研究与管理的规范化、科学化。

#### 4.2.2　水权制度创新

水权制度创新的基本思路是实行水所有权公有下的流域统一管理，以提高用水效率为中心，明晰水使用量权，建立水权交易规则，通过水资源市场配置和适度的政府干预，促进节约用水，同时深化水利体制改革，形成水利多元投资机制，增加水资源有效供给，实现流域水资源供需基本平衡。合理确定水价，促进节约用水并通过水价来调整用水分配结构。其中，水所有权公有下的流域统一管理是水权制度创新的基本前提，水使用量权的初始确定和可交易是水权制度创新的核心，水利多元投资的有效实现是评价水权制度创新效果的标志，政府与市场职能的划分是水权制度创新过程中的关键，水价的合理确定是提高用水主体节水意识，促进水权制度顺利改革的保障。

#### 4.2.3 政策制度创新

政策制度创新主要在于，首先要以《中华人民共和国水法》为核心，制定关于水资源流域管理的专门法规，对水资源流域管理方面的具体问题从法律上做出明确规定，建立和完善流域水资源管理体制。其次，建立健全水行政执法制度，严格水行政执法。再次加强宣传，建立健全公众参与制度，并完善各种激励政策，引导用水主体建立节约用水的“公共意识”，形成公民自觉对水行政管理部门进行监督的良好局面。

### 4.3 节水农业前沿领域——主攻五大技术

#### 4.3.1 基于作物抗旱生理、基因过程的抗旱新品种选育技术

以小麦、玉米、棉花等大田作物为重点，应用分子标记辅助选择、转基因、基因聚合技术结合常规育种的方法，创制抗旱节水型、水分高效利用型的优异育种新材料，选育抗旱节水与高产优质相结合型的新品种（品系）。

#### 4.3.2 基于作物需水过程的精量灌溉技术

研究作物对水分亏缺信息的感受、传递与信号转导的过程，建立作物水分信号诊断指标体系，以土壤墒情监测预报、作物水分动态监测信息与作物生长信息的结合为基础，研究运用模糊人工神经网络技术、数据通讯技术和网络技术建立具有监测、传输、诊断、决策功能的作物精量控制灌溉系统，研制开发智能化的灌溉信息采集装置和智能化的灌溉预报与决策支持软件。

#### 4.3.3 基于作物生理过程的调亏灌溉和非充分灌溉技术

研究不同区域内主要农作物（小麦、玉米、棉花）非充分灌溉条件下的需水量季节分布和计算模式和不同节水灌溉技术条件下的作物需水和耗水模型，提出作物水分生产函数与有限水量条件下的非充分灌溉制度，得到不同节水灌溉方式下实施非充分灌溉制度的技术；研究不同区域主要农作物（小麦、玉米、棉花）调亏灌溉的指标体系（最佳调亏阶段和调亏程度），提出不同养分水平或施肥条件下调亏灌溉的模式及相应的指标，获得作物调亏灌溉的田间实施技术。

#### 4.3.4 基于现代信息技术的精确地面灌溉技术

采用激光控制平地技术，改进传统地面灌溉方式（畦灌、沟灌、波涌灌），改善灌溉水流地表运动特性。应用地面灌溉过程精量控制技术，提高对地面灌溉过程的控制能力，借助精细地面灌溉系统设计与评价方法提高地面灌溉系统的运行性能与管理水平。

#### 4.3.5 基于水肥耦合过程的农艺措施一体化技术

以小麦、玉米、棉花等主要作物为对象，研究不同区域、种植制度、灌溉方式、耕地地力和水资源状况下主要作物农田养分供应与利用模式、作物根区水分养分迁移、转化和吸收的动力学过程、农田高效用水的作物群体时空分布特征，影响农田整体抗旱特性和水分利用效率的群体因素和调控技术以及少耕免耕保水保肥技术、降低田间蒸发的覆盖保墒技术、农田节水抗旱能力的粮草轮作技术、粮经饲作物立体种植高效用水技术等，提出不同水分条件下获得最高水分利用效率的水分与养分最佳参数组合，建立作物根际水肥耦合循环与调控模型，获得以提高水肥耦合利用效率为目标的田间节水灌溉技术参数的最优组合，最终构建主要农作物高效用水群体优化结构的综合栽培技术体系。

### 4.4 现代节水综合评价——构建四种约束条件

#### 4.4.1 绿洲承载力评价

绿洲承载力反映了人类对绿洲日益严重的生态环境问题所做出的响应与变化，在基础理论、研究对象、指标体系、研究手段等方面的研究应不断加强，由水、土资源等单要素承载力向综合承载力方向的转变以及研究方法由静态分析走向动态预测，模式化、模型化是今后绿洲承载力研究发展的必然趋势。把水资源承载力研究作为绿洲承载力研究的核心，建立多目标、多层次、动态的水资源承载力量化模型，结合绿洲实际，分析影响绿洲水资源供需的各种影响因子，研究适用于不同承载力内涵的量化体系和量化方法，对绿洲水资源承载力做出综合评价。

#### 4.4.2 节水潜力评价

目前，国内外对节水潜力的内涵还没有一个公认的、统一的标准，相应地，对于节水潜力的计算也就没有一致的方法。就河西内陆河流域来看，节水潜力的评价研究应注意以下两方面：①实现由过去的针对某单一节水技术或节水方案的节水潜力评价转向综合考虑流域社会经济、水文水资源状况、农业水资源开发利用、农业节水水平及生态环境等各方面因素对节水潜力的影响，对节水潜力进行综合评价。②针对不同类型

灌区、不同尺度、不同节水环节的适应性，以及各类指标之间的关系、影响因素、变化规律来合理筛选评价指标，构建新的评价指标体系和提出新的节水潜力计算方法。

#### 4.4.3 节水综合效益评价

节水农业综合效益评价的主要目的就是反映节水农业生产方式对区域可持续发展所产生的社会效益、经济效益、生态环境效益以及综合效益的影响程度，和节水潜力评价概念相同，目前关于节水农业综合效益评价的研究，学术界并没有一套公认的评价理论体系和统一的评价方法。但准确界定节水农业综合效益、合理构建节水农业综合效益指标体系和建立可持续条件下的节水农业综合效益评价方法这三个重要环节仍然是今后节水农业综合效益评价研究的重点。

#### 4.4.4 政策评价

与节水农业的技术应用层面相比，节水农业的政策评价研究滞后。从流域水资源管理和农业节水的角度出发，政策评价应包括对流域水立法、水价政策制定与实施、流域管理体制改革和农业节水政策效能等方面的研究内容。一般来讲，整个评价指标体系的建立应从政策效能、经济效益、公平性、环境影响、财政效应、政治和公众的可接受性、可持续性和管理的可能性等方面来综合考虑。

### 4.5 综合节水模式构建——强调四个重要问题

#### 4.5.1 节水农业技术融合

根据河西内陆河流域农业灌溉现状，在构建农业节水技术集成模式的过程中，应注意三方面的问题：①节水农业技术作为一项复杂的系统工程，需要工程、农艺、生物和管理节水技术的集成融合与合理配套。但工程节水技术和农艺节水技术仍然是现阶段节水技术体系的核心内容。②各地采用的节水形式要因地制宜，要结合当地农民的经济承受能力和自然生产条件，选择有效的经济的节水技术。渠灌区应以发展灌区改造及渠道衬砌，田间工程配套，大块改小畦，水资源优化配置和合理征收水费等内容为主的常规节水措施。井渠结合灌区可采用渠道输水或管道输水。纯井灌区采用地面灌（沟畦灌）、喷灌以及滴灌等。地面灌溉采用小畦灌等常规节水技术，适用于种植各种作物；喷灌既适应于大田作物，也适应于经济作物；滴灌多用于果树、蔬菜等经济作物。对于以种植大田粮食作物为主的井灌区，采用U形渠混凝土衬砌输水＋田间畦田灌溉的节水灌溉模式具有最佳的经济效果；对于以果树、大棚蔬菜为主的井灌区，采用管道输水＋田间滴灌的模式经济效益显著[42]。③农业节水必须与种植业生产相结合，其中涉及到种植制度、作物布局、栽培技术、农作制度、耕作制度和施肥方法等诸多因素，而不能简单的就节水论节水。

#### 4.5.2 示范平台建设

目前全国性和区域性的农业节水试验与监测网络并不完善，依然缺乏农业节水发展的基础数据积累和对农业用水状况的有效监测与控制，将示范平台建设纳入到现代节水农业综合模式构建中，就是为了能起到不断加强节水农业的野外定位试验研究和基础数据积累，并注重试验仪器的通用性和先进性以及观测方法的规范化的积极作用，通过示范平台能不断试验引进新技术与新产品，并辐射带动推广，在一些重大科学问题上能促进全国范围内各学科间联合攻关。

#### 4.5.3 长效推广机制建立

节水农业的深入发展应建立在可持续的长效推广基础之上。从政府的角度，应根据地区特点，探索不同形式的推广服务组织，使节水技术的推广服务工作逐步由零散分散型向专业化、系列化、社会化方向发展。地方政府应建立专项资金用于农业节水技术推广服务体系的建设，加强基层技术人员和管理人员的业务培训，加强节水法规和节水意识的宣传。从科研的角度，节水技术推广服务体系应以省、地科研单位和高等院校为主导、基层农技推广组织为实施主体、政府扶持和市场引导相结合的方式开展。从市场的角度，应积极引导企业介入农业节水技术集成模式的推广，以农户为基本单元，采用“农户＋企业”的产销合作方式，是推广应用大田高收益经济作物农业节水技术集成模式的有效方式。

#### 4.5.4 新型节水农作制度

综合考虑区域生活、工业、农业、生态用水比例现状，把农业节水技术集成模式的推广应用规模纳入当地政府提出的近期节水目标和种植结构总体布局中，调整种植业结构，建立新型节水农作制度。宏观上，针对区域大田粮食作物、大田高收益经济作物和设施高效益作物的布局特点，确定各类农业节水技术集成模式的适用规模，从而有效提高单方水的经济产出和效益。微观上，研究适宜当地自然条件的节水高效型作物种植结构和相应的节水高效间作套种与轮作种植模式，提出主要种植制度周期内农田水分高效利用技术控制要素和集成化参数，得到节水型农作制度优化技术及其量化指标。

## 5 结论

创新流域现代节水农业的发展是缓解流域水资源危机，保证农业可持续发展的一项重要战略任务。本文鉴于将现代节水农业的发展建立在本身就较复杂的内陆河流域水—生态—经济过程之上，其研究思路、内容及方法体系变得更加复杂，更加灵活。针对笔者对河西发展现代节水农业进行的一些思考，仅希望能引起各界学者对干旱区流域节水农业研究的更加重视，共同为干旱地区水资源利用、生态环境保护和农业可持续发展的研究做出贡献。

## 参考文献

[1] 吴普特，冯浩，牛文全，等．现代节水农业技术发展趋势与未来研发重点［J］．中国工程科学，2007，9（2）：12-18.

[2] 王忠静，郑航，耿国婷．河西走廊流域治理的科学问题及其思考［J］．水利水电技术，2011，42（1）：7-11.

[3] 王苏民，林而达，佘之祥．中国西部环境演变评估［M］．北京：科学出版社，2002.17-18.

[4] 凡炳文，张钰，王辉．河西内陆河流域水资源可利用量与利用现状评价［J］．干旱区研究，2008，25（5）：615-620.

[5] 甘肃省水利厅.2007甘肃省水资源公报［R］，2007.

[6] 白立勇．河西内陆河流域“十五”及到2015年水资源供需平衡预测［J］．甘肃农业，2002，5：44-45.

[7] 高前兆，仵彦卿．河西内陆河流域的水循环分析［J］．水科学进展，2004，15（3）：391-396.

[8] 徐中民，程国栋．运用多目标分析技术分析黑河流域中游水资源承载力［J］．兰州大学学报（自然科学版），2000，36（2）：122-132.

[9] 程国栋，肖洪浪，李彩芝，等．黑河流域节水生态农业与流域水资源集成管理研究领域［J］．地球科学进展，2008，23（7）：661-665.

[10] 程国栋．黑河流域可持续发展的生态经济学研究［J］．冰川冻土，2002，24（4）：335-343.

[11] 肖洪浪，赵文智，冯起，等．中国内陆河流域尺度的水资源利用率提高研究——黑河流域水—生态—经济管理试验示范［J］．中国沙漠，2004，24（4）：381-384.

[12] 刘佳莉．河西内陆井灌区优化节水技术模式研究［J］．人民黄河，2010，32（2）：76-78.

# Thoughts on Development of Water-Saving Agriculture Based on Harmonious Development of Water-Ecology-Economy in Hexi Inland River Basin

Ma Zhongming[1,2] Lyu Xiaodong[1,2]

(1. Gansu Academy of Agricultural Sciences, Lanzhou 730070;

2. Zhangye Key Ecological and Environmental Observation Station of Oasis Irrigated Agriculture, Ministry of Agriculture, Zhangye Gansu 735100)

**Abstract** Innovation of development ideas and determination of its direction and model for watershed modern water-saving agriculture for relieving the crisis of water resources shortage and ensuring agricultural persistence development is the important strategic mission. It is vital to develop water-saving agriculture for ensuring water resources, ecology and food supplies security. This paper, based on the author' s practice and research experiences for water-saving agriculture in Hexi Oasis irrigation areas for many years, is surmised the present utilization of water resource and Characteristics of water-saving agriculture in Hexi inland river basin. After summing up the development keys and trends of modern water-saving agriculture at home and abroad, the author puts forward the research ideas of water-saving agriculture based on harmonious development of water-ecology-economy in Hexi inland river basin, and introduces its background, objective and mainly content, which aims at providing reference to develop modern water-saving agriculture in dry irrigation areas.

**Key words** water-ecology-economy; water-saving agriculture; research frame; inland river basin in Hexi region

# 非充分灌溉土壤水分下限确定方法研究*

王仰仁[1] 韩娜娜[1] 杨丽霞[2]

（1. 天津农学院水利工程系 天津 300384；2. 山西省水利水电科学研究院 太原 030002）

**摘 要** 以一维土壤水分运动基本方程定解问题和时间作物水模型为依据，以产量最大为目标，建立了有限供水条件下灌溉制度优化模型，给出了序列无约束极值求解方法；在此基础上，以单位面积纯收益最大为目标求得了非充分灌溉制度，以非充分灌溉制度中每次灌水前的土壤含水率的连线作为灌水下限，求得了非充分灌溉土壤水分下限值；以山西省运城市冬小麦为例，求得了五种水文年的非充分灌溉土壤水分下限值。初步分析结果表明，非充分灌溉土壤水分下限值随作物生长时间变化呈减小趋势，不随水文年变化，可作为非充分灌溉预报的依据；按照该下限值灌水，可较现状灌溉模式提高产量6.55%，增加净收益10.0%以上。该研究完善了非充分灌溉土壤水分下限值的概念，对于非充分灌溉制度的田间实施具有重要指导意义。

**关键词** 非充分灌溉；灌溉制度优化；下限值；灌溉预报；冬小麦

## 1 研究背景

非充分灌溉是指为了获得总体效益最佳，在作物全生育期或者某些生育阶段不充分满足作物需水要求的灌溉模式《农村水利技术术语》(SL 56—2005)，非充分灌溉条件下所获得的作物产量不是最高的，但是其净效益是最大的，因此常称为经济灌溉。非充分灌溉是现代农业高效用水技术的重要内容，实施非充分灌溉可以显著提高农业水分生产效率[1]。

非充分灌溉的核心是灌溉制度优化，对此国内外均进行了大量研究，并在规划设计和用水管理中得到了广泛使用，如在规划设计中按照灌溉工程设计保证率确定工程规模，即隐含地使用了非充分灌溉制度；在田间灌水实施的过程中，由于对未来降水情况尚无法准确预测，人们或者通过大量试验分析，或者考虑降水量的随机分布采用随机动态规划方法制定了适合于多年平均条件的非充分灌溉制度，并且在生产实践中逐渐修正完善。该灌溉制度就多年平均而言是优化的灌溉制度，是目前灌溉用水管理中普遍采用的一种灌溉形式，可称为现状灌溉模式。

但是，对于某一具体年份而言，该灌溉制度不是最优的。如果参照充分灌溉预报的方法，能够找到一个非充分灌溉土壤水分下限值，按照该下限值灌水，可使其灌水量和灌水时间与当年降水蒸发气候条件下的作物需水要求达到最好地匹配，作物产量和灌溉效益将会在现状灌溉模式的基础上有较大幅度提高。基于这一思路，本文利用土壤水动力学方法，对作物蒸发蒸腾量进行了逐日模拟，利用时间水分生产函数对产量进行了模拟，利用序列无约束极值优化技术[2]制定了不同灌溉供水量条件下的优化灌溉制度；在此基础上建立了产量与供水量关系，确定了非充分灌溉制度；以非充分灌溉制度中每次灌水前的土壤含水率的连线作为灌水下限，求得了非充分灌溉土壤水分下限值，并对其随水文年变化的情况进行了初步分析。

## 2 材料与方法

### 2.1 产量模拟

产量模拟分三步进行：第一步是模拟作物潜在蒸发蒸腾量，第二步是考虑土壤剖面含水率对作物根系吸水率的影响，模拟作物实际蒸发蒸腾量，第三步是利用考虑灌水时间对作物生长影响的作物水模型模拟产量。

#### 2.1.1 作物潜在蒸发蒸腾量的模拟

采用作物系数方法模拟作物潜在蒸发蒸腾量

* 基金项目：国家自然科学基金项目（50679055），天津市应用基础及前沿技术研究计划（10JCYBJC09400），山西省科技攻关项目（20090311074）。

第一作者简介：王仰仁（1962— ），男，山西省介休市人，教授，博士。主要从事农田水利与节水灌溉方面研究。E-mail：wyrf@163.com

$$ET_m = K_c ET_0 \tag{1}$$

式中：$ET_m$ 为作物蒸发蒸腾量，mm/d；$ET_0$ 为参考作物蒸发蒸腾量，采用彭曼－蒙蒂斯公式[3]计算，mm/d；$K_c$ 为作物系数，对本试区（山西运城）参照文献［4］，分初始期（10.1～11.10）、越冬期（12.1～2.10）、融化期（2.11～3.10）、快速生长期（3.11～5.10）和成熟期（5.10～5.31）6 个时期确定，分别为 0.6、0.6～0.4、0.4、0.4～1.1、1.1、1.1～0.4，其中冻结期、融化期和成熟期用线性插值的方法确定。

### 2.1.2 实际蒸发蒸腾量的模拟

在非充分灌溉条件下土壤水分会限制作物根系吸水，由此减小作物蒸发蒸腾量。这里采用一维土壤水分运动方程的定解问题［式（2）］描述田间土壤水分动态变化及其对作物根系吸水的影响。

$$\begin{cases}\dfrac{\partial\theta}{\partial t}=\dfrac{\partial}{\partial\theta}\left(D(\theta)\dfrac{\partial\theta}{\partial z}\right)-\dfrac{\partial K(\theta)}{\partial z}-S_r(z,t) & \\ \theta(z,t)=\theta_a(z) & t=0,z\geqslant 0\\ -D(\theta)\dfrac{\partial\theta}{\partial z}+K(\theta)=R(t) & t>0,z=0\\ \theta(L,t)=\theta_L & t>0,z=L\end{cases} \tag{2}$$

式中：$\theta(z,t)$ 为土壤含水率，$cm^3/cm^3$；$\theta_a(z)$ 为初始土含水率，$cm^3/cm^3$；$z$ 为纵坐标，向下为正，地表处 $z=0$，cm；$t$ 为时间，min，从返青日算起；$L$ 和 $\theta_L$ 分别为返青到收获期内土壤含水率计算最大深度及该处的土壤含水率；$D(\theta)$ 为非饱和土壤扩散率，$cm^2/min$；$K(\theta)$ 为非饱和土壤导水率，cm/min。

本研究中取 $L=200$cm，$\theta_L=0.200cm^3/cm^3$；初始土壤含水率 $\theta_a(z)$（返青时），按照 20cm 一层，分层给出，由地表向下依次为 0.270cm、0.236cm、0.235cm、0.202cm、0.196cm、0.209cm、0.213cm、0.200cm，160cm 以下均为 0.200cm。

其中 $R(t)$ 为供水强度，cm/min。当地表处于蒸发状况时，蒸发强度 $E_s(t)$ 已知，$R(t)=-E_s(t)$；若有灌水或降雨时，因灌水定额（≤75mm）和日降雨量（<40mm）较小，农田地块较为平坦，有畦埂，一般不会产生地表径流，可以将其平均到 1440min 内。这样可以将灌水和降雨入渗过程与地表蒸发统一处理，即有

$$R(t)=-E_s(t)+[IR(t)+P(t)]/1440/10 \tag{3}$$

式中：$E_s(t)$ 为地表土壤蒸发强度，cm/min；$IR(t)$ 为灌水定额，mm；$P(t)$ 为日降水量，mm。

$S_r(z,t)$ 为根系吸水率，1/min。考虑根系下扎深度和土壤水分随时间的变化，依据参考作物蒸发蒸腾量分析计算[5]；地表土壤蒸发量考虑土壤水分变化进行计算[6]。非饱和土壤水扩散率和导水率分别采用式 $D(\theta)=K(\theta)/(d\theta/dh)$ 和 $K(\theta)=K_s\cdot S_e^{0.5}[1-(1-S_e^{1/m})^m]^2$ 计算，其中 $\theta=\theta_r+(\theta_s-\theta_r)/(1+\alpha|h|^n)^m(h\leqslant 0)$，$S_e=(\theta-\theta_r)/(\theta_s-\theta_r)$，$K_s$ 为土壤饱和导水率，cm/min；$h$ 为土壤基质势，cm 水柱；$m=1-1/n$，$\alpha$、$n$ 为模型参数，对本试区参数 $\theta_s$ 和 $\theta_r$ 分别为 0.4658 和 0.0619，参数 $\alpha$、$n$、$K_s$ 的值分两层给出，其中 0～100cm 土层分别为 0.000206、1.550656、0.008427，100～200cm 土层分别为 0.002344、2.367484、0.005684。

### 2.1.3 产量模拟

采用以阶段相对腾发量为自变量的作物水模型［式（4）］模拟产量，

$$\frac{y}{y_m}=\prod_{i=1}^{p}\left(\frac{ET_i}{ET_{mi}}\right)^{\lambda_i} \tag{4}$$

式中：$\lambda_i=z(t_i)-z(t_{i-1}),z(t)=\dfrac{c}{1+e^{b(t_m-t)}},b=0.2148p^{-0.6571}$；$ET_i$ 和 $ET_{mi}$ 分别为与实际产量 $y$ 和最大产量 $y_m$ 相对应的时段腾发量；$t_i$ 为从播种日算起的作物生长天数；$\lambda_i$ 为时段$[t_{i-1},t_i]$的水分敏感指数值，$z(t)$ 为水分敏感指数累积值；$i$ 为时段编号；$p$ 为时段数，本文按日计算，故 $p=103(=233-130)$；$t_m$、$c$ 为待定系数，分别为 69 和 1.571[19]；取最大产量 $y_m=6t/hm^2$。

## 2.2 灌溉制度优化

### 2.2.1 灌溉制度优化模型

这里灌溉制度优化是针对某一灌溉供水量，确定最优灌水时间，属于非线性规划问题，目标函数为产量 $y$［用式（4）计算］最大。约束条件为

$$T_1\leqslant x_1<x_2、x_{j-1}\leqslant x_j<x_{j+1} 和 x_{J-1}\leqslant x_J<T_2$$

式中：$T_1$ 为当地冬小麦返青日，以播种日算起的天数表示（下同），$T_1=130$d；$T_2$ 为停止灌水日，为了不

影响收获和防止小麦贪青晚熟，取 $T_2=(233-10)$d；$x_j$ 为第 $j$ 次灌水的时间，d；$J$ 为返青到收获期的灌水次数，$J=W/75$，75mm 为灌水定额，优化过程中不变化；$W$ 为灌溉供水量，mm。

#### 2.2.2 模型求解

采用序列无约束最小化技术中的内点法求解上述灌溉制度优化模型，其障碍函数如下，

$$P(X,R_k)=y(X)-R_k\{g_0(X)+g_J(X)\sum_{j=1}^{J-1}\ln[g_j(X)]\} \tag{5}$$

其中 $g_1(X)=\ln(x_1-T_1)$，$g_j(X)=\ln(x_{j+1}-x_{j-1})$，$g_J(X)=\ln(233-T_2-x_{J-1})$

式中：$P(X,R_k)$ 为障碍函数；$y(X)$ 用式（4）计算；$R_k$ 为障碍因子，这里取 $R_k=0.5R_{k-1}$，$R_0=0.001$；$X=(x_1,x_2,\cdots,x_J)$，$j=1,2,\cdots,J$。

求解过程中，灌水时间初始值取均匀分布，即灌水在 $T_1$ 和 $T_2$ 之间是等间距分布的。

### 2.3 非充分灌溉制度的确定

针对某一水文年，假定可供灌溉水量为 5 次、4 次、3 次、2 次、1 次、0 次，逐个计算其优化灌水时间（取灌水定额等于 75mm）和产量，由此确定该水文年的产量与供水量关系。考虑产品单价和灌溉水价，以单位面积纯收益最大为目标函数［式（6）］，可求得非充分灌溉用水量，取与其接近的灌溉供水量及其对应的优化灌水时间，作为该水文年的非充分灌溉制度。

$$\max B=p_c y-p_w W/1.5-C_0 \tag{6}$$

式中：$B$ 为作物单位面积纯收益，元/hm²；$p_c$ 为农产品单价，元/kg；$p_w$ 为灌溉水水价，元/m³；$C_0$ 为除灌溉水外的农业投入，元/hm²，不随灌溉水量变化；其余符号意义同前。

按照现行价格，冬小麦 $p_c=1.8$ 元/kg，考虑田间渠道输水损失和田间灌水不均匀造成的水量损失，以及灌水投工等，取 $p_w=0.7$ 元/m³，$C_0=3150$ 元/hm²。

## 3 算例

本文以山西省水利职业技术学院试验站土壤水分特性参数为依据，以山西省运城市 1957～2008 年气象资料为背景，考虑冬小麦越冬水有一定的储水作用，采用冬小麦返青—收获期（1 月下旬到 5 月下旬，共计 130 天）的降水量做频率分析，确定了对应 95%、75%、50%、25%和 5%五个频率的典型年，分别为 2000 年、1974 年、2004 年、1985 年和 1994 年，相应的冬小麦返青—收获期的降水量分别为 44.6mm、75.7mm、106.8mm、138.6mm、166.8mm，多年平均为 108.5mm；相应的潜在蒸发蒸腾量分别为 456.6mm、445.1mm、430.5mm、445.0mm、426.0mm，多年平均为 439.5mm。

## 4 结果分析

### 4.1 不同水文年的非充分灌溉制度

在灌溉制度优化基础上得出了五种水文年冬小麦产量与供水量关系曲线，以不同水文年的产量与供水量关系为依据，按照式（6），可求得各水文年的非充分灌溉用水量，见表 1；取相应水文年灌溉供水量与非充分灌溉用水量最接近的灌水次数及其相应的优化灌水时间，作为该水文年的非充分灌溉制度（表 1）。

表 1 不同水文年的非充分灌溉制度

| 水文年 | 非充分灌溉用水量（mm） | 非充分灌溉制度 | | |
|---|---|---|---|---|
| | | 灌溉定额（mm） | 灌水次数（次） | 优化灌水时间（以播种日算起的天数表示） |
| 95% | 392 | 375 | 5 | 143、167、181、196、209 |
| 75% | 376 | 375 | 5 | 153、172、183、195、206 |
| 50% | 360 | 375 | 5 | 142、157、174、188、202 |
| 25% | 266 | 300 | 4 | 149、165、179、191 |
| 5% | 233 | 225 | 3 | 160、203、213 |
| 多年平均值 | 320 | 300 | 4 | 148、167、187、207 |

### 4.2 非充分灌溉条件下土壤水分下限值及其随时间变化分析

对应于每个水文年的非充分灌溉制度，可以求得逐日土壤含水率随时间的变化过程，以灌水前的土壤含水率（取其值等于 0～60cm 土层土壤含水率平均值）作为灌水下限值，连接这些点，可以得到灌水下限值随时间变化的过程线，该曲线称为土壤水分下限值。对于每个水文年，均可以得到一个非充分灌溉条件下的土壤水分下限值（以田间持水量的百分数表示），见图 1。

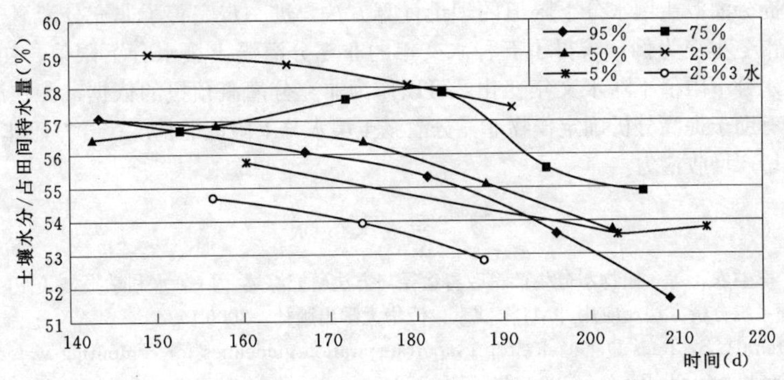


图 1　不同水文年非充分灌溉土壤水分下限值

由图 1 可见，无论哪个水文年，非充分灌溉土壤水分下限值均有随时间减小的趋势；其中 95%、50%和 5%三个水文年的土壤水分下限值较为接近，75%和 25%水文年的非充分灌溉土壤水分下限值偏高，明显地高于其他三个水文年的下限值，主要原因是这两个水文年的非充分灌溉定额大于其非充分灌溉用水量（见表 3)；如果将 25%水文年灌水 3 次（灌水量为 225mm）的土壤水分下限值作为非充分灌溉土壤水分下限值，则又偏小，其下限值均在 55%以下（见图 1)；25%灌水 3 次土壤水分下限值和灌水 4 次的下限值呈平行地随时间减小的趋势，如果减小灌水定额，可能使两条下限值线更为接近。该结果表明，在灌溉制度优化过程中减小灌水定额，将会减小不同水文年非充分灌溉土壤水分下限值之间的差异。

这里以 95%、50%和 5%三个水文年的土壤水分下限值为依据，采用三次多项式拟合求得土壤水分下限值随时间的变化过程线，

$$\theta_l = 5.8417E-08t^3 - 3.3180E-05t^2 + 5.9953E-03t - 1.5240E-01 \quad (7)$$

式中：$\theta_l$ 为土壤水分下限值，以 0～60cm 土层含水率平均值表示，$cm^3/cm^3$；其余符号意义同前。

其复相关系数 $R=0.9254$，达到极显著水平（$F=53.6>F_{0.01}=6.99$），其估计标准误 $s_y=0.002464$，0.05 置信水平下的置信区间最大为 0.0036（对应 $t=130$d），最小为 0.0015（对应 $t=180$d），分别占同期土壤水分下限值的 1.8%和 0.8%。表明非充分灌溉土壤水分下限值是不随水文年变化的，因而可以作为非充分灌溉制度预报的依据。

### 4.3 按照非充分灌溉土壤水分下限值灌水的增产增收潜力分析

本文采用多年平均的优化灌溉制度计算五种水文年的产量，代表现状灌溉模式条件下的产量，见表 2。假定上述非充分灌溉土壤水分下限值是准确的，依据该下限值灌水，其灌水时间和水量即为该年份的非充分灌溉制度，据此给出了五种水文年非充分灌溉条件下的产量，按照式（6）计算求得了相应的经济效益，见表 2。

表 2　非充分灌溉预报增产效益潜力

| 项　目 | 水　文　年 | | | | | |
|---|---|---|---|---|---|---|
| | 95% | 75% | 50% | 25% | 5% | 五年平均 |
| 现状灌溉模式产量（t/hm²） | 4.819 | 5.022 | 4.863 | 5.386 | 5.396 | 5.097 |
| 经济灌溉模式产量（t/hm²） | 5.351 | 5.494 | 5.340 | 5.615 | 5.357 | 5.431 |
| 增产效益/元（hm²） | 433.0 | 323.4 | 333.8 | 410.7 | 455.7 | 391.3 |
| 增产效益百分数（%） | 12.65 | 8.53 | 9.53 | 9.24 | 10.21 | 10.03 |

由表 2 可见，与现状灌溉模式比较，5 个水文年中，4 个都有不同程度的增产，只有 5%水文年减产，但是其单位面积增产效益最大，达 455.7 元/$hm^2$；5 个水文年平均增产 6.55%，平均增产效益为 391.3 元/$hm^2$，达 10.02%。表明按照非充分灌溉土壤水分下限灌水有较大的增产增收潜力。

## 5 结论

本文提出了非充分灌溉土壤水分下限值的理论计算方法，进一步完善了非充分灌溉土壤水分下限的概念。以山西省运城市冬小麦为例，求得了五种水文年的非充分灌溉土壤水分下限值，初步分析结果表明：①非充分灌溉土壤水分下限值不随水文年变化，可以作为非充分灌溉预报的依据；②在灌溉制度优化过程中，减小灌水定额有助于提高分析确定作物非充分灌溉土壤水分下限值的精度；③按照非充分灌溉土壤水分下限灌水有较大的增产增收潜力。

## 参 考 文 献

[1] 许迪，龚时宏，李益农，等．作物水分生产率改善途径与方法研究综述［J］．水利学报，2010，41（6）：631-639.
[2] 尚松浩．水资源系统分析方法及应用［M］．北京：清华大学出版社，2006.
[3] Allen R G，Pereira L S，Raes D，et al. Crop evapotranspiration guidelines for computing water requirements［M］. FAO Irrigation and Drainage Paper 56，1998：161-173.
[4] 段爱旺，孙景生，刘钰，等．北方地区主要农作物灌溉用水定额［M］．北京：中国农业科学技术出版社，2004.
[5] 康绍忠，刘晓明，熊运章．土壤－植物－大气连续体水分传输理论及其应用［M］．北京：水利电力出版社，1994.
[6] 雷志栋，杨诗秀，谢森传．土壤水动力学［M］，北京：清华大学出版社，1988.

# Research on Determining the Lower Limit of Soil Moisture under Deficient Irrigation

Wang Yangren[1]　Han Nana[1]　Yang Lixia[2]

(1. Department of Water Conservancy Engineering，Tianjin Agricultural University，Tianjin 300384；
2. Shanxi Institute of Water Resources and Hydropower Research，Taiyuan Shanxi 030002)

**Abstract** Based on the fundamental equation of one-dimensional soil moisture movement and crop water model and with the largest yield as the goal，an irrigation schedule optimization model under limited water supply was established. Methods of solving sequential unconstrained extremum were provided. On this basis，the deficient irrigation schedules and the lower limit of soil moisture were obtained by the unit area objective of maximizing the net income. For example of winter wheat in Shanxi Province Yuncheng area，the lower limits of soil moisture of five kinds of hydrological years were obtained. The results showed that the lower limit of soil moisture under deficient irrigation shows a decreasing trend with time and does not change with hydrological years；it can be used as a basis for forecasting the deficient irrigation. The net profit has increased by 10% and the yield has increased 6.6% over the current irrigation method. This research revises the lower limit of soil moisture under deficient irrigation. And the research has an important significance for the field implementation of deficient irrigation schedule.

**Key words** deficient irrigation；irrigation schedule optimization；lower limit value；irrigation forecasting；winter wheat

# 干旱区绿洲农作物水分生产力及其影响因素的灰色关联分析*
## ——以张掖市临泽县为例

胡广录[1] 赵文智[2]

（1. 兰州交通大学环境与市政工程学院 兰州 730070；
2. 中国科学院寒区旱区环境与工程研究所，中国生态系统研究网络
临泽内陆河流域综合研究站 兰州 730000）

**摘 要** 农作物水分生产力是衡量农业生产水平和农业用水科学性与合理性的综合指标。影响农作物水分生产力的因素较多，有的是可控的，有的是不可控的，但对农作物水分生产力大小的影响是许多因素综合作用的结果。以黑河流域中游张掖市临泽县为例，采用灰色关联分析方法对所选取的10个影响因素进行灰色关联分析。结果表明，张掖市临泽县1995～2009年灰色关联度排序前5位的影响因素是：化肥施用量＞农药施用量＞水费＞农业机械总动力＞劳动力投入。说明干旱区的农作物水分生产力受可控因素的影响明显大于不可控因素，在水资源有限的前提下，合理高效配置农业生产的投入要素，才是干旱区农业提高水分生产力的根本策略。

**关键词** 农作物；水分生产力；影响因素；灰色关联度；绿洲灌区

水资源短缺是21世纪人类需要面对的主要挑战之一。水资源即是影响农业生产的主要限制因子，同时也影响食物的安全供给。许多学者[1-3]认为解决水资源危机的关键将是如何有效使用和管理有限的淡水资源，对处在水危机环境下的农业生产必须是以水分的高效利用为中心，水分的高效利用就是用有限的淡水资源，生产更多的粮食。如何让每一滴水生产出更多粮食（more crop for every drop），或生产单位粮食消耗更少量的水，Molden[4]指出用更少的水资源生产更多粮食的出路在于提高水分生产力。水分生产力是衡量农业生产水平和农业用水科学性与合理性的综合指标[5]。此值越大，说明农业生产的产量越高，或是生产单位农产品过程中水分的消耗越小。

已有的研究表明：农作物水分生产力提高的主要对策是提高产量和减少耗水量，而影响农作物产量提高和耗水量减少的因素有可控因素（如水量、种子、肥料、管理等）和不可控因素（如气候等）[6,7]。正是这些因素的综合影响，全球水分生产力在时空上表现出显著的不均衡性。Zwart等[8]查阅了近25年内发表的84篇文献，在此基础上分析了小麦、水稻、棉花、玉米四种世界主要农作物水分生产力现状，并根据文献报道的数据计算出小麦、水稻、皮棉、籽棉、玉米水分生产力范围依次为0.6～1.7、0.6～1.6、0.41～0.95、0.14～0.33和1.1～2.7kg/m$^3$。国内许多学者在长江中下游平原、华北地区、东北地区、黄土高原地区对小麦、水稻、玉米、棉花等农作物水分生产力及其影响因素也开展过大量研究，特别是漳河灌区对水稻的水分生产力研究取得了较为丰富的成果[9]。另据资料介绍我国各地的农作物水分生产力时空差异比较大而且偏低，每立方米水生产粮食不足1kg，而一些发达国家大都在2kg以上。这意味着，只要水分生产力达到2kg，在同样灌溉水量下可使我国粮食产量翻番[10]。

干旱区绿洲有水就有农业，无水就没有农业。因此，开展绿洲农作物水分生产力研究，在缓解干旱区农业生产对水资源的竞争、防止环境退化、提高粮食安全方面具有十分重要的意义。而目前对干旱区绿洲农作物水分生产力的研究还比较少。本文试图以黑河中游临泽县绿洲灌区的农作物生产为例，研究田间尺度上农作物水分生产力及其影响因素，目的是探索绿洲灌区水资源高效利用和粮食稳产高产途径，以期为绿洲农业生产发展模式、农作制度制定、农业结构调整提供理论依据。

## 1 研究区概况

临泽县地处巴丹吉林沙漠南缘，位于99°51′～100°30′E、38°57′～39°42′N，海拔1380～2278m，地势南

* 基金项目：国家自然科学基金项目（30771767）资助。

第一作者简介：胡广录（1966— ），男，甘肃靖远人，副教授，博士生，主要从事生态水文、农业水利方面的研究和教学工作。E-mail：hgl0814@163.com

北高、中间低，由东南向西北逐渐倾斜。东邻甘州区，西接高台县，南依祁连山与肃南裕固族自治县接壤，北靠合黎山与内蒙古阿拉善右旗连界。县境东西长 49.5km，南北宽 77km，总面积 2727.29km²。多年平均的降水量 118.4mm，蒸发量 1830.4mm，日照时数 3052.9h，无霜期 176 天，气温为 7.7℃。气温日较差大，多年平均为 14℃。常年以西北风和东风为主。主要灾害性天气有大风、沙尘暴、干旱、低温冻害、干热风、局地暴雨、霜冻等，对农作物生产的影响较大。临泽县属黑河流域中游地区，是张掖盆地的重要组成部分，县境内黑河及其支流梨园河贯穿而过。黑河多年平均过境流量 10.5 亿 m³，梨园河多年平均径流量 2.3 亿 m³，计入不重复的地下资源量 1.02 亿 m³，水资源总量为 13.82 亿 m³。

临泽县辖 7 个乡镇 3 个国有农林牧场，103 个行政村，现状人口 14.6037 万人。有效灌溉面积 4.57 万 hm²，其中：耕地 3.06 万 hm²，林草地 1.51 万 hm²。农业生产主要是靠黑河及其支流梨园河的地表水和地下水进行灌溉，灌区农作物主要是以小麦、玉米、水稻、油料、甜菜、制种玉米等为主。

## 2　农作物水分生产力

农作物水分生产力是指单位水资源量在一定的作物品种和耕作栽培条件下所获得的产量或产值。它是衡量农业生产水平和农业用水科学性与合理性的综合指标。水分生产力可反映水量的投入产出效率，是节水灌溉与高效农业发展的重要指标之一。田间尺度上的农作物水分生产力通常按下式计算：

$$WP_C=\frac{Y}{W+P+D} \tag{1}$$

或

$$WP_C=\frac{Y}{ET} \tag{2}$$

式中：$WP_C$ 为农作物水分生产力，kg/m³；$Y$ 为农作物产量，kg/hm²；$W$ 为净灌溉水量，m³/hm²；$P$ 为有效降雨量，m³/hm²；$D$ 为地下水补给量，m³/hm²；$ET$ 为作物蒸发蒸腾量，m³/hm²。

本文在计算农作物水分生产力时，根据临泽县气象局提供的 1995～2009 年降雨资料，统计出作物生长期间的有效降雨量（≥5mm）；利用临泽县的水利年报、统计年鉴等资料获得不同年份单位面积上的灌溉用水量、灌溉水利用率和农作物产量，然后按式（1）计算得到不同年份农作物水分生产力（表 1）。因临泽县各灌区地下水埋深大部分地方都在 2m 以上，所以在计算农作物水分生产力时忽略地下水补给量的影响。由于农作物种类不同，按式（1）计算得到的水分生产力不同，表 1 中水分生产力是指单位面积上不同农作物水分生产力的加权平均值。

**表 1　　1995～2009 年农作物水分生产力与影响因素指标的原始数列**

| 年份 | 水分生产力 (kg/m³) | 劳动力投入 (人/hm²) | 农业机械总动力 (kW/hm²) | 化肥施用量 (kg/hm²) | 农药施用量 (kg/hm²) | 生产用种籽 (元/hm²) | 水费 (元/hm²) | 灌溉用水 (m³/hm²) | 沙尘天数 (d) | ≥10℃积温 (℃) | 生长期降水 (m³/hm²) |
|---|---|---|---|---|---|---|---|---|---|---|---|
| 1995 | 0.999 | 2.724 | 10.564 | 1612.500 | 108.450 | 356.584 | 464.512 | 8042.164 | 38 | 3017.400 | 1132.000 |
| 1996 | 1.020 | 2.678 | 10.468 | 1710.000 | 113.280 | 378.758 | 504.800 | 7971.815 | 33 | 3090.900 | 1122.000 |
| 1997 | 1.078 | 2.536 | 11.765 | 1800.000 | 116.480 | 387.286 | 507.086 | 8246.606 | 30 | 3279.300 | 502.000 |
| 1998 | 0.974 | 2.465 | 10.873 | 1860.000 | 108.550 | 394.257 | 584.973 | 8387.645 | 39 | 3328.100 | 1124.000 |
| 1999 | 1.095 | 2.416 | 11.569 | 1894.800 | 119.394 | 400.173 | 785.129 | 7491.735 | 27 | 3390.800 | 622.000 |
| 2000 | 0.950 | 2.539 | 11.840 | 1914.762 | 121.561 | 415.753 | 881.574 | 7170.000 | 33 | 3317.100 | 1084.000 |
| 2001 | 1.208 | 3.481 | 17.377 | 2826.139 | 118.146 | 502.140 | 979.643 | 6210.000 | 45 | 3367.100 | 796.000 |
| 2002 | 1.066 | 2.722 | 13.374 | 1965.735 | 114.490 | 745.795 | 796.142 | 7680.000 | 29 | 3224.400 | 1245.000 |
| 2003 | 1.043 | 2.284 | 11.970 | 1682.714 | 113.415 | 798.612 | 641.447 | 7515.000 | 28 | 3226.400 | 962.000 |
| 2004 | 1.082 | 2.665 | 14.506 | 2090.770 | 118.683 | 965.805 | 672.352 | 7275.000 | 23 | 3360.050 | 543.000 |
| 2005 | 1.156 | 2.447 | 16.297 | 1879.804 | 108.575 | 975.128 | 566.585 | 7350.000 | 30 | 3635.572 | 1088.000 |
| 2006 | 1.029 | 2.372 | 17.635 | 1694.724 | 113.486 | 968.538 | 558.177 | 6975.000 | 23 | 3439.767 | 1085.000 |
| 2007 | 0.942 | 2.554 | 19.392 | 1770.798 | 112.078 | 955.124 | 614.778 | 7125.000 | 15 | 3467.364 | 1551.000 |
| 2008 | 0.986 | 2.614 | 14.266 | 1988.365 | 116.385 | 685.356 | 665.745 | 7314.524 | 28 | 3366.582 | 906.000 |
| 2009 | 1.121 | 2.579 | 13.578 | 1860.009 | 113.305 | 629.206 | 683.036 | 7585.110 | 31 | 3321.227 | 1048.000 |

# 3 影响因素的灰色关联分析

## 3.1 原始数列建立

根据临泽县1995～2009年农作物生产的实际情况，通过综合分析判断，选取每年的劳动力投入 $x1(k)$、农业机械总动力 $x2(k)$、化肥施用量 $x3(k)$、农药施用量 $x4(k)$、生产用种籽 $x5(k)$、水费 $x6(k)$、灌溉用水量 $x7(k)$ 作为影响水分生产力的可控因素；选取每年农作物生长期间沙尘天气出现次数 $x8(k)$、不小于10℃积温 $x9(k)$、生育期的降水量 $x10(k)$ 作为影响水分生产力的不可控影响因素（表1）。采用灰色关联分析理论分析各个影响因素对农作物水分生产力的影响程度。上述各个影响因素的指标值均依据临泽县统计、水利、农业、气象部门提供的资料和其他相关文献经统计计算获得。

## 3.2 灰色关联分析

（1）对原始数据进行标准化处理

$$si(k)=\frac{xi(k)-\overline{x}}{si}(i=0,1,2,\cdots,10;k=1,2,\cdots,15) \quad (3)$$

式中：$si(k)$ 为原始数据标准化处理后的值；$xi(k)$ 为对应的原始数据；$\overline{x}$为同一影响因素指标值的平均数；$si$ 为同一因素值的标准差。

（2）求关联系数为

$$\xi i(k)=\frac{\min\limits_{i}\min\limits_{k}|so(k)-si(k)|+\rho\times\max\limits_{i}\max\limits_{k}|so(k)-si(k)|}{|so(k)-si(k)|+\rho\times\max\limits_{i}\max\limits_{k}|so(k)-si(k)|} \quad (4)$$

式中：$|so(k)-si(k)|$ 为参考因素 $so(k)$ 与比较因素 $s_i(k)$ 的绝对差值。

对表1中的原始数据经计算分析可知，式（4）中 $\min\limits_{i}\min\limits_{k}|so(k)-si(k)|=0.002366$；$\max\limits_{i}\max\limits_{k}|so(k)-si(k)|=3.591202$。$\rho$为分辨系数，取0.5。

（3）求关联度

$$ri=\frac{1}{n}\sum\xi i(k)\ (n=6、9、15) \quad (5)$$

## 3.3 结果与分析

表2是按式（4）计算得出的临泽县1995～2009年农作物水分生产力影响因素的灰色关联系数。

表2 1995～2009年水分生产力与影响因素的灰色关联系数

| 年份 | 劳动力投入 x1 | 农业机械总动力 x2 | 化肥施用量 x3 | 农药施用量 x4 | 生产用种籽 x5 | 水费 x6 | 灌溉用水 x7 | 沙尘天数 x8 | ≥10℃积温 x9 | 生长期降水 x10 |
|---|---|---|---|---|---|---|---|---|---|---|
| 1995 | 0.668 | 0.856 | 0.885 | 0.751 | 0.849 | 0.788 | 0.572 | 0.561 | 0.634 | 0.651 |
| 1996 | 0.772 | 0.762 | 0.900 | 0.941 | 0.788 | 0.782 | 0.640 | 0.742 | 0.671 | 0.719 |
| 1997 | 0.779 | 0.682 | 0.754 | 0.946 | 0.622 | 0.615 | 0.700 | 0.842 | 0.776 | 0.515 |
| 1998 | 0.809 | 0.972 | 0.715 | 0.854 | 0.963 | 0.806 | 0.460 | 0.502 | 0.672 | 0.597 |
| 1999 | 0.634 | 0.626 | 0.780 | 0.785 | 0.593 | 0.906 | 0.783 | 0.680 | 0.942 | 0.540 |
| 2000 | 0.665 | 0.753 | 0.613 | 0.417 | 0.816 | 0.439 | 0.741 | 0.562 | 0.623 | 0.568 |
| 2001 | 0.702 | 0.718 | 0.689 | 0.644 | 0.455 | 0.995 | 0.334 | 0.935 | 0.548 | 0.440 |
| 2002 | 0.919 | 0.877 | 0.996 | 0.925 | 0.909 | 0.760 | 0.951 | 0.854 | 0.728 | 0.765 |
| 2003 | 0.680 | 0.821 | 0.775 | 0.945 | 0.751 | 0.993 | 0.945 | 0.916 | 0.814 | 1.000 |
| 2004 | 0.905 | 0.937 | 0.915 | 0.786 | 0.722 | 0.865 | 0.727 | 0.611 | 0.929 | 0.526 |
| 2005 | 0.527 | 0.809 | 0.597 | 0.440 | 0.959 | 0.521 | 0.568 | 0.603 | 0.776 | 0.672 |
| 2006 | 0.806 | 0.573 | 0.845 | 0.966 | 0.582 | 0.856 | 0.778 | 0.765 | 0.673 | 0.780 |
| 2007 | 0.635 | 0.393 | 0.685 | 0.709 | 0.450 | 0.655 | 0.735 | 0.790 | 0.477 | 0.393 |
| 2008 | 0.696 | 0.704 | 0.883 | 0.905 | 0.778 | 0.684 | 0.706 | 0.858 | 0.788 | 0.685 |
| 2009 | 0.766 | 0.800 | 0.678 | 0.650 | 0.677 | 0.852 | 0.668 | 0.582 | 0.637 | 0.571 |

对表2中每年关联系数排序前5位的影响因素进行频次统计分析（图1）。统计结果发现：在15个年份

中，可控影响因素频次超过 5 次的是化肥施用量、农药施用量、水费各 9 次；劳动力投入 8 次；农业机械总动力、生产用种籽各 6 次。说明影响农作物水分生产力的因素主要是可控因素，出现频次最高的可控影响因素化肥施用量、农药施用量、水费，占 60%。不可控影响因素出现频次最高的是沙尘天数和不小于 10℃积温各 5 次，占 33.3%。由此可见，可控因素的投入与农作物分生产力关联程度高，增加对可控因素的投入和管理，就会提高农作物水分生产力。

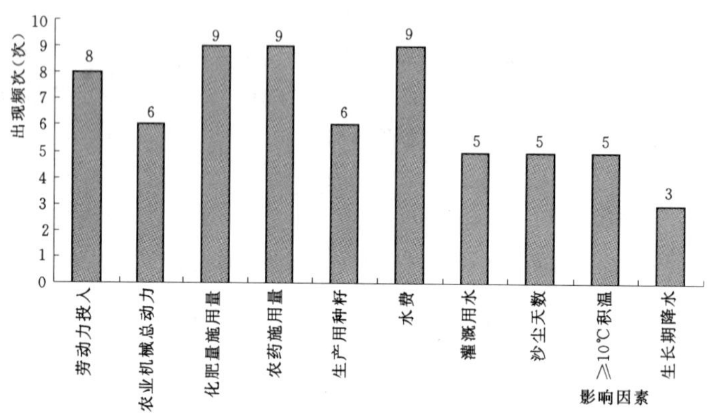


图 1　1995～2009 年各影响因素关联系数排序前 5 位的频次统计

黑河中游水量调度从 2000 年 7 月开始，在每年的关键调度期，多次实行“全线闭口、集中下泄”措施，已 10 多次将黑河水送到干涸十年之久的东居延海，为下游生态恢复做出了巨大贡献。为了进一步分析水量调度前后农作物水分生产力的变化情况，按式（5）计算得出 1995～2009 年间黑河流域水量调度前后临泽县农作物水分生产力影响因素的灰色关联度排序结果，见表 3。

**表 3　　1995～2009 年水分生产力影响因素的灰色关联度及排序**

| 年份 | 劳动力投入 $x1$ | 农业机械总动力 $x2$ | 化肥施用量 $x3$ | 农药施用量 $x4$ | 生产用种籽 $x5$ | 水费 $x6$ | 灌溉用水 $x7$ | 沙尘天数 $x8$ | ≥10℃积温 $x9$ | 生长期降水 $x10$ |
|---|---|---|---|---|---|---|---|---|---|---|
| 1995～2000 | 0.721 | 0.775 | 0.774 | 0.782 | 0.772 | 0.723 | 0.649 | 0.648 | 0.720 | 0.599 |
| 排序 | 6 | 2 | 3 | 1 | 4 | 5 | 8 | 9 | 7 | 10 |
| 2001～2009 | 0.739 | 0.732 | 0.786 | 0.773 | 0.690 | 0.807 | 0.720 | 0.782 | 0.706 | 0.654 |
| 排序 | 5 | 6 | 2 | 4 | 9 | 1 | 7 | 3 | 8 | 10 |
| 1995～2009 | 0.731 | 0.752 | 0.781 | 0.777 | 0.728 | 0.768 | 0.687 | 0.720 | 0.713 | 0.628 |
| 排序 | 5 | 4 | 1 | 2 | 6 | 3 | 9 | 7 | 8 | 10 |

由表 3 中灰色关联度及其排序结果可以看出：在 10 个影响水分生产力的因素中，1995～2009 年排序前 5 位的是：化肥施用量＞农药施用量＞水费＞农业机械总动力＞劳动力投入。分阶段排序，1995～2000 年排序前 5 位的是：农药施用量＞农业机械总动力＞化肥施用量＞生产用种籽＞水费；2001～2009 年排序前 5 位的是：水费＞化肥施用量＞沙尘天数＞农药施用量＞劳动力投入。

排序结果表明：影响水分生产力的因素与临泽县农村社会经济、气候因素的变化密切相关。黑河水量调度以前农业生产中的可控要素对水分生产力的影响显著，不可控的气候要素影响不显著。2001 年以后随着灌区节水改造项目的实施以及某些年份气候的不正常变化，影响因素的排序也发生变化，但还是以可控因素占主导地位。农业生产对有限水资源的依赖使水费因素对农作物水分生产力产生显著影响，上升到第一位；沙尘天数也开始对农作物水分生产力大小产生显著影响，上升到第三位。特别在 2003 年节水灌溉工程实施后，各灌区种植结构调整，压夏增秋，制种玉米面积大幅度提高，经济作物播种面积增大，生产中对劳动力的需求量增大，保增产防病虫害需要的化肥和农药用量也增大。因此，劳动力因素、化肥因素、农药因素对农作物水分生产力的影响作用增强，上升到前 5 位。而在现有的农村经济水平下，农业生产中的种子费用、农业机械总动力的投入趋于稳定，它们不再成为影响水分生产力的主要因素。灌溉用水量的影响作用也有所提升，至第七位。

农作物水分生产力大小实际上是许多影响因素综合作用的结果。黑河调水以后，随着引水量的减少，临泽县沿河各灌区的农业产业结构发生变化，农村经济也呈现多元化结构，不再是以种植高耗水的粮食作物为主。各灌区逐渐种植产值较高的经济作物、蔬菜和制种玉米，发展舍饲养殖的畜牧业，因此，单位面积上农作物的产量组成及用水的结构比例发生改变，各个影响因素对农作物水分生产力的影响程度也就随之发生变化。

## 4 结论

（1）对于干旱区绿洲农业而言，农作物水分生产力大小是许多影响因素综合作用的结果。不同年份，同一影响因素对农作物水分生产力的灰色关联系数差异较大，灰色关联系数大，表明该因素对水分生产力的影响程度显著，反之，表明其对水分生产力的影响程度不显著。同一年份，不同影响因素对农作物水分生产力的灰色关联系数差异也比较显著。

（2）农作物水分生产力影响因素的灰色关联度及排序有明显差异。不同阶段的排序结果表明：可控因素中的化肥、农药、水费对农作物水分生产力影响最为显著，说明其投入的多少对农作物生产的影响很大，其次是劳动力和农业机械总动力的投入；不可控因素对农作物水分生产力的影响相对较小，只是黑河实施水量统一调度后的2001～2009年间，沙尘天数对农作物水分生产力产生了较显著影响，上升到第三位。

（3）在水资源有限的前提下，合理高效配置农业生产的投入要素，才是干旱区农业提高水分生产力的根本策略。农业是物质生产过程，没有投入就不会形成新的生产力，生产资料、劳动力、灌溉用水和管理费用的投入是对以种植业为主的农业生产贡献率最大的投入，在农业生产中占重要地位。同时干旱区绿洲农作物生产需要适宜的气候来保证，生长发育期的沙尘天气、降水和不小于10℃积温会对农作物正常生长和产量形成产生一定影响。改善农业生态环境是农作物高产稳产的重要保障。

## 参考文献

[1] Jacob W Kijne，Randolph Barker，David Molden. Improving water productivity in agriculture：limits and opportunities for improvement [C]. Cambridge MA USA，2003.

[2] Molden D. Accounting for water use and productivity [M]. SWIM Paper 1. Colombo，Sri Lanka：International Water Management Institute，1997.

[3] 董斌，崔远来，黄汉生，等. 国际水管理研究院水量平衡计算框架和相关评价指标 [J]. 中国农村水利水电，2003 (1)：5-7.

[4] Molden D，Murray-Rust H，Sakthivadivel R，et al. A water productivity framework for understanding and action，Workshop on Water Productivity [R]. Sri Lanka，Wadduwa，2001.

[5] 李远华，赵金河，张思菊，等. 水分生产率计算方法及其应用 [J]. 中国水利，2001，8：65-67.

[6] Loeve R，Dong B，Molden D，et al. Issues of scale in water productivity in the Zhang he irrigation system：implications for irrigation in the basin context [J]. Paddy Water Environ，2004 (2)：227-236.

[7] 刘鹄，赵文智. 农业水生产力研究进展 [J]. 地球科学进展，2007，22 (1)：58-65.

[8] 杨绍艳，马德斌. 谈提高灌溉水利用率与水分生产率之措施 [J]. 水利天地，2004 (7)：44-45.

[9] 胡广录，赵文智. 绿洲灌区小麦水分生产率在不同尺度上的变化 [J]. 农业工程学报，2009，25 (2)：24-30.

[10] 郭淑敏，马帅，陈印军. 我国粮食主产区粮食生产影响因素研究 [J]. 农业现代化研究，2007，28 (1)：83-87.

# Gray Correlative Analysis of Crop Water Productivity as well as Effect Factors in the Oasis of Arid Zone

Hu Guanglu[1] Zhao Wenzhi[2]

(1. School of Environmental and Municipal Engineering，Lanzhou Jiaotong University，Lanzhou 730070；2. Cold and Arid Regions Environmental and Engineering Research Institute，Chinese Academy of Sciences；Linze Inland River Basin Research Station of China Ecosystem Research Network，Lanzhou 730000)

**Abstract** Crop water productivity ($WP_c$) is an integratived index that evaluatet agriculture production level and scientificity and rationality of agricultural water using. There are many influential factors of the $WP_c$, some are controllable (like water consumption, seeds, chemical fertilizer, pesticide inputs management et al) and the others are not (like temperature, precipitation, days of dust et al), but the $WP_c$ is the result of impact of all factors. Taking Linze county of Zhangye city in the middle reaches of Heihe River Basin as an example; we chose the most possible factors (totally 10 factors) to do a gray correlative analysis in the irrigation districts of Linze county. The results of gray correlative analysis for the influential factors show that: From 1995 to 2009, the 5 most important factors controlling $WP_c$ are chemical fertilization, pesticide inputs, agricultural water fees, total powers of agriculture machine, labor force. That means the $WP_c$ is influenced more by controllable factors than uncontrollable ones in the arid zone. We argued that more agricultural production materials, labor forces inputs, and management investment are necessary to produce more crops and maintain the food supply safety of the irrigation districts, especially when considering the limited water resources in this region.

**Key words** crop water productivity; effect factors; gray correlative analysis; oasis irrigation districts

# 大型跨流域调水工程干线沿程单方水供水成本分析研究

高淑会　王宝全　曹升乐　孙秀玲　于翠松

（山东大学土建与水利学院　济南　250061）

**摘　要**　科学合理的水价是大型跨流域调水工程能够良性运行的保证，水价的核心问题是供水成本，尤其是对于大型跨流域调水工程，输水线路长，投资多，需要涉及到沿程投资分摊问题。本文在考虑调水工程特点的基础上，首次提出基于资源共享和泵站耗能影响的大型跨流域调水工程干线沿程分摊方法，并结合实际应用提出供水成本分摊计算的修正方法，并给出了应用说明。

**关键词**　大型跨流域调水工程；干线沿程供水成本；费用分摊；耗能影响；资源共享；实用修正方法；应用举例

## 1　引言

特大型跨流域（区域）调水工程建设的主要目的就是将相对丰水流域（区域）的水调往缺水流域（区域）[1]，以解决缺水地区的社会经济发展与生态环境对水的需求，实现水资源的优化配置与资源共享，促进缺水地区经济、社会和生态环境的健康与可持续发展。

现有关于跨流域调水工程沿程投资分摊方法多采用折算水量法，但是利用折算水量计算的单方水供水成本会随着分段数的不同而发生很大的变化[2,3]，投资分摊公式本身呈非线性，而且没有针对供水成本各组成要素在大型调水工程沿程中所起的作用进行分析。因此，需要考虑大型跨流域调水工程的基本特点，结合跨流域调水工程的工程运行模式，提出新的、实用的、具有可操作性的供水成本核算方法。

## 2　沿程单方水供水成本计算方法

### 2.1　资源共享型

事实上，水资源属于人类共有的资源，应逐步实现资源共享。对于大型跨流域（区域）国家战略性调水工程而言，应参照四大基础产业中电、路、讯系统的定价模式，在工程覆盖范围内统一核算成本，制定统一水价，即实行“同网同价”（这里的网指水网）。供水成本费用可用式（1）计算：

$$UC=\frac{\sum_{j=1}^{n}C_j+\sum_{j=1}^{n}U_j}{W} \tag{1}$$

式中：$UC$ 为单方水的供水成本，元/m³；$W$ 为大型跨流域调水工程年净增供水量，m³；$C_j$ 为大型跨流域调水工程第 $j$ 区段的固定资产年折旧费，元；$U_j$ 为大型跨流域调水工程第 $j$ 区段的年运行费，元；$n$ 为大型跨流域调水工程干线分段数。

### 2.2　耗能影响型

资源共享型计算方法认为全干线供水成本费用均匀分摊，单方水供水成本干线统一，充分体现了资源共享的特点，应是大型跨流域调水工程水价制定的方向。同时，考虑到大型跨流域调水工程可分为两类，即全线自流式调水工程（例如，南水北调中线工程）和逐级提水式调水工程（例如，南水北调东线工程），两类调水工程在运行方面存在有较大差异（主要指耗能），因此在单方水供水成本计算时可考虑其差异。对于全线自流式调水工程，可直接应用资源共享型计算方法。对于逐级提水式调水工程，由于沿线需消耗大量电能，可考虑泵站耗能由上游向下游分摊，单方水供水成本可采用式（2）和式（3a）计算：

$$UC_2=\frac{\sum_{j=1}^{n}C_j+\sum_{j=1}^{n}U_j^2}{W} \tag{2}$$

$$UC_3=2\times\frac{\sum_{j=1}^{n}U_j^3}{W}+UC_2 \tag{3a}$$

式中：$U_j^2$ 为大型调水工程第 $j$ 区段除泵站耗电费之外的年运行费；$U_j^3$ 为大型调水工程第 $j$ 区段泵站年耗电费；$UC_2$ 为干线工程在考虑耗能影响因素下的始端单方水供水成本；$UC_3$ 为干线工程在考虑耗能影响因素下的末端单方水供水成本，沿程的供水成本应介于 $UC_2$ 和 $UC_3$ 之间；其他符号意义同式（1）。

如果干线沿程到某一段之后变为自流，则自流段的供水成本与全线位置最高处的调蓄水库（湖或池）处相同，见图 1。位置最高处的调蓄水库一般是指与最后一级泵站相衔接的水库。如果全线均为提水，沿程的供水成本应介于 $UC_2$ 和 $UC_3$ 之间。如果最后一级泵站不在终点，也就是说干线到某一点后变为自流（南水北调东线第一期工程即为这种情况），此种情况说明如下。

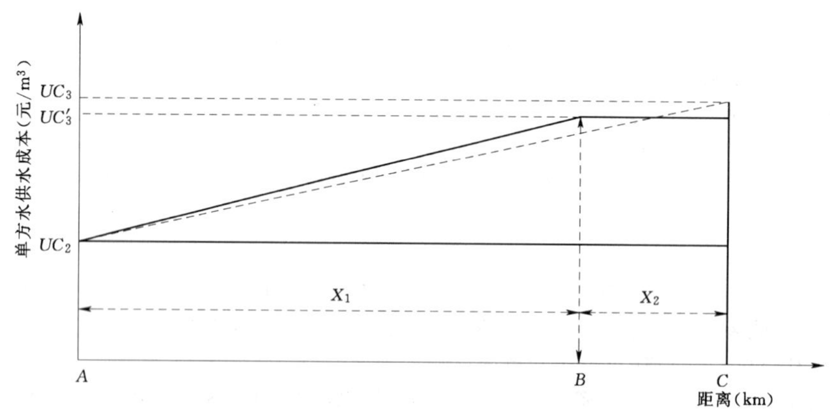


图 1　单方水供水成本分析计算示意图

$A$—干线起点；$B$—干线位置最高的调蓄水库（湖、池）处；$C$—干线节点

若供水干线由 $X_1$ 和 $X_2$ 两部分组成，$X_1$ 段为逐级提水，$X_2$ 段为自流，干线总长度为 $X=X_1+X_2$。当 $X_1=X$，$X_2=0$ 时，即为全线逐级提水，此种情况下，始端单方水供水成本为 $UC_2$，末端单方水供水成本为 $UC_3$。当 $X_1\neq X$，$X_2\neq 0$ 时，即干线 $X_1$ 段为逐级提水，到达 $X_1$ 后变为自流，此种情况下，始端单方水供水成本仍为 $UC_2$，末端的单方水供水成本用 $UC_3'$ 表示，则有

$$UC_3'=\frac{(X_1+X_2)(UC_3-UC_2)}{(X_1+2\cdot X_2)}+UC_2 \tag{3b}$$

## 3　沿程单方水供水成本结果修正

上述基于耗能影响下的单方水供水成本分摊方法是针对理想状态的进行的，即干线工程沿程用水是均匀的。事实上没有完全理想状态的工程，工程沿程用水多少取决于需求。干线工程沿程的用水（需水）是不均匀的，任何大型跨流域调水工程都不例外。因此，需对前面的供水成本计算结果进行修正。

对供水成本计算结果进行修正的基本思路是：工程沿程各段的用水量与该段对应的单方水供水成本（前面的计算结果）之积的累加值应与工程供水总成本费用相等。

具体修正方法分两种情况，参见图 2，下面分别进行说明。

图 2（a）对应的修正方法：

（1）计算长方形 $adeg$ 的面积。始端单方水供水成本与总净增供水量之积对应长方形 $adeg$ 的面积，用 $A$ 表示。

（2）计算梯形 $abcd$ 的面积。将梯形划分成若干段（沿横坐标方向划分），各段净增供水量与该段平均单方水供水成本之积的累加值对应梯形 $abcd$ 的面积，用 $B$ 表示。

（3）计算修正系数。修正系数用 $\alpha$ 表示，$\alpha$=（工程供水总成本费用$-A)/B$。

（4）计算修正后的单方水供水成本。对梯形 $abcd$ 的高（纵坐标方向）乘以修正系数 $\alpha$，即得到梯形 $ab'c'd$。$ab'c'$ 即为修正后的单方水供水成本过程线。

图 2（b）对应的修正方法：

（1）计算长方形 $acde$ 的面积。始端单方水供水成本与总净增供水量之积对应长方形 $acde$ 的面积，用 $A$ 表示。

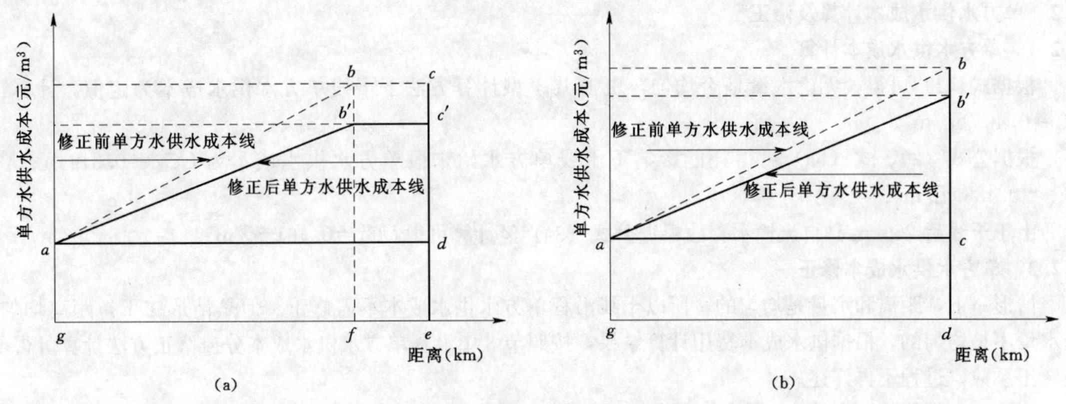


图 2　单方水供水成本过程线修正示意图

(2) 计算三角形 $abc$ 的面积。将三角形划分成若干段（沿横坐标方向划分），各段净增供水量与该段平均单方水供水成本之积的累加值对应三角形 $abc$ 的面积，用 $B$ 表示。

(3) 计算修正系数。同理，修正系数也用 $\alpha$ 表示，$\alpha$=(工程供水总成本费用$-A$)/$B$。

(4) 计算修正后的单方水供水成本。对三角形 $abc$ 的高（纵坐标方向）乘以修正系数 $\alpha$，即得到三角形 $ab'c$。$ab'$即为修正后的单方水供水成本过程线。

## 4　应用说明

### 4.1　基本概况

假设某大型调水工程，输水干线（无分支干线）总长 1500km，干线净增供水量为 35 亿 $m^3$，沿线共设 15 级泵站，均分为 6 段，经 15 级泵站逐级提水 1250km，然后经 250km 自流进入干线末端受水区[4]。

现按照净增供水量不同，分两种情形讨论耗能影响下沿程单方水供水成本变化。

情形一（均匀输水）：干线每段净增供水量均为 5.833 亿 $m^3$，见表 1 第 3 列。

情形二（非均匀输水）：分段均匀情形下，各段净增供水量不均匀的，各段净增供水量详见表 1 第 4 列。

表 1　干线净增供水量及距离表

| 段　号 | 干线累积距离 (km) | 情形一：净增供水量 (亿 m³) | 情形二：净增供水量 (亿 m³) |
|---|---|---|---|
| 0 | 0 | 0 | 0 |
| 1 | 250 | 5.833333 | 2.833333 |
| 2 | 500 | 5.833333 | 8.833333 |
| 3 | 750 | 5.833333 | 0.833333 |
| 4 | 1000 | 5.833333 | 10.83333 |
| 5 | 1250 | 5.833333 | 5.833333 |
| 6 | 1500 | 5.833333 | 5.833333 |

假设各供水成本费用（包括折旧费、工程维护费、工程管理费、贷款年利息、抽水电费及其他）组成见表 2。

表 2　供水成本费用汇总表　单位：万元

| 费用组成 | 折　旧　费 | 运　行　费 | | | 合　计 |
|---|---|---|---|---|---|
| | | 抽水电费 | 其　他 | 小　计 | |
| 调水干线 | 50000 | 30000 | 60000 | 90000 | 140000 |

### 4.2 单方水供水成本计算及修正

#### 4.2.1 单方水供水成本计算

根据式（1）可得，无论水量是否均匀，资源共享型计算方法下干线单方水供水成本为定值，计算得 $UC=0.400$ 元/$m^3$。

根据公式（2）、式（3a）可得耗能影响下干线单方水始末段单方水供水成本为 $UC_2=0.314$ 元/$m^3$，$UC_3=0.486$ 元/$m^3$。

由于干线后 250km 是自流输水，故根据公式（3a）经计算可得 $UC_3'=0.461$ 元/$m^3$。

#### 4.2.2 单方水供水成本修正

情形一下，距离和水量是均匀的，所以干线沿程单方水供水成本不需修正。但是情形二下，距离均匀，但水量不是均匀的，根据供水成本费用计算结果，按照节 3 中沿程单方水供水成本分摊修正方法计算可得干线修正系数，过程不再详述。

经计算，干线修正系数为 $\alpha=0.9275$ 时，可以保证干线成本费用闭合（为 14 亿元）。

干线沿程单方水供水成本费用可以用公式表示，见式（4）。

$$Y=\begin{cases}0.314+1.0907\times10^{-4}X & 0\leqslant X<1250\\ 0.451 & 1250\leqslant X\leqslant1500\end{cases}\tag{4}$$

式中：$Y$ 为考虑耗能情况下修正后的干线沿程单方水供水成本，元/$m^3$；$X$ 为干线供水口门距水源（三江营）的折算距离，km。

### 4.3 小结

（1）根据应用结果分析可知，在均匀输水情形下，无论是资源共享型还是耗能影响型，干线平均单方水供水成本是相同的。

（2）情形一中，距离和水量都是均匀的，干线沿程单方水供水成本不需修正；情形二中，距离均匀、水量不均匀，则干线沿程单方水供水成本需要修正。以此类推，如果距离或水量存在两者之一不均匀的情况，干线沿程单方水供水成本均需修正。

（3）干线沿程单方水供水成本可以用数学公式线性表示出来。如果已知干线某供水口门到水源的距离，可以直接利用公式得出单方水供水成本费用。

## 5 结语

考虑耗能影响下大型跨流域调水工程的沿程单方水供水成本分摊方法突破了传统的跨流域调水工程干线供水成本分摊方法的思路及局限性，对跨流域大型调水工程供水成本分摊方法提出了新的思路与方法。

## 参 考 文 献

[1] 叶新霞，贾仁甫．跨流域调水水价问题研究 [J]．人民黄河，2005，27（12）：62-63.

[2] 宋健峰，郑垂勇，陈晓楠，等．南水北调东线第一期工程供水成本分摊与核算 [J]．资源科学，2008，30（7）：975-981.

[3] 刘卫国，郑垂勇，徐增标，等．南水北调工程供水成本模型研究 [J]．安徽农业科学，2008，36（2）：768-769.

[4] 甘泓，贾仰文，游进军，等．南水北调东线工程水量分配及其社会经济影响研究 [A]．//第三届黄河国际论坛论文集 [C]．2007：66-75.

# Study on the Large Water Transfer Project's unilaterally water supply cost along the mine line

Gao Shuhui　Wang Baoquan　Cao Shengle　Sun Xiuling　Yu Cuisong

(School of Civil Engineering，Shandong University，Jinan 250061)

**Abstract**　A Reasonable water price is the assurance of the Large Water Transfer Project，the main problem of the price is water supply cost，especially for the Large Water Division Project，Whose line is so long and the investment is so much， and the unilaterally water price needs refer to the cost allocation. After fully considering the characteristics of the water division project, this paper firstly pioneered a method of the large water transfer project, which is based on the resource sharing and pump station energy consumption influence ; and put forward a computing method of water cost allocation along the large water division' main line, then propose a correction method to this model, and at last come to the conclusions of large water transfer project according to the application.

**Key words** large water transfer project; water supply cost along the line; investment sharing; energy consumption; resources sharing; practical correction method; application example

# 大型调水工程水价制定模式探讨

王宝全　高淑会　孙秀玲　曹升乐　于翠松

（山东大学土建与水利学院　济南　250061）

**摘　要**　大型调水工程水价制定模式关系到工程能否健康运行。本文讨论了按照投资和用水量逐级由上游向下游分摊计算供水成本的方法。在考虑大型调水工程的基础性和公益性特点的基础上，分别讨论了同网同价（全线统一水价）、投资组成影响、工程运行费影响和抽水电费影响的四种水价制定模式。同时，引入了折算距离和修正计算方法。最后给出了计算说明。

**关键词**　水价；大型调水工程；制定模式；折算距离；修正方法；同网同价

## 1　引言

任何商品都有其成本，水也是商品。但水又不同于传统的商品，它不仅具有传统商品的属性，而更重要的是它具有公益属性，它是生命之源、生态之基、生产之要。因此，对于大型调水工程而言，在确定水的成本时，即确定水价时，一方面要考虑供水工程的建筑物、设备等折旧费和工程管理运行费需要通过收取水费来得到部分偿还，另一方面必须考虑到水的公益属性。

在传统意义下，认为：由于上游地区不但承担本地区的供水同时承担下游地区的输水，上游地区的一部分成本费用应向下游分摊。事实上这种观点存在有明显的缺陷：①水电路讯四大基础产业中的电路讯在制定价格时都没有考虑上下游的差别；②水资源属于人类共有的资源，具有人人平等和公平享用的特殊属性，应资源共享；③没有下游的用户存在，该调水工程可能本身就难以存在，不仅要看到上游为下游服务，而且也应看到下游为上游提供了巨大的支持；④大型调水工程都是由国家统一建设的，应由国家统一定价，实行统一水价。

据此，本文将对水价制定模式进行探讨。

## 2　目前的水价计算模式讨论

大型调水工程水价制定模式由于其复杂性，至今没有形成一个完整而又科学的水价制定理论。在传统意义下，认为由于工程上游的成本费用一部分要为下游服务，所以现阶段有一种水价制定模式，即把工程分段，然后成本费用逐级累加向下游分摊，然后根据各段分摊的供水成本和用水量得出各段供水水价[1]，这种方法考虑了供水成本和上下游供水成本分摊问题，但是存在较大的局限性；①这种水价制定理论的核心问题是分段，由于分段并不是客观存在的，这就导致了分段的划分主观性太强，不同方法造成不同的分段数和分段位置，划分段数以及划分段的位置没有科学的依据。②见图 1（a）、（b）水价应该是一个客观并合理存在的，由于这个分摊公式呈非线性，导致计算的水价由于主观划分段数而造成差异。③由于分段数不同，会造成下游与上游受水区的水价相差太大，见图 1（a），调水工程分为 2 段时，下游段水价是上游段的 3 倍；见图 1（b），如果分为 10 段，下游段水价是上游段 30 倍；如果划分为 30 段时，下游段水价是上游段的 120

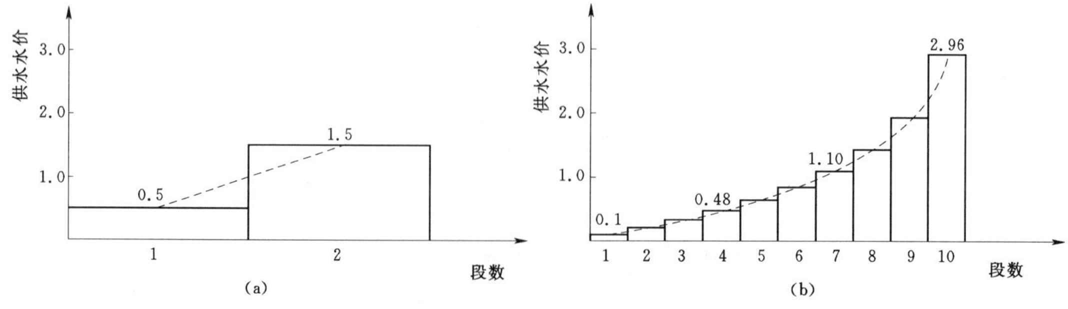


图 1　供水水价由于不同分段呈阶梯形增长示意图

倍，失去了调水工程作为一个公益性工程的特点，使下游地区难以承受过高的供水价格。④由于这种分摊方法会造成水价阶梯式增长，在分段的连接处（同一个地方）会造成两个供水价格，同一个地方就应该是同一个供水水价（如图 1 中各段连接处所示）。以上问题决定了沿线水价根据供水成本分摊呈阶梯式增长的水价制定模式在实际调水工程运用上存在相当的局限性。

## 3 大型调水工程水价制定模式

### 3.1 全线统一水价模式

上述分摊理论核心问题是如何划分分段数，而分段数的不同会造成完全不同的结果，给实际应用造成很大的困难。本文认为：大型调水工程全线应作为一个整体，考虑调水工程公益性的特点，全线应采用同一水价，应由国家统一建设、统一管理、统一制定水价，实行统一水价。单方水供水成本计算公式见式（1），考虑利润等后即为水价（本文假设税金和利润都为 0，以下同）。

$$UC=\frac{\sum_{j=1}^{n}C_j+\sum_{j=1}^{n}U_j}{W} \tag{1}$$

式中：$UC$ 为单方水的供水水价，元/m$^3$；$W$ 为大型跨流域调水工程年净增供水量，m$^3$；$C_j$ 为大型跨流域调水工程第 $j$ 区段的固定资产年折旧费，元；$U_j$ 为大型跨流域调水工程第 $j$ 区段的年工程运行费，元；$n$ 为大型跨流域调水工程干线分段数。

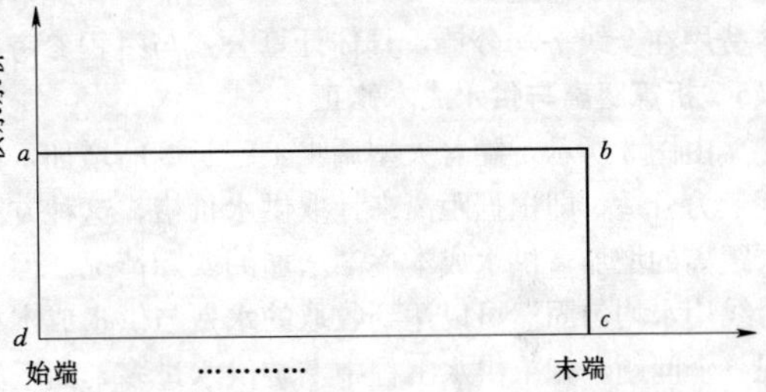

图 2 调水工程全线统一水价

沿线水价结果示意图见图 2。

### 3.2 考虑投资组成情况下水价制定模式

大型调水工程由于投资巨大，工程建设投资一般是由国家投资和贷款两部分组成，大型调水工程作为一个基础产业性质的公益性工程，应按照国家投资和贷款投资之间的比例区别调水工程的供水成本，假设国家投资和贷款投资占总投资的比例分别为 $a\%$ 和 $b\%$（$a\%+b\%=1$），即供水成本中的 $a\%$ 部分在全线平均分摊，供水成本中的 $b\%$ 部分由上游向下游分摊，上游向下游分摊的供水成本采用直线增长的方式而非阶梯形增长方式来制定沿线供水水价，这样可以避免在同一个地方出现不同水价的问题，保证了水价在沿线呈连续性增长，考虑投资组成影响下的大型调水工程水价制定模式公式见式（2）和式（3）。

$$UC_1=a\%\times\frac{\sum_{j=1}^{n}C_j+\sum_{j=1}^{n}U_j}{W} \tag{2}$$

$$UC_2=2\times b\%\times\frac{\sum_{j=1}^{n}C_j+\sum_{j=1}^{n}U_j}{W}+UC_1 \tag{3}$$

在式（2）和式（3）中，$UC_1$ 和 $UC_2$ 分别表示考虑投资组成情况下调水工程始端和末端水价。

沿线水价结果示意图见图 3。

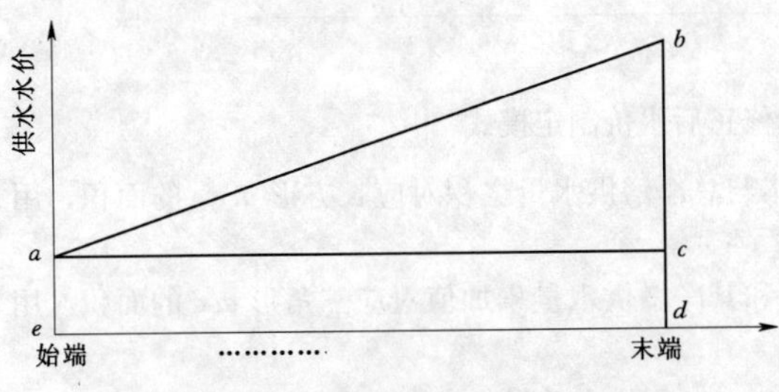


图 3 考虑投资组成/工程运行费情况下水价制定模式

### 3.3 考虑工程运行费情况下水价制定模式

大型调水工程由国家建设，水资源作为人人平等享用的自然资源，工程建筑设备等固定资产折旧费应该全线平均分摊，由于上游向下游增加供水而造成工程运行费增加，部分的工程运行费向下游分摊，同考虑投资组成情况下的水价制定模式，上游向下游分摊的部分工程运行费采用直线增长的方式而非阶梯形增长方式来制定沿线供水价格，计算公式见式（4）和式（5）。

$$UC_3 = a\% \times \frac{\sum_{j=1}^{n} U_j}{W} \tag{4}$$

$$UC_4 = 2 \times \frac{\sum_{j=1}^{n} C_j + b\% \times \sum_{j=1}^{n} U_j}{W} + UC_3 \tag{5}$$

在式（4）和式（5）中，$UC_3$ 和 $UC_4$ 分别表示考虑工程运行费情况下大型调水工程始端和末端水价，$a\% + b\% = 1$。沿线水价结果示意图见图 3。

### 3.4 考虑抽水电费情况下水价制定模式

以上模型是在考虑调水工程自流情况的水价制定模式，有些调水工程由于下游受水区地势较高需要通过抽水泵站提水，这就需要消耗大量的电能，在此情况下，抽水电费可由上游向下游分摊，而其余部分供水成本费用在全线平均分摊，具体计算公式与过程参考以上模式，本文在此不再详述。

### 3.5 折算距离与供水成本修正

由图 3 所示，随着大型调水工程长度的增加，供水成本也随着距离成正比增加，所以横坐标采用距离长度最为合适，即根据距离来计取供水价格，这种方法可以清楚准确的得出不同地方的供水价格，符合由于调水距离的增加，供水成本逐渐增加的实际情况。但是，调水工程计算供水水价的基础是供水成本和用水量，沿线用水均匀固然可以达到收取的水费与供水成本相等，实际情况是工程沿线不可能是均匀用水，所以就出现一个问题，如果供水工程中上游供水过多，而下游供水减少，那么收取的水费会不足以支付供水成本，调水工程处于亏损状态，不能正常运行；反之，收取的水费大于供水成本，那么就会加重受水区人民群众的经济负担。如何解决收取的水费等于供水成本是这些模型的一个问题，最简单的解决方法是通过计算得出一个折算系数，在计算折算系数时，首先需要解决两个问题：第一个问题，如果沿线有多线输水的情况，即多条输水线路的起点相同，终点也相同，但是这些输水线路长度不同，计算时按照那一条线路作为主线不好确定，这里就需要一个折算距离，折算距离的计算公式见公式（6）。

$$L = \frac{l_1 w_1 + l_2 w_2 + \cdots + l_n w_n}{w_1 + w_2 + w_n} \tag{6}$$

式中：$L$ 为折算距离，km；$l_n$ 为各线路的长度，km；$w_n$ 为相对应各线路的供水量，$m^3$。

第二个问题，如果输水干线有调蓄水库，而调蓄水库周围分布许多取水口门，如果按照距离计算调蓄水库周边各取水口门的水价，调蓄水库周边各取水口门水价不同，这是不符合实际情况的，按照调蓄水库中间距离作为折算距离来计算周边各取水口门水价比较合理。

下面讨论收取的水费与供水成本之间的折算系数的计算问题，见图 4。

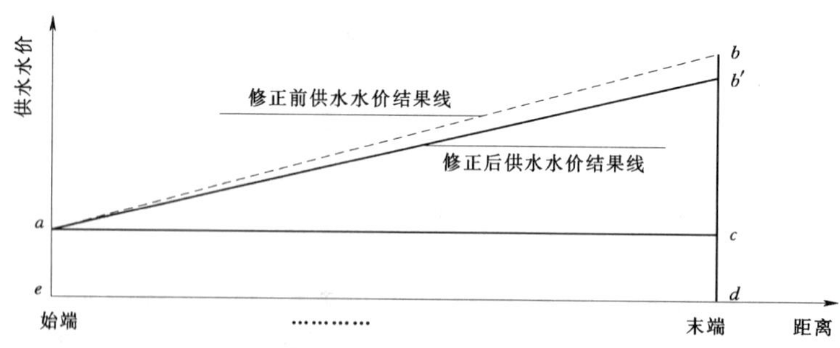


图 4　考虑工程运行费修正后水价制定模式

（1）计算长方形 *acde* 的面积。始端单方水供水成本与总净增供水量之积对应长方形 *acde* 的面积，用 $A$ 表示。

（2）计算三角形 *abc* 的面积。根据各口门具体位置和其净增供水量累加值对应三角形 *abc* 的面积，用 $B$ 表示。

（3）计算修正系数。同理，修正系数也用 $\zeta$ 表示，$\zeta$=(工程供水总供水成本$-A)/B$。

（4）计算修正后的单方水供水成本。对三角形 *abc* 的高（纵坐标方向）乘以修正系数 $\zeta$，即得到三角形

$ab'c$。$ab'$即为修正后的单方水供水水价过程线。

由图 4 中修正后的供水水价和各取水口门折算距离，得到大型调水工程沿线各处供水水价。

## 4 应用说明

假设有一大型跨流域跨区域调水工程，它沿线长度 100km，不均匀的分布 5 个取水口门，由上而下编号为 1～5，每年供水成本为 10 亿元，每年向沿线净增供水 40 亿 $m^3$，各取水口门取水量、分布距离见表 1，供水成本中除了固定资产折旧费等，每年需要大量工程运行费维持调水工程健康运行，假设每年需要工程运行费为 7 亿元，其中 5 亿元工程运行费向下游分摊，而 3 亿元固定资产折旧费和另外 2 亿元工程运行费在全线平均分摊，由式（4）、式（5）可求得 $ae$ 和 $b'c$，如图 5 所示。

$$ae=5/40=0.125\text{元}/m^3;b'c=(2\times5)/40=0.25\text{元}/m^3$$

在 $ab'c$ 中，根据口门距离内插可分别得到个取水口门的分摊水价（见图 5 中，如口门 5，$cd$ 定义其叫平均水价，$b'c$ 定义其叫分摊水价），然后可得收取的分摊水费 $B$（分摊水价×净水量），由式（2）可得折算系数 $\zeta$=（工程供水总供水成本－$A$）/$B$，根据修正系数，可得修正后的分摊水价，最后得到修正后水价，计算过程与结果见表 1 和图 5。

**表 1　调水工程沿线各取水口门水价计算过程表**

| 项目＼口门编号 | 1 | 2 | 3 | 4 | 5 |
|---|---|---|---|---|---|
| 距离（km） | 10 | 40 | 50 | 80 | 100 |
| 水量（亿 $m^3$） | 10 | 5 | 5 | 10 | 10 |
| 平均水价 $ae$（元/$m^3$） | 0.125 | | | | |
| 修正前分摊水价（元/$m^3$） | 0.025 | 0.10 | 0.125 | 0.20 | 0.25 |
| 分摊水费 $B$（元） | 0.25 | 0.5 | 0.625 | 2.0 | 2.5 |
| 修正系数 | 0.851 | | | | |
| 修正后分摊水价（元/$m^3$） | 0.0213 | 0.0851 | 0.1064 | 0.1702 | 0.2128 |
| 水价（元/$m^3$） | 0.1463 | 0.2101 | 0.2314 | 0.2952 | 0.3378 |

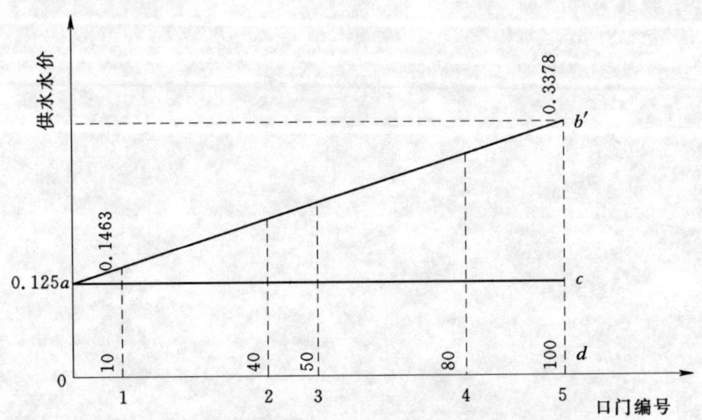


图 5　考虑工程运行费分摊情况下的水价结果图

## 5 结语

本文结合现有的水价制定模式，在保持调水工程健康运行的前提下，参照电、路、讯等国家基础产业的制定模式，考虑了大型调水工程作为基础性和公益性特点，克服了现有模型的一些缺点，提出了相应的大型调水工程水价制定模式，可根据各调水工程的实际情况选择相应的计算模式。本文提出的水价制定模式还需要根据实际应用情况不断深入研究。

## 参 考 文 献

[1] 宋健峰，郑垂勇，赵敏．调水工程成本分摊分段理论研究［J］．人民黄河，2009，31（1）：102-103.
[2] 施熙灿，蒋水心．水利工程经济．第3版［M］．北京：中国水利水电出版社，2007.

# Discussion to the models of water pricing of a large-scale water-transfer project

Wang Baoquan  Gao Shuhui  Sun Xiuling  Cao Shengdong  Yu Cuisong

(the Institute of engineering and water resource，Shandong University，Ji'nan 250061)

**Abstract** The models of water pricing of a large-scale water-transfer project concern the project runing healthy. The downstream areas share the cost of the upstream on the basis of the investment and water consumption，then get the water price according to the cost and water consumption. This article hold the large-scale water-transfer project is a basic industry and have a strong commonweal and study four models which consider a same water price along the project、the impact of investment on the water price、the impact of running cost on the water price and the impact of electricity rates on the water price. At the same time，we introduce a conversion distance and rectification. At last，the article illustrate by a calculation example.

**Key words** water price；large-scale water-transfer project；model；conversion distance；rectification；a same price along the project

# 陕西省关中灌区节水模式研究*

杨会颖　刘海军　王会肖

（北京师范大学水科学研究院　北京　100875）

**摘　要**　提高田间水分利用效率是提高陕西关中灌区灌溉水利用效率的关键。本文针对关中灌区农业种植特点及灌区灌溉现状，提出提高田间水分利用效率的节水模式，主要包括采用土地平整技术提高田间平整精度到 3 cm，畦田长度控制在 50～100m 内，在畦田长达大于 100m 的区域推广波涌灌技术，对于小麦等密植作物推广使用喷灌技术，灌溉水量采用 0.65 倍水面蒸发量，对于果树等经济作物可选用滴灌和小管出流等微灌技术，提倡利用土壤覆盖技术减少土面蒸发。本文提出的田间节水模式具有较强的操作性，对提高关中灌区农业水资源利用效率有较好的指导作用。

**关键词**　田间水利用系数；土地平整；畦长；波涌灌；喷灌；微灌；土壤覆盖

## 1　引言

关中灌区位于陕西省中部，包括西安、宝鸡、铜川、渭南和咸阳五个地区，由于该区域光热资源充足，现在已经成为陕西省重要的农业生产基地。2009 年统计资料显示关中灌区的农作物播种面积约为全省的 56%，但是粮食产量却为全省的 76%，棉花产量为全省的 97%，蔬菜产量为全省的 67%，水果产量为全省的 79%。但是由于该区处于暖温带半干旱半湿润气候区，水资源较为贫乏，该区多年平均年降水量在 530～713mm 之间，多年平均年水资源量为 35.72 亿 $m^3$[1]，人均水资源量和亩均水资源量仅为 380$m^3$ 和 250$m^3$，相当于全国平均水平的 1/8 和 1/6[2]。据有关资料介绍，在中等干旱年，维持现状供水条件下，本区缺水 18.7 亿 $m^3$，缺水程度达 25.8%。其中，农业是用水大户，关中灌区为提高农业产量，大力发展灌溉农业，年灌溉用水量约 30.8 亿 $m^3$，占各类用水量的 64.9%[3]。由于关中灌区的灌溉水量大部分来源于渭河及其支流，使得渭河水量逐渐较少，河流生态系统出现退化趋势[4]。为了保护渭河的生态功能，同时促进关中灌区的农业发展，需要就该区域的农业用水过程进行深入分析，找出能够节水的环节，并提出一套适合于关中灌区的农业节水灌溉理论和对策。

对于典型抽渭灌区，一般是通过泵站将渭河水抽蓄至水库，通过水库调蓄，根据作物需水过程将水通过渠道输送到田间，或者直接将泵站抽上的水通过渠道输送至田间。目前，陕西省已完成了关中灌区节水改造工程，使渠系水利用系数从 0.616 提高至 0.65。灌溉水利用系数等于渠系水利用系数乘以田间水利用系数。根据关中灌区节水改造工程的目标要求，工程完工后灌溉水利用系数不低于 0.5[5]，这时田间水利用系数应不低于 0.78。田间水利用系数表示存储在作物根系层内可被作物利用的水量与进入到田间的灌溉水量的比值。山仑等[6]对全国大中型灌区调研发现，我国大部分灌区的田间水利用系数为 0.6～0.7，使得灌区的灌溉水利用系数一般低于 0.5。渠道输水系数一般可通过提高渠道衬砌率和采用管道输水等工程措置来实现，而田间水利用系数影响要素较多，如土壤质地和平整度、灌溉方式和田块规格等。针对于如何提高田间水的利用效率，本文主要从土地平整，田间畦长控制，波涌灌技术，喷灌技术，微灌技术，土壤覆盖等六个方面来讨论适于在关中灌区推广的农业节水模式。

## 2　土地平整

关中灌区农业灌溉以地面灌溉为主[7]，农田土地平整是地面灌溉系统的重要组成部分之一[8]。平整的土地可以减少灌溉时间和灌水量，为作物提供均匀的土壤水环境，使作物生长能更为一致，并具有节约化肥用量等优点[9]。节水灌溉技术中的灌溉区土地整平，通常是将田块平整为沿某一方向水平，沿另一方向具有一

* 基金项目："十一五"国家科技重大专项"水体污染控制与治理"项目课题（2009ZX07212－002－003－002）。

第一作者简介：杨会颖（1987—　），女，河南省长葛市人，硕士研究生，主要从事农业水资源高效利用研究。

定坡度的条田[10]。目前，国内外一般采用大型农业机具、激光平地技术、数字测图技术和数字高程模型(DEM)等技术对大面积的田块进行节水灌溉工程中的土地平整[9]，对于小块田地，则可采用人工和机械整平相结合的方法。平整的农田表面有利于进地水量和灌水深度分布的变化相对均匀，使根区内水分入渗保持具有较好的均一性，起到改善田间地面灌溉效率和灌水均匀度的作用。

土地平整程度对水平畦灌消退过程和入渗水量影响很大，是引起灌水均匀度下降的主要原因[11]。农田的土地平整程度一般用土地平整精度表示。土地平整精度是指畦田内观测点的地面高程标准偏差值 $S_d$，$S_d$ 值越大，说明地面平整精度越低，反之该值越小，说明地面平整精度越高。土地平整精度对灌溉水利用系数和灌水均匀度（$DU$）的影响很大[12]，如图 1 所示。从图 1 中可以看出，灌水均匀度随 $S_d$ 值的增加而逐渐降低。当 $S_d$ 值从 6.4cm 降低到 1.3cm 时，灌溉效率提高了 40%以上，灌水均匀度提高了 70%以上。李益农[10]同时研究指出，当 $S_d$ 值高于 2cm 后，灌溉效率呈现出较为显著的递减倾向，而对灌水均匀度而言，这种递减趋势出现在 $S_d$ 值高于 3cm 以后。考虑到灌水均匀度的降低会显著影响产量[5]，降低 $S_d$ 值同时将大大增加田间的施工成本，因此建议地面平整精度参数 $S_d$ 值取 3cm。

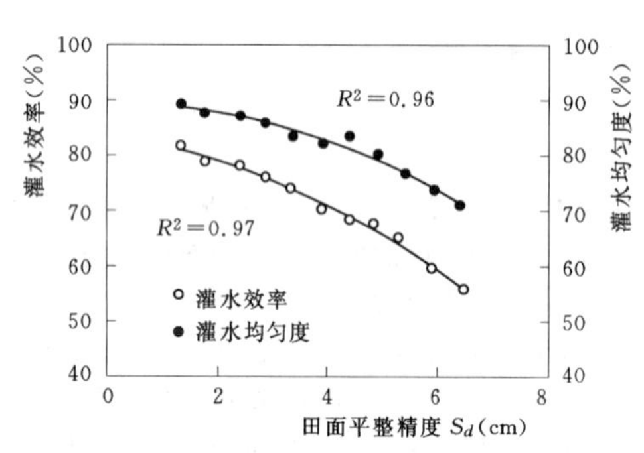


图 1　不同田面平整精度下畦田灌水效率和灌水均匀度

（图中数据来源参考文献 [12]）

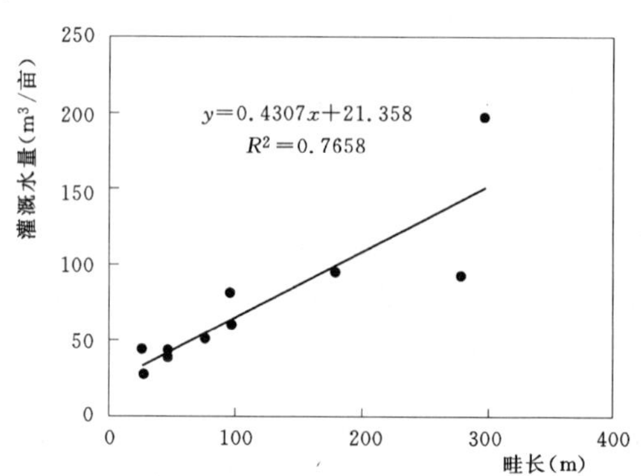


图 2　灌溉水量与畦长的关系

（该图中数据来源参考文献 [13]）

## 3　田间畦长控制

关中平原农业灌溉是以畦灌形式的地面灌水为主，据调查该区畦长一般在 100～300m 之间。为了节约灌溉水量，需要将引至田间的灌溉水，尽可能均匀分配到指定的灌溉面积上并转化为可被作物吸收利用的土壤水分。畦田长度对次灌溉水量有显著影响[13]，如图 2 所示。灌溉水量一般随着畦长的增加而显著线性增加。当畦长分别为 50m、100m、150m、200m 和 300m 时，灌溉水量分别为 43m$^3$/亩、64m$^3$/亩、86m$^3$/亩、107m$^3$/亩和 151m$^3$/亩。王密侠等（2005）[14]在关中灌区调研得到当地灌水定额在 1200～1350m$^3$/hm$^2$ 之间，灌溉定额在 3300～4200m$^3$/hm$^2$ 之间。利用灌水定额和畦长的关系可知，当灌水定额在 1200～1350m$^3$/hm$^2$（80～90m$^3$/亩）之间时，畦长约为 150m。若将畦长从 150m 改为 100m 和 50m 时，次灌溉水量分别减少了 22 和 43m$^3$/亩，减少百分比分别为 25%和 50%，减少的水量可增加约 50%～100%的灌溉面积。因此建议采用长畦改短畦、大水漫灌改为沟畦灌等，这样可显著增加灌水均匀度，减少灌溉水量。

## 4　波涌灌溉技术

波涌灌溉是一种新型的地面节水灌溉技术，一般通过间歇性向土壤中供水，使得土壤的吸湿和脱湿过程产生交替变化，促使土壤结构发生变化，表层土壤形成致密层，导致湿润段土壤入渗能力降低和田面糙率减小，增加下次水流推进速度并减少水分在已经湿润段的入渗。因此，与传统地面灌溉相比，波涌灌具有节水、保肥、减少深层渗漏、提高灌水效率、改善灌水均匀度等优点。据陕西宝鸡峡灌区田间试验得出，波涌沟灌比连续沟灌水流推进速度快 1.78 倍，比连续畦灌流速快 1.66 倍；陕西关中等灌区的大田试验表明，波涌灌节水率较畦灌为 15%～30%，较沟灌为 5%～15%，灌水效率提高 10%左右；新疆库尔勒及昌吉州的田间示范结果显示，与常规连续灌对比，波涌灌增产幅度达到 11%～30%。此外，国外也进行了大量波涌灌研究，Tarek 和 Magdy（2000）[15]在美国农场的大田试验表明，波涌灌相比普通沟灌节约了40%的灌溉水量，并且使灌水均匀度提高到了90%。Kanber（2001）[16]通过试验指出在适合的流量和循环率条件下，波涌灌相比传统连续灌溉减少入渗水量，可节水13%～23%。由于我国的农业灌溉还以地面灌溉为主，因此大量研究表明，波涌灌溉对于提高我国灌区的田间灌溉效率和灌水均匀度，以及提高产量和作物水分利用效率具有重要的作用[17]。

影响波涌灌灌溉效果的技术要素包括：单宽流量、灌水周期时间（波涌灌的一个供水和停水过程称为一个灌水周期，在一个周期内，放水时间与停水时间之和称为周期时间）、灌水周期数（完成波涌灌全过程所需放水/停水过程的次数）和循环率（放水时间与周期时间之比），其中，灌溉周期数对波涌灌灌水效果的影响较大[18]。表1描述了不同畦长时灌水周期数与灌水定额的关系。从表1中可以看出：3个灌溉周期数的灌水定额比同条件下的2个周期的灌水定额小，平均减小9.61%。当畦长为176m和202m时，3个灌溉周期的灌水定额平均减小约6%；当畦长为307m时，3个灌溉周期的灌水定额减小约10%。4个灌水周期与3个灌水周期的灌水定额数值接近，说明节水率也接近。李惠茹（2004）[19]根据泾惠渠灌区试验也提出，当畦长为150～200m时，周期数取2，即采用"两灌一歇"；当畦长为200m以上时，周期数取3，即采用"三灌两歇"的灌水方法，比连续灌水可节省水量20%～30%。考虑灌水人员的劳动强度和上面的研究成果，建议在关中灌区，当畦长为小于100m时，灌溉周期数为1，畦长在100～200m之间，灌溉周期数为2，畦长大于200m，灌溉周期数建议取3，这时一般可节约灌溉水量10%～40%。费良军等提出[17]：对黏壤土灌区，坡降在2.0%～5.0%时，小麦冬灌（或压茬水），单宽流量取8～14L/(s·m)，玉米夏灌及小麦其他各次灌水，单宽流量取6～12L/(s·m)为宜，且对短畦取较小流量，长畦取较大流量，循环率取1/3为宜，对于透水性较强的土壤畦灌循环率取1/2。

**表1　不同畦长条件下灌水周期数与灌水定额的关系**

| 畦长（m） | 周期数 | 灌水定额（$m^3$/亩） | 备　注 |
|---|---|---|---|
| 176 | 2 | 69.24 | 小麦冬灌（头水） |
| | 3 | 65.2 | |
| | 4 | 64.91 | |
| 181 | 2 | 34.39 | 小麦冬灌（二水） |
| | 3 | 31.73 | |
| 202 | 2 | 75.2 | 小麦冬灌（头水） |
| | 3 | 62.3 | |
| | 4 | 62.1 | |
| 202 | 2 | 65.6 | 玉米夏灌（头水） |
| | 3 | 59.1 | |
| 202 | 2 | 48.85 | 玉米夏灌（二水） |
| | 3 | 45.0 | |
| 238 | 2 | 80.0 | 玉米夏灌（头水） |
| | 3 | 71.3 | |
| 307 | 2 | 89.0 | 玉米夏灌（二水） |
| | 3 | 85.5 | |
| | 4 | 85.1 | |
| 336 | 2 | 68.95 | 小麦压茬水 |
| | 3 | 66.35 | |

**注**　表中数据来源参考文献［18］。

## 5 喷灌技术

喷灌是一种适用于大田作物的节水灌溉技术，具有灌水均匀度高、自动化程度高、可实现施肥灌溉，以及具有对土壤团粒结构破坏较小、调节地面小气候、受地形限制较小等优点。同时，喷灌条件下，土壤水分主要分布在 80cm 以上。由于水肥同时运动，这时养分也集中分布在土壤表层的主根区内，利于作物吸收利用[20]。在西北缺水地区，推广喷灌灌溉技术，不仅可以节约灌溉用水，还可以提高化肥利用率，防止化肥深层入渗导致地下水遭受污染，起到保护环境和人类健康的作用。

根据北京地区多年来推广喷灌的经验，喷灌无埂无渠，利于大型机械作业，还可同时施肥喷药，极大地提高了劳动生产率，比大畦平播节省土地 10%～15%，比渠灌节水 40%～50%，并显著提高了小麦产量[21]。姚素梅等（2005）[22]对喷灌和地面灌溉条件下冬小麦的生长过程差异进行了田间试验研究，结果表明，喷灌在减少灌水量的同时，冬小麦的结实率、千粒重、产量分别较地面灌溉提高了 5.9%、2.8%、11.3%。Liu et al.（2011）[23,24]等通过多年试验发现，喷灌条件下作物耗水量减少了 4%～23%，产量提高了 11.5%～50.9%，水分利用效率提高了 18%～57%，并建议当灌溉水量为冠层上蒸发皿蒸发量（20cm 直径水面蒸发量）的 0.65 倍时，冬小麦产量和水分利用效率均较高。因此建议在关中地区可适当推广大田喷灌技术，灌溉水量采用冠层上蒸发皿蒸发量（20cm 直径水面蒸发量）的 0.65 倍，以减少灌溉水量，提高小麦等大田农作物的产量和水分利用效率。

## 6 微灌技术

微灌包括滴灌、微喷灌和涌泉灌等。微灌技术可高度控制灌溉水量，灌水均匀度高，具有较显著的节水增产作用。齐学斌（2002）[25]提出应在经济作物、蔬菜、果树、花卉等高附加值的作物上重点发展先进的喷、微灌技术，粮食作物则发展投资少的节水技术。目前世界上微灌技术主要应用在经济作物上，各类作物所占比例为：果树为 55.4%，蔬菜（包括大田和温室）为 12.5%，大田作物（包括棉花、甘蔗等）为 7%，花卉（包括苗圃和温室）1.5%，其他作物（包括玉米、花生、药材等）为 23.6%[26]。

我国一些学者对微灌在不同作物和果树上的应用也进行了相关研究，并比较了微灌条件下灌溉水量和作物耗水量等。李巧珍等（2007）[27]通过密云水库苹果灌溉试验得出，微喷灌和滴灌处理分别比管灌节约灌水量 31.99%和 49.83%，产量也有明显提高。薛海荣等（2010）[28]研究了不同灌溉方式对核桃耗水的影响，结果得出核桃在滴灌条件下比传统漫灌条件下耗水量减小了 15.6%。朱德兰等（2000）[29]在渭北地区采用小管出流灌溉苹果时研究得到，苹果高产时的灌水定额 330$m^3/hm^2$，灌水次数最多 8 次，最少 1 次。晏清洪等（2011）[30]根据新疆地区的香梨滴灌试验得出，在香梨生育期内，滴灌比传统漫灌节水 50%以上，并在一定程度上改善了果实品质。林华等（2003）[31]通过田间试验得出，荒漠地区葡萄种植采用滴灌比沟灌能够减少用水量 50%以上，产量提高 17%，含糖量提高 1.9%。陈四龙等（2005）[32]通过田间试验得出棉花普通膜下滴灌比传统灌溉增产 204$kg/hm^2$，耗水量减少 33mm，节约灌水量 20.5%。此外，地下滴灌技术是一种更为高效的节水灌溉技术，现有的地下滴灌试验研究报告结果表明，与其他灌水方法相比较，地下滴灌在不降低作物产量的前提下，用水量仅为地表用水量的 50%～70%[33]。马孝义等（1999）[34]指出，近年来渭北旱塬等地区的一些果农自发搞起的果园地下滴灌工程，省水和节肥约 30%，且提高果品品质和产量。综上所述，滴灌、小管出流等微灌技术对多种果树和棉花等作物均有较好的节水增产效果，节水率一般可达到 30%～50%。因此，针对陕西省特色经济作物如苹果、梨及猕猴桃等，可在果树种植区和棉花种植区推广微灌技术，降低灌溉水量，提灌溉水利用效率。

## 7 土壤覆盖

田间作物耗水量一般包括土壤蒸发量和作物蒸腾量。研究发现作物（冬小麦和夏玉米）生育期内，土壤蒸发量在 100～200mm 之间，约占总蒸发量的 30%～50%[35-43]。由于土壤蒸发没有直接参与作物的生命活动，属于无效耗水量，因此减少土壤蒸发量对于提高水分利用效率，尤其是在水资源缺乏地区具有重要意义。土壤蒸发量一般随着气象条件和土壤表层覆盖等农艺措施的不同而变化较大。薄膜和秸秆覆盖隔断了地表水汽和大气水汽的交换[43]，进而显著的降低了土壤蒸发，同时，土壤覆盖措施具有良好的含蓄降水效果，可最大限度开发雨水的利用潜力。研究发现秸秆覆盖可显著减少土壤蒸发量，较少比例随着覆盖量（或者地表覆盖率）的增加而增加，一般覆盖条件下土壤蒸发可减少 10%～50%，减少生育期内土壤总蒸散量10～100mm[35-43]。表 2 列出了关中平原和华北平原部分有关秸秆覆盖量和土壤蒸发量关系的研究成果。

**表 2　覆盖对土壤蒸发的影响研究**

| 作物 | 覆盖条件 | 对蒸发量影响 | 文献 |
|---|---|---|---|
| 小麦 | 春小麦无覆盖，地膜覆盖 85%地面，秸秆覆盖量 3000kg/hm² | 无覆盖、地膜覆盖、秸秆覆盖分别占耗水量 30%，26%和 20% | 35 |
| | 冬小麦无覆盖（CK），覆盖秸秆量 3000kg/hm²、6000kg/hm² | 全生育期三种条件下土壤蒸发量分别为 171mm、126mm 和 88mm，分别减少了 45 和 88mm | 36 |
| | 冬小麦无覆盖（CK）、少覆盖（LM，覆盖量 3000kg/hm²）、多覆盖（MM，覆盖量 6000kg/hm²） | CK、LM 和 MM 的平均日棵间蒸发量分别为 0.66～0.74mm/d、0.49～0.62mm/d 和 0.31～0.46mm/d，LM 比 CK 减少了 16.2%～25.8%，MM 减少了 37.8%～53.0%，平均少覆盖的土壤蒸发比对照减少了 21%，多覆盖减少了 40.4% | 37 |
| 夏玉米 | 秸秆覆盖量分别为 0(CK)、1500kg/hm²、4500kg/hm²、7500kg/hm²、10500kg/hm² | 覆盖量从高至低其耗水量较对照分别减少 11.12%、10.22%、8.19%和 1.41% | 38 |
| | 无覆盖、秸秆覆盖量为 5000kg/hm² 和 15000kg/hm² | 夏玉米全生育期累积棵间蒸发量分别为：不覆盖 91.1mm、少量覆盖 39.7mm 和大量覆盖 15.7mm，分别比对照少蒸发 51.4mm 和 75.4mm | 39 |
| | 覆盖处理是将小麦根茬拔下和粉碎的秸秆共同覆盖在夏玉米田（约 6t/hm²），不覆盖处理则将所有的秸秆和根茬清理出去 | 秸秆覆盖夏玉米田可抑制土壤棵间蒸发的 58%（3 年平均），节水量 94.9mm，秸秆覆盖处理平均增产 4.35%，水分利用效率平均提高 12.26% | 40 |
| | 小麦秸秆覆盖量分别为 0、0.6kg/m²、0.9kg/m²、1.2kg/m² | 小麦秸秆覆盖量从高至低土面蒸发量分别降低了 38.5%，27.8%和 22.6% | 41 |
| | 无覆盖处理、小麦秸秆覆盖量分别为 1312.5kg/hm²、2625kg/hm²、3937.5kg/hm² 和 5250kg/hm²，对应麦秸返田率分别为 25%、50%、75%和 100% | 对比无覆盖处理，秸秆覆盖量从低至高时玉米耗水量分别为：333mm、312mm、307mm、291mm 和 271mm，耗水量分别减少了 21mm、26mm、42mm 和 62mm | 42 |
| | 小麦秸秆覆盖量分别为 0、1030kg/hm²、2060kg/hm²、3090kg/hm² 和 4120kg/hm²，分别覆盖率分别为：0、25%、50%、75% 和 100% | 覆盖量从低至高的耗水量比对照分别减少了 3.4%、6.8%、8.3% 和 11.6%，总耗水量值分别减少了 12mm、24mm、30mm 和 43mm | 43 |
| 苹果 | 覆盖秸秆 20～25cm 厚，覆膜，覆盖＋覆膜，未覆盖 | 地面覆盖处理较大幅度提高了 0～60cm 土层土壤含水量，水分利用效率提高 20%～30%，节水 160～200mm | 44 |
| | 充分灌溉和非充分灌溉 | 充分和非充分灌溉条件下苹果年耗水量分别为 600mm 和 535mm，减少了约 65mm；充分和非充分灌溉条件下蒸发皿系数分别为 0.61 和 0.55 | 45 |
| 棉花 | 保定地区，覆膜和露天 | 覆膜和对照下棉花耗水量分别为 354mm 和 405mm，覆膜降低耗水量 51mm，约占耗水量的 13% | 46 |
| | 鲁北，覆膜和露天 | 覆膜和露天条件下耗水量分别为 565 和 464mm，覆膜减少耗水量 101mm，约占耗水量 18%，覆膜和露天下作物系数分别为 0.89 和 1.089 | 47 |

根据在关中平原灌区的调查和收集的相关资料，在冬小麦和夏玉米种植模式下，小麦成熟时部分区域一般利用大型联合收割机收获，会残留麦秸等则在地表面，残留生物量一般在 4000～5500kg/hm² 之间。考虑

到残留生物量在地面分布的不均匀性，覆盖率可取 75%，夏玉米生育季节耗水量减少了约 10%～20%，约为 30～50mm[42,43]。玉米收获后秸秆一般移除种植田块以便于小麦的整地和播种，因此一般条件下小麦种植季节内地面没有秸秆覆盖。果树秸秆覆盖一般可提高水分利用效率 20%～30%[44]，根据水分利用效率计算公式，在产量变化较小的情况下，耗水量会降低 15%～25%。若苹果树的年耗水量为 600mm，则采用覆盖后的果树耗水量会下降 90～150mm。参考相应的文献，可初步得到采用秸秆覆盖后苹果树的耗水量会下降 150mm 左右，这时相应的灌溉水量也会减少 150mm 左右。在关中平原棉花一般采用一年一季的种植模式，考虑到整地等因素，一般利用上季作物残差覆盖的可能性较小，因此采用地膜覆盖的可能性较大。通过文献资料可知，地膜覆盖一般可降低棉花耗水量 13%～18%，平均为 15%[46,47]。

## 8 结论

本文分析了关中灌区的用水过程，发现提高田间水利用系数是提高灌区灌溉水利用系数的关键。结合国内外研究者在关中地区、华北地区，以及西北地区等气候条件较为相近区域的研究成果，分析并提出了适于在关中灌区推广的田间工程节水措施和节水灌溉技术等，主要包括：

(1) 土地平整工程，综合考虑节水效率以及工程投资量，建议在关中灌区土地平整精度 $S_d$ 值取 3cm，相比目前现状可节约灌水量约 20%。

(2) 控制畦田长度，建议将目前畦长从 150～300m 缩短为 100～50m，节约灌溉水量 25%～50%。

(3) 畦田采用波涌灌溉技术，建议当畦长为<100m 时，灌溉周期数为 1，畦长在 100～200m 之间，灌溉周期数为 2，畦长大于 200m 时，灌溉周期数建议为 3，一般可节约灌溉水量 10%～40%；在坡降在 2.0%～5.0%时，小麦冬灌（或压茬水），单宽流量取 8～14L/(s · m)，玉米夏灌及小麦其他各次灌水，单宽流量取 6～12L/(s · m)。

(4) 大田采用喷灌技术，建议在关中小麦种植区可适当推广喷灌技术，灌溉水量采用 0.65 倍水面蒸发量（20cm 蒸发皿蒸发量）。

(5) 果树等经济作物采用微灌技术，针对陕西省特色经济作物如苹果、梨及猕猴桃等，可推广滴灌和小管出流等微灌技术，减少灌溉水量约 50%以上。

(6) 土壤覆盖技术，利用小麦收割后残余秸秆覆盖，夏玉米生育季节耗水量可减少 30～50mm，苹果树的耗水量会下降 150mm 左右；采用地膜覆盖一般可使棉花耗水量降低 15%。

## 参 考 文 献


[1] 任志远，郭彩玲. 区域水资源开发利用潜力研究——以陕西关中灌区为例 [J]. 资源科学，2000，22 (1)：23-26.

[2] 郭宁昭．末级渠系水价管理体制改革实践 [J]，中国水利，2005，(6)：54-55.

[3] 邢大韦，张玉芳，粟晓玲．陕西省关中灌区灌溉耗水量与耗水结构 [J]．水利与建筑工程学报，2006，4 (1)：6-14.

[4] 罗玉丽，黄福贵，张会敏，等．关中灌区引水对渭河入黄径流的影响分析 [J]．人民黄河，2010，32 (5)：19-22.

[5] 杨晓茹．关中灌区节水改造工程对环境影响的分析 [J]，陕西水利水电技术．2002 (1)：27-30.

[6] 山仑，黄占斌，张岁岐．节水农业（修订本）[M]．北京：清华大学出版社，2009.

[7] 周维博．西北地区的农业灌溉与节水途径 [J]．水利水电科技进展，2001，21 (1)：2-4.

[8] 何甜甜，魏恒华．简述地面灌溉系统中的土地平整技术 [J]．水利科技与经济，2009，15 (10)：920.

[9] Abdullaev I，Hassan M U，Jumaboev K. Water saving and economic impacts of land leveling：the case study of cotton production in Tajikistan. Irrig Drainage，Syst 2007，(21)：251-263.

[10] 陈秀忠．DEM 在节水灌溉工程的土地平整及辅助设计中的应用 [J]．工程勘察，2001 (6)：56-58.

[11] 张新平，郭相平．土地平整程度对水平哇灌灌水过程和灌水质量的影响 [J]．上海农学院学报，1998，16 (2)：141-147.

[12] 李益农，许迪，李福祥．田面平整精度对畦灌系统性能影响的模拟分析 [J]．农业工程学报，2001，17 (4)：43-48.

[13] 邢大韦，张玉芳，粟晓玲．陕西省关中灌区灌溉耗水量与耗水结构 [J]．水利与建筑工程学报，2006，4 (1)：6-8，14.

[14] 王密侠，汪志农，尚虎君，等．关中九大灌区农业水价与农户承载力调查研究 [J]．灌溉排水学报，2005，24

(3)：1-4.

[15] El-dine T G，Hosny M M. Field evaluation of surge and continuous flows in furrow irrigation systems. Water Resources Management，2000 (14)：77-87.

[16] Kanber R，Koksal H，Onder S，et al. Comparison of surge and continuous furrow methods for cotton in the Harran plain. Agricultural Water Management，2001 (47)：119-135.

[17] 彭立新，周和平，张荣，等．地面节水灌溉新技术——波涌灌综述 [J]．节水灌溉，2000 (6)：13-14.

[18] 费良军，王云涛，杨宏德．涌流畦灌技术要素试验及其设计方法研究 [J]．灌溉排水，1993，12 (3)：11-15.

[19] 李惠茹．从关中水资源状况谈灌区节水的重要性 [J]．西北水利水电，2004，20 (3)：51-54.

[20] 魏新平．漫灌和喷灌条件下土壤养分运移特征的初步研究 [J]．农业工程学报，1999，15 (4)：83-87.

[21] 郑大玮．北京地区喷灌小麦生产的问题及对策 [J]．作物杂志，1997 (3)：14-15.

[22] 姚素梅，康跃虎，刘海军，等．喷灌和地面灌溉条件下冬小麦的生长过程差异分析 [J]．干旱地区农业研究，2005，23 (5)：143-147.

[23] Liu H J，Yu L，Luo Y，et al. Responses of winter wheat (Triticum aestivum L.) evapotranspiration and yield to sprinkler irrigation regimes. Agricultural Water Management，2011 (98)：483-492.

[24] Liu H J，Kang Y H，Yao S M，et al. Water use efficiency of winter wheat under sprinkler or surface irrigations. 2011 International Symposium on Water Resources and Environmental Protection，Xian，China.

[25] 齐学斌．节水灌溉发展模式分析及有关问题的思考 [J]．节水灌溉，2002 (2)：11-13.

[26] 薛金香，陈鸿福．微灌的发展现状及应用前景 [J]．东北水利水电，2010 (2)：62-63.

[27] 李巧珍，郝卫平，龚道枝，等．不同灌溉方式对苹果园土壤水分动态、耗水量和产量的影响 [J]．干旱地区农业研究，2007，25 (2)：128-133.

[28] 薛海荣，李健．不同灌溉方式下核桃土壤水分动态变化 [J]．吉林水利，2010 (7)：59-60.

[29] 朱德兰，王德祥，朱首军．渭北地区苹果高产灌溉制度研究 [J]．干旱地区农业研究，2000，18 (3)：95-100.

[30] 晏清洪，王伟，任德新，等．滴灌湿润比对成龄库尔勒香梨生长及耗水规律的影响 [J]．干旱地区农业研究，2011，29 (1)：7-13.

[31] 林华，李疆．干旱荒漠地区葡萄滴灌试验 [J]．新疆农业大学学报，2003，26 (4)：62-64.

[32] 陈四龙，裴冬，王振华，等．华北平原膜下滴灌棉花水分利用效率及产量对供水方式响应研究 [J]．干旱地区农业研究，2005，23 (6)：26-31.

[33] 黄兴法，李光永．地下滴灌技术的研究现状与发展 [J]．农业工程学报，2002，18 (2)：176-181.

[34] 马孝义，康绍忠，王凤翔，等．陕西省果树地下滴灌的应用前景、存在问题与建议 [J]．干旱地区农业研究，1999，17 (2)：127-131.

[35] 景明，姜丙州，张会敏，等．不同覆盖材料对干旱区春小麦棵间蒸发的影响 [J]．水资源与水工程学报，2010，21 (2)：92-95.

[36] 于稀水，廖允成，袁泉，等．秸秆覆盖条件下冬小麦棵间蒸发规律研究 [J]．干旱地区农业研究，2007，25 (3)：58-61.

[37] 陈素英，张喜英，裴冬，等．玉米秸秆覆盖对麦田土壤温度和土壤蒸发的影响 [J]．农业工程学报，2005，21 (10)：171-173.

[38] 张俊鹏，孙景生，刘祖贵，等，不同麦秸覆盖量对夏玉米田棵间土壤蒸发和地温的影响 [J]．干旱地区农业研究，2009，27 (1)：96-100.

[39] 胡实，谢小立，王凯荣．秸秆覆盖对夏玉米田棵间蒸发和近地层气象要素的影响 [J]．中国农业气象，2008，29 (2)：170-173.

[40] 陈素英，张喜英，裴冬，等．秸秆覆盖对夏玉米田棵间蒸发和土壤温度的影响 [J]．灌溉排水学报，2004，23 (4)：32-36.

[41] 刘超，汪有科，湛景武，等．秸秆覆盖量对农田土面蒸发的影响 [J]．农业工程科学，2008，24 (5)：448-451.

[42] 陈凤，蔡焕杰，王健．秸秆覆盖条件下玉米需水量及作物系数的试验研究 [J]．溉排水学报，2004，23 (1)：41-43.

[43] 孟毅，蔡焕杰，王健，等．麦秆覆盖对夏玉米的生长及水分利用的影响 [J]．西北农林科技大学学报 (自然科学版)，2005，33 (6)：131-135.

[44] 赵长增，陆璐，陈佰鸿．干旱荒漠地区苹果园地膜及秸秆覆盖的农业生态效应研究 [J]．中国生态农业学报，2004，12 (1)：155-158.

[45] 黄兴法，李光永，王小伟，等．充分灌与调亏灌溉条件下苹果树微喷灌的耗水量研究 [J]．农业工程学报，2001，17 (5)：43-47.

[46] 樊艳改，王利民．保定平原区棉花地膜覆盖节水增产效应的研究 [J]．水科学与工程技术，2010 (3)：26-28.

[47] 左余宝，逄焕成，李玉义．鲁北地区地膜覆盖对棉花需水量、作物系数及水分利用效率的影响 [J]．中国农业气象，2010，31 (1)：37－40.

# Water-saving modes in Guanzhong irrigation area of Shaanxi province

Yang Huiying Liu Haijun Wang Huixiao

(College of Water Sciences Beijing Normal University, Beijing 100875)

**Abstract** The key factor for increasing irrigation water use efficiency in Guanzhong irrigation area of Shaanxi province is to improve field water use efficiency. After comprehensively analyzing agronomic practices, agricultural plant structure and current irrigation statue in this area, we recommend five methods to improve field water use efficiency, they are using field-leveling technology to control field leveling precision less than 3cm, controlling border length within a range from 50 to 100m, using surge irrigation method when border length is longer than 100m, using sprinkler irrigation method for high population planting crops such as winter wheat with a irrigation amount of 0.65 times pan evaporation, using drip irrigation method or small tube flow irrigation method for cash crops such as fruit trees, using soil mulching method to inhibit soil surface evaporation. The water saving modes at field scale suggested above is easy to practice. Using these modes will improve agricultural water use efficiency in Guanzhong irrigation area.

**Key words** field water use efficiency; field leveling; border length; surge irrigation; sprinkler irrigation; micro irrigation; soil mulching

# 宁夏近59年参考作物腾发量时空变化特征分析*

汤 英[1] 徐利岗[1,2] 杜 历[1] 龙训建[2]

(1. 宁夏水利科学研究所 银川 750021；2. 四川大学水利水电学院 成都 610065)

**摘 要** 依据宁夏地区10个气象站1951～2009年气象要素资料，运用Penman—Monteith方程计算宁夏参考作物腾发量（$ET_0$）月值系列。利用克里金插值、Mann—Kendall突变检验及气候趋势系数等方法分析了宁夏$ET_0$的时空变化特征。结果表明，宁夏地区$ET_0$自北向南逐渐减小，全区多年平均为982.90mm/a；6月最大(149.33mm/月)，5～7月占全年的44%；年际变化不剧烈，20世纪50年代相对较大，60年代开始降低，至90年代中期以来显著增大；春秋两季占全年72.62%，夏季占41.71%，冬季最小（8.89%）；各地$ET_0$60～80年代累积距平均呈负值；90年代至今均呈正值，正距平年数5～9年。区域腾发量以1958年、1995年及2000年为转折点，未来$ET_0$有显著增大趋势（60%的站点通过$P=0.01$信度检验），增幅为6.22～50.15mm/10a，且自北向南逐渐减小。

**关键词** 参考作物蒸散量；时空变化；趋势分析；Penman—Monteith方程；宁夏

## 1 前言

参考作物腾发量（$ET_0$）作为一个重要的气象要素，直接关系到地表的能量平衡和水量平衡。其仅受制于当地的气候条件，而与作物种类、土壤类型等条件无关[1]。$ET_0$是土壤－植被－大气系统水分传输的关键环节，它的变化会导致某一区域的水文环境的改变，从而影响该地区植被的耗水特性，其时空分异特征又可反映区域气候变化过程。因而，针对$ET_0$的研究一方面可以反映出气候变化过程及其在区域的响应形式，同时也是区域生态环境优化协调、水资源优化配置的关键。联合国粮食及农业组织（简称“粮农组织”，Food and Agriculture Organization of the United Nations，FAO）于1977年对$ET_0$的概念进行了界定，并将Penman-Monteith方程的修正公式（即FAO－1979）作为计算$ET_0$的推荐方法[2]。

国内外学者利用彭曼公式进行了大量参考作物腾发量的研究[3-11]。对于我国$ET_0$的研究主要集中在东北[6,7]、华北[8,9]、河西地区[10]及新疆地区[11]，而对于地处西北地区东部的宁夏在$ET_0$方面研究较为薄弱。由于当地地表水资源匮乏、气候干旱少雨等自然地理因素，宁夏只能依靠过境黄河水维持当地国民经济的发展，水资源问题一直是宁夏经济社会与生态环境关键性制约因素。因此，研究该地区$ET_0$的时空分布特征对探讨宁夏地区耗水规律及水平衡机制具有重要理论和现实意义。本文依据宁夏地区10个气象站1951～2009年共计59年的气象要素资料，运用FAO Penman-Monteith方程计算宁夏地区$ET_0$系列，采用旋转自然正交分解法（REOF）、降水集度法（PCI）、小波分析法及Mann-Kendall法，分析宁夏地区$ET_0$的时空分布及其变化特征，以期为当地水资源的有效利用及区域社会经济与生态环境协调发展提供有益的参考。

## 2 资料来源及研究方法

### 2.1 资料来源及研究区分区

根据国家气象数据共享服务网：http：//cdc. cma. gov. cn/index. jsp提供的研究区内10个国家基准站点1951年1月～2009年12月计59年的平均最高气温、平均最低气温、平均相对湿度、平均风速和日照时数等气象要素的月器测资料，进行必要的插补延长，建立1951～2009年的气象要素时间序列，利用FAO推荐的Penman－Monteith（P－M）方程，计算了研究区各站月蒸散量系列，并进行分析。根据宁夏的气候条件、农牧业分布和生态环境状况以及传统的习惯，把宁夏划分为三个区域：①引黄灌区，年降水量（$P$）200mm左右；②中部干旱带，$P=200\sim400$mm；③南部山区，$P>400$mm。各站点位置、基本信息及宁夏

* 基金项目：宁夏自然科学基金项目（No：NZ10214）；宁夏自然科学基金项目（No：NZ10215）。

第一作者简介：汤英（1981— ），女（汉），四川简阳人，硕士，主要从事农田水利及节水灌溉封面研。E－mail：tangying0925@sina. com

分区见图 1。

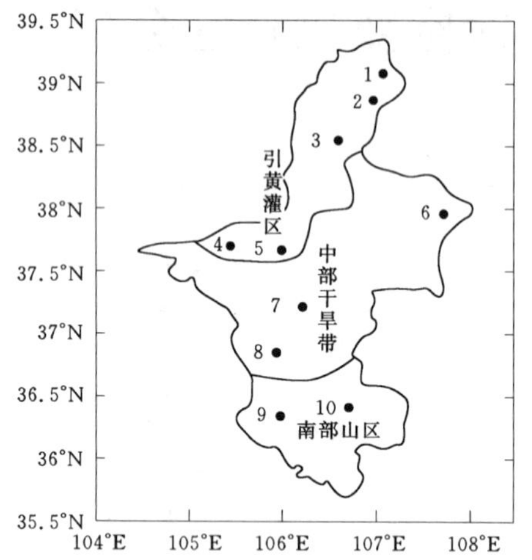


| 项目 | 惠农 | 陶乐 | 银川 | 中卫 | 中宁 |
|---|---|---|---|---|---|
| 编号 | 1 | 2 | 3 | 4 | 5 |
| 纬度(°) | 39.22 | 38.80 | 38.48 | 37.53 | 37.48 |
| 经度(°) | 106.77 | 106.70 | 106.22 | 105.18 | 105.68 |
| 海拔(m) | 1092.5 | 1101.6 | 1111.4 | 1225.7 | 1183.4 |
| 项目 | 盐池 | 同心 | 海源 | 固原 | 西吉 |
| 编号 | 6 | 7 | 8 | 9 | 10 |
| 纬度(°) | 37.80 | 36.97 | 36.57 | 36.00 | 35.97 |
| 经度(°) | 107.38 | 105.90 | 105.65 | 106.27 | 105.72 |
| 海拔(m) | 1349.3 | 1339.3 | 1854.2 | 1753 | 1916.5 |

图 1　研究区站点分布及分区图

### 2.2　研究方法及数据处理

参考作物腾发量（$ET_0$）计算采用 FAO－56 推荐的 Penman-Monteith 公式[8,9]，其形式如下：

$$ET_0=\frac{0.408(R_n-G)+\gamma\dfrac{900}{T+273}u_2(e_s-e_a)}{\Delta+\gamma(1+0.34u_2)}$$

式中：$ET_0$ 为参考作物蒸散量，mm/d；$R_n$ 为作物表面净辐射量，MJ/(m$^2$ · d)；$G$ 为土壤热通量，MJ/(m$^2$ · d)；$\gamma$ 为湿度计常数，kPa/℃；$\Delta$ 为饱和水气压与温度关系曲线的斜率，kPa/℃；$T$ 为空气平均温度，℃；$u_2$ 为在地面以上 2m 处的风速，m/s；$e_s$ 空气饱和水气压，kPa；$e_a$ 为空气实际水气压，kPa。

## 3　结果与分析

### 3.1　参考作物腾发量的年内及年际变化

利用各典型站点 1951～2009 年逐月 $ET_0$ 统计得到宁夏地区多年平均月 $ET_0$ 系列及年值系列并绘制成图（图 2）。由多年平均 $ET_0$ 月值变化过程图［图 2（a）］可知，当地 $ET_0$ 年内分配差异较大，最大值出现在 6 月为 149.33mm/月（强度为 4.98mm/d）；最小值则出现在 1 月为 25.66mm/月（强度为 0.83mm/d），极值比达 6.01。从时段来看 5～7 月 $ET_0$ 均较大，占年值的 44%，这与当地气候相吻合。年内分配符合四次多项式 $y=0.1637x^4-4.1228x^3+30.03x^2-50.968x+48.586$（$R^2=0.9874$）。多年平均 $ET_0$ 年值空间分布图

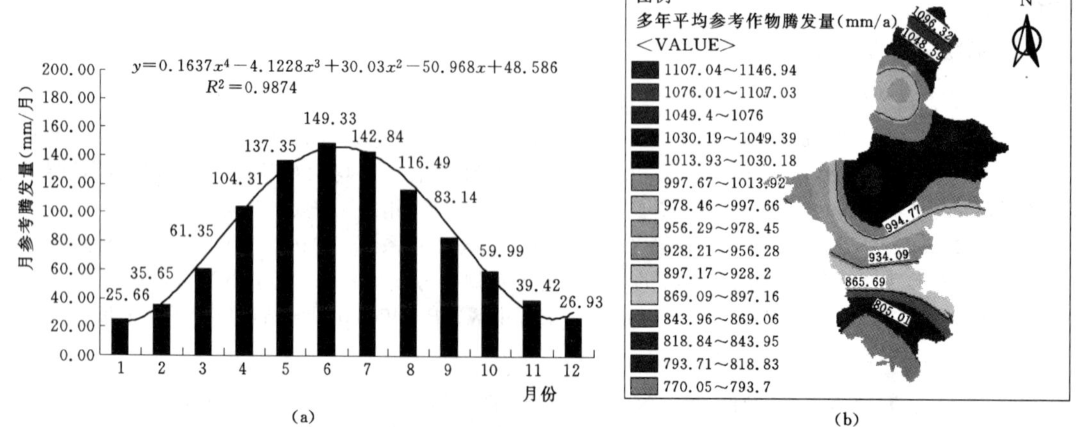


图 2　宁夏多年平均 $ET_0$ 月值变化过程（a）及年值空间分布（b）图

[图2 (b)] 显示，$ET_0$ 有从北向南逐渐减小的特征，北部引黄灌区相对最大，南部山区最小。该空间分布特征与宁夏气候区分布、气温变化特征具有高度的空间一致性，表明宁夏地区 $ET_0$ 主要受到湿度、气温两项气候因子的控制。与南部半湿润区相比，中北部干旱半干旱区空气湿度较低，可加快地表空气流通及水汽运移，蒸散活动十分强烈；北部地区气温高于南部，可以接收更多的太阳辐射，为蒸散活动提供了较为充足的能量来源。

计算宁夏全区、北部引黄灌区、中部干旱带及南部山区等各区的统计参量（表1），可知北部引黄灌区 $ET_0$ 最大（1036.50mm/a），南部山区最小（780.79mm/a），全区多年平均为 982.90mm/a。各分区 $ET_0$ 年际变化不剧烈，变异系数较小（0.0679～0.0811），极值比均小于1.36。绘制宁夏 $ET_0$ 年值变化过程线（图2），如图可知 $ET_0$ 在20世纪50年代以前相对较大，进入60年代后开始有所下降，至90年代中期以来则呈上升趋势并高于多年平均值，未来仍有增加趋势。宁夏各分区 $ET_0$ 年值变化过程线（图3）显示，北部引黄灌区、中部干旱带及全区三个空间尺度下 $ET_0$ 变化过程相似，南部山区变化更为剧烈（变异系数也相对较大，0.0811）。

**表1　　　　宁夏各分区参考腾发量基本统计参数**

| 变　量 | 平均值 | 标准差 | 变异系数 | 最小值 | 中位数 | 最大值 | 极差 | 偏度 | 峰度 |
|---|---|---|---|---|---|---|---|---|---|
| 年腾发量 | 982.90 | 66.72 | 0.0679 | 842.28 | 990.38 | 1108.89 | 1.32 | −0.24 | −0.71 |
| 北部引黄 | 1036.50 | 77.00 | 0.0743 | 889.50 | 1043.00 | 1183.50 | 1.33 | −0.09 | −0.88 |
| 中部干旱 | 1009.00 | 71.10 | 0.0704 | 845.80 | 1020.70 | 1149.50 | 1.36 | −0.27 | −0.37 |
| 南部山区 | 780.79 | 63.31 | 0.0811 | 672.48 | 777.33 | 894.56 | 1.33 | 0.00 | −1.19 |

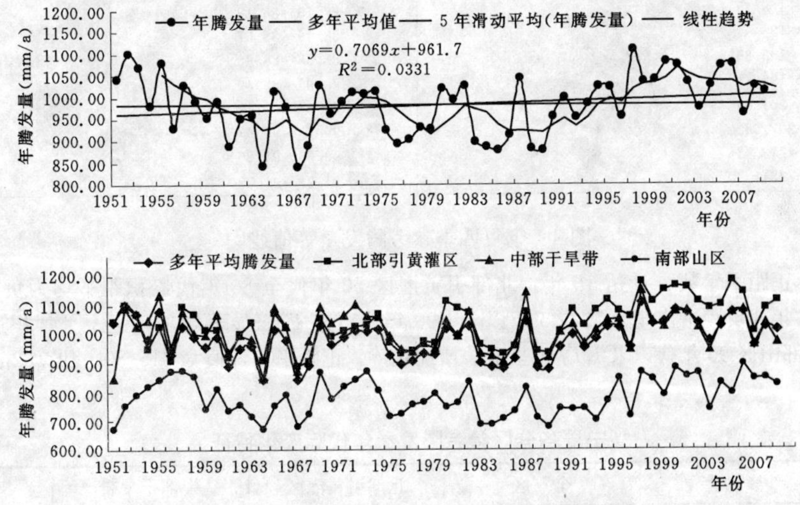


图3　宁夏各分区年参考腾发量变化过程

### 3.2　参考作物腾发量的四季及年代际变化

利用各典型站点1951～2009年逐月 $ET_0$ 统计得到宁夏地区春季、夏季、秋季和冬季各季节 $ET_0$ 年值系列，并绘制等值线图（图4）。由图可知各季节 $ET_0$ 空间分布与年值卡积分就分布相似，均有从北向南逐渐减小的特征，北部引黄灌区相对最大，南部山区最小。四季占多年平均 $ET_0$ 年值的比例分别为30.91%，41.71%，18.49%和8.89%。其中春秋两季 $ET_0$ 相对较大，冬季 $ET_0$ 较小且空间分布规律性不强。

计算各分区1951～2009年以来，各年代的 $ET_0$ 正负距平累计值及其发生的年数（表2），由表可知，各分区均在20世纪70年代末到80年代出现了大程度的突变，60～80年代 $ET_0$ 累积距平均呈负值，且各年代负距平出现年数为5～8年；90年代至今则均呈正值，正距平出现年份在5～9年。其中宁夏全区各年代均值在936.26～1028.74mm/a之间，60～80年代负距平累计值（为329.60～584.32mm）大于正距平累计值，各年代负距平出现年数在5～8年。90年代以来各年 $ET_0$ 增大，正距平累计值（435.63～441.06mm）大于

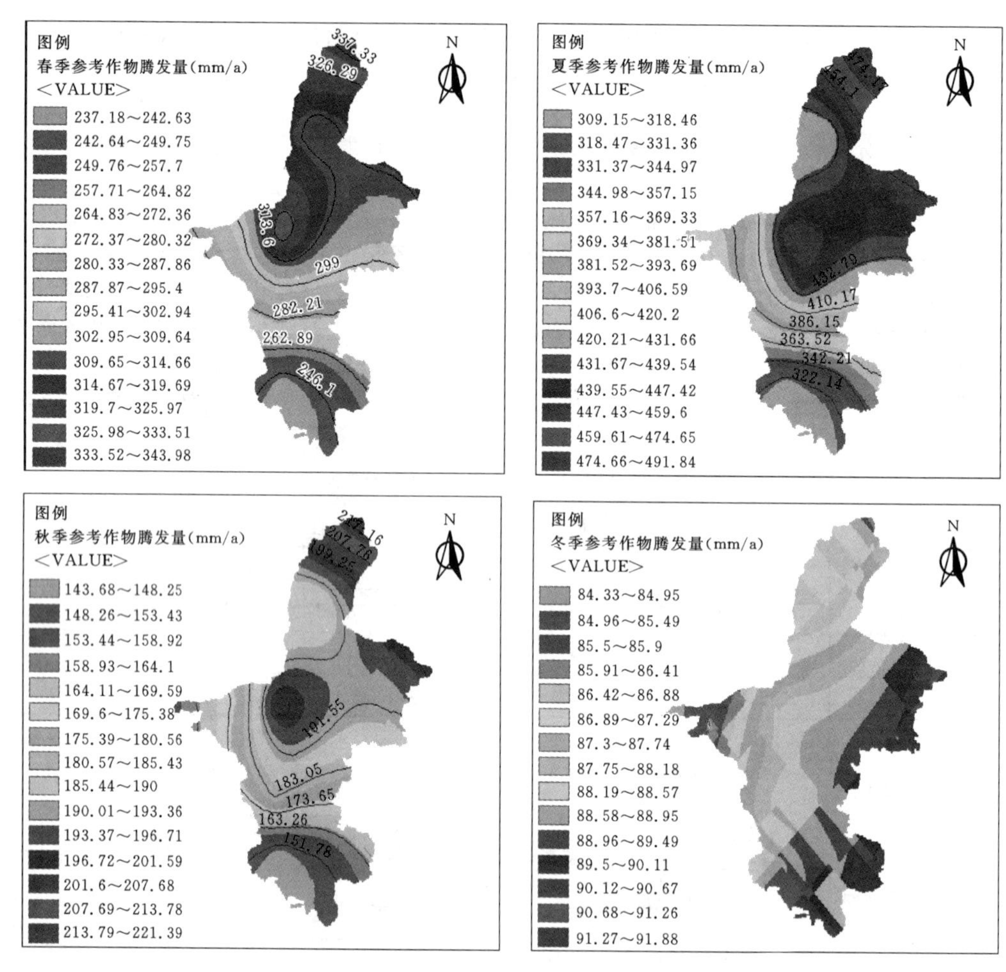


图4 宁夏四季参考腾发量等值线图

负距平累计值，正距平年数合计达 16 年。北部引黄灌区 50 年代至 80 年代累积距平均为负值（265.68～613.44mm），各年代负距平出现年数在 5 年以上。90 年代以来 $ET_0$ 显著增加，正距平累积达到 698.24～699.34mm。南部山区 90 年代以来 $ET_0$ 也呈显著增加趋势，正距平累计值为 315.80～497.62mm，正值年份累积达 13 年。

**表 2　宁夏各分区参考腾发量年代际变化特征**

| 年 代 | 参 量 | 全 区 | 北部引黄灌区 | 中部干旱带 | 南部山区 |
|---|---|---|---|---|---|
| 20 世纪 50 | 均值（mm/a） | 1016.83 | 1030.09 | 1023.84 | 802.94 |
| | 累计正距平（年数） | 420.94（8） | 201.14（5） | 390.64（6） | 398.13（7） |
| | 累计负距平（年数） | 82.59（2） | 265.68（5） | 242.24（4） | 176.58（3） |
| 20 世纪 60 | 均值 | 935.96 | 981.43 | 985.54 | 747.94 |
| | 累计正距平（年数） | 77.91（2） | 62.29（2） | 213.74（4） | 98.35（2） |
| | 累计负距平（年数） | 548.28（8） | 613.44（8） | 448.38（6） | 426.8（8） |
| 20 世纪 70 | 均值 | 963.33 | 1005.34 | 1012.65 | 784.33 |
| | 累计正距平（年数） | 132.89（5） | 113.04（5） | 247.89（5） | 230.74（5） |
| | 累计负距平（年数） | 329.60（5） | 425.09（5） | 251.4（5） | 195.31（5） |

续表

| 年代 | 参量 | 全区 | 北部引黄灌区 | 中部干旱带 | 南部山区 |
|---|---|---|---|---|---|
| 20世纪80 | 均值 | 936.26 | 993.01 | 975.75 | 735.15 |
| | 累计正距平（年数） | 116.93 (3) | 131.56 (3) | 201.79 (2) | 86.25 (2) |
| | 累计负距平（年数） | 584.32 (7) | 566.81 (7) | 534.33 (8) | 542.66 (8) |
| 20世纪90 | 均值 | 1020.90 | 1105.87 | 1034.48 | 788.11 |
| | 累计正距平（年数） | 435.63 (8) | 699.34 (9) | 361.19 (8) | 315.8 (5) |
| | 累计负距平（年数） | 56.65 (2) | 6.09 (1) | 106.38 (2) | 242.67 (5) |
| 2001～2009 | 均值 | 1028.74 | 1110.43 | 1024.40 | 826.99 |
| | 累计正距平（年数） | 441.06 (8) | 698.24 (8) | 279.69 (7) | 497.62 (8) |
| | 累计负距平（年数） | 29.62 (1) | 28.62 (1) | 151.15 (2) | 42.91 (1) |

### 3.3 参考腾发量的突变与变化趋势分析

#### 3.3.1 参考腾发量的突变检验

利用Mann—kendall突变检测法[12,13]对各分区$ET_0$的年值系列进行突变检测，该方法检测范围宽、定量化程度高，不需要样本遵从一定的分布，也不受少数异常值的干扰，更适用于类型变量和顺序变量。通过M-K检验得到统计量$U$的顺序、逆序变化曲线$U_f$、$U_B$（图5）的交点情况，判定各分区突变点的位置。由图可知，在1951～2009年共59年时间序列中，宁夏地区及北部引黄灌区$ET_0$突变点分别在1995年、1992年；中部干旱带则分别在1958年、1995年、2002年及2007年分别发生增减变化；南部山区$ET_0$在1958年、2000年及2004年发生了显著突变。

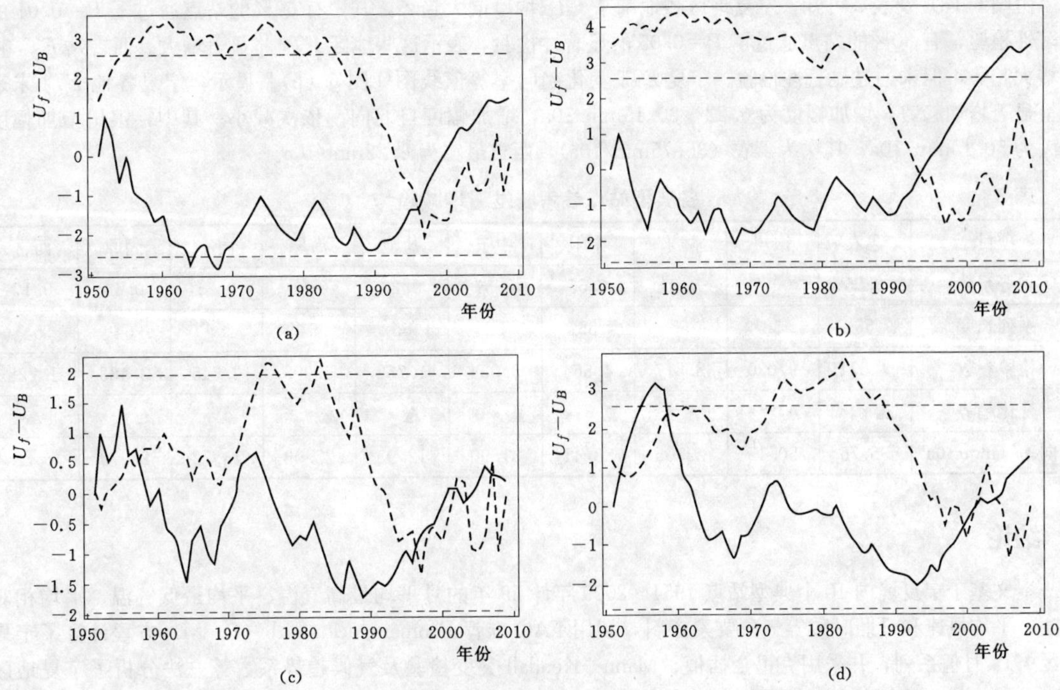


图5　各分区参考腾发量突变检验图

(a) 宁夏全区；(b) 北部引黄灌区；(c) 中部干旱带；(d) 南部山区

#### 3.3.2 参考腾发量的突变检验

采用气候趋势系数（$r_{xt}$）法[14,15]计算各站点年参考腾发量的增减趋势的量度值并画出其趋势图［图6

(a)]。当 $r_{xt}$ 为正（负）时，表示降水有增加（减少）的趋势，增减趋势是否显著，需进行检验。$r_{xt}$ 的变数 $t=r_{xt}\cdot\sqrt{n-2}/\sqrt{1-r_{xt}^2}$ 遵守 $t$ 分布且自由度为 $n-2$。则可用 $t$ 分布检验其显著水平。分别计算各站趋势系数 $r_{xt}$ 的检验参数（表 3），当 $|t|\geqslant1.679$ 或 $|t|\geqslant2.689$ 时，则认为通过信度为 0.05 或 0.01 的显著性检验，表明该时刻降水的变化不是随机振动而是明显的气候趋势。利用趋势系数计算各站的趋向率（单位 mm/10a）见表 3 及图 6（b）。

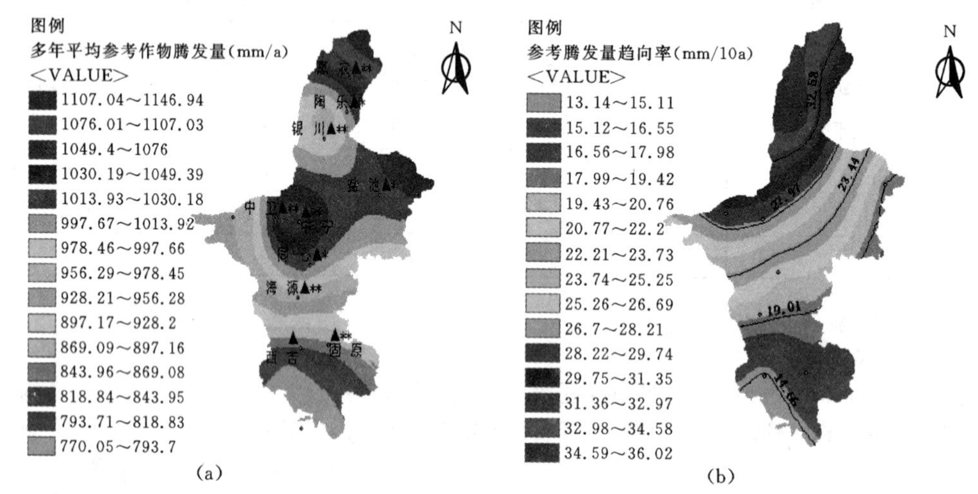


图 6　宁夏各站点参考腾发量变化趋势（a）及其趋向率图（b）

▲—增加趋势；▼—降低趋势；**—达到 99%信度；*—达到 95%信度

由图 6（a）及表 3 可知，宁夏地区各地未来 $ET_0$ 均呈增大趋势，其中有 60%的站点通过了 $P=0.01$ 的显著性检验，有 30%的站点通过了 $P=0.05$ 的显著性检验，表示这些地区 $ET_0$ 将显著增大。西吉站 $ET_0$ 将呈增大趋势，但未通过显著性检验。宁夏 $ET_0$ 变化趋向率等值线图［图 6（b）］显示，宁夏各地 $ET_0$ 未来将呈显著增加趋势，增加幅度为 6.22～50.15mm/10a，增加幅度自北向南依次减小。其中，银川增加幅度最大为 50.15mm/10a，其次为惠农（35.75mm/10a），西吉最小为 6.22mm/10a。

**表 3　　各典型站点参考腾发量增减趋势**

| 项目 | 惠农 | 银川 | 陶乐 | 中卫 | 中宁 | 盐池 | 海原 | 同心 | 固原 | 西吉 |
|---|---|---|---|---|---|---|---|---|---|---|
| 趋势系数 | 0.55 | 0.77 | 0.34 | 0.55 | 0.57 | 0.23 | 0.50 | 0.31 | 0.44 | 0.17 |
| 系列长度 | 55 | 58 | 55 | 55 | 56 | 55 | 51 | 55 | 54 | 54 |
| 检验参数 | 4.674 | 9.020 | 2.517 | 4.564 | 5.054 | 1.752 | 3.999 | 2.345 | 3.463 | 1.228 |
| 变化趋势 | ▲** | ▲** | ▲* | ▲** | ▲** | ▲* | ▲** | ▲* | ▲** | ▲ |
| 倾向率（mm/10a） | 35.75 | 50.15 | 22.05 | 33.41 | 31.90 | 12.93 | 22.03 | 14.72 | 23.79 | 6.22 |

## 4　结论

本文基于宁夏境内 10 个典型站点 1951～2009 年计 59 年的月平均最高气温、平均最低气温、平均相对湿度、平均风速和日照时数等气象要素资料，利用 FAO 推荐 Penman—Monteith（P—M）方程计算了宁夏地区 $ET_0$ 月值系列，并采用克里金插值、Mann—Kendall 突变检验及气候趋势系数等方法分析了宁夏地区 $ET_0$ 的时空变化特征，主要结论如下：

（1）宁夏地区 $ET_0$ 自北向南逐渐减小，北部引黄灌区相对最大（1036.50mm/a），南部山区最小（780.79mm/a），全区多年平均为 982.90mm/a。全区 6 月最大为 149.33mm/月，1 月最小（25.66mm/月）。5～7 月占全年的 44%。年内分配符合多项式 $y=0.1637x^4-4.1228x^3+30.03x^2-50.968x+48.586$ ($R^2=0.9874$)。

(2) 各分区$ET_0$年际变化不剧烈，变异系数较小（0.0679～0.0811），极值比均小于1.36。$ET_0$在20世纪50年代以前相对较大，进入60年代后开始有所下降，至90年代中期以来则呈上升趋势并高于多年平均值，未来仍有增加趋势。四季占$ET_0$分别占全年的30.91%，41.71%，18.49%和8.89%，春秋季相对较大，冬季最小且空间分布规律性不强。

(3) 各分区各年代$ET_0$：20世纪60～80年代$ET_0$累积距平均呈负值，且各年代负距平出现年数为5～8年；90年代至今则均呈正值，正距平出现年份在5～9年。宁夏地区及北部引黄灌区$ET_0$突变点分别在1995年、1992年；中部干旱带则分别在1958年、1995年及2002年发生变化；南部山区在1958年、2000年及2004年也发生了突变。

(4) 宁夏各地未来$ET_0$有显著增大趋势，其中有60%的站点通过了$P=0.01$的显著性检验，有30%的站点通过了$P=0.05$的显著性检验。各地$ET_0$增加幅度为6.22～50.15mm/10a，且自北向南逐渐减小。其中，银川增加幅度最大（50.15mm/10a），西吉最小（6.22mm/10a）。

## 参考文献


[1] Allen R G, Luis S P, Durk R, et al. FAO Irrigation and Drainage Paper 56. Crop Evapotranspiration guidelines for computing crop water requirements [M]. Food and Agriculture Organization of the United Nations, Rome, 1998: 300.

[2] Smith M, Allen R G, Monteith J L, et al. Report on the Expert Consultation on revision of FAO methodologies for crop water requirements [M]. Rome: FAO, 1992.

[3] Chen Shenbin, Liu Yunfen, Axel Thomas. Climatic change on the Tibetan Plateau: potential evapotranspiration trends from 1961～2000 [J]. Climatic Change, 2006, 76: 291-319.

[4] Chattopadhyay N, Hulme M. Evaporation and potential evapotranspiration in India under conditions of recent and future climate change [J]. Agricultural and Forest Meteorology, 1997, 87: 55-73.

[5] 牛振国，李保国，张凤荣，等. 参考作物蒸散量的分布式模型 [J]. 水科学进展，2002，13 (3)：303-307.

[6] 徐新良，刘纪远，壮大方. GIS环境下1999～2000年中国东北参考作物腾发量时空变化特征分析 [J]. 农业工程学报，2004，20 (2)：10-14.

[7] 梁丽乔，李丽娟，张丽，等. 松嫩平原西部生长季参考作物蒸散发的敏感性分析 [J]. 农业工程学报，2008，24 (5)：1-5.

[8] 刘晓英，李玉中，郝卫平. 华北主要作物需水量近50年变化趋势及原因 [J]. 农业工程学报，2005，21 (10)：155-159.

[9] 杨聪，于静洁，宋献方，等. 华北山区短时段参考作物蒸散量的计算 [J]. 地理科学进展，2004，23 (6)：71-80

[10] 佟玲，康绍忠，粟晓玲. 石羊河流域气候变化对参考作物蒸发蒸腾量影响的分析 [J]. 农业工程学报，2004，20 (2)：15-18.

[11] 胡顺军，康绍忠，宋郁东，等. 阿拉尔灌区参考作物潜在腾发量的变化特征及相关分析 [J]. 灌溉排水学报，2004，06：59-64.

[12] 符淙斌，王强. 气候突变的定义和检测方法 [J]. 大气科学，1992，16 (4)：482-493.

[13] 刘引鸽. 陕西黄土高原降水的变化趋势分析 [J]. 干旱区研究，2007，24 (1)：49-55.

[14] 任健美，尤莉，高建峰，等. 鄂尔多斯高原近40a气候变化研究 [J]. 中国沙漠，2005，25 (6)：874-879.

[15] 李帅，陈莉，任玉玉. 1951/1952～2004/2005年中国冬季降水变化研究 [J]. 热带气象学报，2008，24 (1)：94-98.


# Analysis of Spatiotemporal Variability of Reference Evapotranspiration over the Ningxia Province in the Last 59 Years


Tang Ying[1]  Xu Ligang[1,2]  Du Li[1]  Long Xunjian[2]

(1. The scientific research institute of the water conservancy of Ningxia, Yinchuan 750021;
2. Sichuan University College of water resource & hydropower, Chengdu 610065)



**Abstract** Based on the monthly meteorological measurements of 10 meteorological stations in Ningxia province from 1951to 2009, the monthly reference evapotranspiration ($ET_0$) and yearly $ET_0$ are estimated using the Penman-Monteith equation. The characteristics of evapotranspiration on the spatio-temporal variability and trend are analyzed by kriging method, Mann-Kendall test and climatic trend coefficient method. Results indicate that: In Ningxia, the annual $ET_0$ is induces from north to south generally, and the average of multi-years was 982.90mm/a. There was the maximum value in June, 149.33mm/month, and the period of $ET_0$ mostly from May to July, so the ratio is 44%. The variability coefficient was small, so shake of $ET_0$ for inter-annual is not very sharply. The values of $ET_0$ were bigger in 50s and induced in 60s, but increased significantly since 90s. The $ET_0$ have the max value in summer, it was occupied annual about 41.7%, but, the winter is the smallest, 8.89%. The anomaly decades of $ET_0$ were negative values from 60s to 80s, but have an positive value since 90s and there were 5～9 years appears positive in every decades. The serial of $ET_0$ taking 1958, 1995 and 2000 as turning points. In the future, the value of $ET_0$ will increase significantly by, 60% stations passed $P=0.01$ significant test. The increase range is 6.22～50.15mm/10a and induces from north to south generally.

**Key words**　reference evapotranspiration; spatiotemporal variability; trends analysis; Penman—Monteith equation; Ningxia

# 基于最优加权组合模型的枯季径流预测研究*

孙惠子[1]　粟晓玲[1]　昝大为[2]

(1. 西北农林科技大学水利与建筑工程学院　陕西杨凌　712100;
2. 甘肃省水文水资源勘测局　兰州　730000)

**摘　要**【目的】研究最优的枯季径流预测模型，为流域水资源管理提供依据。【方法】建立基于差分自回归移动平均（ARIMA)、人工神经网络（ANN）和多元线性回归（MLR）3个单项模型的简单平均组合和最优加权组合预测模型，并将单项预报模型和组合模型应用到石羊河流域支流西营河的枯季径流预测中，采用相关系数、确定性系数以及均方根误差对各个模型和预测精度进行比较。【结果】单项预测模型中仅ARIMA模型通过了确定性系数检验，最优加权组合模型的预测精度较简单平均组合模型高，组合预测模型中仅ARIMA-MLR组合模型及ARIMA-ANN组合模型的确定性系数高于所有单项预测模型。【结论】最优加权组合模型的精度不但取决于各单项预测模型的精度，也与各单项预测模型误差之间的相关性有关，适合西营河枯季径流的最优加权组合模型是ARIMA-MRL组合模型及ARIMA-ANN组合模型。

**关键词**　枯季径流预测；差分自回归移动平均；人工神经网络；多元线性回归；组合预测模型；西营河

随着国民经济的发展，水资源短缺已成为地区可持续发展的影响因素之一，水资源的合理调配尤为重要，特别是我国北方地区的降水在年际分配、时空分配上极不均衡，汛期时间短且降雨量占全年降雨量的70%以上，枯季降雨偏少，是制约当地经济发展的瓶颈之一。做好枯季径流预报，提高枯季径流预报质量，对水资源的合理调配和灌溉管理有着非常重要的意义[1]。

目前，国内外开发了许多枯季径流预测模型，包括基于概念的过程驱动模型，如流域退水模型；基于统计数据的驱动模型，如回归模型、时间序列模型、人工神经网络模型、模糊逻辑模型、灰色系统模型、最近邻模型等[2]。Druce[3]对哥伦比亚流域20年的径流预测提出了基于概念的水文模型，并将其结果与回归模型进行对比，认为基于概念的水文模型的稳定性及模型效果更好；Markus等[4]运用ANN模型预测了科罗拉多州的格兰德河的月径流，并将预测结果与周期动态回归模型（TFN）进行比较，当使用标准化的月径流数据时，ANN的预测结果要略好于TFN预测；Huang等[5]ANN与ARIMA模型在日、月、季以及年径流上的预测结果进行比较，认为ANN模型较ARIMA模型的预测精度高。由以上研究可见，这些传统的径流预测模型简单方便，且有一定预报精度，故在实践中应用广泛。但自Bates和Granger在1959年首次提出组合预测理论以来[6]，由于其能综合各单项模型的优点，可有效地集结更多的有用信息，从而提高预测精度，因此组合预测方法的研究和应用受到了国内外学者的重视。单个预测模型仅包含或体现研究系统的局部信息，用不同的方法对系统进行模拟，往往各有条件，各有特点和不足，将若干种预测方法组合成一个预测模型，可以更合理地描述系统的客观实际。理论研究和实际应用表明，组合预测模型较单个预测模型具有较高的预测精度，能增强预测的稳定性，具有较高地适应动态系统变化的能力。近年来，组合模型方法在径流预测中开始应用，如段召辉等[7]运用径流响应线性模型和时间序列模型的最优加权组合来预测日径流，其结果表明最优加权组合模型的精度较单一模型好；傅新忠等[8]采用BP神经网络来构造组合预测模型，运用时间序列模型预测方法得出的预测结果，采用历史滚动法将前5年的预测结果数据作为BP网络的输入，以当前年份的预测结果为网络期望输入，建立了ARIMA－ANN组合预报模型，实例应用表明组合模型的预报精度更高。

现有的枯季径流预报模型很多，但尚缺乏一种通用的预测模型，且预报模型的适用性至今仍是有待深入研究的问题。对于一个具体河流的径流预报问题，需要通过分析、尝试、检验等步骤，最终找到适合于研究区域实际情况的预报方法[9]。

---

*　基金项目：国家自然科学基金项目（50879071)；西北农林科技大学青年学术骨干支持计划项目。

第一作者简介：孙惠子（1986—　），女，内蒙古自治区阿拉善盟人，在读硕士，主要从事水资源利用与保护研究。E－mail：huizi_237@126.com

为此，本研究分别采用差分自回归移动平均（ARIMA）模型、BP神经网络和多元线性回归模型3个单项预测模型，以及基于3个单项模型的简单平均组合和最优加权组合预测方法共8个组合预测模型，对石羊河流域支流西营河枯季径流进行预测，通过模型检验和精度分析，提出适宜该河流的枯季径流预测方法，以期为河流枯季径流的预测提供参考。

# 1 单项预测方法

## 1.1 差分自回归移动平均（ARIMA）模型

### 1.1.1 模型原理

差分自回归移动平均模型［ARIMA（$p$，$q$，$d$）模型］属于平稳时间序列分析，该方法通过对噪声概率分布的研究，能预测在各种概率下可能出现的偏差大小，可以很好地处理随机干扰问题。$p$和$q$为自回归移动平均的阶数，$d$为差分算子的阶数。ARIMA模型的基本思想是：将预测对象随时间推移而形成的数据序列视为一个随机序列，用一定的数学模型来近似描述该序列。这个模型一旦被识别后就可以从时间序列的过去值及现在值来预测未来值。

ARIMA预测模型及其参数估计描述如下：假定｛$y_t$，$t=1$，2，3，…｝为平稳时间序列，则ARIMA（$p$，$q$，$d$）有如下形式：

$$\phi_1 y_{t-1}+\phi_2 y_{t-2}+\cdots+\phi_p y_{t-p}+\varepsilon_t=\varepsilon_t+\theta_1\varepsilon_{t-1}+\theta_2\varepsilon_{t-2}+\cdots+\theta_q\varepsilon_{t-q} \tag{1}$$

式中：实参数（$\phi_1$，$\phi_2$，…，$\phi_p$）为自回归系数；实参数（$\theta_1$，$\theta_2$，…，$\theta_q$）为移动平均系数；$\varepsilon_t$是零均值、方差为$\delta_{pq}^2$的白噪声序列。

则称｛$y_t$｝为（$p$，$q$）阶自回归移动平均模型，记为ARMA（$p$，$q$）。当阶数（$p$，$q$）固定时，上述系数可用矩估计法，非线性最小二乘估计法、最小平方和估计法等方法确定。上述讨论中，假定时间序列｛$y_t$｝是平稳的；｛$y_t$｝非平稳时，则可根据B—J方法原理，对其进行差分，经过$d$阶差分，将其变换为平稳序列。

### 1.1.2 ARIMA（$p$，$d$，$q$）的建模步骤

ARIMA时间序列预测的建模过程一般分5步[10]进行：①水文时序的平稳性识别；②数据平稳化处理；③识别模型的阶数；④参数估计；⑤对模型的残差序列进行白噪声检验。

## 1.2 人工神经网络（ANN）

### 1.2.1 BP神经网络结构

人工神经网络（artificial neural network）是在现代神经生理学和心理学的研究基础上，模仿人的大脑神经元结构特性而建立的一种非线性动力学网络系统，其由大量的非线性处理单元高度并联、互联而成，具有对人脑某些基本特性的简单数学模仿能力。人工神经网络最大的特点是自适应性，其通过自身学习机制自动形成所要求的决策区域。BP神经网络也称误差反向传播神经网络，是迄今为至应用最为广泛的神经网络，其由输入层、隐含层和输出层组成。上下层之间实现全连接，而每层神经元之间无连接。当1对学习样本提供给网络后，神经元的激活值从输入层各中间层向输出层传播，输出层各神经元获得网络的输入响应。接下来，按照减少目标输出与实际误差的方向，从输出层经过各中间层逐层修正各连接权值，最后回到输出层，这种算法称为“误差逆传播算法”，即BP算法。随着这种误差逆传播修正的不断进行，网络对输入模式响应的正确率也不断上升[11~13]。

### 1.2.2 BP网络模型

作为一种简单的处理器，人工神经元可以对输入的信号进行加权求和处理，即

$$y=\sum_{i=1}^{n}x_i w_i+b \tag{2}$$

式中：$y$表示神经元的输出；$x_1$，$x_2$，…，$x_i$表示输入值；$w_1$，$w_2$，…，$w_i$表示权重；$b$表示阈值。

设神经元网络有$n$个输入神经元、$m$个输出神经元和$p$个隐层神经元，则输出层神经元的输出为

$$y_i=\sum_{j=1}^{p}w_{ij}^{o}x_j^{l}+b_i,\quad i=1,2,\cdots,m,j=1,2,\cdots,p \tag{3}$$

BP网络激励函数通常选取对数－$S$型函数。对数－$S$形函数为：

$$f(x)=\frac{1}{1+\mathrm{e}^{-ax}}\quad a>0 \tag{4}$$

### 1.2.3 BP神经网络的建模步骤

(1) 训练阶段。①确定神经网络的结构参数：包括定义输入层、隐含层和输出层的神经元个数，确定最小训练速率、动态参数、允许误差、迭代次数和Sigmoid参数；②对输入层样本值进行归一化处理；③网络权值初始化；④从前向后计算各隐含层到输出层单元的输出向量；⑤计算输出层的误差信号；⑥从后向前计算隐含层的误差信号；⑦计算并保存各权值修正量；⑧修正权值并保存；⑨计算误差。

(2) 应用阶段。利用经训练所保存的网络权值，根据网络输入的各项指标值，运行网络向前计算，即可得实际输出值。根据网络的实际输入确定其性能好坏，并确定其是否具有很好的泛化能力。

### 1.3 多元线性回归数学模型（MLR）

设经过分析，已经挑选到 $p$ 个预报因子 $x_1$，$x_2$，…，$x_p$，通过回归分析，建立 $p$ 个预报因子与预报对象 $y$ 的 $p$ 元线性回归模型：

$$\left.\begin{aligned} y=b_0+b_1x_1+\cdots+b_px_p+\varepsilon \\ \varepsilon\sim N(0,\sigma^2) \end{aligned}\right\} \tag{5}$$

式中：$b_0$，$b_1$，…，$b_p$，$\sigma2$ 都是与 $x_1$，$x_2$，…，$x_p$ 无关的未知数，其中 $b_0$，$b_1$，…，$b_p$ 称为回归系数；$\varepsilon$ 是随机误差（或随机干扰）。

对变量 $x_1$，$x_2$，…，$x_p$ 和 $y$ 做 $n$ 此独立观察，得到容量为 $n$ 的一个样本（$x_{i1}$，$x_{i2}$，…，$x_{ip}$，$y_i$）（$i=1$，2，…，$n$）。参数 $b_0$，$b_1$，…，$b_p$ 一般采用最小二乘法估计。

多元线性回归数学模型建立后，对其是否与实际数据有较好的拟合度，及其模型线性关系的显著性如何等，均还需要通过数理统计进行检验，一般主要用线性回归的显著性检验（采用F检验）和相关系数 $R^2$ 进行。

## 2 组合预测方法

设对某一具体问题有 $n$ 种预测方法。有某一物理量的 $N$ 个实际观测值 $y_t(t=1$，2，…，$N)$，记组合预测方法的加权系数向量 $K=[k_1,k_2,\cdots,k_n]^{\mathrm{T}}$，其中 $k_i$ 为第 $i$ 种预测方法 $i$ 在组合预测模型中的权重，$\sum\limits_{i=1}^{n}k_i=1$。令第 $i$ 种预测方法的预测值为 $f_{it}$，则组合预测模型的预测值 $f_t$ 为

$$f_t=\sum_{i=1}^{n}k_if_{it}=k_1f_{1t}+k_2f_{2t}+\cdots+k_nf_{nt},\quad t=1,2,\cdots,N。\tag{6}$$

### 2.1 简单平均组合预测原理

简单平均就是给组合模型中的每个预测值 $f_{it}$ 配以权重 $1/n$，其预测误差 $e_{it}=y_t-f_{it}$。则组合预测模型的预测值[14]为

$$f_t=\sum_{i=1}^{n}k_if_{it}=\frac{1}{n}\sum_{i=1}^{n}f_{it},\quad t=1,2,\cdots,N。\tag{7}$$

### 2.2 最优加权组合预测原理

组合预测是使用多种预测方法对同一预测对象进行预测，在此基础上通过加权组合形成一个预测模型，以提高预测精度的方法[15-17]。

记第 $i$ 种预测方法的预测误差为 $e_{it}$，组合预测方法的预测误差 $e_t=\sum\limits_{i=1}^{n}k_ie_{it}(t=1,2,\cdots,N)$，组合预测方法的预测误差平方和 $J=\sum\limits_{i=1}^{n}e_t^2$，第 $i$ 种方法的预测误差向量 $E_i=[e_{i1},e_{i2},\cdots,e_{iN}]^{\mathrm{T}}$，预测误差矩阵为 $e=[E_1,E_2,\cdots,E_n]$，则 $J$ 可表示为

$$J=e^{\mathrm{T}}e=K^{\mathrm{T}}E_{(n)}K \tag{8}$$

式中：$K=[k_1,k_2,\cdots,k_n]^{\mathrm{T}}$，$E_{(n)}=\begin{bmatrix}E_{11} & E_{12} & \cdots & E_{1n}\\ E_{21} & E_{22} & \cdots & E_{2n}\\ \vdots & \vdots & \vdots & \vdots\\ E_{n1} & E_{n2} & \cdots & E_{nn}\end{bmatrix}$，$E_{ij}=E_{ji}=E_i^{\mathrm{T}}E_j$，$E_{ii}=E_i^{\mathrm{T}}E_i=\sum\limits_{t=1}^{N}e_{it}^2$

可见，$E_{(n)}$ 集中反映了各种预测方法的预测误差信息，故称之为预测误差信息矩阵。如果 $E_1$，$E_2$，…，

$E_n$ 是线性无关的，则 $E_{(n)}$ 为对称正定阵。

记 $R_n=[1, 1, \cdots, 1]^T$ 为 $n\times1$ 的列阵，由于加权系数的约束条件为 $\sum_{i=1}^{n}k_i=1$，则可得 $R_n^TK=1$。

采用组合预测的主要目的是减少预测误差平方和，如若某一加权系数向量 $K_n$ 使组合预测方法的预测误差平方和达到极小值 $J_n$，即 $J_n=\min_{R_n^TK=1}\{J\}=\min_{R_n^TK=1}\{K^TE_{(n)}K\}$，则 $K_n$ 为最优加权系数向量，与其对应的组合方法即为最优组合预测方法，也即求解数学规划问题，有

$$\begin{cases}\min J=\min e^Te=\min K^TE_{(n)}K\\ \text{s. t. } R_n^TK=1\end{cases} \tag{9}$$

用 Lagrange 乘子求解式（9），由 $\frac{\partial}{\partial K}[K^TE_{(n)}K-2K(R_n^TK-1)]=0$，得最优权重向量为

$$K_0=E_{(n)}^{-1}R_n/[R_n^TE_{(n)}^{-1}R_n] \tag{10}$$

目标函数的最小值为

$$J_0=K_0^TE_{(n)}K_0=1/[R_n^TE_{(n)}^{-1}R_n] \tag{11}$$

## 3　模型比较

为了比较单项模型之间以及各组合模型之间的统计特性，使用以下 3 个指标来进行比较[18]。

（1）相关系数（$R$）。其表达式为

$$R=\frac{\sum_{t=1}^{N}(y_t-\overline{y})(f_t-\overline{f})}{\sqrt{\sum_{t=1}^{N}(y_t-\overline{y})^2\sum_{t=1}^{N}(f_t-\overline{f})^2}} \tag{12}$$

式中：$y_t$ 为实测值；$f_t$ 是为预测值；$\overline{y}$为实测值的均值；$\overline{f}$为预测值的均值；$N$ 为资料序列长度。

（2）确定性系数（$DC$）。其表达式为

$$DC=1-\frac{\sum_{t=1}^{N}(f_t-y_t)^2}{\sum_{t=1}^{N}(y_t-\overline{y})^2} \tag{13}$$

我国《水文情报预报规范》（SL250—2000）规定：确定性系数大于 0.90，预报精度等级为甲级；确定性系数为 0.70～0.90 间，预报精度等级为乙级；确定性系数为 0.50～0.70 间，预报精度等级为丙级。

（3）均方根误差（RMSE）。其表达式为

$$RMSE=\sqrt{\frac{1}{N}\sum_{t=1}^{N}(y_t-f_t)^2} \tag{14}$$

## 4　西营河实例研究

### 4.1　研究区概况与资料来源

本研究以石羊河流域支流西营河为研究对象。石羊河发源于祁连山，是中国河西走廊三大内陆河流之一，位于甘肃省河西走廊东部，祁连山东段与巴丹吉林沙漠、腾格里沙漠南缘之间。石羊河流域自东向西由大靖河、古浪河、黄羊河、杂木河、金塔河、西营河、东大河、西大河八条河流及多条小沟小河组成，河流补给来源为山区大气降水和高山冰雪融水。西营河是石羊河流域流量最大的支流，是武威市工农业生产及生活的重要水源。以西营河四沟嘴水文站 1957～2007 年的枯水期径流作为预报对象，以山区肃南气象站同期丰水期的温度和降水量作为预报因子，水文年划分为当年的 5 月到第 2 年的 4 月，其中丰水期为 5～10 月，枯水期为 11 月到第 2 年的 4 月。温度和降水资料来源于中国气象科学数据共享服务网（http：//

cdc. cma. gov. cn/)，径流资料来自水文站的观测值。

### 4.2 单项预测方法模拟与预测结果

选用西营河 1957～2007 年枯水期径流为研究对象，取前 46 年（1957～2002 年）作为率定期建立模型，后 5 年（2003～2007 年）作为检验期，检验预报模型的效果与有效性。运用 DPS7.05 统计分析软件的 ARIMA 模型、BP 神经网络模型和多元线性回归分析模块，对西营河历年枯水期径流资料进行分析和验证。其中 ARIMA 模型是以枯水期的径流量序列建立模型预测，ANN 和 MLR 模型均以丰水期的温度和降水量为输入，枯水期的径流量为输出建立的模型。

ARIMA 模型、ANN 模型和 MRL 模型的计算值与枯水期径流量的实际值对比见图 1，2003～2007 年单项预测结果见表 1。

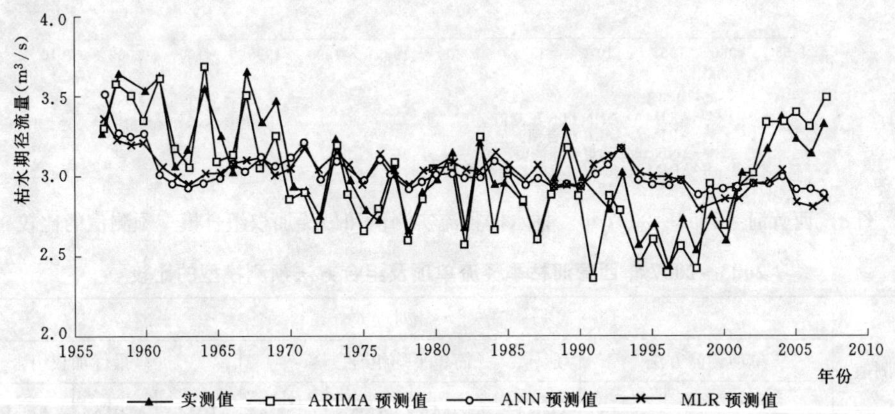


图 1 西营河（1957～2007 年）枯水期径流实测值与 ARIMA、ANN、MLR 模型预测值的比较

### 4.3 组合预测方法模拟与预测结果

基于简单平均和最优加权组合原理，ARIMA - ANN、ARIMA - MLR 和 ANN - MLR 简单平均组合权重为 $k_1=k_2=0.5$，三个单项方法简单平均组合 ARIMA - ANN - MLR 的权重为 $k_1=k_2=k_3=0.33$；最优加权组合权重通过 MATLAB 求得解，ARIMA - ANN 的权重 $k_1=0.89$，$k_2=0.11$，ARIMA - MLR 的权重 $k_1=0.88$，$k_2=0.12$，ANN - MLR 的权重 $k_1=0.54$，$k_2=0.46$。西营河枯水期径流量的实际值和 ARIMA - ANN、ARIMA - MLR、ANN - MLR 以及 ARIMA - ANN - MLR 简单平均组合预测值对比见图 2，西营河枯水期径流量的实际值和 ARIMA - ANN、ARIMA - MLR、ANN - MLR 以及 ARIMA - ANN - MLR 最优加权组合预测值的对比图见图 3，组合后的预测结果见表 1。

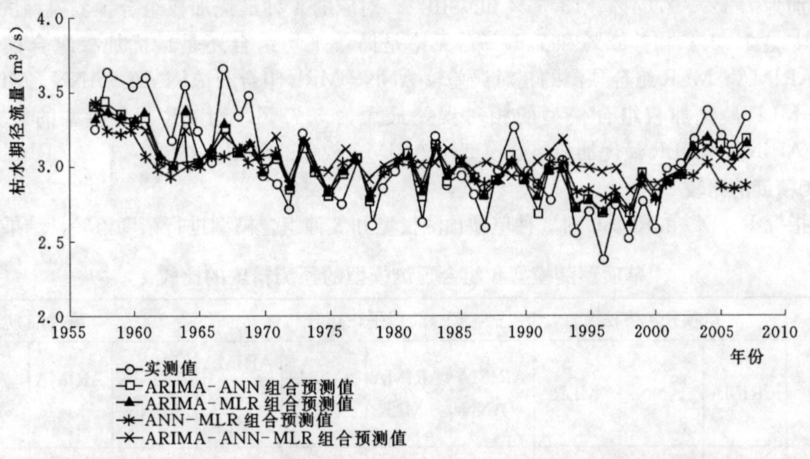


图 2 西营河（1957～2007 年）枯水期径流实测值和简单平均组合模型预测值的比较

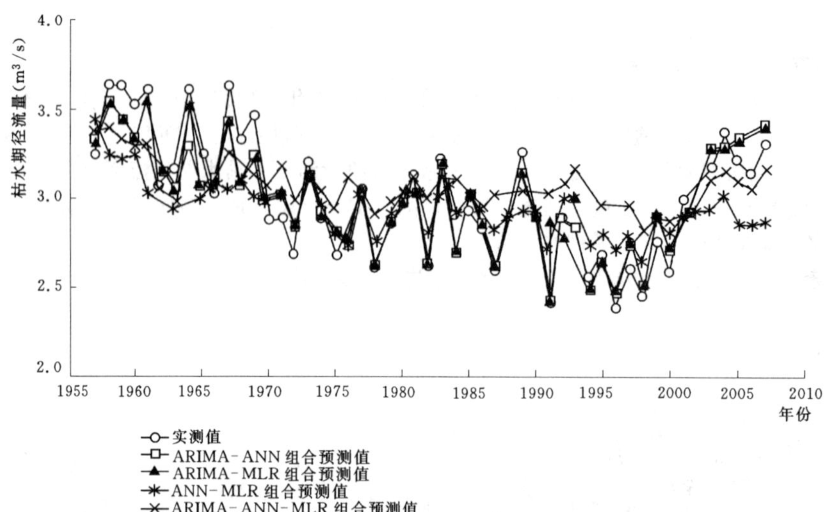


图 3 西营河（1957～2007 年）枯水期径流实测值和最优加权组合模型预测值的比较

**表 1　　2003～2007 年西营河枯季径流单项及组合方法预测模型的比较**

| 年份 | 实测值 ($m^3/s$) | 相对误差（%） | | | | | | | | | | |
|---|---|---|---|---|---|---|---|---|---|---|---|---|
| | | 单项预测方法 | | | 简单平均组合 | | | | 最优加权组合 | | | |
| | | ARIMA | ANN | MLR | ARIMA - ANN | ARIMA - MLR | ANN - MLR | ARIMA - ANN - MLR | ARIMA - ANN | ARIMA - MLR | ANN - MLR | ARIMA - ANN - MLR |
| 2003 | 3.38 | −1.38 | −13.21 | −12.70 | −7.30 | −7.04 | −12.95 | −9.10 | −2.68 | −2.68 | −13.02 | −7.69 |
| 2004 | 3.37 | −1.07 | −11.03 | −9.64 | −6.05 | −5.35 | −10.33 | −7.24 | −2.08 | −2.08 | −10.39 | −6.17 |
| 2005 | 3.22 | 5.68 | −10.00 | −12.02 | −2.16 | −3.17 | −11.01 | −5.45 | 4.04 | 3.72 | −10.93 | −3.49 |
| 2006 | 3.14 | 5.35 | −7.50 | −10.61 | −1.07 | −2.63 | −9.05 | −4.25 | 3.82 | 3.50 | −8.93 | −2.56 |
| 2007 | 3.33 | 5.09 | −13.17 | −14.14 | −4.04 | −4.52 | −13.65 | −7.41 | 3.00 | 2.70 | −13.62 | −5.21 |

由表 1 可知，ARIMA 模型、ANN 模型和 MRL 模型 3 个单项预测模型的最大相对误差分别为 5.68%，13.21%和 14.14%，以 ARIMA 模型的相对误差最小，ANN 和 MLR 模型预测误差较大，但均小于 14%。ARIMA - ANN、ARIMA - MLR、ANN - MLR 及 ARIMA - ANN - MLR4 种简单平均组合预测模型的相对误差最大值分别为 7.3%、7.04%、13.65%和 9.10%，对应的 4 种最优加权组合预测模型的相对误差最大值分别为 4.04%、3.72%、13.62%和 7.69%，无论是简单平均组合还是最优加权组合模型，ARIMA - ANN 组合和 ARIMA - MLR 组合预测的相对误差较 ANN - MRL 组合及 ARIMA - ANN - MLR 组合的误差小。ARIMA - MLR 最优加权组合模型的相对误差最大为 3.72%，而 ARIMA 模型的最大预测误差为 5.68%。可见 ARIMA - MLR 最优加权组合模型较 ARIMA 模型的预测误差更小。

### 4.4 模型预测精度的比较

分别应用指标 R、DC 和 RMSE 对 3 种单项预测模型和 8 种组合模型进行精度检验，结果见表 2。

**表 2　　单项预测模型和组合预测模型的预测精度的比较**

| 指标 | 单项预测方法 | | | 简单平均组合 | | | | 最优加权组合 | | | |
|---|---|---|---|---|---|---|---|---|---|---|---|
| | ARIMA | ANN | MLR | ARIMA - ANN | ARIMA - MLR | ANN - MLR | ARIMA - ANN - MLR | ARIMA - PNN | ARIMA - MLR | ANN - MLR | ARIMA - ANN - MLR |
| R | 0.94 | 0.36 | 0.34 | 0.93 | 0.94 | 0.36 | 0.88 | 0.94 | 0.95 | 0.36 | 0.93 |
| DC | 0.87 | 0.13 | 0.12 | 0.73 | 0.74 | 0.13 | 0.59 | 0.88 | 0.88 | 0.13 | 0.70 |
| RMSE ($m^3/s$) | 0.12 | 0.32 | 0.32 | 0.18 | 0.17 | 0.32 | 0.22 | 0.12 | 0.12 | 0.32 | 0.19 |

由表2可知，单项预测模型中ARIMA模型预测序列与实测序列的相关系数最高达0.94、确定性系数最高达0.87，均方根误差最小，说明该模型预报西营河枯季径流性能最好，而ANN和MLR模型的确定性系数低于0.7，预报精度较差。简单平均组合预测模型的预测精度均低于ARIMA模型精度。最优加权组合模型中，ARIMA-ANN组合和ARIMA-MLR组合及ANN-MLR组合的确定性系数大于0.7，且ARIMA-ANN和ARIMA-MLR组合预测模型的预测精度均高于或等于ARIMA模型精度。并且最优加权组合预测的精度要高于简单平均组合预测的精度。简单平均组合预测模型的权重按等权处理；而加权组合预测模型的权重与各个预测模型学习样本预测值的相对误差有关，相对误差小的模型的权重比较大。可见，组合模型的权重分配有自动寻优的特点，有利于提高预测精度。

## 5 结论

(1) 最优组合预测模型具有最大信息利用原则和最小均方误差的特点，因此，最优组合预测模型与简单平均组合预测模型相比，具有较高的精度和稳定性，是一种有效的预测方法。

(2) 无论简单平均组合预测，还是最优加权组合预测，预测的精度不但取决于个单个预测模型的精度，还与单个预测模型的数量和单个预测模型之间误差的关联程度有关。若单个预测模型之间误差相关性高，则组合预测模型的效果不会显著改变。本研究表明ANN和MLR模型的误差相关性较高，因此二者的组合模型ANN-MRL组合预测模型的预测效果不好。由此可知，提高组合预测模型的精度，除了需要提高单个预测模型的精度外，还要选择单个预测模型中误差相关性较差的模型进行组合。

(3) 通过模型性能的对比，可知ARIMA模型与多元线性回归组合预测模型、ARIMA模型与人工神经网络组合预测模型以及ARIMA模型的预测效果较好，均适合于西营河枯季径流的预测。

## 参 考 文 献


[1] 金鑫，张春洁．大清河流域枯季径流变化规律的中期预报 [J]．地下水，2007，29 (6)：114-116.

[2] Wang P. Stochasticity, nonlinearity and forecasting of streamflow processes [J]. Amsterdam: IOS Press, 2006.

[3] Druce D J. Insights from a history of seasonal inflow forecasting with a conceptual hydrologic model [J]. Journal of Hydrology, 2001, 249 (1/2/3/4): 102-112.

[4] Markus M, Salas J D, Shin H. Predicting streamflows based on neural networks [J]. Proceedings of the First International Conference on Water Resources Engineering, 1995: 1641-1646.

[5] Huang W R, Xu B, Chan-Hilton A. Forecasting flows in Apalachicola River using neural networks [J]. Hydrological Processes, 2004, 18 (13): 2545-2564.

[6] 商勇，丁咏梅．最优组合预测方法评述 [J]．统计与决策，2005 (9)：122-123.

[7] 段召辉，李承军．日径流的组合预测模型 [J]．水利水运工程学报，2004 (3)：67-69.

[8] 傅新忠，冯利华，陈闻晨．ARIMA与ANN组合预测模型在中长期径流预报中的应用 [J]．水资源与水工程学报，2009，20 (5)：105-109.

[9] 王钦钊，向奇志．中长期水文预报方法的探讨 [J]．江西水利科技，2006，32 (2)：86-90.

[10] 王红瑞，康健，林欣，等．水文序列ARIMA模型应用中存在的问题与改进方式 [J]．系统工程理论与实践，2008 (10)：166-176.

[11] 杨荣新．基于组合智能优化算法的云南省径流预报系统研究 [D]．武汉：华中科技大学，2006.

[12] Chen Y H, Chang F J. Evolutionary artificial neural networks for hydrological systems forecasting [J]. Journal of Hydrology, 2009, 367 (1/2): 25-137.

[13] 郭峰，王斌，刘敏．基于BP神经网络的时间序列预测研究 [J]. 价值工程，2010，35 (1)：128-129.

[14] Jeong D L, Kim Y O. Combining single-value streamflow forecasts-A review and guidelines for selecting technique [J]. Journal of Hydrology, 2009, 377 (3-4): 284-299.

[15] 程银才，李明华，范世香．基于差分模型和最小二乘法的组合预测模型在实时洪水预报中的应用 [J]．中国农村水利水电，2009 (11)：50-52.

[16] 唐小我，曹长修，金德远．组合预测最优加权系数向量的进一步研究 [J]．预测，1994 (2)：48-49.

[17] 唐纪，王景．组合预测方法评述 [J]．预测，1999 (2)：42-43.

[18] Abudu S, Cui C L, King J P, et al. Comparison of performance of statistical models in forecasting monthly streamflow of Kizil River, Chian [J]. Water Science and Engineering, 2010, 3 (3): 269-281.

# Drought period stream-flow forecasting based on optimal weighted combination model

Sun HuiZi, Su Xiaoling, Zan Dawei

(1. College of Water Resources and Architectural Engineering, Northwest A&F University, Yangling Shanxi 712100;
2. Hydrology and Water Resources Survey Bureau of Gansu Province, Lanzhou, 730000)

**Abstract** 【Objective】 Study on the optimal drought period stream-flow forecasting model, to provide a basis for the management of river basin water resources. 【Method】 This paper presents combination forecasting models of simple average and optimal weighted based on the principle of ARIMA, artificial neural network (ANN) and multiple linear regression (MLR), and applies the single models and combination models to the Xiying River of Shiyang River drought period stream-flow forecasting, and the results of the accuracy of those models, which compared by using correlation coefficient, deterministic coefficient and root mean squared error, are also presented in this paper. 【Result】 In single forecasting models, only the ARIMA model passes the examining of deterministic coefficient, the accuracy of optimal weighted combination model is higher than simple average combination. In combination forecasting models, deterministic coefficient of the combination of ARIMA and MLR and the combination of ARIMA and ANN are higher than all single forecasting models. 【Conclusion】 The accuracy of the optimal weighted model not only depends on the accuracy of the single forecasting models, but also depends on the correlation of the error of single forecasting models, the best optimal weighted combination models of drought period stream-flow in Xiying River is the combination of ARIMA and MLR and the combination of ARIMA and ANN.

**Key words** drought period stream-flow forecasting; ARIMA; ANN; MLR; combination prediction model; Xiying River

# 辣椒植株生长和果实生产对调亏灌溉的响应

黄海霞 韩国君 陈年来 黄德志 张 正 张 凯

（干旱生境作物学国家重点实验室，甘肃农业大学 兰州 730070）

**摘 要** 以制干辣椒品种美国红为试验材料，2009～2010 年在民勤荒漠绿洲大田条件下研究了辣椒耗水量、生长发育、产量构成、干物质分配、水分利用效率、果实品质对定植一坐果期调亏灌溉的响应。结果表明，辣椒耗水量随着土壤含水量的增加而增加。中度和重度调亏条件下，两年可平均节水 10.88%和 13.40%，同时可明显提高果实的营养品质，但重度调亏会导致辣椒单果重和单株产量明显下降，从而造成严重减产。中度调亏处理的植株茎、叶、根所占比例适中，且果实干质量最大，具有最高水分利用效率，与充分灌溉相比，生物产量水分利用效率平均提高 10.20%，产量水分利用效率分别高出 9.42%。因此，将定植-坐果期土壤含水量控制为田间持水量的 55%～65%时，可以实现节水、高效、优质。

**关键词** 民勤荒漠绿洲；辣椒；调亏灌溉；生长发育；水分利用率；干物质分配；果实品质

石羊河下游属资源型缺水地区，缓解经济发展和生态保护矛盾的出路就在于建设节水型社会，而石羊河流域农业用水占总用水量的 87.2%[1]，农业用水量的 90%～95%消耗于农田灌溉，通过各种田间节水措施提高作物水分利用效率是节水农业发展的关键。调亏灌溉（regulated deficit irrigation，RDI）通过在作物生长发育的某些阶段主动施加一定的水分胁迫，影响光合产物向不同组织器官的分配，调节作物的生长进程，减少土壤水分无效蒸发、降低蒸腾速率，全面提高果树和农作物水分生产力[2,3]。国内外学者对小麦[4]、玉米[5]、棉花[6]等大田作物的调亏灌溉效应研究较多，而蔬菜作物较少，且主要集中在温室番茄[7,8]、黄瓜[9]等作物上。果实成熟期为辣椒需水关键期应保证水分充分供应，在苗期或开花坐果期进行一定的水分调亏可以实现节水增效[10,11]，但关于大田条件下，辣椒生长发育及果实生产对定植-坐果期调亏灌溉的响应鲜见报道。制干辣椒是石羊河下游荒漠绿洲的特色农作物，耗水量大且对水分亏缺较为敏感。研究辣椒耗水量、生长发育、产量构成、干物质分配及果实品质对定植-坐果期调亏灌溉的响应，确定适宜的调亏度，为石羊河下游地区辣椒合理灌溉提供理论依据。

## 1 材料与方法

### 1.1 试验区概况

试验于 2009～2010 年 4～9 月在民勤县农技中心试验站（38°30′N，103°30′E）的大田进行。研究区位于腾格里沙漠和巴丹吉林沙漠之间，气候干燥，降水量少，蒸发强烈。试验田生育期内的降雨量约 68.3mm，其中 6 月最少，为 3.6mm，其次为 7 月，为 9.2mm，8～9 月下旬最多，为 23mm，5 月为 18.1mm。气温度为 20.4℃，7 月最高，为 23.6℃，6 月次之，为 22.5℃，8～9 月下旬为 20.4℃，5 月最低，为 16.5℃。0～40cm 土层内的平均容重为 1.35g/cm$^3$，田间持水量为 25.3%。地下水位埋深超过 30m，矿化度 1.5～2g/L。土壤养分含量差异较小，有机质含量 7.26g/kg，全氮含量 0.48g/kg，全磷平均含量 1.19g/kg，全钾为 23.35g/kg。

### 1.2 试验设计

供试材料为制干型辣椒（*Capsicum annuum*）品种美国红。种植方式采用垄作全膜覆盖，垄侧种植，垄宽 60cm，沟宽 50cm，行距为 50cm，株距为 30cm，每穴植入两株幼苗，每小区保苗 128 株。2009 年 5 月 5 日定植，6 月 3 日进入坐果期，6 月 23 日进入结果盛期，8 月 9 日进入结果末期，8 月 31 日收获。2010 年 6 月 16 日定植，7 月 8 日进入坐果期，8 月 1 日进入结果盛期，8 月 28 日进入结果末期，9 月 18 日收获。试验共设 4 个水分处理，即土壤含水量分别为田间持水量（$\theta_f$）的 75%～85%、65%～75%、55%～65%、45%～55%，结果盛期和结果末期进行充分灌水，分别用 $CK$、$T_1$、$T_2$、$T_3$ 表示，随机区组设计，每处理重复 3 次。小区面积 5m×2.2m，小区之间埋深为 0.6 m 的塑料薄膜以防水分侧渗。除水分处理外，各小区其他管理和农艺措施均与当地生产田相同。

### 1.3 试验测定项目与方法

#### 1.3.1 土壤含水量

采用烘干法测定，间隔5～7天测一次，当土壤含水量降至控水下限时，立即进行灌水。灌水量用水表量测。灌水量计算公式为

$$M=r\times p\times h\times S\times \theta_f\times (q_1-q_2)/\eta \tag{1}$$

式中：$M$为灌水量，$m^3$；$r$为土壤容重，$g/cm^3$；$p$为土壤湿润比，取100%；$h$为灌水计划湿润层深度，取0.4m；$S$为小区面积，$m^2$；$\theta_f$为田间持水量%；$q_1$、$q_2$分别为土壤水分上限和下限；$\eta$为水分利用系数，膜沟灌取0.98。

#### 1.3.2 阶段耗水量

采用水量平衡法测定。分别在辣椒定植后、坐果期、结果盛期和结果末期末，测定0～120cm的土壤含水量，每20cm为一层。各阶段作物耗水量计算公式为

$$ET_c=P+I_g+G_w-R_0-D_p+(SW_b-SW_e) \tag{2}$$

式中：$ET_c$为阶段耗水量；$P$为时段内的总降水量；$SW_b$为时段开始时120cm土层含水量；$SW_e$为时段结束时120cm土层含水量：$I_g$为时段内净灌水总量；$G_w$为时段内地下水的补给量；$R_0$为时段内地面径流量；$D_p$为时段内根区的深层渗漏量。

试验区地势平坦，地下水位大于5m，$G_w$、$R_0$忽略不计。灌水上限均低于田间持水量，故认为根区的深层渗漏量为零，即$D_p$可忽略。

#### 1.3.3 产量

分别于8月31日和9月18日各进行1次采收，每个小区单独记产并选择10株，测定单株果数、单果重、单株产量，根据小区产量换算每公顷产量。

#### 1.3.4 生物量

试验结束时，在各小区收获2株完整的植株，每处理共6株，分别根、茎、叶、果实，用烘干法测定干质量，并计算根冠比，根冠比=根干质量/（茎干质量+叶干质量+叶干质量)，取其平均值。

#### 1.3.5 水分利用效率

水分利用效率的计算公式为

$$WUE=B/ET_a \tag{3}$$

产量水分利用效率的计算公式为

$$WUE_Y=Y/ET_a \tag{4}$$

式中：$WUE$、$WUE_Y$分别表示水分利用效率，$kg/m^3$和产量水平水分利用效率，$kg/m^3$；$B$、$Y$分别表示辣椒鲜质量，$kg/hm^2$和干质量，$kg/hm^2$；$ET_a$为辣椒生育期间实际耗水量，$m^3$，为各阶段耗水量之和。

#### 1.3.6 果实品质

于果实收获期，在每小区随机选6株，采收辣椒果实进行品质测定，VC含量采用比色法测定，可溶性固形物采用阿贝折射仪测定，可溶性糖用蒽酮比色法测定，可溶性蛋白用考马斯亮蓝染色法测定[12]，重复3次，取其平均值。

### 1.4 数据处理

采用Microsoft Excel2003软件对数据进行处理和绘图，SPSS 13.0统计分析软件对数据进行相关分析和方差分析，差异显著性检验采用Duncan法。

## 2 结果与分析

### 2.1 调亏灌溉下辣椒的耗水量及水分利用效率

由表1可见，辣椒耗水量随灌水量的增加而增加，两者呈显著正相关（$p<0.05$)。T2、T3处理的耗水量显著低于CK，2009年分别降低9.55%和11.80%，2010年分别降低12.21%和15.00%，T1处理耗水量

与CK无明显差异。2009年各处理的耗水量明显大于2010年，可能是因为前者的生育期较长。调亏灌溉下辣椒的$WUE$和$WUE_Y$表现为先增后降的变化趋势，T2处理下达到最大值，2009年的$WUE$和$WUE_Y$与CK之间存在显著差异，2010年差异不明显，两年的$WUE$分别较CK提高9.75%和10.65%，$WUE_Y$分别提高7.24%和11.59%，其他调亏处理的$WUE$和$WUE_Y$与CK之间差异不显著。

**表1　辣椒耗水量和水分利用效率对调亏灌溉的响应**

| 年份 | 处理 | 灌水量（mm） | 耗水量（mm） | | $WUE$（kg/m³） | | $WUE_Y$（kg/m³） | |
|---|---|---|---|---|---|---|---|---|
| 2009 | CK | 369.12 | 470.08 | a | 2.04 | b | 6.93 | b |
| | T1 | 347.32 | 457.02 | a | 2.06 | b | 7 | ab |
| | T2 | 314.17 | 425.81 | b | 2.24 | a | 7.44 | a |
| | T3 | 297.36 | 415.21 | b | 2.10 | b | 6.74 | b |
| 2010 | CK | 283.27 | 381.35 | a | 1.73 | a | 5.6 | ab |
| | T1 | 262.36 | 370.76 | a | 1.77 | a | 5.68 | ab |
| | T2 | 216.00 | 333.08 | b | 1.91 | a | 6.24 | a |
| | T3 | 196.00 | 322.09 | b | 1.74 | a | 5.21 | b |

**注**　同列数值后不同小写字母表示$P<0.05$水平下的显著性差异。下同。

## 2.2　辣椒植株生长对调亏灌溉的响应

由图1（a）可见，在辣椒定植-坐果期，T2和T3处理的株高明显小于CK，T1处理与CK无显著差异；T3处理的茎粗显著降低，2009年T2处理的茎粗也明显低于CK，T1处理和CK之间差异不显著［图1（b）］；叶面积指数对调亏灌溉的响应程度较高［图1（c）］，2009年T2、T3处理和的叶面积指数明显小于CK（1.06），分别约为0.75和0.60；2010年各调亏处理的叶面积指数均显著降低，平均降幅为29.99%。说明定植-坐果期中度和重度水分亏缺明显影响辣椒株高、茎粗的生长和叶面积的扩展。

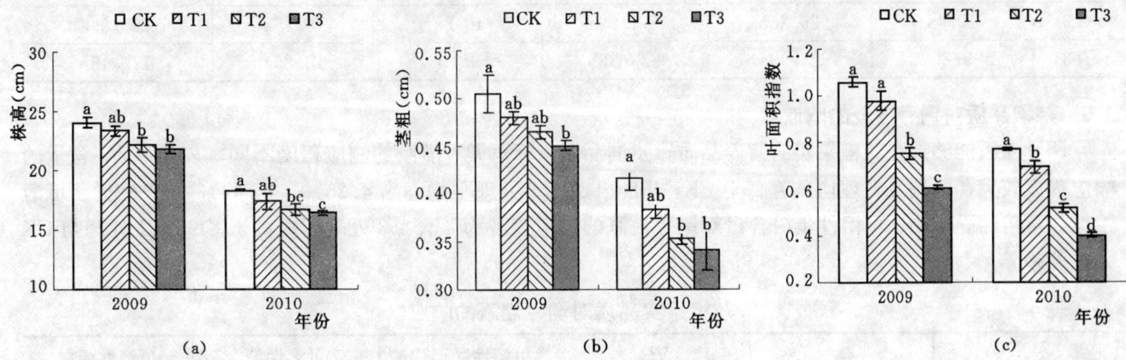


图1　辣椒植株生长对调亏灌溉的响应

## 2.3　辣椒干物质生产与分配对调亏灌溉的响应

由表2可以看出，随着土壤含水量的增加，辣椒茎干质量、叶干质量、果实干质量均增加，T2处理的果实干质量最大，两年分别为48.13g/株和36.94g/株，T3处理的果实干质量明显下降，两年分别较CK下降了8.94%和12.42%；而根干重和根冠比则随土壤含水量的增加而减少，呈现负相关性，遵循“旱长根，湿长叶”的基本规律。方差分析表明，T1处理在干物质生产与分配方面与CK差别不明显；T2处理的总干质量、茎干质量、果实干质量与CK无明显差异，根干质量显著高于CK；T3处理的总干质量、茎干质量、叶干质量、果实干质量显著低于CK，而根干质量明显高于CK。T2处理有利于辣椒果实的生长。

表 2 辣椒干物质生产与分配对调亏灌溉的响应

| 年份 | 处理 | 植株总干质量(g/株) | 茎 | | 叶 | | 果实 | | 根 | | 根冠比 |
|---|---|---|---|---|---|---|---|---|---|---|---|
| | | | 干质量(g/株) | 占总干质量(%) | 干质量(g/株) | 占总干质量(%) | 干质量(g/株) | 占总干质量(%) | 干质量(g/株) | 占总干质量(%) | |
| 2009 | CK | 82.36a | 15.96a | 19.38 | 12.57a | 8.69 | 47.22a | 57.34 | 6.61b | 8.03 | 0.09 |
| | T1 | 81.05a | 16.10a | 19.87 | 11.30b | 9.16 | 46.85a | 57.80 | 6.80ab | 8.39 | 0.09 |
| | T2 | 81.88a | 15.73a | 19.21 | 10.99b | 9.79 | 48.13a | 58.78 | 7.03a | 8.59 | 0.09 |
| | T3 | 74.93b | 14.88b | 19.85 | 9.88c | 10.88 | 43.00b | 57.38 | 7.17a | 9.58 | 0.11 |
| 2010 | CK | 67.18a | 17.07a | 25.41 | 8.18a | 9.14 | 36.32a | 54.06 | 5.61b | 8.35 | 0.09 |
| | T1 | 66.72a | 16.56a | 24.82 | 7.66a | 10.02 | 36.65a | 54.93 | 5.86ab | 8.78 | 0.10 |
| | T2 | 64.78a | 14.88ab | 22.97 | 6.69ab | 10.70 | 36.94a | 57.02 | 6.27a | 9.68 | 0.11 |
| | T3 | 56.92b | 12.62b | 22.18 | 5.45b | 12.96 | 31.81b | 55.88 | 7.04a | 12.36 | 0.14 |

### 2.4 辣椒产量构成因素对调亏灌溉的响应

随着调亏程度的增加，辣椒单株果数和单株产量下降，单果重有所增加（表 3）。方差分析表明，各处理的单果重差异不明显，T1 和 T2 处理的单株果数与单株产量与 CK 之间无显著差异，T2 处理的单果重最大，T3 处理单株果数和单株产量显著低于 CK 和其他两个处理，2009 年其单株产量分别较 CK 和 T2 下降 14.33%和 11.81%，2010 年分别下降 21.25%和 16.51%。

表 3 辣椒产量构成因素对调亏灌溉的响应

| 处理 | 2009 年 | | | 2010 年 | | |
|---|---|---|---|---|---|---|
| | 单株果数(个) | 单果重(g) | 单株产量(g) | 单株果数(个) | 单果重(g) | 单株产量(g) |
| CK | 11.1a | 25.39a | 280.00a | 11.5a | 18.96a | 217.75a |
| T1 | 10.5a | 26.20a | 274.68a | 11.0a | 19.04a | 209.06a |
| T2 | 10.4a | 26.26a | 271.99a | 10.8a | 19.15a | 205.39a |
| T3 | 9.2b | 25.99a | 239.86b | 9.1b | 18.86a | 171.48b |

### 2.5 辣椒品质对调亏灌溉的响应

调亏灌溉能够提高辣椒果实的营养品质，不同品质指标对调亏灌溉的响应程度不同（表 4）。$V_C$ 含量的响应程度较大，各调亏处理均显著高于 CK，T1、T2、T3 处理平均高出 4.36%、15.44%、19.52%。可溶性糖、可溶性固形物、可溶性蛋白含量对调亏灌溉的响应表现为 T2、T3 处理明显高于 CK，T1 处理与 CK 无显著差异。

表 4 辣椒果实品质对调亏灌溉的响应

| 年份 | 处理 | VC(mg/100g) | 可溶性固形物(%) | 可溶性糖(%) | 可溶性蛋白(mg/g) |
|---|---|---|---|---|---|
| 2009 | CK | 141.25d | 4.59c | 3.53c | 4.43c |
| | T1 | 150.83c | 4.76c | 3.64c | 4.72b |
| | T2 | 166.43b | 5.24b | 3.80b | 5.26a |
| | T3 | 175.70a | 5.74a | 4.05a | 5.40a |
| 2010 | CK | 115.88c | 4.23b | 3.87b | 3.48c |
| | T1 | 118.13b | 4.40ab | 3.99b | 3.59bc |
| | T2 | 131.00a | 4.80a | 4.26a | 3.92ab |
| | T3 | 132.86a | 4.87a | 4.32a | 4.22a |

## 3 讨论和结论

研究表明，作物产量最大时的耗水量和水分利用效率最大时的耗水量往往不在同一点上，适当的干旱有利于水分利用效率的提高[9,13]。调亏灌溉在对产量影响不显著的情况下，可以达到节水和改善果实品质的目的[14,16]，在本试验中，两年定植－坐果期进行不同程度亏水的 T1、T2、T3 分别平均节水 2.78%、11.04%、13.61%，也不同程度地改善了果实的品质。中度调亏具有最高水分利用效率，2009 年和 2010 年分别较生物产量水分利用效率分别较提高 9.75%和 10.65%，产量水分利用效率分别高出 7.24%和 11.59%，同时 $V_C$、可溶性糖、可溶性固形物、可溶性蛋白含量显著提高，这与彭强等[17]对辣椒果实品质的研究结果相似，表明土壤水分含量较低时有利于提高果实品质。重度调亏灌溉［土壤含水量为（45%～55%）$\theta_f$］虽然可以取得较好的节水效果，明显改善果实的营养品质，但会导致辣椒严重减产，降低水分利用效率，这与陈平等[10]的研究结果不太一致，可能是因为供试品种（陇椒 1 号）不同，导致对土壤亏水的适应性不同，另外可能是由于种植时间不同，而本试验是在 5～8 月之间进行，温度高，耗水量较大，而后者定植时间为 9 月，开花坐果期耗水量小所造成的。

在水分亏缺条件下作物的生长发育会受到不同程度的抑制，作物会自我调节光合产物的分配方向，加强根系发育，以便吸收较多的土壤水分维持其生存[18,19]。本研究结果也表明，定植-坐果期中度和重度水分调亏会明显影响辣椒株高、茎粗的生长和叶面积的扩展。对本试验中，重度调亏处理下，辣椒茎比例较大，但由于叶、根所占比例较小，严重削弱了叶片的光合能力和根对矿物质的吸收与运输能力，导致果实干质量在此土壤水分条件下最低。充分灌水条件下，根比例最小，茎、叶比例较大，但果实干质量并不是最大的，说明水分过多，茎、叶徒长，影响了根的生长，使其吸收能力降低，从而影响了果实的生产；中度调亏灌溉下，茎、叶、根所占比例适中，且果实干质量最大，促进了同化物向果实的运移。因此，土壤含水量为田间持水量的 55%～65%时，最有利于辣椒的生长和干物质在地上和地下部分的分配。但辣椒果实生产对定植-坐果期调亏灌溉响应的生理学机制以及生物学基础还有待进一步研究。

本研究表明，辣椒耗水量随着土壤含水量的增加而增加，从土壤水分对果实品质、水分利用效率的提高和产量的建成等方面综合考虑，将定植—坐果期土壤含水量控制在（45%～60%）$\theta_f$ 是科学且合理的。

## 参 考 文 献


［1］ 杨林娟．甘肃石羊河流域民勤绿洲水资源可持续利用对策［J］．中国农业资源与区划，2007，28（1）：30－33.

［2］ Larry E Williams，D W Grimes，C J Phene. The effects of applied water at various fractions of measured evapotranspiration on reproductive growth and water productivity of Thompson seedless grapevines［J］. Irrig Sci，2010，28：233－243.

［3］ Li FM，Liu XL，Guo AH. Effects of early soil moisture distribution on the dry matter partition between root and shoot of winter wheat［J］. Agricultural Water Management，2001，49：163－171.

［4］ Zhang B C，Li F M，Huang G B，et al. Yield performance of spring wheat improved by regulated deficit irrigation in an arid area［J］. Agricultural Water Management，2006，79（10）：28－42.

［5］ Kang S Z，Shi W J and Zhang J H. An improved water－use efficiency for maize grown under regulated deficit irrigation［J］. Field Crops Research，2000，67（3）：207－214.

［6］ 孟兆江，卞新民，刘安能，等．调亏灌溉对棉花生长发育及其产量和品质的影响［J］．棉花学报，2008，20（1）：39－44.

［7］ 郭海涛，邹志荣，杨兴娟，等．调亏灌溉对番茄生理指标、产量品质及水分生产效率的影响［J］．干旱地区农业研究，2007，25（3）：133－137.

［8］ 郭艳波，冯浩，吴普特．西北地区不同土壤水分处理对温室大棚番茄产量和耗水的影响［J］．自然资源学报，2009，24（1）：50－57.

［9］ Mao X S，Liu M Y，Wang X Y，et al. Effects of deficit irrigation on yield and water use of greenhouse grown cucumber in the North China Plain［J］. Agricultural Water Management，2003，61：219－228.

［10］ 陈平，杜太生，王峰，等．西北旱区温室辣椒产量和品质对不同生育期灌溉调控的响应［J］．中国农业科学，2009，42（9）：3203－3208.

［11］ 张永胜，成自勇，薛翎燕，等．甜椒在非充分灌溉条件下的耗水特征及其与产量的关系［J］．水资源与水工程学报，2009，20（2）：63－66.

[12] 李合生，孙群，赵世杰，等．植物生理生化实验原理和技术［M］．北京：高等教育出版社，2000.

[13] Saleh M. Ismail. Influence of Deficit Irrigation on Water Use Efficiency and Bird Pepper Production (Capsicum annuum L. ). Env & Arid Land Agric. Sci., 2010, 21 (2): 29 - 43.

[14] Zegbe - Dominguez J A, Behboudian M H, Lang A, et al. Deficit irrigation and partial rootzone drying maintain fruit dry mass and enhance fruit quality in 'Petopride' processing tomato [J]. Scientia Horticulturae, 2003, 98 (4): 505 - 510.

[15] Sezen M S, Yazar A, Eker S. Effect of drip irrigation regimes on yield and quality of field grown bell pepper [J]. Agricultural Water Management, 2006, 81: 115 - 131.

[16] Dorji K, Behboudiana M H, Zegbe - Domínguez J A. Water relations, growth, yield, and fruit quality of hot pepper under deficit irrigation and partial root zone drying [J]. Scientia Horticulturae, 2005, 104 (2): 137 - 149.

[17] 彭强，梁银丽，陈晨，等．土壤含水量对结果期温室辣椒生长及果实品质的影响．西北农林科技大学学报，2010，38 (1)：154 - 160.

[18] 郑成岩，于振文，马兴华，等．高产小麦耗水特性及干物质的积累与分配［J］．作物学报，2008，34 (8)：1450 -1458.

[19] 单长卷．土壤干旱对冬小麦水分生理和生物量分配的影响［J］．麦类作物学报，2006，26 (2)：127 - 129.

# Response of Growth and fruit production of *Capsicum annuum* to Regulated Deficit Irrigation (RDI)

Huang Haixia　Han Guojun　Chen Nianlai　Huang, Dezhi
Zhang zheng　Zhang Kai

(Gansu Provincial Key Lab of Aridland Crop Science, Gansu Agricultural University, Lanzhou 730070)

**Abstract** The response of water consumption, growth, yield components, dry matter distribution, water use efficiency and the fruit quality to RDI at planting - fruiting stage taking dried cultivar of *Capsicum annuum* Meiguohong as the materials under field condition in Minqin desert - oasis from 2009 to 2010. The results showed that water consumption increased with the increase of soil water contents, moderate and severe RDI had good water - saving effect with water conservation of 10. 88% and 13. 40%, repectively in the two years, meanwhile significantly improving the fruit quality, but severe RDI reduced evidently average fruit weight and average plant yield resulting in severe yield loss. Under moderate RDI the ratio of stem, leaf and root to total plant were rational with maximum fruit dry matter and water use efficiency, contrasted with full irrigation, water use efficiency at biomass and yield improved averagely 10. 20% and 9. 42%. It is advantageous to attain the goal of low water consumption, high efficiency and good quality keeping soil relative water content at 55%～65% of field capacity at planting - fruiting stage.

**Key words** Minqin desert - oasis; *Capsicum annuum*; RDI; plant growth; water use efficiency; dry matter distribution; fruit quality

# 不同供水方式下玉米抽穗期日尺度水平衡研究*

杨 荣 苏永中

（中国科学院寒区旱区环境与工程研究所，临泽内陆河流域研究站 兰州 730000）

**摘 要** 为了解日尺度内农田水分运移特征和规律，研究不同生育期水分亏缺对玉米抽穗期日尺度农田水平衡各要素的影响，为作物调亏灌溉技术提供科学依据，于2010年在黑河流域边缘绿洲设置农田定位试验，开展不同供水方式下玉米抽穗期日尺度水平衡研究。结果表明：①在日时间尺度内，充分供水（SWS）、拔节期水分亏缺处理（DWSE）和抽穗期水分亏缺处理（DWSH）土壤贮水量变化分别为19.0mm、15.8mm和3.2mm，日蒸腾量分别为18.6mm、14.9mm、3.7mm，日棵间蒸发量分别为2.2mm、2.4mm、0.5mm，作物日吸水量分别为16.7mm、13.4mm、2.7mm。②DWSH灌溉水的利用效率显著高于SWS和DWSE（$P<0.05$），DWSH消耗单位质量的水分产生的干物质量最高、其次为SWS、DWSE最低；各处理玉米叶片水分利用效率变化规律为DWSH>SWS>DWSE（$P<0.05$）。尽管抽穗期的水分胁迫提高了玉米叶片、单株及群体的水分利用效率，但却减缓了水分在土壤和作物中的传输和运移，减少了光合产物的同化和物质积累量；而拔节期的水分胁迫则使作物生长发育受到抑制，降低了玉米叶面积指数，影响了玉米抽穗期叶片同化能力和干物质积累能力。

**关键词** 供水方式；玉米；抽穗期；日尺度；水平衡

## 1 引言

在农田生态系统中，掌握一定时间尺度内的水量平衡资料，可以充分了解土壤水对作物的可给量和有效度，对防止水分无效损失、提高水分利用效率以及合理调节利用农田水分等具有重要意义[1]。通过农田水量平衡研究，不仅可以对水量平衡各组成要素特征及相互间的关系进行分析[2]；也可以实现对水量平衡中不易测定组分的估算，如龚元石[3]等应用水量平衡模型估算了北京、沧州和邢台地区土壤水渗漏量；此外，农田水量平衡分析也是确定作物需水量的有效方法，如宋振伟[4]等通过该方法确定了京郊地区蔬菜、春玉米、冬小麦和夏玉米的需水量。以往学者多开展长时间尺度（通常为作物的整个生育期）的农田水量平衡研究，有关作物特定生育期日尺度水平衡的研究报道尚较缺乏。小时间尺度的农田水量平衡研究更能揭示土壤和作物体系中的水分的传输和运移规律，因此，本文通过农田定位试验研究，开展不同供水方式下玉米抽穗期日尺度水平衡研究，并从叶片、单株和群体尺度比较了不同供水方式下的水分利用效率，旨在研究干旱区荒漠绿洲农田水分运移特征，为作物高效用水提供理论依据。

## 2 材料与方法

### 2.1 试验设计

试验于2010年在中国科学院临泽内陆河流域研究站内进行，该站地理位置及气候等背景条件参见相关文献［5］。试验针对当地主要种植作物玉米设置了不同的供水方式，充分供水处理（SWS）为玉米开始发生生理缺水症状（即叶片开始萎蔫）时即进行灌溉；水分亏缺处理为玉米发生生理缺水症状后持续干旱2～3天再进行灌溉，包括玉米拔节期水分亏缺（DWSE）和玉米抽穗期水分亏缺（DWSH）两个处理。各处理灌溉情况如表1所示。

不同供水方式均设置3次重复，供试玉米品种为奥玉3118，参照该地区地膜覆盖、足墒播种的种植模式，采用100cm地膜覆盖，膜间距40cm，覆膜后于4月22日播种，每膜种植2行玉米，行距45cm，株距

---

* 基金项目：国家重点基础研究发展计划项目（2009CB421302）；中国科学院寒区旱区环境与工程研究所青年人才成长基金（51Y084881）。

第一作者简介：杨荣（1979— ），男，博士，助理研究员，主要从事农业生态学方面的研究。E-mail：yangrong@lzb.ac.cn

25cm，每穴定苗 1 株，种植密度为 6.8 万株/hm²，其他施肥及田间管理方式均一致。

### 2.2　测定项目与方法

于 7 月 20 日玉米抽穗期，在小区内选取 3 株长势均一的健康玉米植株，利用美国拉哥公司（LI-COR）制造的开放式气体交换 LI-6400 便携式光合作用系统，从 8：00～19：00 时间段内每隔 1h 活体测定标记叶片净光合速率（$P_n$）、蒸腾速率（$T_r$）等生理指标。

测定开始前和结束后分别用烘干法测定土壤含水量。在测定结束后将测定株整株挖出，带回试验室用叶面积仪测定叶面积，根据玉米密度计算不同供水处理叶面积指数。也面积测定结束后，将测定株称鲜重后于 105℃杀青 15min，80℃恒温烘干至恒重，称重测定玉米生物量及其含水量。用自制的小型蒸发器置于玉米行间土壤以测定玉米棵间蒸发量。

表 1　　不同处理灌溉量表　　单位：$m^3/hm^2$

| 处理 | 日期（月-日） | | | | | | | 合　计 |
|---|---|---|---|---|---|---|---|---|
| | 06-8 | 06-13 | 06-18 | 06-24 | 06-26 | 07-08 | 07-19 | |
| SWS | 1800 | — | 1350 | — | 1125 | 1125 | 1125 | 6525 |
| DWSE | — | 1800 | — | 1350 | — | 1125 | 1125 | 5400 |
| DWSH | 1800 | — | 1350 | — | 1125 | 1125 | — | 5400 |

### 2.3　数据分析

风沙土垂直渗透性强，试验当天没有进行田间灌溉，故可忽略地表及壤内径，则试验中日尺度土壤-作物系统平衡方程为

$$\Delta W+\Delta C+S=T+E \tag{1}$$

式中：$T$ 为作物蒸腾量，mm；$E$ 为土壤蒸发量，mm；$\Delta W$ 为土壤贮水量变化，mm；$\Delta C$ 为作物贮水量变化，mm。

作物系统平衡方程为

$$\Delta C+A=T \tag{2}$$

式中：$A$ 为作物吸水量，mm。

根据测定结果，分别计算灌溉水利用效率（生物量/灌溉量，$kg/m^3$）、干物质水分利用效率（日光合产物积累量/ 日耗水量，g/kg）和叶片水分利用效率（$P_n/T_r$，mmol/mol）。其中，日光合产物积累量和日耗水量可根据叶面积指数以及 $P_n$ 和 $T_r$ 日变化的测定结果进行估算。

通过 DPS 软件应用 LSD 法进行处理平均值间的方差分析和显著性检验。

## 3　结果与分析

### 3.1　不同处理土壤水分变化特征

与 SWS 和 DWSE 相比，DWSH 导致 0～60cm 土层土壤含水量显著降低（表 2），60～100cm 土层土壤含水量也略有降低，但不显著；DWSE 处理各土层土壤含水量略低于 SWS 处理，但两处理间差异不显著。受土壤和作物蒸腾的影响，试验末期土壤含水量数值均较测定初期降低。

表 2　　试验初期和末期土壤含水量　　单位：k/kg

| 土层（cm） | 测 定 初 期 | | | 测 定 末 期 | | |
|---|---|---|---|---|---|---|
| | SWS | DWSE | DWSH | SWS | DWSE | DWSH |
| 0～10 | 88.1±5.4a | 92.4±4.9a | 27.1±4.2 b | 75.4±3.5a | 76.0±5.3a | 24.2±4.4 b |
| 10～20 | 109.3±4.8a | 81.3±5.3 b | 31.1±1.6c | 102.5±4.0a | 78.2±3.9b | 32.0±5.6c |
| 20～30 | 108.1±6.1a | 82.9±5.0b | 27.3±3.4c | 101.4±4.8a | 70.4±7.6b | 24.0±5.3c |
| 30～40 | 75.9±2.9a | 82.8±1.1a | 20.0±5.2b | 52.8±4.4a | 56.2±4.2a | 22.2±1.9b |
| 40～50 | 82.6±2.9a | 76.6±0.1a | 21.8±4.7b | 49.1±4.0a | 57.7±4.7a | 19.5±1.8b |

续表

| 土层（cm） | 测定初期 | | | 测定末期 | | |
|---|---|---|---|---|---|---|
| | SWS | DWSE | DWSH | SWS | DWSE | DWSH |
| 50～60 | 60.1±2.3ab | 73.9±4.8a | 36.8±1.5b | 52.9±4.0a | 62.3±4.3a | 33.7±2.8b |
| 60～70 | 46.2±2.6a | 55.8±2.8a | 43.4±5.0a | 57.7±3.8a | 50.3±2.4a | 26.0±4.8a |
| 70～80 | 56.0±0.8a | 60.0±1.5a | 51.0±1.3a | 54.8±4.1a | 61.3±0.2a | 52.9±3.4a |
| 80～90 | 61.9±2.5a | 52.5±3.7a | 47.6±3.1a | 35.1±4.2a | 51.9±1.4a | 43.9±4.4a |
| 90～100 | 61.3±3.2a | 61.9±2.4a | 47.8±1.7a | 45.7±4.0a | 53.0±4.9a | 54.6±3.0a |

**注** 表中同一行同一测定时段中，不同小写字母表明差异显著（$P<0.05$），下同。

各处理0～100cm土层贮水量的计算结果表明，SWS、DWSE和DWSH处理测定初期土壤贮水量分别为116.0mm、111.4mm和55.2mm，DWSH处理分别比SWS和DWSE处理低52.2%和50.4%；与测定初期0～100cm土层土壤贮水量相比，SWS、DWSE和DWSH处理测定末期贮水量分别下降19.0mm、15.8mm和3.2mm，分别比测定初期低6.4%、7.5%和3.2%，其中DWSE处理土壤贮水量下降量最多，DWSH处理下降量少。

### 3.2 不同处理玉米叶片蒸腾速率日变化

玉米叶片净光合速率日变化基本呈双峰曲线，SWS处理玉米叶片净光合速率值介于4.4～26.6μmol/(m²·s)之间，日均值为18.4μmol/(m²·s)，峰值出现在11：00和16：00。DWSE处理玉米叶片净光合速率值介于4.5～26.9μmol/(m²·s)，日均值为15.5μmol/(m²·s)，峰值出现在早上10：00和12：00。DWSH处理玉米叶片净光合速率值介于1.9～19.3μmol/(m²·s)，日均值7.9μmol/(m²·s)，分别比SWS处理和DWSE处理低57.1%和49.0%，峰值出现在9：00，波谷在15：00。

玉米叶片蒸腾速率日变化基本呈明显双峰变化趋势，SWS处理玉米叶片蒸腾速率值介于2.8～9.3mmol/(m²·s)，日均值为6.7mmol/(m²·s)，峰值出现在12：00和17：00，波谷出现在14：00。DWSE处理全天蒸腾速率值介于2.4～8.0mmol/(m²·s)，日均值为5.6mmol/(m²·s)，峰值出现在14：00和17：00，波谷出现在16：00。DWSH处理全天蒸腾速率值介于0.5～3.3mmol/(m²·s)，日均值为1.7mmol/(m²·s)，日均蒸腾速率分别比SWS和DWSE处理低74.6%和69.6%。

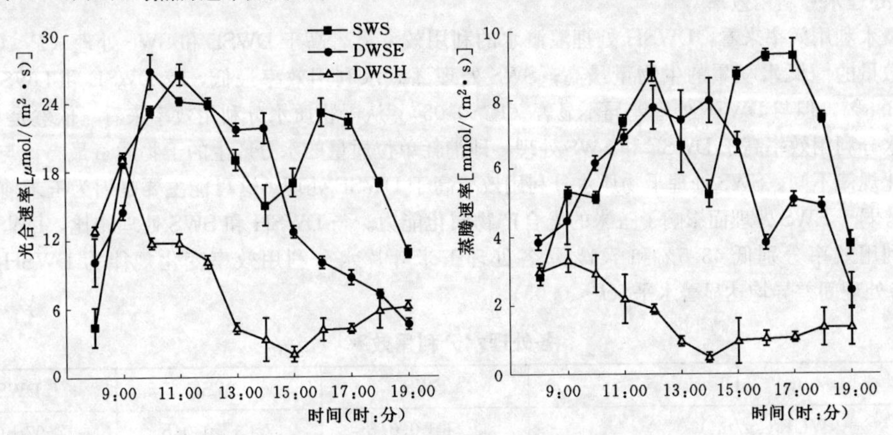


图1 净光合速率和蒸腾速率日变化

### 3.3 不同处理日尺度水平衡

玉米抽穗期测定SWS、DWSE和DWSH处理叶面积指数分别为3.7、3.5、3.1，由此计算各处理玉米抽穗期日蒸腾总量（表3）。各处理日蒸腾量表现为SWS>DWSE>DWSH，DWSH处理分别比SWS和DWSE处理低80.1%和75.2%。各处理棵间蒸发量也表现为DWSE>SWS>DWSH的变化规律，DWSH处理棵间蒸发量分别比SWS和DWSE处理低68.2%和79.2%，DWSE处理棵间蒸发量较SWS处理高可能与其叶面积指数较低有关。通过测定和计算得到的试验初期土壤贮水量和试验末期土壤、作物贮水量，结合土壤-作物系统日尺度水量平衡方程可以计算出试验测定初期作物贮水量和深层土壤水补给量之和（表 3）。

**表 3　土壤—作物系统日尺度水量平衡**

| 项　目 | | SWS | DWSE | DWSH |
|---|---|---|---|---|
| (A) 起始 | (1) 测定初期土壤贮水量（mm） | 116.0 | 111.4 | 55.2 |
| | (2) 测定初期作物贮水量（mm）＋深层土壤水补给量（mm） | 5.0 | 4.5 | 3.8 |
| (B) 结束 | (4) 测定末期土壤贮水量（mm） | 97.1 | 95.6 | 52 |
| | (4) 测定末期作物贮水量（mm） | 3.1 | 2.9 | 3.0 |
| | (3) 作物蒸腾量（mm） | 18.6 | 14.9 | 3.7 |
| | (2) 棵间蒸发量（mm） | 2.2 | 2.4 | 0.5 |

沙地农田玉米根系要分布在 0～100cm 土层内，在日时间尺度内 100cm 土层界面发生的水分运移过程对表层土壤蒸发和作物吸收影响较小，在此前提条件下若假定 100cm 土层界面之间土壤水分不向上或向下传输，即不发生深层土壤水补给或 0～100cm 土层土壤水分的渗漏，则测定初期作物贮水量＋深层土壤水补给量＝测定初期作物贮水量。结合作物系统水量平衡方程，可计算不同处理作物日吸水量（表 4）。可以看出，各处理作物日吸水量为表现为 SWS＞DWSE＞DWSH，DWSH 处理比 SWS 和 DWSE 处理作物吸水量分别低 83.8%和 79.9%。

**表 4　作物系统日尺度水量平衡**

| 项　目 | | SWS | DWSE | DWSH |
|---|---|---|---|---|
| (A) 起始 | (1) 测定初期作物贮水量（mm） | 5.0 | 4.5 | 3.8 |
| | (2) 作物吸水量（mm） | 16.7 | 13.4 | 2.7 |
| (B) 结束 | (3) 测定末期作物贮水量（mm） | 3.1 | 2.9 | 3.0 |
| | (4) 作物蒸腾量（mm） | 18.6 | 14.9 | 3.7 |

### 3.4　不同处理水分利用效率

从灌溉水利用效率来看，DWSH 处理灌溉水的利用效率显著高于 DWSE 和 SWS 处理（$P<0.05$），即消耗相同数量的灌溉水积累的生物量最高；SWS 处理灌溉水利用效率最低，较 DWSE 和 DWSH 分别低 2.7%和 13.8%，但与 DWSE 处理差异不显著（$P>0.05$）。从干物质水分利用效率来看，依然是 DWSH 处理干物质水分利用效率高于 DWSE 和 SWS 处理，即消耗单位质量的水分产生的干物质量最高；与灌溉水利用效率变化规律不同，SWS 处理干物质水分利用效率高于 DWSE 处理，这可能主要是因为玉米前期亏水导致玉米长势弱于 SWS 处理而影响了玉米的光合产物同化能力。与 DWSH 和 SWS 处理相比，DWSE 处理干物质水分利用效率分别低 43.5%和 7.1%；各处理玉米叶片水分利用效率变化规律为 DWSH＞SWS＞DWSE，各处理间差异均达显著水平（$P<0.05$）。

**表 5　各处理水分利用效率**

| 项　目 | SWS | DWSE | DWSH |
|---|---|---|---|
| $WUE_i$(kg/m$^3$) | 2.56±0.04b | 2.63±0.04b | 2.97±0.02a |
| $WUE_d$(g/kg) | 0.42 | 0.39 | 0.69 |
| $WUE_l$[mmol/(mol·$H_2O$)] | 2.80±0.01c | 2.66±0.02b | 4.59±0.02a |

## 4　讨论

调亏灌溉被认为是调控土壤—植物—大气之间关系、降低水分消耗有效途径[6]。近年来，一些学者开始将调亏灌溉的思路应用于棉花、玉米和小麦等大田作物，取得了较好的研究成果[7]。本研究表明玉米拔节期和抽穗期的调亏处理均使玉米灌溉水利用效率增加。但拔节期水分亏缺使玉米生长发育受到抑制，影响了作物生长后期叶片同化（叶片水分利用效率较低）能力和干物质积累（干物质水分利用效率）能力，尽管拔节期水分亏缺处理在玉米抽穗期供水充分，但其日均光合速率仍较正常供水处理低15.8%。而抽穗期水分亏缺抽穗期亏水处理造成玉米光合能力的降低，日均光合速率仅达正常供水处理的57.1%，其对后期物质积累和分配及产量形成也会产生一定的影响，这方面的研究仍需进一步开展。

不同的调亏方式对作物蒸散量（作物蒸腾和土壤蒸发之和）有显著的影响。Payero等[8]研究表明，在150mm的配水额度下，玉米抽穗期水分亏缺处理蒸散量最小，但其产量也较低，因而其水分利用效率也不高。本研究估算的充分供水、拔节期和抽穗期水分亏缺处理日蒸散量分别为20.8mm、17.3mm和4.2mm。玉米不同部位叶片及同一叶片不同部位光合和蒸腾速率的差别，以及在田间实际情况下玉米叶片间的相互遮光等因素均会影响本试验玉米日蒸腾量的计算，考虑到上述因素本试验估算的日蒸散量结果可能会比实际蒸散量要高，但其结果对了解水分亏缺对边缘绿洲农田日蒸散量的影响仍具有一定的参考价值。

作物根系吸水研究是国内外较关注的研究热点，通常均采用概念及机理模型开展这方面的研究[9]，国内对玉米[10]、小麦[11]等作物根系吸水模式均进行了研究。本研究通过作物水量平衡研究日尺度作物吸水量，在假定在日时间尺度内100cm土层界面之间土壤水分不向上或向下传输的前提下，得出在充分供水、DWSE和抽穗期水分亏缺三个处理在抽穗期玉米日吸水量分别为16.7mm、13.4mm和2.7mm。然而，在实际情况中，100cm土层界面之间发生的土壤水分传递可能会影响土壤和作物水量平衡过程，使实际结果和估算结果之间产生一定的偏差，但通过此方法获得的数据对研究农田水分运移仍具有一定的参考意义。

## 5 结论

在干旱绿洲边缘沙地农田生态系统，在拔节期和抽穗期对玉米实施水分亏缺对土壤水分、玉米净光合速率、蒸腾速率以及土壤—作物体系水平衡各要素均有显著的影响。尽管抽穗期作物水分胁迫提高了玉米叶片、单株及群体的水分利用效率，但却降低了水分在土壤和作物中的运移，减少了光合产物的同化和物质积累。拔节期的水分胁迫使作物生长发育受到抑制，降低了玉米叶面积指数，影响了玉米抽穗期叶片同化能力和干物质积累能力。而抽穗期水分胁迫对后期作物物质积累和分配及产量形成的影响仍需要在进一步开展研究。

## 参考文献


[1] 李开元，李玉山．黄土高原农田水量平衡研究．水土保持研究，1995，9（2）：39-44.

[2] 王会肖，刘昌明．农田蒸散、土壤蒸发与水分有效利用．地理学报，1997，52（5）：447-454.

[3] 龚元石，李保国．应用农田水量平衡模型估算土壤水渗漏量．水科学进展，1995，6（1）：16-21.

[4] 宋振伟，张海林，黄晶，等．京郊地区主要农作物需水特征与农田水量平衡分析．农业现代化研究，2009，30（4）：461-465.

[5] 杨荣，苏永中．水氮配合对绿洲沙地农田玉米产量、土壤硝态氮和氮平衡的影响．生态学报，2009，29（3）：1459-1469.

[6] 韩占江，于振文，王东，等．调亏灌溉对冬小麦耗水特性和水分利用效率的影响．应用生态学报，2009，20（11）：2671-2677.

[7] 庞秀明，康绍忠，王密侠．作物调亏灌溉理论与技术研究动态及其展望．西北农林科技大学学报（自然科学版），2005，33（6）：141-146.

[8] Payero JO, Tarkalson DD, Irmak S, et al. Effect of timing of a deficit-irrigation allocation on corm evapotranspiration, yield, water use efficiency and dry mass. Agricultural water management, 2009, 96: 1387-1397.

[9] 吉喜斌，康尔泗，陈任升，等．植物根系吸水模型研究进展．西北植物学报，2006，26（5）：1079-1086.

[10] 刘晓明，康绍忠，韦忠．夏玉米根系吸水模式的研究．西北水资源与水工程，1992，1：28-36.

[11] 冯广龙，刘昌明．冬小麦根系生长与土壤水分利用方式相互关系研究．自然资源学报，1998，13（3）：234-241.

# 基于虚拟水细分的多目标种植结构优化模型*

李建芳　粟晓玲

（西北农林科技大学教育部旱区农业水土工程重点实验室　陕西杨凌　712100）

**摘　要**　结合虚拟水理论对区域农业种植结构进行优化，以节约实体水资源及提高农业经济效益。通过作物需水量、生育期有效降雨量、农产品单产细分了农产品虚拟水中的虚拟蓝水和虚拟绿水，以提高农业经济效益、降低虚拟蓝水资源量、提高绿水利用率为目标建立了农业种植结构多目标优化模型，并以民勤县为例进行实证研究，设置不同的粮食调入系数，得出种植结构调整方案。结果表明：民勤县应当减少小麦、玉米等粮食作物的种植比例，以种植棉花、瓜类、葡萄等经济作物为主。优化后的种植方案与现状种植情况相比，可带来更大经济效益，节约更多的蓝水资源量，利用更多的绿水资源。虚拟水理论是水资源管理的新思路，可为区域水资源优化配置提供参考。

**关键词**　虚拟水；蓝水；绿水；种植结构优化；民勤县

水资源是人类生产和生活不可缺少的自然资源，也是生物赖以生存的环境资源，随着水资源危机的加剧和水环境质量不断恶化，水资源短缺已演变成世界备受关注的资源环境问题之一。区域的发展离不开大的社会环境，当研究区域水资源不足时，虚拟水贸易作为一种调节工具，可以间接增加水资源紧缺地区的水资源供应，增强区域农业结构调整的主动性[1]。虚拟水是英国学者 Tony Allan 于 1993 年在 SOAS 的一次讨论会上首次提出，是指生产产品和服务所需要的水资源数量[2]。虚拟水战略是指贫水国家或者地区通过贸易的方式从富水国家或地区购买水密集型产品，来获得水和粮食的安全，也可以指一个国家或地区通过虚拟水贸易等方式有效的配置水资源，缓解水资源紧缺的压力，提高水资源的利用效率。

水资源以蓝水（蓝水是降水中形成地表水和地下水的部分，可以是小溪、溪谷和河流的地表径流，也可以是补给含水层的地下径流[3,4]）和绿水（绿水是降水中下渗到非饱和土壤层中用于植物生长的水，是垂向进入大气的不可见水[4,5]）两种形式存在。缺水国家或地区通过虚拟水战略节约的水资源当中一部分是以绿水资源的形式存在，而这部分绿水资源对其他社会经济部门的发展没有直接作用，所以对虚拟水资源中的蓝水资源和绿水资源进行精确评价是合理运用虚拟水战略的重要前提，也是目前国内外相关研究中极少涉及的领域[6]。

本文在对初级农产品虚拟水中蓝水资源和绿水资源细分的基础上，以提高农业经济效益、节约区域蓝水资源量、提高绿水利用率为目标建立了农业种植结构多目标优化模型，并以民勤县为例进行实证研究，得出种植结构调整方案。

## 1　研究方法

### 1.1　虚拟水细分计算

#### 1.1.1　初级农产品虚拟水计算

几乎所有商品的生产都需要水，某种商品的虚拟水含量实质上就是隐含在这种商品生产过程中的消耗水量。单一农作物产品虚拟水含量根据下式[7]计算：

$$V_{cn}=\frac{W_{cn}}{Y_{cn}} \tag{1}$$

式中：$V_{cn}$为区域$n$作物$c$的单位质量虚拟水含量，m$^3$/kg；$W_{cn}$为区域$n$作物$c$的需水量，m$^3$/hm$^2$；$Y_{cn}$为区域$n$作物$c$的产量，kg/hm$^2$。

作物需水$W_{cn}$根据作物生育期内累积蒸发蒸腾量$ET_c$计算，$ET_c$采用参考作物蒸发蒸腾量$ET_0$乘以作

* 基金项目：国家自然科学基金项目（50879071）；西北农林科技大学青年学术骨干支持计划项目（2007）。

第一作者简介：李建芳（1987—　），女，山西原平人，在读硕士，主要从事水资源合理配置研究。E-mail：ljfand016@163.com

物系数 $K_c$ 计算：

$$ET_c = K_c \times ET_0 \tag{2}$$

参考作物蒸发蒸腾量 $ET_0$ 通常参考适当的气象资料（气温、水气压、日照时数、风速等）根据修正的彭曼公式[8]计算：

$$ET_0 = \frac{0.408\Delta(R_n - G) + \gamma \dfrac{900}{T+273} u_2 (e_s - e_a)}{\Delta + \gamma(1 + 0.34u_2)} \tag{3}$$

式中：$\Delta$ 为饱和水汽压与温度相关曲线的斜率，kPa/℃；$R_n$ 为作物表面净辐射量，MJ/($m^2$ · d)；$G$ 为土壤热通量，MJ/($m^2$ · d)；$\gamma$ 为干湿计常数，kPa/℃；$u_2$ 为 2m 高的风速，m/s；$e_s$ 和 $e_a$ 分别为饱和水汽压和实测水汽压，kPa；$T$ 为平均气温，℃。

$K_c$ 是作物系数，是区分作物下垫面与参考作物下垫面之间的差异而引入的一个系数，主要反映实际作物与参考作物表面植被覆盖与空气动力学阻力以及生理与物理特征的差异，通常用作物高度、土壤表面反射率、覆盖层阻力和土壤蒸发 4 个区别于参考作物（草）特征的综合指标反映。

#### 1.1.2 农产品虚拟水中蓝水和绿水的细分

绿水消耗量是作物需水量和有效降水量中的最小值，蓝水消耗量是作物需水量与绿水消耗量的差值[9]。故农产品虚拟水中的虚拟绿水和虚拟蓝水含量可根据下式计算：

$$\begin{cases} VG_{cn} = \dfrac{\min(W_{cn}, 10EP_{cn})}{Y_{cn}} \\ VB_{cn} = \max(0, V_{cn} - VG_{cn}) \end{cases} \tag{4}$$

式中：$VG_{cn}$、$VB_{cn}$ 分别为区域 $n$ 农产品 $c$ 的单位质量虚拟绿水、虚拟蓝水含量，$m^3$/kg；$EP_{cn}$ 为区域 $n$ 作物 $c$ 生育期有效降雨量，mm；10 为单位转换系数；其余同上。

有效降雨量是指旱作物种植条件下，用于满足作物蒸发蒸腾需要的降水量，它不包括地表径流和渗漏至作物根区以下的部分，也不包括淋洗盐分所需要的降水深层渗漏部分[10,11]。有效降雨量与降雨特性、气象条件、土地和土壤特性、土壤水分状况、地下水埋深、作物特性和覆盖状况以及农业耕作管理措施等因素有关。作物生育期内有效降雨量可采用下式[12]计算：

$$EP_{cn} = \sum \sigma P_{cn} \tag{5}$$

式中：$EP_{cn}$ 为区域 $n$ 作物 $c$ 生育期有效降雨量，mm；$P_{cn}$ 为区域 $n$ 作物 $c$ 生育期的日降雨量，mm；$\sigma$ 为日降雨量有效利用系数（$P<5$mm，$\sigma=0$；5mm$\leqslant P \leqslant$50mm，$\sigma=1$；P$>$50mm，$\sigma=0.8$）。

### 1.2 多目标种植结构优化模型

#### 1.2.1 目标函数

在现有的生产条件下，以农业经济效益最大、虚拟蓝水资源量最小、虚拟绿水比例最大为目标建立多目标农业种植结构优化模型，如下：

$$\begin{cases} \max f_1(x) = \sum\limits_{c=1}^{m} x_c a_c \\ \min f_2(x) = \sum\limits_{c=1}^{m} x_c Y_c VB_c \\ \max f_3(x) = \dfrac{\sum\limits_{c=1}^{m} x_c Y_c VG_c}{\sum\limits_{c=1}^{m} x_c Y_c V_c} \times 100 \end{cases} \tag{6}$$

式中：$f_1(x)$ 为经济效益函数，万元；$f_2(x)$ 为虚拟蓝水资源量函数，万 $m^3$；$f_3(x)$ 为虚拟绿水比例函数，%；$x_c$ 为 $c$ 种农作物的种植面积，$hm^2$；$a_c$ 为种植 $c$ 种农作物的单位面积收益，万元/$hm^2$；$Y_c$ 为 $c$ 种农作物的单位面积产量，kg/$hm^2$；$V_c$、$VB_c$、$VG_c$ 分别为 $c$ 种农产品的单位质量虚拟水、虚拟蓝水、虚拟绿水含量，$m^3$/kg；$m$ 为农作物的种类数。

#### 1.2.2 约束条件

(1) 种植面积约束：从保障生态安全，退耕还林角度考虑，不宜再开垦土地以增加耕地面积，故总种植面积不大于现状种植面积为

$$\sum_{c=1}^{m} x_c \leqslant A \tag{7}$$

式中：$A$ 为 $m$ 种农作物的现状总种植面积，$hm^2$。

（2）最低需求约束为

$$x_c Y_c + N_c \geqslant t\omega_c \tag{8}$$

式中：$t$ 为当地人口，人；$N_c$ 为运用虚拟水战略贸易的 $c$ 种农产品的量，kg，调入为正，调出为负；$\omega_c$ 为 $c$ 种农产品的人均最低需求量，kg/人。

（3）非负约束为

$$x_c \geqslant 0 \tag{9}$$

## 2　民勤县实例

### 2.1　民勤概况

民勤位于甘肃省西北部，属典型的荒漠绿洲，生态环境极为脆弱，干旱少雨，蒸发强烈，境内无自产地表水，全年日照 3208h，平均相对湿度 45%，多年平均年降水量不足 110mm，年蒸发量 2644mm，蒸发量是年降水量的 24 倍以上。

发源于祁连山的石羊河是民勤生产、生活和地下水补给的根本来源。20 世纪 50 年代以来，上游大规模开发利用使石羊河来水逐年减少，而盆地人口、经济增长使需水量不断增加，水资源供需矛盾日益尖锐，生态环境不断恶化，水资源短缺已成为民勤县社会经济发展的瓶颈。根据石羊河流域水资源条件，民勤县不宜再作为全省的商品粮基地，应当减少粮食种植面积和农田用水，压缩高耗水的农作物的生产，种植产出效益高且耗水量低的经济作物，把节省下来土地资源和水资源用于恢复林木植被，保持和改善生态环境以及用水效益高的工业生产。

### 2.2　基本资料

本文以 2007 年为研究年份，计算所需的气象资料来源于中国气象科学数据共享服务网（http：//cdc. cma. gov. cn/），各农作物种植面积及产量数据引自《武威统计年鉴 2008》，作物系数 $K_c$ 采用佟玲的已有计算成果[13]，农产品价格数据来源于中国农业信息网（http：//www. agri. org. cn/）、食品商务网（http：//www. 21food. cn/）等。

根据甘肃经济信息网（http：//www. gsei. com. cn/）民勤县 2007 年人口数为 30 万人，依该地区实际情况设定人均年最低需小麦 250kg、玉米 100kg，年人均粮食不低于 400kg，棉花市场需求 2081 万 kg，其他农产品的需求量根据《中国居民膳食指南（2007）》的“平衡膳食宝塔”设定：蔬菜和水果每天应摄入 300～500g 和 200～400g；并注意薯类的摄入量，每周吃 5 次左右，每次摄入 50～100g；每天烹调油不超过 25g 或 30g（油料的出油率按 40%计算）。

### 2.3　民勤县现状种植情况

选取民勤县主要种植的小麦、玉米、薯类等粮食作物，棉花、油料、蔬菜、瓜类、苹果、梨、葡萄、红枣等经济作物作为虚拟水细分计算和种植结构调整的对象，民勤县现状各主要农产品的虚拟水含量及组成如表 1 所示，现状种植情况如表 2 所示。

**表 1　民勤县主要农产品虚拟水含量及组成**

| 项目 | 虚拟水含量（$m^3/kg$） | 虚拟蓝水含量（$m^3/kg$） | 虚拟绿水含量（$m^3/kg$） | 虚拟绿水比例（%） |
|---|---|---|---|---|
| 小麦 | 0.840 | 0.767 | 0.072 | 8.6 |
| 玉米 | 0.646 | 0.552 | 0.094 | 14.5 |
| 薯类 | 0.730 | 0.622 | 0.109 | 14.9 |
| 棉花 | 2.133 | 1.562 | 0.571 | 26.8 |
| 油料 | 1.166 | 1.014 | 0.152 | 13.0 |
| 蔬菜 | 0.324 | 0.302 | 0.022 | 6.7 |

续表

| 项目 | 虚拟水含量（m³/kg） | 虚拟蓝水含量（m³/kg） | 虚拟绿水含量（m³/kg） | 虚拟绿水比例（%） |
|---|---|---|---|---|
| 瓜类 | 0.064 | 0.051 | 0.013 | 21.0 |
| 苹果 | 0.500 | 0.407 | 0.093 | 18.6 |
| 梨 | 0.725 | 0.613 | 0.111 | 15.4 |
| 葡萄 | 0.415 | 0.329 | 0.086 | 20.8 |
| 红枣 | 1.104 | 0.899 | 0.205 | 18.6 |

**表 2　民勤县主要农作物种植生产情况**

| 项目 | 种植面积 (hm²) | 种植比例 (%) | 产量 (t) | 单产 (kg/hm²) | 单位面积收益 (万元/hm²) | 单位面积虚拟绿水含量 (m³/hm²) | 单位面积虚拟蓝水含量 (m³/hm²) | 单位面积虚拟水含量 (m³/hm²) |
|---|---|---|---|---|---|---|---|---|
| 小麦 | 14087 | 28.4 | 102700 | 7291 | 1.38 | 528 | 5595 | 6123 |
| 玉米 | 4000 | 8.1 | 36960 | 9240 | 1.65 | 868 | 5103 | 5971 |
| 薯类 | 573 | 1.2 | 3896 | 6795 | 1.70 | 738 | 4224 | 4962 |
| 棉花 | 15580 | 31.4 | 26002 | 1669 | 2.37 | 953 | 2606 | 3559 |
| 油料 | 2180 | 4.4 | 10599 | 4862 | 3.23 | 738 | 4928 | 5666 |
| 蔬菜 | 6793 | 13.7 | 134413 | 19786 | 6.33 | 431 | 5977 | 6408 |
| 瓜类 | 1453 | 2.9 | 84840 | 58376 | 6.42 | 784 | 2951 | 3735 |
| 苹果 | 487 | 1.0 | 3869 | 7950 | 2.04 | 738 | 3235 | 3973 |
| 梨 | 333 | 0.7 | 2850 | 8550 | 2.05 | 953 | 5243 | 6196 |
| 葡萄 | 400 | 0.8 | 4033 | 10083 | 5.79 | 869 | 3315 | 4184 |
| 红枣 | 3733 | 7.5 | 13440 | 3600 | 2.11 | 738 | 3235 | 3973 |
| 合计 | 49620 | 100.0 | — | — | — | — | — | — |

**注**　薯类单产按 2.5kg 折算成 0.5kg 粮食，其单价是市价的 5 倍。

综合表 1 和表 2 可知，民勤县现状以种植小麦、棉花、蔬菜为主，所种植的农作物中小麦、玉米、薯类属于耗水量大且经济效益低的作物，而棉花、瓜类、葡萄属于高效节水型作物，苹果、红枣的效益不高同时耗水量也不大，梨的耗水量大但经济效益不高，油料、蔬菜的经济效益高且耗水量大。

## 2.4　民勤县种植结构优化结果及分析

上述种植结构优化模型是一个多目标规划模型，可用目标规划法[14]求解。本文进行种植结构优化的主要目的是减少蓝水消耗量，各目标函数的权重根据模糊二元对比权重法[15]确定为 0.317、0.417、0.266。优化后经济效益不应低于现状值，故目标 1 的目标值按现状值确定为 135233 万元；根据《石羊河流域重点治理规划》中分配给民勤县的农业净耗水量 23505 万 m³，目标 2 的目标值确定为 17852 万 m³（因本文所研究的 11 种农作物的种植面积占农作物总种植面积的 76%，故取 23505 万 m³ 的 76%）；由于民勤县的年降水量较小，各农作物生育期内的绿水利用量远小于蓝水利用量，各农作物中棉花的绿水利用率（26.8%）为最高，故目标 3 的目标值确定为 26.8%。利用 Matlab 中的 fgoalattain 函数求解该多目标达到问题。

由上述分析可知，民勤县的粮食作物的耗水量大效益低，故考虑通过虚拟水战略调入粮食。结合民勤县以农业为主的实际情况，分别设定粮食调入系数 λ 为 0、10%、30%、50%（由于过分的依赖于粮食贸易，会带来粮食安全问题和社会不稳定现象，故不考虑 50%以上的情况）四种情境对其农业种植结构进行优化，通过求解上述模型，得到了不同粮食调入系数下的种植结构优化方案，如表 3 和表 4 所示。

表 3　　民勤县种植结构优化方案

| 项目 | | | 小麦 | 玉米 | 薯类 | 棉花 | 油料 | 蔬菜 | 瓜类 | 苹果 | 梨 | 葡萄 | 红枣 | 合计 |
|---|---|---|---|---|---|---|---|---|---|---|---|---|---|---|
| 现状情况 | | 种植面积($hm^2$) | 14087 | 4000 | 573 | 15580 | 2180 | 6793 | 1453 | 487 | 333 | 400 | 3733 | 49620 |
| | | 种植比例(%) | 28.4 | 8.1 | 1.2 | 31.4 | 4.4 | 13.7 | 2.9 | 1.0 | 0.7 | 0.8 | 7.5 | 100.0 |
| 优化方案 | λ=0 | 种植面积($hm^2$) | 10287 | 4364 | 688 | 12983 | 1373 | 2767 | 6579 | 196 | 134 | 3936 | 1500 | 44807 |
| | | 种植比例(%) | 23.0 | 9.7 | 1.5 | 29.0 | 3.1 | 6.2 | 14.7 | 0.4 | 0.3 | 8.8 | 3.3 | 100.0 |
| | λ=10% | 种植面积($hm^2$) | 9258 | 4036 | 472 | 13488 | 1373 | 2767 | 7829 | 195 | 134 | 4942 | 1500 | 45994 |
| | | 种植比例(%) | 20.1 | 8.8 | 1.0 | 29.3 | 3.0 | 6.0 | 17.0 | 0.4 | 0.3 | 10.7 | 3.3 | 100.0 |
| | λ=30% | 种植面积($hm^2$) | 7201 | 3350 | 80 | 12469 | 1373 | 2767 | 11607 | 195 | 134 | 7409 | 1500 | 48085 |
| | | 种植比例(%) | 15.0 | 7.0 | 0.2 | 25.9 | 2.9 | 5.8 | 24.1 | 0.4 | 0.3 | 15.4 | 3.1 | 100.0 |
| | λ=50% | 种植面积($hm^2$) | 5143 | 2393 | 57 | 12469 | 1373 | 2767 | 14361 | 195 | 134 | 9227 | 1500 | 49619 |
| | | 种植比例(%) | 10.4 | 4.8 | 0.1 | 25.1 | 2.8 | 5.6 | 28.9 | 0.4 | 0.3 | 18.6 | 3.0 | 100.0 |

表 4　　民勤县不同种植方案指标对比

| 方案 | | 经济效益(万元) | 虚拟蓝水总量(万 $m^3$) | 虚拟绿水比例(%) | 人均自产粮食(kg/人) | 人均调入粮食(kg/人) |
|---|---|---|---|---|---|---|
| 现状情况 | | 135233 | 21461 | 14.2 | 479 | 0 |
| 优化方案 | λ=0 | 144179 | 17852 | 16.1 | 400 | 0 |
| | λ=10% | 156888 | 17851 | 16.6 | 360 | 40 |
| | λ=30% | 188362 | 17851 | 17.5 | 280 | 120 |
| | λ=50% | 212099 | 17617 | 18.3 | 200 | 200 |

由表 3 和表 4 可以看出，上述优化模型得出的种植方案，其经济效益比现状情况明显提高；虚拟蓝水总量显著降低，满足了《石羊河流域重点治理规划》的水资源配置方案要求；虚拟绿水比例也有所提高，说明对当地降雨资源的利用量在增加。

如粮食调入系数 $\lambda$ 为 0 时，即农产品自给自足的种植结构优化方案，11 种农作物总的种植面积减小

4813hm$^2$，经济效益提高了8946万元，虚拟蓝水量减少3609万m$^3$，虚拟绿水比例提高了1.9%，将节省下来的土地资源和水资源用于退耕还林、恢复生态、工业生产等，将会取得更大的效益。粮食作物中小麦、玉米的种植比例下降，分别由原来的28.4%和8.1%减少到23.0%和9.7%，薯类的种植比例略有增加，主要原因是小麦、玉米、薯类的虚拟蓝水含量大且经济效益低，而在粮食作物中薯类又比小麦和玉米的单位面积效益高耗水量小，故粮食作物只需满足需求即可，不宜扩大种植。经济作物中瓜类、葡萄的种植比例增加，分别由原来的2.9%和0.8%增加到14.7%和8.8%；棉花的种植比例略有下降，但仍为种植比例最大的农作物；油料、蔬菜、苹果、梨、红枣的种植比例减少；主要原因是棉花、瓜类、葡萄属于低耗水高效益农作物，适宜大量种植，而油料、蔬菜、梨的耗水量较大，不适宜大量种植，苹果、红枣的单位面积收益不高，因此也不适宜大量种植。

由表3和表4还可以看出，随着粮食调入系数λ的增加，粮食作物的种植比例越来越小，由λ=0时的34.2%下降到λ=50%时的15.3%，各种粮食作物的比例也基本呈下降趋势；经济作物中棉花的种植比例在缓慢下降，但仍为比例最大的农作物；油料、蔬菜、梨、红枣的种植比例逐渐下降；瓜类、葡萄的种植比例迅速增加。经济效益、总的种植面积和虚拟绿水比例都在增加，λ为50%时经济效益比现状提高了57%，说明通过虚拟水战略调入了耗水量大效益低的粮食作物，将更多的耕地和蓝水资源量用于种植节水高效作物，充分发挥了区域不同农作物的比较优势。但随着粮食调入系数的增加，对粮食贸易的依赖程度也在增加，会危机区域粮食安全和社会稳定发展，因此运用虚拟水战略调入多少粮食合适，还需综合考虑其他各方面的因素。

## 3 结论

（1）民勤县不适宜作为商品粮基地，应当压缩高耗水的粮食作物的种植面积，发展棉花、瓜类、葡萄基地，这一结论与《石羊河流域重点治理规划》一致。

（2）通过优化得出的不同种植方案与现有种植结构对比，其经济效益有了明显提高，可增加农民收入；虚拟蓝水资源量大幅降低，将节省下的水资源用于恢复生态以及工业生产，将会取得更大的效益；虚拟绿水比例也有所提高，说明优化后农作物对区域有效降雨量的利用率增加。

（3）将虚拟水、蓝水、绿水等概念与农业种植结构优化结合，拓宽了农业产业结构调整的空间和思路，是缺水地区节水的有效措施之一。

## 参考文献


[1] 梁美社，王正中．基于虚拟水战略的农业种植结构优化模型［J］．农业工程学报，2010，26（S1）：130-133.

[2] Allan J A. Fortunately there are substitutes for water otherwise our hydro-political futures would be impossible [A]. ODA. Priorities for Water Resources Allocation and Management [C]. London：ODA，1993：13-26.

[3] Malin Falkenmark，Johan Rockstrom. Balancing water for humans and nature—The new approach ecohydrology [M]. 任立良，束龙仓，等，译．中国水利水电出版社，2006.

[4] Falkenmark M，Rockström J. The new blue and green water paradigm：Breaking new ground for water resources planning and management [J]. Journal of Water Resources Planning and Management，2006，132（3）：129-132.

[5] Ringersma J，Batjes N H，Dent D L. Green water：Definitions and data for assessment [R]. Wageningen：ISRIC-World Soil Information，2003.

[6] 马育军，李小雁，徐霖，等．虚拟水战略中的蓝水和绿水细分研究［J］．科技导报，2010，28（04）：47-54.

[7] 徐中民，龙爱华，张志强．虚拟水的理论及方法在甘肃省的应用［J］．地理学报，2003，58（6）：861-869.

[8] Allen R G，Pereira L S，Raes D，et al. Crop evapotranspiration-Guidelines for Computing Crop Water Requirements [R]. FAO irrigation and drainage，Rome，1998.

[9] Novo P，Garrisons A，Varela-Ortega C. Are virtual water "flows" in Spanish grain trade consistent with relative water scarcity [J]. Ecological Economics，2009，68（5）：1454-1464.

[10] Dastane N G. Effective rainfall in irrigated agriculture [R]. Irrigation and Drainage Paper No. 25，Rome：Food and Agriculture Organization，1974.

[11] Brouwer C，Heibloem M. Irrigation water management：Irrigation water needs [R]. Irrigation Water Management Training Manual No. 3，Rome：Food and Agriculture Organization，1986.

[12] 康绍忠，蔡焕杰．农业水管理学［M］．北京：中国农业出版社，1996.

[13] 佟玲．西北干旱内陆区石羊河流域农业耗水对变化环境响应的研究［D］．杨凌：西北农林科技大学，2007.
[14] 尚松浩．水资源系统分析方法及应用［M］．北京：清华大学出版社，2006.
[15] 卢冰．桂林市水资源优化配置研究［D］．武汉：武汉大学，2005.

# A multi－objective optimization model for planting structure based on the subdivision of virtual water

Li Jianfang Su Xiaoling

(Key Laboratory of Agricultural Soil and Water Engineering in Arid and Semiarid Areas, Ministry of Education, Northwest Agriculture and Forestry University, Yangling Shanxi 712100)

**Abstract** Agricultural planting structure should be optimized based on virtual water theory so as to save water resources and improve agricultural economic benefits. This paper subdivided the virtual water of farm produce into blue virtual water and green virtual water according to the crop water requirement, the effective precipitation during growing period of crops, the yield of farm produce per hectare, then the multi－objective optimization model for agriculture planting structure was proposed so as to improve agricultural economic benefits, decrease the consumption of blue water resource, improve the using ratio of green water, and the optimized planting structure programs were got based on different coefficients of food imported taking Minqin county as an example. The result showed that Minqin county should decrease the planting proportion of food crops, such as wheat and corn, while mainly plant cash crops, such as cotton, melon and grape. Compared to the present planting situation, the optimized programs can bring greater economic benefits, save more blue water resource, and use more green water resource. Virtual water theory is a new idea in water resources management and it can provide some helpful insight for the rational allocation of regional water resources.

**Key words** virtual water; blue water; green water; planting structure optimization; Minqin county

# 调亏灌溉对甜高粱光合特性、产量品质及水分利用效率的影响*

解婷婷　苏培玺

（中国科学院寒区旱区环境与工程研究所，临泽内陆河流域研究站，
中国科学院内陆河流域生态水文重点实验室　兰州　730000）

**摘　要**　为了解调亏灌溉方式下甜高粱的生产潜力和水分利用状况，在甘肃河西走廊边缘绿洲区，对不同调亏灌溉处理下甜高粱拔节期的气体交换参数，最终的生物产量、品质和水分利用效率进行了测定与对比研究。结果表明：拔节期随着灌水量的增加，甜高粱的净光合速率、蒸腾速率也逐渐提高，但净光合速率的增加幅度高于蒸腾速率；拔节期和开花期调亏灌溉处理显著提高了甜高粱的茎秆和地上生物产量，拔节期每次灌水 1050$m^3/hm^2$和开花期每次灌水 450$m^3/hm^2$处理下最高，其值分别为 23.24$t/hm^2$和 28.62 $t/hm^2$；甜高粱的糖分产量和乙醇产量也有所提高，拔节期每次灌水 1050$m^3/hm^2$和开花期每次灌水 450$m^3/hm^2$处理下也最高，其糖分产量为 12.47$t/hm^2$，乙醇产量为 6842.47$L/hm^2$；同时得出，水分利用效率在调亏灌溉处理下也显著提高，这表明在总的灌水量不变的情况下，拔节期增大灌溉量，开花期减少灌溉量有利于甜高粱生物产量和品质的提高，同时也达到了水分的高效利用。

**关键词**　调亏灌溉；生物产量；可溶性糖；乙醇产量；水分利用效率

随着水资源供需矛盾的日益尖锐，农业用水浪费严重，实施切实有效的节水灌溉制度，推广科学合理的灌水新方法和新技术，已经成为节水农业共同关注的焦点问题。调亏灌溉技术正是在此基础之上于 20 世纪 70 年代中后期出现的一种新的节水灌溉技术，是一种既具有经济效益又具有生态效益的灌溉方法，特别适用于水资源短缺或用水成本较高的地区[1]。该技术自提出至今，国外学者对此作了大量的研究工作，达到了节约灌溉用水、不减产或减产不多，同时提高水分利用效率的效果[2-5]。在作物产量方面，Reddy 等[6]在沙性土壤中对花生进行大田调亏试验，结果发现，苗期和果实成熟期中度水分亏缺处理有利于产生最佳的产量，同时提高了水分利用效率。孟兆江等[7]在对夏玉米的调亏研究中发现，其经济产量的变化趋势是：产量最高的处理比对照提高 54.19%，并节水 14.75%；另有三个处理分别比对照增产 39.68%、17.42%和 11.94%，且节水 6.71%～16.07%；其余处理与对照相比减产不明显。在作物品质方面，Robert 等[8]对苹果树调亏灌溉的研究表明，经过调亏处理的苹果乙烯含量明显高于对照，可溶性固体物质含量提高，淀粉含量降低，酸的累积降低，果实颜色未受影响，Yesim Erdem 等[9]对西瓜进行滴灌调亏试验发现，水分亏缺可以使果实具有较高的可溶固形物浓度，含糖量增加。

虽然调亏灌溉技术已经在作物方面取得了很多研究成果，但该技术在能源作物甜高粱方面的研究还较少。甘肃河西走廊荒漠绿洲区气候异常干燥、年降水量少，但该地区光照资源充足，昼夜温差大，十分有利于甜高粱茎秆糖分的积累，本文正是针对该地区调亏灌溉对甜高粱的产量、品质和水分利用效率进行了研究，以其获得合理的调亏灌溉方案，进而达到节水优产、高效优产的目的。

## 1　材料和方法

### 1.1　研究区概况

试验区位于甘肃省河西走廊中部黑河中游临泽县北部绿洲边缘，绿洲外为巴丹吉林沙漠南缘延伸带，也称河西走廊沙漠，依赖黑河水，为典型的沙漠绿洲，属于干旱荒漠气候类型，多年平均年降水量 116.8mm，年蒸发量 2390mm，为降水量的 20 多倍；年平均气温 7.6℃，最高气温 39.1℃，最低－27℃，大于等于 10℃年积温为 3088℃，无霜期 165 天；主风向为西北风，风沙活动集中在 3～5 月，年均风速 3.2m/s，大于

* 基金项目：国家自然科学基金项目（31070359）。

第一作者简介：解婷婷（1982—　），女，陕西咸阳人，寒区旱区环境与工程研究所，博士，主要从事绿洲节水农业生态与荒漠植物生理生态研究。E-mail：xieting1026@126.com

8 级大风日数年均为 15 天；年日照时数为 3045h；冻土深度 1.0m 左右。干旱、高温和多风是其主要气候特点。地带性土壤为灰棕荒漠土。

### 1.2 试验设计

本试验分别于 2010 年春季在中国科学院寒区旱区环境与工程研究所临泽内陆河流域研究站（39°21′ N，100°02′ E，1400m）进行，该区属于边缘绿洲，为灌溉风沙土。试验小区为用油毡、聚乙烯棚膜和砖及水泥修筑成 4m×4m 的防侧渗无底池，侧壁深 1.5m。供试材料为甜高粱（*Sorghum bicolor*（Linn.）Moench,）“BJ0601”。2010 年 4 月 25 日播种，采用宽窄行种植，宽行距 60cm，窄行距 40cm，株距 18cm，密度为 $11.12\times10^4$ 株/$hm^2$。出苗后待植株具有 3 片真叶时，进行间苗、定苗。

调亏灌溉试验设计根据 2009 年干旱胁迫试验的结果制定，2009 年甜高粱在整个生育时期灌水 8 次，每次灌水定额为 750$m^3/hm^2$，总灌水量为 6000$m^3/hm^2$下的茎秆生物产量和糖分产量最高，2010 年在总的灌水量不变的前提下，对关键生育时期采取不同的灌水量处理，拔节期是茎秆生长的主要阶段采取增加灌水量的措施，开花期是糖分开始积累的时期，则降低灌水量，其他时期每次灌水定额均为 750$m^3/hm^2$，试验设计如表 1，采取完全随机区组试验设计，每个处理重复 3 次。播种前施氮肥 112kg/$hm^2$，磷肥 56kg/$hm^2$，拔节期施氮肥 112kg/$hm^2$，磷肥 56kg/$hm^2$，开花期施氮肥 25kg/$hm^2$。

**表 1　　甜高粱调亏灌溉试验设计**

| 处理 | 拔节期（$m^3/hm^2$） | 开花期（$m^3/hm^2$） |
|---|---|---|
| $T_1$(CK) | 750 | 750 |
| $T_2$ | 900 | 600 |
| $T_3$ | 1050 | 450 |

### 1.3 观测项目与方法

株高和茎秆直径的测定：收获期，于每个小区选取 10 株生长健康的甜高粱植株，分别对其株高和茎秆直径进行测定。

气体交换参数的测定：使用 LI－COR 公司制造的 LI－6400 便携式光合作用测定系统（LI－COR，美国）测定叶片水平的气体交换日动态。于甜高粱生长的拔节期（7 月中旬）选择晴朗天气，在自然状态下，选择代表性植株，活体测定净光合速率（$P_n$）、蒸腾速率（$T_r$）等生理指标，同时得到饱间 $CO_2$ 浓度（$C_i$）、气孔导度（$G_s$）、气温（$T_a$）、叶温（$T_l$）、环境 $CO_2$ 浓度（$C_a$）、空气相对湿度（$R_H$）、光合有效辐射（*PAR*）、光照强度（*PFD*）等参数。每个处理分别选取三株生长健康的植株，选取从植株顶端往下数第 4 片叶进行活体测定，日变化测定时间为当地时间 8：00～18：00，每隔 1 小时测定一次，重复 3 次。

生物产量的测定：每个小区分别对其中间四行进行收获，称其鲜重，然后分别从中随机选取 5 株甜高粱，对每株的地上部分分为茎秆、叶片、穗分别进行计产，而后将其分别进行风干，鲜重生物产量经自然风干，在 80℃下烘干至恒重后（约 12h）称取干重，计算干鲜比，最后得出单位面积甜高粱的地上和地下的生物产量鲜重、干重。采用水量平衡法计算作物生育期的耗水量：

$$ET=R+B-F\pm Q+\Delta W \tag{1}$$

式中：$R$ 为降水量，采用附近气象观测场资料；$B$ 为灌水量，通过水表读数得到；$F$ 为地表径流；$Q$ 为上移或下渗量，由于试验在防渗池进行，消除了地表径流的发生和水分上移或下渗的发生，$F=0$，$Q=0$；$\Delta W$ 为作物收获时与播种时土壤含水量之差，式中各单位均为 mm。

水分利用效率 WUE (Biomass Water Use Efficiency)（kg/$m^3$）的计算公式为

$$WUE=\frac{Y}{ET} \tag{2}$$

式中：$Y$ 为甜高粱地上生物产量，kg/$hm^2$；$ET$ 为整个生育期蒸散量，mm。

糖分的测定：2010 年对生长季末收获的甜高粱经烘干后，称取干重，然后将茎秆、叶片样品分别进行粉碎，利用菲林试剂法[10]分别测定甜高粱茎秆和叶片中的可溶糖含量。

### 1.4 统计分析

通过可溶性总糖估算乙醇产量的公式为[11]

乙醇产量(L/hm²)＝干物质中可溶性糖(%)×干物质产量(t/hm²)×0.51(糖分中乙醇的换算因子)×0.85(糖分中乙醇的制程效率)×1000/0.79(乙醇的密度,g/mL)。

甜高粱气体交换参数以及最终的生物产量和品质的对比分析采用单因子方差分析（one-way ANOVA)，同一指标不同处理之间的多重比较采用最小显著极差法（LSD法)，利用SPSS15.0软件进行，作图采用Origin 7.0 软件。

## 2 结果与分析

### 2.1 甜高粱整个生育时期环境因子的变化

图1为2010年甜高粱整个生育时期降雨量与气温的变化，可以看出，2010年该地区5月和9月的降雨量较多，其值分别为26.8和79.2mm，整个生育期的降雨量为147.8mm，5月和9月的降雨量分别占整个生育时期降雨量的18.13%和53.59%。气温变化呈先上升后下降的趋势，7月气温最高，为25.9℃，这也正说明了该地区7月作物生长处于高温强光的严酷时期。

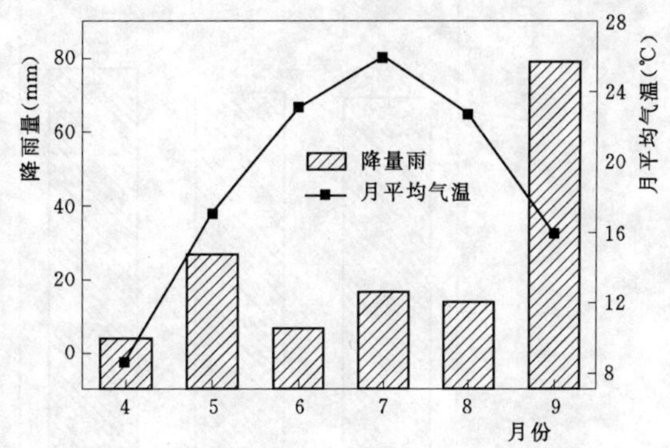


图1 2010年甜高粱整个生育时期降雨和气温的变化

### 2.2 调亏灌溉处理下甜高粱的气体交换参数日变化

从图2(a)可以看出，三种处理条件下甜高粱拔节期净光合速率的日变化均呈单峰型，峰值出现在13:00。CK、$T_2$和$T_3$处理下甜高粱净光合速率日平均值分别为16.90$\mu$mol$CO_2$/(m²·s)、22.24$\mu$mol$CO_2$/(m²·s)和25.32 $\mu$mol$CO_2$/(m²·s)，与对照相比，$T_2$和$T_3$处理下甜高粱的净光合速率分别提高了23.84%和49.82%。方差分析表明：$T_2$和$T_3$处理下甜高粱的净光合速率显著高于对照（$P<0.05$)，而$T_2$与$T_3$处理之间不存在显著差异（$P>0.05$)。

图2(b)为不同处理条件下甜高粱拔节期蒸腾速率的日变化，可以看出蒸腾速率的日变化与净光合速率基本一致，三种处理下蒸腾速率最大值也出现于13:00。CK、$T_2$和$T_3$处理下甜高粱蒸腾速率日平均值分别为4.80、5.26和6.02 mmol$H_2O$/(m²·s)，与对照相比，$T_2$和$T_3$处理下甜高粱的蒸腾速率分别增加了8.75%和25.41%。方差分析表明：$T_3$处理下甜高粱的蒸腾速率显著高于对照（$P<0.05$)，而$T_2$与对照之间不存在显著差异（$P>0.05$)。

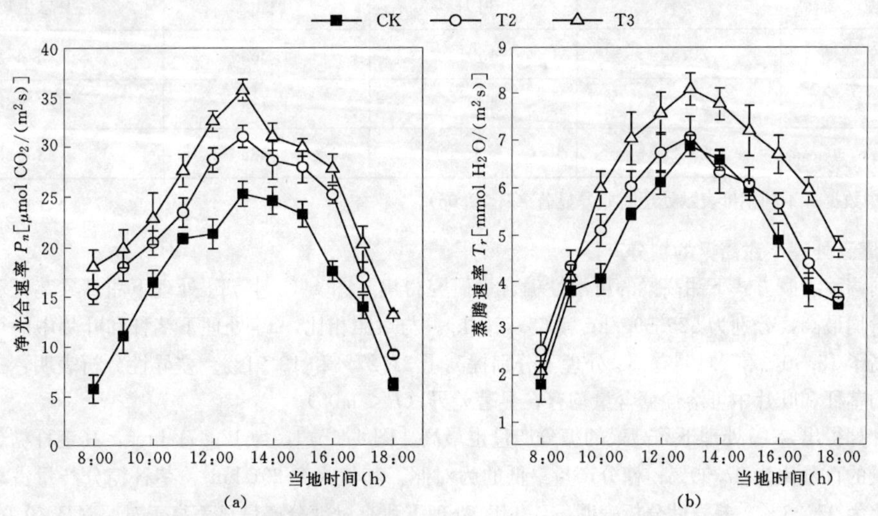


图2 调亏灌溉处理下甜高粱叶片净光合速率与蒸腾速率

### 2.3 调亏灌溉处理下甜高粱的株高和茎秆直径

从图3可以看出，收获期三种处理条件下甜高粱的株高分别为267.89cm、272.06cm和289.67cm，与对照相比，$T_2$和$T_3$处理下甜高粱的株高分别升高了1.56%和8.13%。方差分析表明：三种处理条件下甜高粱的株高不存在显著差异（$P>0.05$）。甜高粱茎秆直径的变化与株高的变化趋势基本一致，收获期 CK、$T_2$ 和 $T_3$ 处理下甜高粱的茎秆直径分别为 2.61cm、2.87cm 和 2.89cm，与对照相比，$T_2$ 和 $T_3$ 处理下甜高粱的茎秆直径分别增加了 9.96%和 10.73%。差异性分析表明：$T_2$ 和 $T_3$ 处理下甜高粱的茎秆直径显著高于对照（$P<0.05$）。

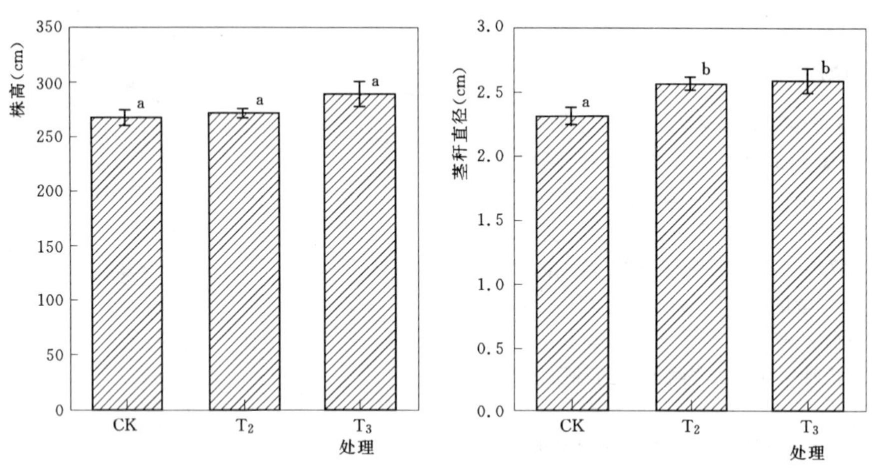


图 3　调亏灌溉条件下甜高粱的株高和茎秆直径

## 2.4　调亏灌溉处理下甜高粱的地上生物产量

从表 2 可以看出，收获期甜高粱的茎秆和地上总生物产量干重最高的均为 $T_3$，其值分别为 23.24 t/hm$^2$ 和 28.62t/hm$^2$，茎秆生物产量占地上总生物产量的 81.20%；与对照相比，$T_2$ 和 $T_3$ 处理下甜高粱的茎秆生物产量分别提高了 9.63%和 15.39%，地上总生物产量分别提高了 9.25%和 12.63%，方差分析表明：与对照相比，$T_2$ 和 $T_3$ 处理下甜高粱的茎秆和地上总生物产量与其存在显著差异（$P<0.05$）；而 $T_2$ 和 $T_3$ 处理之间不存在显著差异（$P>0.05$）。

**表 2　　调亏灌溉条件下甜高粱的地上生物产量**

| 处理 | 茎秆 | 叶片 | 穗 | 地上总生物产量 |
|---|---|---|---|---|
| CK | 20.14a | 4.01a | 1.26a | 25.41a |
| $T_2$ | 22.08b | 4.25a | 1.43a | 27.76b |
| $T_3$ | 23.24b | 4a | 1.38a | 28.62b |

**注**　同列中数据后不同字母表示处理间差异显著（$P<0.05$）。

## 2.5　调亏灌溉处理下甜高粱的糖分产量

对不同调亏灌溉方式下甜高粱的可溶性糖含量研究得出［图 4（a）］，$T_3$ 处理下甜高粱茎秆和叶片中可溶性糖含量均最高，分别为 525.59g/kg 和 63.72g/kg。与对照相比，$T_2$ 处理下茎秆和叶片中的可溶性糖含量分别提高了 15.90%和 8.19%，$T_2$ 处理下分别提高了 31.27%和 12.91%。差异性分析表明：三种处理之间甜高粱的茎秆和叶片中可溶性糖含量均存在显著差异（$P<0.05$）。

通过计算得出，$T_3$ 处理下甜高粱的糖分产量也最高［图 4（b）］，为 12.47t/hm$^2$，其茎秆糖分产量占总的糖分产量的百分比为 97.99%；糖分产量最低的为对照，其值为 8.29t/hm$^2$，茎秆糖分产量占总的糖分产量的百分比为 97.23%。差异性分析表明：$T_2$、$T_3$ 处理下甜高粱糖分产量显著高于对照（$P<0.05$）。

## 2.6　调亏灌溉处理下甜高粱的乙醇产量

对不同调亏灌溉方式下甜高粱的乙醇生产力研究得出（表 3），$T_3$ 处理下甜高粱的乙醇产量也最高，为 6842.47L/hm$^2$，比对照提高了 50.41%；$T_2$ 处理下乙醇产量比对照提高了 26.73%；差异性分析表明：三种处理间甜高粱的乙醇产量存在显著差异（$P<0.05$）。

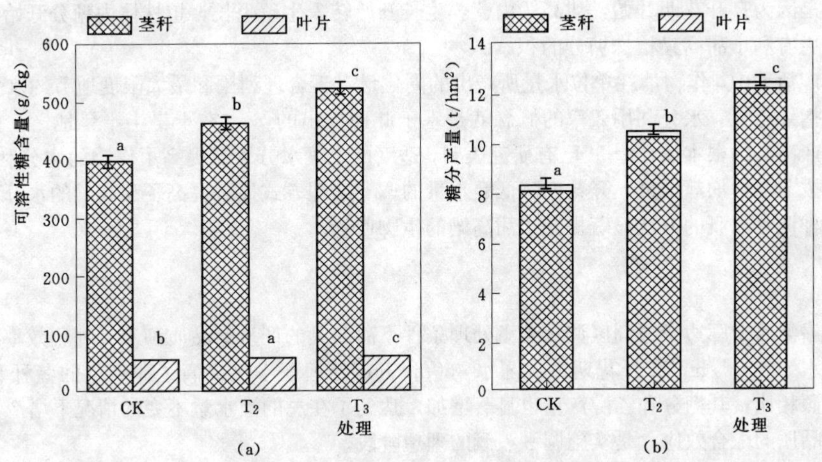


图 4 调亏灌溉条件下甜高粱的可溶性糖和糖分产量

表 3 调亏灌溉条件下甜高粱的乙醇生产力

| 处理 | 平均数 | 差异显著性 |
|---|---|---|
| CK | 4549.12±13.50 | a |
| $T_2$ | 5764.92±36.27 | b |
| $T_3$ | 6842.47±70.26 | c |

注 表中同列中不同字母表示处理间差异显著（$P<0.05$）。

### 2.7 调亏灌溉处理下甜高粱的水分利用效率

对不同调亏灌溉处理下甜高粱的水分利用效率计算得出（图 5），$T_3$ 处理下甜高粱的水分利用效率最高，为 4.07kg/m³，对照的水分利用效率最低，其值为 3.61kg/m³。与对照相比，$T_2$ 和 $T_3$ 处理下甜高粱的水分利用效率分别提高了 9.42%和 12.74%。差异性分析表明：$T_2$ 和 $T_3$ 处理下甜高粱的水分利用效率显著高于对照（$P<0.05$）。

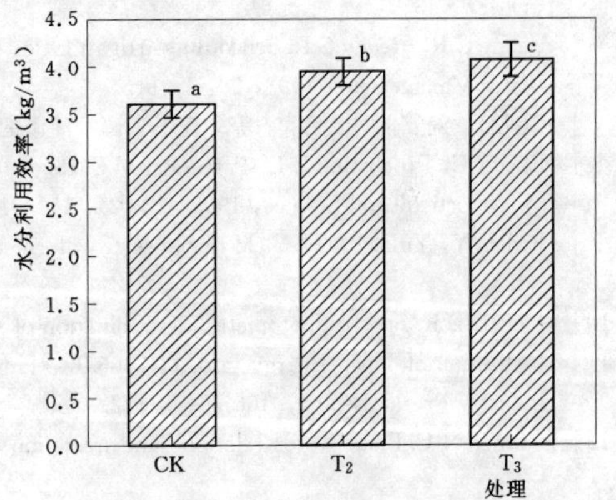


图 5 调亏灌溉条件下甜高粱的水分利用效率

## 3 讨论

Turner[12]研究表明：水分亏缺并不总是降低产量，早期适度的水分亏缺对某些作物来说有利于增产。Failla 等[13]对苹果的研究发现，在果实发育的前期仅在高度亏缺条件下才会显著影响果实干物质的含量。山仑等人经过研究也得出结论：一定生育阶段，一定程度的水分亏缺可使禾谷类作物在节约大量用水的同时获得较高产量[1]。另有试验研究表明，适时适度的调亏灌溉可以增加产量[14]。但是调亏灌溉在生产中有一定风险性，某些作物在某些生育时期轻度水分亏缺也可造成大幅度减产[15,16]，因此确定作物适宜水分亏缺程度是正确实施调亏灌溉的关键因素之一。本研究得出，在总的灌水量不变的情况下，拔节期增加灌水量，开花期降低灌水量的调亏处理显著提高了甜高粱的生物产量，这主要是因为拔节期是甜高粱营养生长的主要时期，该时期增加灌水量有利于甜高粱茎秆的快速生长，从而生物产量提高。

水分亏缺对各项品质指标的影响是调亏程度和调亏历时综合作用的结果[17,18]。Dichio 等[19]对桃树果实品质研究得出，采后阶段调亏灌溉处理导致桃树花芽中碳水化合物的增加；Mpelasoka 等[17]对苹果以及马福生等[20]对梨枣树研究发现，调亏处理有利于果实中可溶性固形物含量的提高。本研究得出，在总的灌水量不变的情况下，拔节期增加灌水量，开花期降低灌水量的调亏处理对甜高粱茎秆和叶片中糖分积累具有显著效果，这可能是因为自开花期开始，甜高粱由营养生长开始转入生殖生长，植株体内糖分开始迅速积累，适当的水分亏缺更有利于甜高粱植株糖分的积累。

在农业生产活动中，作物消耗单位水量所产出的同化量对于合理利用和最大限度地节约水资源具有重要的理论和生产指导意义。水分利用效率的概念就是基于此而提出的[21]，在干旱半干旱地区，提高水分利用效率是作物稳产高产的根本途径[22]。已有研究表明，适度的土壤水分亏缺提高了作物的水分利用效率[23,24]，本研究得出，拔节期增加灌水量，开花期降低灌水量的调亏处理方式显著提高了甜高粱的水分利用效率，这主要是因为这种调亏灌溉的方法显著提高了甜高粱的生物产量。

## 4 结论

通过对甘肃河西走廊边缘绿洲区调亏灌溉处理条件下甜高粱的产量、品质和水分利用效率的研究，得出拔节期每次灌水 $1050m^3/hm^2$ 和开花期每次灌水 $450m^3/hm^2$ 处理下不仅提高了甜高粱的茎秆和地上生物产量，而且与对照相比，其糖分和乙醇产量也显著增加，达到了在总的灌水量不变的情况下增产，提高水分利用效率，改善品质的综合效应，是实施调亏灌溉的理想阶段。

## 参 考 文 献


[1] 康绍忠，蔡焕杰．作物根系分区交替灌溉和调亏灌溉的理论与实践［M］．北京：中国农业出版社，2002.

[2] 程福厚，霍朝忠，张纪英，等．调亏灌溉对鸭梨果实的生长、产量及品质的影响［J］．干旱地区农业研究，2002，18（4）：72－76.

[3] Mitchell P D, Chalmers D J. The effect of reduced water supply on peach tree growth and yields [J]. Journal of the American Society of Horticultural Sciences, 1982, 107 (5): 853－856.

[4] 孟兆江，贾大林，刘安能，等．调亏灌溉对冬小麦生理机制及水分利用效率的影响［J］．农业工程学报，2003，19（4）：66－69.

[5] 马福生，康绍忠，王密侠，等．调亏灌溉对温室梨枣树水分利用效率与枣品质的影响［J］．农业工程学报，2006，22（1）：37－43.

[6] Reddy C R, Reddy S R. Scheduling irrigation for peanuts with variable amounts of available water [J]. Agricultural Water Management, 1993, 23: 1－9.

[7] 孟兆江，刘安能，庞鸿宾，等．夏玉米调亏灌溉的生理机制与指标研究［J］．农业工程学报，1998，14（4）：88－92.

[8] Ebel R C, Proebsting E L, Patterson M E. Regulated deficit irrigation may alter apple maturity, quality and storage life [J]. Horticultural Science, 1993, 28 (2): 141－143.

[9] Erdem Y, Yuksel A N. Yield response of watermelon to irrigations hortage [J]. Scientia Horticulturae, 2003, 98: 365－383.

[10] Hewitt B R. Spectrophotometric determination of total carbohydrate [J]. Nature, 1958, 182: 246－247.

[11] Institution of Japan Energy (Ed.), 2006. In: Hua, Z. Z., Shi, Z. P. (Translators). Biomass Handbook. Chemistry Industry Press, Beijing, 166－167, 172.

[12] Turner N C. Plant water relations and irrigation management [J]. Agricultural Water Management, 1990, 17: 59－75.

[13] Failla O, Zocchi G, T reccant C, et al. Growth, development and mineral content of apple fruit in different water status conditions [J]. Journal of Horticultural Science, 1992, 67: 265－271.

[14] Blankman P G, DaviesW J. Root to shoot communication in maize plant of the effects of soil drying [J]. Journal of Experimental Botany, 1985, 36 (1): 39－48.

[15] 孟兆江，刘安能，庞鸿宾，等．夏玉米调亏灌溉的生理机制与指标研究［J］．农业工程学报，1998，14（4）：88－92.

[16] Turner N C, Begg L E. Plant water relationship and adaptation to stress [J]. Plant and Soil, 1981, 58: 97－131.

[17] Mpelasoka B S, BehboudianM H, M ills T M. Effects of deficit irrigation on fruit maturity and quality of 'Braeburn' apple [J]. Scientia Horticulturea, 2001, 90: 279－290.

[18] M iller S A, Boldingh H L, Johansson A. Effects of water stress on fruit quality attributes of Kiwifruit [J]. Annals of Botany, 1998, 81: 73－81.

[19] Dichio B, Xiloyannis C, Sofo A, et al. Effects of post－harvest regulated deficit irrigation on carbohydrate and nitrogen partitioning, yield quality and vegetative growth of peach trees [J]. Plant Soil, 2007, 290: 127－137.

[20] 马福生，康绍忠，王密侠，等．调亏灌溉对温室梨枣树水分利用效率与枣品质的影响［J］．农业工程学报，2006，22（1）：37－43.

[21] 许振柱，周广胜．农业水分利用率及其对环境和管理活动的响应［J］．自然资源学报，2003，18（3）：294－303．
[22] 山仑，陈培元．旱地农业生理生态基础［M］．北京：科学出版社，1998．12－13．
[23] Mooney Ham Lanadell J，Chapin F S，Eh leringer F A，et al. Ecosystem physiology responses to global change［A］. In：Walker B，Steffen W，Canadell J，Ingam J eds. The Terrestial Biosphere and Globle Change Impo lication for Natural and Managed Ecosystem［C］. Canmbrige：University Press，1999．141－188．
[24] 韩占江，于振文，王东，等．调亏灌溉对冬小麦耗水特性和水分利用效率的影响［J］．应用生态学报，2009，20（11）：2671－2677．

# Effects of regulated deficit irrigation on photosynthetic characteristics，yield，quality and water use efficiency of sweet sorghum

Xie Tingting  Su Peixi

（Linze Inland River Basin Research Station，Cold and Arid Regions Environmental and Engineering Research Institute，Chinese Academy of Sciences，Heihe Key Laboratory of Ecohydrology and Integrated River Basin Science，Lanzhou，730000）

**Abstract** In order to understand the productivity and water use status of sweet sorghum under regulated deficit irrigation in arid region. The gas exchanges parameters in jointing stage，biomass yield，quality and water use efficiency of sweet sorghum under regulated deficit irrigation were measured and contrasted in marginal oasis region of Hexi Corridor in Northwestern China. The results showed that：net photosynthetic rate and transpiration rate increased gradually with increased irrigation volume in jointing stage，but the increase of net photosynthetic rate was higher than transpiration rate. The stem and aboveground biomass yield was enhanced significantly under regulated deficit irrigation，and they were highest at $1050m^3/hm^2$ irrigation volume each time in jointing stage and $450m^3/hm^2$ irrigation volume each time in flowering stage，the stem and aboveground biomass yield was 23. $24t/hm^2$ and 28. $62t/hm^2$，respectively；The sugar yield and ethanol yield was also highest in this treatment with the value was 12. $47t/hm^2$ and 6842. $47L/hm^2$，respectively. Meanwhile，water use efficiency was also increased under regulated deficit irrigation，this shows increasing irrigation volume in jointing stage and decreasing irrigation volume in flowering stage is beneficial to enhance biomass yield and quality of sweet sorghum without increasing total irrigation volume，it also reaches to high water use.

**Key words** regulated deficit irrigation；biomass yield；soluble sugar content；ethanol yield；water use efficiency

# 农业水权转让补偿机制研究*

代小平[1] 陈 菁[2,3] 陈 丹[2,3] 郝程程[2,3] 崔亚峰[2,3]

（1. 华北水利水电学院水利学院 郑州 450011；2. 河海大学水利水电学院 南京 210098；
3. 河海大学南方地区高效灌排与农业水土环境教育部重点实验室 南京 210098）

**摘 要** 农业水权转让补偿机制是农业水权转让实践的需要，农业水权转让补偿机制的目的是减少或消除农业用水转移和农业水权转让的负面影响，提高农业水权转让整体效益。本文在总结我国农业水权转让补偿实践的基础上构建了农业水权转让补偿机制框架。该框架由补偿主体和对象、补偿途径和方式、补偿标准以及补偿保障机制构成。最后，运用该补偿机制框架对我国农业水权转让补偿实践现状进行了分析。

**关键词** 农业水权转让；补偿机制；补偿途径；补偿方法

随着我国经济的发展、水资源供需矛盾将在一段时期内长期存在，各类型用水之间的竞争也将不断激烈。农业用水转移和农业水权转让是缓解水资源供需矛盾的有效方法之一，对促进水资源的高效利用和地方经济发展起到了巨大作用。但由于我国农业水权制度尚未建立，对农业用水转移和农业水权转让中受损者的补偿还处在探索中，农业用水转移和农业水权转让不可避免地产生了一些负面影响。因此，急需构建农业水权转让补偿机制，以减少和消除这些负面影响，促进农业水权转让合理有序地发展。

## 1 农业水权转让补偿机制的概念

在构建农业水权转让补偿机制时，首先要对不同的转让制度下的农业水权转让影响进行分析。

在农业水权制度不完善的情况下，农业用水向非农业用水转移时，农业用水者不能作为独立的利益方参与转移过程，转移往往对农业用水者不利，表现为农业产量减少等。与此同时，在农业用水转移过程中，还有可能对第三方用水者和农村生态环境造成影响。例如，在农业用水重复利用率高的地区，农业用水的转移可能对依靠灌溉回归水进行循环灌溉的用水者造成影响。对依靠渠道渗漏和农业用水回归水补给的沿渠生态林，在农业用水转移后可能造成生态林的退化。

在有完善的农业水权制度的情况下，农业用水者作为主体参与水权转让，其利益能够得到保障。但如果水权转让中缺乏第三方利益相关者的参与，缺乏代表生态环境的主体的参与，水权转让可能对第三方利益相关者和生态环境造成影响。

农业水权转让补偿机制即是对农业用水转移和农业水权转让中的受损方进行补偿，以削减或消除农业用水转移和农业水权转让的负面影响，提高农业水权转让整体效益的一系列规则的集合[1]。农业水权转让补偿机制是农业水权转让制度的一部分。它要解决的核心问题为：“谁补偿谁？怎么补偿？补偿多少？”。由此可将补偿机制分为补偿主体和补偿对象、补偿途径和补偿方式、补偿标准和补偿保障机制几个部分。

## 2 补偿主体和客体

补偿主体和补偿对象针对的是“谁补偿谁”的问题。按照谁受益谁补偿的原则，补偿主体应包括农业水权转让中的受益主体。如从水权转让中获益的电厂、地方政府等。对于缺乏明确的受益主体的水权转让，则由政府作为公共利益的代表进行补偿。

按照谁受损谁受偿的原则，可以将补偿客体定义为农业水权转让中的受损主体[2]，如农业水权转让中的农业用水者、第三方利益相关者、生态环境等。

---

* 基金项目：水利部公益性行业科研专项项目（201001023；201101022）。

第一作者简介：代小平（1982— ），男，四川泸州人，华北水利水电学院，讲师，主要从事水土资源规划与管理方面研究。E-mail：daixiaop@gmail.com

## 3 补偿途径和补偿方式

补偿途径和补偿方式要解决的是“怎么补偿”的问题。补偿途径由补偿主体的类别决定。由于补偿主体包括水权转让中的受益者和政府两部分，因此，补偿途径也可分为受益者补偿和政府补偿两类。

补偿方式是指补偿的具体方法，包括显性补偿和隐形补偿。显性补偿如给予受影响者的现金、实物等；隐性补偿如限制农业水权转让的政策等。受益者补偿的补偿方式以显性补偿为主，而政府补偿的补偿方式则既可为显性补偿，又可为隐性补偿。

### 3.1 补偿途径

#### 3.1.1 受益者补偿

按照水权转让类型的不同，可将补偿途径分为行业内补偿、行业间补偿和区域补偿，分别对应行业内水权转让、行业间水权转让和区域间水权转让。

行业内补偿指农业用水者内部进行水权转让时，受益的农业用水者对受损者进行补偿。行业间补偿是指农业用水向非农业用水转让时，水权交易中的受益方对受损方的补偿。根据买水方的不同，行业间补偿又可分为由工业用水方进行的补偿和由生活用水方进行的补偿，分别对应农业用水向工业用水转让以及农业用水向市政和生活用水转让。

对不同类的行业间补偿，根据农业用水者是否直接参与水权转让，受益者和受损者又有所区别。

如果农业用水者直接参与水权转让，并且买卖双方通过平等议价达成水权转让协议，则水权转让中卖水的农业用水者和买水者都能获得收益。在农业用水向工业用水转让时，受益者为卖水的农业用水者和买水的工业企业，为补偿主体。在农业用水向市政、生活用水转让时，受益者为卖水的农业用水者，买水的供水公司，享受市政用水服务的市民和生活用水户，为补偿主体。受损者主要为第三方利益相关者和生态环境，为转让补偿中的补偿对象。

如果农业用水者未直接参与水权转让，而是由政府或灌区代表农业用水者参与水权转让，则政府（灌区）和买水方是水权转让中的获益者。对农业用水向工业用水主体转让而言，补偿主体为政府（灌区）和买水的工业企业。对农业用水向生活用水主体转让而言，补偿主体为政府（灌区）、买水的供水公司，以及享受市政用水服务的市民和生活用水户。受损者包括农业用水者、第三方利益相关者和生态环境，为补偿对象。

#### 3.1.2 政府补偿

政府补偿是在没有适当的受益主体时，由政府对农业用水者进行的补偿。如在农业用水向生态用水转让时，由于没有合适的生态用水主体，因此由政府承担补偿责任。我国在黑河调水后，为减轻调水对黑河中游的影响，由政府对中游灌区进行节水改造即是政府补偿的例子。

政府补偿还包括政府出台的一系列水权转让政策。如通过出台相关法规限制或禁止不合理的水权转让，保护水权转让中弱势群体的利益。

#### 3.1.3 区域补偿

区域补偿是区域内的农业用水向其他区域转让时进行的补偿。根据农业用水者是否参与水权转让，转让中的受益者和受损者也有所不同。

当农业用水者参与水权转让时，区域补偿的受益者包括买水的地方政府，买水地区的直接用水者，卖水的农业用水者，构成补偿主体。受损者包括因农业水权转让而受到影响的第三方利益相关者和生态环境，构成补偿对象。

当农业用水者未参与水权转让时，区域补偿的受益者为买水的地方政府，卖水的地方政府（灌区），买水地区的直接用水者，为补偿主体。受损者包括受到影响的农业用水者，第三方利益相关者和生态环境，为补偿对象。

各类农业水权转让情况下的补偿关系见表1。

表 1 农业水权转让补偿关系表

<table>
<tr><th colspan="3">转 让 类 型</th><th>补 偿 主 体</th><th>补 偿 客 体</th></tr>
<tr><td rowspan="5">农业用水者参与转让</td><td colspan="2">行业内转让</td><td>买水的农业用水者</td><td>卖水的农业用水者</td></tr>
<tr><td rowspan="3">行业间转让</td><td>农业—工业用水</td><td>买水的企业，卖水的农业用水者</td><td>第三方利益相关者，生态环境</td></tr>
<tr><td>农业—生活市政用水</td><td>买水的供水公司，市民，生活用水者，卖水的农业用水者</td><td>第三方利益相关者，生态环境</td></tr>
<tr><td>农业—生态用水</td><td>买水的政府，卖水的农业用水者</td><td>第三方利益相关者</td></tr>
<tr><td colspan="2">区域间转让</td><td>买水的地方政府，买水地区的直接用水者，卖水的农业用水者</td><td>第三方利益相关者，生态环境</td></tr>
<tr><td rowspan="4">农业用水者未参与转让</td><td rowspan="3">行业间转让</td><td>农业—工业用水</td><td>买水的企业；卖水的地方政府（灌区）</td><td>受影响的农业用水者，第三方利益相关者，生态环境</td></tr>
<tr><td>农业—生活市政用水</td><td>买水的供水公司，市民，生活用水者</td><td>受影响的农业用水者，第三方利益相关者，生态环境</td></tr>
<tr><td>农业—生态用水</td><td>买水的政府</td><td>卖水的农业用水者，第三方利益相关者</td></tr>
<tr><td colspan="2">区域间转让</td><td>买水的地方政府，买水地区的直接用水者，卖水的地方政府（灌区）</td><td>受影响的农业用水者，第三方利益相关者，生态环境</td></tr>
</table>

### 3.2 补偿方式

补偿方式是指补偿的具体操作形式，包括资金补偿，实物补偿，技术补偿和政策补偿。

资金补偿包括受益方对受损者的赔款以及政府对受损方的补贴，以直接减少和抵消受损者的经济损失。

实物补偿是补偿主体以实物或工程的形式对补偿对象进行的补偿，以改善补偿对象的恢复和发展能力，减少农业水权转让的长期影响和潜在影响。如买水方或政府对农业节水工程的投资，建造的生态修复工程等。

技术补偿主要指节水技术补偿，是指补偿主体通过推广适用的农业节水技术，提供无偿的节水技术咨询和指导，提高农户的节水生产能力，从而减少水权转让的负面影响。该类补偿主要由政府推动。

政策补偿包括国家出台的促进农业水权转让合理进行的相关政策法规。通过法规从法律上限制不合理的农业水权转让，从而更广泛地保护农业水权转让中受影响者的权益。

## 4 补偿标准

补偿标准解决的是“补偿多少”的问题。补偿标准包括两方面内容。一方面是指农业水权转让中的受益者或政府补偿受损者的补偿额。另一方面指在包含多个补偿主体时，在不同的补偿主体间补偿额的分摊标准。

补偿标准的确定首先需要合理评价农业水权转让的影响，明确影响的范围、时间、程度等。农业水权转让影响的范围包括社会、经济、生态三方面，涉及农业用水者、第三方利益相关者、生态环境等对象，因此，在进行影响评价时需要综合考虑农业用水在农业社会、经济、生态复合系统中的功能进行评价。如对于农业用水在维持农村互助合作的传统，促进乡村自治管理，维持农田生态系统等方面的功能，目前的研究很少考虑到。由于农业生态系统和水文系统的复杂性，农业水权转让影响具有时间效应，许多影响可能在短期内不会显现出来，因此在进行影响评价时必须要考虑水权转让的长期潜在影响。

在补偿额的分摊方法上，已有方法包括：按照各受益方从水权转让中获得的收益进行同比例分摊，这需要对各受益方在水权转让中获得的收益进行精确计算；通过分析各受益方对转让影响的贡献大小，根据合作博弈模型进行计算。

## 5 补偿保障机制

补偿保障机制是指保障农业水权转让补偿顺利实施的机制。补偿保障机制需要解决的是补偿具体怎么操作的问题。补偿保障机制的功能需要涵盖农业水权转让影响评价、农业水权转让补偿方式确定以及农业水权转让补偿标准确定等方面。补偿保障机制需要为农业水权转让各利益相关方提供协商的平台，让各利益相关方就补偿相关事项进行平等协商。补偿保障机制也需要为农业水权转让补偿提供咨询平台。如组织相关专家对农业水权转让影响进行评价，对各受益方的收益状况进行评估等。补偿保障机制也需要提供农业水权转让的信息公开和申述的平台，以使各利益相关者能及时发现农业水权转让对自身的影响，随时监督农业水权转让补偿的效果并提起申述。

## 6 我国农业水权转让补偿现状分析

我国农业水权转让以政府或灌区代表农业用水者参与水权转让为主。农业用水者参与水权转让主要是小型的农业内部的水权转让，如张掖水票制水权转让。

我国农业水权转让中的受益者包括直接参与水权转让的地方政府、灌区和买水方。受损者包括未参与水权转让的农业用水者、灌区、第三方利益相关者和生态环境。

我国农业水权转让补偿还仅仅停留在补偿受到影响的农业用水者和灌区，对受到影响的第三方利益相关者和生态环境尚未给予补偿。多数补偿为受益者补偿，即由买水方进行补偿。补偿方式以实物补偿为主。即由受益方通过投资进行灌区节水改造或兴建节水工程的方式对灌区和农业用水者进行补偿。

在补偿标准的确定中，主要通过分析农业节水工程的投资和适当的运行维护费用确定。少数案例依据农业水资源的机会成本或获取成本来计算补偿标准。如东阳义务水权转让中转让费的确定，诸暨市工业用水补偿农业用水的尝试。

在水权转让涉及多个受益者时，各受益者间补偿费的分摊方式多通过协商确定，尚缺乏明确的补偿额分摊方法。

我国农业水权转让以政府推动为主。在农业水权转让补偿中，以行政体系保障为主。由政府代表农业用水者同买水者协商确定补偿方式、补偿标准，并由政府监督补偿效果。如在内蒙古自治区南岸灌区水权转换中，成立了自治区、盟市、旗县三级水权转换领导机构。各级领导机构多由行政首长和各相关部门负责人组成，以便于通过行政力量贯彻和落实农业水权转让补偿措施。

我国现有农业水权转让补偿案例中的补偿特征如表 2 所示。

**表 2　我国农业水权转让案例分类及其特征表**

| 补偿途径 | 政府补偿 | 受益者补偿 | | | |
|---|---|---|---|---|---|
| | | 区域补偿 | 行业间补偿 | | 行业内补偿 |
| | | | 工业用水主体补偿 | 生活市政用水补偿 | |
| 补偿案例 | 黑河中游灌区节水改造；塔里木河灌区节水改造 | 东阳义乌水权转换；慈溪绍兴水权转让 | 宁夏内蒙古水权转换；甘肃景电水权转让；甘肃白银市水权转让 | 浙江省诸暨市城镇供水补偿农业节水 | 张掖水票制水权转让；甘肃山丹县水权转让 |
| 补偿主体 | 中央和地方政府 | 地方政府 | 买水企业 | 买水的供水公司 | 买水农户 |
| 补偿对象 | 灌区 | 灌区和地方政府 | 灌区 | 灌区 | 卖水农户 |
| 补偿方式 | 实物补偿 | 资金和实物补偿 | 资金和实物补偿 | 资金补偿 | 资金补偿 |
| 补偿标准计算方法 | 节水工程投资 | 水资源替代成本 | 节水工程投资 | 节水工程建设管理 | 水资源成本 |
| 补偿标准协商方式 | 各级政府协商 | 政府和企业协商 | 灌区、政府和企业协商 | 水库、供水公司、政府协商 | 农民间协商 |
| 补偿保障机制 | 中央政府推动，行政保障 | 地方政府推动，行政保障 | 流域管理机构推动，行政保障 | 地方政府推动 | 政府引导，农民自发行为 |

## 7 结语

本文分析了农业水权转让补偿机制的概念，构建了农业水权转让补偿机制的框架。并运用这个框架分析了我国农业水权转让补偿现状。研究表明，我国目前农业水权转让补偿实践存在以下特点：补偿主体既包括政府也包括水权转让受益者，以受益者为主；补偿对象范围较窄，对第三方利益相关者和生态环境的影响缺乏补偿；补偿方式以实物补偿为主；补偿标准主要依据节水工程建设成本确定，确定方法较简单，还缺乏明确的补偿额分摊方法；补偿以政府推动和行政保障为主，缺乏利益相关者的参与和公共监督。

## 参 考 文 献

[1] 代小平．农业水权转让影响及补偿机制研究［D］．南京：河海大学，2010.
[2] 代小平，陈菁，褚琳琳，等．农业节水补偿机制研究［J］．节水灌溉，2008（10）．

# Research on Compensation Mechanism for Agricultural Water Rights Transfer

Dai Xiaoping[1] Chen Jing[2,3] Chen Dan[2,3] Hao Chengcheng[2,3] Cui Yafeng[2,3]

(1. College of water conservancy, North China University of water resources and electric power, Zheng Zhou 450011; 2. College of Water Conservancy and Hydropower Engineering, Hohai University, Nanjing 210098; 3. Key Laboratory of Efficient Irrigation-Drainage and Agricultural Soil-Water Environment in Southern China of Ministry of Education, HohaiUniversity, Nanjing 210098)

**Abstract** Mechanism of Agricultural Water Rights Transfer is necessary for release the bad impact of agricultural water transfer, and for improve the total benefit of the transfer. This paper constructed the structure of agricultural water rights transfer compensation mechanism based on the practice of China. This structure is composed of compensation subjects and objects, compensation approaches, compensation methods, compensation standard and compensation guarantee system. The current situation of agricultural water rights transfer compensation in China is analyzed at last.

**Key words** agricultural water rights transfer; compensation mechanism; compensation approaches, compensation methods

# 草被措施对坡沟侵蚀系统径流流态和流速影响研究*

魏　霞[1,2]　丁永建[2]　李占斌[3]　付玉凤[4]

（1. 兰州大学资源环境学院　兰州　730000；2. 中国科学院寒区旱区环境与工程研究所　兰州　730000；3. 西安理工大学水利水电学院　西安　710048；4. 中国科学院水利部水土保持研究所　陕西杨凌　712100）

**摘　要**　本文通过对野外坡沟系统进行不同流量（14L/min、18L/min、22L/min）、不同草被覆盖度（30%、50%、70%）和不同草被覆盖坡位（坡底、沟底）的放水冲刷实验，对坡沟系统侵蚀发生过程中的径流水动力学特性进行了深入研究。结果表明，在试验的流量、草被覆盖度和草被覆盖坡位范围内，相同冲刷流量下，不论草被布设在坡沟系统的坡底还是沟底，随着草被覆盖度从30%增大至50%，坡沟系统的径流雷诺数 $Re$、径流弗劳德数 $Fr$ 和径流流速 $v$ 均呈现出明显的增长趋势，但随着草被覆盖度继续增大至70%时，$Re$、$Fr$、$v$ 又呈现出明显的递减趋势；这说明在本实验中存在一个临界草被覆盖度，该值是50%，这与以往的研究结果草被临界覆盖度在50%左右相吻合；相同流量相同草被覆盖度下，坡沟系统的 $Re$、$Fr$、$v$ 随着冲刷历时的增大呈现出波动的变化趋势，增减趋势不是很明显；相同草被覆盖度下坡沟系统的 $Re$、$Fr$、$v$ 随着冲刷流量的增大而增大；草在沟时的 $Re$、$Fr$、$v$ 略大于草在坡底时相应的 $Re$、$Fr$、$v$。研究结果可为黄土高原地区水土保持措施的合理配置提供重要依据，为黄土高原坡沟系统水蚀预报模型的建立提供科学依据。

**关键词**　坡沟侵蚀系统；草被覆盖；径流流态；径流流速

## 1　引言

坡沟系统是黄土高原的特有问题[1,2]，随着土壤侵蚀研究的不断深入，人们逐渐认识到坡面与沟坡在流域产流产沙过程中的不可分割性[3,4]。坡面和沟坡的林草措施在坡沟侵蚀系统侵蚀防治中起着重要作用，而破坏植被和不合理的开垦等人为活动加剧坡沟系统土壤侵蚀过程。唐克丽等[5,6]通过对杏子河流域的考察也指出，沟谷陡坡的毁林开荒是该流域土壤侵蚀加剧的重要原因。唐克丽等[7]还在子午岭林区长期设站观测，研究植被恢复前后的土壤侵蚀特点，指出唯有当沟谷植被破坏殆尽时，其侵蚀强度才将超过坡面的侵蚀强度，可见植被抑制侵蚀作用之显著。随着西部大开发战略的实施，黄土高原地区正在积极推行退耕还林还草措施，生物措施在防治水土流失方面的作用越来越受到人们的重视。对于水资源极其缺乏的黄土高原地区，必须充分认识到生态环境和水资源关系的差异性和适应性，不能违背水资源规律和生态规律，要“量水而行”。根据黄土高原的地貌与气候条件，草被的恢复和重建应成为生态环境建设的一个主要部分[8,9]。但是，以往的研究主要是针对单坡面的草被减沙减蚀作用进行的[10,11]，对坡沟系统中的草被减水减沙效益和作用研究较少[12]。因此，从坡沟系统的角度出发，研究坡面草被对挟沙水流水力特性的影响具有重要意义，对水土保持措施的优化配置问题提供重要参考。为此，本文通过野外坡沟系统冲刷试验，在坡沟系统的坡底和沟底两种不同位置布设不同覆盖度的草被，研究草被布设在坡沟系统的不同位置和草被布设在同一部位时不同草被覆盖度对坡沟系统的水力学特性的影响，为水土保持措施的合理配置提供科学依据。

## 2　试验设计与方法

试验地选在甘肃省黄委会天水水土保持科学试验站罗玉沟试验基地西侧的草地刺槐林混生地进行。试验场地首先考虑有自然变坡地形，且变坡各段的长度要满足试验设计的坡段长度，草被覆盖要比较均匀，同时

* 基金项目：国家自然科学基金项目（41001154）；教育部博士点基金项目（20090211120021）；中央高校基本科研业务费专项资金资助（lzujbky-2010-103）；中国博士后科学基金（20110490862）。

第一作者简介：魏霞（1980—　），女，陕西扶风人，讲师，博士后，主要从事土壤侵蚀与水土保持、水文学及水资源等方面的研究。E-mail：wx800322@163.com

考虑水源、电源的方便供应。草被覆盖度选为70%、50%、30%，草被的空间配置分为坡面底部和沟坡底部两种。本实验采取放水冲刷试验，选用流量14L/min、18L/min和22L/min，在冲刷实验进行之前，应保证坡顶稳流槽达到水平。供水设备采用定水头控制流量。试验中记录试验开始后的出流时间（放水至开始产流的时间）、各断面的流速、水宽、试验时间（产流开始时间至终止放水时间，设计20～30min）、径流终止时间（放水终止至径流终止时间）；试验过程中每1min接取一个径流泥沙样，并提取部分样品。对接取的径流用径流桶量取体积，对接取的样品用置换法测量并计算含沙量。

## 3 试验结果与分析

### 3.1 草被措施对径流流态的影响

#### 3.1.1 草被措施对坡沟系统 *Re* 的影响

图1和图2分别为坡沟系统 *Re* 在相同流量下随坡沟系统坡底和沟底草被覆盖度的变化情况。由图1（a）可知，在冲刷流量为14L/min，草被覆盖度为30%时，坡沟系统 *Re* 最小，随着草被覆盖度增大到50%，坡沟系统 *Re* 急剧增大，但是当草被覆盖度增大至70%时，坡沟系统 *Re* 又出现减小的趋势。由图1（b）我们也可以得到相同结论，随着草被覆盖度从30%增大至50%，坡沟系统 *Re* 出现急剧增大的趋势，但是随着草被覆盖度继续增加至70%，坡沟系统 *Re* 又呈现出急剧的下降趋势，甚至比30%草被覆盖度下的 *Re* 值还小。分析图1（c），仍然能够得道相同的结论，究其原因，应该是在本实验中存在一个临界草被覆盖度值50%，当草被覆盖度小于该值时，*Re* 随着草被覆盖度的增大而增大，当草被覆盖度大于该值时，*Re* 随着草被覆盖度的增大而减小。同时，由图1的（a）、（b）、（c）还可以看出，相同流量相同草被覆盖度下，*Re* 随着冲刷历时的增大呈现出波动的变化趋势，增减趋势不是很明显，而且由图中的纵坐标可以得知，相同草被覆盖度下的 *Re* 随着冲刷流量的增大，呈现出增大的趋势。

图2为相同流量下草被覆盖在坡沟系统的沟底时坡沟系统的 *Re* 随草被覆盖度的变化图。由图2（a）可知，坡沟系统的 *Re* 随着沟底草被覆盖度的增大呈现出先增大后减小的趋势，即随着沟底的草被覆盖度从30%增大至50%，坡沟系统的 *Re* 呈现急剧增大趋势，随着沟底草被覆盖度的继续增大，坡沟系统的 *Re* 又出现急剧减小的趋势。分析图2（b）、（c）图仍然可以发现存在这样的规律，即坡沟系统的 *Re* 随着沟底草被覆盖的增加呈现出先增加后减小的趋势，究其原因与上相同。相同流量相同草被覆盖度的坡沟系统的 *Re* 随着冲刷历时的增大呈现出波动的变化趋势，增减幅度不是很明显。同样，由图中的纵坐标可以得知，随冲刷流量的增大，坡沟系统的 *Re* 随着冲刷流量的增大而增大。

将图1和图2中的纵坐标进行比较可以得知，相同流量和相同草被覆盖度下，草被覆盖在坡沟系统的沟底时的 *Re* 略大于草被覆盖在坡沟系统的坡底时的 *Re*。

#### 3.1.2 草被措施对坡沟系统 *Fr* 的影响

图3和图4分别为坡沟系统的 *Fr* 在相同流量下随坡沟系统坡底和沟底草被覆盖度的变化情况。由图3中的（a）图，可以得知，当冲刷流量为14L/min时，坡沟系统的 *Fr* 在草被覆盖度为30%时最大，随着草被覆盖度增大至50%，坡沟系统的 *Fr* 出现减小的趋势，随着草被覆盖度继续增大至70%时，坡沟系统的 *Fr* 呈现剧烈的减小趋势。由图3（b）可以得知，当草被覆盖度为30%时，坡沟系统的 *Fr* 最小，随着草被覆盖度增大至50%时，坡沟系统的 *Fr* 呈现出略微的增大趋势，随着草被覆盖度增大至70%时，坡沟系统的 *Fr* 又呈现出急剧的下降趋势。图3（c）的变化趋势和图3（b）的变化趋势相同，即 *Fr* 随着草被覆盖度的增大呈现出先增大后减小的趋势，但当草被覆盖度由30%增长到50%时增大的幅度较较图3（b）明显。相同流量相同草被覆盖度的坡沟系统的 *Fr* 随着冲刷历时的增大呈现出波动的变化趋势，增减幅度不是很明显。同样，由图中的纵坐标我们可以得知，随冲刷流量的增大，坡沟系统的 *Fr* 随着冲刷流量的增大而增大。

图4为相同流量下草被覆盖在坡沟系统的沟底时坡沟系统的 *Fr* 随草被覆盖度的变化图。由图4（a）可以得知，当草被覆盖度由30%增大至50%时，坡沟系统的 *Fr* 呈现出略微的减小趋势，随着草被覆盖度的继续增大至70%时，坡沟系统的草被覆盖度又出现略微的增大趋势。由图4（b）可以得知，随着草被覆盖度由30%增大至50%时，坡沟系统的 *Fr* 呈现出增大趋势，但是随着草被覆盖度继续增至70%时，坡沟系统的 *Fr* 又呈现出减小趋势。图4（c）的变化趋势与图4（b）的变化趋势相同。相同流量相同草被覆盖度的坡沟系统的 *Fr* 随着冲刷历时的增大呈现出波动的变化趋势，增减幅度不是很明显。同样，由图中的纵坐标可以得知，随冲刷流量的增大，坡沟系统的 *Fr* 随着冲刷流量的增大而增大。

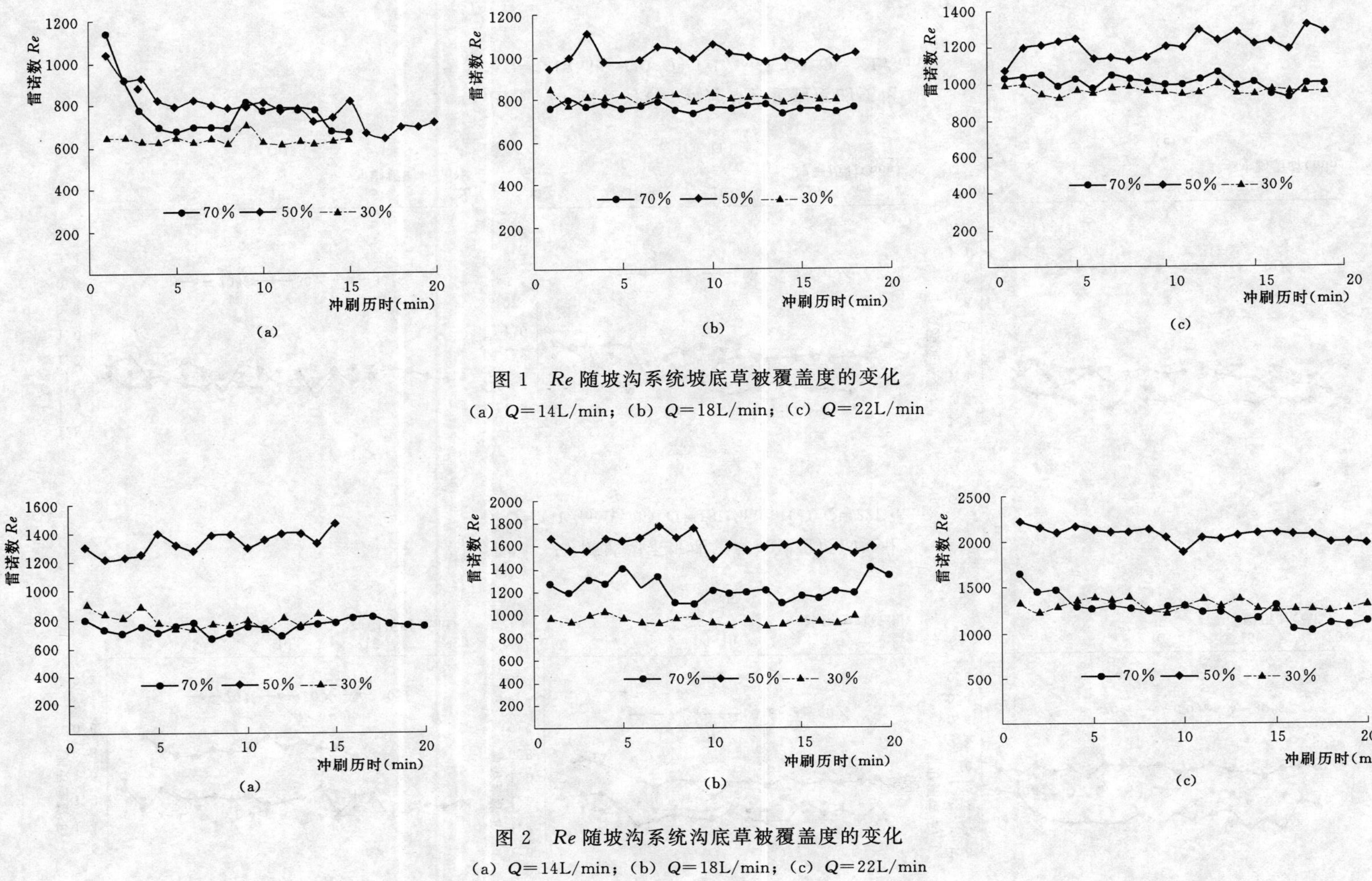


图1 $Re$ 随坡沟系统坡底草被覆盖度的变化

(a) $Q$=14L/min；(b) $Q$=18L/min；(c) $Q$=22L/min

图2 $Re$ 随坡沟系统沟底草被覆盖度的变化

(a) $Q$=14L/min；(b) $Q$=18L/min；(c) $Q$=22L/min

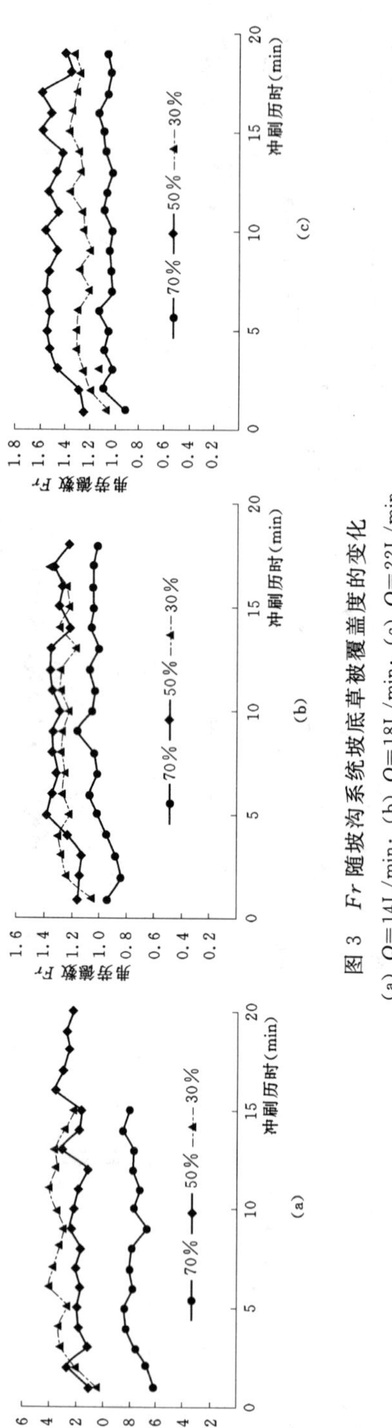


图 3　$Fr$ 随坡沟系统坡底草被覆盖度的变化

(a) $Q$=14L/min; (b) $Q$=18L/min; (c) $Q$=22L/min

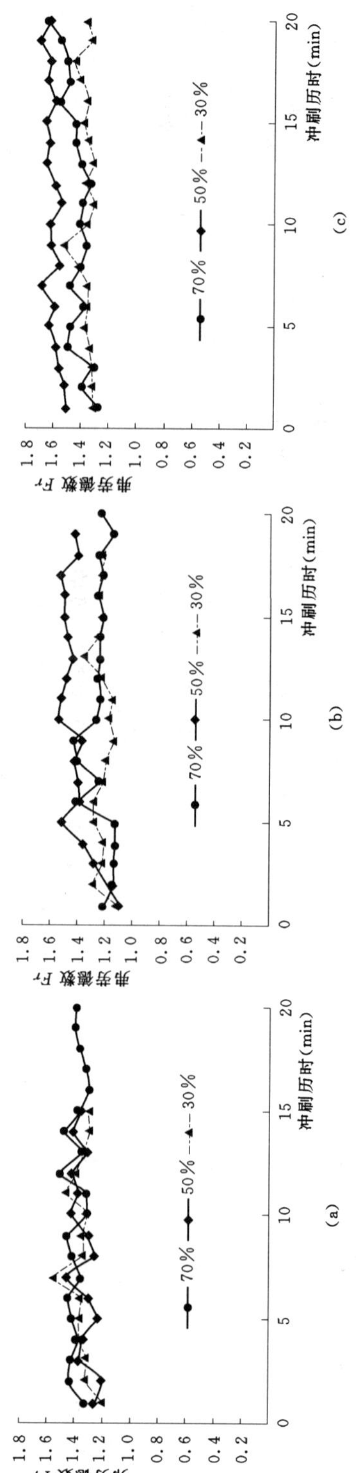


图 4　$Fr$ 随坡沟系统沟底草被覆盖度的变化

(a) $Q$=14L/min; (b) $Q$=18L/min; (c) $Q$=22L/min

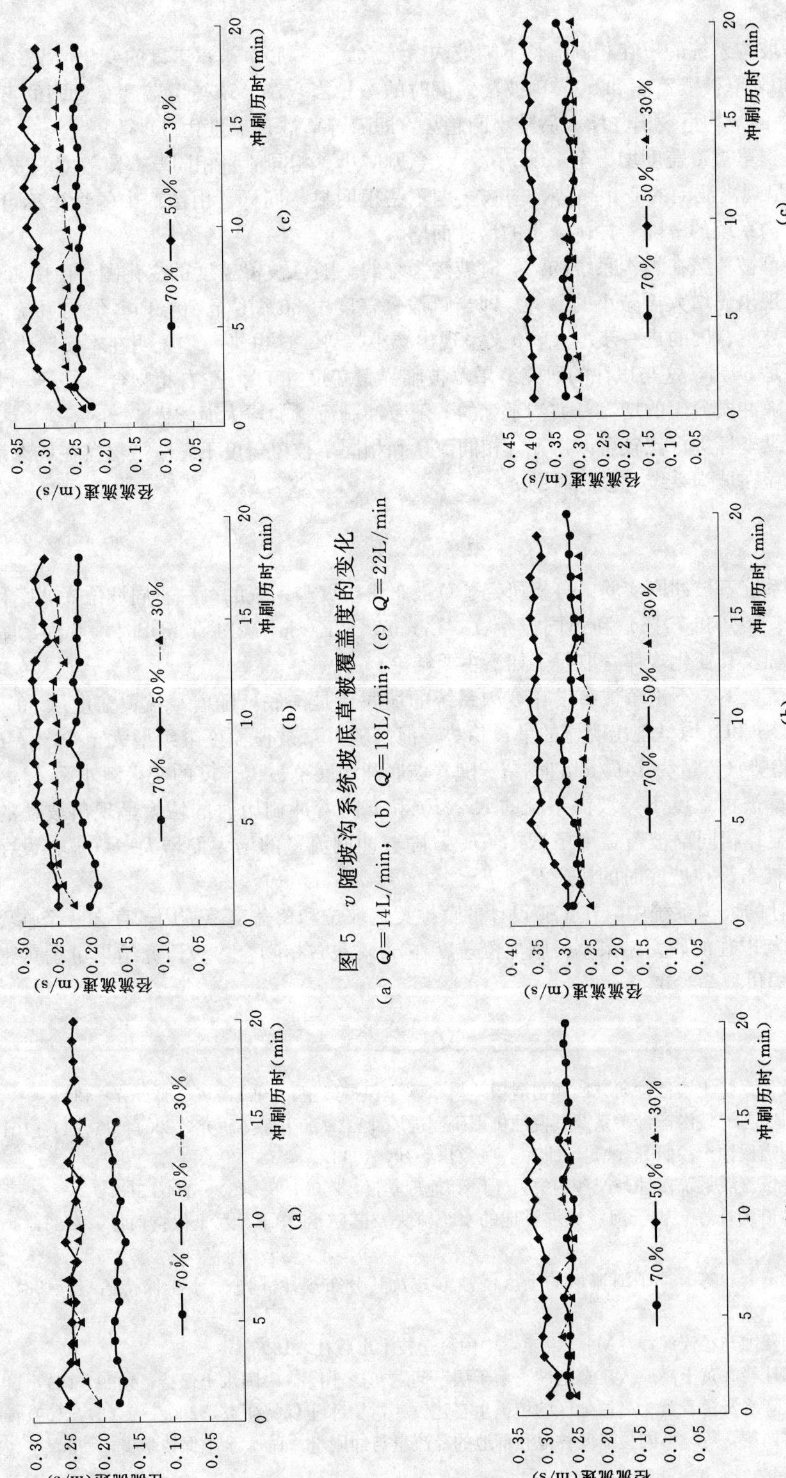


图5 $v$随坡沟系统坡底草被覆盖度的变化

(a) $Q$=14L/min；(b) $Q$=18L/min；(c) $Q$=22L/min

图6 $v$随坡沟系统沟底草被覆盖度的变化

(a) $Q$=14L/min；(b) $Q$=18L/min；(c) $Q$=22L/min

将图 3 和图 4 中的纵坐标进行比较我们可以得知，相同流量和相同草被覆盖度下，草被覆盖在坡沟系统的沟底时的 $Fr$ 略大于草被覆盖在坡沟系统的坡底时的 $Fr$。

### 3.2 草被措施对 $v$ 的影响

图 5 和图 6 分别为坡沟系统的 $v$ 在相同流量下随坡沟系统坡底和沟底草被覆盖度的变化情况。由图 5 可知，除了图 5（a）中 30%草被覆盖度和 50%草被覆盖度时的 $v$ 相当，70%草被覆盖度有急剧的下降以外，图 5（b）和图 5（c）中的 $v$ 均呈现出先增大后减小的趋势，即随着草被覆盖度由 30%增大至 50%时，$v$ 呈现出增大的趋势，但是当草被覆盖度增大至 70%时，$v$ 又急剧减小。相同流量相同草被覆盖度的坡沟系统的 $v$ 随着冲刷历时的增大呈现出波动的变化趋势，增减幅度不是很明显。同样，由图 5 中的纵坐标可以得知，随冲刷流量的增大，坡沟系统的 $v$ 随着冲刷流量的增大而增大。

图 6 为相同流量下草被覆盖在坡沟系统的沟底时坡沟系统的 $v$ 随草被覆盖度的变化图。由图可知，$v$ 随着草被覆盖度的增大呈现出先增大再减小的趋势。即当草被覆盖度由 30%增至 50%时，坡沟系统的 $v$ 呈现出增大的趋势，随着草被覆盖度的进一步增大，$v$ 又呈现出减小趋势。这也进一步说明在本实验中存在一个临界草被覆盖度，该值是 50%，这与以往的研究结果草被临界覆盖度在 50%左右相吻合。同样，由图中的纵坐标我们可以得知，随冲刷流量的增大，坡沟系统的 $v$ 随着冲刷流量的增大而增大。

将图 5 和图 6 中的纵坐标进行比较可以得知，相同流量和相同草被覆盖度下，草被覆盖在坡沟系统的沟底时的 $v$ 略大于草被覆盖在坡沟系统的坡底时的 $v$。

## 4 结论

本文通过野外坡沟系统草被冲刷实验，分析研究了草被布设在坡沟系统的两种不同坡位（坡底和沟底）、三种草被覆盖度（30%、50%和 70%）和不同流量（14L/min、18L/min、22L/min）时，坡沟系统的水动力学特性的动态变化过程及其变化规律，取得了如下主要结论：

（1）相同放水冲刷流量下，不论草被布设在坡沟系统的坡底还是沟底，随着草被覆盖度从 30%增大至 50%，坡沟系统的 $Re$、$Fr$ 和 $v$ 均呈现出明显的增长趋势，但是随着草被覆盖度继续增大至 70%，$Re$、$Fr$、$v$ 又呈现出明显的递减趋势（流量为 14L/min 时，$Fr$ 随着坡底和沟底草被覆盖度的变化例外）。

（2）相同流量相同草被覆盖度下，坡沟系统的 $Re$、$Fr$ 和 $v$ 随着冲刷历时的增大呈现出波动的变化趋势，增减趋势不是很明显；相同草被覆盖度下 $Re$、$Fr$、$v$ 随着冲刷流量的增大而增大；草被布设在沟底时的 $Re$、$Fr$、$v$ 略大于草被布设在坡底时的相应 $Re$、$Fr$、$v$。

（3）在本试验的设计的坡沟系统中，在试验设计的草被覆盖坡位和覆盖度范围内，存在一个临界草被覆盖度，该值是 50%，这与以往的研究结果草被临界覆盖度在 50%左右相吻合，该研究结果可谓黄土高原水土保持措施的合理配置提供科学参考。

## 参 考 文 献

[1] 雷阿林，唐克丽．坡沟系统土壤侵蚀研究回顾与展望［J］．水土保持通报，1997，17（3）：37－43.
[2] 肖培青，郑粉莉，姚文艺．坡沟产沙关系及其侵蚀机理研究进展［J］．水土保持研究，2004，11（4）：101－104.
[3] 陈浩．流域坡面与沟道侵蚀产沙研究［M］．北京：气象出版社，1993.
[4] 陈浩．黄土丘陵沟壑区流域系统侵蚀与产沙的关系［J］．地理学报，2000，55（3）：354－363.
[5] 唐克丽，郑世清，席道勤，等．杏子河流域坡耕地的水土流失及其防治［J］．水土保持通报，1983，3（5）：43－48.
[6] 唐克丽，席道勤，孙清芳，等．杏子河流域的土壤侵蚀方式及其分布规律［J］．水土保持通报，1984（5）：10－19.
[7] 唐克丽．黄河流域的侵蚀与径流泥沙［M］．北京：中国科学技术出版社，1993.
[8] 侯庆春，韩蕊莲，韩仕峰．黄土高原人工草地“土壤干层”问题初探［J］．中国水土保持，1999，(5)：11－14.
[9] 闵庆文，余卫东．从降水资源看黄土高原地区的植被生态建设［J］．水土保持研究，2002，9（3）：109－112.
[10] 罗伟祥，白立强，宋西德，等．不同覆盖度林地和草地的径流量与冲刷量［J］．水土保持学报，1990，4（1）：30－34.
[11] 侯喜禄，曹清玉．陕北黄土丘陵沟壑区植被减沙效益研究［J］．水土保持通报，1990，10（2）：33－40.
[12] 李勉．坡面草被覆盖对坡沟侵蚀产沙过程的影响［J］．地理学报，2005，60（9）：725－732.

# Impact of Grass Measure on the Runoff Flow Pattern and Velocity in the Slope-gully System

Wei Xia[1,2] Ding Yongjian[2] Li Zhanbin[3] Fu Yufeng[4]

(1. College of Earth and Environmental Science, Lanzhou University, Lanzhou 730000;
2. Cold and Arid Regions Environmental and Engineering Research Institute, CAS, Lanzhou 730000;
3. Institute of Water Resources and Hydro-Electric Engineering, Xi'an University of Technology, Xi'an 710048;
4. Institute of soil and water conservation, CAS & MWR, Yangling Shanxi 712100)

**Abstract** By scouring experiments, the effect of grass measure on the flow pattern and velocity in the slope-gully system with different coverage degrees and spatial locations of grass were studied. Three grass coverage degrees of 30%, 50%, 70%, two spatial locations of grass (low-slope, low-gully) and three water inflow rates of 14 L/min, 18 L/min, 22L/min were applied in scouring experiments. Results showed that Reynolds number $Re$, Froude number $Fr$ and velocity of runoff $v$, were all showed a distinct increscent tendency with the grassland coverage increasing from 30% to 50%, but were all showed a distinct decreasing tendency with the grassland coverage increasing from 50% to 70% under the same condition of scouring flow without reference to the grass location of slope and gully in the slope-gully systems. $Re$, $Fr$ and $v$ were all showed a fluctuant tendency with the time duration, and the change was not very clear under the same condition of scouring flow and grassland coverage. The values of three parameters of $Re$, $Fr$ and $v$ gradually augmented with the increase of the scouring flow under the same grass coverage. When grassland in gully, the three parameters of $Re$, $Fr$ and $v$ was slightly larger than that in slope. The result can provide scientific basis for both reasonable arrangement of soil and water conservation measures and loess plateau water erosion forecast model.

**Key words** slope-gully system; grass coverage; runoff flow pattern; runoff velocity

# 灌溉水处理要从黄河水源头开始

戴映辉[1] 邹云[2] 左晓君[2] 尚昕[2] 阎凤桐[2] 王军朝[2]

(1. 吴忠市红寺堡区水务局 宁夏吴忠市 751900；2. 北京通捷机电有限责任公司 北京 100072)

**摘要** 在灌溉用水量在500m³/h以下选用的过滤设备，只要配置合理、质量保证、操作正确均能保证过滤器的过滤效果的。在选用多级过滤系统时，尽量将末级过滤放在距灌水器近的地方，能有效处理在输水管路中产生的微生物、有机物等杂质对灌水器的堵塞。利用提升泵站的动能、高差的势能在泵站的出口、水库的入口建造旋流沉沙池，将集中周期性清沙改为连续不间断清沙，将沉沙池沉沙改为装置除沙。不仅节省了大量投资、土地占压，也节约了时间与人力，并可对河沙进行再利用。

对水扬到地势高的蓄水沉沙池的水，经过高差自流到低处进行灌溉。在没有电力的情况下，采用无动力反冲洗过滤器，解决了在汛期和调水期沉沙池来不及沉沙而将水直接放下去，给下面灌溉系统带来大量泥沙的压力。

**关键词** 灌溉；过滤；调水蓄水模式；水处理

## 1 引言

发展节水农业的关键在于控制从水源到作物产量形成过程中的水分无效损失，包括输水损失、田间储水损失和作物蒸腾损失三部分，以提高水分有效性，把水分的损失降低到最低限度。微灌是一种新型最省水的节水灌溉技术，包括滴灌、微喷灌、渗灌和涌泉灌。它是根据作物需水要求，通过管道系统与安装在末级管道上的灌水器，将作物生长所需的水分和养分以较小的流量均匀、准确地直接输送到作物根部附近的土壤表面或土层中，相对于地面灌和喷灌，微灌属于局部灌溉。

微灌系统一般包括首部枢纽、输配水管网和灌水器。首部枢纽由水泵及动力机、控制阀门、过滤装置、施肥装置、计量和保护装置组成；输配水管网包括管道和管件，常用塑料管道；灌水器是微灌的专用设备，也是微灌系统中重要的组成部分，有滴头、微喷头、渗灌带、涌水器和滴灌带等形式。

微灌有着显著的优点：因全部由管道输水，基本没有沿程渗漏和蒸发损失，灌水时一般实行局部灌溉，避免大水漫灌减少深层渗漏，水的利用率远比其他灌溉方式高，可比漫灌省水60%～80%，比喷灌省水20%～30%；又因省水显著，对提水灌溉来说节能也显著；能有效控制压力，使每个灌水器的出水量基本相等，均匀度可达80%～90%；能为作物生长提供良好的条件，较地面灌一般可增产15%～30%，并提高产品的品质。

微灌中的灌水器被称为微灌系统中的心脏，其水流孔径一般都很小，这就要求灌溉水中不能含有造成灌水器堵塞的污物，因此对灌溉水要进行净化处理是保证微灌系统正常运行的关键。过滤设备的配置要根据水源形式不同、管道直径大小、流量设计峰值、管理操作水平及价格因素等选择适宜的过滤器配置。

## 2 现灌溉过滤器使用的问题

(1) 设计单位对过滤器设计不理解，选错类型有些用户在选择过滤器时由于资金问题，不按照实际需要选购而是选用造价低的和规格型号小的过滤器以降低投资。

(2) 非专业生产厂家对过滤器性能不理解，随意简化。仿制的过滤器达不到应有的性能和标准，达不到好的水处理效果。

(3) 用户使用对过滤器原理不理解。如在离心过滤器的运行中，或是进行系统的排沙，或是对紧接在后的二级过滤器冲洗，认为这样可提高过滤器的效果，其实不然，这样会破坏水流旋转，降低了过滤器的除沙效果。

因此，通过多年对灌溉用过滤设备的研究，我们认为目前国内外用于500m³/h以下灌溉水处理过滤器的技术性能还是比较可靠的，如果发现过滤效果不好，就要从以上三方面去找原因，即选型、质量、操作。只要合理配置、质量可靠、操作正确的过滤器其过滤效果是可以保证的。但对过滤后的水在管路的输送过程中还会造成管路的堵塞。

## 3 改变现有灌溉用过滤器配置模式

现除大棚第一级过滤放在首部，由于各个棚间施肥的灵活性，所以将第二级过滤放在棚内完成。对于除大棚过滤方式以外的其他灌溉过滤方式也同样采用过滤二级分开的方式，既将第二级过滤放在距灌水器近的地方，以减少有机物、微生物等对灌水器堵塞影响。

杂质分为有机物、微生物、无机物、化学杂质。

(1) 有机物。有机物来自于供水水源和滋生于输水管路中，有机物数量的多少主要取决于水源的水质，如开敞式静水塘坝或水池中，会滋长大量有机物。大颗粒的有机杂质可过滤掉，但许多细小的藻类分解后仍能进入系统，然后在管道中不断絮结，并在灌水器出口处形成一道弧形的堆积带，从而堵塞灌水器流道。

(2) 微生物。经常出现的微生物主要含铁和硫离子。含铁的微生物是由可溶解的亚铁离子氧化而成，黏附在管道内壁和灌水器流道中，形成一种称做赭石的沉积物，会很快堵塞灌水器。硫化物是一种白色或黄色的黏稠纤维沉积物，其表面会吸附很多其他杂质。

(3) 无机物。如沙子、碎石屑等其他杂质，由于其粒径过大无法穿过灌水器流道，从而引起堵塞。甚至悬浮于水中的黏土粒，也会聚集成大的颗粒堵塞灌水器流道。

(4) 化学杂质。通常水体中含大量 Ca、Mg、Mn 等矿物质，它们沉积后会形成水垢；具有施肥功能的微灌系统，一些随肥料、农药进入系统的可溶离子，由于温度、压力、pH 值等因素的变化，也可能形成沉积物而堵塞灌水器。

灌水器一旦堵塞，会引起配水不均、系统性能下降，甚至造成整个系统瘫痪，这样就不得不耗费大量人力和财力来排除堵塞或重建系统。因此为防止灌水器堵塞和投资浪费，任何微灌系统都必须合理配置过滤设备，并尽量将二级过滤放在靠近灌水器附近，以有效处理在输水管路中产生微生物杂质。

## 4 从水源头做起改变原有调水蓄水模式

宁夏地区是一个以农业为主的自治区，农田灌溉用水主要来自于黄河水。灌区按水资源的利用方式可划分为北部引黄自流灌区、中部扬黄灌区、南部库坝自流灌区、塘坝小扬水灌区和井灌区。黄河水一方面总水量不足，另一方面水量在时间分配上又非常不均。面对这种情况，修建水库，尽量利用汛期水多时引蓄黄河水，实现丰蓄枯用无疑是缓解断流缺水的一项重要措施。但多修水库，汛期蓄水，必须解决三大难题：一是资金；二是占压土地；三是汛期高含沙量水的处理。

引黄取水系统工程主要包括引黄水闸、引黄水渠、提升泵站、沉沙池和水库这五部分。黄河水在沉沙池中将泥沙沉积下来，清水由水库进行调蓄。沉沙池和水库是引黄取水系统工程中投资最大的项目。

一般水中含沙量超过 200mg/L 需建沉沙池进行水质处理。沉沙池占地面积大，投资高，还要定期清沙，在汛期及调水时泥沙来不及沉淀，大量泥沙冲入到下游的灌区，给灌溉系统带来很大的压力，仅靠灌区内的分散过滤对于这样大的含沙量恐怕只是杯水车薪，因此很难保证灌溉系统正常、稳定的运行。

引进污水处理中常用的旋流沉沙池的原理，来代替我们现在水利上建的沉沙池。利用提升泵站的动能、高差的势能在泵站的出口、水库的入口建造旋流沉沙池，将集中周期性清沙改为连续不间断清沙，将沉沙池沉沙改为装置除沙。不仅节省了大量投资、土地占压，也节约了时间与人力，费省而效宏。

旋流沉沙池是利用提（引）水的动能或势能控制水流流态与流速形成旋流，促使沙粒的沉淀，并使有机物随水流带走的沉沙装置。

旋流沉沙池结构一般为钢制，处理量超过 $1m^3/s$ 以上的，常为混凝土结构。其原理为：水以一定的流速切向进入旋流除沙池，沙粒在离心力与重力作用下，沿圆柱形池壁旋转 270°呈螺旋线加速下降，通过具有一定斜度的池壁下滑到集沙斗。通过沙水分离器分离后排出，从而实现沙粒与水的分离。

旋流沉沙池结构紧凑，占地面积小，设备投资少，沉沙效果好，去除水源中无机物沙砾尤为显著；除沙效率高：当砂砾直径 $d \geqslant 0.3$mm 时，除沙效率≥95%；当砂砾直径 $d \geqslant 0.2$mm 时，除沙效率≥90%。

再结合水沙分离器的原理。结构上由内腔呈圆柱形和圆锥形的各段连接组成，靠进入腔内的流体在高速旋转运动中产生的涡流作用，将两种密度不同的介质分离开。压力水流由进水口沿切线方向进入分离器，质量大的杂质被离心力推向过滤器的侧壁，滑至集沙膛中，水则顺流沿出水口流出。水沙分离器一般安装在井及泵站旁，最适合分离水中含有的大量沙子及石块。在满足过滤要求的条件下，对 250～100$\mu$m 砂砾，水沙分离器分离效率为 92%～98%。

水沙分离器的优点是，结构简单、价格低廉、能耗低、分离成本低。由图 1、图 2 可以看出我们单位生产的 DN80 水沙分离器除沙性能：当流量为 $50m^3/h$ 时，水头损失 5m；除沙效果：180～125μm 为 98%，100μm 为 88%，而 75μm 仅为 60%。该设备可有效去除含沙水中大于 100μm 的沙石，去除率在 80%以上。

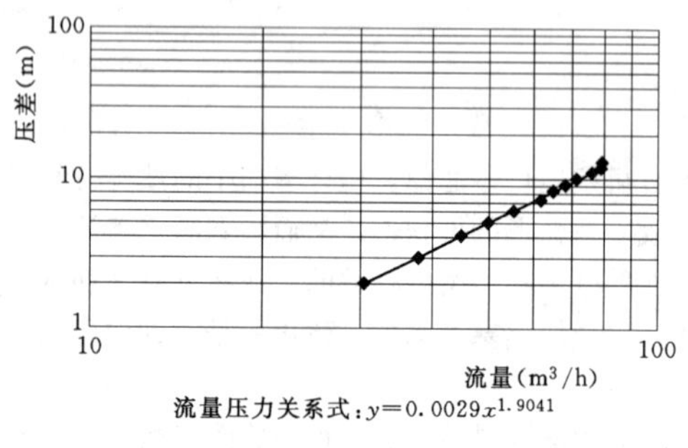


图 1　L—0301—A（进口 3′，出口 3′）水砂分离器流量压力关系

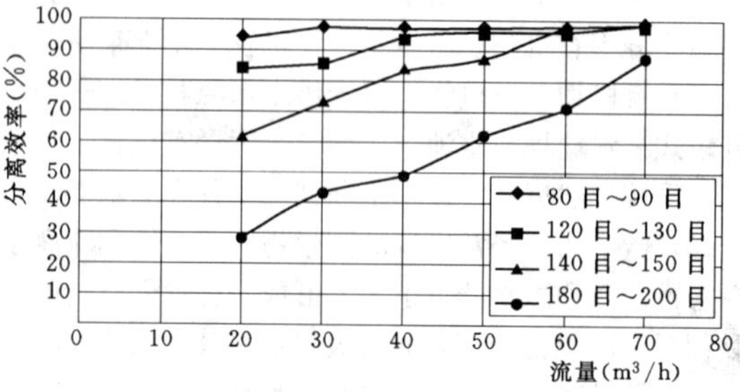

分离效率(%)
100 90 80 70 60 50 40 30 20 10
0 10 20 30 40 50 60 70 80
流量($m^3/h$)
80 目～90 目
120 目～130 目
140 目～150 目
180 目～200 目

图 2　L—0301—A（进口 3′，出口 3′）水沙分离器分离效率

将旋流沉沙池、水沙分离器及输沙装置相结合，形成特有的引黄、除沙的净水系统，解决水沙分离，更好地利用黄河水进行供水和灌溉。

## 5　大型无动力过滤站系统

在现代的大田微灌系统工程中，一般过滤器在过滤效果和过流量上都难以满足要求，现在大型完整的过滤站系统是通过不同类型的过滤器经过合理配置和多级并串联组合而达到过滤效果好、流量大的目的，从而适应大田微灌和水质条件差的情况。但此类过滤系统水头损失大，管网安装复杂，设备成本高。

另外，我国西部地广人稀，在大田灌溉中需水量较大，当灌溉水污物含量较高、过滤器排污频繁时，宜选用具有自动化控制功能的过滤器，它可以节省人力、物力、大大提高工作效率。

自清洗过滤器可有效清除 100μm 以下的杂质，它单台处理水量可达到 $3000m^3/h$。它是由多组不锈钢滤芯，反冲洗电动执行机构，时间、压差控制机构等部分组成。具有过滤效率高、反冲耗水少、可按过滤时间和压差进行反洗、占地面积小、操作简便、易于安装便于维护等优点，它的价格远远低于同等处理量的砂石过滤器。

由于该种过滤器处理流量大，所以它特别适合于引黄灌区的使用。但也给我们提出了一个新的难题。像宁夏扬黄灌区，它将水扬到地势高的蓄水沉沙池，经过高差自流到低处进行灌溉。而往往在半山腰沉沙池周围是没有电力的。我们在 2010 年取得了国家发明专利（专利号：200910080285.3），利用水轮机的原理，将电动部分全部取消，改由旁路控制反洗速度，在没有电的状态下进行过滤。解决了在汛期和调水期沉沙池来不及沉沙而将水直接放下去，给下面灌溉系统带来大量泥沙的压力。目前已被农业部在宁夏扬黄灌区选用。

总之，对于黄河水在灌溉中的应用，要从多方面考虑处理，既要从末级灌溉系统中解决，也要从水源头提水开始考虑，还要在中间进行处理。

# 气候变化对河西地区参考作物蒸发蒸腾量的影响*

孙聪影　粟晓玲

（西北农林科技大学水利与建筑工程学院　陕西杨凌　712100）

**摘　要**　目的：探讨气候变化对参考作物蒸发蒸腾量（$ET_0$）的影响程度，为区域发展节水农业及水资源科学利用提供参考。方法：根据河西地区 18 个气象站的长系列气象资料月值数据，利用 Penman—Monteith 公式计算河西地区历年 $ET_0$ 值；用相关法分析各站 $ET_0$ 与地理位置、气象要素的关系及气象要素与时间的关系。结果：河西地区西段、中段、东段和祁连山地的平均 $ET_0$ 值分别为：1265.1mm，1078.6mm，1058.5mm，984.5mm；海拔每升高 100m，中部和东部各站年均 $ET_0$ 减小 19mm，西部各站则减小 12.4mm；河西地区 $ET_0$ 值与湿度、风速、日照时数、降水、平均气温的相关系数分别为 0.6341、0.5973、0.4213、0.3566 和 0.1919；预测了 2010～2019 年和 2020～2029 年 $ET_0$ 的年代均值。结论：截至到 2009 年，河西地区的年 $ET_0$ 值呈先减小后增加的趋势；其分布地域性较明显，走廊西段高于中段，中段高于东段，祁连山地最小，海拔高度是其决定因素；气象要素对于年 $ET_0$ 的影响程度，湿度＞风速＞日照时数＞降水＞气温；未来 20 年河西地区东段年 $ET_0$ 值为增加趋势，中段和西段多呈减小趋势，且各站差异明显。

**关键词**　气候变化；参考作物 $ET_0$；河西地区；Penman—Monteith 公式

参考作物蒸发蒸腾量（$ET_0$）也称潜在蒸散，在地球的大气圈—水圈—生物圈中发挥着重要的作用，与降水共同决定区域干湿状况，并且是估算生态需水和农业灌溉需水的关键因子[1]，对 $ET_0$ 的研究显得非常重要。尹云鹤[1]、高歌等[2]采用 Penman—Monteith 公式，对我国多个气象站逐月气象资料进行分析，得出我国蒸散量呈整体下降趋势，其主要影响因素是风速和日照时数。刘小莽等[3]的研究表明，海河流域的年蒸散发对水汽压最为敏感，其次是温度和太阳辐射，而在季节尺度上，春夏两季潜在蒸散发对温度最为敏感，对风速最不敏感；秋冬两季潜在蒸散发对水汽压最为敏感，潜在蒸散发对气象要素的敏感程度随时空变化也有所不同。康燕霞等[4]采用 Penman—Monteith 公式，通过敏感性系数分析了影响参考作物蒸散发的主要因素，结果表明，淮河流域的参考作物蒸散发呈明显减小趋势，主要影响因素为平均相对湿度和日照时数。张淑杰等[5]的研究表明，东北地区参考作物蒸散量总体呈下降趋势，约占东北地区面积 1/3 的辽宁朝阳等地，参考作物蒸散呈上升趋势，主要影响因子为日照时数和风速。这些研究说明由于气象条件和地理位置的不同，我国各个区域的 $ET_0$ 的变化趋势和影响因素差异显著，但总体又有共同的规律。

西北地区干旱缺水，参考作物蒸发蒸腾量的研究受到众多学者的重视。佟玲等[6]对石羊河流域参考作物蒸发蒸腾量的研究表明除武威与肃南站外，石羊河流域各站 $ET_0$ 呈逐年增加趋势，随空间的变化也较大，与平均相对湿度相关性最好。曹红霞等[7]对陕西关中地区参考作物蒸发蒸腾量的研究表明，影响关中地区 $ET_0$ 的气候因子的显著性顺序为：风速＞日照时数＞水汽压＞年蒸发量。张守红等[8]对阿克苏河流域的研究表明风速和相对湿度是影响 $ET_0$ 的主因，且在高海拔地区相对湿度影响较大，其他区域风速变化的影响较大。

甘肃河西地区地处西北内陆，其气候正在发生深刻变化：河西地区的气温呈增暖趋势，降水变化具有差异性，但总体呈现减小趋势[9-11]；走廊区绿洲内风速下降十分明显，而高山站无明显的减小趋势[12]；走廊区日照时数呈显著上升趋势，祁连山区则呈下降趋势[13]。参考作物蒸发蒸腾量 $ET_0$ 随着这些气候条件的明显改变而发生着演变，进行气候变化对 $ET_0$ 的影响研究非常必要。本文利用河西地区 18 个气象站历年逐月气象资料，计算 $ET_0$ 值，揭示了 $ET_0$ 值的时空演变趋势及其与各气候要素之间的相互关系，并预测了未来 20 年 $ET_0$ 年代均值的变化。对于研究气候变化条件下农业灌溉需水及水资源的科学利用有重要参考意义。

---

* 基金项目：国家自然科学基金项目（50879071）；西北农林科技大学青年学术骨干支持计划项目。

第一作者简介：孙聪影（1984—　），男，河北赵县人，在读硕士，主要从事水资源转化与调控研究。E-mail：suncongying2010@126.com

# 1 研究资料与方法

## 1.1 研究区概况

河西地区指甘肃省黄河以西地区，在行政上属甘肃省的武威、张掖、酒泉 3 个地区和金昌、嘉峪关两市，及青海省祁连县的一部分。位于北纬 37°17′～42°48′，东经 93°23′～104°12′之间，总面积 21.5 万 $km^2$。河西地区的河流皆为内陆河，由东至西分属于石羊河、黑河和疏勒河三大水系，大小内陆河共有 57 条，主要是长度短，水量小的小型河流。河西地区的气候具有大陆性气候和青藏高原气候综合影响的特点，较为复杂[14]。本文研究的河西地区限于甘肃省境内。

甘肃河西地区气候干旱，随着工农业生产的迅速发展，水资源短缺导致了生态环境的恶化，也制约着该地区绿洲农业、工业的发展。农业灌溉用水占总用水的大部分，$ET_0$ 的变化对农业灌溉需水量有决定性的影响。研究 $ET_0$ 的变化对于该地区农业可持续发展和旱区水资源的可持续利用都具有重要的科学意义。

## 1.2 资料收集

本文收集了河西走廊东段石羊河流域古浪（1959～2009 年）、武威（1956～2009 年）、永昌（1959～2009 年）、民勤（1956～2009 年）4 站，河西走廊中段黑河流域山丹（1955～2009 年）、民乐（1961～2009 年）、张掖（1956～2009 年）、临泽（1967～2009 年）、高台（1955～2009 年）、酒泉（1952～2009 年）、鼎新（1955～2009 年）7 站，河西走廊西段疏勒河流域玉门镇（1955～2009 年）、安西（1955～2009 年）、敦煌（1954～2009 年）、马鬃山（1958～2009 年）4 站以及祁连山地天祝（1953～2009 年）、肃南（1961～2009 年）、肃北（1973～2009 年）3 站共 18 个气象站的长系列逐月月平均风速、月平均气温、月平均最高气温、月平均最低气温、月平均相对湿度，月降水量，月日照时数等气象资料。其中古浪、民乐、临泽、肃南、肃北资料来源于甘肃省气象局，其余气象站资料来源于中国气象科学数据共享服务网（http：//cdc.cma.gov.cn/）。

## 1.3 研究方法

### 1.3.1 参考作物蒸发蒸腾量 $ET_0$ 的计算

应用 FAO－56 推荐的 Penman-Monteith 公式[15]计算 $ET_0$：

$$ET_0=\frac{0.408\Delta(R_n-G)+\gamma\frac{900}{T+273}u_2(e_s-e_a)}{\Delta+\gamma(1+0.34u_2)} \tag{1}$$

式中：$ET_0$ 为参考作物蒸发蒸腾量，mm/d；$R_n$ 为作物表面净辐射量，$MJ/m^2d$；$G$ 为土壤热通量（$MJ/m^2d$）；$\gamma$ 为湿度计常数，kPa/℃；$T$ 为空气平均温度,℃；$u_2$ 为在地面以上 2m 高处的风速，m/s；$e_s$ 为空气饱和水汽压，kPa；$e_a$ 为空气实际水汽压，kPa；$\Delta$ 为饱和水汽压与温度关系曲线的斜率，kPa/℃。

以上各项数据通过基本月值气象要素计算得到。

### 1.3.2 趋势分析及显著性检验

用方程 $y=ax+b$ 拟合年 $ET_0$ 值的变化趋势、$ET_0$ 值与各个气象要素及海拔高度的相关关系，并用相关检验法检验回归方程的显著性。

### 1.3.3 未来 $ET_0$ 值预测

用回归方程 $y=at+b$ 拟合年气象要素随时间的变化趋势，$y$ 代表某一气象要素，$t$ 为时间（年），$a$ 为气象要素 $y$ 随时间 $t$ 变化的倾向率，并用相关检验法来检验回归方程的显著性。若回归方程通过 $\alpha=0.05$ 的相关检验，认为该气象要素 $y$ 变化趋势显著，$a=\Delta y/\Delta t$，否则变化趋势不显著，$a=0$。

预测 2010～2019 年及 2020～2029 年第 $i$ 月气象要素 $y$ 的均值：

$$\overline{y_{10,i}}=\overline{y_{00,i}}+10a \tag{2}$$

$$\overline{y_{20,i}}=\overline{y_{00,i}}+20a \tag{3}$$

式中：$\overline{y_{00,i}}$ 为 2000～2009 年第 $i$ 月气象要素 $y$ 的均值；$i=1，2，\cdots，12$。

将预测的各气象要素的第 $i$ 月均值，代入 Penman—Monteith 公式，计算得到 2010～2019 年第 $i$ 月 $ET_0$ 平均值 $ET_0(10，i)$，则 2010～2019 年 $ET_0$ 年代平均值为

$$\overline{ET_0(10)}=\sum_{i=1}^{12}ET_0(10,i) \tag{4}$$

同理可得 2020～2029 年 $ET_0$ 均值$\overline{ET_0(20)}$。

## 2 河西地区研究结果

### 2.1 各站 $ET_0$ 年际变化

河西地区多年 $ET_0$ 值及其统计参数计算结果见表 1，各站 $ET_0$ 的年代平均值计算结果见表 2。

表 1 各站多年 $ET_0$ 值变化分析

| 台站 | 海拔 | 年均值 | 最大值 | 最小值 | 极值比 | 均方差 $\delta$ | 变差系数 $C_v$ | 趋势 (mm/10a) | 相关系数 $r$ |
|---|---|---|---|---|---|---|---|---|---|
| 古浪 | 2072.4 | 1019.8 | 1104.5 | 926.8 | 1.19 | 45.8 | 0.045 | 12.7 | 0.409** |
| 武威 | 1531.5 | 1013.5 | 1132.3 | 874.9 | 1.29 | 63.7 | 0.063 | −6.6 | 0.160 |
| 永昌 | 1976.9 | 1007.6 | 1074.0 | 907.8 | 1.18 | 38.7 | 0.038 | 4.9 | 0.185 |
| 民勤 | 1367.5 | 1193.0 | 1286.4 | 1087.6 | 1.18 | 46.1 | 0.039 | 1.8 | 0.062 |
| 山丹 | 1764.6 | 1073.5 | 1166.1 | 981.8 | 1.19 | 39.1 | 0.036 | −2.2 | 0.090 |
| 民乐 | 2271.0 | 941.1 | 1066.9 | 863.7 | 1.24 | 43.2 | 0.046 | 12.6 | 0.411** |
| 张掖 | 1482.7 | 1049.1 | 1156.7 | 949.1 | 1.22 | 45.6 | 0.043 | 2.8 | 0.097 |
| 临泽 | 1454.0 | 1102.6 | 1246.8 | 976.7 | 1.28 | 67.8 | 0.061 | −31.7 | 0.581** |
| 高台 | 1332.2 | 1055.6 | 1188.3 | 932.5 | 1.27 | 64.2 | 0.061 | −18.2 | 0.449** |
| 酒泉 | 1477.2 | 1086.5 | 1364.9 | 949.1 | 1.44 | 76.8 | 0.071 | −9.2 | 0.201 |
| 鼎新 | 1177.4 | 1242.1 | 1404.4 | 1126.2 | 1.25 | 65.4 | 0.053 | 3.0 | 0.072 |
| 玉门镇 | 1526.0 | 1269.7 | 1388.4 | 1147.6 | 1.21 | 60.8 | 0.048 | −27.6 | 0.720** |
| 安西 | 1170.9 | 1343.4 | 1673.4 | 1127.2 | 1.48 | 106.8 | 0.079 | −50.2 | 0.746** |
| 敦煌 | 1139.0 | 1186.4 | 1309.0 | 1073.7 | 1.22 | 50.2 | 0.042 | −8.2 | 0.265* |
| 马鬃山 | 1770.4 | 1260.9 | 1408.6 | 1132.4 | 1.24 | 65.7 | 0.052 | 30.5 | 0.698** |
| 天 祝 | 3045.1 | 808.5 | 893.3 | 720.9 | 1.24 | 39.3 | 0.049 | 9.5 | 0.399** |
| 肃 南 | 2312.0 | 930.4 | 1021.6 | 827.2 | 1.23 | 40.6 | 0.044 | −5.8 | 0.203 |
| 肃 北 | 2160.5 | 1214.5 | 1354.4 | 1090.6 | 1.24 | 59.4 | 0.049 | −9.6 | 0.173 |

注 在相关系数一栏中，* 表示显著，通过 $\alpha=0.05$ 的显著性检验；** 表示特显著，通过 $\alpha=0.01$ 的显著性检验；无标记表示不显著，未通过 $\alpha=0.05$ 的显著性检验。

表 2 各站各年代 $ET_0$ 值

| 位置 | 东段石羊河流域（4 站） | | | | 中段黑河流域（7 站） | | | | |
|---|---|---|---|---|---|---|---|---|---|
| 台站 | 古浪 | 武威 | 永昌 | 民勤 | 山丹 | 民乐 | 张掖 | 临泽 | 高台 |
| 1960～1969 年 | 986.0 | 1015.2 | 985.3 | 1187.8 | 1068.2 | 921.3 | 1065.6 | — | 1080.6 |
| 1970～1979 年 | 1004.7 | 1016.6 | 1024.7 | 1176.2 | 1088.7 | 932.2 | 1061.9 | 1181.3 | 1120.1 |
| 1980～1989 年 | 1021.9 | 964.0 | 991.7 | 1179.3 | 1069.5 | 915.4 | 990.5 | 1089.2 | 1016.6 |
| 1990～1999 年 | 1034.8 | 972.2 | 1007.8 | 1207.0 | 1057.3 | 970.5 | 1047.8 | 1036.3 | 983.7 |
| 2000～2009 年 | 1046.8 | 1056.1 | 1025.4 | 1202.3 | 1078.3 | 964.0 | 1086.0 | 1085.7 | 1055.9 |
| 位置 | 黑河流域 | | 西段疏勒河流域（4 站） | | | | 祁连山地（3 站） | | |
| 台站 | 酒 泉 | 鼎 新 | 玉门镇 | 安 西 | 敦 煌 | 马鬃山 | 天祝 | 肃南 | 肃北 |
| 1960～1969 年 | 1073.9 | 1214.5 | 1300.4 | 1416.3 | 1180.3 | 1188.3 | 796.6 | 932.9 | — |
| 1970～1979 年 | 1106.9 | 1310.5 | 1332.9 | 1424.1 | 1238.8 | 1262.7 | 810.0 | 947.9 | 1264.9 |
| 1980～1989 年 | 1076.4 | 1214.6 | 1271.7 | 1298.6 | 1156.7 | 1282.4 | 791.0 | 922.5 | 1192.0 |
| 1990～1999 年 | 1023.6 | 1184.1 | 1200.8 | 1227.7 | 1142.0 | 1268.7 | 831.2 | 935.7 | 1204.6 |
| 2000～2009 年 | 1104.8 | 1289.8 | 1216.8 | 1276.7 | 1198.5 | 1325.8 | 833.1 | 913.0 | 1211.6 |

由表 1 可知，位于河西走廊东段的武威，中段的临泽、高台和酒泉，以及西段的安西等 5 站的 $ET_0$ 极值比偏大，变差系数明显偏高，说明这几站多年 $ET_0$ 波动较大。其他站点极值比和变差系数较小，说明年 $ET_0$ 较为稳定，其中永昌、民勤和山丹变化最小。走廊东段古浪站 $ET_0$ 显著增加；走廊中段民乐站显著增加，临泽、高台显著减小；走廊西段马鬃山增加趋势特显著，玉门镇、安西、敦煌则显著减小；祁连山地天祝显著增加；其他站无显著变化趋势。

由表 2 可知，除古浪和马鬃山年代 $ET_0$ 总体上呈现持续增加的趋势，永昌和肃南的 $ET_0$ 年代平均值呈大小值交替的波动变化，其余各站均呈现先减小后增加的趋势，但出现最小值的时间有所不同。其中走廊东段武威 1980～1989 年 $ET_0$ 均值为最小，民勤 1970～1979 年 $ET_0$ 均值最小，1980～1989 年 $ET_0$ 均值也较小；走廊中段民乐和张掖，以及祁连山地的天祝、肃北在 1980～1989 年 $ET_0$ 均值为最小，走廊中段其余各站及走廊西段玉门镇、安西、敦煌在 1990～1999 年 $ET_0$ 均值为最小。

总体来看，河西地区各站的 $ET_0$ 的年代平均值有较大波动，大多数站点在 1980～1989 年或 1990～1999 年 $ET_0$ 的年代平均值为最小，呈现先减小后增加趋势。

## 2.2 各站 $ET_0$ 年值的空间分布

河西地区 $ET_0$ 值与海拔高度和台站的地理位置之间存在密切联系，$ET_0$ 与海拔高度的关系见图 1。

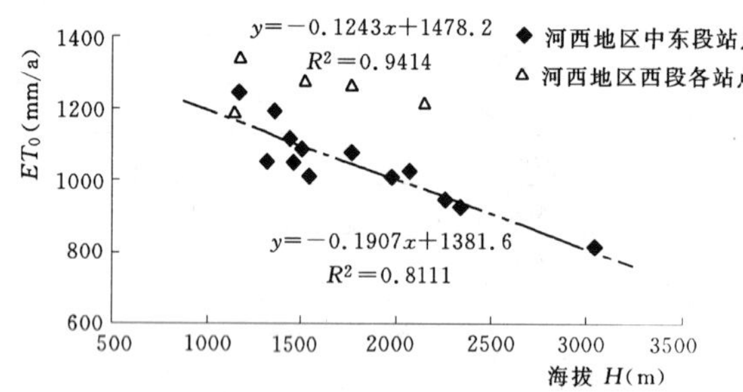


图 1 河西地区 $ET_0$ 与海拔高度关系图

从图 1 可以看出，年 $ET_0$ 值与海拔高度呈现显著负相关，即海拔高度越高，年 $ET_0$ 值越小。其中河西地区中段和东段（即黑河流域和石羊河流域）各站随海拔高度增加而减小的幅度一致，约为海拔每升高 100m，$ET_0$ 减小 19mm；河西地区西段（即疏勒河流域）变化趋势趋缓，约为海拔每升高 100m，$ET_0$ 减小 12.4mm。只有疏勒河流域的敦煌站，$ET_0$ 值为 1186.4mm，低于其相近海拔的站点安西站 $ET_0$ 值（为 1343.4mm），与河西地区西段总的趋势不符。敦煌站海拔 1139.0m，多年平均风速 1.49m/s，平均相对湿度 42.0%，而安西站海拔 1170.9m，多年平均风速 2.33m/s，平均相对湿度为 40.1%，对比发现风速偏小同时湿度偏大是敦煌站年 $ET_0$ 值较小的原因。

从表 1 可看出，各站多年平均 $ET_0$，最大 $ET_0$，最小 $ET_0$ 在空间分布上表现出一致的趋势：大体上有河西走廊西段高于中段，中段又高于东段，而祁连山地最小。这也可以从各区域平均 $ET_0$ 看出，西段、中段、东段和祁连山地的平均 $ET_0$ 值分别为：1265.1mm，1078.6mm，1058.5mm，984.5mm。走廊东段的民勤站和祁连山地的肃北站的 $ET_0$ 年值相对偏高，分析发现两站海拔高度相对较小，它们 $ET_0$ 值偏高与 $ET_0$ 值和海拔高度的负相关的规律相符。河西地区 $ET_0$ 的空间分布由该区域东段海拔高于中段海拔，又高于西段海拔的地形决定了。

## 2.3 各站 $ET_0$ 与气象要素的关系

用线性方程拟合年 $ET_0$ 值与各个气象要素的关系，得到多年 $ET_0$ 值与各个气象要素的相关系数，并用相关检验法检验 $ET_0$ 与各个气象要素的显著性，见表 3。

由表 3 知，河西地区 $ET_0$ 与平均相对湿度相关关系显著的站点为 18 个（比例 100%），与风速显著的站点为 16 个（比例 89%），与日照时数显著的站点 15 个（比例 83%），与降水关系显著的站点 13 个（比例 72%），与最高气温、平均气温、最低气温呈显著相关关系的站点分别为 10 个、9 个、8 个（比例 56%、50%、44%）；地区平均相关系数（绝对值）分别是：与湿度的相关系数 0.6341，与风速的相关系数 0.5973，与日照时数的相关系数 0.4213，与降水的相关系数 0.3566，而与最高气温、平均气温、最低气温的相关系数分别为 0.2450、0.1919、0.0847。由与气象要素呈显著关系的站点比例及区域平均相关系数均可得到如下结论：对于年 $ET_0$ 的影响程度，湿度＞风速＞日照时数＞降水＞气温，最高气温的影响大于平均气温，平均气温大于最低气温。

表 3　各站 $ET_0$ 与不同气象要素相关系数统计表

| 台 站 | $ET_0-U$ | $ET_0-T_{mean}$ | $ET_0-T_{max}$ | $ET_0-T_{min}$ | $ET_0-RH$ | $ET_0-P$ | $ET_0-h$ |
|---|---|---|---|---|---|---|---|
| 古浪 | 0.2715 | 0.6009** | 0.6669** | 0.5202** | −0.7927** | −0.5480** | 0.3378* |
| 武威 | 0.7570** | 0.3700** | 0.4939** | 0.2698** | −0.7759** | −0.4257** | 0.4338** |
| 永昌 | 0.3362* | 0.4057** | 0.4567** | 0.2653 | −0.6652** | −0.3453* | 0.4232** |
| 民勤 | 0.4694** | 0.4111** | 0.5986** | 0.2083 | −0.7155** | −0.3513** | 0.4927** |
| 山丹 | 0.5492** | 0.0990 | 0.2200 | −0.0141 | −0.4870** | −0.4095** | 0.5430** |
| 民乐 | −0.2093 | 0.6559** | 0.7208** | 0.5421** | −0.8373** | −0.3779** | 0.6158** |
| 张掖 | 0.6358** | 0.3111* | 0.3467* | 0.1661 | −0.5850** | −0.4010** | 0.4326** |
| 临泽 | 0.8948** | −0.2802 | −0.2728 | −0.3295** | −0.6519** | −0.1712 | 0.2900 |
| 高台 | 0.8768** | −0.1926 | −0.1118 | −0.2272 | −0.6470** | −0.2653 | −0.0002 |
| 酒泉 | 0.8914** | 0.1421 | 0.0480 | −0.0002 | −0.7750** | −0.3507** | 0.2644* |
| 鼎新 | 0.7346** | 0.1183 | 0.2343 | 0.0539 | −0.6266** | −0.2000 | 0.3362* |
| 玉门镇 | 0.8694** | −0.3470** | −0.3531** | −0.2506** | −0.5073** | −0.2245 | 0.2848* |
| 安西 | 0.9218** | −0.1916 | −0.3100* | −0.3473** | −0.6223** | −0.2893* | 0.5603** |
| 敦煌 | 0.7686** | 0.0566 | 0.0819 | −0.0400 | −0.5672** | −0.0608 | 0.1421 |
| 马鬃山 | 0.4486** | 0.5647** | 0.6355** | 0.2828** | −0.4954** | −0.4954** | 0.6072** |
| 天 祝 | 0.2902* | 0.6439** | 0.7072** | 0.5116** | −0.6256** | −0.4750** | 0.7316** |
| 肃 南 | 0.5641** | 0.0728 | 0.1449 | 0.0100 | −0.6831** | −0.5008** | 0.5225** |
| 肃 北 | 0.6815** | 0.0141 | 0.1030 | −0.0964 | −0.3543* | −0.5279** | 0.5652** |
| 特显著的站数 | 14 | 8 | 8 | 4 | 17 | 11 | 11 |
| 显著的站数 | 2 | 1 | 2 | 4 | 1 | 2 | 4 |
| 不显著的站数 | 2 | 9 | 8 | 10 | 0 | 5 | 3 |

注　*、**和无标记含义和表 1 相同。$U$—距地面 2m 处的年平均风速；$T_{mean}$，$T_{max}$，$T_{min}$—分别为年平均气温，年平均最高气温和年平均最低气温；$RH$—年平均相对湿度；$P$—年降雨量；$h$—年日照时数。

## 2.4　气象要素显著变化下 $ET_0$ 的变化趋势

计算各气象要素随时间序列的变化趋势，并用相关检验法检验该变化趋势的显著性，计算结果见表 4。

表 4　气象要素变化趋势及相关系数表

| 台 站 | $U_2$ [(m/s)/10a] | $r$ | $T_{max}$ (℃/10a) | $r$ | $T_{min}$ (℃/10a) | $r$ | $RH$ (%/10a) | $r$ | $h$ (h/10a) | $r$ |
|---|---|---|---|---|---|---|---|---|---|---|
| 古浪 | −0.022 | 0.1533 | 0.23 | 0.5150** | 0.52 | 0.8289** | −0.27 | 0.1334 | 12.64 | 0.1694 |
| 武威 | −0.070 | 0.4434** | 0.20 | 0.4373** | 0.36 | 0.6512** | −0.20 | 0.1217 | −18.78 | 0.2184 |
| 永昌 | −0.093 | 0.4713** | 0.28 | 0.5722** | 0.31 | 0.6688** | 0.03 | 0.0173 | 45.16 | 0.4871** |
| 民勤 | −0.069 | 0.6164** | 0.19 | 0.4785** | 0.50 | 0.8138** | −0.02 | 0.0095 | 50.31 | 0.5451** |
| 山丹 | −0.080 | 0.5638** | 0.21 | 0.5185** | 0.65 | 0.9147** | −0.51 | 0.2750* | −26.27 | 0.3590** |
| 民乐 | −0.167 | 0.7819** | 0.35 | 0.6696** | 0.84 | 0.9231** | −1.17 | 0.4956** | 19.61 | 0.2326 |
| 张掖 | −0.058 | 0.3641** | 0.27 | 0.6230** | 0.36 | 0.7389** | −0.24 | 0.1497 | 0.87 | 0.0100 |
| 临泽 | −0.275 | 0.8155** | 0.42 | 0.7348** | 0.36 | 0.7359** | 0.69 | 0.3439* | 2.19 | 0.0245 |
| 高台 | −0.153 | 0.5524** | 0.21 | 0.5263** | 0.16 | 0.4341** | 0.49 | 0.3032* | −5.34 | 0.0686 |
| 酒泉 | −0.064 | 0.3135* | 0.18 | 0.4456** | 0.17 | 0.4740** | 0.47 | 0.2234 | 9.50 | 0.1049 |
| 鼎新 | −0.086 | 0.4170** | 0.27 | 0.6049** | 0.28 | 0.6353** | −0.40 | 0.2500 | 9.04 | 0.1192 |
| 玉门镇 | −0.219 | 0.7379** | 0.30 | 0.6764** | 0.16 | 0.3841** | 0.53 | 0.3723** | −23.02 | 0.3280* |
| 安西 | −0.235 | 0.8054** | 0.26 | 0.5999** | 0.30 | 0.6000** | 0.87 | 0.5330** | −34.61 | 0.3950** |
| 敦煌 | −0.056 | 0.4105** | 0.20 | 0.5292** | 0.35 | 0.7257** | 0.63 | 0.3648** | 1.41 | 0.0141 |
| 马鬃山 | 0.025 | 0.1428 | 0.51 | 0.7869** | 0.12 | 0.3486* | 0.11 | 0.0592 | 28.46 | 0.3421* |
| 天 祝 | 0.106 | 0.5002** | 0.19 | 0.4793** | 0.26 | 0.6820** | 0.14 | 0.0825 | 20.16 | 0.2780* |
| 肃 南 | −0.117 | 0.6537** | 0.27 | 0.6353** | 0.26 | 0.6381** | 0.53 | 0.2948* | 42.55 | 0.4111** |
| 肃 北 | −0.252 | 0.7268** | 0.51 | 0.7564** | 0.86 | 0.9033** | −0.29 | 0.1265 | 54.32 | 0.4568** |

注　表 4 中 $r$ 为气象要素与时间的相关系数；*、**、无标记、$U_2$、$T_{max}$、$T_{min}$、$RH$ 和 $h$ 的意义与表 3 中相同。

从表4可以看出，除古浪、天祝和马鬃山外，绝大多站点的平均风速 $U_2$ 呈显著减小趋势，古浪减小趋势不显著，天祝呈显著增加趋势，马鬃山增加趋势不显著；最高气温 $T_{max}$ 和最低气温 $T_{min}$ 全部呈特显著增加趋势；平均相对湿度 $RH$ 的变化趋势较为复杂，有增有减，其中民乐特显著减小，玉门镇，安西，敦煌呈特显著的增加趋势，临泽、高台、肃南显著增加，山丹显著减小，其他站趋势不显著；日照时数的变化趋势也较复杂，永昌、民勤、肃南、肃北特显著增加，山丹和安西特显著减小，玉门镇显著减小，马鬃山、天祝显著增加，其他站的变化趋势不显著。总体来说，各站气象要素变化的差别很大。

预测2010～2019年和2020～2029年 $ET_0$ 平均值见表5，2000～2009年和2010～2019年之间 $ET_0$ 年代平均值变化量及2010～2019年和2020～2029年之间 $ET_0$ 年代平均值变化量见图2。

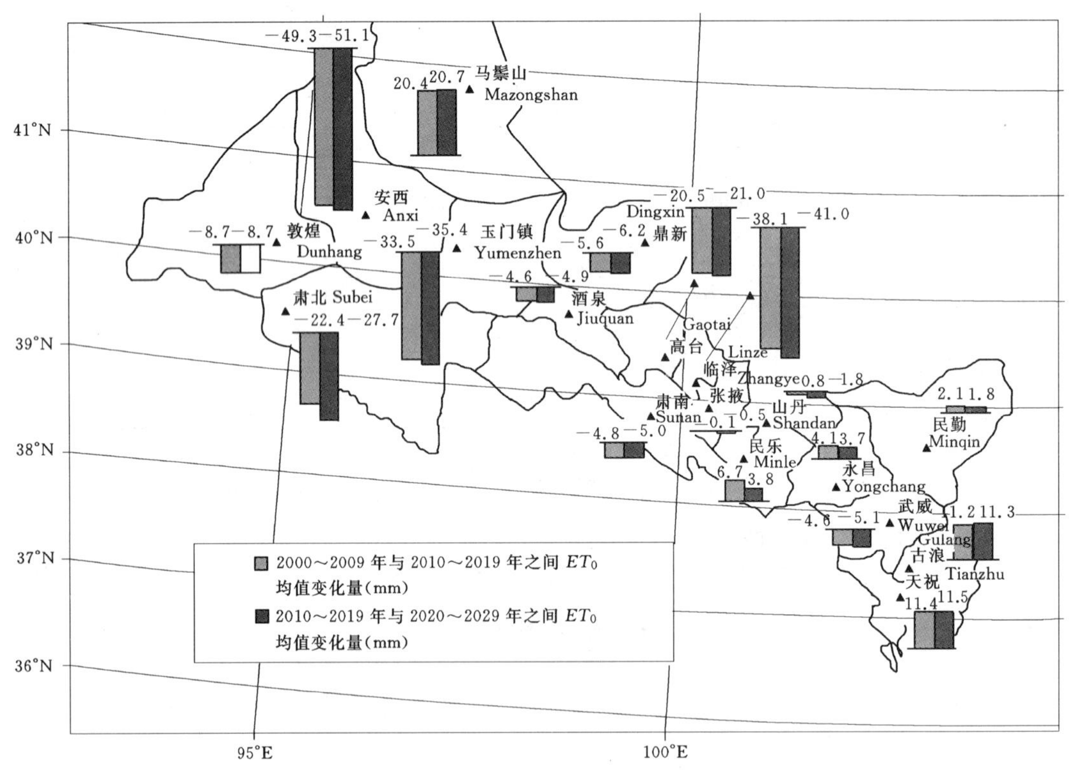


图2　$ET_0$ 年代平均值变化量示意图

表5中预测得到的2000～2009年 $ET_0$ 平均值与实际值的相对误差在0.04%～0.44%，绝大多数站点误差在0.20%左右，说明预测结果可信。

**表5　　未来20年的 $ET_0$ 年代平均值变化表**

| 位置 | 东段石羊河流域（4站） | | | | 中段黑河流域（7站） | | | | |
|---|---|---|---|---|---|---|---|---|---|
| 台站 | 古浪 | 武威 | 永昌 | 民勤 | 山丹 | 民乐 | 张掖 | 临泽 | 高台 |
| 2000～2009年 | 1042.2 | 1055.5 | 1022.2 | 1200.2 | 1075.1 | 961.5 | 1085.3 | 1084.6 | 1052.5 |
| 2010～2019年 | 1053.4 | 1050.8 | 1026.3 | 1202.3 | 1074.3 | 968.2 | 1085.2 | 1046.5 | 1032.0 |
| 2020～2029年 | 1064.7 | 1045.7 | 1030.0 | 1204.0 | 1072.6 | 972.0 | 1084.7 | 1005.5 | 1011.0 |
| 位置 | 黑河流域 | | 西段疏勒河流域（4站） | | | 祁连山地（3站） | | | |
| 台站 | 酒泉 | 鼎新 | 玉门镇 | 安西 | 敦煌 | 马鬃山 | 天祝 | 肃南 | 肃北 |
| 2000～2009年 | 1103.1 | 1287.0 | 1216.1 | 1279.0 | 1199.0 | 1323.4 | 832.2 | 910.9 | 1209.1 |
| 2010～2019年 | 1098.6 | 1281.4 | 1182.6 | 1229.7 | 1190.3 | 1343.8 | 843.6 | 906.1 | 1186.6 |
| 2020～2029年 | 1093.7 | 1275.2 | 1147.3 | 1178.6 | 1181.5 | 1364.5 | 855.2 | 901.1 | 1159.0 |

从表5和图2可以看出，河西地区西部的安西、肃北、玉门镇及中部的高台、临泽年 $ET_0$ 值减小趋势显著，每10年减小量大于20mm；河西地区东部的古浪、天祝 $ET_0$ 年值增加趋势较明显，每10年增加量大于10mm，西部的马鬃山年 $ET_0$ 值每10年增加量大于20mm；其他各站的年 $ET_0$ 值变化量较小，每10年的变化量在10mm以下。

总体来看，在河西地区的东部，石羊河流域年 $ET_0$ 多呈增加趋势，河西地区的中部和西部多呈减小趋势。此结果与前面分析多年 $ET_0$ 值的变化趋势相比，两者较为一致，说明预测值合理。

安西和玉门镇站 $ET_0$ 年值的减小由平均相对湿度特显著增加，平均风速特显著减小和日照时数的特显著减小造成；肃北 $ET_0$ 值的减小是由于风速显著的大幅度减小对 $ET_0$ 的影响程度高过日照时数的显著增加对 $ET_0$ 的影响；临泽、高台两站 $ET_0$ 减小由湿度的显著增加和风速的特显著减小造成；马鬃山的 $ET_0$ 增加则主要与日照时数增加和温度的显著升高有关。

## 3 结论与讨论

本文对河西地区参考作物蒸发蒸腾量 $ET_0$ 的计算与预测研究结果表明：

(1) 河西地区大多数站点在1980～1989年、1990～1999年前后经历了 $ET_0$ 的较小值，$ET_0$ 值的变化趋势为先减小后增加。

(2) 河西地区的 $ET_0$ 年值分布呈现地域性，走廊西段高于中段，中段高于东段，祁连山地为最小。$ET_0$ 的变化与海拔高度呈非常显著的线性负相关关系，即海拔越高，$ET_0$ 年值越低，其中河西地区的中部和东部各站有着约为海拔每升高100m，$ET_0$ 减小19mm的线性趋势，西部疏勒河流域各站除敦煌外，呈现海拔每升高100m，$ET_0$ 减小12.4mm的变化趋势。

(3) 河西地区各气候要素对 $ET_0$ 的影响程度，湿度＞风速＞日照时数＞降水＞气温，河西的各区域还有所差别。

(4) 在气象要素显著变化趋势影响下，河西地区的东部石羊河流域各站年 $ET_0$ 多呈增加趋势，河西地区的中部和西部多呈现减小趋势，各站的差异较为明显。

(5) 把本文关于石羊河流域部分的研究与此前一些学者的研究进行了比较。佟玲[6]对石羊河流域参考作物蒸发蒸散量的研究认为湿度对于参考作物蒸发蒸散量的相关性最好，与本文所得结论相互印证，其关于各站 $ET_0$ 年际变化的分析与本文也基本一致，但本文分析武威站减小趋势不显著，而在她的分析中为显著，原因可能为本文资料系列截止到2009年，而多出的这几年 $ET_0$ 值的变化对总趋势造成影响。刘明春[16]发现潜在蒸散发最小值出现在20世纪80年代前期，与本文分析一致，其资料截止到2000年，故而认为最大值出现在90年代后期，本文发现石羊河多数站点在2000～2009年 $ET_0$ 均值高于90年代。河西地区面积较大，其他区域和石羊河流域气候条件差异较大，对整个河西进行的研究非常重要。本文对于 $ET_0$ 值的变化趋势及显著性进行了合乎实际的分析，但是对于更深层次的规律的挖掘还需要探索新的更有效的研究方法。

## 参 考 文 献

[1] 尹云鹤，吴绍洪，戴尔阜．1971～2008年我国潜在蒸散时空演变的归因 [J]．科学通报，2010，55 (22)：2226-2234.

[2] 高歌，陈德亮，任国玉，等．1956～2000年中国潜在蒸散量变化趋势 [J]．地理研究，2006，25 (3)：378-387.

[3] 刘小莽，郑红星，刘昌明，等．海河流域潜在蒸散发的气候敏感性分析 [J]．资源科学，2010，31 (9)：1470-1476.

[4] 康燕霞，陆桂华，吴志勇，等．淮河流域参考作物蒸散发的变化及对气候的响应 [J]．水电能源科学，2009，27 (6)：12-14，44.

[5] 张淑杰，张玉书，隋东，等．东北地区参考蒸散量的变化特征及其成因分析 [J]．自然资源学报，2010，25 (10)：1750-1761.

[6] 佟玲，康绍忠，粟晓玲．石羊河流域气候变化对参考作物蒸发蒸腾量的影响 [J]．农业工程学报，2004，20 (2)：15-18.

[7] 曹红霞，粟晓玲，康绍忠，等．陕西关中地区参考作物蒸发蒸腾量变化及原因 [J]．农业工程学报，2007，23 (11)：8-16.

[8] 张守红，刘苏峡，莫兴国，等．阿克苏流域气候变化对潜在蒸散量影响分析 [J]．地理学报，2010，65 (11)：

1363－1370.
[9] 高振荣，田庆明，刘晓云，等．近58年河西走廊地区气温变化及突变分析［J］．干旱区研究，2010，27（2）：194－203.
[10] 郭小芹，曹玲，兰晓波．河西走廊降水及其干旱特征研究［J］．干旱区资源与环境，2011，25（4）：74－78.
[11] 裴彬．近30年来甘肃气候变化趋势及其对干湿状况的影响［J］．干旱区资源与环境，2009，23（9）：90－94.
[12] 王毅荣，张存杰．河西走廊风速变化及风能资源研究［J］．高原气象，2006，25（6）：1196－1202.
[13] 陈少勇，张康林，邢晓宾，等．中国西北地区近47a日照时数的气候变化特征［J］．自然资源学报，2010，25（7）：1142－1152.
[14] 陈隆亨，曲耀光，等．河西地区水土资源及其合理开发利用［M］．北京：科学出版社，1992：1－8.
[15] Allen R G，Pereira L S，Raes D，et al. Crop evapotranspiration：Guidelines for computing crop water requirements［M］. FAO Irrigation and Drainage Paper，Rome，1998：56.
[16] 刘明春．石羊河流域气候干湿状况分析及评价［J］．生态学杂志，2006，25（8）：880－884.

# Impact of climate change on reference crop evapotranspiration in Hexi region

Sun Congying Su Xiaoling

(College of Water Resources and Architectural Engineering, Northwest A&F University, Yangling Shanxi 712100)

**Abstract** Objective: To investigate the influence degree of climate change on reference crop evapotranspiration ($ET_0$). It can be a reference for developing regional water saving agriculture and scientific utilization of water resources. Method: Based on long series of monthly meteorological data collected from eighteen weather stations in Hexi region, annual $ET_0$ values were calculated with the Penman-Monteith equation. The relationships of geographical location, meteorological factors with $ET_0$ and the relationships between meteorological factors and time were analyzed by correlation method. Result: The mean $ET_0$ values in the west, in the middle, in the east of Hexi region and in Qilian Mountains are 1265.1mm, 1078.6mm, 1058.5mm, 984.5mm respectively. Mean $ET_0$ values of the stations in the middle and in the east will decrease by 19mm while they will decrease by 12.4mm in the west if altitudes increase by 100m. Correlation coefficients between humidity, wind speed, sunlight hours, precipitation, mean temperature and $ET_0$ values in Hexi region are 0.6341, 0.5973, 0.4213, 0.3566 and 0.1919 respectively. The average $ET_0$ values of 2010～2019 and 2020～2029 were predicted. Conclusion: Up to 2009, $ET_0$ values were first decreasing, and then increasing in Hexi region. The $ET_0$ values are related to geographical location. $ET_0$ values of central Hexi Corridor are smaller than the west, while larger than the east, and $ET_0$ values of Qilian mountains are the least. Altitude is the key factor. The influence capacity of meteorological factors on $ET_0$ is as follows: humidity>wind speed>sunlight hours>precipitation>temperature. In the future, most stations' annual $ET_0$ values will be increasing in east Hexi region, but they will be decreasing in the middle and in the west.

**Key words** climate change; reference crop $ET_0$; Hexi region; Penman－Monteith formula

水与区域可持续发展

# 水与灾害

# 表层岩溶带对喀斯特坡地表层岩溶泉流量的影响*

张志才　陈　喜　纪忠华　严小龙

（河海大学水文水资源与水利工程科学国家重点实验室　南京　210098）

**摘　要**　表层岩溶带是喀斯特地区水分重要的赋存与运移空间，是该地区水文过程的重要控制因素，研究喀斯特坡地表层岩溶带发育特征及对坡地表层岩溶泉流量的影响，对喀斯特地区产汇流机制及生态环境保护研究具有重要意义。选取贵州普定县陈旗流域为研究区，通过探地雷达探测，分析了坡地表层岩溶带发育深度特征，根据表层岩溶泉稳定同位素分析，分析了坡地不同位置的泉流量成分及受表层岩溶带发育深度的影响。根据表层岩溶泉降雨出流过程实测资料，分析了坡地岩溶泉降雨出流滞后效应及受表层岩溶带发育特征及前期蓄水情况的影响。

**关键词**　表层岩溶带；坡地；表层岩溶泉；同位素；探地雷达

## 1　引言

表层岩溶带是由于强烈的岩溶化过程，在表层碳酸盐岩形成各种犬牙交错的岩溶个体形态和微形态并组合构成不规则带状的强岩溶化层，其下界为岩溶不发育的岩石[1]。表层岩溶带作为地表强烈岩溶化过程的产物，广泛分布于我国西南喀斯特地区。由于处于四大圈层的交会带，表层岩溶带碳—水—钙循环活跃[2]，它是喀斯特地区地表水系统与地下水系统的连接纽带，对喀斯特地区水循环起着重要的控制作用[3]。

表层岩溶带以下，包气带渗透性迅速降低，入渗水在表层岩溶带底部滞蓄形成临时饱和带，在水力梯度作用下饱和水流侧向运动，产生表层岩溶带径流，汇集至较大裂隙通道，在地形低洼处以泉的形式出露，形成表层岩溶泉。表层岩溶带发育特征是坡地表层岩溶泉动态变化的重要控制因素之一，对表层岩溶泉水成分组成、流量变化具有重要的影响。

坡地表层岩溶泉不仅是西南喀斯特山区居民重要的饮用水来源，对岩溶山地生态环境也具有重要影响。因此，本文选取贵州普定县陈旗流域为研究区，通过探地雷达探测技术、同位素分析、降雨出流动态观测，开展喀斯特坡地表层岩溶带发育特征及其对表层岩溶泉动态变化的影响研究，该研究不仅是喀斯特地区水文过程研究的重要内容，而且对解决西南喀斯特山区居民干旱缺水问题及防灾减灾具有重要意义。

## 2　研究区概况及研究方法

### 2.1　研究区概况

陈旗流域（北纬 26°15′36″～26°15′56″，东经 105°43′30″～105°44′42″）位于黔中丘原盆地区的普定岩溶盆地，属于亚热带季风湿润气候区，多年平均降水量为 1336mm，年均气温 14.2℃，7 月最热，平均气温 22.6℃；1 月最冷，平均气温 4.1℃。具有贵州典型的峰丛山体、峰丛洼地地貌及岩溶水文地质特征。由于岩溶发育，岩层裸露现象严重，且之溶隙发育，降雨一般经过溶隙补给岩溶地下水，径流经粗大裂隙管道在流域出口以泉水形式排泄。流域内分布有天窗、落水洞以及位于山腰及坡脚处的表层岩溶泉（图 1）。

流域以三叠系关岭组第二段第二、三亚段厚层灰岩、薄层灰岩夹泥灰岩和少量白云质灰岩为主，属于可溶性岩石，风化过程以溶蚀为主，形成的土层主要为碳酸盐岩土。峰丛山体上部为关岭组地层，其上部为厚层灰岩，中部为中厚层灰岩与白云岩互层，下部为泥岩及泥灰岩；关岭组下部为永宁镇组地层，少有出露，基本被第四纪地层和植被覆盖。第四系主要分布于河谷阶地及溶蚀谷地、洼地中，主要作为耕地使用（图 1）。

### 2.2　研究方法

采用探地雷达（瑞典 MALA 推出的全数字式 ProEx 主机）探测技术，对研究内不同山体上表层岩溶带进行探测，根据探测结果分析其发育特征。在研究区内山腰与坡脚表层岩溶泉出口处修筑三角堰，并通过水

---

* 基金项目：国家自然科学基金重点项目（40930635）；教育部博士点基金项目（20090094120008）资助。

第一作者简介：张志才（1980—　），男（汉族），河北邯郸人，博士，主要从事水文循环、模拟研究。E－mail：zhangzhicai@hhu.edu.cn

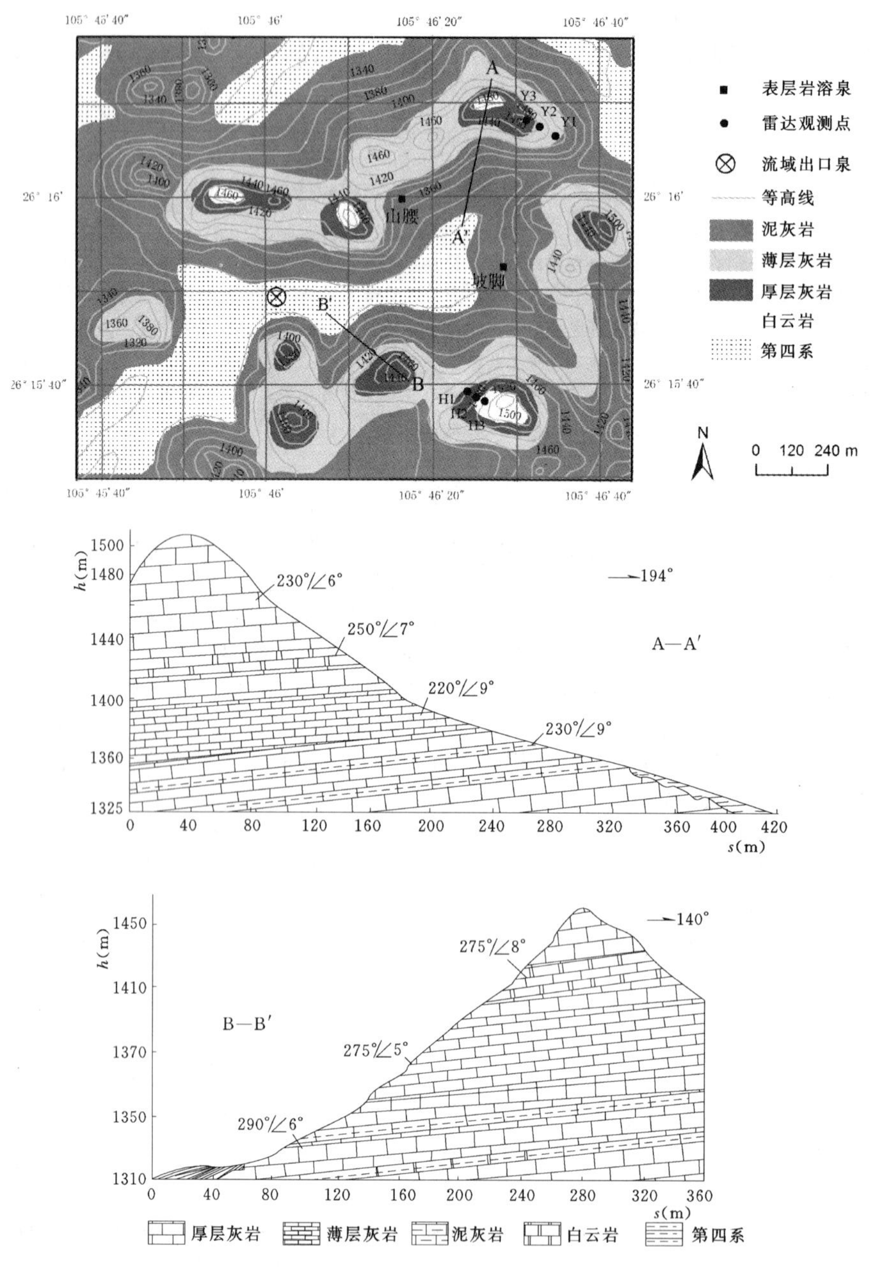


图 1　研究区地形及水文地质

（根据王玉英[4]结果改进）

位计观测水位，进而计算泉流量。由于山腰与坡脚表层岩溶泉流量相差较大，为方便比较其动态变化特征，因此计算各个泉流量的标准化值进行比较，即 $Q/\overline{Q}$，$Q$ 为泉流量，$\overline{Q}$为研究时段内泉流量的平均值，根据标准化值可以判别泉流量动态变化程度。

环境同位素$^{18}$O 和 D 存在于自然界中，其化学性能稳定，与周围介质交换较少，参与到水文循环的整个过程。一般不同流域上的河流都可以被概化为只有两种水源组成："新水"与"旧水"。"新水"又指事件水，一般指地表径流，主要由降雨产生；"旧水"又指事件前水，一般指在降雨前就已经储存在地下的水源（如地下水、土壤水、裂隙水等）[5,6]。

雨水中氢、氧同位素在土壤、岩溶裂隙、管道运移和下渗的过程中会发生分馏，不同水源组分的$^{18}$O 和

D表现出差异，表层岩溶泉流出水量同位素值是这些水源同位素值的混合，因而可以用两水源终端同位素混合模型进行求解，进而分割出“新水”与“旧水”的比例[7]，两水源终端同位素混合模型为

$$\begin{cases} Q_m = Q_o + Q_n \\ \delta_m Q_m = \delta_o Q_o + \delta_n Q_n \end{cases} \tag{1}$$

式中：$Q_m$、$Q_o$ 与 $Q_n$ 分别表示混合水、“旧水”与“新水”的流量；$\delta_m$、$\delta_o$ 与 $\delta_n$ 分别表示混合水、“旧水”、“新水”的某一同位素的相应浓度。

联解（1）方程组，可得

$$Q_o = \frac{\delta_m - \delta_n}{\delta_o - \delta_n} Q_m, \quad Q_n = \frac{\delta_m - \delta_o}{\delta_n - \delta_o} Q_m \tag{2}$$

将上式中流量改写为比例关系：$Q_o = R_o \times Q_m$，$Q_n = R_n \times Q_m$，约去 $Q_m$ 则上式可以写为

$$R_o = \frac{\delta_m - \delta_n}{\delta_o - \delta_n}, \quad R_n = \frac{\delta_m - \delta_o}{\delta_n - \delta_o} \tag{3}$$

式中：$R_o$ 与 $R_n$ 分别为混合水中旧水与新水的比例。

雨水的混入，从岩石裂隙管道流出的水的同位素值相比于雨前，同位素的值发生了相应的变化，变化的幅度取决于混入雨水的多少与“新”、“旧”水的同位素差异幅度。利用方程式（3）即可以求出“新水”与“旧水”的比例。

## 3 结果与分析

### 3.1 坡地表层岩溶带发育厚度特征

在研究区内选择两座山体，每座山体由下向上选取三处测点，测点编号分别为 H1、H2、H3 与 Y1、Y2、Y3（图 1）。采用探地雷达对峰丛山体进行探测，分析表层岩溶带发育深度。所选 Y 组测点岩石裸露，只在岩块间存在零星土壤。H 组测点土壤浅薄，根据雷达观测，土壤厚度范围 0～40cm。探测结果显示（图 2），每个测点浅部雷达波信号变化剧烈，下部变化较小，说明在地表以下较浅处溶蚀作用强烈，岩石破碎，裂隙发育，深部溶蚀较弱，岩石相对完整。以雷达波信号变化剧烈区域为表层岩溶带范围，两座山体上表层岩溶带厚度 1～3m，且相同山体上表层岩溶带发育厚度由山下部向上部递减，如位于山体下部到上部 Y1、Y2、Y3 测点平均厚度分别为 3.5m、2.8m 与 2.3m。

### 3.2 表层岩溶泉出流成分分析

根据前期在研究区洼地天窗、落水洞、岩溶泉所取雨前和雨中各个水样的 $\delta^{18}$O 和 $\delta$D 测试值，点绘出 $\delta^{18}$O-$\delta$D 关系图（图 3），与国际原子能机构（IAEA）全球降雨同位素网络（GNIP）上提供的中国贵阳站 1988～1992 年逐月大气降雨同位素数据对比可以发现：各时段所取的水样同位素值都落在当地大气降雨线（LMWL）的右下方，说明降雨是各种水源的补给来源，但在循环过程中已经历了不同程度的分馏与混合作用。

分别于 2009 年 8 月 4 日、2009 年 12 月 7 日及 2010 年 8 月 15 日采集雨前、雨后岩溶泉出流水样及雨水水样进行同位素测定。将雨水作为“新水”，雨前泉水作为“旧水”，利用两水源终端同位素混合模型，计算雨后表层岩溶泉出流混合水成分。12 月 7 日降雨过后，山腰岩溶泉水 $\delta^{18}$O 值从上午－9.34‰上升到下午－5.83‰，由于雨量较小（2mm），坡脚岩溶泉未受降雨明显影响，泉水 $\delta^{18}$O 没有明显变化。2009 年 8 月 4 日与 2010 年 8 月 15 日降雨量较大，山腰、坡脚岩溶泉水均受到降雨混合影响，根据式（3）计算出雨后泉水中“新水”与“旧水”的比例（表 1）。

表 1 表层岩溶泉“新”、“旧”水划分比例

| 日期（年-月-日） | 泉 | 混合水$^{18}$O（‰） | “新水”$^{18}$O（‰） | “旧水”$^{18}$O（‰） | 新水比例（%） |
|---|---|---|---|---|---|
| 2009-08-04 | 山腰 | －9.13 | －10.7 | －8.51 | 28.31 |
| | 坡脚 | －8.94 | －10.7 | －8.63 | 14.97 |
| 2009-12-07 | 山腰 | －5.83 | －1.58 | －9.34 | 45.2 |
| | 坡脚 | －8.7 | －1.58 | －8.5 | 2.9 |
| 2010-08-15 | 山腰 | －11.43 | －15.25 | －8.89 | 39.82 |
| | 坡脚 | －10.18 | －15.25 | －8.30 | 27.04 |

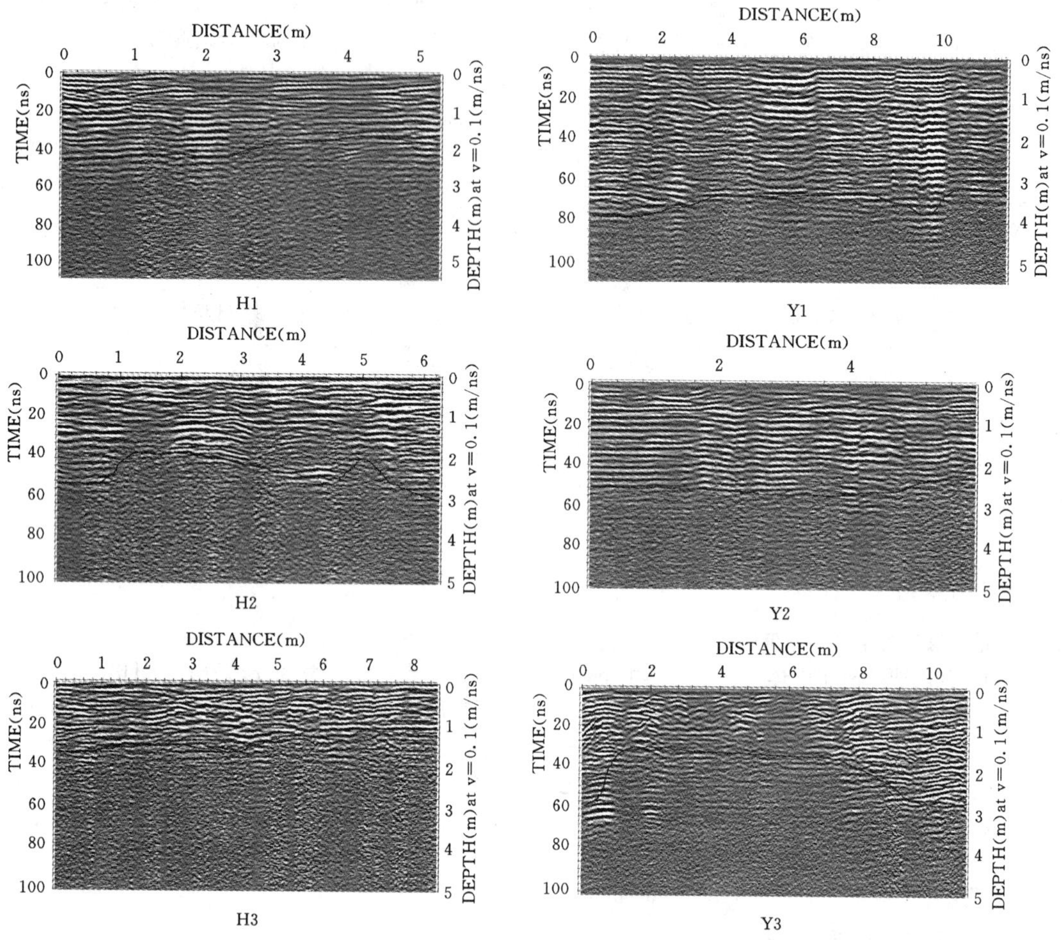

图 2　探地雷达探测表层岩溶带厚度变化

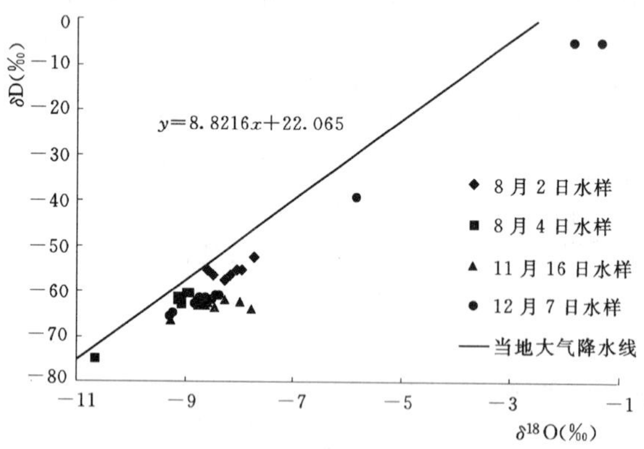


图 3　当地大气降水线及各时段水样 $\delta^{18}O$、$\delta D$ 值

表 1 显示，降雨后处于山腰处的表层岩溶泉混入的“新水”最多，分别达到了 45.2%、28.31%、39.82%，明显大于坡脚的表层岩溶泉。降雨垂向入渗至表层岩溶带下部时，由于渗透性减弱，水分侧向流动增强，与前期储存于表层岩溶带内的“旧水”混合，汇至表层岩溶带泉流出。由于表层岩溶带发育厚度由山上部向下逐渐增加，与坡脚相比，山腰处表层岩溶带发育较浅，其对降雨入渗的吸纳调蓄能力较弱，降雨垂向入渗时间较短，与表层岩溶带中“旧水”混合过程较短，因此山腰表层岩溶泉出流过程降雨响应迅速。相反，坡脚表层岩溶带较厚，降雨垂向入渗时间较长，与表层岩溶带中“旧水”混合过程较缓慢，因此坡脚表层岩溶泉降雨径流响应关系缓慢，当雨量较小时，降雨经表层岩溶带调蓄，对泉流量影响微弱。

### 3.3　表层岩溶泉降雨出流响应分析

2010 年 9 月 7 日和 9 日，研究区内分别有两场较大降雨（降雨量分别为 55.2mm 与 45.2mm），通过坡脚、山腰表层岩溶泉两场降雨出流响应实测资料，分析表层岩溶带对岩溶泉泉流量的影响。

由于坡脚表层岩溶泉汇水面积大，泉流量明显大于山腰表层岩溶泉。但由于山腰表层岩溶带较薄，调蓄能力较弱，泉流量动态变化迅速，且变化幅度较大，因此山腰泉流量标准化值明显大于坡脚。山腰、坡脚表层岩溶泉流量过程较降雨过程均有延迟性，但受表层岩溶带发育特征及前期蓄水情况影响，其滞后程度不同。2010 年 9 月 7 日降雨前研究区连续 11 天无降雨，表层岩溶带蓄水量较低，降雨首先垂向入渗补给表层岩溶带，当表层岩溶带蓄水量达到一定程度时开始侧向运动，以泉水形式排泄，因此降雨出流滞时较长。9 日降雨，由于前期降雨量较大，表层岩溶带已得到有效补给，因此降雨出流滞时较短。由于坡脚表层岩溶带较厚，7 日降雨出流过程滞时效应更明显，但由于 9 日表层岩溶带前期蓄水量较大，因此滞时效应与山腰泉相近（图 4）。

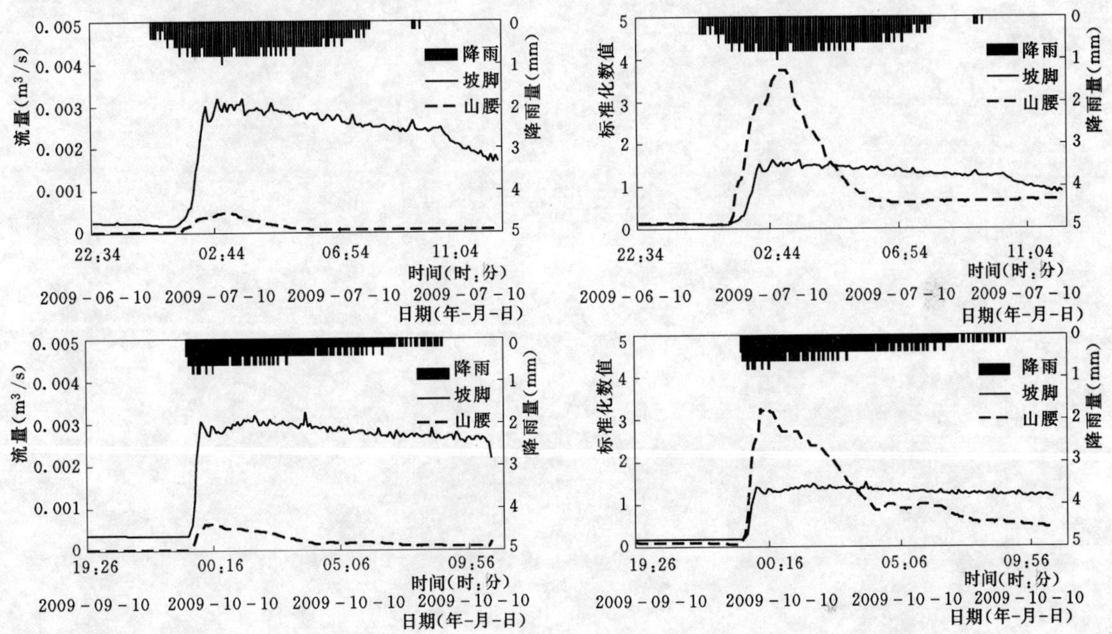


图 4　表层岩溶泉降雨出流过程

## 4　结论

通过对西南典型喀斯特地区坡地表层岩溶带发育深度，山腰、坡脚表层岩溶泉同位素以及表层岩溶泉降雨出流过程分析，得到以下结论：

（1）通过探地雷达探测，研究区坡地表层岩溶带发育厚度 3m 左右，相同山体上表层岩溶带发育厚度由山下部向上部递减。

（2）通过表层岩溶泉同位素分析，降雨与坡脚表层岩溶带中“旧水”混合过程较缓慢，因而发育在坡脚的表层岩溶泉降雨出流响应缓慢，当雨量较小时，降雨经表层岩溶带调蓄，对泉流量影响微弱。

（3）受表层岩溶带发育特征及前期蓄水情况影响，表层岩溶泉降雨出流具有滞时效应。当前期蓄水量较少时，表层岩溶带发育较厚的坡脚岩溶泉出流滞后效应更为明显。

## 参 考 文 献

[1]　袁道先，刘再华，蒋忠诚，等．碳循环与岩溶地质环境，北京：科学出版社，2003.

[2]　蒋忠诚，王瑞江，裴建国，等．我国南方表层岩溶带及其对岩溶水的调蓄功能，2001，20（2）：106-110.

[3]　Williams P W. The role of the epikarst in karst and cave hydrogeology：a review. International Journal of Speleology，2008，37（1）：1-10.

[4]　王玉英．西南地区表层岩溶发育特征研究——以贵州普定为例．南京：南京大学，2008.

[5]　Anderson S P，W E Dietrich，R Torres，D R Montgomery and Loague K. Water flowpaths in a small catchment during steady，artificial rain and a natural storm，in Abstracts of the Eighth International Conference on Geochronology，Cos-

mochronology, and Isotope Geology, U. S. Geol. Surv. Circ. , 1107, 7, 1994.
[6] Newman B D, Campbell A R and Wilcox B P. Lateral subsurface flow pathways in a semiarid ponderosa pine hillslope. Water Resources Research, 1998, 34, (12): 3485 - 3496.
[7] 顾慰祖,谢民.同位素示踪法划分藤桥流域流量过程线的试验研究.水文,1997 (1).

# 基于山坡蓄量运动波方程的理想山坡退水特征分析*

冯德锃[1,3] 刘金涛[1,2,3] 陈 喜[1,3] 宋慧卿[3] 朱秀全[3]

（1. 河海大学水文水资源与水利工程科学国家重点实验室 南京 210098；
2. 南京大学水科学系 南京 210093；3. 河海大学水文水资源学院 南京 210098）

**摘 要** 山坡地形曲率的敛散、凹凸等地貌特征，是影响土壤含水量、山区河道径流量等重要的控制因子。经引入山坡宽度函数、土壤厚度函数来分别描述地形平面曲率和剖面曲率而建立的山坡蓄量运动波能在很大程度上降低要通过求解复杂的3D-Richards方程才能获得壤中流径流过程的难度。通过模拟九种理想山坡的退水过程发现，山坡壤中流受地形平面曲率和剖面曲率所共同影响。一般而言，对于凹型剖面山坡（$n>1$），山坡平面曲率参数$\omega$越小，山坡平均径流深越大；对于直型山坡（$n=1$），收敛型山坡（$\omega>0$）径流深随时间而增大，发散型山坡（$\omega<0$）正好相反；凸型剖面山坡（$n<1$），在退水的初始阶段，山坡平均径流深较大，且呈迅速减小趋势，此后径流深减小速率变缓。在山坡水文响应中，山坡宽度的增加是对山坡坡度减小一种有效的补偿。

**关键词** 山坡蓄量运动波；理想山坡；地形曲率；退水特征

## 1 引言

流域是由山坡和河道组合而成的，两者共同将降雨储存在流域中的水分运送到流域出口。山坡作为流域中的主体单元，其性质和类型很大程度上控制着流域的水文过程，所以针对不同形状山坡水文效应的研究也就成为流域水文模拟研究的重点，但由于流域实际地形条件的复杂性，一般难以用方程对流域降雨径流过程进行精确描述，这也是阻碍水文模型发展的一个瓶颈。通常而言，可用3D-Richards方程对山坡上的这些径流过程进行数学描述，但由于其高度的非线性性，即便对于小尺度问题，仍然需要求解大规模的方程系统[1]。此外，Richards方程需要大量的土壤水力学参数，这些在流域尺度也是难以获取的。为了解决这一系列问题，Fan（1998）和Troch（2003）通过降维的方式[1,2]，引入土壤蓄水能力的概念来对山坡壤中流过程加以描述，并在此基础上建起了蓄量运动波的理论。此后，刘金涛（2011）等人将此理论应用实际流域之中，分析了地形曲率和土壤含水量直接的关系，结果表明地形曲率对于土壤水运动而言是一个不可忽视的因子[3]。本文以蓄量运动波理论为基础，将其应用于分析下文所提及的九种类型理想山坡的退水过程，以此作为将来进一步深入研究山区小流域产汇流机制和构建考虑地貌特征的动力水文模型的前期工作。

## 2 理论及方法

### 2.1 九种类型理想山坡地貌特征

在小流域中，如果山坡狭窄，坡度较陡或中等，土壤发育较好且厚度均一，则在流域出口断面山坡壤中流为主要的径流成分[4]。为了研究不同形状山坡的水文响应，通过剖面曲率和水平曲率来描述山坡地貌特征。在水文模型中，曲率是一个极其重要的地形控制控制因子，因为剖面曲率控制着水流向下游传播的流量，而水平曲率反映了山坡的敛散性，进而影响水分在土壤中的储存[3,5]。

一般而言，山坡地形表面能通过一个连续函数来近似描述。在此，用Evans（1980）提出的双变量函数来描述山坡形状

$$z(x,y)=E+H\left(1-\frac{x}{L}\right)^n+\omega y^2 \tag{1}$$

式中：$z$为高程；$x$为山坡坡顶到任意处的距离；$y$为垂直于坡长（山宽度方向上）从山坡中轴线到山坡两

* 基金项目：国家自然科学基金项目（41030636，40801013，40930635）；中国博士后科学基金特别资助项目（201003572）；江苏省自然科学基金项目（BK2010516）；国家重点实验室专项经费资助项目（2010585612）。

第一作者简介：冯德锃（1986— ），男，海南澄迈人，硕士研究生，主要从事水文学及水资源方面研究。E-mail：fengdezeng@126.com

侧分水线的距离；$E$为相对于某一基准面而言山坡坡脚高程；$H$为山坡高程的最大落差；$L$为山坡坡长；$n$为剖面曲率参数；$\omega$为水平曲率参数。

剖面曲率参数$n$可取大于、等于或小于1，分别代表凹型、直形和凸型山坡；而水平曲率参数$\omega$可取大于、等于或小于0，分别代表收敛型、平型和发散型山坡。由此两个曲率参数，我们可得到九种基本的山坡类型，任何自然山坡都可由这九种基本类型的山坡组合而成。

图1给出了这九种山坡（参数取值见表1）水平方向的投影，山坡宽度可由Ali Talebi（2008）所提出的理想山坡宽度函数[6]给定：

$$W(x)=a\exp\left\{b\left(1-\frac{x}{L}\right)^{2-n}\right\} \tag{2}$$

其中

$$b=\frac{2\omega L^2}{n(2-n)H}$$

式中：$a$代表山坡在坡脚（$x=L$）处的宽度；$b$反映了山坡的收敛程度。

**表1　九种类型山坡的参数取值**

| 山坡编号 | 剖面曲率 | 平面曲率 | $n$ | $\omega$（$\times10^{-3}$/m） | 汇流面积（$m^2$） |
|---|---|---|---|---|---|
| 1 | 凹 | 收敛 | 1.5 | 2 | 3194 |
| 2 | 凹 | 平行 | 1.5 | 0 | 5000 |
| 3 | 凹 | 发散 | 1.5 | −2 | 1939 |
| 4 | 直 | 收敛 | 1 | 2 | 2980 |
| 5 | 直 | 平行 | 1 | 0 | 5000 |
| 6 | 直 | 发散 | 1 | −2 | 2980 |
| 7 | 凸 | 收敛 | 0.5 | 2 | 2233 |
| 8 | 凸 | 平行 | 0.5 | 0 | 5000 |
| 9 | 凸 | 发散 | 0.5 | −2 | 2995 |

注　$L$=100m，$E$=0，$H$=35m，山坡基岩平均坡度$\beta$=35%。

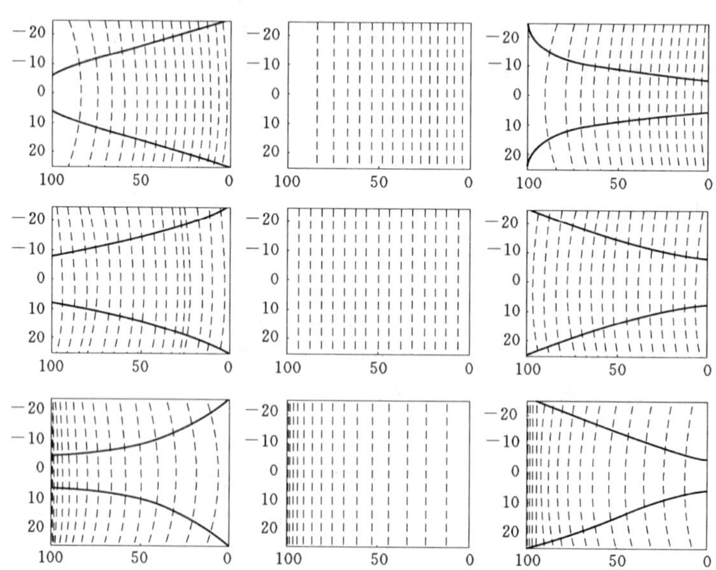


图1　九种基本类型山坡的俯视图

（实线为分水线，虚线为等高线）

### 2.2 山坡蓄量运动波方程

山坡土壤蓄量由以下方程给出，其值代表了某一时刻在任意处土壤的蓄水量为

$$S(x,t)=W(x)h(x)f \tag{3}$$

式中：$W(x)$ 为山坡宽度函数；$f$ 为土壤有效孔隙度；$h(x)$ 为 $x$ 处的水头值。

$h(x)\leqslant \mathrm{d}(x)$，$\mathrm{d}(x)$代表土壤厚度，从而可得

$$S(x,t)\leqslant Sc(x)=W(x)\mathrm{d}(x)f。$$

在地形较陡地区（坡度约大于30%），可假定壤中流与山坡坡度平行且为稳定流，不考虑土壤水扩散效应[4]，而且在山坡土壤厚度浅薄，渗透性较好，降雨强度较大的情况下垂向补给强度 $N(t)$ 可近似等于雨强，则山坡土壤水运动方程可由以下蓄量运动波方程给定：

$$a(x)\frac{\partial S}{\partial x}+\frac{\partial S}{\partial t}=N(t)W(x)+\frac{Kz''(x)}{f}S \tag{4}$$

其中

$$a(x)=-K\times z'(x)/f$$

式中：$z'(x)$ 代表在 $x$ 处的山坡坡度；$z''(x)$ 代表在 $x$ 处的山坡剖面曲率；$K$ 为饱和渗透系数；$N(t)$ 为降雨强度。

在引入山坡宽度函数，用土壤蓄量以取代水头高度，考虑地形曲率（包括平面曲率和剖面曲率）对土壤水运动的影响后，将三维结构的山坡概化为一维的剖面，很大程度上降低了山坡径流计算的复杂性，并且把山坡当作一个有机的整体来看待，保留了山坡系统的完整性。Paniconi 等人将 3D-Richards 方程与山坡蓄量方程进行了比较，总体上模拟结果精度较高[7]。

为了说明山坡壤中流受地形曲率所影响，表1所提到的九种类型山坡坡脚附近（$x'=L-0.5\mathrm{m}$）的退水过程加以比较，以期将来做水文模拟时综合考虑山坡地形曲率等地貌特征的影响。方程式（4）可由特征线法[6]求得其解析解

$$\xi=L-L\left[\frac{t(2-n)nkH}{fL^{2}}+\left(1-\frac{x'}{L}\right)^{2-n}\right]^{\frac{1}{2-n}} \tag{5}$$

$$S(x',t)=S(\xi,\xi)\left(\frac{1-\xi/L}{1-x'/L}\right)^{n-1} \tag{6}$$

## 3 结果分析与讨论

在此，我们设定 $\mathrm{d}(x)=1\mathrm{m}$，$K=0.25\mathrm{m/h}$，$f=0.35$，$N(t)=0$，$S(0,t)=0$，$S(x,0)=10\%\times Sc(x)$，可得到图1中九种类型理想山坡退水过程（图2）分析如下。

由于1、2、3号山坡顶端部分基岩坡度较陡，而出口附近的坡度较缓，导致山坡出口处排水较慢，土壤水分累积较快，所以随着时间的推移，山坡径流量在不断增加。1号山坡出口处山坡宽度较窄，所以蓄量增加到其最大蓄量后就保持不变，进而导致径流量也保持不变。同理，2号山坡径流量增大到一定程度后也保持不变，但由于其山坡宽度（最大蓄量）要比1号山坡的大，所以时间上更滞后一些，径流量也比1号的大一些。所有收敛型山坡（1、4、7号山坡）出流量都随着时间增加，同样是因为在出口处土壤的蓄水量随着时间而增加造成的。7号山坡初始时刻出流在不断减小是因为出口附近的基岩坡度很大，导致水分很快的往下排送，过一段时间后，山坡的收敛性质又使其出流不断增大。平直型山坡（5号山坡）随着时间的推移，径流量为一常数，这说明平直型山坡坡脚蓄量变化率几乎为零。4号，6号跟5号山坡一样，同为直型坡，但由于其山坡的收敛（4号）或发散（6号），致使径流量的增长或减小，变化率取决于山坡的敛散程度。正如猜想，8、9号凸型山坡在初始阶段，径流量极大且呈迅速减小趋势，此后径流量几乎保持不变。这主要是由于坡脚处坡度极大，造成山坡在初始阶段排水率极大，到了后期山坡对坡脚土壤水分的补给缓慢（由于山坡顶端坡度平缓），使径流量形成缓慢下降的趋势。

在此，我们可以得到结论，山坡土壤水分的排泄速率主要由山坡平面曲率和剖面曲率所共同决定。一般而言，收敛型山坡由于蓄量在坡脚的积累，径流量会随着时间的推移而增加。直型山坡由于上游的补给和排放相抵，径流量几乎保持不变。发散型山坡径流量会随着时间的推移而迅速减小，尤其是发散型凸型山坡。在水文响应上，山坡宽度的增加是基岩坡度减小一种有效的补偿，如3号山坡对比7号山坡而言，其坡脚处

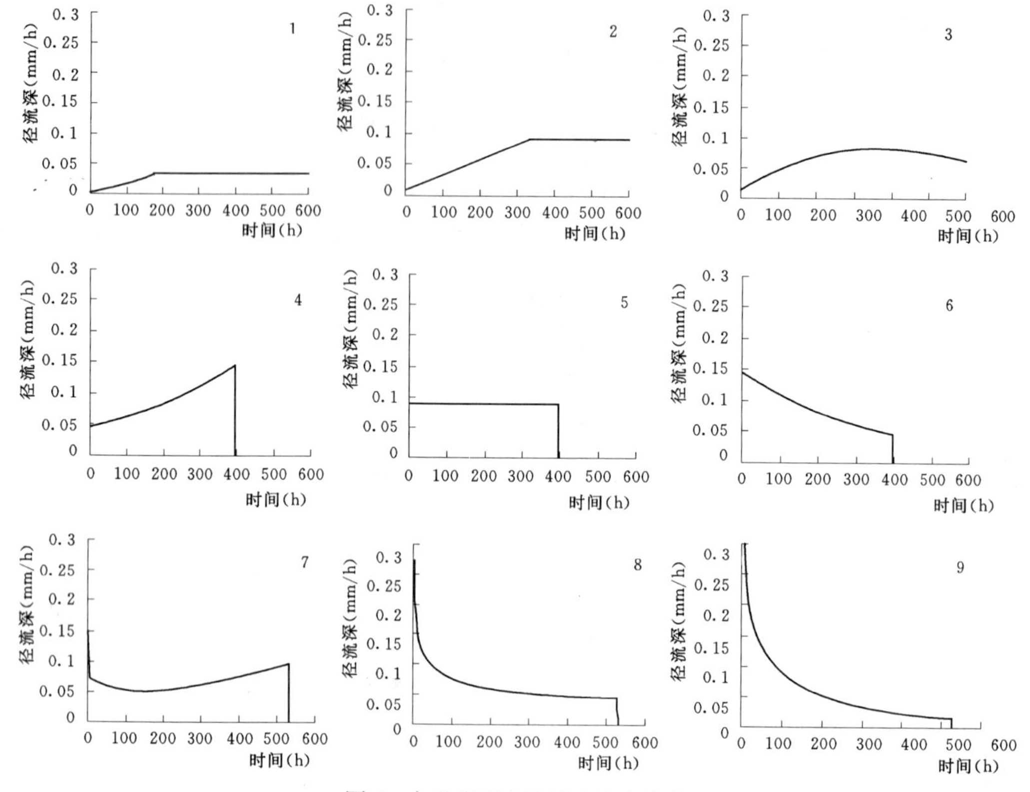


图 2　九种类型山坡壤中流出流率

坡度要小得多，但由于 3 号山坡坡脚山坡宽度要比 7 号的大，进而弥补了由于基岩坡度较小而导致流量减小的缺失量，所以 3 号和 7 号山坡的径流深相差不多。若遭遇高强度的降雨补给，发散型凸型山坡造成的危害可能最大，由于其地形曲率造就了陡长陡落流量过程线。

## 4　实际流域应用展望

本文初步探讨了基于蓄量运动波理论地形曲率对九种类型山坡退水规律的影响，为了克服运动波假设的约束，模型可进一步运用 Boussinesq 方程来构建，以考虑在地形坡度较缓地区扩散作用的影响，其数值模拟效果也将成为以后研究的重点。在实际流域中，由于山坡地形条件较为复杂，如何概化、提取山坡宽度函数以及对山坡土壤厚度进行定位观测仍然是研究的难点所在，而山坡蓄量这一理论的有效性也需要实际流域资料来进行验证，再者，这一理论在解决尺度扩展和参数化问题上更有待进一步研究。

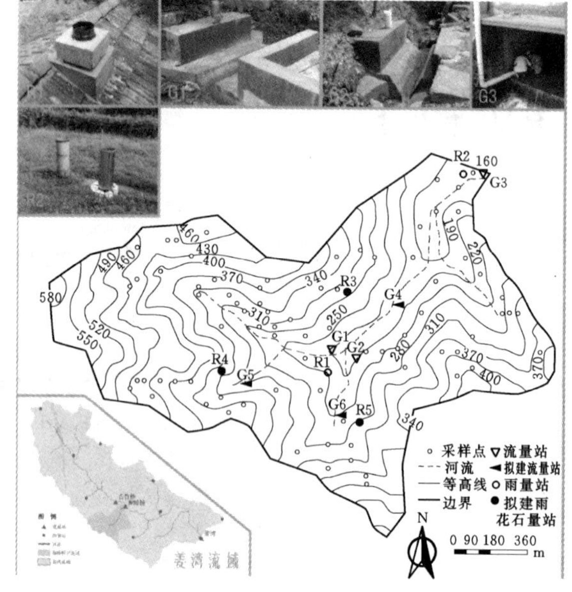


图 3　和睦桥实验流域

基于上述原因，笔者所在研究团队已经选取了位于浙江省德清县内的和睦桥小流域作为研究区（图 3），对降雨、径流等水文资料进行实地长期观测。通过野外观测和室内分析初步揭示了实际流域山坡地形曲率的空间变异特征和它的水文效应[4]，而后续研究结果也将在其后文章中予以讨论。

## 参考文献

[1] Peter A Troch, Paniconi C, Van Loon E E. Hillslope-storage Boussinesq model for subsurface flow and variable source areas along complex hislope 1. Formulation and Characteristic response [J]. Water Resource Reserch, 2003, 39, doi 10. 1029 /2002WR001728.

[2] Ying Fan, Rafael L. Bras. Analytical solutions to hillslope subfurface storm flow and saturation overland flow [J]. Water Resource Reserch, 1998, 34 (4): 921-927.

[3] 刘金涛，冯德锃，陈喜，等．山坡地形曲率分布特征及其水文效应分析 [J]. 水科学进展，2011，22 (1)：1-6.

[4] Beven K. Kinematic subsurface stormflow [J]. Water Resource Research, 1981, 17 (5): 1419-1424.

[5] 刘金涛，陈喜，吴吉春．山坡蓄量动力学理论及其在水文模型中的应用前景 [J]．山地学报，2010，28 (5)：513-518.

[6] Ali Talbebi, Peter A. Troch, Remko Uijlenhoet. Asteady-state analytical slope stability model for complex hillslopes [J]. Hydrological Processes, 2008, 22: 533-546.

[7] Peter A Troch, Paniconi C, Van Loon E E. Hillslope-storage Boussinesq model for subsurface flow and variable source areas along complex hislope 2. Intercomparion with a three dimensional Richards equation model [J]. Water Resource Reserch, 2003, 39: 1317, doi 10. 1029 /2002WR001730.

# Hillslope drainage characteristic analysis based on hillslope-storage kinematic wave equations

Feng Dezeng[1,3] Liu Jintao[1,2,3] Chen Xi[1,3] Song Huiqing[3] Zhu Xiuquan[3]

(1. State Key Laboratory of Hydrology—Water Resources and Hydraulic Engineering, Hohai University, Nanjing 210098; 2. Department of Hydrosciences, Nanjing University, Nanjing 210093; 3. College of Hydrology and Water Resources, Hohai University, Nanjing 210098)

**Abstract** Topographic convergence (or divergence) and concave (or convex) are first order controls over soil water content and stream flow, etc. The hillslope-storage kinematic wave can greatly reduce difficulty of solving complex 3D-Richards equation to capture subsurface flow by introducing the hillslope width function and soil depth function respectively representing topographic plane curvature and profile curvature. Through the simulation of nine abstract hillslopes drainage response, it was found that subsurface flow was influenced by topographic curvature. Generally, the smaller the hillslope plane curvature parameters $\omega$, the higher the flow for concave hillslope. At the straight hillslopes, the flow of convergent type's increased with time, the opposite the divergent one. The convex profile hillslopes, in the initial stage of drainage, the flow was high and decreased quickly then the decreased rate became slow. The increase of hillslope width was a kind of effective compensation for the decrease of slope on hydrological response.

**Key words** hillslope-storage kinematic wave; abstract hillslopes; topographic curvature; drainage characteristics

# 西安市皂河污染特性及其污染控制的几点建议*

勾 奎 赵 静 沈 冰

(西安理工大学西北水资源与环境生态教育部重点实验室 西安 710048)

**摘 要** 本文以西安市皂河流域为研究区域，通过对皂河污染的监测，分别从上下游污染指标对比以及洪水过程中污染指标的变化两方面分析了皂河污染特性，在此基础上提出了皂河污染控制的几点建议。

**关键词** 西安皂河；污染特性；控制建议

## 1 引言

河流的命运与城市的发展息息相关，城市的社会经济系统依赖于城市河流所提供的各种功，城市河流是城市资源的重要组成部分，是体现城市资源的稀缺性和价值型的重要因素，也是城市竞争力的重要表现形式[1]。随着城市社会经济的发展，人口剧增、资源过度消耗、生态环境恶化等情况日益突出，河流对城市的繁荣与衰落，对城市社会、经济、环境协调发展影响也日益突出[2]。目前世界范围内许多河流都遭受了污染，在美国，47%的河流受到了超过其本身环境容量的污染[3]；我国 2009 年环境状况公报显示，中国的江河湖泊普遍遭受污染，水环境污染状况十分严重[4]。城市河流严重污染带来的水环境恶化问题不仅影响着城市的正常发展，更为严重的是对城市居民的健康和城市生态安全构成了严重的威胁。因此，对城市河流污染的特性以及城市河流污染的措施研究，解决城市河流污染、恢复河流的生态功能已经成为城市经济发展的关键性因素。

## 2 皂河概况

西安市皂河是渭河的支流，发源于秦岭北坡西安市长安区水寨村，流经长安区申店、韦曲，在下塔坡进入西安市城市段，经杜城、丈八沟、鱼化寨、北石桥、三桥镇、雁雀门、六村堡至草滩农场入渭河，全长约 30km，其中西安市城区段长约 27km，流域面积约 300km$^2$，主要接受大气降水、地下水补给。近十几年来，由于气候干旱少雨，上游截流，皂河水量减少。但是，随着城市人口的增加，工业的飞速发展，西安市西郊生活和工业废水大量排入皂河，主要接纳长安区规划区域、西安市区南郊及西郊区域约 256km$^2$ 面积的雨、污水排放，使得皂河流量仍比较大。城市段区域内有曲江池及桃园湖等调蓄，主要支流有太平河（接纳郭杜开发区、纪阳组团排水）、大环河（接纳市城区南郊排水）、沣二干排水渠（接纳六村堡组团排水）。

皂河是西安市南郊、西郊雨洪排泄的出路，贯穿西安市中心城区，一度承担着西安市排污功能，沿途有 16 条城市雨水管网汇入，一直以来河里流动的全部是生活污水和工业废水。根据西安城市排洪治理，皂河下游段设计流量为 162.2m$^3$/s。

2001 年 11 月开始对皂河进行综合治理，主要是对河道进行清淤、衬砌，河床拓宽、加深，增加河道排水量。2005 年 7 月皂河长安段综合治理工程开始实施，预计工程完成后，可提高皂河上游的排污行洪能力。2008 年 10 月沣惠渠改造项目完工通水，“引沣进城”生态引水项目随之启动，其中沣三干渠每天向担负城市排污功能的皂河输水 21 万 m$^3$，由沣三干渠与皂河交汇处往北，水质明显改善。2009 年第一季度调查，西安市水环境质量总体好于去年同期，10 条河流的 24 个断面的综合污染指数低于去年同期 16.39%，但 10 条河流中仍是皂河污染程度最大。

## 3 皂河污染特性分析

皂河从上游至下游选取从长安一中对面至皂河入渭水位观测断面共 17 个断面作为采样断面。皂河主要

* 基金项目：国家水体污染控制与治理科技重大水专项（2008ZX07317－004）。

第一作者简介：勾奎（1986— ），男，陕西榆林人，在读硕士生，从事水文及水资源。E－mail：goukui@126.com

监测的水质指标有：TSS、COD、TP、TN、$NO_3-N$、$NH_3-N$、可溶性磷酸盐及重金属元素（包括 Pb、Cd、$Cr^{3+}$、Cu 和 Zn）。取样时间间隔前期为每半月取一次样。后期为每月取一次样。遇到降雨产生洪水时，从洪水开始起涨到水位消落过程中连续取样（皂河上安装有雷达水位计，在专用网站上可以及时观测水位变化，在洪水过程中，水位变化 2cm 时取一次水样，直至本次洪水过程结束），取样过程中分别在断面的左岸、右岸及中间各取相同量的水样，混合之后作为该断面水样，分别装入聚乙烯塑料桶并加硫酸保存，然后及时运回到实验室进行污染指标的测定。本文中主要分析 TSS、COD、TN 和 TP 浓度情况，具体水质分析方法见《水和废水监测分析方法》（第四版）（国家环境保护总局，2002），见表 1。

**表 1　污染指标浓度测定方法**

| 分析项目 | 分　析　方　法 |
|---|---|
| TSS | 滤纸法 |
| COD | 重铬酸钾法 |
| TN | 过硫酸钾氧化——紫外分光光度法 |
| TP | 过硫酸钾消解——钼锑抗分光光度法 |

### 3.1　上下游污染指标对比

皂河上游的采样断面选在长安区长安一中对面，下游选取皂河入渭水位观测断面作为采样断面。上、下游断面水样各水质污染指标的浓度比较见图 1～图 4。

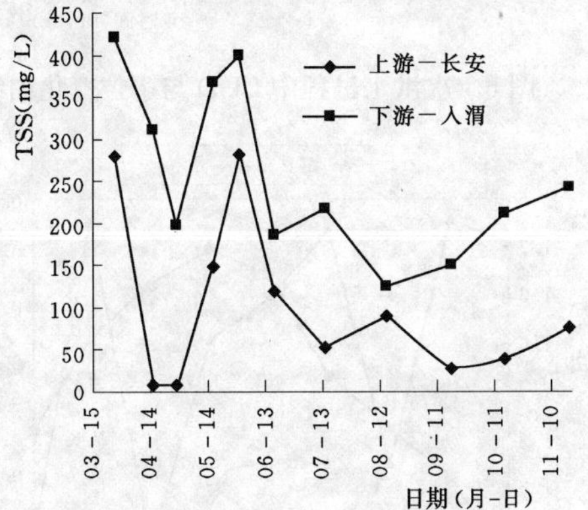


图 1　上、下游 TSS 含量变化对比

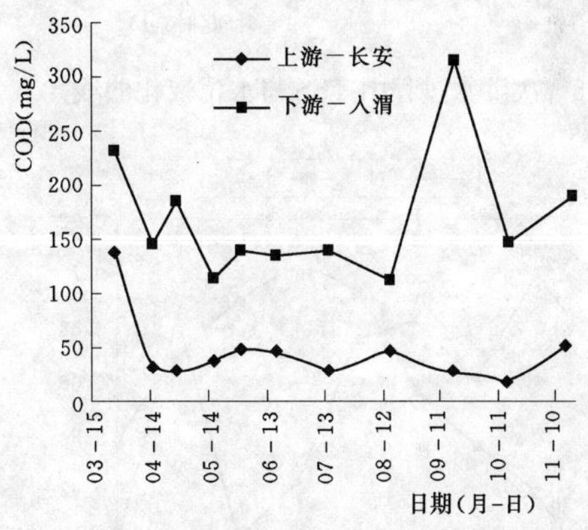


图 2　上、下游 COD 含量变化对比

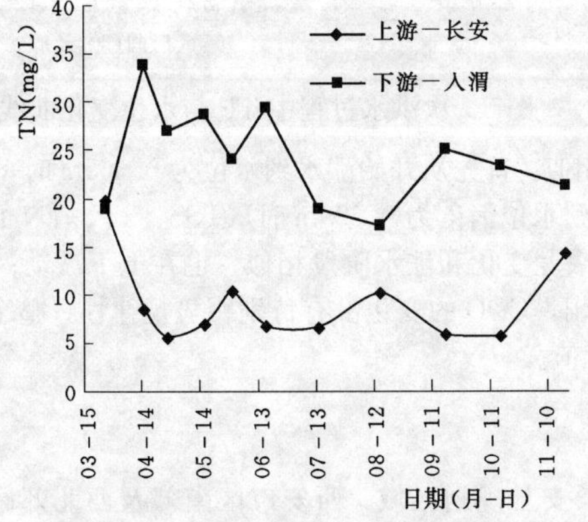


图 3　上、下游 TN 含量变化对比

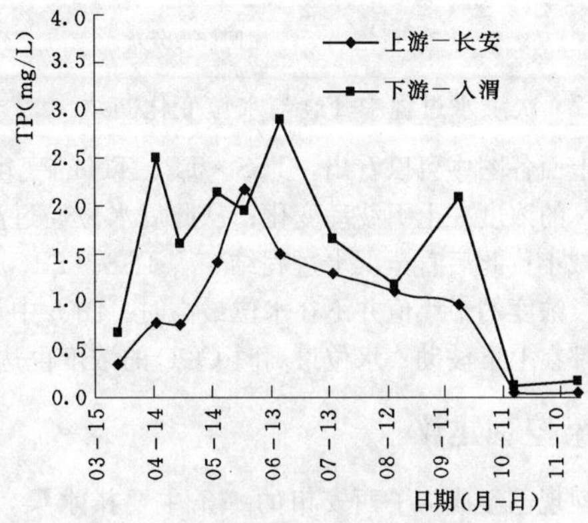


图 4　上、下游 TP 含量变化对比

图 1 中可以看出，在 6 月之前及 10 月之后上、下游 TSS 含量变化趋势基本一致，同时上升同时下降，6 月至 9 月之间呈现相反的变化趋势；图 2 中可以看出，污染指标 COD 的变化除下游在 9 月时出现极大值之外，上下游变化趋势基本一致；图 3 中可以看出上下游 TN 变化出现相反的趋势；图 4 中可以看出，TP 浓度在 5 月底的时候出现上游略微大于下游的点，其余变化趋势趋于一致。上述图中可以看出 TSS、COD、

TN 及 TP 的浓度变化均表现为上游浓度低于下游。这说明皂河在中间河段接收了大量的污染指标含量较大的废、污水。

**3.2　洪水过程中污染指标变化**

本文研究选取草滩农场西站断面的 100821 号洪水过程，绘制污染指标与水位变化曲线，见图 5～图 8。

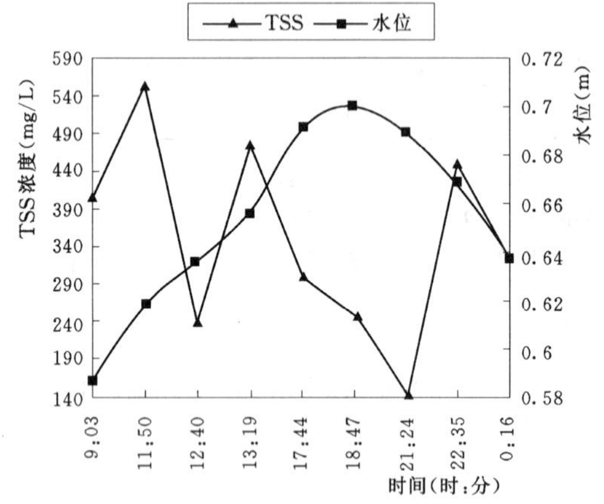


图 5　次洪水过程中 TSS 与水位变化曲线

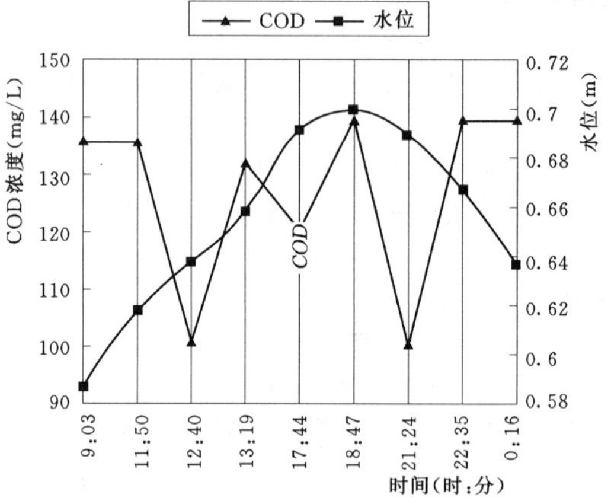


图 6　次洪水过程中 COD 与水位变化曲线

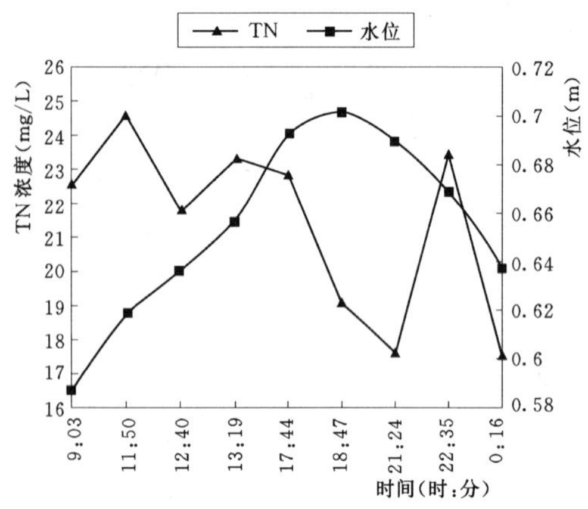


图 7　次洪水过程中 TN 与水位变化曲线

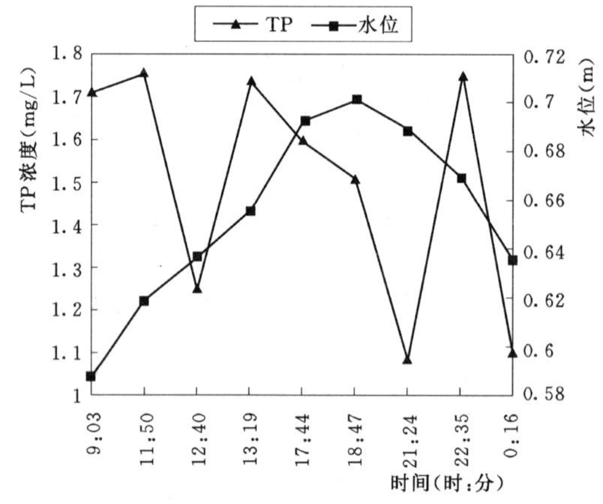


图 8　次洪水过程中 TP 与水位变化曲线

从上面各图中可以看出，TSS、TP、TN 的变化比较相似。首先从开始涨水到水位为 0.665m 时，TSS、TP、TN 的浓度在上下波动变化；从此后水位经过洪峰直到水位消落为 0.689m 时，TSS、TP、TN 的浓度一直在减小；此后直至洪水过程结束，TSS、TP、TN 的浓度变化和涨水阶段相似，也在上下波动；TSS、TP、TN 浓度的最小值并不在水位最高时。图 3 中可以看出，COD 的变化没有特别明显规律性，整个洪水过程中都在上下波动；水位最高时 COD 的浓度也达到最大值。

## 4　污染控制建议

皂河现已经成为了西安市的一条主要排水渠，接纳长安县规划区域、西安市区南郊及西北郊区域约 256km$^2$ 面积的雨、污水排放，其中汇流农田面积 127km$^2$，城镇面积 129km$^2$。该流域南起长安科技产业园，北至三桥镇，东起大雁塔，西至西三环，是西安市发展和建设的重要地带。2009 年皂河主要水质指标监测结果显示皂河污染严重，水质为劣Ⅴ类，对渭河的水质也产生了很大影响。因此，对皂河水污染控制治理已经迫在眉睫，皂河水污染不及时的控制治理，可能会直接影响到该流域内各区域的社会经济发展。

皂河污染控制的几点建议如下：

(1) 河流截污。工业废水、城市生活污水和雨水的直接排入是皂河污染物的主要来源，因此完善城市排水网络，建设河道两岸地下截流管道拦截污水，在污水处理厂进行必要处理再另行排放是防止水质进一步恶化的必要措施。

（2）生态修复。皂河堤岸形式是单一浆砌石硬质护岸，破坏了生态平衡，不利于水环境修复及生态环境的改善，因此堤岸建设应该从简单的防洪向兼顾生态功能方向发展；利用先进的生态修复技术（如人工湿地技术、生物浮岛技术、生物膜技术、曝气充氧技术等）改善皂河水质。

（3）重点治理，区别对待。皂河中游段地势平坦，土地肥沃，农业以粮、棉为主，兼种蔬菜、瓜果，现有西安外事学院、汽车交易市场、大世界游乐园、南风日化厂、北石桥污水处理厂、西郊热电厂、西安市第三自来水公司、陕西胶合板厂、陕棉十厂、水处理设备厂、武警技术学院等，皂河在中间段接受了大量的污染物。因此政府部门必须加强皂河中游阶段的管理和治理，以减少下游入渭处得污染物浓度。其次，皂河接纳的雨、污水排放面积中，汇流农田面积和城镇面积几乎各占一半，因此对于城镇面积和农田面积的雨、污水处理要区别对待，最大限度的控制污染。

（4）河道管理，人人参与。皂河的治理需要水利、城市规划、环保、园林、环境卫生等部门共同参与管理，因此只有加强各部门之间的协作，才能确保皂河规划和治理方案的全面性、科学性。进一步加大宣传力度和范围，形成河道治理和管理人人参与、人人有责的氛围，并提高人们对洪水的防范意识。坚持日常巡查和严格执法，及时清理水面漂浮物，切实加强河道执法监督，全面落实河道管理责任，做到分河段定责任，确保每一段河道都有人负责，从而改善河道的生态环境。

## 5 结语

城市的水资源短缺使得城市河流污染问题应经直接影响到了该区域的社会经济发展，解决城市河流的污染问题已经成为当务之急。西安市皂河的污染问题直接影响皂河流域的规划和发展，西安市政府对皂河的治理也做了许多努力，但是皂河的水污染问题并没有得到根本的改善。因此政府部门应该加大皂河的治理力度，改善皂河的生态环境，促进皂河流域的社会经济发展。

## 参 考 文 献

[1] 熊风，罗洁，杨立中，等．城市河流水污染总量控制和综合治理研究——以四川省绵阳市涪江河段为例［J］．重庆建筑大学学报，2008，30（1）：109-113.

[2] 郭彩萍．城市中小河流综合整治措施分析［J］．黑龙江水利科技，2011，39（1）：81-82.

[3] 宋庆辉，杨志峰．对我国城市河流综合管理的思考［J］．水科学进展，2002，13（3）：377-382.

[4] 国家环境保护总局．2009年中国环境状况公报［Z］，2010.

# Pollution Characteristic of ZaoHe in Xi'an and Some Suggestions on ZaoHe Pollution Control

Gou Kui Zhao Jing Shen Bing

(Key Lab of Northwest Water Resources and Environment Ecology, Xi'an University of Technology, Xi'an 710048)

**Abstract** It was selected ZaoHe river basin in Xi'an City as study area in this paper. Though the monitoring to ZaoHe, we analyze ZaoHe pollution characteristic from two aspects of the comparison of upstream and downstream pollution indexes and the changes of flood process pollution indicators, and based on this, some suggestions are put forward on ZaoHe pollution control.

**Key words** ZaoHe River In Xi'an City; pollution characteristic; control suggestions

# 中国北极水运“绿色物流”的知识和技术储备分析*

李嘉冰[1] 黄文峰[2]

（1. 浙江大学管理学院 杭州 310058；2. 大连理工大学海岸和近海工程国家重点实验室 辽宁 116024）

**摘 要** 根据“绿色物流”理念，围绕北冰洋通航环境保护的国际要求以及北极航线主要受北冰洋海冰制约的事实，收集总结了在渤海海冰区域航行和国际上环北冰洋航行的经验、技术和航运灾害与事故。在承认海冰对通航影响的基础上，利用洛特卡定律，对比分析了加拿大环境署1978～2010年组织的33届北极和海洋溢油项目国际技术研讨会的论文数和作者数，中文期刊全文数据库1982～2010年收集的中文水运“溢油”论文数和作者数，对比分析国内外在水运“溢油”方面的发展过程，以及国际和中国水运“溢油”科学发展的定量统计规律。发现中国的成果同国际相比，特别同加拿大相比，在发展趋势上有相同之处，但在数量上存在很大差别。这表明中国在北冰洋通航的知识和技术储备上，同国际和加拿大有很大差距。在这场北极通航利益争夺中，仅仅就水域环境灾害方面就需要相当多的努力，还不包括船舶建设、港口建设，应急救援等方面的努力。

**关键词** 北极；水运；物流；冰区；环保；灾难

## 1 引言

北冰洋是一片被海冰盖覆盖的区域。根据美国航空航天局的记录，过去30年来，北极地区的气温每10年上升0.5℃。北极地区生物生长期每10年延长数天，北极圈内多年冻土也已开始解冻。随着全球气候变暖，北冰洋可能将成为一座新的能源宝库，人们有可能在未来数十年后对北冰洋洋底的大量石油和天然气进行开发。因此北冰洋沿海国家对北极的主权、领土、资源等展开越来越激烈的争夺。另外，北冰洋有联系亚、欧、北美三大洲的最短大弧航线。假如气候变暖趋势得不到遏制，最早到2015年，普通轮船在夏季不必借助破冰船就可以完成航行。如真是这样的话，将很快出现连接全球最大制造中心（东亚）和最大消费市场（欧美）之间更为便捷的海上运输通道。由于北极蕴藏丰富的油气资源，新洲际航道也将充当能源运输新走廊，大幅增加北极资源的可获取性。

我国地处东亚，北极航道的有效利用能使我国更靠近世界下一个能源和资源仓库（北极地区）；缩短我国与世界最大的消费市场（欧美）的航运距离，降低运输成本；中国—北极地区（北欧和北美地区）能源和原材料贸易也将促进我国贸易平衡；影响我国沿海地区经济发展战略布局，对于东北振兴规划的实施具有重要作用；此外，也回避通过目前繁忙的运河和海峡，提高中国能源和贸易运输的安全性和可靠性。

不同于其他大洋，北冰洋海冰的不确定性对北极航道构成制约。国际上有关国家利用紧邻北冰洋的优势，在冰区船舶设计与建造、冰服务等关键技术领域取得了领先优势，为未来有效利用北极“绿色物流”创造条件。中国在这场较量中，如何应对？从“绿色物流”观点出发，海冰给水环境带来的潜在危害仍然存在。本文首先介绍北极航道、海冰对航行的影响；然后通过定量分析比较国际和中国在水运环保方面的知识储备，客观地反映中国“绿色物流”的海冰、环保等领域的科技储备仍需加大努力。

## 2 北极航道

从欧洲穿越白令海峡，跨越大西洋和太平洋，前往日本和亚洲其他地区，被称为“西北航道”。这一航道使得从欧洲开往亚洲的船舶将不必远走巴拿马运河。由于距离更短，通过这条航线的船舶燃料消耗成本估计要比传统航线低4成。“西北航道”的对面，从巴伦支海的俄罗斯北方重镇摩尔曼斯克起始，沿西伯利亚

* 基金项目：加拿大政府加拿大研究专项奖（2009）；国家海洋局极地考察办项目和公益项目。

第一作者简介：李嘉冰（1989— ），男，辽宁人，浙江大学管理学院，学生，物流管理。E-mail：lijiabing_ian@163.com

海岸直到楚科奇半岛的航线被称为“东北航道”。它们都是连接大西洋和太平洋的捷径，但因常年冰封，长期以来仅作为军事大国调动核潜艇的水下走廊[1]。

如果“西北航道”与“东北航道”贯通，这条穿越北极群岛的“轴心航线”将迅速构成北半球真正意义上的大西洋—北冰洋—太平洋“三角海战场”。由于真正实现了无障碍通航，这个“铁三角”将是一个“全球性战场的黄金支撑点”。

2008 年夏季北极西北航道和东北航道首次同年完全开通；2009 年以来，德、挪、俄、欧等国在前期冰区航行技术研发和试航基础上，纷纷使用具有抗冰等级船舶成功运送铁矿石、液化天然气经东北航道到中国沿海和日本诸港。例如，2009 年夏季两艘德国商船实现了从韩国釜山港经过东北航道到达荷兰鹿特丹的航行，它是商船首次穿越东北航道的航行[2]；2010 年夏季东北航道的航运活动则更加活跃，其中俄罗斯“Monchegorsk 号”运输船首次在没有破冰船的引领下实现了从俄罗斯西北部摩尔曼斯克港经东北航道到我国上海港的矿石运输[3]。按照开通的北极新航线，中国沿海主要港口同北美和欧洲主要港口间估算的缩短里程千米数汇总在表 1。

**表 1　中国沿海港口同北美和欧洲主要港口间目前最佳远洋航线与北极航线的里程缩短表**　单位：km

| 中国港口 | 圣约翰斯 | 波士顿 | 纽约 | 摩尔曼斯克 | 雷克雅未克 | 汉堡 |
|---|---|---|---|---|---|---|
| 图们 | 6485 | 4221 | 3544 | 12604 | 8320 | 7706 |
| 天津 | 6361 | 4097 | 3422 | 10523 | 6287 | 5634 |
| 上海 | 6422 | 4158 | 3483 | 9862 | 5627 | 4973 |
| 香港 | 6401 | 4136 | 3461 | 7355 | 3119 | 2466 |

## 3　冰区“绿色物流”潜在海冰灾害和环境灾难

### 3.1　渤海海冰对油气开采、仓储和船舶航行的影响

每年冬季中国渤海都发生结冰现象。尽管渤海海冰工程管理采取了周全的管理措施，没有发生严重的溢油污染，但因无冰期的溢油事故不断地出现，给冬季环保增加了压力。如 2008 年，渤海共发现 12 起溢油量 10t 以下的小型油污染事件，其中海洋油气田较集中的渤海湾有 6 起，占事故总数的 50%。海上油气田开采过程中存在油气泄漏、火灾和爆炸等重大事故的潜在风险。渤海现有输油管道溢油概率约为每年 0.1 次；渤海石油平台由于火灾及井喷所引起的溢油事故概率约为每年 0.2 次[4]。海冰在渤海油气开采、仓储阶段潜在的污染有：大型船舶特别是油轮若是被海冰撞损造成溢油事故，海洋环境将受到污染。特别是冰区溢油由于受到冬季低温和结冰的影响，易形成高黏度油或凝油块，非常难于清理和回收[5]。在冰区航行，如果压载舱的透气管被结冰堵住而没被及时发现，在压水排水时，很容易使压载舱受过大的空气压力而爆裂。勘探井口需要特别保护，以防井口破坏，油气泄露[6]。采油平台因海冰阻碍船舶向外输运原油，平台因储罐体积极限而减产或者停产。平台关停除了会造成原油产量损失，还会导致管线、阀门在严寒中被冻裂而发生泄漏事故。

海冰对航行中船舶的主要影响表现在当船舶在冰区航行时，流冰会对船体划损或撞坏，螺旋桨、舵被碰坏，水下阀门被堵塞等。其次是船舶在近岸、锚地和港口附近破冰航行时，由于冰的阻力较大，航速降低、转向困难，容易引起船舶在航道附近搁浅[7-9]，产生这些现象的原因主要有：①吨位小的船舶甚至在主航道航行途中突然“走不动”，极有可能被冰推出航道，造成搁浅。②船舶在冰中航行，转向比较困难，在航道转向时，容易引起搁浅；③低速前进的船舶如果遇到大面积不同厚度的冰，当厚冰与薄冰的结合处与船艏向成一小角度时会发生船艏沿着厚冰冰缘向薄冰处偏转的现象。这种现象若发生在船舶入口转向或出口上航道时，船舶极易冲出航道而搁浅。

另外在锚地时，在船舶被包围在浮冰中，船体受到极大的压力。这时则极容易断链；或者走锚。在船舶靠泊时，一部分碎冰由于船舶的推挡，会挤塞在船舶和直立码头之间。这不仅会使船舶靠不上泊位，还会造成船体损伤。

### 3.2　北极海冰对“绿色物流”的影响

中国缺少北极航行经验，只是对冰区航行做过点滴经验积累。而国际上已有相当的知识和技术储备，但

仍然满足不了目前快速崛起的“北极航线”通航的需求。在 AMSA 数据库中，整理了环北极地区 1995～2004 年发生的事故[10]。这些资料来源于劳埃德海事情报部门海上搜寻者资料库，加拿大水利中心北极冰物理环境系统数据库和加拿大交通安全理事会（海事）。按照事故的分类，北极航行的主要事故有：碰撞、船损、起火/爆炸、搁浅、机械故障、沉没等。图 1（a）直观地给出发生事故的主要原因所占次数。此外在这些事故中各种航行的船舶种类也由图 1（b）给出。图 1 表明环北极船舶发生机械故障、搁浅和船损所占次数较多，这就说明需要交完整应急救援体系；而出现事故的船舶种类主要是渔船、杂货船和散货船，这有反映环北极航行的船舶吨位和抗冰能力需要提高。分析发生事故的月份和年份并没有发现规律，间接说明环北极海冰对船舶航行的影响没有季节性，全年都需要加强管理。1997 年 9 月 22 日，总吨位为 17000t 的英国某公司货船“埃德蒙顿”号行至白令海时船舶突然停车，造成人员伤亡[11]。2004 年 12 月 8 日，一艘马来西亚的货船（Selendang Ayu 号）在阿拉斯加外海损失人员海冰沉没。该事故是一个缺少关键基础设施、应急响应和救生服务的形象实例[10]。

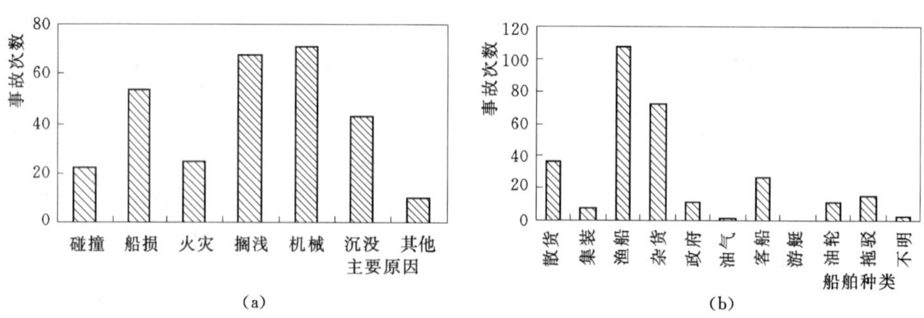


图 1 环北极地区 1995～2004 年船舶事故发生分类统计

（数据来自文献［10］）

（a）事故发生的主要原因；（b）事故发生的主要船舶种类

## 4 国内外冰区环保知识和技术储备对比分析[12]

国际上有两个权威学术性国际会议能够体现国际溢油研究现状。一是国际溢油大会，它是各地区、各种类型溢油研究的综合体现；二是加拿大环境署于 1978 年发起的北极和海洋溢油项目（AMOP）的国际技术研讨会，主要集中在海洋油气和化学品在开采、运输、仓储环节中的泄露问题[13]。作者对 33 届（1978～2010）AMOP 项目国际技术研讨会论文集中的论文[13]，以及《中国期刊全文数据库》收集的 2010 年以前发表的中文水运“溢油”学术论文和报道进行定量统计分析。

衡量一门科学科技成果的重要指标有两个[14,15]：一是在这门科学中所发表的论文数量；二是发表这些论文的作者。在一个特定的学科和技术领域，洛特卡（Lotka）定律能够定量地研究作者与其论文数量的关系，宏观地反映科学成果的生产规律[16]。

洛特卡定律所体现的是写 $x$ 篇论文的作者数 $y_x$ 与每一个作者所写论文数量 $x$ 成反比关系[14,15]，即

$$x^n y_x = wc \tag{1}$$

式中：$w$ 为论文总数。

对式（1）取对数，形成式（2），

$$\ln y_x = -n\ln x + \ln(wc) \tag{2}$$

式中：$n$ 和 $c$ 是两个待定常数，在 Lotka 定律的初期研究成果中，$n=2$，$c=0.6079$。

这对于化学和物理学来说，$n=2$ 可能是合理的，但对于其他学科，一般 $1.2 \leqslant n \leqslant 3.5$[14,15]。

在洛特卡定律的基础上，普赖斯进一步研究了作者人数与论文数量，以及不同层次作者之间的关系，提出了普赖斯定律。因此在讨论学科论文分布与作者人数与论文数量之间关系时，将洛特卡定律与普赖斯定律结合起来研究。按照普赖斯定律，发表论文数量为 N 篇以上的作者为核心作者[14]。

$$N = 0.749(\eta_{\max})^{1/2} \tag{3}$$

式中：$\eta_{\max}$ 为发表论文数量最多作者所发表论文数量。

### 4.1 国内外水运"溢油"成果数量和作者数对比

以33届AMOP项目国际技术研讨会论文集内第一作者为依据，全部论文集吸收了780名第一作者的论文。其中单个作者发表论文471篇，占论文总数的24.85%；多个作者发表论文1424篇。33年来，每届发表的论文数在不断增加（见图2），1978～1990年有着整体平稳的态势，1990～1996年逐年上升，1996年趋于整体平稳，2000年有上扬趋势。虽然AMOP项目强调北极和海洋的"溢油"问题，但其发展趋势落后于20世纪80年代北极地区低温环境海洋石油开发的"热议"，也落后于"全球变暖"引发新一轮北冰洋开发的步伐。这说明石油开采、输送、储运环节中的环保问题落后工程开发，而是随着工程应用中出现的问题，才逐步兴起。由于环保是一个多领域、多组织、甚至多国家的联合问题，需要不断增加合作研究和权威性总结，因此AMOP项目中多作者和多单位的论文数量在不断增加（见图3）。

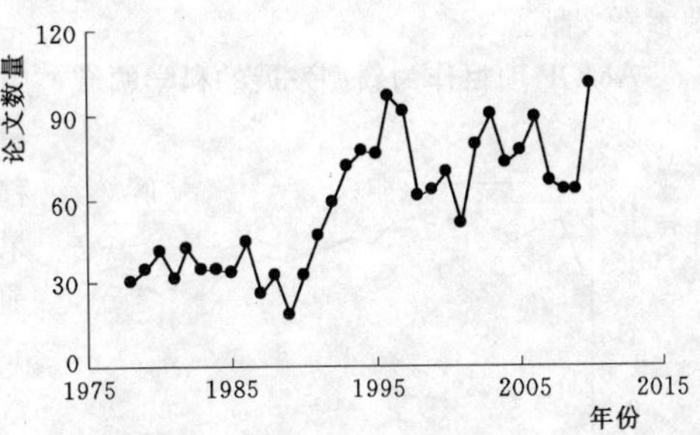


图2 AMOP项目33届研讨会文集中的论文数量

利用CNKI《中国期刊全文数据库》为检索工具，选取"标题"为检索入口，以"溢油"为检索式，对1974～2010年37年来有关溢油方面的研究论文进行统计分析。经过认真筛选，共检索到508名第一作者发表在192种期刊上的740篇有关水运"溢油"问题的论文和报道。分析得到中国水运"溢油"论文数量的发展过程（见图4）。图4表明中国水运"溢油"问题研究从20世纪80年代中开始稳步增加，这同蓬勃发展的水运物流一致，但2008～2009年的论文数量快速提高近一倍。但中国论文中多作者和多单位论文较少，这需要在未来努力加强国际性合作，提高全球"绿色物流"水平。

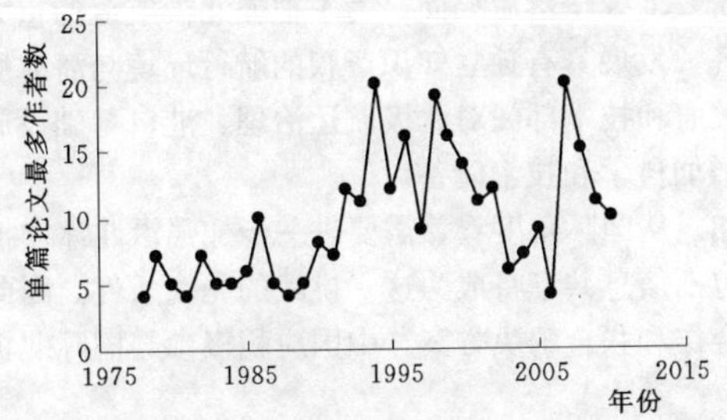


图3 AMOP项目每届文集单篇论文最多作者数

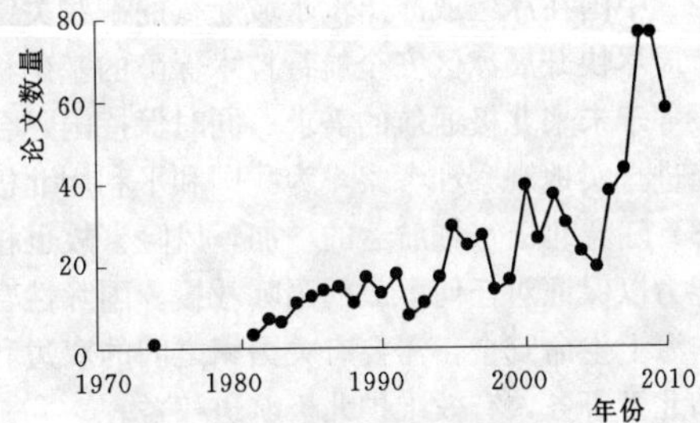


图4 CNKI《中国期刊全文数据库》中水运"溢油"论文逐年数量

### 4.2 活跃作者和期刊比较[14,18]

AMOP项目国际技术研讨会文集中拥有一批发表论文较多、影响较大的作者群。他们是北极和海洋溢油应急、污染指纹、污染经济损失评估等方面的核心作者。对33届AMOP项目国际技术研讨会第一作者的发表论文数量进行统计分析。用式（3）计算AMOP项目会议论文的核心作者。由于发表论文最多作者Fingas发表104篇，比排在第二位的47篇论文数量差异太大，故将Fingas发表的104篇论文不做统计[17]。从而得到AMOP项目核心作者的发表论文数量为5篇，相应的核心作者为71人，他们占33年来发表论文作者总数的9.1%，所发表的论文数量占论文总数的44.3%。

同样对《中国期刊全文数据库》中的水运"溢油"作者及其发表论文数量进行定量统计。得到发表4篇以上论文的作者即为中国水运"溢油"方面的核心作者。全国有25位，占总发表论文作者总数的5%。如果将刊登水运"溢油"的192种期刊也进行类似评估[18]，刊登10篇以上论文的期刊为中国水运"溢油"核心期刊，共10种。它们按刊登数量由大到小的排列顺序分别是《交通环保》、《海洋环境科学》、《中国水运》、《中国海事》、《大连海事大学学报》、《中国航海》、《海洋技术》、《油气田环境保护》、《中国船检》、《珠江水运》。这10种核心期刊刊登论文381篇，占总数740篇的51.5%。

北极冰区航运环保难度很大，在AMOP项目的论文中，标题含"冰（ice）"论文103篇，占总数（1895篇）的5.4%；而中国期刊论文标题含"冰"的论文14篇，占总数的1.9%，相比AMOP项目在冰区环保成果有差距。因此中国渤海冬季和中国北极航行“绿色物流”的环保研究应该将 AMOP 项目的成果作为重要参考文献。

AMOP 项目作为新型发展的科学领域，用 33 届 AMOP 项目国际技术研讨会论文集的总论文作者和数量数据，不能代表它的发展过程。为此将这些数据进行 10 年滑移统计，得到它的 Lotka 分布参数 $n$ 和 $c$ 变化过程（图 5）。如果认为 $n=2$ 是学科论文分布的理想状况，AMOP 项目在发展前期的 $n$ 值接近 2，此后逐年变小，但总体符合 $1.2\leqslant n\leqslant 3.5$[14,15]。这反映 AMOP 项目在发展过程中，核心作者的论文数量增长很快，大批的研究队伍没有形成，构成不平衡发展。这或许是专业领域发展特色，但对于未来“绿色物流”中的环保而言，是需要更多的学者参与。应该随着发表论文数量增加，发表论文的作者同时增加。

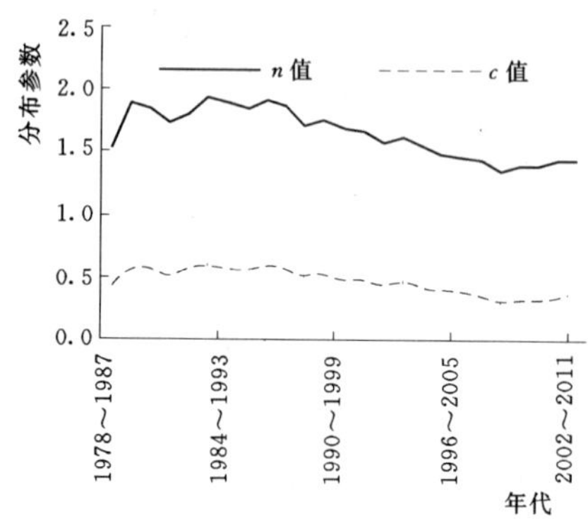


图 5 AMOP 项目 33 届会议文集作者和论文数量 10 年滑移 Lotka 分布 $n$、$c$ 值变化过程

## 5 结论和建议

（1）尽管国际和中国在“绿色物流”溢油研究的起始时间和历程相似，但国内外发展趋势均落后工程开发，是随着工程应用中出现的而兴起。国际上体现环保合作的多作者和多单位的论文数量在不断增加，中国还没有形成这种局面。中国在结冰水域“溢油”研究成果同国际有差距，因此中国提高北极航行“绿色物流”能力，应多借鉴 AMOP 国际技术研讨会上的成果。

（2）中国在冰区或冰出没水域航行的一些关键技术研发上处于落后局面。为了把握北极航道的重大战略机遇，应尽快开展冰区安全航行技术保障的基础科技研究，发展具有独立知识产权的航行环境与海冰服务体系，服务于未来北极通航的需求；同时保持国际合作，政府和技术部门对北极航运治理、港口基础设施、环保措施进行实地观察和考察，为我国和平利用北极航道增加科学和技术储备。

（3）随着北极水域航运的增加，风险事故也相应增加。从国际角度看，需要进一步加强沿北冰洋搜寻和救援能力以保证对任何事故的国际救援。国际性合作，包括信息共享将成为这一挑战的先决条件。因此提升北冰洋海上生命安全，需要有关国家之间的双边和多边合作和联合解决方案。中国应积极参与国际北极航运治理和北极事务，有效维护北极航道权益。

## 参 考 文 献

[1] 程群．浅议俄罗斯的北极战略及其影响［J］．俄罗斯中亚东欧研究，2010，1：76-84.

[2] 新华社．北冰洋冰雪融化，传说中的航道现身［EB/OL］．2009-09-15，http：//gcontent.oeeee.com/8/9f/89f03f7d02720160/Blog/8fa/250596.html.

[3] 梁伟刚．俄诺镍首航新航线，17 日到达上海港［EB/OL］．2010-10-2，http：//www.myyouse.com/10/1021/11/504D2AED3118C49B.html.

[4] 蔡岩红．海上溢油和漂油事件频发，渤海石油开发违法排污严重，定期巡航执法将成为常态［EB/OL］．2009-06-21，http：//www.legaldaily.com.cn/bm/content /2009-06/22/content_1111191.htm.

[5] 李志军．论渤海海冰特点及冰区溢油清理的难度［J］．中国海洋平台，2000，15（5）：20-23.

[6] 段梦兰，陈文森，陈德春，等．浅海井口坑冰装置结构计算的有限单元法［J］．石油学报，2000，21（1）：96-101.

[7] 宋汝涛．渤海水域冬季冰区航行安全措施［J］．航海技术，2005，6：48.

[8] 赵步峦，赵飞波．谈北方港口冬季冰期船舶操纵和靠泊技巧［J］．航海技术，2006（6）：10-11.

[9] 李健．冰区航行与靠离泊安全［J］．中国航海，2010，33（3）：109-111.

[10] Arctic Council. Arctic Marine Shipping Assessment 2009 Report［R］，2009，second printing.

[11] 马先山．海难再次提醒我们注意冰区航行［J］．世界海运，2002，25（5）：14-16.

[12] 李嘉冰，陈宇，常婷．加拿大和中国水运溢油研究成果对比分析［J］．中国水运，2011，11（2）：28-30.

[13] Environment Canada. AMOP technical seminar on environmental contamination and response［EB/OL］．http：//www.ec.gc.ca/scitech/default.asp? lang=En&n=66A57AF7-1.

[14] 赵良英，李书全，张宏敏，等．《水利学报》论文作者的统计分析［J］．水利学报，2010（12）：88-91.

[15] 韩明．论文作者数量的统计分析 [J]．工科数学，2000，16（4）：36-38.
[16] 张贤澳．洛特卡分布拟合方法的比较研究 [J]．情报学报，2000，19（4）：302-307.
[17] 章毓晋，马婧．对《中国图像图形学报》之洛特卡分布参数的统计分析 [J]．中国图像图形学报，2007，12（5）：776-781.
[18] 伊振中．洛特卡定律的分形性质研究 [J]．山东大学学报（工学版），2007，37（4）：1-4.

# Analysis on the Reserve of Arctic “Green Logistics” Navigation Achievements and Technology in China

Li Jiabing[1] Huang Wenfeng[2]

(1. School of Management, Zhejiang University, Hangzhou 310058;
2. State Key Laboratory of Coastal and Offshore Engineering Dalian University of Technology, Dalian Liaoning 116024)

**Abstract** Based on the conceptof “Green Logistics”, the international requirements of environmental protection in Arctic Navigation as well as the fact of sea ice dominated Arctic ice covered area navigation, this paper collects and summaries the navigation experiences, technology, incidents and accidents from the navigation in the ice infested areas in Bohai and Arctic. Following the sea ice impacts on the navigation, the analysis was performed by using Lotck Law, which used the information of the concerned papers and authors from Enviroment Canada holded annual Arctic and Marine Oilspill Programtechnical seminars from 1978 to 2010 and the collected papers and authors on the navigation “oil spills” in CNKI-China Journal full-text database from 1982 to 2010. Hence, the comparations of the progresses and the quatity statistical regulations of navigation “oil spills” between international and Chinese had done. The resuls shown that the tendencies between international, especially Canadian and Chinese are similar, but the Chinese paper and author numbers are much less. It expresses the Chinese knowledge and technology for the Arctic navigation have much gap with Canadian and other international countries. China needs a lot of effort in the benefit contention in Arctic navigation ont only incidents and accidents in Arctic water enviromental protection, but also all aspects concerned Arctic navigation, such as ship building and hourbor constrction, emergency, rescue and so on.

**Key words** Arctic; navigation; logistics; ice covered area; environmental protection; incident

# 闸坝群水质水量联合调度规律研究*

张慧云　高仕春

（武汉大学水资源与水电工程科学国家重点实验室　武汉　430072）

**摘　要**　在淮河发生的多次严重污染团下泄事件中，闸坝群的不合理调度是其主要原因之一。本文以沙颍河为研究对象，建立了闸坝群水质水量联合调度的数学模型。在信息不完整的情况下，结合多年雨情资料分析，以空间、时间、水质、水量为情景因子，总结出常见的情景组合。通过大量的计算，分析不同情景下闸坝之间的相互配合关系，最终归纳出闸坝群的联合调度规律。对 2004 年历史污染事件的模拟调度结果表明：联合调度规律是可靠的，具有可操作性，可以指导闸坝群的实际调度。

**关键词**　闸坝群；水质水量；联合调度

## 1　引言

沙颍河位于淮河中游，是淮河流域水量最大和污染最严重的支流。近 10 年来，淮河干流共发生五次较大污染，都有沙颍河有关。沙颍河闸坝众多，如图 1 所示，大多数闸坝在枯水期关闸蓄水，在汛期首次开闸泄洪。这种极不合理的闸坝调度方式易导致污染团集中下泄。闸坝群之间的无序调度，没有有效地配合，加剧了污染事故发生。为此，实现闸坝群水质水量的联合调度十分必要。

水质水量联合调度是水资源配置在研究范围和深度上的扩大，国内进行水量调度的理论已经比较成熟，并在实际问题中得到了有效应用。20 世纪 90 年代以来，随着水污染和水危机的加剧，传统的以水量和经济效益为最大目标的水资源配置模式已不能满足需要，开始在水资源优化配置中注重水质的约束的研究。西安理工大学樊尔兰等在分析水库水温、水质与水库取水建筑物关系的基础上[1]，建立了分层型水库水量水质综合优化调度动态确定性多目标非线性数学模型，运用优化调度在保证水量供给的前提下大幅度提高水库的供水水质。左其亭、夏军在新疆博斯腾湖等流域[2]实际研究中，建立了路面水量—水质—生态耦合系统模型，定量研究陆面水资源系统水量变化、水质变化以及它们之间的相互关系。陈静等引江济太水量水质联合调度[3]进行了研究，李大勇、董增川研究了区域水量水质联合调度对太湖水生态环境影响[4]。国内对水质水量联合调度的研究尚处于起步阶段。

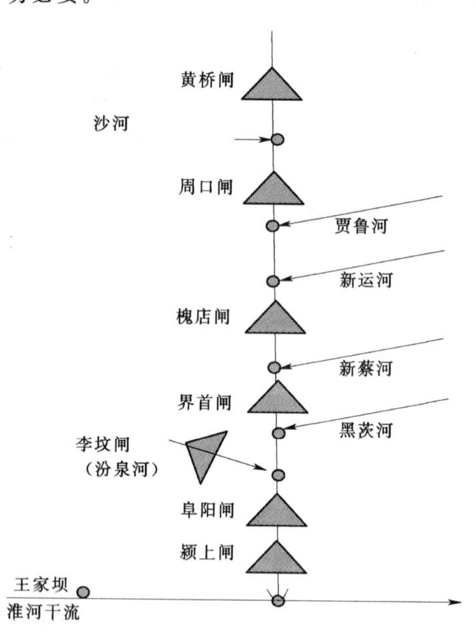


图 1　沙颍河流域闸坝群示意图

自 20 世纪 80 年代以来，水质和水环境恶化趋势加剧，已经破坏水生态系统，国外很多国家试图将水质研究与水量研究结合起来，以实现水资源调度管理中的水量和水质的统一描述和联合调度。20 世纪 90 年代开始，国外学者在水资源优化管理研究中加入了水质因素，从单纯的水量管理进入到量与质统一管理的研究阶段。Willey[5]等描述了水质模型 HEC-5Q 的发展历史和数学模型，考虑在洪水控制、水电、河道内流量和水质控制目标下，水库下泄水对下游水质的影响。Hayes[5]等为了满足

*　基金项目：国家水体污染控制与治理科技重大专项（2008ZX07010-006-5）。

第一作者简介：张慧云（1985—　），女，河南新乡人，武汉大学，硕士研究生，研究方向为水资源规划与管理。E-mail：huiyunzhang@whu.edu.cn

水库下游水质目标，集成了水质水量和发电的优化调度模型，探讨了 Cumberland 流域中水库日调度规则。

随着城市化进程的加快，对水资源数量和质量的承载要求会越来越高，水质水量的联合调配作用也会变得越来越重要，尤其对于水质污染相对严重的地区来说，在统一考虑水质水量问题的前提下进行水资源调度，具有重要的实际意义。

## 2 数学模型与求解

### 2.1 数学模型

#### 2.1.1 防污目标函数

水量水质联合调度的关键技术是数值化的联合调度模拟模型，通过对各种调度方案的模拟计算以获取减少污染水体下泄对下游水质影响程度和范围的优化调度方案[6]。

若以河流污染物的 NH3－N、高锰酸盐指数指标表达，对河流某监控制断面水质目标而言，当然要求 NH3－N、高锰酸盐指数指标越小越好。不过，对有清水冲污能力的河流系统，当水质标准确认后，实际应用要求其监控的 X 断面，污染物的指标必须不超过目标值。因此可以用以下目标函数：

$$\text{目标一:}\min(\max\{C_{X,t},t=1,T\})$$
$$\text{目标二:}\min(\max\{C_{X,t}-C_b,t=1,T\}) \tag{1}$$

式中：$C_{x,t}$ 为 $X$ 汇流节点的 $t$ 时段污染物浓度；$T$ 为计算期；$C_b$ 为某水质标准下某污染物指标对应的中间值。

#### 2.1.2 约束条件

（1）水库（闸坝）水量平衡约束：

$$V_{i,t+1}=V_{i,t}+(I_{i,t}-Q_{i,t})\Delta t-W_{i,t} \tag{2}$$

式中：$V_{i,t}$、$V_{i,t+1}$ 分别为 $i$ 水库 $t$ 时段初末库蓄水量，$m^3$；$I_{i,t}$、$Q_{i,t}$ 分别为 $i$ 水库 $t$ 时段平均入库流量，$m^3/s$ 和下游出库流量，$m^3/s$；$W_{i,t}$ 为 $i$ 水库 $t$ 时段上游引水量，$m^3$。

（2）库容（闸坝）约束：

$$V_{i,\min}\leqslant V_{i,t}\leqslant V_{i,\max} \tag{3}$$

式中：$V_{i,\min}$、$V_{i,\max}$ 分别为 $i$ 水库最小与最大水库蓄水量，$m^3$。

（3）泄流特性约束：

$$Q_{i,t}\leqslant f_{i,ZQ}(Z_{i,t}) \tag{4}$$

式中：$Z_{i,t}$ 为 $i$ 水库 $t$ 时刻水位，$m^3$；$f_{i,ZQ(*)}$ 为 $i$ 水库泄流函数。

（4）水库（闸坝）综合利用约束：

$$Q_{i,\min}\leqslant Q_{i,t}\leqslant Q_{t,\max} \tag{5}$$

式中：$Q_{i,\min}$，$Q_{i,\max}$ 分别为 $i$ 水库最小与最大下泄流量。

最小下泄流量由下游水资源综合利用要求提出。

（5）水库（闸坝）引水约束：

$$\sum_T W_{i,t}\leqslant W_{i,\max} \tag{6}$$

式中：$W_{i,t}$ 为 $i$ 水库 $t$ 计算期的允许用水量。

（6）水库（闸坝）水质平衡约束：

$$V_{i,t+1}C_{i,t+1}=V_{i,t}C_{i,t}+I_{i,t}\Delta tCI_{i,t}-(W_{i,t}+Q_{i,t}\Delta t)C_{i,t}-K(V_{i,t+1}+V_{i,t})C_{i,t}/2 \tag{7}$$

式中：$C_{i,t}$、$C_{i,t+1}$ 分别为 $i$ 水库 $t$ 时段初末污染物浓度；$CI_{i,t}$ 为 $i$ 水库 $t$ 时段平均来水的污染物浓度；$K$ 为 $i$ 水库污染物的综合降解速率系数。

（7）汇流节点水量平衡条件：

$$I_{j,t}=Q_{j,t}+F_{j,t} \tag{8}$$

式中：$I_{j,t}$，$Q_{j,t}$，$F_{j,t}$ 分别为第 $j$ 节点 $t$ 时刻的流量、上游河段出流量、支流汇入流量。

（8）汇流节点水质平衡条件：

$$CI_{j,t}=(Q_{j,t}C_{j,t}+F_{j,t}CF_{j,t})/I_{j,t} \tag{9}$$

式中：$CF_{j,t}$为第$j$节点$t$时刻的支流汇入的污染物浓度。

(9) 洪水演进方程。在没有河道水量水质模块的支持时，洪水演进使用马斯京根法描述：

$$Q_{j,t+\tau}=C_0 I_{j,t}+C_1 I_{j,t+\tau}+C_2 Q_{j,t} \tag{10}$$

式中：$\tau$为河道洪水传递时段，$I_{j,t}$，$I_{j,t+\tau}$为$j$河段$t$时段初、$t+\tau$时段末上断面的入流量；$Q_{j,t}$，$Q_{j,t+\tau}$为$j$河段$t$时段初、$t+\tau$时段末下断面的出流量；$C_0$，$C_1$，$C_2$为根据河段水力特性推算出的权重系数。

(10) 水质演进方程：

$$C_1=(C_0-C_b)e^{-kt}+C_b \tag{11}$$

式中：$C_b$为污染物的背景浓度；$k$为污染物降解系数；$t$为演进时间；$C_0$为断面降解前的污染物浓度$C_1$为断面讲解后的污染物浓度。

### 2.2 模型求解

从以上数学模型可以看出，许多约束方程是非线性函数。该模型为非线性模型。拟采用大系统分解协调与多维动态规划相结合的算法。分解后的子系统内部解算，根据调节单元的物理结构采用多维动态规划。子系统之间必须根据相互的耦合关系，合理地进行总体协调，才能改善防污系统的联合调度效果。具体技术思路见图 2。

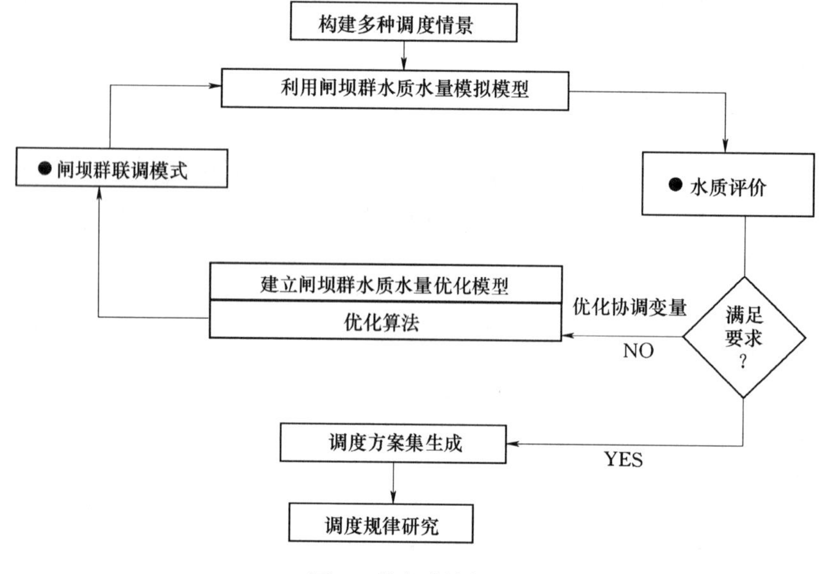


图 2 技术路线框图

## 3 闸坝群联合调度规律

### 3.1 情景组合

为了全面地分析闸坝群联合调度，本论文从时间、空间、水量、水质四个方面进行研究，全面地分析了不同时空组合下，不同量级的水质水量下闸坝群的调度规律。从时间上，因为污染事故发生的主要原因是枯水期的蓄水导致污染在闸上大量积聚，初汛期的首次开闸导致污染团的集中下泄，汛初是污染事故发生的关键时段，所以在时间上主要分析汛初闸坝群的联合调度规律。从空间上，将沙颍河划分为上游、中游、下游。根据 1967～1997 年的雨情资料，分析出汛初暴雨中心发生的空间位置。从水量上，由于沙颍河地区流量资料缺乏，无法根据流量资料直接进行流量频率的划分，但利用雨情资料较详细的优势，根据流域产汇流原理，利用各个闸坝的流量资料以及控制流域面积内的雨量资料，推求出流域的产流系数，即可按国家雨量级别划分标准将雨量的分级转化为流量的分级。从水质上，根据实际情况出发，沙颍河水质比较差，将其划分为Ⅳ类、Ⅴ类和劣Ⅴ类，淮河干流来水水质较好，采用Ⅲ类水质。情景设计组合如表 1 所示。

表 1 情景设计组合

| 情景因子 | 时间 | 空间 | 水质 | 水量 |
|---|---|---|---|---|
| 分级 | 汛初 | 沙颍河上游 | Ⅳ类 | 小雨 |
| | | 沙颍河中游 | Ⅴ类 | 中雨 |
| | | 沙颍河下游 | 劣Ⅴ类 | 大雨 |
| | | 淮河干流 | Ⅲ类 | 小雨<br>中雨 |

对于各个级别的流量过程，以流量资料较为齐全的 2007 年作为研究基础资料，以 2007 年 4～5 月的实际入流过程作为典型洪水。根据以上雨量转化方法得出流量的分级，采用同倍比缩放的方法对选取的典型过程进行缩小或放大，求出各闸坝不同雨量下的流量过程。

从时间、空间、水量、水质四个因子出发，根据多年降雨实际情况，详细分析了 288 种很有可能发生的情景，如表 2 所示。

表 2 组合情况

| 情景 | 1～18 | 19～36 | 37～54 | 55～72 | 73～90 | 91～108 | 109～126 | 127～144 |
|---|---|---|---|---|---|---|---|---|
| 上游 | L | L | L | L | L | L | L | S |
| 中游 | M | M | S | S | S | M | M | S |
| 下游 | M | S | S | S | M | S | M | S |
| 淮干 | S | S | S | L | L | L | L | L |
| 情景 | 145～162 | 163～180 | 181～198 | 199～216 | 217～234 | 235～252 | 253～270 | 271～288 |
| 上游 | S | S | S | M | B | B | S | S |
| 中游 | S | S | S | M | S | M | S | S |
| 下游 | M | S | S | M | S | B | B | S |
| 淮干 | L | M | S | M | S | B | B | B |

注 B—暴雨；L—大雨；M—中雨；S—小雨。

### 3.2 调度规律分析

在所有的情景组合中，对闸坝群的联合调度最不利的是当沙颍河降大雨而淮干降小雨，因为沙颍河来水很大，为了闸坝安全来不及蓄滞，按照经验调度，极有可能将枯水期聚集在闸内的污水下泄至淮河干流，而淮河干流来水量很小，无法缓和沙颍河的污水压力，可能导致污染事故的发生。本文在优化调度模型的基础上，使污水到达控制断面时浓度达到最小化，减少污染的发生。在调度过程中，各个闸坝的边界条件如表 3 所示。图 3 是在此情景下，各个闸坝调度过程中水位的相对变化示意图。

表 3 闸坝的控制条件

| 闸坝 | 最高水位 (m) | 最低水位 (m) | 初水位 (m) | 末水位 (m) | 闸内氨氮浓度 (mg/L) | 闸内高锰酸盐浓度 (mg/L) |
|---|---|---|---|---|---|---|
| 周口闸 | 49 | 46 | 47 | 46 | 1.8 | 13 |
| 槐店闸 | 38.5 | 36 | 38.5 | 36 | 1.8 | 13 |
| 界首闸 | 36.5 | 34 | 34 | 34 | 1.8 | 13 |
| 李坟闸 | 35.6 | 33 | 34 | 33 | 1.8 | 13 |
| 阜阳闸 | 28.5 | 27 | 28.5 | 27 | 1.8 | 13 |
| 颍上闸 | 28 | 23 | 24 | 24 | 1.8 | 13 |

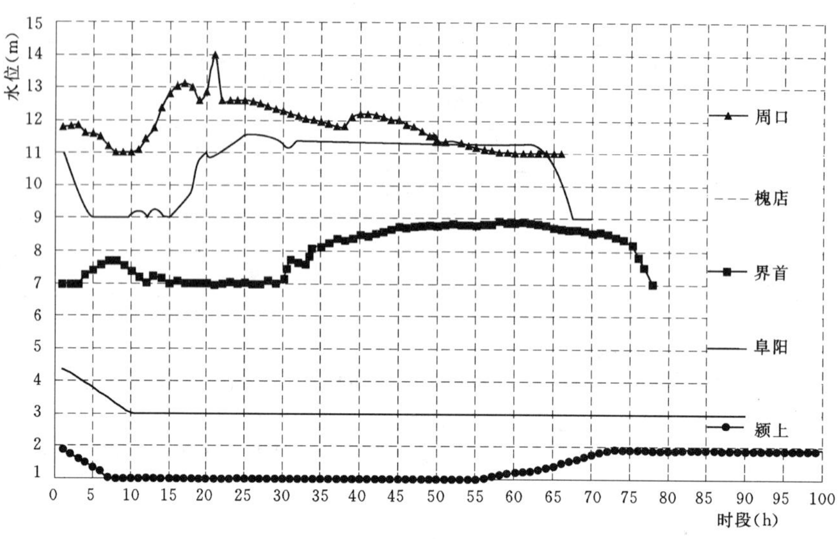


图 3　闸坝水位相对变化示意图

由图 3 可以分析出：周口闸在前几个小时内降低闸坝内水位，增大后续洪峰的库容。洪峰来临时利用之前腾出的库内蓄滞洪水，以避免洪水大量下泄给下游造成防洪防污压力，在 21 时刻水位达到最高，接下来的时段入流慢慢降低，库内水位也慢慢降低。同理，从阜阳闸到颍上闸有 12h 的预见期，颍上闸在预见期内，将闸内水位降至最低，腾出库容迎接洪峰。中间时段基本保持出流等于入流，闸内水位变动很小。后面的时段慢慢蓄水，最终达到时段末控制水位。

总的来说，各个闸坝的水位变化总体趋势一致，即先降低，在预见期内提前下泄部分脏水，防止洪水来临时污染团的集中下泄，减少后续的防污压力，其中，预见期长短不一样，闸坝的预泄能力不同，预见期短的闸坝预泄时间较短，预见期长的闸坝可以有较长的预泄时间；随后在洪峰流量来临之时充分利用闸坝预见期内的腾空库容进行调蓄，蓄滞部分脏水，闸内水位不断上升；最后随着洪水的退去，闸内水位开始消落。

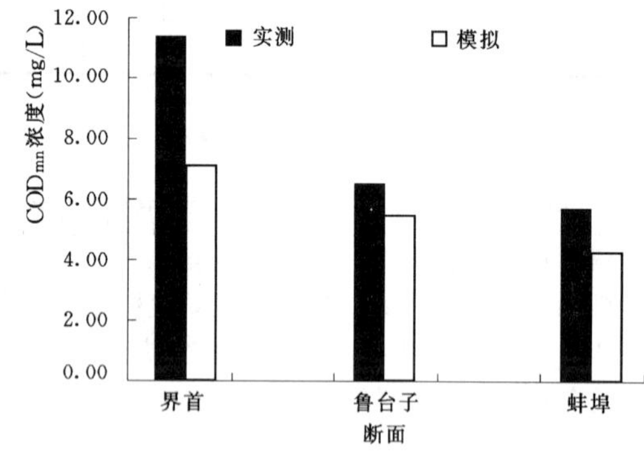


图 4　断面水质浓度优化调度与实测浓度对比

### 3.3　调度规律验证

2004 年，淮河发生特大污染事故。在非汛期，为了供水需要，各闸关闸蓄水，导致沙颍河闸上蓄积大量污水，在汛期，2004 年 7 月 14～16 日，淮河以北地区首先普降大到暴雨，先淮北再淮河上游的降雨形势，使得污染严重的沙颍河发生洪水时间早于淮河干流，大量污染水体排入水量较少的淮河千流，得不到充分稀释，致使淮河干流流出现污染事故。本研究对 2004 年历史污染事件进行了模拟调度，以界首，鲁台子，蚌埠作为重点考查断面，结果如图 4 所示。

对 2004 年历史污染事件的模拟调度结果表明，经过水质水量联合优化调度，使考查断面的水质得到明显改善，使到达淮河干流鲁台子、蚌埠的水质可以达到Ⅲ类水的水质要求。因此可以证明联合调度规律是可靠的，具有可操作性，可以指导闸坝群的实际调度。

## 4　结论

分析不同情景组合下的调度规律，调度过程可以划分为三期：洪水预见期、涨水期、退水期。洪水预见期：在洪水来临之前，闸坝利用淮河干流的水环境容量，尽量下泄。一方面减轻沙颍河污染水体对淮河干流的污染；另一方面为汛期防污调度留出库容，即在预见期预泄部分脏水。涨水期：在洪水来临时，闸坝要充分利用沙颍河闸坝所形成的河道库容，进行调蓄，延长污染水下泄时间，尽可能减缓污染水体对淮河干流的影响，即在涨水期蓄滞部分脏水。退水期：洪峰到来之后，可根据后期天气预报情况，协调防洪与兴利之间的矛盾，合理确定控制水位，或者维持高水位，来多少泄多少；或者降低期末水位，按照按入库流量与上一时刻的下泄流量的平均值下泄。

在经过闸坝群的水质水量联合调度，水质依然达不到水质要求的情况下，可以采取以下措施：一种措施是为了使得汇合之后淮河干流的水质满足要求，控制沙颍河最后一级的控制闸颍上闸的下泄流量，充分利用颍上闸的闸坝库容，将一部分来水蓄起来，在淮干来水的实际情况下，能下泄多少就下泄多少，但采用这种措施会出现颍上闸闸内水位蓄高，会造成后续的防洪压力，并且也不利于后续的闸坝调度；另一种措施是为了使得汇合之后淮河干流的水质满足要求，可以从南部山区的水库调水加大淮河干流的来水量。

## 参 考 文 献

[1] 樊尔兰．李怀恩．分层型水库水量水质综合优化调度研究［J］. 水利学报，1996（11）.

[2] 左其亭，夏军．陆面水量-水质-生态系统模型研究［J］. 水利学报，2002（02）：61-65.

[3] 陈静，顾圣平．引江济太水量水质联合调度研究［D］. 南京：河海大学，2005.

[4] 李大勇，董增川．区域水量水质联合调度对太湖水生态环境影响效果研究［D］. 2007.

[5] HAYES D F，LABADIE J W，SANDERS T G. Enhancing water quality in hydropower system operations［J］. Water resourcesresearch，1998，34（3）：471-483.

[6] 王昭亮，高仕春，张慧云. 闸坝对河流水质调控作用的影响因子初步研究［J］. 武汉大学学报（工学版），2011（5）.

# 水资源转换与地下水资源可持续利用

# 三种农艺措施对土面蒸发和夏玉米水分利用效率的影响*

李 艳 刘海军

(北京师范大学水科学研究院 北京 100875)

**摘 要** 目前农艺节水措施已经得到了广泛推广，本文选用了三种常见的农艺措施（翻耕T处理、免耕覆盖C处理、燃茬免耕B处理）作为研究对象，研究了这三种耕作处理下土壤含水量、土面蒸发、作物生长指标、最终的产量和作物水分利用效率。经过两季夏玉米试验得出：在降雨较多的2009年，强降雨后翻耕处理10cm处土壤质量含水量高于其他两处理，其他时段三处理0～20cm土层含水量差异不显著。在降雨较少的2010年，免耕覆盖处理0～20cm土壤质量含水量均高于其他两处理，其他两处理之间差异不显著。两年夏玉米季免耕覆盖处理贮水量一直高于其他两处理，其他两处理差异不显著。两年试验期间免耕覆盖处理土面蒸发明显少于其他两处理，差异达显著水平，其他两处理土面蒸发差异不显著。两年试验期间免耕覆盖处理作物生长指标、产量、水分利用效率显著优于其他两处理，其他两处理差异不显著。综合得出北京通州地区夏玉米季免耕覆盖处理优于翻耕和燃茬免耕处理。

**关键词** 农艺措施；土壤含水量；土面蒸发；产量；水分利用效率

## 1 引言

水资源是我们生存的重要保障，水资源紧缺严重影响着我国经济可持续发展，农业用水量很大，因此提高农业中用水效率对于解决目前及今后的水问题有着重要意义。在众多农业节水措施中农艺措施具有许多优点，包括投入少、节水增产效果快、节水措施简单，掌握实施较为容易，适宜大面积推广。

国内外许多学者对各种农艺节水措施都进行了大量的研究，他们研究了不同覆盖措施（覆盖材料不同或覆盖不同量）[1,2]、不同耕作措施、不同残茬处理方式（平茬、立茬、除茬）等对农作物和土壤的影响。许多学者研究得出整体上有秸秆覆盖处理的含水量均比无覆盖处理的含水量大，且有秸秆覆盖处理的土面蒸发量小于裸地[3,4]。Bossio等[5]提出少耕覆盖或免耕覆盖可以减少土面蒸发和径流及侵蚀从而防止土壤退化。Shulan等[22]指出覆盖条件下降水可到达土壤更深层，在湿润年可能导致更多的深层渗漏。Monzon等[6]通过研究指出残茬只有在一定的降雨量范围才能达到最优效果，当降雨全部蒸发或降雨能充分满足蒸发则残茬覆盖作用很小。Bescansa、Gangwar等[7,8]指出残茬燃烧在免耕系统中可以减少害虫和杂草，收获后燃茬使土壤管理变得容易些。周富忠等[9]研究了湖北西南地区指出秸秆直接还田增施了有机肥，利于土壤团粒结构的形成。赵霞等[10]在河南省研究了不同麦茬处理方式，得出平茬能提高土壤含水量、抑制土壤无效蒸发，提高夏玉米产量，进而提高水分利用效率。李潮海等[11]研究指出，与立茬和除茬相比，小麦收获后平茬（即秸秆覆盖）可显著增加土壤表层含水量和降低土壤温度。本试验研究不同农艺措施对土壤含水量、土面蒸发、作物生长和作物耗水、产量以及水分利用效率的影响，以期提出适合于北京地区的农艺措施。

## 2 材料与方法

### 2.1 试验地概况

试验于2009～2010年在中国科学院地理科学与资源研究所通州农田水循环与节水灌溉试验基地内进行(北纬39°36′，东经116°48′，海拔约20m)，试验区属暖温带半湿润大陆性季风气候，多年平均气温11～12℃，多年平均日照时数2459h，多年平均降水量为620mm，主要集中在6、7、8三个月。土壤质地主要为

* 基金项目：黄土高原土壤侵蚀与旱地农业国家重点实验室基金（10501-260）；国家水体污染控制与治理科技重大专项课题（2009ZX07212-002）；水利部公益性项目（200901036）。

第一作者简介：李艳（1986— ）女，四川绵阳人，硕士研究生，主要从事水资源高效利用的研究。E-mail：liyan7986@126.com

粉砂壤土，耕作层平均土壤容重约为 1.35g/cm³，土壤有机质含量为 1.3%，土壤盐分平均含量为 1.0g/kg[1]，地下水位 2010 年平均埋深在 11m 左右。

2009 年与 2010 年降雨分布差异很大（图 1），2009 年夏玉米季降雨量为 370.7mm，强降雨主要发生在 7 月、8 月，7 月降雨量为 259.5mm，8 月降雨量为 88.4mm，9 月降雨量为 22.8mm。2010 年玉米季降雨量为 202.7mm，强降雨主要发生在 8 月，7 月降雨很少为 26.6mm，8 月降雨量为 115.3mm，9 月降雨量为 60.8mm。

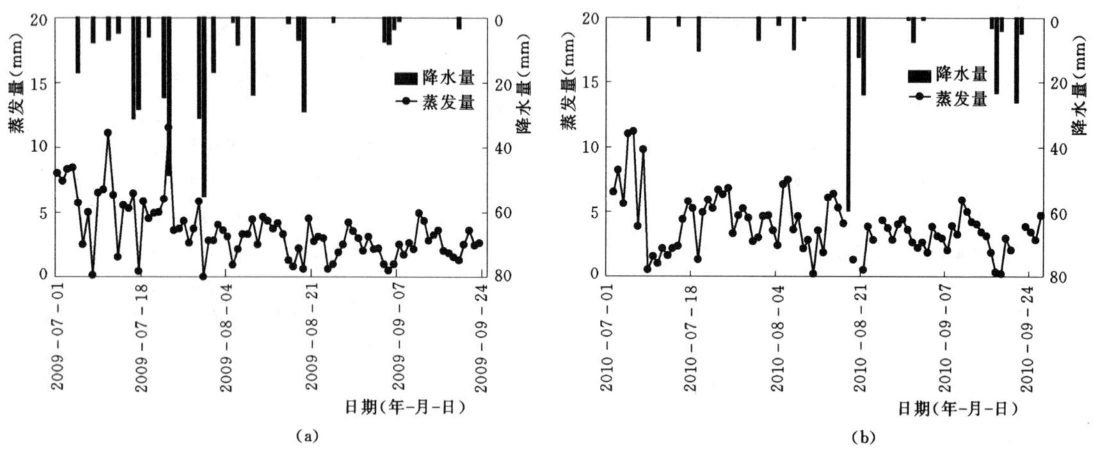


图 1　2009 年、2010 年夏玉米季降雨及水面蒸发

## 2.2　试验布置

试验主要分翻耕（T 处理）、免耕覆盖（C 处理）、免耕燃茬（B 处理）三处理，具体情况见表 1。两季供试作物为夏玉米，品种均是农大 108。2009 年玉米播种时间为 6 月 29 日，收获时间为 9 月 21 日。2010 年玉米播种时间为 6 月 29 日，收获时间为 9 月 26 日。玉米播种量为 37.5kg/hm²，行间距 60cm，种植密度为 10 棵/m²。2009 年 7 月 26 日施尿素 525kg/hm²，2010 年 6 月 28 日施底肥二铵 150kg/hm²，2010 年 8 月 2 日施尿素 450kg/hm²。

表 1　　不同耕作处理

| 处　理 | 具体内容 | 说　明 |
|---|---|---|
| 翻耕处理（T 处理） | 翻耕深度为 20cm | 翻耕时将残茬翻入土中 |
| 免耕覆盖处理（C 处理） | 残茬平均高度为 20cm，残茬覆盖量为 0.45kg/m² | 残茬高度是根据 37 株麦茬计算得出，残茬覆盖量根据 10m² 的残茬覆盖量计算所得 |
| 免耕燃茬处理（B 处理） | 在无风的下午燃烧残茬 | |

## 2.3　试验观测

观测项目包括土面蒸发、土壤表层含水量和深层贮水量、夏玉米生长指标、夏玉米青储产量，以及田间气象资料等。

土面蒸发量采用小型蒸发器测量，小型蒸发器中装入土壤原状土，用塑料袋封底，每个小区放置 5 个蒸发器，用电子天平测量其质量。每两天测量一次质量，3～4 天更换一次原状土，雨后重新取原状土。土壤含水量用取土烘干法测量。每两天在小区取 0～20cm 深土样，每 10 天左右取一次 120cm 深土样，取土时每层间隔均为 10cm，所取的土样放入烘箱恒温 105℃烘至少 12h。

夏玉米生长指标调查的主要有株高、叶面积、茎粗和干生物量。每个处理选定 5 株玉米用于测量玉米株高、叶面积、茎粗，叶面积测定采用长宽系数法。每个处理选取 3 株玉米烘干测量干生物量，烘干作物时先把作物放入烘箱 105℃杀青 20 分钟，再 75℃烘 24h 称重。由于试验站夏玉米主要是用作青储饲料，故夏玉米的产量是以整棵玉米湿重计算。

气象资料包括 2m 高处的温度、相对湿度、风速等，用自动气象站测量。水面蒸发量用直径为 20cm 的标准蒸发皿测量，测量时间为每天 8：00 左右。

借助 Excel 和 SPSS 软件对试验数据进行统计分析。

## 3 结果与分析

### 3.1 土壤表层含水量

图 2 描述了两年夏玉米试验期间各处理土壤表层含水量，从图 2 可以看出三种处理 2010 年整个玉米季 10cm、20cm 处含水量总体上低于 2009 年相同时间相同土层含水量，且 2010 年表层土壤含水量变化幅度均比 2009 年相同时间含水量变幅大。这是因为表层土壤含水量变化主要受降雨蒸散控制，2009 年降雨较 2010 年多且分布较为均匀（图 1），因而表层土壤含水量总体上较 2010 年大，含水量变化幅度较 2010 年小。

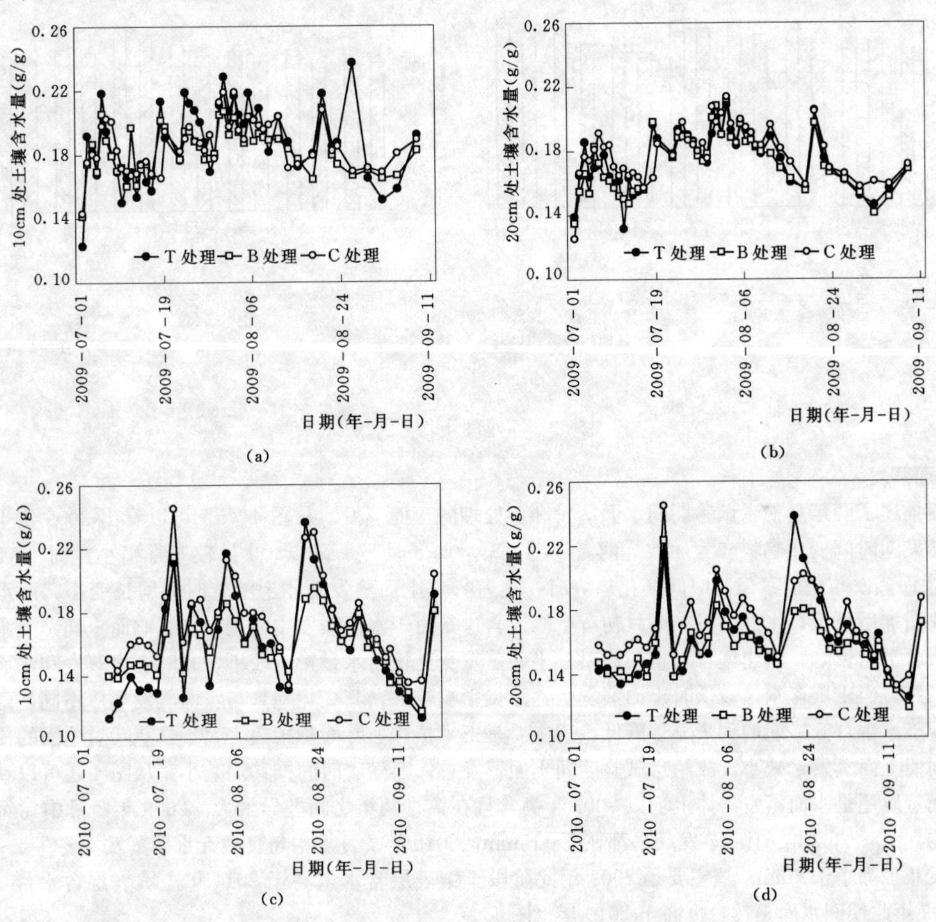


图 2 各处理 10cm、20cm 处土壤含水量

2009 年整个夏玉米试验期间三种处理除刚降雨后 T 处理 10cm 处含水量稍稍高于 C、B 处理外，其他时段三种处理 0～20cm 土壤含水量差异不显著。主要是 2009 年降雨较多较大，雨水对土壤表层补充较多，此时各处理土壤表层含水量都接近饱和，翻耕增强入渗的作用和秸秆覆盖的保墒作用都减弱，使得 3 个处理的差异不显著，这与杜新艳等[12]在河北省研究秸秆覆盖的作用结论一致。丁昆仑等[13]也得出降雨量较大的时候覆盖处理土壤表层含水量比没覆盖的略高但差别不明显。

2010 年整个夏玉米试验期间三种处理，10cm、20cm 处土壤含水量总体上以 C 处理最高，这与 Azooz 等[14]在美国得出 0～15cm 内免耕残茬覆盖处理的土壤含水量在整个试验期间均高于传统犁耕处理的含水量结论一致。Huanwen 等[15]也得出在试验期间免耕覆盖处理 30cm 深度内土壤含水量高于传统耕作处理。主要是 2010 年玉米生育前期降雨很小（图 1），耕作措施对土面蒸发产生较大影响，C 处理由于有残茬覆盖减少了土面蒸发，因而 C 处理表层土壤含水量高于其他两处理。

### 3.2　土壤深层含水量

图 3 描述了两年夏玉米整个生育期内各处理 0～120cm 土层贮水量，由图 3 可以看出两年土壤贮水量变化规律相似，均在 8 月下旬达到峰值，2010 年 9 月下旬贮水量又一次达峰值，分析主要是 2009 年玉米初期降雨相对于 8 月来说较小，8 月之后降雨也有所降低，又 8 月蒸散较其他两月相差不多，故 8 月下旬土壤贮水量最高。2010 年 8 月中下旬和 9 月中下旬降雨相对其他时间多。两年夏玉米季 C 处理贮水量一直高于其他两处理，其他两处理差异不显著，说明免耕覆盖处理能在夏玉米生育期内一直保存较多水分供植物生长发育。

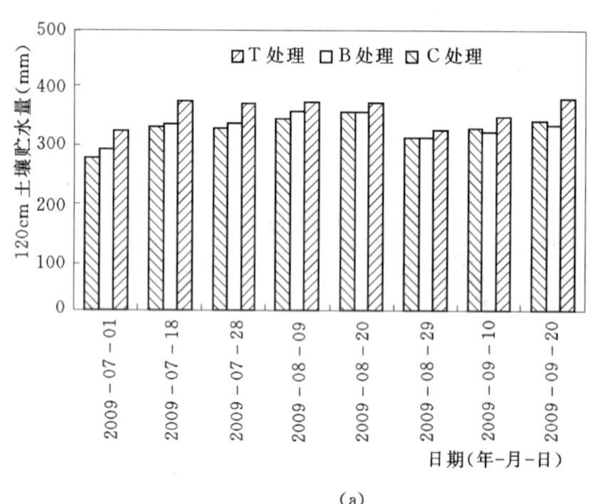


(a)

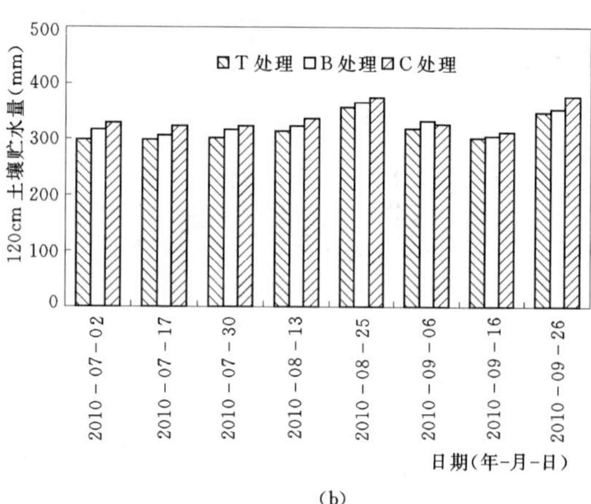


(b)

图 3　各处理土壤贮水量

### 3.3　土面蒸发

图 4 描述了两年夏玉米试验期间水面蒸发和各处理的土面蒸发，从图 4（a）可以看出 2009 年土面蒸发与水面蒸发随时间变化趋势较为一致，两者 7 月都较大，8 月显著降低，9 月较 8 月稍小。图 4（b）显示 2010 年水面蒸发与土面蒸发随时间变化趋势有一定差异，土面蒸发总体上随着时间增长变小，而水面蒸发总体上先增加后降低，水面蒸发在 8 月初有个峰值。这是由于水面蒸发主要受大气影响而土面蒸发主要受大气和土壤含水量影响。当土壤含水量较高时，土面蒸发受土壤含水量影响较小，此时土面蒸发和水面蒸发规律较为一致。当土壤含水量较低时土面蒸发受含水量影响较大，其变化趋势与水面蒸发规律不同。两年土面蒸发随着玉米生育旺盛期的到来显著降低，这主要是玉米植株、叶面积指数变大了，茎叶对地面的覆盖度增大，从而使土面蒸发量减小，故两年试验期间土面蒸发总体上随着时间推移均减小。从图 4 还可以看出每天无论土面蒸发还是水面蒸发总体上均以 2009 年高，且在 7 月两年之间差异最大。2009 年 7 月中旬每两天水面蒸发均在 10～25mm，土面蒸发几乎都在 5～15mm。2010 年 7 月上中旬每两天水面蒸发主要在 4～12mm，土面蒸发几乎都小于 6mm。这主要是 2009 年此阶段土壤表层含水量高于 2010 年土壤表层含水量（图 2），并且 2009 年此期间水面蒸发量也高于 2010 年（图 4）。

表 2 显示了两年夏玉米试验期间水面和各处理土面蒸发量及土面蒸发占水面蒸发比例，从表 2 可以看出 2009 年土面蒸发占水面蒸发比例显著大于 2010 年的比例。这主要是由于土壤高含水量时土面蒸发主要受气象因素影响，土壤含水量较低时土面蒸发还受土壤含水量影响，而同一时间 2010 年土壤表层含水量较 2009 年低，故 2010 年土面蒸发占水面蒸发低而 2009 年土面蒸发占水面蒸发比例高。

图 4 及表 2 显示两年夏玉米试验期间三处理土面蒸发量最大的均为 B 处理其次 T 处理再次 C 处理，T 处理与 B 处理蒸发总量差异均不明显，C 处理土面蒸发变化总体上较 B、T 处理平缓。这主要是残茬覆盖避免了土壤直接暴露在外面，残茬起着阻碍土面蒸发的作用。残茬覆盖在两年夏玉米整个生育期间均能减少土壤中水分的蒸发，因而有利于土壤保墒，这种保墒效果在玉米生长前期更为明显，这说明残茬覆盖可以较大减少土壤水的无用消耗，随着作物长大，秸秆覆盖的保墒效果降低。这与张喜英[16]在栾城试验站得出覆盖

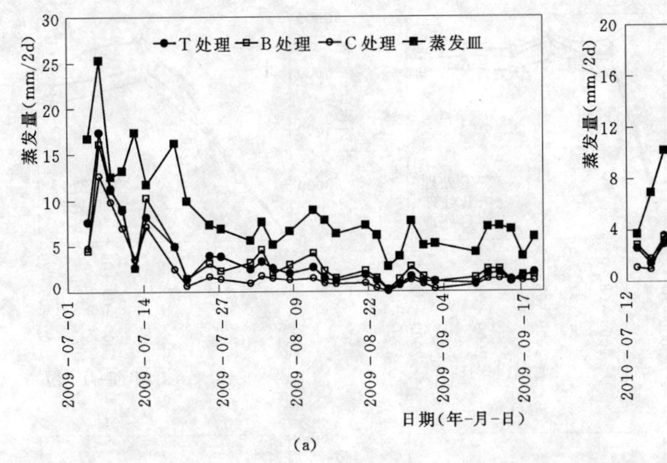


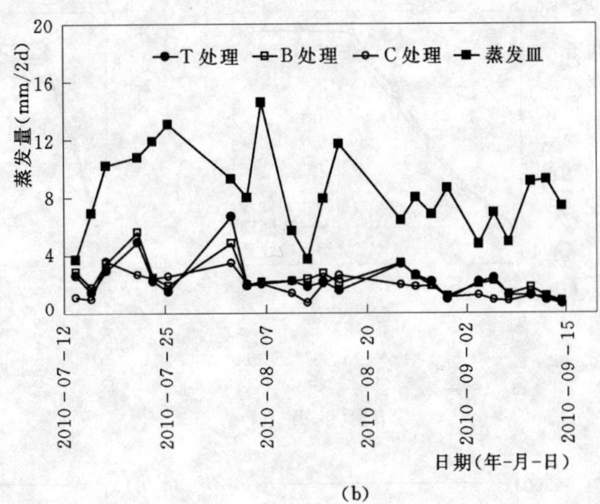


图4 水面蒸发与各处理土面蒸发

处理的棵间蒸发量在整个生长季节中小于无覆盖处理的棵间蒸发量，特别是叶面积指数较小的时候结论一致。

表2 土面和水面蒸发总量

| 日期 | 蒸发 | 蒸发皿 | T处理 | B处理 | C处理 |
|---|---|---|---|---|---|
| 2009年（7月3日～9月19日） | 蒸发总量（mm） | 257.5 | 103.8 | 108 | 71.1 |
| | 土面蒸发占水面蒸发量比例（%） | 100 | 40 | 42 | 28 |
| 2010年（7月12日～9月14日） | 蒸发总量（mm） | 189.6 | 51.8 | 54.7 | 40.4 |
| | 土面蒸发占水面蒸发量比例（%） | 100 | 27 | 29 | 21 |

### 3.4 夏玉米生长指标

图5描述了两年夏玉米试验期间各处理不同时期的生长指标，从图5可以看出两年内各处理的生长指标变化规律相似。9月之前株高和叶面积几乎线性增长，9月之后株高基本趋于稳定而叶面积有所减小。两年内各处理的茎粗在7月都迅速增加，8月开始茎粗增长缓慢并趋于稳定。干生物量在试验期间随时间推移呈线性增长。2009年三处理生物形态之间的差异在8月之后较明显，2010年三处理生物形态之间差异不明显。

从图5还可以看出两年内生长指标均以C处理最高，2009年C处理与其他处理差异显著而2010年差异不显著。2009年T处理生长指标好于B处理，而2010年T、B差异不显著。这主要是2009年降水较多，覆盖可延长水分入渗时间增加贮水量，同时覆盖可减少蒸发量，因而C处理较T、B处理保留了更多水分（见图3），更有利于作物生长；翻耕较免耕更有利于水分入渗，因而在降水较多年份（如2009年降雨370.7mm）T处理较B处理更能保存水分。2010年8月下旬之前降雨很少（仅为39.2mm），由于覆盖能减少土面蒸发，因而C处理长势好于其他处理。孟毅等[17]在陕西关中地区得出覆盖处理的玉米叶面积和株高在不同阶段均高于不覆盖处理。Gill等[18]在印度得出与传统耕作相比深耕和覆盖增加株高，覆盖增加株高与作物生长早期环境和土壤温度有关。郑险峰等[19]也得出在玉米整个生育期内覆盖措施提高了夏玉米干生物量累积量，尤其是苗期效果更明显。

### 3.5 夏玉米产量和水分利用效率

表3显示了两年夏玉米试验期间各处理产量及水分利用效率（产量为整棵夏玉米鲜生物量）。从表3可以看出2009年夏玉米产量由高到低排序为C处理＞T处理＞B处理，C处理和T处理的产量分别比B处理的高13%和5%。2009年夏玉米水分利用率最高的是C处理，其次为T处理，再次为B处理，C处理和T

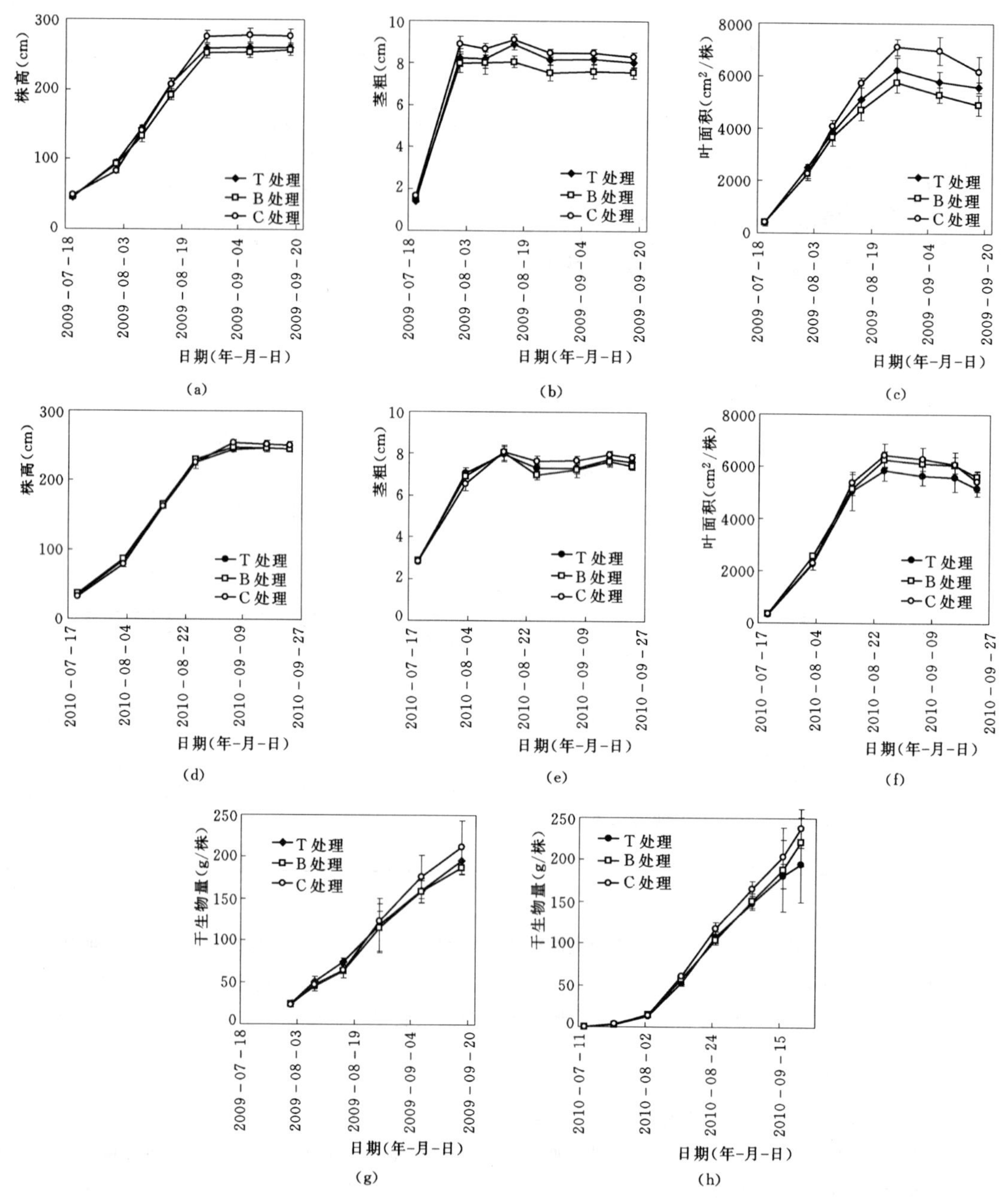


图5　夏玉米生长指标

处理的水分利用效率分别比B处理提高了19%和12%。2010年夏玉米产量由高到低排序为C处理>B处理>T处理，这与夏玉米生长指标变化规律一致，C处理和B处理产量分别比T处理的高15%和10%。2010年夏玉米水分利用率最高的是C处理，其次为B处理，再次为T处理。C处理和B处理的水分利用效率分别比T处理提高了18%和6%。主要是玉米的生长受水肥的影响很大，这三个处理的主要区别是土壤的保墒能力不同，降雨量较大时，覆盖由于能增加入渗时间故能保持更多土壤水分，而在降雨量较少时，覆盖能减少土面蒸发故也能保持更多水分。降雨过多或过少时T、B处理对作物影响差异不明显。Munodawafa等[20]研究得出总体上覆盖处理的玉米产量较高，传统耕作处理的产量最低，当降雨量很少的时候保护性耕作效果较好，当多雨季节时传统翻耕有较好的产量。

表 3 夏玉米产量和水分利用效率

| 年份 | 项目 | T处理 | C处理 | B处理 |
|---|---|---|---|---|
| 2009 | 鲜生物量 (kg/hm²) | 99682 | 107747 | 95067 |
| | 耗水量 (mm) | 311 | 318 | 333 |
| | 水分利用效率 [kg/(hm²·mm)] | 320 | 338 | 285 |
| 2010 | 鲜生物量 (kg/hm²) | 82839 | 95407 | 90920 |
| | 耗水量 (mm) | 230.9 | 225.9 | 239 |
| | 水分利用效率 [kg/(hm²·mm)] | 358.8 | 422.3 | 380.5 |

## 4 结论

通过研究发现：

（1）2009 年整个夏玉米试验期间三种处理除刚降雨后 10cm 处翻耕处理含水量高于其他两处理外，其他时段三种处理 0～20cm 土壤含水量差异不明显。2010 年整个夏玉米试验期间三种处理 10cm、20cm 处土壤含水量总体上以免耕覆盖处理最高。两年夏玉米季免耕覆盖处理 0～120cm 土壤贮水量一直高于其他两处理，其他两处理差异不明显。

（2）残茬覆盖在两年夏玉米整个生育期间均能减少土壤中水分的蒸发，因而有利于土壤保墒，两年试验期翻耕、免耕燃茬处理土面蒸发差异不太明显。在降雨较多的 2009 年各处理土面蒸发占水面蒸发比例总体上大于降雨较少的 2010 年，且在土壤含水量高时土面蒸发与水面蒸发规律较为一致。

（3）2009 年免耕覆盖处理生长指标明显优于其他两处理，且达显著水平，翻耕处理优于免耕燃茬处理。2010 年免耕覆盖处理生长指标好于其他两处理，但三者差异不显著。

（4）2009 年免耕覆盖处理的夏玉米产量和水分利用效率优于其他两处理，翻耕处理的夏玉米产量和水分利用效率高于免耕燃茬处理。2010 年免耕覆盖处理夏玉米产量和水分利用效率优于其他两处理，免耕燃茬处理的夏玉米产量和水分利用效率高于翻耕处理，三种处理差异未达显著水平。

（5）综合两年夏玉米试验不同耕作措施对土面蒸发、土壤水分、夏玉米产量及水分利用效率的影响，可以得出免耕覆盖相比其他两处理更适合于北京通州地区，建议北京通州地区夏玉米季采取免耕覆盖的农艺耕种措施。

## 参考文献


［1］ 脱云飞，费良军，杨路华，等．秸秆覆盖对夏玉米农田土壤水分与热量影响的模拟研究［J］. 农业工程学报，2007，23（6）：27－32.

［2］ Mulumba L N，Lal R. Mulching effects on selected soil physical properties［J］. Soil & Tillage Research，2008，98：106－111.

［3］ Zhang S L，Lovdahl L，Grip H，et al. Modelling the effects of mulching and fallow cropping on water balance in the Chinese Loess Plateau［J］. Soil & Tillage Research，2007，93：283－298.

［4］ Diaz F，Jimenez C C，Tejedor M. Influence of the thickness and grain size of tephra mulch on soil water evaporation［J］. Agricultural Water Management，2005，74：47－55.

［5］ Bossio D，Geheb K，Critchley W. Managing water by managing land：Addressing land degradation to improve water productivity and rural livelihoods［J］. Agricultural Water Management，2009.

［6］ Monzon J P，Sadras V O，Andrade F H. Fallow soil evaporation and water storage as affected by stubble in sub-humid (Argentina) and semi-arid (Australia) environments［J］. Field Crops Research，2006，98：83－90.

[7] Bescansa P, Imaz M J, Virto I, et al. Soil water retention as affected by tillage and residue management in semiarid Spain [J]. Soil & Tillage Research, 2006, 87: 19-27.
[8] Gangwar K S, Singh K K, Sharma S K, et al. Alternative tillage and crop residue management in wheat after rice in sandy loam soils of Indo-Gangetic plains [J]. Soil & Tillage Research, 2006, 88: 242-252.
[9] 周富忠,黄德琼,谭毅.抗旱保土的高校农艺措施—旱地聚土垄作 [J].《农业网络信息》农业实验与产业化,2005,12:120-121.
[10] 赵霞,王秀萍,刘天学,等.麦茬处理方式对土壤蒸发及夏玉米水分利用效率的影响 [J].耕作与栽培,2008,4:9-10.
[11] 李潮海,赵 霞,刘天学,等.麦茬处理方式对机播夏玉米的生态生理效应 [J].农业工程学报,2008,24 (4):162-166.
[12] 杜新艳,杨路华,脱云飞,等.秸秆覆盖对夏玉米农田水分状况、土壤温度及生长发育的影响 [J].南水北调与水利科技,2006,4 (2):24-26.
[13] 丁昆仑,Hann M J.秸秆覆盖对土壤水分及夏玉米产量的影响 [J].中国农村水利水电,1999,99 (6):3-5.
[14] Azooz R H, Lowery B, Daniel T C. Tillage and residue management influence on corn growth [J]. Soil & Tillage Research, 1995, 33: 215-227.
[15] Huanwen G, Kuhn N J. The adoption of annual subsoiling as conservation tillage in dryland maize and wheat cultivation in northern China [J]. Soil & Tillage Research, 2007, 94: 493-502.
[16] 张喜英,陈素英,裴冬,等.秸秆覆盖下的夏玉米蒸散、水分利用效率和作物系数的变化 [J].地理科学进展,2002,21 (6):583-592.
[17] 孟毅,蔡焕杰,王健,等.秸秆覆盖对夏玉米的生长及水分利用效率的影响 [J].西北农林科技大学学报 (自然科学版),2005,33 (6):131-135.
[18] Gill K S, Gajri P R, Chaudhary M R, et al. Tillage, mulch and irrigation effects on corn (Zea mays L.) in relation to evaporative demand [J]. Soil & Tillage Research, 1996, 39: 213-227.
[19] 郑险峰,周建斌,王春阳,等.覆盖措施对夏玉米生长和养分吸收的影响 [J].干旱地区农业研究,2009,27 (2):80-83.
[20] Munodawafa A, Zhou N. Improving water utilization in maize production through conservation tillage systems in semi-arid Zimbabwe [J]. Physics and Chemistry of the Earth, 2008, 33: 757-761.

# EFFECT OF THREE AGRONOMIC METHODS ON SOIL EVAPORATION AND MAIZE WATER USE EFFICIENCY

Li Yan Liu Haijun

(College of Water Sciences, Beijing Normal University, Beijing 100875)

**Abstract** At present, saving water by using agronomic practices has been used largely. We choose three agronomic methods, tillage (T treatment), stubble mulching without tillage (C treatment) and stubble burning without tillage (B treatment), to analysis the effect of these methods on soil water, soil evaporation, crops' growth, yield and water use efficiency. Main conclusions are presented as followings.

Soil water content in 0～10cm depth in tillage treatment was greater than those in stubble mulching without tillage and stubble burning without tillage after heavy rain, while there was a minor difference among the three treatments during the other time in 2009. In 2010 with less rainfall amount, soil water content in 0 ～ 20cm in stubble mulching without tillage treatment was greater than those in tillage and stubble burning without tillage treatments. The amount of soil water in stubble mulching without tillage treatment was higher than those in tillage and stubble burning without tillage treatments, there was no difference between tillage and stubble burning without tillage. Soil evaporation in stubble mulching without tillage treatment was less than those in tillage and stubble burning without tillage, there was no difference between tillage and stubble burning without tillage. Growth index, yield and water use efficiency in stubble mulching without tillage treatment were better than those in tillage and stubble burning without tillage treatments, there was no difference between tillage and stubble burning without tillage treatments. In a conclusion, stubble mulching without tillage is much better than tillage practice and stubble burning without tillage practices and recommended for maize cultivation in Beijing area.

**Key words** agronomic methods; soil water content; soil evaporation; yield; water use efficiency

# 月水文模型参数识别和可靠性分析*

黄远洋　陈　喜

(河海大学水文水资源与水利工程科学国家重点实验室　南京　210098)

**摘　要**　本文将月水文模型应用在西南喀斯特流域，采用 SCEM—UA 方法对模型参数进行了识别，采用均匀随机采样蒙特卡洛方法，利用参数-目标散点图方法对参数敏感性进行了分析，并利用动态可识别性分析方法对参数的可靠性进行了分析。分析结果显示：模型产流过程两个参数均具有时变性，显示出模型产流结构存在着可靠性问题，可能存在着可靠性问题；模型汇流过程三个参数具有合理的作用时段和识别值，没有明显的时变特征，显示该模型汇流结构可靠性较高。

**关键词**　可靠性分析；动态可识别性分析；月水文模型；喀斯特

水文模型的应用需要基于一定的降水输入和流域条件，而实际的流域条件却常常会超出当初模型率定和检验时相应的适应条件，因此，利用水文模型进行外推时，水文学家、工程师和规划师都十分重视模型结果的可靠性[1]。通常有 4 个方面的不确定性可能导致水文模型不可靠：自然不确定性、数据不确定性、模型结构不确定性和模型参数不确定性[1]。对于一个利用优化方法进行参数识别的概念性模型而言，自然不确定性、数据不确定性和模型结构不确定性综合作用在参数不确定性当中，并且通过可识别性得以反映。对建模者而言，如何通过参数的可识别性后验地对模型结构进行验证，进而得到模型是否可靠的结论，是一个重要的问题。

概念性模型的某个参数，无论其是否具有明确的物理含义，但都明确地作用于某个水文过程。因此，不仅仅需要依靠高效的参数优化算法进行参数识别，还需要考察参数是否在模型结构中发挥了预期的作用，动态可识别性分析方法（dynamic identifiability analysis，DYNIA）[2]就是用来进行这类考察方法。通过动态可识别性分析[3-5]，可以回答参数的主要作用时段、在各主要作用时段的识别值是否一致以及倘若不一致则有何规律等问题，达到模型可靠性分析的作用。

我国西南喀斯特地区喀斯特裸露面积约为 51 万 $km^2$，由于自然因素和人为因素造成了该区具有土层薄、土壤侵蚀退化严重、地表漏水系数大的特点，致使该区易出现特有的湿热气候下喀斯特干旱缺水。气候变化同样也会改变该区水文循环现状。问题是，我国西南喀斯特地区的水文过程是如何的？如前所述，在喀斯特地区建立水文模型是途径之一：建立降水过程与径流过程的关系，以期了解水文过程特征。本文建立了一个月水文模型，通过在西南喀斯特流域进行参数动态可识别分析，分析了该模型在该地区应用的可靠性。

## 1　流域概况

本文选取乌江水系上游鸭池河流域作为研究区。研究区面积 18180$km^2$，位于我国南方喀斯特强烈发育的贵州省，属于亚热带季风气候。研究区基本闭合；可溶性岩层占 70%以上，流域渗透性强，径流以地下径流为主，并具有多种水源；河流分支少，地下河发育，并有通畅的排水系统；流域的蒸发量较小；植被度不足 40%，地形陡峭，地表冲刷严重。研究区多年平均降水量变化范围为 1000～1400mm，多年平均径流深变化范围为 400～800mm，大洪水主要发生在 6 月上旬至 7 月中旬。本文采用的数据包括：研究区内 20 个雨量站点，8 个蒸发站点和 1 个水文站 1973～1983 年逐月数据，以及通过中国科学院计算机网络信息中心国际科学数据服务平台（http：//datamirror. csdb. cn）下载的研究区 90m 分辨率 SRTM 数字高程数据。

*　基金项目：国家自然科学基金（40930635，51079038）。

第一作者简介：黄远洋（1985—　），男，重庆人，河海大学博士研究生，研究方向为水文物理规律和预报。E-mail：hydrohyy@foxmail. com

## 2 模型原理和研究方法

### 2.1 模型原理

本文根据喀斯特地区特点，综合考虑月水文过程主要要素，建立了如图 1 所示的月水文模型。

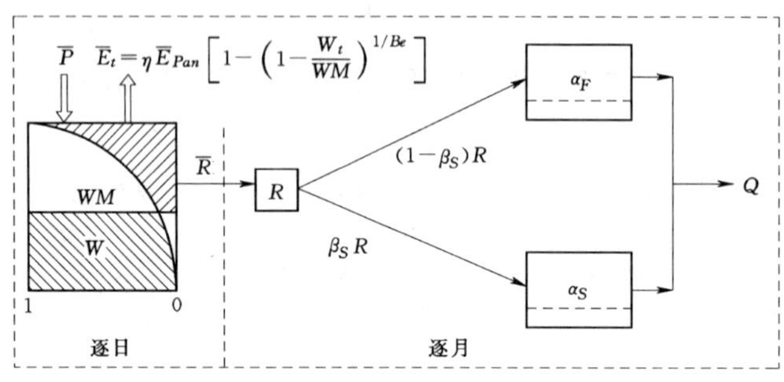


图 1　西南喀斯特月水文模型结构

#### 2.2.1 产流结构

采用陈喜等人[6]提出的分布式月水文模型产流算法：采用新安江模型的蓄满产流机制，采用按地形指数 $\ln(a/\tan\beta)$ 归一化的不易产流度曲线作为蓄水容量曲线，逐月计算产流量 $R$。利用 Ripple[7]提出的单层蒸发模式计算实际蒸发量：

$$E_t=\eta E_{Pan}\left[1-\left(1-\frac{W_t}{WM}\right)^{1/Be}\right] \tag{1}$$

式中：$E_t$ 为实际蒸发量；$E_{Pan}$ 为蒸发皿蒸发量；$\eta$ 为蒸发皿蒸发-潜在蒸发转换系数，为模型参数；$W_t$ 为流域平均蓄水量，$WM$ 为流域最大蓄水量，为模型参数；$Be\approx0.6$[7]。

考虑到产流过程在月内的分配及其不均匀性，本文将月降水和月蒸发皿蒸发平均分为 30 段进行逐日连续产流计算，30 段产流量之和即为月产流量 $R$，即

$$R=\sum_{i=1}^{30}(\overline{P_t}-\overline{E_t}-\Delta W_t^i) \tag{2}$$

式中：$\overline{P_t}$为平均降水；$\overline{E_t}$为平均潜在蒸发；$\Delta W_t^i$ 为流域逐日蓄变量。

#### 2.2.2 汇流结构

针对我国南方喀斯特流域调蓄特点，将时段产流量 $R$ 划分为两种水源：受流域调蓄作用较小的快速流 $R_F$ 及受流域调蓄作用较大的慢速流 $R_S$：

$$\begin{cases}R_F=(1-\beta_S)R\\ R_S=\beta_S R\end{cases} \tag{3}$$

式中：$R$ 为计算时段内产流量；$\beta_S$ 为慢速流比例，为模型参数。

水流在裂隙介质中调蓄按指数型衰减规律，经调蓄后出流按下式计算：

$$\begin{cases}Q_t^F=Q_{t-1}^F e^{-\alpha_F}+R_{F,t}(1-e^{-\alpha_F})\\ Q_t^S=Q_{t-1}^S e^{-\alpha_S}+R_{S,t}(1-e^{-\alpha_S})\\ Q_t^T=Q_t^F+Q_t^S\end{cases} \tag{4}$$

式中：下标 $t$ 和 $t-1$ 分别表示当前时段和前一时段；$Q^F$、$Q^S$ 和 $Q^T$ 分别为快速流出流量、慢速流出流量和出口流量；$\alpha_S$ 和 $\alpha_F$ 分别为慢速流和快速流调蓄系数，为模型参数。

### 2.2 研究方法

本文采用 SCEM—UA 方法对模型参数进行识别，采用均匀随机采样蒙特卡洛方法，利用参数-目标散点图方法对参数敏感性进行分析，并利用动态可识别性分析方法对参数的可靠性进行分析。

#### 2.2.1 参数范围与目标函数

在南方湿润地区 $WM$ 约为 120～150mm[8]，而在南方喀斯特地区，由于土层一般较薄，$WM$ 约为 60～80mm[9,10]，本文为分析 $WM$ 在模型中的识别情况，将其范围设置为 1～300mm。庄一鸰[9]、张建云[10]等人

在本研究区各子流域应用日模时认为$\eta$在0.5～0.6左右，本文将其范围设置为0～1。$\beta_S$作为快速流比例参数，其范围必然在0～1之间；$1/\alpha_F$和$1/\alpha_S$为快速流和慢速流的消退历时，本文认为慢速流应该具有大于1个月的消退历时，快速流应该具有约大于1周的消退历时，故设置$\alpha_S$的范围为0～1，$\alpha_F$的范围为0～5。如表1所示。

本文使用两个目标函数用来评价模拟效果：Nash-Sutcliffe效率系数（nash-sutcliffe efficiency coefficient，NSC）和绝对误差（absolute error，AE）。为方便$NSC$的利用，本文对其做如下变换：$NSC^*=1-NSC$，该线性变换不影响其线性特性。两个目标函数如式（5）和式（6）。

表1 模型参数范围及最优参数组

| 参数 | $WM$ | $\eta$ | $\beta_S$ | $\alpha_S$ | $\alpha_F$ |
|---|---|---|---|---|---|
| 参数范围 | 1～300mm | 0～1 | 0～1 | 0～1 | 0～5 |
| 最优参数组 | 277mm | 0.49 | 0.21 | 0.033 | 1.67 |

$$NSC^*=1-NSC=\sum_{i=1}^{n}(Q_{obs,i}-Q_{sim,i})^2\Big/\sum_{i=1}^{n}(Q_{obs,i}-Q_{obs})^2 \tag{5}$$

$$AE=\sum_{i=1}^{n}Q_{obs,i}-\sum_{i=1}^{n}Q_{sim,i} \tag{6}$$

式中：$Q_{sim}$和$Q_{obs}$分别为实测和模拟流量过程；$n$为流量过程的时段数。

#### 2.2.2 参数优化方法

SCEM—UA(shuffled complex evolution metropolis）方法由Vrugt等人[11]为优化和评估模型参数而提出的模拟搜索优化算法。SCEM—UA是在SCE—UA算法[12]的基础上，根据马尔可夫链蒙特卡洛（Markov Chain Monte Carlo，MCMC）理论，以Metropolis-Hastings算法[13,14]取代SCE—UA中的坡降算法（down-hill simplex method）以估计出最有可能的参数集及后验概率分布，使算法避免陷入局部极点。具体算法参考文献［11］。本文所采用程序为在Google Code上下载的MATLAB开源版本。

#### 2.2.3 敏感性分析方法

采用均匀随机采样法，在参数范围内采样5万次，以参数为横坐标，目标函数为纵坐标（且将目标函数线性变化到最小值最优），即得到目标函数与参数散点图。该图的下包线表示固定该参数为任意定值时，所有参数组合所能达到的最优目标，则其变幅显示了参数的敏感性：具有较大的变幅下包线说明参数变化对目标函数影响独立而显著，属于敏感参数；下包线的边幅越小，说明该参数对目标函数影响越不显著或者与其他参数相关性越强，其敏感性越小。

#### 2.2.4 动态可识别性分析方法

在5万次均匀随机采样的基础上，通过计算单个参数在每个模拟时段的概率分布来分析参数在时间上的动态变化，进行参数动态可识别性分析。为了同时消除短时段对识别结果带来的误差影响，该法基于滑动窗口，可以选择计算包括每个时段前后$N$个时段的模拟结果进行绝对水量误差（$AE$）的计算（本文统一选择包括前后2个时段）。动态可识别性分析的主要结果包括：

（1）每个参数在每个模拟时段的概率密度分布：动态可识别图中的灰度色块，色块越深表示概率密度越大。

（2）95%和5%分位点所形成的概率密度函数置信区间：动态可识别图中的虚线。

（3）信息量：为动态可识别图中的柱状图，信息量越大，说明其可识别性越大。其定义为

$$I(t)=1-[C_{0.95}(t)-C_{0.05}(t)]/\Delta P \tag{7}$$

式中：$I(t)$表示$t$时段的信息量；$\Delta P$为参数范围；$C_{0.95}(t)$和$C_{0.05}(t)$为$t$时段95%和5%分位点的参数值。

## 3 结果与分析

### 3.1 SCEM-UA参数识别结果

SCEM-UA优化得到的参数后验分布及其平均值和方差如图2所示，最优参数组如表1，最优参数组模拟流量过程如图3所示。①从参数后验边缘分布的方差来看：$\eta$最小（为0.01，占范围的1%），$\beta_S$和$\alpha_S$其

次（占为0.02，为范围的2%），$\alpha_F$ 较大（为0.13，占范围的2.6%），*WM* 最大（为36mm，占范围的12%）。说明在产流过程中，考虑蒸散发能力的结构（$\eta$）确定性较高，考虑下垫面湿润程度空间分布的结构（*WM*）确定性不高；在汇流过程中，慢速流过程（$\beta_S$ 和 $\alpha_S$）确定性较快速流过程（$\alpha_F$）的确定性要高。②从参数后验边缘分布的平均值和最优参数组来看：$\beta_S$、$\alpha_S$ 和 $\alpha_F$ 没有明显的理论偏差，$\eta$ 也与前人的研究成果基本一致；但 *WM* 的平均值为243mm和最优值为277mm不仅与喀斯特地区60～80mm[9,10]有较大出入，且与放宽要求的南方湿润地区120～150mm偏离较大。综上所述，模型产流结构存在的不确定性比汇流结构要大，同时产生几个自然而然的问题：*WM* 是否敏感，为什么识别失败？是否能进一步说明其他参数的可靠性？下面的分析可以回答这些问题。

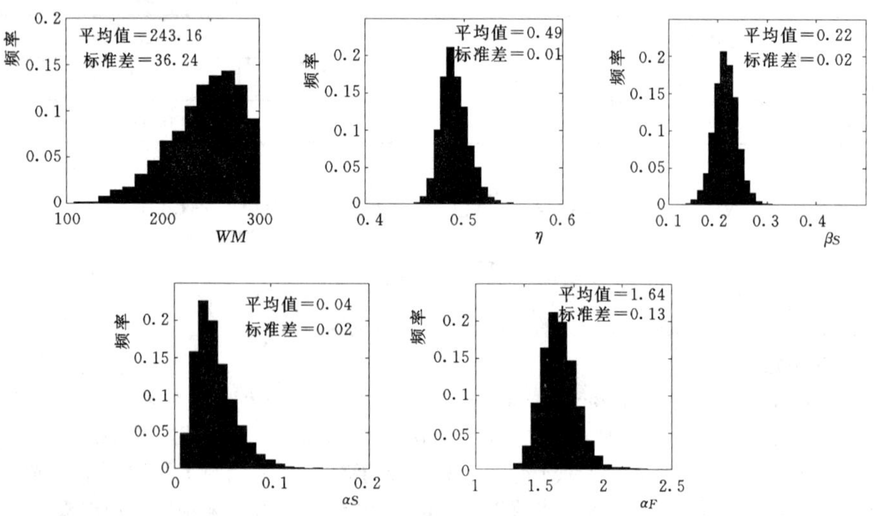


图2　SCEM—UA优化得到的参数后验边缘分布及其平均值和方差

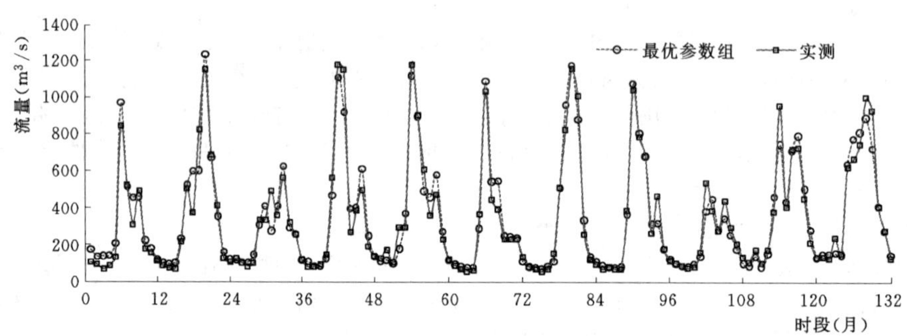


图3　最优参数组模拟流量过程［$NSC^*=0.056$（$NSC=0.944$），$AE=-10.7\mathrm{m^3/s}$］

### 3.2　敏感性分析结果

从图4所示的 $NSC^*$ 与各参数散点图中可以看出：$NSC^*-\eta$ 散点图存在明显的U形高密度区，其下的低密度区下包线变幅明显，其特征比其他四个散点图都明显，表明 $\eta$ 是对 $NSC^*$ 敏感，且为各参数中最为敏感的参数。$NSC^*$ 对 *WM*、$\beta_S$、$\alpha_S$ 和 $\alpha_F$ 三个参数的下包线变幅在约为0.1到最优，均有较明显的变化趋势，表明 *WM*、$\beta_S$、$\alpha_S$ 和 $\alpha_F$ 四个参数对 $NSC^*$ 具有较 $\eta$ 弱的敏感性，且敏感性相当。综上所述，产流参数 $\eta$ 为最敏感参数，产流参数 *WM* 与汇流参数具有大致的敏感性。同时应该注意 *WM* 在100mm左右有一个微弱的局部最优，但如果就此认为 *WM* 应该识别在100mm，或者通过缩小 *WM* 范围来搜索到该值，可能过于武断。下面的分析可以看到100mm的来源以及回答上文提出的其他问题。

### 3.3　动态可识别性分析结果

首先分析 *WM* 的动态可识别结果（图5）：该参数的信息量在各时段都不高，几乎低于0.2，高信息量时段也低于0.5，说明该参数的不确定性较大，这与SCEM—UA得到的较大方差一致。上文所述100mm识

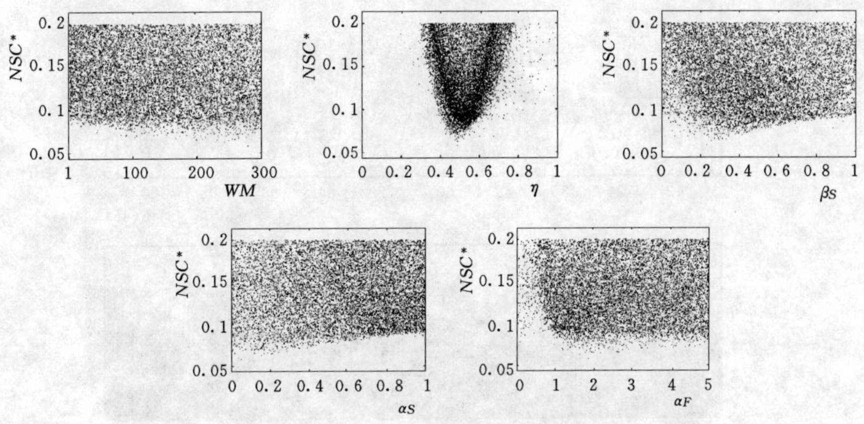


图 4 $NSC^*$ 与各参数散点图（$NSC^* \leqslant 0.2$）

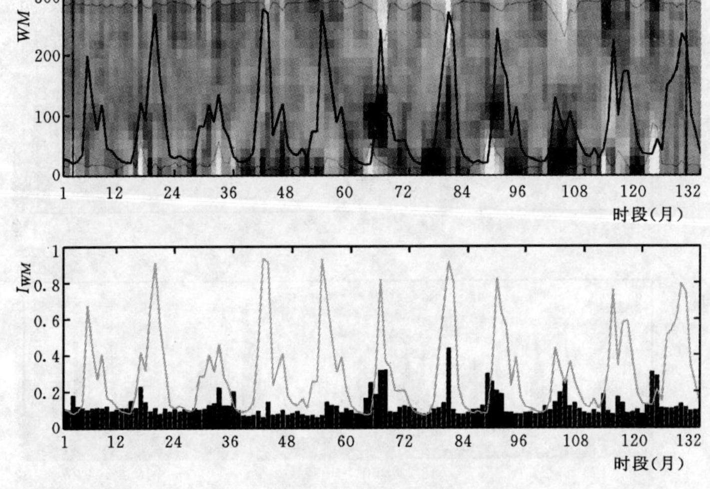


图 5 WM 动态识别及信息量

别值出现在信息量相对较大 64～67、80、89～90 时段，均为涨水时段；明显识别在 200～300mm 的时段为 111～112 时段和 122～123 时段，为起涨时段；存在明显识别在 0～50mm 的时段，散落在起涨时段、枯水年时段等。总体来说，WM 发挥作用的时段特征不明显，存在不统一的识别值，该参数的不确定性较大。且由于大部分低信息时段微弱地识别在 200～300mm，导致以 $NSC^*$ 为目标的寻优失败。

$\eta$（图 6）的信息量总体较高，各时段均达到 0.6 以上，说明该参数不确定性相对较小。但该参数值在 0.4～0.7 范围内随时段连续变化，具有一定的季节特征。$\eta$ 作为最敏感的参数，具有 0.3 的变幅值（较上文 $\eta$ 的 3 倍方差 0.03 大得多），这样的不确定性是值得注意的。

上述两个参数均具有时变性，显示出模型产流结构存在着可靠性问题。

$\beta_S$（图 7）在退水时段有较高的信息量，说明该参数的主要作用在退水时段，该时段内快速流和慢速流均明显存在，$\beta_S$ 在该时段内发挥作用是合理的。该参数值主要识别在 0.2～0.4，没有明显的时变特征，具有较高的确定性。

$\alpha_S$（图 8）在非汛期有较高的信息量，说明该参数主要作用在非汛期，该时段内慢速流占主要，$\alpha_S$ 在该时段内发挥作用是合理的。该参数值主要识别在 0～0.1，没有明显的时变特征，具有较高的确定性。

$\alpha_F$（图 9）在汛期特别是汛期退水期有较高的信息量，说明该参数主要作用在该时段，该时段内快速流占主要，且在汛期退水期快速流和慢速流均存在，$\alpha_F$ 在该时段内发挥作用是合理的。该参数主要识别在 1～2，没有明显的时变特征，具有较好的确定性。

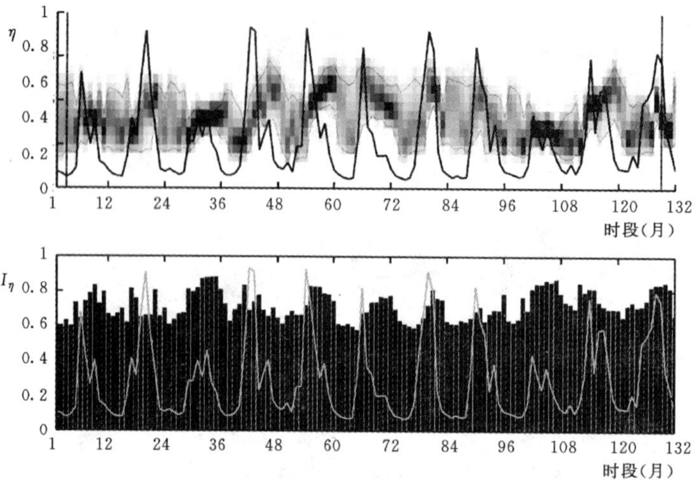


图 6　η 动态识别及信息量

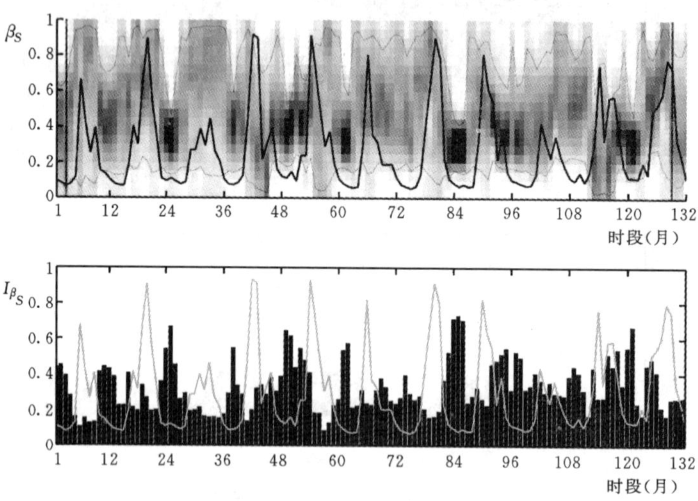


图 7　$\beta_S$ 动态识别及信息量

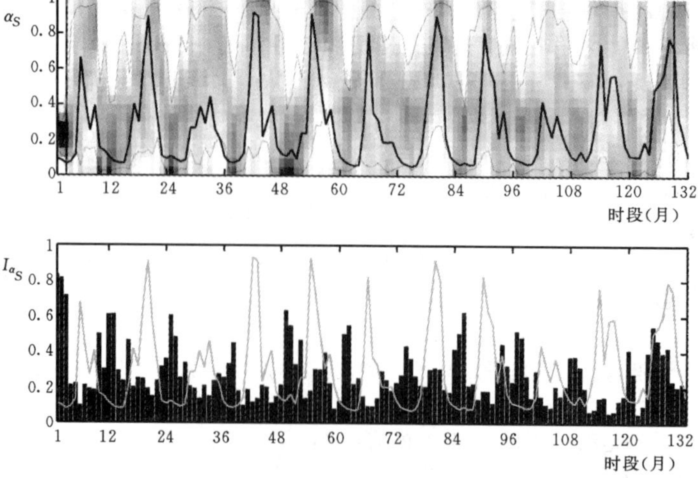


图 8　$\alpha_S$ 动态识别及信息量

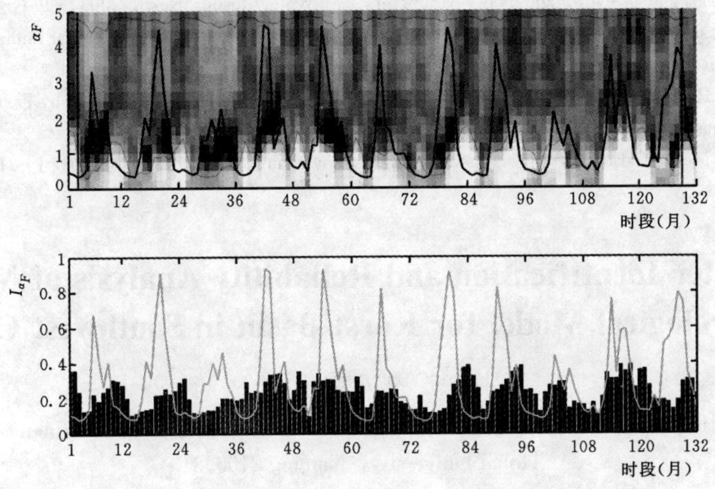


图 9 $\alpha_F$ 动态识别及信息量

上述三个参数具有合理的作用时段和识别值，没有明显的时变特征，显示该模型汇流结构可靠性较高。

## 4 结论

本文将月水文模型应用在西南喀斯特流域，通过 SCEM—UA 方法进行了初步参数识别，并进行了参数敏感性分析、动态可识别性分析，以分析模型的可靠性，得到以下结论：

(1) 结合敏感性分析和动态可识别性分析，可以通过分析参数是否在模型中发挥了预想的作用，后验地对模型结构进行验证，进而得到模型是否可靠的结论。

(2) 模型产流结构两个参数均具有时变性，显示出模型产流结构存在着可靠性问题，可能存在着可靠性问题；模型的汇流结构三个参数具有合理的作用时段和识别值，没有明显的时变特征，显示该模型汇流结构可靠性较高。

(3) 通过单目标优化所得到的全局最优参数，有可能掩盖由于结构问题而引起参数具有时变性而引起的问题，或者如本文所述得到不合理参数值。

## 参 考 文 献


[1] 李致家，孔凡哲，王栋，等．现代水文模拟与预报技术［M］．南京：河海大学出版社，2010.

[2] Wagener T，Mcintyre N，Lees M J，et al. Towards reduced uncertainty in conceptual rainfall-runoff modelling: dynamic identifiability analysis［J］. Hydrological Processes，2003，17（2）：455-476.

[3] Wriedt G，Rode M. Investigation of parameter uncertainty and identifiability of the hydrological model WaSiM-ETH［J］. Adv. Geosci.，2006，9：145-150.

[4] Cullmann J，Wriedt G. Joint application of event-based calibration and dynamic identifiability analysis in rainfall-runoff modelling: implications for model parametrisation［J］. Journal of Hydroinformatics，2008，10（4）：301-316.

[5] Abebe N A，Ogden F L，Pradhan N R. Sensitivity and uncertainty analysis of the conceptual HBV rainfall-runoff model: Implications for parameter estimation［J］. Journal of Hydrology，2010，389（3-4）：301-310.

[6] Chen X，Chen Y D，Xu C. A distributed monthly hydrological model for integrating spatial variations of basin topography and rainfall［J］. Hydrological Processes，2007，21（2）：242-252.

[7] Ripple C D，Rubin J，Van Hylckama T E A. Estimating steady-state evaporation rates from bare soils under conditions of high water table［M］//U. S. Geological Survey，Water-Supply Paper 2019-A. Washington，DC：U. S. Geological Survey，1972.

[8] 包为民．水文预报［M］．第 3 版．北京：中国水利水电出版社，2006.

[9] 庄一鸰，李杰友，张健云，等．乌江渡流域水文模型［J］．水文，1989（03）：1-7.

[10] 张健云，庄一鸰．岩溶地区流域水文模型的探讨及应用［J］．河海大学学报，1988（03）：68-79.

[11] Vrugt J A，Gupta H V，Bouten W，et al. A Shuffled Complex Evolution Metropolis algorithm for optimization and

uncertainty assessment of hydrologic model parameters [J]. Water Resour. Res., 2003, 39 (8): 1201.

[12] Duan Q, Sorooshian S, Gupta V. Effective and efficient global optimization for conceptual rainfall-runoff models [J]. Water Resour. Res., 1992, 28 (4): 1015-1031.

[13] Metropolis N, Rosenbluth A W, Rosenbluth M N, et al. Equation of State Calculations by Fast Computing Machines [J]. The Journal of Chemical Physics, 1953, 21 (6): 1087-1092.

[14] Hastings W K. Monte Carlo sampling methods using Markov chains and their applications [J]. Biometrika, 1970, 57 (1): 97-109.

# Parameter Identification and Reliability Analysis of Monthly Hydrological Model for Karst Basin in Southwest China

Huang Yuanyang Chen Xi

(State Key Laboratory of Hydrology—Water Resources and Hydraulic Engineering, Hohai University, Nanjing 210098)

**Abstract** A monthly hydrological model for Karst Basin in southwest China was established. SCEM—UA was used for parameter identification of the model. With a Monte-Carlo method, Uniform random sample, the parameter-objective dot was utilized for sensitive analysis and the dynamic identifiability analysis was adopted for reliability analysis. Follows are the conclusions: The two parameters in runoff generation process has time-variability, which indicates that there are some reliability problems in runoff generation structure; the three parameters in runoff confluence process have reasonable function period and identification, with no obvious time-variability, which indicates that the runoff confluence structure is reliable.

**Key words** reliability analysis; dynamic identifiability analysis; monthly hydrological model; karst

# 补充河道的再生水入渗对周边地下水影响研究

于一雷[1,2] 宋献方[1] 张应华[1] 郑凡东[3] 梁 籍[3] 韩冬梅[1] 马 英[1]

(1. 中国科学院地理科学与资源研究所陆地水循环及地表过程重点实验室 北京 100101；
2. 中国科学院研究生院 北京 100049；3. 北京市水利科学研究所 北京 100048)

**摘 要** 利用污水处理厂的再生水作为河流景观用水，为了解再生水是否对周边地下水产生影响，2010 年 1～9 月通过采集再生水、地表水、浅层地下水和深层地下水样，分析水化学成分及变化特征，结果表明：再生水主要水化学类型为 Na－Ca－$HCO_3$－Cl，再生水中氯离子浓度变化范围为 141.0～178.0mg/L，均值为 154.9mg/L；浅层地下水水化学类型为 Na－Ca－$HCO_3$－Cl，皆受到再生水入渗补给影响，旱季受到再生水影响强弱顺序为 HR11＞HR12＞HR07＞HR06＞HR13，雨季时顺序为 HR12＞HR11＞HR07＞HR13＞HR06；深层地下水（HR09，HR10）水化学类型为 Ca－Mg－$HCO_3$，未受再生水影响，深层地下水（HR08）水化学类型为 Ca－Mg－$HCO_3$ 和 Ca－Na－Mg－$HCO_3$－Cl，旱季时受到再生水的影响强度高于在雨季时。

**关键词** 再生水；地下水；水化学；Gibbs 图

## 1 前言

水资源短缺是全世界正在面临的严重问题，在我国随着人口的增长和城市的发展，水资源短缺正在成为制约我国社会经济可持续发展因素。尤其是北京市，人均水资源量不足 200$m^3$，严重低于世界水资源安全线人均 1000$m^3$。为缓解水污染和水资源短缺，再生水的利用将成为城市的第二水源。再生水是指污水经适当工艺处理后具有一定使用功能的水[1]。再生水的用途包括工业，农业和生活及景观环境用水，目前，世界上许多国家正在利用再生水资源[2-4]。

中国主要城市在利用再生水方面具有很大的潜力[5]，北京市的废水利用估算结果表明在价格方面具有竞争优势，且主要潜在用户是农业灌溉和景观用水[6]。但由于废水处理技术等方面的原因，人们担心再生水的利用是否对当地土壤和地下水造成影响。目前，当利用再生水时，对土壤包气带中及地下水中主要无机离子成分、氮类和 BOD 等的迁移和变化做了研究[7-10]。但是由于不同的污水处理厂具有不同的进水水质和处理工艺，以及当地土壤和地质条件的差异，因此需要针对不同的背景进行相应的研究。本文将主要从水体水化学成分角度研究作为景观用水的再生水入渗对地下水的影响。

本文的主要研究目标：①再生水的主要水化学特征及变化；②再生水受水区哪些地下水受到影响及影响强度如何。

## 2 研究区概况

### 2.1 自然地理和水文地质条件

研究区位于北京市东北部某补充再生水作为景观用水的河段区域，降水主要集中于 6～9 月，多年平均年降水量约 520mm，多年平均年蒸发量约 1100mm。河道内无天然径流，为了恢复河道景观生态，采用污水处理厂排放的再生水作为景观用水，污水处理厂再生水的排放始于 2007 年，采用处理工艺为 MBR 技术，排放量为 3.5 万 $m^3/d$，设计出水水质达到观赏性。

环境用水标准[1]。同时为了将再生水存储在河道内，在受水河段内修建了 3 个橡胶坝，另外将橡胶坝之内的河道底部采用土工膜材料做了防渗处理，河道两岸及末端橡胶坝下方河道未作防渗处理。

研究区属于河流的冲洪积扇中上部，第四系由几条河流交错堆积而成，厚度大，渗透性好，富水性强。含水层主要是有浅层的潜水含水层和深层的承压含水层构成，潜水含水层为砂卵石夹粉质黏土，底部有粉质黏土隔水层，承压含水层颗粒变小，为砂砾石、中粗砂与黏土互层。

### 2.2 采样及分析

研究区的采样点分布见图 1。采集的水样包括再生水、地表水、浅层地下水和深层地下水，其中在 6 月以前地表水主要是由排入河道的再生水组成，6 月以后的地表水是由再生水、降水和降水产生的地表径流混合组成。采样点的详细信息见表1。研究的时间段是2010年1～9月，样品采集频率为每月一次。室内样品分析主要包括阳离子（$K^+$，$Na^+$，$Ca^{2+}$，$Mg^{2+}$）和阴离子（$Cl^-$，$HCO_3^-$，$SO_4^{2-}$,）。阳离子的分析仪器为电感耦合等离子体光谱仪ICP－OES（Perkin－Elmer Optima 5300DV），阴离子的分析仪器为离子色谱仪（Shimadzu LC－10AD）。

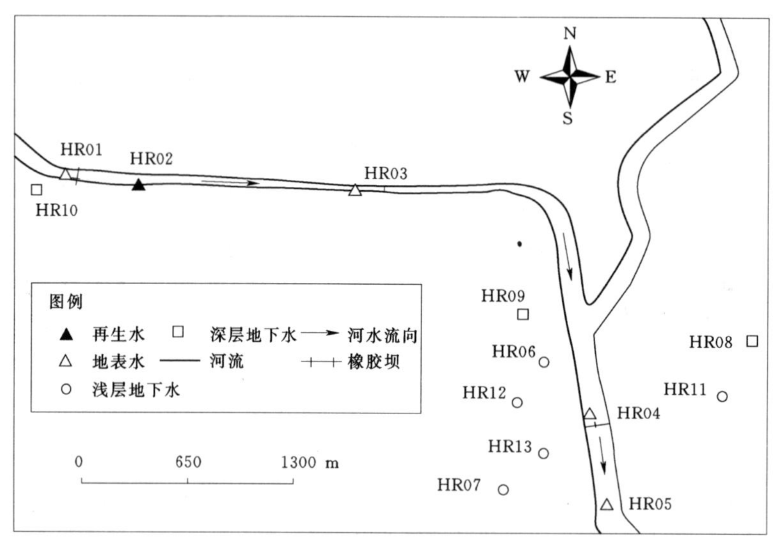


图1 研究区采样点分布图

表1 研究区采样点信息

| 编号 | 类型 | 井深（m） | 编号 | 类型 | 井深（m） |
|---|---|---|---|---|---|
| HR01 | 地表水 | — | HR08 | 深层地下水 | 100 |
| HR02 | 再生水 | — | HR09 | 深层地下水 | 300 |
| HR03 | 地表水 | — | HR10 | 深层地下水 | 300 |
| HR04 | 地表水 | — | HR11 | 浅层地下水 | 80 |
| HR05 | 地表水 | — | HR12 | 浅层地下水 | 70 |
| HR06 | 浅层地下水 | 80 | HR13 | 浅层地下水 | 70 |
| HR07 | 浅层地下水 | 70 | | | |

## 3 结果与分析

### 3.1 水化学类型Piper图

由图2中可看出，旱季与雨季时两者的水化学类型分类基本一致。水化学类型主要分为两类，第一类是Na－Ca－$HCO_3$－Cl，主要包括再生水（HR02）、地表水（HR01，HR03，HR04，HR05）、浅层地下水（HR06，HR07，HR11，HR12，HR13）。地表水在旱季时主要是来自于再生水，因此水化学类型与再生水完全一致，雨季时水化学类型未作改变，表明降雨及由降雨产生的径流对再生水的稀释作用有限，即河道的水体主要还是来自于再生水。浅层地下水主要是潜水含水层，其补给来源可能来自河道再生水或是雨季时降水入渗，水化学类型与再生水及地表水一致说明浅层地下水主要受到了再生水的入渗补给影响。第二类为Ca－Mg－$HCO_3$，主要包括深层地下水（HR08，HR09，HR10）。表明深层地下水水化学类型主要是天然水体与重碳酸盐溶解作用导致。其中HR08有两个月的样品水化学类型为Ca－Mg－$HCO_3$－Cl和Ca－Na－Mg－$HCO_3$－Cl，可能在某个时间段内受到影响。对比两个主要的水化学类型可知两者的主要区别在于Na和Cl离子，说明两者是再生水区别于其他水体的特征离子。

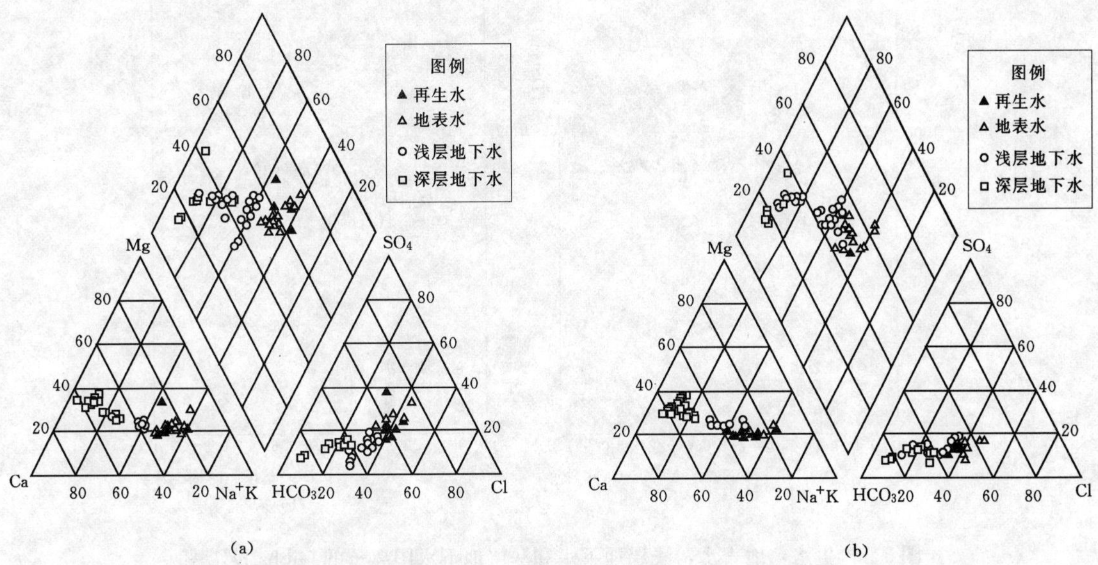


图 2　再生水、地表水、浅层地下水和深层地下水水化学 Piper 三线图

(a) 旱季；(b) 雨季

### 3.2　Gibbs 图投影

由图 3 可看出，在旱季和雨季各种水体在 Gibbs 图上的投影位置基本类似。位于蒸发结晶作用位置的包括再生水和地表水，Gibbs 图的此位置最初意义是表明此处样品水化学作用主要受是蒸发-结晶作用影响。由于再生水在处理过程中经历了蒸发作用，同时由于地表水主要是由再生水组成，且在河道停留时间内也经历了蒸发作用，因此再生水和地表水都位于此位置。位于岩石风化位置的主要包括深层地下水，表明岩石风化是影响其水化学成分的主要作用，也说明深层地下水未受到再生水影响。其他浅层地下水位于两者中间的过渡位置区，表明蒸发结晶和岩石风化对浅层地下水都有影响。再生水补给浅层地下水，导致了其表现出蒸发结晶作用，而浅层地下水与其他含水层的水力联系或是降雨入渗的补给导致了其表现出岩石风化作用，距离两个位置的远近可能说明受再生水影响程度的大小不同。

### 3.3　水化学时间变化

氯离子由于其保守性，可以用来作为示踪和区别不同水体的指示离子。由图 4 (a) 看出，再生水 HR02 氯离子的时间变化表现为 1～3 月较高，而 4～8 月较低，9 月时又有所升高，氯离子变化范围为 141.0～178.0mg/L，均值为 154.9mg/L。说明由于进水水质变化等因素，再生水的氯离子浓度也有季节变化幅度。其他监测点（HR01，HR02，HR03，hr04）的变化趋势与再生水类似，且大部分氯离子浓度低于再生水，尤其是在 9 月，其他监测点的氯离子浓度剧烈降低，这主要是由于雨季降水及地表径流的进入河道对再生水的稀释作用导致。

在图 4 (b) 中，HR06（变化范围为 34.9～136.0mg/L，均值为 71.9mg/L）和 HR13（变化范围为 43.0～82.5mg/L，均值为 67.4mg/L）的氯离子浓度变化幅度较大，但两者变化趋势和数值接近，除了 HR06 (136.0mg/L) 在 1 月和在 HR13 (83.8mg/L) 在 7 月时较高之外。另外整体表现雨季时浓度要低于旱季，这可能是由于接受降水入渗补给导致。HR07（变化范围为 120～142mg/L，均值为 122.9mg/L）、HR11（变化范围为 110～140mg/L，均值为 126.8mg/L）和 HR12（变化范围为 116～145mg/L，均值为 127.9mg/L）的氯离子时间变化趋势类似，且浓度接近，进入雨季后氯离子浓度没有明显的降低，可能是由于降雨的入渗补给量较少，三者的氯离子高于 HR06 和 HR12，而低于 HR02，且与再生水的氯离子浓度较为接近，说明 HR07、HR11 和 HR12 可能受到再生水的影响，而 HR06 和 HR13 受到再生水的影响程度较低。

在图 4 (c) 中，HR09（变化范围为 9.6～23.4mg/L，均值为 14.8mg/L）和 HR10（变化范围为 15.3

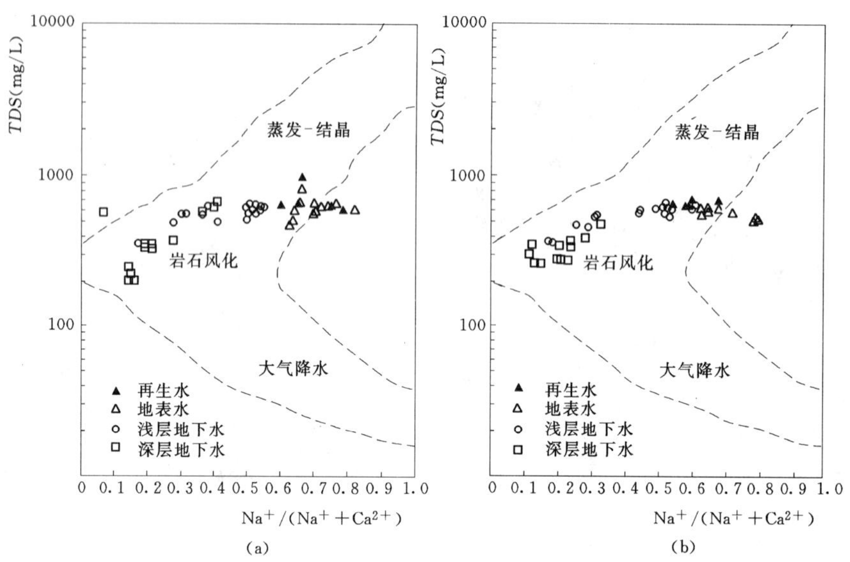


图 3　再生水，地表水，浅层地下水和深层地下水阳离子的 Gibbs 投影图

(a) 旱季；(b) 雨季

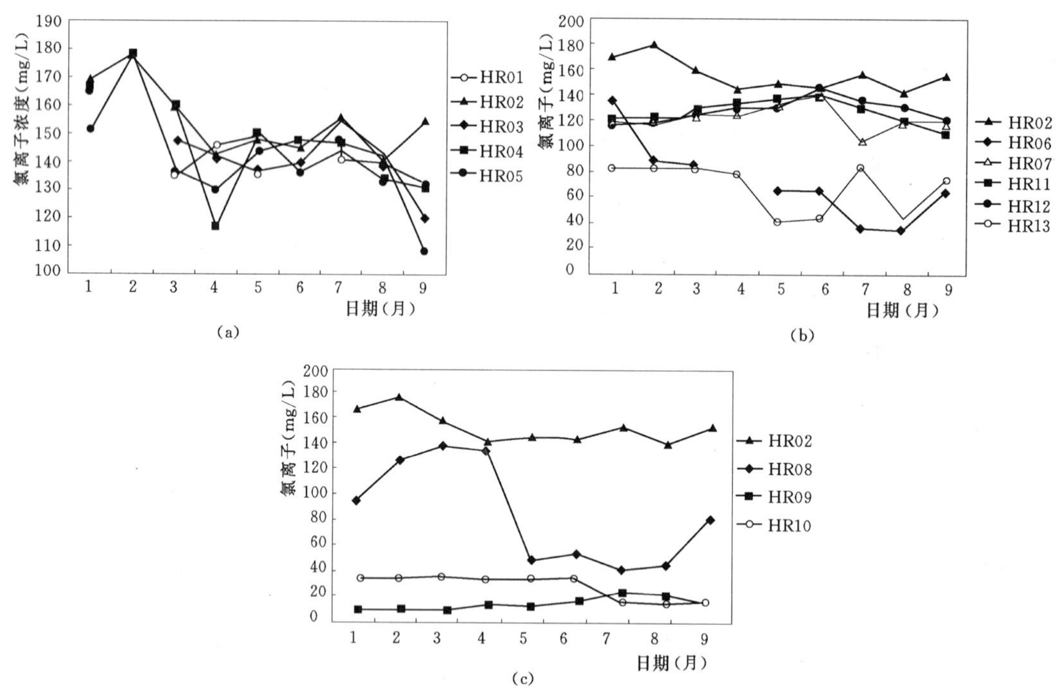


图 4　再生水、地表水、浅层地下水和深层地下水中氯离子时间变化图

(a) 再生水与地表水中氯离子时间变化；(b) 再生水与浅层地下水中氯离子时间变化；

(c) 再生水与深层地下水中氯离子时间变化

～36.8mg/L，均值为 28.5mg/L) 时间变化不明显，氯离子浓度比较稳定，而在 7～9 月 HR09 稍微有所升高，HR10 稍微有所降低，其变化可能是由于降雨入渗补给的量不同造成的。在 1～6 月时，HR09 的浓度一直低于 HR10，而在 7～9 月时 HR09 略高于 HR10。HR09 和 HR10 氯离子浓度较稳定且远低于 HR02 的浓度，说明两者未受到再生水的影响。HR08 监测点在 1～4 月时浓度较高，变化范围为 95.4～139mg/L，均值为124.6mg/L，在5～8月时浓度急剧降低，变化范围为41.5～54.9mg/L，均值为48.0mg/L，9月时浓度又有所升高。表明在1～4月时受到再生水的强烈影响，而在5～9月时可能受到降水或是浅层含水层大量的补给，造成了氯离子急剧降低。

## 4 结论

通过分析再生水、地表水、浅层地下水和深层地下水的水化学成分及变化特征，得出结论如下：

（1）再生水主要水化学类型为Na－Ca－$HCO_3$－Cl，再生水中氯离子浓度变化范围为141.0～178.0mg/L，均值为154.9mg/L。

（2）浅层地下水水化学类型为Na－Ca－$HCO_3$－Cl，皆受到再生水入渗补给影响，旱季受到再生水影响强弱顺序为HR11＞HR12＞HR07＞HR06＞HR13，雨季时顺序为HR12＞HR11＞HR07＞HR13＞HR06。

（3）深层地下水（HR09，HR10）水化学类型为Ca－Mg－$HCO_3$，未受再生水影响，深层地下水（HR08）水化学类型为Ca－Mg－$HCO_3$和Ca－Na－Mg－$HCO_3$－Cl，旱季时受到再生水的影响强度高于在雨季时。

## 参 考 文 献

[1] GB/T 18921—2002 城市污水再生利用．景观环境用水水质．北京：中国标准出版社，2003.

[2] Tien-Chang L，Alan E W，Chuching W. An artificial recharge experiment in the San Jacinto basin，Riverside，Southern California. J. Hydrol.，1992，1-4 (140)：235-259.

[3] Martinez-Santos P，Martinez-Alfaro P，Murillo J M. A method to estimate the artificial recharge capacity of the Crestatx aquifer (Majorca，Spain). Environ. Geol.，2005，8 (47)：1155-1161.

[4] Masciopinto C. Simulation of coastal groundwater remediation：the case of Nardo fractured aquifer in South Italy. Environ. Model. Software，2006，1 (21)：85-97.

[5] Hong Yang，Karim C. Abbaspour. Analysis of wastewater reuse potential in Beijing. Desalination，2007，212：238-250.

[6] Junying Chu，Jining Chen，Can Wang，Ping Fu. Wastewater reuse potential analysis：implications for China's water resources management. Water research，2004，38：2746-2756.

[7] Kopchynski T，Fox P，Alsmadi B and Berner M. The effects of soil type and effluent pre-treatment on soil aquifer treatment. Water Sci. Technol，1996，34：235-242.

[8] Juliet S Johnson，Lawrence A Baker and Peter Fox. Geochemical transformations during artificial groundwater recharge soil-water interactions of inorganic constituents. Water research，1999，33 (1)：196-206.

[9] Janek Greskowiak，Henning Prommer，Gudrun Massmann Colin D Johnston，Gunnar Nu¨tzmann，Asaf Pekdeger. The impact of variably saturated conditions on hydrogeochemical changes during artificial recharge of groundwater. Applied geochemistry，2005，20：1409-1426.

[10] Mustafa Al Kuisi，Taiseer Aljazzar，Thomas Ru¨de，ArminMargane. Impact of the Use of Reclaimed Water on the Quality of Groundwater Resources in the Jordan Valley Jordan. clean，2008，36 (12)：1001-1014.

# Research on the impact of reclaimed water used for scenic water in river on the groundwater in surroundings

Yu Yilei[1,2] Song Xianfang[1] Zhang Yinghua[1,2] Zheng Fandong[3] Liang Ji[3] Han Dongmei[1] Ma Ying[1]

(1. Key Lab. of Water Cycle & Related Land Surface Processes，Institute of Geographic Sciences and Natural Resources Research，Chinese Academy of Sciences，Beijing 100101；2. Graduate University of Chinese Academy of Sciences，Beijing 100049；3. Beijing hydraulic research institute，Beijing 100048)

**Abstract** In order to investigate whether the groundwater is impacted by the reclaimed water，which is used to recharge to the river，The samples of reclaimed water，surface water，shallow groundwater and deep groundwater are collected to analyze the water chemicals and it's variation，the results shows：the water type of reclaimed water is Na－Ca－$HCO_3$－Cl，the variation of chloride is141.0～178.0 mg/L，with average value (154.9 mg/L)；and the water type of shallow groundwater is Na—Ca—$HCO_3$—Cl, meanwhile they all are recharged by the reclaimed water, the sequence of the extent recharged in dry season is HR11>HR12>HR07>HR06>HR13, and HR12>HR11>HR07>HR13>HR06 in wet season; the water type of deep groundwater (HR09, HR10) is Ca—Mg—$HCO_3$, then they are not impacted by the reclaimed water, and the water type of HR08 is Ca—Mg—$HCO_3$ and Ca—Na—Mg—$HCO_3$—Cl, the quantity of recharged reclaimed water in dry season is more than in wet season.

**Key words** reclaimed water; ground water; water chemistry; Gibbs figure

# 地下水位动态预报的混沌 Elman 神经网络模型及其应用*

张殷钦　刘俊民

（西北农林科技大学水利与建筑工程学院　陕西杨凌　712100）

**摘　要**　通过重构相空间，将混沌理论与 Elman 神经网络相结合，实现了地下水位动态系统的映射和其动态演变特性的模拟预报。采用 C—C 算法和 G—P 算法分别计算延迟时间和嵌入维数，以此确定关联维数，并用 Wolf 方法计算最大的 Lyapunov 指数以识别咸阳市 013 号井水位埋深的混沌特性，在此基础上建立地下水位动态预报的混沌 Elman 神经网络模型，用于模拟 013 号井 2009 年的部分水位埋深，其拟合结果表明：该混沌 Elman 神经网络模型具有良好的泛化能力，相对误差介于 0%～0.65%；相较于 BP 网络（相对误差为 0.07%～0.91%），混沌 Elman 神经网络模型有着更高的模拟精度，可为地下水位的动态预报提供参考。

**关键词**　地下水；混沌；Elman 神经网络；水位预测

地下水位动态的时间序列往往是非平稳的或者非线性的，随着人们认识的深入，混沌、分形以及神经网络已广泛应用于预测此类非线性问题。这些数学模型相对合理地表征了地下水系统内隐藏的规律性，定量地刻画了地下水位的动态过程及变化机理。熟知的开发利用地下水、矿坑疏排水、水资源管理等均需要研究地下水动态的变化规律，这对于地下水资源的合理规划、有效管理以及可持续利用有着重要的现实意义。传统的神经网络模型仅研究了具有趋向性的时间序列，且 BP 网络模型及其改进型的应用最多，可是 BP 网络所刻画的只是一一对应的静态非线性映射关系，而反馈型神经网络比如 Elman 神经网络却能实现对动态系统的映射[1-5]。为此，本文基于咸阳市 013 号井地下水位埋深的观测资料，用混沌识别方法来揭示该地下水位时间序列的混沌特征，接着将相空间重构与 Elman 神经网络相结合拟建立混沌 Elman 神经网络模型，并将其应用于 013 号井地下水位时间序列的实时预报，以期为地下水位的动态预报提供可行的途径，并为区域地下水资源的管理和保护提供评判标准。

## 1　地下水位时间序列的混沌识别

### 1.1　相空间重构[6]

对于单变量时间序列，Packard[7] 等提出了一种重构相空间的方法，其主要思想是通过引入延迟时间 $\tau$ 和嵌入维数 $m$，把一维时间序列改造成多维相空间以重建原动力系统。假设地下水位时间序列为 $x_t(t=1,2,\cdots,n)$，则可以重构其相空间：

$$y_i=\{x_i,x_{i+\tau},x_{i+2\tau},\cdots,x_{i+(m-1)\tau}\},\text{其中 } i=n-(m-1)\tau \tag{1}$$

式中：$y_i$ 为 $m$ 维相空间的相点，相点间的连线描述了地下水位在相空间中的演化轨迹；$i$ 个 $m$ 维相空间就构成一个相型。

这里，采用 $C-C$ 算法[8] 和 $G-P$ 算法[9] 分别计算 $\tau$ 和 $m$。

### 1.2　关联维数的确定[10]

关于维数的定义有 Hausdroff 维、信息维、关联维等，本文采用关联积分法来计算关联维数以揭示地下水系统的混沌特征。关联积分可定义为

$$C_m(r)=\frac{1}{N^2}\sum_{i,j=1}^{N}H(r-\|Y_i-Y_j\|) \tag{2}$$

式中：$H(a)$ 是 Heaviside 函数。

其表达式为

* 基金项目：国家科技支撑计划项目（2006BAD11B05）；国家自然科学基金项目（50879071）。

第一作者简介：张殷钦（1985—　），女，甘肃会宁人，博士生，主要从事水资源持续利用与管理研究。E-mail：yinqin928@163.com

$$H(a)=\begin{cases}0(a<0)\\1(a\geqslant 0)\end{cases} \tag{3}$$

式中：$N$ 是 $m$ 维向量的个数；$\|Y_i-Y_j\|$ 为第 $i$ 个相点 $Y_i$ 与第 $j$ 个相点 $Y_j$ 之间的欧氏距离；$r$ 是给定的正小数，称为临界距离；凡距离小于 $r$ 的向量就称为关联向量；$C_m(r)$ 是 $m$ 维相空间中所有两相点间的距离小于 $r$ 的概率。

于是，$C_m(r)$ 在 $r$ 一定的范围内有

$$C_m(r)\propto r^{D(m)} \tag{4}$$

式中：指数 $D(m)$ 为关联维数。

（4）式两边取对数，再取极限可得

$$D(m)=\lim_{r\to 0}\frac{\ln C_m(r)}{\ln r} \tag{5}$$

若满足（5）式的饱和关联维数存在，则表明该系统具有混沌特性，其大小定量地表征了地下水系统演化的复杂性程度，同时也定性地说明该地下水位时间序列具有混沌特征。

### 1.3　计算最大的 Lyapunov 指数

从单变量的时间序列提取 Lyapunov 指数时采用 Wolf 方法[11]，计算公式为

$$\lambda_1=\frac{1}{t_M-t_0}\sum_{i=0}^{M}\ln\frac{L'_i}{L_i} \tag{6}$$

对一维系统而言，当 $\lambda_1<0$ 时，系统具有稳定的不动点；当 $\lambda_1=0$ 时，系统有周期现象；当 $\lambda_1>0$ 时，系统具有混沌性质。

## 2　混沌 Elman 神经网络模型

### 2.1　Elman 神经网络结构及原理[12]

Elman 神经网络是 J. L. Elman 于 1990 年提出来的一种典型前馈连接的局部回归网络，包括有输入层、隐含层和输出层，其各连接权值可以修正；通常称反馈连接为承接层，它是从隐含层接收反馈信号，通过连接记忆将上一时刻的隐层状态连同当前时刻的网络输入一起作为隐层的输入，其连接权值是固定的。隐层的传递函数为非线性函数，如 Sigmoid 函数；输出层和承接层则为线性函数。Elman 神经网络的结构图（见图 1）。Elman 网络的学习算法采用的是优化的梯度下降法，因为它既能提高网络的训练效率，又能有效抑制网络陷入局部极小点。其目的是用网络的输出值与样本值之间的差值来修正权值和阈值，使得网络输出层的误差平方和最小，其表达式为

$$E(\omega)=\sum_{k=1}^{n}[y_k(\omega)-\tilde{y}_k(\omega)]^2 \tag{7}$$

式中：$E(\omega)$ 为误差平方和函数；$y_k(\omega)$ 为网络的实际输出值；$\tilde{y}_k(\omega)$ 为目标输出量。

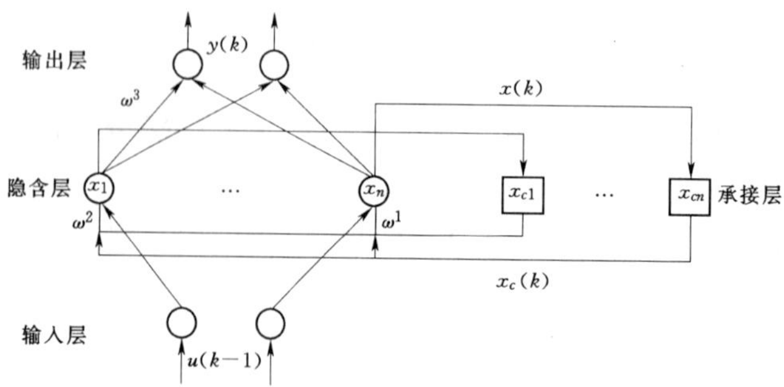


图 1　Elman 神经网络结构示意图

### 2.2 混沌 Elman 神经网络模型的结构

重构相空间之后，依据混沌时间序列的时间延迟 $\tau$ 和嵌入维数 $m$，将混沌 Elman 神经网络模型的结构确定为：$m$ 个输入层神经元，1 个输出层神经元，隐含层神经元的数目采用试凑法[13]来确定。将所有样本分为训练集和测试集两类，组织样本如式（8）所示：

$$P=\begin{bmatrix} x_1 & x_{1+\tau} & \cdots & x_{1+(m-1)\tau} \\ x_2 & x_{2+\tau} & \cdots & x_{2+(m-1)\tau} \\ \vdots & \vdots & \vdots & \vdots \\ x_{n-(m-1)\tau-1} & x_{n-(m-1)\tau} & \cdots & x_{n-1} \end{bmatrix} \quad T=\begin{bmatrix} x_{2+(m-1)\tau} \\ x_{3+(m-1)\tau} \\ \vdots \\ x_n \end{bmatrix} \tag{8}$$

式中：$P$ 是网络的输入向量；$T$ 是目标向量。

基于 Matlab7.0 中的人工神经网络工具箱，将样本数据归一化，再用函数 newelm 建立网络，表达式为

$$\text{net}=\text{newelm}(\text{minmax}(P),[S1\ S2],\{'\text{logsig}'\ '\text{purelin}'\}) \tag{9}$$

式中：minmax($P$) 为网络输入 $P$ 的范围；$S1$ 和 $S2$ 分别为隐含层和输出层的节点数；logsig 和 purelin 表示隐含层和输出层的训练函数。

设定好混沌 Elman 神经网络模型的隐含层节点数、目标误差、训练次数等参数后，接着用学习样本训练网络，当网络满足精度要求后，再用测试集对网络进行仿真，以检验该网络模型的泛化能力，以期为地下水位时间序列的预报提供精度保证。

## 3 应用实例

基于咸阳市 013 号井（秦都区沣东乡黄家寨南）2005～2009 年 5 日一次的水位观测资料，用混沌 Elman 神经网络模型对地下水位时间序列进行模拟预报。013 号井位于渭河阶地区，该区地下水埋深小于 20m，属极强富水区，区域内主要接受大气降水、灌溉水以及渭河季节性水流的侧向补给；同时以人工开采、蒸发和侧向径流的方式排泄地下水。其内在的地下水均衡因素最终表现为地下水位年内年际间的动态变化。

### 3.1 地下水位时间序列的混沌特性判定

由 C—C 算法和 G—P 算法分别计算得到时间延迟 $\tau=5$（见图 2），嵌入维数 $m=10$。当滞时 $\tau$ 确定后，$\log C_m(r)$ 与 $\log r$ 的关系曲线（见图 3）随嵌入维数 $m$ 的增加，直线段趋于平行；由关联维数 $D(m)$ 随 $m$ 的变化情况（见图 4）得知，当 $m\geqslant 10$ 时，$D(m)$ 趋于稳定，此时饱和关联维数 $D=0.7$，其值定性地说明该地下水位时间序列具有混沌特性，通过 Wolf 方法计算最大的 Lyapunov 指数，可得 $\lambda_1=0.1620>0$，这进一步说明了该地下水位时间序列具有混沌性质。

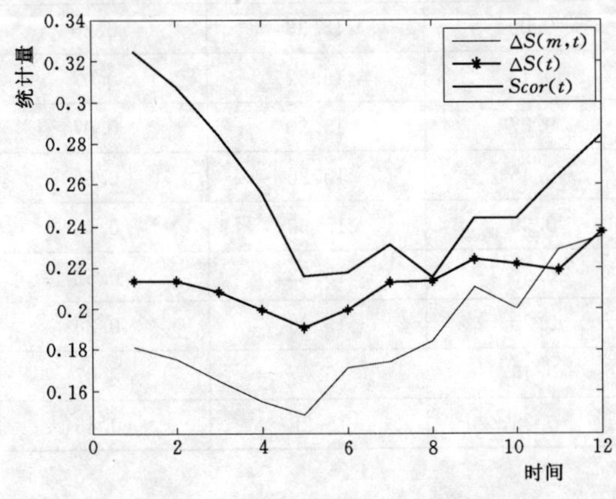


图 2 013 号井 C—C 法计算时间延迟 $\tau$

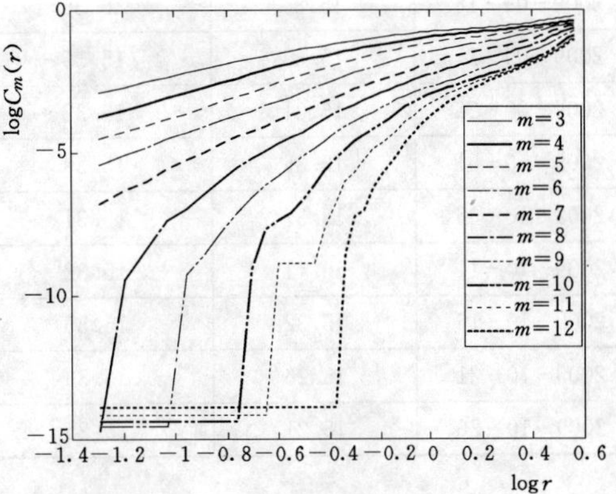


图 3 $\log C_m(r)$ 与 $\log r$ 的关系

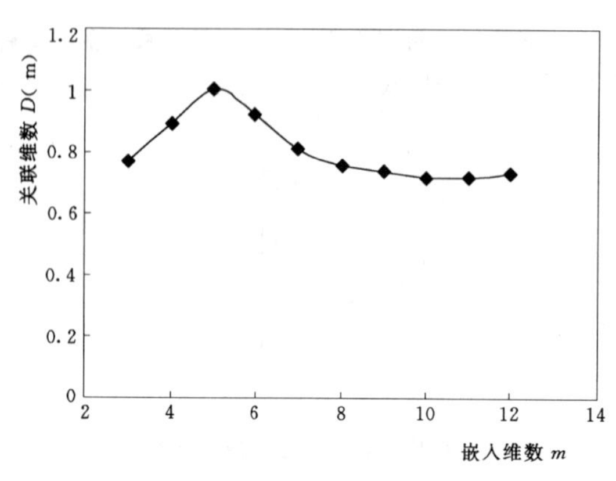


图 4　关联维数与嵌入维数的关系

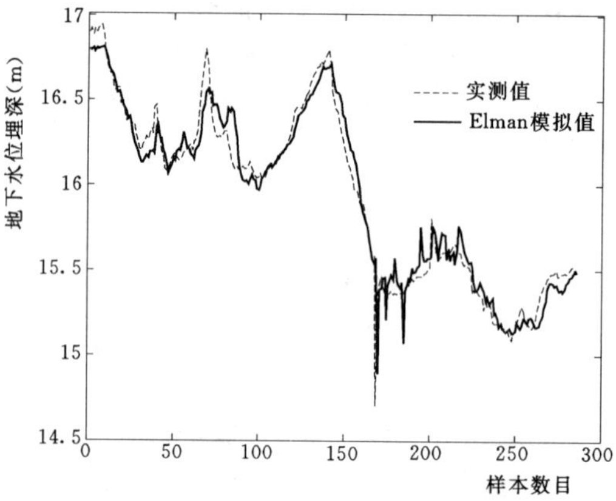

图 5　训练集实测值与模拟值的拟合曲线

**3.2　地下水位的动态预报**

对混沌时间序列进行相空间重构，可将原序列分成 314 个子序列，得到新的学习样本。以此基于 MATLAB7.0 的神经网络工具箱构建混沌 Elman 神经网络，其最终的模型结构为 10－18－1。用前 280 个样本训练网络，当误差均方和最小时，网络内部就自动获得最佳的权值和阈值，训练集实测值与模拟值的最终拟合曲线如图 5 所示；接着用后 35 个序列模拟该混沌 Elman 神经网络，并将其与 BP 网络相应的模拟结果进行对比，计算出各自的相对误差，部分结果见表 1。

**表 1　013 号井 2009 年水位埋深的混沌 Elman 神经网络模型和 BP 网络模型的模拟结果比较**

| 日期（年-月-日） | 实测值（m） | 混沌 Elman 神经网络模型 | | BP 网络模型 | |
|---|---|---|---|---|---|
| | | 模拟值（m） | 相对误差（%） | BP 模拟值（m） | 相对误差（%） |
| 2009－08－11 | 15.49 | 15.46 | 0.19 | 15.56 | 0.45 |
| 2009－08－16 | 15.48 | 15.48 | 0.00 | 15.56 | 0.52 |
| 2009－08－21 | 15.49 | 15.49 | 0.00 | 15.54 | 0.32 |
| 2009－08－26 | 15.49 | 15.49 | 0.00 | 15.53 | 0.26 |
| 2009－09－01 | 15.36 | 15.46 | 0.65 | 15.50 | 0.91 |
| 2009－09－06 | 15.34 | 15.39 | 0.33 | 15.35 | 0.07 |
| 2009－09－11 | 15.36 | 15.37 | 0.07 | 15.33 | 0.20 |
| 2009－09－16 | 15.36 | 15.36 | 0.00 | 15.33 | 0.20 |
| 2009－09－21 | 15.33 | 15.35 | 0.13 | 15.32 | 0.07 |
| 2009－09－26 | 15.31 | 15.32 | 0.07 | 15.30 | 0.07 |
| 2009－10－01 | 15.36 | 15.29 | 0.46 | 15.26 | 0.65 |
| 2009－10－06 | 15.37 | 15.31 | 0.39 | 15.30 | 0.46 |
| 2009－10－11 | 15.41 | 15.32 | 0.58 | 15.33 | 0.52 |
| 2009－10－16 | 15.32 | 15.35 | 0.20 | 15.36 | 0.26 |
| 2009－10－21 | 15.26 | 15.33 | 0.46 | 15.27 | 0.07 |
| 2009－10－26 | 15.21 | 15.25 | 0.26 | 15.28 | 0.46 |

# 4　结论

地下水系统作为一个复杂的非线性动力系统，各水均衡要素对地下水系统的影响最终表现为地下水动态的变化。本文利用咸阳市 013 号观测井地下水位埋深的单变量时间序列，不考虑与水位相关的随机因素，而直接对水位的观测数据进行分析地下水位数据的非线性混沌特性，根据时间序列计算出来的客观的混沌规律，建立了一种混沌 Elman 神经网络模型。实例模拟结果的精确性用相对误差来权衡，其中混沌 Elman 网络模型和 BP 网络模型的相对误差平均值分别为 0.24%和 0.34%。因此，混沌 Elman 神经网络模型对于地下水位的模拟具有一定的参考价值，至于最大可预报的时间长度还有待于进一步的研究。

## 参 考 文 献


[1] 章至洁，韩宝平，张月华．水文地质学基础［M］．徐州：中国矿业大学出版社，1995：122-132.

[2] 刘玉珍，王本德，姜英震．基于可变水文地质参数的地下水系统数学模型［J］．水科学进展，2009，20（3）：398-402.

[3] 陈南祥，曹连海，徐建新．地下水位预报的相空间重构神经网络模型研究［J］．西北农林科技大学学报：自然科学版，2005，12（33）：139-142.

[4] 党小超，郝占军，门健．新型 Elman 混沌神经网络的流量预测［J］．计算机工程，2011，37（3）：172-174.

[5] 陈伟韦，卢文喜，柳大伟，等．Elman 神经网络在地下水动态预测中的应用［J］．吉林大学学报：地球科学版，2006，36（增刊）.

[6] 于国荣，夏自强．混沌时间序列支持向量机模型及其在径流预测中应用［J］．水科学进展，2008，1（19）：116-122.

[7] Packabd N H，CrutchfieiD J P，Farmer J D，et al. Geometry from a time series［J］. Physics Review Letters，1980，45：712-716.

[8] Kim H S，Eykholt R，Salas J D. Nonlinear dynamics，delay times，and embedding windows［J］. Physica D，1999，127：48-60.

[9] Grassberger P，Procaccia I. Characterization of strange attractors［J］. Phys Rev Lett，1983，50（5）：346-349.

[10] 宋宇，陈家军，孙雄．地下水水位时间序列中的混沌特征［J］．水文地质工程地质，2004（1）：14-18.

[11] Wolf A，Swinney H L，Vastano J A. Determining Lyapunov Exponents from Time Series［J］. Physics，1985，16（D）：285-317.

[12] 钱家忠，吕纯，赵卫东，等．Elman 与 BP 神经网络在矿井水源判别中的应用［J］．系统工程理论与实践，2010（1）：145-150.

[13] 韩力群．人工神经网络教程［M］．北京：北京邮电大学出版社，2007：74-75.


# Application of chaotic Elman neural network model in the groundwater level dynamic forecast


Zhang Yinqin Liu Junmin

(College of Water Resources and Architectural Engineering，Northwest A&F University，Yangling Shaanxi 712100)



**Abstract** The mapping of groundwater level dynamic system and simulated forecast of its dynamic evolution characteristics are presented in this study by means of associating chaos theory and Elman neural network through the phase space reconstruction. Delay time and embedding dimension were calculated employing C—C and G—P algorithm respectively to determine correlation dimension. The largest Lyapunov index has also been calculated by Wolf method to identify chaos characteristics of groundwater depth of well 013 in Xianyang city. Chaos Elman neural network model which is used to forecasting groundwater level regime has been built. The simulated water table depth of well 013 indicates that chaos Elman neural network model has good generalization ability as the relative error is between 0% and 0.65%. Compared with BP network (relative error is from 0.07% to 0.91%)，chaos Elman neural network model has a higher simulation accuracy，which can provide references for groundwater level regime forecast .



**Key words** groundwater；chaos；Elman neural network；water level forecast

# 基于集对分析的秩次预测模型在地下水位预测中的应用*

吕玉娟　刘俊民

（西北农林科技大学水利与建筑工程学院　陕西杨凌　712100）

**摘　要**　本文介绍了秩次集对分析预测模型（R-SPA）的原理，通过具体实例预测了地下水位的变化，通过与GM（1，1）模型的预测结果进行对比。若以相对误差 $e \leqslant 10\%$ 合格为标准，秩次集对分析模型的预测合格率达到100%，而GM（1，1）模型预测合格率仅为50%，表明R-SPA模型在预测地下水位时具有较好的精度，是一种行之有效的方法。

**关键词**　秩次；集对分析；地下水位；预测

地下水动态是在年降水量、外部环境补给水资源量、人工开采、地形地貌、地质结构、岩性等自然和人为因素的综合作用下，处于不停变化之中[1,2]。地下水系统动态变化具有随机性，除了包括已知信息外，还包含未知信息，这种不确定性，模糊性，决定了地下水位埋深的变化过程需要综合考虑各种不确定性，用综合的不确定度来刻画研究对象。地下水位预测可指导人们合理开发利用地下水资源，在满足人们需水要求的同时，不破坏地下水环境，为当地地区的社会经济可持续发展提供科学依据。

目前，常用地下水动态预测方法很多，包括相关分析法，灰色系统理论的GM（1，1）预测方法[3]，人工神经网络BP模型预测[4]，组合预测法[5]等。上述方法虽广泛运用，但仍有待改进和创新。近30年来，我国兴起的集对分析（set pair analysis，SPA）新技术，该方法已被广泛应用于地下水水质评价[6]，年径流状态预测[7]，区域水资源承载能力评价[8]等。基于秩次集对分析（R-SPA）方法由欧源等[11]人首次提出，并应用于年径流的预测进行了检验。本文应用水文时间序列的秩次集对分析对地下水水位埋深进行预测，并与GM（1，1）模型预测结果进行对比，说明其在地下水埋深预测中应用的可行性。

## 1　集对分析基本原理[9-11]

集对分析（set pair analysis，SPA）是一种用联系度统一处理模糊、随机、中介和信息不完全所致不确定性的系统理论和方法。所谓集对，是指有一定联系的2个集合组成的对子。具体分析中，把2个集合的确定性和不确定性分为“同一”、“对立”和“差异”3方面，然后从既确定又不确定的同、异、反3方面来分析事物及其系统。通过综合的不确定定度——联系度来描述上述特性，具体的数学表达式为

$$\mu=\frac{S}{N}+\frac{F}{N}i+\frac{P}{N}j=a+bi+cj \tag{1}$$

式中：$\mu$ 为联系度；$N$ 为所讨论的集合特性总数；$S$ 为同一性的个数；$F$ 为差异性的个数；$P$ 为对立性的个数，且 $N=S+F+P$；$i$ 为差异不确定系数，在 $[-1，1]$ 中取值，有时仅起差异标记作用；$j$ 为对立系数，在计算中 $j=-1$，有时仅起对立标记作用。$a(S/N)$、$b(F/N)$ 和 $c(P/N)$ 分别称为同一度、差异度和对立度，且 $a+b+c=1$。

由式（1）可知，当 $i=1$ 时，差异度转化为同一度；当 $i=-1$ 时，则转化为对立度，体现了同一度、差异度和对立度3者相互联系、相互影响和制约，并且在一定条件下可以相互转化。

## 2　基于秩次集对分析的地下水位埋深预测模型（R-SPA）[11,12]

根据事物发展的自身规律，存在事物未来的状态与历史具有相似性的特征，因此可以用已知的历史状态

* 基金项目：国家科技支撑计划项目（2006BAD11B05）；国家自然科学基金项目（50879071）。

第一作者简介：吕玉娟（1987—　），女（汉族），山东滨州人，硕士研究生，研究方向为水文学与水资源方面。

类推未来发展的情况。秩次集对（R-SPA）预测模型就是运用了这种相似预测的原理。地下水位的变化虽然受各方面因素的影响，但是具备应用此模型进行预测的条件，故以近几十年的地下水埋深的资料对秩次集对模型的预测效果进行检验。

设已知地下水位的时间序列 $x_1$，$x_2$，…，$x_n$，且某年地下水位 $xi$ 与前 $m$ 年水位值 $x_{t-1}$，$x_{t-2}$，…，$x_{t-m}$ 存在相依性。将时间序列滑动生成容量为 $m$ 的地下水位埋深集合，分别记为 $B_1$，$B_2$，…，$B_{n-m}$，称为历史集合；每个历史集合 $B_i(i=1, 2, \cdots, n-m)$ 对应着 $x_{m+i}$，称 $x_{m+i}$ 为后续值，如表1所示。已知当前集合 $B_{n+1}=(x_{n-m+1}, x_{n-m+2}, \cdots, x_n)$，其后续值 $x_{n+1}$ 可这样预测：在历史集合 $B_i$（$i=1, 2, \cdots, n-m$）中寻找与集合 $B$ 相似的集合[1] $B_k$，$B_k$ 的后续值 $x_{m+k}$，即作为 $x_{n+1}$ 的预测值。如果存在若干相似集合，可将其后续值的加权平均作为 $x_{n+1}$ 的预测值。在历史集合中确定 $B_{n+1}$ 的相似集合是应用此模型进行预测的关键。时间序列构成的集合见表1。

**表1　　时间序列构成的集合表**

| 历史集合 | 集合的元素 | | | | | 后续值 |
|---|---|---|---|---|---|---|
| $B_1$ | $X_1$ | $X_2$ | $X_3$ | … | $X_m$ | $X_{m+1}$ |
| $B_2$ | $X_2$ | $X_3$ | $X_4$ | … | $X_{m+1}$ | $X_{m+2}$ |
| $B_3$ | $X_3$ | $X_4$ | $X_5$ | … | $X_{m+2}$ | $X_{m+3}$ |
| ⋮ | ⋮ | ⋮ | ⋮ | … | ⋮ | ⋮ |
| $B_{n-m}$ | $X_{n-m}$ | $X_{n-m+1}$ | $X_{n-m+2}$ | … | $X_{n-1}$ | $X_n$ |
| $B_{n+1}$ | $X_{n-m+1}$ | $X_{n-m+2}$ | $X_{n-m+3}$ | … | $X_n$ | $X_{n+1}$ |

秩次是元素在集合中相对的大小位次，一个时间序列的秩次反映其变化过程。首先对集合 $B_1$，$B_2$，…，$B_{n-m}$ 和 $B_{n+1}$ 做秩次变换，得秩次集合 $B'_1$，$B'_2$，…，$B'_{n-m}$ 和 $B'_{n+1}$，再将 $B'_1$，$B'_2$，…，$B'_{n-m}$ 分别与 $B'_{n+1}$ 构成集对 $H(B'_i, B'_{n+1})$（$i=1, 2, \cdots, n-m$），这里称为秩次集对。对秩次集对 $H(B'_i, B'_{n+1})$ 作同一性、差异性和对立性处理，得到各集对的联系度 $\mu_{B'_i \sim B'_{n+1}}$。最后通过联系度或联系数最大原则确立出 $B'_{n+1}$ 的相似集合 $B'_k$，也就是 $B_{n+1}$ 的相似集合 $B_k$。$B_k$ 的后续值 $X_{m+k}$ 即作为 $X_{n+1}$ 的预测值。当然也可以选择若干个相似集合，其后续值的加权平均作为 $X_{n+1}$ 的预测值。这就是秩次集对预测模型的基本原理，其建立过程有如下4个步骤：

(1) 构造集合 $B_1$，$B_2$，…，$B_{n-m}$ 和 $B_{n+1}$ 及其对应的后续值 $X_{m+1}$，$X_{m+2}$，…，$X_n$，$X_{n+1}$. $m$ 取值4～6较合适。

(2) 对集对 $B_1$，$B_2$，…，$B_{n-m}$，$B_{n+1}$ 作秩变换，即将集合中的元素按从小到大次序编上秩次1，2，…，$m$；若有多个相同的，则编以平均秩次并四舍五入。编秩后得秩次集合 $B'_1$，$B'_2$，…，$B'_{n-m}$，$B'_{n+1}$。

(3) $B'_{n+1}$ 集合分别与 $n-m$ 个 $B'_i$ 集合构成 $n-m$ 个秩次集对 $H(B'_i, B'_{n+1})$（$i=1, 2, \cdots, n-m$）。将集合 $B'_i$ 元素逐一与集合 $B'_{n+1}$ 的对应元素作差，其差值的绝对值记为 $d$。若 $d=0$ 时判为“同”；$d>m-2$ 时判为“反”；$0<d<=m-2$ 时判为“异”。统计各集对同、异、反的个数，计算各秩次集对的联系度 $\mu_{B'_i \sim B'_{n+1}}$。

(4) 给定 $J$ 和 $I$ 的取值，得到各秩次集对的联系数 $\mu'_{B'_i \sim B'_{n+1}}$。根据联系数最大原则，选择 $B'_{n+1}$ 的相似集合 $B'_k$。相似集合视情况可取一个或多个。$B'_k$ 与 $B_k$ 是一一对应的，$B_k$ 的后续值为 $X_{m+k}$。利用式（2）计算 $X_{n+1}$ 的预测值 $\hat{x}_{n+1}$：

$$\hat{x}_{n+1} = \frac{1}{K}\sum_{k=k_1}^{k_K} w_k x_{m+k} \tag{2}$$

式中：$w_k$ 为 $B_{n+1}$ 集合的平均值与 $B_k$ 集合的平均值的比值；$k$ 为相似集合的个数。

## 3　地下水水位预测

本文利用咸阳市第034号监测井1983～2003年地下水位实测序列值（表2），利用R-SPA对序列2000～2003年的地下水位埋深进行预测。为充分利用信息，每次只预测1年。经分析这里取 $m=6$。

表 2　　**咸阳市 034 号井地下水位实测值**

| 年份 | 地下水埋深（m） | 年份 | 地下水埋深（m） | 年份 | 地下水埋深（m） |
|---|---|---|---|---|---|
| 1983 | 3.84 | 1990 | 5.34 | 2001 | 7.11 |
| 1984 | 3.41 | 1991 | 5.71 | 2002 | 7.05 |
| 1985 | 3.71 | 1992 | 5.61 | 2003 | 6.29 |
| 1986 | 3.88 | 1993 | 5.54 | 1997 | 5.61 |
| 1987 | 4.51 | 1994 | 5.84 | 1998 | 6.09 |
| 1988 | 5.07 | 1995 | 5.43 | 1999 | 6.19 |
| 1989 | 5.08 | 1996 | 5.47 | 2000 | 6.65 |

根据以上秩次集对分析预测模型，现对 2001 年的地下水位进行预测。用 1983～2000 年的地下水埋深构建集合 12 个历史集合 $B_1$，$B_2$，…，$B_{12}$ 和一个当前集合 $B_{19}$。分别对以上 13 个集合做秩变换，得相应的 13 个秩次集合 $B_i'(i=1, 2, \cdots, 12)$ 和 $B_{19}'$，将 $B_{19}'$ 与 $B_i'(i=1, 2, \cdots, 12)$ 构成 13 个秩次集对，再分别计算联系数。将 $B_{19}'$ 的元素依次与 $B_i'(i=1, 2, \cdots, 12)$ 对应的元素作差的绝对值，根据步骤 2 的原则，统计得“同”“异”“反”的个数，再根据式（1）计算出集对 $H(B_i', B_{19}')$ 的联系度 $\mu_{B_i'\sim B_{19}}$，在集对分析法中，认为“同”的情况使两集合相似，“异”的情况无法确定两集合是否相似，“反”的情况使两集合不相似，因此在计算联系数时取 $I=0$，$J=-1$。根据计算的联系数（假定联系数>=0.5 的集合为相似集合）可确定 $B_{19}$ 的相似集合，见表 3、表 4。

表 3　　**$B_{19}$ 的相似集合**

| 集合 | 集合的元素 | | | | | | 平均值 | 后续值 |
|---|---|---|---|---|---|---|---|---|
| $B_1$ | 3.84 | 3.41 | 3.71 | 3.88 | 4.51 | 5.07 | 4.07 | 5.08 |
| $B_2$ | 3.41 | 3.71 | 3.88 | 4.51 | 5.07 | 5.08 | 4.28 | 5.34 |
| $B_3$ | 3.71 | 3.88 | 4.51 | 5.07 | 5.08 | 5.34 | 4.60 | 5.71 |
| $B_4$ | 3.88 | 4.51 | 5.07 | 5.08 | 5.34 | 5.71 | 4.93 | 5.61 |
| $B_5$ | 4.51 | 5.07 | 5.08 | 5.34 | 5.71 | 5.61 | 5.22 | 5.54 |
| $B_6$ | 5.07 | 5.08 | 5.34 | 5.71 | 5.61 | 5.54 | 5.39 | 5.84 |
| $B_7$ | 5.08 | 5.34 | 5.71 | 5.61 | 5.54 | 5.84 | 5.52 | 5.43 |
| $B_{19}$ | 5.43 | 5.47 | 5.61 | 6.09 | 6.19 | 6.65 | | |

表 4　　**$B_{19}'$ 相似集合的秩次**

| 秩次集合 | 秩次 | | | | | | 同的个数 | 异的个数 |
|---|---|---|---|---|---|---|---|---|
| $B_1'$ | 2 | 1 | 3 | 4 | 5 | 6 | 4 | 2 |
| $B_2'$ | 1 | 2 | 3 | 4 | 5 | 6 | 6 | 0 |
| $B_3'$ | 1 | 2 | 3 | 4 | 5 | 6 | 6 | 0 |
| $B_4'$ | 1 | 2 | 3 | 4 | 5 | 6 | 6 | 0 |
| $B_5'$ | 1 | 2 | 3 | 4 | 6 | 5 | 4 | 2 |
| $B_6'$ | 1 | 2 | 3 | 6 | 5 | 4 | 4 | 2 |
| $B_7'$ | 1 | 2 | 5 | 4 | 3 | 6 | 4 | 2 |
| $B_{19}'$ | 1 | 2 | 3 | 4 | 5 | 6 | | |

由表 3 可知，$K=7$，根据式（2）可以计算得到 2001 年的地下水埋深预测值为 6.76。由实测值可计算出预测相对误差 $e=5\%$。类似地，用 RSPA 模型对 2000 年，2002～2003 年的地下水位埋深进行预测检验，结果见表 5。

表5 秩次集对预测模型和GM（1，1）的预测结果比较

| 序列 | 实测值（m） | R-SPA模型 | | GM（1，1）模型 | |
|---|---|---|---|---|---|
| | | 预测值（m） | 相对误差（%） | 预测值（m） | 相对误差（%） |
| 2000年 | 6.65 | 7.21 | 8 | 6.02 | 9 |
| 2001年 | 7.11 | 6.76 | 5 | 6.33 | 11 |
| 2002年 | 7.05 | 7.12 | 1 | 6.87 | 3 |
| 2003年 | 6.29 | 6.54 | 4 | 7.24 | 15 |

为了验证R-SPA模型的预测效果，这里运用GM（1，1）模型[13]进行对比。根据已知数据资料，建立$n=11$的GM（1，1）模型，对地下水位进行预测。两种模型的检验结果见表4。如果以相对误差$e\leqslant 10\%$合格为标准，在可预测的情况下，R-SPA模型相对误差都在10%以内，预测合格率达到100%，而GM（1，1）模型的预测合格率仅为50%。从预测结果来看，R-SPA模型预测精度较高。从原理方面来看，R-SPA模型原理简单明了，计算方便快捷，是一种简便的行之有效的地下水位预测方法。

## 4 分析与讨论

（1）本文通过引进秩次集对分析法对地下水位进行预测结果表明，R-SPA模型在预测地下水位是具有较高的精确度，但是此模型需要大量的历史数据资料去构建集合，进而从中寻找相似集合。在计算过程中，可能有无法预测的情况出现，因此，对联系度中$i$，$j$的合理取值需要进一步探索，使其更好地确定相似集合。

（2）因地下水位在某些地方受人类活动影响较大，而R-SPA模型未能充分反映这一影响因素。因此在选择观测井时要尽可能选择受人类活动影响较小的观测井。

（3）总体来说，R-SPA模型在预测地下水位时，表现出它独特的计算简单方便的特点，克服了很多人们主观判断对结果的影响，但是要使其更好的应用于该领域还需进一步研究改进。

## 参 考 文 献

[1] 段东平，薛科社．西安地下水位埋深变化分析及预测［J］．地下水，2009，31（141）：10-12.

[2] 苏英，徐双乾．咸阳市地下水位动态变化特征［J］．安徽农业科学，2007，35（36）：11916-11917，11920.

[3] 苏英，陈玲侠．咸阳城区地下水位动态分析及预测［J］．干旱地区农业研究，2005，23（6）：179-183.

[4] 姜波，罗丽燕．人工神经网络模型在枯季地下水位预测中的应用［J］．吉林水利，2010（9）：1-4.

[5] 刘海波，苏炳凯，项静恬．最优加权组合预测方法在气候预测中的应用研究［J］．1999，25（11）：1-9.

[6] 邱林，唐红强，陈海涛，等．集对分析法在地下水水质评价中的应用［J］．节水灌溉，2007（1）：13-15.

[7] 王红芳，丁晶，王文圣，等．基于集对原理的年径流状态预测［C］．//第六次水论坛会议论文集［M］．北京：中国水利水电出版社，2008：954-959.

[8] 万星，丁晶，张晓丽．区域地下水资源承载能力综合评价的集对分析［J］．城市环境与城市生态，2006，19（2）：8-10.

[9] 赵克勤．集对分析及其初步应用［M］．杭州：浙江科学技术出版社，2007.

[10] 李培月，吴健华．熵权集对分析法在地下水水质评价中的应用［J］．宁夏工程技术，2010，9（1）：64-67.

[11] 欧源，张琼，王文圣，等．基于秩次集对分析的年径流预测模型［J］．人民长江，2009，40（3）：63-65.

[12] 王文圣，李跃清，金菊良，等．水文水资源集对分析［M］．北京：科学出版社，2010.

[13] 白静，刘俊民．基于GM（1，1）模型的兴平市地下水动态预测［J］．人民黄河，2010，32（6）：79，81.

# Application of rank-set pair analysis model in predicting groundwater table

Lyu Yujuan Liu Junmin

(College of Water Resources and Architectural Engineering, Northwest A&F University, Yangling Shanxi 712100)

**Abstract** This paper introduces the the principle of rank-set pair analysis (R-SPA) prediction model. The groundwater table has been forecasted using R-SPA, the result has also been compared with corresponding GM (1, 1) model in the present study. The predicted yield of R-SPA model reaches 100% while GM (1, 1) model counterpart is only 50% if relative error standard is less than10%, which indicates R-SPA model is not only high precision, but also has good prediction effect. It can be regarded as an effective technique in the groundwater table forecasting.

**Key words**　rank; set pair analysis (R-SPA); groundwater table; prediction

# 白洋淀流域气象要素和人类取用水变化过程分析*

吕彩霞　牛存稳　贾仰文

（中国水利水电科学研究院　北京　100038）

**摘　要**　白洋淀是华北地区最大的淡水湖泊，但是近年来频繁出现干淀问题，正确分析其主要原因为制定白洋淀入淀水量保障措施具有至关重要的意义。采用 Mann—kendall 方法对白洋淀历史降水、气温及农业、工业生活用水量的变化过程分析。结果显示流域内山区与平原区降雨量均呈现减小趋势，且山区的降水衰减程度大于平原区降水；流域内 1980 年以后气温呈现增加趋势；用水方面，除农业用地表水在 20 世纪 90 年代后呈减少趋势，其他用水均为持续显著增加趋势，其中农业用地下水占据所有用水比例较大。上述结果表明，降水不断减少、气温持续升高以及人类活动强度的逐步加大是造成白洋淀入淀水量减少的主要原因。

**关键字**　白洋淀流域；降水；气温；人类用水；历史变化

## 1　引言

白洋淀作为华北平原最大的草型淡水湖泊，通过物质与能量的传输过程，调节区域气候，对维持区域生态环境质量有不可替代的作用。然而近年来持续出现干淀现象，即使利用流域内补水或者紧急流域外调水措施，当地的生态系统仍然面对愈加脆弱的危险。因此，结合水文资料分析白洋淀地区的水文变化情况及人类活动影响，对制定当地生态问题应对措施具有实际意义。

## 2　白洋淀概况

白洋淀地处华北平原中部，位于东经 115°38′～116°07′，北纬 38°43′～39°02′之间。20 世纪 90 年代以来，白洋淀水位维持在 7.5m 左右，水面面积约为 100km²。白洋淀地区属温带大陆季风气候，四季分明，雨热同期。白洋淀属海河流域大清河水系，上游潴龙河、孝义河、唐河、府河、漕河、瀑河、清水河、萍河和白沟引河等河流注入，史称“九河入梢”，并在白洋淀东部赵北口汇入海河最终流入渤海。行政区隶属北京市、山西省、河北省，其中河北省辖区面积最大。

## 3　白洋淀流域气象要素与用水量变化趋势分析

### 3.1　研究方法

Mann-Kendall 秩次相关检验（以下简称 MK 检验）是一种非参数统计检验方法。其优点是样本不需要遵循一定的分布，也不受少数异常值的干扰，计算简便[1]。

对长度为 $n$ 的水文系列 $Xi$，统计 $Xi>Xj(j=1, 2, \cdots, i)$ 的个数 $Sk(k=2, \cdots, n)$。水文要素值之间相互独立且有连续分布，则 $Sk$ 的数学期望值 $E(K_k)$ 和偏差值 $V(S_k)$ 可如下计算：

$$E(S_k)=n(n-1)/4 \tag{1}$$

$$V(S_k)=n(n-1)(2n+5)/72 \tag{2}$$

则有统计量 $UF_k$：

$$UF_k=\frac{[S_k-E(S_k)]}{\sqrt{V(S_k)}},k=1,2,\cdots,n \tag{3}$$

可以作为水文序列趋势性大小衡量的标度，当给定显著水平 $\alpha$ 后，可在正态分布表中查得临界值 $UF_{\alpha/2}$，

* 资金项目：国家水体污染控制与治理科技重大专项（2008ZX07209－009－4），国家自然科学基金项目（50939006，51021006），国家重点基础研究发展计划项目（2006CB403404），中国水科院科研专项（资集 KF0701），水利部公益性行业专项（2008332012）。

第一作者简介：吕彩霞（1988—　），女，河南安阳人，硕士研究生，研究方向为流域水循环模拟与调控。E－mail：caixiafile@yahoo.cn

当$|UF_k|>|UF_{a/2}|$时，序列的趋势性显著。且$|UF_k|$越大，则在一定程度上可以说明序列的趋势性变化越显著。

### 3.2 气象要素变化过程分析

本次分析的气象要素为降水、气温，时间序列为1956～2000年。趋势分析的显著性水平选取0.05，即Mann-Kendall统计量临界值为±1.96。

本文收集了白洋淀流域内的280个雨量站1956～2000年的雨量资料，及保定气象站的同期气象资料。通过时间序列上的差补延长，以及流域上的展布[2]，得到了白洋淀流域1956～2000年的降水及气象要素的序列。

#### 3.2.1 降水变化过程分析

降水作为重要的地表水资源来源，对白洋淀流域分山区和平原区进行其变化过程分析，有助于了解流域内水资源情势变化的主要原因。河北省多年平均降水量为531.7mm[2]，降水地区分布不均，山区降水多于平原，以太行山区迎风坡紫荆关—水口—阜平一线最大，为华北著名的一个暴雨中心，暴雨中心与太行山脉走向近于平行，多年平均降水量约650～750mm[3]。

对降水的历史序列MK检验统计量进行计算，可得白洋淀流域的山区降水和平原区降水MK检验统计量变化过程如图1所示。整个流域除了平原区在1964年降水为略微增加，其他年份均呈现逐渐减少的趋势。以1956～1959年间的平均降水量（山区为777.2mm，平原区为628.3mm）为基准，20世纪60年代平原区、山区平均降水量分别减少了12.6%和22.0%。此后20世纪70年代、80年代山区与平原区的降水量在20世纪60年代的基础上继续衰减，至20世纪90年代各区降水量略有增加，山区与平原区平均降水量分别比20世纪80年代增加了4.8%和13.8%。且从1959年开始，山区降水的衰减程度要大于平原区，如20世纪70年代、80年代山区平均降水量相对于1956～1959年间平均降水量分别减少了26.4%、32.7%，而同期平原区平均降水量的衰减程度为18.9%、27.2%。流域山区部分从1972年开始出现降水统计量小于显著性水平0.05时的统计量临界值−1.96，即降水量出现显著减小，实际上该年的降水量只有332.8mm，约为20世纪70年代山区平均降水量的58.1%，处于枯水年份。山区部分降水在1984～1987年更是连续显著性减少，这几年间的平均降水量只有482.8mm。相比山区降水量的变化过程，平原区降水呈减少趋势，但是趋势性并没有达到显著级别，因此不如山区降水量变化剧烈。

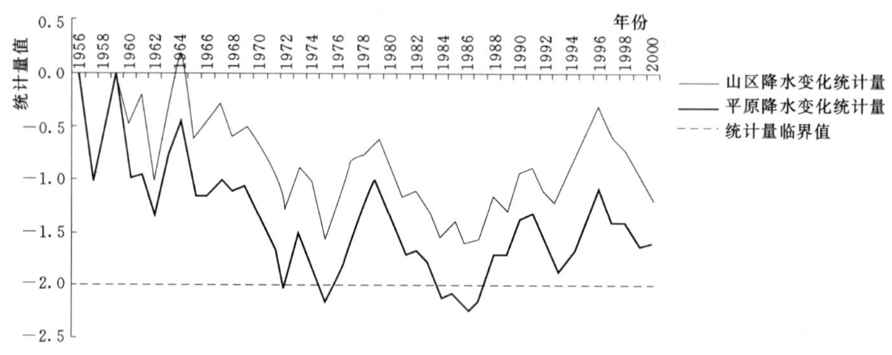


图1　白洋淀流域1956～2000年山区降水与平原区降水变化过程分析

#### 3.2.2 气温变化过程分析

白洋淀流域的气温在1956～1980年之间波动变化，1961～1963年为流域气温显著增加的一个时间段，流域内气温MK检验统计量变化过程见图2。1964年以后增加趋势逐渐减小，1970～1974年之间甚至出现降低的趋势。但是1980年以后，流域气温持续升高。1991年以后流域的气温增加趋势超过显著性0.05水平的趋势线，流域气温开始呈现显著且持续的增加。实际上，流域内20世纪90年代间平均温度相比20世纪80年代升高了0.6℃，相比其他年代10年间变化幅度最大。

### 3.3 人类用水量变化过程分析

收集全国水资源综合规划（水利部，2010）中白洋淀流域内1956～2005年间的历史用水数据，并根据同期工业产值的情况，进行时间尺度上的延长得到1956～2005年间的用水过程。将人类用水量分农业和工

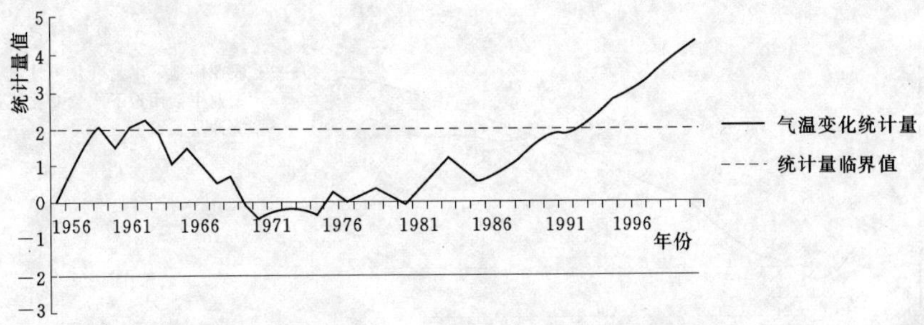


图2 白洋淀流域1956～2000年气温变化过程分析

业生活两大部门进行考虑，分别对其用水量的变化过程进行分析。其时间序列为1956～2005年。

对白洋淀流域内的农业及工业用地表水量和地下水量历史过程进行MK检验计算，白洋淀流域的农业用地表水量和工业生活用地表水量变化情况见图3。MK检验趋势分析的显著性水平选取0.05，即Mann-Kendall统计量临界值为±1.96。

### 3.3.1 人类用地表水量变化过程分析

白洋淀流域内农业用地表水在1961～1964年间表现显著降低的趋势，这几年间的农业地表用水量较1060年前减少了13%。但是1966年以后，农业用地表水开始呈增加趋势，至1970年以后增加趋势显著，20世纪70年代流域平均年农业用地表水量比20世纪60年代增加了29%，但是20世纪80年代流域年均农业用地表水量比20世纪70年代减少了26.7%，之后流域农业用地表水量持续处于减少趋势。同时期工业生活用水一直处于显著增加的状态，且自1968年以后工业生活用水量保持持续显著增加的趋势。20世纪60年代流域内工业生活年均用地表水量比1960年以前平均增加了56.3%，之后工业生活用地表水量持续增加，但是增速逐渐放缓。至2005年，流域内年工业生活用地表水达3.03亿$m^3$。1985年开始流域农业用地表水量增加趋势开始放缓，1990年以后农业用地表水量呈现降低趋势，至1995年以后农业用地表水量开始显著降低。但是，同时期工业生活用水量保持显著的增加趋势。

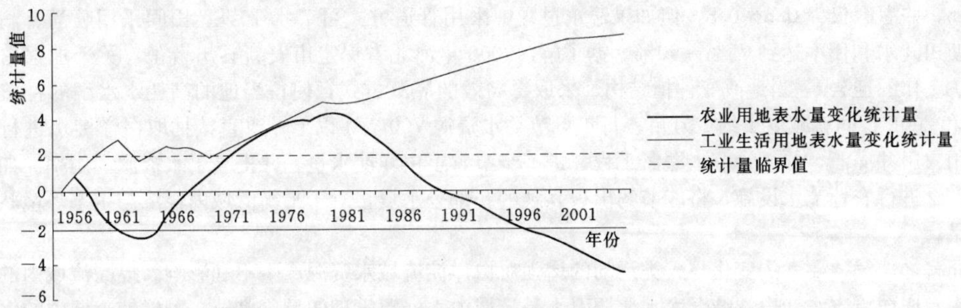


图3 白洋淀流域1956～2005年农业与工业生活取用地表水量变化过程

### 3.3.2 人类用地下水量变化过程分析

白洋淀流域内农业和工业生活用地下水量的变化过程与其用地表水量的变化过程不同，见图4。农业用地下水量1956年以来为持续增加的趋势，1958年以后一直保持显著增加的趋势，甚至20世纪70年代与20世纪80年代10年间的用水量增速均在260%以上。20世纪90年代以后耕地面积逐渐稳定，但是农业对地表水的利用逐渐减少及农业产量的逐渐提高使得农业对地下水的依赖越来越强，于是之后农业用地下水量一直呈现增加的趋势。1970年之前的工业生活用水呈现增加趋势，但是趋势性波动变化。1970年以后，工业发展水平与人民生活水平的提高促使工业生活用水开始呈现强劲的增加态势，1987年以后增加趋势甚至超过农业用地下水量的增加趋势。20世纪80年代流域内工业生活用地下水较20世纪70年代增加了100%，同期农业用地下水的增长率为43.3%。20世纪90年代工业发展迅速及生活用水的增加，使得10年间用水量增加了36%，而同期农业用地下水的增加率只有0.7%。至2005年，流域内工业生活用地下水量为7.98亿$m^3$，农业用地下水量达27.5亿$m^3$，流域内农业用水依旧占有重要比例。

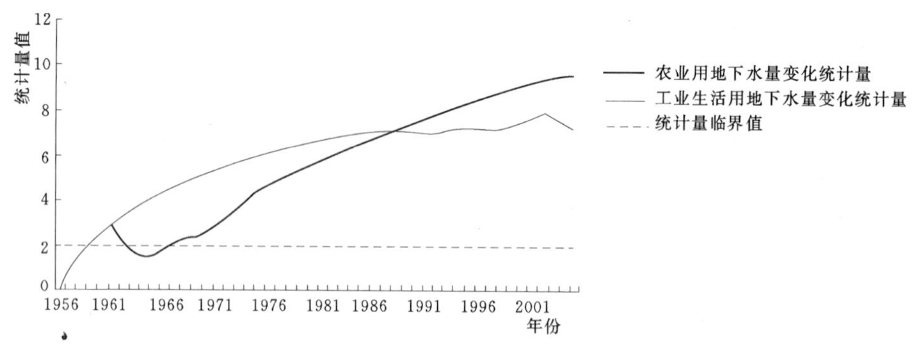


图 4　白洋淀流域 1956～2005 年农业与工业生活取用地下水量变化过程

## 4　结果分析

由气象要素与人类用水的历史过程分析，降水的逐渐减少、气温的逐渐升高对地区地表水资源的更新补给带来不利影响。同时，农业、工业的发展及人类生活水平的提高都对水资源提出更高的需求，这由持续显著增加的农业与工业生活用水量可以看出。人类对流域内的水资源开发强度在持续增大，尤其是对地下水的过度使用，以及由此产生一系列地下水位下降严重，土壤盐碱化等环境问题，这些都对白洋淀入淀水量带来不利影响，会使本就无水入淀的状况更加严重。

南水北调水资源的引入对白洋淀地区的生态与经济发展具有重要意思。虽然白洋淀经过近几年来的多次补水（引王济淀、引岳济淀以及引黄济淀等），但是缺乏流域水资源利用冲突协调和向淀区补水的长效补水机制，随时有干淀威胁，生态环境退化极为严重。因此及时引入外调水是十分必要的，南水北调通水后会一定程度上缓解白洋淀地区的用水压力，进而能够置转出部分水入白洋淀，维持白洋淀地区的生态平衡。

深入挖掘本流域内的节水潜力可以有效缓解本地的水资源紧缺压力。农业作为平原地区的用水大户，广泛引入高水平的节水设施能节约出相当一部分水量。据相关研究，当前地面水灌区的灌溉有效利用系数只有 0.4～0.5，井灌区仅为 0.6～0.8，但如果输水过程中采用管道方式可节水 10%，田间采用喷灌、滴灌等技术可以使田间水利用率达到 75%～90%。据了解，2006 年河北省保定市安新县出台了《关于加强白洋淀水资源保护工作的通告》，当地改变种植结构、采取更高效的灌溉方式，使得当地的高耗水水稻的种植面积在 2007 年和 2008 年间就减少了约 1 万亩，每年可节约水资源 700 万 t 以上；改直接抽取白洋淀水进行漫灌式灌溉为用农田井灌溉，并结合节水灌溉工程，进一步节省了白洋淀水量，并提高了水资源利用率。如果全流域内能广泛进行农业节水设施，将能节约出很客观的一部分水量，对于平衡流域内经济与生态环境状况具有重要意义。

总而言之，气象要素的变化与人类活动的增强对白洋淀流域水资源产生不利影响。提高流域内的水资源利用效率、增加单方水产出并结合南水北调引水是流域内水资源管理的重要措施。可以使流域内的水资源利用高效化，并且能尽快地使白洋淀恢复其良好的生态状况又不损害当地经济的发展。

## 参 考 文 献

[1]　刘越，程伍群，尹健梅，等．白洋淀湿地生态水位及生态补水方案分析 [J]．河北农业大学学报，2010，33 (2)：107-109.

[2]　周祖昊，贾仰文，王浩，等．大尺度流域基于站点的降雨时空展布 [J]．水文，2006，26 (1)：6-12.

[3]　李英华，崔保山，杨志峰．白洋淀水文特征变化对湿地生态环境的影响 [J]．自然资源学报，2004，19 (1)：62-68.

[4]　海委 GEF 项目办．海委遥感 ET 公布信息，2009.

[5]　宋中海．白洋淀流域水文特性分析 [J]，河北水利，2005 (9)：10-11.

[6]　王磊，刘增富．“引黄济淀”输水重点枢纽的调控 [J]，河北水利，2009，(3)：25-27.

[7]　刘立华，程伍群，刘春光．白洋淀当前水量供需状况的研究 [J]，南水北调与水利科技，2005，3 (3)：22-23.

[8]　刘克岩，张橹，等．人类活动对华北白洋淀流域径流影响的识别研究 [J]，水文，2007，27 (6)：6-10.

[9]　河北省水利厅建设管理处．“引黄济淀”顺利实施“华北明珠”重现光彩 [J]．河北水利，2008.(7)．

[10] 王朝华，吕丹彤．引岳济淀对白洋淀水环境影响分析［J］，海河水利，2005（2）：12－14.
[11] 刘文具，赵小花．白洋淀流域节水农业与水资源可持续利用对策［J］，海河水利，2007（6）：12－14.
[12] 阎新兴，张素珍，李素丽，等．白洋淀水资源综合承载力最佳水位研究［J］．南水北调与水利科技，2009，7（3）：1672－1683.
[13] 刘春兰，谢高地，肖玉．气候变化对白洋淀湿地的影响［J］．长江流域资源与环境，2007，16（2）：245－250.
[14] 马寨璞，赵建华，康现江，等．白洋淀水循环特点及其对生态环境的影响［J］．海洋与湖泊，2007，38（5）：405－410.
[15] 尹健梅，程伍群，严磊，等．白洋淀湿地水文水资源变化过程分析［J］．水资源保护，2009，25（1）：52－54.
[16] 杨春霄．白洋淀入淀水量变化及影响因素分析［J］．地下水，2010，32（2）：110－113.

# The Meteorological Elements and Water Usage Amount Change Process Analysis of the Baiyangdian Lake Basin

Lyu caixia　Niu Cunwen　Jia Yangwen

(China Institute of Water Resourses and Hydropower Research, Beijing 100038)

**Abstract**　The Naiyangdian Lake is the largest freshwater lake. However, recent years, the water level of the lake got down to very low frequently. To get the vital reason can help finding methods to maintain the lake in proper condition. The Mann-kendall formula is used to analysis Change trend of meteorological elements and water usage amount of this lake basin. The outcome states that both of the mountainous area and flatland area precipitation amount keeps decreasing, and the degree of precipitation amount attenuation of the mountainous area in the Baiyangdian basin is heavier than that of the flatland area. The air temperature of this basin keeps rising since 1980 on the human water consumption side, only surface water consumption in agriculture presents decrease trend, while the other types water consumption keep increasing. Underground water consumption in agriculture takes the main part of all the water consumption. All the above sates that in the Baiyangdian lake basin, precipitation amount keeps decreasing, the air temperature increases, and human action intensity becomes higher is the main cause of the Baiyangdian lake income water reducing.

**Key words**　The Baiyangdian lake baisn; precipitation amount; air temperature; human water consumption; change in history process

# 极干旱区深埋潜水蒸发研究进展*
## ——以敦煌莫高窟为例

李红寿[1,2]　汪万福[1,2]

（1. 敦煌研究院保护所　甘肃敦煌　736200；2. 古代壁画保护国家文物局重点科研基地　甘肃敦煌　736200）

**摘　要**　笔者以敦煌莫高窟的水研究为基础，对极干旱区深埋潜水蒸发的研究进展进行了综述与总结。笔者通过对莫高窟的地质、气候的调查与分析得出：极干旱区土壤可能存在潜水来源与潜水蒸发。通过一系列独到的系统实验，对潜水来源、运行机理、蒸发数量、影响因子等进行了监测与分析。结果表明：潜水是极干旱区土壤水分的主要来源，潜水蒸发使古老戈壁土壤富含盐分。潜水蒸发是GSPAC水盐循环的重要环节，也是地球物理循环的重要组成部分，在地球物理、干旱区生态、矿物形成、荒漠化治理、洞窟文物保护等方面具有重要意义。蒸发的数量表明，蒸发潜水具有较高的开发与利用价值，在生态恢复和风沙防治中具有特别的意义。

**关键词**　潜水；蒸发；拱棚法；极干旱区

潜水蒸发是指潜水向包气带输送水分，最终通过地表蒸发和植物蒸腾进入大气的过程。在潜水埋深较浅的地区，潜水主要通过毛细作用向地表运转水分。潜水蒸发是地下水-土壤-植被-大气连续体（GSPAC）水分的垂直循环是重要组成部分，对植被生态、气候环境等有重要影响[1]。长期以来普遍认为极干旱区土壤水分是降水的遗存，随着埋深的增加潜水的运转与蒸发将不复存在[2]。笔者对此有不同看法。

笔者通过对敦煌莫高窟的地质、气候、生态环境的系统调查与研究，认为即使像莫高窟这样潜水埋深超过200m的极干旱地区，也存在潜水蒸发[3]；通过园林用水的调查与分析，认为水分的蒸发（散）符合耗散结构原理[4]。2005年至今，笔者为此进行了较为系统的研究与现场实验验证。本文从研究区状况、研究方法、关键问题、研究结果及研究意义等方面对该研究作一较为系统的介绍，请专家学者批评指正。

## 1　实验区域状况

实验区位于敦煌莫高窟窟顶戈壁，距洞窟群约1km处进行。窟顶戈壁上层4m为疏松砾砂，下层为胶结砾砂岩，属第四纪酒泉组[5]，地质及水分结构如图1。该区潜水埋深在200m以下。2008年在莫高窟窟顶距本实验点不足800m的区域干钻钻孔3眼，深度都达150m，未达潜水水面，孔内图像拍摄未发现水分渗出和地质异常。深层取样的土壤水分含量在1.0%～1.5%之间[5]。

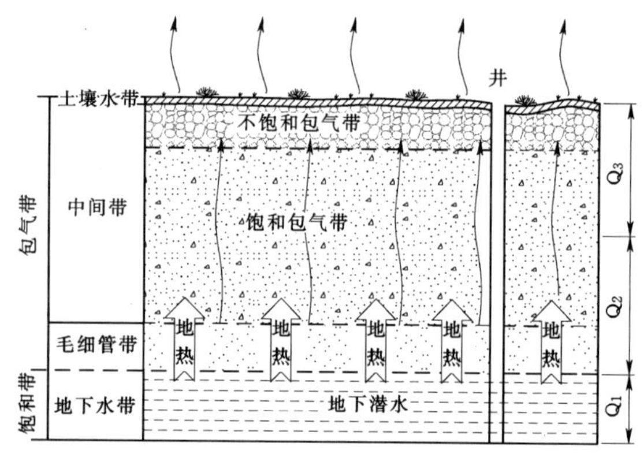


图1　莫高窟地质与水分结构示意

0～50cm是一富盐层，平均含量4.4%左右。以芒硝为代表的较高结晶盐分使土壤水分的含量较高，在日温度下呈波动变化，变化幅度在2%～9%之间。土壤的空隙度在20%～30%之间。该区气候极其干燥，干燥指数32；太阳辐射强度可高达1.1kW/m²，年日照率71%；年平均相对湿度仅31%，温度11.23℃，风速为4.1m/s；年降水量

* 基金项目：国家自然基金项目（40940005）。

第一作者简介：李红寿（1970—　），男，甘肃秦安人，副研究馆员，主要从事干旱区环境和文物保护等方面的研究。E-mail：dhlhs69@163.com

42.2mm。根据莫高窟窟顶气象站监测，2007年全年19次总降水64.0mm，2007年末次降水为9月30日的9.1mm。2008年5次降雨8.2mm，2009年7次降水8.56mm，2010年扣棚前11次共降水12.45mm。2008～2010年实验期间为少水年份，无大于5mm的降水，非常有利用潜水来源的说明。

## 2 潜水蒸发的存在与土壤水分来源的新判定

通常认为极干旱区的土壤水分是末次降水的遗存[2]。若要得出潜水来源的存在，首先需要排除降水的影响。刘新平等发现，13.4mm的降水为无效降水，水分尚未渗入到深层土壤就完全蒸发了[6]。2008年，笔者在莫高窟通过桶装土模拟降雨试验证明，5mm和10mm降雨分别经过8天和12天可完全蒸发；用PVC膜隔绝（坑1m×1m×0.6m）与下层及周边土壤的连通，模拟莫高窟10年一遇的15mm降雨，一般经20天左右也可完全蒸发[7]。

在此基础上尚需证明远离降雨时土壤持续蒸发的存在。为此，笔者应用拱棚法对土壤蒸发水分进行了监测。方法为：用PVC搭建密闭拱棚，通过夜间膜面的自然凝结收集水分。拱棚呈半球形，高1.8m，半径3.1m，面积30m$^2$，体积30m$^3$，边缘埋深30cm，图2。并通过烘干法检测不同深度（10cm、20cm、30cm、40cm、50cm、60cm）的土壤湿度（9：30），对比分析经过长期水分输出后土壤湿度的变化，如果土壤湿度没有下降，说明蒸发的水分并非是降水蓄存，存在向上运转的通道与机理。拱棚法的最大优势在于将水分蒸发这一开放系统转化为封闭系统，增加了研究的确定性，有利于潜水蒸发的分析。

图2 塑料拱棚

同时，笔者通过尝试发现，微型空气温湿度监测仪HOBO可在极干旱区空气湿度监测中发挥重要作用。首创将其应用于拱棚内外土壤空气湿度的监测。在棚内和棚外的地上50cm及土壤内10cm、20cm、30cm、40cm分别埋设HOBO温湿度监测仪，每10min一次记录土壤内外的空气温湿度变化过程。通过对比分析土壤内部水分的变化与运移机理。

结果表明，235天的监测表明该区存在0.0021mm/d持续的潜水蒸发[8]。通过对拱棚内外土壤空气相对湿度、绝对湿度和温度的监测，发现存在水分向上连续运转的条件和机制。土壤温度变化是引起潜水蒸发和土壤水分运移的根本原因，气候和土壤盐分对土壤水分的活动和时空分异质分布有重要影响。地下潜水通过土壤的“呼吸”作用与大气水分进行着交流[9]。

## 3 潜水蒸发量的测定与影响因子分析

监测发现，由于拱棚密闭效应使棚内的相对湿度大幅度上升，对水分蒸发产生了很强的抑制作用。为此，2009年笔者在拱棚法的基础上在棚内加入空调系统（KFRd-70W春兰空调），一方面通过空调的制冷作用抑制拱棚的升温效应，另一方面通过冷凝系统的凝结“过滤”水分，降低空气湿度，使棚内的温湿度与外界接近，并通过测定空调冷凝水分的数量测定潜水蒸发[10]，如图3所示。土壤湿度空气温湿度监测与分析同上。

45天的初步监测表明：在潜水埋深超过200m的敦煌极干旱地区存在不少于0.0219mm/d的潜水蒸发，较2008年同期增大了8倍。土壤空气温湿度监测表明存在潜水蒸发的条件，大量水分输出后土壤湿度没有下降，说明有源自潜水的水分来源。

但拱棚内外温湿度对比表明，并未完全抑制住拱棚效应，棚内空气的温湿度的较高，棚内温湿度尚有下调的空间。因此该监测值可能偏小，尚未触及到该区潜水蒸发的实际底线；45天的监测时间显然较短，不能说明潜水蒸发的年变化特征。为此2010年，重新搭建两同样规格（同上）的拱棚，配置空调为4560W的格力KFR-120LW（12568L）AL-HN5（图4）对潜水蒸发进行较长时间的测定，并对影响蒸发的温度、湿度、太阳辐射强度、风速等因子进行了调控与对比分析。

图 3　拱棚—空调系统

图 4　拱棚—空调系统对潜水蒸发的监测及影响对比实验

201 天的监测结果表明，该区 5～10 月的潜水蒸发量为 0.0212mm/d，温度较低的 11 月、12 月、1 月、2 月、3 月的蒸发量极低。全年总蒸发量约为 5mm。在一定的基础温度下，温度的波动是潜水蒸发形成的必要条件，风速对极干旱区的潜水蒸发不敏感，空气湿度梯度、太阳辐射强度与潜水蒸发成正相关。

## 4　流沙潜水来源与潜水蒸发量的初步测定

在进行戈壁土壤水分研究的同时，我们对流沙的水分来源进行了分析。2008 年 9 月 29 日～2009 年 3 月 16 日在莫高窟窟顶流沙区用拱棚法进行了监测，发现沙地持续地存在水分向外的输送，平均为 1.25g/dm$^2$。通过土壤内部温湿度的监测，发现存在潜水蒸发的条件，流沙水分来自地下潜水[11]。

2010 年，用拱棚-空调法对 2m 厚流沙的潜水蒸发进行了测定，并对流沙内部的空气温湿度进行了监测。结果表明流沙层之上存在潜水蒸发，并随太阳辐射和温度的变化存在波动，在年尺度上也呈周期性变化，在 5～10 月日照时间较长、温度较高的时期蒸发量较大，平均为 3.6g/dm$^2$，其他时期的潜水蒸发极其微弱。

## 5　戈壁盐分来源及其对潜水蒸发的影响

无论 2008 年拱棚实验还是 2010 年的拱棚空调实验，发现戈壁土壤与流沙存在显著差异。2010 年与戈壁对照相比明显较小，是同期戈壁潜水蒸发量的 15%。盐分含量较大差异是导致潜水蒸发量产生分异的主要原因。戈壁土壤的盐分含量、水分含量分别是流沙的 92 倍和 24 倍。流沙内部的温湿度监测表明其波动幅度明显较小，其中可结晶盐分含量的减少使有效承载水分运转的载体明显减少，运转水分的能力大大降低。

笔者一贯认为，戈壁盐分是经过漫长地质时期潜水蒸发的产物[3,12]。薄膜水分溶解的深层矿物盐分大量遗留于浅层土壤，形成了以芒硝为主的可结晶盐分。结晶盐分富含结合水分，因此形成了势能极低、水分含量相对较高的土壤层。以芒硝为代表的结晶盐分，其分布和理化特性与土壤水分的分布格局非常吻合[12]。与附近含盐量较低的流沙相比，盐分使戈壁土壤的水分含量增大了 8 倍以上，在热动力学作用下使浅层土壤水分的活动能力大大增强，对 GSPC 系统水分的垂直运转和潜水蒸发产生了重要影响。

同时，近 30 年来的矿藏寻找发现，提取地表元素信息是寻找深埋隐伏矿床的有效途径，但深埋矿物元素是如何从深部穿透到地表的，目前尚未取得一致意见[13]。本研究揭示了矿物元素深穿透的机制，对隐伏矿床的寻找非常重要。

## 6　降水蒸发的模拟

研究发现即使远离降雨时的干燥土壤在 0～60cm 的日波动量高达 9.27mm，这些水分 99.8%在日波动过程中进入温湿度较低的 60cm 之下，仅有 0.2%的形成有效蒸发，流入大气。进入土壤深处的大量水分是以水汽形式进入，而且并不引起 60cm 之下相对湿度或绝对湿度的升高。土壤空气相对湿度或绝对湿度保持不变，我们并不能认定就无水分进入，毕竟水汽浓度并不代表水汽的流量。因此，在日温度波动下存在大量水汽的进入。

同时，随着研究的深入和土壤温湿度监测范围的扩大，笔者逐渐发现除了存在日波动，60cm 之下存在年尺度上的周期性波动。根据水汽运移规律，温度和湿度较高是水分由该区域向低温低湿区运移的充分条件。从11月到次年5月，存在潜水向上运移的充分条件；5～11月是主要的降雨季节，而土壤内的温湿度有存在向下持续运转的条件。那么，之前通过降水入渗深度的观察、土壤含水量的监测和称重法所确定降水蒸发存在纰漏，降水到底是蒸发了还是以水汽形式进入了地下我们其实并不能确定。因此，极干旱区降水能否完全蒸发，需要实验的验证。

常言道：覆水难收。笔者查阅了国内外大量资料，未发现有效回收降水的实验方法。笔者认为，既然拱棚-空调系统能够进行潜水蒸发实验，也应该能够进行蒸发回收实验。因此在棚内进行了5mm降水实验，通过空调凝结收集蒸发的降水。敦煌地区85%频次的降雨小于5mm，具有一定的代表性。结果表明降水能够充分收集，之后水分的蒸发仍然保持稳定。

## 7 深埋潜水蒸发的特征与研究意义

潜水蒸发在日尺度与年尺度上都呈现正弦波的变化。如果我们将潜水蒸发的这一过程看作蒸发事件，将影响因子，无论是太阳辐射强度、温度、空气湿度等外部因子，还是颗粒粒径、盐分含量、种类等内部因子都当作蒸发事件的构成因子，每个因子都是对等的，那么潜水蒸发符合蒸发的普遍规律——耗散结构原理[14]，这也是蒸发（散）的普遍原理，其核心是开放系统下的非线性表现。极干旱区潜水的蒸发正是以该原理为基本指导思想进行研究。

总体上，蒸发量随着参变量的变化呈非线性表现，是众多参与因子相互协同的结果，当各因子的协同有利于蒸发时，可呈现突变性表现，反之，则呈现抑制，甚至蒸发可为零（如冬季）、为负值（如夜间）。蒸发量是各因子综合的结果。

潜水蒸发的存在与数量的测定具有重要意义：

(1) 如果潜水蒸发量5mm为极干旱区普遍蒸发量，那么，在宏观较大尺度上看，区域内的降水及河流入渗显然不能满足这一平衡，那么潜水本身根深层次的来源值得探讨。极干旱区除了可能存在深层远距离补给通道外[15]，水分更有可能来源于岩生水（内生水），是深层地球物理循环的主要部分。潜水蒸发的存在排斥地球上古水存在的可能。潜水蒸发的确定对认识包括深穿透在内的地球物理垂直活动有重要意义。

(2) 从地球物理角度看，潜水的蒸发并非极干旱区所特有，地热与地下水分为全球普遍存在的现象，因此，即使是湿润地区，潜水蒸发可与降水入渗向而行，只是潜水蒸发的数量相对于降水入渗可以忽略不计。但对于干旱、半干旱地区，潜水的影响不可忽视。根据黄土高原地区干旱年份作物的表现，李佩文院士近年提出"内在水"的说法[16]，本研究从根本上支持这一观点。这也是黄土高原区种植不当等引起"土壤干层"的主要原因[17]，同时也是旱地地膜全覆盖在取得高产的深层潜在原因。

(3) 潜水是极干旱区的土壤水分的主要构成来源，是耐旱植物的生命维系之水。潜水的开发与利用是极干旱区生态恢复的希望所在，也是风沙防治的关键。

(4) 潜水蒸发对大气界面活动、水热交换、能量平衡等研究有重要意义[17]。

(5) 古"丝绸之路沿"线存在众多的石窟遗存，以敦煌莫高窟为代表的洞窟群保持了大量的珍贵文物，是重要的世界文化遗产。但壁画存在霉变、酥碱、空鼓、起甲等与水分相关的病害，水分来源、数量、活动规律一直困扰着洞窟文物的保护，无疑本研究为的为石窟文物的保护找到了基本依据，为科学保护文物奠定了基础。

## 8 问题与展望

笔者以敦煌莫高窟戈壁为平台，虽然对极干旱区潜水蒸发进行了较为系统的研究，已确定该区潜水蒸发的存在，初步对潜水蒸发的数量、蒸发特征、影响因子等进行了较为深入的研究，但这一研究整体仍处于初级阶段，用更多的方法在更广大范围内进行相关研究十分必要。目前，在敦煌莫高窟潜水蒸发是基于普通物理学原理和实际监测得出的，并非基于该区的特殊性，因此，潜水蒸发应是普遍现象，但广泛的实证必不可少。以目前所测定的数量而言，在生态环境方面有较大利用的潜力与价值。本研究也涉及许多问题，笔者在这里抛砖引玉，请大家指正。

本研究以拱棚法为基础，虽然提供了一套可行的研究方法，但潜水蒸发的影响因子众多，相互关系复杂，要确定或排除某一方面的影响，现场试验需要一个漫长的过程，也需要大量财力人力的支持。深埋潜水蒸发研究不仅仅是干旱区单纯的水分垂直循环，关系到地球物理循环过程，是基础研究。它关系到国家生态安全、资源开发、农业生产等众多领域，应在国家层面进行系统的、有组织的研究。这绝非文物保护领域一隅之力所能完成。仅就利用潜水进行生态恢复而言，就需要综合水文、生态、土壤、地质、气候、工程机械、沙漠研究等众多学科，任重而道远。

目前，极干旱区深埋潜水蒸发正在全面展开，在已确立的基本架构之下，尚有一些重要问题或细节问题需要解决。

（1）土壤中的潜水水分与降水之间存在复杂影响关系，深埋潜水对干旱、半干旱地区的影响可能更大，需要深入研究，笔者也正在进行潜水蒸发的非线性机理方面的探索。

（2）目前潜水水分的来源是通过监测土壤的实际蒸发量与降雨量的对比及通过土壤内温湿度监测得出的，在某种意义上仍是一个推论，尚需多方的验证。水分同位素的在水分来源研究中具有一定的优势，我们正初步展开这方面的研究。

（3）潜水在包气带运转过程、运转机理一直是本研究的关键环节，非饱和水分在薄膜水分含量及以下水平上的活动，以及它们与水汽、盐分相互的作用是潜水蒸发研究的重要内容。

（4）潜水在生态恢复、风沙防治方面具有很大的发展潜力，需要在这方面加大力度。

（5）笔者作为文保部门的研究者，洞窟水分的研究必然是研究重点，正在洞窟内开展潜水蒸发与环境影响的研究，初步结果表明在洞窟环境条件下，潜水蒸发的数量、表现特征等与戈壁大为不相同，但非常支持之前的戈壁研究结果，使我们对潜水蒸发有了更深入对认识。总之，极干旱区深埋潜水蒸发的研究方兴未艾，与众多研究领域密切相关，期盼更多的部门、机构、学者的参与与关注，最终一定能在这方面取得辉煌的成果。

## 参 考 文 献

[1] 周爱国，孙自永，马瑞．干旱区地质生态导论 [M]. 北京：中国环境科学出版社，2007：22-52.

[2] 托马斯·T沃纳著．沙漠气象学 [M]. 魏文寿，崔彩霞，尚华明，译．北京：气象出版社，2008：136，143-151.

[3] 李红寿，汪万福，郭青林，等．敦煌莫高窟干旱地区水分凝聚机理分析 [J]. 生态学报，2009，29（6）：3198-3205.

[4] 李红寿．用耗散结构理论对莫高窟园林用水的分析 [J]．生态学报，2006（26）：3454-3462.

[5] 郭青林．敦煌莫高窟壁画病害水盐来源研究 [D]．兰州：兰州大学，2009.

[6] 刘新平，张铜会，赵哈林，等．流动沙丘降雨入渗和再分配过程 [J]．水利学报，2006，37（2）：166-171.

[7] Li Hongshou，WangWanfu，Zhan Hongtao，et al. New Judgment on the Source of Soil Water in Extremely Dry Zone [J]．Acta Ecologica Sinica (International Journal)，2010，30（1）：1-7.

[8] 李红寿，汪万福，张国彬，等．用拱棚法对极干旱区 GSPAC 水分运转的分析 [J]．干旱区地理，2010，33（4）：572-579.

[9] 李红寿，汪万福，张国彬，等．极干旱区土壤与大气水分的相互影响 [J]．地球科学与环境学报，2010，32（2）：183-188.

[10] 李红寿，汪万福，张国彬，等．用拱棚法对极干旱区沙地水分来源地定性分析 [J]．中国沙漠，2010，30（1）：97-103.

[11] 李红寿，汪万福，武发思，等．盐分对极干旱土壤水分垂直分布与运转的影响 [J]．土壤（待发）．

[12] 谢学锦，王学求．深穿透地球化学新进展 [J]．地学前缘，2003，10（1）：225-238.

[13] 李红寿，汪万福，张国彬，等．水分蒸散耗散结构的初步验证 [J]．水土保持研究，2009，16（6）：200-204.

[14] 顾慰祖，陈建生，汪集旸，等．巴丹吉林高大沙山表层孔隙水现象的疑义 [J]. 水科学进展，2004，15（6）：695-700.

[15] 王百战．李佩成谈“内在水”补给：百日大旱为何旱地小麦仍获丰收 [N]．科学时报，2010-02-12.

[16] 王力，邵明安，王全九，等．黄土区土壤干化研究进展 [J]．农业工程学报，2004，20（5）：27-32.

[17] 刘树华，张景光，刘昌明，等．荒漠下垫面陆面过程和大气边界层相互作用敏感性实验 [J]．中国沙漠，2002，22（6）：636-644.

# Advances in evaporation research of deep buried phreatic water in extremely arid area

## —the case of Mogao Grottoes，Dunhuang

Li Hongshou[1,2] Wang Wanfu[1,2]

(1. The Conservation Institute of Dunhuang Academy，Dunhuang，Gansu 736200；
2. Key Scientific Research Base of Conservation for Ancient Mural (Dunhuang Academy) State Administration for Cultural Heritage，Dunhuang，Gansu 736200)

**Abstract** The case of water research at Mogao Grottoes，summarized the progress of the evaporation of deep buried phreatic water in extremely arid zone. Through investigation and analysis the geology and climate of Mogao grottoes，I thought that the phreatic water may be the source of soil water and the evaporation of phreatic water exactly appeared in extremely arid area. Through a series unique experiments and monitoring to analysis and measure the source of phreatic water，mechanism，the quantity of evaporation，impact factors and etc.. The Result shows that the phreatic water is the main source of soil moisture in extremely arid areas，the evaporation of phreatic water makes the ancient gobi soil rich in salt. The evaporation of phreatic water is the important link of GSPAC water and salt cycle，and also is the important part of geophysical cycle. The evaporation of phreatic water has the significance for geophysical，ecological，mineral formation，desertification control，cultural relics conservation of caves. The amount of evaporation shows that the evaporation of phreatic water has high exploitation and utilization value，and with a special significance on sand control and ecological rebuild.

**Key words** phreatic water；evaporation；Greenhouse method；extreme dry area

# 山坡土壤水力参数推求及水动力过程模拟*

薛俊英　陈　喜　张志才　张竞秋

（河海大学水文水资源与水利工程科学国家重点实验室　南京　210098）

**摘　要**　本文以中国科学院桃源农业生态试验站的红壤坡地作为研究对象，采用美国地质调查局地下水数值模拟软件 MODFLOW 及其扩展包 VSF 子程序，建立了适用于红壤坡地土壤水运移的变饱和流数值模型。采用蒙特卡洛随机参数采样法分别对坡地的上层（0～40cm），下层（40～110cm）和上下两层流量过程进行不确定性分析，确定出红壤坡地的土壤水力参数范围。并将 MODFLOW-VSF 程序与 Levmar 参数优化程相耦合序推求出适用于红壤坡地的土壤水力参数，并利用该参数模拟出红壤坡地的水动力过程。

**关键词**　红壤坡地；水力参数；不确定性分析；VSF 程序；Levmar 优化程序

土壤水是联系地表水和地下水的纽带，也是农作物、林草等植物耗水的主要来源，同时土壤水分状况及运动也对土壤中的盐分、污染物运移等有很大的影响。因此，土壤水与水文循环、植物耗水及生长、土壤及地下水环境等有密切的关系，土壤水的研究也越来越受到重视[1]。近年来，国内外众多学者根据实际的观测资料对山坡的土壤水分动态以及产汇流规律做出了一系列分析。然而，对于山坡内部土壤水动力过程的研究并不多见。本文通过总结国内外众多学者对山坡土壤水运动过程研究的众多成果，根据中国科学院桃源农业生态试验站的红壤坡地土壤水的实际出流资料，建立了适用于红壤坡地土壤水动力过程的数值模型。然而，土壤水分持留和水力传导特性参数是土壤水分运动数值模拟中的主要参量，直接影响数值模拟精度及应用的可靠性[2]。利用优化程序反演出的土壤水力参数往往存在着异参同校性等问题，给模型的可靠性带来了质疑。

本文结合经验参数取值，并采用蒙特卡洛参数取样方法使用不同的参数重复进行模拟试验，分别采用不同的流量过程进行模拟，并对模拟结果进行不确定性分析，确定出适用于红壤坡地的土壤水力参数范围，并将 MODFLOW-VSF 程序与 Levmar 参数优化程相耦合序推求出适用于适用于红壤坡地的最优土壤水力参数，并利用该参数模拟出红壤坡地的水动力过程。

## 1　MODFLOW-VSF 模型建立

### 1.1　研究区概况

研究区位于中国科学院桃源农业生态试验站的宝洞峪野外观测试验场。年平均气温 16.5℃，年降雨量 1440mm，日照 1520h。土壤类型为第四纪红土发育的红壤，植被为武陵山植被区系。试验场为一典型的自然集雨区，面积 11.8hm$^2$，海拔 92.2～125.3m。本文选取试验区内的自然恢复区，为非扰动土，坡向正东，坡长约 21m，坡度约 12°～14°。2006 年 5 月，修整后的恢复区为裸地，由于之前已清理过土壤内的植被根系，故可将其视为不受植被影响的坡地；使用上海气象仪器厂生产的自计式 SL3－1 型遥测雨量传感器逐次对降雨进行实时观测，雨量计量程为 0.1～4mm/min。小区中的壤中流分为 0～40cm 和 40～110cm 上下两层进行实时观测。用自计式翻斗流量计观测壤中流的流量和流速，并人工记录产流时段[3]。

### 1.2　MODFLOW-VSF 原理简介

变饱和流（variably saturated flow，VSF）子程序包是对 MODFLOW 的一个扩充，可以用来模拟包气带中变饱和土壤介质中的三维水流。它将 MODFLOW 中的控制方程从 Richards 方程的特殊情形（饱和情况）变为变饱和流方程。在非均匀多孔介质中，三维变饱和水流的控制方程是将达西定律带入质量守恒方程中得

$$\frac{\partial}{\partial x}\left[K_x(\psi)\frac{\partial h}{\partial x}\right]+\frac{\partial}{\partial y}\left[K_y(\psi)\frac{\partial h}{\partial y}\right]+\frac{\partial}{\partial z}\left[K_z(\psi)\frac{\partial h}{\partial z}\right]+W=\frac{\partial h}{\partial t}[\Theta(\psi)S_s+C(\psi)] \tag{1}$$

* 基金项目：国家自然科学基金项目（40930635，51079038）。

第一作者简介：薛俊英（1985—　），女，汉族，山西运城人，南京市河海大学水文水资源与水利工程科学国家重点实验室，河海大学在读硕士研究生，水文水资源。E－mail：xjy158@126.com

式中：$h$ 为总水头，m；$\psi$ 为孔隙压力水头（$\psi=h-z$），m；$K(\psi)$ 为渗透系数，m/s；$W$ 为源汇项，$t^{-1}$；$\Theta(\psi)$为土壤饱和度；$S_s$ 为储水率；$C(\psi)$ 为容水量。

对于给定的土壤类型或地质结构，土壤孔隙度，流体密度和土壤含水率取决于孔隙水的压力水头 $\psi$。因此，可以通过下列公式来简化方程（1）中的参数项[4]。

容水量：
$$C=\frac{\partial\theta}{\partial\psi}$$

介质压缩率：
$$\alpha_c=\frac{\partial n_e}{\partial\psi}$$

液体压缩率：
$$\beta_c=\frac{1}{\rho}\frac{\partial\rho}{\partial\psi}$$

储水率：
$$S_s=\rho g(n_e\beta_c+\alpha_c)$$

由于渗透系数 $K(\psi)$ 和容水量 $C(\psi)$ 的特性，方程（1）中的偏微分方程是非线性。非饱和渗透系数 $K(\psi)$可表示为相对渗透率 $k_r(\psi)$ 和饱和渗透系数 $K_{sat}$ 的乘积：

$$K(\psi)=k_r(\psi)K_{sat} \tag{2}$$

式中，$k_r(\psi)$ 的值在 0～1 之间，取决于土壤的孔隙水压 $\psi$。

当 $\psi$ 为正，孔隙充满水时，容水率 $C(\psi)$ 收敛为 0，相对渗透性 $k_r(\psi)$ 收敛为 1，土壤饱和度 $\Theta(\psi)$ 收敛为 1。则式（1）为 MODFLOW 中饱和地下水流方程：

$$\frac{\partial}{\partial x}\left[K_{sat}^{x}\frac{\partial h}{\partial x}\right]+\frac{\partial}{\partial y}\left[K_{sat}^{y}\frac{\partial h}{\partial y}\right]+\frac{\partial}{\partial z}\left[K_{sat}^{z}\frac{\partial h}{\partial z}\right]+W=S_s\frac{\partial h}{\partial t} \tag{3}$$

通过式（1）可以使 MODFLOW 模拟从地表通过包气带穿过地下水面到达饱和含水层的整个地下区域。

MODFLOW 用于模拟可变饱和多孔介质流，需要确定非饱和流与土壤的储水特性之间关系。表示土壤特性的变量 $K(\psi)$、$\Theta(\psi)$ 和 $C(\psi)$ 可以由多种经验或理论的方法求出。在 VSF 子程序包中采用的是 VG 模型土壤特征函数[5]，表示如下：

$$\Theta_e(\psi)=\frac{\Theta-\Theta_r}{1-\Theta_r}=\begin{cases}\dfrac{1}{[1+(|\alpha\psi|)^{nv}]^m} & \psi<0\\ 1 & \psi\geqslant 0\end{cases} \tag{4}$$

$$C(\Theta_e)=\frac{\partial\theta}{\partial\psi}=-\frac{n_e m\alpha(1-\Theta_r)}{1-m}\Theta_e^{1/m}(1-\Theta_e^{1/m})^m \tag{5}$$

$$k_r(\Theta_e)=\Theta_e^{1/2}[1-(1-\Theta_e^{1/m})^m]^2 \tag{6}$$

式中：$\Theta_r$ 为剩余饱和度［无量纲］；$n_v$，$m$ 为反映孔隙大小均匀程度的土壤参数（$m=1-1/n_v$）（当 $n_v$ 越大，均匀程度越好）；$\alpha$ 为反映土壤孔隙特征长度倒数的参数，$m^{-1}$。

$\alpha$ 和 $n_v$ 可以通过实验室测得。

### 1.3 水文地质模型构建

根据坡地的地形、坡度和试验设计，建立了投影面积为 20m×5m，坡度为 13°的坡面实体模型，如图 1 所示。上部土层厚度为 662cm，下部厚度为 200cm，沿坡面由上至下土壤厚度逐层递减。根据王峰等[3]测得坡地剖面内的土壤饱和导水率表明：饱和土壤导水率在深度为 0～40cm 较大，且变化快速，40cm 以下的饱和导水率较小。因此本文在垂向上，将坡地土壤划分为三层，上层为 0～40cm，中层 40～110cm，110cm 以下为下层。

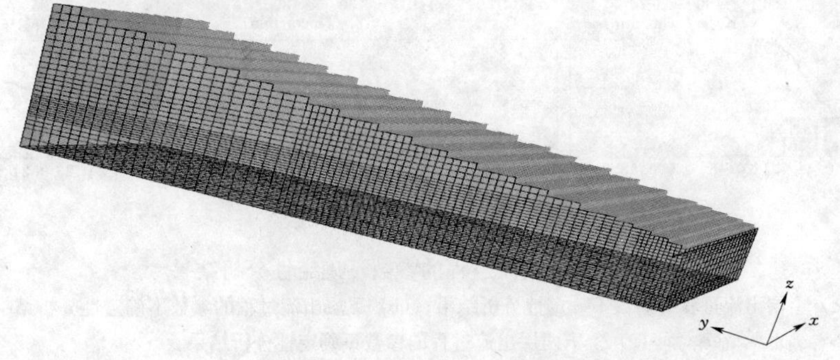


图 1 坡面实体模型

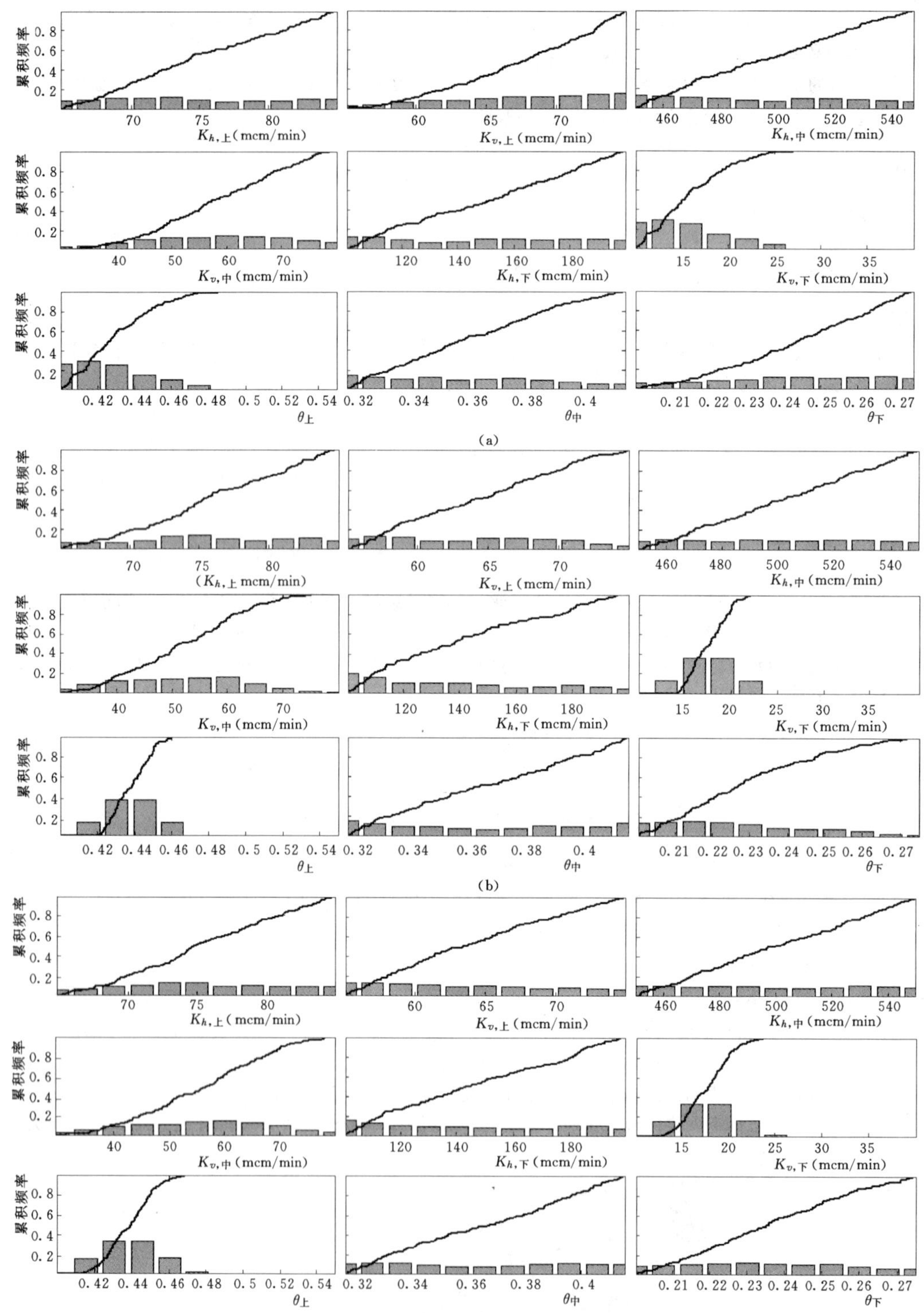


图 2　各种出流过程的参数不确定性分析结果

(a) 上层出流过程的参数不确定性分析结果；(b) 下层出流过程的参数不确定性分析结果；(c) 上下两层出流过程的参数不确定性分析结果

结合 MODFLOW-VSF 程序，将坡地剖分为 20 行，80 列，34 层，共有 37940 个有效计算单元，选取 10min 为一个应力期，根据 2006 年 5 月 8 日和 5 月 9 日两场连续降雨历时，共计有 89 个应力期，32h10min；根据降水强度变化与出流过程，将每个应力期划分为 1、3、6、16 个等分的计算时段。

将坡地的上方与左右两侧给定为不透水边界，底板设置为具有一定渗透能力的土体，通过 VSF-SPF（自由渗流包）设置坡地渗流面对不同分层的壤中流出流过程进行模拟。

将降雨、蒸发过程加以处理最终统一处理作为模型输入的源汇项。由于模拟期内降雨量较大，同时模拟时间短，故可忽略雨期的蒸发。恢复区只考虑降雨过程减去观测到的地表产流过程作为模型的源汇项。

恢复区坡地 0～40cm、40～110cm 土层的初始土壤含水率依据实测结果给定，110cm 以下参照饱和持水量给定[3]，分别为 0.2885、0.3160 和 0.2337。

## 2 不同流量过程的不确定分析结果

利用 MODFLOW-VSF 程序包结合实际的水文地质条件建立完成适用于模拟红壤坡地壤中流流量过程的数值模型后，使用 matlab 在符合实际的参数空间内随机生成 2000 组土壤水力参数，包括 0～40cm 侧向饱和渗透系数 $K_{h,上}$，0～40cm 垂向饱和渗透系数 $K_{v,上}$；40～110cm 侧向饱和渗透系数 $K_{h,中}$，40～110cm 垂向饱和渗透系数 $K_{v,中}$；>110cm 侧向饱和渗透系数 $K_{h,下}$，>110cm 垂向饱和渗透系数 $K_{v,下}$；0～40cm 饱和含水率 $\theta_上$，40～110cm 饱和含水率 $\theta_中$，>110cm 饱和含水率 $\theta_下$。将 2000 组参数带入数值模型分别进行计算，并使用 matlab 工具包 MCAT 分别针对上层出流过程，下层出流过程以及上下两层同时出流过程进行模拟时的土壤水力参数进行了不确定性分析，分析结果见图 2（a）、（b）、（c）。

通过图 2（a）、（b）、（c）的不确定性分析结果，可以得出不同模拟过程的红壤坡地土壤水力参数的范围，见表 1。综合各个模拟过程，确定出寻优时的参数范围。

**表 1　土壤水力参数范围**

| 位置 | $K_{h,上}$ | $K_{v,上}$ | $K_{h,中}$ | $K_{v,中}$ | $K_{h,下}$ | $K_{v,下}$ | $\theta_上$ | $\theta_中$ | $\theta_下$ |
|---|---|---|---|---|---|---|---|---|---|
| 上层 | 70～85 | 60～75 | 500～540 | 45～65 | 140～180 | 10～20 | 0.40～0.48 | 0.32～0.40 | 0.23～0.27 |
| 下层 | 70～85 | 60～70 | 460～520 | 45～65 | 100～160 | 15～25 | 0.42～0.48 | 0.32～0.40 | 0.20～0.24 |
| 上下两层 | 70～85 | 55～70 | 460～540 | 50～70 | 100～200 | 15～25 | 0.42～0.48 | 0.32～0.40 | 0.20～0.26 |
| 寻优 | 70～85 | 55～75 | 460～540 | 45～70 | 100～200 | 10～25 | 0.40～0.48 | 0.32～0.40 | 0.20～0.27 |

**注**　表中渗透系数的单位与图 2 中相同。

## 3 参数推求及模拟结果

基于 MODFLOW-VSF 构建的坡地水文数值模型待定参数为上、中、下土壤分层的饱和渗透系数以及分层的饱和含水量，以模型上下两层的壤中流出流过程与实测出流过程之差最小作为模型的目标函数，构造参数优化的数学模型：

$$\begin{cases} \min \quad O(b)=\| W_i \times (q_i^*(t)-q_i(t,\beta)) \| \\ s.t. \quad \beta_{\min} \leqslant \beta_i \leqslant \beta_{\max} \end{cases} \tag{7}$$

式中：$\beta$ 为模型参数；$\beta_{\min}$，$\beta_{\max}$ 为表 1 确定出的模型参数的上下界；$q_i^*$ 为实测壤中流；$q_i$ 为数值模型计算结果；$W_i$ 为观测值的权重系数，一般取观测仪器标准误差的倒数[7]。

本文通过松散耦合的方式 MODFLOW-VSF 程序与 LEVMAR 程序相耦合，推求坡地水文数值模型中的相关土壤水力参数，并且利用优化后的土壤水力参数模拟壤中流的出流过程。由于土壤水力参数推求结果见表 2（由于 $\theta_下$ 并不灵敏，直接用饱和持水量的值），模拟出的壤中流的出流过程见图 3（a），（b）。

**表 2　土壤水力参数优化结果**

| 埋　深 | 侧向饱和渗透系数 (cm/min) | 垂向饱和渗透系数 (cm/min) | 饱和含水率 |
|---|---|---|---|
| 0～40cm | 0.080 | 0.057 | 0.458 |
| 40～110cm | 0.540 | 0.060 | 0.326 |
| >110cm | 0.100 | 0.018 | 0.234 |

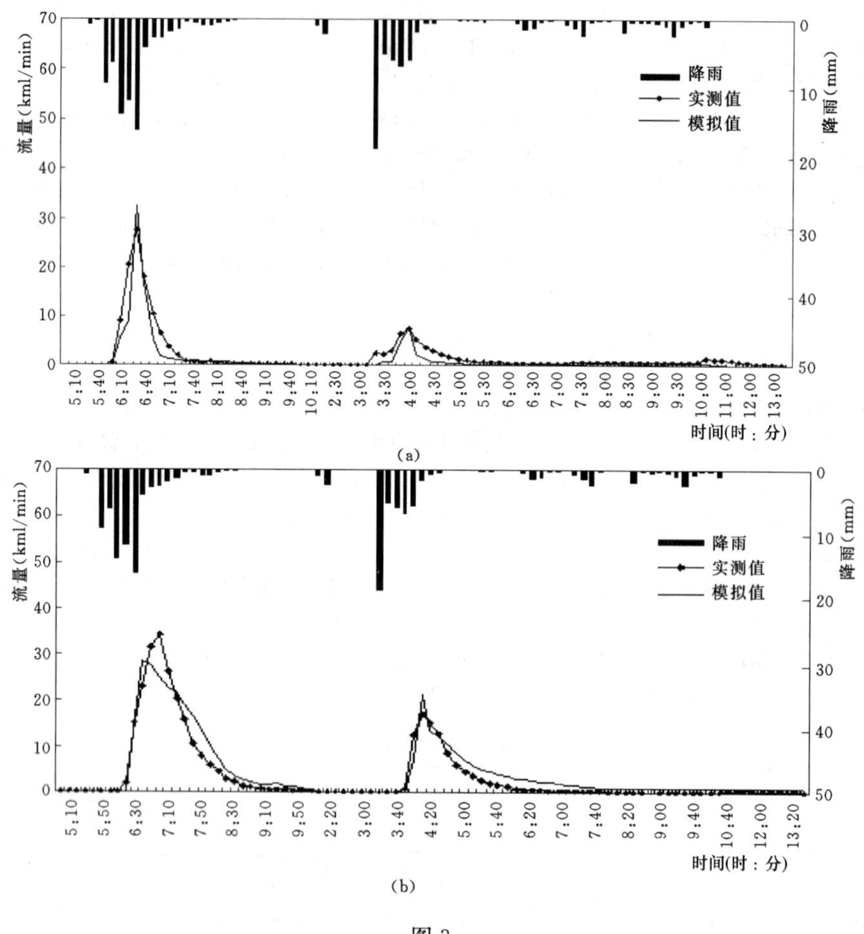


图 3

(a) 0～40cm 壤中流出流过程；(b) 40～110cm 壤中流出流过程

通过使用蒙特卡洛抽样分析法确定的参数范围进行寻优，得到的模拟结果确定性系数高，达到 88.06%。

## 4　结语

本文根据红壤坡地壤中流的出流规律，建立了适用于在连续降雨条件下模拟红壤坡地壤中流出流的数值模型。并针对土壤参数在寻优过程中存在的异参同校性问题，提出了一套与实际土壤状况相符的土壤水力参数推求方法，并使用优化的土壤水力参数对红壤坡地的实测壤中流出流过程进行了模拟。结果表明：优化后的参数提高了土壤水数值模型模拟的精度，为今后探讨红壤坡地水动力循环过程提供了参考。

## 参 考 文 献

[1] 雷志栋，杨诗秀．土壤水研究进展简述［M］．北京：清华大学出版社，2002：188-207.

[2] 程勤波，陈喜，凌敏华，等．单环入渗试验与数值反演法结合推求土壤水力参数［J］．水文地质工程地质，2010，37（1）：118-123.

[3] 王峰．红壤丘陵区坡地降雨产流规律试验研究［D］．武汉：华中农业大学，2007.

[4] Lappala E G，Healy R W and Weeks E P. Documentation of computer program VS2D to solve the equations of fluid flow in variably saturated porous media：U.S. Geological Survey Water-Resources Investigations Report. 1987，83-4099，184.

[5] Van Genuchten，M Th. A closed-form equation for predicting the hydraulic conductivity of unsaturated soils [J]. Journal of Soil Science Society of America，1980，44：892-898.

[6] Thoms R B, Johnson R L, Healy R W. User's guide to the Variably Saturated Flow (VSF) Process for MODFLOW [R]. Reston, VA: USGS, 2006.

[7] 魏玲娜. 红壤丘陵区植被生态水文作用机理及其模拟研究 [D]. 南京: 河海大学, 2010.

[8] 陈洪松, 邵明安, 王克林. 土壤初始含水率对坡面降雨入渗及土壤水分再分布的影响 [J]. 农业工程学报, 2006, 22 (1).

# Soil hydraulic parameters estimation and hydrodynamic process simulation in hillside

Xue Junying Chen Xi Zhang Zhicai Zhang Jingqiu

(State Key Laboratory of Hydrology Water Resources and Hydraulic Engineering, Hohai University, Nanjing 210098)

**Abstract** In this papar, red soil sloping land in Taoyuan agriculture ecological experiment station of CAS was selected for developing a numerical model of soil moisture movement by using the USGS groundwater simulation software MODFLOW and its expansion package VSF subroutine. Monte-Carlo random sampling method was used for analysising uncertainty of the the upper (0～40cm), lower (40～110cm) and upper and lower levels discharge processes. By the uncertainty analysis, soil hydraulic parameters ranges were determined. The MODFLOW-VSF routine was integrated with the optimization program to deduce soil hydraulic parameters for red soil sloping land. Using the optimized parameter, we can simulate hydrodynamic process of red soil sloping land.

**Key words** red soil sloping land; numerical model; soil hydraulic parameter; uncertainty analysis; hydrodynamic process simulation

# 羌塘盆地地下水深循环补给内蒙古高原*

孙晓旭[1]　陈建生[1,2]　刘晓艳[1]

（1. 河海大学地球科学与工程学院　南京　210098；2. 河海大学水利水电学院　南京　210098；
3. 河海大学土木与交通学院　南京　210098）

**摘　要**　本文通过羌塘盆地湖水 *TDS* 值的分析，纳木错湖水位的连续监测及地层中灰岩溶洞群的发现首先提出羌塘盆地的地表水存在渗漏，并渗漏到了盆地以外的地区。而在中国北方干旱半干旱的内蒙古高原地区存在大量的水资源，并且研究得出这些地区的补给源并非是当地降水，氢氧同位素数据显示内蒙古高原可能是羌塘盆地渗漏水的排泄区；氦同位素显示内蒙古高原地下水含有壳源或幔源氦的信息，地下水的循环与断裂带有关系。中国大陆的岩石圈是由多个微板块拼合而成的，东亚与西域克拉通的缝合带贯穿了北羌塘盆地与内蒙古高原，经过了阿尔金山和祁连山西缘后进入到了阿拉善高原，再经过狼山到达了内蒙古高原，并继续向东延伸。在缝合带经过的河西走廊、阿拉善等地区都可以找到上升泉、湖泊与自流井，通过缝合带与泉水出露的关系可以看出，这条连接北羌塘与内蒙古高原缝合带可能是地下水的导水通道。综上，羌塘渗漏水可能通过地下水的深循环通道补给到内蒙古高原。

**关键词**　羌塘盆地；地下水；深循环；内蒙古高原

## 1　引言

愈来愈多的事实表明流体在地球内部广泛存在，而且在各种地质作用中起着极其重要的作用[1]，变质作用和地震活动都会引发流体，构造活动引起的孔洞的崩塌导致流体运动，张荣华等提出一个假定地壳中的流体是水[2]。水不仅存在于岩石圈的浅部，而且可以存在于岩石圈的深部[3]。并且水在岩石圈深部的性质及在各种地质作用过程中所起的作用越来越受到人们的关注[4]。2009 年，Anna Kelbert 等通过做地震波提出低温的冷水重新进入到地幔[5]。研究发现，地震发生后常有地下水运动的异常反应，并可引发矿井突水，井喷等一些地质灾害[6-8]，例如 2004 年 12 月 26 日在印度尼西亚 8.7 级地震发生大约 10 分钟后，广东梅州 800m 深的地震观测井发生了井喷，高压水冲破了屋顶，水柱高达 50m，井喷持续了 12 天[9]。作者在进行羌塘盆地水资源调查中发现水量不平衡，地表水渗漏到了地下，并排泄到了盆地以外的地区，又发现干旱半干旱的内蒙古高原存在大量的水资源，因此羌塘渗漏水是否与内蒙古高原地下水存在联系，水分在岩石圈中的循环方式如何都是需要我们进一步研究的问题。

## 2　羌塘盆地地表水存在渗漏

羌塘盆地属于西藏内流区，其大地构造位置处于巨型特提斯-喜马拉雅构造域的北部，是我国目前最大的一块尚未很好勘查开发的地区，特别是水文、水资源研究基础十分薄弱。羌塘盆地上的河流均为内流河，河水都消失在盆地内，大河流、大湖泊几乎都集中分布在南部，北羌塘地形起伏小，雨水下渗严重，基本上无常年性河流[10]。现场观测与卫星遥感影像发现冰川融水形成的河流在流了一段距离后渗漏到了地下而没有形成尾闾湖。

纳木错湖位于羌塘盆地东南部，是西藏地区面积最大（2015.38km$^2$）和海拔最高（4718m）的大湖，湖泊现有水量为 863.77 亿 m$^3$，在大约 3 万年前大湖期结束后纳木错就由统一的外流大湖变成了封闭的湖泊[11]。2007 年周石硚对纳木错湖的水位和湖面蒸发量进行了连续监测，从 10 月开始水位持续下降，在下降的过程中 12 月 17～25 日，这八天的时间中湖水位下降了 10cm，四月下旬到 10 月 20 日左右湖面蒸发量在 0.24～8.68mm 之间变动，除掉湖面的结冰期（1～3 月）纳木错湖全年的蒸发量为 760.8mm[12]。湖水现在

*　基金项目：国家自然科学基金资助项目（50579017）；中央高校基本科研业务费项目（2010B19314）。

第一作者简介：孙晓旭（1983 年—　），女，江苏徐州人，河海大学在读博士研究生，研究方向为同位素水文学。E-mail：sunxiaoxu@hhu.edu.cn

的 *TDS* 值大致为 1.7g/L[13]，而入湖河流的 *TDS* 为 0.15～0.18g/L，湖泊没有地表径流排泄，假定蒸发是湖水排泄的唯一方式，如果湖水体积不变，即每年入湖径流量＝每年的蒸发量，则每年入湖径流量为 15.3 亿 $m^3$（0.7608m×2015.38$km^2$），湖水蒸发时水量减少，但盐分一直在累积，那么经历 3 万年的时间，纳木错的 *TDS* 值为 87.7g/L，为湖水现在 *TDS* 值的 51.6 倍，因此假定蒸发是湖水排泄的唯一方式不成立。根据水位下降了 10cm，得出湖泊在 8 天内水量减少了约 2.02 亿 $m^3$，然而这段时间湖面的蒸发量仅约为 $10^7 m^3$，因为湖泊没有地表径流排泄，那么多余的 1.92 亿 $m^3$（假定湖泊没有接受补给）的湖泊水量仅有可能在湖泊底部渗漏掉了。刘晓艳等通过纳木错湖同位素分馏模型计算得出湖泊水存在渗漏[14]。羌塘盆地 *TDS* 在 0.3 到 1g/L 之间的封闭淡水湖泊有 14 个，总面积达到了 3209$km^2$[15]。正是由于湖水的渗漏带走了盐分才能使封闭的湖泊保持淡水或低的盐分。

国家地调局在羌塘地区做石油地质普查时发现了地层存在较大规模的地下溶洞，羌资 1 井在井深分别为 8.45m，16.68m，130m 和 277.6m 时发生井漏，有时甚至是全井性井漏，在灰岩地层 282～363m 之间遇到了溶洞群，钻进时发生 6 次大规模钻具放空，最大放空距离超过 18.75m，洞中基本上没有填充物，地下水矿化度为 366～1160mg/L[16]。灰岩溶洞群的存在表明地表水渗漏的历史已经很长而且渗漏量很大。溶洞区的地表高程大于 5000m[17]，在溶洞区周边高程低于 5000m 的湖泊大都发育在南部，在钻孔西南约 150km 的衣布茶卡（高程 4557m，面积 190$km^2$）和在钻孔南边约 200km 的色林错（高程 4530m，面积 1640$km^2$）、吴如错（高程 4553m，面积 450$km^2$）、达则错（高程 4464m，面积 300$km^2$）等，但是这些湖泊都有稳定的河流补给，例如，色林错低盐分的事实表明它本身就是一个渗漏的湖泊；而且在湖泊中没有发现溶洞中所损失的碳酸盐岩等物质，如大规模的钙华、泉华或蒸发岩等沉积。所以这些湖泊都不可能是渗漏水的排泄区，这也意味着渗漏水可能在羌塘盆地以外的地区排泄。

## 3 内蒙古高原发现大量水资源

内蒙古高原位于中国北部，西起甘肃、新疆边境的马鬃山，东到大兴安岭，南沿长城，北接蒙古大戈壁，是中国的第二大高原，从地理区域上划分，可分为呼伦贝尔高原、锡林郭勒高原、乌兰察布高原和巴彦淖尔、阿拉善及鄂尔多斯高原。内蒙古高原属于温带半干旱、干旱气候，降水量自东向西由 550mm 减为 40mm[18]。

在进行北方干旱区水资源的研究中发现内蒙古高原存在大量的地下水资源。巴丹吉林沙漠位于内蒙古阿拉善高原的西部，区内以极端干旱的大陆性气候为特征，降水量东南部不足 80mm，西北部不足 40mm[19]，然而在巴丹吉林沙漠的东南部湖泊群和高大沙山（平均 200～300m，个别接近 500m）并存，其中湖泊面积超过或接近 1$km^2$ 以上的有 5 个，湖泊面积超过沙区总面积的 10%，湖泊和高大沙山并存的现象亦吸引了众多的研究者。2004 年陈建生等首先提出了巴丹吉林沙漠湖泊水与地下水来自于外源水的补给，湖泊水接受地下水的补给，地下水维系了高大沙山的形成[20]。顾慰祖等提出巴丹吉林沙漠地下水的补给源并非当地降水[21]。中国地质调查局自 1999 年以来对鄂尔多斯盆地地下水的调查证实，鄂尔多斯盆地是一个巨型的地下水盆地，补给量达到 105 亿 $m^3/a$[22]。从鄂尔多斯高原到锡林郭勒高原广泛分布着一些稳定的河流和沿北东向呈串珠状排列的湖泊，河流如锡林河、西拉沐沦河、阴河、窟野河、大黑河等，湖泊包括岱海、黄旗海、安固里淖、查干诺尔、达里诺尔等。一年之中 6～8 月的降水占年雨量的 60%～70%，但河流是常年性的，并不会因为少雨期持续的干旱而发生断流，区内很多湖泊都是常年积水，如查干诺尔和达里诺尔是高原上两个最大的常年积水湖泊，接受河水、地下水和降水的补给[23]。调查发现锡林河从浑善达克沙漠中流出，但浑善达克沙漠年平均降水量只有 200～350mm，平均蒸发量 2000mm，蒸发量远远大于降水量。西拉木伦河发源于浑善达克沙地东缘的巴彦特莫，向东流经克什克腾旗南部，后汇于西辽河，该地区断裂非常发育。达里诺尔湖泊区和西拉木伦河都是沿着西拉沐沦断裂带分布的[24,25]。位于乌兰察布市东北方向约 13km 的泉玉林水库，面积大约 1.5$km^2$，周边无河流补给水库，寒冬水面结冰，但在水库中心有 6 个泉眼清晰可见，泉水不断的补给水库，泉眼处不结冰表明涌出的泉水有一定的温度。岱海位于内蒙古中部凉城县境内，是一个水文封闭的内陆湖泊，周边无河流补给，周围有很多泉水冒出，像这种周边无河流补给的湖泊有很多，如查干诺尔湖，达来诺尔湖等等。锡林河、阴河、西拉木伦河等河流的上游都存在较大的泉域，沿着河流不断地可以观察到上涌的泉水补给到河流中。

## 4 羌塘盆地的地表水补给到内蒙古高原的同位素证据

为了调查内蒙古高原地区地下水的来源，我们在内蒙古高原进行了一系列的取样工作，采样工作主要在高原的中东部，主要包括锡林郭勒高原、乌兰察布高原和巴彦淖尔及鄂尔多斯高原，所有样品均进行了氢氧同位素分析，部分样品进行了氦同位素分析。$\delta^{18}O$ 和 $\delta D$ 用 GasBench-MAT253 稳定气体同位素质谱仪测试，测试精度分别为±0.1‰和±2‰。稀有气体氦同位素用 VG5400 静态质谱仪测定，$^3He/^4He$ 和 $^4He/^{20}Ne$ 值的测量精度分别优于 0.6%和 2.5%。

内蒙古高原中东部地区地下水的 $\delta D$ 和 $\delta^{18}O$ 变化范围分别为－64.6‰～－97.8‰和－7.33‰～－13.31‰，平均值分别为－79.1‰和－9.99‰。河水的 $\delta D$ 和 $\delta^{18}O$ 变化范围分别为－4.33‰～－12.1‰和－60.7‰～－95.7‰，平均值分别为－9.61‰，－78.6‰。羌塘盆地河水的 $\delta D$ 和 $\delta^{18}O$ 变化范围分别为－100.9‰～－133.5‰和－12.83‰～－17.75‰，平均值分别为－118.7‰和－15.33‰。在全球降水同位素监测网（GNIP）上取 5 个观测站（银川、张掖、包头、天津和锦州）降水同位素的多年加权平均值代表内蒙古地区降水的氢氧同位素特征。对比看出，地下水比降水氢氧同位素值偏负很多，说明当地降水不是地下水的主要补给源。

氢氧同位素数据充分证明了内蒙古高原当地降水不是地下水与河水的主要补给源，那么将有两种原因导致研究区地下水的氢氧同位素值比当地降水偏负：①地下水是由低温环境下的古降水补给的；②地下水是由某个地区同位素偏负的降水补给的。氚同位素（10～24TU 之间）分析表明地下水是在核爆试验以后的降雨补给的，排除了古水补给的可能性。根据全国大气降水 $\delta D$[26] 和 $\delta^{18}O$[27] 分布图可以看出，有四个地区的降水可能是研究区地下水潜在的远程补给源，分别是羌塘盆地、云贵高原、黑龙江和新疆北疆地区。内蒙古高原取样地区的海拔在 1000～1500m 之间，东南缘海拔最低，低至 400m。羌塘盆地的平均海拔在 5000m 以上，云贵高原、新疆北疆地区的海拔低于或接近 2000m，黑龙江地区海拔均小于 1000m。另外可能的源区有无水量损失也是一个关键因素，我们发现羌塘盆地的地表水存在渗漏，其余三个地区没有发现水量不平衡。因此可以看出内蒙古高原的地下水可能接受羌塘盆地渗漏水的补给。我们对部分地下水样品进行了氦同位素数据分析，R/Ra 的变化范围为 0.093～1.91，$^4He/^4He_{air}$ 的比值均大于 1，变化范围为 1.75～11465.09，显示出地下水含有壳源或幔源氦的信息，地下水的循环与断裂带有关系。

## 5 羌塘盆地地下水深循环补给内蒙古高原

中国大陆的岩石圈是由多个微板块拼合而成的，新生代以来，随着印度板块的碰撞嵌入，内陆的微板块出现了走滑断裂、推覆构造和挤出构造，对印支与前印支期所形成大陆构造格架大幅度的改造，阿拉善、中祁连-柴达木、北羌塘等微陆块和塔里木板块构成的西域板块与华北、鄂尔多斯地块等构成的东亚克拉通发生了重大的形变，东亚与西域克拉通的缝合带贯穿了北羌塘盆地与内蒙古高原，经过了阿尔金山和祁连山西缘后进入到了阿拉善高原，再经过狼山到达了内蒙古高原，并继续向东延伸[28]，查干诺尔、达来诺尔等 30 多个湖泊都是沿着这条缝合带分布。在缝合带经过的河西走廊、阿拉善等地区都可以找到上升泉、湖泊与自流井[29,30]，通过缝合带与泉水出露的关系可以看出，这条连接北羌塘与内蒙古高原缝合带很可能存在地下水的导水通道，实现了地下水的远距离跨流域的补给。

传统的地下水循环理论认为地表水渗入地下后形成了地下径流，地下水在孔隙或岩体裂隙中流动，地下水的循环深度限制在上地壳，也就是地表下 10～15km 的范围。但在上地壳不存在连续的断裂带或能够产生溶洞的灰岩层等结构，但在深层承压水地区中地壳普遍存在着高导低速结构，于是我们怀疑沿断裂带分布的高导低速结构可能是地下水的输送通道，这些高导低速构造恰好与地震带是重合的，它们之间似乎存在联系，地下水可能还存在一种迄今为止尚没有被发现的另外一种循环模式，这就是地下水的深循环。

对于深循环通道的形成问题，笔者认为与印度板块与欧亚大陆板块的碰撞有关，地幔高导低速层的形成与岩浆的流动有关：印度板块俯冲到西藏地块之下引起的高压造成地幔岩浆向东流动，并使局部软流圈压力升高，膨胀压力使上覆岩石圈开裂扩张，岩浆通过断裂带涌出地表释放掉膨胀压力，火山活动结束后冷凝的岩石将上地壳断裂带岩浆通道封堵。来自俯冲板块的脱水不能排出地表而在中、下地壳的断裂带中聚集，俯冲板块阻隔了软流圈与上覆岩石圈之间的热力联系，热液的温度与压力随着地温梯度的降低而下降，从而使上地壳活动的地下水通过冷收缩裂隙渗漏到了中、下地壳的断裂带中，温度降低后超临界态流体成为液态，中地壳断裂带演变成为地下水循环的空洞带。羌塘盆地的地表水就是通过深循环通道补给到了内蒙古高原，在地表形成众多的河流与湖泊。

## 6 结论

本文通过羌塘盆地湖水 *TDS* 值的分析，纳木错湖水位的连续监测及地层中灰岩溶洞群的发现提出了羌塘盆地地表水存在渗漏，并渗漏到了盆地以外的地区。而在中国北方干旱半干旱的内蒙古高原存在大量的水资源，并且研究得出这些地区的补给源并非是当地降水，然而羌塘盆地的降水与内蒙古高原地下水的氢氧同位素变化范围相同。东亚与西域克拉通的缝合带贯穿了北羌塘盆地与内蒙古高原，氦同位素数据显示内蒙古高原的地下水含有壳源和幔源氦的信息，通过缝合带与泉水出露的关系可以看出，这条连接北羌塘与内蒙古高原缝合带很可能存在地下水的导水通道，实现了地下水的远距离跨流域的补给。通过以上分析得出羌塘盆地地下水可能通过深循环补给到了内蒙古高原，在地表形成众多的河流与湖泊。

## 参考文献


[1] 王小龙．地球内部流体研究评价［J］．地球科学进展，1997，12（3）：301-304.

[2] 张荣华，张雪彤，等．中地壳的水-岩作用对相关的地球物理性质影响［J］．岩石学报，2007，23：2943-54.

[3] 王方正，胡宝群．岩石圈深部的水及其意义探讨［J］．地质科技情报，2000，19（4）：25-30.

[4] 游振东．变质地质学的三大前缘［J］．地学前缘，1994，1（1-2）：111-124；王小龙．地球内部流体研究评价［J］．地球科学进展，1997，12（3）：301-304.

[5] Anna Kelbert，Adam Schultz，Gary Egbert. Global electromagnetic induction constraints on transition-zone water content variations［J］. Nature，460（7258）：1003-6，2009 Aug.

[6] 徐常芳．中国大陆壳内与上地幔高导层成因及唐山地震机理研究［J］．地学前缘，2003，10（Suppl）：101-111.

[7] 梅世蓉．一九七六年唐山地震［M］．北京：地震出版社，1982：250-260.

[8] 高小其，许秋龙，王道．昆仑山口西 8.1 级地震前后地下流体远场效应的研究［J］．高原地震，2002，14（3）：12-20.

[9] 卜瑜林，申绪．印度洋海啸地震导致广东平远出现井喷奇观［N］．中新社，2005-01-01.

[10] 陈传友，范云琦．羌塘高原的河流、湖泊及水资源［J］．自然资源，1983，2：38-44.

[11] 赵希涛，朱大岗，严富华．西藏纳木错末次间冰期以来的气候变迁与湖面变化［J］．第四纪研究，2003，23（1）：41-52.

[12] 中国科协学会学术部．青藏高原冰川融水深循环及其地质环境效应［M］．北京：中国科学技术出版社，2009：96-97.

[13] 孟庆伟．青藏高原特大型湖泊遥感分析及其环境意义［D］．北京：中国地质科学院，2007.

[14] LIU Xiaoyan，CHEN Jiansheng. Studying of model of stable isotope fractionation in lake-taking the Nam Co lake as an example［J］. Flow in porous media. Wuhan，2009：343-348.

[15] 王苏民，窦鸿身．中国湖泊志［M］．北京：科学出版社，1998：398-399.

[16] 李忠雄，杜伯伟，汪正江，等．藏北羌塘盆地中侏罗统石油地质特征［J］．石油学报，2008，29（6）：797-803.

[17] 李忠雄，王建，汪正江，等．藏北羌塘盆地羌资 2 井中侏罗统布曲组碳酸盐岩岩石学及储集物性特征［J］．地球学报，2009，30（5）：590-598.

[18] 爱东，陈善科，庄光辉，等．内蒙古高原荒漠化治理途径的探讨［J］．草业科学，2005，22（1）：15-17.

[19] 陆锦华，Jakel D，郭迎胜，等．巴丹吉林沙漠及邻近地区地貌图［M］．兰州：兰州大学出版社，1996.

[20] Chen J iansheng，Li Ling，Wang Jiyang，et al. Groundwater maintains dune landscape［J］. Nature，2004，432：459-460.

[21] 顾慰祖，陈建生，汪集旸，等．巴丹吉林高大沙山表层孔隙水现象的疑义［J］．水科学进展，2004，15（6）：695-699.

[22] 侯光才，张茂省，王永和，等．鄂尔多斯盆地地下水资源与开发利用［J］．西北地质，2007，40（1）：7-34.

[23] 陈明．内蒙古高原中东部“锡林郭勒盟中西部”地区的水文地质条件初步研究［J］．北京地质学院学报，1960，10：1-30.

[24] 刘伟，杨进辉，李潮峰．内蒙古赤峰地区若干主干断裂带的构造热年代学［J］．岩石学报，2003，19（4）717-728.

[25] 耿侃，张振春．内蒙古达来诺尔地区全新世湖群地貌特征及其演化［J］．北京师范大学学报（自然科学版），1988，4：94-101.

[26] 张洪平．我国大气降水稳定同位素背景值的研究［J］．勘察科学技术，1989，6：6－12.
[27] 张洪平，刘恩凯，王东升，等．中国大气降水稳定同位素组成及影响因素［J］，中国地质科学院水文地质工程地质研究所所刊，1991，7：101－110.
[28] 葛肖虹，马文璞，刘俊来，等．对中国大陆构造格架的讨论［J］．中国地质，2009，36（5）：549－565.
[29] Chen jiansheng，Zhao xia，Sheng xuefen. Formation mechanisms of megadunes and lakes in the Badain Jaran Desert，Inner Mongolia［J］. Chinese Science Bulletin，2006，51，24：3026－3034.
[30] Chen jiangsheng and Wang chi-yun. Rising springs along the Silk Road［J］. Geology，2009，37（3）：243－246.

# Deep groundwater cycling recharging Inner Mongolia Plateau from Qiangtang basin

Sun Xiaoxu[1] Chen Jiansheng[1,2] Liu Xiaoyan[1]

(1. State Key Laboratory of Hydrology—Water Resources and Hydraulic Engineering，Hohai university，Nanjing 210098；2. School of earth sciences and engineering，Hohai University，Nanjing 210098)

**Abstract** Through the analysis on TDS value of lake water in Qiangtang basin and continuous monitoring on Namco water level，combined with the found of limestone caves，it is concluded that there is leakage of surface water in Qiangtang basin and the leakage water recharges outside the Qiangtang Basin. In arid and semi-arid area northern China such as Inner Mongolia Plateau，there are abundant water resources. Based on further study it is obtained that local rainfall is not the main recharge source in northern China. Through comparison of $\delta$D and $\delta^{18}$O values，it is concluded that the arid and semi-arid areas may be the discharge area of leakage water in Qiangtang basin. He isotope shows that groundwater circulation is related to fault zone. The lithosphere of Chinese mainland is consisting of many micro-plates. The Suture Zone between East Asia and Western China Cratons runs through north Qiangtang Baisin and Inner Mongolia Plateau，which passes through the western of Altun Mountains and Qilian Mountains，enters into Alxa plateau and arrives into Inner Mongolia Plateau. Ascending springs，lakes and artesian wells are found in Hexi Corridor and Alxa Plateau. Through the relationship between the Suture Zone and the outcrop of spring，it is concluded that the Suture Zone between East Asia and Western China Cratons may be the groundwater-conducting passage. Thus，the leakage water in Qiangtang Basin recharges the groundwater in the Inner Mongolia Plateau in the way of deep water cycling.

**Key words** Qiangtang basin；groundwater；deep cycling；Inner Mongolia Plateau

水与区域可持续发展

# 同 位 素 水 文 学

# 中国大气降水同位素观测网络*

柳鉴容[1,2] 宋献方[1] 袁国富[3] 孙晓敏[3] 刘 鑫[2] 张应华[1] 韩冬梅[1]

(1. 中国科学院地理科学与资源研究所陆地水循环与地表过程重点实验室 北京 100101；
2. 中国科学院研究生院 北京 100049；3. 中国生态系统研究网络水分分中心 北京 100101)

**摘 要** 大气降水是水循环的输入项，也是指示气候变化的关键因子。稳定同位素$^{18}$O和D作为水分子的组成要素，是描述水循环演化历史信息的理想天然示踪剂。对降水中氢氧同位素进行系统的观测有助于明确全球及各局地水循环机制及大气环流模式。本文回顾与评述了全球大气降水同位素网络的发展历程及研究现状，并指出中国大气降水同位素观测与研究的不足之处。在此基础上，提出以中国生态系统研究网络为基础，建立中国大气降水同位素观测网络（CHNIP)，并对该网络的主要内容、特点及初步成果等进行了介绍。CHNIP 的建立，使中国成为继奥地利、美国和加拿大等，组建本国降水同位素网络的国家。对中国范围内大气降水稳定氢氧同位素的系统深入分析，使我国的大气降水同位素组成与全球的平均水平有了可比性。$^{18}$O和D年内的周期性波动特征，也反映了亚洲季风的建立与发展对不同地区降水的影响。同时，应用多元非线性逐步回归的方法，建立的不同区域、不同气候条件下，降水同位素变化与主要气象控制因素的关系，为在无降水同位素采样或观测的地区，通过气象观测数据对降水同位素进行插值和拟合，以实现地表水、地下水的补给来源和补给方式，地表水和地下水的相互转化等研究提供了背景值和理论依据。

**关键词** 大气降水；$^{18}$O；D；CHNIP；多元非线性逐步回归

## 1 研究背景

水循环是联系陆地表层各圈层的纽带与核心。作为其输入项的大气降水，是陆地水资源的根本来源。同时，降水也是描述气候变化的关键指标，许多气候因子的变化都集中体现在降水的变化上。因此，要了解当今气候变化的原因，对降水的变化特征及趋势规律的研究必不可少[1]。

环境同位素作为自然水体中的重要组成部分，尽管其所占比例很小，却在非常敏感地响应环境的变化，并记载着水循环演化的历史信息。这是由于同位素的分馏作用，贯穿于水循环的各个环节[2~4]。同时，降水中的同位素组分与各气象因子间也存在着密切的相关关系（即环境同位素效应)，包括温度效应、降水量效应、高程效应和季节效应等。正是由于这些同位素效应的存在，使得降水中的同位素可作为水汽来源及运动路径的自然示踪及反演大气过程的基础[3]。

## 2 国外大气降水稳定氢氧同位素观测的现状

### 2.1 全球大气降水同位素观测网络（GNIP)

国外对降水中稳定同位素的观测和研究起步较早，始于 20 世纪 50 年代初期[2]。其中最著名的计划—GNIP(Global Network of Isotopes in Precipitation) 至今仍在进行中。1958 年，国际原子能机构 IAEA(International Atomic Energy Agency) 与世界气象组织 WMO（World Meteorological Organization）合作，计划在全球范围内对降水中稳定同位素成分进行连续监测。1961 年，全球大气降水同位素网络 GNIP 正式启动。GNIP 的主要目的是通过在全球范围系统地收集降水中环境同位素组成的数据，分析其时空变化，明确全球及各局地大气环流模式及水循环机制。并最终为在水文学的研究中应用这一工具提供基础的环境同位素数据。

### 2.2 全球已有的大气降水同位素国家观测网络

通常，各国都有多个观测站加入到 GNIP 当中，一些国家就将本国的这些站点组织起来，建立国家大气

* 基金项目：国家“973”课题——地下水—环境—社会经济耦合机制与评价体系（2010CB428805)；国家自然科学基金重点项目——水循环过程不同尺度观测与对比实验研究——以白洋淀流域为例（40830636)。

第一作者简介：柳鉴容（1982— ），女，辽宁沈阳人，中科院地理科学与资源研究所博士，研究方向为流域水循环与水环境和气候变化。E-mail：liujianrong. ljr@gmail. com

降水同位素观测网络。这为系统地研究本国大气降水同位素组成的时空分布、降水的水汽来源、与季风的进退之间的关系等都提供了新视角。国家网络通常还包括河流和地下水的观测站点。事实上，国家网络提供了全球降水同位素数据库中 60%的数据。IAEA 总部所在地——奥地利是世界上最早开始对大气降水同位素进行观测的国家之一，一些站点从 20 世纪 60 年代就开始了系统的采样工作。从 1972 年，建成奥地利国家大气降水同位素观测网 ANIP(Austrian Network of Isotopes in Precipitation)，到 2003 年，奥地利全国范围内共有 72 个站点参与其中。

## 3　我国大气降水稳定氢氧同位素观测的现状及 CHNIP 的建立

全国尺度上的降水稳定氢氧同位素的研究在 20 世纪 80 年代开展了两次，采样周期都较短（分别为 1 年和 2.5 年）。1982 年，郑淑蕙等通过在北京、南京等 8 个城市收集到的 107 个雨雪样品中氢氧同位素的组成，首次给出了我国大气降水线方程 $\delta D=7.9\delta^{18}O+8.2$，并简单讨论了同位素的降水量、温度、纬度和距离海岸的远近对同位素组分变化的影响[5]。1989 年，地矿部水文地质工程地质研究所等单位，分析了从 1985 年 7 月起，分布在全国的 22 个观测站点上为期 2 年半的降水同位素样品采集与分析[6]。此后，随着中国逐步参与到 GNIP 计划，全国范围内的站点降水同位素数据有了一定积累，在此基础上刘进达等[7]应用（1985～1993 年 GNIP 数据）对降水线进行了修正。大尺度上的降水同位素初步研究为将同位素手段应用到地表水与地下水的相关研究提供了参照与背景值，并使我国的大气降水同位素组分与全球大气降水同位素组分有了可比性。

然而，流域尺度上的降水同位素的观测一般时间较短，研究区域在地理位置上也较不分散和不均，结果很难扩展到更大尺度上应用。同时，随着 GNIP 中国观测点观测的相继停止，全国范围内时间序列连续的降水同位素资料也相当匮乏。因此，大部分国内降水同位素的研究还停留在降水同位素各种效应关系的简单讨论，而没有与大的环流背景相结合，示踪和反演天气系统以及大气环流过程。

为解决我国大气降水联网观测不足的实际，2004 年以中国生态系统研究网络 CERN(Chinese Ecosystem Research Network) 各野外台站为基础，建立了中国大气降水同位素观测网络 CHNIP(Chinese Network of Isotopes in Precipitation)，开始对我国范围内的降水中稳定氢氧同位素进行系统、连续地采样和分析[8]。系统连续的观测使降水稳定氢氧同位素示踪我国东部季风区亚洲季风的建立、发展及消退过程，雨带的移动及台风/热带风暴的路径成为可能[9-11]。自 2005 年 CNHIP 网络对遍布全国的 31 个站点月尺度降水同位素的观测以来，取得了大量宝贵的第一手同位素数据及同步观测的气象因子数据，为系统深入地掌握和揭示处于亚洲季风区的中国大范围尺度降水同位素与各气候变量关系的解译提供了基础，同时也为中国范围内的地表水、地下水及两者相互作用关系的研究提供了背景值及参照。

## 4　我国大气降水稳定氢氧同位素的主要特征

### 4.1　$\delta D$ 与 $\delta^{18}O$ 的变化范围

总体来看，$\delta D$ 及 $\delta^{18}O$ 的变化范围：东北地区＞西北干旱区＞青藏高原区＞华北地区＞南部地区。其中以拉萨站的 $\delta D$ 及 $\delta^{18}O$ 的变化范围最大，西双版纳站点 $\delta D$ 及 $\delta^{18}O$ 的变化范围最小。而 $\delta^{18}O$ 的降水量加权平均值表现为：东北地区＜青藏高原区＜西北干旱区＜华北地区＜南部地区。可见降水 $\delta D$ 及 $\delta^{18}O$ 表现出一定的随纬度变化特性，并且青藏高原地形影响也有所体现。

### 4.2　$\delta^{18}O$ 在观测期内随时间的变化

各地区站点观测期内 $\delta^{18}O$ 随时间的变化如图 1。东北及西北地区的站点，年内 $\delta^{18}O$ 波动范围均较大，并且都呈现出与地面气温较为一致的周期性波动，即冬季低，夏季高，年内呈倒 V 字形。在西北干旱区，夏季主要降雨期，$\delta^{18}O$ 尤为富集。与之相反，南部地区站点 $\delta^{18}O$ 普遍波动范围不大，且呈现与降水量大小相反的周期性波动，即冬季高，夏季低的特性，年内呈 V 字形。而处于南北方过渡带的华北地区，$\delta^{18}O$ 的波动幅度也介于南、北方波动幅度之间，年内的波动没有显著规律。位于青藏高原的四个站点，在雨季来临的期间，$\delta^{18}O$ 都有一显著下降的趋势，指示了亚洲季风的建立与发展对该地区降水产生一定影响[10]。

### 4.3　各站点大气降水线方程

$\delta D$ 和 $\delta^{18}O$ 组成的大气降水线方程在一定程度上反映了水汽形成条件及水汽来源差异。观测期内所有站点局地大气降水线方程（LMWL）斜率 $a$ 的空间分布：$a>8$：表明冷凝过程中的动力分馏作用，分布于 30°

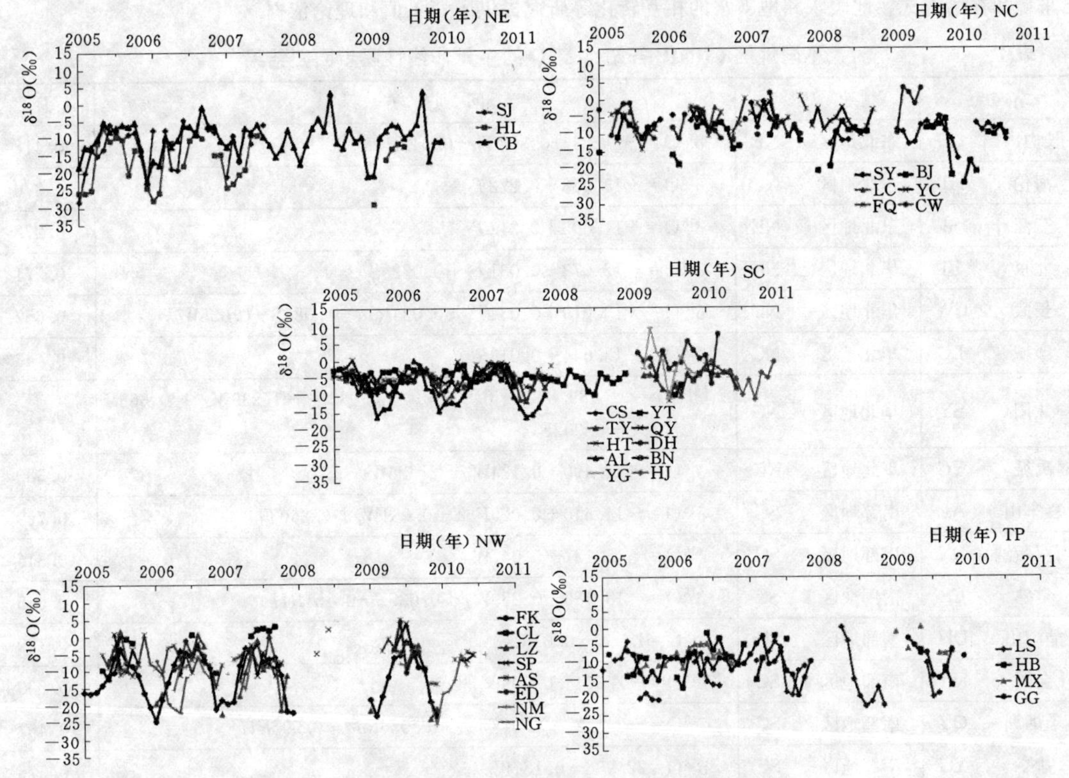


图1 各区域降水 $\delta^{18}$O 在观测期内随时间的变化

N～24°N 的区域；$7.5\leqslant a\leqslant 8$：东北地区中部-东部季风区与东部季风区交界沿线附近，以及西北干旱区西部。温度在 $-20<t<20$℃范围，瑞利平衡条件下产生的降水线斜率最低为 7.5[2]，因此这类站点降水水汽形成的接近平衡条件；$7\leqslant a<7.5$：说明水汽组成在一定程度上偏离平衡分馏。分布于东部季风区与西北干旱区交界线沿线以西及南部地区的东部沿海地区；$a<7$：华北地区及最南端的西双版纳和鼎湖山站。这些站点年内都有较为明显的干季。云下雨滴降落过程中，经过干旱的空气柱时可能发生二次蒸发，使得 $a$ 偏低。

## 4.4 $\delta^{18}$O 的温度效应和降水量效应的空间分布特征

Dansgaard[2] 在研究 GNIP 全球范围内代表站点的季节性效应时，计算了夏半年（5～10 月）与冬半年（11～4 月）降水 $\delta^{18}$O 的差值。并详细讨论了（$\delta_s-\delta_w$）>2 站点（$\delta_s$ 和 $\delta_w$ 分别指夏半年和冬半年 $\delta^{18}$O 的算术平均值）的地理分布特征及其反映的温度效应和降水量效应。按照该方法，计算了中国范围 $\delta^{18}$O($\delta_s-\delta_w$) 值的分布。$8<(\delta_s-\delta_w)<14$：包括西北、东北及华北的内陆区站点。这些站点年内有着明显的干旱季节，且月平均温度的变化>25℃，较高的（$\delta_s-\delta_w$）值反映了这些站点较高大陆度和显著的温度效应；$3<(\delta_s-\delta_w)<8$：分布于中高纬度内陆地区，包括东北及东部季风区与西北干旱区交界线附近地区，正的（$\delta_s-\delta_w$）也指示了温度效应；$-2(\delta_s-\delta_w)<3$：分布于中纬度 30°N～40°N 之间华北以及华北、西北和青藏高原大三区域交界处的内陆地区。($\delta_s-\delta_w$) 指示了温度和降水量效应共同作用的结果；$-4(\delta_s-\delta_w)<-2$：大部分位于 30°N 及以南的低纬地区，区域降雨充沛，反映了降水量效应；$-7.5<(\delta_s-\delta_w)<-4$：南部哀牢和环江及青藏高原拉萨站点，反映了更显著的降水量效应。

## 4.5 CHNIP 各站点 $\delta^{18}$O 与多气候变量的关系

收集了 CHNIP 各站点同步观测的气候变量数据，进行多元非线性逐步回归，筛选影响降水 $\delta^{18}$O 的主要气候因子（表 1）。华北、南部，西北干旱区的模型可以解释 50%以上的 $\delta^{18}$O 变化，东北及青藏高原地区，模型可以解释 25%～40%的 $\delta^{18}$O 变化。所有的回归方程都选出了温度，说明温度是影响 $\delta^{18}$O 变化的重要因子。各回归关系探清了我国不同区域、不同气候条件下，降水同位素变化的主要控制因素，同时也为在无降水同位素采样或观测的地区，通过气象观测数据对降水同位素进行插值和拟合，以实现地表水、地下水的补给来源和补给方式，地表水和地下水的相互转化等研究提供了背景值和理论依据。

**表 1　　不同地区 CHNIP 各站点 $\delta^{18}O$ 的多元非线性逐步回归结果**

| 站点 | | 地区 | | 回归方程 | $R^2$ |
|---|---|---|---|---|---|
| 长白山 | CB | 东北地区 | NE | $\delta^{18}O=-9.284+0.398T_1-0.042P$ | 0.415 |
| 海伦 | HL | 东北地区 | NE | $\delta^{18}O=-15.983+0.272T_1$ | 0.376 |
| 三江 | SJ | 东北地区 | NE | $\delta^{18}O=-11.595+0.213T_2$ | 0.278 |
| 北京 | BJ | 华北地区 | NC | $\delta^{18}O=-12.073-0.031T_2^2+0.032T_1^2$ | 0.571 |
| 长武 | CW | 华北地区 | NC | $\delta^{18}O=-13.019+0.034T_1^2-0.024Rad+0.085S-0.035W_p{}^2$ | 0.657 |
| 栾城 | LC | 华北地区 | NC | $\delta^{18}O=-13.644+0.018Rad$ | 0.443 |
| 沈阳 | SY | 华北地区 | NC | $\delta^{18}O=-189.802-0.003W_d^2-0.083P+1.239W_d+0.665S-0.002S^2$ | 0.470 |
| 禹城 | YC | 华北地区 | NC | $\delta^{18}O=-22.499+0.124W_d-2.326W_s$ | 0.380 |
| 哀牢山 | AL | 南部地区 | SC | $\delta^{18}O=-14.640+0.025Rad+0.031W_d-0.860T_1$ | 0.799 |
| 西双版纳 | BN | 南部地区 | SC | $\delta^{18}O=-15.137+0.047W_d$ | 0.316 |
| 常熟 | CS | 南部地区 | SC | $\delta^{18}O=-18.185-0.259W_p+0.035S+0.151RH$ | 0.645 |
| 鼎湖山 | DH | 南部地区 | SC | $\delta^{18}O=1.990-0.018P$ | 0.189 |
| 会同 | HT | 南部地区 | SC | $\delta^{18}O=-2.604-0.009W_p{}^2$ | 0.539 |
| 千烟洲 | QY | 南部地区 | SC | $\delta^{18}O=-29.726-0.018W_p{}^2+0.036Rad+0.003RH^2$ | 0.467 |
| 盐亭 | YG | 南部地区 | SC | $\delta^{18}O=22.906-0.181W_d$ | 0.576 |
| 鹰潭 | YT | 南部地区 | SC | $\delta^{18}O=-75.534+0.081V_p+11.661W_s{}^2-23.662W_s$ | 0.193 |
| 桃源 | TY | 南部地区 | SC | $\delta^{18}O=2057.06-0.013W_p{}^2-685.727\lg V_p$ | 0.560 |
| 安塞 | AS | 西北地区 | NW | $\delta^{18}O=1.152-0.134RH$ | 0.238 |
| 策勒 | CL | 西北地区 | NW | $\delta^{18}O=-1856.218+0.40T_1{}^2+2.131V_p+1.558P-0.071P^2+0.031T_2{}^2$ | 0.969 |
| 阜康 | FK | 西北地区 | NW | $\delta^{18}O=-10.063+0.262T_1-0.001RH^2$ | 0.819 |
| 临泽 | LZ | 西北地区 | NW | $\delta^{18}O=-16.459+0.641T_1-0.001P^2$ | 0.820 |
| 奈曼 | NM | 西北地区 | NW | $\delta^{18}O=-12.513+0.035T_1{}^2-0.028W_p{}^2-(9.6\times10^{-6})Rad^2$ | 0.674 |
| 沙坡头 | SP | 西北地区 | NW | $\delta^{18}O=-10.780+0.326T_1-0.071P$ | 0.296 |
| 贡嘎山 | GG | 青藏高原区 | TP | $\delta^{18}O=2.806-1.928W_p+0.825T_1$ | 0.236 |
| 海北 | HB | 青藏高原区 | TP | $\delta^{18}O=-17.252+0.016Rad$ | 0.152 |
| 拉萨 | LS | 青藏高原区 | TP | $\delta^{18}O=-24.188+19.535W_s-0.092W_d$ | 0.437 |
| 茂县 | MX | 青藏高原区 | TP | $\delta^{18}O=40.593-0.086W_d-0.557RH+0.022Rad-0.058S-0.044W_p{}^2+0.861W_p$ | 0.837 |

**注**　$P$—降水量（mm）；$T_1$—气温（℃）；$T_2$—露点温度（℃）；$RH$—相对湿度（%）；$W_p$—水汽压（hPa）；$V_p$—大气压（hPa）；$Rad$—辐射总量（$MJ/m^2$）；$S$—日照时数（h）；$W_s$—风速（m/s）；$W_d$—风向（°）。

## 参考文献


[1] IAEA/WMO. Global network for isotopes in precipitation. The GNIP database http：//isohis. iaea. org. 2010.

[2] Dansgaard，W. Stable isotopes in precipitation [J]．Tellus，1964，16：436－468.

[3] Araguás-Araguás L，K Froehlich and K Rozanski. Deuterium and oxygen－18 isotope composition of precipitation and atmospheric moisture [J]．Hydrol. Process.，2000，14：1341－1355.

[4] 章新平，刘晶淼，田立德，等．亚洲降水中$\delta^{18}O$沿不同水汽输送路径的变化［J］．地理学报，2004，59（5）：699-708.
[5] 郑淑蕙，侯发高，倪葆龄．我国大气降水的氢氧稳定同位素研究［J］．科学通报，1982（13）：801-806.
[6] 地矿部水文地质工程地质研究所，等．我国大气降水稳定同位素背景值的研究［J］．勘察科学技术，1989（6）：6-12.
[7] 刘进达，赵迎昌，刘思凯，等．中国大气降水稳定同位素时-空分布规律探讨［J］．中国勘察技术，1997，3：34-39.
[8] 宋献方，柳鉴容，孙晓敏，等．基于CERN的中国大气降水同位素观测网络［J］．地球科学进展，2007，22（7）：738-747.
[9] Liu J R，X F Song，G F Yuan，X M Sun，X Liu，Z M Wang and S Q. Wang. Stable isotopes of summer monsoonal precipitation in southern China and the moisture sources evidence from $\delta^{18}O$ signature［J］. J. Geogr. Sci.，2008，18：155-165，doi：10.1007/s11442-008-0155-9.
[10] Liu J R，X F Song，X M Sun，G F Yuan，X Liu and S Q Wang. Isotopic composition of precipitation over Arid Northwestern China and its implications for the water vapor origin［J］. J. Geogr. Sci.，2009，19：164-174，doi：10.1007/s11442-009-0164-3.
[11] Liu，J R，X F Song，G F Yuan，X M Sun，X Liu and S Q Wang. Characteristics of $\delta^{18}O$ in precipitation over Eastern Monsoon China and the water vapor sources［J］. Chinese Sci. Bull.，2010，55：200-211，doi：10.1007/s11434-009-0202-7.

# Estab lishment of Chinese Network of Isotopes in Precipitation

Liu Jianrong[1,2] Song Xianfang[1] Yuan Guofu[3] Sun Xiaomin[3]
Liu Xin[2] Zhang Yinghua[1] Han Dongmei[1]

（1. Key Laboratory of Water Cycle and Related Land Surface Processes，
Institute of Geographic Sciences and Natural Resources Research，
Chinese Academy of Sciences，Beijing 100101；
2. Graduate University of Chinese Academy of Sciences，Beijing 100049；
3. CERN Sub-center of Water，Beijing 100101）

**Abstract** Precipitation is the main input of the water cycle，and it is also an indicator of the climatic change. The stable oxygen－18 and Deuterium are ideal tracers of the water cycle history. Observations of the $^{18}O$ and D are helpful of revealing the global and regional water cycle regime. The present research reviewed the GNIP（Global Network of Isotopes in Precipitation）history，and also introduced the establishment of the CHNIP（Chinese Network of Isotopes in Precipitation）. Furthermore，main characteristics of the Chinese precipitation $^{18}O$ and D were also analyzed. The annual variations of the $^{18}O$ and D reflected the influence of advancing and retreating of the Asian Monsoon over the regional precipitation. Furthermore，models established by using the multiple stepwise regressions，provided references for interpolating and fitting precipitation isotopes based on main controlling meteorological variables for those ungaged regions.

**Key words** precipitation；$^{18}O$；D；CHNIP；multiple stepwise regressions

# 蒸发过程中土壤水同位素变化研究现状*

刘晓艳[1] 陈建生[1,2]

(1. 河海大学土木与交通学院 南京 210098；2. 河海大学地球科学与工程学院 南京 210098)

**摘 要** 总结了前人在土壤蒸发过程中氢氧稳定同位素发展变化方面的主要研究工作。总结过程主要以理论发展为主线，按照考虑单一因素向多因素发展过程进行。随后，总结分析了盐分、植物及分层土质对土壤水同位素剖面发展过程的影响。最后，总结了土壤水 δD、$\delta^{18}O$ 剖面在获取相关的水文信息中的应用。

**关键词** 土壤水；稳定同位素；蒸发

在自然环境下，一个土壤剖面的氢氧同位素和离子分布的形成过程比较复杂，除了受气象因素、降雨入渗的影响外，还受到土壤蒸发等的影响。土壤蒸发是地-气能量交换的主要过程之一，它是构成陆地水量平衡的重要组成部分，同时它在陆面热量平衡中也起着重要作用[1]。因此，土壤蒸发在掌握一个地区水量平衡状况具有重要作用，同时在农业灌溉中，调节土壤水分条件，确定科学的灌溉制度也具有重要意义。

土壤蒸发的物理过程是极为复杂的，它受到诸多因素的制约及影响，利用传统水文方法比较难以对其进行观测。氢氧稳定同位素是很好的示踪剂，它们既不存在时间的延迟作用，亦不会因与土壤发生交换而改变[2]。因此，通过测定土壤水的氢氧稳定同位素组成能更好地研究蒸发过程中土壤水的运移[3]。但是，在土壤蒸发过程中，土壤水的氢氧稳定同位素组成会因蒸发分馏而发生变化。这给利用稳定同位素研究土壤水的运动带来了一定的麻烦。因此，要从同位素剖面获取有用的水文信息必须先了解，同位素剖面随蒸发过程的变化规律。本文对前人在此方面进行了相关总结。

## 1 蒸发过程土壤水同位素变化研究进展

20 世纪 60 年代，学者们将研究重点放在对大气降水及自由水体蒸发过程中的氢氧稳定同位素变化规律研究中[4]。到 1967 年，Zimmermann[5]等，将稳定同位素研究扩展到了土壤水蒸发的研究中，并得出当饱和土壤水体经历蒸发时，其 δD、$\delta^{18}O$ 从地表最大值随深度呈指数形式逐渐降低。此后，Munnich 等 (1980) 和 Allison (1982) 将土壤水蒸发过程中 δD、$\delta^{18}O$ 变化研究扩展到了非饱和土壤水蒸发[6]。

在 20 世纪 80 年代，Fontes 和他带领的团队开始研究 Sahara 地区深层非饱和土壤水蒸发过程 δD、$\delta^{18}O$ 变化规律[6]。而与此同时，Allison 和 Barnes 则主要进行了一系列的室内试验来研究蒸发过程中土壤水 δD、$\delta^{18}O$ 的变化规律[7]。此时，他们并没有注意到对方的工作。随着一些野外剖面数据的取得 (Fontes 团队)，及理论研究的发展 (Allison 团队)，1983 这两个团队注意到对方的工作，并开始了合作研究。

### 1.1 饱和土壤稳态等温蒸发

1967 年 Zimmermann[5]研究了饱和土壤蒸发过程中土壤水 δD、$\delta^{18}O$ 随深度的变化趋势，得出其随深度呈指数形式递减。他认为同位素剖面呈现指数形式递减是对流与扩散共同作用的结果。在稳态条件下，两者将到达平衡，因此存在公式：

$$\delta_i-\delta_i^{res}=(\delta_i^s-\delta_i^{res})\exp(-z/z_l) \tag{1}$$

式中：$z_l=D_i^{l*}/E$。 (2)

对于同位素 $i$ 在土壤中的有效扩散系数 $D_i^{l*}$，如果土质为均匀的，则在等温条件下认为其为常数。

自由水体蒸发过程中同位素变化的研究[4]认为剩余水体每时每刻都为混合均匀，但 Zimmermann 研究土壤水过程中则认为其蒸发过程中不存在垂向的混合流。

### 1.2 非饱和、稳态、等温蒸发

Allison(1982)[7]年将土壤蒸发从饱和扩展到非饱和，进行了自由水体蒸发与非饱和砂蒸发对比试验。结

* 基金项目：国家自然科学基金资助项目 (50579017)；中央高校基金 (2010B19314)。

第一作者简介：刘晓艳 (1982— )，女 (汉族)，山东威海人，河海大学在读博士研究生，主要从事同位素水文研究。E-mail：liuxiaoyan2004@hhu.edu.cn

果表明，非饱和砂蒸发过程中 δD - $\delta^{18}$O 关系线的斜率低于自由水体。

Barnes 和 Allison(1983)[8] 建立了非饱和土壤稳态等温蒸发模型，模拟了蒸发过程中土壤水 δD、$\delta^{18}$O 随深度的变化趋势。模型是以 Zimmerman(1967) 年建立的饱和蒸发模型为基础，考虑了表层以气态运移为主区域的同位素变化。Barnes 和 Allison 认为气态、液态混合运移区很小，因此所建立的模型没有考虑气态、液态混合运移区。通过所建立的模型，提出了利用土壤水 δD、$\delta^{18}$O 剖面计算蒸发率的三种方法。

Allison 和 Barnes(1983)[9] 总结了利用土壤水 δD、$\delta^{18}$O 剖面计算蒸发率的三种方法。他们认为传统水文学方法可以研究短期时间内的蒸发率，但是很难计算出长时间蒸发率。而利用土壤水的同位素剖面可以推算出此蒸发率。主要有三种方法：①以液态运移为主区域推导 $E$；②由蒸发锋面的位置推导 $E$；③由气态运移为主区域的斜率推导 $E$。通过计算结果与实测值进行对比得知，方法①得出的结论最精确。

为了验证 Barnes 和 Allison(1983) 建立的模型和 Allison 与 Barnes(1983) 总结的利用 δD、$\delta^{18}$O 剖面计算蒸发率的三种方法，Allison 等(1983)[10] 进行了一系列类似 Zimmermann 所做的蒸发实验，只是将饱和土壤换成非饱和，将砂改为了不同土质。他们同时进行了一组覆盖不同厚度干土层的蒸发实验，试验数据显示覆盖层越厚蒸发斜率也越小。

### 1.3　非饱和、稳态、非等温蒸发

由于在野外，土壤水 δD、$\delta^{18}$O 剖面的形成通常发生在非等温条件下，因此，研究温度对土壤水 δD、$\delta^{18}$O 剖面形成的影响具有重要意义。

Barnes and Allison(1984)[11] 通过在试验中设定一定的温度梯度研究了温度对同位素剖面的影响。结果显示，温度的影响很小，但是可以用来解释在野外剖面中普遍存在的峰值下的极小值。但是此极小值（图 1）的存在也可解释为具有很负的同位素组成降雨的入渗影响。同时，他们建立准稳态非等温模型，考虑了气态与液态混合区。

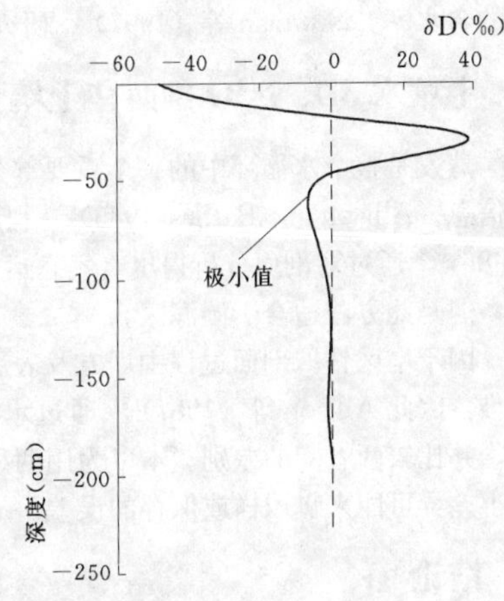


图 1　非等温蒸发条件下土壤水 δD 随深度变化图

### 1.4　非饱和、非稳态、等温蒸发

Walker 等 (1988)[12] 建立了非稳态等温蒸发模型，其中 Walker 等 (1988) 年建立的模型是将整个剖面分为了三个区域：气态运移区、气态液态混合运移区、液态运移区，模拟结果发现 δD、$\delta^{18}$O 是深度的玻尔兹曼函数，文章中同时还以实验数据对模型进行了验证。Barnes and Waler(1989) 所建立的模型是直接将整个剖面当做气态液态混合运移区。两者所建立的模型因参数随含水率变化很复杂，因此使得对数据的分析显得很困难。

对于非稳态蒸发来说，随着时间的推移蒸发率将会逐渐减少。Munnich(1980)[6] 认为他们所观察到的野外 δD、$\delta^{18}$O 剖面可以认为是处于准稳态，此时剖面变化趋势由瞬态蒸发所决定。

### 1.5　非饱和、非稳态、非等温蒸发

Barnes and Waler(1989)[13]，通过典型野外剖面分析得出，稳态与非稳态最大的区别在于剖面形状的不同。非稳态土壤蒸发 δD、$\delta^{18}$O 峰值依赖于土壤含水量及介质的水力特性。

以上文献主要考虑了土壤蒸发的第二阶段，而对于剖面随时间推移的变化情况并没有考虑。造成这种结果的原因主要是由于非饱和土壤非稳态蒸发条件下运移模型的解析解很难获得，为了克服此困难，在随后的研究中大量引入了数值解法。例如，Shurbaji 和 Phillips(1995)[14] 建立了非饱和带的水、同位素、热耦合方程并求其数值解，通过实验数据的验证得出，模拟效果较好。

## 2　土壤水 δD、$\delta^{18}$O 的影响因素

### 2.1　盐分的影响

盐分能改变水的化学活性，增加水表层温度，减小水蒸气压，导致蒸发减小。相同条件下，高盐分水体的蒸发富集程度要小于淡水[15]。Sofer 和 Gat(1972，1975)[16,17] 研究结果显示：盐分能减少平衡分馏，减小程度依赖于盐分的种类。对于动力分馏来说，其分馏程度主要依赖于土壤表层处的迂曲度、阻力系数等，而

盐分对这些参数没有影响。但动力分馏程度正比于湿度，因此盐分可通过改变湿度来影响动力分馏。

### 2.2 植被和分层土壤的影响

Bath(1982a，1982b)[18,19]的研究发现，地表存在植被的土壤剖面中 δD、$\delta^{18}O$ 的富集程度要小于裸土的。Zimmermann 等（1967）[5]研究显示，由于不同种植物的蒸散发量不同，根系深度的不同等，因此，其对同位素剖面的影响也将不同，在分析野外剖面数据时应几个因素综合考虑。

Forstel(1982)[20]在野外通过对比小枝中的水分与土壤水的同位素组成发现，植物从土壤中吸收水分的过程不发生同位素分馏。但可以造成同位素剖面发展较慢。Dawson and Ehleringer(1991)[21]基于 δD 研究河岸植物根系吸收水分的形式，结果表明小树吸收水分的同位素组成和附近溪流的相同。但对于大树来说，所吸收的水分并非与小树相同，而是从深层土壤中吸收水分，即使溪水对它来说亦是可吸收的水源。Thorbm 和 Walker(1994)[22]得出相似结论，研究表明大树即使是在洪水持续很长时间亦是从深层吸收水分。

蒸发过程中土壤水稳定同位素变化规律，是一个从简单到复杂，从考虑单一因素到多因素的过程。目前，国内应用氢氧稳定同位素研究土壤蒸发规律较少。主要有刘文杰等（2006）[23]，徐庆等（2007）[24]分别研究了西双版纳雨林、四川卧龙亚高山针叶林土壤蒸发过程中的同位素特征。

不同土质，如黏土，沙土，其土壤特性、蒸发率都不同。与沙相比，黏土有较低的水力传导度，能显著减弱土壤水下渗能力，致使更多水分滞留在黏土层中，从而影响土壤中同位素运动。Shurbaji and Campbell (1997)[25]在分析位于 New Mexico 东南的沙漠剖面时发现，剖面中黏土层相对于其他土质的层位，其具有较大的含水率。Newman 等（1997）[26]研究土壤分层对土壤水稳定同位素剖面的影响。

## 3 土壤水 δD、$\delta^{18}O$ 剖面在土壤蒸发中的应用

蒸发是整个水循环中的一个重要部分，通过土壤水 δD、$\delta^{18}O$ 剖面可以获取到土壤蒸发过程中相关的水文信息。Allison and Barnes(1985)[27]利用 δD、$\delta^{18}O$ 剖面估算了澳大利亚弗罗姆湖底处的蒸发量。Fontes 等 (1986)[28]通过对剖面分析得出，气态运移在干旱区具有重要意义，并利用氯离子剖面算最后一次降雨的时间，但是此方法适合于湿润区。

因干旱区钻取剖面过程中塌方及表层土壤含水率低等原因使得利用 δD、$\delta^{18}O$ 剖面研究蒸发率存在很大困难，因此 Allison 等（1987）[29]通过水与水汽、水与二氧化碳间的平衡分馏，反算出土壤水 δD、$\delta^{18}O$ 剖面，并比较两者间的差别。本以为用两种方法会存在不同，但测试数据显示两种推算出的剖面类似，存在的微小差异可能来自取样或保存的误差。

## 4 结论

土壤水蒸发过程中同位素变化规律的研究是基于实验发展起来的，后期根据总结的实验规律，基于同位素质量守恒建立了相关理论。是一个从简单到复杂，从考虑单一因素到多因素的过程。学者们在此方面的研究对于研究区域水循环，特别是干旱区具有重要意义，因为氢氧稳定同位素是水分子的组成部分，因此会随水分一起运移，不存在延迟等，是良好的示踪剂。

## 参考文献


[1] 孟春雷，崔建勇．干旱区土壤蒸发及水热耦合运移模式研究［J］．干旱区研究，2007，24（2）：141-145.

[2] Acheampong S Y，Hess J W. Origin of the shallow groundwater system in the southern Voltaian Sedimentary Basin of Ghana：an isotopic approach［J］．Journal of Hydrology，2000，233：37-53.

[3] Yakir D，da Silveira Lobo Sternberg L. The use of stable isotopes to study ecosystem gas exchange［J］．Oecologia，2000，123，297-311.

[4] Craig H and Gordon L I. Deuterium and oxygen—18 variations in the ocean and marine atmosphere［J］．Proc. Conf. Stable Isot. Oceanogr. Stud. Paleotemp.，Lab. Geol. Nucl.，Pisa. 9-130.

[5] Zimerman U，Ehhalt D and Munnich K O. Soil-water movement and evapotranspiration：changes in the isotopic composition of the water［C］．P. Proc. ZAEA Symp. Isot. Hydrol.，IAEA，Viema，1967. 567-584.

[6] Munnich K O，Sonntag C，Christmann D，et al. Isotope fractionation due to evaporation from sand dunes. . Mitt. Zentralinst. Isot. Stralenforsch［J］．1980，29：319-332.

[7] Allison G. B. The relationship between $^{18}O$ and deuterium in waterand sand columns undergoing evaporation［J］．J.

Hydrol, 1982, 55 : 163 - 169.

[8] Barnes C J. and Allison G B. The distribution of deuterium and $^{18}O$ in dry soils 1. theory [J]. J. Hydrol, 1983. 141 - 156.

[9] Allison G. B and Barnes C J. Estimation of evaporation from non-vegetated surface using natural deuterium [J]. Nature, 1983, 301: 143 - 145.

[10] Allison G. B, Barnes C J and M W Hughes. the distribution of deuterium and $^{18}O$ in dry soils 2 Experimental [J]. J. Hydrol., 1983, 64: 377 - 397.

[11] Barnes C J and Allison G B. the distribution of deuterium and $^{18}O$ in dry soils 3. theory for Non-isothermal water movement [J]. J. Hydrol., 1984, 74: 119 - 135.

[12] Walker G. R, Hughes M W, Allison G. B, et al. the movement of isotopes of water during evaporation from a bare soil surface [J]. J. Hydrol., 1988, 97: 181 - 197.

[13] Barnes CJ and Waler GR. The distribution of deuterium and oxygen—18 during unsteady evaporation from a dry soil [J]. J. Hydrol., 1989, 112: 55 - 67.

[14] Shurbaji A R M, Phillips F M. A numerical model for the movement of $H_2O$, $H_2{}^{18}O$, and $^2HHO$ in the unsaturated zone [J]. J. Hydrol., 1995, 171: 125 - 142.

[15] Barnes C J and Allison G B. tracing of water movement in the unsaturated zone using stable isotopes of hydrogen and oxygen [J]. J. Hydrol., 1988, 100: 143 - 176.

[16] Sofer Z, Gat J R. Activities and concentrations of oxygen—18 in concentrated aqueous salt solutions: analytical and geophysical implications [J]. Earth Planet. Sci. Lett., 1972, 15: 232 - 238.

[17] Sofer Z, Gat J R. The isotopic composition of evaporating brines: effect of the isotopic activity ratio in saline solutions [J]. Earth Planet. Sci. Lett., 1975, 26: 179 - 186.

[18] Bath A H, Darling W G and Brunsdon A P. the stable isotope composition of infiltration moisture in the unsaturated zone of English chalk [C]. In: H. L. Schmide. H. Forstel and K. Heinzinger, Stable Isotopes. Elsebier, Amsterdam, 1982a: 161 - 166.

[19] Bath A H, Darling W G and Brunsdon A P. $^{18}O/^{16}O$ and $^2H/^1H$ in rainfall and in the unsaturated zone water of Chalk Aquifers; A contribution to studies of recharge mechanisms. Inst. Geol. Sci., Stable Isot. Tech. Rep. No. 20, Hydrologeol. Unity Rep. 1982b, WD/ST/82/9.

[20] Forstel H. $^{18}O/^{16}O$-ratio of water in plants and in their environment [J]. In Stable Isotopes. Eds. H-L Schmidt, H Forstel and K Heizinger. 1982: 503 - 509.

[21] Dawson T E and Ehleringer J R. Streamside trees that do not useStream water [J]. Nature, 1991, 350 : 335 - 336.

[22] Thorbm P J and Walker G R. Variations in strearn water uptake by Eucalyptus camaldulensis with differing access to Stream water [J]. Oecologia, 1994, 100 : 293 - 301.

[23] 刘文杰，李鹏菊，李红梅，等. 西双版纳热带季节雨林林下土壤蒸发的稳定性同位素分析 [J]. 生态学报，2006，26 (5)：1303 - 1311.

[24] 徐庆，刘世荣，安树青，等. 四川卧龙亚高山暗针叶林土壤水的氢稳定同位素特征 [J]. 林业科学，2007，43 (1)：8 - 14.

[25] Shurbaji A R M, Campbell A R. Study of evaporation and recharge in desert soil using environmental tracers, New Mexico, USA [J]. Environ Geol., 1997, 29: 147 - 151.

[26] Newman B D, Campbell A R, Wilcox B P. Tracer-based studies of soil water movement in semi-arid forests of New Mexico [J]. J. Hydrol., 1997, 196: 251 - 270.

[27] Allision G B and Barnes C J. Estimation of evaporation from the normally dry lake Frome in South Australia [J]. J. Hydrol., 1985, 78: 229 - 242.

[28] Fontes J CH, Youset M and Allison G B. Eatimation of long-term, diffuse groundwater discharge in the northerm samara using stable isotope profiles in soil water [J]. J. Hydrol., 1986, 86: 315 - 327.

[29] Allison G. B, Cloin-kaczala C, Filly A, et al. Measurement of isotopic equilibrium between water, water vapour and soil $CO_2$ in arid zone soil [J]. J. Hydrol., 1987, 95: 131 - 141.

# Stable isotopes in soil water during evaporation

Liu Xiaoyan[1] Chen Jiansheng[1,2]

(1. College of civil and transportation engineering, Hohai university, Nanjing 210098;
2. College of earth sciences and engineering, Hohai university, Nanjing 210098)

**Abstract** The theory of stable isotopes in soil water during evaporation is introduced in this paper, based on the theory of stable isotopes profiles development. Then the effects of salt, plants and different soil horizons on stable isotopic composition of soil water are analyzed. Finally, we introduced the application of stable isotopic profiles on obtaining hydrology information.

**Key words** soil water; stable isotopes; evaporation

# 塌陷地震与地壳深部水循环的关系初探*

陈建生　刘　震

（河海大学地球科学与工程学院　南京　210098）

**摘　要**　研究发现，板内浅源地震都发生在上地壳的下部，而且地震区的中地壳中都有高导低速层存在。通过对羌塘盆地水量平衡分析得出羌塘地表水体存在严重渗漏，进一步的同位素及地球物理探测数据显示，此渗漏水通过深部水循环方式补给到羌塘以北的鄂尔多斯盆地地区，深循环的常温水在地球物理探测数据上表征出高导低速的性质。同时板内浅源地震几乎都产生地面塌陷、岩体总体积减小、高导低速层发生改变的结果，并伴有井喷现象的发生。因此，我们推测这种地层结构下的水循环机制也很可能成为塌陷地震的主要诱因。

**关键词**　高导低速层；同位素；深部水循环；渗漏补给；空洞层；塌陷地震

## 1　引言

目前，地下流体及其与构造作用、地震活动的关系已逐渐引起地质学家的关注，而且已成为当今地球科学研究的热点。全球许多地震带与温泉、地下 $CO_2$ 的出露带在空间分布上的一致性已是一个不争的事实[1]，这预示着地震活动和地下流体二者之间存在着本质的联系。一些研究结果表明，地下流体在地震的孕育和发生的过程中起着重要的作用。

以大地电磁测试及其他地球探测技术为支撑的地震研究证实，板内浅源地震都发生在板块的缝合带上，震源在上地壳的下部，地震发生的中地壳存在高导低速结构。调查发现，大地震发生后，原来在中地壳的高导低速结构会发生明显的变化，或者消失、或者转移到上地壳。并且地震发生后出现了地面塌陷，如唐山大地震和汶川地震，如果地下没有空洞层，那么岩体破碎后体积将增加，地面不会塌陷，因此可能是由于地下有储存破碎岩体的空间所以出现地面塌陷。另外，2004 年 12 月 26 日印度尼西亚苏门达拉 8.5 级的大地震发生后十几分钟，广东梅州的地震观测井发生了井喷，井水喷出地表的高度超过了 50m，连续喷发了 12 天[2]，可见地震发生后会伴有地下水的异常运动。

传统的水文地质理论认为，地下水的循环区域仅限于上地壳浅层。然而，研究发现，远程补给的地下水维系了北方沙漠中的湖泊，祁连山、青藏高原的地下水可能经过深循环补给到了阿拉善高原[3]，地壳中可能存在地下水的深循环。地球物理勘探证实，地震发生后引起地面塌陷、地下水的异常运动、高导低速层消失或上移等一系列的现象，因此我们推测塌陷地震是否与地下水的深循环有关？

## 2　渗漏和深部水循环的证据

### 2.1　西藏内流区羌塘地表水的渗漏证据

西藏高原面积 120 万 $km^2$，分为内流区和外流区，其面积分别为 61 万 $km^2$、59 万 $km^2$，实测外流区的径流量为 4280 亿 $m^3$，内流区根据蒸发量估算的径流量为 202 亿 $m^3$，相差 20 倍之多。通过北羌塘的卫星遥感图像发现，很多河流来自冰川融雪补给，河流宽度超过 1km，但是河流没流多远就消失了，并未形成湖泊。周石硚研究发现，青藏高原内流区的纳木错湖泊存在严重的渗漏[5]，纳木错湖每年的渗漏量接近 90 亿 $m^3$。地球物理勘探证实，羌塘地块岩石圈中水平和垂直方向都存在连续的高导低速层，而且地温梯度偏低，从而排除了岩石圈中高导低速构造是熔融的岩浆，推测与地表水渗漏有着一定的因果关系。

### 2.2　羌塘渗漏远程补给的同位素证据

中国北方的鄂尔多斯、内蒙古高原、太行山、大兴安岭以及松辽盆地属于干旱或半干旱地区，降水量在 150～650mm 之间，70%的降水集中在 7～9 月，但是这些地区的地下水非常丰富，太行山南部一带广泛分

---

* 基金项目：国家自然科学基金资助项目（50579017）；中央高校基金（2010B19314）。

第一作者简介：陈建生（1955—　），男，博士，现任教授，主要从事同位素水文学、渗流理与探测方面的教学与研究工作。E-mail：jschen@hhu.edu.cn

布着岩溶泉，据不完全统计，天然流量在 $1m^3/s$ 以上的大泉约 60 个，其流量超过 $200m^3/s$，成为北方最主要的水源[6]。鄂尔多斯是一个大水盆，每年地下水的补给量为 105 亿 $m^3$[7]。

我们调查了鄂尔多斯盆地的湖泊、河流、泉水和井水，发现湖泊与河流是接受泉水的补给：泉水、井水的 $\delta D$ 和 $\delta^{18}O$ 变化范围为－56‰～－83‰和－6.9‰～－10.6‰，平均值为－67‰和－8.8‰，然而降水 $\delta D$ 和 $\delta^{18}O$ 的加权平均值变化范围为－43‰～－53‰和－6.1‰～－7.7‰，平均值为－47‰和－7.0‰。降水比泉水、井水偏正很多，因此降水可能并非为地下水的主要补给源。最后通过水量平衡得出，深层地下水存在充分的外源补给。

在降水量小于 400mm 的山西阳泉的娘子关泉群的多年平均流量 $10.93m^3/s$，娘子关泉群（10 个泉）中的 $\delta D$ 和 $\delta^{18}O$ 比北方降水的均值分别偏负 20‰和 2.5‰，排除了来自当地降水补给的可能性。同时通过对鄂尔多斯当地地下水同位素的分析研究发现，该同位素组成和分布与西藏内流区基本吻合。

综上所述，羌塘地表水存在严重渗漏，并可能通过地下某种渗漏通道补给上述地区，又因为所有的地下分水岭都对应着基底大断裂，又因为当地泉水和井水中的氦、氖同位素数据表明地下水中的 He 来自地壳深部。因此，我们进一步推断该渗漏补给机制可能与基底大断裂有关。

### 2.3 地壳深部水循环存在的证据

高导低速层的形成主要有四种可能性：金属矿层、石墨层、含水层和熔融的岩浆层[8]。通过磁场、重力和地震波探测已经排除了金属矿与石墨层的可能性；通过壳幔电性结构、地震波数据，再基于热量平衡分析，排除了高导层是熔融或半熔融状岩浆的可能性；对于高导层是含水层的看法有些学者提出质疑，他们认为中地壳的温度在 400℃以下，地下水没有可能进入到这么深的地层中，因为超临界流体的介电常数明显下降，地层导电性是不可能显示高导的，所以我们认为是低温水表现出了高导低速的性质。

#### 2.3.1 地温梯度证据

深循环的地下水将带走岩石圈大量热量，使导水通道上覆岩石圈温度降低，将会导致带状的低温带的存在。这里特以我国一些主要盆地晚侏罗世—早白垩世以来地温梯度变化[9]为例，进一步证明高导低速深循环导水通道的存在。

**表 1　我国沉积盆地晚侏罗世—早白垩世以来地温梯度变化**

| 盆地名称 | 地温梯度（均值）（℃/100m） | | | 地温梯度下降（%） | 深层承压水 | 中地壳高导低速层 | 地震活动 |
|---|---|---|---|---|---|---|---|
| | 侏罗世—白垩世（任战利，2001） | 现今 | 数据来源 | | | | |
| 准噶尔盆地 | 2.7 | 1.16～2.65 | 王社教，2000 | 29.4 | 存在 | 存在 | 是 |
| 鄂尔多斯盆地 | 3.6～4.3 | 2.32 | 李清林，1996 | 41.3 | 存在 | 存在 | 边缘是 |
| 塔里木盆地 | 2.5 | 2.0 | 李慧莉，2005 | 20.0 | 存在 | 存在 | 边缘是 |
| 酒泉盆地 | 3.75～4.50 | 2.51～3.00 | 任战利，2000 | 33.2 | 存在 | 存在 | 是 |
| 柴达木盆地 | 3.06～3.44 | 2.26 | 邱楠生，2001 | 30.5 | 存在 | 存在 | 是 |
| 土哈盆地 | 3.0 | 2.5 | 张世焕，2000 | 16.7 | 存在 | 存在 | 是 |
| 海拉尔盆地 | 4.0～5.8 | 2.6 | 陈守田，2004 | 46.9 | 存在 | 存在 | 是 |
| 沁水盆地 | 5.56 | 2.82 | 孙占学，2006 | 49.3 | 存在 | 存在 | 是 |
| 松辽盆地 | 5.0～6.0 | 3.70 | 任战利，2001 | 32.7 | 存在 | 存在 | 是 |
| 华北盆地 | 5.25 | 3.24 | 林世辉，2005 | 38.3 | 存在 | 存在 | 是 |
| 四川盆地 | 2.83 | 1.8～2.5 | 卢庆治，2005 | 24.0 | 存在 | 存在 | 是 |
| 南海盆地 | 4.37 | 2.84 | 杨树春，2003 | 35.0 | 存在 | 存在 | 是 |

由表 1 可以得出，地温梯度下降地区一般都存在深层承压水，并存在高导低速层，且伴有地震活动的发生，这也进一步说明了高导低速层和板内浅源塌陷地震有着确为密切的因果关系。

#### 2.3.2 白云岩形成证据

白云岩都是在高温条件下形成的，在鄂尔多斯盆地存于二叠系以前沉积岩的孔隙、溶洞或裂隙之中，白云岩一般成粒状，很多白云石具有“雾心亮边”结构，即中心模糊而周围透明，这是由于白云岩形成初期含盐量高，而后期为淡水环境所造成的。那么这些淡水从哪里来呢？

同时对于白云岩中 $Mg^{2+}$ 的来源也是众说纷纭，张景廉等人（2003）认为[10]，当上地幔富含 $Mg^{2+}$、$Fe^{2+}$ 的橄榄岩底辟上升到中地壳后，发生了广泛的蛇纹石化，同时释放出大量 $Mg^{2+}$、$Fe^{2+}$ 并在中地壳形成了高导低速层。正是这种富 $Mg^{2+}$、$Fe^{2+}$ 的热液上升到碳酸盐岩地层，便发生了广泛的白云石化及铁白云石沉淀。白云岩的这种形成机制猜想，也为深部水循环以及离子运移假定提供了有力证据。

## 3 空洞层塌陷地震与地下水深循环关系讨论

### 3.1 可能的成震机制

#### 3.1.1 中地壳常温导水空洞层形成

研究证实，两个板块碰撞时，出现一个板块插入到另一个板块之下，在板块的挤压作用下造成地幔岩浆局部温度升高，从而发生体积膨胀。同时，插入的板块上携带的大量水分在高温、高压下脱离板块本身，紧接着这些脱出的水分便随着上涌的岩浆，沿断裂带一起被带出地表。在 $t=374.15℃$，$p=22.1MPa$ 这一超临界温、压条件下常态的水会变成超临界态[11]，从插入板块中脱出的水分在特定的条件下，变成非气非液的超临界态水（SCW）。这种 SCW 有极强的萃取作用，它可以从岩浆或围岩骨架中将金属矿物元素萃取出来并形成超临界态流体（SCF）。

对于中地壳导水空洞层形成而言，上涌接近地表的岩浆，随着温度、压力的降低，SCW 向正常态（液态）转化，先前 SCF 所萃取的矿物溶质后来析出矿物，并沉淀下来，形成上地壳断裂带的“矿脉”，冷凝的岩石矿脉则将岩浆喷发的通道封堵下来。然而板块的运动并未停歇，插入板块所携带的大量水分还继续向地幔岩浆中输入，板块中的水则继续经过高温高压“脱水作用”很快变成 SCW。聚集在中、下地壳的 SCW 密度较小，在岩浆浮力作用下向上运动，由于上地壳断裂带被封堵，因而只能聚集在中、下地壳断裂带当中，并不断的置换中下地壳中的岩浆，继续发生强力萃取的作用，形成 SCF 聚集层。

由于俯冲板块阻隔了地幔岩浆高温通过对流方式对上覆岩石圈的升温作用，并且，新生代以来，可能的地表水沿断裂带渗漏到中下地壳，起到降温作用。聚集在中、下地壳中的 SCW 温度降到临界点以下，从而变成液态。矿物元素溶质则逐渐析出并向下沉淀成矿，变成可能的下地壳空隙中的 Ca、Mg 质矿物层，而变为正常态的水则存留在中地壳，形成常温的导水通道，这中假定的导水通道形成机制或许就为地下水的深部循环带来可能。

#### 3.1.2 塌陷地震的形成

塌陷地震的能量从哪里来？能量是如何聚集的？我们认为，地震能量可能是在板块俯冲岩浆上涌过程中聚集的。当俯冲板块的脱水进入中地壳后置换了其中的岩浆，形成空洞，岩石圈冷却增厚是空洞中的水与地表连通。空洞上部岩石冷却后，岩体性质变脆、收缩、裂隙增大，岩体节理变疏松，在外力的作用下发生塌陷的可能性大大增强。塌陷后的岩块势能转变成震动能释放，进而以波的形式通过入渗到中地壳导水通道中的水，以深循环的方式向远处传播。岩石跌落到空隙带后，将使空隙带中的地下水压力突增，水压力沿着空隙带传递，并在油气井或深井中形成井喷，在水压力作用下引发松散的岩体跌落，引起新的地震。

一次地震发生后在巨大的震动作用下也破坏了周围空隙带岩石的结构，造成连锁的塌陷，这就是地震的聚集效应。空隙带的高度取决于形成时的地温梯度，在大陆上一般空隙带的高度可以达到 10km 甚至更高。在不同地质历史时期产生的断裂空隙带在空间上很容易产生重合区，因为大陆上地壳的厚度一般为 10～20km，两个相交的断裂带一般都会存在重合区，所以，在空隙带中循环的地下水可以流经不同的断裂空隙带被输送到几千千米之外的排泄区。

### 3.2 深部水循环通道塌陷成震的证据

#### 3.2.1 高导低速层发生改变

地震后，地层的电性结构会发生很大的变化，空洞层的导电性能降低，密度增加，而上覆地层导电性增加，密度减小，最终导致康氏面下部的高导低速层范围减小或者转移到上部，甚至消失。两次较强的地震是 1057 年北京南郊的 6.75 级地震和 1484 年居庸关一带的 6.5 级地震，地震发生后三河—平谷一带下地壳电性结构产生了不连续，震源对应下部的高导低速层消失了[12]。

我们还调查了发生过 8 级地震的地区，1920 年海原发生了 8.5 级地震，地震带中地壳的高导层消失了，转移到了上地壳；甘肃古浪1927年发生了8级地震，震源区中地壳高导层也消失了。这些例子表明，板内浅源地震可能都是中地壳导水空洞层的塌陷造成的。

#### 3.2.2 地震发生前后地下水位变化

除了2004年印尼地震之后广东梅州的井喷事件，还有2001年11月14日昆仑山发生了8.1级的大地震，大地震发生前后，920km以外的乌鲁木齐和1450km以外的四川会理地区的地下水位、水质、水温发生了异常，油气田出现了井喷[13]。地震普遍发生在沉积盆地中，这些沉积盆地都存在深层承压水，地震可以引起数千千米以外地下水位的异常，甚至出现井喷等，距离震中几百甚至几千千米的井喷现象很难用地震波理论来进行解释。

#### 3.2.3 地震前后地温梯度异常

地震发生的地区，常常伴随地下水系统的重新分布，同时还常常伴有地温梯度的变化。参考本文2.3.1节表1中数据，笔者认为，岭南和贵州地区在中生代以来发生了大规模的岩浆喷发与侵入，热膨胀所产生的张性断裂带都被涌出的岩浆所填充，地幔热量可以通过热传导方式传递到地表，所以地温梯度明显偏高，而且由于空隙带被填充，就不会发生空隙带塌陷事件，当然也就不会发生地震了。盆地温度降低是由于盆地中存在导水的断裂空隙带，地震波经过空隙带表现为低速，而地下水在空隙带中的循环表现为高导层。

#### 3.2.4 地震前后岩体体积变化

我们知道，一个完整的岩石破碎之后体积是要增加的，因为岩石破碎后孔隙增加了。如果地震发生带下部地层是没有空洞的完整岩体，地震发生之后地表应该出现隆升，但是实际情况不是这样。比如昆仑山地震发生后，则形成了沉陷。

因此我们认为，地震发生处的岩石圈内一定有较大的空洞存在，破碎的岩块落入地下导水空洞层，才会导致岩体破碎体积减小，这也为地下水位的变化、水的深部循环乃至井喷现象找到了比较合理的解释。

## 4 结论

地震研究发现，几乎所有的板内浅源地震都发生在高导低速层上部地壳中，并且地震发生前后高导低速层性质会产生变异，地温梯度变化，同时伴有地面总体塌陷，外部地区涌水、喷水等现象发生。通过以西藏高原内外、流区降水量、蒸发量和径流量的数据对比，得出内流区地表水发生严重渗漏，而且通过对鄂尔多斯地下水同位素以及水量测定，得出其存在外源水补给。通过大地电磁测量、地震波测量理论等方法，得到在研究区域之间存在具有连续高导性质的低速区，我们推测此高导低速层可能是深部的导水通道。

运用同位素测试、大地电磁测量、地震波测试、热平衡等测试方法对地下水深循环存在的证据进行研究，采用类似的方法对地震产生区进行测试取证，通过对高导低速层性质的变化、地震前后地下水位变化、地温梯度变化以及体积改变理论方面的论证，我们推断深部导水通道空洞层的塌陷可能就是诱发板内浅源地震的主要原因。

## 参考文献

[1] 张虎男．火山活动、地震活动、水热活动关系［A］．//刘若新．火山活动作用与人类环境［C］．北京：地震出版社，1995：101-107.

[2] 瑜林，申绪．中新社，2005.

[3] Chen J S, Li L, Wang J Y, et al. Major desert groundwater resource maintains the world's highest stationary sand dunes [J], Nature, 2004, 432: 459-460.

[4] 陈传友．羌塘高原水资源及其开发利用［J］．自然资源学报，1989，4（4）：298-307.

[5] 冯长根．青藏高原冰川融水深循环及其环境地质效应［M］．北京：中国科学技术出版社，2009.

[6] 韩行瑞，张凤岐，李博涛．中国北方岩溶泉［J］．工程勘察，1985（4）：65-68.

[7] 侯光才，张茂省，王永和，等．鄂尔多斯盆地地下水资源与开发利用［J］．西北地质，2007，40（1）：7-34.

[8] 顾芷娟，郭才华，李彪，等．壳内低速高导层成因初步探讨［J］．中国科学，1995，25（1）：108-112.

[9] 任战利，赵重远．中生代晚期中国北方沉积盆地古地热梯度及对比［J］．石油勘探与开发，2001，28（6）：1-4.

[10] 张景廉，曹正林，于均民．白云岩成因初探［J］．海相油气地质，2003，8（1-2）：109-115.

[11] 赵保国，刘玉存．超临界水的性质及氧化反应原理［J］．山西化工，2007，27（4）：13-17.

[12] 邓前辉，等．三河—平谷8级大震区地壳上地幔电性结构特征研究［J］．地震地质，2001，23（2）：178-185.

[13] 高小其，许秋龙，王道．昆仑山口西 8.1 级地震前后地下流体远场效应的研究 [J]．高原地震，2002，14 (3)：12 -20.

# Relationship between Collapse Earthquakes and Deep Water Cycle of the Earth's Crust Investigation

Chen Jiansheng Liu Zhen

(School of Earth Science and Engineering，HoHai University，Nanjing 210098)

**Abstract** According to certain investigations，we can conclude that all shallow earthquakes in board occur under upper crust，and there always exist high conductive and low speed layers in middle crust. After water balance analysis of Qiangtang basin we can come to a conclusion that it appears serious seepage in there，meanwhile，the coming isotope and Geophysical detecting data show that the seep water flow to Ordos basin from Qiangtang，and the floating water represents certain attribute of high conductive and low speed. At the same time，this kind of earthquake almost leads to ground collapse，decrease of whole rock volume，changes of high conductive and low speed layers and well eruption. Above all we can speculate that the water of Xizang seep to Ordos in this certain way called deep water cycle system which may mostly result in collapse earthquakes as a consequence.

**Key words** high conductive and low speed layers；isotope；deep water cycle；supplement of seepage；empty layers；collapse earthquakes.

# 采用降水氘盈余确定新疆水分内循环比例*

孔彦龙　庞忠和

（中国科学院地质与地球物理研究所工程地质力学重点实验室　北京　100029）

**摘　要**　蒸发是全球水循环中的重要过程。水分内循环是指本地蒸发对本地降水的贡献。本文改进了采用氘盈余确定水分内循环比例的方法。计算主要基于降水过程中的同位素演化原理，即云下蒸发使氘盈余降低，而水分内循环使氘盈余增加。需要用到的基本参数是降水稳定同位素、雨滴半径、湿度、温度与降水高度等。计算过程主要分为两个步骤：首先矫正云下蒸发对氘盈余的影响；然后采用混合模型计算水分内循环比例。以新疆地区为实例，在东天山高山和后峡站进行为期一年的逐次降水观测，计算出新疆乌鲁木齐站降水中水分内循环比例为8%。该方法观测资料容易获得，计算简便且精度高，是传统的气象学方法难以替代的。

**关键词**　降水；氘盈余；水分内循环；本地蒸发；新疆

## 1　引言

水分内循环是指降水至地面或地下以后，部分蒸发重返大气，再次形成降水，降落至本地的过程，国外也将之称为水汽再循环（moisture recycling）。因其在研究陆气相互作用以及气候和土地利用变化对水资源影响中所发挥的重要作用，水分内循环成为了当前研究的热点[1~3]。

计算水分内循环的方法主要基于区域气候模型和水汽运移轨迹，但其误差较大，可靠性不高[4]。在气象观测资料难以获得的地区，计算难度更大。同位素技术自 20 世纪 50 年代被引入到水循环研究领域以来，为水循环特征的研究提供了一种有效、快捷的途径[5]。通过降水观测，进而分析降水同位素特征，可以计算氘盈余，确定获得水分内循环的比例。

Peng et al.[6] 和 Froehlich et al.[4] 提出了采用氘盈余计算水分内循环比例的方法，但是其方程中，有一些参数如降水过程中的蒸发速率、外来水汽同位素比值等不好确定，本文结合传统气象学方法，在前人基础之上，给出降水氘盈余确定水分内循环比例的方法。

新疆是我国最大的内陆干旱区，水资源意义十分突出。在当前气候变化的背景下，水资源变化的未来情景还不清楚。因此，查明其水循环模式，显得十分必要。新疆主要受西风带控制，偶有北冰洋水汽混入[2,7]。Pang et al.[2] 进一步指出，新疆的降水中有内循环水汽混入。但是，水分内循环所占比例并不清楚。本文将改进后的氘盈余确定水分内循环比例的方法引入干旱区，计算新疆地区水分内循环所占比例。

## 2　研究区概况

新疆地区地貌轮廓鲜明，山脉与盆地相间排列，形成“三山夹两盆”的地貌形态（图 1）。由南至北排布着昆仑山、塔里木盆地、天山、准噶尔盆地、阿尔泰山。天山横亘中部，将新疆分为南北两部分。新疆地区多年（1962～2009 年）平均温度为 10℃，年均（1962～2009 年）降水量为 112mm，且降水多在山区发生，平原区降水产流能力极弱，盆地中部存在大面积荒漠不产流区。

## 3　采样与分析

在东天山地区高山站和后峡站逐次进行为期一年（2003～2004 年）的降水采样，共收集到样品 147 个（图 1）。同时收集相应的气象信息，包括气温、降水量与湿度等。将所有样品送往中国科学院地质与地球物理研究所稳定同位素实验室，采用 MAT－253 进行测试，$\delta^{18}O$ 与 $\delta^{2}H$ 的测试精度分别为 0.02‰和 0.2‰（VSMOW）。

---

* 基金项目：中国科学院知识创新工程重要方向项目（kzcx2-yw-127）；国家自然科学基金（40672171）资助。

第一作者简介：孔彦龙（1987—　），河南兰考人，2008 年毕业于吉林大学，现为在读硕士研究生，研究方向为同位素水文学。Email：- kongyanlong917@163.com

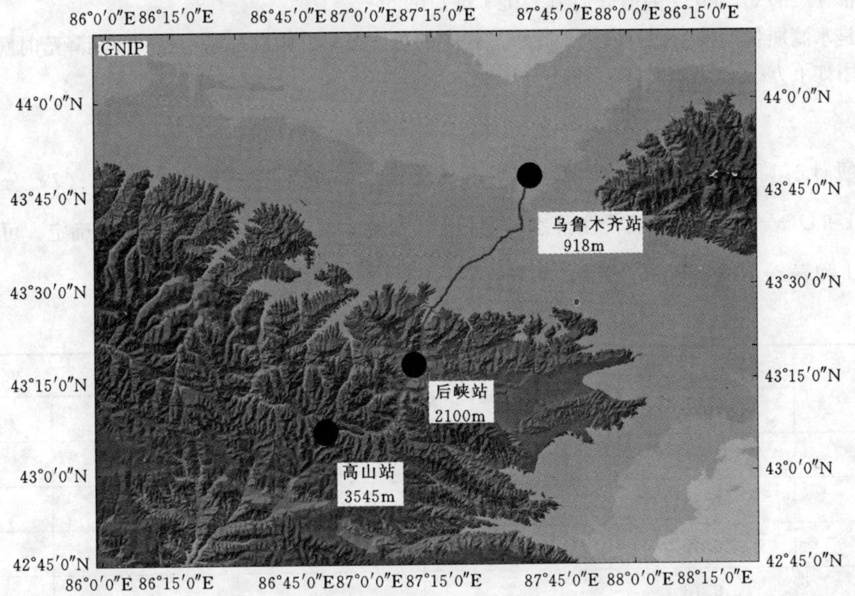


图 1　研究区及采样点所在位置

## 4　计算方法

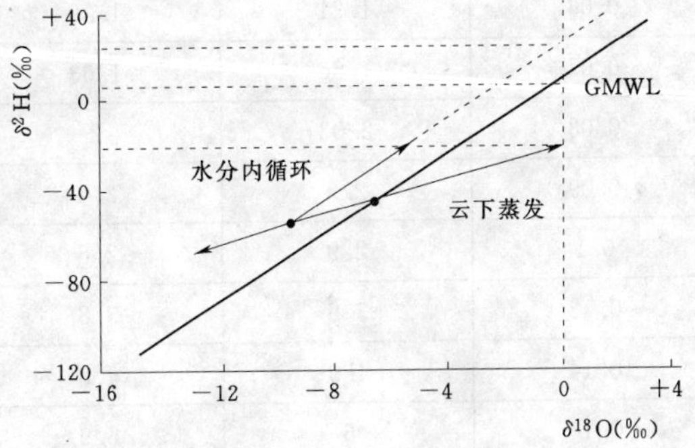


图 2　水分内循环与云下蒸发控制的降水同位素演化示意图

降水过程中，发生蒸发，称为二次蒸发现象。二次蒸发会引起同位素的富集，同时降低氘盈余[8]；而从陆表蒸发的水汽再形成降水，也就是水分内循环的过程则会抬高氘盈余。二次蒸发与水分内循环对同位素的影响见图 2。

因此采用氘盈余确定水分内循环的比例，需要分为两个步骤，一是矫正云下蒸发过程对降水氘盈余的影响；二是采用混合模型计算水分内循环比例。

### 4.1　云下蒸发的校正

假定云层底部的降水与周围水汽处于平衡分馏的状态，则氘盈余的改变为

$$d-d_c={}^2F-8\,{}^{18}F \tag{1}$$

式中：$d$ 和 $d_c$ 分别是采样点和云层底部的降水氘盈余。

参数 ${}^2F$ 和 ${}^{18}F$ 的计算方法如下：

$${}^iF=\left(1-\frac{{}^i\gamma}{{}^i\alpha}\right)(f^{\beta}-1) \tag{2}$$

式中：$i$ 分别代表‘2’（$^2$H）和‘18’（$^{18}$O）；$\alpha$ 是平衡分馏系数，可以通过下列方程[9]确定：

$$10^3\ln\alpha^{18}O_{W-V}=1.137(10^6/T^2)-0.4156(10^3/T)-2.0667 \tag{3}$$

$$10^3\ln\alpha^2H_{W-V}=24.844(10^6/T^2)-76.248(10^3/T)+52.612 \tag{4}$$

式中：$T$ 为温度，K（开尔文）。

参数 $\gamma$ 和 $\beta$ 的计算方法如下：

$$\gamma^i=\frac{\alpha^ih}{1-\alpha^i(D/D')^n(1-h)} \tag{5}$$

$$\beta^i=\frac{1-\alpha^i(D/D')^n(1-h)}{\alpha^i(D/D')^n(1-h)} \tag{6}$$

其中 $h$ 是相对湿度；通过 Stewart[10] 的实验分析，$n$ 取值为 0.58。$D$ 和 $D'$ 分别是水和重水在大气中的扩

散系数，对于$^{2}H$和$^{18}O$，$D/D'$的值分别为1.024和1.0289。

参数$f$是水滴质量的残余比，取决于降水过程中的蒸发速率，雨滴初始半径和雨滴降落时间。雨滴降落速度可以采用如下方程[10]进行计算：

$$v_{evap}=4\pi aD\left(1+\frac{Fa}{s'}\right)(\rho_a-\rho_b) \tag{7}$$

为了方便计算降水过程中的蒸发速率，Kinzer 和 Gunn[11] 进一步将方程式（7）分成两部分，$4\pi a\left(1+\frac{Fa}{s'}\right)$和$D(\rho_a-\rho_b)$，前一部分由降水半径和温度确定；后一部分由湿度和温度确定。可以通过查如下表格（表1和表2），确定降水过程中的蒸发速率。

**表1** **$v_{evap}$与降水直径和温度的关系**

| 雨滴直径 (cm) | t(℃) | | | | |
|---|---|---|---|---|---|
| | 0 | 10 | 20 | 30 | 40 |
| 0.01 | 0.086 | 0.082 | 0.079 | 0.076 | 0.073 |
| 0.02 | 0.29 | 0.29 | 0.29 | 0.28 | 0.28 |
| 0.03 | 0.49 | 0.48 | 0.48 | 0.47 | 0.47 |
| 0.04 | 0.73 | 0.72 | 0.71 | 0.7 | 0.69 |
| 0.05 | 1.01 | 0.99 | 0.97 | 0.96 | 0.94 |
| 0.06 | 1.31 | 1.29 | 1.27 | 1.25 | 1.24 |
| 0.07 | 1.66 | 1.63 | 1.61 | 1.58 | 1.55 |
| 0.08 | 2.03 | 2 | 1.97 | 1.94 | 1.91 |
| 0.09 | 2.5 | 2.4 | 2.4 | 2.3 | 2.3 |
| 0.1 | 2.9 | 2.8 | 2.8 | 2.7 | 2.7 |
| 0.12 | 3.9 | 3.8 | 3.7 | 3.6 | 3.6 |
| 0.14 | 4.9 | 4.8 | 4.7 | 4.6 | 4.5 |
| 0.16 | 6 | 5.9 | 5.8 | 5.7 | 5.6 |
| 0.18 | 7.3 | 7.2 | 7 | 6.9 | 6.8 |
| 0.2 | 8.8 | 8.5 | 8.3 | 8.1 | 8 |
| 0.22 | 10.5 | 10.1 | 9.9 | 9.6 | 9.4 |
| 0.24 | 12.4 | 12 | 11.7 | 11.3 | 11 |
| 0.26 | 14.7 | 14.2 | 13.8 | 13.3 | 12.8 |
| 0.28 | 17.2 | 16.6 | 16 | 15.4 | 14.9 |
| 0.3 | 20.1 | 19.3 | 18.5 | 17.8 | 17.2 |
| 0.32 | 23 | 22 | 21 | 21 | 20 |
| 0.34 | 27 | 26 | 25 | 24 | 23 |
| 0.36 | 31 | 30 | 28 | 27 | 26 |
| 0.38 | 35 | 34 | 32 | 31 | 29 |
| 0.4 | | | 36 | 35 | 33 |
| 0.42 | | | | 39 | 37 |

**注** 本表据参考文献[11]。

表 2 $v_{evap}$ 与湿度和温度的关系

| 相对湿度 | t(℃) | | | | |
|---|---|---|---|---|---|
| | 40 | 0 | 10 | 20 | 30 |
| 10 | 0.61 | 0.98 | 1.47 | 2.06 | 2.68 |
| 20 | 0.54 | 0.87 | 1.29 | 1.79 | 2.36 |
| 30 | 0.48 | 0.76 | 1.12 | 1.55 | 2.05 |
| 40 | 0.41 | 0.65 | 0.95 | 1.32 | 1.75 |
| 50 | 0.34 | 0.54 | 0.78 | 1.09 | 1.45 |
| 60 | 0.27 | 0.43 | 0.63 | 0.86 | 1.15 |
| 70 | 0.2 | 0.32 | 0.46 | 0.64 | 0.85 |
| 80 | 0.135 | 0.21 | 0.31 | 0.42 | 0.56 |
| 90 | 0.067 | 0.109 | 0.159 | 0.21 | 0.28 |
| 100 | 0 | 0 | 0 | 0 | 0 |

注 本表据参考文献 [11]。

降水时间主要取决于降水速率和降水高度。降水速率可以采用如下方程[12]进行计算：

$$v=9.58\left\{1-\exp\left[-\left(\frac{r}{0.885}\right)^{1.147}\right]\right\} \tag{8}$$

式中：$V$ 为降水速率，m/s$^{-1}$，$r$ 是降水半径，mm。

### 4.2 水分内循环比例的确定

在矫正过云下蒸发对氘盈余的影响，即确定了 $d_c$ 之后，就可以采用混合模型，确定水分内循环的比例：

$$f_c=\frac{d-d_{adv}}{d_{evap}-d_{adv}} \tag{9}$$

式中：$f_c$ 为水分内循环比例；$d$，$d_{adv}$ 和 $d_{evap}$ 分别为本地降水、外来水汽和本地水汽的氘盈余。

确定外来水汽的氘盈余是一个难点，在不同的地区常基于不同的假设，由特定时段的降水氘盈余代替，如在阿尔卑斯山地区，Froehlich et al.[4]用当地 1～3 月未发生蒸发的降水代替；在我国新疆地区，Pang et al.[2]证明 0℃以下的山区降水中内循环与云下蒸发过程极其微弱，对降水同位素和氘盈余的影响很小，因此可以基于 0℃以下的山区降水氘盈余推演外来水汽的氘盈余值。

本地水汽的氘盈余值可以通过 Craig-Gordon 模型[13]进行计算：

$$R_{evap}=\frac{Rw/\alpha-hR_A}{(1-h)\alpha_k} \tag{10}$$

式中：$R$ 为蒸发水体同位素比值；$\alpha_k$ 是动力分馏系数。

可以采用如下方程计算：

$$^{2}\alpha_k=1+0.024n \tag{11}$$

$$^{18}\alpha_k=1+0.0289n \tag{12}$$

$n$ 取值同方程式（5）和式（6）。

## 5 结果

采用上述方法，并结合 1951～2009 年新疆乌鲁木齐站的降水资料，计算得到了乌鲁木齐站月均降水中，水分内循环所占比例，结果如图 3 所示。水分内循环所占比例最高为 10 月，达 15%，最低为 1 月，接近 0；年均值为 8%。计算得到的结果与 Pang et al.[2]得到的定性结果一致。该结果小于 Trenberth[13]计算得到的全球平均水分内循环比例 10%。

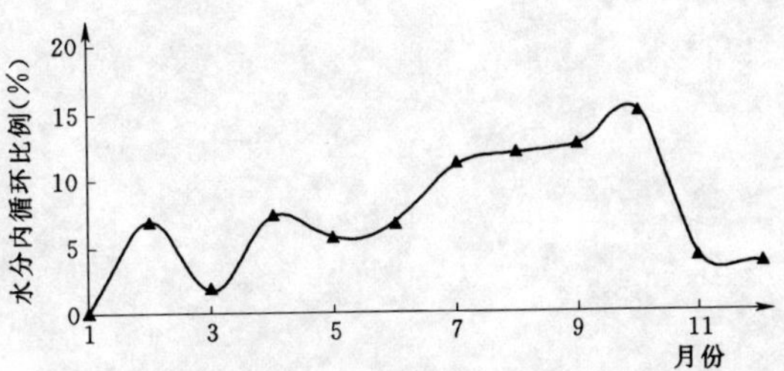

图 3 新疆乌鲁木齐站降水中水分内循环所占比例

但是在极其干旱的新疆地区，8%的水分内循环相当于约 21mm 降水，对区域水资源有一定的影响。

## 6　结论

本文通过分析云下蒸发和水分内循环对降水同位素及氘盈余的影响，改进了基于降水氘盈余分析水分内循环比例的方法。以新疆地区为实例，基于东天山高山和后峡站的采样与同位素分析结果，计算了新疆地区乌鲁木齐站降水中水分内循环所占比例为 8%。

采用氘盈余确定水分内循环比例的方法所需参数较少，计算较为简便，结果合理，可以应用于不同气候类型的地区。

## 参 考 文 献

[1] Bisselink B and Dolman. Recycling of moisture in Europe：contribution of evaporation to variability in very wet and dry years. Hydrol. Earth Syst. Sci.，2009，13：1685－1697.

[2] Pang Z，Kong Y，Froehlich K，Huang T，Yuan L，Li Z，Wang F. Processes affecting isotopes in precipitation of an arid region. Tellus，63B，352－359，doi：10.1111/j.1600－0889.2011.00532.x.

[3] Seneviratne S，Corti T，Davin E，Hirschi M，Jaeger E，Lehner I. Orlowsky，B. and Teuling，A. Investigating soil moisture-climate interactions in a changing climate：A review，Earth-Sci. Rev.，2010，99：125－161.

[4] Froehlich，K，M Kralik，W Papesch，D Rank，H Scheifinger and W Stichler. Deuterium excess in precipitation of Alpine regions-moisture recycling，Isot. Environ. Healt. S.，2008，44（1）：61－70.

[5] 孔彦龙，庞忠和．高寒流域同位素径流分割研究进展．冰川冻土，2010，32（3）：619－625.

[6] Peng H，B Mayer，A Norman and H R Krouse. Modeling of hydrogen and oxygen isotope compositions for local precipitation，Tellus，2005，57B：273－282.

[7] Tian L，T Yao，K MacClune J W C White，A Schilla，B Vaughn，R Vachon and K Ichiyanagi. Stable isotopic variations in west China：A consideration of moisture sources，J. Geophys. Res.，2007，112，D10112，doi：10.1029/2006JD007718.

[8] Clark，I.，Fritz.，P.，1997. Environmental isotopes in Hydrogeology. New York：Lewis，1997.

[9] Majoube M. Fractionnenent en oxyg'ene－18 et en deuterium entre l'eau et sa vapeur，Journal of Chemical Physics，1971，197：1423－1436.

[10] Stewart M K.，Stable isotope fractionation due to evaporation and isotopic exchange of falling water drops：applications to atmospheric processes and evaporation of lakes. J. Geophys. Res.，1975，80（9）：1133－1146.

[11] Kinzer G D and Gunn R. The evaporation，temperature and thermal relaxation-time of freely falling water drops，J. Meteorol.，1951，8：71－83.

[12] Best A C. Empirical formulae for the terminal velocity of water drops falling through the atmosphere，Quart. J. Roy. Meteor. Soc.，1950，76：302－311.

[13] Craig H and L Gordon. Deuterium and Oxygen－18 variati on in the ocean and the marine atmosphere.，in Stable Isotopes in Oceanographic Studies and Paleotemperatures，edited by E. Tongiorgi，pp. 9－130，Spoletto. Publishers，1965.1－328.

[14] Trenberth，K E. Atmospheric moisture recycling：role of advection and local precipitation. J. Clim.，1999，12：1368－1381.

# 基于干河床非饱和带氯离子和氧—18剖面的降水入渗补给速率研究*

袁瑞强[1,2] 宋献方[1] 韩冬梅[1] 张应华[1] 马 英[1]

（1. 中国科学院地理科学与资源研究所陆地水循环及地表过程重点实验室 北京 100101；
2. 山西大学环境与资源学院 太原 030006）

**摘 要** 近40年来，华北平原浅层地下水被超量开采，非饱和带逐渐增厚。在该区域研究降水入渗补给速率有利于浅层地下水资源的可持续利用。在华北平原北易水河下游干河床上施工深度为6m和4.5m的两个钻孔。综合非饱和带土壤机械组成、土壤含水量、土壤水$Cl^-$和$\delta^{18}O$剖面，结合研究区历史气象资料，利用非饱和带的氯离子质量平衡法计算了降水入渗补给速率，并恢复了历史降水入渗补给速率。结果表明，降水入渗补给地下水的平均速率为3.8±0.6mm/a，约占多年平均降水量的0.7%。自1980年以来降水入渗补给地下水的速率介于2.1mm/a到7.1mm/a之间变动。补给速率最大的年份是1994年，而补给速率最小的年份是1980年。土壤水剖面的平均记录密度为7.14a/m。

**关键词** 氯离子质量平衡法；同位素；降水入渗补给速率；干河床；非饱和带；华北平原

华北平原的中部冲积平原被认为是连接整个第四系地下水流动系统补给区和排泄区的中间区域。中部平原浅层地下水主要的补给来源是上游的侧向补给。近40年来，农业生产对浅层地下水的不可持续开采造成补给区山前倾斜平原的地下水位大幅度下降。这造成中部平原地下水获得的侧向补给减少。这种情形下，该区域大气降水入渗补给量的研究变得愈发重要。

尽管有多种方法可用于定量研究降水入渗补给量，当降水入渗补给速率较低时基于非饱和带研究的氯离子质量平衡法（CMB）是应用最广泛的定量研究方法[1]。CMB法是最为简单，最为经济，并且最为有效的定量干旱、半干旱区域降水入渗补给的方法之一[2]。非饱和带不仅包含了用于定量降水入渗补给速率的信息，还包含了补给速率历史变化的信息[3]，应用CMB法可以得到几十年至几千年时间尺度上地下水补给的估算结果[4]。此外，CMB法还应用于土地覆被和土地利用类型变化的研究[5,6]。目前，CMB法已经在世界各地得到广泛的应用[7-15]。

农田和城镇是该区域土地利用的主要类型。为了获得不受农业灌溉和其他人类活动干扰的大气降水补给速率，选取北易水河下游干涸河床作为研究区域。通过干河床非饱和带土壤水的氧－18和氯离子剖面，应用非饱和带的氯离子质量平衡法来研究大气降水入渗补给地下水的速率，并推算其历史变化。

## 1 研究区概况

北易水河发源于云蒙山，汇入南拒马河，属于海河流域大清河水系，全长59km。自从20世纪60年代开始至今，海河流域上游修建了众多水库，控制了海河水系约83.5%的径流量。此外，自20世纪60年代开始，华北平原气候逐渐趋于干旱，降水量出现逐年减少的趋势。因此，华北平原绝大多数河流由开始的流量减少，转变为人工季节性河流，直至最终干涸断流。北易水河在20世纪60年代末成为人工季节性河流，自70年代末开始下游和中游河道常年干涸。北易水河下游位于中部冲积平原，地表高程小于30m，地形平坦。而且，下游河道基本没有受到人类活动的影响是理想的实验场地。在下游干河床内选取两个采样点，分别标记为XB和CA，两个采样点间相距约5km（图1）。河床内的植被主要是杂草。河道附近地下水水位埋深约9m。

---

* 基金项目：国家自然科学基金重点项目“水循环过程不同尺度观测与对比实验研究——以白洋淀流域为例”（No. 40830636）和国家重点基础发展研究计划（“973”计划）“华北平原地下水演变机制与调控”（No. 2010CB428805）支持。

第一作者简介：袁瑞强（1980— ）男，山西太原，山西大学，讲师，流域水循环与水环境。E－mail：rqyuan@sxu.edu.cn

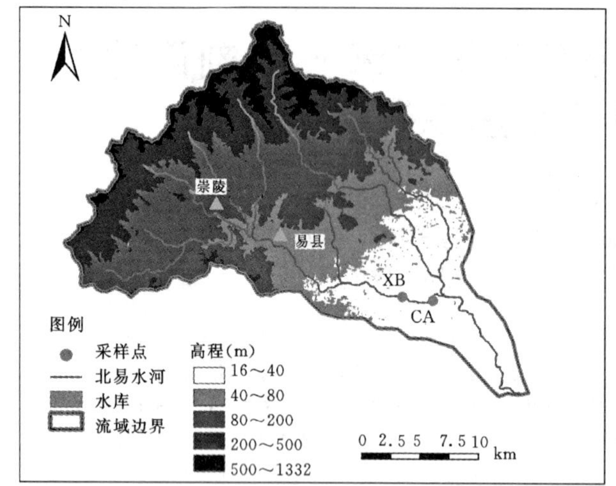


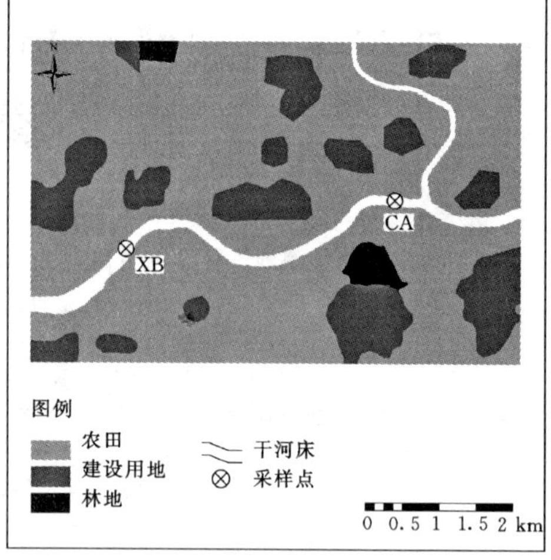


图 1　北易水流域、采样点位置及土地利用情况

## 2　样品采集和实验室分析

在每个采样点用土钻（eijkelkamp，holland）自地表开始，每隔 25cm 采集土样。XB 采样点采样深度为 4.5m，CA 采样点采样深度为 6.0m。每个深度上采集到的土样，一部分迅速用已知重量的铝盒封装并称重，带回实验室测定重量含水率。另一部分用 4mL 棕色玻璃瓶装两份，盖紧盖子，用 Parafilm 膜密封，并立即冷藏，带回实验室测定其土壤水同位素组成。剩下的土样用自封袋装好，用于测定土壤水氯离子含量和土壤机械组成。

土壤质量含水率用烘干法测定。土壤机械组成利用激光粒度仪（Mastersize 2000）测定。土壤水氯离子通过土壤水浸提液法提取。土壤水浸提液经 0.22μm 微孔滤膜过滤，用离子色谱计（Shimadzu，LC-10A）测定氯离子含量，相对误差约为 1%。利用低温真空蒸馏法提取土壤水。土壤水的氢氧稳定同位素组成用同位素质谱仪（Finnigan，MAT253），TC/EA 法进行测定，分析精度 δD 为±1‰，$\delta^{18}O$ 为±0.2‰。

## 3　结果与讨论

### 3.1　非饱和带土壤水混合及活塞流

通常，非饱和带上部存在土壤水混合带。在均匀介质中土壤水在混合带以下主要以活塞流形式向下运动。混合带内土壤水经受了较为强烈的蒸发作用，同时由于大孔隙、干裂隙等存在，优先流是混合带内土壤水的主要运动形式。在北易水干河床，地表生长大量的杂草，杂草的根系分布深度可达 20～30cm。这表明存在土壤水优先流。此外，该区域雨季集中的降水可使混合带的深度超过植物根系分布深度。另一方面，该区域在采样前较长时间内没有降水。在 XB 和 CA 采样点土样质量含水率剖面显示从地表到 1.5m 深度处含水率逐渐递增（图 2），同时 1.5m 处的土壤含水率与下部土壤平均含水率值十分接近。这表明 1.5m 以上土壤水受到蒸发的影响显著。该深度以下土壤含水率变化没有上述的规律性，表明蒸发作用不是控制土壤水含水率的主要因素，含水率的变化很可能主要受土壤岩性的控制。因此，干河床非饱和带土壤水混合层的厚度为 1.5m，而且在混合层内土壤水优先流和土壤水蒸发较为明显。

在均匀介质中，例如，砂层和细粒沉积物，土壤水的流动可以认为是活塞流。两个钻孔的土壤机械组成分析结果表明，干河床非饱和带的沉积物较为均匀，在 XB 采样点主要是砂壤土，在 CA 采样点主要是粉砂壤土（图 3）。因此，混合带以下土壤水的运动形式主要是活塞流。

由于受到蒸发的影响，由降水入渗带入非饱和带内的盐分易于积累在表层。两个采样点氯离子剖面也显示出地表氯离子含量的最大值。在 XB 采样点氯离子含量峰值为 2295mg/L，在 CA 采样点为 2178mg/L。在混合带以下（在 XB 剖面深度 2～4.5m 间，在 CA 剖面深度 1.5～4m 间），氯离子剖面形态近乎一致（图 4），这很好地证明了混合带以下土壤水向下运动以活塞流形式为主。

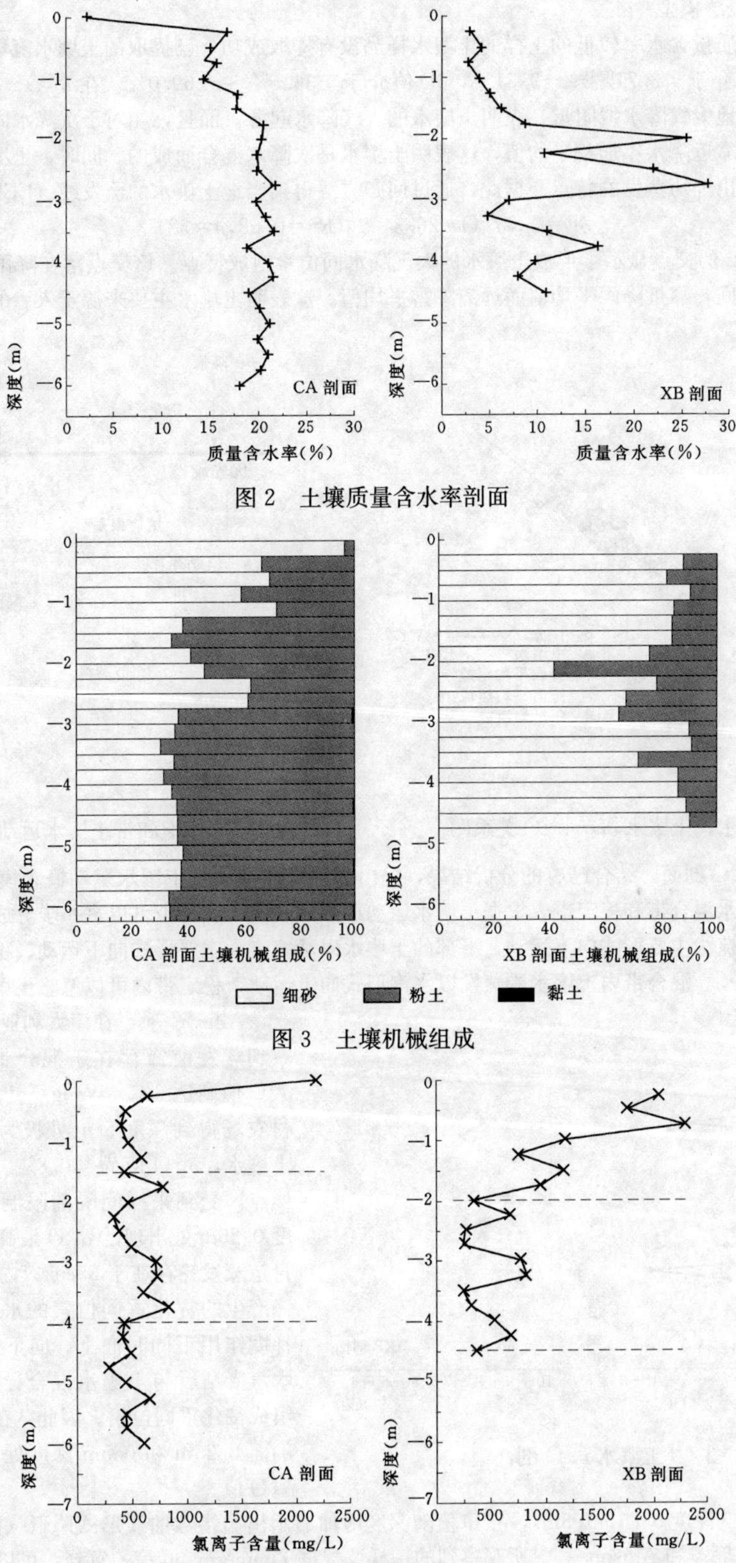


图 2 土壤质量含水率剖面

图 3 土壤机械组成

图 4 土壤水氯离子剖面

### 3.2 土壤水运动概念模型

两个剖面部分质量含水率较低的土样的土壤水样品没有提取成功。已提取的土壤水氢氧稳定同位素测定结果表明，$\delta^{18}O$ 值介于－3.71‰～－9.31‰，$\delta D$ 值介于－36.5‰～－69.0‰。在 $\delta^{18}O-\delta D$ 关系图上（图5），土壤水落于当地大气降水线附近，表明土壤水的大气降水起源。而且，相对于次降水同位素组成，土壤水分布十分集中且靠近降水年加权平均值，这表明土壤水是次降水混合而成的。同时，土壤水分布在大气降水线右下方且显示出经历蒸发的特点。据此，通过回归方法得到当地土壤水的蒸发线（LEL）：

$$\delta D = 4.3\delta^{18}O - 26.3 \qquad (R^2 = 0.68, n = 38)$$

LMWL 和 LEL 的交点显示了形成土壤水的大气降水同位素组成特点。该交点落在降雨加权平均值和年降水加权平均值之间，靠近降雨平均值而远离降雪平均值。这表明土壤水主要来源于入渗的降雨。

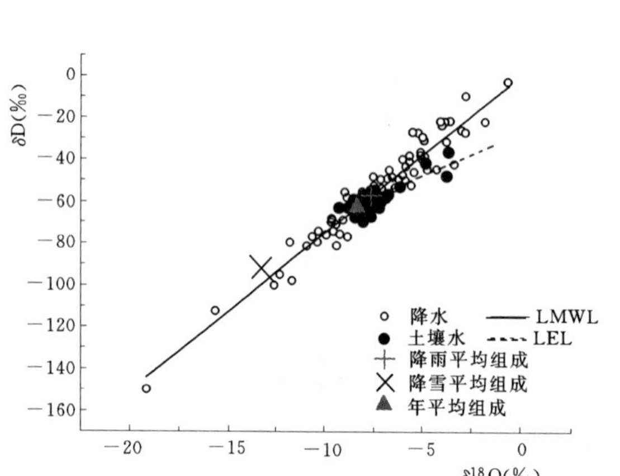


图5 大气降水、土壤水 $\delta D-\delta^{18}O$ 关系图

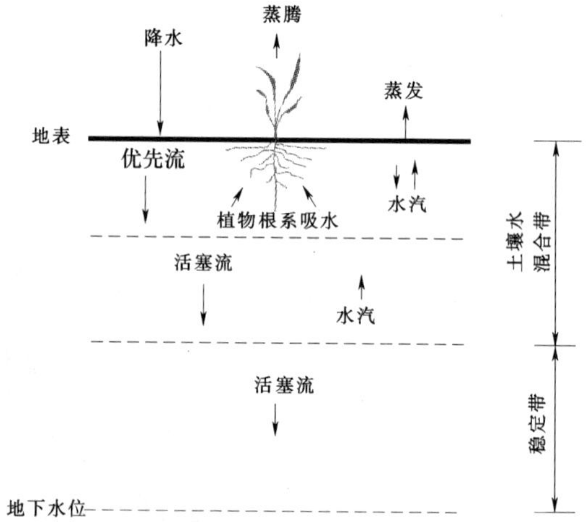

图6 干河床非饱和带土壤水运动概念模型示意图

基于土壤水 $\delta^{18}O$ 剖面，结合已有的分析结果，提出干河床非饱和带土壤水运动概念模型（图6）。非饱和带可以分为土壤水混合带和稳定带。根据土壤水运动形式的不同，混合带可以进一步分成上部和下部，上部的土壤水以优先流为主要形式向下运动，下部的土壤水以活塞流为主要形式向下运动。稳定带内土壤水以活塞流形式向下运动。混合带内土壤水受蒸发以水汽形式向上运动，稳定带内可以忽略土壤水蒸发。

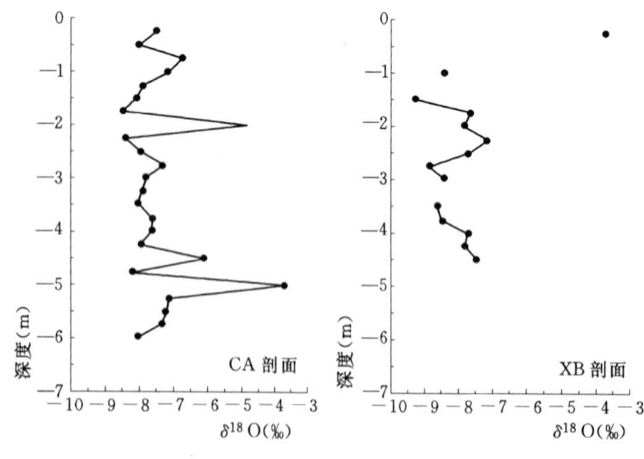


图7 土壤水 $\delta^{18}O$ 剖面

Allison 等[16]在澳大利亚 Frome 湖区域观察到蒸发前锋存在于混合带上部 22mm 处，$\delta^{18}O$ 值高达 6‰。Wang 等[17]也在山西运城董村农场得到深度 5cm 处极为富集重同位素的土壤水，$\delta^{18}O$ 值为－0.8‰。在 XB 和 CA 采样点，受到采样间隔的限制，只观察到在深度 0.25m 处出现的 $\delta^{18}O$ 最高值。然而，可以肯定蒸发锋存在于 25cm 以内（图7）。由蒸发锋产生的贫化重同位素的水汽在湿度和温度梯度作用下同时向上、向下运动[18]。这部分水汽凝结后与土壤水混合导致土壤水同位素组成贫化重同位素。因此，在 CA 土壤水 $\delta^{18}O$ 剖面 0.25m 和 0.5m 深度处出现相对较低的 $\delta^{18}O$ 值。

在混合带下部（深度 0.75～1.5m），$\delta^{18}O$ 值随深度增加显示出类指数曲线形式降低（图7，CA 剖面），如同 Zimmermann 等[19]和 Allison 等[16]所观察到的一样。根据 Zimmermann 等的解释，可以推测混合带下部土壤水以活塞流形式向下运动。当入渗的降水通过混合带上部的大孔隙快速入渗到该层时，土壤水以活塞流形式向下继续运动。由于混合带下部较深，土壤水的蒸发随深度增加而逐渐减小。因此土壤水 $\delta^{18}O$ 值随深度增加显示出类指数曲线形式降低。

在土壤水运动的稳定带内（深度 1.5m 以下），土壤水的蒸发被忽略，土壤水 $\delta^{18}$O 值随深度增加显示出类指数曲线变化规律消失。稳定带内土壤水 $\delta^{18}$O 值保持稳定，除了在 $\delta^{18}$O 剖面上存在少数几个峰值（CA）和凸起（XB）。稳定带内的土壤水保留两类 $\delta^{18}$O 信号。第一类 $\delta^{18}$O 信号近似于大气降水同位素组成的平均值。该值产生于降水丰沛的年份，大气湿度较高，蒸发较弱，进入稳定带的土壤水经历的蒸发作用较弱而主要保留了大气降水同位素的平均组成特征。第二类 $\delta^{18}$O 信号保留了强烈蒸发作用的信息，富集重同位素。该值产生于降水偏少的干旱年份，大气较为干燥，蒸发强烈，进入稳定带的土壤水较少且经历了较强的蒸发作用，因此 $\delta^{18}$O 值较大。第一类 $\delta^{18}$O 信号代表 $\delta^{18}$O 剖面内的稳定部分，第二类 $\delta^{18}$O 信号代表 $\delta^{18}$O 剖面内的峰值和凸起部分。非饱和带土壤水 $\delta^{18}$O 剖面记录了大气干湿程度的历史变化过程。

### 3.3 土壤水剖面的时间尺度

稳定带土壤水 $\delta^{18}$O 值可以示踪经历强烈蒸发的水[3]。Tyler 等[20]发现在非饱和带内 39m 深度处仍然可以观察到土壤水同位素经历蒸发的信息。在 CA 采样点，土壤水 $\delta^{18}$O 剖面在 2m、4.5m 和 5m 处出现峰值。土壤水 $\delta^{18}$O 剖面出现的尖峰是由干旱年份较少的降水入渗量和较强的蒸发共同作用形成的。然而，在 XB 采样点的土壤水 $\delta^{18}$O 剖面只有对应的凸起。XB 采样点出现了土壤水 $\delta^{18}$O 值均化的现象，这主要是来源于土壤水的扩散混合。

北易水河中、下游河段自 20 世纪 70 年代末期完全干涸，同时河床的非饱和带也逐渐发展形成。近半个世纪以来，我们已经获得了良好的气象观测数据，包括降水量和蒸发量。研究区域的易县气象站自 1966 年以来的降水量和蒸发量数据如图 8 所示。自北易水河中下游干涸以来，年降水量保证率高于 75% 的年份（降水偏少年）包括 1980～1981 年，1984 年，1993 年，2000～2001 年。而且相应年份的蒸发量也较大。

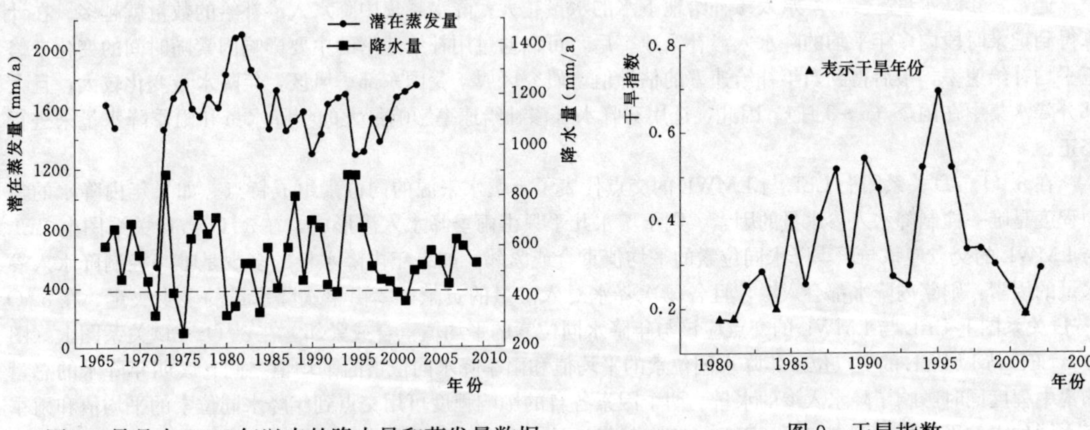


图 8　易县自 1966 年以来的降水量和蒸发量数据
图中虚线表示保证率为 75% 的年降水量

图 9　干旱指数

根据干旱指数（$AI$）的定义，用年降水量（$P$）与年潜在蒸发量（$PE$）的比值来描述干燥程度为

$$AI=\frac{P}{PE} \tag{1}$$

由此可以得到每年的干旱指数（图 9）。将 $AI$ 值小于等于 0.2 的年份定义为干旱年份[21]，则 1980～1981 年，1984 年和 2001 年属于干旱年份。这意味着在这些年里降水入渗形成的土壤水经历了强烈的蒸发作用。

在 CA 的土壤水 $\delta^{18}$O 剖面里的尖峰与干旱年份紧密联系，同时深度最深浅的尖峰代表年代最近的干旱年份。因此，土壤水剖面的代表的时间尺度可以通过匹配土壤水 $\delta^{18}$O 剖面里的尖峰与干旱年份得到。结果表明，1980～1981 年的降水入渗补给位于剖面深度 5m，1984 年降水入渗补给位于剖面深度 4.5m，2001 年降水入渗补给位于剖面深度 2m 处。基于这个时间尺度，可以推算土壤水剖面的平均记录密度为 7.14a/m，所采集土壤水样品的分辨率约为 1.8 年。

### 3.4 大气降水入渗补给地下水的平均速率

在非大气氯离子来源可以忽略的区域，非饱和带土壤水氯离子质量平衡方程可以简化为如下形式：

$$\overline{R}=\frac{\overline{P}\,\overline{Cl_p}}{\overline{Cl_{sw}}} \tag{2}$$

式中：$\overline{R}$ 表示混合带以下平均补给速率；$\overline{P}$ 表示多年平均年降水量；$\overline{Cl_p}$ 表示年大气氯离子输入通量的浓度值；$\overline{Cl_{sw}}$ 表示混合带以下土壤水氯离子平均浓度。

易县气象站 1966～2009 年平均年降水量为 558mm/a。在易县崇陵流域采集 2008 年和 2009 年大气降水中氯离子含量变化范围介于 0.5mg/L 到 13.0mg/L，随着降水量增加氯离子浓度逐渐降低。降水中氯离子浓度的雨量加权平均值为 2.5mg/L。据已有研究成果，距离海岸 100km 处大气降水率离子浓度值为 3～4mg/L，且随着离开海岸线距离的增加，降水中氯离子浓度呈指数下降。崇陵流域距离海岸约 200km 左右。由此，判断实测的降水中氯离子含量是合理的。

降水样品中包含了降水期间氯离子的大气干沉降量，但是并不包括无降水时段大气的干沉降量。由此造成的大气输入氯离子通量的偏差难于测定。在干旱地区，干沉降输入的氯离子量占大气氯离子输入总量的较大比重。Dettenger[22]研究表明大气干沉降量约占总的大气氯离子输入通量的 33%。Murphy 等[23]在美国 Pasco Basin 研究发现大气氯离子沉降量的 60%是通过干沉降的形式输入的。考虑到研究区属于温带半湿润-半干旱气候区，选用 30%作为大气干沉降氯离子输入的比重值。由此，可以计算得到考虑了干沉降的“有效大气氯离子输入浓度”为 3.6mg/L。

稳定带内土壤水氯离子浓度变化介于 230～960mg/L 之间。平均氯离子浓度为 522mg/L（XB）和 519mg/L（CA）。由此，计算得到大气降水入渗补给地下水的多年平均补给速率为 3.8mm/a。考虑到离子浓度分析的误差（约 5%）和气象数据观测的误差（约 6%），可以计算得到平均补给速率最大计算误差为 17%，则平均补给速率可以表示为（3.8±0.6）mm/a，约占多年平均降水量的 0.7%。

### 3.5 大气降水入渗补给速率的历史变化

通常，年降水量越多，降水入渗补给地下水的水量越大；降水越集中降水入渗补给的数量就越多。在计算得到记录时段内多年平均的降水入渗补给速率后，可以通过用补给速率的主要影响因素随时间的变化来修正平均补给速率，最后得到当年补给速率的估计值。研究区属于我国东部季风区，年降水量变化较大，且大部分降水集中在雨季（6～8 月）。因此，选用对降水入渗补给速率影响最大的年降水量和雨季降水量来进行修正。

在 $\delta^{18}O-\delta D$ 关系图上 LEL 与 LMWL 的交点代表了土壤水来源的同位素组成特点。如果年内降水的集中程度是唯一控制降水入渗水量的因素，则土壤水几乎只由雨季降水入渗形成，在 $\delta^{18}O-\delta D$ 关系图上 LEL 与 LMWL 的交点应该与雨季降水同位素的平均值重合或紧邻。如果年内降水量的多少是唯一控制降水入渗水量的因素，则年内降水都会入渗，且各场次降水对入渗量的贡献比率由单次降水量的多少决定，在 $\delta^{18}O-\delta D$ 关系图上 LEL 与 LMWL 的交点应该与年降水同位素的平均值重合或紧邻。在 $\delta^{18}O-\delta D$ 关系图上（图 5），LEL 与 LMWL 的交点位于年降水同位素的平均值和雨季降水同位素的平均值之间，表明年降水的总量和集中程度同时影响了降水入渗的水量。两个因素各自的影响程度可用交点到年降水同位素的平均值和雨季降水同位素的平均值的距离表示。而且，交点越靠近的一方影响程度越大。基于以上分析，确定修正系数的形式为

$$C_i=0.41\frac{P_i}{\overline{P}}+0.59\frac{R_i}{\overline{R}} \tag{3}$$

式中，$C_i$ 是第 $i$ 年降水入渗补给速率的修正系数；$P_i$ 是第 $i$ 年降水量；$\overline{P}$是平均降水入渗速率所代表的时段的年平均降水量；$R_i$ 是第 $i$ 年雨季降水量；$\overline{R}$ 是代表的时段雨季平均降水量。

用各年的修正系数乘以降水入渗平均补给速率得到各年降水入渗补给速率的推测值（图 10）。结果表明，自 1980 年以来降水入渗补给地下水的速率介于 2.1～7.1mm/a 之间变动。补给速率最大的年份是 1994 年，而补给速率最小的年份是 1980 年。

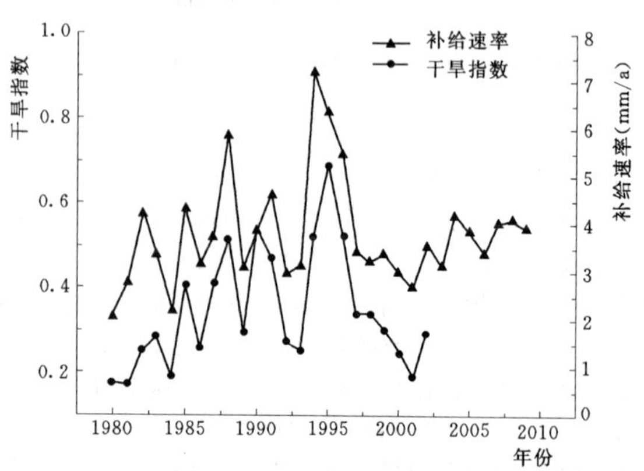


图 10 自 1980 年以来各年降水入渗补给速率

## 4 结论

在华北平原北易水河下游干河床上施工深度为6m和4.5m的两个钻孔，获得了非饱和带土壤水 $Cl^-$ 和 $\delta^{18}O$ 剖面。综合非饱和带土壤机械组成、土壤含水量和 $\delta^{18}O$ 剖面分析了非饱和带土壤水运动特征。非饱和带 $\delta^{18}O$ 剖面结合研究区历史气象资料确定了稳定带内土壤水剖面的年代跨度。利用非饱和带的氯离子平衡法计算了降水入渗补给速率，并恢复了历史降水入渗补给速率。结果表明，降水入渗补给地下水的平均速率为（3.8±0.6）mm/a，约占多年平均降水量的0.7%。估算出自1980年以来降水入渗补给地下水的速率介于2.1～7.1mm/a之间变动。补给速率最大的年份是1994年，而补给速率最小的年份是1980年。土壤水剖面的平均记录密度为7.14a/m，所采集土壤水样品的分辨率约为1.8年。

## 参 考 文 献


[1] Scanlon B R，Healy，R W，Cook P G. Choosing appropriate techniques for quantifying groundwater recharge [J]. Hydrogeology Journal，2002，10（1）：18-39.

[2] Allison G B，Gee G W，Tyler S W. Vadose-Zone Techniques for Estimating Groundwater Recharge in Arid and Semiarid Regions [J]. Soil Science Society of America Journal，1994，58（1）：14.

[3] Cook P G，Edmunds W M，Gaye C B. Estimating Paleorecharge and Paleoclimate from Unsaturated Zone Profiles [J]. Water Resour Res，1992，28（10）：2721-2731.

[4] Scanlon B R，et al. Global synthesis of groundwater recharge in semiarid and arid regions [J]. Hydrological Processes，2006，20（15）：3335-3370.

[5] Radford B J，Silburn D M，Forster B A. Soil chloride and deep drainage responses to land clearing for cropping at seven sites in central Queensland，northern Australia [J]. Journal of Hydrology，2009，379（1-2）：20-29.

[6] Scanlon B R，Reedy R C，Tachovsky J A. Semiarid unsaturated zone chloride profiles：Archives of past land use change impacts on water resources in the southern High Plains，United States [J]. Water Resources Research，2007，43（6），doi：10.1029/2006WR005769.

[7] Allison G B，Hughes M W. Use of Environmental Chloride and Tritium to Estimate Total Recharge to an Unconfined Aquifer [J]. Aust J Soil Res，1978，16（2）：1811-195.

[8] Edmunds W M，Walton N R G. A geochemical and isotopic approach to recharge evaluation in semi-arid zones，past and present. In：Arid zone hydrology，investigations with isotope techniques [M]. International Atomic Energy Agency，Vienna，1980：47-68.

[9] Edmunds W M，Ma J Z，Aeschbach-Hertig W，Kipfer R，Darbyshire D P F. Groundwater recharge history and hydrogeochemical evolution in the Minqin Basin，North West China [J]. Appl Geochem，2006，21（12）：2148-2170.

[10] Gates J B，et al. Conceptual model of recharge to southeastern Badain Jaran Desert groundwater and lakes from environmental tracers [J]. Appl Geochem，2008a，23（12）：3519-3534.

[11] Gates J B，Edmunds W M，Ma J Z，Scanlon B R. Estimating groundwater recharge in a cold desert environment in northern China using chloride [J]. Hydrogeology Journal，2008b，16（5）：893-910.

[12] Gates J B，Edmunds W M，Ma J Z，Sheppard P R. A 700-year history of groundwater recharge in the drylands of NW China [J]. Holocene，2008c，18（7）：1045-1054.

[13] Ma J Z，Ding Z Y，Edmunds W M，Gates J B，Huang T M. Limits to recharge of groundwater from Tibetan plateau to the Gobi desert，implications for water management in the mountain front [J]. Journal of Hydrology，2009，364（1-2）：128-141.

[14] Scanlon B R. Evaluation of Liquid and Vapor Water-Flow in Desert Soils Based on Cl-36 and Tritium Tracers and Nonisothermal Flow Simulations [J]. Water Resources Research，1992，28（1）：285-297.

[15] Sibanda T，Nonner J C，Uhlenbrook S. Comparison of groundwater recharge estimation methods for the semi-arid Nyamandhlovu area，Zimbabwe [J]. Hydrogeology Journal，2009，17（6）：1427-1441.

[16] Allison G B，Barnes C J. Estimation of Evaporation from Non-Vegetated Surfaces Using Natural Deuterium [J]. Nature，1983，301（5896）：143-145.

[17] Wang P，Song X F，Han D M，Zhang Y H，Liu X. A study of root water uptake of crops indicated by hydrogen and oxygen stable isotopes [J]. Agricultural Water Management，2010，97（3）：475-482.

[18] Allison G B. The Relationship between O-18 and Deuterium in Water in Sand Columns Undergoing Evaporation [J].

J Hydrol, 1982, 55 (1-4): 163-169.
[19] Zimmermann U, Ehhalt D, Munnich KO. Soil-water movement and evapotranspiration: changes in the isotopic composition of the water [A]. Proc. Symp. Isotopes In Hydrology [C]. Vienna, 1966. IAEA, Vienna: 67-584.
[20] Tyler S W, Chapman J B, Conrad S H. Soil-water flux in the southern Great Basin, United States: Temporal and spatial variations over the last 120000 years [J]. Water Resour Res, 1996, 32 (6): 1481-1499.
[21] UNESCO. Map of the world distribution of arid regions. Man and Biosphere [M] Tech Notes, no. 7, UNESCO: Paris; 1979: 0-54.
[22] Dettinger M D. Reconnaissance Estimates of Natural Recharge to Desert Basins in Nevada, USA, by Using Chloride-Balance Calculations [J]. Journal of Hydrology, 1989, 106 (1-2): 55-78.
[23] Murphy E M, Ginn T R, Phillips J L. Geochemical estimates of paleorecharge in the Pasco Basin: Evaluation of the chloride mass balance technique [J]. Water Resources Research, 1996, 32 (9): 2853-2868.

# Study on infiltration rates of precipitation based on chloride and $\delta^{18}O$ profiles in unsaturated zone of dry riverbed

Yuan Ruiqiang[1,2]　Song Xianfang[1]　Han Dongmei[1]　Zhang Yinghua[1]　Ma Ying[1]

(1. Key Laboratory of Water Cycle and Related Land Surface Processes, Institute of Geographic Sciences and Natural Resources Research, Chinese Academy of Sciences, Beijing 100101;
2. College of Environmental and Resource Sciences, Shanxi University, Taiyuan 030006)

**Abstract** In North China Plain (NCP), shallow groundwater has been over-pumped and the thickness of unsaturated zone has been increasing for nearly forty years. Researches of rates of diffusion recharges are crucial important for a sustainable development of groundwater resource in the area. Two boreholes with depths of 6m and 4.5m respectively were drilled in the dry lower reach of the Beiyishui River in NCP. Using soil textures, soil moisture contents, unsaturated profiles of $Cl^-$ and $\delta^{18}O$ in soil water and meteorologic data of this area, average diffusion recharge rate was estimated by chloride mass balance method and the historical variance of the rate was recovered. The results show that average diffusion recharge rate is (3.8 ±0.6) mm/a that account for 0.7% of average precipitation. The rate changed from 2.1 to 7.1mm/a since 1980. The maximum rate occurred in 1994 and the minimum one appeared in 1980. The record density of soil moisture in the unsaturated zone of dry river bed is about 7.14a/m.

**Key words** chloride mass balance method; isotopes; recharge rate of precipitation infiltration; dry river bed; unsaturated zone; North China Plain